图灵教育

站在巨人的肩上

Standing on the Shoulders of Giants

TURING

图灵教育

站在巨人的肩上

Standing on the Shoulders of Giants

TURING 图灵程序设计丛书

Professional JavaScript for Web Developers, 4th Edition

JavaScript
高级程序设计 （第4版）

[美] 马特·弗里斯比（Matt Frisbie）著

李松峰 译

人民邮电出版社

北　京

图书在版编目（CIP）数据

　　JavaScript高级程序设计 : 第4版 / （美）马特·弗
里斯比（Matt Frisbie）著 ; 李松峰译. -- 2版. -- 北
京 : 人民邮电出版社, 2020.9（2021.5重印）
　　（图灵程序设计丛书）
　　ISBN 978-7-115-54538-1

　　Ⅰ. ①J… Ⅱ. ①马… ②李… Ⅲ. ①JAVA语言—程序
设计 Ⅳ. ①TP312.8

　　中国版本图书馆CIP数据核字（2020）第134445号

ISBN: 9781119366447

Professional JavaScript for Web Developers, *4th Edition*, by Matt Frisbie.
© 2020 by John Wiley & Sons, Inc., Indianapolis, Indiana.

内 容 提 要

　　本书是 JavaScript 经典图书的新版。第 4 版涵盖 ECMAScript 2019，全面、深入地介绍了 JavaScript 开发者必须掌握的前端开发技术，涉及 JavaScript 的基础特性和高级特性。书中详尽讨论了 JavaScript 的各个方面，从 JavaScript 的起源开始，逐步讲解到新出现的技术，其中重点介绍 ECMAScript 和 DOM 标准。在此基础上，接下来的各章揭示了 JavaScript 的基本概念，包括类、期约、迭代器、代理，等等。另外，书中深入探讨了客户端检测、事件、动画、表单、错误处理及 JSON。本书同时也介绍了近几年来涌现的重要新规范，包括 Fetch API、模块、工作者线程、服务线程以及大量新 API。

　　本书适合有一定编程经验的 Web 应用程序开发人员阅读，也可作为高校及社会实用技术培训相关专业课程的教材。

◆ 著　　　　[美] 马特·弗里斯比
　 译　　　　李松峰
　 责任编辑　温　雪
　 责任印制　周昇亮
◆ 人民邮电出版社出版发行　　北京市丰台区成寿寺路11号
　 邮编　100164　 电子邮件　315@ptpress.com.cn
　 网址　https://www.ptpress.com.cn
　 三河市中晟雅豪印务有限公司印刷
◆ 开本：800×1000　1/16
　 印张：55.5
　 字数：1710千字　　　　　　　　　2020年 9 月第 2 版
　 印数：311 001 – 314 000 册　　　2021 年 5 月河北第 5 次印刷
　 著作权合同登记号　图字：01-2019-7913号

定价：129.00元
读者服务热线：(010)84084456　印装质量热线：(010)81055316
反盗版热线：(010)81055315
广告经营许可证：京东市监广登字 20170147 号

献给 Jordan，感谢她无论听到多少次"快写完了"都仍然坚定地支持我。

译者序

七年弹指一挥间。2012 年到 2019 年是 JavaScript 蓬勃发展的七年，鼎鼎大名的 Stack Overflow 调查显示，截至 2019 年，JavaScript 已连续七年位居"最常用编程语言"（most commonly used programming language）榜首。事实上，2020 年的调查结果也毫无悬念，JavaScript 依旧独占鳌头。

2012 年是这本被誉为 JavaScript "红宝书"的著作第 3 版出版的时间。生逢其时，第 3 版狂销几十万册，影响深远，甚至改变了很多人的命运（包括本书译者）。随着 ECMAScript 2015（ES6）的发布，JavaScript 这门语言再次被注入新的生机与活力。2019 年 10 月，涵盖 ECMAScript 2019 的第 4 版面世。如今，跨过一个年头，中文版也要付梓了。

"红宝书"的这一版延续了上一版的框架和格局，删减了已经过时的内容，在此基础上又翔实地增补了 ES2015 到 ES2019 的全新内容，英文版篇幅也达到了前所未有的 1100 多页。

翻译期间，译者虽然尽最大努力确保译文准确、通顺，但错漏之处在所难免。为此特别感谢本书责任编辑温雪，感谢她对译稿认真细致的编辑和审校，以及对出版流程的卓越把控，确保了中文版的早日上市。

在本书印行前夕，为进一步确保出版质量、减少图书错误，我们邀请了数位一线前端开发工程师共同对本书进行了预读和勘误。在短短两周时间内，大家分工协作，筛查、发现并"消灭"了不少文字、排版、代码和技术上的问题，大大提升了本书首印质量。他们分别是（按审读章节顺序排序）饶占平、梁幸芝、陈方旭、林景宜、王欢、刘冰晶、邢洋洋、刘博文、刘观宇、王佳裕。特此致谢。特别感谢贺师俊（Hax）对"期约"（promise）及相关一系列术语翻译的建议。

最后，衷心祝愿罹患"莱姆病"（Lyme disease）的 Nicholas Zakas 早日康复。

2020 年 7 月 15 日

序

工业革命是钢铁铸就的，互联网革命则是 JavaScript 造就的。25 年的反复锻造与打磨，成就了 JavaScript 在今天的应用程序开发中毋庸置疑的统治地位，但并非一开始就是如此。

Brendan Eich 只用 10 天就写出了 JavaScript 的第一版。初生的 JavaScript 看似弱不禁风，但历史表明，第一印象并不代表一切。今天，这门语言的每个细节，也就是这本书所涉及的方方面面，都是反复推敲的产物。并非所有决定都让人满意，也没有完美的编程语言，不过单从无所不在这方面看，JavaScript 倒是很接近完美。它是目前唯一一个可以随处部署的语言：服务器、桌面浏览器、手机浏览器，甚至原生移动应用程序中都有它的身影。

JavaScript 目前的使用者有不同层次的软件工程师，他们的背景各异。无论是以开发设计精良、优雅的软件为目标，还是仅仅为了完成业绩而简单堆砌一个系统，JavaScript 都能派上用场。

怎么使用 JavaScript 完全取决于你。一切尽在你的掌握之中。

在我超过 15 年的软件开发生涯中，JavaScript 工具和最佳实践已经发生了天翻地覆的变化。2004 年，我开始接触这门语言，当时还是雅虎地球村（Geocities）、雅虎群组（Yahoo Groups）和 Macromedia Flash 播放器的天下。JavaScript 给人感觉像个玩具，当时我在 RSS、MySpace Profile Pages 等流行的沙盒环境中开始使用它。后来我又帮助一些个人网站修改和自定义功能，那种感觉就像在狂野的西部拓荒，而我也因此喜欢上了它。

当初我创建第一家公司的时候，配置主机装个数据库要花几天时间，而 JavaScript 只要扔到 HTML 里就可以跑起来。"前端应用程序"是不存在的，主要是零七碎八的函数。后来 Ajax 因为 jQuery 火了而变得更加流行，这才打开了通向新世界的大门，可靠、稳定的应用程序应运而生。这股风潮愈演愈烈，直到有一天遇到了发展瓶颈，但突然间，强大的框架诞生了。前端模型、数据绑定、路由管理、反应式视图，全都爆发出来了。我就在这个时候搬到硅谷，帮人打理一家公司。很快，使用我代码的用户达到了几百万。置身硅谷这么长时间以来，我也为开源做了一些贡献，培训了不计其数的软件工程师，也走了一点儿运。我的上一家公司在 2018 年被 Stripe 收购，我现在就供职于这家公司，致力于为互联网构建其经济基础设施。

我很高兴在马特第一次到帕洛阿尔托的一家小型创业公司领导工程化时结识了他。那家公司叫 Claco，当时我刚成为它的顾问。他追求伟大软件的活力和激情溢于言表，而这家羽翼未丰的公司很快就开发出一款漂亮的产品。一如为硅谷公司设立标杆的惠普，这家创业公司也诞生在一间平房里。但这可不是寻常的民房，而是一间"黑客屋"，里面十几位才华横溢的软件工程师经常通宵达旦地工作。虽然过的不是什么高档次生活——他们坐的都是别人扔在大街上的那种沙发床和旧椅子——他们在这间房子里每天所写代码的数量和质量却引人瞩目。连续工作几小时后，大多数人会把精力投入到公司的另一个子项目上，然后又是几个小时的工作。不太会写代码的人也常受启发，发现自己学习的渴望，然后仅仅几个星期后就变成了代码能手。

马特是促成这种开发效率的关键角色。他是"黑客屋"里经验最丰富的人，恰好也是思维最清晰、最专业的一个。拿到计算机工程学位并不能说明什么，只要在窗户或者白板上看到马特写的算法、性能计算以及代码，你就知道马特又在专注于他的下一个大项目。随着我对他了解的加深，我们成为了好朋友。他的领悟能力，他对培训工作的热爱，以及几乎可以把所有东西转化成笑话的能力，都是我所欣赏的品质。

虽然马特是一位极具才华的软件工程师和项目领导，但他之所以能成为本书作者独一无二的人选，还是凭借他独有的经验和知识。

他不仅仅花时间教别人，而且还把这本书写完了。

在 Claco，他开发了多款整体性产品，端到端地帮助教师在课堂上提供更好的学习体验。在 DoorDash，他是第一位工程师，开发了一个可靠的物流配送系统并实现了高速增长，目前公司估值超过了 120 亿美元。最后，在 Google，马特写的软件已经被这个星球上的数十亿人使用了。

全情投入，快速增长，誉满天下——多数软件工程师终其一生也只能体验到其中一项，而且还得运气好。马特不仅体验到了全部，还成为了畅销书作者。除了本书，他还写了两本 JavaScript 和 Angular 的书。说实话，我就想知道他什么时候能写一本书，把自己管理时间的奥秘分享出来。

本书是一部翔实的工具书，满满的都是 JavaScript 知识和实用技术。我热切希望本书读者能够不断学习，并亲手打造属于自己的梦想。欢迎大家多多挑错，多记笔记，别忘了打开代码编辑器，毕竟互联网革命才刚刚开始！

Zach Tratar
Stripe 软件工程师
Jobstart 联合创始人、前 CEO

前 言

关于 JavaScript，谷歌公司的一位技术经理曾经跟我分享过一个无法反驳的观点。他说 JavaScript 并不是一门真正有内聚力的编程语言，至少形式上不是。ECMA-262 规范定义了 JavaScript，但 JavaScript 没有唯一正确的实现。更重要的是，这门语言与其宿主关系密切。实际上宿主为 JavaScript 定义了与外界交互所需的全部 API：DOM、网络请求、系统硬件、存储、事件、文件、加密，还有数以百计的其他 API。各种浏览器及其 JavaScript 引擎都按照自己的理解实现了这些规范。Chrome 有 Blink/V8，Firefox 有 Gecko/SpiderMonkey，Safari 有 WebKit/JavaScriptCore，微软有 Trident/EdgeHTML/Chakra。浏览器以合规的方式运行绝大多数 JavaScript，但 Web 上随处可见迎合各种浏览器偏好的页面。因此，对 JavaScript 更准确的定位应该是一组浏览器实现。

Web 纯化论者可能认为 JavaScript 本身并非网页不可或缺的部分，但他们必须承认，如果没有 JavaScript，那么现代 Web 势必发生严重倒退。毫不夸张地讲，JavaScript 才是真正不可或缺的。如今，手机、计算机、平板设备、电视、游戏机、智能手表、冰箱，甚至连汽车都内置了可以执行 JavaScript 代码的 Web 浏览器。地球上有近 30 亿人在使用安装了 Web 浏览器的智能手机。这门语言迅速发展的社区催生了大量高质量的开源项目。浏览器也已经支持模拟原生移动应用程序的 API。Stack Overflow 2019 年的开发者调查显示，JavaScript 连续七年位于最流行编程语言榜首。

我们正迎来 JavaScript 的文艺复兴。

本书将从 JavaScript 的起源讲起，从最初的 Netscape 浏览器直到今天各家浏览器支持的让人眼花缭乱的技术。全书对大量高级技术进行了鞭辟入里的剖析，以确保读者真正理解这些技术并掌握它们的应用场景。简而言之，通过学习本书，读者可以透彻地理解如何选择恰当的 JavaScript 技术，以解决现实开发中遇到的业务问题。

读者对象

本书适合以下读者阅读。

❑ 有经验的开发者，熟悉面向对象编程，因为 JavaScript 与 Java 和 C++等传统面向对象（OO，Object Oriented）语言的关系而希望学习 JavaScript。
❑ Web 应用程序开发者，希望增强自己的网站或 Web 应用程序的易用性。

❑ 初级 JavaScript 开发者，希望更好地理解这门语言。

此外，熟悉以下相关技术对阅读本书非常有帮助。

❑ Java
❑ PHP
❑ Python
❑ Ruby
❑ Golang
❑ HTML
❑ CSS

本书内容

本书第 4 版全面深入地介绍了 JavaScript 开发者必须掌握的前端开发技术，涉及 JavaScript 的基础特性和高级特性。

本书从 JavaScript 的起源开始，逐步讲解到今天的最新技术。书中详尽讨论了 JavaScript 的各个方面，重点介绍 ECMAScript 和 DOM 标准。

在此基础上，接下来的各章揭示了 JavaScript 的基本概念，包括类、期约、迭代器、代理，等等。另外，书中还深入探讨了客户端检测、事件、动画、表单、错误处理及 JSON。

本书最后介绍近几年来涌现的最新和最重要的规范，包括 Fetch API、模块、工作者线程、服务线程以及大量新 API。

组织结构

本书包含如下这些章。**多个章节配有免费视频课二维码，扫描即可观看。**

第 1 章，介绍 JavaScript 的起源：从哪里来，如何发展，以及现今的状况。这一章会谈到 JavaScript 与 ECMAScript 的关系、DOM、BOM，以及 Ecma 和 W3C 相关的标准。

第 2 章，了解 JavaScript 如何与 HTML 结合来创建动态网页，主要介绍在网页中嵌入 JavaScript 的不同方式，还有 JavaScript 的内容类型及其与<script>元素的关系。

第 3 章，介绍语言的基本概念，包括语法和流控制语句；解释 JavaScript 与其他类 C 语言在语法上的异同点。在讨论内置操作符时也会谈到强制类型转换。此外还将介绍所有的原始类型，包括 Symbol。

第 4 章，探索 JavaScript 松散类型下的变量处理。这一章将涉及原始类型与引用类型的不同，以及与变量有关的执行上下文。此外，这一章也会讨论 JavaScript 中的垃圾回收，涉及在变量超出作用域时如何回收内存。

第 5 章，讨论 JavaScript 所有内置的引用类型，如 Date、Regexp、原始类型及其包装类型。每种引用类型既有理论上的讲解，也有相关浏览器实现的剖析。

第 6 章，继续讨论内置引用类型，包括 `Object`、`Array`、`Map`、`WeakMap`、`Set` 和 `WeakSet` 等。

第 7 章，介绍 ECMAScript 新版中引入的两个基本概念：迭代器和生成器，并分别讨论它们最基本的行为和在当前语言环境下的应用。

第 8 章，解释如何在 JavaScript 中使用类和面向对象编程。首先会深入讨论 JavaScript 的 `Object` 类型，进而探讨原型式继承，接下来全面介绍 ES6 类及其与原型式继承的紧密关系。

第 9 章，介绍两个紧密相关的概念：`Proxy`（代理）和 `Reflect`（反射）API。代理和反射用于拦截和修改这门语言的基本操作。

第 10 章，探索 JavaScript 最强大的一个特性：函数表达式，主要涉及闭包、`this` 对象、模块模式、创建私有对象成员、箭头函数、默认参数和扩展操作符。

第 11 章，介绍两个紧密相关的异步编程构造：`Promise` 类型和 `async/await`。这一章讨论 JavaScript 的异步编程范式，进而介绍期约（promise）与异步函数的关系。

第 12 章，介绍 BOM，即浏览器对象模型，跟与浏览器本身交互的 API 相关。所有 BOM 对象都会涉及，包括 `window`、`document`、`location`、`navigator` 和 `screen` 等。

第 13 章，解释检测客户端机器及其能力的不同手段，包括能力检测和用户代理字符串检测。这一章讨论每种手段的优缺点，以及适用的场景。

第 14 章，介绍 DOM，即文档对象模型，主要是 DOM Level 1 定义的 API。这一章将简单讨论 XML 及其与 DOM 的关系，进而全面探索 DOM 以及如何利用它操作网页。

第 15 章，解释其他 DOM API，包括浏览器本身对 DOM 的扩展，主要涉及 Selectors API、Element Traversal API 和 HTML5 扩展。

第 16 章，在之前两章的基础上，解释 DOM Level 2 和 Level 3 对 DOM 的扩展，包括新增的属性、方法和对象。这一章还会介绍 DOM4 的相关内容，比如 Mutation Observer。

第 17 章，解释事件在 JavaScript 中的本质，以及事件的起源及其在 DOM 中的运行方式。

第 18 章，围绕<canvas>标签讨论如何创建动态图形，包括 2D 和 3D 上下文（WebGL）等动画和游戏开发所需的基础。这一章还会讨论 WebGL1 和 WebGL2。

第 19 章，探索使用 JavaScript 增强表单交互及突破浏览器限制，主要讨论文本框、选择框等表单元素及数据验证和操作。

第 20 章，介绍各种 JavaScript API，包括 Atomics、Encoding、File、Blob、Notifications、Streams、Timing、Web Components 和 Web Cryptography。

第 21 章，讨论浏览器如何处理 JavaScript 代码中的错误及几种错误处理方式。这一章同时介绍了每种浏览器的调试工具和技术，包括简化调试过程的建议。

第 22 章，介绍通过 JavaScript 读取和操作 XML 数据的特性，解释了不同浏览器支持特性和对象的差异，提供了简化跨浏览器编码的建议。这一章也讨论了使用 XSLT 在客户端转换 XML 数据。

第 23 章，介绍作为 XML 替代的 JSON 数据格式，还讨论了浏览器原生解析和序列化 JSON，以及使用 JSON 时要注意的安全问题。

第 24 章，探讨浏览器请求数据和资源的常用方式，包括早期的 XMLHttpRequest 和现代的 Fetch API。

第 25 章，讨论应用程序离线时在客户端机器上存储数据的各种技术。先从 cookie 谈起，然后讨论 Web Storage 和 IndexedDB。

第 26 章，介绍模块模式在编码中的应用，进而讨论 ES6 模块之前的模块加载方式，包括 CommonJS、AMD 和 UMD。最后介绍新的 ES6 模块及其正确用法。

第 27 章，深入介绍专用工作者线程、共享工作者线程和服务工作者线程。其中包括工作者线程在操作系统和浏览器层面的实现，以及使用各种工作者线程的最佳策略。

第 28 章，探讨在企业级开发中进行 JavaScript 编码的最佳实践。其中提到了提升代码可维护性的编码惯例，包括编码技巧、格式化及通用编码建议。深入讨论应用性能和提升速度的技术。最后介绍与上线部署相关的话题，包括项目构建流程。

预备条件

要运行本书示例代码，需要如下条件。

❑ 现代操作系统，包括 Windows、Linux、Mac OS、Android 或 iOS。
❑ 现代浏览器，如 IE11+、Edge 12+、Firefox 26+、Chrome 39+、Safari 10+、Opera 26+或 iOS Safari 10+。

扫描封底二维码，可以下载本书源代码，并加入图灵前端研发小组。①

电子书及附录

扫描下方二维码，即可购买本书中文版电子书，并从"随书下载"处获取本书电子版附录。

---

① 读者也可访问本书图灵社区页面（https://www.ituring.com.cn/book/2472）下载本书配套学习资源，并提交中文版勘误。

致　　谢

感谢 Wiley 出版社让我接手这本书。编写本书第 4 版对我来说是前所未有的挑战，也让我收获非常大。来自 Wiley 的包容和支持是本书得以完成的前提。感谢 Wiley 的工作人员，特别是把这本书交到我手上并紧盯着整个流程的 Jim Minatel。

感谢本书前 3 版的作者 Nicholas C. Zakas，感谢他在我接手之前所做的一切。没有他之前打下的良好基础，就不会有本书今天的成就。衷心祝愿他早日康复。

特别感谢 Adaobi Obi Tulton 的指导。如果没有她对整个流程的把控，以及她的耐心和专业水准，我不可能写完这一版。

还要感谢对本书草稿给出反馈意见的所有人：Samuel Kallner、Chaim Krause、Marcia Wilbur、Nancy Rapoport、Athiyappan Lalith Kumar，还有 Evelyn Wellborn。这样一本书，少了你们任何人的帮助，都不会像现在这么完善。

最后，我想感谢 Zach Tratar 为本书作序。我非常幸运地在搬到旧金山的头一天就认识了 Zach Tratar。几年来，作为良师益友，他的求知若渴和博学多才一直感染着我，何况他还是一位杰出的软件工程师。他同意为本书作序是我的荣幸。

目　　录

第 1 章

什么是 JavaScript

本章内容
- ❑ JavaScript 历史回顾
- ❑ JavaScript 是什么
- ❑ JavaScript 与 ECMAScript 的关系
- ❑ JavaScript 的不同版本

1995 年，JavaScript 问世。当时，它的主要用途是代替 Perl 等服务器端语言处理输入验证。在此之前，要验证某个必填字段是否已填写，或者某个输入的值是否有效，需要与服务器的一次往返通信。网景公司希望通过在其 Navigator 浏览器中加入 JavaScript 来改变这个局面。在那个普遍通过电话拨号上网的年代，由客户端处理某些基本的验证是让人兴奋的新功能。缓慢的网速让页面每次刷新都考验着人们的耐心。

从那时起，JavaScript 逐渐成为市面上所有主流浏览器的标配。如今，JavaScript 的应用也不再局限于数据验证，而是渗透到浏览器窗口及其内容的方方面面。JavaScript 已被公认为主流的编程语言，能够实现复杂的计算与交互，包括闭包、匿名（lambda）函数，甚至元编程等特性。不仅是桌面浏览器，手机浏览器和屏幕阅读器也支持 JavaScript，其重要性可见一斑。就连拥有自家客户端脚本语言 VBScript 的微软公司，也在其 Internet Explorer（以下简称 IE）浏览器最初的版本中包含了自己的 JavaScript 实现。

从简单的输入验证脚本到强大的编程语言，JavaScript 的崛起没有任何人预测到。它很简单，学会用只要几分钟；它又很复杂，掌握它要很多年。要真正学好用好 JavaScript，理解其本质、历史及局限性是非常重要的。

1.1 简短的历史回顾

随着 Web 日益流行，对客户端脚本语言的需求也越来越强烈。当时，大多数用户使用 28.8kbit/s 的调制解调器上网，但网页变得越来越大、越来越复杂。为验证简单的表单而需要大量与服务器的往返通信成为用户的痛点。想象一下，你填写完表单，单击"提交"按钮，等 30 秒处理，然后看到一条消息，告诉你有一个必填字段没填。网景在当时是引领技术革新的公司，它将开发一个客户端脚本语言来处理这种简单的数据验证提上了日程。

1995 年，网景公司一位名叫 Brendan Eich 的工程师，开始为即将发布的 Netscape Navigator 2 开发一个叫 Mocha（后来改名为 LiveScript）的脚本语言。当时的计划是在客户端和服务器端都使用它，它在服务器端叫 LiveWire。

为了赶上发布时间，网景与 Sun 公司结为开发联盟，共同完成 LiveScript 的开发。就在 Netscape Navigator 2 正式发布前，网景把 LiveScript 改名为 JavaScript，以便搭上媒体当时热烈炒作 Java 的顺风车。

由于 JavaScript 1.0 很成功，网景又在 Netscape Navigator 3 中发布了 1.1 版本。尚未成熟的 Web 的受欢迎程度达到了历史新高，而网景则稳居市场领导者的位置。这时候，微软决定向 IE 投入更多资源。就在 Netscape Navigator 3 发布后不久，微软发布了 IE3，其中包含自己名为 JScript（叫这个名字是为了避免与网景发生许可纠纷）的 JavaScript 实现。1996 年 8 月，微软重磅进入 Web 浏览器领域，这是网景永远的痛，但它代表 JavaScript 作为一门语言向前迈进了一大步。

微软的 JavaScript 实现意味着出现了两个版本的 JavaScript：Netscape Navigator 中的 JavaScript，以及 IE 中的 JScript。与 C 语言以及很多其他编程语言不同，JavaScript 还没有规范其语法或特性的标准，两个版本并存让这个问题更加突出了。随着业界担忧日甚，JavaScript 终于踏上了标准化的征程。

1997 年，JavaScript 1.1 作为提案被提交给欧洲计算机制造商协会（Ecma）。第 39 技术委员会（TC39）承担了"标准化一门通用、跨平台、厂商中立的脚本语言的语法和语义"的任务（参见 TC39-ECMAScript）。TC39 委员会由来自网景、Sun、微软、Borland、Nombas 和其他对这门脚本语言有兴趣的公司的工程师组成。他们花了数月时间打造出 ECMA-262，也就是 ECMAScript（发音为 "ek-ma-script"）这个新的脚本语言标准。

1998 年，国际标准化组织（ISO）和国际电工委员会（IEC）也将 ECMAScript 采纳为标准（ISO/IEC-16262）。自此以后，各家浏览器均以 ECMAScript 作为自己 JavaScript 实现的依据，虽然具体实现各有不同。

1.2　JavaScript 实现

虽然 JavaScript 和 ECMAScript 基本上是同义词，但 JavaScript 远远不限于 ECMA-262 所定义的那样。没错，完整的 JavaScript 实现包含以下几个部分（见图 1-1）：

- ❑ 核心（ECMAScript）
- ❑ 文档对象模型（DOM）
- ❑ 浏览器对象模型（BOM）

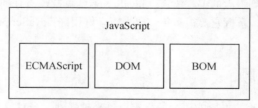

图　1-1

1.2.1　ECMAScript

ECMAScript，即 ECMA-262 定义的语言，并不局限于 Web 浏览器。事实上，这门语言没有输入和输出之类的方法。ECMA-262 将这门语言作为一个基准来定义，以便在它之上再构建更稳健的脚本语言。Web 浏览器只是 ECMAScript 实现可能存在的一种宿主环境（host environment）。宿主环境提供 ECMAScript 的基准实现和与环境自身交互必需的扩展。扩展（比如 DOM）使用 ECMAScript 核心类型和语法，提供特定于环境的额外功能。其他宿主环境还有服务器端 JavaScript 平台 Node.js 和即将被淘汰的 Adobe Flash。

如果不涉及浏览器的话，ECMA-262 到底定义了什么？在基本的层面，它描述这门语言的如下部分：
- ❑ 语法
- ❑ 类型
- ❑ 语句
- ❑ 关键字
- ❑ 保留字
- ❑ 操作符
- ❑ 全局对象

ECMAScript 只是对实现这个规范描述的所有方面的一门语言的称呼。JavaScript 实现了 ECMAScript，而 Adobe ActionScript 同样也实现了 ECMAScript。

1. ECMAScript 版本

ECMAScript 不同的版本以"edition"表示（也就是描述特定实现的 ECMA-262 的版本）。ECMA-262 最近的版本是第 10 版，发布于 2019 年 6 月。ECMA-262 的第 1 版本质上跟网景的 JavaScript 1.1 相同，只不过删除了所有浏览器特定的代码，外加少量细微的修改。ECMA-262 要求支持 Unicode 标准（以支持多语言），而且对象要与平台无关（Netscape JavaScript 1.1 的对象不是这样，比如它的 `Date` 对象就依赖平台）。这也是 JavaScript 1.1 和 JavaScript 1.2 不符合 ECMA-262 第 1 版要求的原因。

ECMA-262 第 2 版只是做了一些编校工作，主要是为了更新之后严格符合 ISO/IEC-16262 的要求，并没有增减或改变任何特性。ECMAScript 实现通常不使用第 2 版来衡量符合性（conformance）。

ECMA-262 第 3 版第一次真正对这个标准进行更新，更新了字符串处理、错误定义和数值输出。此外还增加了对正则表达式、新的控制语句、`try/catch` 异常处理的支持，以及为了更好地让标准国际化所做的少量修改。对很多人来说，这标志着 ECMAScript 作为一门真正的编程语言的时代终于到来了。

ECMA-262 第 4 版是对这门语言的一次彻底修订。作为对 JavaScript 在 Web 上日益成功的回应，开发者开始修订 ECMAScript 以满足全球 Web 开发日益增长的需求。为此，Ecma T39 再次被召集起来，以决定这门语言的未来。结果，他们制定的规范几乎在第 3 版基础上完全定义了一门新语言。第 4 版包括强类型变量、新语句和数据结构、真正的类和经典的继承，以及操作数据的新手段。

与此同时，TC39 委员会的一个子委员会也提出了另外一份提案，叫作"ECMAScript 3.1"，只对这门语言进行了较少的改进。这个子委员会的人认为第 4 版对这门语言来说跳跃太大了。因此，他们提出了一个改动较小的提案，只要在现有 JavaScript 引擎基础上做一些增改就可以实现。最终，ES3.1 子委员会赢得了 TC39 委员会的支持，ECMA-262 第 4 版在正式发布之前被放弃。

ECMAScript 3.1 变成了 ECMA-262 的第 5 版，于 2009 年 12 月 3 日正式发布。第 5 版致力于厘清第 3 版存在的歧义，也增加了新功能。新功能包括原生的解析和序列化 JSON 数据的 `JSON` 对象、方便继承和高级属性定义的方法，以及新的增强 ECMAScript 引擎解释和执行代码能力的严格模式。第 5 版在 2011 年 6 月发布了一个维护性修订版，这个修订版只更正了规范中的错误，并未增加任何新的语言或库特性。

ECMA-262 第 6 版，俗称 ES6、ES2015 或 ES Harmony（和谐版），于 2015 年 6 月发布。这一版包含了大概这个规范有史以来最重要的一批增强特性。ES6 正式支持了类、模块、迭代器、生成器、箭头函数、期约、反射、代理和众多新的数据类型。

ECMA-262 第 7 版，也称为 ES7 或 ES2016，于 2016 年 6 月发布。这次修订只包含少量语法层面的增强，如 `Array.prototype.includes` 和指数操作符。

ECMA-262 第 8 版，也称为 ES8、ES2017，完成于 2017 年 6 月。这一版主要增加了异步函数（async/await）、`SharedArrayBuffer` 及 Atomics API，以及 `Object.values()/Object.entries()/Object.getOwnPropertyDescriptors()` 和字符串填充方法，另外明确支持对象字面量最后的逗号。

ECMA-262 第 9 版，也称为 ES9、ES2018，发布于 2018 年 6 月。这次修订包括异步迭代、剩余和扩展属性、一组新的正则表达式特性、`Promise finally()`，以及模板字面量修订。

ECMA-262 第 10 版，也称为 ES10、ES2019，发布于 2019 年 6 月。这次修订增加了 `Array.prototype.flat()/flatMap()`、`String.prototype.trimStart()/trimEnd()`、`Object.fromEntries()` 方法，以及 `Symbol.prototype.description` 属性，明确定义了 `Function.prototype.toString()` 的返回值并固定了 `Array.prototype.sort()` 的顺序。另外，这次修订解决了与 JSON 字符串兼容的问题，并定义了 `catch` 子句的可选绑定。

2. ECMAScript 符合性是什么意思

ECMA-262 阐述了什么是 ECMAScript 符合性。要成为 ECMAScript 实现，必须满足下列条件：

❑ 支持 ECMA-262 中描述的所有"类型、值、对象、属性、函数，以及程序语法与语义"；
❑ 支持 Unicode 字符标准。

此外，符合性实现还可以满足下列要求。

❑ 增加 ECMA-262 中未提及的"额外的类型、值、对象、属性和函数"。ECMA-262 所说的这些额外内容主要指规范中未给出的新对象或对象的新属性。
❑ 支持 ECMA-262 中没有定义的"程序和正则表达式语法"（意思是允许修改和扩展内置的正则表达式特性）。

以上条件为实现开发者基于 ECMAScript 开发语言提供了极大的权限和灵活度，也是其广受欢迎的原因之一。

3. 浏览器对 ECMAScript 的支持

1996 年，Netscape Navigator 3 发布时包含了 JavaScript 1.1。JavaScript 1.1 规范随后被提交给 Ecma，作为对新的 ECMA-262 标准的建议。随着 JavaScript 迅速走红，网景非常愿意开发 1.2 版。可是有个问题：Ecma 尚未接受网景的建议。

Netscape Navigator 3 发布后不久，微软推出了 IE3。IE 的这个版本包含了 JScript 1.0，本意是提供与 JavaScript 1.1 相同的功能。不过，由于缺少很多文档，而且还有不少重复性功能，JScript 1.0 远远没有 JavaScript 1.1 那么强大。

JScript 的再次更新出现在 IE4 中的 JScript 3.0（2.0 版是在 Microsoft Internet Information Server 3.0 中发布的，但从未包含在浏览器中）。微软发新闻稿称 JScript 3.0 是世界上第一门真正兼容 Ecma 标准的脚本语言。当时 ECMA-262 还没制定完成，因此 JScript 3.0 遭受了与 JavaScript 1.2 同样的命运，它同样没有遵守最终的 ECMAScript 标准。

网景又在 Netscape Navigator 4.06 中将其 JavaScript 版本升级到 1.3，因此做到了与 ECMA-262 第 1 版完全兼容。JavaScript 1.3 增加了对 Unicode 标准的支持，并做到了所有对象都与平台无关，同时保留了 JavaScript 1.2 所有的特性。

后来，当网景以 Mozilla 项目的名义向公众发布其源代码时，人们都期待 Netscape Navigator 5 中会包含 JavaScript 1.4。可是，一个完全重新设计网景代码的激进决定导致了人们的希望落空。JavaScript 1.4 只在 Netscape Enterprise Server 中作为服务器端语言发布了，从来就没有进入浏览器。

到了 2008 年，五大浏览器（IE、Firefox、Safari、Chrome 和 Opera）全部兼容 ECMA-262 第 3 版。

IE8 率先实现 ECMA-262 第 5 版，并在 IE9 中完整支持。Firefox 4 很快也做到了。下表列出了主要的浏览器版本对 ECMAScript 的支持情况。

浏 览 器	ECMAScript 符合性
Netscape Navigator 2	—
Netscape Navigator 3	—
Netscape Navigator 4~4.05	—
Netscape Navigator 4.06~4.79	第 1 版
Netscape 6+（Mozilla 0.6.0+）	第 3 版
IE3	—
IE4	—
IE5	第 1 版
IE5.5~8	第 3 版
IE9	第 5 版（部分）
IE10~11	第 5 版
Edge 12+	第 6 版
Opera 6~7.1	第 2 版
Opera 7.2+	第 3 版
Opera 15~28	第 5 版
Opera 29~35	第 6 版（部分）
Opera 36+	第 6 版
Safari 1~2.0.x	第 3 版（部分）
Safari 3.1~5.1	第 5 版（部分）
Safari 6~8	第 5 版
Safari 9+	第 6 版
iOS Safari 3.2~5.1	第 5 版（部分）
iOS Safari 6~8.4	第 5 版
iOS Safari 9.2+	第 6 版
Chrome 1~3	第 3 版
Chrome 4~22	第 5 版（部分）
Chrome 23+	第 5 版
Chrome 42~48	第 6 版（部分）
Chrome 49+	第 6 版
Firefox 1~2	第 3 版
Firefox 3.0.x~20	第 5 版（部分）
Firefox 21~44	第 5 版
Firefox 45+	第 6 版

1.2.2   DOM

文档对象模型（DOM，Document Object Model）是一个应用编程接口（API），用于在 HTML 中使用扩展的 XML。DOM 将整个页面抽象为一组分层节点。HTML 或 XML 页面的每个组成部分都是一种节点，包含不同的数据。比如下面的 HTML 页面：

```
<html>
    <head>
        <title>Sample Page</title>
    </head>
    <body>
        <p> Hello World!</p>
    </body>
</html>
```

这些代码通过 DOM 可以表示为一组分层节点，如图 1-2 所示。

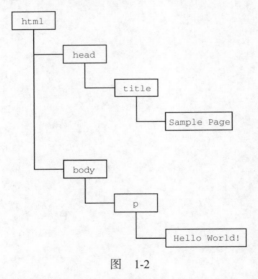

图   1-2

DOM 通过创建表示文档的树，让开发者可以随心所欲地控制网页的内容和结构。使用 DOM API，可以轻松地删除、添加、替换、修改节点。

1. 为什么 DOM 是必需的

在 IE4 和 Netscape Navigator 4 支持不同形式的动态 HTML（DHTML）的情况下，开发者首先可以做到不刷新页面而修改页面外观和内容。这代表了 Web 技术的一个巨大进步，但也暴露了很大的问题。由于网景和微软采用不同思路开发 DHTML，开发者写一个 HTML 页面就可以在任何浏览器中运行的好日子就此终结。

为了保持 Web 跨平台的本性，必须要做点什么。人们担心如果无法控制网景和微软各行其是，那么 Web 就会发生分裂，导致人们面向浏览器开发网页。就在这时，万维网联盟（W3C，World Wide Web Consortium）开始了制定 DOM 标准的进程。

2. DOM 级别

1998 年 10 月，DOM Level 1 成为 W3C 的推荐标准。这个规范由两个模块组成：DOM Core 和 DOM

HTML。前者提供了一种映射 XML 文档，从而方便访问和操作文档任意部分的方式；后者扩展了前者，并增加了特定于 HTML 的对象和方法。

> **注意**　DOM 并非只能通过 JavaScript 访问，而且确实被其他很多语言实现了。不过对于浏览器来说，DOM 就是使用 ECMAScript 实现的，如今已经成为 JavaScript 语言的一大组成部分。

DOM Level 1 的目标是映射文档结构，而 DOM Level 2 的目标则宽泛得多。这个对最初 DOM 的扩展增加了对（DHTML 早就支持的）鼠标和用户界面事件、范围、遍历（迭代 DOM 节点的方法）的支持，而且通过对象接口支持了层叠样式表（CSS）。另外，DOM Level 1 中的 DOM Core 也被扩展以包含对 XML 命名空间的支持。

DOM Level 2 新增了以下模块，以支持新的接口。

- ❑ **DOM 视图**：描述追踪文档不同视图（如应用 CSS 样式前后的文档）的接口。
- ❑ **DOM 事件**：描述事件及事件处理的接口。
- ❑ **DOM 样式**：描述处理元素 CSS 样式的接口。
- ❑ **DOM 遍历和范围**：描述遍历和操作 DOM 树的接口。

DOM Level 3 进一步扩展了 DOM，增加了以统一的方式加载和保存文档的方法（包含在一个叫 DOM Load and Save 的新模块中），还有验证文档的方法（DOM Validation）。在 Level 3 中，DOM Core 经过扩展支持了所有 XML 1.0 的特性，包括 XML Infoset、XPath 和 XML Base。

目前，W3C 不再按照 Level 来维护 DOM 了，而是作为 DOM Living Standard 来维护，其快照称为 DOM4。DOM4 新增的内容包括替代 Mutation Events 的 Mutation Observers。

> **注意**　在阅读关于 DOM 的资料时，你可能会看到 DOM Level 0 的说法。注意，并没有一个标准叫"DOM Level 0"，这只是 DOM 历史中的一个参照点。DOM Level 0 可以看作 IE4 和 Netscape Navigator 4 中最初支持的 DHTML。

3. 其他 DOM

除了 DOM Core 和 DOM HTML 接口，有些其他语言也发布了自己的 DOM 标准。下面列出的语言是基于 XML 的，每一种都增加了该语言独有的 DOM 方法和接口：

- ❑ 可伸缩矢量图（SVG，Scalable Vector Graphics）
- ❑ 数学标记语言（MathML，Mathematical Markup Language）
- ❑ 同步多媒体集成语言（SMIL，Synchronized Multimedia Integration Language）

此外，还有一些语言开发了自己的 DOM 实现，比如 Mozilla 的 XML 用户界面语言（XUL，XML User Interface Language）。不过，只有前面列表中的语言是 W3C 推荐标准。

4. Web 浏览器对 DOM 的支持情况

DOM 标准在 Web 浏览器实现它之前就已经作为标准发布了。IE 在第 5 版中尝试支持 DOM，但直到 5.5 版才开始真正支持，该版本实现了 DOM Level 1 的大部分。IE 在第 6 版和第 7 版中都没有实现新特性，第 8 版中修复了一些问题。

网景在 Netscape 6（Mozilla 0.6.0）之前都不支持 DOM。Netscape 7 之后，Mozilla 把开发资源转移

到开发 Firefox 浏览器上。Firefox 3+支持全部的 Level 1、几乎全部的 Level 2，以及 Level 3 的某些部分。（Mozilla 开发团队的目标是打造百分之百兼容标准的浏览器，他们的工作也得到了应有的回报。）

　　支持 DOM 是浏览器厂商的重中之重，每个版本发布都会改进支持度。下表展示了主流浏览器支持 DOM 的情况。

浏　览　器	DOM 兼容
Netscape Navigator 1~4.*x*	—
Netscape 6+（Mozilla 0.6.0+）	Level 1、Level 2（几乎全部）、Level 3（部分）
IE2~4.*x*	—
IE5	Level 1（很少）
IE5.5~8	Level 1（几乎全部）
IE9+	Level 1、Level 2、Level 3
Edge	Level 1、Level 2、Level 3
Opera 1~6	—
Opera 7~8.*x*	Level 1（几乎全部）、Level 2（部分）
Opera 9~9.9	Level 1、Level 2（几乎全部）、Level 3（部分）
Opera 10+	Level 1、Level 2、Level 3（部分）
Safari 1.0.*x*	Level 1
Safari 2+	Level 1、Level 2（部分）、Level 3（部分）
iOS Safari 3.2+	Level 1、Level 2（部分）、Level 3（部分）
Chrome 1+	Level 1、Level 2（部分）、Level 3（部分）
Firefox 1+	Level 1、Level 2（几乎全部）、Level 3（部分）

> **注意**　上表中兼容性的状态会随时间而变化，其中的内容仅反映本书写作时的状态。

1.2.3　BOM

　　IE3 和 Netscape Navigator 3 提供了**浏览器对象模型**（BOM）API，用于支持访问和操作浏览器的窗口。使用 BOM，开发者可以操控浏览器显示页面之外的部分。而 BOM 真正独一无二的地方，当然也是问题最多的地方，就是它是唯一一个没有相关标准的 JavaScript 实现。HTML5 改变了这个局面，这个版本的 HTML 以正式规范的形式涵盖了尽可能多的 BOM 特性。由于 HTML5 的出现，之前很多与 BOM 有关的问题都迎刃而解了。

　　总体来说，BOM 主要针对浏览器窗口和子窗口（frame），不过人们通常会把任何特定于浏览器的扩展都归在 BOM 的范畴内。比如，下面就是这样一些扩展：

- ❏ 弹出新浏览器窗口的能力；
- ❏ 移动、缩放和关闭浏览器窗口的能力；
- ❏ `navigator` 对象，提供关于浏览器的详尽信息；
- ❏ `location` 对象，提供浏览器加载页面的详尽信息；

1

❑ `screen` 对象，提供关于用户屏幕分辨率的详尽信息；
❑ `performance` 对象，提供浏览器内存占用、导航行为和时间统计的详尽信息；
❑ 对 cookie 的支持；
❑ 其他自定义对象，如 `XMLHttpRequest` 和 IE 的 `ActiveXObject`。

因为在很长时间内都没有标准，所以每个浏览器实现的都是自己的 BOM。有一些所谓的事实标准，比如对于 `window` 对象和 `navigator` 对象，每个浏览器都会给它们定义自己的属性和方法。现在有了 HTML5，BOM 的实现细节应该会日趋一致。关于 BOM，本书会在第 12 章再专门详细介绍。

1.3　JavaScript 版本

作为网景的继承者，Mozilla 是唯一仍在延续最初 JavaScript 版本编号的浏览器厂商。当初网景在将其源代码开源时（项目名为 Mozilla Project），JavaScript 在其浏览器中最后的版本是 1.3。（前面提到过，1.4 版是专门为服务器实现的。）因为 Mozilla Foundation 在持续开发 JavaScript，为它增加新特性、关键字和语法，所以 JavaScript 的版本号也在不断递增。下表展示了 Netscape/Mozilla 浏览器发布的历代 JavaScript 版本。

浏　览　器	JavaScript 版本
Netscape Navigator 2	1.0
Netscape Navigator 3	1.1
Netscape Navigator 4	1.2
Netscape Navigator 4.06	1.3
Netscape 6+（Mozilla 0.6.0+）	1.5
Firefox 1	1.5
Firefox 1.5	1.6
Firefox 2	1.7
Firefox 3	1.8
Firefox 3.5	1.8.1
Firefox 3.6	1.8.2
Firefox 4	1.8.5

这种版本编号方式是根据 Firefox 4 要发布 JavaScript 2.0 决定的，在此之前版本号的每次递增，反映的是 JavaScript 实现逐渐接近 2.0 建议。虽然这是最初的计划，但 JavaScript 的发展让这个计划变得不可能。JavaScript 2.0 作为一个目标已经不存在了，而这种版本号编排方式在 Firefox 4 发布后就终止了。

> **注意**　Netscape/Mozilla 仍然沿用这种版本方案。而 IE 的 JScript 有不同的版本号规则。这些 JScript 版本与上表提到的 JavaScript 版本并不对应。此外，多数浏览器对 JavaScript 的支持，指的是实现 ECMAScript 和 DOM 的程度。

1.4　小结

JavaScript 是一门用来与网页交互的脚本语言，包含以下三个组成部分。

❑ ECMAScript：由 ECMA-262 定义并提供核心功能。

❑ 文档对象模型（DOM）：提供与网页内容交互的方法和接口。

❑ 浏览器对象模型（BOM）：提供与浏览器交互的方法和接口。

JavaScript 的这三个部分得到了五大 Web 浏览器（IE、Firefox、Chrome、Safari 和 Opera）不同程度的支持。所有浏览器基本上对 ES5（ECMAScript 5）提供了完善的支持，而对 ES6（ECMAScript 6）和 ES7（ECMAScript 7）的支持度也在不断提升。这些浏览器对 DOM 的支持各不相同，但对 Level 3 的支持日益趋于规范。HTML5 中收录的 BOM 会因浏览器而异，不过开发者仍然可以假定存在很大一部分公共特性。

第2章

HTML 中的 JavaScript

本章内容
- ❑ 使用\<script\>元素
- ❑ 行内脚本与外部脚本的比较
- ❑ 文档模式对 JavaScript 有什么影响
- ❑ 确保 JavaScript 不可用时的用户体验

将 JavaScript 引入网页，首先要解决它与网页的主导语言 HTML 的关系问题。在 JavaScript 早期，网景公司的工作人员希望在将 JavaScript 引入 HTML 页面的同时，不会导致页面在其他浏览器中渲染出问题。通过反复试错和讨论，他们最终做出了一些决定，并达成了向网页中引入通用脚本能力的共识。当初他们的很多工作得到了保留，并且最终形成了 HTML 规范。

2.1 \<script\>元素

将 JavaScript 插入 HTML 的主要方法是使用\<script\>元素。这个元素是由网景公司创造出来，并最早在 Netscape Navigator 2 中实现的。后来，这个元素被正式加入到 HTML 规范。\<script\>元素有下列 8 个属性。

- ❑ async：可选。表示应该立即开始下载脚本，但不能阻止其他页面动作，比如下载资源或等待其他脚本加载。只对外部脚本文件有效。
- ❑ charset：可选。使用 src 属性指定的代码字符集。这个属性很少使用，因为大多数浏览器不在乎它的值。
- ❑ crossorigin：可选。配置相关请求的 CORS（跨源资源共享）设置。默认不使用 CORS。crossorigin="anonymous"配置文件请求不必设置凭据标志。crossorigin="use-credentials"设置凭据标志，意味着出站请求会包含凭据。
- ❑ defer：可选。表示脚本可以延迟到文档完全被解析和显示之后再执行。只对外部脚本文件有效。在 IE7 及更早的版本中，对行内脚本也可以指定这个属性。
- ❑ integrity：可选。允许比对接收到的资源和指定的加密签名以验证子资源完整性（SRI，Subresource Integrity）。如果接收到的资源的签名与这个属性指定的签名不匹配，则页面会报错，脚本不会执行。这个属性可以用于确保内容分发网络（CDN，Content Delivery Network）不会提供恶意内容。
- ❑ language：废弃。最初用于表示代码块中的脚本语言（如"JavaScript"、"JavaScript 1.2"或"VBScript"）。大多数浏览器都会忽略这个属性，不应该再使用它。
- ❑ src：可选。表示包含要执行的代码的外部文件。

❑ type：可选。代替 language，表示代码块中脚本语言的内容类型（也称 MIME 类型）。按照惯例，这个值始终都是"text/javascript"，尽管"text/javascript"和"text/ecmascript"都已经废弃了。JavaScript 文件的 MIME 类型通常是"application/x-javascript"，不过给 type 属性这个值有可能导致脚本被忽略。在非 IE 的浏览器中有效的其他值还有"application/javascript"和"application/ecmascript"。如果这个值是 module，则代码会被当成 ES6 模块，而且只有这时候代码中才能出现 import 和 export 关键字。

使用<script>的方式有两种：通过它直接在网页中嵌入 JavaScript 代码，以及通过它在网页中包含外部 JavaScript 文件。

要嵌入行内 JavaScript 代码，直接把代码放在<script>元素中就行：

```
<script>
  function sayHi() {
    console.log("Hi!");
  }
</script>
```

包含在<script>内的代码会被从上到下解释。在上面的例子中，被解释的是一个函数定义，并且该函数会被保存在解释器环境中。在<script>元素中的代码被计算完成之前，页面的其余内容不会被加载，也不会被显示。

在使用行内 JavaScript 代码时，要注意代码中不能出现字符串</script>。比如，下面的代码会导致浏览器报错：

```
<script>
  function sayScript() {
    console.log("</script>");
  }
</script>
```

浏览器解析行内脚本的方式决定了它在看到字符串</script>时，会将其当成结束的</script>标签。想避免这个问题，只需要转义字符"\"①即可：

```
<script>
  function sayScript() {
    console.log("<\/script>");
  }
</script>
```

这样修改之后，代码就可以被浏览器完全解释，不会导致任何错误。

要包含外部文件中的 JavaScript，就必须使用 src 属性。这个属性的值是一个 URL，指向包含 JavaScript 代码的文件，比如：

```
<script src="example.js"></script>
```

这个例子在页面中加载了一个名为 example.js 的外部文件。文件本身只需包含要放在<script>的起始及结束标签中间的 JavaScript 代码。与解释行内 JavaScript 一样，在解释外部 JavaScript 文件时，页面也会阻塞。（阻塞时间也包含下载文件的时间。）在 XHTML 文档中，可以忽略结束标签，比如：

```
<script src="example.js"/>
```

以上语法不能在 HTML 文件中使用，因为它是无效的 HTML，有些浏览器不能正常处理，比如 IE。

---

① 此处的转义字符指在 JavaScript 中使用反斜杠"\"来向文本字符串添加特殊字符。——编者注

> **注意** 按照惯例，外部 JavaScript 文件的扩展名是.js。这不是必需的，因为浏览器不会检查所包含 JavaScript 文件的扩展名。这就为使用服务器端脚本语言动态生成 JavaScript 代码，或者在浏览器中将 JavaScript 扩展语言（如 TypeScript，或 React 的 JSX）转译为 JavaScript 提供了可能性。不过要注意，服务器经常会根据文件扩展来确定响应的正确 MIME 类型。如果不打算使用.js 扩展名，一定要确保服务器能返回正确的 MIME 类型。

另外，使用了 src 属性的<script>元素不应该再在<script>和</script>标签中再包含其他 JavaScript 代码。如果两者都提供的话，则浏览器只会下载并执行脚本文件，从而忽略行内代码。

<script>元素的一个最为强大、同时也备受争议的特性是，它可以包含来自外部域的 JavaScript 文件。跟<img>元素很像，<script>元素的 src 属性可以是一个完整的 URL，而且这个 URL 指向的资源可以跟包含它的 HTML 页面不在同一个域中，比如这个例子：

```
<script src="http://www.somewhere.com/afile.js"></script>
```

浏览器在解析这个资源时，会向 src 属性指定的路径发送一个 GET 请求，以取得相应资源，假定是一个 JavaScript 文件。这个初始的请求不受浏览器同源策略限制，但返回并被执行的 JavaScript 则受限制。当然，这个请求仍然受父页面 HTTP/HTTPS 协议的限制。

来自外部域的代码会被当成加载它的页面的一部分来加载和解释。这个能力可以让我们通过不同的域分发 JavaScript。不过，引用了放在别人服务器上的 JavaScript 文件时要格外小心，因为恶意的程序员随时可能替换这个文件。在包含外部域的 JavaScript 文件时，要确保该域是自己所有的，或者该域是一个可信的来源。<script>标签的 integrity 属性是防范这种问题的一个武器，但这个属性也不是所有浏览器都支持。

不管包含的是什么代码，浏览器都会按照<script>在页面中出现的顺序依次解释它们，前提是它们没有使用 defer 和 async 属性。第二个<script>元素的代码必须在第一个<script>元素的代码解释完毕才能开始解释，第三个则必须等第二个解释完，以此类推。

2.1.1 标签位置

过去，所有<script>元素都被放在页面的<head>标签内，如下面的例子所示：

```
<!DOCTYPE html>
<html>
  <head>
  <title>Example HTML Page</title>
  <script src="example1.js"></script>
  <script src="example2.js"></script>
  </head>
  <body>
  <!-- 这里是页面内容 -->
  </body>
</html>
```

这种做法的主要目的是把外部的 CSS 和 JavaScript 文件都集中放到一起。不过，把所有 JavaScript 文件都放在<head>里，也就意味着必须把所有 JavaScript 代码都下载、解析和解释完成后，才能开始渲染页面（页面在浏览器解析到<body>的起始标签时开始渲染）。对于需要很多 JavaScript 的页面，这会导致页面渲染的明显延迟，在此期间浏览器窗口完全空白。为解决这个问题，现代 Web 应用程序通常将所有 JavaScript 引用放在<body>元素中的页面内容后面，如下面的例子所示：

```
<!DOCTYPE html>
<html>
  <head>
  <title>Example HTML Page</title>
  </head>
  <body>
  <!-- 这里是页面内容 -->
  <script src="example1.js"></script>
  <script src="example2.js"></script>
  </body>
</html>
```

这样一来，页面会在处理 JavaScript 代码之前完全渲染页面。用户会感觉页面加载更快了，因为浏览器显示空白页面的时间短了。

2.1.2　推迟执行脚本

HTML 4.01 为<script>元素定义了一个叫 defer 的属性。这个属性表示脚本在执行的时候不会改变页面的结构。也就是说，脚本会被延迟到整个页面都解析完毕后再运行。因此，在<script>元素上设置 defer 属性，相当于告诉浏览器立即下载，但延迟执行。

```
<!DOCTYPE html>
<html>
  <head>
  <title>Example HTML Page</title>
  <script defer src="example1.js"></script>
  <script defer src="example2.js"></script>
  </head>
  <body>
  <!-- 这里是页面内容 -->
  </body>
</html>
```

虽然这个例子中的<script>元素包含在页面的<head>中，但它们会在浏览器解析到结束的</html>标签后才会执行。HTML5 规范要求脚本应该按照它们出现的顺序执行，因此第一个推迟的脚本会在第二个推迟的脚本之前执行，而且两者都会在 DOMContentLoaded 事件之前执行（关于事件，请参考第 17 章）。不过在实际当中，推迟执行的脚本不一定总会按顺序执行或者在 DOMContentLoaded 事件之前执行，因此最好只包含一个这样的脚本。

如前所述，defer 属性只对外部脚本文件才有效。这是 HTML5 中明确规定的，因此支持 HTML5 的浏览器会忽略行内脚本的 defer 属性。IE4~7 展示出的都是旧的行为，IE8 及更高版本则支持 HTML5 定义的行为。

对 defer 属性的支持是从 IE4、Firefox 3.5、Safari 5 和 Chrome 7 开始的。其他所有浏览器则会忽略这个属性，按照通常的做法来处理脚本。考虑到这一点，还是把要推迟执行的脚本放在页面底部比较好。

> **注意**　对于 XHTML 文档，指定 defer 属性时应该写成 defer="defer"。

2.1.3　异步执行脚本

HTML5 为<script>元素定义了 async 属性。从改变脚本处理方式上看，async 属性与 defer 类似。当然，它们两者也都只适用于外部脚本，都会告诉浏览器立即开始下载。不过，与 defer 不同的是，标记为 async 的脚本并不保证能按照它们出现的次序执行，比如：

```
<!DOCTYPE html>
<html>
  <head>
  <title>Example HTML Page</title>
  <script async src="example1.js"></script>
  <script async src="example2.js"></script>
  </head>
  <body>
  <!-- 这里是页面内容 -->
  </body>
</html>
```

在这个例子中，第二个脚本可能先于第一个脚本执行。因此，重点在于它们之间没有依赖关系。给脚本添加 async 属性的目的是告诉浏览器，不必等脚本下载和执行完后再加载页面，同样也不必等到该异步脚本下载和执行后再加载其他脚本。正因为如此，异步脚本不应该在加载期间修改 DOM。

异步脚本保证会在页面的 load 事件前执行，但可能会在 DOMContentLoaded（参见第 17 章）之前或之后。Firefox 3.6、Safari 5 和 Chrome 7 支持异步脚本。使用 async 也会告诉页面你不会使用 document.write，不过好的 Web 开发实践根本就不推荐使用这个方法。

> **注意**　对于 XHTML 文档，指定 async 属性时应该写成 async="async"。

2.1.4　动态加载脚本

除了<script>标签，还有其他方式可以加载脚本。因为 JavaScript 可以使用 DOM API，所以通过向 DOM 中动态添加 script 元素同样可以加载指定的脚本。只要创建一个 script 元素并将其添加到 DOM 即可。

```
let script = document.createElement('script');
script.src = 'gibberish.js';
document.head.appendChild(script);
```

当然，在把 HTMLElement 元素添加到 DOM 且执行到这段代码之前不会发送请求。默认情况下，以这种方式创建的<script>元素是以异步方式加载的，相当于添加了 async 属性。不过这样做可能会有问题，因为所有浏览器都支持 createElement()方法，但不是所有浏览器都支持 async 属性。因此，如果要统一动态脚本的加载行为，可以明确将其设置为同步加载：

```
let script = document.createElement('script');
script.src = 'gibberish.js';
script.async = false;
document.head.appendChild(script);
```

以这种方式获取的资源对浏览器预加载器是不可见的。这会严重影响它们在资源获取队列中的优先级。根据应用程序的工作方式以及怎么使用，这种方式可能会严重影响性能。要想让预加载器知道这些动态请求文件的存在，可以在文档头部显式声明它们：

```
<link rel="preload" href="gibberish.js">
```

2.1.5　XHTML 中的变化

可扩展超文本标记语言（XHTML，Extensible HyperText Markup Language）是将 HTML 作为 XML 的应用重新包装的结果。与 HTML 不同，在 XHTML 中使用 JavaScript 必须指定 type 属性且值为 text/javascript，HTML 中则可以没有这个属性。XHTML 虽然已经退出历史舞台，但实践中偶尔可能也会遇到遗留代码，为此本节稍作介绍。

在 XHTML 中编写代码的规则比 HTML 中严格，这会影响使用<script>元素嵌入 JavaScript 代码。下面的代码块虽然在 HTML 中有效，但在 XHTML 中是无效的。

```
<script type="text/javascript">
  function compare(a, b) {
    if (a < b) {
      console.log("A is less than B");
    } else if (a > b) {
      console.log("A is greater than B");
    } else {
      console.log("A is equal to B");
    }
  }
</script>
```

在 HTML 中，解析<script>元素会应用特殊规则。XHTML 中则没有这些规则。这意味着 a < b 语句中的小于号（<）会被解释成一个标签的开始，并且由于作为标签开始的小于号后面不能有空格，这会导致语法错误。

避免 XHTML 中这种语法错误的方法有两种。第一种是把所有小于号（<）都替换成对应的 HTML 实体形式（<）。结果代码就是这样的：

```
<script type="text/javascript">
  function compare(a, b) {
    if (a &lt; b) {
      console.log("A is less than B");
    } else if (a > b) {
      console.log("A is greater than B");
    } else {
      console.log("A is equal to B");
    }
  }
</script>
```

这样代码就可以在 XHTML 页面中运行了。不过，缺点是会影响阅读。好在还有另一种方法。

第二种方法是把所有代码都包含到一个 CDATA 块中。在 XHTML（及 XML）中，CDATA 块表示文档中可以包含任意文本的区块，其内容不作为标签来解析，因此可以在其中包含任意字符，包括小于号，并且不会引发语法错误。使用 CDATA 的格式如下：

```
<script type="text/javascript"><![CDATA[
  function compare(a, b) {
    if (a < b) {
      console.log("A is less than B");
    } else if (a > b) {
      console.log("A is greater than B");
    } else {
      console.log("A is equal to B");
    }
  }
]]></script>
```

在兼容 XHTML 的浏览器中，这样能解决问题。但在不支持 CDATA 块的非 XHTML 兼容浏览器中则不行。为此，CDATA 标记必须使用 JavaScript 注释来抵消：

```
<script type="text/javascript">
//<![CDATA[
  function compare(a, b) {
    if (a < b) {
      console.log("A is less than B");
    } else if (a > b) {
      console.log("A is greater than B");
    } else {
      console.log("A is equal to B");
    }
  }
//]]>
</script>
```

这种格式适用于所有现代浏览器。虽然有点黑科技的味道，但它可以通过 XHTML 验证，而且对 XHTML 之前的浏览器也能优雅地降级。

> **注意**　XHTML 模式会在页面的 MIME 类型被指定为`"application/xhtml+xml"`时触发。并不是所有浏览器都支持以这种方式送达的 XHTML。

2.1.6　废弃的语法

自 1995 年 Netscape 2 发布以来，所有浏览器都将 JavaScript 作为默认的编程语言。type 属性使用一个 MIME 类型字符串来标识<script>的内容，但 MIME 类型并没有跨浏览器标准化。即使浏览器默认使用 JavaScript，在某些情况下某个无效或无法识别的 MIME 类型也可能导致浏览器跳过（不执行）相关代码。因此，除非你使用 XHTML 或<script>标签要求或包含非 JavaScript 代码，最佳做法是不指定 type 属性。

在最初采用 script 元素时，它标志着开始走向与传统 HTML 解析不同的流程。对这个元素需要应用特殊的解析规则，而这在不支持 JavaScript 的浏览器（特别是 Mosaic）中会导致问题。不支持的浏览器会把<script>元素的内容输出到页面上，从而破坏页面的外观。

Netscape 联合 Mosaic 拿出了一个解决方案，对不支持 JavaScript 的浏览器隐藏嵌入的 JavaScript 代码。最终方案是把脚本代码包含在一个 HTML 注释中，像这样：

```
<script><!--
  function sayHi(){
    console.log("Hi!");
  }
//--></script>
```

使用这种格式，Mosaic 等浏览器就可以忽略<script>标签中的内容，而支持 JavaScript 的浏览器则必须识别这种模式，将其中的内容作为 JavaScript 来解析。

虽然这种格式仍然可以被所有浏览器识别和解析，但已经不再必要，而且不应该再使用了。在 XHTML 模式下，这种格式也会导致脚本被忽略，因为代码处于有效的 XML 注释当中。

2.2　行内代码与外部文件

虽然可以直接在 HTML 文件中嵌入 JavaScript 代码，但通常认为最佳实践是尽可能将 JavaScript 代码放在外部文件中。不过这个最佳实践并不是明确的强制性规则。推荐使用外部文件的理由如下。

- ❑ **可维护性**。JavaScript 代码如果分散到很多 HTML 页面，会导致维护困难。而用一个目录保存所有 JavaScript 文件，则更容易维护，这样开发者就可以独立于使用它们的 HTML 页面来编辑代码。
- ❑ **缓存**。浏览器会根据特定的设置缓存所有外部链接的 JavaScript 文件，这意味着如果两个页面都用到同一个文件，则该文件只需下载一次。这最终意味着页面加载更快。
- ❑ **适应未来**。通过把 JavaScript 放到外部文件中，就不必考虑用 XHTML 或前面提到的注释黑科技。包含外部 JavaScript 文件的语法在 HTML 和 XHTML 中是一样的。

在配置浏览器请求外部文件时，要重点考虑的一点是它们会占用多少带宽。在 SPDY/HTTP2 中，预请求的消耗已显著降低，以轻量、独立 JavaScript 组件形式向客户端送达脚本更具优势。

比如，第一个页面包含如下脚本：

```
<script src="mainA.js"></script>
<script src="component1.js"></script>
<script src="component2.js"></script>
<script src="component3.js"></script>
...
```

后续页面可能包含如下脚本：

```
<script src="mainB.js"></script>
<script src="component3.js"></script>
<script src="component4.js"></script>
<script src="component5.js"></script>
...
```

在初次请求时，如果浏览器支持 SPDY/HTTP2，就可以从同一个地方取得一批文件，并将它们逐个放到浏览器缓存中。从浏览器角度看，通过 SPDY/HTTP2 获取所有这些独立的资源与获取一个大 JavaScript 文件的延迟差不多。

在第二个页面请求时，由于你已经把应用程序切割成了轻量可缓存的文件，第二个页面也依赖的某些组件此时已经存在于浏览器缓存中了。

当然，这里假设浏览器支持 SPDY/HTTP2，只有比较新的浏览器才满足。如果你还想支持那些比较老的浏览器，可能还是用一个大文件更合适。

2.3　文档模式

IE5.5 发明了文档模式的概念，即可以使用 `doctype` 切换文档模式。最初的文档模式有两种：**混杂模式**（quirks mode）和**标准模式**（standards mode）。前者让 IE 像 IE5 一样（支持一些非标准的特性），后者让 IE 具有兼容标准的行为。虽然这两种模式的主要区别只体现在通过 CSS 渲染的内容方面，但对 JavaScript 也有一些关联影响，或称为副作用。本书会经常提到这些副作用。

IE 初次支持文档模式切换以后，其他浏览器也跟着实现了。随着浏览器的普遍实现，又出现了第三种文档模式：**准标准模式**（almost standards mode）。这种模式下的浏览器支持很多标准的特性，但是没有标准规定得那么严格。主要区别在于如何对待图片元素周围的空白（在表格中使用图片时最明显）。

混杂模式在所有浏览器中都以省略文档开头的 doctype 声明作为开关。这种约定并不合理，因为混杂模式在不同浏览器中的差异非常大，不使用黑科技基本上就没有浏览器一致性可言。

标准模式通过下列几种文档类型声明开启：

```
<!-- HTML 4.01 Strict -->
<!DOCTYPE HTML PUBLIC "-//W3C//DTD HTML 4.01//EN"
"http://www.w3.org/TR/html4/strict.dtd">

<!-- XHTML 1.0 Strict -->
<!DOCTYPE html PUBLIC
"-//W3C//DTD XHTML 1.0 Strict//EN"
"http://www.w3.org/TR/xhtml1/DTD/xhtml1-strict.dtd">
<!-- HTML5 -->
<!DOCTYPE html>
```

准标准模式通过过渡性文档类型（Transitional）和框架集文档类型（Frameset）来触发：

```
<!-- HTML 4.01 Transitional -->
<!DOCTYPE HTML PUBLIC
"-//W3C//DTD HTML 4.01 Transitional//EN"
"http://www.w3.org/TR/html4/loose.dtd">

<!-- HTML 4.01 Frameset -->
<!DOCTYPE HTML PUBLIC
"-//W3C//DTD HTML 4.01 Frameset//EN"
"http://www.w3.org/TR/html4/frameset.dtd">

<!-- XHTML 1.0 Transitional -->
<!DOCTYPE html PUBLIC
"-//W3C//DTD XHTML 1.0 Transitional//EN"
"http://www.w3.org/TR/xhtml1/DTD/xhtml1-transitional.dtd">

<!-- XHTML 1.0 Frameset -->
<!DOCTYPE html PUBLIC
"-//W3C//DTD XHTML 1.0 Frameset//EN"
"http://www.w3.org/TR/xhtml1/DTD/xhtml1-frameset.dtd">
```

准标准模式与标准模式非常接近，很少需要区分。人们在说到"标准模式"时，可能指其中任何一个。而对文档模式的检测（本书后面会讨论）也不会区分它们。本书后面所说的**标准模式**，指的就是除混杂模式以外的模式。

2.4 <noscript>元素

针对早期浏览器不支持 JavaScript 的问题，需要一个页面优雅降级的处理方案。最终，<noscript>元素出现，被用于给不支持 JavaScript 的浏览器提供替代内容。虽然如今的浏览器已经 100%支持 JavaScript，但对于禁用 JavaScript 的浏览器来说，这个元素仍然有它的用处。

<noscript>元素可以包含任何可以出现在<body>中的 HTML 元素，<script>除外。在下列两种情况下，浏览器将显示包含在<noscript>中的内容：

❑ 浏览器不支持脚本；

❑ 浏览器对脚本的支持被关闭。

任何一个条件被满足，包含在<noscript>中的内容就会被渲染。否则，浏览器不会渲染<noscript>中的内容。

下面是一个例子：

```
<!DOCTYPE html>
<html>
  <head>
  <title>Example HTML Page</title>
  <script defer="defer" src="example1.js"></script>
  <script defer="defer" src="example2.js"></script>
  </head>
  <body>
  <noscript>
    <p>This page requires a JavaScript-enabled browser.</p>
  </noscript>
  </body>
</html>
```

这个例子是在脚本不可用时让浏览器显示一段话。如果浏览器支持脚本，则用户永远不会看到它。

2.5　小结

JavaScript 是通过<script>元素插入到 HTML 页面中的。这个元素可用于把 JavaScript 代码嵌入到 HTML 页面中，跟其他标记混合在一起，也可用于引入保存在外部文件中的 JavaScript。本章的重点可以总结如下。

❑ 要包含外部 JavaScript 文件，必须将 src 属性设置为要包含文件的 URL。文件可以跟网页在同一台服务器上，也可以位于完全不同的域。

❑ 所有<script>元素会依照它们在网页中出现的次序被解释。在不使用 defer 和 async 属性的情况下，包含在<script>元素中的代码必须严格按次序解释。

❑ 对不推迟执行的脚本，浏览器必须解释完位于<script>元素中的代码，然后才能继续渲染页面的剩余部分。为此，通常应该把<script>元素放到页面末尾，介于主内容之后及</body>标签之前。

❑ 可以使用 defer 属性把脚本推迟到文档渲染完毕后再执行。推迟的脚本原则上按照它们被列出的次序执行。

❑ 可以使用 async 属性表示脚本不需要等待其他脚本，同时也不阻塞文档渲染，即异步加载。异步脚本不能保证按照它们在页面中出现的次序执行。

❑ 通过使用<noscript>元素，可以指定在浏览器不支持脚本时显示的内容。如果浏览器支持并启用脚本，则<noscript>元素中的任何内容都不会被渲染。

第3章

语言基础

本章内容
- ❏ 语法
- ❏ 数据类型
- ❏ 流控制语句
- ❏ 理解函数

任何语言的核心所描述的都是这门语言在最基本的层面上如何工作，涉及语法、操作符、数据类型以及内置功能，在此基础之上才可以构建复杂的解决方案。如前所述，ECMA-262以一个名为ECMAScript的伪语言的形式，定义了JavaScript的所有这些方面。

ECMA-262第5版（ES5）定义的ECMAScript，是目前为止实现得最为广泛（即受浏览器支持最好）的一个版本。第6版（ES6）在浏览器中的实现（即受支持）程度次之。到2017年底，大多数主流浏览器几乎或全部实现了这一版的规范。为此，本章接下来的内容主要基于ECMAScript第6版。

3.1 语法

ECMAScript的语法很大程度上借鉴了C语言和其他类C语言，如Java和Perl。熟悉这些语言的开发者，应该很容易理解ECMAScript宽松的语法。

3.1.1 区分大小写

首先要知道的是，ECMAScript中一切都区分大小写。无论是变量、函数名还是操作符，都区分大小写。换句话说，变量 test 和变量 Test 是两个不同的变量。类似地，typeof 不能作为函数名，因为它是一个关键字（后面会介绍）。但 Typeof 是一个完全有效的函数名。

3.1.2 标识符

所谓**标识符**，就是变量、函数、属性或函数参数的名称。标识符可以由一或多个下列字符组成：
- ❏ 第一个字符必须是一个字母、下划线（_）或美元符号（$）；
- ❏ 剩下的其他字符可以是字母、下划线、美元符号或数字。

标识符中的字母可以是扩展 ASCII（Extended ASCII）中的字母，也可以是 Unicode 的字母字符，如 À 和 Æ（但不推荐使用）。

按照惯例，ECMAScript 标识符使用驼峰大小写形式，即第一个单词的首字母小写，后面每个单词的首字母大写，如：

```
firstSecond
myCar
doSomethingImportant
```

虽然这种写法并不是强制性的，但因为这种形式跟 ECMAScript 内置函数和对象的命名方式一致，所以算是最佳实践。

> **注意**　关键字、保留字、`true`、`false` 和 `null` 不能作为标识符。具体内容请参考 3.2 节。

3.1.3　注释

ECMAScript 采用 C 语言风格的注释，包括单行注释和块注释。单行注释以两个斜杠字符开头，如：

```
// 单行注释
```

块注释以一个斜杠和一个星号（`/*`）开头，以它们的反向组合（`*/`）结尾，如：

```
/* 这是多行
注释 */
```

3.1.4　严格模式

ECMAScript 5 增加了严格模式（strict mode）的概念。严格模式是一种不同的 JavaScript 解析和执行模型，ECMAScript 3 的一些不规范写法在这种模式下会被处理，对于不安全的活动将抛出错误。要对整个脚本启用严格模式，在脚本开头加上这一行：

```
"use strict";
```

虽然看起来像个没有赋值给任何变量的字符串，但它其实是一个预处理指令。任何支持的 JavaScript 引擎看到它都会切换到严格模式。选择这种语法形式的目的是不破坏 ECMAScript 3 语法。

也可以单独指定一个函数在严格模式下执行，只要把这个预处理指令放到函数体开头即可：

```
function doSomething() {
  "use strict";
  // 函数体
}
```

严格模式会影响 JavaScript 执行的很多方面，因此本书在用到它时会明确指出来。所有现代浏览器都支持严格模式。

3.1.5　语句

ECMAScript 中的语句以分号结尾。省略分号意味着由解析器确定语句在哪里结尾，如下面的例子所示：

```
let sum = a + b      // 没有分号也有效，但不推荐
let diff = a - b;    // 加分号有效，推荐
```

即使语句末尾的分号不是必需的，也应该加上。记着加分号有助于防止省略造成的问题，比如可以避免输入内容不完整。此外，加分号也便于开发者通过删除空行来压缩代码（如果没有结尾的分号，只删除空行，则会导致语法错误）。加分号也有助于在某些情况下提升性能，因为解析器会尝试在合适的位置补上分号以纠正语法错误。

多条语句可以合并到一个 C 语言风格的代码块中。代码块由一个左花括号（﹛）标识开始，一个右花括号（﹜）标识结束：

```
if (test) {
  test = false;
  console.log(test);
}
```

if 之类的控制语句只在执行多条语句时要求必须有代码块。不过，最佳实践是始终在控制语句中使用代码块，即使要执行的只有一条语句，如下例所示：

```
// 有效，但容易导致错误，应该避免
if (test)
  console.log(test);

// 推荐
if (test) {
  console.log(test);
}
```

在控制语句中使用代码块可以让内容更清晰，在需要修改代码时也可以减少出错的可能性。

3.2 关键字与保留字

ECMA-262 描述了一组保留的**关键字**，这些关键字有特殊用途，比如表示控制语句的开始和结束，或者执行特定的操作。按照规定，保留的关键字不能用作标识符或属性名。ECMA-262 第 6 版规定的所有关键字如下：

```
break      do         in           typeof
case       else       instanceof   var
catch      export     new          void
class      extends    return       while
const      finally    super        with
continue   for        switch       yield
debugger   function   this
default    if         throw
delete     import     try
```

规范中也描述了一组未来的**保留字**，同样不能用作标识符或属性名。虽然保留字在语言中没有特定用途，但它们是保留给将来做关键字用的。

以下是 ECMA-262 第 6 版为将来保留的所有词汇。

始终保留：

```
enum
```

严格模式下保留：

```
implements  package    public
interface   protected  static
let         private
```

模块代码中保留：

```
await
```

这些词汇不能用作标识符，但现在还可以用作对象的属性名。一般来说，最好还是不要使用关键字和保留字作为标识符和属性名，以确保兼容过去和未来的 ECMAScript 版本。

3.3　变量

ECMAScript 变量是松散类型的，意思是变量可以用于保存任何类型的数据。每个变量只不过是一个用于保存任意值的命名占位符。有 3 个关键字可以声明变量：var、const 和 let。其中，var 在 ECMAScript 的所有版本中都可以使用，而 const 和 let 只能在 ECMAScript 6 及更晚的版本中使用。

3.3.1　var 关键字

要定义变量，可以使用 var 操作符（注意 var 是一个关键字），后跟变量名（即标识符，如前所述）：

```
var message;
```

这行代码定义了一个名为 message 的变量，可以用它保存任何类型的值。（不初始化的情况下，变量会保存一个特殊值 undefined，下一节讨论数据类型时会谈到。）ECMAScript 实现变量初始化，因此可以同时定义变量并设置它的值：

```
var message = "hi";
```

这里，message 被定义为一个保存字符串值 hi 的变量。像这样初始化变量不会将它标识为字符串类型，只是一个简单的赋值而已。随后，不仅可以改变保存的值，也可以改变值的类型：

```
var message = "hi";
message = 100;   // 合法，但不推荐
```

在这个例子中，变量 message 首先被定义为一个保存字符串值 hi 的变量，然后又被重写为保存了数值 100。虽然不推荐改变变量保存值的类型，但这在 ECMAScript 中是完全有效的。

1. var 声明作用域

关键的问题在于，使用 var 操作符定义的变量会成为包含它的函数的局部变量。比如，使用 var 在一个函数内部定义一个变量，就意味着该变量将在函数退出时被销毁：

```
function test() {
  var message = "hi"; // 局部变量
}
test();
console.log(message); // 出错!
```

这里，message 变量是在函数内部使用 var 定义的。函数叫 test()，调用它会创建这个变量并给它赋值。调用之后变量随即被销毁，因此示例中的最后一行会导致错误。不过，在函数内定义变量时省略 var 操作符，可以创建一个全局变量：

```
function test() {
  message = "hi";        // 全局变量
}
test();
console.log(message); // "hi"
```

去掉之前的 var 操作符之后，message 就变成了全局变量。只要调用一次函数 test()，就会定义这个变量，并且可以在函数外部访问到。

> **注意** 虽然可以通过省略 var 操作符定义全局变量，但不推荐这么做。在局部作用域中定义的全局变量很难维护，也会造成困惑。这是因为不能一下子断定省略 var 是不是有意而为之。在严格模式下，如果像这样给未声明的变量赋值，则会导致抛出 ReferenceError。

如果需要定义多个变量，可以在一条语句中用逗号分隔每个变量（及可选的初始化）：

```
var message = "hi",
    found = false,
    age = 29;
```

这里定义并初始化了 3 个变量。因为 ECMAScript 是松散类型的，所以使用不同数据类型初始化的变量可以用一条语句来声明。插入换行和空格缩进并不是必需的，但这样有利于阅读理解。

在严格模式下，不能定义名为 eval 和 arguments 的变量，否则会导致语法错误。

2. var 声明提升

使用 var 时，下面的代码不会报错。这是因为使用这个关键字声明的变量会自动提升到函数作用域顶部：

```
function foo() {
  console.log(age);
  var age = 26;
}
foo();  // undefined
```

之所以不会报错，是因为 ECMAScript 运行时把它看成等价于如下代码：

```
function foo() {
  var age;
  console.log(age);
  age = 26;
}
foo();  // undefined
```

这就是所谓的"提升"（hoist），也就是把所有变量声明都拉到函数作用域的顶部。此外，反复多次使用 var 声明同一个变量也没有问题：

```
function foo() {
  var age = 16;
  var age = 26;
  var age = 36;
  console.log(age);
}
foo();  // 36
```

3.3.2 let 声明

let 跟 var 的作用差不多，但有着非常重要的区别。最明显的区别是，let 声明的范围是块作用域，而 var 声明的范围是函数作用域。

```
if (true) {
  var name = 'Matt';
  console.log(name); // Matt
}
console.log(name);   // Matt
```

```
if (true) {
  let age = 26;
  console.log(age);    // 26
}
console.log(age);      // ReferenceError: age 没有定义
```

在这里，`age` 变量之所以不能在 `if` 块外部被引用，是因为它的作用域仅限于该块内部。块作用域是函数作用域的子集，因此适用于 `var` 的作用域限制同样也适用于 `let`。

`let` 也不允许同一个块作用域中出现冗余声明。这样会导致报错：

```
var name;
var name;

let age;
let age;   // SyntaxError；标识符 age 已经声明过了
```

当然，JavaScript 引擎会记录用于变量声明的标识符及其所在的块作用域，因此嵌套使用相同的标识符不会报错，而这是因为同一个块中没有重复声明：

```
var name = 'Nicholas';
console.log(name);     // 'Nicholas'
if (true) {
  var name = 'Matt';
  console.log(name);   // 'Matt'
}

let age = 30;
console.log(age);      // 30
if (true) {
  let age = 26;
  console.log(age);    // 26
}
```

对声明冗余报错不会因混用 `let` 和 `var` 而受影响。这两个关键字声明的并不是不同类型的变量，它们只是指出变量在相关作用域如何存在。

```
var name;
let name; // SyntaxError

let age;
var age; // SyntaxError
```

1. 暂时性死区

`let` 与 `var` 的另一个重要的区别，就是 `let` 声明的变量不会在作用域中被提升。

```
// name 会被提升
console.log(name); // undefined
var name = 'Matt';

// age 不会被提升
console.log(age); // ReferenceError: age 没有定义
let age = 26;
```

在解析代码时，JavaScript 引擎也会注意出现在块后面的 `let` 声明，只不过在此之前不能以任何方式来引用未声明的变量。在 `let` 声明之前的执行瞬间被称为"暂时性死区"（temporal dead zone），在此阶段引用任何后面才声明的变量都会抛出 ReferenceError。

2. 全局声明

与 var 关键字不同，使用 let 在全局作用域中声明的变量不会成为 window 对象的属性（var 声明的变量则会）。

```
var name = 'Matt';
console.log(window.name); // 'Matt'

let age = 26;
console.log(window.age);  // undefined
```

不过，let 声明仍然是在全局作用域中发生的，相应变量会在页面的生命周期内存续。因此，为了避免 SyntaxError，必须确保页面不会重复声明同一个变量。

3. 条件声明

在使用 var 声明变量时，由于声明会被提升，JavaScript 引擎会自动将多余的声明在作用域顶部合并为一个声明。因为 let 的作用域是块，所以不可能检查前面是否已经使用 let 声明过同名变量，同时也就不可能在没有声明的情况下声明它。

```
<script>
  var name = 'Nicholas';
  let age = 26;
</script>

<script>
  // 假设脚本不确定页面中是否已经声明了同名变量
  // 那它可以假设还没有声明过

  var name = 'Matt';
  // 这里没问题，因为可以被作为一个提升声明来处理
  // 不需要检查之前是否声明过同名变量

  let age = 36;
  // 如果age之前声明过，这里会报错
</script>
```

使用 try/catch 语句或 typeof 操作符也不能解决，因为条件块中 let 声明的作用域仅限于该块。

```
<script>
  let name = 'Nicholas';
  let age = 36;
</script>

<script>
  // 假设脚本不确定页面中是否已经声明了同名变量
  // 那它可以假设还没有声明过

  if (typeof name === 'undefined') {
    let name;
  }
  // name 被限制在 if {} 块的作用域内
  // 因此这个赋值形同全局赋值
  name = 'Matt';

  try {
    console.log(age); // 如果age没有声明过，则会报错
  }
  catch(error) {
    let age;
```

```
    }
    // age 被限制在 catch {}块的作用域内
    // 因此这个赋值形同全局赋值
    age = 26;
</script>
```

为此，对于 `let` 这个新的 ES6 声明关键字，不能依赖条件声明模式。

> **注意**　不能使用 `let` 进行条件式声明是件好事，因为条件声明是一种反模式，它让程序变得更难理解。如果你发现自己在使用这个模式，那一定有更好的替代方式。

4. for 循环中的 let 声明

在 `let` 出现之前，`for` 循环定义的迭代变量会渗透到循环体外部：

```
for (var i = 0; i < 5; ++i) {
    // 循环逻辑
}
console.log(i); // 5
```

改成使用 `let` 之后，这个问题就消失了，因为迭代变量的作用域仅限于 `for` 循环块内部：

```
for (let i = 0; i < 5; ++i) {
    // 循环逻辑
}
console.log(i); // ReferenceError: i 没有定义
```

在使用 `var` 的时候，最常见的问题就是对迭代变量的奇特声明和修改：

```
for (var i = 0; i < 5; ++i) {
    setTimeout(() => console.log(i), 0)
}
// 你可能以为会输出 0、1、2、3、4
// 实际上会输出 5、5、5、5、5
```

之所以会这样，是因为在退出循环时，迭代变量保存的是导致循环退出的值：5。在之后执行超时逻辑时，所有的 `i` 都是同一个变量，因而输出的都是同一个最终值。

而在使用 `let` 声明迭代变量时，JavaScript 引擎在后台会为每个迭代循环声明一个新的迭代变量。每个 `setTimeout` 引用的都是不同的变量实例，所以 `console.log` 输出的是我们期望的值，也就是循环执行过程中每个迭代变量的值。

```
for (let i = 0; i < 5; ++i) {
    setTimeout(() => console.log(i), 0)
}
// 会输出 0、1、2、3、4
```

这种每次迭代声明一个独立变量实例的行为适用于所有风格的 `for` 循环，包括 `for-in` 和 `for-of` 循环。

3.3.3　const 声明

`const` 的行为与 `let` 基本相同，唯一一个重要的区别是用它声明变量时必须同时初始化变量，且尝试修改 `const` 声明的变量会导致运行时错误。

```
const age = 26;
age = 36; // TypeError: 给常量赋值
```

```
// const 也不允许重复声明
const name = 'Matt';
const name = 'Nicholas'; // SyntaxError

// const 声明的作用域也是块
const name = 'Matt';
if (true) {
  const name = 'Nicholas';
}
console.log(name); // Matt
```

const 声明的限制只适用于它指向的变量的引用。换句话说，如果 const 变量引用的是一个对象，那么修改这个对象内部的属性并不违反 const 的限制。

```
const person = {};
person.name = 'Matt';  // ok
```

JavaScript 引擎会为 for 循环中的 let 声明分别创建独立的变量实例，虽然 const 变量跟 let 变量很相似，但是不能用 const 来声明迭代变量（因为迭代变量会自增）：

```
for (const i = 0; i < 10; ++i) {} // TypeError: 给常量赋值
```

不过，如果你只想用 const 声明一个不会被修改的 for 循环变量，那也是可以的。也就是说，每次迭代只是创建一个新变量。这对 for-of 和 for-in 循环特别有意义：

```
let i = 0;
for (const j = 7; i < 5; ++i) {
  console.log(j);
}
// 7, 7, 7, 7, 7

for (const key in {a: 1, b: 2}) {
  console.log(key);
}
// a, b

for (const value of [1,2,3,4,5]) {
  console.log(value);
}
// 1, 2, 3, 4, 5
```

3.3.4 声明风格及最佳实践

ECMAScript 6 增加 let 和 const 从客观上为这门语言更精确地声明作用域和语义提供了更好的支持。行为怪异的 var 所造成的各种问题，已经让 JavaScript 社区为之苦恼了很多年。随着这两个新关键字的出现，新的有助于提升代码质量的最佳实践也逐渐显现。

1. 不使用 var

有了 let 和 const，大多数开发者会发现自己不再需要 var 了。限制自己只使用 let 和 const 有助于提升代码质量，因为变量有了明确的作用域、声明位置，以及不变的值。

2. const 优先，let 次之

使用 const 声明可以让浏览器运行时强制保持变量不变，也可以让静态代码分析工具提前发现不合法的赋值操作。因此，很多开发者认为应该优先使用 const 来声明变量，只在提前知道未来会有修

改时，再使用 let。这样可以让开发者更有信心地推断某些变量的值永远不会变，同时也能迅速发现因意外赋值导致的非预期行为。

3.4   数据类型

ECMAScript 有 6 种简单数据类型（也称为**原始类型**）：Undefined、Null、Boolean、Number、String 和 Symbol。Symbol（符号）是 ECMAScript 6 新增的。还有一种复杂数据类型叫 Object（对象）。Object 是一种无序名值对的集合。因为在 ECMAScript 中不能定义自己的数据类型，所有值都可以用上述 7 种数据类型之一来表示。只有 7 种数据类型似乎不足以表示全部数据。但 ECMAScript 的数据类型很灵活，一种数据类型可以当作多种数据类型来使用。

3.4.1   typeof 操作符

因为 ECMAScript 的类型系统是松散的，所以需要一种手段来确定任意变量的数据类型。typeof 操作符就是为此而生的。对一个值使用 typeof 操作符会返回下列字符串之一：

- ❏ "undefined"表示值未定义；
- ❏ "boolean"表示值为布尔值；
- ❏ "string"表示值为字符串；
- ❏ "number"表示值为数值；
- ❏ "object"表示值为对象（而不是函数）或 null；
- ❏ "function"表示值为函数；
- ❏ "symbol"表示值为符号。

下面是使用 typeof 操作符的例子：

```
let message = "some string";
console.log(typeof message);      // "string"
console.log(typeof(message));     // "string"
console.log(typeof 95);           // "number"
```

在这个例子中，我们把一个变量（message）和一个数值字面量传给了 typeof 操作符。注意，因为 typeof 是一个操作符而不是函数，所以不需要参数（但可以使用参数）。

注意 typeof 在某些情况下返回的结果可能会让人费解，但技术上讲还是正确的。比如，调用 typeof null 返回的是"object"。这是因为特殊值 null 被认为是一个对空对象的引用。

> **注意**　严格来讲，函数在 ECMAScript 中被认为是对象，并不代表一种数据类型。可是，函数也有自己特殊的属性。为此，就有必要通过 typeof 操作符来区分函数和其他对象。

3.4.2   Undefined 类型

Undefined 类型只有一个值，就是特殊值 undefined。当使用 var 或 let 声明了变量但没有初始化时，就相当于给变量赋予了 undefined 值：

```
let message;
console.log(message == undefined); // true
```

在这个例子中，变量 message 在声明的时候并未初始化。而在比较它和 undefined 的字面值时，两者是相等的。这个例子等同于如下示例：

```
let message = undefined;
console.log(message == undefined); // true
```

这里，变量 message 显式地以 undefined 来初始化。但这是不必要的，因为默认情况下，任何未经初始化的变量都会取得 undefined 值。

> **注意** 一般来说，永远不用显式地给某个变量设置 undefined 值。字面值 undefined 主要用于比较，而且在 ECMA-262 第 3 版之前是不存在的。增加这个特殊值的目的就是为了正式明确空对象指针（null）和未初始化变量的区别。

注意，包含 undefined 值的变量跟未定义变量是有区别的。请看下面的例子：

```
let message;    // 这个变量被声明了，只是值为 undefined

// 确保没有声明过这个变量
// let age

console.log(message); // "undefined"
console.log(age);     // 报错
```

在上面的例子中，第一个 console.log 会指出变量 message 的值，即 "undefined"。而第二个 console.log 要输出一个未声明的变量 age 的值，因此会导致报错。对未声明的变量，只能执行一个有用的操作，就是对它调用 typeof。（对未声明的变量调用 delete 也不会报错，但这个操作没什么用，实际上在严格模式下会抛出错误。）

在对未初始化的变量调用 typeof 时，返回的结果是 "undefined"，但对未声明的变量调用它时，返回的结果还是 "undefined"，这就有点让人看不懂了。比如下面的例子：

```
let message; // 这个变量被声明了，只是值为 undefined

// 确保没有声明过这个变量
// let age

console.log(typeof message); // "undefined"
console.log(typeof age);     // "undefined"
```

无论是声明还是未声明，typeof 返回的都是字符串 "undefined"。逻辑上讲这是对的，因为虽然严格来讲这两个变量存在根本性差异，但它们都无法执行实际操作。

> **注意** 即使未初始化的变量会被自动赋予 undefined 值，但我们仍然建议在声明变量的同时进行初始化。这样，当 typeof 返回 "undefined" 时，你就会知道那是因为给定的变量尚未声明，而不是声明了但未初始化。

undefined 是一个假值。因此，如果需要，可以用更简洁的方式检测它。不过要记住，也有很多其他可能的值同样是假值。所以一定要明确自己想检测的就是 undefined 这个字面值，而不仅仅是假值。

```
let message; // 这个变量被声明了，只是值为 undefined
// age 没有声明

if (message) {
  // 这个块不会执行
}

if (!message) {
  // 这个块会执行
}

if (age) {
  // 这里会报错
}
```

3.4.3　`Null` 类型

`Null` 类型同样只有一个值，即特殊值 `null`。逻辑上讲，`null` 值表示一个空对象指针，这也是给 `typeof` 传一个 `null` 会返回`"object"`的原因：

```
let car = null;
console.log(typeof car);  // "object"
```

在定义将来要保存对象值的变量时，建议使用 `null` 来初始化，不要使用其他值。这样，只要检查这个变量的值是不是 `null` 就可以知道这个变量是否在后来被重新赋予了一个对象的引用，比如：

```
if (car != null) {
  // car 是一个对象的引用
}
```

`undefined` 值是由 `null` 值派生而来的，因此 ECMA-262 将它们定义为表面上相等，如下面的例子所示：

```
console.log(null == undefined);  // true
```

用等于操作符（`==`）比较 `null` 和 `undefined` 始终返回 `true`。但要注意，这个操作符会为了比较而转换它的操作数（本章后面将详细介绍）。

即使 `null` 和 `undefined` 有关系，它们的用途也是完全不一样的。如前所述，永远不必显式地将变量值设置为 `undefined`。但 `null` 不是这样的。任何时候，只要变量要保存对象，而当时又没有那个对象可保存，就要用 `null` 来填充该变量。这样就可以保持 `null` 是空对象指针的语义，并进一步将其与 `undefined` 区分开来。

`null` 是一个假值。因此，如果需要，可以用更简洁的方式检测它。不过要记住，也有很多其他可能的值同样是假值。所以一定要明确自己想检测的就是 `null` 这个字面值，而不仅仅是假值。

```
let message = null;
let age;

if (message) {
  // 这个块不会执行
}

if (!message) {
  // 这个块会执行
}
```

```
if (age) {
  // 这个块不会执行
}

if (!age) {
  // 这个块会执行
}
```

3.4.4　**Boolean** 类型

Boolean（布尔值）类型是 ECMAScript 中使用最频繁的类型之一，有两个字面值：true 和 false。这两个布尔值不同于数值，因此 true 不等于 1，false 不等于 0。下面是给变量赋布尔值的例子：

```
let found = true;
let lost = false;
```

注意，布尔值字面量 true 和 false 是区分大小写的，因此 True 和 False（及其他大小混写形式）是有效的标识符，但不是布尔值。

虽然布尔值只有两个，但所有其他 ECMAScript 类型的值都有相应布尔值的等价形式。要将一个其他类型的值转换为布尔值，可以调用特定的 Boolean() 转型函数：

```
let message = "Hello world!";
let messageAsBoolean = Boolean(message);
```

在这个例子中，字符串 message 会被转换为布尔值并保存在变量 messageAsBoolean 中。Boolean() 转型函数可以在任意类型的数据上调用，而且始终返回一个布尔值。什么值能转换为 true 或 false 的规则取决于数据类型和实际的值。下表总结了不同类型与布尔值之间的转换规则。

数据类型	转换为 **true** 的值	转换为 **false** 的值
Boolean	true	false
String	非空字符串	""（空字符串）
Number	非零数值（包括无穷值）	0、NaN（参见后面的相关内容）
Object	任意对象	null
Undefined	N/A（不存在）	undefined

理解以上转换非常重要，因为像 if 等流控制语句会自动执行其他类型值到布尔值的转换，例如：

```
let message = "Hello world!";
if (message) {
  console.log("Value is true");
}
```

在这个例子中，console.log 会输出字符串"Value is true"，因为字符串 message 会被自动转换为等价的布尔值 true。由于存在这种自动转换，理解流控制语句中使用的是什么变量就非常重要。错误地使用对象而不是布尔值会明显改变应用程序的执行流。

3.4.5　**Number** 类型

ECMAScript 中最有意思的数据类型或许就是 Number 了。Number 类型使用 IEEE 754 格式表示整数和浮点值（在某些语言中也叫双精度值）。不同的数值类型相应地也有不同的数值字面量格式。

最基本的数值字面量格式是十进制整数，直接写出来即可：

```
let intNum = 55;  // 整数
```

整数也可以用八进制（以 8 为基数）或十六进制（以 16 为基数）字面量表示。对于八进制字面量，第一个数字必须是零（0），然后是相应的八进制数字（数值 0~7）。如果字面量中包含的数字超出了应有的范围，就会忽略前缀的零，后面的数字序列会被当成十进制数，如下所示：

```
let octalNum1 = 070;  // 八进制的 56
let octalNum2 = 079;  // 无效的八进制值，当成 79 处理
let octalNum3 = 08;   // 无效的八进制值，当成 8 处理
```

八进制字面量在严格模式下是无效的，会导致 JavaScript 引擎抛出语法错误。[①]

要创建十六进制字面量，必须让真正的数值前缀 0x（区分大小写），然后是十六进制数字（0~9 以及 A~F）。十六进制数字中的字母大小写均可。下面是几个例子：

```
let hexNum1 = 0xA;   // 十六进制 10
let hexNum2 = 0x1f;  // 十六进制 31
```

使用八进制和十六进制格式创建的数值在所有数学操作中都被视为十进制数值。

> **注意**　由于 JavaScript 保存数值的方式，实际中可能存在正零（+0）和负零（−0）。正零和负零在所有情况下都被认为是等同的，这里特地说明一下。

1. 浮点值

要定义浮点值，数值中必须包含小数点，而且小数点后面必须至少有一个数字。虽然小数点前面不是必须有整数，但推荐加上。下面是几个例子：

```
let floatNum1 = 1.1;
let floatNum2 = 0.1;
let floatNum3 = .1;  // 有效，但不推荐
```

因为存储浮点值使用的内存空间是存储整数值的两倍，所以 ECMAScript 总是想方设法把值转换为整数。在小数点后面没有数字的情况下，数值就会变成整数。类似地，如果数值本身就是整数，只是小数点后面跟着 0（如 1.0），那它也会被转换为整数，如下例所示：

```
let floatNum1 = 1.;   // 小数点后面没有数字，当成整数 1 处理
let floatNum2 = 10.0; // 小数点后面是零，当成整数 10 处理
```

对于非常大或非常小的数值，浮点值可以用科学记数法来表示。科学记数法用于表示一个应该乘以 10 的给定次幂的数值。ECMAScript 中科学记数法的格式要求是一个数值（整数或浮点数）后跟一个大写或小写的字母 e，再加上一个要乘的 10 的多少次幂。比如：

```
let floatNum = 3.125e7; // 等于 31250000
```

在这个例子中，floatNum 等于 31 250 000，只不过科学记数法显得更简洁。这种表示法实际上相当于说："以 3.125 作为系数，乘以 10 的 7 次幂。"

科学记数法也可以用于表示非常小的数值，例如 0.000 000 000 000 000 03。这个数值用科学记数法可以表示为 3e−17。默认情况下，ECMAScript 会将小数点后至少包含 6 个零的浮点值转换为科学记数法

---

① ECMAScript 2015 或 ES6 中的八进制值通过前缀 0o 来表示；严格模式下，前缀 0 会被视为语法错误，如果要表示八进制值，应该使用前缀 0o。——译者注

（例如，0.000 000 3 会被转换为 3e−7）。

　　浮点值的精确度最高可达 17 位小数，但在算术计算中远不如整数精确。例如，0.1 加 0.2 得到的不是 0.3，而是 0.300 000 000 000 000 04。由于这种微小的舍入错误，导致很难测试特定的浮点值。比如下面的例子：

```
if (a + b == 0.3) {        // 别这么干!
  console.log("You got 0.3.");
}
```

这里检测两个数值之和是否等于 0.3。如果两个数值分别是 0.05 和 0.25，或者 0.15 和 0.15，那没问题。但如果是 0.1 和 0.2，如前所述，测试将失败。因此永远不要测试某个特定的浮点值。

> **注意**　之所以存在这种舍入错误，是因为使用了 IEEE 754 数值，这种错误并非 ECMAScript 所独有。其他使用相同格式的语言也有这个问题。

2. 值的范围

　　由于内存的限制，ECMAScript 并不支持表示这个世界上的所有数值。ECMAScript 可以表示的最小数值保存在 Number.MIN_VALUE 中，这个值在多数浏览器中是 5e−324；可以表示的最大数值保存在 Number.MAX_VALUE 中，这个值在多数浏览器中是 1.797 693 134 862 315 7e+308。如果某个计算得到的数值结果超出了 JavaScript 可以表示的范围，那么这个数值会被自动转换为一个特殊的 Infinity（无穷）值。任何无法表示的负数以-Infinity（负无穷大）表示，任何无法表示的正数以 Infinity（正无穷大）表示。

　　如果计算返回正 Infinity 或负 Infinity，则该值将不能再进一步用于任何计算。这是因为 Infinity 没有可用于计算的数值表示形式。要确定一个值是不是有限大（即介于 JavaScript 能表示的最小值和最大值之间），可以使用 isFinite() 函数，如下所示：

```
let result = Number.MAX_VALUE + Number.MAX_VALUE;
console.log(isFinite(result));  // false
```

虽然超出有限数值范围的计算并不多见，但总归还是有可能的。因此在计算非常大或非常小的数值时，有必要监测一下计算结果是否超出范围。

> **注意**　使用 Number.NEGATIVE_INFINITY 和 Number.POSITIVE_INFINITY 也可以获取正、负 Infinity。没错，这两个属性包含的值分别就是-Infinity 和 Infinity。

3. NaN

　　有一个特殊的数值叫 NaN，意思是"不是数值"（Not a Number），用于表示本来要返回数值的操作失败了（而不是抛出错误）。比如，用 0 除任意数值在其他语言中通常都会导致错误，从而中止代码执行。但在 ECMAScript 中，0、+0 或−0 相除会返回 NaN：

```
console.log(0/0);     // NaN
console.log(-0/+0);   // NaN
```

如果分子是非 0 值，分母是有符号 0 或无符号 0，则会返回 Infinity 或-Infinity：

```
console.log(5/0);   // Infinity
console.log(5/-0);  // -Infinity
```

NaN 有几个独特的属性。首先，任何涉及 NaN 的操作始终返回 NaN（如 NaN/10），在连续多步计算时这可能是个问题。其次，NaN 不等于包括 NaN 在内的任何值。例如，下面的比较操作会返回 false：

```
console.log(NaN == NaN); // false
```

为此，ECMAScript 提供了 isNaN() 函数。该函数接收一个参数，可以是任意数据类型，然后判断这个参数是否 "不是数值"。把一个值传给 isNaN() 后，该函数会尝试把它转换为数值。某些非数值的值可以直接转换成数值，如字符串 "10" 或布尔值。任何不能转换为数值的值都会导致这个函数返回 true。举例如下：

```
console.log(isNaN(NaN));     // true
console.log(isNaN(10));      // false, 10 是数值
console.log(isNaN("10"));    // false, 可以转换为数值 10
console.log(isNaN("blue"));  // true, 不可以转换为数值
console.log(isNaN(true));    // false, 可以转换为数值 1
```

上述的例子测试了 5 个不同的值。首先测试的是 NaN 本身，显然会返回 true。接着测试了数值 10 和字符串 "10"，都返回 false，因为它们的数值都是 10。字符串 "blue" 不能转换为数值，因此函数返回 true。布尔值 true 可以转换为数值 1，因此返回 false。

> **注意**　虽然不常见，但 isNaN() 可以用于测试对象。此时，首先会调用对象的 valueOf() 方法，然后再确定返回的值是否可以转换为数值。如果不能，再调用 toString() 方法，并测试其返回值。这通常是 ECMAScript 内置函数和操作符的工作方式，本章后面会讨论。

4. 数值转换

有 3 个函数可以将非数值转换为数值：Number()、parseInt() 和 parseFloat()。Number() 是转型函数，可用于任何数据类型。后两个函数主要用于将字符串转换为数值。对于同样的参数，这 3 个函数执行的操作也不同。

Number() 函数基于如下规则执行转换。

❑ 布尔值，true 转换为 1，false 转换为 0。

❑ 数值，直接返回。

❑ null，返回 0。

❑ undefined，返回 NaN。

❑ 字符串，应用以下规则。

  ■ 如果字符串包含数值字符，包括数值字符前面带加、减号的情况，则转换为一个十进制数值。因此，Number("1") 返回 1，Number("123") 返回 123，Number("011") 返回 11（忽略前面的零）。

  ■ 如果字符串包含有效的浮点值格式如 "1.1"，则会转换为相应的浮点值（同样，忽略前面的零）。

  ■ 如果字符串包含有效的十六进制格式如 "0xf"，则会转换为与该十六进制值对应的十进制整数值。

  ■ 如果是空字符串（不包含字符），则返回 0。

  ■ 如果字符串包含除上述情况之外的其他字符，则返回 NaN。

❑ 对象，调用 valueOf() 方法，并按照上述规则转换返回的值。如果转换结果是 NaN，则调用 toString() 方法，再按照转换字符串的规则转换。

从不同数据类型到数值的转换有时候会比较复杂，看一看 Number() 的转换规则就知道了。下面是几个具体的例子：

```
let num1 = Number("Hello world!");   // NaN
let num2 = Number("");               // 0
let num3 = Number("000011");         // 11
let num4 = Number(true);             // 1
```

可以看到，字符串 "Hello world" 转换之后是 NaN，因为它找不到对应的数值。空字符串转换后是 0。字符串 000011 转换后是 11，因为前面的零被忽略了。最后，true 转换为 1。

> **注意** 本章后面会讨论到的一元加操作符与 Number() 函数遵循相同的转换规则。

考虑到用 Number() 函数转换字符串时相对复杂且有点反常规，通常在需要得到整数时可以优先使用 parseInt() 函数。parseInt() 函数更专注于字符串是否包含数值模式。字符串最前面的空格会被忽略，从第一个非空格字符开始转换。如果第一个字符不是数值字符、加号或减号，parseInt() 立即返回 NaN。这意味着空字符串也会返回 NaN（这一点跟 Number() 不一样，它返回 0）。如果第一个字符是数值字符、加号或减号，则继续依次检测每个字符，直到字符串末尾，或碰到非数值字符。比如，"1234blue" 会被转换为 1234，因为 "blue" 会被完全忽略。类似地，"22.5" 会被转换为 22，因为小数点不是有效的整数字符。

假设字符串中的第一个字符是数值字符，parseInt() 函数也能识别不同的整数格式（十进制、八进制、十六进制）。换句话说，如果字符串以 "0x" 开头，就会被解释为十六进制整数。如果字符串以 "0" 开头，且紧跟着数值字符，在非严格模式下会被某些实现解释为八进制整数。

下面几个转换示例有助于理解上述规则：

```
let num1 = parseInt("1234blue");  // 1234
let num2 = parseInt("");          // NaN
let num3 = parseInt("0xA");       // 10，解释为十六进制整数
let num4 = parseInt(22.5);        // 22
let num5 = parseInt("70");        // 70，解释为十进制值
let num6 = parseInt("0xf");       // 15，解释为十六进制整数
```

不同的数值格式很容易混淆，因此 parseInt() 也接收第二个参数，用于指定底数（进制数）。如果知道要解析的值是十六进制，那么可以传入 16 作为第二个参数，以便正确解析：

```
let num = parseInt("0xAF", 16); // 175
```

事实上，如果提供了十六进制参数，那么字符串前面的 "0x" 可以省掉：

```
let num1 = parseInt("AF", 16);  // 175
let num2 = parseInt("AF");      // NaN
```

在这个例子中，第一个转换是正确的，而第二个转换失败了。区别在于第一次传入了进制数作为参数，告诉 parseInt() 要解析的是一个十六进制字符串。而第二个转换检测到第一个字符就是非数值字符，随即自动停止并返回 NaN。

通过第二个参数，可以极大扩展转换后获得的结果类型。比如：

```
let num1 = parseInt("10", 2);   // 2，按二进制解析
let num2 = parseInt("10", 8);   // 8，按八进制解析
let num3 = parseInt("10", 10);  // 10，按十进制解析
let num4 = parseInt("10", 16);  // 16，按十六进制解析
```

因为不传底数参数相当于让 parseInt() 自己决定如何解析，所以为避免解析出错，建议始终传给它第二个参数。

> **注意**　多数情况下解析的应该都是十进制数，此时第二个参数就要传入 10。

parseFloat() 函数的工作方式跟 parseInt() 函数类似，都是从位置 0 开始检测每个字符。同样，它也是解析到字符串末尾或者解析到一个无效的浮点数值字符为止。这意味着第一次出现的小数点是有效的，但第二次出现的小数点就无效了，此时字符串的剩余字符都会被忽略。因此，"22.34.5" 将转换成 22.34。

parseFloat() 函数的另一个不同之处在于，它始终忽略字符串开头的零。这个函数能识别前面讨论的所有浮点格式，以及十进制格式（开头的零始终被忽略）。十六进制数值始终会返回 0。因为 parseFloat() 只解析十进制值，因此不能指定底数。最后，如果字符串表示整数（没有小数点或者小数点后面只有一个零），则 parseFloat() 返回整数。下面是几个示例：

```
let num1 = parseFloat("1234blue");  // 1234，按整数解析
let num2 = parseFloat("0xA");       // 0
let num3 = parseFloat("22.5");      // 22.5
let num4 = parseFloat("22.34.5");   // 22.34
let num5 = parseFloat("0908.5");    // 908.5
let num6 = parseFloat("3.125e7");   // 31250000
```

3.4.6　String 类型

String（字符串）数据类型表示零或多个 16 位 Unicode 字符序列。字符串可以使用双引号（"）、单引号（'）或反引号（`）标示，因此下面的代码都是合法的：

```
let firstName = "John";
let lastName = 'Jacob';
let lastName = `Jingleheimerschmidt`
```

跟某些语言中使用不同的引号会改变对字符串的解释方式不同，ECMAScript 语法中表示字符串的引号没有区别。不过要注意的是，以某种引号作为字符串开头，必须仍然以该种引号作为字符串结尾。比如，下面的写法会导致语法错误：

```
let firstName = 'Nicholas";  // 语法错误：开头和结尾的引号必须是同一种
```

1. 字符字面量

字符串数据类型包含一些字符字面量，用于表示非打印字符或有其他用途的字符，如下表所示：

字　面　量	含　义
\n	换行
\t	制表
\b	退格
\r	回车
\f	换页
\\	反斜杠（\）
\'	单引号（'），在字符串以单引号标示时使用，例如 'He said, \'hey.\''

（续）

字 面 量	含 义
\"	双引号（"），在字符串以双引号标示时使用，例如"He said, \"hey.\""
\`	反引号（`），在字符串以反引号标示时使用，例如`He said, \`hey.\``
\x*nn*	以十六进制编码 *nn* 表示的字符（其中 *n* 是十六进制数字 0~F），例如\x41 等于"A"
\u*nnnn*	以十六进制编码 *nnnn* 表示的 Unicode 字符（其中 *n* 是十六进制数字 0~F），例如\u03a3 等于希腊字符"Σ"

3

这些字符字面量可以出现在字符串中的任意位置，且可以作为单个字符被解释：

```
let text = "This is the letter sigma: \u03a3.";
```

在这个例子中，即使包含 6 个字符长的转义序列，变量 text 仍然是 28 个字符长。因为转义序列表示一个字符，所以只算一个字符。

字符串的长度可以通过其 length 属性获取：

```
console.log(text.length); // 28
```

这个属性返回字符串中 16 位字符的个数。

> **注意**　如果字符串中包含双字节字符，那么 length 属性返回的值可能不是准确的字符数。第 5 章将具体讨论如何解决这个问题。

2. 字符串的特点

ECMAScript 中的字符串是不可变的（immutable），意思是一旦创建，它们的值就不能变了。要修改某个变量中的字符串值，必须先销毁原始的字符串，然后将包含新值的另一个字符串保存到该变量，如下所示：

```
let lang = "Java";
lang = lang + "Script";
```

这里，变量 lang 一开始包含字符串"Java"。紧接着，lang 被重新定义为包含"Java"和"Script"的组合，也就是"JavaScript"。整个过程首先会分配一个足够容纳 10 个字符的空间，然后填充上"Java"和"Script"。最后销毁原始的字符串"Java"和字符串"Script"，因为这两个字符串都没有用了。所有处理都是在后台发生的，而这也是一些早期的浏览器（如 Firefox 1.0 之前的版本和 IE6.0）在拼接字符串时非常慢的原因。这些浏览器在后来的版本中都有针对性地解决了这个问题。

3. 转换为字符串

有两种方式把一个值转换为字符串。首先是使用几乎所有值都有的 toString()方法。这个方法唯一的用途就是返回当前值的字符串等价物。比如：

```
let age = 11;
let ageAsString = age.toString();       // 字符串"11"
let found = true;
let foundAsString = found.toString();  // 字符串"true"
```

toString()方法可用于数值、布尔值、对象和字符串值。（没错，字符串值也有 toString()方法，该方法只是简单地返回自身的一个副本。）null 和 undefined 值没有 toString()方法。

多数情况下，toString()不接收任何参数。不过，在对数值调用这个方法时，toString()可以接收一个底数参数，即以什么底数来输出数值的字符串表示。默认情况下，toString()返回数值的十进制字符串表示。而通过传入参数，可以得到数值的二进制、八进制、十六进制，或者其他任何有效基数的字符串表示，比如：

```
let num = 10;
console.log(num.toString());      // "10"
console.log(num.toString(2));     // "1010"
console.log(num.toString(8));     // "12"
console.log(num.toString(10));    // "10"
console.log(num.toString(16));    // "a"
```

这个例子展示了传入底数参数时，toString()输出的字符串值也会随之改变。数值 10 可以输出为任意数值格式。注意，默认情况下（不传参数）的输出与传入参数 10 得到的结果相同。

如果你不确定一个值是不是 null 或 undefined，可以使用 String()转型函数，它始终会返回表示相应类型值的字符串。String()函数遵循如下规则。

❑ 如果值有 toString()方法，则调用该方法（不传参数）并返回结果。

❑ 如果值是 null，返回"null"。

❑ 如果值是 undefined，返回"undefined"。

下面看几个例子：

```
let value1 = 10;
let value2 = true;
let value3 = null;
let value4;

console.log(String(value1));  // "10"
console.log(String(value2));  // "true"
console.log(String(value3));  // "null"
console.log(String(value4));  // "undefined"
```

这里展示了将 4 个值转换为字符串的情况：一个数值、一个布尔值、一个 null 和一个 undefined。数值和布尔值的转换结果与调用 toString()相同。因为 null 和 undefined 没有 toString()方法，所以 String()方法就直接返回了这两个值的字面量文本。

> **注意** 用加号操作符给一个值加上一个空字符串""也可以将其转换为字符串（加号操作符本章后面会介绍）。

4. 模板字面量

ECMAScript 6 新增了使用模板字面量定义字符串的能力。与使用单引号或双引号不同，模板字面量保留换行字符，可以跨行定义字符串：

```
let myMultiLineString = 'first line\nsecond line';
let myMultiLineTemplateLiteral = `first line
second line`;

console.log(myMultiLineString);
// first line
// second line"

console.log(myMultiLineTemplateLiteral);
// first line
```

```
// second line
console.log(myMultiLineString === myMultiLineTemplateLiteral); // true
```

顾名思义，模板字面量在定义模板时特别有用，比如下面这个 HTML 模板：

```
let pageHTML = `
<div>
  <a href="#">
    <span>Jake</span>
  </a>
</div>`;
```

由于模板字面量会保持反引号内部的空格，因此在使用时要格外注意。格式正确的模板字符串看起来可能会缩进不当：

```
// 这个模板字面量在换行符之后有 25 个空格符
let myTemplateLiteral = `first line
                         second line`;
console.log(myTemplateLiteral.length);  // 47

// 这个模板字面量以一个换行符开头
let secondTemplateLiteral = `
first line
second line`;
console.log(secondTemplateLiteral[0] === '\n'); // true

// 这个模板字面量没有意料之外的字符
let thirdTemplateLiteral = `first line
second line`;
console.log(thirdTemplateLiteral);
// first line
// second line
```

5. 字符串插值

模板字面量最常用的一个特性是支持字符串插值，也就是可以在一个连续定义中插入一个或多个值。技术上讲，模板字面量不是字符串，而是一种特殊的 JavaScript 句法表达式，只不过求值后得到的是字符串。模板字面量在定义时立即求值并转换为字符串实例，任何插入的变量也会从它们最接近的作用域中取值。

字符串插值通过在 ${} 中使用一个 JavaScript 表达式实现：

```
let value = 5;
let exponent = 'second';
// 以前，字符串插值是这样实现的：
let interpolatedString =
  value + ' to the ' + exponent + ' power is ' + (value * value);

// 现在，可以用模板字面量这样实现：
let interpolatedTemplateLiteral =
  `${ value } to the ${ exponent } power is ${ value * value }`;

console.log(interpolatedString);             // 5 to the second power is 25
console.log(interpolatedTemplateLiteral);  // 5 to the second power is 25
```

所有插入的值都会使用 toString() 强制转型为字符串，而且任何 JavaScript 表达式都可以用于插值。嵌套的模板字符串无须转义：

```
console.log(`Hello, ${ `World` }!`);  // Hello, World!
```

将表达式转换为字符串时会调用 `toString()`：

```
let foo = { toString: () => 'World' };
console.log(`Hello, ${ foo }!`);       // Hello, World!
```

在插值表达式中可以调用函数和方法：

```
function capitalize(word) {
  return `${ word[0].toUpperCase() }${ word.slice(1) }`;
}
console.log(`${ capitalize('hello') }, ${ capitalize('world') }!`); // Hello, World!
```

此外，模板也可以插入自己之前的值：

```
let value = '';
function append() {
  value = `${value}abc`
  console.log(value);
}
append();  // abc
append();  // abcabc
append();  // abcabcabc
```

6. 模板字面量标签函数

模板字面量也支持定义**标签函数**（tag function），而通过标签函数可以自定义插值行为。标签函数会接收被插值记号分隔后的模板和对每个表达式求值的结果。

标签函数本身是一个常规函数，通过前缀到模板字面量来应用自定义行为，如下例所示。标签函数接收到的参数依次是原始字符串数组和对每个表达式求值的结果。这个函数的返回值是对模板字面量求值得到的字符串。

最好通过一个例子来理解：

```
let a = 6;
let b = 9;

function simpleTag(strings, aValExpression, bValExpression, sumExpression) {
  console.log(strings);
  console.log(aValExpression);
  console.log(bValExpression);
  console.log(sumExpression);

  return 'foobar';
}

let untaggedResult = `${ a } + ${ b } = ${ a + b }`;
let taggedResult = simpleTag`${ a } + ${ b } = ${ a + b }`;
// ["", " + ", " = ", ""]
// 6
// 9
// 15

console.log(untaggedResult);    // "6 + 9 = 15"
console.log(taggedResult);      // "foobar"
```

因为表达式参数的数量是可变的，所以通常应该使用剩余操作符（rest operator）将它们收集到一个数组中：

```
let a = 6;
let b = 9;

function simpleTag(strings, ...expressions) {
  console.log(strings);
  for(const expression of expressions) {
    console.log(expression);
  }

  return 'foobar';
}
let taggedResult = simpleTag`${ a } + ${ b } = ${ a + b }`;
// ["", " + ", " = ", ""]
// 6
// 9
// 15

console.log(taggedResult);  // "foobar"
```

对于有 n 个插值的模板字面量，传给标签函数的表达式参数的个数始终是 n，而传给标签函数的第一个参数所包含的字符串个数则始终是 $n+1$。因此，如果你想把这些字符串和对表达式求值的结果拼接起来作为默认返回的字符串，可以这样做：

```
let a = 6;
let b = 9;

function zipTag(strings, ...expressions) {
  return strings[0] +
         expressions.map((e, i) => `${e}${strings[i + 1]}`)
                     .join('');
}

let untaggedResult =    `${ a } + ${ b } = ${ a + b }`;
let taggedResult = zipTag`${ a } + ${ b } = ${ a + b }`;

console.log(untaggedResult);  // "6 + 9 = 15"
console.log(taggedResult);    // "6 + 9 = 15"
```

7. 原始字符串

使用模板字面量也可以直接获取原始的模板字面量内容（如换行符或 Unicode 字符），而不是被转换后的字符表示。为此，可以使用默认的 String.raw 标签函数：

```
// Unicode 示例
// \u00A9 是版权符号
console.log(`\u00A9`);          // ©
console.log(String.raw`\u00A9`);  // \u00A9

// 换行符示例
console.log(`first line\nsecond line`);
// first line
// second line

console.log(String.raw`first line\nsecond line`); // "first line\nsecond line"

// 对实际的换行符来说是不行的
// 它们不会被转换成转义序列的形式
console.log(`first line
```

```
second line`);
// first line
// second line

console.log(String.raw`first line
second line`);
// first line
// second line
```

另外，也可以通过标签函数的第一个参数，即字符串数组的 `.raw` 属性取得每个字符串的原始内容：

```
function printRaw(strings) {
  console.log('Actual characters:');
  for (const string of strings) {
    console.log(string);
  }

  console.log('Escaped characters:');
  for (const rawString of strings.raw) {
    console.log(rawString);
  }
}

printRaw`\u00A9${ 'and' }\n`;
// Actual characters:
// ©
// (换行符)
// Escaped characters:
// \u00A9
// \n
```

3.4.7　Symbol 类型

Symbol（符号）是 ECMAScript 6 新增的数据类型。符号是原始值，且符号实例是唯一、不可变的。符号的用途是确保对象属性使用唯一标识符，不会发生属性冲突的危险。

尽管听起来跟私有属性有点类似，但符号并不是为了提供私有属性的行为才增加的（尤其是因为 Object API 提供了方法，可以更方便地发现符号属性）。相反，符号就是用来创建唯一记号，进而用作非字符串形式的对象属性。

1. 符号的基本用法

符号需要使用 Symbol() 函数初始化。因为符号本身是原始类型，所以 typeof 操作符对符号返回 symbol。

```
let sym = Symbol();
console.log(typeof sym); // symbol
```

调用 Symbol() 函数时，也可以传入一个字符串参数作为对符号的描述（description），将来可以通过这个字符串来调试代码。但是，这个字符串参数与符号定义或标识完全无关：

```
let genericSymbol = Symbol();
let otherGenericSymbol = Symbol();

let fooSymbol = Symbol('foo');
let otherFooSymbol = Symbol('foo');

console.log(genericSymbol == otherGenericSymbol);  // false
```

```
console.log(fooSymbol == otherFooSymbol);            // false
```

符号没有字面量语法，这也是它们发挥作用的关键。按照规范，你只要创建 Symbol() 实例并将其用作对象的新属性，就可以保证它不会覆盖已有的对象属性，无论是符号属性还是字符串属性。

```
let genericSymbol = Symbol();
console.log(genericSymbol);  // Symbol()

let fooSymbol = Symbol('foo');
console.log(fooSymbol);         // Symbol(foo);
```

最重要的是，Symbol() 函数不能与 new 关键字一起作为构造函数使用。这样做是为了避免创建符号包装对象，像使用 Boolean、String 或 Number 那样，它们都支持构造函数且可用于初始化包含原始值的包装对象：

```
let myBoolean = new Boolean();
console.log(typeof myBoolean); // "object"

let myString = new String();
console.log(typeof myString);  // "object"

let myNumber = new Number();
console.log(typeof myNumber);  // "object"
```

let mySymbol = new Symbol(); // TypeError: Symbol is not a constructor

如果你确实想使用符号包装对象，可以借用 Object() 函数：

```
let mySymbol = Symbol();
let myWrappedSymbol = Object(mySymbol);
console.log(typeof myWrappedSymbol);    // "object"
```

2. 使用全局符号注册表

如果运行时的不同部分需要共享和重用符号实例，那么可以用一个字符串作为键，在全局符号注册表中创建并重用符号。

为此，需要使用 Symbol.for() 方法：

```
let fooGlobalSymbol = Symbol.for('foo');
console.log(typeof fooGlobalSymbol); // symbol
```

Symbol.for() 对每个字符串键都执行幂等操作。第一次使用某个字符串调用时，它会检查全局运行时注册表，发现不存在对应的符号，于是就会生成一个新符号实例并添加到注册表中。后续使用相同字符串的调用同样会检查注册表，发现存在与该字符串对应的符号，然后就会返回该符号实例。

```
let fooGlobalSymbol = Symbol.for('foo');          // 创建新符号
let otherFooGlobalSymbol = Symbol.for('foo');    // 重用已有符号

console.log(fooGlobalSymbol === otherFooGlobalSymbol);   // true
```

即使采用相同的符号描述，在全局注册表中定义的符号跟使用 Symbol() 定义的符号也并不等同：

```
let localSymbol = Symbol('foo');
let globalSymbol = Symbol.for('foo');

console.log(localSymbol === globalSymbol); // false
```

全局注册表中的符号必须使用字符串键来创建，因此作为参数传给 Symbol.for() 的任何值都会被转换为字符串。此外，注册表中使用的键同时也会被用作符号描述。

```
let emptyGlobalSymbol = Symbol.for();
console.log(emptyGlobalSymbol);    // Symbol(undefined)
```

还可以使用 Symbol.keyFor() 来查询全局注册表，这个方法接收符号，返回该全局符号对应的字符串键。如果查询的不是全局符号，则返回 undefined。

```
// 创建全局符号
let s = Symbol.for('foo');
console.log(Symbol.keyFor(s));    // foo

// 创建普通符号
let s2 = Symbol('bar');
console.log(Symbol.keyFor(s2));    // undefined
```

如果传给 Symbol.keyFor() 的不是符号，则该方法抛出 TypeError：

```
Symbol.keyFor(123); // TypeError: 123 is not a symbol
```

3. 使用符号作为属性

凡是可以使用字符串或数值作为属性的地方，都可以使用符号。这就包括了对象字面量属性和 Object.defineProperty()/Object.defineProperties() 定义的属性。对象字面量只能在计算属性语法中使用符号作为属性。

```
let s1 = Symbol('foo'),
    s2 = Symbol('bar'),
    s3 = Symbol('baz'),
    s4 = Symbol('qux');

let o = {
  [s1]: 'foo val'
};
// 这样也可以: o[s1] = 'foo val';

console.log(o);
// {Symbol(foo): foo val}

Object.defineProperty(o, s2, {value: 'bar val'});

console.log(o);
// {Symbol(foo): foo val, Symbol(bar): bar val}

Object.defineProperties(o, {
  [s3]: {value: 'baz val'},
  [s4]: {value: 'qux val'}
});

console.log(o);
// {Symbol(foo): foo val, Symbol(bar): bar val,
//  Symbol(baz): baz val, Symbol(qux): qux val}
```

类似于 Object.getOwnPropertyNames() 返回对象实例的常规属性数组，Object.getOwnProperty-Symbols() 返回对象实例的符号属性数组。这两个方法的返回值彼此互斥。Object.getOwnProperty-Descriptors() 会返回同时包含常规和符号属性描述符的对象。Reflect.ownKeys() 会返回两种类型的键：

```
let s1 = Symbol('foo'),
    s2 = Symbol('bar');

let o = {
  [s1]: 'foo val',
  [s2]: 'bar val',
  baz: 'baz val',
  qux: 'qux val'
};

console.log(Object.getOwnPropertySymbols(o));
// [Symbol(foo), Symbol(bar)]

console.log(Object.getOwnPropertyNames(o));
// ["baz", "qux"]

console.log(Object.getOwnPropertyDescriptors(o));
// {baz: {...}, qux: {...}, Symbol(foo): {...}, Symbol(bar): {...}}

console.log(Reflect.ownKeys(o));
// ["baz", "qux", Symbol(foo), Symbol(bar)]
```

因为符号属性是对内存中符号的一个引用，所以直接创建并用作属性的符号不会丢失。但是，如果没有显式地保存对这些属性的引用，那么必须遍历对象的所有符号属性才能找到相应的属性键：

```
let o = {
  [Symbol('foo')]: 'foo val',
  [Symbol('bar')]: 'bar val'
};

console.log(o);
// {Symbol(foo): "foo val", Symbol(bar): "bar val"}

let barSymbol = Object.getOwnPropertySymbols(o)
               .find((symbol) => symbol.toString().match(/bar/));

console.log(barSymbol);
// Symbol(bar)
```

4. 常用内置符号

ECMAScript 6 也引入了一批**常用内置符号**（well-known symbol），用于暴露语言内部行为，开发者可以直接访问、重写或模拟这些行为。这些内置符号都以 `Symbol` 工厂函数字符串属性的形式存在。

这些内置符号最重要的用途之一是重新定义它们，从而改变原生结构的行为。比如，我们知道 `for-of` 循环会在相关对象上使用 `Symbol.iterator` 属性，那么就可以通过在自定义对象上重新定义 `Symbol.iterator` 的值，来改变 `for-of` 在迭代该对象时的行为。

这些内置符号也没有什么特别之处，它们就是全局函数 `Symbol` 的普通字符串属性，指向一个符号的实例。所有内置符号属性都是不可写、不可枚举、不可配置的。

> **注意**　在提到 ECMAScript 规范时，经常会引用符号在规范中的名称，前缀为 @@。比如，@@iterator 指的就是 `Symbol.iterator`。

5. Symbol.asyncIterator

根据 ECMAScript 规范，这个符号作为一个属性表示"一个方法，该方法返回对象默认的 AsyncIterator。由 for-await-of 语句使用"。换句话说，这个符号表示实现异步迭代器 API 的函数。

for-await-of 循环会利用这个函数执行异步迭代操作。循环时，它们会调用以 Symbol.asyncIterator 为键的函数，并期望这个函数会返回一个实现迭代器 API 的对象。很多时候，返回的对象是实现该 API 的 AsyncGenerator：

```
class Foo {
  async *[Symbol.asyncIterator]() {}
}

let f = new Foo();

console.log(f[Symbol.asyncIterator]());
// AsyncGenerator {<suspended>}
```

技术上，这个由 Symbol.asyncIterator 函数生成的对象应该通过其 next() 方法陆续返回 Promise 实例。可以通过显式地调用 next() 方法返回，也可以隐式地通过异步生成器函数返回：

```
class Emitter {
  constructor(max) {
    this.max = max;
    this.asyncIdx = 0;
  }

  async *[Symbol.asyncIterator]() {
    while(this.asyncIdx < this.max) {
      yield new Promise((resolve) => resolve(this.asyncIdx++));
    }
  }
}

async function asyncCount() {
  let emitter = new Emitter(5);

  for await(const x of emitter) {
    console.log(x);
  }
}

asyncCount();
// 0
// 1
// 2
// 3
// 4
```

> **注意** Symbol.asyncIterator 是 ES2018 规范定义的，因此只有版本非常新的浏览器支持它。关于异步迭代和 for-await-of 循环的细节，参见附录 A。

6. Symbol.hasInstance

根据 ECMAScript 规范，这个符号作为一个属性表示"一个方法，该方法决定一个构造器对象是否认可一个对象是它的实例。由 `instanceof` 操作符使用"。`instanceof` 操作符可以用来确定一个对象实例的原型链上是否有原型。`instanceof` 的典型使用场景如下：

```
function Foo() {}
let f = new Foo();
console.log(f instanceof Foo); // true

class Bar {}
let b = new Bar();
console.log(b instanceof Bar); // true
```

在 ES6 中，`instanceof` 操作符会使用 `Symbol.hasInstance` 函数来确定关系。以 `Symbol.hasInstance` 为键的函数会执行同样的操作，只是操作数对调了一下：

```
function Foo() {}
let f = new Foo();
console.log(Foo[Symbol.hasInstance](f)); // true

class Bar {}
let b = new Bar();
console.log(Bar[Symbol.hasInstance](b)); // true
```

这个属性定义在 Function 的原型上，因此默认在所有函数和类上都可以调用。由于 `instanceof` 操作符会在原型链上寻找这个属性定义，就跟在原型链上寻找其他属性一样，因此可以在继承的类上通过静态方法重新定义这个函数：

```
class Bar {}
class Baz extends Bar {
  static [Symbol.hasInstance]() {
    return false;
  }
}

let b = new Baz();
console.log(Bar[Symbol.hasInstance](b)); // true
console.log(b instanceof Bar);           // true
console.log(Baz[Symbol.hasInstance](b)); // false
console.log(b instanceof Baz);           // false
```

7. Symbol.isConcatSpreadable

根据 ECMAScript 规范，这个符号作为一个属性表示"一个布尔值，如果是 `true`，则意味着对象应该用 `Array.prototype.concat()` 打平其数组元素"。ES6 中的 `Array.prototype.concat()` 方法会根据接收到的对象类型选择如何将一个类数组对象拼接成数组实例。覆盖 `Symbol.isConcatSpreadable` 的值可以修改这个行为。

数组对象默认情况下会被打平到已有的数组，`false` 或假值会导致整个对象被追加到数组末尾。类数组对象默认情况下会被追加到数组末尾，`true` 或真值导致这个类数组对象被打平到数组实例。其他不是类数组对象的对象在 `Symbol.isConcatSpreadable` 被设置为 `true` 的情况下将被忽略。

```
let initial = ['foo'];

let array = ['bar'];
console.log(array[Symbol.isConcatSpreadable]); // undefined
console.log(initial.concat(array));            // ['foo', 'bar']
array[Symbol.isConcatSpreadable] = false;
console.log(initial.concat(array));            // ['foo', Array(1)]
```

```
let arrayLikeObject = { length: 1, 0: 'baz' };
console.log(arrayLikeObject[Symbol.isConcatSpreadable]);  // undefined
console.log(initial.concat(arrayLikeObject));             // ['foo', {...}]
arrayLikeObject[Symbol.isConcatSpreadable] = true;
console.log(initial.concat(arrayLikeObject));             // ['foo', 'baz']

let otherObject = new Set().add('qux');
console.log(otherObject[Symbol.isConcatSpreadable]);  // undefined
console.log(initial.concat(otherObject));             // ['foo', Set(1)]
otherObject[Symbol.isConcatSpreadable] = true;
console.log(initial.concat(otherObject));             // ['foo']
```

8. Symbol.iterator

根据 ECMAScript 规范，这个符号作为一个属性表示"一个方法，该方法返回对象默认的迭代器。由 for-of 语句使用"。换句话说，这个符号表示实现迭代器 API 的函数。

for-of 循环这样的语言结构会利用这个函数执行迭代操作。循环时，它们会调用以 Symbol.iterator 为键的函数，并默认这个函数会返回一个实现迭代器 API 的对象。很多时候，返回的对象是实现该 API 的 Generator：

```
class Foo {
  *[Symbol.iterator]() {}
}

let f = new Foo();

console.log(f[Symbol.iterator]());
// Generator {<suspended>}
```

技术上，这个由 Symbol.iterator 函数生成的对象应该通过其 next() 方法陆续返回值。可以通过显式地调用 next() 方法返回，也可以隐式地通过生成器函数返回：

```
class Emitter {
  constructor(max) {
    this.max = max;
    this.idx = 0;
  }

  *[Symbol.iterator]() {
    while(this.idx < this.max) {
      yield this.idx++;
    }
  }
}

function count() {
  let emitter = new Emitter(5);

  for (const x of emitter) {
    console.log(x);
  }
}

count();
// 0
```

```
// 1
// 2
// 3
// 4
```

> **注意** 迭代器的相关内容将在第 7 章详细介绍。

9. Symbol.match

根据 ECMAScript 规范，这个符号作为一个属性表示"一个正则表达式方法，该方法用正则表达式去匹配字符串。由 String.prototype.match() 方法使用"。String.prototype.match() 方法会使用以 Symbol.match 为键的函数来对正则表达式求值。正则表达式的原型上默认有这个函数的定义，因此所有正则表达式实例默认是这个 String 方法的有效参数：

```
console.log(RegExp.prototype[Symbol.match]);
// ƒ [Symbol.match]() { [native code] }

console.log('foobar'.match(/bar/));
// ["bar", index: 3, input: "foobar", groups: undefined]
```

给这个方法传入非正则表达式值会导致该值被转换为 RegExp 对象。如果想改变这种行为，让方法直接使用参数，则可以重新定义 Symbol.match 函数以取代默认对正则表达式求值的行为，从而让 match() 方法使用非正则表达式实例。Symbol.match 函数接收一个参数，就是调用 match() 方法的字符串实例。返回的值没有限制：

```
class FooMatcher {
  static [Symbol.match](target) {
    return target.includes('foo');
  }
}

console.log('foobar'.match(FooMatcher)); // true
console.log('barbaz'.match(FooMatcher)); // false

class StringMatcher {
  constructor(str) {
    this.str = str;
  }

  [Symbol.match](target) {
    return target.includes(this.str);
  }
}

console.log('foobar'.match(new StringMatcher('foo'))); // true
console.log('barbaz'.match(new StringMatcher('qux'))); // false
```

10. Symbol.replace

根据 ECMAScript 规范，这个符号作为一个属性表示"一个正则表达式方法，该方法替换一个字符串中匹配的子串。由 String.prototype.replace() 方法使用"。String.prototype.replace() 方法会使用以 Symbol.replace 为键的函数来对正则表达式求值。正则表达式的原型上默认有这个函数的定义，因此所有正则表达式实例默认是这个 String 方法的有效参数：

```
console.log(RegExp.prototype[Symbol.replace]);
// f [Symbol.replace]() { [native code] }

console.log('foobarbaz'.replace(/bar/, 'qux'));
// 'fooquxbaz'
```

给这个方法传入非正则表达式值会导致该值被转换为 RegExp 对象。如果想改变这种行为，让方法直接使用参数，可以重新定义 Symbol.replace 函数以取代默认对正则表达式求值的行为，从而让 replace()方法使用非正则表达式实例。Symbol.replace 函数接收两个参数，即调用 replace()方法的字符串实例和替换字符串。返回的值没有限制：

```
class FooReplacer {
  static [Symbol.replace](target, replacement) {
    return target.split('foo').join(replacement);
  }
}

console.log('barfoobaz'.replace(FooReplacer, 'qux'));
// "barquxbaz"

class StringReplacer {
  constructor(str) {
    this.str = str;
  }

  [Symbol.replace](target, replacement) {
    return target.split(this.str).join(replacement);
  }
}

console.log('barfoobaz'.replace(new StringReplacer('foo'), 'qux'));
// "barquxbaz"
```

11. Symbol.search

根据 ECMAScript 规范，这个符号作为一个属性表示 "一个正则表达式方法，该方法返回字符串中匹配正则表达式的索引。由 String.prototype.search()方法使用"。String.prototype.search()方法会使用以 Symbol.search 为键的函数来对正则表达式求值。正则表达式的原型上默认有这个函数的定义，因此所有正则表达式实例默认是这个 String 方法的有效参数：

```
console.log(RegExp.prototype[Symbol.search]);
// f [Symbol.search]() { [native code] }

console.log('foobar'.search(/bar/));
// 3
```

给这个方法传入非正则表达式值会导致该值被转换为 RegExp 对象。如果想改变这种行为，让方法直接使用参数，可以重新定义 Symbol.search 函数以取代默认对正则表达式求值的行为，从而让 search()方法使用非正则表达式实例。Symbol.search 函数接收一个参数，就是调用 match()方法的字符串实例。返回的值没有限制：

```
class FooSearcher {
  static [Symbol.search](target) {
    return target.indexOf('foo');
  }
}
```

```
console.log('foobar'.search(FooSearcher)); // 0
console.log('barfoo'.search(FooSearcher)); // 3
console.log('barbaz'.search(FooSearcher)); // -1

class StringSearcher {
  constructor(str) {
    this.str = str;
  }

  [Symbol.search](target) {
    return target.indexOf(this.str);
  }
}

console.log('foobar'.search(new StringSearcher('foo'))); // 0
console.log('barfoo'.search(new StringSearcher('foo'))); // 3
console.log('barbaz'.search(new StringSearcher('qux'))); // -1
```

12. Symbol.species

根据 ECMAScript 规范，这个符号作为一个属性表示"一个函数值，该函数作为创建派生对象的构造函数"。这个属性在内置类型中最常用，用于对内置类型实例方法的返回值暴露实例化派生对象的方法。用 Symbol.species 定义静态的获取器（getter）方法，可以覆盖新创建实例的原型定义：

```
class Bar extends Array {}
class Baz extends Array {
  static get [Symbol.species]() {
    return Array;
  }
}

let bar = new Bar();
console.log(bar instanceof Array); // true
console.log(bar instanceof Bar);   // true
bar = bar.concat('bar');
console.log(bar instanceof Array); // true
console.log(bar instanceof Bar);   // true

let baz = new Baz();
console.log(baz instanceof Array); // true
console.log(baz instanceof Baz);   // true
baz = baz.concat('baz');
console.log(baz instanceof Array); // true
console.log(baz instanceof Baz);   // false
```

13. Symbol.split

根据 ECMAScript 规范，这个符号作为一个属性表示"一个正则表达式方法，该方法在匹配正则表达式的索引位置拆分字符串。由 String.prototype.split() 方法使用"。String.prototype.split() 方法会使用以 Symbol.split 为键的函数来对正则表达式求值。正则表达式的原型上默认有这个函数的定义，因此所有正则表达式实例默认是这个 String 方法的有效参数：

```
console.log(RegExp.prototype[Symbol.split]);
// ƒ [Symbol.split]() { [native code] }

console.log('foobarbaz'.split(/bar/));
// ['foo', 'baz']
```

给这个方法传入非正则表达式值会导致该值被转换为 RegExp 对象。如果想改变这种行为，让方法直接使用参数，可以重新定义 Symbol.split 函数以取代默认对正则表达式求值的行为，从而让 split() 方法使用非正则表达式实例。Symbol.split 函数接收一个参数，就是调用 match()方法的字符串实例。返回的值没有限制：

```
class FooSplitter {
  static [Symbol.split](target) {
    return target.split('foo');
  }
}

console.log('barfoobaz'.split(FooSplitter));
// ["bar", "baz"]

class StringSplitter {
  constructor(str) {
    this.str = str;
  }

  [Symbol.split](target) {
    return target.split(this.str);
  }
}

console.log('barfoobaz'.split(new StringSplitter('foo')));
// ["bar", "baz"]
```

14. Symbol.toPrimitive

根据 ECMAScript 规范，这个符号作为一个属性表示"一个方法，该方法将对象转换为相应的原始值。由 ToPrimitive 抽象操作使用"。很多内置操作都会尝试强制将对象转换为原始值，包括字符串、数值和未指定的原始类型。对于一个自定义对象实例，通过在这个实例的 Symbol.toPrimitive 属性上定义一个函数可以改变默认行为。

根据提供给这个函数的参数（string、number 或 default），可以控制返回的原始值：

```
class Foo {}
let foo = new Foo();

console.log(3 + foo);          // "3[object Object]"
console.log(3 - foo);          // NaN
console.log(String(foo));      // "[object Object]"

class Bar {
  constructor() {
    this[Symbol.toPrimitive] = function(hint) {
      switch (hint) {
        case 'number':
          return 3;
        case 'string':
          return 'string bar';
        case 'default':
        default:
          return 'default bar';
      }
    }
  }
}
```

```
let bar = new Bar();

console.log(3 + bar);    // "3default bar"
console.log(3 - bar);    // 0
console.log(String(bar)); // "string bar"
```

15. `Symbol.toStringTag`

根据 ECMAScript 规范，这个符号作为一个属性表示"一个字符串，该字符串用于创建对象的默认字符串描述。由内置方法 `Object.prototype.toString()` 使用"。

通过 `toString()` 方法获取对象标识时，会检索由 `Symbol.toStringTag` 指定的实例标识符，默认为 "Object"。内置类型已经指定了这个值，但自定义类实例还需要明确定义：

```
let s = new Set();

console.log(s);                          // Set(0) {}
console.log(s.toString());               // [object Set]
console.log(s[Symbol.toStringTag]);      // Set

class Foo {}
let foo = new Foo();

console.log(foo);                        // Foo {}
console.log(foo.toString());             // [object Object]
console.log(foo[Symbol.toStringTag]);    // undefined

class Bar {
  constructor() {
    this[Symbol.toStringTag] = 'Bar';
  }
}
let bar = new Bar();

console.log(bar);                        // Bar {}
console.log(bar.toString());             // [object Bar]
console.log(bar[Symbol.toStringTag]);    // Bar
```

16. `Symbol.unscopables`

根据 ECMAScript 规范，这个符号作为一个属性表示"一个对象，该对象所有的以及继承的属性，都会从关联对象的 `with` 环境绑定中排除"。设置这个符号并让其映射对应属性的键值为 `true`，就可以阻止该属性出现在 `with` 环境绑定中，如下例所示：

```
let o = { foo: 'bar' };

with (o) {
  console.log(foo); // bar
}

o[Symbol.unscopables] = {
  foo: true
};

with (o) {
  console.log(foo); // ReferenceError
}
```

> **注意** 不推荐使用 `with`，因此也不推荐使用 `Symbol.unscopables`。

3.4.8 `Object` 类型

ECMAScript 中的对象其实就是一组数据和功能的集合。对象通过 `new` 操作符后跟对象类型的名称来创建。开发者可以通过创建 `Object` 类型的实例来创建自己的对象，然后再给对象添加属性和方法：

```
let o = new Object();
```

这个语法类似 Java，但 ECMAScript 只要求在给构造函数提供参数时使用括号。如果没有参数，如上面的例子所示，那么完全可以省略括号（不推荐）：

```
let o = new Object;  // 合法，但不推荐
```

`Object` 的实例本身并不是很有用，但理解与它相关的概念非常重要。类似 Java 中的 `java.lang.Object`，ECMAScript 中的 `Object` 也是派生其他对象的基类。`Object` 类型的所有属性和方法在派生的对象上同样存在。

每个 `Object` 实例都有如下属性和方法。

❑ `constructor`：用于创建当前对象的函数。在前面的例子中，这个属性的值就是 `Object()` 函数。

❑ `hasOwnProperty(propertyName)`：用于判断当前对象实例（不是原型）上是否存在给定的属性。要检查的属性名必须是字符串（如 `o.hasOwnProperty("name")`）或符号。

❑ `isPrototypeOf(object)`：用于判断当前对象是否为另一个对象的原型。（第 8 章将详细介绍原型。）

❑ `propertyIsEnumerable(propertyName)`：用于判断给定的属性是否可以使用（本章稍后讨论的）`for-in` 语句枚举。与 `hasOwnProperty()` 一样，属性名必须是字符串。

❑ `toLocaleString()`：返回对象的字符串表示，该字符串反映对象所在的本地化执行环境。

❑ `toString()`：返回对象的字符串表示。

❑ `valueOf()`：返回对象对应的字符串、数值或布尔值表示。通常与 `toString()` 的返回值相同。

因为在 ECMAScript 中 `Object` 是所有对象的基类，所以任何对象都有这些属性和方法。第 8 章将介绍对象间的继承机制。

> **注意** 严格来讲，ECMA-262 中对象的行为不一定适合 JavaScript 中的其他对象。比如浏览器环境中的 BOM 和 DOM 对象，都是由宿主环境定义和提供的宿主对象。而宿主对象不受 ECMA-262 约束，所以它们可能会也可能不会继承 `Object`。

3.5 操作符

ECMA-262 描述了一组可用于操作数据值的**操作符**，包括数学操作符（如加、减）、位操作符、关系操作符和相等操作符等。ECMAScript 中的操作符是独特的，因为它们可用于各种值，包括字符串、数值、布尔值，甚至还有对象。在应用给对象时，操作符通常会调用 `valueOf()` 和/或 `toString()` 方法来取得可以计算的值。

3.5.1 一元操作符

只操作一个值的操作符叫**一元操作符**（unary operator）。一元操作符是 ECMAScript 中最简单的操作符。

1. 递增/递减操作符

递增和递减操作符直接照搬自 C 语言，但有两个版本：前缀版和后缀版。顾名思义，前缀版就是位于要操作的变量前头，后缀版就是位于要操作的变量后头。前缀递增操作符会给数值加 1，把两个加号（++）放到变量前头即可：

```
let age = 29;
++age;
```

在这个例子中，前缀递增操作符把 age 的值变成了 30（给之前的值 29 加 1）。因此，它实际上等于如下表达式：

```
let age = 29;
age = age + 1;
```

前缀递减操作符也类似，只不过是从一个数值减 1。使用前缀递减操作符，只要把两个减号（--）放到变量前头即可：

```
let age = 29;
--age;
```

执行操作后，变量 age 的值变成了 28（从 29 减 1）。

无论使用前缀递增还是前缀递减操作符，变量的值都会在语句被求值之前改变。（在计算机科学中，这通常被称为具有**副作用**。）请看下面的例子：

```
let age = 29;
let anotherAge = --age + 2;

console.log(age);          // 28
console.log(anotherAge);  // 30
```

在这个例子中，变量 anotherAge 以 age 减 1 后的值再加 2 进行初始化。因为递减操作先发生，所以 age 的值先变成 28，然后再加 2，结果是 30。

前缀递增和递减在语句中的优先级是相等的，因此会从左到右依次求值。比如：

```
let num1 = 2;
let num2 = 20;
let num3 = --num1 + num2;
let num4 = num1 + num2;
console.log(num3);  // 21
console.log(num4);  // 21
```

这里，num3 等于 21 是因为 num1 先减 1 之后才加 num2。变量 num4 也是 21，那是因为加法使用的也是递减后的值。

递增和递减的后缀版语法一样（分别是++和--），只不过要放在变量后面。后缀版与前缀版的主要区别在于，后缀版递增和递减在语句被求值后才发生。在某些情况下，这种差异没什么影响，比如：

```
let age = 29;
age++;
```

把递增操作符放到变量后面不会改变语句执行的结果，因为递增是唯一的操作。可是，在跟其他操作混合时，差异就会变明显，比如：

```
let num1 = 2;
let num2 = 20;
let num3 = num1-- + num2;
let num4 = num1 + num2;
```

```
console.log(num3);   // 22
console.log(num4);   // 21
```

这个例子跟前面的那个一样，只是把前缀递减改成了后缀递减，区别很明显。在使用前缀版的例子中，num3 和 num4 的值都是 21。而在这个例子中，num3 的值是 22，num4 的值是 21。这里的不同之处在于，计算 num3 时使用的是 num1 的原始值（2），而计算 num4 时使用的是 num1 递减后的值（1）。

这 4 个操作符可以作用于任何值，意思是不限于整数——字符串、布尔值、浮点值，甚至对象都可以。递增和递减操作符遵循如下规则。

- ❑ 对于字符串，如果是有效的数值形式，则转换为数值再应用改变。变量类型从字符串变成数值。
- ❑ 对于字符串，如果不是有效的数值形式，则将变量的值设置为 NaN。变量类型从字符串变成数值。
- ❑ 对于布尔值，如果是 false，则转换为 0 再应用改变。变量类型从布尔值变成数值。
- ❑ 对于布尔值，如果是 true，则转换为 1 再应用改变。变量类型从布尔值变成数值。
- ❑ 对于浮点值，加 1 或减 1。
- ❑ 如果是对象，则调用其（第 5 章会详细介绍的）valueOf()方法取得可以操作的值。对得到的值应用上述规则。如果是 NaN，则调用 toString()并再次应用其他规则。变量类型从对象变成数值。

下面的例子演示了这些规则：

```
let s1 = "2";
let s2 = "z";
let b = false;
let f = 1.1;
let o = {
  valueOf() {
    return -1;
  }
};

s1++;   // 值变成数值 3
s2++;   // 值变成 NaN
b++;    // 值变成数值 1
f--;    // 值变成 0.10000000000000009（因为浮点数不精确）
o--;    // 值变成-2
```

2. 一元加和减

一元加和减操作符对大多数开发者来说并不陌生，它们在 ECMAScript 中跟在高中数学中的用途一样。一元加由一个加号（+）表示，放在变量前头，对数值没有任何影响：

```
let num = 25;
num = +num;
console.log(num); // 25
```

如果将一元加应用到非数值，则会执行与使用 Number()转型函数一样的类型转换：布尔值 false 和 true 转换为 0 和 1，字符串根据特殊规则进行解析，对象会调用它们的 valueOf()和/或 toString() 方法以得到可以转换的值。

下面的例子演示了一元加在应用到不同数据类型时的行为：

```
let s1 = "01";
let s2 = "1.1";
```

```
let s3 = "z";
let b = false;
let f = 1.1;
let o = {
  valueOf() {
    return -1;
  }
};

s1 = +s1;  // 值变成数值 1
s2 = +s2;  // 值变成数值 1.1
s3 = +s3;  // 值变成 NaN
b = +b;    // 值变成数值 0
f = +f;    // 不变，还是 1.1
o = +o;    // 值变成数值-1
```

一元减由一个减号（-）表示，放在变量前头，主要用于把数值变成负值，如把 1 转换为-1。示例如下：

```
let num = 25;
num = -num;
console.log(num);  // -25
```

对数值使用一元减会将其变成相应的负值（如上面的例子所示）。在应用到非数值时，一元减会遵循与一元加同样的规则，先对它们进行转换，然后再取负值：

```
let s1 = "01";
let s2 = "1.1";
let s3 = "z";
let b = false;
let f = 1.1;
let o = {
  valueOf() {
    return -1;
  }
};

s1 = -s1;  // 值变成数值-1
s2 = -s2;  // 值变成数值-1.1
s3 = -s3;  // 值变成 NaN
b = -b;    // 值变成数值 0
f = -f;    // 变成-1.1
o = -o;    // 值变成数值 1
```

一元加和减操作符主要用于基本的算术，但也可以像上面的例子那样，用于数据类型转换。

3.5.2　位操作符

接下来要介绍的操作符用于数值的底层操作，也就是操作内存中表示数据的比特（位）。ECMAScript 中的所有数值都以 IEEE 754 64 位格式存储，但位操作并不直接应用到 64 位表示，而是先把值转换为 32 位整数，再进行位操作，之后再把结果转换为 64 位。对开发者而言，就好像只有 32 位整数一样，因为 64 位整数存储格式是不可见的。既然知道了这些，就只需要考虑 32 位整数即可。

有符号整数使用 32 位的前 31 位表示整数值。第 32 位表示数值的符号，如 0 表示正，1 表示负。这一位称为符号位（sign bit），它的值决定了数值其余部分的格式。正值以真正的二进制格式存储，即 31 位中的每一位都代表 2 的幂。第一位（称为第 0 位）表示 2^0，第二位表示 2^1，依此类推。如果一个位是空的,则以 0 填充,相当于忽略不计。比如,数值 18 的二进制格式为 00000000000000000000000000010010,或更精简的 10010。后者是用到的 5 个有效位,决定了实际的值（如图 3-1 所示）。

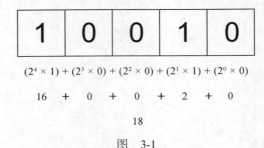

$$(2^4 \times 1) + (2^3 \times 0) + (2^2 \times 0) + (2^1 \times 1) + (2^0 \times 0)$$

$$16 \quad + \quad 0 \quad + \quad 0 \quad + \quad 2 \quad + \quad 0$$

18

图   3-1

负值以一种称为**二补数**（或补码）的二进制编码存储。一个数值的二补数通过如下 3 个步骤计算得到：

(1) 确定绝对值的二进制表示（如,对于−18,先确定 18 的二进制表示）;

(2) 找到数值的一补数（或反码）,换句话说,就是每个 0 都变成 1,每个 1 都变成 0;

(3) 给结果加 1。

基于上述步骤确定−18 的二进制表示,首先从 18 的二进制表示开始：

```
0000  0000  0000  0000  0000  0000  0001  0010
```

然后,计算一补数,即反转每一位的二进制值：

```
1111  1111  1111  1111  1111  1111  1110  1101
```

最后,给一补数加 1：

```
1111  1111  1111  1111  1111  1111  1110  1101
                                          1
-----------------------------------------------
1111  1111  1111  1111  1111  1111  1110  1110
```

那么,−18 的二进制表示就是 11111111111111111111111111101110。要注意的是,在处理有符号整数时,我们无法访问第 31 位。

ECMAScript 会帮我们记录这些信息。在把负值输出为一个二进制字符串时,我们会得到一个前面加了减号的绝对值,如下所示：

```
let num = -18;
console.log(num.toString(2)); // "-10010"
```

在将−18 转换为二进制字符串时,结果得到−10010。转换过程会求得二补数,然后再以更符合逻辑的形式表示出来。

> **注意**   默认情况下,ECMAScript 中的所有整数都表示为有符号数。不过,确实存在无符号整数。对无符号整数来说,第 32 位不表示符号,因为只有正值。无符号整数比有符号整数的范围更大,因为符号位被用来表示数值了。

在对 ECMAScript 中的数值应用位操作符时,后台会发生转换：64 位数值会转换为 32 位数值,然后执行位操作,最后再把结果从 32 位转换为 64 位存储起来。整个过程就像处理 32 位数值一样,这让二进制操作变得与其他语言中类似。但这个转换也导致了一个奇特的副作用，即特殊值 NaN 和 Infinity 在位操作中都会被当成 0 处理。

如果将位操作符应用到非数值，那么首先会使用 Number() 函数将该值转换为数值（这个过程是自动的），然后再应用位操作。最终结果是数值。

1. 按位非

按位非操作符用波浪符（~）表示，它的作用是返回数值的一补数。按位非是 ECMAScript 中为数不多的几个二进制数学操作符之一。看下面的例子：

```
let num1 = 25;       // 二进制 00000000000000000000000000011001
let num2 = ~num1;    // 二进制 11111111111111111111111111100110
console.log(num2);  // -26
```

这里，按位非操作符作用到了数值 25，得到的结果是–26。由此可以看出，按位非的最终效果是对数值取反并减 1，就像执行如下操作的结果一样：

```
let num1 = 25;
let num2 = -num1 - 1;
console.log(num2);   // "-26"
```

实际上，尽管两者返回的结果一样，但位操作的速度快得多。这是因为位操作是在数值的底层表示上完成的。

2. 按位与

按位与操作符用和号（&）表示，有两个操作数。本质上，按位与就是将两个数的每一个位对齐，然后基于真值表中的规则，对每一位执行相应的与操作。

第一个数值的位	第二个数值的位	结　果
1	1	1
1	0	0
0	1	0
0	0	0

按位与操作在两个位都是 1 时返回 1，在任何一位是 0 时返回 0。

下面看一个例子，我们对数值 25 和 3 求与操作，如下所示：

```
let result = 25 & 3;
console.log(result); // 1
```

25 和 3 的按位与操作的结果是 1。为什么呢？看下面的二进制计算过程：

```
 25 = 0000 0000 0000 0000 0000 0000 0001 1001
  3 = 0000 0000 0000 0000 0000 0000 0000 0011
--------------------------------------------
AND = 0000 0000 0000 0000 0000 0000 0000 0001
```

如上所示，25 和 3 的二进制表示中，只有第 0 位上的两个数都是 1。于是结果数值的所有其他位都会以 0 填充，因此结果就是 1。

3. 按位或

按位或操作符用管道符（|）表示，同样有两个操作数。按位或遵循如下真值表：

第一个数值的位	第二个数值的位	结　果
1	1	1
1	0	1
0	1	1
0	0	0

按位或操作在至少一位是 1 时返回 1，两位都是 0 时返回 0。

仍然用按位与的示例，如果对 25 和 3 执行按位或，代码如下所示：

```
let result = 25 | 3;
console.log(result); // 27
```

可见 25 和 3 的按位或操作的结果是 27：

```
 25 = 0000 0000 0000 0000 0000 0000 0001 1001
  3 = 0000 0000 0000 0000 0000 0000 0000 0011
 ----------------------------------------------
 OR = 0000 0000 0000 0000 0000 0000 0001 1011
```

在参与计算的两个数中，有 4 位都是 1，因此它们直接对应到结果上。二进制码 11011 等于 27。

4. 按位异或

按位异或用脱字符（^）表示，同样有两个操作数。下面是按位异或的真值表：

第一个数的位	第二个数的位	结　果
1	1	0
1	0	1
0	1	1
0	0	0

按位异或与按位或的区别是，它只在一位上是 1 的时候返回 1（两位都是 1 或 0，则返回 0）。

对数值 25 和 3 执行按位异或操作：

```
let result = 25 ^ 3;
console.log(result); // 26
```

可见，25 和 3 的按位异或操作结果为 26，如下所示：

```
 25 = 0000 0000 0000 0000 0000 0000 0001 1001
  3 = 0000 0000 0000 0000 0000 0000 0000 0011
 ----------------------------------------------
XOR = 0000 0000 0000 0000 0000 0000 0001 1010
```

两个数在 4 位上都是 1，但两个数的第 0 位都是 1，因此那一位在结果中就变成了 0。其余位上的 1 在另一个数上没有对应的 1，因此会直接传递到结果中。二进制码 11010 等于 26。（注意，这比对同样两个值执行按位或操作得到的结果小 1。）

5. 左移

左移操作符用两个小于号（<<）表示，会按照指定的位数将数值的所有位向左移动。比如，如果数值 2（二进制 10）向左移 5 位，就会得到 64（二进制 1000000），如下所示：

```
let oldValue = 2;               // 等于二进制 10
let newValue = oldValue << 5;   // 等于二进制 1000000，即十进制 64
```

注意在移位后，数值右端会空出 5 位。左移会以 0 填充这些空位，让结果是完整的 32 位数值（见图 3-2）。

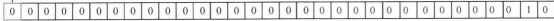

"秘密的"符号位　　　　　　　　　　　数值2

数值2左移5位（数值64）
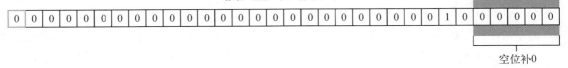

空位补0

图　3-2

注意，左移会保留它所操作数值的符号。比如，如果–2 左移 5 位，将得到–64，而不是正 64。

6. 有符号右移

有符号右移由两个大于号（>>）表示，会将数值的所有 32 位都向右移，同时保留符号（正或负）。有符号右移实际上是左移的逆运算。比如，如果将 64 右移 5 位，那就是 2：

```
let oldValue = 64;            // 等于二进制 1000000
let newValue = oldValue >> 5; // 等于二进制 10，即十进制 2
```

同样，移位后就会出现空位。不过，右移后空位会出现在左侧，且在符号位之后（见图 3-3）。ECMAScript 会用符号位的值来填充这些空位，以得到完整的数值。

"秘密的"符号位　　　　　　　　　　　数值64

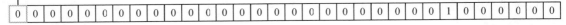

数值64右移5位（数值2）
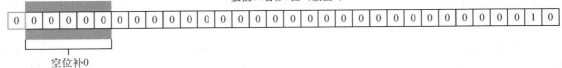

空位补0

图　3-3

7. 无符号右移

无符号右移用 3 个大于号表示（>>>），会将数值的所有 32 位都向右移。对于正数，无符号右移与有符号右移结果相同。仍然以前面有符号右移的例子为例，64 向右移动 5 位，会变成 2：

```
let oldValue = 64;             // 等于二进制 1000000
let newValue = oldValue >>> 5; // 等于二进制 10，即十进制 2
```

对于负数，有时候差异会非常大。与有符号右移不同，无符号右移会给空位补 0，而不管符号位是什么。对正数来说，这跟有符号右移效果相同。但对负数来说，结果就差太多了。无符号右移操作符将负数的二进制表示当成正数的二进制表示来处理。因为负数是其绝对值的二补数，所以右移之后结果变得非常之大，如下面的例子所示：

```
let oldValue = -64;          // 等于二进制 11111111111111111111111111000000
let newValue = oldValue >>> 5;   // 等于十进制 134217726
```

在对–64 无符号右移 5 位后，结果是 134 217 726。这是因为–64 的二进制表示是 11111111111111111111111111000000，无符号右移却将它当成正值，也就是 4 294 967 232。把这个值右移 5 位后，结果是 00000111111111111111111111111110，即 134 217 726。

3.5.3　布尔操作符

对于编程语言来说，布尔操作符跟相等操作符几乎同样重要。如果没有能力测试两个值的关系，那么像 if-else 和循环这样的语句也没什么用了。布尔操作符一共有 3 个：逻辑非、逻辑与和逻辑或。

1. 逻辑非

逻辑非操作符由一个叹号（!）表示，可应用给 ECMAScript 中的任何值。这个操作符始终返回布尔值，无论应用到的是什么数据类型。逻辑非操作符首先将操作数转换为布尔值，然后再对其取反。换句话说，逻辑非操作符会遵循如下规则。

❑ 如果操作数是对象，则返回 false。
❑ 如果操作数是空字符串，则返回 true。
❑ 如果操作数是非空字符串，则返回 false。
❑ 如果操作数是数值 0，则返回 true。
❑ 如果操作数是非 0 数值（包括 Infinity），则返回 false。
❑ 如果操作数是 null，则返回 true。
❑ 如果操作数是 NaN，则返回 true。
❑ 如果操作数是 undefined，则返回 true。

以下示例验证了上述行为：

```
console.log(!false);   // true
console.log(!"blue");  // false
console.log(!0);       // true
console.log(!NaN);     // true
console.log(!"");      // true
console.log(!12345);   // false
```

逻辑非操作符也可以用于把任意值转换为布尔值。同时使用两个叹号（!!），相当于调用了转型函数 Boolean()。无论操作数是什么类型，第一个叹号总会返回布尔值。第二个叹号对该布尔值取反，从而给出变量真正对应的布尔值。结果与对同一个值使用 Boolean() 函数是一样的：

```
console.log(!!"blue"); // true
console.log(!!0);      // false
console.log(!!NaN);    // false
console.log(!!"");     // false
console.log(!!12345);  // true
```

2. 逻辑与

逻辑与操作符由两个和号（&&）表示，应用到两个值，如下所示：

```
let result = true && false;
```

逻辑与操作符遵循如下真值表：

第一个操作数	第二个操作数	结　果
true	true	true
true	false	false
false	true	false
false	false	false

逻辑与操作符可用于任何类型的操作数，不限于布尔值。如果有操作数不是布尔值，则逻辑与并不一定会返回布尔值，而是遵循如下规则。

❑ 如果第一个操作数是对象，则返回第二个操作数。

❑ 如果第二个操作数是对象，则只有第一个操作数求值为 true 才会返回该对象。

❑ 如果两个操作数都是对象，则返回第二个操作数。

❑ 如果有一个操作数是 null，则返回 null。

❑ 如果有一个操作数是 NaN，则返回 NaN。

❑ 如果有一个操作数是 undefined，则返回 undefined。

逻辑与操作符是一种短路操作符，意思就是如果第一个操作数决定了结果，那么永远不会对第二个操作数求值。对逻辑与操作符来说，如果第一个操作数是 false，那么无论第二个操作数是什么值，结果也不可能等于 true。看下面的例子：

```
let found = true;
let result = (found && someUndeclaredVariable); // 这里会出错
console.log(result); // 不会执行这一行
```

上面的代码之所以会出错，是因为 someUndeclaredVariable 没有事先声明，所以当逻辑与操作符对它求值时就会报错。变量 found 的值是 true，逻辑与操作符会继续求值变量 someUndeclaredVariable。但是由于 someUndeclaredVariable 没有定义，不能对它应用逻辑与操作符，因此就报错了。假如变量 found 的值是 false，那么就不会报错了：

```
let found = false;
let result = (found && someUndeclaredVariable);  // 不会出错
console.log(result);  // 会执行
```

这里，console.log 会成功执行。即使变量 someUndeclaredVariable 没有定义，由于第一个操作数是 false，逻辑与操作符也不会对它求值，因为此时对&&右边的操作数求值是没有意义的。在使用逻辑与操作符时，一定别忘了它的这个短路的特性。

3. 逻辑或

逻辑或操作符由两个管道符（||）表示，比如：

```
let result = true || false;
```

逻辑或操作符遵循如下真值表：

第一个操作数	第二个操作数	结　果
true	true	true
true	false	true
false	true	true
false	false	false

与逻辑与类似，如果有一个操作数不是布尔值，那么逻辑或操作符也不一定返回布尔值。它遵循如下规则。

- ❑ 如果第一个操作数是对象，则返回第一个操作数。
- ❑ 如果第一个操作数求值为 false，则返回第二个操作数。
- ❑ 如果两个操作数都是对象，则返回第一个操作数。
- ❑ 如果两个操作数都是 null，则返回 null。
- ❑ 如果两个操作数都是 NaN，则返回 NaN。
- ❑ 如果两个操作数都是 undefined，则返回 undefined。

同样与逻辑与类似，逻辑或操作符也具有短路的特性。只不过对逻辑或而言，第一个操作数求值为 true，第二个操作数就不会再被求值了。看下面的例子：

```
let found = true;
let result = (found || someUndeclaredVariable); // 不会出错
console.log(result); // 会执行
```

跟前面的例子一样，变量 someUndeclaredVariable 也没有定义。但是，因为变量 found 的值为 true，所以逻辑或操作符不会对变量 someUndeclaredVariable 求值，而直接返回 true。假如把 found 的值改为 false，那就会报错了：

```
let found = false;
let result = (found || someUndeclaredVariable); // 这里会出错
console.log(result); // 不会执行这一行
```

利用这个行为，可以避免给变量赋值 null 或 undefined。比如：

```
let myObject = preferredObject || backupObject;
```

在这个例子中，变量 myObject 会被赋予两个值中的一个。其中，preferredObject 变量包含首选的值，backupObject 变量包含备用的值。如果 preferredObject 不是 null，则它的值就会赋给 myObject；如果 preferredObject 是 null，则 backupObject 的值就会赋给 myObject。这种模式在 ECMAScript 代码中经常用于变量赋值，本书后面的代码示例中也会经常用到。

3.5.4 乘性操作符

ECMAScript 定义了 3 个乘性操作符：乘法、除法和取模。这些操作符跟它们在 Java、C 语言及 Perl 中对应的操作符作用一样，但在处理非数值时，它们也会包含一些自动的类型转换。如果乘性操作符有不是数值的操作数，则该操作数会在后台被使用 Number() 转型函数转换为数值。这意味着空字符串会被当成 0，而布尔值 true 会被当成 1。

1. 乘法操作符

乘法操作符由一个星号（*）表示，可以用于计算两个数值的乘积。其语法类似于 C 语言，比如：

```
let result = 34 * 56;
```

不过，乘法操作符在处理特殊值时也有一些特殊的行为。

- ❑ 如果操作数都是数值，则执行常规的乘法运算，即两个正值相乘是正值，两个负值相乘也是正值，正负符号不同的值相乘得到负值。如果 ECMAScript 不能表示乘积，则返回 Infinity 或 -Infinity。
- ❑ 如果有任一操作数是 NaN，则返回 NaN。

❑ 如果是 Infinity 乘以 0，则返回 NaN。
❑ 如果是 Infinity 乘以非 0 的有限数值，则根据第二个操作数的符号返回 Infinity 或 -Infinity。
❑ 如果是 Infinity 乘以 Infinity，则返回 Infinity。
❑ 如果有不是数值的操作数，则先在后台用 Number() 将其转换为数值，然后再应用上述规则。

2. 除法操作符

除法操作符由一个斜杠（/）表示，用于计算第一个操作数除以第二个操作数的商，比如：

```
let result = 66 / 11;
```

跟乘法操作符一样，除法操作符针对特殊值也有一些特殊的行为。

❑ 如果操作数都是数值，则执行常规的除法运算，即两个正值相除是正值，两个负值相除也是正值，符号不同的值相除得到负值。如果 ECMAScript 不能表示商，则返回 Infinity 或 -Infinity。
❑ 如果有任一操作数是 NaN，则返回 NaN。
❑ 如果是 Infinity 除以 Infinity，则返回 NaN。
❑ 如果是 0 除以 0，则返回 NaN。
❑ 如果是非 0 的有限值除以 0，则根据第一个操作数的符号返回 Infinity 或 -Infinity。
❑ 如果是 Infinity 除以任何数值，则根据第二个操作数的符号返回 Infinity 或 -Infinity。
❑ 如果有不是数值的操作数，则先在后台用 Number() 函数将其转换为数值，然后再应用上述规则。

3. 取模操作符

取模（余数）操作符由一个百分比符号（%）表示，比如：

```
let result = 26 % 5; // 等于 1
```

与其他乘性操作符一样，取模操作符对特殊值也有一些特殊的行为。

❑ 如果操作数是数值，则执行常规除法运算，返回余数。
❑ 如果被除数是无限值，除数是有限值，则返回 NaN。
❑ 如果被除数是有限值，除数是 0，则返回 NaN。
❑ 如果是 Infinity 除以 Infinity，则返回 NaN。
❑ 如果被除数是有限值，除数是无限值，则返回被除数。
❑ 如果被除数是 0，除数不是 0，则返回 0。
❑ 如果有不是数值的操作数，则先在后台用 Number() 函数将其转换为数值，然后再应用上述规则。

3.5.5 指数操作符

ECMAScript 7 新增了指数操作符，Math.pow() 现在有了自己的操作符 **，结果是一样的：

```
console.log(Math.pow(3, 2));    // 9
console.log(3 ** 2);            // 9

console.log(Math.pow(16, 0.5)); // 4
console.log(16** 0.5);          // 4
```

不仅如此，指数操作符也有自己的指数赋值操作符 **=，该操作符执行指数运算和结果的赋值操作：

```
let squared = 3;
squared **= 2;
console.log(squared); // 9
```

```
let sqrt = 16;
sqrt **= 0.5;
console.log(sqrt); // 4
```

3.5.6 加性操作符

加性操作符，即加法和减法操作符，一般都是编程语言中最简单的操作符。不过，在 ECMAScript 中，这两个操作符拥有一些特殊的行为。与乘性操作符类似，加性操作符在后台会发生不同数据类型的转换。只不过对这两个操作符来说，转换规则不是那么直观。

1. 加法操作符

加法操作符（+）用于求两个数的和，比如：

```
let result = 1 + 2;
```

如果两个操作数都是数值，加法操作符执行加法运算并根据如下规则返回结果：

❏ 如果有任一操作数是 NaN，则返回 NaN；
❏ 如果是 Infinity 加 Infinity，则返回 Infinity；
❏ 如果是-Infinity 加-Infinity，则返回-Infinity；
❏ 如果是 Infinity 加-Infinity，则返回 NaN；
❏ 如果是+0 加+0，则返回+0；
❏ 如果是-0 加+0，则返回+0；
❏ 如果是-0 加-0，则返回-0。

不过，如果有一个操作数是字符串，则要应用如下规则：

❏ 如果两个操作数都是字符串，则将第二个字符串拼接到第一个字符串后面；
❏ 如果只有一个操作数是字符串，则将另一个操作数转换为字符串，再将两个字符串拼接在一起。

如果有任一操作数是对象、数值或布尔值，则调用它们的 toString()方法以获取字符串，然后再应用前面的关于字符串的规则。对于 undefined 和 null，则调用 String()函数，分别获取"undefined"和"null"。

看下面的例子：

```
let result1 = 5 + 5;        // 两个数值
console.log(result1);       // 10
let result2 = 5 + "5";      // 一个数值和一个字符串
console.log(result2);       // "55"
```

以上代码展示了加法操作符的两种运算模式。正常情况下，5 + 5 等于 10（数值），如前两行代码所示。但是，如果将一个操作数改为字符串，比如"5"，则相加的结果就变成了"55"（原始字符串值），因为第一个操作数也会被转换为字符串。

ECMAScript 中最常犯的一个错误，就是忽略加法操作中涉及的数据类型。比如下面这个例子：

```
let num1 = 5;
let num2 = 10;
let message = "The sum of 5 and 10 is " + num1 + num2;
console.log(message);  // "The sum of 5 and 10 is 510"
```

这里，变量 message 中保存的是一个字符串，是执行两次加法操作之后的结果。有人可能会认为最终得到的字符串是"The sum of 5 and 10 is 15"。可是，实际上得到的是"The sum of 5 and 10 is 510"。这是因为每次加法运算都是独立完成的。第一次加法的操作数是一个字符串和一个数值（5），结果还是一个字符串。第二次加法仍然是用一个字符串去加一个数值（10），同样也会得到一个字符串。如果想真正执行数学计算，然后把结果追加到字符串末尾，只要使用一对括号即可：

```
let num1 = 5;
let num2 = 10;
let message = "The sum of 5 and 10 is " + (num1 + num2);
console.log(message); // "The sum of 5 and 10 is 15"
```

在此，我们用括号把两个数值变量括了起来，意思是让解释器先执行两个数值的加法，然后再把结果追加给字符串。因此，最终得到的字符串变成了"The sum of 5 and 10 is 15"。

2. 减法操作符

减法操作符（-）也是使用很频繁的一种操作符，比如：

```
let result = 2 - 1;
```

与加法操作符一样，减法操作符也有一组规则用于处理 ECMAScript 中不同类型之间的转换。

- ❑ 如果两个操作数都是数值，则执行数学减法运算并返回结果。
- ❑ 如果有任一操作数是 NaN，则返回 NaN。
- ❑ 如果是 Infinity 减 Infinity，则返回 NaN。
- ❑ 如果是-Infinity 减-Infinity，则返回 NaN。
- ❑ 如果是 Infinity 减-Infinity，则返回 Infinity。
- ❑ 如果是-Infinity 减 Infinity，则返回-Infinity。
- ❑ 如果是+0 减+0，则返回+0。
- ❑ 如果是+0 减-0，则返回-0。
- ❑ 如果是-0 减-0，则返回+0。
- ❑ 如果有任一操作数是字符串、布尔值、null 或 undefined，则先在后台使用 Number()将其转换为数值，然后再根据前面的规则执行数学运算。如果转换结果是 NaN，则减法计算的结果是 NaN。
- ❑ 如果有任一操作数是对象，则调用其 valueOf()方法取得表示它的数值。如果该值是 NaN，则减法计算的结果是 NaN。如果对象没有 valueOf()方法，则调用其 toString()方法，然后再将得到的字符串转换为数值。

以下示例演示了上面的规则：

```
let result1 = 5 - true; // true 被转换为 1，所以结果是 4
let result2 = NaN - 1;   // NaN
let result3 = 5 - 3;     // 2
let result4 = 5 - "";    // ""被转换为 0，所以结果是 5
let result5 = 5 - "2";   // "2"被转换为 2，所以结果是 3
let result6 = 5 - null;  // null 被转换为 0，所以结果是 5
```

3.5.7 关系操作符

关系操作符执行比较两个值的操作，包括小于（<）、大于（>）、小于等于（<=）和大于等于（>=），用法跟数学课上学的一样。这几个操作符都返回布尔值，如下所示：

```
let result1 = 5 > 3; // true
let result2 = 5 < 3; // false
```

与 ECMAScript 中的其他操作符一样,在将它们应用到不同数据类型时也会发生类型转换和其他行为。

- ❑ 如果操作数都是数值,则执行数值比较。
- ❑ 如果操作数都是字符串,则逐个比较字符串中对应字符的编码。
- ❑ 如果有任一操作数是数值,则将另一个操作数转换为数值,执行数值比较。
- ❑ 如果有任一操作数是对象,则调用其 valueOf() 方法,取得结果后再根据前面的规则执行比较。
  如果没有 valueOf() 操作符,则调用 toString() 方法,取得结果后再根据前面的规则执行比较。
- ❑ 如果有任一操作数是布尔值,则将其转换为数值再执行比较。

在使用关系操作符比较两个字符串时,会发生一个有趣的现象。很多人认为小于意味着“字母顺序靠前”,而大于意味着“字母顺序靠后”,实际上不是这么回事。对字符串而言,关系操作符会比较字符串中对应字符的编码,而这些编码是数值。比较完之后,会返回布尔值。问题的关键在于,大写字母的编码都小于小写字母的编码,因此以下这种情况就会发生:

```
let result = "Brick" < "alphabet"; // true
```

在这里,字符串 "Brick" 被认为小于字符串 "alphabet",因为字母 B 的编码是 66,字母 a 的编码是 97。要得到确实按字母顺序比较的结果,就必须把两者都转换为相同的大小写形式(全大写或全小写),然后再比较:

```
let result = "Brick".toLowerCase() < "alphabet".toLowerCase(); // false
```

将两个操作数都转换为小写,就能保证按照字母表顺序判定 "alphabet" 在 "Brick" 前头。

另一个奇怪的现象是在比较两个数值字符串的时候,比如下面这个例子:

```
let result = "23" < "3"; // true
```

这里在比较字符串 "23" 和 "3" 时返回 true。因为两个操作数都是字符串,所以会逐个比较它们的字符编码(字符 "2" 的编码是 50,而字符 "3" 的编码是 51)。不过,如果有一个操作数是数值,那么比较的结果就对了:

```
let result = "23" < 3; // false
```

因为这次会将字符串 "23" 转换为数值 23,然后再跟 3 比较,结果当然对了。只要是数值和字符串比较,字符串就会先被转换为数值,然后进行数值比较。对于数值字符串而言,这样能保证结果正确。但如果字符串不能转换成数值呢? 比如下面这个例子:

```
let result = "a" < 3; // 因为"a"会转换为 NaN,所以结果是 false
```

因为字符 "a" 不能转换成任何有意义的数值,所以只能转换为 NaN。这里有一个规则,即任何关系操作符在涉及比较 NaN 时都返回 false。这样一来,下面的例子有趣了:

```
let result1 = NaN < 3;  // false
let result2 = NaN >= 3; // false
```

在大多数比较的场景中,如果一个值不小于另一个值,那就一定大于或等于它。但在比较 NaN 时,无论是小于还是大于等于,比较的结果都会返回 false。

3.5.8　相等操作符

判断两个变量是否相等是编程中最重要的操作之一。在比较字符串、数值和布尔值是否相等时,过程都很直观。但是在比较两个对象是否相等时,情形就比较复杂了。ECMAScript 中的相等和不相等操作符,原本在比较之前会执行类型转换,但很快就有人质疑这种转换是否应该发生。最终,ECMAScript

提供了两组操作符。第一组是**等于**和**不等于**，它们在比较之前执行转换。第二组是**全等**和**不全等**，它们在比较之前不执行转换。

1. 等于和不等于

ECMAScript 中的等于操作符用两个等于号（==）表示，如果操作数相等，则会返回 true。不等于操作符用叹号和等于号（!=）表示，如果两个操作数不相等，则会返回 true。这两个操作符都会先进行类型转换（通常称为**强制类型转换**）再确定操作数是否相等。

在转换操作数的类型时，相等和不相等操作符遵循如下规则。

- ❑ 如果任一操作数是布尔值，则将其转换为数值再比较是否相等。false 转换为 0，true 转换为 1。
- ❑ 如果一个操作数是字符串，另一个操作数是数值，则尝试将字符串转换为数值，再比较是否相等。
- ❑ 如果一个操作数是对象，另一个操作数不是，则调用对象的 valueOf() 方法取得其原始值，再根据前面的规则进行比较。

在进行比较时，这两个操作符会遵循如下规则。

- ❑ null 和 undefined 相等。
- ❑ null 和 undefined 不能转换为其他类型的值再进行比较。
- ❑ 如果有任一操作数是 NaN，则相等操作符返回 false，不相等操作符返回 true。记住：即使两个操作数都是 NaN，相等操作符也返回 false，因为按照规则，NaN 不等于 NaN。
- ❑ 如果两个操作数都是对象，则比较它们是不是同一个对象。如果两个操作数都指向同一个对象，则相等操作符返回 true。否则，两者不相等。

下表总结了一些特殊情况及比较的结果。

表 达 式	结 果
null == undefined	true
"NaN" == NaN	false
5 == NaN	false
NaN == NaN	false
NaN != NaN	true
false == 0	true
true == 1	true
true == 2	false
undefined == 0	false
null == 0	false
"5" == 5	true

2. 全等和不全等

全等和不全等操作符与相等和不相等操作符类似，只不过它们在比较相等时不转换操作数。全等操作符由 3 个等于号（===）表示，只有两个操作数在不转换的前提下相等才返回 true，比如：

```
let result1 = ("55" == 55);   // true, 转换后相等
let result2 = ("55" === 55);  // false, 不相等, 因为数据类型不同
```

在这个例子中，第一个比较使用相等操作符，比较的是字符串"55"和数值 55。如前所述，因为字

符串"55"会被转换为数值 55，然后再与数值 55 进行比较，所以返回 `true`。第二个比较使用全等操作符，因为没有转换，字符串和数值当然不能相等，所以返回 `false`。

不全等操作符用一个叹号和两个等于号（`!==`）表示，只有两个操作数在不转换的前提下不相等才返回 `true`。比如：

```
let result1 = ("55" != 55);   // false，转换后相等
let result2 = ("55" !== 55);  // true，不相等，因为数据类型不同
```

这一次，第一个比较使用不相等操作符，它会把字符串"55"转换为数值 55，跟第二个操作数相等。既然转换后两个值相等，那就返回 `false`。第二个比较使用不全等操作符。这时候可以这么问："字符串 55 和数值 55 有区别吗？"答案是"有"（`true`）。

另外，虽然 `null == undefined` 是 `true`（因为这两个值类似），但 `null === undefined` 是 `false`，因为它们不是相同的数据类型。

> **注意**　由于相等和不相等操作符存在类型转换问题，因此推荐使用全等和不全等操作符。这样有助于在代码中保持数据类型的完整性。

3.5.9　条件操作符

条件操作符是 ECMAScript 中用途最为广泛的操作符之一，语法跟 Java 中一样：

```
variable = boolean_expression ? true_value : false_value;
```

上面的代码执行了条件赋值操作，即根据条件表达式 `boolean_expression` 的值决定将哪个值赋给变量 `variable`。如果 `boolean_expression` 是 `true`，则赋值 `true_value`；如果 `boolean_expression` 是 `false`，则赋值 `false_value`。比如：

```
let max = (num1 > num2) ? num1 : num2;
```

在这个例子中，`max` 将被赋予一个最大值。这个表达式的意思是，如果 `num1` 大于 `num2`（条件表达式为 `true`），则将 `num1` 赋给 `max`。否则，将 `num2` 赋给 `max`。

3.5.10　赋值操作符

简单赋值用等于号（`=`）表示，将右手边的值赋给左手边的变量，如下所示：

```
let num = 10;
```

复合赋值使用乘性、加性或位操作符后跟等于号（`=`）表示。这些赋值操作符是类似如下常见赋值操作的简写形式：

```
let num = 10;
num = num + 10;
```

以上代码的第二行可以通过复合赋值来完成：

```
let num = 10;
num += 10;
```

每个数学操作符以及其他一些操作符都有对应的复合赋值操作符：

- ❑ 乘后赋值（ *= ）
- ❑ 除后赋值（ /= ）
- ❑ 取模后赋值（ %= ）
- ❑ 加后赋值（ += ）
- ❑ 减后赋值（ -= ）
- ❑ 左移后赋值（ <<= ）
- ❑ 右移后赋值（ >>= ）
- ❑ 无符号右移后赋值（ >>>= ）

这些操作符仅仅是简写语法，使用它们不会提升性能。

3.5.11　逗号操作符

逗号操作符可以用来在一条语句中执行多个操作，如下所示：

```
let num1 = 1, num2 = 2, num3 = 3;
```

在一条语句中同时声明多个变量是逗号操作符最常用的场景。不过，也可以使用逗号操作符来辅助赋值。在赋值时使用逗号操作符分隔值，最终会返回表达式中最后一个值：

```
let num = (5, 1, 4, 8, 0); // num 的值为 0
```

在这个例子中，num 将被赋值为 0，因为 0 是表达式中最后一项。逗号操作符的这种使用场景并不多见，但这种行为的确存在。

3.6　语句

ECMA-262 描述了一些语句（也称为**流控制语句**），而 ECMAScript 中的大部分语法都体现在语句中。语句通常使用一或多个关键字完成既定的任务。语句可以简单，也可以复杂。简单的如告诉函数退出，复杂的如列出一堆要重复执行的指令。

3.6.1　`if` 语句

if 语句是使用最频繁的语句之一，语法如下：

```
if (condition) statement1 else statement2
```

这里的条件（condition）可以是任何表达式，并且求值结果不一定是布尔值。ECMAScript 会自动调用 Boolean() 函数将这个表达式的值转换为布尔值。如果条件求值为 true，则执行语句 statement1；如果条件求值为 false，则执行语句 statement2。这里的语句可能是一行代码，也可能是一个代码块（即包含在一对花括号中的多行代码）。来看下面的例子：

```
if (i > 25)
  console.log("Greater than 25."); // 只有一行代码的语句
else {
  console.log("Less than or equal to 25."); // 一个语句块
}
```

这里的最佳实践是使用语句块，即使只有一行代码要执行也是如此。这是因为语句块可以避免对什么条件下执行什么产生困惑。

可以像这样连续使用多个 if 语句：

```
if (condition1) statement1 else if (condition2) statement2 else statement3
```

下面是一个例子：

```
if (i > 25) {
  console.log("Greater than 25.");
} else if (i < 0) {
  console.log("Less than 0.");
} else {
  console.log("Between 0 and 25, inclusive.");
}
```

3.6.2 do-while 语句

do-while 语句是一种后测试循环语句，即循环体中的代码执行后才会对退出条件进行求值。换句话说，循环体内的代码至少执行一次。do-while 的语法如下：

```
do {
  statement
} while (expression);
```

下面是一个例子：

```
let i = 0;
do {
  i += 2;
} while (i < 10);
```

在这个例子中，只要 i 小于 10，循环就会重复执行。i 从 0 开始，每次循环递增 2。

> 注意 后测试循环经常用于这种情形：循环体内代码在退出前至少要执行一次。

3.6.3 while 语句

while 语句是一种先测试循环语句，即先检测退出条件，再执行循环体内的代码。因此，while 循环体内的代码有可能不会执行。下面是 while 循环的语法：

```
while(expression) statement
```

这是一个例子：

```
let i = 0;
while (i < 10) {
  i += 2;
}
```

在这个例子中，变量 i 从 0 开始，每次循环递增 2。只要 i 小于 10，循环就会继续。

3.6.4 for 语句

for 语句也是先测试语句，只不过增加了进入循环之前的初始化代码，以及循环执行后要执行的表达式，语法如下：

```
for (initialization; expression; post-loop-expression) statement
```

下面是一个用例：

```
let count = 10;
for (let i = 0; i < count; i++) {
  console.log(i);
}
```

以上代码在循环开始前定义了变量 i 的初始值为 0。然后求值条件表达式，如果求值结果为 true （i < count），则执行循环体。因此循环体也可能不会被执行。如果循环体被执行了，则循环后表达式也会执行，以便递增变量 i。for 循环跟下面的 while 循环是一样的：

```
let count = 10;
let i = 0;
while (i < count) {
  console.log(i);
  i++;
}
```

无法通过 while 循环实现的逻辑，同样也无法使用 for 循环实现。因此 for 循环只是将循环相关的代码封装在了一起而已。

在 for 循环的初始化代码中，其实是可以不使用变量声明关键字的。不过，初始化定义的迭代器变量在循环执行完成后几乎不可能再用到了。因此，最清晰的写法是使用 let 声明迭代器变量，这样就可以将这个变量的作用域限定在循环中。

初始化、条件表达式和循环后表达式都不是必需的。因此，下面这种写法可以创建一个无穷循环：

```
for (;;) { // 无穷循环
  doSomething();
}
```

如果只包含条件表达式，那么 for 循环实际上就变成了 while 循环：

```
let count = 10;
let i = 0;
for (; i < count; ) {
  console.log(i);
  i++;
}
```

这种多功能性使得 for 语句在这门语言中使用非常广泛。

3.6.5 for-in 语句

for-in 语句是一种严格的迭代语句，用于枚举对象中的非符号键属性，语法如下：

```
for (property in expression) statement
```

下面是一个例子：

```
for (const propName in window) {
  document.write(propName);
}
```

这个例子使用 for-in 循环显示了 BOM 对象 window 的所有属性。每次执行循环，都会给变量 propName 赋予一个 window 对象的属性作为值，直到 window 的所有属性都被枚举一遍。与 for 循环一样，这里控制语句中的 const 也不是必需的。但为了确保这个局部变量不被修改，推荐使用 const。

ECMAScript 中对象的属性是无序的，因此 for-in 语句不能保证返回对象属性的顺序。换句话说，所有可枚举的属性都会返回一次，但返回的顺序可能会因浏览器而异。

如果 for-in 循环要迭代的变量是 null 或 undefined，则不执行循环体。

3.6.6　for-of 语句

for-of 语句是一种严格的迭代语句，用于遍历可迭代对象的元素，语法如下：

```
for (property of expression) statement
```

下面是示例：

```
for (const el of [2,4,6,8]) {
  document.write(el);
}
```

在这个例子中，我们使用 for-of 语句显示了一个包含 4 个元素的数组中的所有元素。循环会一直持续到将所有元素都迭代完。与 for 循环一样，这里控制语句中的 const 也不是必需的。但为了确保这个局部变量不被修改，推荐使用 const。

for-of 循环会按照可迭代对象的 next() 方法产生值的顺序迭代元素。关于可迭代对象，本书将在第 7 章详细介绍。

如果尝试迭代的变量不支持迭代，则 for-of 语句会抛出错误。

> **注意**　ES2018 对 for-of 语句进行了扩展，增加了 for-await-of 循环，以支持生成期约（promise）的异步可迭代对象。相关内容将在附录 A 介绍。

3.6.7　标签语句

标签语句用于给语句加标签，语法如下：

```
label: statement
```

下面是一个例子：

```
start: for (let i = 0; i < count; i++) {
  console.log(i);
}
```

在这个例子中，start 是一个标签，可以在后面通过 break 或 continue 语句引用。标签语句的典型应用场景是嵌套循环。

3.6.8　break 和 continue 语句

break 和 continue 语句为执行循环代码提供了更严格的控制手段。其中，break 语句用于立即退出循环，强制执行循环后的下一条语句。而 continue 语句也用于立即退出循环，但会再次从循环顶部开始执行。下面看一个例子：

```
let num = 0;

for (let i = 1; i < 10; i++) {
  if (i % 5 == 0) {
    break;
```

```
    }
    num++;
  }

  console.log(num); // 4
```

在上面的代码中，`for` 循环会将变量 `i` 由 1 递增到 10。而在循环体内，有一个 `if` 语句用于检查 `i` 能否被 5 整除（使用取模操作符）。如果是，则执行 `break` 语句，退出循环。变量 `num` 的初始值为 0，表示循环在退出前执行了多少次。当 `break` 语句执行后，下一行执行的代码是 `console.log(num)`，显示 4。之所以循环执行了 4 次，是因为当 `i` 等于 5 时，`break` 语句会导致循环退出，该次循环不会执行递增 `num` 的代码。如果将 `break` 换成 `continue`，则会出现不同的效果：

```
  let num = 0;

  for (let i = 1; i < 10; i++) {
    if (i % 5 == 0) {
      continue;
    }
    num++;
  }

  console.log(num); // 8
```

这一次，`console.log` 显示 8，即循环被完整执行了 8 次。当 `i` 等于 5 时，循环会在递增 `num` 之前退出，但会执行下一次迭代，此时 `i` 是 6。然后，循环会一直执行到自然结束，即 `i` 等于 10。最终 `num` 的值是 8 而不是 9，是因为 `continue` 语句导致它少递增了一次。

`break` 和 `continue` 都可以与标签语句一起使用，返回代码中特定的位置。这通常是在嵌套循环中，如下面的例子所示：

```
  let num = 0;

  outermost:
  for (let i = 0; i < 10; i++) {
    for (let j = 0; j < 10; j++) {
      if (i == 5 && j == 5) {
        break outermost;
      }
      num++;
    }
  }

  console.log(num); // 55
```

在这个例子中，`outermost` 标签标识的是第一个 `for` 语句。正常情况下，每个循环执行 10 次，意味着 `num++` 语句会执行 100 次，而循环结束时 `console.log` 的结果应该是 100。但是，`break` 语句带来了一个变数，即要退出到的标签。添加标签不仅让 `break` 退出（使用变量 `j` 的）内部循环，也会退出（使用变量 `i` 的）外部循环。当执行到 `i` 和 `j` 都等于 5 时，循环停止执行，此时 `num` 的值是 55。`continue` 语句也可以使用标签，如下面的例子所示：

```
  let num = 0;

  outermost:
  for (let i = 0; i < 10; i++) {
    for (let j = 0; j < 10; j++) {
```

```
    if (i == 5 && j == 5) {
      continue outermost;
    }
    num++;
  }
}

console.log(num); // 95
```

这一次，continue 语句会强制循环继续执行，但不是继续执行内部循环，而是继续执行外部循环。当 i 和 j 都等于 5 时，会执行 continue，跳到外部循环继续执行，从而导致内部循环少执行 5 次，结果 num 等于 95。

组合使用标签语句和 break、continue 能实现复杂的逻辑，但也容易出错。注意标签要使用描述性强的文本，而嵌套也不要太深。

3.6.9　with 语句

with 语句的用途是将代码作用域设置为特定的对象，其语法是：

```
with (expression) statement;
```

使用 with 语句的主要场景是针对一个对象反复操作，这时候将代码作用域设置为该对象能提供便利，如下面的例子所示：

```
let qs = location.search.substring(1);
let hostName = location.hostname;
let url = location.href;
```

上面代码中的每一行都用到了 location 对象。如果使用 with 语句，就可以少写一些代码：

```
with(location) {
  let qs = search.substring(1);
  let hostName = hostname;
  let url = href;
}
```

这里，with 语句用于连接 location 对象。这意味着在这个语句内部，每个变量首先会被认为是一个局部变量。如果没有找到该局部变量，则会搜索 location 对象，看它是否有一个同名的属性。如果有，则该变量会被求值为 location 对象的属性。

严格模式不允许使用 with 语句，否则会抛出错误。

> **警告**　由于 with 语句影响性能且难于调试其中的代码，通常不推荐在产品代码中使用 with 语句。

3.6.10　switch 语句

switch 语句是与 if 语句紧密相关的一种流控制语句，从其他语言借鉴而来。ECMAScript 中 switch 语句跟 C 语言中 switch 语句的语法非常相似，如下所示：

```
switch (expression) {
  case value1:
    statement
```

```
    break;
  case value2:
    statement
    break;
  case value3:
    statement
    break;
  case value4:
    statement
    break;
  default:
    statement
}
```

这里的每个 case（条件/分支）相当于："如果表达式等于后面的值，则执行下面的语句。"break 关键字会导致代码执行跳出 switch 语句。如果没有 break，则代码会继续匹配下一个条件。default 关键字用于在任何条件都没有满足时指定默认执行的语句（相当于 else 语句）。

有了 switch 语句，开发者就用不着写类似这样的代码了：

```
if (i == 25) {
  console.log("25");
} else if (i == 35) {
  console.log("35");
} else if (i == 45) {
  console.log("45");
} else {
  console.log("Other");
}
```

而是可以这样写：

```
switch (i) {
  case 25:
    console.log("25");
    break;
  case 35:
    console.log("35");
    break;
  case 45:
    console.log("45");
    break;
  default:
    console.log("Other");
}
```

为避免不必要的条件判断，最好给每个条件后面都加上 break 语句。如果确实需要连续匹配几个条件，那么推荐写个注释表明是故意忽略了 break，如下所示：

```
switch (i) {
  case 25:
    /*跳过*/
  case 35:
    console.log("25 or 35");
    break;
  case 45:
    console.log("45");
    break;
  default:
```

```
      console.log("Other");
}
```

虽然 switch 语句是从其他语言借鉴过来的，但 ECMAScript 为它赋予了一些独有的特性。首先，switch 语句可以用于所有数据类型（在很多语言中，它只能用于数值），因此可以使用字符串甚至对象。其次，条件的值不需要是常量，也可以是变量或表达式。看下面的例子：

```
switch ("hello world") {
  case "hello" + " world":
    console.log("Greeting was found.");
    break;
  case "goodbye":
    console.log("Closing was found.");
    break;
  default:
    console.log("Unexpected message was found.");
}
```

这个例子在 switch 语句中使用了字符串。第一个条件实际上使用的是表达式，求值为两个字符串拼接后的结果。因为拼接后的结果等于 switch 的参数，所以 console.log 会输出"Greeting was found."。能够在条件判断中使用表达式，就可以在判断中加入更多逻辑：

```
let num = 25;
switch (true) {
  case num < 0:
    console.log("Less than 0.");
    break;
  case num >= 0 && num <= 10:
    console.log("Between 0 and 10.");
    break;
  case num > 10 && num <= 20:
    console.log("Between 10 and 20.");
    break;
  default:
    console.log("More than 20.");
}
```

上面的代码首先在外部定义了变量 num，而传给 switch 语句的参数之所以是 true，就是因为每个条件的表达式都会返回布尔值。条件的表达式分别被求值，直到有表达式返回 true；否则，就会一直跳到 default 语句（这个例子正是如此）。

> **注意**　switch 语句在比较每个条件的值时会使用全等操作符，因此不会强制转换数据类型（比如，字符串"10"不等于数值 10）。

3.7　函数

函数对任何语言来说都是核心组件，因为它们可以封装语句，然后在任何地方、任何时间执行。ECMAScript 中的函数使用 function 关键字声明，后跟一组参数，然后是函数体。

> **注意**　第 10 章会更详细地介绍函数。

以下是函数的基本语法：

```
function functionName(arg0, arg1,...,argN) {
  statements
}
```

下面是一个例子：

```
function sayHi(name, message) {
  console.log("Hello " + name + ", " + message);
}
```

可以通过函数名来调用函数，要传给函数的参数放在括号里（如果有多个参数，则用逗号隔开）。下面是调用函数 sayHi() 的示例：

```
sayHi("Nicholas", "how are you today?");
```

调用这个函数的输出结果是"Hello Nicholas, how are you today?"。参数 name 和 message 在函数内部作为字符串被拼接在了一起，最终通过 console.log 输出到控制台。

ECMAScript 中的函数不需要指定是否返回值。任何函数在任何时间都可以使用 return 语句来返回函数的值，用法是后跟要返回的值。比如：

```
function sum(num1, num2) {
  return num1 + num2;
}
```

函数 sum() 会将两个值相加并返回结果。注意，除了 return 语句之外没有任何特殊声明表明该函数有返回值。然后就可以这样调用它：

```
const result = sum(5, 10);
```

要注意的是，只要碰到 return 语句，函数就会立即停止执行并退出。因此，return 语句后面的代码不会被执行。比如：

```
function sum(num1, num2) {
  return num1 + num2;
  console.log("Hello world");   // 不会执行
}
```

在这个例子中，console.log 不会执行，因为它在 return 语句后面。

一个函数里也可以有多个 return 语句，像这样：

```
function diff(num1, num2) {
  if (num1 < num2) {
    return num2 - num1;
  } else {
    return num1 - num2;
  }
}
```

这个 diff() 函数用于计算两个数值的差。如果第一个数值小于第二个，则用第二个减第一个；否则，就用第一个减第二个。代码中每个分支都有自己的 return 语句，返回正确的差值。

return 语句也可以不带返回值。这时候，函数会立即停止执行并返回 undefined。这种用法最常用于提前终止函数执行，并不是为了返回值。比如在下面的例子中，console.log 不会执行：

```
function sayHi(name, message) {
  return;
  console.log("Hello " + name + ", " + message); // 不会执行
}
```

> **注意**　最佳实践是函数要么返回值，要么不返回值。只在某个条件下返回值的函数会带来麻烦，尤其是调试时。

严格模式对函数也有一些限制：

- ❑ 函数不能以 `eval` 或 `arguments` 作为名称；
- ❑ 函数的参数不能叫 `eval` 或 `arguments`；
- ❑ 两个命名参数不能拥有同一个名称。

如果违反上述规则，则会导致语法错误，代码也不会执行。

3.8   小结

JavaScript 的核心语言特性在 ECMA-262 中以伪语言 ECMAScript 的形式来定义。ECMAScript 包含所有基本语法、操作符、数据类型和对象，能完成基本的计算任务，但没有提供获得输入和产生输出的机制。理解 ECMAScript 及其复杂的细节是完全理解浏览器中 JavaScript 的关键。下面总结一下 ECMAScript 中的基本元素。

- ❑ ECMAScript 中的基本数据类型包括 `Undefined`、`Null`、`Boolean`、`Number`、`String` 和 `Symbol`。
- ❑ 与其他语言不同，ECMAScript 不区分整数和浮点值，只有 `Number` 一种数值数据类型。
- ❑ `Object` 是一种复杂数据类型，它是这门语言中所有对象的基类。
- ❑ 严格模式为这门语言中某些容易出错的部分施加了限制。
- ❑ ECMAScript 提供了 C 语言和类 C 语言中常见的很多基本操作符，包括数学操作符、布尔操作符、关系操作符、相等操作符和赋值操作符等。
- ❑ 这门语言中的流控制语句大多是从其他语言中借鉴而来的，比如 `if` 语句、`for` 语句和 `switch` 语句等。

ECMAScript 中的函数与其他语言中的函数不一样。

- ❑ 不需要指定函数的返回值，因为任何函数可以在任何时候返回任何值。
- ❑ 不指定返回值的函数实际上会返回特殊值 `undefined`。

第 4 章

变量、作用域与内存

本章内容
- 通过变量使用原始值与引用值
- 理解执行上下文
- 理解垃圾回收

相比于其他语言，JavaScript 中的变量可谓独树一帜。正如 ECMA-262 所规定的，JavaScript 变量是松散类型的，而且变量不过就是特定时间点一个特定值的名称而已。由于没有规则定义变量必须包含什么数据类型，变量的值和数据类型在脚本生命期内可以改变。这样的变量很有意思，很强大，当然也有不少问题。本章会剖析错综复杂的变量。

4.1 原始值与引用值

ECMAScript 变量可以包含两种不同类型的数据：原始值和引用值。**原始值**（primitive value）就是最简单的数据，**引用值**（reference value）则是由多个值构成的对象。

在把一个值赋给变量时，JavaScript 引擎必须确定这个值是原始值还是引用值。上一章讨论了 6 种原始值：Undefined、Null、Boolean、Number、String 和 Symbol。保存原始值的变量是**按值**（by value）访问的，因为我们操作的就是存储在变量中的实际值。

引用值是保存在内存中的对象。与其他语言不同，JavaScript 不允许直接访问内存位置，因此也就不能直接操作对象所在的内存空间。在操作对象时，实际上操作的是对该对象的**引用**（reference）而非实际的对象本身。为此，保存引用值的变量是**按引用**（by reference）访问的。

> **注意** 在很多语言中，字符串是使用对象表示的，因此被认为是引用类型。ECMAScript 打破了这个惯例。

4.1.1 动态属性

原始值和引用值的定义方式很类似，都是创建一个变量，然后给它赋一个值。不过，在变量保存了这个值之后，可以对这个值做什么，则大有不同。对于引用值而言，可以随时添加、修改和删除其属性和方法。比如，看下面的例子：

```
let person = new Object();
person.name = "Nicholas";
console.log(person.name); // "Nicholas"
```

这里，首先创建了一个对象，并把它保存在变量 person 中。然后，给这个对象添加了一个名为

name 的属性,并给这个属性赋值了一个字符串"Nicholas"。在此之后,就可以访问这个新属性,直到对象被销毁或属性被显式地删除。

原始值不能有属性,尽管尝试给原始值添加属性不会报错。比如:

```
let name = "Nicholas";
name.age = 27;
console.log(name.age);  // undefined
```

在此,代码想给字符串 name 定义一个 age 属性并给该属性赋值 27。紧接着在下一行,属性不见了。记住,只有引用值可以动态添加后面可以使用的属性。

注意,原始类型的初始化可以只使用原始字面量形式。如果使用的是 new 关键字,则 JavaScript 会创建一个 Object 类型的实例,但其行为类似原始值。下面来看看这两种初始化方式的差异:

```
let name1 = "Nicholas";
let name2 = new String("Matt");
name1.age = 27;
name2.age = 26;
console.log(name1.age);    // undefined
console.log(name2.age);    // 26
console.log(typeof name1); // string
console.log(typeof name2); // object
```

4.1.2　复制值

除了存储方式不同,原始值和引用值在通过变量复制时也有所不同。在通过变量把一个原始值赋值到另一个变量时,原始值会被复制到新变量的位置。请看下面的例子:

```
let num1 = 5;
let num2 = num1;
```

这里,num1 包含数值 5。当把 num2 初始化为 num1 时,num2 也会得到数值 5。这个值跟存储在 num1 中的 5 是完全独立的,因为它是那个值的副本。

这两个变量可以独立使用,互不干扰。这个过程如图 4-1 所示。

复制前的变量对象

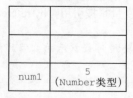

复制后的变量对象

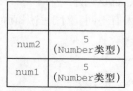

图　4-1

　　在把引用值从一个变量赋给另一个变量时，存储在变量中的值也会被复制到新变量所在的位置。区别在于，这里复制的值实际上是一个指针，它指向存储在堆内存中的对象。操作完成后，两个变量实际上指向同一个对象，因此一个对象上面的变化会在另一个对象上反映出来，如下面的例子所示：

```
let obj1 = new Object();
let obj2 = obj1;
obj1.name = "Nicholas";
console.log(obj2.name); // "Nicholas"
```

　　在这个例子中，变量 obj1 保存了一个新对象的实例。然后，这个值被复制到 obj2，此时两个变量都指向了同一个对象。在给 obj1 创建属性 name 并赋值后，通过 obj2 也可以访问这个属性，因为它们都指向同一个对象。图 4-2 展示了变量与堆内存中对象之间的关系。

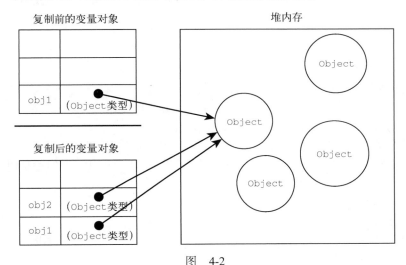

图　4-2

4.1.3　传递参数

　　ECMAScript 中所有函数的参数都是按值传递的。这意味着函数外的值会被复制到函数内部的参数中，就像从一个变量复制到另一个变量一样。如果是原始值，那么就跟原始值变量的复制一样，如果是引用值，那么就跟引用值变量的复制一样。对很多开发者来说，这一块可能会不好理解，毕竟变量有按值和按引用访问，而传参则只有按值传递。

　　在按值传递参数时，值会被复制到一个局部变量（即一个命名参数，或者用 ECMAScript 的话说，就是 arguments 对象中的一个槽位）。在按引用传递参数时，值在内存中的位置会被保存在一个局部变量，这意味着对本地变量的修改会反映到函数外部。（这在 ECMAScript 中是不可能的。）来看下面这个例子：

```
function addTen(num) {
  num += 10;
  return num;
}

let count = 20;
```

```
let result = addTen(count);
console.log(count);   // 20，没有变化
console.log(result);  // 30
```

这里，函数 addTen() 有一个参数 num，它其实是一个局部变量。在调用时，变量 count 作为参数传入。count 的值是 20，这个值被复制到参数 num 以便在 addTen()内部使用。在函数内部，参数 num 的值被加上了 10，但这不会影响函数外部的原始变量 count。参数 num 和变量 count 互不干扰，它们只不过碰巧保存了一样的值。如果 num 是按引用传的，那么 count 的值也会被修改为 30。这个事实在使用数值这样的原始值时是非常明显的。但是，如果变量中传递的是对象，就没那么清楚了。比如，再看这个例子：

```
function setName(obj) {
  obj.name = "Nicholas";
}

let person = new Object();
setName(person);
console.log(person.name);  // "Nicholas"
```

这一次，我们创建了一个对象并把它保存在变量 person 中。然后，这个对象被传给 setName() 方法，并被复制到参数 obj 中。在函数内部，obj 和 person 都指向同一个对象。结果就是，即使对象是按值传进函数的，obj 也会通过引用访问对象。当函数内部给 obj 设置了 name 属性时，函数外部的对象也会反映这个变化，因为 obj 指向的对象保存在全局作用域的堆内存上。很多开发者错误地认为，当在局部作用域中修改对象而变化反映到全局时，就意味着参数是按引用传递的。为证明对象是按值传递的，我们再来看看下面这个修改后的例子：

```
function setName(obj) {
  obj.name = "Nicholas";
  obj = new Object();
  obj.name = "Greg";
}

let person = new Object();
setName(person);
console.log(person.name);  // "Nicholas"
```

这个例子前后唯一的变化就是 setName()中多了两行代码，将 obj 重新定义为一个有着不同 name 的新对象。当 person 传入 setName()时，其 name 属性被设置为"Nicholas"。然后变量 obj 被设置为一个新对象且 name 属性被设置为"Greg"。如果 person 是按引用传递的，那么 person 应该自动将指针改为指向 name 为"Greg"的对象。可是，当我们再次访问 person.name 时，它的值是"Nicholas"，这表明函数中参数的值改变之后，原始的引用仍然没变。当 obj 在函数内部被重写时，它变成了一个指向本地对象的指针。而那个本地对象在函数执行结束时就被销毁了。

> 注意　ECMAScript 中函数的参数就是局部变量。

4.1.4 确定类型

前一章提到的 typeof 操作符最适合用来判断一个变量是否为原始类型。更确切地说，它是判断一个变量是否为字符串、数值、布尔值或 undefined 的最好方式。如果值是对象或 null，那么 typeof

返回"object"，如下面的例子所示：

```
let s = "Nicholas";
let b = true;
let i = 22;
let u;
let n = null;
let o = new Object();
console.log(typeof s); // string
console.log(typeof i); // number
console.log(typeof b); // boolean
console.log(typeof u); // undefined
console.log(typeof n); // object
console.log(typeof o); // object
```

typeof 虽然对原始值很有用，但它对引用值的用处不大。我们通常不关心一个值是不是对象，而是想知道它是什么类型的对象。为了解决这个问题，ECMAScript 提供了 instanceof 操作符，语法如下：

result = variable instanceof *constructor*

如果变量是给定引用类型（由其原型链决定，将在第 8 章详细介绍）的实例，则 instanceof 操作符返回 true。来看下面的例子：

```
console.log(person instanceof Object);  // 变量 person 是 Object 吗？
console.log(colors instanceof Array);   // 变量 colors 是 Array 吗？
console.log(pattern instanceof RegExp); // 变量 pattern 是 RegExp 吗？
```

按照定义，所有引用值都是 Object 的实例，因此通过 instanceof 操作符检测任何引用值和 Object 构造函数都会返回 true。类似地，如果用 instanceof 检测原始值，则始终会返回 false，因为原始值不是对象。

> **注意**　typeof 操作符在用于检测函数时也会返回"function"。当在 Safari（直到 Safari 5）和 Chrome（直到 Chrome 7）中用于检测正则表达式时，由于实现细节的原因，typeof 也会返回"function"。ECMA-262 规定，任何实现内部 [[Call]] 方法的对象都应该在 typeof 检测时返回"function"。因为上述浏览器中的正则表达式实现了这个方法，所以 typeof 对正则表达式也返回"function"。在 IE 和 Firefox 中，typeof 对正则表达式返回"object"。

4.2　执行上下文与作用域

视频讲解

执行上下文（以下简称"上下文"）的概念在 JavaScript 中是颇为重要的。变量或函数的上下文决定了它们可以访问哪些数据，以及它们的行为。每个上下文都有一个关联的**变量对象**（variable object），而这个上下文中定义的所有变量和函数都存在于这个对象上。虽然无法通过代码访问变量对象，但后台处理数据会用到它。

全局上下文是最外层的上下文。根据 ECMAScript 实现的宿主环境，表示全局上下文的对象可能不一样。在浏览器中，全局上下文就是我们常说的 window 对象（第 12 章会详细介绍），因此所有通过 var 定义的全局变量和函数都会成为 window 对象的属性和方法。使用 let 和 const 的顶级声明不会定义在全局上下文中，但在作用域链解析上效果是一样的。上下文在其所有代码都执行完毕后会被销毁，包括定义在它上面的所有变量和函数（全局上下文在应用程序退出前才会被销毁，比如关闭网页或退出浏览器）。

每个函数调用都有自己的上下文。当代码执行流进入函数时，函数的上下文被推到一个上下文栈上。在函数执行完之后，上下文栈会弹出该函数上下文，将控制权返还给之前的执行上下文。ECMAScript程序的执行流就是通过这个上下文栈进行控制的。

上下文中的代码在执行的时候，会创建变量对象的一个**作用域链**（scope chain）。这个作用域链决定了各级上下文中的代码在访问变量和函数时的顺序。代码正在执行的上下文的变量对象始终位于作用域链的最前端。如果上下文是函数，则其**活动对象**（activation object）用作变量对象。活动对象最初只有一个定义变量：arguments。（全局上下文中没有这个变量。）作用域链中的下一个变量对象来自包含上下文，再下一个对象来自再下一个包含上下文。以此类推直至全局上下文；全局上下文的变量对象始终是作用域链的最后一个变量对象。

代码执行时的标识符解析是通过沿作用域链逐级搜索标识符名称完成的。搜索过程始终从作用域链的最前端开始，然后逐级往后，直到找到标识符。（如果没有找到标识符，那么通常会报错。）

看一看下面这个例子：

```
var color = "blue";

function changeColor() {
  if (color === "blue") {
    color = "red";
  } else {
    color = "blue";
  }
}

changeColor();
```

对这个例子而言，函数 changeColor() 的作用域链包含两个对象：一个是它自己的变量对象（就是定义 arguments 对象的那个），另一个是全局上下文的变量对象。这个函数内部之所以能够访问变量 color，就是因为可以在作用域链中找到它。

此外，局部作用域中定义的变量可用于在局部上下文中替换全局变量。看一看下面这个例子：

```
var color = "blue";

function changeColor() {
  let anotherColor = "red";

  function swapColors() {
    let tempColor = anotherColor;
    anotherColor = color;
    color = tempColor;

    // 这里可以访问 color、anotherColor 和 tempColor
  }

  // 这里可以访问 color 和 anotherColor，但访问不到 tempColor
  swapColors();
}

// 这里只能访问 color
changeColor();
```

以上代码涉及 3 个上下文：全局上下文、changeColor() 的局部上下文和 swapColors() 的局部上下文。全局上下文中有一个变量 color 和一个函数 changeColor()。changeColor() 的局部上下文中有一个变量 anotherColor 和一个函数 swapColors()，但在这里可以访问全局上下文中的变量 color。swapColors() 的局部上下文中有一个变量 tempColor，只能在这个上下文中访问到。全局上下文和 changeColor() 的局部上下文都无法访问到 tempColor。而在 swapColors() 中则可以访问另外两个上下文中的变量，因为它们都是父上下文。图 4-3 展示了前面这个例子的作用域链。

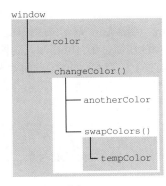

图   4-3

图 4-3 中的矩形表示不同的上下文。内部上下文可以通过作用域链访问外部上下文中的一切，但外部上下文无法访问内部上下文中的任何东西。上下文之间的连接是线性的、有序的。每个上下文都可以到上一级上下文中去搜索变量和函数，但任何上下文都不能到下一级上下文中去搜索。swapColors() 局部上下文的作用域链中有 3 个对象：swapColors() 的变量对象、changeColor() 的变量对象和全局变量对象。swapColors() 的局部上下文首先从自己的变量对象开始搜索变量和函数，搜不到就去搜索上一级变量对象。changeColor() 上下文的作用域链中只有 2 个对象：它自己的变量对象和全局变量对象。因此，它不能访问 swapColors() 的上下文。

> **注意** 函数参数被认为是当前上下文中的变量，因此也跟上下文中的其他变量遵循相同的访问规则。

4.2.1 作用域链增强

虽然执行上下文主要有全局上下文和函数上下文两种（eval() 调用内部存在第三种上下文），但有其他方式来增强作用域链。某些语句会导致在作用域链前端临时添加一个上下文，这个上下文在代码执行后会被删除。通常在两种情况下会出现这个现象，即代码执行到下面任意一种情况时：

- ❑ try/catch 语句的 catch 块
- ❑ with 语句

这两种情况下，都会在作用域链前端添加一个变量对象。对 with 语句来说，会向作用域链前端添加指定的对象；对 catch 语句而言，则会创建一个新的变量对象，这个变量对象会包含要抛出的错误对象的声明。看下面的例子：

```
function buildUrl() {
  let qs = "?debug=true";

  with(location){
    let url = href + qs;
  }

  return url;
}
```

这里，with 语句将 location 对象作为上下文，因此 location 会被添加到作用域链前端。buildUrl() 函数中定义了一个变量 qs。当 with 语句中的代码引用变量 href 时，实际上引用的是 location.href，也就是自己变量对象的属性。在引用 qs 时，引用的则是定义在 buildUrl() 中的那个变量，它定义在函数上下文的变量对象上。而在 with 语句中使用 var 声明的变量 url 会成为函数上下文的一部分，可以作为函数的值被返回；但像这里使用 let 声明的变量 url，因为被限制在块级作用域（稍后介绍），所以在 with 块之外没有定义。

> **注意**　IE 的实现在 IE8 之前是有偏差的，即它们会将 catch 语句中捕获的错误添加到执行上下文的变量对象上，而不是 catch 语句的变量对象上，导致在 catch 块外部都可以访问到错误。IE9 纠正了这个问题。

4.2.2　变量声明

ES6 之后，JavaScript 的变量声明经历了翻天覆地的变化。直到 ECMAScript 5.1，var 都是声明变量的唯一关键字。ES6 不仅增加了 let 和 const 两个关键字，而且还让这两个关键字压倒性地超越 var 成为首选。

1. 使用 **var** 的函数作用域声明

在使用 var 声明变量时，变量会被自动添加到最接近的上下文。在函数中，最接近的上下文就是函数的局部上下文。在 with 语句中，最接近的上下文也是函数上下文。如果变量未经声明就被初始化了，那么它就会自动被添加到全局上下文，如下面的例子所示：

```
function add(num1, num2) {
  var sum = num1 + num2;
  return sum;
}

let result = add(10, 20); // 30
console.log(sum);              // 报错：sum 在这里不是有效变量
```

这里，函数 add() 定义了一个局部变量 sum，保存加法操作的结果。这个值作为函数的值被返回，但变量 sum 在函数外部是访问不到的。如果省略上面例子中的关键字 var，那么 sum 在 add() 被调用之后就变成可以访问的了，如下所示：

```
function add(num1, num2) {
  sum = num1 + num2;
  return sum;
}

let result = add(10, 20); // 30
console.log(sum);          // 30
```

这一次，变量 sum 被用加法操作的结果初始化时并没有使用 var 声明。在调用 add() 之后，sum 被添加到了全局上下文，在函数退出之后依然存在，从而在后面可以访问到。

> **注意** 未经声明而初始化变量是 JavaScript 编程中一个非常常见的错误，会导致很多问题。为此，读者在初始化变量之前一定要先声明变量。在严格模式下，未经声明就初始化变量会报错。

var 声明会被拿到函数或全局作用域的顶部，位于作用域中所有代码之前。这个现象叫作"提升"（hoisting）。提升让同一作用域中的代码不必考虑变量是否已经声明就可以直接使用。可是在实践中，提升也会导致合法却奇怪的现象，即在变量声明之前使用变量。下面的例子展示了在全局作用域中两段等价的代码：

```
var name = "Jake";

// 等价于：

name = 'Jake';
var name;
```

下面是两个等价的函数：

```
function fn1() {
  var name = 'Jake';
}

// 等价于：
function fn2() {
  var name;
  name = 'Jake';
}
```

通过在声明之前打印变量，可以验证变量会被提升。声明的提升意味着会输出 undefined 而不是 Reference Error：

```
console.log(name); // undefined
var name = 'Jake';

function() {
  console.log(name); // undefined
  var name = 'Jake';
}
```

2. 使用 let 的块级作用域声明

ES6 新增的 let 关键字跟 var 很相似，但它的作用域是块级的，这也是 JavaScript 中的新概念。块级作用域由最近的一对包含花括号 {} 界定。换句话说，if 块、while 块、function 块，甚至连单独的块也是 let 声明变量的作用域。

```
if (true) {
  let a;
}
console.log(a); // ReferenceError: a 没有定义

while (true) {
  let b;
}
```

```
console.log(b); // ReferenceError: b 没有定义

function foo() {
  let c;
}
console.log(c); // ReferenceError: c 没有定义
                // 这没什么可奇怪的
                // var 声明也会导致报错

// 这不是对象字面量，而是一个独立的块
// JavaScript 解释器会根据其中内容识别出它来
{
  let d;
}
console.log(d); // ReferenceError: d 没有定义
```

let 与 var 的另一个不同之处是在同一作用域内不能声明两次。重复的 var 声明会被忽略，而重复的 let 声明会抛出 SyntaxError。

```
var a;
var a;
// 不会报错

{
  let b;
  let b;
}
// SyntaxError: 标识符 b 已经声明过了
```

let 的行为非常适合在循环中声明迭代变量。使用 var 声明的迭代变量会泄漏到循环外部，这种情况应该避免。来看下面两个例子：

```
for (var i = 0; i < 10; ++i) {}
console.log(i); // 10

for (let j = 0; j < 10; ++j) {}
console.log(j); // ReferenceError: j 没有定义
```

严格来讲，let 在 JavaScript 运行时中也会被提升，但由于"暂时性死区"（temporal dead zone）的缘故，实际上不能在声明之前使用 let 变量。因此，从写 JavaScript 代码的角度说，let 的提升跟 var 是不一样的。

3. 使用 const 的常量声明

除了 let，ES6 同时还增加了 const 关键字。使用 const 声明的变量必须同时初始化为某个值。一经声明，在其生命周期的任何时候都不能再重新赋予新值。

```
const a; // SyntaxError: 常量声明时没有初始化

const b = 3;
console.log(b); // 3
b = 4; // TypeError: 给常量赋值
```

const 除了要遵循以上规则，其他方面与 let 声明是一样的：

```
if (true) {
  const a = 0;
}
console.log(a); // ReferenceError: a 没有定义
```

```
while (true) {
  const b = 1;
}
console.log(b); // ReferenceError: b 没有定义

function foo() {
  const c = 2;
}
console.log(c); // ReferenceError: c 没有定义

{
  const d = 3;
}
console.log(d); // ReferenceError: d 没有定义
```

const 声明只应用到顶级原语或者对象。换句话说，赋值为对象的 const 变量不能再被重新赋值为其他引用值，但对象的键则不受限制。

```
const o1 = {};
o1 = {}; // TypeError: 给常量赋值

const o2 = {};
o2.name = 'Jake';
console.log(o2.name); // 'Jake'
```

如果想让整个对象都不能修改，可以使用 Object.freeze()，这样再给属性赋值时虽然不会报错，但会静默失败：

```
const o3 = Object.freeze({});
o3.name = 'Jake';
console.log(o3.name); // undefined
```

由于 const 声明暗示变量的值是单一类型且不可修改，JavaScript 运行时编译器可以将其所有实例都替换成实际的值，而不会通过查询表进行变量查找。谷歌的 V8 引擎就执行这种优化。

> **注意** 开发实践表明，如果开发流程并不会因此而受很大影响，就应该尽可能地多使用 const 声明，除非确实需要一个将来会重新赋值的变量。这样可以从根本上保证提前发现重新赋值导致的 bug。

4. 标识符查找

当在特定上下文中为读取或写入而引用一个标识符时，必须通过搜索确定这个标识符表示什么。搜索开始于作用域链前端，以给定的名称搜索对应的标识符。如果在局部上下文中找到该标识符，则搜索停止，变量确定；如果没有找到变量名，则继续沿作用域链搜索。（注意，作用域链中的对象也有一个原型链，因此搜索可能涉及每个对象的原型链。）这个过程一直持续到搜索至全局上下文的变量对象。如果仍然没有找到标识符，则说明其未声明。

为更好地说明标识符查找，我们来看一个例子：

```
var color = 'blue';

function getColor() {
  return color;
}

console.log(getColor()); // 'blue'
```

在这个例子中，调用函数 getColor() 时会引用变量 color。为确定 color 的值会进行两步搜索。第一步，搜索 getColor() 的变量对象，查找名为 color 的标识符。结果没找到，于是继续搜索下一个变量对象（来自全局上下文），然后就找到了名为 color 的标识符。因为全局变量对象上有 color 的定义，所以搜索结束。

对这个搜索过程而言，引用局部变量会让搜索自动停止，而不继续搜索下一级变量对象。也就是说，如果局部上下文中有一个同名的标识符，那就不能在该上下文中引用父上下文中的同名标识符，如下面的例子所示：

```
var color = 'blue';

function getColor() {
  let color = 'red';
  return color;
}

console.log(getColor()); // 'red'
```

使用块级作用域声明并不会改变搜索流程，但可以给词法层级添加额外的层次：

```
var color = 'blue';

function getColor() {
  let color = 'red';
  {
    let color = 'green';
    return color;
  }
}

console.log(getColor()); // 'green'
```

在这个修改后的例子中，getColor() 内部声明了一个名为 color 的局部变量。在调用这个函数时，变量会被声明。在执行到函数返回语句时，代码引用了变量 color。于是开始在局部上下文中搜索这个标识符，结果找到了值为 'green' 的变量 color。因为变量已找到，搜索随即停止，所以就使用这个局部变量。这意味着函数会返回 'green'。在局部变量 color 声明之后的任何代码都无法访问全局变量 color，除非使用完全限定的写法 window.color。

> **注意**　标识符查找并非没有代价。访问局部变量比访问全局变量要快，因为不用切换作用域。不过，JavaScript 引擎在优化标识符查找上做了很多工作，将来这个差异可能就微不足道了。

4.3 垃圾回收

JavaScript 是使用垃圾回收的语言，也就是说执行环境负责在代码执行时管理内存。在 C 和 C++等语言中，跟踪内存使用对开发者来说是个很大的负担，也是很多问题的来源。JavaScript 为开发者卸下了这个负担，通过自动内存管理实现内存分配和闲置资源回收。基本思路很简单：确定哪个变量不会再使用，然后释放它占用的内存。这个过程是周期性的，即垃圾回收程序每隔一定时间（或者说在代码执行过程中某个预定的收集时间）就会自动运行。垃圾回收过程是一个近似且不完美的方案，因为某块内存是否还有用，属于"不可判定的"问题，意味着靠算法是解决不了的。

我们以函数中局部变量的正常生命周期为例。函数中的局部变量会在函数执行时存在。此时，栈（或堆）内存会分配空间以保存相应的值。函数在内部使用了变量，然后退出。此时，就不再需要那个局部变量了，它占用的内存可以释放，供后面使用。这种情况下显然不再需要局部变量了，但并不是所有时候都会这么明显。垃圾回收程序必须跟踪记录哪个变量还会使用，以及哪个变量不会再使用，以便回收内存。如何标记未使用的变量也许有不同的实现方式。不过，在浏览器的发展史上，用到过两种主要的标记策略：标记清理和引用计数。

4.3.1　标记清理

JavaScript 最常用的垃圾回收策略是**标记清理**（mark-and-sweep）。当变量进入上下文，比如在函数内部声明一个变量时，这个变量会被加上存在于上下文中的标记。而在上下文中的变量，逻辑上讲，永远不应该释放它们的内存，因为只要上下文中的代码在运行，就有可能用到它们。当变量离开上下文时，也会被加上离开上下文的标记。

给变量加标记的方式有很多种。比如，当变量进入上下文时，反转某一位；或者可以维护"在上下文中"和"不在上下文中"两个变量列表，可以把变量从一个列表转移到另一个列表。标记过程的实现并不重要，关键是策略。

垃圾回收程序运行的时候，会标记内存中存储的所有变量（记住，标记方法有很多种）。然后，它会将所有在上下文中的变量，以及被在上下文中的变量引用的变量的标记去掉。在此之后再被加上标记的变量就是待删除的了，原因是任何在上下文中的变量都访问不到它们了。随后垃圾回收程序做一次**内存清理**，销毁带标记的所有值并收回它们的内存。

到了 2008 年，IE、Firefox、Opera、Chrome 和 Safari 都在自己的 JavaScript 实现中采用标记清理（或其变体），只是在运行垃圾回收的频率上有所差异。

4.3.2　引用计数

另一种没那么常用的垃圾回收策略是**引用计数**（reference counting）。其思路是对每个值都记录它被引用的次数。声明变量并给它赋一个引用值时，这个值的引用数为 1。如果同一个值又被赋给另一个变量，那么引用数加 1。类似地，如果保存对该值引用的变量被其他值给覆盖了，那么引用数减 1。当一个值的引用数为 0 时，就说明没办法再访问到这个值了，因此可以安全地收回其内存了。垃圾回收程序下次运行的时候就会释放引用数为 0 的值的内存。

引用计数最早由 Netscape Navigator 3.0 采用，但很快就遇到了严重的问题：循环引用。所谓**循环引用**，就是对象 A 有一个指针指向对象 B，而对象 B 也引用了对象 A。比如：

```
function problem() {
  let objectA = new Object();
  let objectB = new Object();

  objectA.someOtherObject = objectB;
  objectB.anotherObject = objectA;
}
```

在这个例子中，`objectA` 和 `objectB` 通过各自的属性相互引用，意味着它们的引用数都是 2。在标记清理策略下，这不是问题，因为在函数结束后，这两个对象都不在作用域中。而在引用计数策略下，

objectA 和 objectB 在函数结束后还会存在，因为它们的引用数永远不会变成 0。如果函数被多次调用，则会导致大量内存永远不会被释放。为此，Netscape 在 4.0 版放弃了引用计数，转而采用标记清理。事实上，引用计数策略的问题还不止于此。

在 IE8 及更早版本的 IE 中，并非所有对象都是原生 JavaScript 对象。BOM 和 DOM 中的对象是 C++ 实现的组件对象模型（COM，Component Object Model）对象，而 COM 对象使用引用计数实现垃圾回收。因此，即使这些版本 IE 的 JavaScript 引擎使用标记清理，JavaScript 存取的 COM 对象依旧使用引用计数。换句话说，只要涉及 COM 对象，就无法避开循环引用问题。下面这个简单的例子展示了涉及 COM 对象的循环引用问题：

```
let element = document.getElementById("some_element");
let myObject = new Object();
myObject.element = element;
element.someObject = myObject;
```

这个例子在一个 DOM 对象（element）和一个原生 JavaScript 对象（myObject）之间制造了循环引用。myObject 变量有一个名为 element 的属性指向 DOM 对象 element，而 element 对象有一个 someObject 属性指回 myObject 对象。由于存在循环引用，因此 DOM 元素的内存永远不会被回收，即使它已经被从页面上删除了也是如此。

为避免类似的循环引用问题，应该在确保不使用的情况下切断原生 JavaScript 对象与 DOM 元素之间的连接。比如，通过以下代码可以清除前面的例子中建立的循环引用：

```
myObject.element = null;
element.someObject = null;
```

把变量设置为 null 实际上会切断变量与其之前引用值之间的关系。当下次垃圾回收程序运行时，这些值就会被删除，内存也会被回收。

为了补救这一点，IE9 把 BOM 和 DOM 对象都改成了 JavaScript 对象，这同时也避免了由于存在两套垃圾回收算法而导致的问题，还消除了常见的内存泄漏现象。

> **注意**　还有其他一些可能导致循环引用的情形，本书后面会介绍到。

4.3.3　性能

垃圾回收程序会周期性运行，如果内存中分配了很多变量，则可能造成性能损失，因此垃圾回收的时间调度很重要。尤其是在内存有限的移动设备上，垃圾回收有可能会明显拖慢渲染的速度和帧速率。开发者不知道什么时候运行时会收集垃圾，因此最好的办法是在写代码时就要做到：无论什么时候开始收集垃圾，都能让它尽快结束工作。

现代垃圾回收程序会基于对 JavaScript 运行时环境的探测来决定何时运行。探测机制因引擎而异，但基本上都是根据已分配对象的大小和数量来判断的。比如，根据 V8 团队 2016 年的一篇博文的说法："在一次完整的垃圾回收之后，V8 的堆增长策略会根据活跃对象的数量外加一些余量来确定何时再次垃圾回收。"

由于调度垃圾回收程序方面的问题会导致性能下降，IE 曾饱受诟病。它的策略是根据分配数，比如分配了 256 个变量、4096 个对象/数组字面量和数组槽位（slot），或者 64KB 字符串。只要满足其中某个条件，垃圾回收程序就会运行。这样实现的问题在于，分配那么多变量的脚本，很可能在其整个生命周期内始终需要那么多变量，结果就会导致垃圾回收程序过于频繁地运行。由于对性能的严重影响，IE7 最终更新了垃圾回收程序。

IE7 发布后，JavaScript 引擎的垃圾回收程序被调优为动态改变分配变量、字面量或数组槽位等会触发垃圾回收的阈值。IE7 的起始阈值都与 IE6 的相同。如果垃圾回收程序回收的内存不到已分配的 15%，这些变量、字面量或数组槽位的阈值就会翻倍。如果有一次回收的内存达到已分配的 85%，则阈值重置为默认值。这么一个简单的修改，极大地提升了重度依赖 JavaScript 的网页在浏览器中的性能。

> **警告**　在某些浏览器中是有可能（但不推荐）主动触发垃圾回收的。在 IE 中，`window.CollectGarbage()`方法会立即触发垃圾回收。在 Opera 7 及更高版本中，调用 `window.opera.collect()`也会启动垃圾回收程序。

4.3.4　内存管理

在使用垃圾回收的编程环境中，开发者通常无须关心内存管理。不过，JavaScript 运行在一个内存管理与垃圾回收都很特殊的环境。分配给浏览器的内存通常比分配给桌面软件的要少很多，分配给移动浏览器的就更少了。这更多出于安全考虑而不是别的，就是为了避免运行大量 JavaScript 的网页耗尽系统内存而导致操作系统崩溃。这个内存限制不仅影响变量分配，也影响调用栈以及能够同时在一个线程中执行的语句数量。

将内存占用量保持在一个较小的值可以让页面性能更好。优化内存占用的最佳手段就是保证在执行代码时只保存必要的数据。如果数据不再必要，那么把它设置为 null，从而释放其引用。这也可以叫作**解除引用**。这个建议最适合全局变量和全局对象的属性。局部变量在超出作用域后会被自动解除引用，如下面的例子所示：

```
function createPerson(name){
  let localPerson = new Object();
  localPerson.name = name;
  return localPerson;
}

let globalPerson = createPerson("Nicholas");

// 解除 globalPerson 对值的引用

globalPerson = null;
```

在上面的代码中，变量 globalPerson 保存着 createPerson()函数调用返回的值。在 createPerson()内部，localPerson 创建了一个对象并给它添加了一个 name 属性。然后，localPerson 作为函数值被返回，并被赋值给 globalPerson。localPerson 在 createPerson()执行完成超出上下文后会自动被解除引用，不需要显式处理。但 globalPerson 是一个全局变量，应该在不再需要时手动解除其引用，最后一行就是这么做的。

不过要注意，解除对一个值的引用并不会自动导致相关内存被回收。解除引用的关键在于确保相关的值已经不在上下文里了，因此它在下次垃圾回收时会被回收。

1. 通过 const 和 let 声明提升性能
ES6 增加这两个关键字不仅有助于改善代码风格，而且同样有助于改进垃圾回收的过程。因为 const

和 let 都以块（而非函数）为作用域，所以相比于使用 var，使用这两个新关键字可能会更早地让垃圾回收程序介入，尽早回收应该回收的内存。在块作用域比函数作用域更早终止的情况下，这就有可能发生。

2. 隐藏类和删除操作

根据 JavaScript 所在的运行环境，有时候需要根据浏览器使用的 JavaScript 引擎来采取不同的性能优化策略。截至 2017 年，Chrome 是最流行的浏览器，使用 V8 JavaScript 引擎。V8 在将解释后的 JavaScript 代码编译为实际的机器码时会利用"隐藏类"。如果你的代码非常注重性能，那么这一点可能对你很重要。

运行期间，V8 会将创建的对象与隐藏类关联起来，以跟踪它们的属性特征。能够共享相同隐藏类的对象性能会更好，V8 会针对这种情况进行优化，但不一定总能够做到。比如下面的代码：

```
function Article() {
  this.title = 'Inauguration Ceremony Features Kazoo Band';
}

let a1 = new Article();
let a2 = new Article();
```

V8 会在后台配置，让这两个类实例共享相同的隐藏类，因为这两个实例共享同一个构造函数和原型。假设之后又添加了下面这行代码：

```
a2.author = 'Jake';
```

此时两个 Article 实例就会对应两个不同的隐藏类。根据这种操作的频率和隐藏类的大小，这有可能对性能产生明显影响。

当然，解决方案就是避免 JavaScript 的"先创建再补充"（ready-fire-aim）式的动态属性赋值，并在构造函数中一次性声明所有属性，如下所示：

```
function Article(opt_author) {
  this.title = 'Inauguration Ceremony Features Kazoo Band';
  this.author = opt_author;
}

let a1 = new Article();
let a2 = new Article('Jake');
```

这样，两个实例基本上就一样了（不考虑 hasOwnProperty 的返回值），因此可以共享一个隐藏类，从而带来潜在的性能提升。不过要记住，使用 delete 关键字会导致生成相同的隐藏类片段。看一下这个例子：

```
function Article() {
  this.title = 'Inauguration Ceremony Features Kazoo Band';
  this.author = 'Jake';
}

let a1 = new Article();
let a2 = new Article();

delete a1.author;
```

在代码结束后，即使两个实例使用了同一个构造函数，它们也不再共享一个隐藏类。动态删除属性与动态添加属性导致的后果一样。最佳实践是把不想要的属性设置为 null。这样可以保持隐藏类不变和继续共享，同时也能达到删除引用值供垃圾回收程序回收的效果。比如：

```
function Article() {
  this.title = 'Inauguration Ceremony Features Kazoo Band';
  this.author = 'Jake';
}

let a1 = new Article();
let a2 = new Article();

a1.author = null;
```

3. 内存泄漏

写得不好的 JavaScript 可能出现难以察觉且有害的内存泄漏问题。在内存有限的设备上，或者在函数会被调用很多次的情况下，内存泄漏可能是个大问题。JavaScript 中的内存泄漏大部分是由不合理的引用导致的。

意外声明全局变量是最常见但也最容易修复的内存泄漏问题。下面的代码没有使用任何关键字声明变量：

```
function setName() {
  name = 'Jake';
}
```

此时，解释器会把变量 name 当作 window 的属性来创建（相当于 window.name = 'Jake'）。可想而知，在 window 对象上创建的属性，只要 window 本身不被清理就不会消失。这个问题很容易解决，只要在变量声明前头加上 var、let 或 const 关键字即可，这样变量就会在函数执行完毕后离开作用域。

定时器也可能会悄悄地导致内存泄漏。下面的代码中，定时器的回调通过闭包引用了外部变量：

```
let name = 'Jake';
setInterval(() => {
  console.log(name);
}, 100);
```

只要定时器一直运行，回调函数中引用的 name 就会一直占用内存。垃圾回收程序当然知道这一点，因而就不会清理外部变量。

使用 JavaScript 闭包很容易在不知不觉间造成内存泄漏。请看下面的例子：

```
let outer = function() {
  let name = 'Jake';
  return function() {
    return name;
  };
};
```

调用 outer() 会导致分配给 name 的内存被泄漏。以上代码执行后创建了一个内部闭包，只要返回的函数存在就不能清理 name，因为闭包一直在引用着它。假如 name 的内容很大（不止是一个小字符串），那可能就是个大问题了。

4. 静态分配与对象池

为了提升 JavaScript 性能，最后要考虑的一点往往就是压榨浏览器了。此时，一个关键问题就是如何减少浏览器执行垃圾回收的次数。开发者无法直接控制什么时候开始收集垃圾，但可以间接控制触发垃圾回收的条件。理论上，如果能够合理使用分配的内存，同时避免多余的垃圾回收，那就可以保住因释放内存而损失的性能。

　　浏览器决定何时运行垃圾回收程序的一个标准就是对象更替的速度。如果有很多对象被初始化，然后一下子又都超出了作用域，那么浏览器就会采用更激进的方式调度垃圾回收程序运行，这样当然会影响性能。看一看下面的例子，这是一个计算二维矢量加法的函数：

```
function addVector(a, b) {
  let resultant = new Vector();
  resultant.x = a.x + b.x;
  resultant.y = a.y + b.y;
  return resultant;
}
```

　　调用这个函数时，会在堆上创建一个新对象，然后修改它，最后再把它返回给调用者。如果这个矢量对象的生命周期很短，那么它会很快失去所有对它的引用，成为可以被回收的值。假如这个矢量加法函数频繁被调用，那么垃圾回收调度程序会发现这里对象更替的速度很快，从而会更频繁地安排垃圾回收。

　　该问题的解决方案是不要动态创建矢量对象，比如可以修改上面的函数，让它使用一个已有的矢量对象：

```
function addVector(a, b, resultant) {
  resultant.x = a.x + b.x;
  resultant.y = a.y + b.y;
  return resultant;
}
```

　　当然，这需要在其他地方实例化矢量参数 resultant，但这个函数的行为没有变。那么在哪里创建矢量可以不让垃圾回收调度程序盯上呢？

　　一个策略是使用对象池。在初始化的某一时刻，可以创建一个对象池，用来管理一组可回收的对象。应用程序可以向这个对象池请求一个对象、设置其属性、使用它，然后在操作完成后再把它还给对象池。由于没发生对象初始化，垃圾回收探测就不会发现有对象更替，因此垃圾回收程序就不会那么频繁地运行。下面是一个对象池的伪实现：

```
// vectorPool 是已有的对象池
let v1 = vectorPool.allocate();
let v2 = vectorPool.allocate();
let v3 = vectorPool.allocate();

v1.x = 10;
v1.y = 5;
v2.x = -3;
v2.y = -6;

addVector(v1, v2, v3);

console.log([v3.x, v3.y]); // [7, -1]

vectorPool.free(v1);
vectorPool.free(v2);
vectorPool.free(v3);

// 如果对象有属性引用了其他对象
// 则这里也需要把这些属性设置为 null
v1 = null;
v2 = null;
v3 = null;
```

　　如果对象池只按需分配矢量（在对象不存在时创建新的，在对象存在时则复用存在的），那么这个实现本质上是一种贪婪算法，有单调增长但为静态的内存。这个对象池必须使用某种结构维护所有对象，数组是比较好的选择。不过，使用数组来实现，必须留意不要招致额外的垃圾回收。比如下面这个例子：

```
let vectorList = new Array(100);
let vector = new Vector();
vectorList.push(vector);
```

　　由于 JavaScript 数组的大小是动态可变的，引擎会删除大小为 100 的数组，再创建一个新的大小为 200 的数组。垃圾回收程序会看到这个删除操作，说不定因此很快就会跑来收一次垃圾。要避免这种动态分配操作，可以在初始化时就创建一个大小够用的数组，从而避免上述先删除再创建的操作。不过，必须事先想好这个数组有多大。

> **注意**　静态分配是优化的一种极端形式。如果你的应用程序被垃圾回收严重地拖了后腿，可以利用它提升性能。但这种情况并不多见。大多数情况下，这都属于过早优化，因此不用考虑。

4.4　小结

　　JavaScript 变量可以保存两种类型的值：原始值和引用值。原始值可能是以下 6 种原始数据类型之一：Undefined、Null、Boolean、Number、String 和 Symbol。原始值和引用值有以下特点。
- ❑ 原始值大小固定，因此保存在栈内存上。
- ❑ 从一个变量到另一个变量复制原始值会创建该值的第二个副本。
- ❑ 引用值是对象，存储在堆内存上。
- ❑ 包含引用值的变量实际上只包含指向相应对象的一个指针，而不是对象本身。
- ❑ 从一个变量到另一个变量复制引用值只会复制指针，因此结果是两个变量都指向同一个对象。
- ❑ typeof 操作符可以确定值的原始类型，而 instanceof 操作符用于确保值的引用类型。

　　任何变量（不管包含的是原始值还是引用值）都存在于某个执行上下文中（也称为作用域）。这个上下文（作用域）决定了变量的生命周期，以及它们可以访问代码的哪些部分。执行上下文可以总结如下。
- ❑ 执行上下文分全局上下文、函数上下文和块级上下文。
- ❑ 代码执行流每进入一个新上下文，都会创建一个作用域链，用于搜索变量和函数。
- ❑ 函数或块的局部上下文不仅可以访问自己作用域内的变量，而且也可以访问任何包含上下文乃至全局上下文中的变量。
- ❑ 全局上下文只能访问全局上下文中的变量和函数，不能直接访问局部上下文中的任何数据。
- ❑ 变量的执行上下文用于确定什么时候释放内存。

　　JavaScript 是使用垃圾回收的编程语言，开发者不需要操心内存分配和回收。JavaScript 的垃圾回收程序可以总结如下。
- ❑ 离开作用域的值会被自动标记为可回收，然后在垃圾回收期间被删除。
- ❑ 主流的垃圾回收算法是标记清理，即先给当前不使用的值加上标记，再回来回收它们的内存。

❑ 引用计数是另一种垃圾回收策略，需要记录值被引用了多少次。JavaScript 引擎不再使用这种算法，但某些旧版本的 IE 仍然会受这种算法的影响，原因是 JavaScript 会访问非原生 JavaScript 对象（如 DOM 元素）。

❑ 引用计数在代码中存在循环引用时会出现问题。

❑ 解除变量的引用不仅可以消除循环引用，而且对垃圾回收也有帮助。为促进内存回收，全局对象、全局对象的属性和循环引用都应该在不需要时解除引用。

第 5 章
基本引用类型

本章内容
- ❏ 理解对象
- ❏ 基本 JavaScript 数据类型
- ❏ 原始值与原始值包装类型

引用值（或者对象）是某个特定**引用类型**的实例。在 ECMAScript 中，引用类型是把数据和功能组织到一起的结构，经常被人错误地称作"类"。虽然从技术上讲 JavaScript 是一门面向对象语言，但 ECMAScript 缺少传统的面向对象编程语言所具备的某些基本结构，包括类和接口。引用类型有时候也被称为**对象定义**，因为它们描述了自己的对象应有的属性和方法。

> **注意** 引用类型虽然有点像类，但跟类并不是一个概念。为避免混淆，本章后面不会使用术语"类"。

对象被认为是某个特定引用类型的**实例**。新对象通过使用 new 操作符后跟一个**构造函数**（constructor）来创建。构造函数就是用来创建新对象的函数，比如下面这行代码：

```
let now = new Date();
```

这行代码创建了引用类型 Date 的一个新实例，并将它保存在变量 now 中。Date() 在这里就是构造函数，它负责创建一个只有默认属性和方法的简单对象。ECMAScript 提供了很多像 Date 这样的原生引用类型，帮助开发者实现常见的任务。

> **注意** 函数也是一种引用类型，但有关函数的内容太多了，一章放不下，所以本书专门用第 10 章来介绍函数。

5.1 Date

ECMAScript 的 Date 类型参考了 Java 早期版本中的 java.util.Date。为此，Date 类型将日期保存为自协调世界时（UTC，Universal Time Coordinated）时间 1970 年 1 月 1 日午夜（零时）至今所经过的毫秒数。使用这种存储格式，Date 类型可以精确表示 1970 年 1 月 1 日之前及之后 285 616 年的日期。

要创建日期对象，就使用 new 操作符来调用 Date 构造函数：

```
let now = new Date();
```

在不给 Date 构造函数传参数的情况下，创建的对象将保存当前日期和时间。要基于其他日期和时间创建日期对象，必须传入其毫秒表示（UNIX 纪元 1970 年 1 月 1 日午夜之后的毫秒数）。ECMAScript 为此提供了两个辅助方法：Date.parse() 和 Date.UTC()。

Date.parse() 方法接收一个表示日期的字符串参数，尝试将这个字符串转换为表示该日期的毫秒数。ECMA-262 第 5 版定义了 Date.parse() 应该支持的日期格式，填充了第 3 版遗留的空白。所有实现都必须支持下列日期格式：

- ❑ "月/日/年"，如 "5/23/2019"；
- ❑ "月名 日, 年"，如 "May 23, 2019"；
- ❑ "周几 月名 日 年 时:分:秒 时区"，如 "Tue May 23 2019 00:00:00 GMT-0700"；
- ❑ ISO 8601 扩展格式 "YYYY-MM-DDTHH:mm:ss.sssZ"，如 2019-05-23T00:00:00（只适用于兼容 ES5 的实现）。

比如，要创建一个表示"2019 年 5 月 23 日"的日期对象，可以使用以下代码：

```
let someDate = new Date(Date.parse("May 23, 2019"));
```

如果传给 Date.parse() 的字符串并不表示日期，则该方法会返回 NaN。如果直接把表示日期的字符串传给 Date 构造函数，那么 Date 会在后台调用 Date.parse()。换句话说，下面这行代码跟前面那行代码是等价的：

```
let someDate = new Date("May 23, 2019");
```

这两行代码得到的日期对象相同。

> **注意**　不同的浏览器对 Date 类型的实现有很多问题。比如，很多浏览器会选择用当前日期替代越界的日期，因此有些浏览器会将 "January 32, 2019" 解释为 "February 1, 2019"。Opera 则会插入当前月的当前日，返回 "January 当前日, 2019"。就是说，如果是在 9 月 21 日运行代码，会返回 "January 21, 2019"。

Date.UTC() 方法也返回日期的毫秒表示，但使用的是跟 Date.parse() 不同的信息来生成这个值。传给 Date.UTC() 的参数是年、零起点月数（1 月是 0，2 月是 1，以此类推）、日（1~31）、时（0~23）、分、秒和毫秒。这些参数中，只有前两个（年和月）是必需的。如果不提供日，那么默认为 1 日。其他参数的默认值都是 0。下面是使用 Date.UTC() 的两个例子：

```
// GMT 时间 2000 年 1 月 1 日零点
let y2k = new Date(Date.UTC(2000, 0));
```

```
// GMT 时间 2005 年 5 月 5 日下午 5 点 55 分 55 秒
let allFives = new Date(Date.UTC(2005, 4, 5, 17, 55, 55));
```

这个例子创建了两个日期。第一个日期是 2000 年 1 月 1 日零点（GMT），2000 代表年，0 代表月（1 月）。因为没有其他参数（日取 1，其他取 0），所以结果就是该月第 1 天零点。第二个日期表示 2005 年 5 月 5 日下午 5 点 55 分 55 秒（GMT）。虽然日期里面涉及的都是 5，但月数必须用 4，因为月数是零起点的。小时也必须是 17，因为这里采用的是 24 小时制，即取值范围是 0~23。其他参数就都很直观了。

与 Date.parse() 一样，Date.UTC() 也会被 Date 构造函数隐式调用，但有一个区别：这种情况下创建的是本地日期，不是 GMT 日期。不过 Date 构造函数跟 Date.UTC() 接收的参数是一样的。因此，如果第一个参数是数值，则构造函数假设它是日期中的年，第二个参数就是月，以此类推。前面的例子也可以这样来写：

```
// 本地时间 2000 年 1 月 1 日零点
let y2k = new Date(2000, 0);

// 本地时间 2005 年 5 月 5 日下午 5 点 55 分 55 秒
let allFives = new Date(2005, 4, 5, 17, 55, 55);
```

以上代码创建了与前面例子中相同的两个日期，但这次的两个日期是（由于系统设置决定的）本地时区的日期。

ECMAScript 还提供了 `Date.now()` 方法，返回表示方法执行时日期和时间的毫秒数。这个方法可以方便地用在代码分析中：

```
// 起始时间
let start = Date.now();

// 调用函数
doSomething();

// 结束时间
let stop = Date.now(),
result = stop - start;
```

5.1.1　继承的方法

与其他类型一样，`Date` 类型重写了 `toLocaleString()`、`toString()` 和 `valueOf()` 方法。但与其他类型不同，重写后这些方法的返回值不一样。`Date` 类型的 `toLocaleString()` 方法返回与浏览器运行的本地环境一致的日期和时间。这通常意味着格式中包含针对时间的 AM（上午）或 PM（下午），但不包含时区信息（具体格式可能因浏览器而不同）。`toString()` 方法通常返回带时区信息的日期和时间，而时间也是以 24 小时制（0~23）表示的。下面给出了 `toLocaleString()` 和 `toString()` 返回的 2019 年 2 月 1 日零点的示例（地区为 "en-US" 的 PST，即 Pacific Standard Time，太平洋标准时间）：

```
toLocaleString() - 2/1/2019 12:00:00 AM

toString() - Thu Feb 1 2019 00:00:00 GMT-0800 (Pacific Standard Time)
```

现代浏览器在这两个方法的输出上已经趋于一致。在比较老的浏览器上，每个方法返回的结果可能在每个浏览器上都是不同的。这些差异意味着 `toLocaleString()` 和 `toString()` 可能只对调试有用，不能用于显示。

`Date` 类型的 `valueOf()` 方法根本就不返回字符串，这个方法被重写后返回的是日期的毫秒表示。因此，操作符（如小于号和大于号）可以直接使用它返回的值。比如下面的例子：

```
let date1 = new Date(2019, 0, 1);    // 2019 年 1 月 1 日
let date2 = new Date(2019, 1, 1);    // 2019 年 2 月 1 日

console.log(date1 < date2); // true
console.log(date1 > date2); // false
```

日期 2019 年 1 月 1 日在 2019 年 2 月 1 日之前，所以说前者小于后者没问题。因为 2019 年 1 月 1 日的毫秒表示小于 2019 年 2 月 1 日的毫秒表示，所以用小于号比较这两个日期时会返回 `true`。这也是确保日期先后的一个简单方式。

5.1.2   日期格式化方法

Date 类型有几个专门用于格式化日期的方法，它们都会返回字符串：

- ❑ toDateString() 显示日期中的周几、月、日、年（格式特定于实现）；
- ❑ toTimeString() 显示日期中的时、分、秒和时区（格式特定于实现）；
- ❑ toLocaleDateString() 显示日期中的周几、月、日、年（格式特定于实现和地区）；
- ❑ toLocaleTimeString() 显示日期中的时、分、秒（格式特定于实现和地区）；
- ❑ toUTCString() 显示完整的 UTC 日期（格式特定于实现）。

这些方法的输出与 toLocaleString() 和 toString() 一样，会因浏览器而异。因此不能用于在用户界面上一致地显示日期。

> **注意** 还有一个方法叫 toGMTString()，这个方法跟 toUTCString() 是一样的，目的是为了向后兼容。不过，规范建议新代码使用 toUTCString()。

5.1.3   日期/时间组件方法

Date 类型剩下的方法（见下表）直接涉及取得或设置日期值的特定部分。注意表中"UTC 日期"，指的是没有时区偏移（将日期转换为 GMT）时的日期。

方　　法	说　　明
getTime()	返回日期的毫秒表示；与 valueOf() 相同
setTime(milliseconds)	设置日期的毫秒表示，从而修改整个日期
getFullYear()	返回 4 位数年（即 2019 而不是 19）
getUTCFullYear()	返回 UTC 日期的 4 位数年
setFullYear(year)	设置日期的年（year 必须是 4 位数）
setUTCFullYear(year)	设置 UTC 日期的年（year 必须是 4 位数）
getMonth()	返回日期的月（0 表示 1 月，11 表示 12 月）
getUTCMonth()	返回 UTC 日期的月（0 表示 1 月，11 表示 12 月）
setMonth(month)	设置日期的月（month 为大于 0 的数值，大于 11 加年）
setUTCMonth(month)	设置 UTC 日期的月（month 为大于 0 的数值，大于 11 加年）
getDate()	返回日期中的日（1~31）
getUTCDate()	返回 UTC 日期中的日（1~31）
setDate(date)	设置日期中的日（如果 date 大于该月天数，则加月）
setUTCDate(date)	设置 UTC 日期中的日（如果 date 大于该月天数，则加月）
getDay()	返回日期中表示周几的数值（0 表示周日，6 表示周六）
getUTCDay()	返回 UTC 日期中表示周几的数值（0 表示周日，6 表示周六）
getHours()	返回日期中的时（0~23）
getUTCHours()	返回 UTC 日期中的时（0~23）
setHours(hours)	设置日期中的时（如果 hours 大于 23，则加日）

（续）

方　　法	说　　明
setUTCHours(*hours*)	设置 UTC 日期中的时（如果 *hours* 大于 23，则加日）
getMinutes()	返回日期中的分（0~59）
getUTCMinutes()	返回 UTC 日期中的分（0~59）
setMinutes(*minutes*)	设置日期中的分（如果 *minutes* 大于 59，则加时）
setUTCMinutes(*minutes*)	设置 UTC 日期中的分（如果 *minutes* 大于 59，则加时）
getSeconds()	返回日期中的秒（0~59）
getUTCSeconds()	返回 UTC 日期中的秒（0~59）
setSeconds(*seconds*)	设置日期中的秒（如果 *seconds* 大于 59，则加分）
setUTCSeconds(*seconds*)	设置 UTC 日期中的秒（如果 *seconds* 大于 59，则加分）
getMilliseconds()	返回日期中的毫秒
getUTCMilliseconds()	返回 UTC 日期中的毫秒
setMilliseconds(*milliseconds*)	设置日期中的毫秒
setUTCMilliseconds(*milliseconds*)	设置 UTC 日期中的毫秒
getTimezoneOffset()	返回以分钟计的 UTC 与本地时区的偏移量（如美国 EST 即"东部标准时间"返回 300，进入夏令时的地区可能有所差异）

5.2 RegExp

ECMAScript 通过 RegExp 类型支持正则表达式。正则表达式使用类似 Perl 的简洁语法来创建：

```
let expression = /pattern/flags;
```

这个正则表达式的 pattern（模式）可以是任何简单或复杂的正则表达式，包括字符类、限定符、分组、向前查找和反向引用。每个正则表达式可以带零个或多个 flags（标记），用于控制正则表达式的行为。下面给出了表示匹配模式的标记。

❑ g：全局模式，表示查找字符串的全部内容，而不是找到第一个匹配的内容就结束。
❑ i：不区分大小写，表示在查找匹配时忽略 pattern 和字符串的大小写。
❑ m：多行模式，表示查找到一行文本末尾时会继续查找。
❑ y：粘附模式，表示只查找从 lastIndex 开始及之后的字符串。
❑ u：Unicode 模式，启用 Unicode 匹配。
❑ s：dotAll 模式，表示元字符.匹配任何字符（包括\n 或\r）。

使用不同模式和标记可以创建出各种正则表达式，比如：

```
// 匹配字符串中的所有"at"
let pattern1 = /at/g;

// 匹配第一个"bat"或"cat"，忽略大小写
let pattern2 = /[bc]at/i;

// 匹配所有以"at"结尾的三字符组合，忽略大小写
let pattern3 = /.at/gi;
```

与其他语言中的正则表达式类似，所有**元字符**在模式中也必须转义，包括：

```
( [ { \ ^ $ | ) ] } ? * + .
```

元字符在正则表达式中都有一种或多种特殊功能，所以要匹配上面这些字符本身，就必须使用反斜杠来转义。下面是几个例子：

```
// 匹配第一个"bat"或"cat"，忽略大小写
let pattern1 = /[bc]at/i;

// 匹配第一个"[bc]at"，忽略大小写
let pattern2 = /\[bc\]at/i;

// 匹配所有以"at"结尾的三字符组合，忽略大小写
let pattern3 = /.at/gi;

// 匹配所有".at"，忽略大小写
let pattern4 = /\.at/gi;
```

这里的 pattern1 匹配"bat"或"cat"，不区分大小写。要直接匹配"[bc]at"，左右中括号都必须像 pattern2 中那样使用反斜杠转义。在 pattern3 中，点号表示"at"前面的任意字符都可以匹配。如果想匹配".at"，那么要像 pattern4 中那样对点号进行转义。

前面例子中的正则表达式都是使用字面量形式定义的。正则表达式也可以使用 RegExp 构造函数来创建，它接收两个参数：模式字符串和（可选的）标记字符串。任何使用字面量定义的正则表达式也可以通过构造函数来创建，比如：

```
// 匹配第一个"bat"或"cat"，忽略大小写
let pattern1 = /[bc]at/i;

// 跟 pattern1 一样，只不过是用构造函数创建的
let pattern2 = new RegExp("[bc]at", "i");
```

这里的 pattern1 和 pattern2 是等效的正则表达式。注意，RegExp 构造函数的两个参数都是字符串。因为 RegExp 的模式参数是字符串，所以在某些情况下需要二次转义。所有元字符都必须二次转义，包括转义字符序列，如\n（\转义后的字符串是\\，在正则表达式字符串中则要写成\\\\）。下表展示了几个正则表达式的字面量形式，以及使用 RegExp 构造函数创建时对应的模式字符串。

字面量模式	对应的字符串
/\[bc\]at/	"\\[bc\\]at"
/\.at/	"\\.at"
/name\/age/	"name\\/age"
/\d.\d{1,2}/	"\\d.\\d{1,2}"
/\w\\hello\\123/	"\\w\\\\hello\\\\123"

此外，使用 RegExp 也可以基于已有的正则表达式实例，并可选择性地修改它们的标记：

```
const re1 = /cat/g;
console.log(re1);  // "/cat/g"

const re2 = new RegExp(re1);
console.log(re2);  // "/cat/g"

const re3 = new RegExp(re1, "i");
console.log(re3);  // "/cat/i"
```

5.2.1 **RegExp** 实例属性

每个 RegExp 实例都有下列属性，提供有关模式的各方面信息。

❏ global：布尔值，表示是否设置了 g 标记。

❏ ignoreCase：布尔值，表示是否设置了 i 标记。

❏ unicode：布尔值，表示是否设置了 u 标记。

❏ sticky：布尔值，表示是否设置了 y 标记。

❏ lastIndex：整数，表示在源字符串中下一次搜索的开始位置，始终从 0 开始。

❏ multiline：布尔值，表示是否设置了 m 标记。

❏ dotAll：布尔值，表示是否设置了 s 标记。

❏ source：正则表达式的字面量字符串（不是传给构造函数的模式字符串），没有开头和结尾的斜杠。

❏ flags：正则表达式的标记字符串。始终以字面量而非传入构造函数的字符串模式形式返回（没有前后斜杠）。

通过这些属性可以全面了解正则表达式的信息，不过实际开发中用得并不多，因为模式声明中包含这些信息。下面是一个例子：

```
let pattern1 = /\[bc\]at/i;

console.log(pattern1.global);      // false
console.log(pattern1.ignoreCase);  // true
console.log(pattern1.multiline);   // false
console.log(pattern1.lastIndex);   // 0
console.log(pattern1.source);      // "\[bc\]at"
console.log(pattern1.flags);       // "i"

let pattern2 = new RegExp("\\[bc\\]at", "i");

console.log(pattern2.global);      // false
console.log(pattern2.ignoreCase);  // true
console.log(pattern2.multiline);   // false
console.log(pattern2.lastIndex);   // 0
console.log(pattern2.source);      // "\[bc\]at"
console.log(pattern2.flags);       // "i"
```

注意，虽然第一个模式是通过字面量创建的，第二个模式是通过 RegExp 构造函数创建的，但两个模式的 source 和 flags 属性是相同的。source 和 flags 属性返回的是规范化之后可以在字面量中使用的形式。

5.2.2 **RegExp** 实例方法

RegExp 实例的主要方法是 exec()，主要用于配合捕获组使用。这个方法只接收一个参数，即要应用模式的字符串。如果找到了匹配项，则返回包含第一个匹配信息的数组；如果没找到匹配项，则返回 null。返回的数组虽然是 Array 的实例，但包含两个额外的属性：index 和 input。index 是字符串中匹配模式的起始位置，input 是要查找的字符串。这个数组的第一个元素是匹配整个模式的字符串，其他元素是与表达式中的捕获组匹配的字符串。如果模式中没有捕获组，则数组只包含一个元素。来看下面的例子：

```
let text = "mom and dad and baby";
let pattern = /mom( and dad( and baby)?)?/gi;

let matches = pattern.exec(text);
console.log(matches.index);    // 0
console.log(matches.input);    // "mom and dad and baby"
console.log(matches[0]);       // "mom and dad and baby"
console.log(matches[1]);       // " and dad and baby"
console.log(matches[2]);       // " and baby"
```

在这个例子中，模式包含两个捕获组：最内部的匹配项" and baby"，以及外部的匹配项" and dad"或" and dad and baby"。调用 exec() 后找到了一个匹配项。因为整个字符串匹配模式，所以 matchs 数组的 index 属性就是 0。数组的第一个元素是匹配的整个字符串，第二个元素是匹配第一个捕获组的字符串，第三个元素是匹配第二个捕获组的字符串。

如果模式设置了全局标记，则每次调用 exec() 方法会返回一个匹配的信息。如果没有设置全局标记，则无论对同一个字符串调用多少次 exec()，也只会返回第一个匹配的信息。

```
let text = "cat, bat, sat, fat";
let pattern = /.at/;

let matches = pattern.exec(text);
console.log(matches.index);       // 0
console.log(matches[0]);          // cat
console.log(pattern.lastIndex);   // 0

matches = pattern.exec(text);
console.log(matches.index);       // 0
console.log(matches[0]);          // cat
console.log(pattern.lastIndex);   // 0
```

上面例子中的模式没有设置全局标记，因此调用 exec() 只返回第一个匹配项("cat")。lastIndex 在非全局模式下始终不变。

如果在这个模式上设置了 g 标记，则每次调用 exec() 都会在字符串中向前搜索下一个匹配项，如下面的例子所示：

```
let text = "cat, bat, sat, fat";
let pattern = /.at/g;
let matches = pattern.exec(text);
console.log(matches.index);       // 0
console.log(matches[0]);          // cat
console.log(pattern.lastIndex);   // 3

matches = pattern.exec(text);
console.log(matches.index);       // 5
console.log(matches[0]);          // bat
console.log(pattern.lastIndex);   // 8

matches = pattern.exec(text);
console.log(matches.index);       // 10
console.log(matches[0]);          // sat
console.log(pattern.lastIndex);   // 13
```

这次模式设置了全局标记，因此每次调用 exec() 都会返回字符串中的下一个匹配项，直到搜索到字符串末尾。注意模式的 lastIndex 属性每次都会变化。在全局匹配模式下，每次调用 exec() 都会更新 lastIndex 值，以反映上次匹配的最后一个字符的索引。

如果模式设置了粘附标记 y，则每次调用 exec() 就只会在 lastIndex 的位置上寻找匹配项。粘附标记覆盖全局标记。

```
let text = "cat, bat, sat, fat";
let pattern = /.at/y;

let matches = pattern.exec(text);
console.log(matches.index);        // 0
console.log(matches[0]);           // cat
console.log(pattern.lastIndex);    // 3

// 以索引 3 对应的字符开头找不到匹配项，因此 exec() 返回 null
// exec() 没找到匹配项，于是将 lastIndex 设置为 0
matches = pattern.exec(text);
console.log(matches);              // null
console.log(pattern.lastIndex);    // 0

// 向前设置 lastIndex 可以让粘附的模式通过 exec() 找到下一个匹配项：
pattern.lastIndex = 5;
matches = pattern.exec(text);
console.log(matches.index);        // 5
console.log(matches[0]);           // bat
console.log(pattern.lastIndex);    // 8
```

正则表达式的另一个方法是 test()，接收一个字符串参数。如果输入的文本与模式匹配，则参数返回 true，否则返回 false。这个方法适用于只想测试模式是否匹配，而不需要实际匹配内容的情况。test() 经常用在 if 语句中：

```
let text = "000-00-0000";
let pattern = /\d{3}-\d{2}-\d{4}/;

if (pattern.test(text)) {
  console.log("The pattern was matched.");
}
```

在这个例子中，正则表达式用于测试特定的数值序列。如果输入的文本与模式匹配，则显示匹配成功的消息。这个用法常用于验证用户输入，此时我们只在乎输入是否有效，不关心为什么无效。

无论正则表达式是怎么创建的，继承的方法 toLocaleString() 和 toString() 都返回正则表达式的字面量表示。比如：

```
let pattern = new RegExp("\\[bc\\]at", "gi");
console.log(pattern.toString());        // /\[bc\]at/gi
console.log(pattern.toLocaleString());  // /\[bc\]at/gi
```

这里的模式是通过 RegExp 构造函数创建的，但 toLocaleString() 和 toString() 返回的都是其字面量的形式。

> **注意**　正则表达式的 valueOf() 方法返回正则表达式本身。

5.2.3　RegExp 构造函数属性

RegExp 构造函数本身也有几个属性。（在其他语言中，这种属性被称为静态属性。）这些属性适用于作用域中的所有正则表达式，而且会根据最后执行的正则表达式操作而变化。这些属性还有一个特点，

就是可以通过两种不同的方式访问它们。换句话说，每个属性都有一个全名和一个简写。下表列出了
RegExp 构造函数的属性。

全 名	简 写	说 明
input	$_	最后搜索的字符串（非标准特性）
lastMatch	$&	最后匹配的文本
lastParen	$+	最后匹配的捕获组（非标准特性）
leftContext	$`	input 字符串中出现在 lastMatch 前面的文本
rightContext	$'	input 字符串中出现在 lastMatch 后面的文本

通过这些属性可以提取出与 exec() 和 test() 执行的操作相关的信息。来看下面的例子：

```
let text = "this has been a short summer";
let pattern = /(.)hort/g;

if (pattern.test(text)) {
  console.log(RegExp.input);         // this has been a short summer
  console.log(RegExp.leftContext);   // this has been a
  console.log(RegExp.rightContext);  // summer
  console.log(RegExp.lastMatch);     // short
  console.log(RegExp.lastParen);     // s
}
```

以上代码创建了一个模式，用于搜索任何后跟"hort"的字符，并把第一个字符放在了捕获组中。
不同属性包含的内容如下。

❑ input 属性中包含原始的字符串。

❑ leftConext 属性包含原始字符串中"short"之前的内容，rightContext 属性包含"short"
之后的内容。

❑ lastMatch 属性包含匹配整个正则表达式的上一个字符串，即"short"。

❑ lastParen 属性包含捕获组的上一次匹配，即"s"。

这些属性名也可以替换成简写形式，只不过要使用中括号语法来访问，如下面的例子所示，因为大
多数简写形式都不是合法的 ECMAScript 标识符：

```
let text = "this has been a short summer";
let pattern = /(.)hort/g;

/*
 * 注意: Opera 不支持简写属性名
 * IE 不支持多行匹配
 */
if (pattern.test(text)) {
  console.log(RegExp.$_);          // this has been a short summer
  console.log(RegExp["$`"]);       // this has been a
  console.log(RegExp["$'"]);       // summer
  console.log(RegExp["$&"]);       // short
  console.log(RegExp["$+"]);       // s
}
```

RegExp 还有其他几个构造函数属性，可以存储最多 9 个捕获组的匹配项。这些属性通过 RegExp.
$1~RegExp.$9 来访问，分别包含第 1~9 个捕获组的匹配项。在调用 exec() 或 test() 时，这些属性

就会被填充，然后就可以像下面这样使用它们：

```
let text = "this has been a short summer";
let pattern = /(..)or(.)/g;

if (pattern.test(text)) {
  console.log(RegExp.$1);  // sh
  console.log(RegExp.$2);  // t
}
```

在这个例子中，模式包含两个捕获组。调用 test() 搜索字符串之后，因为找到了匹配项所以返回 true，而且可以打印出通过 RegExp 构造函数的 $1 和 $2 属性取得的两个捕获组匹配的内容。

> 注意　RegExp 构造函数的所有属性都没有任何 Web 标准出处，因此不要在生产环境中使用它们。

5.2.4　模式局限

虽然 ECMAScript 对正则表达式的支持有了长足的进步，但仍然缺少 Perl 语言中的一些高级特性。下列特性目前还没有得到 ECMAScript 的支持（想要了解更多信息，可以参考 Regular-Expressions.info 网站）：

- \A 和 \Z 锚（分别匹配字符串的开始和末尾）
- 联合及交叉类
- 原子组
- x（忽略空格）匹配模式
- 条件式匹配
- 正则表达式注释

虽然还有这些局限，但 ECMAScript 的正则表达式已经非常强大，可以用于大多数模式匹配任务。

5.3　原始值包装类型

为了方便操作原始值，ECMAScript 提供了 3 种特殊的引用类型：Boolean、Number 和 String。这些类型具有本章介绍的其他引用类型一样的特点，但也具有与各自原始类型对应的特殊行为。每当用到某个原始值的方法或属性时，后台都会创建一个相应原始包装类型的对象，从而暴露出操作原始值的各种方法。来看下面的例子：

```
let s1 = "some text";
let s2 = s1.substring(2);
```

在这里，s1 是一个包含字符串的变量，它是一个原始值。第二行紧接着在 s1 上调用了 substring() 方法，并把结果保存在 s2 中。我们知道，原始值本身不是对象，因此逻辑上不应该有方法。而实际上这个例子又确实按照预期运行了。这是因为后台进行了很多处理，从而实现了上述操作。具体来说，当第二行访问 s1 时，是以读模式访问的，也就是要从内存中读取变量保存的值。在以读模式访问字符串值的任何时候，后台都会执行以下 3 步：

(1) 创建一个 String 类型的实例；

(2) 调用实例上的特定方法；

(3) 销毁实例。

可以把这 3 步想象成执行了如下 3 行 ECMAScript 代码：

```
let s1 = new String("some text");
let s2 = s1.substring(2);
s1 = null;
```

这种行为可以让原始值拥有对象的行为。对布尔值和数值而言，以上 3 步也会在后台发生，只不过使用的是 Boolean 和 Number 包装类型而已。

引用类型与原始值包装类型的主要区别在于对象的生命周期。在通过 new 实例化引用类型后，得到的实例会在离开作用域时被销毁，而自动创建的原始值包装对象则只存在于访问它的那行代码执行期间。这意味着不能在运行时给原始值添加属性和方法。比如下面的例子：

```
let s1 = "some text";
s1.color = "red";
console.log(s1.color);  // undefined
```

这里的第二行代码尝试给字符串 s1 添加了一个 color 属性。可是，第三行代码访问 color 属性时，它却不见了。原因就是第二行代码运行时会临时创建一个 String 对象，而当第三行代码执行时，这个对象已经被销毁了。实际上，第三行代码在这里创建了自己的 String 对象，但这个对象没有 color 属性。

可以显式地使用 Boolean、Number 和 String 构造函数创建原始值包装对象。不过应该在确实必要时再这么做，否则容易让开发者疑惑，分不清它们到底是原始值还是引用值。在原始值包装类型的实例上调用 typeof 会返回 "object"，所有原始值包装对象都会转换为布尔值 true。

另外，Object 构造函数作为一个工厂方法，能够根据传入值的类型返回相应原始值包装类型的实例。比如：

```
let obj = new Object("some text");
console.log(obj instanceof String);  // true
```

如果传给 Object 的是字符串，则会创建一个 String 的实例。如果是数值，则会创建 Number 的实例。布尔值则会得到 Boolean 的实例。

注意，使用 new 调用原始值包装类型的构造函数，与调用同名的转型函数并不一样。例如：

```
let value = "25";
let number = Number(value);      // 转型函数
console.log(typeof number);      // "number"
let obj = new Number(value);     // 构造函数
console.log(typeof obj);         // "object"
```

在这个例子中，变量 number 中保存的是一个值为 25 的原始数值，而变量 obj 中保存的是一个 Number 的实例。

虽然不推荐显式创建原始值包装类型的实例，但它们对于操作原始值的功能是很重要的。每个原始值包装类型都有相应的一套方法来方便数据操作。

5.3.1 Boolean

Boolean 是对应布尔值的引用类型。要创建一个 Boolean 对象，就使用 Boolean 构造函数并传入 true 或 false，如下例所示：

```
let booleanObject = new Boolean(true);
```

Boolean 的实例会重写 valueOf() 方法，返回一个原始值 true 或 false。toString() 方法被调用时也会被覆盖，返回字符串 "true" 或 "false"。不过，Boolean 对象在 ECMAScript 中用得很少。不仅如此，它们还容易引起误会，尤其是在布尔表达式中使用 Boolean 对象时，比如：

```
let falseObject = new Boolean(false);
let result = falseObject && true;
console.log(result); // true

let falseValue = false;
result = falseValue && true;
console.log(result); // false
```

在这段代码中，我们创建一个值为 false 的 Boolean 对象。然后，在一个布尔表达式中通过 && 操作将这个对象与一个原始值 true 组合起来。在布尔算术中，false && true 等于 false。可是，这个表达式是对 falseObject 对象而不是对它表示的值（false）求值。前面刚刚说过，所有对象在布尔表达式中都会自动转换为 true，因此 falseObject 在这个表达式里实际上表示一个 true 值。那么 true && true 当然是 true。

除此之外，原始值和引用值（Boolean 对象）还有几个区别。首先，typeof 操作符对原始值返回 "boolean"，但对引用值返回 "object"。同样，Boolean 对象是 Boolean 类型的实例，在使用 instaceof 操作符时返回 true，但对原始值则返回 false，如下所示：

```
console.log(typeof falseObject);            // object
console.log(typeof falseValue);            // boolean
console.log(falseObject instanceof Boolean); // true
console.log(falseValue instanceof Boolean);  // false
```

理解原始布尔值和 Boolean 对象之间的区别非常重要，强烈建议永远不要使用后者。

5.3.2 Number

Number 是对应数值的引用类型。要创建一个 Number 对象，就使用 Number 构造函数并传入一个数值，如下例所示：

```
let numberObject = new Number(10);
```

与 Boolean 类型一样，Number 类型重写了 valueOf()、toLocaleString() 和 toString() 方法。valueOf() 方法返回 Number 对象表示的原始数值，另外两个方法返回数值字符串。toString() 方法可选地接收一个表示基数的参数，并返回相应基数形式的数值字符串，如下所示：

```
let num = 10;
console.log(num.toString());   // "10"
console.log(num.toString(2));  // "1010"
console.log(num.toString(8));  // "12"
console.log(num.toString(10)); // "10"
console.log(num.toString(16)); // "a"
```

除了继承的方法，Number 类型还提供了几个用于将数值格式化为字符串的方法。

toFixed() 方法返回包含指定小数点位数的数值字符串，如：

```
let num = 10;
console.log(num.toFixed(2)); // "10.00"
```

这里的 toFixed() 方法接收了参数 2，表示返回的数值字符串要包含两位小数。结果返回值为 "10.00"，小数位填充了 0。如果数值本身的小数位超过了参数指定的位数，则四舍五入到最接近的小数位：

```
let num = 10.005;
console.log(num.toFixed(2)); // "10.01"
```

toFixed()自动舍入的特点可以用于处理货币。不过要注意的是，多个浮点数值的数学计算不一定得到精确的结果。比如，0.1 + 0.2 = 0.30000000000000004。

> **注意**　toFixed()方法可以表示有 0~20 个小数位的数值。某些浏览器可能支持更大的范围，但这是通常被支持的范围。

另一个用于格式化数值的方法是 toExponential()，返回以科学记数法（也称为指数记数法）表示的数值字符串。与 toFixed()一样，toExponential()也接收一个参数，表示结果中小数的位数。来看下面的例子：

```
let num = 10;
console.log(num.toExponential(1));  // "1.0e+1"
```

这段代码的输出为"1.0e+1"。一般来说，这么小的数不用表示为科学记数法形式。如果想得到数值最适当的形式，那么可以使用 toPrecision()。

toPrecision()方法会根据情况返回最合理的输出结果，可能是固定长度，也可能是科学记数法形式。这个方法接收一个参数，表示结果中数字的总位数（不包含指数）。来看几个例子：

```
let num = 99;
console.log(num.toPrecision(1)); // "1e+2"
console.log(num.toPrecision(2)); // "99"
console.log(num.toPrecision(3)); // "99.0"
```

在这个例子中，首先要用 1 位数字表示数值 99，得到"1e+2"，也就是 100。因为 99 不能只用 1 位数字来精确表示，所以这个方法就将它舍入为 100，这样就可以只用 1 位数字（及其科学记数法形式）来表示了。用 2 位数字表示 99 得到"99"，用 3 位数字则是"99.0"。本质上，toPrecision()方法会根据数值和精度来决定调用 toFixed()还是 toExponential()。为了以正确的小数位精确表示数值，这 3 个方法都会向上或向下舍入。

> **注意**　toPrecision()方法可以表示带 1~21 个小数位的数值。某些浏览器可能支持更大的范围，但这是通常被支持的范围。

与 Boolean 对象类似，Number 对象也为数值提供了重要能力。但是，考虑到两者存在同样的潜在问题，因此并不建议直接实例化 Number 对象。在处理原始数值和引用数值时，typeof 和 instacnceof 操作符会返回不同的结果，如下所示：

```
let numberObject = new Number(10);
let numberValue = 10;
console.log(typeof numberObject);                // "object"
console.log(typeof numberValue);                 // "number"
console.log(numberObject instanceof Number);  // true
console.log(numberValue instanceof Number);   // false
```

原始数值在调用 typeof 时始终返回"number"，而 Number 对象则返回"object"。类似地，Number 对象是 Number 类型的实例，而原始数值不是。

isInteger()方法与安全整数

ES6 新增了 `Number.isInteger()`方法，用于辨别一个数值是否保存为整数。有时候，小数位的 0 可能会让人误以为数值是一个浮点值：

```
console.log(Number.isInteger(1));    // true
console.log(Number.isInteger(1.00)); // true
console.log(Number.isInteger(1.01)); // false
```

IEEE 754 数值格式有一个特殊的数值范围，在这个范围内二进制值可以表示一个整数值。这个数值范围从 `Number.MIN_SAFE_INTEGER`（$-2^{53}+1$）到 `Number.MAX_SAFE_INTEGER`（$2^{53}-1$）。对超出这个范围的数值，即使尝试保存为整数，IEEE 754 编码格式也意味着二进制值可能会表示一个完全不同的数值。为了鉴别整数是否在这个范围内，可以使用 `Number.isSafeInteger()`方法：

```
console.log(Number.isSafeInteger(-1 * (2 ** 53)));       // false
console.log(Number.isSafeInteger(-1 * (2 ** 53) + 1));   // true

console.log(Number.isSafeInteger(2 ** 53));              // false
console.log(Number.isSafeInteger((2 ** 53) - 1));        // true
```

5.3.3　String

`String` 是对应字符串的引用类型。要创建一个 `String` 对象，使用 `String` 构造函数并传入一个数值，如下例所示：

```
let stringObject = new String("hello world");
```

`String` 对象的方法可以在所有字符串原始值上调用。3 个继承的方法 `valueOf()`、`toLocaleString()` 和 `toString()`都返回对象的原始字符串值。

每个 `String` 对象都有一个 `length` 属性，表示字符串中字符的数量。来看下面的例子：

```
let stringValue = "hello world";
console.log(stringValue.length); // "11"
```

这个例子输出了字符串"hello world"中包含的字符数量：11。注意，即使字符串中包含双字节字符（而不是单字节的 ASCII 字符），也仍然会按单字符来计数。

`String` 类型提供了很多方法来解析和操作字符串。

1. JavaScript 字符

JavaScript 字符串由 16 位码元（code unit）组成。对多数字符来说，每 16 位码元对应一个字符。换句话说，字符串的 `length` 属性表示字符串包含多少 16 位码元：

```
let message = "abcde";

console.log(message.length); // 5
```

此外，`charAt()`方法返回给定索引位置的字符，由传给方法的整数参数指定。具体来说，这个方法查找指定索引位置的 16 位码元，并返回该码元对应的字符：

```
let message = "abcde";

console.log(message.charAt(2)); // "c"
```

JavaScript 字符串使用了两种 Unicode 编码混合的策略：UCS-2 和 UTF-16。对于可以采用 16 位编码的字符（U+0000~U+FFFF），这两种编码实际上是一样的。

> **注意** 要深入了解关于字符编码的内容，推荐 Joel Spolsky 写的博客文章：“The Absolute Minimum Every Software Developer Absolutely, Positively Must Know About Unicode and Character Sets (No Excuses!)”。
>
> 另一个有用的资源是 Mathias Bynens 的博文：“JavaScript's Internal Character Encoding: UCS-2 or UTF-16?”。

使用 charCodeAt()方法可以查看指定码元的字符编码。这个方法返回指定索引位置的码元值，索引以整数指定。比如：

```
let message = "abcde";

// Unicode "Latin small letter C"的编码是 U+0063
console.log(message.charCodeAt(2));    // 99

// 十进制 99 等于十六进制 63
console.log(99 === 0x63);              // true
```

fromCharCode()方法用于根据给定的 UTF-16 码元创建字符串中的字符。这个方法可以接受任意多个数值，并返回将所有数值对应的字符拼接起来的字符串：

```
// Unicode "Latin small letter A"的编码是 U+0061
// Unicode "Latin small letter B"的编码是 U+0062
// Unicode "Latin small letter C"的编码是 U+0063
// Unicode "Latin small letter D"的编码是 U+0064
// Unicode "Latin small letter E"的编码是 U+0065

console.log(String.fromCharCode(0x61, 0x62, 0x63, 0x64, 0x65)); // "abcde"

// 0x0061 === 97
// 0x0062 === 98
// 0x0063 === 99
// 0x0064 === 100
// 0x0065 === 101

console.log(String.fromCharCode(97, 98, 99, 100, 101));         // "abcde"
```

对于 U+0000~U+FFFF 范围内的字符，length、charAt()、charCodeAt()和 fromCharCode()返回的结果都跟预期是一样的。这是因为在这个范围内，每个字符都是用 16 位表示的，而这几个方法也都基于 16 位码元完成操作。只要字符编码大小与码元大小一一对应，这些方法就能如期工作。

这个对应关系在扩展到 Unicode 增补字符平面时就不成立了。问题很简单，即 16 位只能唯一表示 65 536 个字符。这对于大多数语言字符集是足够了，在 Unicode 中称为**基本多语言平面**（BMP）。为了表示更多的字符，Unicode 采用了一个策略，即每个字符使用另外 16 位去选择一个**增补平面**。这种每个字符使用两个 16 位码元的策略称为**代理对**。

在涉及增补平面的字符时，前面讨论的字符串方法就会出问题。比如，下面的例子中使用了一个笑脸表情符号，也就是一个使用代理对编码的字符：

```
// "smiling face with smiling eyes" 表情符号的编码是 U+1F60A
// 0x1F60A === 128522
let message = "ab☺de";

console.log(message.length);            // 6
console.log(message.charAt(1));         // b
```

```
console.log(message.charAt(2));        // <?>
console.log(message.charAt(3));        // <?>
console.log(message.charAt(4));        // d

console.log(message.charCodeAt(1));    // 98
console.log(message.charCodeAt(2));    // 55357
console.log(message.charCodeAt(3));    // 56842
console.log(message.charCodeAt(4));    // 100

console.log(String.fromCodePoint(0x1F60A)); // ☺

console.log(String.fromCharCode(97, 98, 55357, 56842, 100, 101)); // ab☺de
```

这些方法仍然将 16 位码元当作一个字符，事实上索引 2 和索引 3 对应的码元应该被看成一个代理对，只对应一个字符。fromCharCode() 方法仍然返回正确的结果，因为它实际上是基于提供的二进制表示直接组合成字符串。浏览器可以正确解析代理对（由两个码元构成），并正确地将其识别为一个 Unicode 笑脸字符。

为正确解析既包含单码元字符又包含代理对字符的字符串，可以使用 codePointAt() 来代替 charCodeAt()。跟使用 charCodeAt() 时类似，codePointAt() 接收 16 位码元的索引并返回该索引位置上的码点（code point）。**码点**是 Unicode 中一个字符的完整标识。比如，"c"的码点是 0x0063，而 "☺"的码点是 0x1F60A。码点可能是 16 位，也可能是 32 位，而 codePointAt() 方法可以从指定码元位置识别完整的码点。

```
let message = "ab☺de";

console.log(message.codePointAt(1)); // 98
console.log(message.codePointAt(2)); // 128522
console.log(message.codePointAt(3)); // 56842
console.log(message.codePointAt(4)); // 100
```

注意，如果传入的码元索引并非代理对的开头，就会返回错误的码点。这种错误只有检测单个字符的时候才会出现，可以通过从左到右按正确的码元数遍历字符串来规避。迭代字符串可以智能地识别代理对的码点：

```
console.log([..."ab☺de"]); // ["a", "b", "☺", "d", "e"]
```

与 charCodeAt() 有对应的 codePointAt() 一样，fromCharCode() 也有一个对应的 fromCodePoint()。这个方法接收任意数量的码点，返回对应字符拼接起来的字符串：

```
console.log(String.fromCharCode(97, 98, 55357, 56842, 100, 101));  // ab☺de
console.log(String.fromCodePoint(97, 98, 128522, 100, 101));       // ab☺de
```

2. normalize() 方法

某些 Unicode 字符可以有多种编码方式。有的字符既可以通过一个 BMP 字符表示，也可以通过一个代理对表示。比如：

```
// U+00C5：上面带圆圈的大写拉丁字母 A
console.log(String.fromCharCode(0x00C5));        // Å

// U+212B：长度单位"埃"
console.log(String.fromCharCode(0x212B));        // Å

// U+004：大写拉丁字母 A
// U+030A：上面加个圆圈
console.log(String.fromCharCode(0x0041, 0x030A)); // Å
```

比较操作符不在乎字符看起来是什么样的，因此这 3 个字符互不相等。

```
let a1 = String.fromCharCode(0x00C5),
    a2 = String.fromCharCode(0x212B),
    a3 = String.fromCharCode(0x0041, 0x030A);

console.log(a1, a2, a3); // Å, Å, Å

console.log(a1 === a2);  // false
console.log(a1 === a3);  // false
console.log(a2 === a3);  // false
```

为解决这个问题，Unicode 提供了 4 种规范化形式，可以将类似上面的字符规范化为一致的格式，无论底层字符的代码是什么。这 4 种规范化形式是：NFD（Normalization Form D）、NFC（Normalization Form C）、NFKD（Normalization Form KD）和 NFKC（Normalization Form KC）。可以使用 `normalize()` 方法对字符串应用上述规范化形式，使用时需要传入表示哪种形式的字符串："NFD"、"NFC"、"NFKD"或"NFKC"。

> **注意**　这 4 种规范化形式的具体细节超出了本书范围，有兴趣的读者可以自行参考 *UAX 15#: Unicode Normalization Forms* 中的 1.2 节 "Normalization Forms"。

通过比较字符串与其调用 `normalize()` 的返回值，就可以知道该字符串是否已经规范化了：

```
let a1 = String.fromCharCode(0x00C5),
    a2 = String.fromCharCode(0x212B),
    a3 = String.fromCharCode(0x0041, 0x030A);

// U+00C5 是对 0+212B 进行 NFC/NFKC 规范化之后的结果
console.log(a1 === a1.normalize("NFD"));  // false
console.log(a1 === a1.normalize("NFC"));  // true
console.log(a1 === a1.normalize("NFKD")); // false
console.log(a1 === a1.normalize("NFKC")); // true

// U+212B 是未规范化的
console.log(a2 === a2.normalize("NFD"));  // false
console.log(a2 === a2.normalize("NFC"));  // false
console.log(a2 === a2.normalize("NFKD")); // false
console.log(a2 === a2.normalize("NFKC")); // false

// U+0041/U+030A 是对 0+212B 进行 NFD/NFKD 规范化之后的结果
console.log(a3 === a3.normalize("NFD"));  // true
console.log(a3 === a3.normalize("NFC"));  // false
console.log(a3 === a3.normalize("NFKD")); // true
console.log(a3 === a3.normalize("NFKC")); // false
```

选择同一种规范化形式可以让比较操作符返回正确的结果：

```
let a1 = String.fromCharCode(0x00C5),
    a2 = String.fromCharCode(0x212B),
    a3 = String.fromCharCode(0x0041, 0x030A);

console.log(a1.normalize("NFD") === a2.normalize("NFD"));    // true
console.log(a2.normalize("NFKC") === a3.normalize("NFKC"));  // true
console.log(a1.normalize("NFC") === a3.normalize("NFC"));    // true
```

3. 字符串操作方法

本节介绍几个操作字符串值的方法。首先是 `concat()`，用于将一个或多个字符串拼接成一个新字符串。来看下面的例子：

```
let stringValue = "hello ";
let result = stringValue.concat("world");

console.log(result);      // "hello world"
console.log(stringValue); // "hello"
```

在这个例子中，对 stringValue 调用 concat()方法的结果是得到"hello world"，但 stringValue 的值保持不变。concat()方法可以接收任意多个参数，因此可以一次性拼接多个字符串，如下所示：

```
let stringValue = "hello ";
let result = stringValue.concat("world", "!");

console.log(result);      // "hello world!"
console.log(stringValue); // "hello"
```

这个修改后的例子将字符串"world"和"!"追加到了"hello "后面。虽然 concat()方法可以拼接字符串，但更常用的方式是使用加号操作符（+）。而且多数情况下，对于拼接多个字符串来说，使用加号更方便。

ECMAScript 提供了 3 个从字符串中提取子字符串的方法：slice()、substr()和 substring()。这 3 个方法都返回调用它们的字符串的一个子字符串，而且都接收一或两个参数。第一个参数表示子字符串开始的位置，第二个参数表示子字符串结束的位置。对 slice()和 substring()而言，第二个参数是提取结束的位置（即该位置之前的字符会被提取出来）。对 substr()而言，第二个参数表示返回的子字符串数量。任何情况下，省略第二个参数都意味着提取到字符串末尾。与 concat()方法一样，slice()、substr()和 substring()也不会修改调用它们的字符串，而只会返回提取到的原始新字符串值。来看下面的例子：

```
let stringValue = "hello world";
console.log(stringValue.slice(3));      // "lo world"
console.log(stringValue.substring(3));  // "lo world"
console.log(stringValue.substr(3));     // "lo world"
console.log(stringValue.slice(3, 7));   // "lo w"
console.log(stringValue.substring(3,7)); // "lo w"
console.log(stringValue.substr(3, 7));  // "lo worl"
```

在这个例子中，slice()、substr()和 substring()是以相同方式被调用的，而且多数情况下返回的值也相同。如果只传一个参数 3，则所有方法都将返回"lo world"，因为"hello"中"l"位置为 3。如果传入两个参数 3 和 7，则 slice()和 substring()返回"lo w"（因为"world"中"o"在位置 7，不包含），而 substr()返回"lo worl"，因为第二个参数对它而言表示返回的字符数。

当某个参数是负值时，这 3 个方法的行为又有不同。比如，slice()方法将所有负值参数都当成字符串长度加上负参数值。

而 substr()方法将第一个负参数值当成字符串长度加上该值，将第二个负参数值转换为 0。substring()方法会将所有负参数值都转换为0。看下面的例子：

```
let stringValue = "hello world";
console.log(stringValue.slice(-3));      // "rld"
console.log(stringValue.substring(-3));  // "hello world"
console.log(stringValue.substr(-3));     // "rld"
console.log(stringValue.slice(3, -4));   // "lo w"
console.log(stringValue.substring(3, -4)); // "hel"
console.log(stringValue.substr(3, -4));  // "" (empty string)
```

这个例子明确演示了 3 个方法的差异。在给 slice() 和 substr() 传入负参数时，它们的返回结果相同。这是因为 -3 会被转换为 8 （长度加上负参数），实际上调用的是 slice(8) 和 substr(8)。而 substring() 方法返回整个字符串，因为 -3 会转换为 0。

在第二个参数是负值时，这 3 个方法各不相同。slice() 方法将第二个参数转换为 7，实际上相当于调用 slice(3, 7)，因此返回 "lo w"。而 substring() 方法会将第二个参数转换为 0，相当于调用 substring(3, 0)，等价于 substring(0, 3)，这是因为这个方法会将较小的参数作为起点，将较大的参数作为终点。对 substr() 来说，第二个参数会被转换为 0，意味着返回的字符串包含零个字符，因而会返回一个空字符串。

4. 字符串位置方法

有两个方法用于在字符串中定位子字符串：indexOf() 和 lastIndexOf()。这两个方法从字符串中搜索传入的字符串，并返回位置（如果没找到，则返回 -1）。两者的区别在于，indexOf() 方法从字符串开头开始查找子字符串，而 lastIndexOf() 方法从字符串末尾开始查找子字符串。来看下面的例子：

```
let stringValue = "hello world";
console.log(stringValue.indexOf("o"));     // 4
console.log(stringValue.lastIndexOf("o")); // 7
```

这里，字符串中第一个 "o" 的位置是 4，即 "hello" 中的 "o"。最后一个 "o" 的位置是 7，即 "world" 中的 "o"。如果字符串中只有一个 "o"，则 indexOf() 和 lastIndexOf() 返回同一个位置。

这两个方法都可以接收可选的第二个参数，表示开始搜索的位置。这意味着，indexOf() 会从这个参数指定的位置开始向字符串末尾搜索，忽略该位置之前的字符；lastIndexOf() 则会从这个参数指定的位置开始向字符串开头搜索，忽略该位置之后直到字符串末尾的字符。下面看一个例子：

```
let stringValue = "hello world";
console.log(stringValue.indexOf("o", 6));     // 7
console.log(stringValue.lastIndexOf("o", 6)); // 4
```

在传入第二个参数 6 以后，结果跟前面的例子恰好相反。这一次，indexOf() 返回 7，因为它从位置 6（字符 "w"）开始向后搜索字符串，在位置 7 找到了 "o"。而 lastIndexOf() 返回 4，因为它从位置 6 开始反向搜索至字符串开头，因此找到了 "hello" 中的 "o"。像这样使用第二个参数并循环调用 indexOf() 或 lastIndexOf()，就可以在字符串中找到所有的目标子字符串，如下所示：

```
let stringValue = "Lorem ipsum dolor sit amet, consectetur adipisicing elit";
let positions = new Array();
let pos = stringValue.indexOf("e");

while(pos > -1) {
  positions.push(pos);
  pos = stringValue.indexOf("e", pos + 1);
}

console.log(positions); // [3,24,32,35,52]
```

这个例子逐步增大开始搜索的位置，通过 indexOf() 遍历了整个字符串。首先取得第一个 "e" 的位置，然后进入循环，将上一次的位置加 1 再传给 indexOf()，确保搜索到最后一个子字符串实例之后。每个位置都保存在 positions 数组中，可供以后使用。

5. 字符串包含方法

ECMAScript 6 增加了 3 个用于判断字符串中是否包含另一个字符串的方法：`startsWith()`、`endsWith()`和 `includes()`。这些方法都会从字符串中搜索传入的字符串，并返回一个表示是否包含的布尔值。它们的区别在于，`startsWith()`检查开始于索引 0 的匹配项，`endsWith()`检查开始于索引(`string.length - substring.length`)的匹配项，而 `includes()`检查整个字符串：

```
let message = "foobarbaz";

console.log(message.startsWith("foo"));  // true
console.log(message.startsWith("bar"));  // false

console.log(message.endsWith("baz"));    // true
console.log(message.endsWith("bar"));    // false

console.log(message.includes("bar"));    // true
console.log(message.includes("qux"));    // false
```

`startsWith()`和 `includes()`方法接收可选的第二个参数，表示开始搜索的位置。如果传入第二个参数，则意味着这两个方法会从指定位置向着字符串末尾搜索，忽略该位置之前的所有字符。下面是一个例子：

```
let message = "foobarbaz";

console.log(message.startsWith("foo"));     // true
console.log(message.startsWith("foo", 1));  // false

console.log(message.includes("bar"));       // true
console.log(message.includes("bar", 4));    // false
```

`endsWith()`方法接收可选的第二个参数，表示应该当作字符串末尾的位置。如果不提供这个参数，那么默认就是字符串长度。如果提供这个参数，那么就好像字符串只有那么多字符一样：

```
let message = "foobarbaz";

console.log(message.endsWith("bar"));     // false
console.log(message.endsWith("bar", 6));  // true
```

6. trim()方法

ECMAScript 在所有字符串上都提供了 `trim()`方法。这个方法会创建字符串的一个副本，删除前、后所有空格符，再返回结果。比如：

```
let stringValue = "  hello world  ";
let trimmedStringValue = stringValue.trim();
console.log(stringValue);          // "  hello world  "
console.log(trimmedStringValue);   // "hello world"
```

由于 `trim()`返回的是字符串的副本，因此原始字符串不受影响，即原本的前、后空格符都会保留。另外，`trimLeft()`和 `trimRight()`方法分别用于从字符串开始和末尾清理空格符。

7. repeat()方法

ECMAScript 在所有字符串上都提供了 `repeat()`方法。这个方法接收一个整数参数，表示要将字符串复制多少次，然后返回拼接所有副本后的结果。

```
let stringValue = "na ";
console.log(stringValue.repeat(16) + "batman");
// na na na na na na na na na na na na na na na na batman
```

8. padStart()和 padEnd()方法

padStart()和 padEnd()方法会复制字符串，如果小于指定长度，则在相应一边填充字符，直至满足长度条件。这两个方法的第一个参数是长度，第二个参数是可选的填充字符串，默认为空格（U+0020）。

```
let stringValue = "foo";

console.log(stringValue.padStart(6));        // "   foo"
console.log(stringValue.padStart(9, "."));   // "......foo"

console.log(stringValue.padEnd(6));          // "foo   "
console.log(stringValue.padEnd(9, "."));     // "foo......"
```

可选的第二个参数并不限于一个字符。如果提供了多个字符的字符串，则会将其拼接并截断以匹配指定长度。此外，如果长度小于或等于字符串长度，则会返回原始字符串。

```
let stringValue = "foo";

console.log(stringValue.padStart(8, "bar")); // "barbafoo"
console.log(stringValue.padStart(2));        // "foo"

console.log(stringValue.padEnd(8, "bar"));   // "foobarba"
console.log(stringValue.padEnd(2));          // "foo"
```

9. 字符串迭代与解构

字符串的原型上暴露了一个@@iterator 方法，表示可以迭代字符串的每个字符。可以像下面这样手动使用迭代器：

```
let message = "abc";
let stringIterator = message[Symbol.iterator]();

console.log(stringIterator.next());  // {value: "a", done: false}
console.log(stringIterator.next());  // {value: "b", done: false}
console.log(stringIterator.next());  // {value: "c", done: false}
console.log(stringIterator.next());  // {value: undefined, done: true}
```

在 for-of 循环中可以通过这个迭代器按序访问每个字符：

```
for (const c of "abcde") {
  console.log(c);
}

// a
// b
// c
// d
// e
```

有了这个迭代器之后，字符串就可以通过解构操作符来解构了。比如，可以更方便地把字符串分割为字符数组：

```
let message = "abcde";

console.log([...message]); // ["a", "b", "c", "d", "e"]
```

10. 字符串大小写转换

下一组方法涉及大小写转换，包括 4 个方法：toLowerCase()、toLocaleLowerCase()、

toUpperCase()和toLocaleUpperCase()。toLowerCase()和toUpperCase()方法是原来就有的方法，与java.lang.String中的方法同名。toLocaleLowerCase()和toLocaleUpperCase()方法旨在基于特定地区实现。在很多地区，地区特定的方法与通用的方法是一样的。但在少数语言中（如土耳其语），Unicode大小写转换需应用特殊规则，要使用地区特定的方法才能实现正确转换。下面是几个例子：

```
let stringValue = "hello world";
console.log(stringValue.toLocaleUpperCase());   // "HELLO WORLD"
console.log(stringValue.toUpperCase());         // "HELLO WORLD"
console.log(stringValue.toLocaleLowerCase());   // "hello world"
console.log(stringValue.toLowerCase());         // "hello world"
```

这里，toLowerCase()和toLocaleLowerCase()都返回hello world，而toUpperCase()和toLocaleUpperCase()都返回HELLO WORLD。通常，如果不知道代码涉及什么语言，则最好使用地区特定的转换方法。

11. 字符串模式匹配方法

String类型专门为在字符串中实现模式匹配设计了几个方法。第一个就是match()方法，这个方法本质上跟RegExp对象的exec()方法相同。match()方法接收一个参数，可以是一个正则表达式字符串，也可以是一个RegExp对象。来看下面的例子：

```
let text = "cat, bat, sat, fat";
let pattern = /.at/;

// 等价于pattern.exec(text)
let matches = text.match(pattern);
console.log(matches.index);        // 0
console.log(matches[0]);           // "cat"
console.log(pattern.lastIndex);    // 0
```

match()方法返回的数组与RegExp对象的exec()方法返回的数组是一样的：第一个元素是与整个模式匹配的字符串，其余元素则是与表达式中的捕获组匹配的字符串（如果有的话）。

另一个查找模式的字符串方法是search()。这个方法唯一的参数与match()方法一样：正则表达式字符串或RegExp对象。这个方法返回模式第一个匹配的位置索引，如果没找到则返回-1。search()始终从字符串开头向后匹配模式。看下面的例子：

```
let text = "cat, bat, sat, fat";
let pos = text.search(/at/);
console.log(pos);  // 1
```

这里，search(/at/)返回1，即"at"的第一个字符在字符串中的位置。

为简化子字符串替换操作，ECMAScript提供了replace()方法。这个方法接收两个参数，第一个参数可以是一个RegExp对象或一个字符串（这个字符串不会转换为正则表达式），第二个参数可以是一个字符串或一个函数。如果第一个参数是字符串，那么只会替换第一个子字符串。要想替换所有子字符串，第一个参数必须为正则表达式并且带全局标记，如下面的例子所示：

```
let text = "cat, bat, sat, fat";
let result = text.replace("at", "ond");
console.log(result);  // "cond, bat, sat, fat"

result = text.replace(/at/g, "ond");
console.log(result);  // "cond, bond, sond, fond"
```

在这个例子中，字符串"at"先传给replace()函数，而替换文本是"ond"。结果是"cat"被修改为"cond"，而字符串的剩余部分保持不变。通过将第一个参数改为带全局标记的正则表达式，字符串中的所有"at"都被替换成了"ond"。

第二个参数是字符串的情况下，有几个特殊的字符序列，可以用来插入正则表达式操作的值。ECMA-262 中规定了下表中的值。

字符序列	替换文本
$$	$
$&	匹配整个模式的子字符串。与 RegExp.lastMatch 相同
$'	匹配的子字符串之前的字符串。与 RegExp.rightContext 相同
$`	匹配的子字符串之后的字符串。与 RegExp.leftContext 相同
$n	匹配第 n 个捕获组的字符串，其中 n 是 0~9。比如，$1 是匹配第一个捕获组的字符串，$2 是匹配第二个捕获组的字符串，以此类推。如果没有捕获组，则值为空字符串
$nn	匹配第 nn 个捕获组字符串，其中 nn 是 01~99。比如，$01 是匹配第一个捕获组的字符串，$02 是匹配第二个捕获组的字符串，以此类推。如果没有捕获组，则值为空字符串

使用这些特殊的序列，可以在替换文本中使用之前匹配的内容，如下面的例子所示：

```
let text = "cat, bat, sat, fat";
result = text.replace(/(.at)/g, "word ($1)");
console.log(result);  // word (cat), word (bat), word (sat), word (fat)
```

这里，每个以"at"结尾的词都会被替换成"word"后跟一对小括号，其中包含捕获组匹配的内容$1。

replace()的第二个参数可以是一个函数。在只有一个匹配项时，这个函数会收到 3 个参数：与整个模式匹配的字符串、匹配项在字符串中的开始位置，以及整个字符串。在有多个捕获组的情况下，每个匹配捕获组的字符串也会作为参数传给这个函数，但最后两个参数还是与整个模式匹配的开始位置和原始字符串。这个函数应该返回一个字符串，表示应该把匹配项替换成什么。使用函数作为第二个参数可以更细致地控制替换过程，如下所示：

```
function htmlEscape(text) {
  return text.replace(/[<>"&]/g, function(match, pos, originalText) {
    switch(match) {
      case "<":
        return "&lt;";
      case ">":
        return "&gt;";
      case "&":
        return "&amp;";
      case "\"":
        return "&quot;";
    }
  });
}

console.log(htmlEscape("<p class=\"greeting\">Hello world!</p>"));
// "&lt;p class=&quot;greeting&quot;&gt;Hello world!</p>"
```

这里，函数 htmlEscape()用于将一段 HTML 中的 4 个字符替换成对应的实体：小于号、大于号、和号，还有双引号（都必须经过转义）。实现这个任务最简单的办法就是用一个正则表达式查找这些字符，然后定义一个函数，根据匹配的每个字符分别返回特定的 HTML 实体。

最后一个与模式匹配相关的字符串方法是 split()。这个方法会根据传入的分隔符将字符串拆分成

数组。作为分隔符的参数可以是字符串，也可以是 RegExp 对象。（字符串分隔符不会被这个方法当成正则表达式。）还可以传入第二个参数，即数组大小，确保返回的数组不会超过指定大小。来看下面的例子：

```
let colorText = "red,blue,green,yellow";
let colors1 = colorText.split(",");        // ["red", "blue", "green", "yellow"]
let colors2 = colorText.split(",", 2);     // ["red", "blue"]
let colors3 = colorText.split(/[^,]+/);    // ["", ",", ",", ",", ""]
```

在这里，字符串 colorText 是一个逗号分隔的颜色名称符串。调用 split(",") 会得到包含这些颜色名的数组，基于逗号进行拆分。要把数组元素限制为 2 个，传入第二个参数 2 即可。最后，使用正则表达式可以得到一个包含逗号的数组。注意在最后一次调用 split() 时，返回的数组前后包含两个空字符串。这是因为正则表达式指定的分隔符出现在了字符串开头（"red"）和末尾（"yellow"）。

12. localeCompare() 方法

最后一个方法是 localeCompare()，这个方法比较两个字符串，返回如下 3 个值中的一个。

- ❑ 如果按照字母表顺序，字符串应该排在字符串参数前头，则返回负值。（通常是-1，具体还要看与实际值相关的实现。）
- ❑ 如果字符串与字符串参数相等，则返回 0。
- ❑ 如果按照字母表顺序，字符串应该排在字符串参数后头，则返回正值。（通常是 1，具体还要看与实际值相关的实现。）

下面是一个例子：

```
let stringValue = "yellow";
console.log(stringValue.localeCompare("brick"));  // 1
console.log(stringValue.localeCompare("yellow")); // 0
console.log(stringValue.localeCompare("zoo"));    // -1
```

在这里，字符串"yellow"与 3 个不同的值进行了比较："brick"、"yellow"和"zoo"。"brick"按字母表顺序应该排在"yellow"前头，因此 localeCompare() 返回 1。"yellow"等于"yellow"，因此"localeCompare()"返回 0。最后，"zoo"在"yellow"后面，因此 localeCompare()返回-1。强调一下，因为返回的具体值可能因具体实现而异，所以最好像下面的示例中一样使用 localeCompare()：

```
function determineOrder(value) {
  let result = stringValue.localeCompare(value);
  if (result < 0) {
    console.log(`The string 'yellow' comes before the string '${value}'.`);
  } else if (result > 0) {
    console.log(`The string 'yellow' comes after the string '${value}'.`);
  } else {
    console.log(`The string 'yellow' is equal to the string '${value}'.`);
  }
}

determineOrder("brick");
determineOrder("yellow");
determineOrder("zoo");
```

这样一来，就可以保证在所有实现中都能正确判断字符串的顺序了。

localeCompare() 的独特之处在于，实现所在的地区（国家和语言）决定了这个方法如何比较字符串。在美国，英语是 ECMAScript 实现的标准语言，localeCompare()区分大小写，大写字母排在小写字母前面。但其他地区未必是这种情况。

13. HTML 方法

早期的浏览器开发商认为使用 JavaScript 动态生成 HTML 标签是一个需求。因此，早期浏览器扩展了规范，增加了辅助生成 HTML 标签的方法。下表总结了这些 HTML 方法。不过，这些方法基本上已经没有人使用了，因为结果通常不是语义化的标记。

方　　法	输　　出
anchor(*name*)	`<a name="`*name*`">`*string*`</a>`
big()	`<big>`*string*`</big>`
bold()	`<b>`*string*`</b>`
fixed()	`<tt>`*string*`</tt>`
fontcolor(*color*)	`<font color="`*color*`">`*string*`</font>`
fontsize(*size*)	`<font size="`*size*`">`*string*`</font>`
italics()	`<i>`*string*`</i>`
link(url)	`<a href="`*url*`">`*string*`</a>`
small()	`<small>`*string*`</small>`
strike()	`<strike>`*string*`</strike>`
sub()	`<sub>`*string*`</sub>`
sup()	`<sup>`*string*`</sup>`

5.4　单例内置对象

ECMA-262 对内置对象的定义是"任何由 ECMAScript 实现提供、与宿主环境无关，并在 ECMAScript 程序开始执行时就存在的对象"。这就意味着，开发者不用显式地实例化内置对象，因为它们已经实例化好了。前面我们已经接触了大部分内置对象，包括 `Object`、`Array` 和 `String`。本节介绍 ECMA-262 定义的另外两个单例内置对象：`Global` 和 `Math`。

5.4.1　`Global`

`Global` 对象是 ECMAScript 中最特别的对象，因为代码不会显式地访问它。ECMA-262 规定 `Global` 对象为一种兜底对象，它所针对的是不属于任何对象的属性和方法。事实上，不存在全局变量或全局函数这种东西。在全局作用域中定义的变量和函数都会变成 `Global` 对象的属性。本书前面介绍的函数，包括 `isNaN()`、`isFinite()`、`parseInt()` 和 `parseFloat()`，实际上都是 `Global` 对象的方法。除了这些，`Global` 对象上还有另外一些方法。

1. URL 编码方法

`encodeURI()` 和 `encodeURIComponent()` 方法用于编码统一资源标识符（URI），以便传给浏览器。有效的 URI 不能包含某些字符，比如空格。使用 URI 编码方法来编码 URI 可以让浏览器能够理解它们，同时又以特殊的 UTF-8 编码替换掉所有无效字符。

`encodeURI()` 方法用于对整个 URI 进行编码，比如`"www.wrox.com/illegal value.js"`。而 `encodeURIComponent()` 方法用于编码 URI 中单独的组件，比如前面 URL 中的`"illegal value.js"`。

这两个方法的主要区别是，encodeURI()不会编码属于 URL 组件的特殊字符，比如冒号、斜杠、问号、井号，而 encodeURIComponent()会编码它发现的所有非标准字符。来看下面的例子：

```
let uri = "http://www.wrox.com/illegal value.js#start";

// "http://www.wrox.com/illegal%20value.js#start"
console.log(encodeURI(uri));

// "http%3A%2F%2Fwww.wrox.com%2Fillegal%20value.js%23start"
console.log(encodeURIComponent(uri));
```

这里使用 encodeURI()编码后，除空格被替换为%20 之外，没有任何变化。而 encodeURI-Component()方法将所有非字母字符都替换成了相应的编码形式。这就是使用 encodeURI()编码整个 URI，但只使用 encodeURIComponent()编码那些会追加到已有 URI 后面的字符串的原因。

> **注意** 一般来说，使用 encodeURIComponent()应该比使用 encodeURI()的频率更高，这是因为编码查询字符串参数比编码基准 URI 的次数更多。

与 encodeURI()和 encodeURIComponent()相对的是 decodeURI()和 decodeURIComponent()。decodeURI()只对使用 encodeURI()编码过的字符解码。例如，%20 会被替换为空格，但%23 不会被替换为井号（#），因为井号不是由 encodeURI()替换的。类似地，decodeURIComponent()解码所有被 encodeURIComponent()编码的字符，基本上就是解码所有特殊值。来看下面的例子：

```
let uri = "http%3A%2F%2Fwww.wrox.com%2Fillegal%20value.js%23start";

// http%3A%2F%2Fwww.wrox.com%2Fillegal value.js%23start
console.log(decodeURI(uri));

// http:// www.wrox.com/illegal value.js#start
console.log(decodeURIComponent(uri));
```

这里，uri 变量中包含一个使用 encodeURIComponent()编码过的字符串。首先输出的是使用 decodeURI()解码的结果，可以看到只用空格替换了%20。然后是使用 decodeURIComponent()解码的结果，其中替换了所有特殊字符，并输出了没有包含任何转义的字符串。（这个字符串不是有效的 URL。）

> **注意** URI 方法 encodeURI()、encodeURIComponent()、decodeURI()和 decodeURI-Component()取代了 escape()和 unescape()方法，后者在 ECMA-262 第 3 版中就已经废弃了。URI 方法始终是首选方法，因为它们对所有 Unicode 字符进行编码，而原来的方法只能正确编码 ASCII 字符。不要在生产环境中使用 escape()和 unescape()。

2. eval()方法

最后一个方法可能是整个 ECMAScript 语言中最强大的了，它就是 eval()。这个方法就是一个完整的 ECMAScript 解释器，它接收一个参数，即一个要执行的 ECMAScript（JavaScript）字符串。来看一个例子：

```
eval("console.log('hi')");
```

上面这行代码的功能与下一行等价：

```
console.log("hi");
```

当解释器发现 eval() 调用时，会将参数解释为实际的 ECMAScript 语句，然后将其插入到该位置。通过 eval() 执行的代码属于该调用所在上下文，被执行的代码与该上下文拥有相同的作用域链。这意味着定义在包含上下文中的变量可以在 eval() 调用内部被引用，比如下面这个例子：

```
let msg = "hello world";
eval("console.log(msg)");  // "hello world"
```

这里，变量 msg 是在 eval() 调用的外部上下文中定义的，而 console.log() 显示了文本"hello world"。这是因为第二行代码会被替换成一行真正的函数调用代码。类似地，可以在 eval() 内部定义一个函数或变量，然后在外部代码中引用，如下所示：

```
eval("function sayHi() { console.log('hi'); }");
sayHi();
```

这里，函数 sayHi() 是在 eval() 内部定义的。因为该调用会被替换为真正的函数定义，所以才可能在下一行代码中调用 sayHi()。对于变量也是一样的：

```
eval("let msg = 'hello world';");
console.log(msg);  // Reference Error: msg is not defined
```

通过 eval() 定义的任何变量和函数都不会被提升，这是因为在解析代码的时候，它们是被包含在一个字符串中的。它们只是在 eval() 执行的时候才会被创建。

在严格模式下，在 eval() 内部创建的变量和函数无法被外部访问。换句话说，最后两个例子会报错。同样，在严格模式下，赋值给 eval 也会导致错误：

```
"use strict";
eval = "hi";  // 导致错误
```

> **注意**   解释代码字符串的能力是非常强大的，但也非常危险。在使用 eval() 的时候必须极为慎重，特别是在解释用户输入的内容时。因为这个方法会对 XSS 利用暴露出很大的攻击面。恶意用户可能插入会导致你网站或应用崩溃的代码。

3. Global 对象属性

Global 对象有很多属性，其中一些前面已经提到过了。像 undefined、NaN 和 Infinity 等特殊值都是 Global 对象的属性。此外，所有原生引用类型构造函数，比如 Object 和 Function，也都是 Global 对象的属性。下表列出了所有这些属性。

属　　性	说　　明
undefined	特殊值 undefined
NaN	特殊值 NaN
Infinity	特殊值 Infinity
Object	Object 的构造函数
Array	Array 的构造函数
Function	Function 的构造函数
Boolean	Boolean 的构造函数
String	String 的构造函数

（续）

属　　性	说　　明
Number	Number 的构造函数
Date	Date 的构造函数
RegExp	RegExp 的构造函数
Symbol	Symbol 的伪构造函数
Error	Error 的构造函数
EvalError	EvalError 的构造函数
RangeError	RangeError 的构造函数
ReferenceError	ReferenceError 的构造函数
SyntaxError	SyntaxError 的构造函数
TypeError	TypeError 的构造函数
URIError	URIError 的构造函数

4. window 对象

虽然 ECMA-262 没有规定直接访问 Global 对象的方式，但浏览器将 window 对象实现为 Global 对象的代理。因此，所有全局作用域中声明的变量和函数都变成了 window 的属性。来看下面的例子：

```
var color = "red";

function sayColor() {
  console.log(window.color);
}

window.sayColor(); // "red"
```

这里定义了一个名为 color 的全局变量和一个名为 sayColor() 的全局函数。在 sayColor() 内部，通过 window.color 访问了 color 变量，说明全局变量变成了 window 的属性。接着，又通过 window 对象直接调用了 window.sayColor() 函数，从而输出字符串。

> 注意　window 对象在 JavaScript 中远不止实现了 ECMAScript 的 Global 对象那么简单。关于 window 对象的更多介绍，请参考第 12 章。

另一种获取 Global 对象的方式是使用如下的代码：

```
let global = function() {
  return this;
}();
```

这段代码创建一个立即调用的函数表达式，返回了 this 的值。如前所述，当一个函数在没有明确（通过成为某个对象的方法，或者通过 call()/apply()）指定 this 值的情况下执行时，this 值等于 Global 对象。因此，调用一个简单返回 this 的函数是在任何执行上下文中获取 Global 对象的通用方式。

5.4.2　Math

ECMAScript 提供了 Math 对象作为保存数学公式、信息和计算的地方。Math 对象提供了一些辅助计算的属性和方法。

> **注意**　Math 对象上提供的计算要比直接在 JavaScript 实现的快得多，因为 Math 对象上的计算使用了 JavaScript 引擎中更高效的实现和处理器指令。但使用 Math 计算的问题是精度会因浏览器、操作系统、指令集和硬件而异。

1. Math 对象属性
Math 对象有一些属性，主要用于保存数学中的一些特殊值。下表列出了这些属性。

属　　性	说　　明
Math.E	自然对数的基数 e 的值
Math.LN10	10 为底的自然对数
Math.LN2	2 为底的自然对数
Math.LOG2E	以 2 为底 e 的对数
Math.LOG10E	以 10 为底 e 的对数
Math.PI	π 的值
Math.SQRT1_2	1/2 的平方根
Math.SQRT2	2 的平方根

这些值的含义和用法超出了本书的范畴，但都是 ECMAScript 规范定义的，并可以在你需要时使用。

2. min()和 max()方法
Math 对象也提供了很多辅助执行简单或复杂数学计算的方法。

min()和 max()方法用于确定一组数值中的最小值和最大值。这两个方法都接收任意多个参数，如下面的例子所示：

```
let max = Math.max(3, 54, 32, 16);
console.log(max);  // 54

let min = Math.min(3, 54, 32, 16);
console.log(min);  // 3
```

在 3、54、32 和 16 中，Math.max()返回 54，Math.min()返回 3。使用这两个方法可以避免使用额外的循环和 if 语句来确定一组数值的最大最小值。

要知道数组中的最大值和最小值，可以像下面这样使用扩展操作符：

```
let values = [1, 2, 3, 4, 5, 6, 7, 8];
let max = Math.max(...val);
```

3. 舍入方法
接下来是用于把小数值舍入为整数的 4 个方法：Math.ceil()、Math.floor()、Math.round()和 Math.fround()。这几个方法处理舍入的方式如下所述。

❑ Math.ceil()方法始终向上舍入为最接近的整数。

❑ `Math.floor()`方法始终向下舍入为最接近的整数。

❑ `Math.round()`方法执行四舍五入。

❑ `Math.fround()`方法返回数值最接近的单精度（32 位）浮点值表示。

以下示例展示了这些方法的用法：

```
console.log(Math.ceil(25.9));    // 26
console.log(Math.ceil(25.5));    // 26
console.log(Math.ceil(25.1));    // 26

console.log(Math.round(25.9));   // 26
console.log(Math.round(25.5));   // 26
console.log(Math.round(25.1));   // 25

console.log(Math.fround(0.4));   // 0.4000000059604645
console.log(Math.fround(0.5));   // 0.5
console.log(Math.fround(25.9));  // 25.899999618530273

console.log(Math.floor(25.9));   // 25
console.log(Math.floor(25.5));   // 25
console.log(Math.floor(25.1));   // 25
```

对于 25 和 26（不包含）之间的所有值，`Math.ceil()`都会返回 26，因为它始终向上舍入。`Math.round()`只在数值大于等于 25.5 时返回 26，否则返回 25。最后，`Math.floor()`对所有 25 和 26（不包含）之间的值都返回 25。

4. `random()`方法

`Math.random()`方法返回一个 0~1 范围内的随机数，其中包含 0 但不包含 1。对于希望显示随机名言或随机新闻的网页，这个方法是非常方便的。可以基于如下公式使用 `Math.random()`从一组整数中随机选择一个数：

```
number = Math.floor(Math.random() * total_number_of_choices + first_possible_value)
```

这里使用了 `Math.floor()`方法，因为 `Math.random()`始终返回小数，即便乘以一个数再加上一个数也是小数。因此，如果想从 1~10 范围内随机选择一个数，代码就是这样的：

```
let num = Math.floor(Math.random() * 10 + 1);
```

这样就有 10 个可能的值（1~10），其中最小的值是 1。如果想选择一个 2~10 范围内的值，则代码就要写成这样：

```
let num = Math.floor(Math.random() * 9 + 2);
```

2~10 只有 9 个数，所以可选总数（`total_number_of_choices`）是 9，而最小可能的值（`first_possible_value`）是 2。很多时候，通过函数来算出可选总数和最小可能的值可能更方便，比如：

```
function selectFrom(lowerValue, upperValue) {
  let choices = upperValue - lowerValue + 1;
  return Math.floor(Math.random() * choices + lowerValue);
}

let num = selectFrom(2,10);
console.log(num);   // 2~10 范围内的值，其中包含 2 和 10
```

这里的函数 `selectFrom()`接收两个参数：应该返回的最小值和最大值。通过将这两个值相减再加 1 得到可选总数，然后再套用上面的公式。于是，调用 selectFrom(2,10) 就可以从 2~10（包含）范围内选择一个值了。使用这个函数，从一个数组中随机选择一个元素就很容易，比如：

```
let colors = ["red", "green", "blue", "yellow", "black", "purple", "brown"];
let color = colors[selectFrom(0, colors.length-1)];
```

在这个例子中，传给 selectFrom() 的第二个参数是数组长度减 1，即数组最大的索引值。

> **注意** Math.random() 方法在这里出于演示目的是没有问题的。如果是为了加密而需要生成随机数（传给生成器的输入需要较高的不确定性），那么建议使用 window.crypto.getRandomValues()。

5. 其他方法

Math 对象还有很多涉及各种简单或高阶数运算的方法。讨论每种方法的具体细节或者它们的适用场景超出了本书的范畴。不过，下表还是总结了 Math 对象的其他方法。

方　法	说　明
Math.abs(x)	返回 x 的绝对值
Math.exp(x)	返回 Math.E 的 x 次幂
Math.expm1(x)	等于 Math.exp(x) - 1
Math.log(x)	返回 x 的自然对数
Math.log1p(x)	等于 1 + Math.log(x)
Math.pow(x, power)	返回 x 的 power 次幂
Math.hypot(...nums)	返回 nums 中每个数平方和的平方根
Math.clz32(x)	返回 32 位整数 x 的前置零的数量
Math.sign(x)	返回表示 x 符号的 1、0、-0 或 -1
Math.trunc(x)	返回 x 的整数部分，删除所有小数
Math.sqrt(x)	返回 x 的平方根
Math.cbrt(x)	返回 x 的立方根
Math.acos(x)	返回 x 的反余弦
Math.acosh(x)	返回 x 的反双曲余弦
Math.asin(x)	返回 x 的反正弦
Math.asinh(x)	返回 x 的反双曲正弦
Math.atan(x)	返回 x 的反正切
Math.atanh(x)	返回 x 的反双曲正切
Math.atan2(y, x)	返回 y/x 的反正切
Math.cos(x)	返回 x 的余弦
Math.sin(x)	返回 x 的正弦
Math.tan(x)	返回 x 的正切

即便这些方法都是由 ECMA-262 定义的，对正弦、余弦、正切等计算的实现仍然取决于浏览器，因为计算这些值的方式有很多种。结果，这些方法的精度可能因实现而异。

5.5　小结

JavaScript 中的对象称为引用值，几种内置的引用类型可用于创建特定类型的对象。

❑ 引用值与传统面向对象编程语言中的类相似，但实现不同。

❑ Date 类型提供关于日期和时间的信息，包括当前日期、时间及相关计算。

❑ RegExp 类型是 ECMAScript 支持正则表达式的接口，提供了大多数基础的和部分高级的正则表达式功能。

JavaScript 比较独特的一点是，函数实际上是 Function 类型的实例，也就是说函数也是对象。因为函数也是对象，所以函数也有方法，可以用于增强其能力。

由于原始值包装类型的存在，JavaScript 中的原始值可以被当成对象来使用。有 3 种原始值包装类型：Boolean、Number 和 String。它们都具备如下特点。

❑ 每种包装类型都映射到同名的原始类型。

❑ 以读模式访问原始值时，后台会实例化一个原始值包装类型的对象，借助这个对象可以操作相应的数据。

❑ 涉及原始值的语句执行完毕后，包装对象就会被销毁。

当代码开始执行时，全局上下文中会存在两个内置对象：Global 和 Math。其中，Global 对象在大多数 ECMAScript 实现中无法直接访问。不过，浏览器将其实现为 window 对象。所有全局变量和函数都是 Global 对象的属性。Math 对象包含辅助完成复杂计算的属性和方法。

5

第**6**章

集合引用类型

本章内容
- ❑ 对象
- ❑ 数组与定型数组
- ❑ Map、WeakMap、Set 以及 WeakSet 类型

6.1　Object

到目前为止，大多数引用值的示例使用的是 Object 类型。Object 是 ECMAScript 中最常用的类型之一。虽然 Object 的实例没有多少功能，但很适合存储和在应用程序间交换数据。

显式地创建 Object 的实例有两种方式。第一种是使用 new 操作符和 Object 构造函数，如下所示：

```
let person = new Object();
person.name = "Nicholas";
person.age = 29;
```

另一种方式是使用**对象字面量**（object literal）表示法。对象字面量是对象定义的简写形式，目的是为了简化包含大量属性的对象的创建。比如，下面的代码定义了与前面示例相同的 person 对象，但使用的是对象字面量表示法：

```
let person = {
  name: "Nicholas",
  age: 29
};
```

在这个例子中，左大括号（ { ）表示对象字面量开始，因为它出现在一个**表达式上下文**（expression context）中。在 ECMAScript 中，表达式上下文指的是期待返回值的上下文。赋值操作符表示后面要期待一个值，因此左大括号表示一个表达式的开始。同样是左大括号，如果出现在**语句上下文**（statement context）中，比如 if 语句的条件后面，则表示一个语句块的开始。

接下来指定了 name 属性，后跟一个冒号，然后是属性的值。逗号用于在对象字面量中分隔属性，因此字符串"Nicholas"后面有一个逗号，而 29 后面没有，因为 age 是这个对象的最后一个属性。在最后一个属性后面加上逗号在非常老的浏览器中会导致报错，但所有现代浏览器都支持这种写法。

在对象字面量表示法中，属性名可以是字符串或数值，比如：

```
let person = {
  "name": "Nicholas",
  "age": 29,
  5: true
};
```

这个例子会得到一个带有属性 name、age 和 5 的对象。注意，数值属性会自动转换为字符串。

当然也可以用对象字面量表示法来定义一个只有默认属性和方法的对象，只要使用一对大括号，中间留空就行了：

```
let person = {}; // 与 new Object()相同
person.name = "Nicholas";
person.age = 29;
```

这个例子跟本节开始的第一个例子是等效的，虽然看起来有点怪。对象字面量表示法通常只在为了让属性一目了然时才使用。

> **注意**　在使用对象字面量表示法定义对象时，并不会实际调用 Object 构造函数。

虽然使用哪种方式创建 Object 实例都可以，但实际上开发者更倾向于使用对象字面量表示法。这是因为对象字面量代码更少，看起来也更有封装所有相关数据的感觉。事实上，对象字面量已经成为给函数传递大量可选参数的主要方式，比如：

```
function displayInfo(args) {
  let output = "";

  if (typeof args.name == "string"){
    output += "Name: " + args.name + "\n";
  }

  if (typeof args.age == "number") {
    output += "Age: " + args.age + "\n";
  }

  alert(output);
}

displayInfo({
  name: "Nicholas",
  age: 29
});

displayInfo({
  name: "Greg"
});
```

这里，函数 displayInfo() 接收一个名为 args 的参数。这个参数可能有属性 name 或 age，也可能两个属性都有或者都没有。函数内部会使用 typeof 操作符测试每个属性是否存在，然后根据属性有无构造并显示一条消息。然后，这个函数被调用了两次，每次都通过一个对象字面量传入了不同的数据。两种情况下，函数都正常运行。

> **注意**　这种模式非常适合函数有大量可选参数的情况。一般来说，命名参数更直观，但在可选参数过多的时候就显得笨拙了。最好的方式是对必选参数使用命名参数，再通过一个对象字面量来封装多个可选参数。

虽然属性一般是通过**点语法**来存取的，这也是面向对象语言的惯例，但也可以使用中括号来存取属性。在使用中括号时，要在括号内使用属性名的字符串形式，比如：

```
console.log(person["name"]); // "Nicholas"
console.log(person.name);    // "Nicholas"
```

从功能上讲，这两种存取属性的方式没有区别。使用中括号的主要优势就是可以通过变量访问属性，就像下面这个例子中一样：

```
let propertyName = "name";
console.log(person[propertyName]); // "Nicholas"
```

另外，如果属性名中包含可能会导致语法错误的字符，或者包含关键字/保留字时，也可以使用中括号语法。比如：

```
person["first name"] = "Nicholas";
```

因为"first name"中包含一个空格，所以不能使用点语法来访问。不过，属性名中是可以包含非字母数字字符的，这时候只要用中括号语法存取它们就行了。

通常，点语法是首选的属性存取方式，除非访问属性时必须使用变量。

> **注意**　第 8 章将更全面、深入地介绍 Object 类型。

6.2　Array

除了 Object，Array 应该就是 ECMAScript 中最常用的类型了。ECMAScript 数组跟其他编程语言的数组有很大区别。跟其他语言中的数组一样，ECMAScript 数组也是一组有序的数据，但跟其他语言不同的是，数组中每个槽位可以存储任意类型的数据。这意味着可以创建一个数组，它的第一个元素是字符串，第二个元素是数值，第三个是对象。ECMAScript 数组也是动态大小的，会随着数据添加而自动增长。

6.2.1　创建数组

有几种基本的方式可以创建数组。一种是使用 Array 构造函数，比如：

```
let colors = new Array();
```

如果知道数组中元素的数量，那么可以给构造函数传入一个数值，然后 length 属性就会被自动创建并设置为这个值。比如，下面的代码会创建一个初始 length 为 20 的数组：

```
let colors = new Array(20);
```

也可以给 Array 构造函数传入要保存的元素。比如，下面的代码会创建一个包含 3 个字符串值的数组：

```
let colors = new Array("red", "blue", "green");
```

创建数组时可以给构造函数传一个值。这时候就有点问题了，因为如果这个值是数值，则会创建一个长度为指定数值的数组；而如果这个值是其他类型的，则会创建一个只包含该特定值的数组。下面看一个例子：

```
let colors = new Array(3);       // 创建一个包含 3 个元素的数组
let names = new Array("Greg");   // 创建一个只包含一个元素，即字符串"Greg"的数组
```

在使用 Array 构造函数时，也可以省略 new 操作符。结果是一样的，比如：

```
let colors = Array(3);       // 创建一个包含 3 个元素的数组
let names = Array("Greg");   // 创建一个只包含一个元素，即字符串"Greg"的数组
```

另一种创建数组的方式是使用**数组字面量**（array literal）表示法。数组字面量是在中括号中包含以逗号分隔的元素列表，如下面的例子所示：

```
let colors = ["red", "blue", "green"];  // 创建一个包含 3 个元素的数组
let names = [];                          // 创建一个空数组
let values = [1,2,];                     // 创建一个包含 2 个元素的数组
```

在这个例子中，第一行创建一个包含 3 个字符串的数组。第二行用一对空中括号创建了一个空数组。第三行展示了在数组最后一个值后面加逗号的效果：values 是一个包含两个值（1 和 2）的数组。

> **注意**　与对象一样，在使用数组字面量表示法创建数组不会调用 Array 构造函数。

Array 构造函数还有两个 ES6 新增的用于创建数组的静态方法：from() 和 of()。from() 用于将类数组结构转换为数组实例，而 of() 用于将一组参数转换为数组实例。

Array.from() 的第一个参数是一个类数组对象，即任何可迭代的结构，或者有一个 length 属性和可索引元素的结构。这种方式可用于很多场合：

```
// 字符串会被拆分为单字符数组
console.log(Array.from("Matt")); // ["M", "a", "t", "t"]

// 可以使用 from()将集合和映射转换为一个新数组
const m = new Map().set(1, 2)
                   .set(3, 4);
const s = new Set().add(1)
                   .add(2)
                   .add(3)
                   .add(4);

console.log(Array.from(m)); // [[1, 2], [3, 4]]
console.log(Array.from(s)); // [1, 2, 3, 4]

// Array.from()对现有数组执行浅复制
const a1 = [1, 2, 3, 4];
const a2 = Array.from(a1);

console.log(a1);         // [1, 2, 3, 4]
alert(a1 === a2); // false


// 可以使用任何可迭代对象
const iter = {
  *[Symbol.iterator]() {
    yield 1;
    yield 2;
    yield 3;
    yield 4;

  }
};
console.log(Array.from(iter)); // [1, 2, 3, 4]
```

```
// arguments 对象可以被轻松地转换为数组
function getArgsArray() {
  return Array.from(arguments);
}
console.log(getArgsArray(1, 2, 3, 4)); // [1, 2, 3, 4]

// from()也能转换带有必要属性的自定义对象
const arrayLikeObject = {
  0: 1,
  1: 2,
  2: 3,
  3: 4,
  length: 4
};
console.log(Array.from(arrayLikeObject)); // [1, 2, 3, 4]
```

Array.from()还接收第二个可选的映射函数参数。这个函数可以直接增强新数组的值，而无须像调用 Array.from().map()那样先创建一个中间数组。还可以接收第三个可选参数，用于指定映射函数中 this 的值。但这个重写的 this 值在箭头函数中不适用。

```
const a1 = [1, 2, 3, 4];
const a2 = Array.from(a1, x => x**2);
const a3 = Array.from(a1, function(x) {return x**this.exponent}, {exponent: 2});
console.log(a2);  // [1, 4, 9, 16]
console.log(a3);  // [1, 4, 9, 16]
```

Array.of()可以把一组参数转换为数组。这个方法用于替代在 ES6 之前常用的 Array.prototype.slice.call(arguments)，一种异常笨拙的将 arguments 对象转换为数组的写法：

```
console.log(Array.of(1, 2, 3, 4)); // [1, 2, 3, 4]
console.log(Array.of(undefined));  // [undefined]
```

6.2.2　数组空位

使用数组字面量初始化数组时，可以使用一串逗号来创建空位（hole）。ECMAScript 会将逗号之间相应索引位置的值当成空位，ES6 规范重新定义了该如何处理这些空位。

可以像下面这样创建一个空位数组：

```
const options = [,,,,,]; // 创建包含 5 个元素的数组
console.log(options.length);  // 5
console.log(options);         // [,,,,,]
```

ES6 新增的方法和迭代器与早期 ECMAScript 版本中存在的方法行为不同。ES6 新增方法普遍将这些空位当成存在的元素，只不过值为 undefined：

```
const options = [1,,,,5];

for (const option of options) {
  console.log(option === undefined);
}
// false
// true
// true
// true
// false
```

```
const a = Array.from([,,,]); // 使用 ES6 的 Array.from()创建的包含 3 个空位的数组
for (const val of a) {
  alert(val === undefined);
}
// true
// true
// true

alert(Array.of(...[,,,])); // [undefined, undefined, undefined]

for (const [index, value] of options.entries()) {
  alert(value);
}
// 1
// undefined
// undefined
// undefined
// 5
```

ES6 之前的方法则会忽略这个空位，但具体的行为也会因方法而异：

```
const options = [1,,,,5];

// map()会跳过空位置
console.log(options.map(() => 6));   // [6, undefined, undefined, undefined, 6]

// join()视空位置为空字符串
console.log(options.join('-'));      // "1----5"
```

> **注意**　由于行为不一致和存在性能隐患，因此实践中要避免使用数组空位。如果确实需要空位，则可以显式地用 undefined 值代替。

6.2.3　数组索引

要取得或设置数组的值，需要使用中括号并提供相应值的数字索引，如下所示：

```
let colors = ["red", "blue", "green"]; // 定义一个字符串数组
alert(colors[0]);                       // 显示第一项
colors[2] = "black";                    // 修改第三项
colors[3] = "brown";                    // 添加第四项
```

在中括号中提供的索引表示要访问的值。如果索引小于数组包含的元素数，则返回存储在相应位置的元素，就像示例中 colors[0]显示"red"一样。设置数组的值方法也是一样的，就是替换指定位置的值。如果把一个值设置给超过数组最大索引的索引，就像示例中的 colors[3]，则数组长度会自动扩展到该索引值加 1（示例中设置的索引 3，所以数组长度变成了 4）。

数组中元素的数量保存在 length 属性中，这个属性始终返回 0 或大于 0 的值，如下例所示：

```
let colors = ["red", "blue", "green"]; // 创建一个包含 3 个字符串的数组
let names = [];                         // 创建一个空数组

alert(colors.length); // 3
alert(names.length);  // 0
```

数组 length 属性的独特之处在于，它不是只读的。通过修改 length 属性，可以从数组末尾删除

或添加元素。来看下面的例子：

```
let colors = ["red", "blue", "green"]; // 创建一个包含 3 个字符串的数组
colors.length = 2;
alert(colors[2]); // undefined
```

这里，数组 colors 一开始有 3 个值。将 length 设置为 2，就删除了最后一个（位置 2 的）值，因此 colors[2] 就没有值了。如果将 length 设置为大于数组元素数的值，则新添加的元素都将以 undefined 填充，如下例所示：

```
let colors = ["red", "blue", "green"];  // 创建一个包含 3 个字符串的数组
colors.length = 4;
alert(colors[3]);   // undefined
```

这里将数组 colors 的 length 设置为 4，虽然数组只包含 3 个元素。位置 3 在数组中不存在，因此访问其值会返回特殊值 undefined。

使用 length 属性可以方便地向数组末尾添加元素，如下例所示：

```
let colors = ["red", "blue", "green"];  // 创建一个包含 3 个字符串的数组
colors[colors.length] = "black";        // 添加一种颜色（位置 3）
colors[colors.length] = "brown";        // 再添加一种颜色（位置 4）
```

数组中最后一个元素的索引始终是 length - 1，因此下一个新增槽位的索引就是 length。每次在数组最后一个元素后面新增一项，数组的 length 属性都会自动更新，以反映变化。这意味着第二行的 colors[colors.length] 会在位置 3 添加一个新元素，下一行则会在位置 4 添加一个新元素。新的长度会在新增元素被添加到当前数组外部的位置上时自动更新。换句话说，就是 length 属性会更新为位置加上 1，如下例所示：

```
let colors = ["red", "blue", "green"];  // 创建一个包含 3 个字符串的数组
colors[99] = "black";                   // 添加一种颜色（位置 99）
alert(colors.length);                   // 100
```

这里，colors 数组有一个值被插入到位置 99，结果新 length 就变成了 100（99 + 1）。这中间的所有元素，即位置 3~98，实际上并不存在，因此在访问时会返回 undefined。

> 注意　数组最多可以包含 4 294 967 295 个元素，这对于大多数编程任务应该足够了。如果尝试添加更多项，则会导致抛出错误。以这个最大值作为初始值创建数组，可能导致脚本运行时间过长的错误。

6.2.4　检测数组

一个经典的 ECMAScript 问题是判断一个对象是不是数组。在只有一个网页（因而只有一个全局作用域）的情况下，使用 instanceof 操作符就足矣：

```
if (value instanceof Array){
   // 操作数组
}
```

使用 instanceof 的问题是假定只有一个全局执行上下文。如果网页里有多个框架，则可能涉及两个不同的全局执行上下文，因此就会有两个不同版本的 Array 构造函数。如果要把数组从一个框架传给另一个框架，则这个数组的构造函数将有别于在第二个框架内本地创建的数组。

为解决这个问题，ECMAScript 提供了 Array.isArray() 方法。这个方法的目的就是确定一个值是否为数组，而不用管它是在哪个全局执行上下文中创建的。来看下面的例子：

```
if (Array.isArray(value)){
  // 操作数组
}
```

6.2.5　迭代器方法

在 ES6 中，Array 的原型上暴露了 3 个用于检索数组内容的方法：keys()、values() 和 entries()。keys() 返回数组索引的迭代器，values() 返回数组元素的迭代器，而 entries() 返回索引/值对的迭代器：

```
const a = ["foo", "bar", "baz", "qux"];

// 因为这些方法都返回迭代器，所以可以将它们的内容
// 通过 Array.from() 直接转换为数组实例
const aKeys = Array.from(a.keys());
const aValues = Array.from(a.values());
const aEntries = Array.from(a.entries());

console.log(aKeys);     // [0, 1, 2, 3]
console.log(aValues);   // ["foo", "bar", "baz", "qux"]
console.log(aEntries);  // [[0, "foo"], [1, "bar"], [2, "baz"], [3, "qux"]]
```

使用 ES6 的解构可以非常容易地在循环中拆分键/值对：

```
const a = ["foo", "bar", "baz", "qux"];

for (const [idx, element] of a.entries()) {
  alert(idx);
  alert(element);
}
// 0
// foo
// 1
// bar
// 2
// baz
// 3
// qux
```

> **注意**　虽然这些方法是 ES6 规范定义的，但在 2017 年底的时候仍有浏览器没有实现它们。

6.2.6　复制和填充方法

ES6 新增了两个方法：批量复制方法 copyWithin()，以及填充数组方法 fill()。这两个方法的函数签名类似，都需要指定既有数组实例上的一个范围，包含开始索引，不包含结束索引。使用这个方法不会改变数组的大小。

使用 fill() 方法可以向一个已有的数组中插入全部或部分相同的值。开始索引用于指定开始填充的位置，它是可选的。如果不提供结束索引，则一直填充到数组末尾。负值索引从数组末尾开始计算。也可以将负索引想象成数组长度加上它得到的一个正索引：

```
const zeroes = [0, 0, 0, 0, 0];

// 用 5 填充整个数组
zeroes.fill(5);
console.log(zeroes);   // [5, 5, 5, 5, 5]
zeroes.fill(0);        // 重置

// 用 6 填充索引大于等于 3 的元素
zeroes.fill(6, 3);
console.log(zeroes);   // [0, 0, 0, 6, 6]
zeroes.fill(0);        // 重置

// 用 7 填充索引大于等于 1 且小于 3 的元素
zeroes.fill(7, 1, 3);
console.log(zeroes);   // [0, 7, 7, 0, 0];
zeroes.fill(0);        // 重置

// 用 8 填充索引大于等于 1 且小于 4 的元素
// (-4 + zeroes.length = 1)
// (-1 + zeroes.length = 4)
zeroes.fill(8, -4, -1);
console.log(zeroes);   // [0, 8, 8, 8, 0];
```

fill()静默忽略超出数组边界、零长度及方向相反的索引范围：

```
const zeroes = [0, 0, 0, 0, 0];

// 索引过低，忽略
zeroes.fill(1, -10, -6);
console.log(zeroes);   // [0, 0, 0, 0, 0]

// 索引过高，忽略
zeroes.fill(1, 10, 15);
console.log(zeroes);   // [0, 0, 0, 0, 0]

// 索引反向，忽略
zeroes.fill(2, 4, 2);
console.log(zeroes);   // [0, 0, 0, 0, 0]

// 索引部分可用，填充可用部分
zeroes.fill(4, 3, 10)
console.log(zeroes);   // [0, 0, 0, 4, 4]
```

与 fill()不同，copyWithin()会按照指定范围浅复制数组中的部分内容，然后将它们插入到指定索引开始的位置。开始索引和结束索引则与 fill()使用同样的计算方法：

```
let ints,
    reset = () => ints = [0, 1, 2, 3, 4, 5, 6, 7, 8, 9];
reset();

// 从 ints 中复制索引 0 开始的内容，插入到索引 5 开始的位置
// 在源索引或目标索引到达数组边界时停止
ints.copyWithin(5);
console.log(ints);   // [0, 1, 2, 3, 4, 0, 1, 2, 3, 4]
reset();

// 从 ints 中复制索引 5 开始的内容，插入到索引 0 开始的位置
ints.copyWithin(0, 5);
console.log(ints);   // [5, 6, 7, 8, 9, 5, 6, 7, 8, 9]
```

```
reset();

// 从 ints 中复制索引 0 开始到索引 3 结束的内容
// 插入到索引 4 开始的位置
ints.copyWithin(4, 0, 3);
alert(ints);   // [0, 1, 2, 3, 0, 1, 2, 7, 8, 9]
reset();

// JavaScript 引擎在插值前会完整复制范围内的值
// 因此复制期间不存在重写的风险
ints.copyWithin(2, 0, 6);
alert(ints);   // [0, 1, 0, 1, 2, 3, 4, 5, 8, 9]
reset();

// 支持负索引值，与 fill() 相对于数组末尾计算正向索引的过程是一样的
ints.copyWithin(-4, -7, -3);
alert(ints);   // [0, 1, 2, 3, 4, 5, 3, 4, 5, 6]
```

copyWithin()静默忽略超出数组边界、零长度及方向相反的索引范围：

```
let ints,
    reset = () => ints = [0, 1, 2, 3, 4, 5, 6, 7, 8, 9];
reset();

// 索引过低，忽略
ints.copyWithin(1, -15, -12);
alert(ints);   // [0, 1, 2, 3, 4, 5, 6, 7, 8, 9];
reset()

// 索引过高，忽略
ints.copyWithin(1, 12, 15);
alert(ints);   // [0, 1, 2, 3, 4, 5, 6, 7, 8, 9];
reset();

// 索引反向，忽略
ints.copyWithin(2, 4, 2);
alert(ints);   // [0, 1, 2, 3, 4, 5, 6, 7, 8, 9];
reset();

// 索引部分可用，复制、填充可用部分
ints.copyWithin(4, 7, 10)
alert(ints);   // [0, 1, 2, 3, 7, 8, 9, 7, 8, 9];
```

6.2.7 转换方法

前面提到过，所有对象都有 toLocaleString()、toString() 和 valueOf() 方法。其中，valueOf() 返回的还是数组本身。而 toString() 返回由数组中每个值的等效字符串拼接而成的一个逗号分隔的字符串。也就是说，对数组的每个值都会调用其 toString() 方法，以得到最终的字符串。来看下面的例子：

```
let colors = ["red", "blue", "green"]; // 创建一个包含 3 个字符串的数组
alert(colors.toString());   // red,blue,green
alert(colors.valueOf());    // red,blue,green
alert(colors);              // red,blue,green
```

首先是被显式调用的 toString() 和 valueOf() 方法，它们分别返回了数组的字符串表示，即将

所有字符串组合起来，以逗号分隔。最后一行代码直接用 `alert()` 显示数组，因为 `alert()` 期待字符串，所以会在后台调用数组的 `toString()` 方法，从而得到跟前面一样的结果。

　　`toLocaleString()` 方法也可能返回跟 `toString()` 和 `valueOf()` 相同的结果，但也不一定。在调用数组的 `toLocaleString()` 方法时，会得到一个逗号分隔的数组值的字符串。它与另外两个方法唯一的区别是，为了得到最终的字符串，会调用数组每个值的 `toLocaleString()` 方法，而不是 `toString()` 方法。看下面的例子：

```
let person1 = {
  toLocaleString() {
    return "Nikolaos";
  },

  toString() {
    return "Nicholas";
  }
};

let person2 = {
  toLocaleString() {
    return "Grigorios";
  },

  toString() {
    return "Greg";
  }
};

let people = [person1, person2];
alert(people);                      // Nicholas,Greg
alert(people.toString());           // Nicholas,Greg
alert(people.toLocaleString());     // Nikolaos,Grigorios
```

　　这里定义了两个对象 person1 和 person2，它们都定义了 `toString()` 和 `toLocaleString()` 方法，而且返回不同的值。然后又创建了一个包含这两个对象的数组 people。在将数组传给 `alert()` 时，输出的是"Nicholas,Greg"，这是因为会在数组每一项上调用 `toString()` 方法（与下一行显式调用 `toString()` 方法结果一样）。而在调用数组的 `toLocaleString()` 方法时，结果变成了"Nikolaos,Grigorios"，这是因为调用了数组每一项的 `toLocaleString()` 方法。

　　继承的方法 `toLocaleString()` 以及 `toString()` 都返回数组值的逗号分隔的字符串。如果想使用不同的分隔符，则可以使用 `join()` 方法。`join()` 方法接收一个参数，即字符串分隔符，返回包含所有项的字符串。来看下面的例子：

```
let colors = ["red", "green", "blue"];
alert(colors.join(","));     // red,green,blue
alert(colors.join("||"));    // red||green||blue
```

　　这里在 colors 数组上调用了 `join()` 方法，得到了与调用 `toString()` 方法相同的结果。传入逗号，结果就是逗号分隔的字符串。最后一行给 `join()` 传入了双竖线，得到了字符串"red||green||blue"。如果不给 `join()` 传入任何参数，或者传入 undefined，则仍然使用逗号作为分隔符。

> **注意** 如果数组中某一项是 `null` 或 `undefined`，则在 `join()`、`toLocaleString()`、
> `toString()` 和 `valueOf()` 返回的结果中会以空字符串表示。

6.2.8 栈方法

ECMAScript 给数组提供几个方法，让它看起来像是另外一种数据结构。数组对象可以像栈一样，也就是一种限制插入和删除项的数据结构。栈是一种后进先出（LIFO，Last-In-First-Out）的结构，也就是最近添加的项先被删除。数据项的插入（称为**推入**，push）和删除（称为**弹出**，pop）只在栈的一个地方发生，即栈顶。ECMAScript 数组提供了 `push()` 和 `pop()` 方法，以实现类似栈的行为。

`push()` 方法接收任意数量的参数，并将它们添加到数组末尾，返回数组的最新长度。`pop()` 方法则用于删除数组的最后一项，同时减少数组的 `length` 值，返回被删除的项。来看下面的例子：

```
let colors = new Array();              // 创建一个数组
let count = colors.push("red", "green"); // 推入两项
alert(count);                          // 2

count = colors.push("black");  // 再推入一项
alert(count);                  // 3

let item = colors.pop();       // 取得最后一项
alert(item);                   // black
alert(colors.length);          // 2
```

这里创建了一个当作栈来使用的数组（注意不需要任何额外的代码，`push()` 和 `pop()` 都是数组的默认方法）。首先，使用 `push()` 方法把两个字符串推入数组末尾，将结果保存在变量 count 中（结果为 2）。

然后，再推入另一个值，再把结果保存在 count 中。因为现在数组中有 3 个元素，所以 `push()` 返回 3。在调用 `pop()` 时，会返回数组的最后一项，即字符串 `"black"`。此时数组还有两个元素。

栈方法可以与数组的其他任何方法一起使用，如下例所示：

```
let colors = ["red", "blue"];
colors.push("brown");          // 再添加一项
colors[3] = "black";           // 添加一项
alert(colors.length);          // 4

let item = colors.pop();       // 取得最后一项
alert(item);                   // black
```

这里先初始化了包含两个字符串的数组，然后通过 `push()` 添加了第三个值，第四个值是通过直接在位置 3 上赋值添加的。调用 `pop()` 时，返回了字符串 `"black"`，也就是最后添加到数组的字符串。

6.2.9 队列方法

就像栈是以 LIFO 形式限制访问的数据结构一样，队列以先进先出（FIFO，First-In-First-Out）形式限制访问。队列在列表末尾添加数据，但从列表开头获取数据。因为有了在数据末尾添加数据的 `push()` 方法，所以要模拟队列就差一个从数组开头取得数据的方法了。这个数组方法叫 `shift()`，它会删除数组的第一项并返回它，然后数组长度减 1。使用 `shift()` 和 `push()`，可以把数组当成队列来使用：

```
let colors = new Array();                 // 创建一个数组
let count = colors.push("red", "green");   // 推入两项
alert(count);                              // 2

count = colors.push("black"); // 再推入一项
alert(count);                 // 3

let item = colors.shift();   // 取得第一项
alert(item);                 // red
alert(colors.length);        // 2
```

这个例子创建了一个数组并用 push() 方法推入三个值。加粗的那行代码使用 shift() 方法取得了数组的第一项，即"red"。删除这一项之后，"green"成为第一个元素，"black"成为第二个元素，数组此时就包含两项。

ECMAScript 也为数组提供了 unshift() 方法。顾名思义，unshift() 就是执行跟 shift() 相反的操作：在数组开头添加任意多个值，然后返回新的数组长度。通过使用 unshift() 和 pop()，可以在相反方向上模拟队列，即在数组开头添加新数据，在数组末尾取得数据，如下例所示：

```
let colors = new Array();                   // 创建一个数组
let count = colors.unshift("red", "green");   // 从数组开头推入两项
alert(count);                               // 2

count = colors.unshift("black");  // 再推入一项
alert(count);                     // 3

let item = colors.pop();   // 取得最后一项
alert(item);               // green
alert(colors.length);      // 2
```

这里，先创建一个数组，再通过 unshift() 填充数组。首先，给数组添加"red"和"green"，再添加"black"，得到["black","red","green"]。调用 pop() 时，删除最后一项"green"并返回它。

6.2.10　排序方法

数组有两个方法可以用来对元素重新排序：reverse() 和 sort()。顾名思义，reverse() 方法就是将数组元素反向排列。比如：

```
let values = [1, 2, 3, 4, 5];
values.reverse();
alert(values);  // 5,4,3,2,1
```

这里，数组 values 的初始状态为[1,2,3,4,5]。通过调用 reverse() 反向排序，得到了[5,4,3,2,1]。这个方法很直观，但不够灵活，所以才有了 sort() 方法。

默认情况下，sort() 会按照升序重新排列数组元素，即最小的值在前面，最大的值在后面。为此，sort() 会在每一项上调用 String() 转型函数，然后比较字符串来决定顺序。即使数组的元素都是数值，也会先把数组转换为字符串再比较、排序。比如：

```
let values = [0, 1, 5, 10, 15];
values.sort();
alert(values);  // 0,1,10,15,5
```

一开始数组中数值的顺序是正确的，但调用 sort() 会按照这些数值的字符串形式重新排序。因此，即使 5 小于 10，但字符串"10"在字符串"5"的前头，所以 10 还是会排到 5 前面。很明显，这在多数情况下都不是最合适的。为此，sort() 方法可以接收一个**比较函数**，用于判断哪个值应该排在前面。

比较函数接收两个参数，如果第一个参数应该排在第二个参数前面，就返回负值；如果两个参数相等，就返回 0；如果第一个参数应该排在第二个参数后面，就返回正值。下面是使用简单比较函数的一个例子：

```
function compare(value1, value2) {
  if (value1 < value2) {
    return -1;
  } else if (value1 > value2) {
    return 1;
  } else {
    return 0;
  }
}
```

这个比较函数可以适用于大多数数据类型，可以把它当作参数传给 sort() 方法，如下所示：

```
let values = [0, 1, 5, 10, 15];
values.sort(compare);
alert(values);  // 0,1,5,10,15
```

在给 sort() 方法传入比较函数后，数组中的数值在排序后保持了正确的顺序。当然，比较函数也可以产生降序效果，只要把返回值交换一下即可：

```
function compare(value1, value2) {
  if (value1 < value2) {
    return 1;
  } else if (value1 > value2) {
    return -1;
  } else {
    return 0;
  }
}

let values = [0, 1, 5, 10, 15];
values.sort(compare);
alert(values);  // 15,10,5,1,0
```

此外，这个比较函数还可简写为一个箭头函数：

```
let values = [0, 1, 5, 10, 15];
values.sort((a, b) => a < b ? 1 : a > b ? -1 : 0);
alert(values); // 15,10,5,1,0
```

在这个修改版函数中，如果第一个值应该排在第二个值后面则返回 1，如果第一个值应该排在第二个值前面则返回−1。交换这两个返回值之后，较大的值就会排在前头，数组就会按照降序排序。当然，如果只是想反转数组的顺序，reverse() 更简单也更快。

> **注意** reverse() 和 sort() 都返回调用它们的数组的引用。

如果数组的元素是数值，或者是其 valueOf() 方法返回数值的对象（如 Date 对象），这个比较函数还可以写得更简单，因为这时可以直接用第二个值减去第一个值：

```
function compare(value1, value2){
  return value2 - value1;
}
```

比较函数就是要返回小于 0、0 和大于 0 的数值，因此减法操作完全可以满足要求。

6.2.11   操作方法

对于数组中的元素，我们有很多操作方法。比如，concat()方法可以在现有数组全部元素基础上创建一个新数组。它首先会创建一个当前数组的副本，然后再把它的参数添加到副本末尾，最后返回这个新构建的数组。如果传入一个或多个数组，则 concat()会把这些数组的每一项都添加到结果数组。如果参数不是数组，则直接把它们添加到结果数组末尾。来看下面的例子：

```
let colors = ["red", "green", "blue"];
let colors2 = colors.concat("yellow", ["black", "brown"]);

console.log(colors);    // ["red", "green","blue"]
console.log(colors2);   // ["red", "green", "blue", "yellow", "black", "brown"]
```

这里先创建一个包含 3 个值的数组 colors。然后 colors 调用 concat()方法，传入字符串"yellow"和一个包含"black"和"brown"的数组。保存在 colors2 中的结果就是["red", "green", "blue", "yellow", "black", "brown"]。原始数组 colors 保持不变。

打平数组参数的行为可以重写，方法是在参数数组上指定一个特殊的符号：Symbol.isConcat-Spreadable。这个符号能够阻止 concat()打平参数数组。相反，把这个值设置为 true 可以强制打平类数组对象：

```
let colors = ["red", "green", "blue"];
let newColors = ["black", "brown"];
let moreNewColors = {
  [Symbol.isConcatSpreadable]: true,
  length: 2,
  0: "pink",
  1: "cyan"
};

newColors[Symbol.isConcatSpreadable] = false;

// 强制不打平数组
let colors2 = colors.concat("yellow", newColors);

// 强制打平类数组对象
let colors3 = colors.concat(moreNewColors);

console.log(colors);    // ["red", "green", "blue"]
console.log(colors2);   // ["red", "green", "blue", "yellow", ["black", "brown"]]
console.log(colors3);   // ["red", "green", "blue", "pink", "cyan"]
```

接下来，方法 slice()用于创建一个包含原有数组中一个或多个元素的新数组。slice()方法可以接收一个或两个参数：返回元素的开始索引和结束索引。如果只有一个参数，则 slice()会返回该索引到数组末尾的所有元素。如果有两个参数，则 slice()返回从开始索引到结束索引对应的所有元素，其中不包含结束索引对应的元素。记住，这个操作不影响原始数组。来看下面的例子：

```
let colors = ["red", "green", "blue", "yellow", "purple"];
let colors2 = colors.slice(1);
let colors3 = colors.slice(1, 4);

alert(colors2);   // green,blue,yellow,purple
alert(colors3);   // green,blue,yellow
```

这里，colors 数组一开始有 5 个元素。调用 slice()传入 1 会得到包含 4 个元素的新数组。其中

不包括"red"，这是因为拆分操作要从位置 1 开始，即从"green"开始。得到的 colors2 数组包含
"green"、"blue"、"yellow"和"purple"。colors3 数组是通过调用 slice()并传入 1 和 4 得到的，
即从位置 1 开始复制到位置 3。因此 colors3 包含"green"、"blue"和"yellow"。

> **注意** 如果 slice()的参数有负值，那么就以数值长度加上这个负值的结果确定位置。比
> 如，在包含 5 个元素的数组上调用 slice(-2,-1)，就相当于调用 slice(3,4)。如果结
> 束位置小于开始位置，则返回空数组。

或许最强大的数组方法就属 splice()了，使用它的方式可以有很多种。splice()的主要目的是
在数组中间插入元素，但有 3 种不同的方式使用这个方法。

- □ **删除**。需要给 splice()传 2 个参数：要删除的第一个元素的位置和要删除的元素数量。可以从
  数组中删除任意多个元素，比如 splice(0, 2)会删除前两个元素。
- □ **插入**。需要给 splice()传 3 个参数：开始位置、0（要删除的元素数量）和要插入的元素，可
  以在数组中指定的位置插入元素。第三个参数之后还可以传第四个、第五个参数，乃至任意多
  个要插入的元素。比如，splice(2, 0, "red", "green")会从数组位置 2 开始插入字符串
  "red"和"green"。
- □ **替换**。splice()在删除元素的同时可以在指定位置插入新元素，同样要传入 3 个参数：开始位
  置、要删除元素的数量和要插入的任意多个元素。要插入的元素数量不一定跟删除的元素数量
  一致。比如，splice(2, 1, "red", "green")会在位置 2 删除一个元素，然后从该位置开始
  向数组中插入"red"和"green"。

splice()方法始终返回这样一个数组，它包含从数组中被删除的元素（如果没有删除元素，则返
回空数组）。以下示例展示了上述 3 种使用方式。

```
let colors = ["red", "green", "blue"];
let removed = colors.splice(0,1);    // 删除第一项
alert(colors);                       // green,blue
alert(removed);                      // red, 只有一个元素的数组

removed = colors.splice(1, 0, "yellow", "orange");    // 在位置 1 插入两个元素
alert(colors);                                        // green,yellow,orange,blue
alert(removed);                                        // 空数组

removed = colors.splice(1, 1, "red", "purple");    // 插入两个值，删除一个元素
alert(colors);                                     // green,red,purple,orange,blue
alert(removed);                                     // yellow, 只有一个元素的数组
```

这个例子中，colors 数组一开始包含 3 个元素。第一次调用 splice()时，只删除了第一项，colors
中还有"green"和"blue"。第二次调用 slice()时，在位置 1 插入两项，然后 colors 包含"green"、
"yellow"、"orange"和"blue"。这次没删除任何项，因此返回空数组。最后一次调用 splice()时
删除了位置 1 上的一项，同时又插入了"red"和"purple"。最后，colors 数组包含"green"、"red"、
"purple"、"orange"和"blue"。

6.2.12 搜索和位置方法

ECMAScript 提供两类搜索数组的方法：按严格相等搜索和按断言函数搜索。

1. 严格相等

ECMAScript 提供了 3 个严格相等的搜索方法：indexOf()、lastIndexOf()和 includes()。其中，前两个方法在所有版本中都可用，而第三个方法是 ECMAScript 7 新增的。这些方法都接收两个参数：要查找的元素和一个可选的起始搜索位置。indexOf()和 includes()方法从数组前头（第一项）开始向后搜索，而 lastIndexOf()从数组末尾（最后一项）开始向前搜索。

indexOf()和 lastIndexOf()都返回要查找的元素在数组中的位置，如果没找到则返回-1。includes()返回布尔值，表示是否至少找到一个与指定元素匹配的项。在比较第一个参数跟数组每一项时，会使用全等（===）比较，也就是说两项必须严格相等。下面来看一些例子：

```
let numbers = [1, 2, 3, 4, 5, 4, 3, 2, 1];

alert(numbers.indexOf(4));          // 3
alert(numbers.lastIndexOf(4));      // 5
alert(numbers.includes(4));         // true

alert(numbers.indexOf(4, 4));       // 5
alert(numbers.lastIndexOf(4, 4));   // 3
alert(numbers.includes(4, 7));      // false

let person = { name: "Nicholas" };
let people = [{ name: "Nicholas" }];
let morePeople = [person];

alert(people.indexOf(person));      // -1
alert(morePeople.indexOf(person));  // 0
alert(people.includes(person));     // false
alert(morePeople.includes(person)); // true
```

2. 断言函数

ECMAScript 也允许按照定义的断言函数搜索数组，每个索引都会调用这个函数。断言函数的返回值决定了相应索引的元素是否被认为匹配。

断言函数接收 3 个参数：元素、索引和数组本身。其中元素是数组中当前搜索的元素，索引是当前元素的索引，而数组就是正在搜索的数组。断言函数返回真值，表示是否匹配。

find()和 findIndex()方法使用了断言函数。这两个方法都从数组的最小索引开始。find()返回第一个匹配的元素，findIndex()返回第一个匹配元素的索引。这两个方法也都接收第二个可选的参数，用于指定断言函数内部 this 的值。

```
const people = [
  {
    name: "Matt",
    age: 27
  },
  {
    name: "Nicholas",
    age: 29
  }
];

alert(people.find((element, index, array) => element.age < 28));
// {name: "Matt", age: 27}

alert(people.findIndex((element, index, array) => element.age < 28));
// 0
```

找到匹配项后，这两个方法都不再继续搜索。

```
const evens = [2, 4, 6];

// 找到匹配后，永远不会检查数组的最后一个元素
evens.find((element, index, array) => {
  console.log(element);
  console.log(index);
  console.log(array);
  return element === 4;
});
// 2
// 0
// [2, 4, 6]
// 4
// 1
// [2, 4, 6]
```

6.2.13　迭代方法

ECMAScript 为数组定义了 5 个迭代方法。每个方法接收两个参数：以每一项为参数运行的函数，以及可选的作为函数运行上下文的作用域对象（影响函数中 this 的值）。传给每个方法的函数接收 3 个参数：数组元素、元素索引和数组本身。因具体方法而异，这个函数的执行结果可能会也可能不会影响方法的返回值。数组的 5 个迭代方法如下。

❏ every()：对数组每一项都运行传入的函数，如果对每一项函数都返回 true，则这个方法返回 true。
❏ filter()：对数组每一项都运行传入的函数，函数返回 true 的项会组成数组之后返回。
❏ forEach()：对数组每一项都运行传入的函数，没有返回值。
❏ map()：对数组每一项都运行传入的函数，返回由每次函数调用的结果构成的数组。
❏ some()：对数组每一项都运行传入的函数，如果有一项函数返回 true，则这个方法返回 true。

这些方法都不改变调用它们的数组。

在这些方法中，every() 和 some() 是最相似的，都是从数组中搜索符合某个条件的元素。对 every() 来说，传入的函数必须对每一项都返回 true，它才会返回 true；否则，它就返回 false。而对 some() 来说，只要有一项让传入的函数返回 true，它就会返回 true。下面是一个例子：

```
let numbers = [1, 2, 3, 4, 5, 4, 3, 2, 1];

let everyResult = numbers.every((item, index, array) => item > 2);
alert(everyResult);  // false

let someResult = numbers.some((item, index, array) => item > 2);
alert(someResult);   // true
```

以上代码调用了 every() 和 some()，传入的函数都是在给定项大于 2 时返回 true。every() 返回 false 是因为并不是每一项都能达到要求。而 some() 返回 true 是因为至少有一项满足条件。

下面再看一看 filter() 方法。这个方法基于给定的函数来决定某一项是否应该包含在它返回的数组中。比如，要返回一个所有数值都大于 2 的数组，可以使用如下代码：

```
let numbers = [1, 2, 3, 4, 5, 4, 3, 2, 1];

let filterResult = numbers.filter((item, index, array) => item > 2);
alert(filterResult);  // 3,4,5,4,3
```

　　这里，调用 filter() 返回的数组包含 3、4、5、4、3，因为只有对这些项传入的函数才返回 true。这个方法非常适合从数组中筛选满足给定条件的元素。

　　接下来 map() 方法也会返回一个数组。这个数组的每一项都是对原始数组中同样位置的元素运行传入函数而返回的结果。例如，可以将一个数组中的每一项都乘以 2，并返回包含所有结果的数组，如下所示：

```
let numbers = [1, 2, 3, 4, 5, 4, 3, 2, 1];

let mapResult = numbers.map((item, index, array) => item * 2);

alert(mapResult);  // 2,4,6,8,10,8,6,4,2
```

　　以上代码返回了一个数组，包含原始数组中每个值乘以 2 的结果。这个方法非常适合创建一个与原始数组元素一一对应的新数组。

　　最后，再来看一看 forEach() 方法。这个方法只会对每一项运行传入的函数，没有返回值。本质上，forEach() 方法相当于使用 for 循环遍历数组。比如：

```
let numbers = [1, 2, 3, 4, 5, 4, 3, 2, 1];

numbers.forEach((item, index, array) => {
  // 执行某些操作
});
```

　　数组的这些迭代方法通过执行不同操作方便了对数组的处理。

6.2.14　归并方法

　　ECMAScript 为数组提供了两个归并方法：reduce() 和 reduceRight()。这两个方法都会迭代数组的所有项，并在此基础上构建一个最终返回值。reduce() 方法从数组第一项开始遍历到最后一项。而 reduceRight() 从最后一项开始遍历至第一项。

　　这两个方法都接收两个参数：对每一项都会运行的归并函数，以及可选的以之为归并起点的初始值。传给 reduce() 和 reduceRight() 的函数接收 4 个参数：上一个归并值、当前项、当前项的索引和数组本身。这个函数返回的任何值都会作为下一次调用同一个函数的第一个参数。如果没有给这两个方法传入可选的第二个参数（作为归并起点值），则第一次迭代将从数组的第二项开始，因此传给归并函数的第一个参数是数组的第一项，第二个参数是数组的第二项。

　　可以使用 reduce() 函数执行累加数组中所有数值的操作，比如：

```
let values = [1, 2, 3, 4, 5];
let sum = values.reduce((prev, cur, index, array) => prev + cur);

alert(sum);  // 15
```

　　第一次执行归并函数时，prev 是 1，cur 是 2。第二次执行时，prev 是 3（1 + 2），cur 是 3（数组第三项）。如此递进，直到把所有项都遍历一次，最后返回归并结果。

　　reduceRight() 方法与之类似，只是方向相反。来看下面的例子：

```
let values = [1, 2, 3, 4, 5];
let sum = values.reduceRight(function(prev, cur, index, array){
  return prev + cur;
});
alert(sum); // 15
```

在这里，第一次调用归并函数时 `prev` 是 5，而 `cur` 是 4。当然，最终结果相同，因为归并操作都是简单的加法。

究竟是使用 `reduce()` 还是 `reduceRight()`，只取决于遍历数组元素的方向。除此之外，这两个方法没什么区别。

6.3　定型数组

定型数组（typed array）是 ECMAScript 新增的结构，目的是提升向原生库传输数据的效率。实际上，JavaScript 并没有 "TypedArray" 类型，它所指的其实是一种特殊的包含数值类型的数组。为理解如何使用定型数组，有必要先了解一下它的用途。

6.3.1　历史

随着浏览器的流行，不难想象人们会满怀期待地通过它来运行复杂的 3D 应用程序。早在 2006 年，Mozilla、Opera 等浏览器提供商就实验性地在浏览器中增加了用于渲染复杂图形应用程序的编程平台，无须安装任何插件。其目标是开发一套 JavaScript API，从而充分利用 3D 图形 API 和 GPU 加速，以便在 `<canvas>` 元素上渲染复杂的图形。

1. WebGL

最后的 JavaScript API 是基于 OpenGL ES（OpenGL for Embedded Systems）2.0 规范的。OpenGL ES 是 OpenGL 专注于 2D 和 3D 计算机图形的子集。这个新 API 被命名为 WebGL（Web Graphics Library），于 2011 年发布 1.0 版。有了它，开发者就能够编写涉及复杂图形的应用程序，它会被兼容 WebGL 的浏览器原生解释执行。

在 WebGL 的早期版本中，因为 JavaScript 数组与原生数组之间不匹配，所以出现了性能问题。图形驱动程序 API 通常不需要以 JavaScript 默认双精度浮点格式传递给它们的数值，而这恰恰是 JavaScript 数组在内存中的格式。因此，每次 WebGL 与 JavaScript 运行时之间传递数组时，WebGL 绑定都需要在目标环境分配新数组，以其当前格式迭代数组，然后将数值转型为新数组中的适当格式，而这些要花费很多时间。

2. 定型数组

这当然是难以接受的，Mozilla 为解决这个问题而实现了 `CanvasFloatArray`。这是一个提供 JavaScript 接口的、C 语言风格的浮点值数组。JavaScript 运行时使用这个类型可以分配、读取和写入数组。这个数组可以直接传给底层图形驱动程序 API，也可以直接从底层获取到。最终，`CanvasFloatArray` 变成了 `Float32Array`，也就是今天定型数组中可用的第一个 "类型"。

6.3.2　`ArrayBuffer`

`Float32Array` 实际上是一种 "视图"，可以允许 JavaScript 运行时访问一块名为 `ArrayBuffer` 的预分配内存。`ArrayBuffer` 是所有定型数组及视图引用的基本单位。

> **注意**　`SharedArrayBuffer` 是 `ArrayBuffer` 的一个变体，可以无须复制就在执行上下文间传递它。关于这种类型，请参考第 27 章。

ArrayBuffer()是一个普通的 JavaScript 构造函数，可用于在内存中分配特定数量的字节空间。

```
const buf = new ArrayBuffer(16);    // 在内存中分配 16 字节
alert(buf.byteLength);              // 16
```

ArrayBuffer 一经创建就不能再调整大小。不过，可以使用 slice()复制其全部或部分到一个新实例中：

```
const buf1 = new ArrayBuffer(16);
const buf2 = buf1.slice(4, 12);
alert(buf2.byteLength);   // 8
```

ArrayBuffer 某种程度上类似于 C++的 malloc()，但也有几个明显的区别。

❑ malloc()在分配失败时会返回一个 null 指针。ArrayBuffer 在分配失败时会抛出错误。

❑ malloc()可以利用虚拟内存，因此最大可分配尺寸只受可寻址系统内存限制。ArrayBuffer 分配的内存不能超过 Number.MAX_SAFE_INTEGER（$2^{53}-1$）字节。

❑ malloc()调用成功不会初始化实际的地址。声明 ArrayBuffer 则会将所有二进制位初始化为 0。

❑ 通过 malloc()分配的堆内存除非调用 free()或程序退出，否则系统不能再使用。而通过声明 ArrayBuffer 分配的堆内存可以被当成垃圾回收，不用手动释放。

不能仅通过对 ArrayBuffer 的引用就读取或写入其内容。要读取或写入 ArrayBuffer，就必须通过视图。视图有不同的类型，但引用的都是 ArrayBuffer 中存储的二进制数据。

6.3.3　DataView

第一种允许你读写 ArrayBuffer 的视图是 DataView。这个视图专为文件 I/O 和网络 I/O 设计，其 API 支持对缓冲数据的高度控制，但相比于其他类型的视图性能也差一些。DataView 对缓冲内容没有任何预设，也不能迭代。

必须在对已有的 ArrayBuffer 读取或写入时才能创建 DataView 实例。这个实例可以使用全部或部分 ArrayBuffer，且维护着对该缓冲实例的引用，以及视图在缓冲中开始的位置。

```
const buf = new ArrayBuffer(16);

// DataView 默认使用整个 ArrayBuffer
const fullDataView = new DataView(buf);
alert(fullDataView.byteOffset);      // 0
alert(fullDataView.byteLength);      // 16
alert(fullDataView.buffer === buf);  // true

// 构造函数接收一个可选的字节偏移量和字节长度
//    byteOffset=0 表示视图从缓冲起点开始
//    byteLength=8 限制视图为前 8 个字节
const firstHalfDataView = new DataView(buf, 0, 8);
alert(firstHalfDataView.byteOffset);      // 0
alert(firstHalfDataView.byteLength);      // 8
alert(firstHalfDataView.buffer === buf);  // true

// 如果不指定，则 DataView 会使用剩余的缓冲
//    byteOffset=8 表示视图从缓冲的第 9 个字节开始
//    byteLength 未指定，默认为剩余缓冲
const secondHalfDataView = new DataView(buf, 8);
alert(secondHalfDataView.byteOffset);       // 8
```

```
alert(secondHalfDataView.byteLength);        // 8
alert(secondHalfDataView.buffer === buf);    // true
```

要通过 DataView 读取缓冲，还需要几个组件。

❑ 首先是要读或写的字节偏移量。可以看成 DataView 中的某种"地址"。

❑ DataView 应该使用 ElementType 来实现 JavaScript 的 Number 类型到缓冲内二进制格式的转换。

❑ 最后是内存中值的字节序。默认为大端字节序。

1. ElementType

DataView 对存储在缓冲内的数据类型没有预设。它暴露的 API 强制开发者在读、写时指定一个 ElementType，然后 DataView 就会忠实地为读、写而完成相应的转换。

ECMAScript 6 支持 8 种不同的 ElementType（见下表）。

ElementType	字 节	说　明	等价的 C 类型	值的范围
Int8	1	8 位有符号整数	signed char	−128~127
Uint8	1	8 位无符号整数	unsigned char	0~255
Int16	2	16 位有符号整数	short	−32 768~32 767
Uint16	2	16 位无符号整数	unsigned short	0~65 535
Int32	4	32 位有符号整数	int	−2 147 483 648~2 147 483 647
Uint32	4	32 位无符号整数	unsigned int	0~4 294 967 295
Float32	4	32 位 IEEE-754 浮点数	float	−3.4e+38~+3.4e+38
Float64	8	64 位 IEEE-754 浮点数	double	−1.7e+308~+1.7e+308

DataView 为上表中的每种类型都暴露了 get 和 set 方法，这些方法使用 byteOffset（字节偏移量）定位要读取或写入值的位置。类型是可以互换使用的，如下例所示：

```
// 在内存中分配两个字节并声明一个 DataView
const buf = new ArrayBuffer(2);
const view = new DataView(buf);

// 说明整个缓冲确实所有二进制位都是 0
// 检查第一个和第二个字符
alert(view.getInt8(0));  // 0
alert(view.getInt8(1));  // 0
// 检查整个缓冲
alert(view.getInt16(0)); // 0

// 将整个缓冲都设置为 1
// 255 的二进制表示是 11111111 (2^8 - 1)
view.setUint8(0, 255);

// DataView 会自动将数据转换为特定的 ElementType
// 255 的十六进制表示是 0xFF
view.setUint8(1, 0xFF);

// 现在，缓冲里都是 1 了
// 如果把它当成二补数的有符号整数，则应该是-1
alert(view.getInt16(0)); // -1
```

2. 字节序

前面例子中的缓冲有意回避了字节序的问题。"字节序"指的是计算系统维护的一种字节顺序的约定。DataView 只支持两种约定：大端字节序和小端字节序。大端字节序也称为"网络字节序"，意思是最高有效位保存在第一个字节，而最低有效位保存在最后一个字节。小端字节序正好相反，即最低有效位保存在第一个字节，最高有效位保存在最后一个字节。

JavaScript 运行时所在系统的原生字节序决定了如何读取或写入字节，但 DataView 并不遵守这个约定。对一段内存而言，DataView 是一个中立接口，它会遵循你指定的字节序。DataView 的所有 API 方法都以大端字节序作为默认值，但接收一个可选的布尔值参数，设置为 true 即可启用小端字节序。

```
// 在内存中分配两个字节并声明一个 DataView
const buf = new ArrayBuffer(2);
const view = new DataView(buf);

// 填充缓冲，让第一位和最后一位都是 1
view.setUint8(0, 0x80); // 设置最左边的位等于 1
view.setUint8(1, 0x01); // 设置最右边的位等于 1

// 缓冲内容（为方便阅读，人为加了空格）
// 0x8   0x0   0x0   0x1
// 1000  0000  0000  0001

// 按大端字节序读取 Uint16
// 0x80 是高字节，0x01 是低字节
// 0x8001 = 2^15 + 2^0 = 32768 + 1 = 32769
alert(view.getUint16(0)); // 32769

// 按小端字节序读取 Uint16
// 0x01 是高字节，0x80 是低字节
// 0x0180 = 2^8 + 2^7 = 256 + 128 = 384
alert(view.getUint16(0, true)); // 384

// 按大端字节序写入 Uint16
view.setUint16(0, 0x0004);

// 缓冲内容（为方便阅读，人为加了空格）
// 0x0   0x0   0x0   0x4
// 0000  0000  0000  0100

alert(view.getUint8(0)); // 0
alert(view.getUint8(1)); // 4

// 按小端字节序写入 Uint16
view.setUint16(0, 0x0002, true);

// 缓冲内容（为方便阅读，人为加了空格）
// 0x0   0x2   0x0   0x0
// 0000  0010  0000  0000

alert(view.getUint8(0)); // 2
alert(view.getUint8(1)); // 0
```

3. 边界情形

DataView 完成读、写操作的前提是必须有充足的缓冲区，否则就会抛出 RangeError：

```
const buf = new ArrayBuffer(6);
const view = new DataView(buf);

// 尝试读取部分超出缓冲范围的值
view.getInt32(4);
// RangeError

// 尝试读取超出缓冲范围的值
view.getInt32(8);
// RangeError

// 尝试读取超出缓冲范围的值
view.getInt32(-1);
// RangeError

// 尝试写入超出缓冲范围的值
view.setInt32(4, 123);
// RangeError
```

`DataView` 在写入缓冲里会尽最大努力把一个值转换为适当的类型，后备为 0。如果无法转换，则抛出错误：

```
const buf = new ArrayBuffer(1);
const view = new DataView(buf);

view.setInt8(0, 1.5);
alert(view.getInt8(0)); // 1

view.setInt8(0, [4]);
alert(view.getInt8(0)); // 4

view.setInt8(0, 'f');
alert(view.getInt8(0)); // 0

view.setInt8(0, Symbol());
// TypeError
```

6.3.4 定型数组

定型数组是另一种形式的 `ArrayBuffer` 视图。虽然概念上与 `DataView` 接近，但定型数组的区别在于，它特定于一种 `ElementType` 且遵循系统原生的字节序。相应地，定型数组提供了适用面更广的 API 和更高的性能。设计定型数组的目的就是提高与 WebGL 等原生库交换二进制数据的效率。由于定型数组的二进制表示对操作系统而言是一种容易使用的格式，JavaScript 引擎可以重度优化算术运算、按位运算和其他对定型数组的常见操作，因此使用它们速度极快。

创建定型数组的方式包括读取已有的缓冲、使用自有缓冲、填充可迭代结构，以及填充基于任意类型的定型数组。另外，通过`<ElementType>.from()`和`<ElementType>.of()`也可以创建定型数组：

```
// 创建一个 12 字节的缓冲
const buf = new ArrayBuffer(12);
// 创建一个引用该缓冲的 Int32Array
const ints = new Int32Array(buf);
// 这个定型数组知道自己的每个元素需要 4 字节
// 因此长度为 3
alert(ints.length); // 3
```

```
// 创建一个长度为 6 的 Int32Array
const ints2 = new Int32Array(6);
// 每个数值使用 4 字节，因此 ArrayBuffer 是 24 字节
alert(ints2.length);             // 6
// 类似 DataView，定型数组也有一个指向关联缓冲的引用
alert(ints2.buffer.byteLength);  // 24

// 创建一个包含[2, 4, 6, 8]的 Int32Array
const ints3 = new Int32Array([2, 4, 6, 8]);
alert(ints3.length);            // 4
alert(ints3.buffer.byteLength); // 16
alert(ints3[2]);                // 6

// 通过复制 ints3 的值创建一个 Int16Array
const ints4 = new Int16Array(ints3);
// 这个新类型数组会分配自己的缓冲
// 对应索引的每个值会相应地转换为新格式
alert(ints4.length);            // 4
alert(ints4.buffer.byteLength); // 8
alert(ints4[2]);                // 6

// 基于普通数组来创建一个 Int16Array
const ints5 = Int16Array.from([3, 5, 7, 9]);
alert(ints5.length);            // 4
alert(ints5.buffer.byteLength); // 8
alert(ints5[2]);                // 7

// 基于传入的参数创建一个 Float32Array
const floats = Float32Array.of(3.14, 2.718, 1.618);
alert(floats.length);           // 3
alert(floats.buffer.byteLength); // 12
alert(floats[2]);               // 1.6180000305175781
```

定型数组的构造函数和实例都有一个 BYTES_PER_ELEMENT 属性，返回该类型数组中每个元素的大小：

```
alert(Int16Array.BYTES_PER_ELEMENT);  // 2
alert(Int32Array.BYTES_PER_ELEMENT);  // 4

const ints = new Int32Array(1),
      floats = new Float64Array(1);

alert(ints.BYTES_PER_ELEMENT);        // 4
alert(floats.BYTES_PER_ELEMENT);      // 8
```

如果定型数组没有用任何值初始化，则其关联的缓冲会以 0 填充：

```
const ints = new Int32Array(4);
alert(ints[0]);  // 0
alert(ints[1]);  // 0
alert(ints[2]);  // 0
alert(ints[3]);  // 0
```

1. 定型数组行为

从很多方面看，定型数组与普通数组都很相似。定型数组支持如下操作符、方法和属性：

❑ []
❑ copyWithin()
❑ entries()

- ❏ every()
- ❏ fill()
- ❏ filter()
- ❏ find()
- ❏ findIndex()
- ❏ forEach()
- ❏ indexOf()
- ❏ join()
- ❏ keys()
- ❏ lastIndexOf()
- ❏ length
- ❏ map()
- ❏ reduce()
- ❏ reduceRight()
- ❏ reverse()
- ❏ slice()
- ❏ some()
- ❏ sort()
- ❏ toLocaleString()
- ❏ toString()
- ❏ values()

其中，返回新数组的方法也会返回包含同样元素类型（element type）的新定型数组：

```
const ints = new Int16Array([1, 2, 3]);
const doubleints = ints.map(x => 2*x);
alert(doubleints instanceof Int16Array); // true
```

定型数组有一个 Symbol.iterator 符号属性，因此可以通过 for..of 循环和扩展操作符来操作：

```
const ints = new Int16Array([1, 2, 3]);
for (const int of ints) {
  alert(int);
}
// 1
// 2
// 3

alert(Math.max(...ints)); // 3
```

2. 合并、复制和修改定型数组

定型数组同样使用数组缓冲来存储数据，而数组缓冲无法调整大小。因此，下列方法不适用于定型数组：

- ❏ concat()
- ❏ pop()
- ❏ push()
- ❏ shift()
- ❏ splice()
- ❏ unshift()

不过，定型数组也提供了两个新方法，可以快速向外或向内复制数据：set() 和 subarray()。

set() 从提供的数组或定型数组中把值复制到当前定型数组中指定的索引位置：

```
// 创建长度为 8 的 int16 数组
const container = new Int16Array(8);
// 把定型数组复制为前 4 个值
// 偏移量默认为索引 0
container.set(Int8Array.of(1, 2, 3, 4));
console.log(container);  // [1,2,3,4,0,0,0,0]
// 把普通数组复制为后 4 个值
// 偏移量 4 表示从索引 4 开始插入
container.set([5,6,7,8], 4);
console.log(container);  // [1,2,3,4,5,6,7,8]

// 溢出会抛出错误
container.set([5,6,7,8], 7);
// RangeError
```

subarray() 执行与 set() 相反的操作，它会基于从原始定型数组中复制的值返回一个新定型数组。复制值时的开始索引和结束索引是可选的：

```
const source = Int16Array.of(2, 4, 6, 8);

// 把整个数组复制为一个同类型的新数组
const fullCopy = source.subarray();
console.log(fullCopy);  // [2, 4, 6, 8]

// 从索引 2 开始复制数组
const halfCopy = source.subarray(2);
console.log(halfCopy);  // [6, 8]

// 从索引 1 开始复制到索引 3
const partialCopy = source.subarray(1, 3);
console.log(partialCopy);  // [4, 6]
```

定型数组没有原生的拼接能力，但使用定型数组 API 提供的很多工具可以手动构建：

```
// 第一个参数是应该返回的数组类型
// 其余参数是应该拼接在一起的定型数组
function typedArrayConcat(typedArrayConstructor, ...typedArrays) {
  // 计算所有数组中包含的元素总数
  const numElements = typedArrays.reduce((x,y) => (x.length || x) + y.length);

  // 按照提供的类型创建一个数组，为所有元素留出空间
  const resultArray = new typedArrayConstructor(numElements);

  // 依次转移数组
  let currentOffset = 0;
  typedArrays.map(x => {
    resultArray.set(x, currentOffset);
    currentOffset += x.length;
  });

  return resultArray;
}

const concatArray = typedArrayConcat(Int32Array,
                                     Int8Array.of(1, 2, 3),
                                     Int16Array.of(4, 5, 6),
                                     Float32Array.of(7, 8, 9));
console.log(concatArray);  // [1, 2, 3, 4, 5, 6, 7, 8, 9]
console.log(concatArray instanceof Int32Array); // true
```

3. 下溢和上溢

定型数组中值的下溢和上溢不会影响到其他索引，但仍然需要考虑数组的元素应该是什么类型。定型数组对于可以存储的每个索引只接受一个相关位，而不考虑它们对实际数值的影响。以下代码演示了如何处理下溢和上溢：

```
// 长度为 2 的有符号整数数组
// 每个索引保存一个二补数形式的有符号整数
// 范围是-128 (-1 * 2^7) ~127 (2^7 - 1)
const ints = new Int8Array(2);

// 长度为 2 的无符号整数数组
// 每个索引保存一个无符号整数
// 范围是 0~255 (2^7 - 1)
const unsignedInts = new Uint8Array(2);

// 上溢的位不会影响相邻索引
// 索引只取最低有效位上的 8 位
unsignedInts[1] = 256;        // 0x100
console.log(unsignedInts);    // [0, 0]
unsignedInts[1] = 511;        // 0x1FF
console.log(unsignedInts);    // [0, 255]

// 下溢的位会被转换为其无符号的等价值
// 0xFF 是以二补数形式表示的-1 (截取到 8 位)，
// 但 255 是一个无符号整数
unsignedInts[1] = -1          // 0xFF (truncated to 8 bits)
console.log(unsignedInts);    // [0, 255]

// 上溢自动变成二补数形式
// 0x80 是无符号整数的 128，是二补数形式的-128
ints[1] = 128;        // 0x80
console.log(ints);    // [0, -128]

// 下溢自动变成二补数形式
// 0xFF 是无符号整数的 255，是二补数形式的-1
ints[1] = 255;        // 0xFF
console.log(ints);    // [0, -1]
```

除了 8 种元素类型，还有一种“夹板”数组类型：Uint8ClampedArray，不允许任何方向溢出。超出最大值 255 的值会被向下舍入为 255，而小于最小值 0 的值会被向上舍入为 0。

```
const clampedInts = new Uint8ClampedArray([-1, 0, 255, 256]);
console.log(clampedInts); // [0, 0, 255, 255]
```

按照 JavaScript 之父 Brendan Eich 的说法：“Uint8ClampedArray 完全是 HTML5canvas 元素的历史留存。除非真的做跟 canvas 相关的开发，否则不要使用它。”

6.4 Map

ECMAScript 6 以前，在 JavaScript 中实现“键/值”式存储可以使用 Object 来方便高效地完成，也就是使用对象属性作为键，再使用属性来引用值。但这种实现并非没有问题，为此 TC39 委员会专门为“键/值”存储定义了一个规范。

作为 ECMAScript 6 的新增特性，Map 是一种新的集合类型，为这门语言带来了真正的键/值存储机制。Map 的大多数特性都可以通过 Object 类型实现，但二者之间还是存在一些细微的差异。具体实践中使用哪一个，还是值得细细甄别。

6.4.1 基本 API

使用 new 关键字和 Map 构造函数可以创建一个空映射：

```
const m = new Map();
```

如果想在创建的同时初始化实例，可以给 Map 构造函数传入一个可迭代对象，需要包含键/值对数组。可迭代对象中的每个键/值对都会按照迭代顺序插入到新映射实例中：

```
// 使用嵌套数组初始化映射
const m1 = new Map([
  ["key1", "val1"],
  ["key2", "val2"],
  ["key3", "val3"]
]);
alert(m1.size); // 3

// 使用自定义迭代器初始化映射
const m2 = new Map({
  [Symbol.iterator]: function*() {
    yield ["key1", "val1"];
    yield ["key2", "val2"];
    yield ["key3", "val3"];
  }
});
alert(m2.size); // 3

// 映射期待的键/值对，无论是否提供
const m3 = new Map([[]]);
alert(m3.has(undefined));   // true
alert(m3.get(undefined));   // undefined
```

初始化之后，可以使用 set()方法再添加键/值对。另外，可以使用 get()和 has()进行查询，可以通过 size 属性获取映射中的键/值对的数量，还可以使用 delete()和 clear()删除值。

```
const m = new Map();

alert(m.has("firstName"));   // false
alert(m.get("firstName"));   // undefined
alert(m.size);               // 0

m.set("firstName", "Matt")
 .set("lastName", "Frisbie");

alert(m.has("firstName")); // true
alert(m.get("firstName")); // Matt
alert(m.size);             // 2

m.delete("firstName");        // 只删除这一个键/值对

alert(m.has("firstName")); // false
alert(m.has("lastName"));  // true
alert(m.size);             // 1

m.clear(); // 清除这个映射实例中的所有键/值对

alert(m.has("firstName")); // false
alert(m.has("lastName"));  // false
alert(m.size);             // 0
```

set()方法返回映射实例，因此可以把多个操作连缀起来，包括初始化声明：

```
const m = new Map().set("key1", "val1");

m.set("key2", "val2")
  .set("key3", "val3");

alert(m.size); // 3
```

与 Object 只能使用数值、字符串或符号作为键不同，Map 可以使用任何 JavaScript 数据类型作为键。Map 内部使用 SameValueZero 比较操作（ECMAScript 规范内部定义，语言中不能使用），基本上相当于使用严格对象相等的标准来检查键的匹配性。与 Object 类似，映射的值是没有限制的。

```
const m = new Map();

const functionKey = function() {};
const symbolKey = Symbol();
const objectKey = new Object();

m.set(functionKey, "functionValue");
m.set(symbolKey, "symbolValue");
m.set(objectKey, "objectValue");

alert(m.get(functionKey));  // functionValue
alert(m.get(symbolKey));    // symbolValue
alert(m.get(objectKey));    // objectValue

// SameValueZero 比较意味着独立实例不冲突
alert(m.get(function() {})); // undefined
```

与严格相等一样，在映射中用作键和值的对象及其他"集合"类型，在自己的内容或属性被修改时仍然保持不变：

```
const m = new Map();

const objKey = {},
      objVal = {},
      arrKey = [],
      arrVal = [];

m.set(objKey, objVal);
m.set(arrKey, arrVal);

objKey.foo = "foo";
objVal.bar = "bar";
arrKey.push("foo");
arrVal.push("bar");

console.log(m.get(objKey)); // {bar: "bar"}
console.log(m.get(arrKey)); // ["bar"]
```

SameValueZero 比较也可能导致意想不到的冲突：

```
const m = new Map();

const a = 0/"", // NaN
      b = 0/"", // NaN
      pz = +0,
      nz = -0;
```

```
alert(a === b);   // false
alert(pz === nz); // true

m.set(a, "foo");
m.set(pz, "bar");

alert(m.get(b));  // foo
alert(m.get(nz)); // bar
```

> **注意**　SameValueZero 是 ECMAScript 规范新增的相等性比较算法。关于 ECMAScript 的相等性比较，可以参考 MDN 文档中的文章 "Equality Comparisons and Sameness"。

6.4.2　顺序与迭代

与 Object 类型的一个主要差异是，Map 实例会维护键值对的插入顺序，因此可以根据插入顺序执行迭代操作。

映射实例可以提供一个迭代器（Iterator），能以插入顺序生成[key, value]形式的数组。可以通过 entries()方法（或者 Symbol.iterator 属性，它引用 entries()）取得这个迭代器：

```
const m = new Map([
  ["key1", "val1"],
  ["key2", "val2"],
  ["key3", "val3"]
]);

alert(m.entries === m[Symbol.iterator]); // true

for (let pair of m.entries()) {
  alert(pair);
}
// [key1,val1]
// [key2,val2]
// [key3,val3]

for (let pair of m[Symbol.iterator]()) {
  alert(pair);
}
// [key1,val1]
// [key2,val2]
// [key3,val3]
```

因为 entries()是默认迭代器，所以可以直接对映射实例使用扩展操作，把映射转换为数组：

```
const m = new Map([
  ["key1", "val1"],
  ["key2", "val2"],
  ["key3", "val3"]
]);

console.log([...m]); // [[key1,val1],[key2,val2],[key3,val3]]
```

如果不使用迭代器，而是使用回调方式，则可以调用映射的 forEach(callback, opt_thisArg) 方法并传入回调，依次迭代每个键/值对。传入的回调接收可选的第二个参数，这个参数用于重写回调内部 this 的值：

```
const m = new Map([
  ["key1", "val1"],
  ["key2", "val2"],
  ["key3", "val3"]
]);

m.forEach((val, key) => alert(`${key} -> ${val}`));
// key1 -> val1
// key2 -> val2
// key3 -> val3
```

keys()和values()分别返回以插入顺序生成键和值的迭代器：

```
const m = new Map([
  ["key1", "val1"],
  ["key2", "val2"],
  ["key3", "val3"]
]);

for (let key of m.keys()) {
  alert(key);
}
// key1
// key2
// key3

for (let key of m.values()) {
  alert(key);
}
// value1
// value2
// value3
```

键和值在迭代器遍历时是可以修改的，但映射内部的引用则无法修改。当然，这并不妨碍修改作为键或值的对象内部的属性，因为这样并不影响它们在映射实例中的身份：

```
const m1 = new Map([
  ["key1", "val1"]
]);

// 作为键的字符串原始值是不能修改的
for (let key of m1.keys()) {
  key = "newKey";
  alert(key);             // newKey
  alert(m1.get("key1"));  // val1
}

const keyObj = {id: 1};

const m = new Map([
  [keyObj, "val1"]
]);

// 修改了作为键的对象的属性，但对象在映射内部仍然引用相同的值
for (let key of m.keys()) {
  key.id = "newKey";
  alert(key);             // {id: "newKey"}
  alert(m.get(keyObj));   // val1
}
alert(keyObj);            // {id: "newKey"}
```

6.4.3　选择 `Object` 还是 `Map`

对于多数 Web 开发任务来说，选择 `Object` 还是 `Map` 只是个人偏好问题，影响不大。不过，对于在乎内存和性能的开发者来说，对象和映射之间确实存在显著的差别。

1. 内存占用

`Object` 和 `Map` 的工程级实现在不同浏览器间存在明显差异，但存储单个键/值对所占用的内存数量都会随键的数量线性增加。批量添加或删除键/值对则取决于各浏览器对该类型内存分配的工程实现。不同浏览器的情况不同，但给定固定大小的内存，`Map` 大约可以比 `Object` 多存储 50%的键/值对。

2. 插入性能

向 `Object` 和 `Map` 中插入新键/值对的消耗大致相当，不过插入 `Map` 在所有浏览器中一般会稍微快一点儿。对这两个类型来说，插入速度并不会随着键/值对数量而线性增加。如果代码涉及大量插入操作，那么显然 `Map` 的性能更佳。

3. 查找速度

与插入不同，从大型 `Object` 和 `Map` 中查找键/值对的性能差异极小，但如果只包含少量键/值对，则 `Object` 有时候速度更快。在把 `Object` 当成数组使用的情况下（比如使用连续整数作为属性），浏览器引擎可以进行优化，在内存中使用更高效的布局。这对 `Map` 来说是不可能的。对这两个类型而言，查找速度不会随着键/值对数量增加而线性增加。如果代码涉及大量查找操作，那么某些情况下可能选择 `Object` 更好一些。

4. 删除性能

使用 `delete` 删除 `Object` 属性的性能一直以来饱受诟病，目前在很多浏览器中仍然如此。为此，出现了一些伪删除对象属性的操作，包括把属性值设置为 `undefined` 或 `null`。但很多时候，这都是一种讨厌的或不适宜的折中。而对大多数浏览器引擎来说，`Map` 的 `delete()` 操作都比插入和查找更快。如果代码涉及大量删除操作，那么毫无疑问应该选择 `Map`。

6.5　WeakMap

ECMAScript 6 新增的"弱映射"（`WeakMap`）是一种新的集合类型，为这门语言带来了增强的键/值对存储机制。`WeakMap` 是 `Map` 的"兄弟"类型，其 API 也是 `Map` 的子集。`WeakMap` 中的"weak"（弱），描述的是 JavaScript 垃圾回收程序对待"弱映射"中键的方式。

6.5.1　基本 API

可以使用 `new` 关键字实例化一个空的 `WeakMap`：

```
const wm = new WeakMap();
```

弱映射中的键只能是 `Object` 或者继承自 `Object` 的类型，尝试使用非对象设置键会抛出 `TypeError`。值的类型没有限制。

如果想在初始化时填充弱映射，则构造函数可以接收一个可迭代对象，其中需要包含键/值对数组。可迭代对象中的每个键/值都会按照迭代顺序插入新实例中：

```
const key1 = {id: 1},
      key2 = {id: 2},
```

```
        key3 = {id: 3};
// 使用嵌套数组初始化弱映射
const wm1 = new WeakMap([
  [key1, "val1"],
  [key2, "val2"],
  [key3, "val3"]
]);
alert(wm1.get(key1)); // val1
alert(wm1.get(key2)); // val2
alert(wm1.get(key3)); // val3

// 初始化是全有或全无的操作
// 只要有一个键无效就会抛出错误，导致整个初始化失败
const wm2 = new WeakMap([
  [key1, "val1"],
  ["BADKEY", "val2"],
  [key3, "val3"]
]);
// TypeError: Invalid value used as WeakMap key
typeof wm2;
// ReferenceError: wm2 is not defined

// 原始值可以先包装成对象再用作键
const stringKey = new String("key1");
const wm3 = new WeakMap([
  stringKey, "val1"
]);
alert(wm3.get(stringKey)); // "val1"
```

初始化之后可以使用 set() 再添加键/值对，可以使用 get() 和 has() 查询，还可以使用 delete() 删除：

```
const wm = new WeakMap();

const key1 = {id: 1},
      key2 = {id: 2};

alert(wm.has(key1)); // false
alert(wm.get(key1)); // undefined

wm.set(key1, "Matt")
  .set(key2, "Frisbie");

alert(wm.has(key1)); // true
alert(wm.get(key1)); // Matt

wm.delete(key1);       // 只删除这一个键/值对

alert(wm.has(key1)); // false
alert(wm.has(key2)); // true
```

set() 方法返回弱映射实例，因此可以把多个操作连缀起来，包括初始化声明：

```
const key1 = {id: 1},
      key2 = {id: 2},
      key3 = {id: 3};

const wm = new WeakMap().set(key1, "val1");
```

```
wm.set(key2, "val2")
  .set(key3, "val3");

alert(wm.get(key1)); // val1
alert(wm.get(key2)); // val2
alert(wm.get(key3)); // val3
```

6.5.2　弱键

WeakMap 中 "weak" 表示弱映射的键是 "弱弱地拿着" 的。意思就是，这些键不属于正式的引用，不会阻止垃圾回收。但要注意的是，弱映射中值的引用可**不是** "弱弱地拿着" 的。只要键存在，键/值对就会存在于映射中，并被当作对值的引用，因此就不会被当作垃圾回收。

来看下面的例子：

```
const wm = new WeakMap();

wm.set({}, "val");
```

set() 方法初始化了一个新对象并将它用作一个字符串的键。因为没有指向这个对象的其他引用，所以当这行代码执行完成后，这个对象键就会被当作垃圾回收。然后，这个键/值对就从弱映射中消失了，使其成为一个空映射。在这个例子中，因为值也没有被引用，所以这对键/值被破坏以后，值本身也会成为垃圾回收的目标。

再看一个稍微不同的例子：

```
const wm = new WeakMap();

const container = {
  key: {}
};

wm.set(container.key, "val");

function removeReference() {
  container.key = null;
}
```

这一次，container 对象维护着一个对弱映射键的引用，因此这个对象键不会成为垃圾回收的目标。不过，如果调用了 removeReference()，就会摧毁键对象的最后一个引用，垃圾回收程序就可以把这个键/值对清理掉。

6.5.3　不可迭代键

因为 WeakMap 中的键/值对任何时候都可能被销毁，所以没必要提供迭代其键/值对的能力。当然，也用不着像 clear() 这样一次性销毁所有键/值的方法。WeakMap 确实没有这个方法。因为不可迭代，所以也不可能在不知道对象引用的情况下从弱映射中取得值。即便代码可以访问 WeakMap 实例，也没办法看到其中的内容。

WeakMap 实例之所以限制只能用对象作为键，是为了保证只有通过键对象的引用才能取得值。如果允许原始值，那就没办法区分初始化时使用的字符串字面量和初始化之后使用的一个相等的字符串了。

6.5.4 使用弱映射

WeakMap 实例与现有 JavaScript 对象有着很大不同，可能一时不容易说清楚应该怎么使用它。这个问题没有唯一的答案，但已经出现了很多相关策略。

1. 私有变量

弱映射造就了在 JavaScript 中实现真正私有变量的一种新方式。前提很明确：私有变量会存储在弱映射中，以对象实例为键，以私有成员的字典为值。

下面是一个示例实现：

```
const wm = new WeakMap();

class User {
  constructor(id) {
    this.idProperty = Symbol('id');
    this.setId(id);
  }

  setPrivate(property, value) {
    const privateMembers = wm.get(this) || {};
    privateMembers[property] = value;
    wm.set(this, privateMembers);
  }

  getPrivate(property) {
    return wm.get(this)[property];
  }

  setId(id) {
    this.setPrivate(this.idProperty, id);
  }

  getId() {
    return this.getPrivate(this.idProperty);
  }
}

const user = new User(123);
alert(user.getId()); // 123
user.setId(456);
alert(user.getId()); // 456

// 并不是真正私有的
alert(wm.get(user)[user.idProperty]); // 456
```

慧眼独具的读者会发现，对于上面的实现，外部代码只需要拿到对象实例的引用和弱映射，就可以取得“私有”变量了。为了避免这种访问，可以用一个闭包把 WeakMap 包装起来，这样就可以把弱映射与外界完全隔离开了：

```
const User = (() => {
  const wm = new WeakMap();

  class User {
    constructor(id) {
      this.idProperty = Symbol('id');
```

```
      this.setId(id);
    }

    setPrivate(property, value) {
      const privateMembers = wm.get(this) || {};
      privateMembers[property] = value;
      wm.set(this, privateMembers);
    }

    getPrivate(property) {
      return wm.get(this)[property];
    }

    setId(id) {
      this.setPrivate(this.idProperty, id);
    }

    getId(id) {
      return this.getPrivate(this.idProperty);
    }
  }
  return User;
})();

const user = new User(123);
alert(user.getId()); // 123
user.setId(456);
alert(user.getId()); // 456
```

这样，拿不到弱映射中的健，也就无法取得弱映射中对应的值。虽然这防止了前面提到的访问，但整个代码也完全陷入了 ES6 之前的闭包私有变量模式。

2. DOM 节点元数据

因为 WeakMap 实例不会妨碍垃圾回收，所以非常适合保存关联元数据。来看下面这个例子，其中使用了常规的 Map：

```
const m = new Map();

const loginButton = document.querySelector('#login');

// 给这个节点关联一些元数据
m.set(loginButton, {disabled: true});
```

假设在上面的代码执行后，页面被 JavaScript 改变了，原来的登录按钮从 DOM 树中被删掉了。但由于映射中还保存着按钮的引用，所以对应的 DOM 节点仍然会逗留在内存中，除非明确将其从映射中删除或者等到映射本身被销毁。

如果这里使用的是弱映射，如以下代码所示，那么当节点从 DOM 树中被删除后，垃圾回收程序就可以立即释放其内存（假设没有其他地方引用这个对象）：

```
const wm = new WeakMap();

const loginButton = document.querySelector('#login');

// 给这个节点关联一些元数据
wm.set(loginButton, {disabled: true});
```

6.6 `Set`

ECMAScript 6 新增的 `Set` 是一种新集合类型，为这门语言带来集合数据结构。`Set` 在很多方面都像是加强的 `Map`，这是因为它们的大多数 API 和行为都是共有的。

6.6.1 基本 API

使用 `new` 关键字和 `Set` 构造函数可以创建一个空集合：

```
const m = new Set();
```

如果想在创建的同时初始化实例，则可以给 `Set` 构造函数传入一个可迭代对象，其中需要包含插入到新集合实例中的元素：

```
// 使用数组初始化集合
const s1 = new Set(["val1", "val2", "val3"]);

alert(s1.size); // 3

// 使用自定义迭代器初始化集合
const s2 = new Set({
  [Symbol.iterator]: function*() {
    yield "val1";
    yield "val2";
    yield "val3";
  }
});
alert(s2.size); // 3
```

初始化之后，可以使用 `add()` 增加值，使用 `has()` 查询，通过 `size` 取得元素数量，以及使用 `delete()` 和 `clear()` 删除元素：

```
const s = new Set();

alert(s.has("Matt"));    // false
alert(s.size);           // 0

s.add("Matt")
 .add("Frisbie");

alert(s.has("Matt"));    // true
alert(s.size);           // 2

s.delete("Matt");

alert(s.has("Matt"));    // false
alert(s.has("Frisbie")); // true
alert(s.size);           // 1

s.clear(); // 销毁集合实例中的所有值

alert(s.has("Matt"));    // false
alert(s.has("Frisbie")); // false
alert(s.size);           // 0
```

`add()` 返回集合的实例，所以可以将多个添加操作连缀起来，包括初始化：

```
const s = new Set().add("val1");

s.add("val2")
 .add("val3");

alert(s.size); // 3
```

与 Map 类似，Set 可以包含任何 JavaScript 数据类型作为值。集合也使用 SameValueZero 操作（ECMAScript 内部定义，无法在语言中使用），基本上相当于使用严格对象相等的标准来检查值的匹配性。

```
const s = new Set();

const functionVal = function() {};
const symbolVal = Symbol();
const objectVal = new Object();

s.add(functionVal);
s.add(symbolVal);
s.add(objectVal);

alert(s.has(functionVal));   // true
alert(s.has(symbolVal));     // true
alert(s.has(objectVal));     // true

// SameValueZero 检查意味着独立的实例不会冲突
alert(s.has(function() {})); // false
```

与严格相等一样，用作值的对象和其他"集合"类型在自己的内容或属性被修改时也不会改变：

```
const s = new Set();

const objVal = {},
      arrVal = [];

s.add(objVal);
s.add(arrVal);

objVal.bar = "bar";
arrVal.push("bar");

alert(s.has(objVal)); // true
alert(s.has(arrVal)); // true
```

add() 和 delete() 操作是幂等的。delete() 返回一个布尔值，表示集合中是否存在要删除的值：

```
const s = new Set();

s.add('foo');
alert(s.size); // 1
s.add('foo');
alert(s.size); // 1

// 集合里有这个值
alert(s.delete('foo')); // true

// 集合里没有这个值
alert(s.delete('foo')); // false
```

6.6.2 顺序与迭代

Set 会维护值插入时的顺序，因此支持按顺序迭代。

集合实例可以提供一个迭代器（Iterator），能以插入顺序生成集合内容。可以通过 values()方法及其别名方法 keys()（或者 Symbol.iterator 属性，它引用 values()）取得这个迭代器：

```
const s = new Set(["val1", "val2", "val3"]);

alert(s.values === s[Symbol.iterator]); // true
alert(s.keys === s[Symbol.iterator]);   // true

for (let value of s.values()) {
  alert(value);
}
// val1
// val2
// val3

for (let value of s[Symbol.iterator]()) {
  alert(value);
}
// val1
// val2
// val3
```

因为 values()是默认迭代器，所以可以直接对集合实例使用扩展操作，把集合转换为数组：

```
const s = new Set(["val1", "val2", "val3"]);

console.log([...s]); // ["val1", "val2", "val3"]
```

集合的 entries()方法返回一个迭代器，可以按照插入顺序产生包含两个元素的数组，这两个元素是集合中每个值的重复出现：

```
const s = new Set(["val1", "val2", "val3"]);

for (let pair of s.entries()) {
  console.log(pair);
}
// ["val1", "val1"]
// ["val2", "val2"]
// ["val3", "val3"]
```

如果不使用迭代器，而是使用回调方式，则可以调用集合的 forEach()方法并传入回调，依次迭代每个键/值对。传入的回调接收可选的第二个参数，这个参数用于重写回调内部 this 的值：

```
const s = new Set(["val1", "val2", "val3"]);

s.forEach((val, dupVal) => alert(`${val} -> ${dupVal}`));
// val1 -> val1
// val2 -> val2
// val3 -> val3
```

修改集合中值的属性不会影响其作为集合值的身份：

```
const s1 = new Set(["val1"]);

// 字符串原始值作为值不会被修改
for (let value of s1.values()) {
```

```
    value = "newVal";
    alert(value);              // newVal
    alert(s1.has("val1")); // true
}

const valObj = {id: 1};

const s2 = new Set([valObj]);

// 修改值对象的属性，但对象仍然存在于集合中
for (let value of s2.values()) {
  value.id = "newVal";
  alert(value);              // {id: "newVal"}
  alert(s2.has(valObj));     // true
}
alert(valObj);               // {id: "newVal"}
```

6.6.3　定义正式集合操作

从各方面来看，Set 跟 Map 都很相似，只是 API 稍有调整。唯一需要强调的就是集合的 API 对自身的简单操作。很多开发者都喜欢使用 Set 操作，但需要手动实现：或者是子类化 Set，或者是定义一个实用函数库。要把两种方式合二为一，可以在子类上实现静态方法，然后在实例方法中使用这些静态方法。在实现这些操作时，需要考虑几个地方。

❑ 某些 Set 操作是有关联性的，因此最好让实现的方法能支持处理任意多个集合实例。

❑ Set 保留插入顺序，所有方法返回的集合必须保证顺序。

❑ 尽可能高效地使用内存。扩展操作符的语法很简洁，但尽可能避免集合和数组间的相互转换能够节省对象初始化成本。

❑ 不要修改已有的集合实例。union(a, b)或 a.union(b)应该返回包含结果的新集合实例。

```
class XSet extends Set {
  union(...sets) {
    return XSet.union(this, ...sets)
  }

  intersection(...sets) {
    return XSet.intersection(this, ...sets);
  }

  difference(set) {
    return XSet.difference(this, set);
  }

  symmetricDifference(set) {
    return XSet.symmetricDifference(this, set);
  }

  cartesianProduct(set) {
    return XSet.cartesianProduct(this, set);
  }

  powerSet() {
    return XSet.powerSet(this);
  }
```

```
// 返回两个或更多集合的并集
static union(a, ...bSets) {
  const unionSet = new XSet(a);
  for (const b of bSets) {
    for (const bValue of b) {
      unionSet.add(bValue);
    }
  }
  return unionSet;
}

// 返回两个或更多集合的交集
static intersection(a, ...bSets) {
  const intersectionSet = new XSet(a);
  for (const aValue of intersectionSet) {
    for (const b of bSets) {
      if (!b.has(aValue)) {
        intersectionSet.delete(aValue);
      }
    }
  }
  return intersectionSet;
}

// 返回两个集合的差集
static difference(a, b) {
  const differenceSet = new XSet(a);
  for (const bValue of b) {
    if (a.has(bValue)) {
      differenceSet.delete(bValue);
    }
  }
  return differenceSet;
}

// 返回两个集合的对称差集
static symmetricDifference(a, b) {
  // 按照定义, 对称差集可以表达为
  return a.union(b).difference(a.intersection(b));
}

// 返回两个集合（数组对形式）的笛卡儿积
// 必须返回数组集合, 因为笛卡儿积可能包含相同值的对
static cartesianProduct(a, b) {
  const cartesianProductSet = new XSet();
  for (const aValue of a) {
    for (const bValue of b) {
      cartesianProductSet.add([aValue, bValue]);
    }
  }
  return cartesianProductSet;
}

// 返回一个集合的幂集
static powerSet(a) {
  const powerSet = new XSet().add(new XSet());
  for (const aValue of a) {
```

```
        for (const set of new XSet(powerSet)) {
            powerSet.add(new XSet(set).add(aValue));
        }
    }
    return powerSet;
}
```

6.7 WeakSet

ECMAScript 6 新增的 "弱集合"（WeakSet）是一种新的集合类型，为这门语言带来了集合数据结构。WeakSet 是 Set 的 "兄弟" 类型，其 API 也是 Set 的子集。WeakSet 中的 "weak"（弱），描述的是 JavaScript 垃圾回收程序对待 "弱集合" 中值的方式。

6.7.1 基本 API

可以使用 new 关键字实例化一个空的 WeakSet：

```
const ws = new WeakSet();
```

弱集合中的值只能是 Object 或者继承自 Object 的类型，尝试使用非对象设置值会抛出 TypeError。如果想在初始化时填充弱集合，则构造函数可以接收一个可迭代对象，其中需要包含有效的值。可迭代对象中的每个值都会按照迭代顺序插入到新实例中：

```
const val1 = {id: 1},
      val2 = {id: 2},
      val3 = {id: 3};
// 使用数组初始化弱集合
const ws1 = new WeakSet([val1, val2, val3]);

alert(ws1.has(val1)); // true
alert(ws1.has(val2)); // true
alert(ws1.has(val3)); // true

// 初始化是全有或全无的操作
// 只要有一个值无效就会抛出错误，导致整个初始化失败
const ws2 = new WeakSet([val1, "BADVAL", val3]);
// TypeError: Invalid value used in WeakSet
typeof ws2;
// ReferenceError: ws2 is not defined

// 原始值可以先包装成对象再用作值
const stringVal = new String("val1");
const ws3 = new WeakSet([stringVal]);
alert(ws3.has(stringVal)); // true
```

初始化之后可以使用 add() 再添加新值，可以使用 has() 查询，还可以使用 delete() 删除：

```
const ws = new WeakSet();

const val1 = {id: 1},
      val2 = {id: 2};

alert(ws.has(val1)); // false

ws.add(val1)
```

```
      .add(val2);

alert(ws.has(val1)); // true
alert(ws.has(val2)); // true

ws.delete(val1);       // 只删除这一个值

alert(ws.has(val1)); // false
alert(ws.has(val2)); // true
```

add()方法返回弱集合实例，因此可以把多个操作连缀起来，包括初始化声明：

```
const val1 = {id: 1},
      val2 = {id: 2},
      val3 = {id: 3};

const ws = new WeakSet().add(val1);

ws.add(val2)
  .add(val3);

alert(ws.has(val1)); // true
alert(ws.has(val2)); // true
alert(ws.has(val3)); // true
```

6.7.2　弱值

WeakSet 中"**weak**"表示弱集合的值是"弱弱地拿着"的。意思就是，这些值不属于正式的引用，不会阻止垃圾回收。

来看下面的例子：

```
const ws = new WeakSet();

ws.add({});
```

add()方法初始化了一个新对象，并将它用作一个值。因为没有指向这个对象的其他引用，所以当这行代码执行完成后，这个对象值就会被当作垃圾回收。然后，这个值就从弱集合中消失了，使其成为一个空集合。

再看一个稍微不同的例子：

```
const ws = new WeakSet();

const container = {
  val: {}
};

ws.add(container.val);

function removeReference() {
  container.val = null;
}
```

这一次，container 对象维护着一个对弱集合值的引用，因此这个对象值不会成为垃圾回收的目标。不过，如果调用了 removeReference()，就会摧毁值对象的最后一个引用，垃圾回收程序就可以把这个值清理掉。

6.7.3　不可迭代值

因为 WeakSet 中的值任何时候都可能被销毁，所以没必要提供迭代其值的能力。当然，也用不着像 clear() 这样一次性销毁所有值的方法。WeakSet 确实没有这个方法。因为不可能迭代，所以也不可能在不知道对象引用的情况下从弱集合中取得值。即便代码可以访问 WeakSet 实例，也没办法看到其中的内容。

WeakSet 之所以限制只能用对象作为值，是为了保证只有通过值对象的引用才能取得值。如果允许原始值，那就没办法区分初始化时使用的字符串字面量和初始化之后使用的一个相等的字符串了。

6.7.4　使用弱集合

相比于 WeakMap 实例，WeakSet 实例的用处没有那么大。不过，弱集合在给对象打标签时还是有价值的。

来看下面的例子，这里使用了一个普通 Set：

```
const disabledElements = new Set();

const loginButton = document.querySelector('#login');

// 通过加入对应集合，给这个节点打上"禁用"标签
disabledElements.add(loginButton);
```

这样，通过查询元素在不在 disabledElements 中，就可以知道它是不是被禁用了。不过，假如元素从 DOM 树中被删除了，它的引用却仍然保存在 Set 中，因此垃圾回收程序也不能回收它。

为了让垃圾回收程序回收元素的内存，可以在这里使用 WeakSet：

```
const disabledElements = new WeakSet();

const loginButton = document.querySelector('#login');

// 通过加入对应集合，给这个节点打上"禁用"标签
disabledElements.add(loginButton);
```

这样，只要 WeakSet 中任何元素从 DOM 树中被删除，垃圾回收程序就可以忽略其存在，而立即释放其内存（假设没有其他地方引用这个对象）。

6.8　迭代与扩展操作

ECMAScript 6 新增的迭代器和扩展操作符对集合引用类型特别有用。这些新特性让集合类型之间相互操作、复制和修改变得异常方便。

> **注意**　第 7 章会更详细地介绍迭代器和生成器。

如本章前面所示，有 4 种原生集合类型定义了默认迭代器：
- ❏ Array
- ❏ 所有定型数组
- ❏ Map
- ❏ Set

很简单，这意味着上述所有类型都支持顺序迭代，都可以传入 `for-of` 循环：

```
let iterableThings = [
  Array.of(1, 2),
  typedArr = Int16Array.of(3, 4),
  new Map([[5, 6], [7, 8]]),
  new Set([9, 10])
];

for (const iterableThing of iterableThings) {
  for (const x of iterableThing) {
    console.log(x);
  }
}

// 1
// 2
// 3
// 4
// [5, 6]
// [7, 8]
// 9
// 10
```

这也意味着所有这些类型都兼容扩展操作符。扩展操作符在对可迭代对象执行浅复制时特别有用，只需简单的语法就可以复制整个对象：

```
let arr1 = [1, 2, 3];
let arr2 = [...arr1];

console.log(arr1);        // [1, 2, 3]
console.log(arr2);        // [1, 2, 3]
console.log(arr1 === arr2); // false
```

对于期待可迭代对象的构造函数，只要传入一个可迭代对象就可以实现复制：

```
let map1 = new Map([[1, 2], [3, 4]]);
let map2 = new Map(map1);

console.log(map1); // Map {1 => 2, 3 => 4}
console.log(map2); // Map {1 => 2, 3 => 4}
```

当然，也可以构建数组的部分元素：

```
let arr1 = [1, 2, 3];
let arr2 = [0, ...arr1, 4, 5];

console.log(arr2); // [0, 1, 2, 3, 4, 5]
```

浅复制意味着只会复制对象引用：

```
let arr1 = [{}];
let arr2 = [...arr1];

arr1[0].foo = 'bar';
console.log(arr2[0]); // { foo: 'bar' }
```

上面的这些类型都支持多种构建方法，比如 `Array.of()` 和 `Array.from()` 静态方法。在与扩展操作符一起使用时，可以非常方便地实现互操作：

```
let arr1 = [1, 2, 3];

// 把数组复制到定型数组
let typedArr1 = Int16Array.of(...arr1);
let typedArr2 = Int16Array.from(arr1);
console.log(typedArr1);   // Int16Array [1, 2, 3]
console.log(typedArr2);   // Int16Array [1, 2, 3]

// 把数组复制到映射
let map = new Map(arr1.map((x) => [x, 'val' + x]));
console.log(map);   // Map {1 => 'val 1', 2 => 'val 2', 3 => 'val 3'}

// 把数组复制到集合
let set = new Set(typedArr2);
console.log(set);   // Set {1, 2, 3}

// 把集合复制回数组
let arr2 = [...set];
console.log(arr2);   // [1, 2, 3]
```

6.9　小结

JavaScript 中的对象是引用值，可以通过几种内置引用类型创建特定类型的对象。

❑ 引用类型与传统面向对象编程语言中的类相似，但实现不同。

❑ `Object` 类型是一个基础类型，所有引用类型都从它继承了基本的行为。

❑ `Array` 类型表示一组有序的值，并提供了操作和转换值的能力。

❑ 定型数组包含一套不同的引用类型，用于管理数值在内存中的类型。

❑ `Date` 类型提供了关于日期和时间的信息，包括当前日期和时间以及计算。

❑ `RegExp` 类型是 ECMAScript 支持的正则表达式的接口，提供了大多数基本正则表达式以及一些高级正则表达式的能力。

JavaScript 比较独特的一点是，函数其实是 `Function` 类型的实例，这意味着函数也是对象。由于函数是对象，因此也就具有能够增强自身行为的方法。

因为原始值包装类型的存在，所以 JavaScript 中的原始值可以拥有类似对象的行为。有 3 种原始值包装类型：`Boolean`、`Number` 和 `String`。它们都具有如下特点。

❑ 每种包装类型都映射到同名的原始类型。

❑ 在以读模式访问原始值时，后台会实例化一个原始值包装对象，通过这个对象可以操作数据。

❑ 涉及原始值的语句只要一执行完毕，包装对象就会立即销毁。

JavaScript 还有两个在一开始执行代码时就存在的内置对象：`Global` 和 `Math`。其中，`Global` 对象在大多数 ECMAScript 实现中无法直接访问。不过浏览器将 `Global` 实现为 `window` 对象。所有全局变量和函数都是 `Global` 对象的属性。`Math` 对象包含辅助完成复杂数学计算的属性和方法。

ECMAScript 6 新增了一批引用类型：`Map`、`WeakMap`、`Set` 和 `WeakSet`。这些类型为组织应用程序数据和简化内存管理提供了新能力。

第 **7** 章

迭代器与生成器

本章内容
- ❏ 理解迭代
- ❏ 迭代器模式
- ❏ 生成器

视频讲解

迭代的英文"iteration"源自拉丁文 itero，意思是"重复"或"再来"。在软件开发领域，"迭代"的意思是按照顺序反复多次执行一段程序，通常会有明确的终止条件。ECMAScript 6 规范新增了两个高级特性：迭代器和生成器。使用这两个特性，能够更清晰、高效、方便地实现迭代。

7.1 理解迭代

在 JavaScript 中，计数循环就是一种最简单的迭代：

```
for (let i = 1; i <= 10; ++i) {
  console.log(i);
}
```

循环是迭代机制的基础，这是因为它可以指定迭代的次数，以及每次迭代要执行什么操作。每次循环都会在下一次迭代开始之前完成，而每次迭代的顺序都是事先定义好的。

迭代会在一个有序集合上进行。（"有序"可以理解为集合中所有项都可以按照既定的顺序被遍历到，特别是开始和结束项有明确的定义。）数组是 JavaScript 中有序集合的最典型例子。

```
let collection = ['foo', 'bar', 'baz'];

for (let index = 0; index < collection.length; ++index) {
  console.log(collection[index]);
}
```

因为数组有已知的长度，且数组每一项都可以通过索引获取，所以整个数组可以通过递增索引来遍历。由于如下原因，通过这种循环来执行例程并不理想。

- ❏ **迭代之前需要事先知道如何使用数据结构**。数组中的每一项都只能先通过引用取得数组对象，然后再通过[]操作符取得特定索引位置上的项。这种情况并不适用于所有数据结构。
- ❏ **遍历顺序并不是数据结构固有的**。通过递增索引来访问数据是特定于数组类型的方式，并不适用于其他具有隐式顺序的数据结构。

ES5 新增了 Array.prototype.forEach()方法，向通用迭代需求迈进了一步（但仍然不够理想）：

```
let collection = ['foo', 'bar', 'baz'];

collection.forEach((item) => console.log(item));
```

```
// foo
// bar
// baz
```

这个方法解决了单独记录索引和通过数组对象取得值的问题。不过，没有办法标识迭代何时终止。因此这个方法只适用于数组，而且回调结构也比较笨拙。

在 ECMAScript 较早的版本中，执行迭代必须使用循环或其他辅助结构。随着代码量增加，代码会变得越发混乱。很多语言都通过原生语言结构解决了这个问题，开发者无须事先知道如何迭代就能实现迭代操作。这个解决方案就是**迭代器模式**。Python、Java、C++，还有其他很多语言都对这个模式提供了完备的支持。JavaScript 在 ECMAScript 6 以后也支持了迭代器模式。

7.2　迭代器模式

迭代器模式（特别是在 ECMAScript 这个语境下）描述了一个方案，即可以把有些结构称为"可迭代对象"（iterable），因为它们实现了正式的 Iterable 接口，而且可以通过迭代器 Iterator 消费。

可迭代对象是一种抽象的说法。基本上，可以把可迭代对象理解成数组或集合这样的集合类型的对象。它们包含的元素都是有限的，而且都具有无歧义的遍历顺序：

```
// 数组的元素是有限的
// 递增索引可以按序访问每个元素
let arr = [3, 1, 4];

// 集合的元素是有限的
// 可以按插入顺序访问每个元素
let set = new Set().add(3).add(1).add(4);
```

不过，可迭代对象不一定是集合对象，也可以是仅仅具有类似数组行为的其他数据结构，比如本章开头提到的计数循环。该循环中生成的值是暂时性的，但循环本身是在执行迭代。计数循环和数组都具有可迭代对象的行为。

> **注意**　临时性可迭代对象可以实现为生成器，本章后面会讨论。

任何实现 Iterable 接口的数据结构都可以被实现 Iterator 接口的结构"消费"（consume）。**迭代器**（iterator）是按需创建的一次性对象。每个迭代器都会关联一个**可迭代对象**，而迭代器会暴露迭代其关联可迭代对象的 API。迭代器无须了解与其关联的可迭代对象的结构，只需要知道如何取得连续的值。这种概念上的分离正是 Iterable 和 Iterator 的强大之处。

7.2.1　可迭代协议

实现 Iterable 接口（可迭代协议）要求同时具备两种能力：支持迭代的自我识别能力和创建实现 Iterator 接口的对象的能力。在 ECMAScript 中，这意味着必须暴露一个属性作为"默认迭代器"，而且这个属性必须使用特殊的 Symbol.iterator 作为键。这个默认迭代器属性必须引用一个迭代器工厂函数，调用这个工厂函数必须返回一个新迭代器。

很多内置类型都实现了 Iterable 接口：

❑ 字符串
❑ 数组

❑ 映射

❑ 集合

❑ `arguments` 对象

❑ `NodeList` 等 DOM 集合类型

检查是否存在默认迭代器属性可以暴露这个工厂函数：

```
let num = 1;
let obj = {};
```

```
// 这两种类型没有实现迭代器工厂函数
console.log(num[Symbol.iterator]); // undefined
console.log(obj[Symbol.iterator]); // undefined

let str = 'abc';
let arr = ['a', 'b', 'c'];
let map = new Map().set('a', 1).set('b', 2).set('c', 3);
let set = new Set().add('a').add('b').add('c');
let els = document.querySelectorAll('div');

// 这些类型都实现了迭代器工厂函数
console.log(str[Symbol.iterator]); // f values() { [native code] }
console.log(arr[Symbol.iterator]); // f values() { [native code] }
console.log(map[Symbol.iterator]); // f values() { [native code] }
console.log(set[Symbol.iterator]); // f values() { [native code] }
console.log(els[Symbol.iterator]); // f values() { [native code] }

// 调用这个工厂函数会生成一个迭代器
console.log(str[Symbol.iterator]()); // StringIterator {}
console.log(arr[Symbol.iterator]()); // ArrayIterator {}
console.log(map[Symbol.iterator]()); // MapIterator {}
console.log(set[Symbol.iterator]()); // SetIterator {}
console.log(els[Symbol.iterator]()); // ArrayIterator {}
```

实际写代码过程中，不需要显式调用这个工厂函数来生成迭代器。实现可迭代协议的所有类型都会自动兼容接收可迭代对象的任何语言特性。接收可迭代对象的原生语言特性包括：

❑ `for-of` 循环

❑ 数组解构

❑ 扩展操作符

❑ `Array.from()`

❑ 创建集合

❑ 创建映射

❑ `Promise.all()`接收由期约组成的可迭代对象

❑ `Promise.race()`接收由期约组成的可迭代对象

❑ `yield*`操作符，在生成器中使用

这些原生语言结构会在后台调用提供的可迭代对象的这个工厂函数，从而创建一个迭代器：

```
let arr = ['foo', 'bar', 'baz'];

// for-of 循环
for (let el of arr) {
  console.log(el);
}
```

```
// foo
// bar
// baz

// 数组解构
let [a, b, c] = arr;
console.log(a, b, c); // foo, bar, baz

// 扩展操作符
let arr2 = [...arr];
console.log(arr2); // ['foo', 'bar', 'baz']

// Array.from()
let arr3 = Array.from(arr);
console.log(arr3); // ['foo', 'bar', 'baz']

// Set 构造函数
let set = new Set(arr);
console.log(set); // Set(3) {'foo', 'bar', 'baz'}

// Map 构造函数
let pairs = arr.map((x, i) => [x, i]);
console.log(pairs); // [['foo', 0], ['bar', 1], ['baz', 2]]
let map = new Map(pairs);
console.log(map); // Map(3) { 'foo'=>0, 'bar'=>1, 'baz'=>2 }
```

如果对象原型链上的父类实现了 Iterable 接口，那这个对象也就实现了这个接口：

```
class FooArray extends Array {}
let fooArr = new FooArray('foo', 'bar', 'baz');

for (let el of fooArr) {
  console.log(el);
}
// foo
// bar
// baz
```

7.2.2　迭代器协议

迭代器是一种一次性使用的对象，用于迭代与其关联的可迭代对象。迭代器 API 使用 next()方法在可迭代对象中遍历数据。每次成功调用 next()，都会返回一个 IteratorResult 对象，其中包含迭代器返回的下一个值。若不调用 next()，则无法知道迭代器的当前位置。

next()方法返回的迭代器对象 IteratorResult 包含两个属性：done 和 value。done 是一个布尔值，表示是否还可以再次调用 next()取得下一个值；value 包含可迭代对象的下一个值（done 为 false），或者 undefined（done 为 true）。done: true 状态称为"耗尽"。可以通过以下简单的数组来演示：

```
// 可迭代对象
let arr = ['foo', 'bar'];

// 迭代器工厂函数
console.log(arr[Symbol.iterator]); // f values() { [native code] }

// 迭代器
```

```
let iter = arr[Symbol.iterator]();
console.log(iter); // ArrayIterator {}

// 执行迭代
console.log(iter.next()); // { done: false, value: 'foo' }
console.log(iter.next()); // { done: false, value: 'bar' }
console.log(iter.next()); // { done: true, value: undefined }
```

这里通过创建迭代器并调用 next()方法按顺序迭代了数组，直至不再产生新值。迭代器并不知道怎么从可迭代对象中取得下一个值，也不知道可迭代对象有多大。只要迭代器到达 done: true 状态，后续调用 next()就一直返回同样的值了：

```
let arr = ['foo'];
let iter = arr[Symbol.iterator]();
console.log(iter.next()); // { done: false, value: 'foo' }
console.log(iter.next()); // { done: true, value: undefined }
console.log(iter.next()); // { done: true, value: undefined }
console.log(iter.next()); // { done: true, value: undefined }
```

每个迭代器都表示对可迭代对象的一次性有序遍历。不同迭代器的实例相互之间没有联系，只会独立地遍历可迭代对象：

```
let arr = ['foo', 'bar'];
let iter1 = arr[Symbol.iterator]();
let iter2 = arr[Symbol.iterator]();

console.log(iter1.next()); // { done: false, value: 'foo' }
console.log(iter2.next()); // { done: false, value: 'foo' }
console.log(iter2.next()); // { done: false, value: 'bar' }
console.log(iter1.next()); // { done: false, value: 'bar' }
```

迭代器并不与可迭代对象某个时刻的快照绑定，而仅仅是使用游标来记录遍历可迭代对象的历程。如果可迭代对象在迭代期间被修改了，那么迭代器也会反映相应的变化：

```
let arr = ['foo', 'baz'];
let iter = arr[Symbol.iterator]();

console.log(iter.next()); // { done: false, value: 'foo' }

// 在数组中间插入值
arr.splice(1, 0, 'bar');

console.log(iter.next()); // { done: false, value: 'bar' }
console.log(iter.next()); // { done: false, value: 'baz' }
console.log(iter.next()); // { done: true, value: undefined }
```

> **注意** 迭代器维护着一个指向可迭代对象的引用，因此迭代器会阻止垃圾回收程序回收可迭代对象。

"迭代器"的概念有时候容易模糊，因为它可以指通用的迭代，也可以指接口，还可以指正式的迭代器类型。下面的例子比较了一个显式的迭代器实现和一个原生的迭代器实现。

```
// 这个类实现了可迭代接口（Iterable）
// 调用默认的迭代器工厂函数会返回
// 一个实现迭代器接口（Iterator）的迭代器对象
class Foo {
```

```
  [Symbol.iterator]() {
    return {
      next() {
        return { done: false, value: 'foo' };
      }
    }
  }
}
let f = new Foo();

// 打印出实现了迭代器接口的对象
console.log(f[Symbol.iterator]()); // { next: f() {} }

// Array 类型实现了可迭代接口 (Iterable)
// 调用 Array 类型的默认迭代器工厂函数
// 会创建一个 ArrayIterator 的实例
let a = new Array();

// 打印出 ArrayIterator 的实例
console.log(a[Symbol.iterator]()); // Array Iterator {}
```

7.2.3　自定义迭代器

与 Iterable 接口类似，任何实现 Iterator 接口的对象都可以作为迭代器使用。下面这个例子中的 Counter 类只能被迭代一定的次数：

```
class Counter {
  // Counter 的实例应该迭代 limit 次
  constructor(limit) {
    this.count = 1;
    this.limit = limit;
  }

  next() {
    if (this.count <= this.limit) {
      return { done: false, value: this.count++ };
    } else {
      return { done: true, value: undefined };
    }
  }
  [Symbol.iterator]() {
    return this;
  }
}

let counter = new Counter(3);

for (let i of counter) {
  console.log(i);
}
// 1
// 2
// 3
```

这个类实现了 Iterator 接口，但不理想。这是因为它的每个实例只能被迭代一次：

```
for (let i of counter) { console.log(i); }
// 1
```

```
// 2
// 3

for (let i of counter) { console.log(i); }
// (nothing logged)
```

为了让一个可迭代对象能够创建多个迭代器，必须每创建一个迭代器就对应一个新计数器。为此，可以把计数器变量放到闭包里，然后通过闭包返回迭代器：

```
class Counter {
  constructor(limit) {
    this.limit = limit;
  }

  [Symbol.iterator]() {
    let count = 1,
        limit = this.limit;
    return {
      next() {
        if (count <= limit) {
          return { done: false, value: count++ };
        } else {
          return { done: true, value: undefined };
        }
      }
    };
  }
}

let counter = new Counter(3);

for (let i of counter) { console.log(i); }
// 1
// 2
// 3

for (let i of counter) { console.log(i); }
// 1
// 2
// 3
```

每个以这种方式创建的迭代器也实现了 Iterable 接口。Symbol.iterator 属性引用的工厂函数会返回相同的迭代器：

```
let arr = ['foo', 'bar', 'baz'];
let iter1 = arr[Symbol.iterator]();

console.log(iter1[Symbol.iterator]);  // f values() { [native code] }

let iter2 = iter1[Symbol.iterator]();

console.log(iter1 === iter2);          // true
```

因为每个迭代器也实现了 Iterable 接口，所以它们可以用在任何期待可迭代对象的地方，比如 for-of 循环：

```
let arr = [3, 1, 4];
let iter = arr[Symbol.iterator]();
```

```
for (let item of arr ) { console.log(item); }
// 3
// 1
// 4

for (let item of iter ) { console.log(item); }
// 3
// 1
// 4
```

7.2.4   提前终止迭代器

可选的 return() 方法用于指定在迭代器提前关闭时执行的逻辑。执行迭代的结构在想让迭代器知道它不想遍历到可迭代对象耗尽时，就可以"关闭"迭代器。可能的情况包括：

❑ for-of 循环通过 break、continue、return 或 throw 提前退出；

❑ 解构操作并未消费所有值。

return() 方法必须返回一个有效的 IteratorResult 对象。简单情况下，可以只返回 { done: true }。因为这个返回值只会用在生成器的上下文中，所以本章后面再讨论这种情况。

如下面的代码所示，内置语言结构在发现还有更多值可以迭代，但不会消费这些值时，会自动调用 return() 方法。

```
class Counter {
  constructor(limit) {
    this.limit = limit;
  }

  [Symbol.iterator]() {
    let count = 1,
      limit = this.limit;
    return {
      next() {
        if (count <= limit) {
          return { done: false, value: count++ };
        } else {
          return { done: true };
        }
      },
      return() {
        console.log('Exiting early');
        return { done: true };
      }
    };
  }
}


let counter1 = new Counter(5);

for (let i of counter1) {
  if (i > 2) {
    break;
  }
  console.log(i);
}
```

```
// 1
// 2
// Exiting early

let counter2 = new Counter(5);

try {
  for (let i of counter2) {
    if (i > 2) {
      throw 'err';
    }
    console.log(i);
  }
} catch(e) {}
// 1
// 2
// Exiting early

let counter3 = new Counter(5);

let [a, b] = counter3;
// Exiting early
```

如果迭代器没有关闭，则还可以继续从上次离开的地方继续迭代。比如，数组的迭代器就是不能关闭的：

```
let a = [1, 2, 3, 4, 5];
let iter = a[Symbol.iterator]();

for (let i of iter) {
  console.log(i);
  if (i > 2) {
    break
  }
}
// 1
// 2
// 3

for (let i of iter) {
  console.log(i);
}
// 4
// 5
```

因为 return() 方法是可选的，所以并非所有迭代器都是可关闭的。要知道某个迭代器是否可关闭，可以测试这个迭代器实例的 return 属性是不是函数对象。不过，仅仅给一个不可关闭的迭代器增加这个方法**并不能**让它变成可关闭的。这是因为调用 return() 不会强制迭代器进入关闭状态。即便如此，return() 方法还是会被调用。

```
let a = [1, 2, 3, 4, 5];
let iter = a[Symbol.iterator]();

iter.return = function() {
  console.log('Exiting early');
  return { done: true };
```

```
};

for (let i of iter) {
  console.log(i);
  if (i > 2) {
    break
  }
}
// 1
// 2
// 3
// 提前退出

for (let i of iter) {
  console.log(i);
}
// 4
// 5
```

7.3   生成器

生成器是 ECMAScript 6 新增的一个极为灵活的结构，拥有在一个函数块内暂停和恢复代码执行的能力。这种新能力具有深远的影响，比如，使用生成器可以自定义迭代器和实现协程。

7.3.1   生成器基础

生成器的形式是一个函数，函数名称前面加一个星号（ * ）表示它是一个生成器。只要是可以定义函数的地方，就可以定义生成器。

```
// 生成器函数声明
function* generatorFn() {}

// 生成器函数表达式
let generatorFn = function* () {}

// 作为对象字面量方法的生成器函数
let foo = {
  * generatorFn() {}
}

// 作为类实例方法的生成器函数
class Foo {
  * generatorFn() {}
}

// 作为类静态方法的生成器函数
class Bar {
  static * generatorFn() {}
}
```

> **注意**   箭头函数不能用来定义生成器函数。

标识生成器函数的星号不受两侧空格的影响：

```
// 等价的生成器函数:
function* generatorFnA() {}
function *generatorFnB() {}
function * generatorFnC() {}

// 等价的生成器方法:
class Foo {
  *generatorFnD() {}
  * generatorFnE() {}
}
```

调用生成器函数会产生一个**生成器对象**。生成器对象一开始处于暂停执行(suspended)的状态。与迭代器相似,生成器对象也实现了 Iterator 接口,因此具有 next()方法。调用这个方法会让生成器开始或恢复执行。

```
function* generatorFn() {}

const g = generatorFn();

console.log(g);        // generatorFn {<suspended>}
console.log(g.next);   // f next() { [native code] }
```

next()方法的返回值类似于迭代器,有一个 done 属性和一个 value 属性。函数体为空的生成器函数中间不会停留,调用一次 next()就会让生成器到达 done: true 状态。

```
function* generatorFn() {}

let generatorObject = generatorFn();

console.log(generatorObject);          // generatorFn {<suspended>}
console.log(generatorObject.next());   // { done: true, value: undefined }
```

value 属性是生成器函数的返回值,默认值为 undefined,可以通过生成器函数的返回值指定:

```
function* generatorFn() {
  return 'foo';
}

let generatorObject = generatorFn();

console.log(generatorObject);          // generatorFn {<suspended>}
console.log(generatorObject.next());   // { done: true, value: 'foo' }
```

生成器函数只会在初次调用 next()方法后开始执行,如下所示:

```
function* generatorFn() {
  console.log('foobar');
}

// 初次调用生成器函数并不会打印日志
let generatorObject = generatorFn();

generatorObject.next();  // foobar
```

生成器对象实现了 Iterable 接口,它们默认的迭代器是自引用的:

```
function* generatorFn() {}

console.log(generatorFn);
// f* generatorFn() {}
console.log(generatorFn()[Symbol.iterator]);
```

```
// f [Symbol.iterator]() {native code}
console.log(generatorFn());
// generatorFn {<suspended>}
console.log(generatorFn()[Symbol.iterator]());
// generatorFn {<suspended>}

const g = generatorFn();

console.log(g === g[Symbol.iterator]());
// true
```

7.3.2　通过 yield 中断执行

yield 关键字可以让生成器停止和开始执行，也是生成器最有用的地方。生成器函数在遇到 yield 关键字之前会正常执行。遇到这个关键字后，执行会停止，函数作用域的状态会被保留。停止执行的生成器函数只能通过在生成器对象上调用 next() 方法来恢复执行：

```
function* generatorFn() {
  yield;
}

let generatorObject = generatorFn();

console.log(generatorObject.next());  // { done: false, value: undefined }
console.log(generatorObject.next());  // { done: true, value: undefined }
```

此时的 yield 关键字有点像函数的中间返回语句，它生成的值会出现在 next() 方法返回的对象里。通过 yield 关键字退出的生成器函数会处在 done: false 状态；通过 return 关键字退出的生成器函数会处于 done: true 状态。

```
function* generatorFn() {
  yield 'foo';
  yield 'bar';
  return 'baz';
}

let generatorObject = generatorFn();

console.log(generatorObject.next());  // { done: false, value: 'foo' }
console.log(generatorObject.next());  // { done: false, value: 'bar' }
console.log(generatorObject.next());  // { done: true, value: 'baz' }
```

生成器函数内部的执行流程会针对每个生成器对象区分作用域。在一个生成器对象上调用 next() 不会影响其他生成器：

```
function* generatorFn() {
  yield 'foo';
  yield 'bar';
  return 'baz';
}

let generatorObject1 = generatorFn();
let generatorObject2 = generatorFn();

console.log(generatorObject1.next()); // { done: false, value: 'foo' }
console.log(generatorObject2.next()); // { done: false, value: 'foo' }
```

```
console.log(generatorObject2.next()); // { done: false, value: 'bar' }
console.log(generatorObject1.next()); // { done: false, value: 'bar' }
```

yield 关键字只能在生成器函数内部使用，用在其他地方会抛出错误。类似函数的 return 关键字，yield 关键字必须直接位于生成器函数定义中，出现在嵌套的非生成器函数中会抛出语法错误：

```
// 有效
function* validGeneratorFn() {
  yield;
}

// 无效
function* invalidGeneratorFnA() {
  function a() {
    yield;
  }
}

// 无效
function* invalidGeneratorFnB() {
  const b = () => {
    yield;
  }
}

// 无效
function* invalidGeneratorFnC() {
  (() => {
    yield;
  })();
}
```

1. 生成器对象作为可迭代对象

在生成器对象上显式调用 next() 方法的用处并不大。其实，如果把生成器对象当成可迭代对象，那么使用起来会更方便：

```
function* generatorFn() {
  yield 1;
  yield 2;
  yield 3;
}

for (const x of generatorFn()) {
  console.log(x);
}
// 1
// 2
// 3
```

在需要自定义迭代对象时，这样使用生成器对象会特别有用。比如，我们需要定义一个可迭代对象，而它会产生一个迭代器，这个迭代器会执行指定的次数。使用生成器，可以通过一个简单的循环来实现：

```
function* nTimes(n) {
  while(n--) {
    yield;
  }
}
```

```
for (let _ of nTimes(3)) {
  console.log('foo');
}
// foo
// foo
// foo
```

传给生成器的函数可以控制迭代循环的次数。在 n 为 0 时，while 条件为假，循环退出，生成器函数返回。

2. 使用 yield 实现输入和输出

除了可以作为函数的中间返回语句使用，yield 关键字还可以作为函数的中间参数使用。上一次让生成器函数暂停的 yield 关键字会接收到传给 next() 方法的第一个值。这里有个地方不太好理解——第一次调用 next() 传入的值不会被使用，因为这一次调用是为了开始执行生成器函数：

```
function* generatorFn(initial) {
  console.log(initial);
  console.log(yield);
  console.log(yield);
}

let generatorObject = generatorFn('foo');

generatorObject.next('bar');  // foo
generatorObject.next('baz');  // baz
generatorObject.next('qux');  // qux
```

yield 关键字可以同时用于输入和输出，如下例所示：

```
function* generatorFn() {
  return yield 'foo';
}

let generatorObject = generatorFn();

console.log(generatorObject.next());      // { done: false, value: 'foo' }
console.log(generatorObject.next('bar')); // { done: true, value: 'bar' }
```

因为函数必须对整个表达式求值才能确定要返回的值，所以它在遇到 yield 关键字时暂停执行并计算出要产生的值："foo"。下一次调用 next() 传入了 "bar"，作为交给同一个 yield 的值。然后这个值被确定为本次生成器函数要返回的值。

yield 关键字并非只能使用一次。比如，以下代码就定义了一个无穷计数生成器函数：

```
function* generatorFn() {
  for (let i = 0;;++i) {
    yield i;
  }
}

let generatorObject = generatorFn();

console.log(generatorObject.next().value);  // 0
console.log(generatorObject.next().value);  // 1
console.log(generatorObject.next().value);  // 2
console.log(generatorObject.next().value);  // 3
console.log(generatorObject.next().value);  // 4
console.log(generatorObject.next().value);  // 5
...
```

假设我们想定义一个生成器函数，它会根据配置的值迭代相应次数并产生迭代的索引。初始化一个新数组可以实现这个需求，但不用数组也可以实现同样的行为：

```
function* nTimes(n) {
  for (let i = 0; i < n; ++i) {
    yield i;
  }
}

for (let x of nTimes(3)) {
  console.log(x);
}
// 0
// 1
// 2
```

另外，使用 while 循环也可以，而且代码稍微简洁一点：

```
function* nTimes(n) {
  let i = 0;
  while(n--) {
    yield i++;
  }
}

for (let x of nTimes(3)) {
  console.log(x);
}
// 0
// 1
// 2
```

这样使用生成器也可以实现范围和填充数组：

```
function* range(start, end) {
  while(end > start) {
    yield start++;
  }
}

for (const x of range(4, 7)) {
  console.log(x);
}
// 4
// 5
// 6

function* zeroes(n) {
  while(n--) {
    yield 0;
  }
}

console.log(Array.from(zeroes(8))); // [0, 0, 0, 0, 0, 0, 0, 0]
```

3. 产生可迭代对象
可以使用星号增强 yield 的行为，让它能够迭代一个可迭代对象，从而一次产出一个值：

```
// 等价的 generatorFn:
// function* generatorFn() {
//    for (const x of [1, 2, 3]) {
//      yield x;
//    }
// }
function* generatorFn() {
  yield* [1, 2, 3];
}

let generatorObject = generatorFn();

for (const x of generatorFn()) {
  console.log(x);
}
// 1
// 2
// 3
```

与生成器函数的星号类似，yield 星号两侧的空格不影响其行为：

```
function* generatorFn() {
  yield* [1, 2];
  yield *[3, 4];
  yield * [5, 6];
}

for (const x of generatorFn()) {
  console.log(x);
}
// 1
// 2
// 3
// 4
// 5
// 6
```

因为 yield* 实际上只是将一个可迭代对象序列化为一连串可以单独产出的值，所以这跟把 yield 放到一个循环里没什么不同。下面两个生成器函数的行为是等价的：

```
function* generatorFnA() {
  for (const x of [1, 2, 3]) {
    yield x;
  }
}

for (const x of generatorFnA()) {
  console.log(x);
}
// 1
// 2
// 3

function* generatorFnB() {
  yield* [1, 2, 3];
}

for (const x of generatorFnB()) {
  console.log(x);
}
```

```
// 1
// 2
// 3
```

yield*的值是关联迭代器返回 done: true 时的 value 属性。对于普通迭代器来说，这个值是
undefined：

```
function* generatorFn() {
  console.log('iter value:', yield* [1, 2, 3]);
}

for (const x of generatorFn()) {
  console.log('value:', x);
}
// value: 1
// value: 2
// value: 3
// iter value: undefined
```

对于生成器函数产生的迭代器来说，这个值就是生成器函数返回的值：

```
function* innerGeneratorFn() {
  yield 'foo';
  return 'bar';
}
function* outerGeneratorFn(genObj) {
  console.log('iter value:', yield* innerGeneratorFn());
}

for (const x of outerGeneratorFn()) {
  console.log('value:', x);
}
// value: foo
// iter value: bar
```

4. 使用 yield*实现递归算法

yield*最有用的地方是实现递归操作，此时生成器可以产生自身。看下面的例子：

```
function* nTimes(n) {
  if (n > 0) {
    yield* nTimes(n - 1);
    yield n - 1;
  }
}

for (const x of nTimes(3)) {
  console.log(x);
}
// 0
// 1
// 2
```

在这个例子中，每个生成器首先都会从新创建的生成器对象产出每个值，然后再产出一个整数。结
果就是生成器函数会递归地减少计数器值，并实例化另一个生成器对象。从最顶层来看，这就相当于创
建一个可迭代对象并返回递增的整数。

使用递归生成器结构和 yield*可以优雅地表达递归算法。下面是一个图的实现，用于生成一个随
机的双向图：

```
class Node {
  constructor(id) {
    this.id = id;
    this.neighbors = new Set();
  }

  connect(node) {
    if (node !== this) {
      this.neighbors.add(node);
      node.neighbors.add(this);
    }
  }
}

class RandomGraph {
  constructor(size) {
    this.nodes = new Set();

    // 创建节点
    for (let i = 0; i < size; ++i) {
      this.nodes.add(new Node(i));
    }

    // 随机连接节点
    const threshold = 1 / size;
    for (const x of this.nodes) {
      for (const y of this.nodes) {
        if (Math.random() < threshold) {
          x.connect(y);
        }
      }
    }
  }

  // 这个方法仅用于调试
  print() {
    for (const node of this.nodes) {
      const ids = [...node.neighbors]
                    .map((n) => n.id)
                    .join(',');

      console.log(`${node.id}: ${ids}`);
    }
  }
}

const g = new RandomGraph(6);

g.print();
// 示例输出:
// 0: 2,3,5
// 1: 2,3,4,5
// 2: 1,3
// 3: 0,1,2,4
// 4: 2,3
// 5: 0,4
```

图数据结构非常适合递归遍历,而递归生成器恰好非常合用。为此,生成器函数必须接收一个可迭代对象,产出该对象中的每一个值,并且对每个值进行递归。这个实现可以用来测试某个图是否连通,即是否没有不可到达的节点。只要从一个节点开始，然后尽力访问每个节点就可以了。结果就得到了一个非常简洁的深度优先遍历：

```
class Node {
  constructor(id) {
    ...
  }

  connect(node) {
    ...
  }
}

class RandomGraph {
  constructor(size) {
    ...
  }

  print() {
    ...
  }

  isConnected() {
    const visitedNodes = new Set();

    function* traverse(nodes) {
      for (const node of nodes) {
        if (!visitedNodes.has(node)) {
          yield node;
          yield* traverse(node.neighbors);
        }
      }
    }

    // 取得集合中的第一个节点
    const firstNode = this.nodes[Symbol.iterator]().next().value;

    // 使用递归生成器迭代每个节点
    for (const node of traverse([firstNode])) {
      visitedNodes.add(node);
    }

    return visitedNodes.size === this.nodes.size;
  }
}
```

7.3.3 生成器作为默认迭代器

因为生成器对象实现了 Iterable 接口，而且生成器函数和默认迭代器被调用之后都产生迭代器，所以生成器格外适合作为默认迭代器。下面是一个简单的例子，这个类的默认迭代器可以用一行代码产出类的内容：

```
class Foo {
  constructor() {
    this.values = [1, 2, 3];
  }
```

```
    * [Symbol.iterator]() {
      yield* this.values;
    }
  }

  const f = new Foo();
  for (const x of f) {
    console.log(x);
  }
  // 1
  // 2
  // 3
```

这里，`for-of` 循环调用了默认迭代器（它恰好又是一个生成器函数）并产生了一个生成器对象。这个生成器对象是可迭代的，所以完全可以在迭代中使用。

7.3.4 提前终止生成器

与迭代器类似，生成器也支持“可关闭”的概念。一个实现 `Iterator` 接口的对象一定有 `next()` 方法，还有一个可选的 `return()` 方法用于提前终止迭代器。生成器对象除了有这两个方法，还有第三个方法：`throw()`。

```
function* generatorFn() {}

const g = generatorFn();

console.log(g);          // generatorFn {<suspended>}
console.log(g.next);     // f next() { [native code] }
console.log(g.return);   // f return() { [native code] }
console.log(g.throw);    // f throw() { [native code] }
```

`return()` 和 `throw()` 方法都可以用于强制生成器进入关闭状态。

1. return()

`return()` 方法会强制生成器进入关闭状态。提供给 `return()` 方法的值，就是终止迭代器对象的值：

```
function* generatorFn() {
  for (const x of [1, 2, 3]) {
    yield x;
  }
}

const g = generatorFn();

console.log(g);             // generatorFn {<suspended>}
console.log(g.return(4));   // { done: true, value: 4 }
console.log(g);             // generatorFn {<closed>}
```

与迭代器不同，所有生成器对象都有 `return()` 方法，只要通过它进入关闭状态，就无法恢复了。后续调用 `next()` 会显示 `done: true` 状态，而提供的任何返回值都不会被存储或传播：

```
function* generatorFn() {
  for (const x of [1, 2, 3]) {
    yield x;
  }
}
```

```
const g = generatorFn();

console.log(g.next());    // { done: false, value: 1 }
console.log(g.return(4)); // { done: true, value: 4 }
console.log(g.next());    // { done: true, value: undefined }
console.log(g.next());    // { done: true, value: undefined }
console.log(g.next());    // { done: true, value: undefined }
```

for-of 循环等内置语言结构会忽略状态为 done: true 的 IteratorObject 内部返回的值。

```
function* generatorFn() {
  for (const x of [1, 2, 3]) {
    yield x;
  }
}

const g = generatorFn();

for (const x of g) {
  if (x > 1) {
    g.return(4);
  }
  console.log(x);
}
// 1
// 2
```

2. throw()

throw() 方法会在暂停的时候将一个提供的错误注入到生成器对象中。如果错误未被处理，生成器就会关闭：

```
function* generatorFn() {
  for (const x of [1, 2, 3]) {
    yield x;
  }
}

const g = generatorFn();

console.log(g);    // generatorFn {<suspended>}
try {
  g.throw('foo');
} catch (e) {
  console.log(e); // foo
}
console.log(g);    // generatorFn {<closed>}
```

不过，假如生成器函数**内部**处理了这个错误，那么生成器就不会关闭，而且还可以恢复执行。错误处理会跳过对应的 yield，因此在这个例子中会跳过一个值。比如：

```
function* generatorFn() {
  for (const x of [1, 2, 3]) {
    try {
      yield x;
    } catch(e) {}
  }
}
```

```
const g = generatorFn();

console.log(g.next()); // { done: false, value: 1}
g.throw('foo');
console.log(g.next()); // { done: false, value: 3}
```

在这个例子中，生成器在 try/catch 块中的 yield 关键字处暂停执行。在暂停期间，throw()方法向生成器对象内部注入了一个错误：字符串"foo"。这个错误会被 yield 关键字抛出。因为错误是在生成器的 try/catch 块中抛出的，所以仍然在生成器内部被捕获。可是，由于 yield 抛出了那个错误，生成器就不会再产出值 2。此时，生成器函数继续执行，在下一次迭代再次遇到 yield 关键字时产出了值 3。

> **注意**　如果生成器对象还没有开始执行，那么调用 throw()抛出的错误不会在函数内部被捕获，因为这相当于在函数块外部抛出了错误。

7.4　小结

迭代是一种所有编程语言中都可以看到的模式。ECMAScript 6 正式支持迭代模式并引入了两个新的语言特性：迭代器和生成器。

迭代器是一个可以由任意对象实现的接口，支持连续获取对象产出的每一个值。任何实现 Iterable 接口的对象都有一个 Symbol.iterator 属性，这个属性引用默认迭代器。默认迭代器就像一个迭代器工厂，也就是一个函数，调用之后会产生一个实现 Iterator 接口的对象。

迭代器必须通过连续调用 next()方法才能连续取得值，这个方法返回一个 IteratorObject。这个对象包含一个 done 属性和一个 value 属性。前者是一个布尔值，表示是否还有更多值可以访问；后者包含迭代器返回的当前值。这个接口可以通过手动反复调用 next()方法来消费，也可以通过原生消费者，比如 for-of 循环来自动消费。

生成器是一种特殊的函数，调用之后会返回一个生成器对象。生成器对象实现了 Iterable 接口，因此可用在任何消费可迭代对象的地方。生成器的独特之处在于支持 yield 关键字，这个关键字能够暂停执行生成器函数。使用 yield 关键字还可以通过 next()方法接收输入和产生输出。在加上星号之后，yield 关键字可以将跟在它后面的可迭代对象序列化为一连串值。

第 **8** 章
对象、类与面向对象编程

本章内容
- ❏ 理解对象
- ❏ 理解对象创建过程
- ❏ 理解继承
- ❏ 理解类

视频讲解

ECMA-262 将对象定义为一组属性的无序集合。严格来说，这意味着对象就是一组没有特定顺序的值。对象的每个属性或方法都由一个名称来标识，这个名称映射到一个值。正因为如此（以及其他还未讨论的原因），可以把 ECMAScript 的对象想象成一张散列表，其中的内容就是一组名/值对，值可以是数据或者函数。

8.1 理解对象

创建自定义对象的通常方式是创建 `Object` 的一个新实例，然后再给它添加属性和方法，如下例所示：

```
let person = new Object();
person.name = "Nicholas";
person.age = 29;
person.job = "Software Engineer";
person.sayName = function() {
  console.log(this.name);
};
```

这个例子创建了一个名为 `person` 的对象，而且有三个属性（`name`、`age` 和 `job`）和一个方法（`sayName()`）。`sayName()`方法会显示 `this.name` 的值，这个属性会解析为 `person.name`。早期 JavaScript 开发者频繁使用这种方式创建新对象。几年后，对象字面量变成了更流行的方式。前面的例子如果使用对象字面量则可以这样写：

```
let person = {
  name: "Nicholas",
  age: 29,
  job: "Software Engineer",
  sayName() {
    console.log(this.name);
  }
};
```

这个例子中的 `person` 对象跟前面例子中的 `person` 对象是等价的，它们的属性和方法都一样。这些属性都有自己的特征，而这些特征决定了它们在 JavaScript 中的行为。

8.1.1 属性的类型

ECMA-262 使用一些内部特性来描述属性的特征。这些特性是由为 JavaScript 实现引擎的规范定义的。因此，开发者不能在 JavaScript 中直接访问这些特性。为了将某个特性标识为内部特性，规范会用两个中括号把特性的名称括起来，比如[[Enumerable]]。

属性分两种：数据属性和访问器属性。

1. 数据属性

数据属性包含一个保存数据值的位置。值会从这个位置读取，也会写入到这个位置。数据属性有 4 个特性描述它们的行为。

- ❏ [[Configurable]]：表示属性是否可以通过 delete 删除并重新定义，是否可以修改它的特性，以及是否可以把它改为访问器属性。默认情况下，所有直接定义在对象上的属性的这个特性都是 true，如前面的例子所示。
- ❏ [[Enumerable]]：表示属性是否可以通过 for-in 循环返回。默认情况下，所有直接定义在对象上的属性的这个特性都是 true，如前面的例子所示。
- ❏ [[Writable]]：表示属性的值是否可以被修改。默认情况下，所有直接定义在对象上的属性的这个特性都是 true，如前面的例子所示。
- ❏ [[Value]]：包含属性实际的值。这就是前面提到的那个读取和写入属性值的位置。这个特性的默认值为 undefined。

在像前面例子中那样将属性显式添加到对象之后，[[Configurable]]、[[Enumerable]]和[[Writable]]都会被设置为 true，而[[Value]]特性会被设置为指定的值。比如：

```
let person = {
  name: "Nicholas"
};
```

这里，我们创建了一个名为 name 的属性，并给它赋予了一个值"Nicholas"。这意味着[[Value]]特性会被设置为"Nicholas"，之后对这个值的任何修改都会保存这个位置。

要修改属性的默认特性，就必须使用 Object.defineProperty()方法。这个方法接收 3 个参数：要给其添加属性的对象、属性的名称和一个描述符对象。最后一个参数，即描述符对象上的属性可以包含：configurable、enumerable、writable 和 value，跟相关特性的名称一一对应。根据要修改的特性，可以设置其中一个或多个值。比如：

```
let person = {};
Object.defineProperty(person, "name", {
  writable: false,
  value: "Nicholas"
});
console.log(person.name); // "Nicholas"
person.name = "Greg";
console.log(person.name); // "Nicholas"
```

这个例子创建了一个名为 name 的属性并给它赋予了一个只读的值"Nicholas"。这个属性的值就不能再修改了，在非严格模式下尝试给这个属性重新赋值会被忽略。在严格模式下，尝试修改只读属性的值会抛出错误。

类似的规则也适用于创建不可配置的属性。比如：

```
let person = {};
Object.defineProperty(person, "name", {
  configurable: false,
  value: "Nicholas"
});
console.log(person.name); // "Nicholas"
delete person.name;
console.log(person.name); // "Nicholas"
```

这个例子把 `configurable` 设置为 `false`，意味着这个属性不能从对象上删除。非严格模式下对这个属性调用 `delete` 没有效果，严格模式下会抛出错误。此外，一个属性被定义为不可配置之后，就不能再变回可配置的了。再次调用 `Object.defineProperty()` 并修改任何非 `writable` 属性会导致错误：

```
let person = {};
Object.defineProperty(person, "name", {
  configurable: false,
  value: "Nicholas"
});

// 抛出错误
Object.defineProperty(person, "name", {
  configurable: true,
  value: "Nicholas"
});
```

因此，虽然可以对同一个属性多次调用 `Object.defineProperty()`，但在把 `configurable` 设置为 `false` 之后就会受限制了。

在调用 `Object.defineProperty()` 时，`configurable`、`enumerable` 和 `writable` 的值如果不指定，则都默认为 `false`。多数情况下，可能都不需要 `Object.defineProperty()` 提供的这些强大的设置，但要理解 JavaScript 对象，就要理解这些概念。

2. 访问器属性

访问器属性不包含数据值。相反，它们包含一个获取（getter）函数和一个设置（setter）函数，不过这两个函数不是必需的。在读取访问器属性时，会调用获取函数，这个函数的责任就是返回一个有效的值。在写入访问器属性时，会调用设置函数并传入新值，这个函数必须决定对数据做出什么修改。访问器属性有 4 个特性描述它们的行为。

❑ [[Configurable]]：表示属性是否可以通过 `delete` 删除并重新定义，是否可以修改它的特性，以及是否可以把它改为数据属性。默认情况下，所有直接定义在对象上的属性的这个特性都是 `true`。

❑ [[Enumerable]]：表示属性是否可以通过 for-in 循环返回。默认情况下，所有直接定义在对象上的属性的这个特性都是 `true`。

❑ [[Get]]：获取函数，在读取属性时调用。默认值为 `undefined`。

❑ [[Set]]：设置函数，在写入属性时调用。默认值为 `undefined`。

访问器属性是不能直接定义的，必须使用 `Object.defineProperty()`。下面是一个例子：

```
// 定义一个对象，包含伪私有成员 year_和公共成员 edition
let book = {
  year_: 2017,
  edition: 1
```

```
  };

  Object.defineProperty(book, "year", {
    get() {
      return this.year_;
    },
    set(newValue) {
      if (newValue > 2017) {
        this.year_ = newValue;
        this.edition += newValue - 2017;
      }
    }
  });
  book.year = 2018;
  console.log(book.edition); // 2
```

在这个例子中，对象 book 有两个默认属性：year_ 和 edition。year_ 中的下划线常用来表示该属性并不希望在对象方法的外部被访问。另一个属性 year 被定义为一个访问器属性，其中获取函数简单地返回 year_ 的值，而设置函数会做一些计算以决定正确的版本（edition）。因此，把 year 属性修改为 2018 会导致 year_ 变成 2018，edition 变成 2。这是访问器属性的典型使用场景，即设置一个属性值会导致一些其他变化发生。

获取函数和设置函数不一定都要定义。只定义获取函数意味着属性是只读的，尝试修改属性会被忽略。在严格模式下，尝试写入只定义了获取函数的属性会抛出错误。类似地，只有一个设置函数的属性是不能读取的，非严格模式下读取会返回 undefined，严格模式下会抛出错误。

在不支持 Object.defineProperty() 的浏览器中没有办法修改 [[Configurable]] 或 [[Enumerable]]。

> 注意　在 ECMAScript 5 以前，开发者会使用两个非标准的访问创建访问器属性：__define-Getter__() 和 __defineSetter__()。这两个方法最早是 Firefox 引入的，后来 Safari、Chrome 和 Opera 也实现了。

8.1.2　定义多个属性

在一个对象上同时定义多个属性的可能性是非常大的。为此，ECMAScript 提供了 Object.define-Properties() 方法。这个方法可以通过多个描述符一次性定义多个属性。它接收两个参数：要为之添加或修改属性的对象和另一个描述符对象，其属性与要添加或修改的属性一一对应。比如：

```
  let book = {};
  Object.defineProperties(book, {
    year_: {
      value: 2017
    },

    edition: {
      value: 1
    },

    year: {
      get() {
        return this.year_;
      },
```

```
      set(newValue) {
        if (newValue > 2017) {
          this.year_ = newValue;
          this.edition += newValue - 2017;
        }
      }
    }
});
```

这段代码在 `book` 对象上定义了两个数据属性 `year_` 和 `edition`，还有一个访问器属性 `year`。最终的对象跟上一节示例中的一样。唯一的区别是所有属性都是同时定义的，并且数据属性的 `configurable`、`enumerable` 和 `writable` 特性值都是 `false`。

8.1.3 读取属性的特性

使用 `Object.getOwnPropertyDescriptor()` 方法可以取得指定属性的属性描述符。这个方法接收两个参数：属性所在的对象和要取得其描述符的属性名。返回值是一个对象，对于访问器属性包含 `configurable`、`enumerable`、`get` 和 `set` 属性，对于数据属性包含 `configurable`、`enumerable`、`writable` 和 `value` 属性。比如：

```
let book = {};
Object.defineProperties(book, {
  year_: {
    value: 2017
  },

  edition: {
    value: 1
  },

  year: {
    get: function() {
      return this.year_;
    },

    set: function(newValue){
      if (newValue > 2017) {
        this.year_ = newValue;
        this.edition += newValue - 2017;
      }
    }
  }
});

let descriptor = Object.getOwnPropertyDescriptor(book, "year_");
console.log(descriptor.value);          // 2017
console.log(descriptor.configurable);   // false
console.log(typeof descriptor.get);     // "undefined"
let descriptor = Object.getOwnPropertyDescriptor(book, "year");
console.log(descriptor.value);          // undefined
console.log(descriptor.enumerable);     // false
console.log(typeof descriptor.get);     // "function"
```

对于数据属性 `year_`，`value` 等于原来的值，`configurable` 是 `false`，`get` 是 `undefined`。对于访问器属性 `year`，`value` 是 `undefined`，`enumerable` 是 `false`，`get` 是一个指向获取函数的指针。

　　ECMAScript 2017 新增了 `Object.getOwnPropertyDescriptors()`静态方法。这个方法实际上会在每个自有属性上调用 `Object.getOwnPropertyDescriptor()`并在一个新对象中返回它们。对于前面的例子，使用这个静态方法会返回如下对象：

```
let book = {};
Object.defineProperties(book, {
  year_: {
    value: 2017
  },

  edition: {
    value: 1
  },

  year: {
    get: function() {
      return this.year_;
    },

    set: function(newValue){
      if (newValue > 2017) {
        this.year_ = newValue;
        this.edition += newValue - 2017;
      }
    }
  }
});

console.log(Object.getOwnPropertyDescriptors(book));
// {
//   edition: {
//     configurable: false,
//     enumerable: false,
//     value: 1,
//     writable: false
//   },
//   year: {
//     configurable: false,
//     enumerable: false,
//     get: f(),
//     set: f(newValue),
//   },
//   year_: {
//     configurable: false,
//     enumerable: false,
//     value: 2017,
//     writable: false
//   }
// }
```

8.1.4　合并对象

　　JavaScript 开发者经常觉得"合并"（merge）两个对象很有用。更具体地说，就是把源对象所有的本地属性一起复制到目标对象上。有时候这种操作也被称为"混入"（mixin），因为目标对象通过混入源对象的属性得到了增强。

　　ECMAScript 6 专门为合并对象提供了 `Object.assign()`方法。这个方法接收一个目标对象和一个或多个源对象作为参数，然后将每个源对象中可枚举(`Object.propertyIsEnumerable()`返回 `true`)和自有(`Object.hasOwnProperty()`返回 `true`)属性复制到目标对象。以字符串和符号为键的属性会被复制。对每个符合条件的属性，这个方法会使用源对象上的`[[Get]]`取得属性的值，然后使用目标对象上的`[[Set]]`设置属性的值。

```js
let dest, src, result;

/**
 * 简单复制
 */
dest = {};
src = { id: 'src' };

result = Object.assign(dest, src);

// Object.assign 修改目标对象
// 也会返回修改后的目标对象
console.log(dest === result); // true
console.log(dest !== src);    // true
console.log(result);          // { id: src }
console.log(dest);            // { id: src }


/**
 * 多个源对象
 */
dest = {};

result = Object.assign(dest, { a: 'foo' }, { b: 'bar' });

console.log(result); // { a: foo, b: bar }


/**
 * 获取函数与设置函数
 */
dest = {
  set a(val) {
    console.log(`Invoked dest setter with param ${val}`);
  }
};
src = {
  get a() {
    console.log('Invoked src getter');
    return 'foo';
  }
};

Object.assign(dest, src);
// 调用 src 的获取方法
// 调用 dest 的设置方法并传入参数"foo"
// 因为这里的设置函数不执行赋值操作
// 所以实际上并没有把值转移过来
console.log(dest); // { set a(val) {...} }
```

　　Object.assign()实际上对每个源对象执行的是浅复制。如果多个源对象都有相同的属性，则使用最后一个复制的值。此外，从源对象访问器属性取得的值，比如获取函数，会作为一个静态值赋给目标对象。换句话说，不能在两个对象间转移获取函数和设置函数。

```
let dest, src, result;

/**
 * 覆盖属性
 */
dest = { id: 'dest' };

result = Object.assign(dest, { id: 'src1', a: 'foo' }, { id: 'src2', b: 'bar' });

// Object.assign 会覆盖重复的属性
console.log(result); // { id: src2, a: foo, b: bar }

// 可以通过目标对象上的设置函数观察到覆盖的过程:
dest = {
  set id(x) {
    console.log(x);
  }
};

Object.assign(dest, { id: 'first' }, { id: 'second' }, { id: 'third' });
// first
// second
// third


/**
 * 对象引用
 */

dest = {};
src = { a: {} };

Object.assign(dest, src);

// 浅复制意味着只会复制对象的引用
console.log(dest);            // { a :{} }
console.log(dest.a === src.a);  // true
```

　　如果赋值期间出错，则操作会中止并退出，同时抛出错误。Object.assign()没有"回滚"之前赋值的概念，因此它是一个尽力而为、可能只会完成部分复制的方法。

```
let dest, src, result;

/**
 * 错误处理
 */
dest = {};
src = {
  a: 'foo',
  get b() {
    // Object.assign()在调用这个获取函数时会抛出错误
    throw new Error();
  },
```

```
    c: 'bar'
};

try {
  Object.assign(dest, src);
} catch(e) {}

// Object.assign()没办法回滚已经完成的修改
// 因此在抛出错误之前，目标对象上已经完成的修改会继续存在：
console.log(dest); // { a: foo }
```

8.1.5 对象标识及相等判定

在 ECMAScript 6 之前，有些特殊情况即使是===操作符也无能为力：

```
// 这些是===符合预期的情况
console.log(true === 1);   // false
console.log({} === {});    // false
console.log("2" === 2);    // false

// 这些情况在不同 JavaScript 引擎中表现不同，但仍被认为相等
console.log(+0 === -0);    // true
console.log(+0 === 0);     // true
console.log(-0 === 0);     // true

// 要确定 NaN 的相等性，必须使用极为讨厌的 isNaN()
console.log(NaN === NaN); // false
console.log(isNaN(NaN));   // true
```

为改善这类情况，ECMAScript 6 规范新增了 Object.is()，这个方法与===很像，但同时也考虑到了上述边界情形。这个方法必须接收两个参数：

```
console.log(Object.is(true, 1));   // false
console.log(Object.is({}, {}));    // false
console.log(Object.is("2", 2));    // false

// 正确的 0、-0、+0 相等/不等判定
console.log(Object.is(+0, -0));    // false
console.log(Object.is(+0, 0));     // true
console.log(Object.is(-0, 0));     // false

// 正确的 NaN 相等判定
console.log(Object.is(NaN, NaN)); // true
```

要检查超过两个值，递归地利用相等性传递即可：

```
function recursivelyCheckEqual(x, ...rest) {
  return Object.is(x, rest[0]) &&
         (rest.length < 2 || recursivelyCheckEqual(...rest));
}
```

8.1.6 增强的对象语法

ECMAScript 6 为定义和操作对象新增了很多极其有用的语法糖特性。这些特性都没有改变现有引擎的行为，但极大地提升了处理对象的方便程度。

本节介绍的所有对象语法同样适用于 ECMAScript 6 的类，本章后面会讨论。

> **注意**   相比于以往的替代方案，本节介绍的增强对象语法可以说是一骑绝尘。因此本章及本书会默认使用这些新语法特性。

1. 属性值简写

在给对象添加变量的时候，开发者经常会发现属性名和变量名是一样的。例如：

```
let name = 'Matt';

let person = {
  name: name
};

console.log(person); // { name: 'Matt' }
```

为此，简写属性名语法出现了。简写属性名只要使用变量名（不用再写冒号）就会自动被解释为同名的属性键。如果没有找到同名变量，则会抛出 `ReferenceError`。

以下代码和之前的代码是等价的：

```
let name = 'Matt';

let person = {
  name
};

console.log(person); // { name: 'Matt' }
```

代码压缩程序会在不同作用域间保留属性名，以防止找不到引用。以下面的代码为例：

```
function makePerson(name) {
  return {
    name
  };
}

let person = makePerson('Matt');

console.log(person.name);  // Matt
```

在这里，即使参数标识符只限定于函数作用域，编译器也会保留初始的 `name` 标识符。如果使用 Google Closure 编译器压缩，那么函数参数会被缩短，而属性名不变：

```
function makePerson(a) {
  return {
    name: a
  };
}

var person = makePerson("Matt");

console.log(person.name); // Matt
```

2. 可计算属性

在引入可计算属性之前，如果想使用变量的值作为属性，那么必须先声明对象，然后使用中括号语法来添加属性。换句话说，不能在对象字面量中直接动态命名属性。比如：

```
const nameKey = 'name';
const ageKey = 'age';
```

```
const jobKey = 'job';

let person = {};
person[nameKey] = 'Matt';
person[ageKey] = 27;
person[jobKey] = 'Software engineer';

console.log(person); // { name: 'Matt', age: 27, job: 'Software engineer' }
```

有了可计算属性，就可以在对象字面量中完成动态属性赋值。中括号包围的对象属性键告诉运行时将其作为 JavaScript 表达式而不是字符串来求值：

```
const nameKey = 'name';
const ageKey = 'age';
const jobKey = 'job';

let person = {
  [nameKey]: 'Matt',
  [ageKey]: 27,
  [jobKey]: 'Software engineer'
};

console.log(person); // { name: 'Matt', age: 27, job: 'Software engineer' }
```

因为被当作 JavaScript 表达式求值，所以可计算属性本身可以是复杂的表达式，在实例化时再求值：

```
const nameKey = 'name';
const ageKey = 'age';
const jobKey = 'job';
let uniqueToken = 0;

function getUniqueKey(key) {
  return `${key}_${uniqueToken++}`;
}

let person = {
  [getUniqueKey(nameKey)]: 'Matt',
  [getUniqueKey(ageKey)]: 27,
  [getUniqueKey(jobKey)]: 'Software engineer'
};

console.log(person);  // { name_0: 'Matt', age_1: 27, job_2: 'Software engineer' }
```

> 注意　可计算属性表达式中抛出任何错误都会中断对象创建。如果计算属性的表达式有副作用，那就要小心了，因为如果表达式抛出错误，那么之前完成的计算是不能回滚的。

3. 简写方法名

在给对象定义方法时，通常都要写一个方法名、冒号，然后再引用一个匿名函数表达式，如下所示：

```
let person = {
  sayName: function(name) {
    console.log(`My name is ${name}`);
  }
};

person.sayName('Matt'); // My name is Matt
```

新的简写方法的语法遵循同样的模式，但开发者要放弃给函数表达式命名（不过给作为方法的函数命名通常没什么用）。相应地，这样也可以明显缩短方法声明。

以下代码和之前的代码在行为上是等价的：

```
let person = {
  sayName(name) {
    console.log(`My name is ${name}`);
  }
};

person.sayName('Matt'); // My name is Matt
```

简写方法名对获取函数和设置函数也是适用的：

```
let person = {
  name_: '',
  get name() {
    return this.name_;
  },
  set name(name) {
    this.name_ = name;
  },
  sayName() {
    console.log(`My name is ${this.name_}`);
  }
};

person.name = 'Matt';
person.sayName(); // My name is Matt
```

简写方法名与可计算属性键相互兼容：

```
const methodKey = 'sayName';

let person = {
  [methodKey](name) {
    console.log(`My name is ${name}`);
  }
}

person.sayName('Matt'); // My name is Matt
```

> **注意** 简写方法名对于本章后面介绍的 ECMAScript 6 的类更有用。

8.1.7　对象解构

ECMAScript 6 新增了对象解构语法，可以在一条语句中使用嵌套数据实现一个或多个赋值操作。简单地说，对象解构就是使用与对象匹配的结构来实现对象属性赋值。

下面的例子展示了两段等价的代码，首先是不使用对象解构的：

```
// 不使用对象解构
let person = {
  name: 'Matt',
  age: 27
};
```

```
let personName = person.name,
    personAge = person.age;

console.log(personName); // Matt
console.log(personAge);  // 27
```

然后，是使用对象解构的：

```
// 使用对象解构
let person = {
  name: 'Matt',
  age: 27
};

let { name: personName, age: personAge } = person;

console.log(personName);  // Matt
console.log(personAge);     // 27
```

使用解构，可以在一个类似对象字面量的结构中，声明多个变量，同时执行多个赋值操作。如果想让变量直接使用属性的名称，那么可以使用简写语法，比如：

```
let person = {
  name: 'Matt',
  age: 27
};

let { name, age } = person;

console.log(name);  // Matt
console.log(age);    // 27
```

解构赋值不一定与对象的属性匹配。赋值的时候可以忽略某些属性，而如果引用的属性不存在，则该变量的值就是 undefined：

```
let person = {
  name: 'Matt',
  age: 27
};

let { name, job } = person;

console.log(name);   // Matt
console.log(job);    // undefined
```

也可以在解构赋值的同时定义默认值，这适用于前面刚提到的引用的属性不存在于源对象中的情况：

```
let person = {
  name: 'Matt',
  age: 27
};

let { name, job='Software engineer' } = person;

console.log(name); // Matt
console.log(job);  // Software engineer
```

解构在内部使用函数 `ToObject()`（不能在运行时环境中直接访问）把源数据结构转换为对象。这意味着在对象解构的上下文中，原始值会被当成对象。这也意味着（根据 `ToObject()` 的定义），`null` 和 `undefined` 不能被解构，否则会抛出错误。

```
let { length } = 'foobar';
console.log(length);          // 6

let { constructor: c } = 4;
console.log(c === Number);    // true

let { _ } = null;             // TypeError

let { _ } = undefined;        // TypeError
```

解构并不要求变量必须在解构表达式中声明。不过，如果是给事先声明的变量赋值，则赋值表达式必须包含在一对括号中：

```
let personName, personAge;

let person = {
  name: 'Matt',
  age: 27
};

({name: personName, age: personAge} = person);

console.log(personName, personAge); // Matt, 27
```

1. 嵌套解构

解构对于引用嵌套的属性或赋值目标没有限制。为此，可以通过解构来复制对象属性：

```
let person = {
  name: 'Matt',
  age: 27,
  job: {
    title: 'Software engineer'
  }
};
let personCopy = {};

({
  name: personCopy.name,
  age: personCopy.age,
  job: personCopy.job
} = person);

// 因为一个对象的引用被赋值给 personCopy，所以修改
// person.job 对象的属性也会影响 personCopy
person.job.title = 'Hacker'

console.log(person);
// { name: 'Matt', age: 27, job: { title: 'Hacker' } }

console.log(personCopy);
// { name: 'Matt', age: 27, job: { title: 'Hacker' } }
```

解构赋值可以使用嵌套结构，以匹配嵌套的属性：

```
let person = {
  name: 'Matt',
  age: 27,
  job: {
    title: 'Software engineer'
  }
};

// 声明 title 变量并将 person.job.title 的值赋给它
let { job: { title } } = person;

console.log(title); // Software engineer
```

在外层属性没有定义的情况下不能使用嵌套解构。无论源对象还是目标对象都一样：

```
let person = {
  job: {
    title: 'Software engineer'
  }
};
let personCopy = {};

// foo 在源对象上是 undefined
({
  foo: {
    bar: personCopy.bar
  }
} = person);
// TypeError: Cannot destructure property 'bar' of 'undefined' or 'null'.

// job 在目标对象上是 undefined
({
  job: {
    title: personCopy.job.title
  }
} = person);
// TypeError: Cannot set property 'title' of undefined
```

2. 部分解构

需要注意的是，涉及多个属性的解构赋值是一个输出无关的顺序化操作。如果一个解构表达式涉及多个赋值，开始的赋值成功而后面的赋值出错，则整个解构赋值只会完成一部分：

```
let person = {
  name: 'Matt',
  age: 27
};

let personName, personBar, personAge;

try {
  // person.foo 是 undefined，因此会抛出错误
  ({name: personName, foo: { bar: personBar }, age: personAge} = person);
} catch(e) {}

console.log(personName, personBar, personAge);
// Matt, undefined, undefined
```

3. 参数上下文匹配

在函数参数列表中也可以进行解构赋值。对参数的解构赋值不会影响 arguments 对象，但可以在

函数签名中声明在函数体内使用局部变量：

```
let person = {
  name: 'Matt',
  age: 27
};

function printPerson(foo, {name, age}, bar) {
  console.log(arguments);
  console.log(name, age);
}

function printPerson2(foo, {name: personName, age: personAge}, bar) {
  console.log(arguments);
  console.log(personName, personAge);
}

printPerson('1st', person, '2nd');
// ['1st', { name: 'Matt', age: 27 }, '2nd']
// 'Matt', 27

printPerson2('1st', person, '2nd');
// ['1st', { name: 'Matt', age: 27 }, '2nd']
// 'Matt', 27
```

8.2　创建对象

虽然使用 `Object` 构造函数或对象字面量可以方便地创建对象，但这些方式也有明显不足：创建具有同样接口的多个对象需要重复编写很多代码。

8.2.1　概述

综观 ECMAScript 规范的历次发布，每个版本的特性似乎都出人意料。ECMAScript 5.1 并没有正式支持面向对象的结构，比如类或继承。但是，正如接下来几节会介绍的，巧妙地运用原型式继承可以成功地模拟同样的行为。

ECMAScript 6 开始正式支持类和继承。ES6 的类旨在完全涵盖之前规范设计的基于原型的继承模式。不过，无论从哪方面看，ES6 的类都仅仅是封装了 ES5.1 构造函数加原型继承的语法糖而已。

> **注意**　不要误会：采用面向对象编程模式的 JavaScript 代码还是应该使用 ECMAScript 6 的类。但不管怎么说，理解 ES6 类出现之前的惯例总是有益无害的。特别是 ES6 的类定义本身就相当于对原有结构的封装。因此，在介绍 ES6 的类之前，本书会循序渐进地介绍被类取代的那些底层概念。

8.2.2　工厂模式

工厂模式是一种众所周知的设计模式，广泛应用于软件工程领域，用于抽象创建特定对象的过程。（本书后面还会讨论其他设计模式及其在 JavaScript 中的实现。）下面的例子展示了一种按照特定接口创建对象的方式：

```
function createPerson(name, age, job) {
  let o = new Object();
  o.name = name;
  o.age = age;
  o.job = job;
  o.sayName = function() {
    console.log(this.name);
  };
  return o;
}

let person1 = createPerson("Nicholas", 29, "Software Engineer");
let person2 = createPerson("Greg", 27, "Doctor");
```

这里，函数 createPerson() 接收 3 个参数，根据这几个参数构建了一个包含 Person 信息的对象。可以用不同的参数多次调用这个函数，每次都会返回包含 3 个属性和 1 个方法的对象。这种工厂模式虽然可以解决创建多个类似对象的问题，但没有解决对象标识问题（即新创建的对象是什么类型）。

8.2.3　构造函数模式

前面几章提到过，ECMAScript 中的构造函数是用于创建特定类型对象的。像 Object 和 Array 这样的原生构造函数，运行时可以直接在执行环境中使用。当然也可以自定义构造函数，以函数的形式为自己的对象类型定义属性和方法。

比如，前面的例子使用构造函数模式可以这样写：

```
function Person(name, age, job){
  this.name = name;
  this.age = age;
  this.job = job;
  this.sayName = function() {
    console.log(this.name);
  };
}

let person1 = new Person("Nicholas", 29, "Software Engineer");
let person2 = new Person("Greg", 27, "Doctor");

person1.sayName();  // Nicholas
person2.sayName();  // Greg
```

在这个例子中，Person() 构造函数代替了 createPerson() 工厂函数。实际上，Person() 内部的代码跟 createPerson() 基本是一样的，只是有如下区别。

❑ 没有显式地创建对象。

❑ 属性和方法直接赋值给了 this。

❑ 没有 return。

另外，要注意函数名 Person 的首字母大写了。按照惯例，构造函数名称的首字母都是要大写的，非构造函数则以小写字母开头。这是从面向对象编程语言那里借鉴的，有助于在 ECMAScript 中区分构造函数和普通函数。毕竟 ECMAScript 的构造函数就是能创建对象的函数。

要创建 Person 的实例，应使用 new 操作符。以这种方式调用构造函数会执行如下操作。

(1) 在内存中创建一个新对象。

(2) 这个新对象内部的 [[Prototype]] 特性被赋值为构造函数的 prototype 属性。

(3) 构造函数内部的 `this` 被赋值为这个新对象（即 `this` 指向新对象）。

(4) 执行构造函数内部的代码（给新对象添加属性）。

(5) 如果构造函数返回非空对象，则返回该对象；否则，返回刚创建的新对象。

上一个例子的最后，`person1` 和 `person2` 分别保存着 `Person` 的不同实例。这两个对象都有一个 `constructor` 属性指向 `Person`，如下所示：

```
console.log(person1.constructor == Person);  // true
console.log(person2.constructor == Person);  // true
```

`constructor` 本来是用于标识对象类型的。不过，一般认为 `instanceof` 操作符是确定对象类型更可靠的方式。前面例子中的每个对象都是 `Object` 的实例，同时也是 `Person` 的实例，如下面调用 `instanceof` 操作符的结果所示：

```
console.log(person1 instanceof Object);  // true
console.log(person1 instanceof Person);  // true
console.log(person2 instanceof Object);  // true
console.log(person2 instanceof Person);  // true
```

定义自定义构造函数可以确保实例被标识为特定类型，相比于工厂模式，这是一个很大的好处。在这个例子中，`person1` 和 `person2` 之所以也被认为是 `Object` 的实例，是因为所有自定义对象都继承自 `Object`（后面再详细讨论这一点）。

构造函数不一定要写成函数声明的形式。赋值给变量的函数表达式也可以表示构造函数：

```
let Person = function(name, age, job) {
  this.name = name;
  this.age = age;
  this.job = job;
  this.sayName = function() {
    console.log(this.name);
  };
}

let person1 = new Person("Nicholas", 29, "Software Engineer");
let person2 = new Person("Greg", 27, "Doctor");

person1.sayName();  // Nicholas
person2.sayName();  // Greg

console.log(person1 instanceof Object);  // true
console.log(person1 instanceof Person);  // true
console.log(person2 instanceof Object);  // true
console.log(person2 instanceof Person);  // true
```

在实例化时，如果不想传参数，那么构造函数后面的括号可加可不加。只要有 `new` 操作符，就可以调用相应的构造函数：

```
function Person() {
  this.name = "Jake";
  this.sayName = function() {
    console.log(this.name);
  };
}

let person1 = new Person();
let person2 = new Person;
```

```
person1.sayName();  // Jake
person2.sayName();  // Jake

console.log(person1 instanceof Object);  // true
console.log(person1 instanceof Person);  // true
console.log(person2 instanceof Object);  // true
console.log(person2 instanceof Person);  // true
```

1. 构造函数也是函数

构造函数与普通函数唯一的区别就是调用方式不同。除此之外，构造函数也是函数。并没有把某个函数定义为构造函数的特殊语法。任何函数只要使用 new 操作符调用就是构造函数，而不使用 new 操作符调用的函数就是普通函数。比如，前面的例子中定义的 Person() 可以像下面这样调用：

```
// 作为构造函数
let person = new Person("Nicholas", 29, "Software Engineer");
person.sayName();   // "Nicholas"

// 作为函数调用
Person("Greg", 27, "Doctor");   // 添加到 window 对象
window.sayName();   // "Greg"

// 在另一个对象的作用域中调用
let o = new Object();
Person.call(o, "Kristen", 25, "Nurse");
o.sayName();   // "Kristen"
```

这个例子一开始展示了典型的构造函数调用方式，即使用 new 操作符创建一个新对象。然后是普通函数的调用方式，这时候没有使用 new 操作符调用 Person()，结果会将属性和方法添加到 window 对象。这里要记住，在调用一个函数而没有明确设置 this 值的情况下（即没有作为对象的方法调用，或者没有使用 call()/apply() 调用），this 始终指向 Global 对象（在浏览器中就是 window 对象）。因此在上面的调用之后，window 对象上就有了一个 sayName() 方法，调用它会返回"Greg"。最后展示的调用方式是通过 call()（或 apply()）调用函数，同时将特定对象指定为作用域。这里的调用将对象 o 指定为 Person() 内部的 this 值，因此执行完函数代码后，所有属性和 sayName() 方法都会添加到对象 o 上面。

2. 构造函数的问题

构造函数虽然有用，但也不是没有问题。构造函数的主要问题在于，其定义的方法会在每个实例上都创建一遍。因此对前面的例子而言，person1 和 person2 都有名为 sayName() 的方法，但这两个方法不是同一个 Function 实例。我们知道，ECMAScript 中的函数是对象，因此每次定义函数时，都会初始化一个对象。逻辑上讲，这个构造函数实际上是这样的：

```
function Person(name, age, job){
  this.name = name;
  this.age = age;
  this.job = job;
  this.sayName = new Function("console.log(this.name)"); // 逻辑等价
}
```

这样理解这个构造函数可以更清楚地知道，每个 Person 实例都会有自己的 Function 实例用于显示 name 属性。当然了，以这种方式创建函数会带来不同的作用域链和标识符解析。但创建新 Function 实例的机制是一样的。因此不同实例上的函数虽然同名却不相等，如下所示：

```
console.log(person1.sayName == person2.sayName); // false
```

因为都是做一样的事，所以没必要定义两个不同的 Function 实例。况且，this 对象可以把函数与对象的绑定推迟到运行时。

要解决这个问题，可以把函数定义转移到构造函数外部：

```
function Person(name, age, job){
  this.name = name;
  this.age = age;
  this.job = job;
  this.sayName = sayName;
}

function sayName() {
  console.log(this.name);
}

let person1 = new Person("Nicholas", 29, "Software Engineer");
let person2 = new Person("Greg", 27, "Doctor");

person1.sayName();  // Nicholas
person2.sayName();  // Greg
```

在这里，sayName()被定义在了构造函数外部。在构造函数内部，sayName 属性等于全局 sayName() 函数。因为这一次 sayName 属性中包含的只是一个指向外部函数的指针，所以 person1 和 person2 共享了定义在全局作用域上的 sayName()函数。这样虽然解决了相同逻辑的函数重复定义的问题，但全局作用域也因此被搞乱了，因为那个函数实际上只能在一个对象上调用。如果这个对象需要多个方法，那么就要在全局作用域中定义多个函数。这会导致自定义类型引用的代码不能很好地聚集一起。这个新问题可以通过原型模式来解决。

8.2.4   原型模式

每个函数都会创建一个 prototype 属性，这个属性是一个对象，包含应该由特定引用类型的实例共享的属性和方法。实际上，这个对象就是通过调用构造函数创建的对象的原型。使用原型对象的好处是，在它上面定义的属性和方法可以被对象实例共享。原来在构造函数中直接赋给对象实例的值，可以直接赋值给它们的原型，如下所示：

```
function Person() {}

Person.prototype.name = "Nicholas";
Person.prototype.age = 29;
Person.prototype.job = "Software Engineer";
Person.prototype.sayName = function() {
  console.log(this.name);
};

let person1 = new Person();
person1.sayName(); // "Nicholas"

let person2 = new Person();
person2.sayName(); // "Nicholas"

console.log(person1.sayName == person2.sayName); // true
```

使用函数表达式也可以：

```
let Person = function() {};

Person.prototype.name = "Nicholas";
Person.prototype.age = 29;
Person.prototype.job = "Software Engineer";
Person.prototype.sayName = function() {
  console.log(this.name);
};

let person1 = new Person();
person1.sayName();   // "Nicholas"

let person2 = new Person();
person2.sayName();   // "Nicholas"

console.log(person1.sayName == person2.sayName); // true
```

这里，所有属性和 sayName() 方法都直接添加到了 Person 的 prototype 属性上，构造函数体中什么也没有。但这样定义之后，调用构造函数创建的新对象仍然拥有相应的属性和方法。与构造函数模式不同，使用这种原型模式定义的属性和方法是由所有实例共享的。因此 person1 和 person2 访问的都是相同的属性和相同的 sayName() 函数。要理解这个过程，就必须理解 ECMAScript 中原型的本质。

1. 理解原型

无论何时，只要创建一个函数，就会按照特定的规则为这个函数创建一个 prototype 属性（指向原型对象）。默认情况下，所有原型对象自动获得一个名为 constructor 的属性，指回与之关联的构造函数。对前面的例子而言，Person.prototype.constructor 指向 Person。然后，因构造函数而异，可能会给原型对象添加其他属性和方法。

在自定义构造函数时，原型对象默认只会获得 constructor 属性，其他的所有方法都继承自 Object。每次调用构造函数创建一个新实例，这个实例的内部[[Prototype]]指针就会被赋值为构造函数的原型对象。脚本中没有访问这个[[Prototype]]特性的标准方式，但 Firefox、Safari 和 Chrome 会在每个对象上暴露 __proto__ 属性，通过这个属性可以访问对象的原型。在其他实现中，这个特性完全被隐藏了。关键在于理解这一点：实例与构造函数原型之间有直接的联系，但实例与构造函数之间没有。

这种关系不好可视化，但可以通过下面的代码来理解原型的行为：

```
/**
 * 构造函数可以是函数表达式
 * 也可以是函数声明，因此以下两种形式都可以：
 *    function Person() {}
 *    let Person = function() {}
 */
function Person() {}

/**
 * 声明之后，构造函数就有了一个
 * 与之关联的原型对象：
 */
console.log(typeof Person.prototype);
console.log(Person.prototype);
// {
//   constructor: f Person(),
//   __proto__: Object
```

```
// }

/**
 * 如前所述，构造函数有一个 prototype 属性
 * 引用其原型对象，而这个原型对象也有一个
 * constructor 属性，引用这个构造函数
 * 换句话说，两者循环引用：
 */
console.log(Person.prototype.constructor === Person); // true

/**
 * 正常的原型链都会终止于 Object 的原型对象
 * Object 原型的原型是 null
 */
console.log(Person.prototype.__proto__ === Object.prototype);    // true
console.log(Person.prototype.__proto__.constructor === Object); // true
console.log(Person.prototype.__proto__.__proto__ === null);      // true

console.log(Person.prototype.__proto__);
// {
//    constructor: f Object(),
//    toString: ...
//    hasOwnProperty: ...
//    isPrototypeOf: ...
//    ...
// }


let person1 = new Person(),
    person2 = new Person();

/**
 * 构造函数、原型对象和实例
 * 是 3 个完全不同的对象：
 */
console.log(person1 !== Person);              // true
console.log(person1 !== Person.prototype); // true
console.log(Person.prototype !== Person);  // true

/**
 * 实例通过__proto__链接到原型对象，
 * 它实际上指向隐藏特性[[Prototype]]
 *
 * 构造函数通过 prototype 属性链接到原型对象
 *
 * 实例与构造函数没有直接联系，与原型对象有直接联系
 */
console.log(person1.__proto__ === Person.prototype);    // true
console.log(person1.__proto__.constructor === Person); // true

/**
 * 同一个构造函数创建的两个实例
 * 共享同一个原型对象：
 */
console.log(person1.__proto__ === person2.__proto__); // true

/**
 * instanceof 检查实例的原型链中
```

```
 * 是否包含指定构造函数的原型:
 */
console.log(person1 instanceof Person);            // true
console.log(person1 instanceof Object);            // true
console.log(Person.prototype instanceof Object);   // true
```

对于前面例子中的 `Person` 构造函数和 `Person.prototype`,可以通过图 8-1 看出各个对象之间的关系。

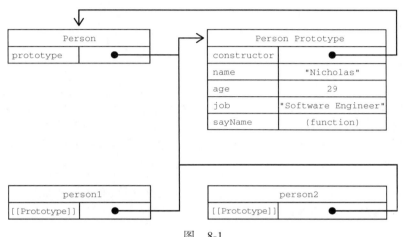

图　8-1

图 8-1 展示了 `Person` 构造函数、`Person` 的原型对象和 `Person` 现有两个实例之间的关系。注意,`Person.prototype` 指向原型对象,而 `Person.prototype.contructor` 指回 `Person` 构造函数。原型对象包含 `constructor` 属性和其他后来添加的属性。`Person` 的两个实例 person1 和 person2 都只有一个内部属性指回 `Person.prototype`,而且两者都与构造函数没有直接联系。另外要注意,虽然这两个实例都没有属性和方法,但 `person1.sayName()` 可以正常调用。这是由于对象属性查找机制的原因。

虽然不是所有实现都对外暴露了 `[[Prototype]]`,但可以使用 `isPrototypeOf()` 方法确定两个对象之间的这种关系。本质上,`isPrototypeOf()` 会在传入参数的 `[[Prototype]]` 指向调用它的对象时返回 `true`,如下所示:

```
console.log(Person.prototype.isPrototypeOf(person1));  // true
console.log(Person.prototype.isPrototypeOf(person2));  // true
```

这里通过原型对象调用 `isPrototypeOf()` 方法检查了 person1 和 person2。因为这两个例子内部都有链接指向 `Person.prototype`,所以结果都返回 `true`。

ECMAScript 的 `Object` 类型有一个方法叫 `Object.getPrototypeOf()`,返回参数的内部特性 `[[Prototype]]` 的值。例如:

```
console.log(Object.getPrototypeOf(person1) == Person.prototype);  // true
console.log(Object.getPrototypeOf(person1).name);                 // "Nicholas"
```

第一行代码简单确认了 `Object.getPrototypeOf()` 返回的对象就是传入对象的原型对象。第二行代码则取得了原型对象上 name 属性的值,即 "Nicholas"。使用 `Object.getPrototypeOf()` 可以方便地取得一个对象的原型,而这在通过原型实现继承时显得尤为重要(本章后面会介绍)。

Object 类型还有一个 setPrototypeOf() 方法，可以向实例的私有特性 [[Prototype]] 写入一个新值。这样就可以重写一个对象的原型继承关系：

```
let biped = {
  numLegs: 2
};
let person = {
  name: 'Matt'
};

Object.setPrototypeOf(person, biped);

console.log(person.name);                            // Matt
console.log(person.numLegs);                         // 2
console.log(Object.getPrototypeOf(person) === biped); // true
```

> **警告**　Object.setPrototypeOf() 可能会严重影响代码性能。Mozilla 文档说得很清楚：
> "在所有浏览器和 JavaScript 引擎中，修改继承关系的影响都是微妙且深远的。这种影响并
> 不仅是执行 Object.setPrototypeOf() 语句那么简单，而是会涉及所有访问了那些修
> 改过 [[Prototype]] 的对象的代码。"

为避免使用 Object.setPrototypeOf() 可能造成的性能下降，可以通过 Object.create() 来创建一个新对象，同时为其指定原型：

```
let biped = {
  numLegs: 2
};
let person = Object.create(biped);
person.name = 'Matt';

console.log(person.name);                            // Matt
console.log(person.numLegs);                         // 2
console.log(Object.getPrototypeOf(person) === biped); // true
```

2. 原型层级

在通过对象访问属性时，会按照这个属性的名称开始搜索。搜索开始于对象实例本身。如果在这个实例上发现了给定的名称，则返回该名称对应的值。如果没有找到这个属性，则搜索会沿着指针进入原型对象，然后在原型对象上找到属性后，再返回对应的值。因此，在调用 person1.sayName() 时，会发生两步搜索。首先，JavaScript 引擎会问："person1 实例有 sayName 属性吗？"答案是没有。然后，继续搜索并问："person1 的原型有 sayName 属性吗？"答案是有。于是就返回了保存在原型上的这个函数。在调用 person2.sayName() 时，会发生同样的搜索过程，而且也会返回相同的结果。这就是原型用于在多个对象实例间共享属性和方法的原理。

> **注意**　前面提到的 constructor 属性只存在于原型对象，因此通过实例对象也是可以访
> 问到的。

虽然可以通过实例读取原型对象上的值，但不可能通过实例重写这些值。如果在实例上添加了一个与原型对象中同名的属性，那就会在实例上创建这个属性，这个属性会遮住原型对象上的属性。下面看一个例子：

```
function Person() {}

Person.prototype.name = "Nicholas";
Person.prototype.age = 29;
Person.prototype.job = "Software Engineer";
Person.prototype.sayName = function() {
  console.log(this.name);
};

let person1 = new Person();
let person2 = new Person();
```

person1.name = "Greg";
console.log(person1.name); // "Greg"，来自实例
console.log(person2.name); // "Nicholas"，来自原型

在这个例子中，person1 的 name 属性遮蔽了原型对象上的同名属性。虽然 person1.name 和 person2.name 都返回了值，但前者返回的是"Greg"（来自实例），后者返回的是"Nicholas"（来自原型）。当 console.log()访问 person1.name 时，会先在实例上搜索个属性。因为这个属性在实例上存在，所以就不会再搜索原型对象了。而在访问 person2.name 时，并没有在实例上找到这个属性，所以会继续搜索原型对象并使用定义在原型上的属性。

只要给对象实例添加一个属性，这个属性就会**遮蔽**（shadow）原型对象上的同名属性，也就是虽然不会修改它，但会屏蔽对它的访问。即使在实例上把这个属性设置为 null，也不会恢复它和原型的联系。不过，使用 delete 操作符可以完全删除实例上的这个属性，从而让标识符解析过程能够继续搜索原型对象。

```
function Person() {}

Person.prototype.name = "Nicholas";
Person.prototype.age = 29;
Person.prototype.job = "Software Engineer";
Person.prototype.sayName = function() {
  console.log(this.name);
};

let person1 = new Person();
let person2 = new Person();

person1.name = "Greg";
console.log(person1.name);  // "Greg"，来自实例
console.log(person2.name);  // "Nicholas"，来自原型
```

delete person1.name;
console.log(person1.name); // "Nicholas"，来自原型

这个修改后的例子中使用 delete 删除了 person1.name，这个属性之前以"Greg"遮蔽了原型上的同名属性。然后原型上 name 属性的联系就恢复了，因此再访问 person1.name 时，就会返回原型对象上这个属性的值。

hasOwnProperty()方法用于确定某个属性是在实例上还是在原型对象上。这个方法是继承自 Object 的，会在属性存在于调用它的对象实例上时返回 true，如下面的例子所示：

```
function Person() {}

Person.prototype.name = "Nicholas";
```

```
Person.prototype.age = 29;
Person.prototype.job = "Software Engineer";
Person.prototype.sayName = function() {
  console.log(this.name);
};

let person1 = new Person();
let person2 = new Person();
console.log(person1.hasOwnProperty("name")); // false

person1.name = "Greg";
console.log(person1.name); // "Greg", 来自实例
console.log(person1.hasOwnProperty("name")); // true

console.log(person2.name); // "Nicholas", 来自原型
console.log(person2.hasOwnProperty("name")); // false

delete person1.name;
console.log(person1.name); // "Nicholas", 来自原型
console.log(person1.hasOwnProperty("name")); // false
```

在这个例子中，通过调用 hasOwnProperty() 能够清楚地看到访问的是实例属性还是原型属性。调用 person1.hasOwnProperty("name") 只在重写 person1 上 name 属性的情况下才返回 true，表明此时 name 是一个实例属性，不是原型属性。图 8-2 形象地展示了上面例子中各个步骤的状态。（为简单起见，图中省略了 Person 构造函数。）

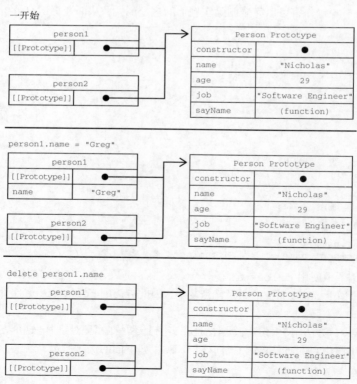

图　8-2

> **注意**　ECMAScript 的 `Object.getOwnPropertyDescriptor()`方法只对实例属性有效。要取得原型属性的描述符,就必须直接在原型对象上调用 `Object.getOwnProperty-Descriptor()`。

3. 原型和 `in` 操作符

有两种方式使用 `in` 操作符:单独使用和在 `for-in` 循环中使用。在单独使用时, `in` 操作符会在可以通过对象访问指定属性时返回 `true`,无论该属性是在实例上还是在原型上。来看下面的例子:

```
function Person() {}

Person.prototype.name = "Nicholas";
Person.prototype.age = 29;
Person.prototype.job = "Software Engineer";
Person.prototype.sayName = function() {
  console.log(this.name);
};

let person1 = new Person();
let person2 = new Person();

console.log(person1.hasOwnProperty("name")); // false
console.log("name" in person1); // true

person1.name = "Greg";
console.log(person1.name); // "Greg", 来自实例
console.log(person1.hasOwnProperty("name")); // true
console.log("name" in person1); // true

console.log(person2.name); // "Nicholas", 来自原型
console.log(person2.hasOwnProperty("name")); // false
console.log("name" in person2); // true

delete person1.name;
console.log(person1.name); // "Nicholas", 来自原型
console.log(person1.hasOwnProperty("name")); // false
console.log("name" in person1); // true
```

在上面整个例子中, `name` 随时可以通过实例或通过原型访问到。因此,调用`"name" in persoon1` 时始终返回 `true`,无论这个属性是否在实例上。如果要确定某个属性是否存在于原型上,则可以像下面这样同时使用 `hasOwnProperty()` 和 `in` 操作符:

```
function hasPrototypeProperty(object, name){
  return !object.hasOwnProperty(name) && (name in object);
}
```

只要通过对象可以访问, `in` 操作符就返回 `true`,而 `hasOwnProperty()` 只有属性存在于实例上时才返回 `true`。因此,只要 `in` 操作符返回 `true` 且 `hasOwnProperty()` 返回 `false`,就说明该属性是一个原型属性。来看下面的例子:

```
function Person() {}

Person.prototype.name = "Nicholas";
Person.prototype.age = 29;
Person.prototype.job = "Software Engineer";
```

```
Person.prototype.sayName = function() {
  console.log(this.name);
};

let person = new Person();
console.log(hasPrototypeProperty(person, "name")); // true

person.name = "Greg";
console.log(hasPrototypeProperty(person, "name")); // false
```

在这里，name 属性首先只存在于原型上，所以 hasPrototypeProperty() 返回 true。而在实例上重写这个属性后，实例上也有了这个属性，因此 hasPrototypeProperty() 返回 false。即便此时原型对象还有 name 属性，但因为实例上的属性遮蔽了它，所以不会用到。

在 for-in 循环中使用 in 操作符时，可以通过对象访问且可以被枚举的属性都会返回，包括实例属性和原型属性。遮蔽原型中不可枚举（[[Enumerable]]特性被设置为 false）属性的实例属性也会在 for-in 循环中返回，因为默认情况下开发者定义的属性都是可枚举的。

要获得对象上所有可枚举的实例属性，可以使用 Object.keys() 方法。这个方法接收一个对象作为参数，返回包含该对象所有可枚举属性名称的字符串数组。比如：

```
function Person() {}

Person.prototype.name = "Nicholas";
Person.prototype.age = 29;
Person.prototype.job = "Software Engineer";
Person.prototype.sayName = function() {
  console.log(this.name);
};

let keys = Object.keys(Person.prototype);
console.log(keys);    // "name,age,job,sayName"
let p1 = new Person();
p1.name = "Rob";
p1.age = 31;
let p1keys = Object.keys(p1);
console.log(p1keys); // "[name,age]"
```

这里，keys 变量保存的数组中包含"name"、"age"、"job"和"sayName"。这是正常情况下通过 for-in 返回的顺序。而在 Person 的实例上调用时，Object.keys() 返回的数组中只包含"name"和"age"两个属性。

如果想列出所有实例属性，无论是否可以枚举，都可以使用 Object.getOwnPropertyNames()：

```
let keys = Object.getOwnPropertyNames(Person.prototype);
console.log(keys);    // "[constructor,name,age,job,sayName]"
```

注意，返回的结果中包含了一个不可枚举的属性 constructor。Object.keys() 和 Object.getOwnPropertyNames() 在适当的时候都可用来代替 for-in 循环。

在 ECMAScript 6 新增符号类型之后，相应地出现了增加一个 Object.getOwnPropertyNames() 的兄弟方法的需求，因为以符号为键的属性没有名称的概念。因此，Object.getOwnProperty-Symbols() 方法就出现了，这个方法与 Object.getOwnPropertyNames() 类似，只是针对符号而已：

```
let k1 = Symbol('k1'),
    k2 = Symbol('k2');
```

```
let o = {
  [k1]: 'k1',
  [k2]: 'k2'
};

console.log(Object.getOwnPropertySymbols(o));
// [Symbol(k1), Symbol(k2)]
```

4. 属性枚举顺序

for-in 循环、Object.keys()、Object.getOwnPropertyNames()、Object.getOwnProperty-Symbols()以及 Object.assign()在属性枚举顺序方面有很大区别。for-in 循环和 Object.keys()的枚举顺序是不确定的，取决于 JavaScript 引擎，可能因浏览器而异。

Object.getOwnPropertyNames()、Object.getOwnPropertySymbols()和 Object.assign()的枚举顺序是确定性的。先以升序枚举数值键，然后以插入顺序枚举字符串和符号键。在对象字面量中定义的键以它们逗号分隔的顺序插入。

```
let k1 = Symbol('k1'),
    k2 = Symbol('k2');

let o = {
  1: 1,
  first: 'first',
  [k1]: 'sym2',
  second: 'second',
  0: 0
};

o[k2] = 'sym2';
o[3] = 3;
o.third = 'third';
o[2] = 2;

console.log(Object.getOwnPropertyNames(o));
// ["0", "1", "2", "3", "first", "second", "third"]

console.log(Object.getOwnPropertySymbols(o));
// [Symbol(k1), Symbol(k2)]
```

8.2.5　对象迭代

在 JavaScript 有史以来的大部分时间内，迭代对象属性都是一个难题。ECMAScript 2017 新增了两个静态方法，用于将对象内容转换为序列化的——更重要的是可迭代的——格式。这两个静态方法 Object.values()和 Object.entries()接收一个对象，返回它们内容的数组。Object.values()返回对象值的数组，Object.entries()返回键/值对的数组。

下面的示例展示了这两个方法：

```
const o = {
  foo: 'bar',
  baz: 1,
  qux: {}
};

console.log(Object.values(o));
```

```
// ["bar", 1, {}]

console.log(Object.entries((o)));
// [["foo", "bar"], ["baz", 1], ["qux", {}]]
```

注意，非字符串属性会被转换为字符串输出。另外，这两个方法执行对象的浅复制：

```
const o = {
  qux: {}
};

console.log(Object.values(o)[0] === o.qux);
// true

console.log(Object.entries(o)[0][1] === o.qux);
// true
```

符号属性会被忽略：

```
const sym = Symbol();
const o = {
  [sym]: 'foo'
};

console.log(Object.values(o));
// []

console.log(Object.entries((o)));
// []
```

1. 其他原型语法

有读者可能注意到了，在前面的例子中，每次定义一个属性或方法都会把 Person.prototype 重写一遍。为了减少代码冗余，也为了从视觉上更好地封装原型功能，直接通过一个包含所有属性和方法的对象字面量来重写原型成为了一种常见的做法，如下面的例子所示：

```
function Person() {}

Person.prototype = {
  name: "Nicholas",
  age: 29,
  job: "Software Engineer",
  sayName() {
    console.log(this.name);
  }
};
```

在这个例子中，Person.prototype 被设置为等于一个通过对象字面量创建的新对象。最终结果是一样的，只有一个问题：这样重写之后，Person.prototype 的 constructor 属性就不指向 Person 了。在创建函数时，也会创建它的 prototype 对象，同时会自动给这个原型的 constructor 属性赋值。而上面的写法完全重写了默认的 prototype 对象，因此其 constructor 属性也指向了完全不同的新对象（Object 构造函数），不再指向原来的构造函数。虽然 instanceof 操作符还能可靠地返回值，但我们不能再依靠 constructor 属性来识别类型了，如下面的例子所示：

```
let friend = new Person();

console.log(friend instanceof Object);    // true
console.log(friend instanceof Person);    // true
```

```
console.log(friend.constructor == Person);  // false
console.log(friend.constructor == Object);  // true
```

这里，instanceof 仍然对 Object 和 Person 都返回 true。但 constructor 属性现在等于 Object 而不是 Person 了。如果 constructor 的值很重要，则可以像下面这样在重写原型对象时专门设置一下它的值：

```
function Person() {
}

Person.prototype = {
  constructor: Person,
  name: "Nicholas",
  age: 29,
  job: "Software Engineer",
  sayName() {
    console.log(this.name);
  }
};
```

这次的代码中特意包含了 constructor 属性，并将它设置为 Person，保证了这个属性仍然包含恰当的值。

但要注意，以这种方式恢复 constructor 属性会创建一个 [[Enumerable]] 为 true 的属性。而原生 constructor 属性默认是不可枚举的。因此，如果你使用的是兼容 ECMAScript 的 JavaScript 引擎，那可能会改为使用 Object.defineProperty() 方法来定义 constructor 属性：

```
function Person() {}

Person.prototype = {
  name: "Nicholas",
  age: 29,
  job: "Software Engineer",
  sayName() {
    console.log(this.name);
  }
};

// 恢复 constructor 属性
Object.defineProperty(Person.prototype, "constructor", {
  enumerable: false,
  value: Person
});
```

2. 原型的动态性

因为从原型上搜索值的过程是动态的，所以即使实例在修改原型之前已经存在，任何时候对原型对象所做的修改也会在实例上反映出来。下面是一个例子：

```
let friend = new Person();

Person.prototype.sayHi = function() {
  console.log("hi");
};

friend.sayHi();  // "hi"，没问题！
```

以上代码先创建一个 Person 实例并保存在 friend 中。然后一条语句在 Person.prototype 上添加了一个名为 sayHi() 的方法。虽然 friend 实例是在添加方法之前创建的，但它仍然可以访问这个方法。之所以会这样，主要原因是实例与原型之间松散的联系。在调用 friend.sayHi() 时，首先会从这个实例中搜索名为 sayHi 的属性。在没有找到的情况下，运行时会继续搜索原型对象。因为实例和原型之间的链接就是简单的指针，而不是保存的副本，所以会在原型上找到 sayHi 属性并返回这个属性保存的函数。

虽然随时能给原型添加属性和方法，并能够立即反映在所有对象实例上，但这跟重写整个原型是两回事。实例的 [[Prototype]] 指针是在调用构造函数时自动赋值的，这个指针即使把原型修改为不同的对象也不会变。重写整个原型会切断最初原型与构造函数的联系，但实例引用的仍然是最初的原型。记住，实例只有指向原型的指针，没有指向构造函数的指针。来看下面的例子：

```
function Person() {}

let friend = new Person();
Person.prototype = {
  constructor: Person,
  name: "Nicholas",
  age: 29,
  job: "Software Engineer",
  sayName() {
    console.log(this.name);
  }
};

friend.sayName();  // 错误
```

在这个例子中，Person 的新实例是在重写原型对象之前创建的。在调用 friend.sayName() 的时候，会导致错误。这是因为 firend 指向的原型还是最初的原型，而这个原型上并没有 sayName 属性。图 8-3 展示了这里面的原因。

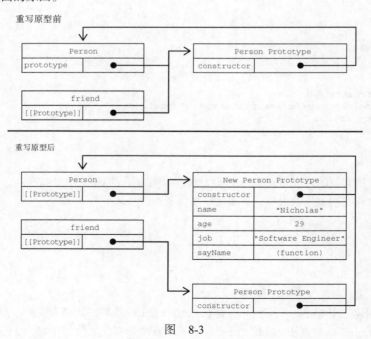

图   8-3

重写构造函数上的原型之后再创建的实例才会引用新的原型。而在此之前创建的实例仍然会引用最初的原型。

3. 原生对象原型

原型模式之所以重要，不仅体现在自定义类型上，而且还因为它也是实现所有原生引用类型的模式。所有原生引用类型的构造函数（包括 `Object`、`Array`、`String` 等）都在原型上定义了实例方法。比如，数组实例的 `sort()` 方法就是 `Array.prototype` 上定义的，而字符串包装对象的 `substring()` 方法也是在 `String.prototype` 上定义的，如下所示：

```
console.log(typeof Array.prototype.sort);        // "function"
console.log(typeof String.prototype.substring);  // "function"
```

通过原生对象的原型可以取得所有默认方法的引用，也可以给原生类型的实例定义新的方法。可以像修改自定义对象原型一样修改原生对象原型，因此随时可以添加方法。比如，下面的代码就给 `String` 原始值包装类型的实例添加了一个 `startsWith()` 方法：

```
String.prototype.startsWith = function (text) {
  return this.indexOf(text) === 0;
};

let msg = "Hello world!";
console.log(msg.startsWith("Hello"));  // true
```

如果给定字符串的开头出现了调用 `startsWith()` 方法的文本，那么该方法会返回 `true`。因为这个方法是被定义在 `String.prototype` 上，所以当前环境下所有的字符串都可以使用这个方法。`msg` 是个字符串，在读取它的属性时，后台会自动创建 `String` 的包装实例，从而找到并调用 `startsWith()` 方法。

> **注意** 尽管可以这么做，但并不推荐在产品环境中修改原生对象原型。这样做很可能造成误会，而且可能引发命名冲突（比如一个名称在某个浏览器实现中不存在，在另一个实现中却存在）。另外还有可能意外重写原生的方法。推荐的做法是创建一个自定义的类，继承原生类型。

4. 原型的问题

原型模式也不是没有问题。首先，它弱化了向构造函数传递初始化参数的能力，会导致所有实例默认都取得相同的属性值。虽然这会带来不便，但还不是原型的最大问题。原型的最主要问题源自它的共享特性。

我们知道，原型上的所有属性是在实例间共享的，这对函数来说比较合适。另外包含原始值的属性也还好，如前面例子中所示，可以通过在实例上添加同名属性来简单地遮蔽原型上的属性。真正的问题来自包含引用值的属性。来看下面的例子：

```
function Person() {}

Person.prototype = {
  constructor: Person,
  name: "Nicholas",
  age: 29,
  job: "Software Engineer",
  friends: ["Shelby", "Court"],
```

```
  sayName() {
    console.log(this.name);
  }
};

let person1 = new Person();
let person2 = new Person();

person1.friends.push("Van");

console.log(person1.friends);  // "Shelby,Court,Van"
console.log(person2.friends);  // "Shelby,Court,Van"
console.log(person1.friends === person2.friends);  // true
```

这里，`Person.prototype` 有一个名为 `friends` 的属性，它包含一个字符串数组。然后这里创建了两个 `Person` 的实例。`person1.friends` 通过 `push` 方法向数组中添加了一个字符串。由于这个 `friends` 属性存在于 `Person.prototype` 而非 `person1` 上，新加的这个字符串也会在（指向同一个数组的）`person2.friends` 上反映出来。如果这是有意在多个实例间共享数组，那没什么问题。但一般来说，不同的实例应该有属于自己的属性副本。这就是实际开发中通常不单独使用原型模式的原因。

8.3　继承

继承是面向对象编程中讨论最多的话题。很多面向对象语言都支持两种继承：接口继承和实现继承。前者只继承方法签名，后者继承实际的方法。接口继承在 ECMAScript 中是不可能的，因为函数没有签名。实现继承是 ECMAScript 唯一支持的继承方式，而这主要是通过原型链实现的。

8.3.1　原型链

ECMA-262 把**原型链**定义为 ECMAScript 的主要继承方式。其基本思想就是通过原型继承多个引用类型的属性和方法。重温一下构造函数、原型和实例的关系：每个构造函数都有一个原型对象，原型有一个属性指回构造函数，而实例有一个内部指针指向原型。如果原型是另一个类型的实例呢？那就意味着这个原型本身有一个内部指针指向另一个原型，相应地另一个原型也有一个指针指向另一个构造函数。这样就在实例和原型之间构造了一条原型链。这就是原型链的基本构想。

实现原型链涉及如下代码模式：

```
function SuperType() {
  this.property = true;
}

SuperType.prototype.getSuperValue = function() {
  return this.property;
};

function SubType() {
  this.subproperty = false;
}

// 继承 SuperType
SubType.prototype = new SuperType();

SubType.prototype.getSubValue = function () {
```

```
    return this.subproperty;
};

let instance = new SubType();
console.log(instance.getSuperValue()); // true
```

以上代码定义了两个类型：SuperType 和 SubType。这两个类型分别定义了一个属性和一个方法。这两个类型的主要区别是 SubType 通过创建 SuperType 的实例并将其赋值给自己的原型 SubTtype.prototype 实现了对 SuperType 的继承。这个赋值重写了 SubType 最初的原型，将其替换为 SuperType 的实例。这意味着 SuperType 实例可以访问的所有属性和方法也会存在于 SubType.prototype。这样实现继承之后，代码紧接着又给 SubType.prototype，也就是这个 SuperType 的实例添加了一个新方法。最后又创建了 SubType 的实例并调用了它继承的 getSuperValue()方法。图 8-4 展示了子类的实例与两个构造函数及其对应的原型之间的关系。

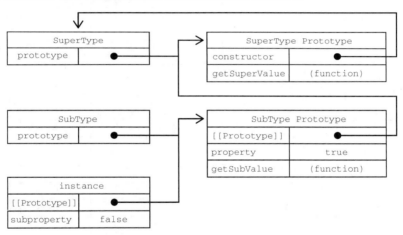

图 8-4

这个例子中实现继承的关键，是 SubType 没有使用默认原型，而是将其替换成了一个新的对象。这个新的对象恰好是 SuperType 的实例。这样一来，SubType 的实例不仅能从 SuperType 的实例中继承属性和方法，而且还与 SuperType 的原型挂上了钩。于是 instance（通过内部的[[Prototype]]）指向 SubType.prototype，而 SubType.prototype（作为 SuperType 的实例又通过内部的[[Prototype]]）指向 SuperType.prototype。注意，getSuperValue()方法还在 SuperType.prototype 对象上，而 property 属性则在 SubType.prototype 上。这是因为 getSuperValue()是一个原型方法，而 property 是一个实例属性。SubType.prototype 现在是 SuperType 的一个实例，因此 property 才会存储在它上面。还要注意，由于 SubType.prototype 的 constructor 属性被重写为指向 SuperType，所以 instance.constructor 也指向 SuperType。

原型链扩展了前面描述的原型搜索机制。我们知道，在读取实例上的属性时，首先会在实例上搜索这个属性。如果没找到，则会继承搜索实例的原型。在通过原型链实现继承之后，搜索就可以继承向上，搜索原型的原型。对前面的例子而言，调用 instance.getSuperValue()经过了 3 步搜索：instance、SubType.prototype 和 SuperType.prototype，最后一步才找到这个方法。对属性和方法的搜索会一直持续到原型链的末端。

1. 默认原型

实际上，原型链中还有一环。默认情况下，所有引用类型都继承自 Object，这也是通过原型链实现的。任何函数的默认原型都是一个 Object 的实例，这意味着这个实例有一个内部指针指向 Object.prototype。这也是为什么自定义类型能够继承包括 toString()、valueOf() 在内的所有默认方法的原因。因此前面的例子还有额外一层继承关系。图 8-5 展示了完整的原型链。

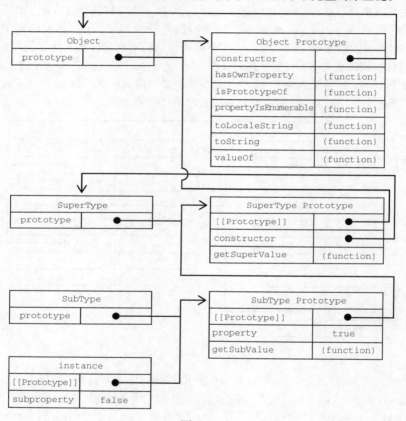

图   8-5

SubType 继承 SuperType，而 SuperType 继承 Object。在调用 instance.toString() 时，实际上调用的是保存在 Object.prototype 上的方法。

2. 原型与继承关系

原型与实例的关系可以通过两种方式来确定。第一种方式是使用 instanceof 操作符，如果一个实例的原型链中出现过相应的构造函数，则 instanceof 返回 true。如下例所示：

```
console.log(instance instanceof Object);      // true
console.log(instance instanceof SuperType);   // true
console.log(instance instanceof SubType);     // true
```

从技术上讲，instance 是 Object、SuperType 和 SubType 的实例，因为 instance 的原型链中包含这些构造函数的原型。结果就是 instanceof 对所有这些构造函数都返回 true。

确定这种关系的第二种方式是使用 isPrototypeOf() 方法。原型链中的每个原型都可以调用这个方法，如下例所示，只要原型链中包含这个原型，这个方法就返回 true：

```
console.log(Object.prototype.isPrototypeOf(instance));     // true
console.log(SuperType.prototype.isPrototypeOf(instance));  // true
console.log(SubType.prototype.isPrototypeOf(instance));    // true
```

3. 关于方法

子类有时候需要覆盖父类的方法，或者增加父类没有的方法。为此，这些方法必须在原型赋值之后再添加到原型上。来看下面的例子：

```
function SuperType() {
  this.property = true;
}

SuperType.prototype.getSuperValue = function() {
  return this.property;
};

function SubType() {
  this.subproperty = false;
}

// 继承 SuperType
SubType.prototype = new SuperType();

// 新方法
SubType.prototype.getSubValue = function () {
  return this.subproperty;
};

// 覆盖已有的方法
SubType.prototype.getSuperValue = function () {
  return false;
};

let instance = new SubType();
console.log(instance.getSuperValue()); // false
```

在上面的代码中，加粗的部分涉及两个方法。第一个方法 getSubValue() 是 SubType 的新方法，而第二个方法 getSuperValue() 是原型链上已经存在但在这里被遮蔽的方法。后面在 SubType 实例上调用 getSuperValue() 时调用的是这个方法。而 SuperType 的实例仍然会调用最初的方法。重点在于上述两个方法都是在把原型赋值为 SuperType 的实例之后定义的。

另一个要理解的重点是，以对象字面量方式创建原型方法会破坏之前的原型链，因为这相当于重写了原型链。下面是一个例子：

```
function SuperType() {
  this.property = true;
}

SuperType.prototype.getSuperValue = function() {
  return this.property;
};

function SubType() {
  this.subproperty = false;
}
```

```
// 继承 SuperType
SubType.prototype = new SuperType();

// 通过对象字面量添加新方法，这会导致上一行无效
SubType.prototype = {
  getSubValue() {
    return this.subproperty;
  },

  someOtherMethod() {
    return false;
  }
};

let instance = new SubType();
console.log(instance.getSuperValue()); // 出错!
```

在这段代码中，子类的原型在被赋值为 SuperType 的实例后，又被一个对象字面量覆盖了。覆盖后的原型是一个 Object 的实例，而不再是 SuperType 的实例。因此之前的原型链就断了。SubType 和 SuperType 之间也没有关系了。

4. 原型链的问题

原型链虽然是实现继承的强大工具，但它也有问题。主要问题出现在原型中包含引用值的时候。前面在谈到原型的问题时也提到过，原型中包含的引用值会在所有实例间共享，这也是为什么属性通常会在构造函数中定义而不会定义在原型上的原因。在使用原型实现继承时，原型实际上变成了另一个类型的实例。这意味着原先的实例属性摇身一变成为了原型属性。下面的例子揭示了这个问题：

```
function SuperType() {
  this.colors = ["red", "blue", "green"];
}

function SubType() {}

// 继承 SuperType
SubType.prototype = new SuperType();

let instance1 = new SubType();
instance1.colors.push("black");
console.log(instance1.colors); // "red,blue,green,black"

let instance2 = new SubType();
console.log(instance2.colors); // "red,blue,green,black"
```

在这个例子中，SuperType 构造函数定义了一个 colors 属性，其中包含一个数组（引用值）。每个 SuperType 的实例都会有自己的 colors 属性，包含自己的数组。但是，当 SubType 通过原型继承 SuperType 后，SubType.prototype 变成了 SuperType 的一个实例，因而也获得了自己的 colors 属性。这类似于创建了 SubType.prototype.colors 属性。最终结果是，SubType 的所有实例都会共享这个 colors 属性。这一点通过 instance1.colors 上的修改也能反映到 instance2.colors 上就可以看出来。

原型链的第二个问题是，子类型在实例化时不能给父类型的构造函数传参。事实上，我们无法在不影响所有对象实例的情况下把参数传进父类的构造函数。再加上之前提到的原型中包含引用值的问题，就导致原型链基本不会被单独使用。

8.3.2　盗用构造函数

为了解决原型包含引用值导致的继承问题，一种叫作"盗用构造函数"（constructor stealing）的技术在开发社区流行起来（这种技术有时也称作"对象伪装"或"经典继承"）。基本思路很简单：在子类构造函数中调用父类构造函数。因为毕竟函数就是在特定上下文中执行代码的简单对象，所以可以使用 apply() 和 call() 方法以新创建的对象为上下文执行构造函数。来看下面的例子：

```
function SuperType() {
  this.colors = ["red", "blue", "green"];
}

function SubType() {
  // 继承 SuperType
  SuperType.call(this);
}

let instance1 = new SubType();
instance1.colors.push("black");
console.log(instance1.colors); // "red,blue,green,black"

let instance2 = new SubType();
console.log(instance2.colors); // "red,blue,green"
```

示例中加粗的代码展示了盗用构造函数的调用。通过使用 call()（或 apply()）方法，SuperType 构造函数在为 SubType 的实例创建的新对象的上下文中执行了。这相当于新的 SubType 对象上运行了 SuperType() 函数中的所有初始化代码。结果就是每个实例都会有自己的 colors 属性。

1. 传递参数

相比于使用原型链，盗用构造函数的一个优点就是可以在子类构造函数中向父类构造函数传参。来看下面的例子：

```
function SuperType(name){
  this.name = name;
}

function SubType() {
  // 继承 SuperType 并传参
  SuperType.call(this, "Nicholas");

  // 实例属性
  this.age = 29;
}

let instance = new SubType();
console.log(instance.name); // "Nicholas";
console.log(instance.age);  // 29
```

在这个例子中，SuperType 构造函数接收一个参数 name，然后将它赋值给一个属性。在 SubType 构造函数中调用 SuperType 构造函数时传入这个参数，实际上会在 SubType 的实例上定义 name 属性。为确保 SuperType 构造函数不会覆盖 SubType 定义的属性，可以在调用父类构造函数之后再给子类实例添加额外的属性。

2. 盗用构造函数的问题

盗用构造函数的主要缺点，也是使用构造函数模式自定义类型的问题：必须在构造函数中定义方法，因此函数不能重用。此外，子类也不能访问父类原型上定义的方法，因此所有类型只能使用构造函数模式。由于存在这些问题，盗用构造函数基本上也不能单独使用。

8.3.3   组合继承

组合继承（有时候也叫伪经典继承）综合了原型链和盗用构造函数，将两者的优点集中了起来。基本的思路是使用原型链继承原型上的属性和方法，而通过盗用构造函数继承实例属性。这样既可以把方法定义在原型上以实现重用，又可以让每个实例都有自己的属性。来看下面的例子：

```
function SuperType(name){
  this.name = name;
  this.colors = ["red", "blue", "green"];
}

SuperType.prototype.sayName = function() {
  console.log(this.name);
};

function SubType(name, age){
  // 继承属性
  SuperType.call(this, name);

  this.age = age;
}

// 继承方法
SubType.prototype = new SuperType();

SubType.prototype.sayAge = function() {
  console.log(this.age);
};

let instance1 = new SubType("Nicholas", 29);
instance1.colors.push("black");
console.log(instance1.colors);  // "red,blue,green,black"
instance1.sayName();            // "Nicholas";
instance1.sayAge();             // 29

let instance2 = new SubType("Greg", 27);
console.log(instance2.colors);  // "red,blue,green"
instance2.sayName();            // "Greg";
instance2.sayAge();             // 27
```

在这个例子中，SuperType 构造函数定义了两个属性，name 和 colors，而它的原型上也定义了一个方法叫 sayName()。SubType 构造函数调用了 SuperType 构造函数，传入了 name 参数，然后又定义了自己的属性 age。此外，SubType.prototype 也被赋值为 SuperType 的实例。原型赋值之后，又在这个原型上添加了新方法 sayAge()。这样，就可以创建两个 SubType 实例，让这两个实例都有自己的属性，包括 colors，同时还共享相同的方法。

组合继承弥补了原型链和盗用构造函数的不足，是 JavaScript 中使用最多的继承模式。而且组合继承也保留了 instanceof 操作符和 isPrototypeOf() 方法识别合成对象的能力。

8.3.4 原型式继承

2006 年，Douglas Crockford 写了一篇文章：《JavaScript 中的原型式继承》("Prototypal Inheritance in JavaScript")。这篇文章介绍了一种不涉及严格意义上构造函数的继承方法。他的出发点是即使不自定义类型也可以通过原型实现对象之间的信息共享。文章最终给出了一个函数：

```
function object(o) {
  function F() {}
  F.prototype = o;
  return new F();
}
```

这个 object() 函数会创建一个临时构造函数，将传入的对象赋值给这个构造函数的原型，然后返回这个临时类型的一个实例。本质上，object() 是对传入的对象执行了一次浅复制。来看下面的例子：

```
let person = {
  name: "Nicholas",
  friends: ["Shelby", "Court", "Van"]
};

let anotherPerson = object(person);
anotherPerson.name = "Greg";
anotherPerson.friends.push("Rob");

let yetAnotherPerson = object(person);
yetAnotherPerson.name = "Linda";
yetAnotherPerson.friends.push("Barbie");

console.log(person.friends);  // "Shelby,Court,Van,Rob,Barbie"
```

Crockford 推荐的原型式继承适用于这种情况：你有一个对象，想在它的基础上再创建一个新对象。你需要把这个对象先传给 object()，然后再对返回的对象进行适当修改。在这个例子中，person 对象定义了另一个对象也应该共享的信息，把它传给 object() 之后会返回一个新对象。这个新对象的原型是 person，意味着它的原型上既有原始值属性又有引用值属性。这也意味着 person.friends 不仅是 person 的属性，也会跟 anotherPerson 和 yetAnotherPerson 共享。这里实际上克隆了两个 person。

ECMAScript 5 通过增加 Object.create() 方法将原型式继承的概念规范化了。这个方法接收两个参数：作为新对象原型的对象，以及给新对象定义额外属性的对象（第二个可选）。在只有一个参数时，Object.create() 与这里的 object() 方法效果相同：

```
let person = {
  name: "Nicholas",
  friends: ["Shelby", "Court", "Van"]
};

let anotherPerson = Object.create(person);
anotherPerson.name = "Greg";
anotherPerson.friends.push("Rob");

let yetAnotherPerson = Object.create(person);
yetAnotherPerson.name = "Linda";
yetAnotherPerson.friends.push("Barbie");

console.log(person.friends);  // "Shelby,Court,Van,Rob,Barbie"
```

8

Object.create()的第二个参数与 Object.defineProperties()的第二个参数一样：每个新增属性都通过各自的描述符来描述。以这种方式添加的属性会遮蔽原型对象上的同名属性。比如：

```
let person = {
  name: "Nicholas",
  friends: ["Shelby", "Court", "Van"]
};

let anotherPerson = Object.create(person, {
  name: {
    value: "Greg"
  }
});
console.log(anotherPerson.name);  // "Greg"
```

原型式继承非常适合不需要单独创建构造函数，但仍然需要在对象间共享信息的场合。但要记住，属性中包含的引用值始终会在相关对象间共享，跟使用原型模式是一样的。

8.3.5　寄生式继承

与原型式继承比较接近的一种继承方式是**寄生式继承**（parasitic inheritance），也是 Crockford 首倡的一种模式。寄生式继承背后的思路类似于寄生构造函数和工厂模式：创建一个实现继承的函数，以某种方式增强对象，然后返回这个对象。基本的寄生继承模式如下：

```
function createAnother(original){
  let clone = object(original);  // 通过调用函数创建一个新对象
  clone.sayHi = function() {      // 以某种方式增强这个对象
    console.log("hi");
  };
  return clone;                   // 返回这个对象
}
```

在这段代码中，createAnother()函数接收一个参数，就是新对象的基准对象。这个对象 original 会被传给 object()函数，然后将返回的新对象赋值给 clone。接着给 clone 对象添加一个新方法 sayHi()。最后返回这个对象。可以像下面这样使用 createAnother()函数：

```
let person = {
  name: "Nicholas",
  friends: ["Shelby", "Court", "Van"]
};

let anotherPerson = createAnother(person);
anotherPerson.sayHi();  // "hi"
```

这个例子基于 person 对象返回了一个新对象。新返回的 anotherPerson 对象具有 person 的所有属性和方法，还有一个新方法叫 sayHi()。

寄生式继承同样适合主要关注对象，而不在乎类型和构造函数的场景。object()函数不是寄生式继承所必需的，任何返回新对象的函数都可以在这里使用。

> **注意**　通过寄生式继承给对象添加函数会导致函数难以重用，与构造函数模式类似。

8.3.6 寄生式组合继承

组合继承其实也存在效率问题。最主要的效率问题就是父类构造函数始终会被调用两次：一次在是创建子类原型时调用，另一次是在子类构造函数中调用。本质上，子类原型最终是要包含超类对象的所有实例属性，子类构造函数只要在执行时重写自己的原型就行了。再来看一看这个组合继承的例子：

```
function SuperType(name) {
  this.name = name;
  this.colors = ["red", "blue", "green"];
}

SuperType.prototype.sayName = function() {
  console.log(this.name);
};

function SubType(name, age){
  SuperType.call(this, name);    // 第二次调用 SuperType()

  this.age = age;
}

SubType.prototype = new SuperType();    // 第一次调用 SuperType()
SubType.prototype.constructor = SubType;
SubType.prototype.sayAge = function() {
  console.log(this.age);
};
```

代码中加粗的部分是调用 SuperType 构造函数的地方。在上面的代码执行后，SubType.prototype 上会有两个属性：name 和 colors。它们都是 SuperType 的实例属性，但现在成为了 SubType 的原型属性。在调用 SubType 构造函数时，也会调用 SuperType 构造函数，这一次会在新对象上创建实例属性 name 和 colors。这两个实例属性会遮蔽原型上同名的属性。图 8-6 展示了这个过程。

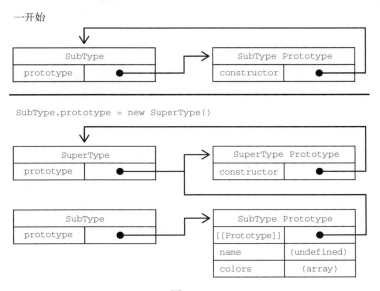

图 8-6

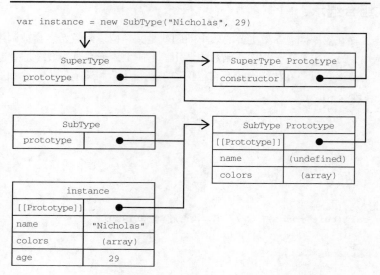

图　8-6（续）

　　如图 8-6 所示，有两组 name 和 colors 属性：一组在实例上，另一组在 SubType 的原型上。这是调用两次 SuperType 构造函数的结果。好在有办法解决这个问题。

　　寄生式组合继承通过盗用构造函数继承属性，但使用混合式原型链继承方法。基本思路是不通过调用父类构造函数给子类原型赋值，而是取得父类原型的一个副本。说到底就是使用寄生式继承来继承父类原型，然后将返回的新对象赋值给子类原型。寄生式组合继承的基本模式如下所示：

```
function inheritPrototype(subType, superType) {
    let prototype = object(superType.prototype);  // 创建对象
    prototype.constructor = subType;               // 增强对象
    subType.prototype = prototype;                 // 赋值对象
}
```

　　这个 inheritPrototype() 函数实现了寄生式组合继承的核心逻辑。这个函数接收两个参数：子类构造函数和父类构造函数。在这个函数内部，第一步是创建父类原型的一个副本。然后，给返回的 prototype 对象设置 constructor 属性，解决由于重写原型导致默认 constructor 丢失的问题。最后将新创建的对象赋值给子类型的原型。如下例所示，调用 inheritPrototype() 就可以实现前面例子中的子类型原型赋值：

```
function SuperType(name) {
    this.name = name;
    this.colors = ["red", "blue", "green"];
}

SuperType.prototype.sayName = function() {
    console.log(this.name);
};

function SubType(name, age) {
    SuperType.call(this, name);
```

```
    this.age = age;
}

inheritPrototype(SubType, SuperType);

SubType.prototype.sayAge = function() {
    console.log(this.age);
};
```

这里只调用了一次 `SuperType` 构造函数,避免了 `SubType.prototype` 上不必要也用不到的属性,因此可以说这个例子的效率更高。而且,原型链仍然保持不变,因此 `instanceof` 操作符和 `isPrototypeOf()` 方法正常有效。寄生式组合继承可以算是引用类型继承的最佳模式。

8.4　类

前几节深入讲解了如何只使用 ECMAScript 5 的特性来模拟类似于类(class-like)的行为。不难看出,各种策略都有自己的问题,也有相应的妥协。正因为如此,实现继承的代码也显得非常冗长和混乱。

为解决这些问题,ECMAScript 6 新引入的 `class` 关键字具有正式定义类的能力。类(class)是 ECMAScript 中新的基础性语法糖结构,因此刚开始接触时可能会不太习惯。虽然 ECMAScript 6 类表面上看起来可以支持正式的面向对象编程,但实际上它背后使用的仍然是原型和构造函数的概念。

8.4.1　类定义

与函数类型相似,定义类也有两种主要方式:类声明和类表达式。这两种方式都使用 `class` 关键字加大括号:

```
// 类声明
class Person {}

// 类表达式
const Animal = class {};
```

与函数表达式类似,类表达式在它们被求值前也不能引用。不过,与函数定义不同的是,虽然函数声明可以提升,但类定义不能:

```
console.log(FunctionExpression);   // undefined
var FunctionExpression = function() {};
console.log(FunctionExpression);   // function() {}

console.log(FunctionDeclaration);   // FunctionDeclaration() {}
function FunctionDeclaration() {}
console.log(FunctionDeclaration);   // FunctionDeclaration() {}

console.log(ClassExpression);   // undefined
var ClassExpression = class {};
console.log(ClassExpression);   // class {}

console.log(ClassDeclaration);   // ReferenceError: ClassDeclaration is not defined
class ClassDeclaration {}
console.log(ClassDeclaration);   // class ClassDeclaration {}
```

另一个跟函数声明不同的地方是,函数受函数作用域限制,而类受块作用域限制:

```
{
  function FunctionDeclaration() {}
  class ClassDeclaration {}
}

console.log(FunctionDeclaration); // FunctionDeclaration() {}
console.log(ClassDeclaration);    // ReferenceError: ClassDeclaration is not defined
```

类的构成

类可以包含构造函数方法、实例方法、获取函数、设置函数和静态类方法，但这些都不是必需的。
空的类定义照样有效。默认情况下，类定义中的代码都在严格模式下执行。

与函数构造函数一样，多数编程风格都建议类名的首字母要大写，以区别于通过它创建的实例（比
如，通过 class Foo {}创建实例 foo）：

```
// 空类定义，有效
class Foo {}

// 有构造函数的类，有效
class Bar {
  constructor() {}
}

// 有获取函数的类，有效
class Baz {
  get myBaz() {}
}

// 有静态方法的类，有效
class Qux {
  static myQux() {}
}
```

类表达式的名称是可选的。在把类表达式赋值给变量后，可以通过 name 属性取得类表达式的名称
字符串。但不能在类表达式作用域外部访问这个标识符。

```
let Person = class PersonName {
  identify() {
    console.log(Person.name, PersonName.name);
  }
}

let p = new Person();

p.identify();               // PersonName PersonName

console.log(Person.name);    // PersonName
console.log(PersonName);     // ReferenceError: PersonName is not defined
```

8.4.2　类构造函数

constructor 关键字用于在类定义块内部创建类的构造函数。方法名 constructor 会告诉解释器
在使用 new 操作符创建类的新实例时，应该调用这个函数。构造函数的定义不是必需的，不定义构造函
数相当于将构造函数定义为空函数。

1. 实例化

使用 new 操作符实例化 Person 的操作等于使用 new 调用其构造函数。唯一可感知的不同之处就是，JavaScript 解释器知道使用 new 和类意味着应该使用 constructor 函数进行实例化。

使用 new 调用类的构造函数会执行如下操作。

(1) 在内存中创建一个新对象。

(2) 这个新对象内部的 [[Prototype]] 指针被赋值为构造函数的 prototype 属性。

(3) 构造函数内部的 this 被赋值为这个新对象（即 this 指向新对象）。

(4) 执行构造函数内部的代码（给新对象添加属性）。

(5) 如果构造函数返回非空对象，则返回该对象；否则，返回刚创建的新对象。

来看下面的例子：

```
class Animal {}

class Person {
  constructor() {
    console.log('person ctor');
  }
}

class Vegetable {
  constructor() {
    this.color = 'orange';
  }
}

let a = new Animal();

let p = new Person();  // person ctor

let v = new Vegetable();
console.log(v.color);  // orange
```

类实例化时传入的参数会用作构造函数的参数。如果不需要参数，则类名后面的括号也是可选的：

```
class Person {
  constructor(name) {
    console.log(arguments.length);
    this.name = name || null;
  }
}

let p1 = new Person;          // 0
console.log(p1.name);         // null

let p2 = new Person();        // 0
console.log(p2.name);         // null

let p3 = new Person('Jake');  // 1
console.log(p3.name);         // Jake
```

默认情况下，类构造函数会在执行之后返回 this 对象。构造函数返回的对象会被用作实例化的对象，如果没有什么引用新创建的 this 对象，那么这个对象会被销毁。不过，如果返回的不是 this 对象，而是其他对象，那么这个对象不会通过 instanceof 操作符检测出跟类有关联，因为这个对象的原型指针并没有被修改。

```
class Person {
  constructor(override) {
    this.foo = 'foo';
    if (override) {
      return {
        bar: 'bar'
      };
    }
  }
}

let p1 = new Person(),
    p2 = new Person(true);

console.log(p1);                        // Person{ foo: 'foo' }
console.log(p1 instanceof Person);  // true

console.log(p2);                        // { bar: 'bar' }
console.log(p2 instanceof Person);  // false
```

类构造函数与构造函数的主要区别是，调用类构造函数必须使用 new 操作符。而普通构造函数如果不使用 new 调用，那么就会以全局的 this（通常是 window）作为内部对象。调用类构造函数时如果忘了使用 new 则会抛出错误：

```
function Person() {}

class Animal {}

// 把window作为 this 来构建实例
let p = Person();

let a = Animal();
// TypeError: class constructor Animal cannot be invoked without 'new'
```

类构造函数没有什么特殊之处，实例化之后，它会成为普通的实例方法（但作为类构造函数，仍然要使用 new 调用）。因此，实例化之后可以在实例上引用它：

```
class Person {}

// 使用类创建一个新实例
let p1 = new Person();

p1.constructor();
// TypeError: Class constructor Person cannot be invoked without 'new'

// 使用对类构造函数的引用创建一个新实例
let p2 = new p1.constructor();
```

2. 把类当成特殊函数

ECMAScript 中没有正式的类这个类型。从各方面来看，ECMAScript 类就是一种特殊函数。声明一个类之后，通过 typeof 操作符检测类标识符，表明它是一个函数：

```
class Person {}

console.log(Person);          // class Person {}
console.log(typeof Person);  // function
```

类标识符有 prototype 属性，而这个原型也有一个 constructor 属性指向类自身：

```
class Person{}

console.log(Person.prototype);                        // { constructor: f() }
console.log(Person === Person.prototype.constructor);  // true
```

与普通构造函数一样，可以使用 instanceof 操作符检查构造函数原型是否存在于实例的原型链中：

```
class Person {}

let p = new Person();

console.log(p instanceof Person); // true
```

由此可知，可以使用 instanceof 操作符检查一个对象与类构造函数，以确定这个对象是不是类的实例。只不过此时的类构造函数要使用类标识符，比如，在前面的例子中要检查 p 和 Person。

如前所述，类本身具有与普通构造函数一样的行为。在类的上下文中，类本身在使用 new 调用时就会被当成构造函数。重点在于，类中定义的 constructor 方法**不会**被当成构造函数，在对它使用 instanceof 操作符时会返回 false。但是，如果在创建实例时直接将类构造函数当成普通构造函数来使用，那么 instanceof 操作符的返回值会反转：

```
class Person {}

let p1 = new Person();

console.log(p1.constructor === Person);          // true
console.log(p1 instanceof Person);               // true
console.log(p1 instanceof Person.constructor);   // false

let p2 = new Person.constructor();

console.log(p2.constructor === Person);          // false
console.log(p2 instanceof Person);               // false
console.log(p2 instanceof Person.constructor);   // true
```

类是 JavaScript 的一等公民，因此可以像其他对象或函数引用一样把类作为参数传递：

```
// 类可以像函数一样在任何地方定义，比如在数组中
let classList = [
  class {
    constructor(id) {
      this.id_ = id;
      console.log(`instance ${this.id_}`);
    }
  }
];

function createInstance(classDefinition, id) {
  return new classDefinition(id);
}

let foo = createInstance(classList[0], 3141);  // instance 3141
```

与立即调用函数表达式相似，类也可以立即实例化：

```
// 因为是一个类表达式，所以类名是可选的
let p = new class Foo {
```

```
    constructor(x) {
      console.log(x);
    }
  }('bar');         // bar

  console.log(p);  // Foo {}
```

8.4.3　实例、原型和类成员

类的语法可以非常方便地定义应该存在于实例上的成员、应该存在于原型上的成员，以及应该存在于类本身的成员。

1. 实例成员

每次通过 new 调用类标识符时，都会执行类构造函数。在这个函数内部，可以为新创建的实例（this）添加"自有"属性。至于添加什么样的属性，则没有限制。另外，在构造函数执行完毕后，仍然可以给实例继续添加新成员。

每个实例都对应一个唯一的成员对象，这意味着所有成员都不会在原型上共享：

```
class Person {
  constructor() {
    // 这个例子先使用对象包装类型定义一个字符串
    // 为的是在下面测试两个对象的相等性
    this.name = new String('Jack');

    this.sayName = () => console.log(this.name);

    this.nicknames = ['Jake', 'J-Dog']
  }
}

let p1 = new Person(),
    p2 = new Person();

p1.sayName(); // Jack
p2.sayName(); // Jack

console.log(p1.name === p2.name);              // false
console.log(p1.sayName === p2.sayName);        // false
console.log(p1.nicknames === p2.nicknames);    // false

p1.name = p1.nicknames[0];
p2.name = p2.nicknames[1];

p1.sayName();  // Jake
p2.sayName();  // J-Dog
```

2. 原型方法与访问器

为了在实例间共享方法，类定义语法把在类块中定义的方法作为原型方法。

```
class Person {
  constructor() {
    // 添加到 this 的所有内容都会存在于不同的实例上
    this.locate = () => console.log('instance');
  }
```

```
   // 在类块中定义的所有内容都会定义在类的原型上
   locate() {
     console.log('prototype');
   }
}

let p = new Person();

p.locate();                    // instance
Person.prototype.locate();     // prototype
```

可以把方法定义在类构造函数中或者类块中,但不能在类块中给原型添加原始值或对象作为成员数据:

```
class Person {
   name: 'Jake'
}
// Uncaught SyntaxError: Unexpected token
```

类方法等同于对象属性,因此可以使用字符串、符号或计算的值作为键:

```
const symbolKey = Symbol('symbolKey');

class Person {

  stringKey() {
    console.log('invoked stringKey');
  }
   [symbolKey]() {
    console.log('invoked symbolKey');
  }
   ['computed' + 'Key']() {
    console.log('invoked computedKey');
  }
}

let p = new Person();

p.stringKey();     // invoked stringKey
p[symbolKey]();    // invoked symbolKey
p.computedKey();   // invoked computedKey
```

类定义也支持获取和设置访问器。语法与行为跟普通对象一样:

```
class Person {
   set name(newName) {
     this.name_ = newName;
   }

   get name() {
     return this.name_;
   }
}

let p = new Person();
p.name = 'Jake';
console.log(p.name); // Jake
```

3. 静态类方法

可以在类上定义静态方法。这些方法通常用于执行不特定于实例的操作,也不要求存在类的实例。

与原型成员类似，静态成员每个类上只能有一个。

　　静态类成员在类定义中使用 static 关键字作为前缀。在静态成员中，this 引用类自身。其他所有约定跟原型成员一样：

```
class Person {
  constructor() {
    // 添加到 this 的所有内容都会存在于不同的实例上
    this.locate = () => console.log('instance', this);
  }

  // 定义在类的原型对象上
  locate() {
    console.log('prototype', this);
  }

  // 定义在类本身上
  static locate() {
    console.log('class', this);
  }
}

let p = new Person();

p.locate();                     // instance, Person {}
Person.prototype.locate();      // prototype, {constructor: ... }
Person.locate();                // class, class Person {}
```

静态类方法非常适合作为实例工厂：

```
class Person {
  constructor(age) {
    this.age_ = age;
  }

  sayAge() {
    console.log(this.age_);
  }

  static create() {
    // 使用随机年龄创建并返回一个 Person 实例
    return new Person(Math.floor(Math.random()*100));
  }
}

console.log(Person.create()); // Person { age_: ... }
```

4. 非函数原型和类成员

虽然类定义并不显式支持在原型或类上添加成员数据，但在类定义外部，可以手动添加：

```
class Person {
  sayName() {
    console.log(`${Person.greeting} ${this.name}`);
  }
}

// 在类上定义数据成员
Person.greeting = 'My name is';
```

```
// 在原型上定义数据成员
Person.prototype.name = 'Jake';

let p = new Person();
p.sayName();  // My name is Jake
```

> **注意** 类定义中之所以没有显式支持添加数据成员，是因为在共享目标（原型和类）上添加可变（可修改）数据成员是一种反模式。一般来说，对象实例应该独自拥有通过 this 引用的数据。

5. 迭代器与生成器方法

类定义语法支持在原型和类本身上定义生成器方法：

```
class Person {
  // 在原型上定义生成器方法
  *createNicknameIterator() {
    yield 'Jack';
    yield 'Jake';
    yield 'J-Dog';
  }

  // 在类上定义生成器方法
  static *createJobIterator() {
    yield 'Butcher';
    yield 'Baker';
    yield 'Candlestick maker';
  }
}

let jobIter = Person.createJobIterator();
console.log(jobIter.next().value);  // Butcher
console.log(jobIter.next().value);  // Baker
console.log(jobIter.next().value);  // Candlestick maker

let p = new Person();
let nicknameIter = p.createNicknameIterator();
console.log(nicknameIter.next().value);  // Jack
console.log(nicknameIter.next().value);  // Jake
console.log(nicknameIter.next().value);  // J-Dog
```

因为支持生成器方法，所以可以通过添加一个默认的迭代器，把类实例变成可迭代对象：

```
class Person {
  constructor() {
    this.nicknames = ['Jack', 'Jake', 'J-Dog'];
  }

  *[Symbol.iterator]() {
    yield *this.nicknames.entries();
  }
}

let p = new Person();
for (let [idx, nickname] of p) {
  console.log(nickname);
}
```

```
// Jack
// Jake
// J-Dog
```

也可以只返回迭代器实例：

```
class Person {
  constructor() {
    this.nicknames = ['Jack', 'Jake', 'J-Dog'];
  }

  [Symbol.iterator]() {
    return this.nicknames.entries();
  }
}

let p = new Person();
for (let [idx, nickname] of p) {
  console.log(nickname);
}
// Jack
// Jake
// J-Dog
```

8.4.4 继承

本章前面花了大量篇幅讨论如何使用 ES5 的机制实现继承。ECMAScript 6 新增特性中最出色的一个就是原生支持了类继承机制。虽然类继承使用的是新语法，但背后依旧使用的是原型链。

1. 继承基础

ES6 类支持单继承。使用 extends 关键字，就可以继承任何拥有 [[Construct]] 和原型的对象。很大程度上，这意味着不仅可以继承一个类，也可以继承普通的构造函数（保持向后兼容）：

```
class Vehicle {}

// 继承类
class Bus extends Vehicle {}

let b = new Bus();
console.log(b instanceof Bus);      // true
console.log(b instanceof Vehicle);  // true


function Person() {}

// 继承普通构造函数
class Engineer extends Person {}

let e = new Engineer();
console.log(e instanceof Engineer);  // true
console.log(e instanceof Person);    // true
```

派生类都会通过原型链访问到类和原型上定义的方法。this 的值会反映调用相应方法的实例或者类：

```
class Vehicle {
  identifyPrototype(id) {
    console.log(id, this);
  }
```

```
  static identifyClass(id) {
    console.log(id, this);
  }
}

class Bus extends Vehicle {}

let v = new Vehicle();
let b = new Bus();

b.identifyPrototype('bus');        // bus, Bus {}
v.identifyPrototype('vehicle');    // vehicle, Vehicle {}

Bus.identifyClass('bus');          // bus, class Bus {}
Vehicle.identifyClass('vehicle');  // vehicle, class Vehicle {}
```

> **注意** extends 关键字也可以在类表达式中使用，因此 let Bar = class extends Foo {}
> 是有效的语法。

2. 构造函数、HomeObject 和 super()

派生类的方法可以通过 super 关键字引用它们的原型。这个关键字只能在派生类中使用，而且仅
限于类构造函数、实例方法和静态方法内部。在类构造函数中使用 super 可以调用父类构造函数。

```
class Vehicle {
  constructor() {
    this.hasEngine = true;
  }
}

class Bus extends Vehicle {
  constructor() {
    // 不要在调用 super() 之前引用 this，否则会抛出 ReferenceError

    super(); // 相当于 super.constructor()

    console.log(this instanceof Vehicle);  // true
    console.log(this);                     // Bus { hasEngine: true }
  }
}

new Bus();
```

在静态方法中可以通过 super 调用继承的类上定义的静态方法：

```
class Vehicle {
  static identify() {
    console.log('vehicle');
  }
}

class Bus extends Vehicle {
  static identify() {
    super.identify();
  }
}

Bus.identify();  // vehicle
```

> **注意**　ES6 给类构造函数和静态方法添加了内部特性[[HomeObject]]，这个特性是一个指针，指向定义该方法的对象。这个指针是自动赋值的，而且只能在 JavaScript 引擎内部访问。super 始终会定义为[[HomeObject]]的原型。

在使用 super 时要注意几个问题。

❏ super 只能在派生类构造函数和静态方法中使用。

```
class Vehicle {
  constructor() {
    super();
    // SyntaxError: 'super' keyword unexpected
  }
}
```

❏ 不能单独引用 super 关键字，要么用它调用构造函数，要么用它引用静态方法。

```
class Vehicle {}

class Bus extends Vehicle {
  constructor() {
    console.log(super);
    // SyntaxError: 'super' keyword unexpected here
  }
}
```

❏ 调用 super()会调用父类构造函数，并将返回的实例赋值给 this。

```
class Vehicle {}

class Bus extends Vehicle {
  constructor() {
    super();

    console.log(this instanceof Vehicle);
  }
}

new Bus(); // true
```

❏ super()的行为如同调用构造函数，如果需要给父类构造函数传参，则需要手动传入。

```
class Vehicle {
  constructor(licensePlate) {
    this.licensePlate = licensePlate;
  }
}

class Bus extends Vehicle {
  constructor(licensePlate) {
    super(licensePlate);
  }
}

console.log(new Bus('1337H4X')); // Bus { licensePlate: '1337H4X' }
```

❏ 如果没有定义类构造函数，在实例化派生类时会调用 super()，而且会传入所有传给派生类的参数。

```
class Vehicle {
  constructor(licensePlate) {
    this.licensePlate = licensePlate;
  }
}

class Bus extends Vehicle {}

console.log(new Bus('1337H4X')); // Bus { licensePlate: '1337H4X' }
```

❑ 在类构造函数中，不能在调用 super() 之前引用 this。

```
class Vehicle {}

class Bus extends Vehicle {
  constructor() {
    console.log(this);
  }
}

new Bus();
// ReferenceError: Must call super constructor in derived class
// before accessing 'this' or returning from derived constructor
```

❑ 如果在派生类中显式定义了构造函数，则要么必须在其中调用 super()，要么必须在其中返回
   一个对象。

```
class Vehicle {}

class Car extends Vehicle {}

class Bus extends Vehicle {
  constructor() {
    super();
  }
}

class Van extends Vehicle {
  constructor() {
    return {};
  }
}

console.log(new Car());  // Car {}
console.log(new Bus());  // Bus {}
console.log(new Van());  // {}
```

3. 抽象基类

有时候可能需要定义这样一个类，它可供其他类继承，但本身不会被实例化。虽然 ECMAScript 没有专门支持这种类的语法，但通过 new.target 也很容易实现。new.target 保存通过 new 关键字调用的类或函数。通过在实例化时检测 new.target 是不是抽象基类，可以阻止对抽象基类的实例化：

```
// 抽象基类
class Vehicle {
  constructor() {
    console.log(new.target);
    if (new.target === Vehicle) {
      throw new Error('Vehicle cannot be directly instantiated');
```

```
      }
    }
}

// 派生类
class Bus extends Vehicle {}

new Bus();          // class Bus {}
new Vehicle();      // class Vehicle {}
// Error: Vehicle cannot be directly instantiated
```

另外，通过在抽象基类构造函数中进行检查，可以要求派生类必须定义某个方法。因为原型方法在调用类构造函数之前就已经存在了，所以可以通过 this 关键字来检查相应的方法：

```
// 抽象基类
class Vehicle {
  constructor() {
    if (new.target === Vehicle) {
      throw new Error('Vehicle cannot be directly instantiated');
    }

    if (!this.foo) {
      throw new Error('Inheriting class must define foo()');
    }

    console.log('success!');
  }
}

// 派生类
class Bus extends Vehicle {
  foo() {}
}

// 派生类
class Van extends Vehicle {}

new Bus(); // success!
new Van(); // Error: Inheriting class must define foo()
```

4. 继承内置类型

ES6 类为继承内置引用类型提供了顺畅的机制，开发者可以方便地扩展内置类型：

```
class SuperArray extends Array {
  shuffle() {
    // 洗牌算法
    for (let i = this.length - 1; i > 0; i--) {
      const j = Math.floor(Math.random() * (i + 1));
      [this[i], this[j]] = [this[j], this[i]];
    }
  }
}

let a = new SuperArray(1, 2, 3, 4, 5);

console.log(a instanceof Array);       // true
console.log(a instanceof SuperArray);  // true
```

```
console.log(a);  // [1, 2, 3, 4, 5]
a.shuffle();
console.log(a);  // [3, 1, 4, 5, 2]
```

有些内置类型的方法会返回新实例。默认情况下，返回实例的类型与原始实例的类型是一致的：

```
class SuperArray extends Array {}

let a1 = new SuperArray(1, 2, 3, 4, 5);
let a2 = a1.filter(x => !!(x%2))

console.log(a1);  // [1, 2, 3, 4, 5]
console.log(a2);  // [1, 3, 5]
console.log(a1 instanceof SuperArray);  // true
console.log(a2 instanceof SuperArray);  // true
```

如果想覆盖这个默认行为，则可以覆盖 `Symbol.species` 访问器，这个访问器决定在创建返回的实例时使用的类：

```
class SuperArray extends Array {
  static get [Symbol.species]() {
    return Array;
  }
}

let a1 = new SuperArray(1, 2, 3, 4, 5);
let a2 = a1.filter(x => !!(x%2))

console.log(a1);  // [1, 2, 3, 4, 5]
console.log(a2);  // [1, 3, 5]
console.log(a1 instanceof SuperArray);  // true
console.log(a2 instanceof SuperArray);  // false
```

5. 类混入

把不同类的行为集中到一个类是一种常见的 JavaScript 模式。虽然 ES6 没有显式支持多类继承，但通过现有特性可以轻松地模拟这种行为。

> **注意** `Object.assign()` 方法是为了混入对象行为而设计的。只有在需要混入类的行为时才有必要自己实现混入表达式。如果只是需要混入多个对象的属性，那么使用 `Object.assign()` 就可以了。

在下面的代码片段中，`extends` 关键字后面是一个 JavaScript 表达式。任何可以解析为一个类或一个构造函数的表达式都是有效的。这个表达式会在求值类定义时被求值：

```
class Vehicle {}

function getParentClass() {
  console.log('evaluated expression');
  return Vehicle;
}

class Bus extends getParentClass() {}
// 可求值的表达式
```

混入模式可以通过在一个表达式中连缀多个混入元素来实现，这个表达式最终会解析为一个可以被继承的类。如果 Person 类需要组合 A、B、C，则需要某种机制实现 B 继承 A，C 继承 B，而 Person

再继承 C，从而把 A、B、C 组合到这个超类中。实现这种模式有不同的策略。

　　一个策略是定义一组"可嵌套"的函数，每个函数分别接收一个超类作为参数，而将混入类定义为这个参数的子类，并返回这个类。这些组合函数可以连缀调用，最终组合成超类表达式：

```
class Vehicle {}

let FooMixin = (Superclass) => class extends Superclass {
  foo() {
    console.log('foo');
  }
};
let BarMixin = (Superclass) => class extends Superclass {
  bar() {
    console.log('bar');
  }
};
let BazMixin = (Superclass) => class extends Superclass {
  baz() {
    console.log('baz');
  }
};

class Bus extends FooMixin(BarMixin(BazMixin(Vehicle))) {}

let b = new Bus();
b.foo();  // foo
b.bar();  // bar
b.baz();  // baz
```

通过写一个辅助函数，可以把嵌套调用展开：

```
class Vehicle {}

let FooMixin = (Superclass) => class extends Superclass {
  foo() {
    console.log('foo');
  }
};
let BarMixin = (Superclass) => class extends Superclass {
  bar() {
    console.log('bar');
  }
};
let BazMixin = (Superclass) => class extends Superclass {
  baz() {
    console.log('baz');
  }
};

function mix(BaseClass, ...Mixins) {
  return Mixins.reduce((accumulator, current) => current(accumulator), BaseClass);
}

class Bus extends mix(Vehicle, FooMixin, BarMixin, BazMixin) {}

let b = new Bus();
b.foo();  // foo
b.bar();  // bar
b.baz();  // baz
```

> **注意** 很多 JavaScript 框架（特别是 React）已经抛弃混入模式，转向了组合模式（把方法提取到独立的类和辅助对象中，然后把它们组合起来，但不使用继承）。这反映了那个众所周知的软件设计原则："组合胜过继承（composition over inheritance）。"这个设计原则被很多人遵循，在代码设计中能提供极大的灵活性。

8.5 小结

对象在代码执行过程中的任何时候都可以被创建和增强，具有极大的动态性，并不是严格定义的实体。下面的模式适用于创建对象。

- ❑ 工厂模式就是一个简单的函数，这个函数可以创建对象，为它添加属性和方法，然后返回这个对象。这个模式在构造函数模式出现后就很少用了。
- ❑ 使用构造函数模式可以自定义引用类型，可以使用 `new` 关键字像创建内置类型实例一样创建自定义类型的实例。不过，构造函数模式也有不足，主要是其成员无法重用，包括函数。考虑到函数本身是松散的、弱类型的，没有理由让函数不能在多个对象实例间共享。
- ❑ 原型模式解决了成员共享的问题，只要是添加到构造函数 `prototype` 上的属性和方法就可以共享。而组合构造函数和原型模式通过构造函数定义实例属性，通过原型定义共享的属性和方法。

JavaScript 的继承主要通过原型链来实现。原型链涉及把构造函数的原型赋值为另一个类型的实例。这样一来，子类就可以访问父类的所有属性和方法，就像基于类的继承那样。原型链的问题是所有继承的属性和方法都会在对象实例间共享，无法做到实例私有。盗用构造函数模式通过在子类构造函数中调用父类构造函数，可以避免这个问题。这样可以让每个实例继承的属性都是私有的，但要求类型只能通过构造函数模式来定义（因为子类不能访问父类原型上的方法）。目前最流行的继承模式是组合继承，即通过原型链继承共享的属性和方法，通过盗用构造函数继承实例属性。

除上述模式之外，还有以下几种继承模式。

- ❑ 原型式继承可以无须明确定义构造函数而实现继承，本质上是对给定对象执行浅复制。这种操作的结果之后还可以再进一步增强。
- ❑ 与原型式继承紧密相关的是寄生式继承，即先基于一个对象创建一个新对象，然后再增强这个新对象，最后返回新对象。这个模式也被用在组合继承中，用于避免重复调用父类构造函数导致的浪费。
- ❑ 寄生组合继承被认为是实现基于类型继承的最有效方式。

ECMAScript 6 新增的类很大程度上是基于既有原型机制的语法糖。类的语法让开发者可以优雅地定义向后兼容的类，既可以继承内置类型，也可以继承自定义类型。类有效地跨越了对象实例、对象原型和对象类之间的鸿沟。

第9章

代理与反射

本章内容
- 代理基础
- 代码捕获器与反射方法
- 代理模式

视频讲解

ECMAScript 6 新增的代理和反射为开发者提供了拦截并向基本操作嵌入额外行为的能力。具体地说，可以给目标对象定义一个关联的代理对象，而这个代理对象可以作为抽象的目标对象来使用。在对目标对象的各种操作影响目标对象之前，可以在代理对象中对这些操作加以控制。

对刚刚接触这个主题的开发者而言，代理是一个比较模糊的概念，而且还夹杂着很多新术语。其实只要看几个例子，就很容易理解了。

> **注意** 在 ES6 之前，ECMAScript 中并没有类似代理的特性。由于代理是一种新的基础性语言能力，很多转译程序都不能把代理行为转换为之前的 ECMAScript 代码，因为代理的行为实际上是无可替代的。为此，代理和反射只在百分之百支持它们的平台上有用。可以检测代理是否存在，不存在则提供后备代码。不过这会导致代码冗余，因此并不推荐。

9.1 代理基础

正如本章开头所介绍的，代理是目标对象的抽象。从很多方面看，代理类似 C++指针，因为它可以用作目标对象的替身，但又完全独立于目标对象。目标对象既可以直接被操作，也可以通过代理来操作。但直接操作会绕过代理施予的行为。

> **注意** ECMAScript 代理与 C++指针有重大区别，后面会再讨论。不过作为一种有助于理解的类比，指针在概念上还是比较合适的结构。

9.1.1 创建空代理

最简单的代理是空代理，即除了作为一个抽象的目标对象，什么也不做。默认情况下，在代理对象上执行的所有操作都会无障碍地传播到目标对象。因此，在任何可以使用目标对象的地方，都可以通过同样的方式来使用与之关联的代理对象。

代理是使用 `Proxy` 构造函数创建的。这个构造函数接收两个参数：目标对象和处理程序对象。缺少其中任何一个参数都会抛出 `TypeError`。要创建空代理，可以传一个简单的对象字面量作为处理程序对象，从而让所有操作畅通无阻地抵达目标对象。

如下面的代码所示，在代理对象上执行的任何操作实际上都会应用到目标对象。唯一可感知的不同就是代码中操作的是代理对象。

```
const target = {
  id: 'target'
};

const handler = {};

const proxy = new Proxy(target, handler);

// id 属性会访问同一个值
console.log(target.id);  // target
console.log(proxy.id);   // target

// 给目标属性赋值会反映在两个对象上
// 因为两个对象访问的是同一个值
target.id = 'foo';
console.log(target.id); // foo
console.log(proxy.id);  // foo

// 给代理属性赋值会反映在两个对象上
// 因为这个赋值会转移到目标对象
proxy.id = 'bar';
console.log(target.id); // bar
console.log(proxy.id);  // bar

// hasOwnProperty()方法在两个地方
// 都会应用到目标对象
console.log(target.hasOwnProperty('id')); // true
console.log(proxy.hasOwnProperty('id'));  // true

// Proxy.prototype 是 undefined
// 因此不能使用 instanceof 操作符
console.log(target instanceof Proxy); // TypeError: Function has non-object prototype
'undefined' in instanceof check
console.log(proxy instanceof Proxy);  // TypeError: Function has non-object prototype
'undefined' in instanceof check

// 严格相等可以用来区分代理和目标
console.log(target === proxy); // false
```

9.1.2 定义捕获器

使用代理的主要目的是可以定义**捕获器**（trap）。捕获器就是在处理程序对象中定义的"基本操作的拦截器"。每个处理程序对象可以包含零个或多个捕获器，每个捕获器都对应一种基本操作，可以直接或间接在代理对象上调用。每次在代理对象上调用这些基本操作时，代理可以在这些操作传播到目标对象之前先调用捕获器函数，从而拦截并修改相应的行为。

> **注意** 捕获器（trap）是从操作系统中借用的概念。在操作系统中，捕获器是程序流中的一个同步中断，可以暂停程序流，转而执行一段子例程，之后再返回原始程序流。

例如，可以定义一个 get() 捕获器，在 ECMAScript 操作以某种形式调用 get() 时触发。下面的例子定义了一个 get() 捕获器：

```
const target = {
  foo: 'bar'
};

const handler = {
  // 捕获器在处理程序对象中以方法名为键
  get() {
    return 'handler override';
  }
};

const proxy = new Proxy(target, handler);
```

这样，当通过代理对象执行 get() 操作时，就会触发定义的 get() 捕获器。当然，get() 不是 ECMAScript 对象可以调用的方法。这个操作在 JavaScript 代码中可以通过多种形式触发并被 get() 捕获器拦截到。proxy[property]、proxy.property 或 Object.create(proxy)[property] 等操作都会触发基本的 get() 操作以获取属性。因此所有这些操作只要发生在代理对象上，就会触发 get() 捕获器。注意，只有在代理对象上执行这些操作才会触发捕获器。在目标对象上执行这些操作仍然会产生正常的行为。

```
const target = {
  foo: 'bar'
};

const handler = {
  // 捕获器在处理程序对象中以方法名为键
  get() {
    return 'handler override';
  }
};

const proxy = new Proxy(target, handler);

console.log(target.foo);                    // bar
console.log(proxy.foo);                     // handler override

console.log(target['foo']);                 // bar
console.log(proxy['foo']);                  // handler override

console.log(Object.create(target)['foo']);  // bar
console.log(Object.create(proxy)['foo']);   // handler override
```

9.1.3　捕获器参数和反射 API

所有捕获器都可以访问相应的参数，基于这些参数可以重建被捕获方法的原始行为。比如，get() 捕获器会接收到目标对象、要查询的属性和代理对象三个参数。

```
const target = {
  foo: 'bar'
};

const handler = {
```

```
  get(trapTarget, property, receiver) {
    console.log(trapTarget === target);
    console.log(property);
    console.log(receiver === proxy);
  }
};

const proxy = new Proxy(target, handler);

proxy.foo;
// true
// foo
// true
```

有了这些参数，就可以重建被捕获方法的原始行为：

```
const target = {
  foo: 'bar'
};

const handler = {
  get(trapTarget, property, receiver) {
    return trapTarget[property];
  }
};

const proxy = new Proxy(target, handler);

console.log(proxy.foo);  // bar
console.log(target.foo); // bar
```

所有捕获器都可以基于自己的参数重建原始操作，但并非所有捕获器行为都像 get() 那么简单。因此，通过手动写码如法炮制的想法是不现实的。实际上，开发者并不需要手动重建原始行为，而是可以通过调用全局 Reflect 对象上（封装了原始行为）的同名方法来轻松重建。

处理程序对象中所有可以捕获的方法都有对应的反射（Reflect）API 方法。这些方法与捕获器拦截的方法具有相同的名称和函数签名，而且也具有与被拦截方法相同的行为。因此，使用反射 API 也可以像下面这样定义出空代理对象：

```
const target = {
  foo: 'bar'
};

const handler = {
  get() {
    return Reflect.get(...arguments);
  }
};

const proxy = new Proxy(target, handler);

console.log(proxy.foo);    // bar
console.log(target.foo);   // bar
```

甚至还可以写得更简洁一些：

```
const target = {
  foo: 'bar'
};
```

```
const handler = {
  get: Reflect.get
};

const proxy = new Proxy(target, handler);

console.log(proxy.foo);  // bar
console.log(target.foo); // bar
```

事实上，如果真想创建一个可以捕获所有方法，然后将每个方法转发给对应反射 API 的空代理，那么甚至不需要定义处理程序对象：

```
const target = {
  foo: 'bar'
};

const proxy = new Proxy(target, Reflect);

console.log(proxy.foo);   // bar
console.log(target.foo);  // bar
```

反射 API 为开发者准备好了样板代码，在此基础上开发者可以用最少的代码修改捕获的方法。比如，下面的代码在某个属性被访问时，会对返回的值进行一番修饰：

```
const target = {
  foo: 'bar',
  baz: 'qux'
};

const handler = {
  get(trapTarget, property, receiver) {
    let decoration = '';
    if (property === 'foo') {
      decoration = '!!!';
    }

    return Reflect.get(...arguments) + decoration;
  }
};

const proxy = new Proxy(target, handler);

console.log(proxy.foo);   // bar!!!
console.log(target.foo);  // bar

console.log(proxy.baz);   // qux
console.log(target.baz);  // qux
```

9.1.4　捕获器不变式

使用捕获器几乎可以改变所有基本方法的行为，但也不是没有限制。根据 ECMAScript 规范，每个捕获的方法都知道目标对象上下文、捕获函数签名，而捕获处理程序的行为必须遵循“捕获器不变式”（trap invariant）。捕获器不变式因方法不同而异，但通常都会防止捕获器定义出现过于反常的行为。

比如，如果目标对象有一个不可配置且不可写的数据属性，那么在捕获器返回一个与该属性不同的值时，会抛出 TypeError：

```
const target = {};
Object.defineProperty(target, 'foo', {
  configurable: false,
  writable: false,
  value: 'bar'
});

const handler = {
  get() {
    return 'qux';
  }
};

const proxy = new Proxy(target, handler);

console.log(proxy.foo);
// TypeError
```

9.1.5 可撤销代理

有时候可能需要中断代理对象与目标对象之间的联系。对于使用 new Proxy() 创建的普通代理来说，这种联系会在代理对象的生命周期内一直持续存在。

Proxy 也暴露了 revocable() 方法，这个方法支持撤销代理对象与目标对象的关联。撤销代理的操作是不可逆的。而且，撤销函数（revoke()）是幂等的，调用多少次的结果都一样。撤销代理之后再调用代理会抛出 TypeError。

撤销函数和代理对象是在实例化时同时生成的：

```
const target = {
  foo: 'bar'
};

const handler = {
  get() {
    return 'intercepted';
  }
};

const { proxy, revoke } = Proxy.revocable(target, handler);

console.log(proxy.foo);   // intercepted
console.log(target.foo);  // bar

revoke();

console.log(proxy.foo);   // TypeError
```

9.1.6 实用反射 API

某些情况下应该优先使用反射 API，这是有一些理由的。

1. 反射 API 与对象 API
在使用反射 API 时，要记住：
(1) 反射 API 并不限于捕获处理程序；
(2) 大多数反射 API 方法在 Object 类型上有对应的方法。
通常，Object 上的方法适用于通用程序，而反射方法适用于细粒度的对象控制与操作。

2. 状态标记

很多反射方法返回称作"状态标记"的布尔值，表示意图执行的操作是否成功。有时候，状态标记比那些返回修改后的对象或者抛出错误（取决于方法）的反射 API 方法更有用。例如，可以使用反射 API 对下面的代码进行重构：

```
// 初始代码

const o = {};

try {
  Object.defineProperty(o, 'foo', 'bar');
  console.log('success');
} catch(e) {
  console.log('failure');
}
```

在定义新属性时如果发生问题，`Reflect.defineProperty()`会返回 `false`，而不是抛出错误。因此使用这个反射方法可以这样重构上面的代码：

```
// 重构后的代码

const o = {};

if(Reflect.defineProperty(o, 'foo', {value: 'bar'})) {
  console.log('success');
} else {
  console.log('failure');
}
```

以下反射方法都会提供状态标记：

- ❏ `Reflect.defineProperty()`
- ❏ `Reflect.preventExtensions()`
- ❏ `Reflect.setPrototypeOf()`
- ❏ `Reflect.set()`
- ❏ `Reflect.deleteProperty()`

3. 用一等函数替代操作符

以下反射方法提供只有通过操作符才能完成的操作。

- ❏ `Reflect.get()`：可以替代对象属性访问操作符。
- ❏ `Reflect.set()`：可以替代=赋值操作符。
- ❏ `Reflect.has()`：可以替代 `in` 操作符或 `with()`。
- ❏ `Reflect.deleteProperty()`：可以替代 `delete` 操作符。
- ❏ `Reflect.construct()`：可以替代 `new` 操作符。

4. 安全地应用函数

在通过 apply 方法调用函数时，被调用的函数可能也定义了自己的 apply 属性（虽然可能性极小）。为绕过这个问题，可以使用定义在 Function 原型上的 apply 方法，比如：

```
Function.prototype.apply.call(myFunc, thisVal, argumentList);
```

这种可怕的代码完全可以使用 `Reflect.apply` 来避免：

```
Reflect.apply(myFunc, thisVal, argumentsList);
```

9.1.7　代理另一个代理

代理可以拦截反射 API 的操作，而这意味着完全可以创建一个代理，通过它去代理另一个代理。这样就可以在一个目标对象之上构建多层拦截网：

```
const target = {
  foo: 'bar'
};

const firstProxy = new Proxy(target, {
  get() {
    console.log('first proxy');
    return Reflect.get(...arguments);
  }
});

const secondProxy = new Proxy(firstProxy, {
  get() {
    console.log('second proxy');
    return Reflect.get(...arguments);
  }
});

console.log(secondProxy.foo);
// second proxy
// first proxy
// bar
```

9.1.8　代理的问题与不足

代理是在 ECMAScript 现有基础之上构建起来的一套新 API，因此其实现已经尽力做到最好了。很大程度上，代理作为对象的虚拟层可以正常使用。但在某些情况下，代理也不能与现在的 ECMAScript 机制很好地协同。

1. 代理中的 `this`

代理潜在的一个问题来源是 this 值。我们知道，方法中的 this 通常指向调用这个方法的对象：

```
const target = {
  thisValEqualsProxy() {
    return this === proxy;
  }
}

const proxy = new Proxy(target, {});

console.log(target.thisValEqualsProxy());  // false
console.log(proxy.thisValEqualsProxy());   // true
```

从直觉上讲，这样完全没有问题：调用代理上的任何方法，比如 proxy.outerMethod()，而这个方法进而又会调用另一个方法，如 this.innerMethod()，实际上都会调用 proxy.innerMethod()。多数情况下，这是符合预期的行为。可是，如果目标对象依赖于对象标识，那就可能碰到意料之外的问题。

还记得第 6 章中通过 WeakMap 保存私有变量的例子吧，以下是它的简化版：

```
const wm = new WeakMap();

class User {
  constructor(userId) {
    wm.set(this, userId);
  }

  set id(userId) {
    wm.set(this, userId);
  }

  get id() {
    return wm.get(this);
  }
}
```

由于这个实现依赖 User 实例的对象标识，在这个实例被代理的情况下就会出问题：

```
const user = new User(123);
console.log(user.id); // 123

const userInstanceProxy = new Proxy(user, {});
console.log(userInstanceProxy.id); // undefined
```

这是因为 User 实例一开始使用目标对象作为 WeakMap 的键，代理对象却尝试从自身取得这个实例。要解决这个问题，就需要重新配置代理，把代理 User 实例改为代理 User 类本身。之后再创建代理的实例就会以代理实例作为 WeakMap 的键了：

```
const UserClassProxy = new Proxy(User, {});
const proxyUser = new UserClassProxy(456);
console.log(proxyUser.id);
```

2. 代理与内部槽位

代理与内置引用类型（比如 Array）的实例通常可以很好地协同，但有些 ECMAScript 内置类型可能会依赖代理无法控制的机制，结果导致在代理上调用某些方法会出错。

一个典型的例子就是 Date 类型。根据 ECMAScript 规范，Date 类型方法的执行依赖 this 值上的内部槽位[[NumberDate]]。代理对象上不存在这个内部槽位，而且这个内部槽位的值也不能通过普通的 get() 和 set() 操作访问到，于是代理拦截后本应转发给目标对象的方法会抛出 TypeError：

```
const target = new Date();
const proxy = new Proxy(target, {});

console.log(proxy instanceof Date);  // true

proxy.getDate();  // TypeError: 'this' is not a Date object
```

9.2　代理捕获器与反射方法

代理可以捕获 13 种不同的基本操作。这些操作有各自不同的反射 API 方法、参数、关联 ECMAScript 操作和不变式。

正如前面示例所展示的，有几种不同的 JavaScript 操作会调用同一个捕获器处理程序。不过，对于在代理对象上执行的任何一种操作，只会有一个捕获处理程序被调用。不会存在重复捕获的情况。

只要在代理上调用，所有捕获器都会拦截它们对应的反射 API 操作。

9.2.1 `get()`

`get()`捕获器会在获取属性值的操作中被调用。对应的反射 API 方法为 `Reflect.get()`。

```
const myTarget = {};

const proxy = new Proxy(myTarget, {
  get(target, property, receiver) {
    console.log('get()');
    return Reflect.get(...arguments)
  }
});

proxy.foo;
// get()
```

1. 返回值
返回值无限制。

2. 拦截的操作
❏ `proxy.property`
❏ `proxy[property]`
❏ `Object.create(proxy)[property]`
❏ `Reflect.get(proxy, property, receiver)`

3. 捕获器处理程序参数
❏ `target`：目标对象。
❏ `property`：引用的目标对象上的字符串键属性。[①]
❏ `receiver`：代理对象或继承代理对象的对象。

4. 捕获器不变式
如果 `target.property` 不可写且不可配置，则处理程序返回的值必须与 `target.property` 匹配。
如果 `target.property` 不可配置且 `[[Get]]` 特性为 `undefined`，处理程序的返回值也必须是 `undefined`。

9.2.2 `set()`

`set()`捕获器会在设置属性值的操作中被调用。对应的反射 API 方法为 `Reflect.set()`。

```
const myTarget = {};

const proxy = new Proxy(myTarget, {
  set(target, property, value, receiver) {
    console.log('set()');
    return Reflect.set(...arguments)
  }
});

proxy.foo = 'bar';
// set()
```

1. 返回值
返回 `true` 表示成功；返回 `false` 表示失败，严格模式下会抛出 `TypeError`。

---

① 严格来讲，`property` 参数除了字符串键，也可能是符号（symbol）键。后面几处也一样。——译者注

2. 拦截的操作

❑ `proxy.property = value`

❑ `proxy[property] = value`

❑ `Object.create(proxy)[property] = value`

❑ `Reflect.set(proxy, property, value, receiver)`

3. 捕获器处理程序参数

❑ `target`：目标对象。

❑ `property`：引用的目标对象上的字符串键属性。

❑ `value`：要赋给属性的值。

❑ `receiver`：接收最初赋值的对象。

4. 捕获器不变式

如果 `target.property` 不可写且不可配置，则不能修改目标属性的值。

如果 `target.property` 不可配置且 `[[Set]]` 特性为 `undefined`，则不能修改目标属性的值。

在严格模式下，处理程序中返回 `false` 会抛出 `TypeError`。

9.2.3 `has()`

`has()` 捕获器会在 `in` 操作符中被调用。对应的反射 API 方法为 `Reflect.has()`。

```
const myTarget = {};

const proxy = new Proxy(myTarget, {
  has(target, property) {
    console.log('has()');
    return Reflect.has(...arguments)
  }
});

'foo' in proxy;
// has()
```

1. 返回值

`has()` 必须返回布尔值，表示属性是否存在。返回非布尔值会被转型为布尔值。

2. 拦截的操作

❑ `property in proxy`

❑ `property in Object.create(proxy)`

❑ `with(proxy) {(property);}`

❑ `Reflect.has(proxy, property)`

3. 捕获器处理程序参数

❑ `target`：目标对象。

❑ `property`：引用的目标对象上的字符串键属性。

4. 捕获器不变式

如果 `target.property` 存在且不可配置，则处理程序必须返回 `true`。

如果 `target.property` 存在且目标对象不可扩展，则处理程序必须返回 `true`。

9.2.4 `defineProperty()`

defineProperty()捕获器会在 Object.defineProperty()中被调用。对应的反射 API 方法为 Reflect.defineProperty()。

```
const myTarget = {};

const proxy = new Proxy(myTarget, {
  defineProperty(target, property, descriptor) {
    console.log('defineProperty()');
    return Reflect.defineProperty(...arguments)
  }
});

Object.defineProperty(proxy, 'foo', { value: 'bar' });
// defineProperty()
```

1. 返回值

defineProperty()必须返回布尔值，表示属性是否成功定义。返回非布尔值会被转型为布尔值。

2. 拦截的操作

❑ `Object.defineProperty(proxy, property, descriptor)`
❑ `Reflect.defineProperty(proxy, property, descriptor)`

3. 捕获器处理程序参数

❑ `target`：目标对象。

❑ `property`：引用的目标对象上的字符串键属性。

❑ `descriptor`：包含可选的 `enumerable`、`configurable`、`writable`、`value`、`get` 和 `set` 定义的对象。

4. 捕获器不变式

如果目标对象不可扩展，则无法定义属性。

如果目标对象有一个可配置的属性，则不能添加同名的不可配置属性。

如果目标对象有一个不可配置的属性，则不能添加同名的可配置属性。

9.2.5 `getOwnPropertyDescriptor()`

getOwnPropertyDescriptor()捕获器会在 Object.getOwnPropertyDescriptor()中被调用。对应的反射 API 方法为 Reflect.getOwnPropertyDescriptor()。

```
const myTarget = {};

const proxy = new Proxy(myTarget, {
  getOwnPropertyDescriptor(target, property) {
    console.log('getOwnPropertyDescriptor()');
    return Reflect.getOwnPropertyDescriptor(...arguments)
  }
});

Object.getOwnPropertyDescriptor(proxy, 'foo');
// getOwnPropertyDescriptor()
```

1. 返回值

getOwnPropertyDescriptor()必须返回对象，或者在属性不存在时返回 undefined。

2. 拦截的操作

❑ `Object.getOwnPropertyDescriptor(proxy, property)`
❑ `Reflect.getOwnPropertyDescriptor(proxy, property)`

3. 捕获器处理程序参数

❑ `target`：目标对象。
❑ `property`：引用的目标对象上的字符串键属性。

4. 捕获器不变式

如果自有的 `target.property` 存在且不可配置，则处理程序必须返回一个表示该属性存在的对象。

如果自有的 `target.property` 存在且可配置，则处理程序必须返回表示该属性可配置的对象。

如果自有的 `target.property` 存在且 `target` 不可扩展，则处理程序必须返回一个表示该属性存在的对象。

如果 `target.property` 不存在且 `target` 不可扩展，则处理程序必须返回 `undefined` 表示该属性不存在。

如果 `target.property` 不存在，则处理程序不能返回表示该属性可配置的对象。

9.2.6 `deleteProperty()`

`deleteProperty()`捕获器会在 `delete` 操作符中被调用。对应的反射 **API** 方法为 `Reflect.deleteProperty()`。

```
const myTarget = {};

const proxy = new Proxy(myTarget, {
  deleteProperty(target, property) {
    console.log('deleteProperty()');
    return Reflect.deleteProperty(...arguments)
  }
});

delete proxy.foo
// deleteProperty()
```

1. 返回值

`deleteProperty()`必须返回布尔值，表示删除属性是否成功。返回非布尔值会被转型为布尔值。

2. 拦截的操作

❑ `delete proxy.property`
❑ `delete proxy[property]`
❑ `Reflect.deleteProperty(proxy, property)`

3. 捕获器处理程序参数

❑ `target`：目标对象。
❑ `property`：引用的目标对象上的字符串键属性。

4. 捕获器不变式

如果自有的 `target.property` 存在且不可配置，则处理程序不能删除这个属性。

9.2.7　`ownKeys()`

`ownKeys()`捕获器会在 `Object.keys()`及类似方法中被调用。对应的反射 API 方法为 `Reflect.ownKeys()`。

```
const myTarget = {};

const proxy = new Proxy(myTarget, {
  ownKeys(target) {
    console.log('ownKeys()');
    return Reflect.ownKeys(...arguments)
  }
});

Object.keys(proxy);
// ownKeys()
```

1. 返回值
`ownKeys()`必须返回包含字符串或符号的可枚举对象。

2. 拦截的操作
- ❏ `Object.getOwnPropertyNames(proxy)`
- ❏ `Object.getOwnPropertySymbols(proxy)`
- ❏ `Object.keys(proxy)`
- ❏ `Reflect.ownKeys(proxy)`

3. 捕获器处理程序参数
- ❏ `target`：目标对象。

4. 捕获器不变式
返回的可枚举对象必须包含 `target` 的所有不可配置的自有属性。

如果 `target` 不可扩展，则返回可枚举对象必须准确地包含自有属性键。

9.2.8　`getPrototypeOf()`

`getPrototypeOf()`捕获器会在 `Object.getPrototypeOf()`中被调用。对应的反射 API 方法为 `Reflect.getPrototypeOf()`。

```
const myTarget = {};

const proxy = new Proxy(myTarget, {
  getPrototypeOf(target) {
    console.log('getPrototypeOf()');
    return Reflect.getPrototypeOf(...arguments)
  }
});

Object.getPrototypeOf(proxy);
// getPrototypeOf()
```

1. 返回值
`getPrototypeOf()`必须返回对象或 `null`。

2. 拦截的操作
- ❏ `Object.getPrototypeOf(proxy)`

❑ `Reflect.getPrototypeOf(proxy)`
❑ `proxy.__proto__`
❑ `Object.prototype.isPrototypeOf(proxy)`
❑ `proxy instanceof Object`

3. 捕获器处理程序参数
❑ `target`：目标对象。

4. 捕获器不变式
如果 `target` 不可扩展，则 `Object.getPrototypeOf(proxy)` 唯一有效的返回值就是 `Object.getPrototypeOf(target)` 的返回值。

9.2.9　`setPrototypeOf()`

`setPrototypeOf()` 捕获器会在 `Object.setPrototypeOf()` 中被调用。对应的反射 API 方法为 `Reflect.setPrototypeOf()`。

```
const myTarget = {};

const proxy = new Proxy(myTarget, {
  setPrototypeOf(target, prototype) {
    console.log('setPrototypeOf()');
    return Reflect.setPrototypeOf(...arguments)
  }
});

Object.setPrototypeOf(proxy, Object);
// setPrototypeOf()
```

1. 返回值
`setPrototypeOf()` 必须返回布尔值，表示原型赋值是否成功。返回非布尔值会被转型为布尔值。

2. 拦截的操作
❑ `Object.setPrototypeOf(proxy)`
❑ `Reflect.setPrototypeOf(proxy)`

3. 捕获器处理程序参数
❑ `target`：目标对象。

❑ `prototype`：`target` 的替代原型，如果是顶级原型则为 `null`。

4. 捕获器不变式
如果 `target` 不可扩展，则唯一有效的 `prototype` 参数就是 `Object.getPrototypeOf(target)` 的返回值。

9.2.10　`isExtensible()`

`isExtensible()` 捕获器会在 `Object.isExtensible()` 中被调用。对应的反射 API 方法为 `Reflect.isExtensible()`。

```
const myTarget = {};

const proxy = new Proxy(myTarget, {
  isExtensible(target) {
    console.log('isExtensible()');
```

```
            return Reflect.isExtensible(...arguments)
    }
});

Object.isExtensible(proxy);
// isExtensible()
```

1. 返回值

isExtensible()必须返回布尔值，表示 target 是否可扩展。返回非布尔值会被转型为布尔值。

2. 拦截的操作

❑ Object.isExtensible(proxy)

❑ Reflect.isExtensible(proxy)

3. 捕获器处理程序参数

❑ target：目标对象。

4. 捕获器不变式

如果 target 可扩展，则处理程序必须返回 true。

如果 target 不可扩展，则处理程序必须返回 false。

9.2.11　`preventExtensions()`

preventExtensions()捕获器会在 Object.preventExtensions()中被调用。对应的反射 API 方法为 Reflect.preventExtensions()。

```
const myTarget = {};

const proxy = new Proxy(myTarget, {
  preventExtensions(target) {
    console.log('preventExtensions()');
    return Reflect.preventExtensions(...arguments)
  }
});

Object.preventExtensions(proxy);
// preventExtensions()
```

1. 返回值

preventExtensions()必须返回布尔值，表示 target 是否已经不可扩展。返回非布尔值会被转型为布尔值。

2. 拦截的操作

❑ Object.preventExtensions(proxy)

❑ Reflect.preventExtensions(proxy)

3. 捕获器处理程序参数

❑ target：目标对象。

4. 捕获器不变式

如果 Object.isExtensible(proxy)是 false，则处理程序必须返回 true。

9.2.12　`apply()`

apply()捕获器会在调用函数时中被调用。对应的反射 API 方法为 Reflect.apply()。

```
const myTarget = () => {};

const proxy = new Proxy(myTarget, {
  apply(target, thisArg, ...argumentsList) {
    console.log('apply()');
    return Reflect.apply(...arguments)
  }
});

proxy();
// apply()
```

1. 返回值
返回值无限制。

2. 拦截的操作
❑ `proxy(...argumentsList)`
❑ `Function.prototype.apply(thisArg, argumentsList)`
❑ `Function.prototype.call(thisArg, ...argumentsList)`
❑ `Reflect.apply(target, thisArgument, argumentsList)`

3. 捕获器处理程序参数
❑ `target`：目标对象。
❑ `thisArg`：调用函数时的 `this` 参数。
❑ `argumentsList`：调用函数时的参数列表

4. 捕获器不变式
`target` 必须是一个函数对象。

9.2.13　construct()

construct() 捕获器会在 new 操作符中被调用。对应的反射 API 方法为 Reflect.construct()。

```
const myTarget = function() {};

const proxy = new Proxy(myTarget, {
  construct(target, argumentsList, newTarget) {
    console.log('construct()');
    return Reflect.construct(...arguments)
  }
});

new proxy;
// construct()
```

1. 返回值
construct() 必须返回一个对象。

2. 拦截的操作
❑ `new proxy(...argumentsList)`
❑ `Reflect.construct(target, argumentsList, newTarget)`

3. 捕获器处理程序参数
❑ `target`：目标构造函数。

❑ `argumentsList`：传给目标构造函数的参数列表。

❑ `newTarget`：最初被调用的构造函数。

4. 捕获器不变式

`target` 必须可以用作构造函数。

9.3 代理模式

使用代理可以在代码中实现一些有用的编程模式。

9.3.1 跟踪属性访问

通过捕获 `get`、`set` 和 `has` 等操作，可以知道对象属性什么时候被访问、被查询。把实现相应捕获器的某个对象代理放到应用中，可以监控这个对象何时在何处被访问过：

```
const user = {
  name: 'Jake'
};

const proxy = new Proxy(user, {
  get(target, property, receiver) {
    console.log(`Getting ${property}`);

    return Reflect.get(...arguments);
  },
  set(target, property, value, receiver) {
    console.log(`Setting ${property}=${value}`);

    return Reflect.set(...arguments);
  }
});

proxy.name;      // Getting name
proxy.age = 27;  // Setting age=27
```

9.3.2 隐藏属性

代理的内部实现对外部代码是不可见的，因此要隐藏目标对象上的属性也轻而易举。比如：

```
const hiddenProperties = ['foo', 'bar'];
const targetObject = {
  foo: 1,
  bar: 2,
  baz: 3
};
const proxy = new Proxy(targetObject, {
  get(target, property) {
    if (hiddenProperties.includes(property)) {
      return undefined;
    } else {
      return Reflect.get(...arguments);
    }
  },
  has(target, property) {
```

```
      if (hiddenProperties.includes(property)) {
        return false;
      } else {
        return Reflect.has(...arguments);
      }
    }
});

// get()
console.log(proxy.foo);  // undefined
console.log(proxy.bar);  // undefined
console.log(proxy.baz);  // 3

// has()
console.log('foo' in proxy);  // false
console.log('bar' in proxy);  // false
console.log('baz' in proxy);  // true
```

9.3.3　属性验证

因为所有赋值操作都会触发 set() 捕获器，所以可以根据所赋的值决定是允许还是拒绝赋值：

```
const target = {
  onlyNumbersGoHere: 0
};

const proxy = new Proxy(target, {
  set(target, property, value) {
    if (typeof value !== 'number') {
      return false;
    } else {
      return Reflect.set(...arguments);
    }
  }
});

proxy.onlyNumbersGoHere = 1;
console.log(proxy.onlyNumbersGoHere);  // 1
proxy.onlyNumbersGoHere = '2';
console.log(proxy.onlyNumbersGoHere);  // 1
```

9.3.4　函数与构造函数参数验证

跟保护和验证对象属性类似，也可对函数和构造函数参数进行审查。比如，可以让函数只接收某种类型的值：

```
function median(...nums) {
  return nums.sort()[Math.floor(nums.length / 2)];
}

const proxy = new Proxy(median, {
  apply(target, thisArg, argumentsList) {
    for (const arg of argumentsList) {
      if (typeof arg !== 'number') {
        throw 'Non-number argument provided';
      }
    }
```

```
      return Reflect.apply(...arguments);
    }
});

console.log(proxy(4, 7, 1));  // 4
console.log(proxy(4, '7', 1));
// Error: Non-number argument provided
```

类似地，可以要求实例化时必须给构造函数传参：

```
class User {
  constructor(id) {
    this.id_ = id;
  }
}

const proxy = new Proxy(User, {
  construct(target, argumentsList, newTarget) {
    if (argumentsList[0] === undefined) {
      throw 'User cannot be instantiated without id';
    } else {
      return Reflect.construct(...arguments);
    }
  }
});

new proxy(1);

new proxy();
// Error: User cannot be instantiated without id
```

9.3.5 数据绑定与可观察对象

通过代理可以把运行时中原本不相关的部分联系到一起。这样就可以实现各种模式，从而让不同的代码互操作。

比如，可以将被代理的类绑定到一个全局实例集合，让所有创建的实例都被添加到这个集合中：

```
const userList = [];

class User {
  constructor(name) {
    this.name_ = name;
  }
}

const proxy = new Proxy(User, {
  construct() {
    const newUser = Reflect.construct(...arguments);
    userList.push(newUser);
    return newUser;
  }
});

new proxy('John');
new proxy('Jacob');
new proxy('Jingleheimerschmidt');

console.log(userList); // [User {}, User {}, User{}]
```

另外，还可以把集合绑定到一个事件分派程序，每次插入新实例时都会发送消息：

```
const userList = [];

function emit(newValue) {
  console.log(newValue);
}

const proxy = new Proxy(userList, {
  set(target, property, value, receiver) {
    const result = Reflect.set(...arguments);
    if (result) {
      emit(Reflect.get(target, property, receiver));
    }
    return result;
  }
});

proxy.push('John');
// John
proxy.push('Jacob');
// Jacob
```

9.4　小结

代理是 ECMAScript 6 新增的令人兴奋和动态十足的新特性。尽管不支持向后兼容，但它开辟出了一片前所未有的 JavaScript 元编程及抽象的新天地。

从宏观上看，代理是真实 JavaScript 对象的透明抽象层。代理可以定义包含**捕获器**的处理程序对象，而这些捕获器可以拦截绝大部分 JavaScript 的基本操作和方法。在这个捕获器处理程序中，可以修改任何基本操作的行为，当然前提是遵从**捕获器不变式**。

与代理如影随形的反射 API，则封装了一整套与捕获器拦截的操作相对应的方法。可以把反射 API 看作一套基本操作，这些操作是绝大部分 JavaScript 对象 API 的基础。

代理的应用场景是不可限量的。开发者使用它可以创建出各种编码模式，比如（但远远不限于）跟踪属性访问、隐藏属性、阻止修改或删除属性、函数参数验证、构造函数参数验证、数据绑定，以及可观察对象。

本章内容

❏ 函数表达式、函数声明及箭头函数
❏ 默认参数及扩展操作符
❏ 使用函数实现递归
❏ 使用闭包实现私有变量

函数是 ECMAScript 中最有意思的部分之一，这主要是因为函数实际上是对象。每个函数都是 Function 类型的实例，而 Function 也有属性和方法，跟其他引用类型一样。因为函数是对象，所以函数名就是指向函数对象的指针，而且不一定与函数本身紧密绑定。函数通常以函数声明的方式定义，比如：

```
function sum (num1, num2) {
  return num1 + num2;
}
```

注意函数定义最后没有加分号。

另一种定义函数的语法是函数表达式。函数表达式与函数声明几乎是等价的：

```
let sum = function(num1, num2) {
  return num1 + num2;
};
```

这里，代码定义了一个变量 sum 并将其初始化为一个函数。注意 function 关键字后面没有名称，因为不需要。这个函数可以通过变量 sum 来引用。

注意这里的函数末尾是有分号的，与任何变量初始化语句一样。

还有一种定义函数的方式与函数表达式很像，叫作"箭头函数"（arrow function），如下所示：

```
let sum = (num1, num2) => {
  return num1 + num2;
};
```

最后一种定义函数的方式是使用 Function 构造函数。这个构造函数接收任意多个字符串参数，最后一个参数始终会被当成函数体，而之前的参数都是新函数的参数。来看下面的例子：

```
let sum = new Function("num1", "num2", "return num1 + num2");  // 不推荐
```

我们不推荐使用这种语法来定义函数，因为这段代码会被解释两次：第一次是将它当作常规 ECMAScript 代码，第二次是解释传给构造函数的字符串。这显然会影响性能。不过，把函数想象为对象，把函数名想象为指针是很重要的。而上面这种语法很好地诠释了这些概念。

> **注意**　这几种实例化函数对象的方式之间存在微妙但重要的差别，本章后面会讨论。无论如何，通过其中任何一种方式都可以创建函数。

10.1　箭头函数

ECMAScript 6 新增了使用胖箭头（=>）语法定义函数表达式的能力。很大程度上，箭头函数实例化的函数对象与正式的函数表达式创建的函数对象行为是相同的。任何可以使用函数表达式的地方，都可以使用箭头函数：

```
let arrowSum = (a, b) => {
  return a + b;
};

let functionExpressionSum = function(a, b) {
  return a + b;
};

console.log(arrowSum(5, 8)); // 13
console.log(functionExpressionSum(5, 8)); // 13
```

箭头函数简洁的语法非常适合嵌入函数的场景：

```
let ints = [1, 2, 3];

console.log(ints.map(function(i) { return i + 1; }));  // [2, 3, 4]
console.log(ints.map((i) => { return i + 1 }));        // [2, 3, 4]
```

如果只有一个参数，那也可以不用括号。只有没有参数，或者多个参数的情况下，才需要使用括号：

```
// 以下两种写法都有效
let double = (x) => { return 2 * x; };
let triple = x => { return 3 * x; };

// 没有参数需要括号
let getRandom = () => { return Math.random(); };

// 多个参数需要括号
let sum = (a, b) => { return a + b; };

// 无效的写法:
let multiply = a, b => { return a * b; };
```

箭头函数也可以不用大括号，但这样会改变函数的行为。使用大括号就说明包含“函数体”，可以在一个函数中包含多条语句，跟常规的函数一样。如果不使用大括号，那么箭头后面就只能有一行代码，比如一个赋值操作，或者一个表达式。而且，省略大括号会隐式返回这行代码的值：

```
// 以下两种写法都有效，而且返回相应的值
let double = (x) => { return 2 * x; };
let triple = (x) => 3 * x;

// 可以赋值
let value = {};
let setName = (x) => x.name = "Matt";
setName(value);
console.log(value.name); // "Matt"

// 无效的写法:
let multiply = (a, b) => return a * b;
```

箭头函数虽然语法简洁，但也有很多场合不适用。箭头函数不能使用 arguments、super 和 new.target，也不能用作构造函数。此外，箭头函数也没有 prototype 属性。

10.2 函数名

因为函数名就是指向函数的指针，所以它们跟其他包含对象指针的变量具有相同的行为。这意味着一个函数可以有多个名称，如下所示：

```
function sum(num1, num2) {
  return num1 + num2;
}

console.log(sum(10, 10));          // 20

let anotherSum = sum;
console.log(anotherSum(10, 10));   // 20

sum = null;
console.log(anotherSum(10, 10));   // 20
```

以上代码定义了一个名为 sum() 的函数，用于求两个数之和。然后又声明了一个变量 anotherSum，并将它的值设置为等于 sum。注意，使用不带括号的函数名会访问函数指针，而不会执行函数。此时，anotherSum 和 sum 都指向同一个函数。调用 anotherSum() 也可以返回结果。把 sum 设置为 null 之后，就切断了它与函数之间的关联。而 anotherSum() 还是可以照常调用，没有问题。

ECMAScript 6 的所有函数对象都会暴露一个只读的 name 属性，其中包含关于函数的信息。多数情况下，这个属性中保存的就是一个函数标识符，或者说是一个字符串化的变量名。即使函数没有名称，也会如实显示成空字符串。如果它是使用 Function 构造函数创建的，则会标识成"anonymous"：

```
function foo() {}
let bar = function() {};
let baz = () => {};

console.log(foo.name);              // foo
console.log(bar.name);              // bar
console.log(baz.name);              // baz
console.log((() => {}).name);       // （空字符串）
console.log((new Function()).name); // anonymous
```

如果函数是一个获取函数、设置函数，或者使用 bind() 实例化，那么标识符前面会加上一个前缀：

```
function foo() {}

console.log(foo.bind(null).name);   // bound foo

let dog = {
  years: 1,
  get age() {
    return this.years;
  },
  set age(newAge) {
    this.years = newAge;
  }
}

let propertyDescriptor = Object.getOwnPropertyDescriptor(dog, 'age');
console.log(propertyDescriptor.get.name);  // get age
console.log(propertyDescriptor.set.name);  // set age
```

10

10.3　理解参数

ECMAScript 函数的参数跟大多数其他语言不同。ECMAScript 函数既不关心传入的参数个数，也不关心这些参数的数据类型。定义函数时要接收两个参数，并不意味着调用时就传两个参数。你可以传一个、三个，甚至一个也不传，解释器都不会报错。

之所以会这样，主要是因为 ECMAScript 函数的参数在内部表现为一个数组。函数被调用时总会接收一个数组，但函数并不关心这个数组中包含什么。如果数组中什么也没有，那没问题；如果数组的元素超出了要求，那也没问题。事实上，在使用 function 关键字定义（非箭头）函数时，可以在函数内部访问 arguments 对象，从中取得传进来的每个参数值。

arguments 对象是一个类数组对象（但不是 Array 的实例），因此可以使用中括号语法访问其中的元素（第一个参数是 arguments[0]，第二个参数是 arguments[1]）。而要确定传进来多少个参数，可以访问 arguments.length 属性。

在下面的例子中，sayHi() 函数的第一个参数叫 name：

```
function sayHi(name, message) {
  console.log("Hello " + name + ", " + message);
}
```

可以通过 arguments[0] 取得相同的参数值。因此，把函数重写成不声明参数也可以：

```
function sayHi() {
  console.log("Hello " + arguments[0] + ", " + arguments[1]);
}
```

在重写后的代码中，没有命名参数。name 和 message 参数都不见了，但函数照样可以调用。这就表明，ECMAScript 函数的参数只是为了方便才写出来的，并不是必须写出来的。与其他语言不同，在 ECMAScript 中的命名参数不会创建让之后的调用必须匹配的函数签名。这是因为根本不存在验证命名参数的机制。

也可以通过 arguments 对象的 length 属性检查传入的参数个数。下面的例子展示了在每调用一个函数时，都会打印出传入的参数个数：

```
function howManyArgs() {
  console.log(arguments.length);
}

howManyArgs("string", 45);  // 2
howManyArgs();              // 0
howManyArgs(12);            // 1
```

这个例子分别打印出 2、0 和 1（按顺序）。既然如此，那么开发者可以想传多少参数就传多少参数。比如：

```
function doAdd() {
  if (arguments.length === 1) {
    console.log(arguments[0] + 10);
  } else if (arguments.length === 2) {
    console.log(arguments[0] + arguments[1]);
  }
}

doAdd(10);     // 20
doAdd(30, 20); // 50
```

这个函数 doAdd() 在只传一个参数时会加 10，在传两个参数时会将它们相加，然后返回。因此 doAdd(10) 返回 20，而 doAdd(30,20) 返回 50。虽然不像真正的函数重载那么明确，但这已经足以弥补 ECMAScript 在这方面的缺失了。

还有一个必须理解的重要方面，那就是 arguments 对象可以跟命名参数一起使用，比如：

```
function doAdd(num1, num2) {
  if (arguments.length === 1) {
    console.log(num1 + 10);
  } else if (arguments.length === 2) {
    console.log(arguments[0] + num2);
  }
}
```

在这个 doAdd() 函数中，同时使用了两个命名参数和 arguments 对象。命名参数 num1 保存着与 arugments[0] 一样的值，因此使用谁都无所谓。（同样，num2 也保存着跟 arguments[1] 一样的值。）

arguments 对象的另一个有意思的地方就是，它的值始终会与对应的命名参数同步。来看下面的例子：

```
function doAdd(num1, num2) {
  arguments[1] = 10;
  console.log(arguments[0] + num2);
}
```

这个 doAdd() 函数把第二个参数的值重写为 10。因为 arguments 对象的值会自动同步到对应的命名参数，所以修改 arguments[1] 也会修改 num2 的值，因此两者的值都是 10。但这并不意味着它们都访问同一个内存地址，它们在内存中还是分开的，只不过会保持同步而已。另外还要记住一点：如果只传了一个参数，然后把 arguments[1] 设置为某个值，那么这个值并不会反映到第二个命名参数。这是因为 arguments 对象的长度是根据传入的参数个数，而非定义函数时给出的命名参数个数确定的。

对于命名参数而言，如果调用函数时没有传这个参数，那么它的值就是 undefined。这就类似于定义了变量而没有初始化。比如，如果只给 doAdd() 传了一个参数，那么 num2 的值就是 undefined。

严格模式下，arguments 会有一些变化。首先，像前面那样给 arguments[1] 赋值不会再影响 num2 的值。就算把 arguments[1] 设置为 10，num2 的值仍然还是传入的值。其次，在函数中尝试重写 arguments 对象会导致语法错误。（代码也不会执行。）

箭头函数中的参数

如果函数是使用箭头语法定义的，那么传给函数的参数将不能使用 arguments 关键字访问，而只能通过定义的命名参数访问。

```
function foo() {
  console.log(arguments[0]);
}
foo(5); // 5

let bar = () => {
  console.log(arguments[0]);
};
bar(5);  // ReferenceError: arguments is not defined
```

虽然箭头函数中没有 arguments 对象，但可以在包装函数中把它提供给箭头函数：

```
function foo() {
  let bar = () => {
    console.log(arguments[0]); // 5
  };
  bar();
}

foo(5);
```

> **注意**　ECMAScript 中的所有参数都按值传递的。不可能按引用传递参数。如果把对象作为参数传递，那么传递的值就是这个对象的引用。

10.4　没有重载

ECMAScript 函数不能像传统编程那样重载。在其他语言比如 Java 中，一个函数可以有两个定义，只要签名（接收参数的类型和数量）不同就行。如前所述，ECMAScript 函数没有签名，因为参数是由包含零个或多个值的数组表示的。没有函数签名，自然也就没有重载。

如果在 ECMAScript 中定义了两个同名函数，则后定义的会覆盖先定义的。来看下面的例子：

```
function addSomeNumber(num) {
  return num + 100;
}

function addSomeNumber(num) {
  return num + 200;
}

let result = addSomeNumber(100); // 300
```

这里，函数 addSomeNumber() 被定义了两次。第一个版本给参数加 100，第二个版本加 200。最后一行调用这个函数时，返回了 300，因为第二个定义覆盖了第一个定义。

前面也提到过，可以通过检查参数的类型和数量，然后分别执行不同的逻辑来模拟函数重载。

把函数名当成指针也有助于理解为什么 ECMAScript 没有函数重载。在前面的例子中，定义两个同名的函数显然会导致后定义的重写先定义的。而那个例子几乎跟下面这个是一样的：

```
let addSomeNumber = function(num) {
    return num + 100;
};

addSomeNumber = function(num) {
    return num + 200;
};

let result = addSomeNumber(100); // 300
```

看这段代码应该更容易理解发生了什么。在创建第二个函数时，变量 addSomeNumber 被重写成保存第二个函数对象了。

10.5 默认参数值

在 ECMAScript5.1 及以前，实现默认参数的一种常用方式就是检测某个参数是否等于 undefined，如果是则意味着没有传这个参数，那就给它赋一个值：

```
function makeKing(name) {
  name = (typeof name !== 'undefined') ? name : 'Henry';
  return `King ${name} VIII`;
}

console.log(makeKing());         // 'King Henry VIII'
console.log(makeKing('Louis')); // 'King Louis VIII'
```

ECMAScript 6 之后就不用这么麻烦了，因为它支持显式定义默认参数了。下面就是与前面代码等价的 ES6 写法，只要在函数定义中的参数后面用=就可以为参数赋一个默认值：

```
function makeKing(name = 'Henry') {
  return `King ${name} VIII`;
}

console.log(makeKing('Louis')); // 'King Louis VIII'
console.log(makeKing());         // 'King Henry VIII'
```

给参数传 undefined 相当于没有传值，不过这样可以利用多个独立的默认值：

```
function makeKing(name = 'Henry', numerals = 'VIII') {
  return `King ${name} ${numerals}`;
}

console.log(makeKing());                  // 'King Henry VIII'
console.log(makeKing('Louis'));           // 'King Louis VIII'
console.log(makeKing(undefined, 'VI'));   // 'King Henry VI'
```

在使用默认参数时，arguments 对象的值不反映参数的默认值，只反映传给函数的参数。当然，跟 ES5 严格模式一样，修改命名参数也不会影响 arguments 对象，它始终以调用函数时传入的值为准：

```
function makeKing(name = 'Henry') {
  name = 'Louis';
  return `King ${arguments[0]}`;
}

console.log(makeKing());         // 'King undefined'
console.log(makeKing('Louis')); // 'King Louis'
```

默认参数值并不限于原始值或对象类型，也可以使用调用函数返回的值：

```
let romanNumerals = ['I', 'II', 'III', 'IV', 'V', 'VI'];
let ordinality = 0;

function getNumerals() {
  // 每次调用后递增
  return romanNumerals[ordinality++];
}

function makeKing(name = 'Henry', numerals = getNumerals()) {
  return `King ${name} ${numerals}`;
}

console.log(makeKing());                  // 'King Henry I'
```

```
console.log(makeKing('Louis', 'XVI'));  // 'King Louis XVI'
console.log(makeKing());                // 'King Henry II'
console.log(makeKing());                // 'King Henry III'
```

函数的默认参数只有在函数被调用时才会求值，不会在函数定义时求值。而且，计算默认值的函数只有在调用函数但未传相应参数时才会被调用。

箭头函数同样也可以这样使用默认参数，只不过在只有一个参数时，就必须使用括号而不能省略了：

```
let makeKing = (name = 'Henry') => `King ${name}`;

console.log(makeKing()); // King Henry
```

默认参数作用域与暂时性死区

因为在求值默认参数时可以定义对象，也可以动态调用函数，所以函数参数肯定是在某个作用域中求值的。

给多个参数定义默认值实际上跟使用 let 关键字顺序声明变量一样。来看下面的例子：

```
function makeKing(name = 'Henry', numerals = 'VIII') {
  return `King ${name} ${numerals}`;
}

console.log(makeKing()); // King Henry VIII
```

这里的默认参数会按照定义它们的顺序依次被初始化。可以依照如下示例想象一下这个过程：

```
function makeKing() {
  let name = 'Henry';
  let numerals = 'VIII';

  return `King ${name} ${numerals}`;
}
```

因为参数是按顺序初始化的，所以后定义默认值的参数可以引用先定义的参数。看下面这个例子：

```
function makeKing(name = 'Henry', numerals = name) {
  return `King ${name} ${numerals}`;
}

console.log(makeKing()); // King Henry Henry
```

参数初始化顺序遵循"暂时性死区"规则，即前面定义的参数不能引用后面定义的。像这样就会抛出错误：

```
// 调用时不传第一个参数会报错
function makeKing(name = numerals, numerals = 'VIII') {
  return `King ${name} ${numerals}`;
}
```

参数也存在于自己的作用域中，它们不能引用函数体的作用域：

```
// 调用时不传第二个参数会报错
function makeKing(name = 'Henry', numerals = defaultNumeral) {
  let defaultNumeral = 'VIII';
  return `King ${name} ${numerals}`;
}
```

10.6　参数扩展与收集

ECMAScript 6 新增了扩展操作符，使用它可以非常简洁地操作和组合集合数据。扩展操作符最有用的场景就是函数定义中的参数列表，在这里它可以充分利用这门语言的弱类型及参数长度可变的特点。扩展操作符既可以用于调用函数时传参，也可以用于定义函数参数。

10.6.1　扩展参数

在给函数传参时，有时候可能不需要传一个数组，而是要分别传入数组的元素。

假设有如下函数定义，它会将所有传入的参数累加起来：

```
let values = [1, 2, 3, 4];

function getSum() {
  let sum = 0;
  for (let i = 0; i < arguments.length; ++i) {
    sum += arguments[i];
  }
  return sum;
}
```

这个函数希望将所有加数逐个传进来，然后通过迭代 arguments 对象来实现累加。如果不使用扩展操作符，想把定义在这个函数这面的数组拆分，那么就得求助于 apply()方法：

```
console.log(getSum.apply(null, values)); // 10
```

但在 ECMAScript 6 中，可以通过扩展操作符极为简洁地实现这种操作。对可迭代对象应用扩展操作符，并将其作为一个参数传入，可以将可迭代对象拆分，并将迭代返回的每个值单独传入。

比如，使用扩展操作符可以将前面例子中的数组像这样直接传给函数：

```
console.log(getSum(...values)); // 10
```

因为数组的长度已知，所以在使用扩展操作符传参的时候，并不妨碍在其前面或后面再传其他的值，包括使用扩展操作符传其他参数：

```
console.log(getSum(-1, ...values));        // 9
console.log(getSum(...values, 5));         // 15
console.log(getSum(-1, ...values, 5));     // 14
console.log(getSum(...values, ...[5,6,7])); // 28
```

对函数中的 arguments 对象而言，它并不知道扩展操作符的存在，而是按照调用函数时传入的参数接收每一个值：

```
let values = [1,2,3,4]

function countArguments() {
  console.log(arguments.length);
}

countArguments(-1, ...values);        // 5
countArguments(...values, 5);         // 5
countArguments(-1, ...values, 5);     // 6
countArguments(...values, ...[5,6,7]); // 7
```

arguments 对象只是消费扩展操作符的一种方式。在普通函数和箭头函数中，也可以将扩展操作符用于命名参数，当然同时也可以使用默认参数：

```
function getProduct(a, b, c = 1) {
  return a * b * c;
}

let getSum = (a, b, c = 0) => {
  return a + b + c;
}

console.log(getProduct(...[1,2]));      // 2
console.log(getProduct(...[1,2,3]));    // 6
console.log(getProduct(...[1,2,3,4]));  // 6

console.log(getSum(...[0,1]));          // 1
console.log(getSum(...[0,1,2]));        // 3
console.log(getSum(...[0,1,2,3]));      // 3
```

10.6.2   收集参数

在构思函数定义时，可以使用扩展操作符把不同长度的独立参数组合为一个数组。这有点类似 arguments 对象的构造机制，只不过收集参数的结果会得到一个 Array 实例。

```
function getSum(...values) {
  // 顺序累加 values 中的所有值
  // 初始值的总和为 0
  return values.reduce((x, y) => x + y, 0);
}

console.log(getSum(1,2,3)); // 6
```

收集参数的前面如果还有命名参数，则只会收集其余的参数；如果没有则会得到空数组。因为收集参数的结果可变，所以只能把它作为最后一个参数：

```
// 不可以
function getProduct(...values, lastValue) {}

// 可以
function ignoreFirst(firstValue, ...values) {
  console.log(values);
}

ignoreFirst();        // []
ignoreFirst(1);       // []
ignoreFirst(1,2);     // [2]
ignoreFirst(1,2,3);   // [2, 3]
```

箭头函数虽然不支持 arguments 对象，但支持收集参数的定义方式，因此也可以实现与使用 arguments 一样的逻辑：

```
let getSum = (...values) => {
  return values.reduce((x, y) => x + y, 0);
}

console.log(getSum(1,2,3)); // 6
```

另外，使用收集参数并不影响 arguments 对象，它仍然反映调用时传给函数的参数：

```
function getSum(...values) {
  console.log(arguments.length);    // 3
  console.log(arguments);           // [1, 2, 3]
  console.log(values);              // [1, 2, 3]
}

console.log(getSum(1,2,3));
```

10.7　函数声明与函数表达式

本章到现在一直没有把函数声明和函数表达式区分得很清楚。事实上，JavaScript 引擎在加载数据时对它们是区别对待的。JavaScript 引擎在任何代码执行之前，会先读取函数声明，并在执行上下文中生成函数定义。而函数表达式必须等到代码执行到它那一行，才会在执行上下文中生成函数定义。来看下面的例子：

```
// 没问题
console.log(sum(10, 10));
function sum(num1, num2) {
  return num1 + num2;
}
```

以上代码可以正常运行，因为函数声明会在任何代码执行之前先被读取并添加到执行上下文。这个过程叫作**函数声明提升**（function declaration hoisting）。在执行代码时，JavaScript 引擎会先执行一遍扫描，把发现的函数声明提升到源代码树的顶部。因此即使函数定义出现在调用它们的代码之后，引擎也会把函数声明**提升**到顶部。如果把前面代码中的函数声明改为等价的函数表达式，那么执行的时候就会出错：

```
// 会出错
console.log(sum(10, 10));
let sum = function(num1, num2) {
  return num1 + num2;
};
```

上面的代码之所以会出错，是因为这个函数定义包含在一个变量初始化语句中，而不是函数声明中。这意味着代码如果没有执行到加粗的那一行，那么执行上下文中就没有函数的定义，所以上面的代码会出错。这并不是因为使用 let 而导致的，使用 var 关键字也会碰到同样的问题：

```
console.log(sum(10, 10));
var sum = function(num1, num2) {
  return num1 + num2;
};
```

除了函数什么时候真正有定义这个区别之外，这两种语法是等价的。

> **注意**　在使用函数表达式初始化变量时，也可以给函数一个名称，比如 let sum = function sum() {}。这一点在 10.11 节讨论函数表达式时会再讨论。

10.8　函数作为值

因为函数名在 ECMAScript 中就是变量，所以函数可以用在任何可以使用变量的地方。这意味着不仅可以把函数作为参数传给另一个函数，而且还可以在一个函数中返回另一个函数。来看下面的例子：

```
function callSomeFunction(someFunction, someArgument) {
  return someFunction(someArgument);
}
```

这个函数接收两个参数。第一个参数应该是一个函数，第二个参数应该是要传给这个函数的值。任何函数都可以像下面这样作为参数传递：

```
function add10(num) {
  return num + 10;
}

let result1 = callSomeFunction(add10, 10);
console.log(result1);  // 20

function getGreeting(name) {
  return "Hello, " + name;
}

let result2 = callSomeFunction(getGreeting, "Nicholas");
console.log(result2);  // "Hello, Nicholas"
```

callSomeFunction()函数是通用的，第一个参数传入的是什么函数都可以，而且它始终返回调用作为第一个参数传入的函数的结果。要注意的是，如果是访问函数而不是调用函数，那就必须不带括号，所以传给 callSomeFunction()的必须是 add10 和 getGreeting，而不能是它们的执行结果。

从一个函数中返回另一个函数也是可以的，而且非常有用。例如，假设有一个包含对象的数组，而我们想按照任意对象属性对数组进行排序。为此，可以定义一个 sort()方法需要的比较函数，它接收两个参数，即要比较的值。但这个比较函数还需要想办法确定根据哪个属性来排序。这个问题可以通过定义一个根据属性名来创建比较函数的函数来解决。比如：

```
function createComparisonFunction(propertyName) {
  return function(object1, object2) {
    let value1 = object1[propertyName];
    let value2 = object2[propertyName];

    if (value1 < value2) {
      return -1;
    } else if (value1 > value2) {
      return 1;
    } else {
      return 0;
    }
  };
}
```

这个函数的语法乍一看比较复杂，但实际上就是在一个函数中返回另一个函数，注意那个 return 操作符。内部函数可以访问 propertyName 参数，并通过中括号语法取得要比较的对象的相应属性值。取得属性值以后，再按照 sort()方法的需要返回比较值就行了。这个函数可以像下面这样使用：

```
let data = [
  {name: "Zachary", age: 28},
  {name: "Nicholas", age: 29}
];

data.sort(createComparisonFunction("name"));
console.log(data[0].name);  // Nicholas
```

```
data.sort(createComparisonFunction("age"));
console.log(data[0].name);  // Zachary
```

在上面的代码中，数组 data 中包含两个结构相同的对象。每个对象都有一个 name 属性和一个 age 属性。默认情况下，sort() 方法要对这两个对象执行 toString()，然后再决定它们的顺序，但这样得不到有意义的结果。而通过调用 createComparisonFunction("name") 来创建一个比较函数，就可以根据每个对象 name 属性的值来排序，结果 name 属性值为"Nicholas"、age 属性值为 29 的对象会排在前面。而调用 createComparisonFunction("age") 则会创建一个根据每个对象 age 属性的值来排序的比较函数，结果 name 属性值为"Zachary"、age 属性值为 28 的对象会排在前面。

10.9 函数内部

在 ECMAScript 5 中，函数内部存在两个特殊的对象：arguments 和 this。ECMAScript 6 又新增了 new.target 属性。

10.9.1 `arguments`

arguments 对象前面讨论过多次了，它是一个类数组对象，包含调用函数时传入的所有参数。这个对象只有以 function 关键字定义函数（相对于使用箭头语法创建函数）时才会有。虽然主要用于包含函数参数，但 arguments 对象其实还有一个 callee 属性，是一个指向 arguments 对象所在函数的指针。来看下面这个经典的阶乘函数：

```
function factorial(num) {
  if (num <= 1) {
    return 1;
  } else {
    return num * factorial(num - 1);
  }
}
```

阶乘函数一般定义成递归调用的，就像上面这个例子一样。只要给函数一个名称，而且这个名称不会变，这样定义就没有问题。但是，这个函数要正确执行就必须保证函数名是 factorial，从而导致了紧密耦合。使用 arguments.callee 就可以让函数逻辑与函数名解耦：

```
function factorial(num) {
  if (num <= 1) {
    return 1;
  } else {
    return num * arguments.callee(num - 1);
  }
}
```

这个重写之后的 factorial() 函数已经用 arguments.callee 代替了之前硬编码的 factorial。这意味着无论函数叫什么名称，都可以引用正确的函数。考虑下面的情况：

```
let trueFactorial = factorial;

factorial = function() {
  return 0;
};

console.log(trueFactorial(5));  // 120
console.log(factorial(5));      // 0
```

10

这里，`trueFactorial` 变量被赋值为 `factorial`，实际上把同一个函数的指针又保存到了另一个位置。然后，`factorial` 函数又被重写为一个返回 0 的函数。如果像 `factorial()` 最初的版本那样不使用 `arguments.callee`，那么像上面这样调用 `trueFactorial()` 就会返回 0。不过，通过将函数与名称解耦，`trueFactorial()` 就可以正确计算阶乘，而 `factorial()` 则只能返回 0。

10.9.2 `this`

另一个特殊的对象是 `this`，它在标准函数和箭头函数中有不同的行为。

在标准函数中，`this` 引用的是把函数当成方法调用的上下文对象，这时候通常称其为 `this` 值（在网页的全局上下文中调用函数时，`this` 指向 `windows`）。来看下面的例子：

```
window.color = 'red';
let o = {
  color: 'blue'
};

function sayColor() {
  console.log(this.color);
}

sayColor();    // 'red'

o.sayColor = sayColor;
o.sayColor();  // 'blue'
```

定义在全局上下文中的函数 `sayColor()` 引用了 `this` 对象。这个 `this` 到底引用哪个对象必须到函数被调用时才能确定。因此这个值在代码执行的过程中可能会变。如果在全局上下文中调用 `sayColor()`，这结果会输出"`red`"，因为 `this` 指向 `window`，而 `this.color` 相当于 `window.color`。而在把 `sayColor()` 赋值给 `o` 之后再调用 `o.sayColor()`，`this` 会指向 `o`，即 `this.color` 相当于 `o.color`，所以会显示"`blue`"。

在箭头函数中，`this` 引用的是定义箭头函数的上下文。下面的例子演示了这一点。在对 `sayColor()` 的两次调用中，`this` 引用的都是 `window` 对象，因为这个箭头函数是在 `window` 上下文中定义的：

```
window.color = 'red';
let o = {
  color: 'blue'
};

let sayColor = () => console.log(this.color);

sayColor();    // 'red'

o.sayColor = sayColor;
o.sayColor();  // 'red'
```

有读者知道，在事件回调或定时回调中调用某个函数时，`this` 值指向的并非想要的对象。此时将回调函数写成箭头函数就可以解决问题。这是因为箭头函数中的 `this` 会保留定义该函数时的上下文：

```
function King() {
  this.royaltyName = 'Henry';
  // this 引用 King 的实例
  setTimeout(() => console.log(this.royaltyName), 1000);
}
```

```
function Queen() {
  this.royaltyName = 'Elizabeth';

  // this 引用 window 对象
  setTimeout(function() { console.log(this.royaltyName); }, 1000);
}

new King();  // Henry
new Queen(); // undefined
```

> **注意**　函数名只是保存指针的变量。因此全局定义的 sayColor() 函数和 o.sayColor()
> 是同一个函数，只不过执行的上下文不同。

10.9.3　caller

ECMAScript 5 也会给函数对象上添加一个属性：caller。虽然 ECMAScript 3 中并没有定义，但所有浏览器除了早期版本的 Opera 都支持这个属性。这个属性引用的是调用当前函数的函数，或者如果是在全局作用域中调用的则为 null。比如：

```
function outer() {
  inner();
}

function inner() {
  console.log(inner.caller);
}
outer();
```

以上代码会显示 outer() 函数的源代码。这是因为 ourter() 调用了 inner()，inner.caller 指向 outer()。如果要降低耦合度，则可以通过 arguments.callee.caller 来引用同样的值：

```
function outer() {
  inner();
}

function inner() {
  console.log(arguments.callee.caller);
}

outer();
```

在严格模式下访问 arguments.callee 会报错。ECMAScript 5 也定义了 arguments.caller，但在严格模式下访问它会报错，在非严格模式下则始终是 undefined。这是为了分清 arguments.caller 和函数的 caller 而故意为之的。而作为对这门语言的安全防护，这些改动也让第三方代码无法检测同一上下文中运行的其他代码。

严格模式下还有一个限制，就是不能给函数的 caller 属性赋值，否则会导致错误。

10.9.4　new.target

ECMAScript 中的函数始终可以作为构造函数实例化一个新对象，也可以作为普通函数被调用。ECMAScript 6 新增了检测函数是否使用 new 关键字调用的 new.target 属性。如果函数是正常调用的，则 new.target 的值是 undefined；如果是使用 new 关键字调用的，则 new.target 将引用被调用的构造函数。

```
function King() {
  if (!new.target) {
    throw 'King must be instantiated using "new"'
  }
  console.log('King instantiated using "new"');
}

new King(); // King instantiated using "new"
King();      // Error: King must be instantiated using "new"
```

10.10　函数属性与方法

前面提到过，ECMAScript 中的函数是对象，因此有属性和方法。每个函数都有两个属性：length 和 prototype。其中，length 属性保存函数定义的命名参数的个数，如下例所示：

```
function sayName(name) {
  console.log(name);
}

function sum(num1, num2) {
  return num1 + num2;
}

function sayHi() {
  console.log("hi");
}

console.log(sayName.length);   // 1
console.log(sum.length);        // 2
console.log(sayHi.length);      // 0
```

以上代码定义了 3 个函数，每个函数的命名参数个数都不一样。sayName()函数有 1 个命名参数，所以其 length 属性为 1。类似地，sum()函数有两个命名参数，所以其 length 属性是 2。而 sayHi()没有命名参数，其 length 属性为 0。

prototype 属性也许是 ECMAScript 核心中最有趣的部分。prototype 是保存引用类型所有实例方法的地方，这意味着 toString()、valueOf()等方法实际上都保存在 prototype 上，进而由所有实例共享。这个属性在自定义类型时特别重要。（相关内容已经在第 8 章详细介绍过了。）在 ECMAScript 5 中，prototype 属性是不可枚举的，因此使用 for-in 循环不会返回这个属性。

函数还有两个方法：apply()和 call()。这两个方法都会以指定的 this 值来调用函数，即会设置调用函数时函数体内 this 对象的值。apply()方法接收两个参数：函数内 this 的值和一个参数数组。第二个参数可以是 Array 的实例，但也可以是 arguments 对象。来看下面的例子：

```
function sum(num1, num2) {
  return num1 + num2;
}

function callSum1(num1, num2) {
  return sum.apply(this, arguments); // 传入 arguments 对象
}
```

```
function callSum2(num1, num2) {
  return sum.apply(this, [num1, num2]); // 传入数组
}

console.log(callSum1(10, 10)); // 20
console.log(callSum2(10, 10)); // 20
```

在这个例子中，callSum1()会调用 sum()函数，将 this 作为函数体内的 this 值（这里等于 window，因为是在全局作用域中调用的）传入，同时还传入了 arguments 对象。callSum2()也会调用 sum()函数，但会传入参数的数组。这两个函数都会执行并返回正确的结果。

> **注意** 在严格模式下，调用函数时如果没有指定上下文对象，则 this 值不会指向 window。除非使用 apply()或 call()把函数指定给一个对象，否则 this 的值会变成 undefined。

call()方法与 apply()的作用一样，只是传参的形式不同。第一个参数跟 apply()一样，也是 this 值，而剩下的要传给被调用函数的参数则是逐个传递的。换句话说，通过 call()向函数传参时，必须将参数一个一个地列出来，比如：

```
function sum(num1, num2) {
  return num1 + num2;
}

function callSum(num1, num2) {
  return sum.call(this, num1, num2);
}

console.log(callSum(10, 10)); // 20
```

这里的 callSum()函数必须逐个地把参数传给 call()方法。结果跟 apply()的例子一样。到底是使用 apply()还是 call()，完全取决于怎么给要调用的函数传参更方便。如果想直接传 arguments 对象或者一个数组，那就用 apply()；否则，就用 call()。当然，如果不用给被调用的函数传参，则使用哪个方法都一样。

apply()和 call()真正强大的地方并不是给函数传参，而是控制函数调用上下文即函数体内 this 值的能力。考虑下面的例子：

```
window.color = 'red';
let o = {
  color: 'blue'
};

function sayColor() {
  console.log(this.color);
}

sayColor();            // red

sayColor.call(this);   // red
sayColor.call(window); // red
sayColor.call(o);      // blue
```

这个例子是在之前那个关于 this 对象的例子基础上修改而成的。同样，sayColor()是一个全局函数，如果在全局作用域中调用它，那么会显示"red"。这是因为 this.color 会求值为 window.color。如果在全局作用域中显式调用 sayColor.call(this)或者 sayColor.call(window)，则同样都会显

10

示"red"。而在使用 sayColor.call(o) 把函数的执行上下文即 this 切换为对象 o 之后，结果就变成了显示"blue"了。

使用 call() 或 apply() 的好处是可以将任意对象设置为任意函数的作用域，这样对象可以不用关心方法。在前面例子最初的版本中，为切换上下文需要先把 sayColor() 直接赋值为 o 的属性，然后再调用。而在这个修改后的版本中，就不需要这一步操作了。

ECMAScript 5 出于同样的目的定义了一个新方法：bind()。bind() 方法会创建一个新的函数实例，其 this 值会被**绑定**到传给 bind() 的对象。比如：

```
window.color = 'red';
var o = {
  color: 'blue'
};

function sayColor() {
  console.log(this.color);
}
let objectSayColor = sayColor.bind(o);
objectSayColor();  // blue
```

这里，在 sayColor() 上调用 bind() 并传入对象 o 创建了一个新函数 objectSayColor()。objectSayColor() 中的 this 值被设置为 o，因此直接调用这个函数，即使是在全局作用域中调用，也会返回字符串"blue"。

对函数而言，继承的方法 toLocaleString() 和 toString() 始终返回函数的代码。返回代码的具体格式因浏览器而异。有的返回源代码，包含注释，而有的只返回代码的内部形式，会删除注释，甚至代码可能被解释器修改过。由于这些差异，因此不能在重要功能中依赖这些方法返回的值，而只应在调试中使用它们。继承的方法 valueOf() 返回函数本身。

10.11　函数表达式

函数表达式虽然更强大，但也更容易让人迷惑。我们知道，定义函数有两种方式：函数声明和函数表达式。函数声明是这样的：

```
function functionName(arg0, arg1, arg2) {
  // 函数体
}
```

函数声明的关键特点是**函数声明提升**，即函数声明会在代码执行之前获得定义。这意味着函数声明可以出现在调用它的代码之后：

```
sayHi();
function sayHi() {
  console.log("Hi!");
}
```

这个例子不会抛出错误，因为 JavaScript 引擎会先读取函数声明，然后再执行代码。

第二种创建函数的方式就是函数表达式。函数表达式有几种不同的形式，最常见的是这样的：

```
let functionName = function(arg0, arg1, arg2) {
  // 函数体
};
```

函数表达式看起来就像一个普通的变量定义和赋值，即创建一个函数再把它赋值给一个变量 `functionName`。这样创建的函数叫作**匿名函数**（anonymous funtion），因为 `function` 关键字后面没有标识符。（匿名函数有也时候也被称为**兰姆达函数**）。未赋值给其他变量的匿名函数的 `name` 属性是空字符串。

函数表达式跟 JavaScript 中的其他表达式一样，需要先赋值再使用。下面的例子会导致错误：

```
sayHi();  // Error! function doesn't exist yet
let sayHi = function() {
  console.log("Hi!");
};
```

理解函数声明与函数表达式之间的区别，关键是理解提升。比如，以下代码的执行结果可能会出乎意料：

```
// 千万别这样做!
if (condition) {
  function sayHi() {
    console.log('Hi!');
  }
} else {
  function sayHi() {
    console.log('Yo!');
  }
}
```

这段代码看起来很正常，就是如果 `condition` 为 `true`，则使用第一个 `sayHi()` 定义；否则，就使用第二个。事实上，这种写法在 ECAMScript 中不是有效的语法。JavaScript 引擎会尝试将其纠正为适当的声明。问题在于浏览器纠正这个问题的方式并不一致。多数浏览器会忽略 `condition` 直接返回第二个声明。Firefox 会在 `condition` 为 `true` 时返回第一个声明。这种写法很危险，不要使用。不过，如果把上面的函数声明换成函数表达式就没问题了：

```
// 没问题
let sayHi;
if (condition) {
  sayHi = function() {
    console.log("Hi!");
  };
} else {
  sayHi = function() {
    console.log("Yo!");
  };
}
```

这个例子可以如预期一样，根据 `condition` 的值为变量 `sayHi` 赋予相应的函数。

创建函数并赋值给变量的能力也可以用于在一个函数中把另一个函数当作值返回：

```
function createComparisonFunction(propertyName) {
  return function(object1, object2) {
    let value1 = object1[propertyName];
    let value2 = object2[propertyName];

    if (value1 < value2) {
      return -1;
    } else if (value1 > value2) {
      return 1;
    } else {
```

```
    return 0;
    }
  };
}
```

　　这里的 createComparisonFunction() 函数返回一个匿名函数,这个匿名函数要么被赋值给一个变量,要么可以直接调用。但在 createComparisonFunction() 内部,那个函数是匿名的。任何时候,只要函数被当作值来使用,它就是一个函数表达式。本章后面会介绍,这并不是使用函数表达式的唯一方式。

10.12　递归

　　递归函数通常的形式是一个函数通过名称调用自己,如下面的例子所示:

```
function factorial(num) {
  if (num <= 1) {
    return 1;
  } else {
    return num * factorial(num - 1);
  }
}
```

　　这是经典的递归阶乘函数。虽然这样写是可以的,但如果把这个函数赋值给其他变量,就会出问题:

```
let anotherFactorial = factorial;
factorial = null;
console.log(anotherFactorial(4));  // 报错
```

　　这里把 factorial() 函数保存在了另一个变量 anotherFactorial 中,然后将 factorial 设置为 null,于是只保留了一个对原始函数的引用。而在调用 anotherFactorial() 时,要递归调用 factorial(),但因为它已经不是函数了,所以会出错。在写递归函数时使用 arguments.callee 可以避免这个问题。

　　arguments.callee 就是一个指向正在执行的函数的指针,因此可以在函数内部递归调用,如下所示:

```
function factorial(num) {
  if (num <= 1) {
    return 1;
  } else {
    return num * arguments.callee(num - 1);
  }
}
```

　　像这里加粗的这一行一样,把函数名称替换成 arguments.callee,可以确保无论通过什么变量调用这个函数都不会出问题。因此在编写递归函数时,arguments.callee 是引用当前函数的首选。

　　不过,在严格模式下运行的代码是不能访问 arguments.callee 的,因为访问会出错。此时,可以使用命名函数表达式(named function expression)达到目的。比如:

```
const factorial = (function f(num) {
  if (num <= 1) {
    return 1;
  } else {
    return num * f(num - 1);
  }
});
```

这里创建了一个命名函数表达式 f()，然后将它赋值给了变量 factorial。即使把函数赋值给另一个变量，函数表达式的名称 f 也不变，因此递归调用不会有问题。这个模式在严格模式和非严格模式下都可以使用。

10.13　尾调用优化

ECMAScript 6 规范新增了一项内存管理优化机制，让 JavaScript 引擎在满足条件时可以重用栈帧。具体来说，这项优化非常适合"尾调用"，即外部函数的返回值是一个内部函数的返回值。比如：

```
function outerFunction() {
  return innerFunction(); // 尾调用
}
```

在 ES6 优化之前，执行这个例子会在内存中发生如下操作。

(1) 执行到 outerFunction 函数体，第一个栈帧被推到栈上。

(2) 执行 outerFunction 函数体，到 return 语句。计算返回值必须先计算 innerFunction。

(3) 执行到 innerFunction 函数体，第二个栈帧被推到栈上。

(4) 执行 innerFunction 函数体，计算其返回值。

(5) 将返回值传回 outerFunction，然后 outerFunction 再返回值。

(6) 将栈帧弹出栈外。

在 ES6 优化之后，执行这个例子会在内存中发生如下操作。

(1) 执行到 outerFunction 函数体，第一个栈帧被推到栈上。

(2) 执行 outerFunction 函数体，到达 return 语句。为求值返回语句，必须先求值 innerFunction。

(3) 引擎发现把第一个栈帧弹出栈外也没问题，因为 innerFunction 的返回值也是 outerFunction 的返回值。

(4) 弹出 outerFunction 的栈帧。

(5) 执行到 innerFunction 函数体，栈帧被推到栈上。

(6) 执行 innerFunction 函数体，计算其返回值。

(7) 将 innerFunction 的栈帧弹出栈外。

很明显，第一种情况下每多调用一次嵌套函数，就会多增加一个栈帧。而第二种情况下无论调用多少次嵌套函数，都只有一个栈帧。这就是 ES6 尾调用优化的关键：如果函数的逻辑允许基于尾调用将其销毁，则引擎就会那么做。

> 注意　现在还没有办法测试尾调用优化是否起作用。不过，因为这是 ES6 规范所规定的，兼容的浏览器实现都能保证在代码满足条件的情况下应用这个优化。

10.13.1　尾调用优化的条件

尾调用优化的条件就是确定外部栈帧真的没有必要存在了。涉及的条件如下：

❑ 代码在严格模式下执行；

❑ 外部函数的返回值是对尾调用函数的调用；

❑ 尾调用函数返回后不需要执行额外的逻辑；

❑ 尾调用函数不是引用外部函数作用域中自由变量的闭包。

下面展示了几个违反上述条件的函数，因此都不符合尾调用优化的要求：

```
"use strict";

// 无优化：尾调用没有返回
function outerFunction() {
  innerFunction();
}

// 无优化：尾调用没有直接返回
function outerFunction() {
  let innerFunctionResult = innerFunction();
  return innerFunctionResult;
}

// 无优化：尾调用返回后必须转型为字符串
function outerFunction() {
  return innerFunction().toString();
}

// 无优化：尾调用是一个闭包
function outerFunction() {
  let foo = 'bar';
  function innerFunction() { return foo; }

  return innerFunction();
}
```

下面是几个符合尾调用优化条件的例子：

```
"use strict";

// 有优化：栈帧销毁前执行参数计算
function outerFunction(a, b) {
  return innerFunction(a + b);
}

// 有优化：初始返回值不涉及栈帧
function outerFunction(a, b) {
  if (a < b) {
    return a;
  }
  return innerFunction(a + b);
}

// 有优化：两个内部函数都在尾部
function outerFunction(condition) {
  return condition ? innerFunctionA() : innerFunctionB();
}
```

差异化尾调用和递归尾调用是容易让人混淆的地方。无论是递归尾调用还是非递归尾调用，都可以应用优化。引擎并不区分尾调用中调用的是函数自身还是其他函数。不过，这个优化在递归场景下的效果是最明显的，因为递归代码最容易在栈内存中迅速产生大量栈帧。

> 注意　之所以要求严格模式，主要因为在非严格模式下函数调用中允许使用 `f.arguments` 和 `f.caller`，而它们都会引用外部函数的栈帧。显然，这意味着不能应用优化了。因此尾调用优化要求必须在严格模式下有效，以防止引用这些属性。

10.13.2　尾调用优化的代码

可以通过把简单的递归函数转换为待优化的代码来加深对尾调用优化的理解。下面是一个通过递归计算斐波纳契数列的函数：

```
function fib(n) {
  if (n < 2) {
    return n;
  }

  return fib(n - 1) + fib(n - 2);
}

console.log(fib(0));  // 0
console.log(fib(1));  // 1
console.log(fib(2));  // 1
console.log(fib(3));  // 2
console.log(fib(4));  // 3
console.log(fib(5));  // 5
console.log(fib(6));  // 8
```

显然这个函数不符合尾调用优化的条件，因为返回语句中有一个相加的操作。结果，`fib(n)` 的栈帧数的内存复杂度是 $O(2^n)$。因此，即使这么一个简单的调用也可以给浏览器带来麻烦：

```
fib(1000);
```

当然，解决这个问题也有不同的策略，比如把递归改写成迭代循环形式。不过，也可以保持递归实现，但将其重构为满足优化条件的形式。为此可以使用两个嵌套的函数，外部函数作为基础框架，内部函数执行递归：

```
"use strict";

// 基础框架
function fib(n) {
  return fibImpl(0, 1, n);
}

// 执行递归
function fibImpl(a, b, n) {
  if (n === 0) {
    return a;
  }
  return fibImpl(b, a + b, n - 1);
}
```

这样重构之后，就可以满足尾调用优化的所有条件，再调用 `fib(1000)` 就不会对浏览器造成威胁了。

10.14　闭包

匿名函数经常被人误认为是闭包（closure）。**闭包**指的是那些引用了另一个函数作用域中变量的函数，通常是在嵌套函数中实现的。比如，下面是之前展示的 createComparisonFunction() 函数，注意其中加粗的代码：

```
function createComparisonFunction(propertyName) {
  return function(object1, object2) {
    let value1 = object1[propertyName];
    let value2 = object2[propertyName];

    if (value1 < value2) {
      return -1;
    } else if (value1 > value2) {
      return 1;
    } else {
      return 0;
    }
  };
}
```

这里加粗的代码位于内部函数（匿名函数）中，其中引用了外部函数的变量 propertyName。在这个内部函数被返回并在其他地方被使用后，它仍然引用着那个变量。这是因为内部函数的作用域链包含 createComparisonFunction() 函数的作用域。要理解为什么会这样，可以想想第一次调用这个函数时会发生什么。

本书在第 4 章曾介绍过作用域链的概念。理解作用域链创建和使用的细节对理解闭包非常重要。在调用一个函数时，会为这个函数调用创建一个执行上下文，并创建一个作用域链。然后用 arguments 和其他命名参数来初始化这个函数的活动对象。外部函数的活动对象是内部函数作用域链上的第二个对象。这个作用域链一直向外串起了所有包含函数的活动对象，直到全局执行上下文才终止。

在函数执行时，要从作用域链中查找变量，以便读、写值。来看下面的代码：

```
function compare(value1, value2) {
  if (value1 < value2) {
    return -1;
  } else if (value1 > value2) {
    return 1;
  } else {
    return 0;
  }
}

let result = compare(5, 10);
```

这里定义的 compare() 函数是在全局上下文中调用的。第一次调用 compare() 时，会为它创建一个包含 arguments、value1 和 value2 的活动对象，这个对象是其作用域链上的第一个对象。而全局上下文的变量对象则是 compare() 作用域链上的第二个对象，其中包含 this、result 和 compare。图 10-1 展示了以上关系。

函数执行时，每个执行上下文中都会有一个包含其中变量的对象。全局上下文中的叫变量对象，它会在代码执行期间始终存在。而函数局部上下文中的叫活动对象，只在函数执行期间存在。在定义 compare() 函数时，就会为它创建作用域链，预装载全局变量对象，并保存在内部的 [[Scope]] 中。在调用这个函数时，会创建相应的执行上下文，然后通过复制函数的 [[Scope]] 来创建其作用域链。接着会创建函数的活动对象（用作变量对象）并将其推入作用域链的前端。在这个例子中，这意味着 compare() 函数执行上下文的作用域链中有两个变量对象：局部变量对象和全局变量对象。作用域链其实是一个包含指针的列表，每个指针分别指向一个变量对象，但物理上并不会包含相应的对象。

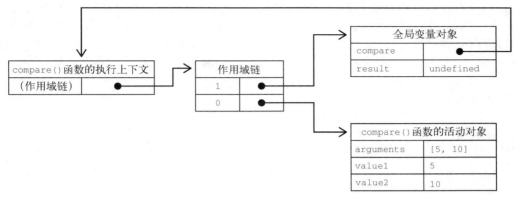

图　10-1

函数内部的代码在访问变量时，就会使用给定的名称从作用域链中查找变量。函数执行完毕后，局部活动对象会被销毁，内存中就只剩下全局作用域。不过，闭包就不一样了。

在一个函数内部定义的函数会把其包含函数的活动对象添加到自己的作用域链中。因此，在 createComparisonFunction() 函数中，匿名函数的作用域链中实际上包含 createComparison-Function() 的活动对象。图 10-2 展示了以下代码执行后的结果。

```
let compare = createComparisonFunction('name');
let result = compare({ name: 'Nicholas' }, { name: 'Matt' });
```

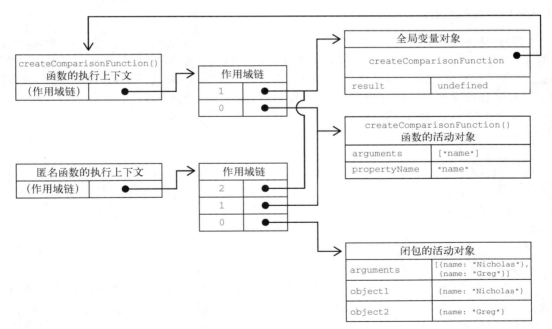

图　10-2

10

在 createComparisonFunction() 返回匿名函数后，它的作用域链被初始化为包含 create-ComparisonFunction() 的活动对象和全局变量对象。这样，匿名函数就可以访问到 createComparison-Function() 可以访问的所有变量。另一个有意思的副作用就是，createComparisonFunction() 的活动对象并不能在它执行完毕后销毁，因为匿名函数的作用域链中仍然有对它的引用。在 create-ComparisonFunction() 执行完毕后，其执行上下文的作用域链会销毁，但它的活动对象仍然会保留在内存中，直到匿名函数被销毁后才会被销毁：

```
// 创建比较函数
let compareNames = createComparisonFunction('name');

// 调用函数
let result = compareNames({ name: 'Nicholas' }, { name: 'Matt' });

// 解除对函数的引用，这样就可以释放内存了
compareNames = null;
```

这里，创建的比较函数被保存在变量 compareNames 中。把 compareNames 设置为等于 null 会解除对函数的引用，从而让垃圾回收程序可以将内存释放掉。作用域链也会被销毁，其他作用域（除全局作用域之外）也可以销毁。图 10-2 展示了调用 compareNames() 之后作用域链之间的关系。

> **注意**　因为闭包会保留它们包含函数的作用域，所以比其他函数更占用内存。过度使用闭包可能导致内存过度占用，因此建议仅在十分必要时使用。V8 等优化的 JavaScript 引擎会努力回收被闭包困住的内存，不过我们还是建议在使用闭包时要谨慎。

10.14.1　**this** 对象

在闭包中使用 this 会让代码变复杂。如果内部函数没有使用箭头函数定义，则 this 对象会在运行时绑定到执行函数的上下文。如果在全局函数中调用，则 this 在非严格模式下等于 window，在严格模式下等于 undefined。如果作为某个对象的方法调用，则 this 等于这个对象。匿名函数在这种情况下不会绑定到某个对象，这就意味着 this 会指向 window，除非在严格模式下 this 是 undefined。不过，由于闭包的写法所致，这个事实有时候没有那么容易看出来。来看下面的例子：

```
window.identity = 'The Window';

let object = {
  identity: 'My Object',
  getIdentityFunc() {
    return function() {
      return this.identity;
    };
  }
};

console.log(object.getIdentityFunc()()); // 'The Window'
```

这里先创建了一个全局变量 identity，之后又创建一个包含 identity 属性的对象。这个对象还包含一个 getIdentityFunc() 方法，返回一个匿名函数。这个匿名函数返回 this.identity。因为 getIdentityFunc() 返回函数，所以 object.getIdentityFunc()() 会立即调用这个返回的函数，从而得到一个字符串。可是，此时返回的字符串是"The Winodw"，即全局变量 identity 的值。为什

么匿名函数没有使用其包含作用域（getIdentityFunc()）的 this 对象呢？

前面介绍过，每个函数在被调用时都会自动创建两个特殊变量：this 和 arguments。内部函数永远不可能直接访问外部函数的这两个变量。但是，如果把 this 保存到闭包可以访问的另一个变量中，则是行得通的。比如：

```
window.identity = 'The Window';

let object = {
  identity: 'My Object',
  getIdentityFunc() {
    let that = this;
    return function() {
      return that.identity;
    };
  }
};

console.log(object.getIdentityFunc()()); // 'My Object'
```

这里加粗的代码展示了与前面那个例子的区别。在定义匿名函数之前，先把外部函数的 this 保存到变量 that 中。然后在定义闭包时，就可以让它访问 that，因为这是包含函数中名称没有任何冲突的一个变量。即使在外部函数返回之后，that 仍然指向 object，所以调用 object.getIdentityFunc()() 就会返回"My Object"。

> **注意** this 和 arguments 都是不能直接在内部函数中访问的。如果想访问包含作用域中的 arguments 对象，则同样需要将其引用先保存到闭包能访问的另一个变量中。

在一些特殊情况下，this 值可能并不是我们所期待的值。比如下面这个修改后的例子：

```
window.identity = 'The Window';
let object = {
  identity: 'My Object',
  getIdentity () {
    return this.identity;
  }
};
```

getIdentity()方法就是返回 this.identity 的值。以下是几种调用 object.getIdentity() 的方式及返回值：

```
object.getIdentity();                        // 'My Object'
(object.getIdentity)();                       // 'My Object'
(object.getIdentity = object.getIdentity)();  // 'The Window'
```

第一行调用 object.getIdentity()是正常调用，会返回"My Object"，因为 this.identity 就是 object.identity。第二行在调用时把 object.getIdentity 放在了括号里。虽然加了括号之后看起来是对一个函数的引用，但 this 值并没有变。这是因为按照规范，object.getIdentity 和 (object.getIdentity)是相等的。第三行执行了一次赋值，然后再调用赋值后的结果。因为赋值表达式的值是函数本身，this 值不再与任何对象绑定，所以返回的是"The Window"。

一般情况下，不大可能像第二行和第三行这样调用对象上的方法。但通过这个例子，我们可以知道，即使语法稍有不同，也可能影响 this 的值。

10.14.2　内存泄漏

由于 IE 在 IE9 之前对 JScript 对象和 COM 对象使用了不同的垃圾回收机制（第 4 章讨论过），所以闭包在这些旧版本 IE 中可能会导致问题。在这些版本的 IE 中，把 HTML 元素保存在某个闭包的作用域中，就相当于宣布该元素不能被销毁。来看下面的例子：

```
function assignHandler() {
  let element = document.getElementById('someElement');
  element.onclick = () => console.log(element.id);
}
```

以上代码创建了一个闭包，即 element 元素的事件处理程序（事件处理程序将在第 13 章讨论）。而这个处理程序又创建了一个循环引用。匿名函数引用着 assignHandler() 的活动对象，阻止了对 element 的引用计数归零。只要这个匿名函数存在，element 的引用计数就至少等于 1。也就是说，内存不会被回收。其实只要这个例子稍加修改，就可以避免这种情况，比如：

```
function assignHandler() {
  let element = document.getElementById('someElement');
  let id = element.id;

  element.onclick = () => console.log(id);

  element = null;
}
```

在这个修改后的版本中，闭包改为引用一个保存着 element.id 的变量 id，从而消除了循环引用。不过，光有这一步还不足以解决内存问题。因为闭包还是会引用包含函数的活动对象，而其中包含 element。即使闭包没有直接引用 element，包含函数的活动对象上还是保存着对它的引用。因此，必须再把 element 设置为 null。这样就解除了对这个 COM 对象的引用，其引用计数也会减少，从而确保其内存可以在适当的时候被回收。

10.15　立即调用的函数表达式

立即调用的匿名函数又被称作立即调用的函数表达式（IIFE，Immediately Invoked Function Expression）。它类似于函数声明，但由于被包含在括号中，所以会被解释为函数表达式。紧跟在第一组括号后面的第二组括号会立即调用前面的函数表达式。下面是一个简单的例子：

```
(function() {
  // 块级作用域
})();
```

使用 IIFE 可以模拟块级作用域，即在一个函数表达式内部声明变量，然后立即调用这个函数。这样位于函数体作用域的变量就像是在块级作用域中一样。ECMAScript 5 尚未支持块级作用域，使用 IIFE 模拟块级作用域是相当普遍的。比如下面的例子：

```
// IIFE
(function () {
  for (var i = 0; i < count; i++) {
    console.log(i);
  }
})();

console.log(i);  // 抛出错误
```

前面的代码在执行到 IIFE 外部的 `console.log()` 时会出错，因为它访问的变量是在 IIFE 内部定义的，在外部访问不到。在 ECMAScript 5.1 及以前，为了防止变量定义外泄，IIFE 是个非常有效的方式。这样也不会导致闭包相关的内存问题，因为不存在对这个匿名函数的引用。为此，只要函数执行完毕，其作用域链就可以被销毁。

在 ECMAScript 6 以后，IIFE 就没有那么必要了，因为块级作用域中的变量无须 IIFE 就可以实现同样的隔离。下面展示了两种不同的块级作用域形式：

```
// 内嵌块级作用域
{
  let i;
  for (i = 0; i < count; i++) {
    console.log(i);
  }
}
console.log(i); // 抛出错误

// 循环的块级作用域
for (let i = 0; i < count; i++) {
  console.log(i);
}

console.log(i); // 抛出错误
```

说明 IIFE 用途的一个实际的例子，就是可以用它锁定参数值。比如：

```
let divs = document.querySelectorAll('div');

// 达不到目的！
for (var i = 0; i < divs.length; ++i) {
  divs[i].addEventListener('click', function() {
    console.log(i);
  });
}
```

这里使用 `var` 关键字声明了循环迭代变量 `i`，但这个变量并不会被限制在 `for` 循环的块级作用域内。因此，渲染到页面上之后，点击每个`<div>`都会弹出元素总数。这是因为在执行单击处理程序时，迭代变量的值是循环结束时的最终值，即元素的个数。而且，这个变量 `i` 存在于循环体外部，随时可以访问。

以前，为了实现点击第几个`<div>`就显示相应的索引值，需要借助 IIFE 来执行一个函数表达式，传入每次循环的当前索引，从而"锁定"点击时应该显示的索引值：

```
let divs = document.querySelectorAll('div');

for (var i = 0; i < divs.length; ++i) {
  divs[i].addEventListener('click', (function(frozenCounter) {
    return function() {
      console.log(frozenCounter);
    };
  })(i));
}
```

而使用 ECMAScript 块级作用域变量，就不用这么大动干戈了：

```
let divs = document.querySelectorAll('div');

for (let i = 0; i < divs.length; ++i) {
  divs[i].addEventListener('click', function() {
```

```
    console.log(i);
  });
}
```

这样就可以让每次点击都显示正确的索引了。这里，事件处理程序执行时就会引用 `for` 循环块级作用域中的索引值。这是因为在 ECMAScript 6 中，如果对 `for` 循环使用块级作用域变量关键字，在这里就是 `let`，那么循环就会为每个循环创建独立的变量，从而让每个单击处理程序都能引用特定的索引。

但要注意，如果把变量声明拿到 `for` 循环外部，那就不行了。下面这种写法会碰到跟在循环中使用 `var i = 0` 同样的问题：

```
let divs = document.querySelectorAll('div');

// 达不到目的!
let i;
for (i = 0; i < divs.length; ++i) {
  divs[i].addEventListener('click', function() {
    console.log(i);
  });
}
```

10.16　私有变量

严格来讲，JavaScript 没有私有成员的概念，所有对象属性都公有的。不过，倒是有**私有变量**的概念。任何定义在函数或块中的变量，都可以认为是私有的，因为在这个函数或块的外部无法访问其中的变量。私有变量包括函数参数、局部变量，以及函数内部定义的其他函数。来看下面的例子：

```
function add(num1, num2) {
  let sum = num1 + num2;
  return sum;
}
```

在这个函数中，函数 `add()` 有 3 个私有变量：`num1`、`num2` 和 `sum`。这几个变量只能在函数内部使用，不能在函数外部访问。如果这个函数中创建了一个闭包，则这个闭包能通过其作用域链访问其外部的这 3 个变量。基于这一点，就可以创建出能够访问私有变量的公有方法。

特权方法（privileged method）是能够访问函数私有变量（及私有函数）的公有方法。在对象上有两种方式创建特权方法。第一种是在构造函数中实现，比如：

```
function MyObject() {
  // 私有变量和私有函数
  let privateVariable = 10;

  function privateFunction() {
    return false;
  }

  // 特权方法
  this.publicMethod = function() {
    privateVariable++;
    return privateFunction();
  };
}
```

这个模式是把所有私有变量和私有函数都定义在构造函数中。然后，再创建一个能够访问这些私有成员的特权方法。这样做之所以可行，是因为定义在构造函数中的特权方法其实是一个闭包，它具有访问构造函数中定义的所有变量和函数的能力。在这个例子中，变量 privateVariable 和函数 privateFunction() 只能通过 publicMethod() 方法来访问。在创建 MyObject 的实例后，没有办法直接访问 privateVariable 和 privateFunction()，唯一的办法是使用 publicMethod()。

如下面的例子所示，可以定义私有变量和特权方法，以隐藏不能被直接修改的数据：

```
function Person(name) {
  this.getName = function() {
    return name;
  };

  this.setName = function (value) {
    name = value;
  };
}

let person = new Person('Nicholas');
console.log(person.getName());  // 'Nicholas'
person.setName('Greg');
console.log(person.getName());  // 'Greg'
```

这段代码中的构造函数定义了两个特权方法：getName() 和 setName()。每个方法都可以构造函数外部调用，并通过它们来读写私有的 name 变量。在 Person 构造函数外部，没有别的办法访问 name。因为两个方法都定义在构造函数内部，所以它们都是能够通过作用域链访问 name 的闭包。私有变量 name 对每个 Person 实例而言都是独一无二的，因为每次调用构造函数都会重新创建一套变量和方法。不过这样也有个问题：必须通过构造函数来实现这种隔离。正如第 8 章所讨论的，构造函数模式的缺点是每个实例都会重新创建一遍新方法。使用静态私有变量实现特权方法可以避免这个问题。

10.16.1　静态私有变量

特权方法也可以通过使用私有作用域定义私有变量和函数来实现。这个模式如下所示：

```
(function() {
  // 私有变量和私有函数
  let privateVariable = 10;

  function privateFunction() {
    return false;
  }

  // 构造函数
  MyObject = function() {};

  // 公有和特权方法
  MyObject.prototype.publicMethod = function() {
    privateVariable++;
    return privateFunction();
  };
})();
```

在这个模式中，匿名函数表达式创建了一个包含构造函数及其方法的私有作用域。首先定义的是私有变量和私有函数，然后又定义了构造函数和公有方法。公有方法定义在构造函数的原型上，与典型的原型模式一样。注意，这个模式定义的构造函数没有使用函数声明，使用的是函数表达式。函数声明会创建内部函数，在这里并不是必需的。基于同样的原因（但操作相反），这里声明 MyObject 并没有使用任何关键字。因为不使用关键字声明的变量会创建在全局作用域中，所以 MyObject 变成了全局变量，可以在这个私有作用域外部被访问。注意在严格模式下给未声明的变量赋值会导致错误。

这个模式与前一个模式的主要区别就是，私有变量和私有函数是由实例共享的。因为特权方法定义在原型上，所以同样是由实例共享的。特权方法作为一个闭包，始终引用着包含它的作用域。来看下面的例子：

```
(function() {
  let name = '';

  Person = function(value) {
    name = value;
  };

  Person.prototype.getName = function() {
    return name;
  };

  Person.prototype.setName = function(value) {
    name = value;
  };
})();

let person1 = new Person('Nicholas');
console.log(person1.getName());  // 'Nicholas'
person1.setName('Matt');
console.log(person1.getName());  // 'Matt'

let person2 = new Person('Michael');
console.log(person1.getName());  // 'Michael'
console.log(person2.getName());  // 'Michael'
```

这里的 Person 构造函数可以访问私有变量 name，跟 getName() 和 setName() 方法一样。使用这种模式，name 变成了静态变量，可供所有实例使用。这意味着在任何实例上调用 setName() 修改这个变量都会影响其他实例。调用 setName() 或创建新的 Person 实例都要把 name 变量设置为一个新值。而所有实例都会返回相同的值。

像这样创建静态私有变量可以利用原型更好地重用代码，只是每个实例没有了自己的私有变量。最终，到底是把私有变量放在实例中，还是作为静态私有变量，都需要根据自己的需求来确定。

> **注意**　使用闭包和私有变量会导致作用域链变长，作用域链越长，则查找变量所需的时间也越多。

10.16.2　模块模式

前面的模式通过自定义类型创建了私有变量和特权方法。而下面要讨论的 Douglas Crockford 所说的模块模式，则在一个单例对象上实现了相同的隔离和封装。单例对象（singleton）就是只有一个实例的对象。按照惯例，JavaScript 是通过对象字面量来创建单例对象的，如下面的例子所示：

```
let singleton = {
  name: value,
```

```
method() {
    // 方法的代码
  }
};
```

模块模式是在单例对象基础上加以扩展，使其通过作用域链来关联私有变量和特权方法。模块模式的样板代码如下：

```
let singleton = function() {
  // 私有变量和私有函数
  let privateVariable = 10;

  function privateFunction() {
    return false;
  }

  // 特权/公有方法和属性
  return {
    publicProperty: true,

    publicMethod() {
      privateVariable++;
      return privateFunction();
    }
  };
}();
```

模块模式使用了匿名函数返回一个对象。在匿名函数内部，首先定义私有变量和私有函数。之后，创建一个要通过匿名函数返回的对象字面量。这个对象字面量中只包含可以公开访问的属性和方法。因为这个对象定义在匿名函数内部，所以它的所有公有方法都可以访问同一个作用域的私有变量和私有函数。本质上，对象字面量定义了单例对象的公共接口。如果单例对象需要进行某种初始化，并且需要访问私有变量时，那就可以采用这个模式：

```
let application = function() {
  // 私有变量和私有函数
  let components = new Array();

  // 初始化
  components.push(new BaseComponent());

  // 公共接口
  return {
    getComponentCount() {
      return components.length;
    },
    registerComponent(component) {
      if (typeof component == 'object') {
        components.push(component);
      }
    }
  };
}();
```

在 Web 开发中，经常需要使用单例对象管理应用程序级的信息。上面这个简单的例子创建了一个 application 对象用于管理组件。在创建这个对象之后，内部就会创建一个私有的数组 components，然后将一个 BaseComponent 组件的新实例添加到数组中。（BaseComponent 组件的代码并不重要，在这里用它只是为了说明模块模式的用法。)对象字面量中定义的 `getComponentCount()` 和 `register-Component()` 方法都是可以访问 `components` 私有数组的特权方法。前一个方法返回注册组件的数量，后一个方法负责注册新组件。

在模块模式中，单例对象作为一个模块，经过初始化可以包含某些私有的数据，而这些数据又可以通过其暴露的公共方法来访问。以这种方式创建的每个单例对象都是 `Object` 的实例，因为最终单例都由一个对象字面量来表示。不过这无关紧要，因为单例对象通常是可以全局访问的，而不是作为参数传给函数的，所以可以避免使用 `instanceof` 操作符确定参数是不是对象类型的需求。

10.16.3　模块增强模式

另一个利用模块模式的做法是在返回对象之前先对其进行增强。这适合单例对象需要是某个特定类型的实例，但又必须给它添加额外属性或方法的场景。来看下面的例子：

```
let singleton = function() {
  // 私有变量和私有函数
  let privateVariable = 10;

  function privateFunction() {
    return false;
  }

  // 创建对象
  let object = new CustomType();

  // 添加特权/公有属性和方法
  object.publicProperty = true;

  object.publicMethod = function() {
    privateVariable++;
    return privateFunction();
  };

  // 返回对象
  return object;
}();
```

如果前一节的 `application` 对象必须是 `BaseComponent` 的实例，那么就可以使用下面的代码来创建它：

```
let application = function() {
  // 私有变量和私有函数
  let components = new Array();

  // 初始化
  components.push(new BaseComponent());

  // 创建局部变量保存实例
  let app = new BaseComponent();

  // 公共接口
  app.getComponentCount = function() {
    return components.length;
  };
```

```
app.registerComponent = function(component) {
  if (typeof component == "object") {
    components.push(component);
  }
};

// 返回实例
return app;
})();
```

在这个重写的 `application` 单例对象的例子中，首先定义了私有变量和私有函数，跟之前例子中一样。主要区别在于这里创建了一个名为 `app` 的变量，其中保存了 `BaseComponent` 组件的实例。这是最终要变成 `application` 的那个对象的局部版本。在给这个局部变量 `app` 添加了能够访问私有变量的公共方法之后，匿名函数返回了这个对象。然后，这个对象被赋值给 `application`。

10.17　小结

函数是 JavaScript 编程中最有用也最通用的工具。ECMAScript 6 新增了更加强大的语法特性，从而让开发者可以更有效地使用函数。

❑ 函数表达式与函数声明是不一样的。函数声明要求写出函数名称，而函数表达式并不需要。没有名称的函数表达式也被称为匿名函数。

❑ ES6 新增了类似于函数表达式的箭头函数语法，但两者也有一些重要区别。

❑ JavaScript 中函数定义与调用时的参数极其灵活。`arguments` 对象，以及 ES6 新增的扩展操作符，可以实现函数定义和调用的完全动态化。

❑ 函数内部也暴露了很多对象和引用，涵盖了函数被谁调用、使用什么调用，以及调用时传入了什么参数等信息。

❑ JavaScript 引擎可以优化符合尾调用条件的函数，以节省栈空间。

❑ 闭包的作用域链中包含自己的一个变量对象，然后是包含函数的变量对象，直到全局上下文的变量对象。

❑ 通常，函数作用域及其中的所有变量在函数执行完毕后都会被销毁。

❑ 闭包在被函数返回之后，其作用域会一直保存在内存中，直到闭包被销毁。

❑ 函数可以在创建之后立即调用，执行其中代码之后却不留下对函数的引用。

❑ 立即调用的函数表达式如果不在包含作用域中将返回值赋给一个变量，则其包含的所有变量都会被销毁。

❑ 虽然 JavaScript 没有私有对象属性的概念，但可以使用闭包实现公共方法，访问位于包含作用域中定义的变量。

❑ 可以访问私有变量的公共方法叫作特权方法。

❑ 特权方法可以使用构造函数或原型模式通过自定义类型中实现，也可以使用模块模式或模块增强模式在单例对象上实现。

10

第11章
期约与异步函数

本章内容
- ❏ 异步编程
- ❏ 期约
- ❏ 异步函数

视频讲解

ECMAScript 6 及之后的几个版本逐步加大了对异步编程机制的支持，提供了令人眼前一亮的新特性。ECMAScript 6 新增了正式的 Promise（期约）引用类型，支持优雅地定义和组织异步逻辑。接下来几个版本增加了使用 async 和 await 关键字定义异步函数的机制。

> **注意** 本章示例将大量使用异步日志输出的方式 setTimeout(console.log, 0, ...params)，旨在演示执行顺序及其他异步行为。异步输出的内容看起来虽然像是同步输出的，但实际上是异步打印的。这样可以让期约等返回的值达到其最终状态。
>
> 此外，浏览器控制台的输出经常能打印出 JavaScript 运行中无法获取的对象信息（比如期约的状态）。这个特性在示例中广泛使用，以便辅助读者理解相关概念。

11.1 异步编程

同步行为和异步行为的对立统一是计算机科学的一个基本概念。特别是在 JavaScript 这种单线程事件循环模型中，同步操作与异步操作更是代码所要依赖的核心机制。异步行为是为了优化因计算量大而时间长的操作。如果在等待其他操作完成的同时，即使运行其他指令，系统也能保持稳定，那么这样做就是务实的。

重要的是，异步操作并不一定计算量大或要等很长时间。只要你不想为等待某个异步操作而阻塞线程执行，那么任何时候都可以使用。

11.1.1 同步与异步

同步行为对应内存中顺序执行的处理器指令。每条指令都会严格按照它们出现的顺序来执行，而每条指令执行后也能立即获得存储在系统本地（如寄存器或系统内存）的信息。这样的执行流程容易分析程序在执行到代码任意位置时的状态（比如变量的值）。

同步操作的例子可以是执行一次简单的数学计算：

```
let x = 3;
x = x + 4;
```

在程序执行的每一步，都可以推断出程序的状态。这是因为后面的指令总是在前面的指令完成后才会执行。等到最后一条指令执行完毕，存储在 x 的值就立即可以使用。

这两行 JavaScript 代码对应的低级指令（从 JavaScript 到 x86）并不难想象。首先，操作系统会在栈内存上分配一个存储浮点数值的空间，然后针对这个值做一次数学计算，再把计算结果写回之前分配的内存中。所有这些指令都是在单个线程中按顺序执行的。在低级指令的层面，有充足的工具可以确定系统状态。

相对地，**异步行为**类似于系统中断，即当前进程外部的实体可以触发代码执行。异步操作经常是必要的，因为强制进程等待一个长时间的操作通常是不可行的（同步操作则必须要等）。如果代码要访问一些高延迟的资源，比如向远程服务器发送请求并等待响应，那么就会出现长时间的等待。

异步操作的例子可以是在定时回调中执行一次简单的数学计算：

```
let x = 3;
setTimeout(() => x = x + 4, 1000);
```

这段程序最终与同步代码执行的任务一样，都是把两个数加在一起，但这一次执行线程不知道 x 值何时会改变，因为这取决于回调何时从消息队列出列并执行。

异步代码不容易推断。虽然这个例子对应的低级代码最终跟前面的例子没什么区别，但第二个指令块（加操作及赋值操作）是由系统计时器触发的，这会生成一个入队执行的中断。到底什么时候会触发这个中断，这对 JavaScript 运行时来说是一个黑盒，因此实际上无法预知（尽管可以保证这发生在当前线程的同步代码执行**之后**，否则回调都没有机会出列被执行）。无论如何，在排定回调以后基本没办法知道系统状态何时变化。

为了让后续代码能够使用 x，异步执行的函数需要在更新 x 的值以后通知其他代码。如果程序不需要这个值，那么就只管继续执行，不必等待这个结果了。

设计一个能够知道 x 什么时候可以读取的系统是非常难的。JavaScript 在实现这样一个系统的过程中也经历了几次迭代。

11.1.2　以往的异步编程模式

异步行为是 JavaScript 的基础，但以前的实现不理想。在早期的 JavaScript 中，只支持定义回调函数来表明异步操作完成。串联多个异步操作是一个常见的问题，通常需要深度嵌套的回调函数（俗称"回调地狱"）来解决。

假设有以下异步函数，使用了 setTimeout 在一秒钟之后执行某些操作：

```
function double(value) {
  setTimeout(() => setTimeout(console.log, 0, value * 2), 1000);
}

double(3);
// 6（大约 1000 毫秒之后）
```

这里的代码没什么神秘的，但关键是理解为什么说它是一个异步函数。setTimeout 可以定义一个在指定时间之后会被调度执行的回调函数。对这个例子而言，1000 毫秒之后，JavaScript 运行时会把回调函数推到自己的消息队列上去等待执行。推到队列之后，回调什么时候出列被执行对 JavaScript 代码就完全不可见了。还有一点，double() 函数在 setTimeout 成功调度异步操作之后会立即退出。

11

1. 异步返回值

假设 setTimeout 操作会返回一个有用的值。有什么好办法把这个值传给需要它的地方？广泛接受的一个策略是给异步操作提供一个回调，这个回调中包含要使用异步返回值的代码（作为回调的参数）。

```
function double(value, callback) {
  setTimeout(() => callback(value * 2), 1000);
}

double(3, (x) => console.log(`I was given: ${x}`));
// I was given: 6（大约 1000 毫秒之后）
```

这里的 setTimeout 调用告诉 JavaScript 运行时在 1000 毫秒之后把一个函数推到消息队列上。这个函数会由运行时负责异步调度执行。而位于函数闭包中的回调及其参数在异步执行时仍然是可用的。

2. 失败处理

异步操作的失败处理在回调模型中也要考虑，因此自然就出现了成功回调和失败回调：

```
function double(value, success, failure) {
  setTimeout(() => {
    try {
      if (typeof value !== 'number') {
        throw 'Must provide number as first argument';
      }
      success(2 * value);
    } catch (e) {
      failure(e);
    }
  }, 1000);
}

const successCallback = (x) => console.log(`Success: ${x}`);
const failureCallback = (e) => console.log(`Failure: ${e}`);

double(3, successCallback, failureCallback);
double('b', successCallback, failureCallback);

// Success: 6（大约 1000 毫秒之后）
// Failure: Must provide number as first argument（大约 1000 毫秒之后）
```

这种模式已经不可取了，因为必须在初始化异步操作时定义回调。异步函数的返回值只在短时间内存在，只有预备好将这个短时间内存在的值作为参数的回调才能接收到它。

3. 嵌套异步回调

如果异步返值又依赖另一个异步返回值，那么回调的情况还会进一步变复杂。在实际的代码中，这就要求嵌套回调：

```
function double(value, success, failure) {
  setTimeout(() => {
    try {
      if (typeof value !== 'number') {
        throw 'Must provide number as first argument';
      }
      success(2 * value);
    } catch (e) {
      failure(e);
    }
  }, 1000);
```

```
}

const successCallback = (x) => {
  double(x, (y) => console.log(`Success: ${y}`));
};
const failureCallback = (e) => console.log(`Failure: ${e}`);

double(3, successCallback, failureCallback);

// Success: 12（大约 1000 毫秒之后）
```

显然，随着代码越来越复杂，回调策略是不具有扩展性的。"回调地狱"这个称呼可谓名至实归。嵌套回调的代码维护起来就是噩梦。

11.2　期约

期约是对尚不存在结果的一个替身。期约（promise）这个名字最早是由 Daniel Friedman 和 David Wise 在他们于 1976 年发表的论文 "The Impact of Applicative Programming on Multiprocessing" 中提出来的。但直到十几年以后，Barbara Liskov 和 Liuba Shrira 在 1988 年发表了论文 "Promises: Linguistic Support for Efficient Asynchronous Procedure Calls in Distributed Systems"，这个概念才真正确立下来。同一时期的计算机科学家还使用了 "终局"（eventual）、"期许"（future）、"延迟"（delay）和 "迟付"（deferred）等术语指代同样的概念。所有这些概念描述的都是一种异步程序执行的机制。

11.2.1　Promises/A+规范

早期的期约机制在 jQuery 和 Dojo 中是以 Deferred API 的形式出现的。到了 2010 年，CommonJS 项目实现的 Promises/A 规范日益流行起来。Q 和 Bluebird 等第三方 JavaScript 期约库也越来越得到社区认可，虽然这些库的实现多少都有些不同。为弥合现有实现之间的差异，2012 年 Promises/A+组织分叉（fork）了 CommonJS 的 Promises/A 建议，并以相同的名字制定了 Promises/A+规范。这个规范最终成为了 ECMAScript 6 规范实现的范本。

ECMAScript 6 增加了对 Promises/A+规范的完善支持，即 Promise 类型。一经推出，Promise 就大受欢迎，成为了主导性的异步编程机制。所有现代浏览器都支持 ES6 期约，很多其他浏览器 API（如 fetch() 和 Battery Status API）也以期约为基础。

11.2.2　期约基础

ECMAScript 6 新增的引用类型 Promise，可以通过 new 操作符来实例化。创建新期约时需要传入执行器（executor）函数作为参数（后面马上会介绍），下面的例子使用了一个空函数对象来应付一下解释器：

```
let p = new Promise(() => {});
setTimeout(console.log, 0, p);  // Promise <pending>
```

之所以说是应付解释器，是因为如果不提供执行器函数，就会抛出 SyntaxError。

1. 期约状态机

在把一个期约实例传给 console.log() 时，控制台输出（可能因浏览器不同而略有差异）表明该实例处于**待定**（pending）状态。如前所述，期约是一个有状态的对象，可能处于如下 3 种状态之一：

❑ 待定（pending）

❑ 兑现（fulfilled，有时候也称为"解决"，resolved）

❑ 拒绝（rejected）

待定（pending）是期约的最初始状态。在待定状态下，期约可以**落定**（settled）为代表成功的**兑现**（fulfilled）状态，或者代表失败的**拒绝**（rejected）状态。无论落定为哪种状态都是不可逆的。只要从待定转换为兑现或拒绝，期约的状态就不再改变。而且，也不能保证期约必然会脱离待定状态。因此，组织合理的代码无论期约解决（resolve）还是拒绝（reject），甚至永远处于待定（pending）状态，都应该具有恰当的行为。

重要的是，期约的状态是私有的，不能直接通过 JavaScript 检测到。这主要是为了避免根据读取到的期约状态，以同步方式处理期约对象。另外，期约的状态也不能被外部 JavaScript 代码修改。这与不能读取该状态的原因是一样的：期约故意将异步行为封装起来，从而隔离外部的同步代码。

2. 解决值、拒绝理由及期约用例

期约主要有两大用途。首先是抽象地表示一个异步操作。期约的状态代表期约是否完成。"待定"表示尚未开始或者正在执行中。"兑现"表示已经成功完成，而"拒绝"则表示没有成功完成。

某些情况下，这个状态机就是期约可以提供的最有用的信息。知道一段异步代码已经完成，对于其他代码而言已经足够了。比如，假设期约要向服务器发送一个 HTTP 请求。请求返回 200~299 范围内的状态码就足以让期约的状态变为"兑现"。类似地，如果请求返回的状态码不在 200~299 这个范围内，那么就会把期约状态切换为"拒绝"。

在另外一些情况下，期约封装的异步操作会实际生成某个值，而程序期待期约状态改变时可以访问这个值。相应地，如果期约被拒绝，程序就会期待期约状态改变时可以拿到拒绝的理由。比如，假设期约向服务器发送一个 HTTP 请求并预定会返回一个 JSON。如果请求返回范围在 200~299 的状态码，则足以让期约的状态变为兑现。此时期约内部就可以收到一个 JSON 字符串。类似地，如果请求返回的状态码不在 200~299 这个范围内，那么就会把期约状态切换为拒绝。此时拒绝的理由可能是一个 `Error` 对象，包含着 HTTP 状态码及相关错误消息。

为了支持这两种用例，每个期约只要状态切换为兑现，就会有一个私有的内部**值**（value）。类似地，每个期约只要状态切换为拒绝，就会有一个私有的内部**理由**（reason）。无论是值还是理由，都是包含原始值或对象的不可修改的引用。二者都是可选的，而且默认值为 `undefined`。在期约到达某个落定状态时执行的异步代码始终会收到这个值或理由。

3. 通过执行函数控制期约状态

由于期约的状态是私有的，所以只能在内部进行操作。内部操作在期约的执行器函数中完成。执行器函数主要有两项职责：初始化期约的异步行为和控制状态的最终转换。其中，控制期约状态的转换是通过调用它的两个函数参数实现的。这两个函数参数通常都命名为 `resolve()` 和 `reject()`。调用 `resolve()` 会把状态切换为兑现，调用 `reject()` 会把状态切换为拒绝。另外，调用 `reject()` 也会抛出错误（后面会讨论这个错误）。

```
let p1 = new Promise((resolve, reject) => resolve());
setTimeout(console.log, 0, p1); // Promise <resolved>

let p2 = new Promise((resolve, reject) => reject());
setTimeout(console.log, 0, p2); // Promise <rejected>
// Uncaught error (in promise)
```

在前面的例子中，并没有什么异步操作，因为在初始化期约时，执行器函数已经改变了每个期约的状态。这里的关键在于，执行器函数是**同步执行**的。这是因为执行器函数是期约的初始化程序。通过下面的例子可以看出上面代码的执行顺序：

```
new Promise(() => setTimeout(console.log, 0, 'executor'));
setTimeout(console.log, 0, 'promise initialized');

// executor
// promise initialized
```

添加 setTimeout 可以推迟切换状态：

```
let p = new Promise((resolve, reject) => setTimeout(resolve, 1000));

// 在 console.log 打印期约实例的时候，还不会执行超时回调（即 resolve()）
setTimeout(console.log, 0, p);  // Promise <pending>
```

无论 resolve() 和 reject() 中的哪个被调用，状态转换都不可撤销了。于是继续修改状态会静默失败，如下所示：

```
let p = new Promise((resolve, reject) => {
  resolve();
  reject(); // 没有效果
});

setTimeout(console.log, 0, p); // Promise <resolved>
```

为避免期约卡在待定状态，可以添加一个定时退出功能。比如，可以通过 setTimeout 设置一个 10 秒钟后无论如何都会拒绝期约的回调：

```
let p = new Promise((resolve, reject) => {
  setTimeout(reject, 10000);  // 10 秒后调用 reject()
  // 执行函数的逻辑
});

setTimeout(console.log, 0, p);       // Promise <pending>
setTimeout(console.log, 11000, p);   // 11 秒后再检查状态

// (After 10 seconds) Uncaught error
// (After 11 seconds) Promise <rejected>
```

因为期约的状态只能改变一次，所以这里的超时拒绝逻辑中可以放心地设置让期约处于待定状态的最长时间。如果执行器中的代码在超时之前已经解决或拒绝，那么超时回调再尝试拒绝也会静默失败。

4. Promise.resolve()

期约并非一开始就必须处于待定状态，然后通过执行器函数才能转换为落定状态。通过调用 Promise.resolve() 静态方法，可以实例化一个解决的期约。下面两个期约实例实际上是一样的：

```
let p1 = new Promise((resolve, reject) => resolve());
let p2 = Promise.resolve();
```

这个解决的期约的值对应着传给 Promise.resolve() 的第一个参数。使用这个静态方法，实际上可以把任何值都转换为一个期约：

```
setTimeout(console.log, 0, Promise.resolve());
// Promise <resolved>: undefined

setTimeout(console.log, 0, Promise.resolve(3));
```

11

```
// Promise <resolved>: 3

// 多余的参数会忽略
setTimeout(console.log, 0, Promise.resolve(4, 5, 6));
// Promise <resolved>: 4
```

对这个静态方法而言，如果传入的参数本身是一个期约，那它的行为就类似于一个空包装。因此，Promise.resolve()可以说是一个幂等方法，如下所示：

```
let p = Promise.resolve(7);

setTimeout(console.log, 0, p === Promise.resolve(p));
// true

setTimeout(console.log, 0, p === Promise.resolve(Promise.resolve(p)));
// true
```

这个幂等性会保留传入期约的状态：

```
let p = new Promise(() => {});

setTimeout(console.log, 0, p);                    // Promise <pending>
setTimeout(console.log, 0, Promise.resolve(p));   // Promise <pending>

setTimeout(console.log, 0, p === Promise.resolve(p)); // true
```

注意，这个静态方法能够包装任何非期约值，包括错误对象，并将其转换为解决的期约。因此，也可能导致不符合预期的行为：

```
let p = Promise.resolve(new Error('foo'));

setTimeout(console.log, 0, p);
// Promise <resolved>: Error: foo
```

5. Promise.reject()

与Promise.resolve()类似，Promise.reject()会实例化一个拒绝的期约并抛出一个异步错误（这个错误不能通过try/catch捕获，而只能通过拒绝处理程序捕获）。下面的两个期约实例实际上是一样的：

```
let p1 = new Promise((resolve, reject) => reject());
let p2 = Promise.reject();
```

这个拒绝的期约的理由就是传给Promise.reject()的第一个参数。这个参数也会传给后续的拒绝处理程序：

```
let p = Promise.reject(3);
setTimeout(console.log, 0, p); // Promise <rejected>: 3

p.then(null, (e) => setTimeout(console.log, 0, e)); // 3
```

关键在于，Promise.reject()并没有照搬Promise.resolve()的幂等逻辑。如果给它传一个期约对象，则这个期约会成为它返回的拒绝期约的理由：

```
setTimeout(console.log, 0, Promise.reject(Promise.resolve()));
// Promise <rejected>: Promise <resolved>
```

6. 同步/异步执行的二元性

Promise的设计很大程度上会导致一种完全不同于JavaScript的计算模式。下面的例子完美地展示了这一点，其中包含了两种模式下抛出错误的情形：

```
try {
  throw new Error('foo');
} catch(e) {
  console.log(e); // Error: foo
}

try {
  Promise.reject(new Error('bar'));
} catch(e) {
  console.log(e);
}
// Uncaught (in promise) Error: bar
```

第一个 try/catch 抛出并捕获了错误，第二个 try/catch 抛出错误却**没有**捕获到。乍一看这可能有点违反直觉，因为代码中确实是同步创建了一个拒绝的期约实例，而这个实例也抛出了包含拒绝理由的错误。这里的同步代码之所以没有捕获期约抛出的错误，是因为它没有通过**异步模式**捕获错误。从这里就可以看出期约真正的异步特性：它们是同步对象（在同步执行模式中使用），但也是**异步执行模式**的媒介。

在前面的例子中，拒绝期约的错误并没有抛到执行同步代码的线程里，而是通过浏览器异步消息队列来处理的。因此，try/catch 块并不能捕获该错误。代码一旦开始以异步模式执行，则唯一与之交互的方式就是使用异步结构——更具体地说，就是期约的方法。

11.2.3 期约的实例方法

期约实例的方法是连接外部同步代码与内部异步代码之间的桥梁。这些方法可以访问异步操作返回的数据，处理期约成功和失败的结果，连续对期约求值，或者添加只有期约进入终止状态时才会执行的代码。

1. 实现 Thenable 接口

在 ECMAScript 暴露的异步结构中，任何对象都有一个 then()方法。这个方法被认为实现了 Thenable 接口。下面的例子展示了实现这一接口的最简单的类：

```
class MyThenable {
  then() {}
}
```

ECMAScript 的 Promise 类型实现了 Thenable 接口。这个简化的接口跟 TypeScript 或其他包中的接口或类型定义不同，它们都设定了 Thenable 接口更具体的形式。

> **注意** 本章后面再介绍异步函数时还会再谈到 Thenable 接口的用途和目的。

11

2. Promise.prototype.then()

Promise.prototype.then()是为期约实例添加处理程序的主要方法。这个 then()方法接收最多两个参数：onResolved 处理程序和 onRejected 处理程序。这两个参数都是可选的，如果提供的话，则会在期约分别进入"兑现"和"拒绝"状态时执行。

```
function onResolved(id) {
  setTimeout(console.log, 0, id, 'resolved');
```

```
}
function onRejected(id) {
  setTimeout(console.log, 0, id, 'rejected');
}

let p1 = new Promise((resolve, reject) => setTimeout(resolve, 3000));
let p2 = new Promise((resolve, reject) => setTimeout(reject, 3000));

p1.then(() => onResolved('p1'),
        () => onRejected('p1'));
p2.then(() => onResolved('p2'),
        () => onRejected('p2'));

// （3 秒后）
// p1 resolved
// p2 rejected
```

因为期约只能转换为最终状态一次，所以这两个操作一定是互斥的。

如前所述，两个处理程序参数都是可选的。而且，传给 then() 的任何非函数类型的参数都会被静默忽略。如果想只提供 onRejected 参数，那就要在 onResolved 参数的位置上传入 undefined。这样有助于避免在内存中创建多余的对象，对期待函数参数的类型系统也是一个交代。

```
function onResolved(id) {
  setTimeout(console.log, 0, id, 'resolved');
}
function onRejected(id) {
  setTimeout(console.log, 0, id, 'rejected');
}

let p1 = new Promise((resolve, reject) => setTimeout(resolve, 3000));
let p2 = new Promise((resolve, reject) => setTimeout(reject, 3000));

// 非函数处理程序会被静默忽略，不推荐
p1.then('gobbeltygook');

// 不传 onResolved 处理程序的规范写法
p2.then(null, () => onRejected('p2'));

// p2 rejected （3 秒后）
```

Promise.prototype.then() 方法返回一个新的期约实例：

```
let p1 = new Promise(() => {});
let p2 = p1.then();
setTimeout(console.log, 0, p1);            // Promise <pending>
setTimeout(console.log, 0, p2);            // Promise <pending>
setTimeout(console.log, 0, p1 === p2);     // false
```

这个新期约实例基于 onResovled 处理程序的返回值构建。换句话说，该处理程序的返回值会通过 Promise.resolve() 包装来生成新期约。如果没有提供这个处理程序，则 Promise.resolve() 就会包装上一个期约解决之后的值。如果没有显式的返回语句，则 Promise.resolve() 会包装默认的返回值 undefined。

```
let p1 = Promise.resolve('foo');

// 若调用 then() 时不传处理程序，则原样向后传
let p2 = p1.then();
```

```
setTimeout(console.log, 0, p2); // Promise <resolved>: foo

// 这些都一样
let p3 = p1.then(() => undefined);
let p4 = p1.then(() => {});
let p5 = p1.then(() => Promise.resolve());

setTimeout(console.log, 0, p3);  // Promise <resolved>: undefined
setTimeout(console.log, 0, p4);  // Promise <resolved>: undefined
setTimeout(console.log, 0, p5);  // Promise <resolved>: undefined
```

如果有显式的返回值，则 Promise.resolve() 会包装这个值：

...

```
// 这些都一样
let p6 = p1.then(() => 'bar');
let p7 = p1.then(() => Promise.resolve('bar'));

setTimeout(console.log, 0, p6);  // Promise <resolved>: bar
setTimeout(console.log, 0, p7);  // Promise <resolved>: bar

// Promise.resolve()保留返回的期约
let p8 = p1.then(() => new Promise(() => {}));
let p9 = p1.then(() => Promise.reject());
// Uncaught (in promise): undefined

setTimeout(console.log, 0, p8);  // Promise <pending>
setTimeout(console.log, 0, p9);  // Promise <rejected>: undefined
```

抛出异常会返回拒绝的期约：

...

```
let p10 = p1.then(() => { throw 'baz'; });
// Uncaught (in promise) baz

setTimeout(console.log, 0, p10);  // Promise <rejected> baz
```

注意，返回错误值不会触发上面的拒绝行为，而会把错误对象包装在一个解决的期约中：

...

```
let p11 = p1.then(() => Error('qux'));

setTimeout(console.log, 0, p11); // Promise <resolved>: Error: qux
```

onRejected 处理程序也与之类似：onRejected 处理程序返回的值也会被 Promise.resolve() 包装。乍一看这可能有点违反直觉，但是想一想，onRejected 处理程序的任务不就是捕获异步错误吗？因此，拒绝处理程序在捕获错误后不抛出异常是符合期约的行为，应该返回一个解决期约。

下面的代码片段展示了用 Promise.reject() 替代之前例子中的 Promise.resolve() 之后的结果：

```
let p1 = Promise.reject('foo');

// 调用 then() 时不传处理程序则原样向后传
let p2 = p1.then();
// Uncaught (in promise) foo
```

```
setTimeout(console.log, 0, p2);  // Promise <rejected>: foo

// 这些都一样
let p3 = p1.then(null, () => undefined);
let p4 = p1.then(null, () => {});
let p5 = p1.then(null, () => Promise.resolve());

setTimeout(console.log, 0, p3); // Promise <resolved>: undefined
setTimeout(console.log, 0, p4); // Promise <resolved>: undefined
setTimeout(console.log, 0, p5); // Promise <resolved>: undefined


// 这些都一样
let p6 = p1.then(null, () => 'bar');
let p7 = p1.then(null, () => Promise.resolve('bar'));

setTimeout(console.log, 0, p6); // Promise <resolved>: bar
setTimeout(console.log, 0, p7); // Promise <resolved>: bar

// Promise.resolve()保留返回的期约
let p8 = p1.then(null, () => new Promise(() => {}));
let p9 = p1.then(null, () => Promise.reject());
// Uncaught (in promise): undefined

setTimeout(console.log, 0, p8); // Promise <pending>
setTimeout(console.log, 0, p9); // Promise <rejected>: undefined


let p10 = p1.then(null, () => { throw 'baz'; });
// Uncaught (in promise) baz

setTimeout(console.log, 0, p10); // Promise <rejected>: baz


let p11 = p1.then(null, () => Error('qux'));

setTimeout(console.log, 0, p11); // Promise <resolved>: Error: qux
```

3. Promise.prototype.catch()

Promise.prototype.catch()方法用于给期约添加拒绝处理程序。这个方法只接收一个参数：onRejected处理程序。事实上，这个方法就是一个语法糖，调用它就相当于调用 Promise.prototype.then(null, onRejected)。

下面的代码展示了这两种同样的情况：

```
let p = Promise.reject();
let onRejected = function(e) {
  setTimeout(console.log, 0, 'rejected');
};

// 这两种添加拒绝处理程序的方式是一样的：
p.then(null, onRejected);  // rejected
p.catch(onRejected);       // rejected
```

Promise.prototype.catch()返回一个新的期约实例：

```
let p1 = new Promise(() => {});
let p2 = p1.catch();
setTimeout(console.log, 0, p1);           // Promise <pending>
setTimeout(console.log, 0, p2);           // Promise <pending>
setTimeout(console.log, 0, p1 === p2);    // false
```

在返回新期约实例方面，`Promise.prototype.catch()` 的行为与 `Promise.prototype.then()` 的 `onRejected` 处理程序是一样的。

4. Promise.prototype.finally()

`Promise.prototype.finally()` 方法用于给期约添加 `onFinally` 处理程序，这个处理程序在期约转换为解决或拒绝状态时都会执行。这个方法可以避免 `onResolved` 和 `onRejected` 处理程序中出现冗余代码。但 `onFinally` 处理程序没有办法知道期约的状态是解决还是拒绝，所以这个方法主要用于添加清理代码。

```
let p1 = Promise.resolve();
let p2 = Promise.reject();
let onFinally = function() {
  setTimeout(console.log, 0, 'Finally!')
}

p1.finally(onFinally); // Finally
p2.finally(onFinally); // Finally
```

`Promise.prototype.finally()` 方法返回一个新的期约实例：

```
let p1 = new Promise(() => {});
let p2 = p1.finally();
setTimeout(console.log, 0, p1);           // Promise <pending>
setTimeout(console.log, 0, p2);           // Promise <pending>
setTimeout(console.log, 0, p1 === p2);    // false
```

这个新期约实例不同于 `then()` 或 `catch()` 方式返回的实例。因为 `onFinally` 被设计为一个状态无关的方法，所以在大多数情况下它将表现为父期约的传递。对于已解决状态和被拒绝状态都是如此。

```
let p1 = Promise.resolve('foo');

// 这里都会原样后传
let p2 = p1.finally();
let p3 = p1.finally(() => undefined);
let p4 = p1.finally(() => {});
let p5 = p1.finally(() => Promise.resolve());
let p6 = p1.finally(() => 'bar');
let p7 = p1.finally(() => Promise.resolve('bar'));
let p8 = p1.finally(() => Error('qux'));

setTimeout(console.log, 0, p2);  // Promise <resolved>: foo
setTimeout(console.log, 0, p3);  // Promise <resolved>: foo
setTimeout(console.log, 0, p4);  // Promise <resolved>: foo
setTimeout(console.log, 0, p5);  // Promise <resolved>: foo
setTimeout(console.log, 0, p6);  // Promise <resolved>: foo
setTimeout(console.log, 0, p7);  // Promise <resolved>: foo
setTimeout(console.log, 0, p8);  // Promise <resolved>: foo
```

如果返回的是一个待定的期约，或者 `onFinally` 处理程序抛出了错误（显式抛出或返回了一个拒绝期约），则会返回相应的期约（待定或拒绝），如下所示：

11

```
...

// Promise.resolve()保留返回的期约
let p9 = p1.finally(() => new Promise(() => {}));
let p10 = p1.finally(() => Promise.reject());
// Uncaught (in promise): undefined

setTimeout(console.log, 0, p9);  // Promise <pending>
setTimeout(console.log, 0, p10); // Promise <rejected>: undefined

let p11 = p1.finally(() => { throw 'baz'; });
// Uncaught (in promise) baz

setTimeout(console.log, 0, p11); // Promise <rejected>: baz
```

返回待定期约的情形并不常见，这是因为只要期约一解决，新期约仍然会原样后传初始的期约：

```
let p1 = Promise.resolve('foo');

// 忽略解决的值
let p2 = p1.finally(
  () => new Promise((resolve, reject) => setTimeout(() => resolve('bar'), 100)));

setTimeout(console.log, 0, p2); // Promise <pending>

setTimeout(() => setTimeout(console.log, 0, p2), 200);

// 200 毫秒后：
// Promise <resolved>: foo
```

5. 非重入期约方法

当期约进入落定状态时，与该状态相关的处理程序仅仅会被**排期**，而非立即执行。跟在添加这个处理程序的代码之后的同步代码一定会在处理程序之前先执行。即使期约一开始就是与附加处理程序关联的状态，执行顺序也是这样的。这个特性由 JavaScript 运行时保证，被称为“非重入”（non-reentrancy）特性。下面的例子演示了这个特性：

```
// 创建解决的期约
let p = Promise.resolve();

// 添加解决处理程序
// 直觉上，这个处理程序会等期约一解决就执行
p.then(() => console.log('onResolved handler'));

// 同步输出，证明 then()已经返回
console.log('then() returns');

// 实际的输出：
// then() returns
// onResolved handler
```

在这个例子中，在一个解决期约上调用 then()会把 onResolved 处理程序推进消息队列。但这个处理程序在当前线程上的同步代码执行完成前不会执行。因此，跟在 then()后面的同步代码一定先于处理程序执行。

先添加处理程序后解决期约也是一样的。如果添加处理程序后，同步代码才改变期约状态，那么处理程序仍然会基于该状态变化表现出非重入特性。下面的例子展示了即使先添加了 onResolved 处理程

序，再同步调用 resolve()，处理程序也不会进入同步线程执行：

```
let synchronousResolve;

// 创建一个期约并将解决函数保存在一个局部变量中
let p = new Promise((resolve) => {
  synchronousResolve = function() {
    console.log('1: invoking resolve()');
    resolve();
    console.log('2: resolve() returns');
  };
});

p.then(() => console.log('4: then() handler executes'));

synchronousResolve();
console.log('3: synchronousResolve() returns');

// 实际的输出：
// 1: invoking resolve()
// 2: resolve() returns
// 3: synchronousResolve() returns
// 4: then() handler executes
```

在这个例子中，即使期约状态变化发生在添加处理程序之后，处理程序也会等到运行的消息队列让它出列时才会执行。

非重入适用于 onResolved/onRejected 处理程序、catch() 处理程序和 finally() 处理程序。下面的例子演示了这些处理程序都只能异步执行：

```
let p1 = Promise.resolve();
p1.then(() => console.log('p1.then() onResolved'));
console.log('p1.then() returns');

let p2 = Promise.reject();
p2.then(null, () => console.log('p2.then() onRejected'));
console.log('p2.then() returns');

let p3 = Promise.reject();
p3.catch(() => console.log('p3.catch() onRejected'));
console.log('p3.catch() returns');

let p4 = Promise.resolve();
p4.finally(() => console.log('p4.finally() onFinally'));

console.log('p4.finally() returns');

// p1.then() returns
// p2.then() returns
// p3.catch() returns
// p4.finally() returns
// p1.then() onResolved
// p2.then() onRejected
// p3.catch() onRejected
// p4.finally() onFinally
```

6. 邻近处理程序的执行顺序
如果给期约添加了多个处理程序，当期约状态变化时，相关处理程序会按照添加它们的顺序依次执行。无论是 `then()`、`catch()` 还是 `finally()` 添加的处理程序都是如此。

```
let p1 = Promise.resolve();
let p2 = Promise.reject();

p1.then(() => setTimeout(console.log, 0, 1));
p1.then(() => setTimeout(console.log, 0, 2));
// 1
// 2

p2.then(null, () => setTimeout(console.log, 0, 3));
p2.then(null, () => setTimeout(console.log, 0, 4));
// 3
// 4

p2.catch(() => setTimeout(console.log, 0, 5));
p2.catch(() => setTimeout(console.log, 0, 6));
// 5
// 6

p1.finally(() => setTimeout(console.log, 0, 7));
p1.finally(() => setTimeout(console.log, 0, 8));
// 7
// 8
```

7. 传递解决值和拒绝理由

到了落定状态后，期约会提供其解决值（如果兑现）或其拒绝理由（如果拒绝）给相关状态的处理程序。拿到返回值后，就可以进一步对这个值进行操作。比如，第一次网络请求返回的 JSON 是发送第二次请求必需的数据，那么第一次请求返回的值就应该传给 onResolved 处理程序继续处理。当然，失败的网络请求也应该把 HTTP 状态码传给 onRejected 处理程序。

在执行函数中，解决的值和拒绝的理由是分别作为 `resolve()` 和 `reject()` 的第一个参数往后传的。然后，这些值又会传给它们各自的处理程序，作为 onResolved 或 onRejected 处理程序的唯一参数。下面的例子展示了上述传递过程：

```
let p1 = new Promise((resolve, reject) => resolve('foo'));
p1.then((value) => console.log(value));    // foo

let p2 = new Promise((resolve, reject) => reject('bar'));
p2.catch((reason) => console.log(reason));  // bar
```

Promise.resolve() 和 Promise.reject() 在被调用时就会接收解决值和拒绝理由。同样地，它们返回的期约也会像执行器一样把这些值传给 onResolved 或 onRejected 处理程序：

```
let p1 = Promise.resolve('foo');
p1.then((value) => console.log(value));    // foo

let p2 = Promise.reject('bar');
p2.catch((reason) => console.log(reason)); // bar
```

8. 拒绝期约与拒绝错误处理

拒绝期约类似于 `throw()` 表达式，因为它们都代表一种程序状态，即需要中断或者特殊处理。在期约的执行函数或处理程序中抛出错误会导致拒绝，对应的错误对象会成为拒绝的理由。因此以下这些期约都会以一个错误对象为由被拒绝：

```
let p1 = new Promise((resolve, reject) => reject(Error('foo')));
let p2 = new Promise((resolve, reject) => { throw Error('foo'); });
let p3 = Promise.resolve().then(() => { throw Error('foo'); });
let p4 = Promise.reject(Error('foo'));

setTimeout(console.log, 0, p1); // Promise <rejected>: Error: foo
setTimeout(console.log, 0, p2); // Promise <rejected>: Error: foo
setTimeout(console.log, 0, p3); // Promise <rejected>: Error: foo
setTimeout(console.log, 0, p4); // Promise <rejected>: Error: foo

// 也会抛出 4 个未捕获错误
```

期约可以以任何理由拒绝，包括 undefined，但最好统一使用错误对象。这样做主要是因为创建错误对象可以让浏览器捕获错误对象中的栈追踪信息，而这些信息对调试是非常关键的。例如，前面例子中抛出的 4 个错误的栈追踪信息如下：

```
Uncaught (in promise) Error: foo
    at Promise (test.html:5)
    at new Promise (<anonymous>)
    at test.html:5
Uncaught (in promise) Error: foo
    at Promise (test.html:6)
    at new Promise (<anonymous>)
    at test.html:6
Uncaught (in promise) Error: foo
    at test.html:8
Uncaught (in promise) Error: foo
    at Promise.resolve.then (test.html:7)
```

所有错误都是异步抛出且未处理的，通过错误对象捕获的栈追踪信息展示了错误发生的路径。注意错误的顺序：Promise.resolve().then() 的错误最后才出现，这是因为它需要在运行时消息队列中添加处理程序；也就是说，在最终抛出未捕获错误之前它还会创建另一个期约。

这个例子同样揭示了异步错误有意思的副作用。正常情况下，在通过 throw() 关键字抛出错误时，JavaScript 运行时的错误处理机制会停止执行抛出错误之后的任何指令：

```
throw Error('foo');
console.log('bar'); // 这一行不会执行

// Uncaught Error: foo
```

但是，在期约中抛出错误时，因为错误实际上是从消息队列中异步抛出的，所以并不会阻止运行时继续执行同步指令：

```
Promise.reject(Error('foo'));
console.log('bar');
// bar

// Uncaught (in promise) Error: foo
```

如本章前面的 Promise.reject() 示例所示，异步错误只能通过异步的 onRejected 处理程序捕获：

```
// 正确
Promise.reject(Error('foo')).catch((e) => {});

// 不正确
```

```
try {
  Promise.reject(Error('foo'));
} catch(e) {}
```

这不包括捕获执行函数中的错误，在解决或拒绝期约之前，仍然可以使用 try/catch 在执行函数中捕获错误：

```
let p = new Promise((resolve, reject) => {
  try {
    throw Error('foo');
  } catch(e) {}

  resolve('bar');
});

setTimeout(console.log, 0, p); // Promise <resolved>: bar
```

then()和 catch()的 onRejected 处理程序在语义上相当于 try/catch。出发点都是捕获错误之后将其隔离，同时不影响正常逻辑执行。为此，onRejected 处理程序的任务应该是在捕获异步错误之后返回一个**解决**的期约。下面的例子中对比了同步错误处理与异步错误处理：

```
console.log('begin synchronous execution');
try {
  throw Error('foo');
} catch(e) {
  console.log('caught error', e);
}
console.log('continue synchronous execution');

// begin synchronous execution
// caught error Error: foo
// continue synchronous execution


new Promise((resolve, reject) => {
  console.log('begin asynchronous execution');
  reject(Error('bar'));
}).catch((e) => {
  console.log('caught error', e);
}).then(() => {
  console.log('continue asynchronous execution');
});

// begin asynchronous execution
// caught error Error: bar
// continue asynchronous execution
```

11.2.4   期约连锁与期约合成

多个期约组合在一起可以构成强大的代码逻辑。这种组合可以通过两种方式实现：期约连锁与期约合成。前者就是一个期约接一个期约地拼接，后者则是将多个期约组合为一个期约。

1. 期约连锁

把期约逐个地串联起来是一种非常有用的编程模式。之所以可以这样做，是因为每个期约实例的方法（then()、catch()和 finally()）都会返回一个**新的**期约对象，而这个新期约又有自己的实例方法。这样连缀方法调用就可以构成所谓的"期约连锁"。比如：

```
let p = new Promise((resolve, reject) => {
  console.log('first');
  resolve();
});
p.then(() => console.log('second'))
 .then(() => console.log('third'))
 .then(() => console.log('fourth'));

// first
// second
// third
// fourth
```

这个实现最终执行了一连串同步任务。正因为如此，这种方式执行的任务没有那么有用，毕竟分别使用4个同步函数也可以做到：

```
(() => console.log('first'))();
(() => console.log('second'))();
(() => console.log('third'))();
(() => console.log('fourth'))();
```

要真正执行异步任务，可以改写前面的例子，让每个执行器都返回一个期约实例。这样就可以让每个后续期约都等待之前的期约，也就是串行化异步任务。比如，可以像下面这样让每个期约在一定时间后解决：

```
let p1 = new Promise((resolve, reject) => {
  console.log('p1 executor');
  setTimeout(resolve, 1000);
});

p1.then(() => new Promise((resolve, reject) => {
    console.log('p2 executor');
    setTimeout(resolve, 1000);
  }))
  .then(() => new Promise((resolve, reject) => {
    console.log('p3 executor');
    setTimeout(resolve, 1000);
  }))
  .then(() => new Promise((resolve, reject) => {
    console.log('p4 executor');
    setTimeout(resolve, 1000);
  }));

// p1 executor（1 秒后）
// p2 executor（2 秒后）
// p3 executor（3 秒后）
// p4 executor（4 秒后）
```

把生成期约的代码提取到一个工厂函数中，就可以写成这样：

```
function delayedResolve(str) {
  return new Promise((resolve, reject) => {
    console.log(str);
    setTimeout(resolve, 1000);
  });
}
```

```
delayedResolve('p1 executor')
  .then(() => delayedResolve('p2 executor'))
  .then(() => delayedResolve('p3 executor'))
  .then(() => delayedResolve('p4 executor'))

// p1 executor (1 秒后)
// p2 executor (2 秒后)
// p3 executor (3 秒后)
// p4 executor (4 秒后)
```

每个后续的处理程序都会等待前一个期约解决，然后实例化一个新期约并返回它。这种结构可以简洁地将异步任务串行化，解决之前依赖回调的难题。假如这种情况下不使用期约，那么前面的代码可能就要这样写了：

```
function delayedExecute(str, callback = null) {
  setTimeout(() => {
    console.log(str);
    callback && callback();
  }, 1000)
}

delayedExecute('p1 callback', () => {
  delayedExecute('p2 callback', () => {
    delayedExecute('p3 callback', () => {
      delayedExecute('p4 callback');
    });
  });
});

// p1 callback (1 秒后)
// p2 callback (2 秒后)
// p3 callback (3 秒后)
// p4 callback (4 秒后)
```

心明眼亮的开发者会发现，这不正是期约所要解决的回调地狱问题吗？

因为 then()、catch() 和 finally() 都返回期约，所以串联这些方法也很直观。下面的例子同时使用这 3 个实例方法：

```
let p = new Promise((resolve, reject) => {
  console.log('initial promise rejects');
  reject();
});

p.catch(() => console.log('reject handler'))
 .then(() => console.log('resolve handler'))
 .finally(() => console.log('finally handler'));

// initial promise rejects
// reject handler
// resolve handler
// finally handler
```

2. 期约图

因为一个期约可以有任意多个处理程序，所以期约连锁可以构建**有向非循环图**的结构。这样，每个期约都是图中的一个节点，而使用实例方法添加的处理程序则是有向顶点。因为图中的每个节点都会等待前一个节点落定，所以图的方向就是期约的解决或拒绝顺序。

下面的例子展示了一种期约有向图，也就是二叉树：

```
//        A
//      /  \
//     B   C
//    /\   /\
//   D E F G

let A = new Promise((resolve, reject) => {
  console.log('A');
  resolve();
});

let B = A.then(() => console.log('B'));
let C = A.then(() => console.log('C'));

B.then(() => console.log('D'));
B.then(() => console.log('E'));
C.then(() => console.log('F'));
C.then(() => console.log('G'));

// A
// B
// C
// D
// E
// F
// G
```

注意，日志的输出语句是对二叉树的层序遍历。如前所述，期约的处理程序是按照它们添加的顺序执行的。由于期约的处理程序是**先**添加到消息队列，**然后**才逐个执行，因此构成了层序遍历。

树只是期约图的一种形式。考虑到根节点不一定唯一，且多个期约也可以组合成一个期约（通过下一节介绍的 `Promise.all()` 和 `Promise.race()`），所以有向非循环图是体现期约连锁可能性的最准确表达。

3. `Promise.all()` 和 `Promise.race()`

Promise 类提供两个将多个期约实例组合成一个期约的静态方法：`Promise.all()` 和 `Promise.race()`。而合成后期约的行为取决于内部期约的行为。

● `Promise.all()`

`Promise.all()` 静态方法创建的期约会在一组期约全部解决之后再解决。这个静态方法接收一个可迭代对象，返回一个新期约：

```
let p1 = Promise.all([
  Promise.resolve(),
  Promise.resolve()
]);

// 可迭代对象中的元素会通过 Promise.resolve()转换为期约
let p2 = Promise.all([3, 4]);

// 空的可迭代对象等价于 Promise.resolve()
let p3 = Promise.all([]);

// 无效的语法
let p4 = Promise.all();
// TypeError: cannot read Symbol.iterator of undefined
```

合成的期约只会在每个包含的期约都解决之后才解决：

```
let p = Promise.all([
  Promise.resolve(),
  new Promise((resolve, reject) => setTimeout(resolve, 1000))
]);
setTimeout(console.log, 0, p); // Promise <pending>

p.then(() => setTimeout(console.log, 0, 'all() resolved!'));

// all() resolved! (大约 1 秒后)
```

如果至少有一个包含的期约待定，则合成的期约也会待定。如果有一个包含的期约拒绝，则合成的期约也会拒绝：

```
// 永远待定
let p1 = Promise.all([new Promise(() => {})]);
setTimeout(console.log, 0, p1); // Promise <pending>

// 一次拒绝会导致最终期约拒绝
let p2 = Promise.all([
  Promise.resolve(),
  Promise.reject(),
  Promise.resolve()
]);
setTimeout(console.log, 0, p2); // Promise <rejected>

// Uncaught (in promise) undefined
```

如果所有期约都成功解决，则合成期约的解决值就是所有包含期约解决值的数组，按照迭代器顺序：

```
let p = Promise.all([
  Promise.resolve(3),
  Promise.resolve(),
  Promise.resolve(4)
]);

p.then((values) => setTimeout(console.log, 0, values)); // [3, undefined, 4]
```

如果有期约拒绝，则第一个拒绝的期约会将自己的理由作为合成期约的拒绝理由。之后再拒绝的期约不会影响最终期约的拒绝理由。不过，这并不影响所有包含期约正常的拒绝操作。合成的期约会静默处理所有包含期约的拒绝操作，如下所示：

```
// 虽然只有第一个期约的拒绝理由会进入
// 拒绝处理程序，第二个期约的拒绝也
// 会被静默处理，不会有错误跑掉
let p = Promise.all([
  Promise.reject(3),
  new Promise((resolve, reject) => setTimeout(reject, 1000))
]);

p.catch((reason) => setTimeout(console.log, 0, reason)); // 3

// 没有未处理的错误
```

● **Promise.race()**

Promise.race()静态方法返回一个包装期约，是一组集合中最先解决或拒绝的期约的镜像。这个方法接收一个可迭代对象，返回一个新期约：

```
let p1 = Promise.race([
  Promise.resolve(),
  Promise.resolve()
]);

// 可迭代对象中的元素会通过 Promise.resolve() 转换为期约
let p2 = Promise.race([3, 4]);

// 空的可迭代对象等价于 new Promise(() => {})
let p3 = Promise.race([]);

// 无效的语法
let p4 = Promise.race();
// TypeError: cannot read Symbol.iterator of undefined
```

Promise.race()不会对解决或拒绝的期约区别对待。无论是解决还是拒绝，只要是第一个落定的期约，Promise.race()就会包装其解决值或拒绝理由并返回新期约：

```
// 解决先发生，超时后的拒绝被忽略
let p1 = Promise.race([
  Promise.resolve(3),
  new Promise((resolve, reject) => setTimeout(reject, 1000))
]);
setTimeout(console.log, 0, p1); // Promise <resolved>: 3

// 拒绝先发生，超时后的解决被忽略
let p2 = Promise.race([
  Promise.reject(4),
  new Promise((resolve, reject) => setTimeout(resolve, 1000))
]);
setTimeout(console.log, 0, p2); // Promise <rejected>: 4

// 迭代顺序决定了落定顺序
let p3 = Promise.race([
  Promise.resolve(5),
  Promise.resolve(6),
  Promise.resolve(7)
]);
setTimeout(console.log, 0, p3); // Promise <resolved>: 5
```

如果有一个期约拒绝，只要它是第一个落定的，就会成为拒绝合成期约的理由。之后再拒绝的期约不会影响最终期约的拒绝理由。不过，这并不影响所有包含期约正常的拒绝操作。与 Promise.all() 类似，合成的期约**会**静默处理所有包含期约的拒绝操作，如下所示：

```
// 虽然只有第一个期约的拒绝理由会进入
// 拒绝处理程序，第二个期约的拒绝也
// 会被静默处理，不会有错误跑掉
let p = Promise.race([
  Promise.reject(3),
  new Promise((resolve, reject) => setTimeout(reject, 1000))
]);

p.catch((reason) => setTimeout(console.log, 0, reason)); // 3

// 没有未处理的错误
```

4. 串行期约合成

到目前为止，我们讨论期约连锁一直围绕期约的串行执行，忽略了期约的另一个主要特性：异步产

11

生值并将其传给处理程序。基于后续期约使用之前期约的返回值来串联期约是期约的基本功能。这很像**函数合成**，即将多个函数合成为一个函数，比如：

```
function addTwo(x) {return x + 2;}
function addThree(x) {return x + 3;}
function addFive(x) {return x + 5;}

function addTen(x) {
  return addFive(addTwo(addThree(x)));
}

console.log(addTen(7)); // 17
```

在这个例子中，有 3 个函数基于一个值合成为一个函数。类似地，期约也可以像这样合成起来，渐进地消费一个值，并返回一个结果：

```
function addTwo(x) {return x + 2;}
function addThree(x) {return x + 3;}
function addFive(x) {return x + 5;}

function addTen(x) {
  return Promise.resolve(x)
    .then(addTwo)
    .then(addThree)
    .then(addFive);
}

addTen(8).then(console.log); // 18
```

使用 `Array.prototype.reduce()` 可以写成更简洁的形式：

```
function addTwo(x) {return x + 2;}
function addThree(x) {return x + 3;}
function addFive(x) {return x + 5;}

function addTen(x) {
  return [addTwo, addThree, addFive]
      .reduce((promise, fn) => promise.then(fn), Promise.resolve(x));
}

addTen(8).then(console.log); // 18
```

这种模式可以提炼出一个通用函数，可以把任意多个函数作为处理程序合成一个连续传值的期约连锁。这个通用的合成函数可以这样实现：

```
function addTwo(x) {return x + 2;}
function addThree(x) {return x + 3;}
function addFive(x) {return x + 5;}

function compose(...fns) {
  return (x) => fns.reduce((promise, fn) => promise.then(fn), Promise.resolve(x))
}

let addTen = compose(addTwo, addThree, addFive);

addTen(8).then(console.log); // 18
```

> **注意**　本章后面的 11.3 节在讨论异步函数时还会涉及这个概念。

11.2.5 期约扩展

ES6 期约实现是很可靠的，但它也有不足之处。比如，很多第三方期约库实现中具备而 ECMAScript 规范却未涉及的两个特性：期约取消和进度追踪。

1. 期约取消

我们经常会遇到期约正在处理过程中，程序却不再需要其结果的情形。这时候如果能够取消期约就好了。某些第三方库，比如 Bluebird，就提供了这个特性。实际上，TC39 委员会也曾准备增加这个特性，但相关提案最终被撤回了。结果，ES6 期约被认为是"激进的"：只要期约的逻辑开始执行，就没有办法阻止它执行到完成。

实际上，可以在现有实现基础上提供一种临时性的封装，以实现取消期约的功能。这可以用到 Kevin Smith 提到的"取消令牌"（cancel token）。生成的令牌实例提供了一个接口，利用这个接口可以取消期约；同时也提供了一个期约的实例，可以用来触发取消后的操作并求值取消状态。

下面是 `CancelToken` 类的一个基本实例：

```
class CancelToken {
  constructor(cancelFn) {
    this.promise = new Promise((resolve, reject) => {
      cancelFn(resolve);
    });
  }
}
```

这个类包装了一个期约，把解决方法暴露给了 `cancelFn` 参数。这样，外部代码就可以向构造函数中传入一个函数，从而控制什么情况下可以取消期约。这里期约是令牌类的公共成员，因此可以给它添加处理程序以取消期约。

这个类大概可以这样使用：

```
<button id="start">Start</button>
<button id="cancel">Cancel</button>

<script>
class CancelToken {
  constructor(cancelFn) {
    this.promise = new Promise((resolve, reject) => {
      cancelFn(() => {
        setTimeout(console.log, 0, "delay cancelled");
        resolve();
      });
    });
  }
}

const startButton = document.querySelector('#start');
const cancelButton = document.querySelector('#cancel');

function cancellableDelayedResolve(delay) {
  setTimeout(console.log, 0, "set delay");

  return new Promise((resolve, reject) => {
    const id = setTimeout((() => {
      setTimeout(console.log, 0, "delayed resolve");
      resolve();
    }), delay);
```

```
      const cancelToken = new CancelToken((cancelCallback) =>
        cancelButton.addEventListener("click", cancelCallback));

      cancelToken.promise.then(() => clearTimeout(id));
    });
}

startButton.addEventListener("click", () => cancellableDelayedResolve(1000));
</script>
```

　　每次单击"Start"按钮都会开始计时，并实例化一个新的 CancelToken 的实例。此时，"Cancel"按钮一旦被点击，就会触发令牌实例中的期约解决。而解决之后，单击"Start"按钮设置的超时也会被取消。

2. 期约进度通知

　　执行中的期约可能会有不少离散的"阶段"，在最终解决之前必须依次经过。某些情况下，监控期约的执行进度会很有用。ECMAScript 6 期约并不支持进度追踪，但是可以通过扩展来实现。

　　一种实现方式是扩展 Promise 类，为它添加 notify() 方法，如下所示：

```
class TrackablePromise extends Promise {
  constructor(executor) {
    const notifyHandlers = [];

      super((resolve, reject) => {
      return executor(resolve, reject, (status) => {
        notifyHandlers.map((handler) => handler(status));
      });
    });

    this.notifyHandlers = notifyHandlers;
  }

  notify(notifyHandler) {
    this.notifyHandlers.push(notifyHandler);
    return this;
  }
}
```

　　这样，TrackablePromise 就可以在执行函数中使用 notify() 函数了。可以像下面这样使用这个函数来实例化一个期约：

```
let p = new TrackablePromise((resolve, reject, notify) => {
  function countdown(x) {
    if (x > 0) {
      notify(`${20 * x}% remaining`);
      setTimeout(() => countdown(x - 1), 1000);
    } else {
      resolve();
    }
  }

  countdown(5);
});
```

　　这个期约会连续 5 次递归地设置 1000 毫秒的超时。每个超时回调都会调用 notify() 并传入状态值。假设通知处理程序简单地这样写：

```
...

let p = new TrackablePromise((resolve, reject, notify) => {
  function countdown(x) {
    if (x > 0) {
      notify(`${20 * x}% remaining`);
      setTimeout(() => countdown(x - 1), 1000);
    } else {
      resolve();
    }
  }

  countdown(5);
});

p.notify((x) => setTimeout(console.log, 0, 'progress:', x));

p.then(() => setTimeout(console.log, 0, 'completed'));

// （约1秒后）80% remaining
// （约2秒后）60% remaining
// （约3秒后）40% remaining
// （约4秒后）20% remaining
// （约5秒后）completed
```

notify()函数会返回期约，所以可以连缀调用，连续添加处理程序。多个处理程序会针对收到的每条消息分别执行一遍，如下所示：

```
...

p.notify((x) => setTimeout(console.log, 0, 'a:', x))
 .notify((x) => setTimeout(console.log, 0, 'b:', x));

p.then(() => setTimeout(console.log, 0, 'completed'));

// （约1秒后）  a: 80% remaining
// （约1秒后）  b: 80% remaining
// （约2秒后）  a: 60% remaining
// （约2秒后）  b: 60% remaining
// （约3秒后）  a: 40% remaining
// （约3秒后）  b: 40% remaining
// （约4秒后）  a: 20% remaining
// （约4秒后）  b: 20% remaining
// （约5秒后）  completed
```

总体来看，这还是一个比较粗糙的实现，但应该可以演示出如何使用通知报告进度了。

> **注意** ES6 不支持取消期约和进度通知，一个主要原因就是这样会导致期约连锁和期约合成过度复杂化。比如在一个期约连锁中，如果某个被其他期约依赖的期约被取消了或者发出了通知，那么接下来应该发生什么完全说不清楚。毕竟，如果取消了 Promise.all() 中的一个期约，或者期约连锁中前面的期约发送了一个通知，那么接下来应该怎么办才比较合理呢？

11

11.3 异步函数

异步函数，也称为"async/await"（语法关键字），是 ES6 期约模式在 ECMAScript 函数中的应用。async/await 是 ES8 规范新增的。这个特性从行为和语法上都增强了 JavaScript，让以同步方式写的代码能够异步执行。下面来看一个最简单的例子，这个期约在超时之后会解决为一个值：

```
let p = new Promise((resolve, reject) => setTimeout(resolve, 1000, 3));
```

这个期约在 1000 毫秒之后解决为数值 3。如果程序中的其他代码要在这个值可用时访问它，则需要写一个解决处理程序：

```
let p = new Promise((resolve, reject) => setTimeout(resolve, 1000, 3));

p.then((x) => console.log(x));  // 3
```

这其实是很不方便的，因为其他代码都必须塞到期约处理程序中。不过可以把处理程序定义为一个函数：

```
function handler(x) { console.log(x); }

let p = new Promise((resolve, reject) => setTimeout(resolve, 1000, 3));

p.then(handler); // 3
```

这个改进其实也不大。这是因为任何需要访问这个期约所产生值的代码，都需要以处理程序的形式来接收这个值。也就是说，代码照样还是要放到处理程序里。ES8 为此提供了 async/await 关键字。

11.3.1　异步函数

ES8 的 async/await 旨在解决利用异步结构组织代码的问题。为此，ECMAScript 对函数进行了扩展，为其增加了两个新关键字：async 和 await。

1. async

async 关键字用于声明异步函数。这个关键字可以用在函数声明、函数表达式、箭头函数和方法上：

```
async function foo() {}

let bar = async function() {};

let baz = async () => {};

class Qux {
  async qux() {}
}
```

使用 async 关键字可以让函数具有异步特征，但总体上其代码仍然是同步求值的。而在参数或闭包方面，异步函数仍然具有普通 JavaScript 函数的正常行为。正如下面的例子所示，foo() 函数仍然会在后面的指令之前被求值：

```
async function foo() {
  console.log(1);
}

foo();
console.log(2);

// 1
// 2
```

不过，异步函数如果使用 return 关键字返回了值（如果没有 return 则会返回 undefined），这个值会被 Promise.resolve() 包装成一个期约对象。异步函数始终返回期约对象。在函数外部调用这

个函数可以得到它返回的期约:

```
async function foo() {
  console.log(1);
  return 3;
}

// 给返回的期约添加一个解决处理程序
foo().then(console.log);

console.log(2);

// 1
// 2
// 3
```

当然,直接返回一个期约对象也是一样的:

```
async function foo() {
  console.log(1);
  return Promise.resolve(3);
}

// 给返回的期约添加一个解决处理程序
foo().then(console.log);

console.log(2);

// 1
// 2
// 3
```

异步函数的返回值期待(但实际上并不要求)一个实现 thenable 接口的对象,但常规的值也可以。如果返回的是实现 thenable 接口的对象,则这个对象可以由提供给 then() 的处理程序"解包"。如果不是,则返回值就被当作已经解决的期约。下面的代码演示了这些情况:

```
// 返回一个原始值
async function foo() {
  return 'foo';
}
foo().then(console.log);
// foo

// 返回一个没有实现 thenable 接口的对象
async function bar() {
  return ['bar'];
}
bar().then(console.log);
// ['bar']

// 返回一个实现了 thenable 接口的非期约对象
async function baz() {
  const thenable = {
    then(callback) { callback('baz'); }
  };
  return thenable;
}
baz().then(console.log);
// baz
```

11

```
// 返回一个期约
async function qux() {
  return Promise.resolve('qux');
}
qux().then(console.log);
// qux
```

与在期约处理程序中一样，在异步函数中抛出错误会返回拒绝的期约：

```
async function foo() {
  console.log(1);
  throw 3;
}

// 给返回的期约添加一个拒绝处理程序
foo().catch(console.log);
console.log(2);

// 1
// 2
// 3
```

不过，拒绝期约的错误不会被异步函数捕获：

```
async function foo() {
  console.log(1);
  Promise.reject(3);
}

// Attach a rejected handler to the returned promise
foo().catch(console.log);
console.log(2);

// 1
// 2
// Uncaught (in promise): 3
```

2. await

因为异步函数主要针对不会马上完成的任务，所以自然需要一种暂停和恢复执行的能力。使用 await 关键字可以暂停异步函数代码的执行，等待期约解决。来看下面这个本章开始就出现过的例子：

```
let p = new Promise((resolve, reject) => setTimeout(resolve, 1000, 3));

p.then((x) => console.log(x)); // 3
```

使用 async/await 可以写成这样：

```
async function foo() {
  let p = new Promise((resolve, reject) => setTimeout(resolve, 1000, 3));
  console.log(await p);
}

foo();
// 3
```

注意，await 关键字会暂停执行异步函数后面的代码，让出 JavaScript 运行时的执行线程。这个行为与生成器函数中的 yield 关键字是一样的。await 关键字同样是尝试"解包"对象的值，然后将这个值传给表达式，再异步恢复异步函数的执行。

await 关键字的用法与 JavaScript 的一元操作一样。它可以单独使用，也可以在表达式中使用，如下面的例子所示：

```
// 异步打印"foo"
async function foo() {
  console.log(await Promise.resolve('foo'));
}
foo();
// foo


// 异步打印"bar"
async function bar() {
  return await Promise.resolve('bar');
}
bar().then(console.log);
// bar

// 1000毫秒后异步打印"baz"
async function baz() {
  await new Promise((resolve, reject) => setTimeout(resolve, 1000));
  console.log('baz');
}
baz();
// baz（1000毫秒后）
```

await 关键字期待（但实际上并不要求）一个实现 thenable 接口的对象，但常规的值也可以。如果是实现 thenable 接口的对象，则这个对象可以由 await 来"解包"。如果不是，则这个值就被当作已经解决的期约。下面的代码演示了这些情况：

```
// 等待一个原始值
async function foo() {
  console.log(await 'foo');
}
foo();
// foo


// 等待一个没有实现thenable接口的对象
async function bar() {
  console.log(await ['bar']);
}
bar();
// ['bar']

// 等待一个实现了thenable接口的非期约对象
async function baz() {
  const thenable = {
    then(callback) { callback('baz'); }
  };
  console.log(await thenable);
}
baz();
// baz

// 等待一个期约
async function qux() {
  console.log(await Promise.resolve('qux'));
}
qux();
// qux
```

等待会抛出错误的同步操作，会返回拒绝的期约：

```
async function foo() {
  console.log(1);
  await (() => { throw 3; })();
}

// 给返回的期约添加一个拒绝处理程序
foo().catch(console.log);
console.log(2);

// 1
// 2
// 3
```

如前面的例子所示，单独的 `Promise.reject()` 不会被异步函数捕获，而会抛出未捕获错误。不过，对拒绝的期约使用 await 则会释放（**unwrap**）错误值（将拒绝期约返回）：

```
async function foo() {
  console.log(1);
  await Promise.reject(3);
  console.log(4); // 这行代码不会执行
}

// 给返回的期约添加一个拒绝处理程序
foo().catch(console.log);
console.log(2);

// 1
// 2
// 3
```

3. await 的限制

await 关键字必须在异步函数中使用，不能在顶级上下文如<script>标签或模块中使用。不过，定义并立即调用异步函数是没问题的。下面两段代码实际是相同的：

```
async function foo() {
  console.log(await Promise.resolve(3));
}
foo();
// 3

// 立即调用的异步函数表达式
(async function() {
  console.log(await Promise.resolve(3));
})();
// 3
```

此外，异步函数的特质不会扩展到嵌套函数。因此，await 关键字也只能直接出现在异步函数的定义中。在同步函数内部使用 await 会抛出 SyntaxError。

下面展示了一些会出错的例子：

```
// 不允许：await 出现在了箭头函数中
function foo() {
  const syncFn = () => {
    return await Promise.resolve('foo');
  };
  console.log(syncFn());
```

```
}

// 不允许：await 出现在了同步函数声明中
function bar() {
  function syncFn() {
    return await Promise.resolve('bar');
  }
  console.log(syncFn());
}

// 不允许：await 出现在了同步函数表达式中
function baz() {
  const syncFn = function() {
    return await Promise.resolve('baz');
  };
  console.log(syncFn());
}

// 不允许：IIFE 使用同步函数表达式或箭头函数
function qux() {
  (function () { console.log(await Promise.resolve('qux')); })();
  (() => console.log(await Promise.resolve('qux')))();
}
```

11.3.2　停止和恢复执行

使用 await 关键字之后的区别其实比看上去的还要微妙一些。比如，下面的例子中按顺序调用了 3 个函数，但它们的输出结果顺序是相反的：

```
async function foo() {
  console.log(await Promise.resolve('foo'));
}

async function bar() {
  console.log(await 'bar');
}

async function baz() {
  console.log('baz');
}

foo();
bar();
baz();

// baz
// bar
// foo
```

async/await 中真正起作用的是 await。async 关键字，无论从哪方面来看，都不过是一个标识符。毕竟，异步函数如果不包含 await 关键字，其执行基本上跟普通函数没有什么区别：

```
async function foo() {
  console.log(2);
}

console.log(1);
foo();
console.log(3);
```

```
// 1
// 2
// 3
```

要完全理解 await 关键字，必须知道它并非只是等待一个值可用那么简单。JavaScript 运行时在碰到 await 关键字时，会记录在哪里暂停执行。等到 await 右边的值可用了，JavaScript 运行时会向消息队列中推送一个任务，这个任务会恢复异步函数的执行。

因此，即使 await 后面跟着一个立即可用的值，函数的其余部分也会被**异步**求值。下面的例子演示了这一点：

```
async function foo() {
  console.log(2);
  await null;
  console.log(4);
}

console.log(1);
foo();
console.log(3);

// 1
// 2
// 3
// 4
```

控制台中输出结果的顺序很好地解释了运行时的工作过程：

(1) 打印 1；

(2) 调用异步函数 foo()；

(3)（在 foo() 中）打印 2；

(4)（在 foo() 中）await 关键字暂停执行，为立即可用的值 null 向消息队列中添加一个任务；

(5) foo() 退出；

(6) 打印 3；

(7) 同步线程的代码执行完毕；

(8) JavaScript 运行时从消息队列中取出任务，恢复异步函数执行；

(9)（在 foo() 中）恢复执行，await 取得 null 值（这里并没有使用）；

(10)（在 foo() 中）打印 4；

(11) foo() 返回。

如果 await 后面是一个期约，则问题会稍微复杂一些。此时，为了执行异步函数，实际上会有两个任务被添加到消息队列并被异步求值。下面的例子虽然看起来很反直觉，但它演示了真正的执行顺序：[①]

```
async function foo() {
  console.log(2);
  console.log(await Promise.resolve(8));
  console.log(9);
}

async function bar() {
```

[①] TC39 对 await 后面是期约的情况如何处理做过一次修改。修改后，本例中的 Promise.resolve(8) 只会生成一个异步任务。因此在新版浏览器中，这个示例的输出结果为 123458967。实际开发中，对于并行的异步操作我们通常更关注结果，而不依赖执行顺序。——译者注

```
    console.log(4);
    console.log(await 6);
    console.log(7);
}

console.log(1);
foo();
console.log(3);
bar();
console.log(5);

// 1
// 2
// 3
// 4
// 5
// 6
// 7
// 8
// 9
```

运行时会像这样执行上面的例子：

(1) 打印 1；

(2) 调用异步函数 `foo()`；

(3)（在 `foo()` 中）打印 2；

(4)（在 `foo()` 中）`await` 关键字暂停执行，向消息队列中添加一个期约在落定之后执行的任务；

(5) 期约立即落定，把给 `await` 提供值的任务添加到消息队列；

(6) `foo()` 退出；

(7) 打印 3；

(8) 调用异步函数 `bar()`；

(9)（在 `bar()` 中）打印 4；

(10)（在 `bar()` 中）`await` 关键字暂停执行，为立即可用的值 6 向消息队列中添加一个任务；

(11) `bar()` 退出；

(12) 打印 5；

(13) 顶级线程执行完毕；

(14) JavaScript 运行时从消息队列中取出解决 `await` 期约的处理程序，并将解决的值 8 提供给它；

(15) JavaScript 运行时向消息队列中添加一个恢复执行 `foo()` 函数的任务；

(16) JavaScript 运行时从消息队列中取出恢复执行 `bar()` 的任务及值 6；

(17)（在 `bar()` 中）恢复执行，`await` 取得值 6；

(18)（在 `bar()` 中）打印 6；

(19)（在 `bar()` 中）打印 7；

(20) `bar()` 返回；

(21) 异步任务完成，JavaScript 从消息队列中取出恢复执行 `foo()` 的任务及值 8；

(22)（在 `foo()` 中）打印 8；

(23)（在 `foo()` 中）打印 9；

(24) `foo()` 返回。

11

11.3.3   异步函数策略

因为简单实用，所以异步函数很快成为 JavaScript 项目使用最广泛的特性之一。不过，在使用异步函数时，还是有些问题要注意。

1. 实现 sleep()

很多人在刚开始学习 JavaScript 时，想找到一个类似 Java 中 Thread.sleep() 之类的函数，好在程序中加入非阻塞的暂停。以前，这个需求基本上都通过 setTimeout() 利用 JavaScript 运行时的行为来实现的。

有了异步函数之后，就不一样了。一个简单的箭头函数就可以实现 sleep()：

```
async function sleep(delay) {
  return new Promise((resolve) => setTimeout(resolve, delay));
}

async function foo() {
  const t0 = Date.now();
  await sleep(1500); // 暂停约 1500 毫秒
  console.log(Date.now() - t0);
}
foo();
// 1502
```

2. 利用平行执行

如果使用 await 时不留心，则很可能错过平行加速的机会。来看下面的例子，其中顺序等待了 5 个随机的超时：

```
async function randomDelay(id) {
  // 延迟 0~1000 毫秒
  const delay = Math.random() * 1000;
  return new Promise((resolve) => setTimeout(() => {
    console.log(`${id} finished`);
    resolve();
  }, delay));
}

async function foo() {
  const t0 = Date.now();
  await randomDelay(0);
  await randomDelay(1);
  await randomDelay(2);
  await randomDelay(3);
  await randomDelay(4);
  console.log(`${Date.now() - t0}ms elapsed`);
}
foo();

// 0 finished
// 1 finished
// 2 finished
// 3 finished
// 4 finished
// 877ms elapsed
```

用一个 for 循环重写，就是：

```
async function randomDelay(id) {
  // 延迟 0~1000 毫秒
  const delay = Math.random() * 1000;
  return new Promise((resolve) => setTimeout(() => {
    console.log(`${id} finished`);
    resolve();
  }, delay));
}

async function foo() {
  const t0 = Date.now();
  for (let i = 0; i < 5; ++i) {
    await randomDelay(i);
  }

  console.log(`${Date.now() - t0}ms elapsed`);
}
foo();

// 0 finished
// 1 finished
// 2 finished
// 3 finished
// 4 finished
// 877ms elapsed
```

就算这些期约之间没有依赖，异步函数也会依次暂停，等待每个超时完成。这样可以保证执行顺序，但总执行时间会变长。

如果顺序不是必需保证的，那么可以先一次性初始化所有期约，然后再分别等待它们的结果。比如：

```
async function randomDelay(id) {
  // 延迟 0~1000 毫秒
  const delay = Math.random() * 1000;
  return new Promise((resolve) => setTimeout(() => {
    setTimeout(console.log, 0, `${id} finished`);
    resolve();
  }, delay));
}

async function foo() {
  const t0 = Date.now();

  const p0 = randomDelay(0);
  const p1 = randomDelay(1);
  const p2 = randomDelay(2);
  const p3 = randomDelay(3);
  const p4 = randomDelay(4);

  await p0;
  await p1;
  await p2;
  await p3;
  await p4;

  setTimeout(console.log, 0, `${Date.now() - t0}ms elapsed`);
}
foo();

// 1 finished
```

11

```
// 4 finished
// 3 finished
// 0 finished
// 2 finished
// 877ms elapsed
```

用数组和 for 循环再包装一下就是：

```
async function randomDelay(id) {
  // 延迟 0~1000 毫秒
  const delay = Math.random() * 1000;
  return new Promise((resolve) => setTimeout(() => {
    console.log(`${id} finished`);
    resolve();
  }, delay));
}

async function foo() {
  const t0 = Date.now();

  const promises = Array(5).fill(null).map((_, i) => randomDelay(i));

  for (const p of promises) {
    await p;
  }

  console.log(`${Date.now() - t0}ms elapsed`);
}
foo();

// 4 finished
// 2 finished
// 1 finished
// 0 finished
// 3 finished
// 877ms elapsed
```

注意，虽然期约没有按照顺序执行，但 await 按顺序收到了每个期约的值：

```
async function randomDelay(id) {
  // 延迟 0~1000 毫秒
  const delay = Math.random() * 1000;
  return new Promise((resolve) => setTimeout(() => {
    console.log(`${id} finished`);
    resolve(id);
  }, delay));
}

async function foo() {
  const t0 = Date.now();

  const promises = Array(5).fill(null).map((_, i) => randomDelay(i));

  for (const p of promises) {
    console.log(`awaited ${await p}`);
  }

  console.log(`${Date.now() - t0}ms elapsed`);
}
foo();
```

```
// 1 finished
// 2 finished
// 4 finished
// 3 finished
// 0 finished
// awaited 0
// awaited 1
// awaited 2
// awaited 3
// awaited 4
// 645ms elapsed
```

3. 串行执行期约

在 11.2 节，我们讨论过如何串行执行期约并把值传给后续的期约。使用 async/await，期约连锁会变得很简单：

```
function addTwo(x) {return x + 2;}
function addThree(x) {return x + 3;}
function addFive(x) {return x + 5;}

async function addTen(x) {
  for (const fn of [addTwo, addThree, addFive]) {
    x = await fn(x);
  }
  return x;
}

addTen(9).then(console.log); // 19
```

这里，`await` 直接传递了每个函数的返回值，结果通过迭代产生。当然，这个例子并没有使用期约，如果要使用期约，则可以把所有函数都改成异步函数。这样它们就都返回期约了：

```
async function addTwo(x) {return x + 2;}
async function addThree(x) {return x + 3;}
async function addFive(x) {return x + 5;}

async function addTen(x) {
  for (const fn of [addTwo, addThree, addFive]) {
    x = await fn(x);
  }
  return x;
}

addTen(9).then(console.log); // 19
```

4. 栈追踪与内存管理

期约与异步函数的功能有相当程度的重叠，但它们在内存中的表示则差别很大。看看下面的例子，它展示了拒绝期约的栈追踪信息：

```
function fooPromiseExecutor(resolve, reject) {
  setTimeout(reject, 1000, 'bar');
}

function foo() {
  new Promise(fooPromiseExecutor);
}
```

11

```
foo();
// Uncaught (in promise) bar
//    setTimeout
//    setTimeout (async)
//    fooPromiseExecutor
//    foo
```

根据对期约的不同理解程度，以上栈追踪信息可能会让某些读者不解。栈追踪信息应该相当直接地表现 JavaScript 引擎当前栈内存中函数调用之间的嵌套关系。在超时处理程序执行时和拒绝期约时，我们看到的错误信息包含嵌套函数的标识符，那是被调用以创建最初期约实例的函数。可是，我们知道这些函数已经返回了，因此栈追踪信息中不应该看到它们。

答案很简单，这是因为 JavaScript 引擎会在创建期约时尽可能保留完整的调用栈。在抛出错误时，调用栈可以由运行时的错误处理逻辑获取，因而就会出现在栈追踪信息中。当然，这意味着栈追踪信息会占用内存，从而带来一些计算和存储成本。

如果在前面的例子中使用的是异步函数，那又会怎样呢？比如：

```
function fooPromiseExecutor(resolve, reject) {
  setTimeout(reject, 1000, 'bar');
}

async function foo() {
  await new Promise(fooPromiseExecutor);
}
foo();

// Uncaught (in promise) bar
//    foo
//    async function (async)
//    foo
```

这样一改，栈追踪信息就准确地反映了当前的调用栈。fooPromiseExecutor() 已经返回，所以它不在错误信息中。但 foo() 此时被挂起了，并没有退出。JavaScript 运行时可以简单地在嵌套函数中存储指向包含函数的指针，就跟对待同步函数调用栈一样。这个指针实际上存储在内存中，可用于在出错时生成栈追踪信息。这样就不会像之前的例子那样带来额外的消耗，因此在重视性能的应用中是可以优先考虑的。

11.4　小结

长期以来，掌握单线程 JavaScript 运行时的异步行为一直都是个艰巨的任务。随着 ES6 新增了期约和 ES8 新增了异步函数，ECMAScript 的异步编程特性有了长足的进步。通过期约和 async/await，不仅可以实现之前难以实现或不可能实现的任务，而且也能写出更清晰、简洁，并且容易理解、调试的代码。

期约的主要功能是为异步代码提供了清晰的抽象。可以用期约表示异步执行的代码块，也可以用期约表示异步计算的值。在需要串行异步代码时，期约的价值最为突出。作为可塑性极强的一种结构，期约可以被序列化、连锁使用、复合、扩展和重组。

异步函数是将期约应用于 JavaScript 函数的结果。异步函数可以暂停执行，而不阻塞主线程。无论是编写基于期约的代码，还是组织串行或平行执行的异步代码，使用异步函数都非常得心应手。异步函数可以说是现代 JavaScript 工具箱中最重要的工具之一。

第 **12** 章

BOM

本章内容
- ❏ 理解 BOM 的核心——window 对象
- ❏ 控制窗口及弹窗
- ❏ 通过 location 对象获取页面信息
- ❏ 使用 navigator 对象了解浏览器
- ❏ 通过 history 对象操作浏览器历史

虽然 ECMAScript 把浏览器对象模型（BOM，Browser Object Model）描述为 JavaScript 的核心，但实际上 BOM 是使用 JavaScript 开发 Web 应用程序的核心。BOM 提供了与网页无关的浏览器功能对象。多年来，BOM 是在缺乏规范的背景下发展起来的，因此既充满乐趣又问题多多。毕竟，浏览器开发商都按照自己的意愿来为它添砖加瓦。最终，浏览器实现之间共通的部分成为了事实标准，为 Web 开发提供了浏览器间互操作的基础。HTML5 规范中有一部分涵盖了 BOM 的主要内容，因为 W3C 希望将 JavaScript 在浏览器中最基础的部分标准化。

12.1　window 对象

BOM 的核心是 window 对象，表示浏览器的实例。window 对象在浏览器中有两重身份，一个是 ECMAScript 中的 Global 对象，另一个就是浏览器窗口的 JavaScript 接口。这意味着网页中定义的所有对象、变量和函数都以 window 作为其 Global 对象，都可以访问其上定义的 parseInt() 等全局方法。

> **注意**　因为 window 对象的属性在全局作用域中有效，所以很多浏览器 API 及相关构造函数都以 window 对象属性的形式暴露出来。这些 API 将在全书各章中介绍，特别是第 20 章。
>
> 另外，由于实现不同，某些 window 对象的属性在不同浏览器间可能差异很大。本章不会介绍已经废弃的、非标准化或特定于浏览器的 window 属性。

12.1.1　Global 作用域

因为 window 对象被复用为 ECMAScript 的 Global 对象，所以通过 var 声明的所有全局变量和函数都会变成 window 对象的属性和方法。比如：

```
var age = 29;
var sayAge = () => alert(this.age);

alert(window.age); // 29
```

```
sayAge();          // 29
window.sayAge();   // 29
```

这里，变量 age 和函数 sayAge() 被定义在全局作用域中，它们自动成为了 window 对象的成员。因此，变量 age 可以通过 window.age 来访问，而函数 sayAge() 也可以通过 window.sayAge() 来访问。因为 sayAge() 存在于全局作用域，this.age 映射到 window.age，所以就可以显示正确的结果了。

如果在这里使用 let 或 const 替代 var，则不会把变量添加给全局对象：

```
let age = 29;
const sayAge = () => alert(this.age);

alert(window.age);   // undefined
sayAge();            // undefined
window.sayAge();     // TypeError: window.sayAge is not a function
```

另外，访问未声明的变量会抛出错误，但是可以在 window 对象上查询是否存在可能未声明的变量。比如：

```
// 这会导致抛出错误，因为 oldValue 没有声明
var newValue = oldValue;
// 这不会抛出错误，因为这里是属性查询
// newValue 会被设置为 undefined
var newValue = window.oldValue;
```

记住，JavaScript 中有很多对象都暴露在全局作用域中，比如 location 和 navigator（本章后面都会讨论），因而它们也是 window 对象的属性。

12.1.2　窗口关系

top 对象始终指向最上层（最外层）窗口，即浏览器窗口本身。而 parent 对象则始终指向当前窗口的父窗口。如果当前窗口是最上层窗口，则 parent 等于 top（都等于 window）。最上层的 window 如果不是通过 window.open() 打开的，那么其 name 属性就不会包含值，本章后面会讨论。

还有一个 self 对象，它是终极 window 属性，始终会指向 window。实际上，self 和 window 就是同一个对象。之所以还要暴露 self，就是为了和 top、parent 保持一致。

这些属性都是 window 对象的属性，因此访问 window.parent、window.top 和 window.self 都可以。这意味着可以把访问多个窗口的 window 对象串联起来，比如 window.parent.parent。

12.1.3　窗口位置与像素比

window 对象的位置可以通过不同的属性和方法来确定。现代浏览器提供了 screenLeft 和 screenTop 属性，用于表示窗口相对于屏幕左侧和顶部的位置，返回值的单位是 CSS 像素。

可以使用 moveTo() 和 moveBy() 方法移动窗口。这两个方法都接收两个参数，其中 moveTo() 接收要移动到的新位置的绝对坐标 x 和 y；而 moveBy() 则接收相对当前位置在两个方向上移动的像素数。比如：

```
// 把窗口移动到左上角
window.moveTo(0,0);

// 把窗口向下移动 100 像素
window.moveBy(0, 100);
```

```
// 把窗口移动到坐标位置(200, 300)
window.moveTo(200, 300);
```

```
// 把窗口向左移动 50 像素
window.moveBy(-50, 0);
```

依浏览器而定，以上方法可能会被部分或全部禁用。

像素比

CSS 像素是 Web 开发中使用的统一像素单位。这个单位的背后其实是一个角度：0.0213°。如果屏幕距离人眼是一臂长，则以这个角度计算的 CSS 像素大小约为 1/96 英寸。这样定义像素大小是为了在不同设备上统一标准。比如，低分辨率平板设备上 12 像素（CSS 像素）的文字应该与高清 4K 屏幕下 12 像素（CSS 像素）的文字具有相同大小。这就带来了一个问题，不同像素密度的屏幕下就会有不同的缩放系数，以便把物理像素（屏幕实际的分辨率）转换为 CSS 像素（浏览器报告的虚拟分辨率）。

举个例子，手机屏幕的**物理**分辨率可能是 1920×1080，但因为其像素可能非常小，所以浏览器就需要将其分辨率降为较低的**逻辑**分辨率，比如 640×320。这个物理像素与 CSS 像素之间的转换比率由 window.devicePixelRatio 属性提供。对于分辨率从 1920×1080 转换为 640×320 的设备，window.devicePixelRatio 的值就是 3。这样一来，12 像素（CSS 像素）的文字实际上就会用 36 像素的物理像素来显示。

window.devicePixelRatio 实际上与每英寸像素数（DPI，dots per inch）是对应的。DPI 表示单位像素密度，而 window.devicePixelRatio 表示物理像素与逻辑像素之间的缩放系数。

12.1.4 窗口大小

在不同浏览器中确定浏览器窗口大小没有想象中那么容易。所有现代浏览器都支持 4 个属性：innerWidth、innerHeight、outerWidth 和 outerHeight。outerWidth 和 outerHeight 返回浏览器窗口自身的大小（不管是在最外层 window 上使用，还是在窗格<frame>中使用）。innerWidth 和 innerHeight 返回浏览器窗口中页面视口的大小（不包含浏览器边框和工具栏）。

document.documentElement.clientWidth 和 document.documentElement.clientHeight 返回页面视口的宽度和高度。

浏览器窗口自身的精确尺寸不好确定，但可以确定页面视口的大小，如下所示：

```
let pageWidth = window.innerWidth,
    pageHeight = window.innerHeight;

if (typeof pageWidth != "number") {
  if (document.compatMode == "CSS1Compat"){
    pageWidth = document.documentElement.clientWidth;
    pageHeight = document.documentElement.clientHeight;
  } else {
    pageWidth = document.body.clientWidth;
    pageHeight = document.body.clientHeight;
  }
}
```

这里，先将 pageWidth 和 pageHeight 的值分别设置为 window.innerWidth 和 window.innerHeight。然后，检查 pageWidth 是不是一个数值，如果不是则通过 document.compatMode 来检查页面是否处于标准模式。如果是，则使用 document.documentElement.clientWidth 和

12

document.documentElement.clientHeight；否则，就使用 document.body.clientWidth 和 document.body.clientHeight。

在移动设备上，window.innerWidth 和 window.innerHeight 返回视口的大小，也就是屏幕上页面可视区域的大小。Mobile Internet Explorer 支持这些属性，但在 document.documentElement.clientWidth 和 document.documentElement.clientHeight 中提供了相同的信息。在放大或缩小页面时，这些值也会相应变化。

在其他移动浏览器中，document.documentElement.clientWidth 和 document.documentElement.clientHeight 返回的布局视口的大小，即渲染页面的实际大小。布局视口是相对于可见视口的概念，可见视口只能显示整个页面的一小部分。Mobile Internet Explorer 把布局视口的信息保存在 document.body.clientWidth 和 document.body.clientHeight 中。在放大或缩小页面时，这些值也会相应变化。

因为桌面浏览器的差异，所以需要先确定用户是不是在使用移动设备，然后再决定使用哪个属性。

> **注意**   手机视口的概念比较复杂，有各种各样的问题。如果读者在做移动开发，推荐阅读 Peter-Paul Koch 发表在 QuirksMode 网站上的文章 "A Tale of Two Viewports— Part Two"。

可以使用 resizeTo() 和 resizeBy() 方法调整窗口大小。这两个方法都接收两个参数，resizeTo() 接收新的宽度和高度值，而 resizeBy() 接收宽度和高度各要缩放多少。下面看个例子：

```
// 缩放到 100×100
window.resizeTo(100, 100);

// 缩放到 200×150
window.resizeBy(100, 50);

// 缩放到 300×300
window.resizeTo(300, 300);
```

与移动窗口的方法一样，缩放窗口的方法可能会被浏览器禁用，而且在某些浏览器中默认是禁用的。同样，缩放窗口的方法只能应用到最上层的 window 对象。

12.1.5   视口位置

浏览器窗口尺寸通常无法满足完整显示整个页面，为此用户可以通过滚动在有限的视口中查看文档。度量文档相对于视口滚动距离的属性有两对，返回相等的值：window.pageXoffset/window.scrollX 和 window.pageYoffset/window.scrollY。

可以使用 scroll()、scrollTo() 和 scrollBy() 方法滚动页面。这 3 个方法都接收表示相对视口距离的 x 和 y 坐标，这两个参数在前两个方法中表示要滚动到的坐标，在最后一个方法中表示滚动的距离。

```
// 相对于当前视口向下滚动 100 像素
window.scrollBy(0, 100);

// 相对于当前视口向右滚动 40 像素
window.scrollBy(40, 0);

// 滚动到页面左上角
window.scrollTo(0, 0);
```

```
// 滚动到距离屏幕左边及顶边各 100 像素的位置
window.scrollTo(100, 100);
```

这几个方法也都接收一个 `ScrollToOptions` 字典, 除了提供偏移值, 还可以通过 `behavior` 属性告诉浏览器是否平滑滚动。

```
// 正常滚动
window.scrollTo({
    left: 100,
    top: 100,
    behavior: 'auto'
});

// 平滑滚动
window.scrollTo({
    left: 100,
    top: 100,
    behavior: 'smooth'
});
```

12.1.6　导航与打开新窗口

`window.open()`方法可以用于导航到指定 URL, 也可以用于打开新浏览器窗口。这个方法接收 4 个参数: 要加载的 URL、目标窗口、特性字符串和表示新窗口在浏览器历史记录中是否替代当前加载页面的布尔值。通常, 调用这个方法时只传前 3 个参数, 最后一个参数只有在不打开新窗口时才会使用。

如果 `window.open()`的第二个参数是一个已经存在的窗口或窗格 (frame) 的名字, 则会在对应的窗口或窗格中打开 URL。下面是一个例子:

```
// 与<a href="http://www.wrox.com" target="topFrame"/>相同
window.open("http://www.wrox.com/", "topFrame");
```

执行这行代码的结果就如同用户点击了一个 href 属性为"http://www.wrox.com", target 属性为"topFrame"的链接。如果有一个窗口名叫"topFrame", 则这个窗口就会打开这个 URL; 否则就会打开一个新窗口并将其命名为"topFrame"。第二个参数也可以是一个特殊的窗口名, 比如`_self`、`_parent`、`_top` 或`_blank`。

1. 弹出窗口

如果 `window.open()`的第二个参数不是已有窗口, 则会打开一个新窗口或标签页。第三个参数, 即特性字符串, 用于指定新窗口的配置。如果没有传第三个参数, 则新窗口 (或标签页) 会带有所有默认的浏览器特性 (工具栏、地址栏、状态栏等都是默认配置)。如果打开的不是新窗口, 则忽略第三个参数。

特性字符串是一个逗号分隔的设置字符串, 用于指定新窗口包含的特性。下表列出了一些选项。

设　　置	值	说　　明
fullscreen	"yes"或"no"	表示新窗口是否最大化。仅限 IE 支持
height	数值	新窗口高度。这个值不能小于 100
left	数值	新窗口的 x 轴坐标。这个值不能是负值
location	"yes"或"no"	表示是否显示地址栏。不同浏览器的默认值也不一样。在设置为"no"时, 地址栏可能隐藏或禁用 (取决于浏览器)

（续）

设　置	值	说　明
Menubar	"yes"或"no"	表示是否显示菜单栏。默认为"no"
resizable	"yes"或"no"	表示是否可以拖动改变新窗口大小。默认为"no"
scrollbars	"yes"或"no"	表示是否可以在内容过长时滚动。默认为"no"
status	"yes"或"no"	表示是否显示状态栏。不同浏览器的默认值也不一样
toolbar	"yes"或"no"	表示是否显示工具栏。默认为"no"
top	数值	新窗口的 y 轴坐标。这个值不能是负值
width	数值	新窗口的宽度。这个值不能小于 100

这些设置需要以逗号分隔的名值对形式出现，其中名值对以等号连接。（特性字符串中不能包含空格。）来看下面的例子：

```
window.open("http://www.wrox.com/",
            "wroxWindow",
            "height=400,width=400,top=10,left=10,resizable=yes");
```

这行代码会打开一个可缩放的新窗口，大小为 400 像素×400 像素，位于离屏幕左边及顶边各 10 像素的位置。

window.open()方法返回一个对新建窗口的引用。这个对象与普通 window 对象没有区别，只是为控制新窗口提供了方便。例如，某些浏览器默认不允许缩放或移动主窗口，但可能允许缩放或移动通过window.open()创建的窗口。跟使用任何 window 对象一样，可以使用这个对象操纵新打开的窗口。

```
let wroxWin = window.open("http://www.wrox.com/",
            "wroxWindow",
            "height=400,width=400,top=10,left=10,resizable=yes");

// 缩放
wroxWin.resizeTo(500, 500);

// 移动
wroxWin.moveTo(100, 100);
```

还可以使用 close()方法像这样关闭新打开的窗口：

```
wroxWin.close();
```

这个方法只能用于 window.open()创建的弹出窗口。虽然不可能不经用户确认就关闭主窗口，但弹出窗口可以调用 top.close()来关闭自己。关闭窗口以后，窗口的引用虽然还在，但只能用于检查其 closed 属性了：

```
wroxWin.close();
alert(wroxWin.closed); // true
```

新创建窗口的 window 对象有一个属性 opener，指向打开它的窗口。这个属性只在弹出窗口的最上层 window 对象（top）有定义，是指向调用 window.open()打开它的窗口或窗格的指针。例如：

```
let wroxWin = window.open("http://www.wrox.com/",
            "wroxWindow",
            "height=400,width=400,top=10,left=10,resizable=yes");

alert(wroxWin.opener === window); // true
```

虽然新建窗口中有指向打开它的窗口的指针，但反之则不然。窗口不会跟踪记录自己打开的新窗口，因此开发者需要自己记录。

在某些浏览器中，每个标签页会运行在独立的进程中。如果一个标签页打开了另一个，而 window 对象需要跟另一个标签页通信，那么标签便不能运行在独立的进程中。在这些浏览器中，可以将新打开的标签页的 opener 属性设置为 null，表示新打开的标签页可以运行在独立的进程中。比如：

```
let wroxWin = window.open("http://www.wrox.com/",
            "wroxWindow",
            "height=400,width=400,top=10,left=10,resizable=yes");
```

wroxWin.opener = null;

把 opener 设置为 null 表示新打开的标签页不需要与打开它的标签页通信，因此可以在独立进程中运行。这个连接一旦切断，就无法恢复了。

2. 安全限制

弹出窗口有段时间被在线广告用滥了。很多在线广告会把弹出窗口伪装成系统对话框，诱导用户点击。因为长得像系统对话框，所以用户很难分清这些弹窗的来源。为了让用户能够区分清楚，浏览器开始对弹窗施加限制。

IE 的早期版本实现针对弹窗的多重安全限制，包括不允许创建弹窗或把弹窗移出屏幕之外，以及不允许隐藏状态栏等。从 IE7 开始，地址栏也不能隐藏了，而且弹窗默认是不能移动或缩放的。Firefox 1 禁用了隐藏状态栏的功能，因此无论 window.open() 的特性字符串是什么，都不会隐藏弹窗的状态栏。Firefox 3 强制弹窗始终显示地址栏。Opera 只会在主窗口中打开新窗口，但不允许它们出现在系统对话框的位置。

此外，浏览器会在用户操作下才允许创建弹窗。在网页加载过程中调用 window.open() 没有效果，而且还可能导致向用户显示错误。弹窗通常可能在鼠标点击或按下键盘中某个键的情况下才能打开。

> **注意** IE 对打开本地网页的窗口再弹窗解除了某些限制。同样的代码如果来自服务器，则会施加弹窗限制。

3. 弹窗屏蔽程序

所有现代浏览器都内置了屏蔽弹窗的程序，因此大多数意料之外的弹窗都会被屏蔽。在浏览器屏蔽弹窗时，可能会发生一些事。如果浏览器内置的弹窗屏蔽程序阻止了弹窗，那么 window.open() 很可能会返回 null。此时，只要检查这个方法的返回值就可以知道弹窗是否被屏蔽了，比如：

```
let wroxWin = window.open("http://www.wrox.com", "_blank");
if (wroxWin == null){
  alert("The popup was blocked!");
}
```

在浏览器扩展或其他程序屏蔽弹窗时，window.open() 通常会抛出错误。因此要准确检测弹窗是否被屏蔽，除了检测 window.open() 的返回值，还要把它用 try/catch 包装起来，像这样：

```
let blocked = false;

try {
  let wroxWin = window.open("http://www.wrox.com", "_blank");
  if (wroxWin == null){
```

```
    blocked = true;
  }
} catch (ex){
  blocked = true;
}
if (blocked){
  alert("The popup was blocked!");
}
```

无论弹窗是用什么方法屏蔽的，以上代码都可以准确判断调用 `window.open()` 的弹窗是否被屏蔽了。

> **注意**　检查弹窗是否被屏蔽，不影响浏览器显示关于弹窗被屏蔽的消息。

12.1.7　定时器

JavaScript 在浏览器中是单线程执行的，但允许使用定时器指定在某个时间之后或每隔一段时间就执行相应的代码。`setTimeout()` 用于指定在一定时间后执行某些代码，而 `setInterval()` 用于指定每隔一段时间执行某些代码。

`setTimeout()` 方法通常接收两个参数：要执行的代码和在执行回调函数前等待的时间（毫秒）。第一个参数可以是包含 JavaScript 代码的字符串（类似于传给 `eval()` 的字符串）或者一个函数，比如：

```
// 在 1 秒后显示警告框
setTimeout(() => alert("Hello world!"), 1000);
```

第二个参数是要等待的毫秒数，而不是要执行代码的确切时间。JavaScript 是单线程的，所以每次只能执行一段代码。为了调度不同代码的执行，JavaScript 维护了一个任务队列。其中的任务会按照添加到队列的先后顺序执行。`setTimeout()` 的第二个参数只是告诉 JavaScript 引擎在指定的毫秒数过后把任务添加到这个队列。如果队列是空的，则会立即执行该代码。如果队列不是空的，则代码必须等待前面的任务执行完才能执行。

调用 `setTimeout()` 时，会返回一个表示该超时排期的数值 ID。这个超时 ID 是被排期执行代码的唯一标识符，可用于取消该任务。要取消等待中的排期任务，可以调用 `clearTimeout()` 方法并传入超时 ID，如下面的例子所示：

```
// 设置超时任务
let timeoutId = setTimeout(() => alert("Hello world!"), 1000);

// 取消超时任务
clearTimeout(timeoutId);
```

只要是在指定时间到达之前调用 `clearTimeout()`，就可以取消超时任务。在任务执行后再调用 `clearTimeout()` 没有效果。

> **注意**　所有超时执行的代码（函数）都会在全局作用域中的一个匿名函数中运行，因此函数中的 `this` 值在非严格模式下始终指向 `window`，而在严格模式下是 `undefined`。如果给 `setTimeout()` 提供了一个箭头函数，那么 `this` 会保留为定义它时所在的词汇作用域。

`setInterval()` 与 `setTimeout()` 的使用方法类似，只不过指定的任务会每隔指定时间就执行一次，直到取消循环定时或者页面卸载。`setInterval()`同样可以接收两个参数：要执行的代码（字符串或函数），以及把下一次执行定时代码的任务添加到队列要等待的时间（毫秒）。下面是一个例子：

```
setInterval(() => alert("Hello world!"), 10000);
```

> **注意**　这里的关键点是，第二个参数，也就是间隔时间，指的是向队列添加新任务之前等待的时间。比如，调用 `setInterval()` 的时间为 01:00:00，间隔时间为 3000 毫秒。这意味着 01:00:03 时，浏览器会把任务添加到执行队列。浏览器不关心这个任务什么时候执行或者执行要花多长时间。因此，到了 01:00:06，它会再向队列中添加一个任务。由此可看出，执行时间短、非阻塞的回调函数比较适合 `setInterval()`。

`setInterval()`方法也会返回一个循环定时 ID，可以用于在未来某个时间点上取消循环定时。要取消循环定时，可以调用 `clearInterval()` 并传入定时 ID。相对于 `setTimeout()` 而言，取消定时的能力对 `setInterval()` 更加重要。毕竟，如果一直不管它，那么定时任务会一直执行到页面卸载。下面是一个常见的例子：

```
let num = 0, intervalId = null;
let max = 10;

let incrementNumber = function() {
  num++;

  // 如果达到最大值，则取消所有未执行的任务
  if (num == max) {
    clearInterval(intervalId);
    alert("Done");
  }
}

intervalId = setInterval(incrementNumber, 500);
```

在这个例子中，变量 num 会每半秒递增一次，直至达到最大限制值。此时循环定时会被取消。这个模式也可以使用 `setTimeout()` 来实现，比如：

```
let num = 0;
let max = 10;
let incrementNumber = function() {
  num++;

  // 如果还没有达到最大值，再设置一个超时任务
  if (num < max) {
    setTimeout(incrementNumber, 500);
  } else {
    alert("Done");
  }
}

setTimeout(incrementNumber, 500);
```

注意在使用 `setTimeout()` 时，不一定要记录超时 ID，因为它会在条件满足时自动停止，否则会自动设置另一个超时任务。这个模式是设置循环任务的推荐做法。`setInterval()` 在实践中很少会在生产环境下使用，因为一个任务结束和下一个任务开始之间的时间间隔是无法保证的，有些循环定时任

务可能会因此而被跳过。而像前面这个例子中一样使用 setTimeout() 则能确保不会出现这种情况。一般来说，最好不要使用 setInterval()。

12.1.8   系统对话框

使用 alert()、confirm() 和 prompt() 方法，可以让浏览器调用系统对话框向用户显示消息。这些对话框与浏览器中显示的网页无关，而且也不包含 HTML。它们的外观由操作系统或者浏览器决定，无法使用 CSS 设置。此外，这些对话框都是同步的模态对话框，即在它们显示的时候，代码会停止执行，在它们消失以后，代码才会恢复执行。

alert() 方法在本书示例中经常用到。它接收一个要显示给用户的字符串。与 console.log 可以接收任意数量的参数且能一次性打印这些参数不同，alert() 只接收一个参数。调用 alert() 时，传入的字符串会显示在一个系统对话框中。对话框只有一个 "OK"（确定）按钮。如果传给 alert() 的参数不是一个原始字符串，则会调用这个值的 toString() 方法将其转换为字符串。

警告框（alert）通常用于向用户显示一些他们无法控制的消息，比如报错。用户唯一的选择就是在看到警告框之后把它关闭。图 12-1 展示了一个警告框。

图　12-1

第二种对话框叫确认框，通过调用 confirm() 来显示。确认框跟警告框类似，都会向用户显示消息。但不同之处在于，确认框有两个按钮："Cancel"（取消）和 "OK"（确定）。用户通过单击不同的按钮表明希望接下来执行什么操作。比如，confirm("Are you sure?") 会显示图 12-2 所示的确认框。

图　12-2

要知道用户单击了 OK 按钮还是 Cancel 按钮，可以判断 confirm() 方法的返回值：true 表示单击了 OK 按钮，false 表示单击了 Cancel 按钮或者通过单击某一角上的 X 图标关闭了确认框。确认框的典型用法如下所示：

```
if (confirm("Are you sure?")) {
  alert("I'm so glad you're sure!");
} else {
  alert("I'm sorry to hear you're not sure.");
}
```

在这个例子中，第一行代码向用户显示了确认框，也就是 if 语句的条件。如果用户单击了 OK 按钮，则会弹出警告框显示"I'm so glad you're sure!"。如果单击了 Cancel，则会显示"I'm sorry to hear you're not sure."。确认框通常用于让用户确认执行某个操作，比如删除邮件等。因为这种对话框会完全打断正在浏览网页的用户，所以应该在必要时再使用。

最后一种对话框是提示框，通过调用 prompt() 方法来显示。提示框的用途是提示用户输入消息。除了 OK 和 Cancel 按钮，提示框还会显示一个文本框，让用户输入内容。prompt() 方法接收两个参数：要显示给用户的文本，以及文本框的默认值（可以是空字符串）。调用 prompt("What is your name?", "Jake") 会显示图 12-3 所示的提示框。

> www.wrox.com says
>
> What is your name?
>
> Jake
>
> OK   Cancel

图　12-3

如果用户单击了 OK 按钮，则 prompt() 会返回文本框中的值。如果用户单击了 Cancel 按钮，或者对话框被关闭，则 prompt() 会返回 null。下面是一个例子：

```
let result = prompt("What is your name? ", "");
if (result !== null) {
  alert("Welcome, " + result);
}
```

这些系统对话框可以向用户显示消息、确认操作和获取输入。由于不需要 HTML 和 CSS，所以系统对话框是 Web 应用程序最简单快捷的沟通手段。

很多浏览器针对这些系统对话框添加了特殊功能。如果网页中的脚本生成了两个或更多系统对话框，则除第一个之外所有后续的对话框上都会显示一个复选框，如果用户选中则会禁用后续的弹框，直到页面刷新。

如果用户选中了复选框并关闭了对话框，在页面刷新之前，所有系统对话框（警告框、确认框、提示框）都会被屏蔽。开发者无法获悉这些对话框是否显示了。对话框计数器会在浏览器空闲时重置，因此如果两次独立的用户操作分别产生了两个警告框，则两个警告框上都不会显示屏蔽复选框。如果一次独立的用户操作连续产生了两个警告框，则第二个警告框会显示复选框。

JavaScript 还可以显示另外两种对话框：find() 和 print()。这两种对话框都是异步显示的，即控制权会立即返回给脚本。用户在浏览器菜单上选择"查找"（find）和"打印"（print）时显示的就是这两种对话框。通过在 window 对象上调用 find() 和 print() 可以显示它们，比如：

```
// 显示打印对话框
window.print();

// 显示查找对话框
window.find();
```

这两个方法不会返回任何有关用户在对话框中执行了什么操作的信息，因此很难加以利用。此外，因为这两种对话框是异步的，所以浏览器的对话框计数器不会涉及它们，而且用户选择禁用对话框对它们也没有影响。

12.2 `location` 对象

`location` 是最有用的 BOM 对象之一，提供了当前窗口中加载文档的信息，以及通常的导航功能。这个对象独特的地方在于，它既是 `window` 的属性，也是 `document` 的属性。也就是说，`window.location` 和 `document.location` 指向同一个对象。`location` 对象不仅保存着当前加载文档的信息，也保存着把 URL 解析为离散片段后能够通过属性访问的信息。这些解析后的属性在下表中有详细说明（`location` 前缀是必需的）。

假设浏览器当前加载的 URL 是 http://foouser:barpassword@www.wrox.com:80/WileyCDA/?q=javascript#contents，`location` 对象的内容如下表所示。

属 性	值	说 明
`location.hash`	`"#contents"`	URL 散列值（井号后跟零或多个字符），如果没有则为空字符串
`location.host`	`"www.wrox.com:80"`	服务器名及端口号
`location.hostname`	`"www.wrox.com"`	服务器名
`location.href`	`"http://www.wrox.com:80/WileyCDA/?q=javascript#contents"`	当前加载页面的完整 URL。`location` 的 `toString()` 方法返回这个值
`location.pathname`	`"/WileyCDA/"`	URL 中的路径和（或）文件名
`location.port`	`"80"`	请求的端口。如果 URL 中没有端口，则返回空字符串
`location.protocol`	`"http:"`	页面使用的协议。通常是`"http:"`或`"https:"`
`location.search`	`"?q=javascript"`	URL 的查询字符串。这个字符串以问号开头
`location.username`	`"foouser"`	域名前指定的用户名
`location.password`	`"barpassword"`	域名前指定的密码
`location.origin`	`"http://www.wrox.com"`	URL 的源地址。只读

12.2.1 查询字符串

`location` 的多数信息都可以通过上面的属性获取。但是 URL 中的查询字符串并不容易使用。虽然 `location.search` 返回了从问号开始直到 URL 末尾的所有内容，但没有办法逐个访问每个查询参数。下面的函数解析了查询字符串，并返回一个以每个查询参数为属性的对象：

```
let getQueryStringArgs = function() {
  // 取得没有开头问号的查询字符串
  let qs = (location.search.length > 0 ? location.search.substring(1) : ""),
    // 保存数据的对象
    args = {};

  // 把每个参数添加到 args 对象
  for (let item of qs.split("&").map(kv => kv.split("="))) {
    let name = decodeURIComponent(item[0]),
      value = decodeURIComponent(item[1]);
    if (name.length) {
      args[name] = value;
    }
  }
}
```

```
        return args;
    }
```

这个函数首先删除了查询字符串开头的问号，当然前提是 `location.search` 必须有内容。解析后的参数将被保存到 `args` 对象，这个对象以字面量形式创建。接着，先把查询字符串按照 `&` 分割成数组，每个元素的形式为 `name=value`。`for` 循环迭代这个数组，将每一个元素按照 `=` 分割成数组，这个数组第一项是参数名，第二项是参数值。参数名和参数值在使用 `decodeURIComponent()` 解码后（这是因为查询字符串通常是被编码后的格式）分别保存在 `name` 和 `value` 变量中。最后，`name` 作为属性而 `value` 作为该属性的值被添加到 `args` 对象。这个函数可以像下面这样使用：

```javascript
// 假设查询字符串为?q=javascript&num=10

let args = getQueryStringArgs();

alert(args["q"]);     // "javascript"
alert(args["num"]);   // "10"
```

现在，查询字符串中的每个参数都是返回对象的一个属性，这样使用起来就方便了。

URLSearchParams

`URLSearchParams` 提供了一组标准 API 方法，通过它们可以检查和修改查询字符串。给 `URLSearchParams` 构造函数传入一个查询字符串，就可以创建一个实例。这个实例上暴露了 `get()`、`set()` 和 `delete()` 等方法，可以对查询字符串执行相应操作。下面来看一个例子：

```javascript
let qs = "?q=javascript&num=10";

let searchParams = new URLSearchParams(qs);

alert(searchParams.toString());   // " q=javascript&num=10"
searchParams.has("num");          // true
searchParams.get("num");          // 10

searchParams.set("page", "3");
alert(searchParams.toString());   // " q=javascript&num=10&page=3"

searchParams.delete("q");
alert(searchParams.toString());   // " num=10&page=3"
```

大多数支持 `URLSearchParams` 的浏览器也支持将 `URLSearchParams` 的实例用作可迭代对象：

```javascript
let qs = "?q=javascript&num=10";

let searchParams = new URLSearchParams(qs);

for (let param of searchParams) {
  console.log(param);
}
// ["q", "javascript"]
// ["num", "10"]
```

12.2.2 操作地址

可以通过修改 `location` 对象修改浏览器的地址。首先，最常见的是使用 `assign()` 方法并传入一个 URL，如下所示：

```javascript
location.assign("http://www.wrox.com");
```

这行代码会立即启动导航到新 URL 的操作，同时在浏览器历史记录中增加一条记录。如果给 `location.href` 或 `window.location` 设置一个 URL，也会以同一个 URL 值调用 `assign()` 方法。比如，下面两行代码都会执行与显式调用 `assign()` 一样的操作：

```
window.location = "http://www.wrox.com";
location.href = "http://www.wrox.com";
```

在这 3 种修改浏览器地址的方法中，设置 `location.href` 是最常见的。

修改 `location` 对象的属性也会修改当前加载的页面。其中，`hash`、`search`、`hostname`、`pathname` 和 `port` 属性被设置为新值之后都会修改当前 URL，如下面的例子所示：

```
// 假设当前 URL 为 http://www.wrox.com/WileyCDA/

// 把 URL 修改为 http://www.wrox.com/WileyCDA/#section1
location.hash = "#section1";

// 把 URL 修改为 http://www.wrox.com/WileyCDA/?q=javascript
location.search = "?q=javascript";

// 把 URL 修改为 http://www.somewhere.com/WileyCDA/
location.hostname = "www.somewhere.com";

// 把 URL 修改为 http://www.somewhere.com/mydir/
location.pathname = "mydir";

// 把 URL 修改为 http://www.somewhere.com:8080/WileyCDA/
location.port = 8080;
```

除了 `hash` 之外，只要修改 `location` 的一个属性，就会导致页面重新加载新 URL。

> **注意**　修改 `hash` 的值会在浏览器历史中增加一条新记录。在早期的 IE 中，点击"后退"和"前进"按钮不会更新 `hash` 属性，只有点击包含散列的 URL 才会更新 `hash` 的值。

在以前面提到的方式修改 URL 之后，浏览器历史记录中就会增加相应的记录。当用户单击"后退"按钮时，就会导航到前一个页面。如果不希望增加历史记录，可以使用 `replace()` 方法。这个方法接收一个 URL 参数，但重新加载后不会增加历史记录。调用 `replace()` 之后，用户不能回到前一页。比如下面的例子：

```html
<!DOCTYPE html>
<html>
<head>
  <title>You won't be able to get back here</title>
</head>
<body>
  <p>Enjoy this page for a second, because you won't be coming back here.</p>
  <script>
    setTimeout(() => location.replace("http://www.wrox.com/"), 1000);
  </script>
</body>
</html>
```

浏览器加载这个页面 1 秒之后会重定向到 www.wrox.com。此时，"后退"按钮是禁用状态，即不能返回这个示例页面，除非手动输入完整的 URL。

最后一个修改地址的方法是 `reload()`，它能重新加载当前显示的页面。调用 `reload()` 而不传参数，页面会以最有效的方式重新加载。也就是说，如果页面自上次请求以来没有修改过，浏览器可能会从缓存中加载页面。如果想强制从服务器重新加载，可以像下面这样给 `reload()` 传个 `true`：

```
location.reload();      // 重新加载，可能是从缓存加载
location.reload(true);  // 重新加载，从服务器加载
```

脚本中位于 `reload()` 调用之后的代码可能执行也可能不执行，这取决于网络延迟和系统资源等因素。为此，最好把 `reload()` 作为最后一行代码。

12.3　navigator 对象

`navigator` 是由 Netscape Navigator 2 最早引入浏览器的，现在已经成为客户端标识浏览器的标准。只要浏览器启用 JavaScript，`navigator` 对象就一定存在。但是与其他 BOM 对象一样，每个浏览器都支持自己的属性。

> **注意**　`navigator` 对象中关于系统能力的属性将在第 13 章详细介绍。

`navigator` 对象实现了 `NavigatorID`、`NavigatorLanguage`、`NavigatorOnLine`、`NavigatorContentUtils`、`NavigatorStorage`、`NavigatorStorageUtils`、`Navigator-ConcurrentHardware`、`NavigatorPlugins` 和 `NavigatorUserMedia` 接口定义的属性和方法。

下表列出了这些接口定义的属性和方法：

属性/方法	说　明
`activeVrDisplays`	返回数组，包含 ispresenting 属性为 true 的 VRDisplay 实例
`appCodeName`	即使在非 Mozilla 浏览器中也会返回 "Mozilla"
`appName`	浏览器全名
`appVersion`	浏览器版本。通常与实际的浏览器版本不一致
`battery`	返回暴露 Battery Status API 的 BatteryManager 对象
`buildId`	浏览器的构建编号
`connection`	返回暴露 Network Information API 的 NetworkInformation 对象
`cookieEnabled`	返回布尔值，表示是否启用了 cookie
`credentials`	返回暴露 Credentials Management API 的 CredentialsContainer 对象
`deviceMemory`	返回单位为 GB 的设备内存容量
`doNotTrack`	返回用户的"不跟踪"（do-not-track）设置
`geolocation`	返回暴露 Geolocation API 的 Geolocation 对象
`getVRDisplays()`	返回数组，包含可用的每个 VRDisplay 实例
`getUserMedia()`	返回与可用媒体设备硬件关联的流
`hardwareConcurrency`	返回设备的处理器核心数量
`javaEnabled`	返回布尔值，表示浏览器是否启用了 Java
`language`	返回浏览器的主语言
`languages`	返回浏览器偏好的语言数组

12

（续）

属性/方法	说　　明
locks	返回暴露 Web Locks API 的 `LockManager` 对象
mediaCapabilities	返回暴露 Media Capabilities API 的 `MediaCapabilities` 对象
mediaDevices	返回可用的媒体设备
maxTouchPoints	返回设备触摸屏支持的最大触点数
mimeTypes	返回浏览器中注册的 MIME 类型数组
onLine	返回布尔值，表示浏览器是否联网
oscpu	返回浏览器运行设备的操作系统和（或）CPU
permissions	返回暴露 Permissions API 的 `Permissions` 对象
platform	返回浏览器运行的系统平台
plugins	返回浏览器安装的插件数组。在 IE 中，这个数组包含页面中所有 `<embed>` 元素
product	返回产品名称（通常是 `"Gecko"`）
productSub	返回产品的额外信息（通常是 Gecko 的版本）
registerProtocolHandler()	将一个网站注册为特定协议的处理程序
requestMediaKeySystemAccess()	返回一个期约，解决为 `MediaKeySystemAccess` 对象
sendBeacon()	异步传输一些小数据
serviceWorker	返回用来与 `ServiceWorker` 实例交互的 `ServiceWorkerContainer`
share()	返回当前平台的原生共享机制
storage	返回暴露 Storage API 的 `StorageManager` 对象
userAgent	返回浏览器的用户代理字符串
vendor	返回浏览器的厂商名称
vendorSub	返回浏览器厂商的更多信息
vibrate()	触发设备振动
webdriver	返回浏览器当前是否被自动化程序控制

`navigator` 对象的属性通常用于确定浏览器的类型。

12.3.1　检测插件

检测浏览器是否安装了某个插件是开发中常见的需求。除 IE10 及更低版本外的浏览器，都可以通过 `plugins` 数组来确定。这个数组中的每一项都包含如下属性。

- `name`：插件名称。
- `description`：插件介绍。
- `filename`：插件的文件名。
- `length`：由当前插件处理的 MIME 类型数量。

通常，`name` 属性包含识别插件所需的必要信息，尽管不是特别准确。检测插件就是遍历浏览器中可用的插件，并逐个比较插件的名称，如下所示：

```
// 插件检测，IE10 及更低版本无效
let hasPlugin = function(name) {
  name = name.toLowerCase();
```

```
for (let plugin of window.navigator.plugins){
  if (plugin.name.toLowerCase().indexOf(name) > -1){
    return true;
  }
}

return false;
}

// 检测 Flash
alert(hasPlugin("Flash"));

// 检测 QuickTime
alert(hasPlugin("QuickTime"));
```

这个 hasPlugin() 方法接收一个参数，即待检测插件的名称。第一步是把插件名称转换为小写形式，以便于比较。然后，遍历 plugins 数组，通过 indexOf() 方法检测每个 name 属性，看传入的名称是不是存在于某个数组中。比较的字符串全部小写，可以避免大小写问题。传入的参数应该尽可能独一无二，以避免混淆。像"Flash"、"QuickTime"这样的字符串就可以避免混淆。这个方法可以在 Firefox、Safari、Opera 和 Chrome 中检测插件。

> **注意**　plugins 数组中的每个插件对象还有一个 MimeType 对象，可以通过中括号访问。每个 MimeType 对象有 4 个属性：description 描述 MIME 类型，enabledPlugin 是指向插件对象的指针，suffixes 是该 MIME 类型对应扩展名的逗号分隔的字符串，type 是完整的 MIME 类型字符串。

IE11 的 window.navigator 对象开始支持 plugins 和 mimeTypes 属性。这意味着前面定义的函数可以适用于所有较新版本的浏览器。而且，IE11 中的 ActiveXObject 也从 DOM 中隐身了，意味着不能再用它来作为检测特性的手段。

旧版本 IE 中的插件检测

IE10 及更低版本中检测插件的问题比较多，因为这些浏览器不支持 Netscape 式的插件。在这些 IE 中检测插件要使用专有的 ActiveXObject，并尝试实例化特定的插件。IE 中的插件是实现为 COM 对象的，由唯一的字符串标识。因此，要检测某个插件就必须知道其 COM 标识符。例如，Flash 的标识符是 "ShockwaveFlash.ShockwaveFlash"。知道了这个信息后，就可以像这样检测 IE 中是否安装了 Flash：

```
// 在旧版本 IE 中检测插件
function hasIEPlugin(name) {
  try {
    new ActiveXObject(name);
    return true;
  } catch (ex) {
    return false;
  }
}

// 检测 Flash
alert(hasIEPlugin("ShockwaveFlash.ShockwaveFlash"));

// 检测 QuickTime
alert(hasIEPlugin("QuickTime.QuickTime"));
```

12

在这个例子中，hasIEPlugin()函数接收一个 DOM 标识符参数。为检测插件，这个函数会使用传入的标识符创建一个新 ActiveXObject 实例。相应代码封装在一个 try/catch 语句中，因此如果创建的插件不存在则会抛出错误。如果创建成功则返回 true，如果失败则在 catch 块中返回 false。上面的例子还演示了如何检测 Flash 和 QuickTime 插件。

因为检测插件涉及两种方式，所以一般要针对特定插件写一个函数，而不是使用通常的检测函数。比如下面的例子：

```
// 在所有浏览器中检测 Flash
function hasFlash() {
  var result = hasPlugin("Flash");
  if (!result){
    result = hasIEPlugin("ShockwaveFlash.ShockwaveFlash");
  }
  return result;
}

// 在所有浏览器中检测 QuickTime
function hasQuickTime() {
  var result = hasPlugin("QuickTime");
  if (!result){
    result = hasIEPlugin("QuickTime.QuickTime");
  }
  return result;
}

// 检测 Flash
alert(hasFlash());

// 检测 QuickTime
alert(hasQuickTime());
```

以上代码定义了两个函数 hasFlash()和 hasQuickTime()。每个函数都先尝试使用非 IE 插件检测方式，如果返回 false（对 IE 可能会），则再使用 IE 插件检测方式。如果 IE 插件检测方式再返回 false，整个检测方法也返回 false。只要有一种方式返回 true，检测方法就会返回 true。

> 注意　plugins 有一个 refresh()方法，用于刷新 plugins 属性以反映新安装的插件。这个方法接收一个布尔值参数，表示刷新时是否重新加载页面。如果传入 true，则所有包含插件的页面都会重新加载。否则，只有 plugins 会更新，但页面不会重新加载。

12.3.2　注册处理程序

现代浏览器支持 navigator 上的（在 HTML5 中定义的）registerProtocolHandler()方法。这个方法可以把一个网站注册为处理某种特定类型信息应用程序。随着在线 RSS 阅读器和电子邮件客户端的流行，可以借助这个方法将 Web 应用程序注册为像桌面软件一样的默认应用程序。

要使用 registerProtocolHandler()方法，必须传入 3 个参数：要处理的协议（如"mailto"或"ftp"）、处理该协议的 URL，以及应用名称。比如，要把一个 Web 应用程序注册为默认邮件客户端，可以这样做：

```
navigator.registerProtocolHandler("mailto",
  "http://www.somemailclient.com?cmd=%s",
  "Some Mail Client");
```

这个例子为"mailto"协议注册了一个处理程序，这样邮件地址就可以通过指定的 Web 应用程序打开。注意，第二个参数是负责处理请求的 URL，%s 表示原始的请求。

12.4　screen 对象

window 的另一个属性 screen 对象，是为数不多的几个在编程中很少用的 JavaScript 对象。这个对象中保存的纯粹是客户端能力信息，也就是浏览器窗口外面的客户端显示器的信息，比如像素宽度和像素高度。每个浏览器都会在 screen 对象上暴露不同的属性。下表总结了这些属性。

属　　性	说　　明
availHeight	屏幕像素高度减去系统组件高度（只读）
availLeft	没有被系统组件占用的屏幕的最左侧像素（只读）
availTop	没有被系统组件占用的屏幕的最顶端像素（只读）
availWidth	屏幕像素宽度减去系统组件宽度（只读）
colorDepth	表示屏幕颜色的位数；多数系统是 32（只读）
height	屏幕像素高度
left	当前屏幕左边的像素距离
pixelDepth	屏幕的位深（只读）
top	当前屏幕顶端的像素距离
width	屏幕像素宽度
orientation	返回 Screen Orientation API 中屏幕的朝向

12.5　history 对象

history 对象表示当前窗口首次使用以来用户的导航历史记录。因为 history 是 window 的属性，所以每个 window 都有自己的 history 对象。出于安全考虑，这个对象不会暴露用户访问过的 URL，但可以通过它在不知道实际 URL 的情况下前进和后退。

12.5.1　导航

go() 方法可以在用户历史记录中沿任何方向导航，可以前进也可以后退。这个方法只接收一个参数，这个参数可以是一个整数，表示前进或后退多少步。负值表示在历史记录中后退（类似点击浏览器的"后退"按钮），而正值表示在历史记录中前进（类似点击浏览器的"前进"按钮）。下面来看几个例子：

```
// 后退一页
history.go(-1);

// 前进一页
history.go(1);

// 前进两页
history.go(2);
```

12

在旧版本的一些浏览器中，go()方法的参数也可以是一个字符串，这种情况下浏览器会导航到历史中包含该字符串的第一个位置。最接近的位置可能涉及后退，也可能涉及前进。如果历史记录中没有匹配的项，则这个方法什么也不做，如下所示：

```
// 导航到最近的 wrox.com 页面
history.go("wrox.com");

// 导航到最近的 nczonline.net 页面
history.go("nczonline.net");
```

go()有两个简写方法：back()和 forward()。顾名思义，这两个方法模拟了浏览器的后退按钮和前进按钮：

```
// 后退一页
history.back();

// 前进一页
history.forward();
```

history 对象还有一个 length 属性，表示历史记录中有多个条目。这个属性反映了历史记录的数量，包括可以前进和后退的页面。对于窗口或标签页中加载的第一个页面，history.length 等于 1。通过以下方法测试这个值，可以确定用户浏览器的起点是不是你的页面：

```
if (history.length == 1){
    // 这是用户窗口中的第一个页面
}
```

history 对象通常被用于创建“后退”和“前进”按钮，以及确定页面是不是用户历史记录中的第一条记录。

> **注意**　如果页面 URL 发生变化，则会在历史记录中生成一个新条目。对于 2009 年以来发布的主流浏览器，这包括改变 URL 的散列值（因此，把 location.hash 设置为一个新值会在这些浏览器的历史记录中增加一条记录）。这个行为常被单页应用程序框架用来模拟前进和后退，这样做是为了不会因导航而触发页面刷新。

12.5.2　历史状态管理

现代 Web 应用程序开发中最难的环节之一就是历史记录管理。用户每次点击都会触发页面刷新的时代早已过去，“后退”和“前进”按钮对用户来说就代表“帮我切换一个状态”的历史也就随之结束了。为解决这个问题，首先出现的是 hashchange 事件（第 17 章介绍事件时会讨论）。HTML5 也为 history 对象增加了方便的状态管理特性。

hashchange 会在页面 URL 的散列变化时被触发，开发者可以在此时执行某些操作。而状态管理 API 则可以让开发者改变浏览器 URL 而不会加载新页面。为此，可以使用 history.pushState()方法。这个方法接收 3 个参数：一个 state 对象、一个新状态的标题和一个（可选的）相对 URL。例如：

```
let stateObject = {foo:"bar"};

history.pushState(stateObject, "My title", "baz.html");
```

pushState()方法执行后，状态信息就会被推到历史记录中，浏览器地址栏也会改变以反映新的相对 URL。除了这些变化之外，即使 location.href 返回的是地址栏中的内容，浏览器页不会向服务器发送请求。第二个参数并未被当前实现所使用，因此既可以传一个空字符串也可以传一个短标题。第一个参数应该包含正确初始化页面状态所必需的信息。为防止滥用，这个状态的对象大小是有限制的，通常在 500KB～1MB 以内。

因为 pushState() 会创建新的历史记录，所以也会相应地启用"后退"按钮。此时单击"后退"按钮，就会触发 window 对象上的 popstate 事件。popstate 事件的事件对象有一个 state 属性，其中包含通过 pushState() 第一个参数传入的 state 对象：

```
window.addEventListener("popstate", (event) => {
  let state = event.state;
  if (state) { // 第一个页面加载时状态是 null
    processState(state);
  }
});
```

基于这个状态，应该把页面重置为状态对象所表示的状态（因为浏览器不会自动为你做这些）。记住，页面初次加载时没有状态。因此点击"后退"按钮直到返回最初页面时，event.state 会为 null。

可以通过 history.state 获取当前的状态对象，也可以使用 replaceState() 并传入与 pushState() 同样的前两个参数来更新状态。更新状态不会创建新历史记录，只会覆盖当前状态：

```
history.replaceState({newFoo: "newBar"}, "New title");
```

传给 pushState() 和 replaceState() 的 state 对象应该只包含可以被序列化的信息。因此，DOM 元素之类并不适合放到状态对象里保存。

> **注意** 使用 HTML5 状态管理时，要确保通过 pushState() 创建的每个"假"URL 背后都对应着服务器上一个真实的物理 URL。否则，单击"刷新"按钮会导致 404 错误。所有单页应用程序（SPA，Single Page Application）框架都必须通过服务器或客户端的某些配置解决这个问题。

12.6 小结

浏览器对象模型（BOM，Browser Object Model）是以 window 对象为基础的，这个对象代表了浏览器窗口和页面可见的区域。window 对象也被复用为 ECMAScript 的 Global 对象，因此所有全局变量和函数都是它的属性，而且所有原生类型的构造函数和普通函数也都从一开始就存在于这个对象之上。本章讨论了 BOM 的以下内容。

- ❏ 要引用其他 window 对象，可以使用几个不同的窗口指针。
- ❏ 通过 location 对象可以以编程方式操纵浏览器的导航系统。通过设置这个对象上的属性，可以改变浏览器 URL 中的某一部分或全部。
- ❏ 使用 replace() 方法可以替换浏览器历史记录中当前显示的页面，并导航到新 URL。
- ❏ navigator 对象提供关于浏览器的信息。提供的信息类型取决于浏览器，不过有些属性如 userAgent 是所有浏览器都支持的。

BOM 中的另外两个对象也提供了一些功能。screen 对象中保存着客户端显示器的信息。这些信息通常用于评估浏览网站的设备信息。history 对象提供了操纵浏览器历史记录的能力，开发者可以确定历史记录中包含多少个条目，并以编程方式实现在历史记录中导航，而且也可以修改历史记录。

第13章

客户端检测

本章内容
- ❏ 使用能力检测
- ❏ 用户代理检测的历史
- ❏ 软件与硬件检测
- ❏ 检测策略

虽然浏览器厂商齐心协力想要实现一致的接口，但事实上仍然是每家浏览器都有自己的长处与不足。跨平台的浏览器尽管版本相同，但总会存在不同的问题。这些差异迫使 Web 开发者要么面向最大公约数而设计，要么（更常见地）使用各种方法来检测客户端，以克服或避免这些缺陷。

客户端检测一直是 Web 开发中饱受争议的话题，这些话题普遍围绕所有浏览器应支持一系列公共特性，理想情况下是这样的。而现实当中，浏览器之间的差异和莫名其妙的行为，让客户端检测变成一种补救措施，而且也成为了开发策略的重要一环。如今，浏览器之间的差异相对 IE 大溃败以前已经好很多了，但浏览器间的不一致性依旧是 Web 开发中的常见主题。

要检测当前的浏览器有很多方法，每一种都有各自的长处和不足。问题的关键在于知道客户端检测应该是解决问题的最后一个举措。任何时候，只要有更普适的方案可选，都应该毫不犹豫地选择。首先要设计最常用的方案，然后再考虑为特定的浏览器进行补救。

13.1 能力检测

能力检测（又称特性检测）即在 JavaScript 运行时中使用一套简单的检测逻辑，测试浏览器是否支持某种特性。这种方式不要求事先知道特定浏览器的信息，只需检测自己关心的能力是否存在即可。能力检测的基本模式如下：

```
if (object.propertyInQuestion) {
  // 使用 object.propertyInQuestion
}
```

比如，IE5 之前的版本中没有 `document.getElementById()` 这个 DOM 方法，但可以通过 `document.all` 属性实现同样的功能。为此，可以进行如下能力检测：

```
function getElement(id) {
  if (document.getElementById) {
    return document.getElementById(id);
  } else if (document.all) {
    return document.all[id];
  } else {
    throw new Error("No way to retrieve element!");
  }
}
```

这个 `getElement()` 函数的目的是根据给定的 ID 获取元素。因为标准的方式是使用 `document.getElementById()`，所以首先测试它。如果这个函数存在（不是 `undefined`），那就使用这个方法；否则检测 `document.all` 是否存在，如果存在则使用。如果这两个能力都不存在（基本上不可能），则抛出错误说明功能无法实现。

能力检测的关键是理解两个重要概念。首先，如前所述，应该先检测最常用的方式。在前面的例子中就是先检测 `document.getElementById()` 再检测 `document.all`。测试最常用的方案可以优化代码执行，这是因为在多数情况下都可以避免无谓检测。

其次是必须检测切实需要的特性。某个能力存在并不代表别的能力也存在。比如下面的例子：

```
function getWindowWidth() {
  if (document.all) { // 假设 IE
    return document.documentElement.clientWidth; // 不正确的用法!
  } else {
    return window.innerWidth;
  }
}
```

这个例子展示了不正确的能力检测方式。`getWindowWidth()` 函数首先检测 `document.all` 是否存在，如果存在则返回 `document.documentElement.clientWidth`，理由是 IE8 及更低版本不支持 `window.innerWidth`。这个例子的问题在于检测到 `document.all` 存在并不意味着浏览器是 IE。事实，也可能是某个早期版本的 Opera，既支持 `document.all` 也支持 `window.innerWidth`。

13.1.1　安全能力检测

能力检测最有效的场景是检测能力是否存在的同时，验证其是否能够展现出预期的行为。前一节中的例子依赖将测试对象的成员转换类型，然后再确定它是否存在。虽然这样能够确定检测的对象成员存在，但不能确定它就是你想要的。来看下面的例子，这个函数尝试检测某个对象是否可以排序：

```
// 不要这样做! 错误的能力检测，只能检测到能力是否存在
function isSortable(object) {
  return !!object.sort;
}
```

这个函数尝试通过检测对象上是否有 `sort()` 方法来确定它是否支持排序。问题在于，即使这个对象有一个 `sort` 属性，这个函数也会返回 `true`：

```
let result = isSortable({ sort: true });
```

简单地测试到一个属性存在并不代表这个对象就可以排序。更好的方式是检测 `sort` 是不是函数：

```
// 好一些，检测 sort 是不是函数
function isSortable(object) {
  return typeof object.sort == "function";
}
```

上面的代码中使用的 `typeof` 操作符可以确定 `sort` 是不是函数，从而确认是否可以调用它对数据进行排序。

进行能力检测时应该尽量使用 `typeof` 操作符，但光有它还不够。尤其是某些宿主对象并不保证对 `typeof` 测试返回合理的值。最有名的例子就是 Internet Explorer（IE）。在多数浏览器中，下面的代码都会在 `document.createElement()` 存在时返回 `true`：

13

```
// 不适用于 IE8 及更低版本
function hasCreateElement() {
  return typeof document.createElement == "function";
}
```

但在 IE8 及更低版本中，这个函数会返回 `false`。这是因为 `typeof document.createElement` 返回`"object"`而非`"function"`。前面提到过，DOM 对象是宿主对象，而宿主对象在 IE8 及更低版本中是通过 COM 而非 JScript 实现的。因此，`document.createElement()`函数被实现为 COM 对象，`typeof` 返回`"object"`。IE9 对 DOM 方法会返回`"function"`。

> **注意**　要深入了解 JavaScript 能力检测，推荐阅读 Peter Michaux 的文章 "Feature Detection—State of the Art Browser Scripting"。

13.1.2　基于能力检测进行浏览器分析

虽然可能有人觉得能力检测类似于黑科技，但恰当地使用能力检测可以精准地分析运行代码的浏览器。使用能力检测而非用户代理检测的优点在于，伪造用户代理字符串很简单，而伪造能够欺骗能力检测的浏览器特性却很难。

1. 检测特性

可以按照能力将浏览器归类。如果你的应用程序需要使用特定的浏览器能力，那么最好集中检测所有能力，而不是等到用的时候再重复检测。比如：

```
// 检测浏览器是否支持 Netscape 式的插件
let hasNSPlugins = !!(navigator.plugins && navigator.plugins.length);

// 检测浏览器是否具有 DOM Level 1 能力
let hasDOM1 = !!(document.getElementById && document.createElement &&
        document.getElementsByTagName);
```

这个例子完成了两项检测：一项是确定浏览器是否支持 Netscape 式的插件，另一项是检测浏览器是否具有 DOM Level 1 能力。保存在变量中的布尔值可以用在后面的条件语句中，这样比重复检测省事多了。

2. 检测浏览器

可以根据对浏览器特性的检测并与已知特性对比，确认用户使用的是什么浏览器。这样可以获得比用户代码嗅探（稍后讨论）更准确的结果。但未来的浏览器版本可能不适用于这套方案。

下面来看一个例子，根据不同浏览器独有的行为推断出浏览器的身份。这里故意没有使用 `navigator.userAgent` 属性，后面会讨论它：

```
class BrowserDetector {
  constructor() {
    // 测试条件编译
    // IE6~10 支持
    this.isIE_Gte6Lte10 = /*@cc_on!@*/false;

    // 测试 documentMode
    // IE7~11 支持
    this.isIE_Gte7Lte11 = !!document.documentMode;
```

```
  // 测试 StyleMedia 构造函数
  // Edge 20 及以上版本支持
  this.isEdge_Gte20 = !!window.StyleMedia;

  // 测试 Firefox 专有扩展安装 API
  // 所有版本的 Firefox 都支持
  this.isFirefox_Gte1 = typeof InstallTrigger !== 'undefined';

  // 测试 chrome 对象及其 webstore 属性
  // Opera 的某些版本有 window.chrome，但没有 window.chrome.webstore
  // 所有版本的 Chrome 都支持
  this.isChrome_Gte1 = !!window.chrome && !!window.chrome.webstore;

  // Safari 早期版本会给构造函数的标签符追加"Constructor"字样，如：
  // window.Element.toString(); // [object ElementConstructor]
  // Safari 3~9.1 支持
  this.isSafari_Gte3Lte9_1 = /constructor/i.test(window.Element);

  // 推送通知 API 暴露在 window 对象上
  // 使用默认参数值以避免对 undefined 调用 toString()
  // Safari 7.1 及以上版本支持
  this.isSafari_Gte7_1 =
      (({pushNotification = {}} = {}) =>
        pushNotification.toString() == '[object SafariRemoteNotification]'
      )(window.safari);

  // 测试 addons 属性
  // Opera 20 及以上版本支持
  this.isOpera_Gte20 = !!window.opr && !!window.opr.addons;
}

isIE() { return this.isIE_Gte6Lte10 || this.isIE_Gte7Lte11; }
isEdge() { return this.isEdge_Gte20 && !this.isIE(); }
isFirefox() { return this.isFirefox_Gte1; }
isChrome() { return this.isChrome_Gte1; }
isSafari() { return this.isSafari_Gte3Lte9_1 || this.isSafari_Gte7_1; }
isOpera() { return this.isOpera_Gte20; }
}
```

这个类暴露的通用浏览器检测方法使用了检测浏览器范围的能力测试。随着浏览器的变迁及发展，可以不断调整底层检测逻辑，但主要的 API 可以保持不变。

3. 能力检测的局限

通过检测一种或一组能力，并不总能确定使用的是哪种浏览器。以下"浏览器检测"代码（或其他类似代码）经常出现在很多网站中，但都没有正确使用能力检测：

```
// 不要这样做！不够特殊
let isFirefox = !!(navigator.vendor && navigator.vendorSub);

// 不要这样做！假设太多
let isIE = !!(document.all && document.uniqueID);
```

这是错误使用能力检测的典型示例。过去，Firefox 可以通过 navigator.vendor 和 navigator.vendorSub 来检测，但后来 Safari 也实现了同样的属性，于是这段代码就会产生误报。为确定 IE，这段代码检测了 document.all 和 document.uniqueID。这是假设 IE 将来的版本中还会继续存在这两个属性，而且其他浏览器也不会实现它们。不过这两个检测都使用双重否定操作符来产生布尔值（这样可以生成便于存储和访问的结果）。

> **注意**　能力检测最适合用于决定下一步该怎么做，而不一定能够作为辨识浏览器的标志。

13.2　用户代理检测

用户代理检测通过浏览器的用户代理字符串确定使用的是什么浏览器。用户代理字符串包含在每个 HTTP 请求的头部，在 JavaScript 中可以通过 `navigator.userAgent` 访问。在服务器端，常见的做法是根据接收到的用户代理字符串确定浏览器并执行相应操作。而在客户端，用户代理检测被认为是不可靠的，只应该在没有其他选项时再考虑。

用户代理字符串最受争议的地方就是，在很长一段时间里，浏览器都通过在用户代理字符串包含错误或误导性信息来欺骗服务器。要理解背后的原因，必须回顾一下自 Web 出现之后用户代理字符串的历史。

13.2.1　用户代理的历史

HTTP 规范（1.0 和 1.1）要求浏览器应该向服务器发送包含浏览器名称和版本信息的简短字符串。RFC 2616（HTTP 1.1）是这样描述用户代理字符串的：

> 产品标记用于通过软件名称和版本来标识通信产品的身份。多数使用产品标记的字段也允许列出属于应用主要部分的子产品，以空格分隔。按照约定，产品按照标识应用重要程度的先后顺序列出。

这个规范进一步要求用户代理字符串应该是"标记/版本"形式的产品列表。但现实当中的用户代理字符串远没有那么简单。

1. 早期浏览器

美国国家超级计算应用中心（NCSA，National Center for Supercomputing Applications）发布于 1993 年的 Mosaic 是早期 Web 浏览器的代表，其用户代理字符串相当简单，类似于：

```
Mosaic/0.9
```

虽然在不同操作系统和平台中可能会有所不同，但基本形式都是这么简单直接。斜杠前是产品名称（有时候可能是"NCSA Mosaic"之类的），斜杠后是产品版本。

在网景公司准备开发浏览器时，代号确定为"Mozilla"（Mosaic Killer 的简写）。第一个公开发行版 Netscape Navigator 2 的用户代理字符串是这样的：

```
Mozilla/Version [Language] (Platform; Encryption)
```

网景公司遵守了将产品名称和版本作为用户代理字符串的规定，但又在后面添加了如下信息。

❏ Language：语言代码，表示浏览器的目标使用语言。

❏ Platform：表示浏览器所在的操作系统和/或平台。

❏ Encryption：包含的安全加密类型，可能的值是 U（128 位加密）、I（40 位加密）和 N（无加密）。

Netscape Navigator 2 的典型用户代理字符串如下所示：

```
Mozilla/2.02 [fr] (WinNT; I)
```

这个字符串表示 Netscape Navigator 2.02，在主要使用法语地区的发行，运行在 Windows NT 上，40 位加密。总体上看，通过产品名称还是很容易知道这是什么浏览器的。

2. Netscape Navigator 3 和 IE3

1996 年，Netscape Navigator 3 发布之后超过 Mosaic 成为最受欢迎的浏览器。其用户代理字符串也发生了一些小变化，删除了语言信息，并将操作系统或系统 CPU 信息（OS-or-CPU description）等列为可选信息。此时的格式如下：

```
Mozilla/Version (Platform; Encryption [; OS-or-CPU description])
```

运行在 Windows 系统上的 Netscape Navigator 3 的典型用户代理字符串如下：

```
Mozilla/3.0 (Win95; U)
```

这个字符串表示 Netscape Navigator 3 运行在 Windows 95 上，采用了 128 位加密。注意在 Windows 系统上，没有 "OS-or-CPU" 部分。

Netscape Navigator 3 发布后不久，微软也首次对外发布了 IE3。这是因为当时 Netscape Navigator 是市场占有率最高的浏览器，很多服务器在返回网页之前都会特意检测其用户代理字符串。如果 IE 因此打不开网页，那么这个当时初出茅庐的浏览器就会遭受重创。为此，IE 就在用户代理字符串中添加了兼容 Netscape 用户代理字符串的内容。结果格式为：

```
Mozilla/2.0 (compatible; MSIE Version; Operating System)
```

比如，Windows 95 平台上的 IE3.02 的用户代理字符串如下：

```
Mozilla/2.0 (compatible; MSIE 3.02; Windows 95)
```

当时的大多数浏览器检测程序都只看用户代理字符串中的产品名称，因此 IE 成功地将自己伪装成了 Mozilla，也就是 Netscape Navigator。这个做法引发了一些争议，因为它违反了浏览器标识的初衷。另外，真正的浏览器版本也跑到了字符串中间。

这个字符串中还有一个地方很有意思，即它将自己标识为 Mozilla 2.0 而不是 3.0。3.0 是当时市面上使用最多的版本，按理说使用这个版本更合逻辑。背后的原因至今也没有揭开，不过很可能就是当事人一时大意造成的。

3. Netscape Communicator 4 和 IE4~8

1997 年 8 月，Netscape Communicator 4 发布（这次发布将 Navigator 改成了 Communicator）。Netscape 在这个版本中仍然沿用了上一个版本的格式：

```
Mozilla/Version (Platform; Encryption [; OS-or-CPU description])
```

比如，Windows 98 上的第 4 版，其用户代理字符串就是这样的：

```
Mozilla/4.0 (Win98; I)
```

如果发布了补丁，则相应增加版本号，比如下面是 4.79 版的字符串：

```
Mozilla/4.79 (Win98; I)
```

微软在发布 IE4 时只更新了版本，格式不变：

```
Mozilla/4.0 (compatible; MSIE Version; Operating System)
```

比如，Windows 98 上运行的 IE4 的字符串如下：

```
Mozilla/4.0 (compatible; MSIE 4.0; Windows 98)
```

13

更新版本号之后，IE 的版本号跟 Mozilla 的就一致了，识别同为第 4 代的两款浏览器也方便了。可是，这种版本同步就此打住。在 IE4.5（只针对 Mac）面世时，Mozilla 的版本号还是 4，IE 的版本号却变了：

```
Mozilla/4.0 (compatible; MSIE 4.5; Mac_PowerPC)
```

直到 IE7，Mozilla 的版本号就没有变过，比如：

```
Mozilla/4.0 (compatible; MSIE 7.0; Windows NT 5.1)
```

IE8 在用户代理字符串中添加了额外的标识"Trident"，就是浏览器渲染引擎的代号。格式变成：

```
Mozilla/4.0 (compatible; MSIE Version; Operating System; Trident/TridentVersion)
```

比如：

```
Mozilla/4.0 (compatible; MSIE 8.0; Windows NT 5.1; Trident/4.0)
```

这个新增的"Trident"是为了让开发者知道什么时候 IE8 运行兼容模式。在兼容模式下，MSIE 的版本会变成 7，但 Trident 的版本不变：

```
Mozilla/4.0 (compatible; MSIE 7.0; Windows NT 5.1; Trident/4.0)
```

添加这个标识之后，就可以确定浏览器究竟是 IE7（没有"Trident"），还是 IE8 运行在兼容模式。

IE9 稍微升级了一下用户代理字符串的格式。Mozilla 的版本增加到了 5.0，Trident 的版本号也增加到了 5.0。IE9 的默认用户代理字符串是这样的：

```
Mozilla/5.0 (compatible; MSIE 9.0; Windows NT 6.1; Trident/5.0)
```

如果 IE9 运行兼容模式，则会恢复旧版的 Mozilla 和 MSIE 版本号，但 Trident 的版本号还是 5.0。比如，下面就是 IE9 运行在 IE7 兼容模式下的字符串：

```
Mozilla/4.0 (compatible; MSIE 7.0; Windows NT 6.1; Trident/5.0)
```

所有这些改变都是为了让之前的用户代理检测脚本正常运作，同时还能为新脚本提供额外的信息。

4. Gecko

Gecko 渲染引擎是 Firefox 的核心。Gecko 最初是作为通用 Mozilla 浏览器（即后来的 Netscape 6）的一部分开发的。有一个针对 Netscape 6 的用户代理字符串规范，规定了未来的版本应该如何构造这个字符串。新的格式与之前一直沿用到 4.x 版的格式有了很大出入：

```
Mozilla/MozillaVersion (Platform; Encryption; OS-or-CPU; Language;
PrereleaseVersion)Gecko/GeckoVersion
ApplicationProduct/ApplicationProductVersion
```

这个复杂的用户代理字符串包含了不少想法。下表列出了其中每一部分的含义。

字 符 串	是否必需	说 明
MozillaVersion	是	Mozilla 版本
Platform	是	浏览器所在的平台。可能的值包括 Windows、Mac 和 X11（UNIX X-Windows）
Encryption	是	加密能力：U 表示 128 位，I 表示 40 位，N 表示无加密
OS-or-CPU	是	浏览器所在的操作系统或计算机处理器类型。如果是 Windows 平台，则这里是 Windows 的版本（如 WinNT、Win95）。如果是 Mac 平台，则这里是 CPU 类型（如 68k、PPC for PowerPC 或 MacIntel）。如果是 X11 平台，则这里是通过 uname -sm 命令得到的 UNIX 操作系统名

（续）

字　符　串	是否必需	说　　明
Language	是	浏览器的目标使用语言
Prerelease Version	否	最初的设想是 Mozilla 预发布版的版本号，现在表示 Gecko 引擎的版本号
GeckoVersion	是	以 yyyymmdd 格式的日期表示的 Gecko 渲染引擎的版本
ApplicationProduct	否	使用 Gecko 的产品名称。可能是 Netscape、Firefox 等
ApplicationProductVersion	否	ApplicationProduct 的版本，区别于 MozillaVersion 和 GeckoVersion

要更好地理解 Gecko 的用户代理字符串，最好是看几个不同的基于 Gecko 的浏览器返回的字符串。Windowx XP 上的 Netscape 6.21：

```
Mozilla/5.0 (Windows; U; Windows NT 5.1; en-US; rv:0.9.4) Gecko/20011128
    Netscape6/6.2.1
```

Linux 上的 SeaMonkey 1.1a：

```
Mozilla/5.0 (X11; U; Linux i686; en-US; rv:1.8.1b2) Gecko/20060823 SeaMonkey/1.1a
```

Windows XP 上的 Firefox 2.0.0.11：

```
Mozilla/5.0 (Windows; U; Windows NT 5.1; en-US; rv:1.8.1.11) Gecko/20071127
    Firefox/2.0.0.11
```

Mac OS X 上的 Camino 1.5.1：

```
Mozilla/5.0 (Macintosh; U; Intel Mac OS X; en; rv:1.8.1.6) Gecko/20070809
    Camino/1.5.1
```

所有这些字符串都表示使用的是基于 Gecko 的浏览器（只是版本不同）。有时候，相比于知道特定的浏览器，知道是不是基于 Gecko 才更重要。从第一个基于 Gecko 的浏览器发布开始，Mozilla 版本就是 5.0，一直没有变过。以后也不太可能会变。

在 Firefox 4 发布时，Mozilla 简化了用户代理字符串。主要变化包括以下几方面。

❑ 去掉了语言标记（即前面例子中的 `"en-US"`）。

❑ 在浏览器使用强加密时去掉加密标记（因为是默认了）。这意味着 I 和 N 还可能出现，但 U 不可能出现了。

❑ 去掉了 Windows 平台上的平台标记，这是因为跟 OS-or-CPU 部分重复了，否则两个地方都会有 `Windows`。

❑ GeckoVersion 固定为 `"Gecko/20100101"`。

下面是 Firefox 4 中用户代理字符串的例子：

```
Mozilla/5.0 (Windows NT 6.1; rv:2.0.1) Gecko/20100101 Firefox 4.0.1
```

5. WebKit

2003 年，苹果宣布将发布自己的浏览器 Safari。Safari 的渲染引擎叫 WebKit，是基于 Linux 平台浏览器 Konqueror 使用的渲染引擎 KHTML 开发的。几年后，WebKit 又拆分出自己的开源项目，专注于渲染引擎开发。

这个新浏览器和渲染引擎的开发者也面临与当初 IE3.0 时代同样的问题：怎样才能保证浏览器不被排除在流行的站点之外。答案就是在用户代理字符串中添加足够多的信息，让网站知道这个浏览器与其他浏览器是兼容的。于是 Safari 就有了下面这样的用户代理字符串：

13

```
Mozilla/5.0 (Platform; Encryption; OS-or-CPU; Language)
   AppleWebKit/AppleWebKitVersion (KHTML, like Gecko) Safari/SafariVersion
```

下面是一个实际的例子：

```
Mozilla/5.0 (Macintosh; U; PPC Mac OS X; en) AppleWebKit/124 (KHTML, like Gecko)
   Safari/125.1
```

这个字符串也很长，不仅包括苹果 WebKit 的版本，也包含 Safari 的版本。一开始还有是否需要将浏览器标识为 Mozilla 的争论，但考虑到兼容性很快就达成了一致。现在，所有基于 WebKit 的浏览器都将自己标识为 Mozilla 5.0，与所有基于 Gecko 的浏览器一样。Safari 版本通常是浏览器的构建编号，不一定表示发布的版本号。比如 Safari 1.25 在用户代理字符串中的版本是 125.1，但也不一定始终这样对应。

Safari 用户代理字符串中最受争议的部分是在 1.0 预发布版中添加的"(KHTML, like Gecko)"。由于有意想让客户端和服务器把 Safari 当成基于 Gecko 的浏览器（好像光添加"Mozilla/5.0"还不够），苹果也招来了很多开发者的反对。苹果的回应与微软当初 IE 遭受质疑时一样：Safari 与 Mozilla 兼容，不能让网站以为用户使用了不受支持的浏览器而把 Safari 排斥在外。

Safari 的用户代理字符串在第 3 版时有所改进。下面的版本标记现在用来表示 Safari 实际的版本号：

```
Mozilla/5.0 (Macintosh; U; PPC Mac OS X; en) AppleWebKit/522.15.5
   (KHTML, like Gecko) Version/3.0.3 Safari/522.15.5
```

注意这个变化只针对 Safari 而不包括 WebKit。因此，其他基于 WebKit 的浏览器可能不会有这个变化。一般来说，与 Gecko 一样，通常识别是不是 WebKit 比识别是不是 Safari 更重要。

6. Konqueror

Konqueror 是与 KDE Linux 桌面环境打包发布的浏览器，基于开源渲染引擎 KHTML。虽然只有 Linux 平台的版本，Konqueror 的用户却不少。为实现最大化兼容，Konqueror 决定采用 Internet Explore 的用户代理字符串格式：

```
Mozilla/5.0 (compatible; Konqueror/Version; OS-or-CPU)
```

不过，Konqueror 3.2 为了与 WebKit 就标识为 KHTML 保持一致，也对格式做了一点修改：

```
Mozilla/5.0 (compatible; Konqueror/Version; OS-or-CPU) KHTML/KHTMLVersion
   (like Gecko)
```

下面是一个例子：

```
Mozilla/5.0 (compatible; Konqueror/3.5; SunOS) KHTML/3.5.0 (like Gecko)
```

Konqueror 和 KHTML 的版本号通常是一致的，有时候也只有子版本号不同。比如 Konqueror 是 3.5，而 KHTML 是 3.5.1。

7. Chrome

谷歌的 Chrome 浏览器使用 Blink 作为渲染引擎，使用 V8 作为 JavaScript 引擎。Chrome 的用户代理字符串包含所有 WebKit 的信息，另外又加上了 Chrome 及其版本的信息。其格式如下所示：

```
Mozilla/5.0 (Platform; Encryption; OS-or-CPU; Language)
   AppleWebKit/AppleWebKitVersion (KHTML, like Gecko)
   Chrome/ChromeVersion Safari/SafariVersion
```

以下是 Chrome 7 完整的用户代理字符串：

```
Mozilla/5.0 (Windows; U; Windows NT 5.1; en-US) AppleWebKit/534.7
   (KHTML, like Gecko) Chrome/7.0.517.44 Safari/534.7
```

其中的 Safari 版本和 WebKit 版本有可能始终保持一致，但也不能肯定。

8. Opera

在用户代理字符串方面引发争议最大的一个浏览器就是 Opera。Opera 默认的用户代理字符串是所有现代浏览器中最符合逻辑的，因为它正确标识了自己和版本。在 Opera 8 之前，其用户代理字符串都是这个格式：

```
Opera/Version (OS-or-CPU; Encryption) [Language]
```

比如，Windows XP 上的 Opera 7.54 的字符串是这样的：

```
Opera/7.54 (Windows NT 5.1; U) [en]
```

Opera 8 发布后，语言标记从括号外挪到了括号内，目的是与其他浏览器保持一致：

```
Opera/Version (OS-or-CPU; Encryption; Language)
```

Windows XP 上的 Opera 8 的字符串是这样的：

```
Opera/8.0 (Windows NT 5.1; U; en)
```

默认情况下，Opera 会返回这个简单的用户代理字符串。这是唯一一个使用产品名称和版本完全标识自身的主流浏览器。不过，与其他浏览器一样，Opera 也遇到了使用这种字符串的问题。虽然从技术角度看这是正确的，但网上已经有了很多浏览器检测代码只考虑 Mozilla 这个产品名称。还有不少代码专门针对 IE 或 Gecko。为了不让这些检测代码判断错误，Opera 坚持使用唯一标识自身的字符串。

从 Opera 9 开始，Opera 也采用了两个策略改变自己的字符串。一是把自己标识为别的浏览器，如 Firefox 或 IE。这时候的字符串跟 Firefox 和 IE 的一样，只不过末尾会多一个"Opera"及其版本号。比如：

```
Mozilla/5.0 (Windows NT 5.1; U; en; rv:1.8.1) Gecko/20061208 Firefox/2.0.0
  Opera 9.50

Mozilla/4.0 (compatible; MSIE 6.0; Windows NT 5.1; en) Opera 9.50
```

第一个字符串把 Opera 9.5 标识为 Firefox 2，同时保持了 Opera 版本信息。第二个字符串把 Opera 9.5 标识为 IE6，也保持了 Opera 版本信息。虽然这些字符串可以通过针对 Firefox 和 IE 的测试，但也可以被识别为 Opera。

另一个策略是伪装成 Firefox 或 IE。这种情况下的用户代理字符串与 Firefox 和 IE 返回的一样，末尾也没有"Opera"及其版本信息。这样就根本没办法区分 Opera 与其他浏览器了。更严重的是，Opera 还会根据访问的网站不同设置不同的用户代理字符串，却不通知用户。比如，导航到 My Yahoo 网站会导致 Opera 将自己伪装成 Firefox。这就导致很难通过用户代理字符串来识别 Opera。

> **注意**　在 Opera 7 之前的版本中，Opera 可以解析 Windows 操作系统字符串的含义。比如，Windows NT 5.1 实际上表示 Windows XP。因此 Opera 6 的用户代理字符串中会包含 Windows XP 而不是 Windows NT 5.1。为了与其他浏览器表现更一致，Opera 7 及后来的版本就改为使用官方报告的操作系统字符串，而不是自己转换的了。

Opera 10 又修改了字符串格式，变成了下面这样：

```
Opera/9.80 (OS-or-CPU; Encryption; Language) Presto/PrestoVersion Version/Version
```

注意开头的版本号 Opera/9.80 是固定不变的。Opera 没有 9.8 这个版本，但 Opera 工程师担心某些浏览器检测脚本会错误地把 Opera/10.0 当成 Opera 1 而不是 Opera 10。因此，Opera 10 新增了额外的

13

Presto 标识（Presto 是 Opera 的渲染引擎）和版本标识。比如，下面是 Windows 7 上的 Opera 10.63 的字符串：

```
Opera/9.80 (Windows NT 6.1; U; en) Presto/2.6.30 Version/10.63
```

Opera 最近的版本已经改为在更标准的字符串末尾追加"OPR"标识符和版本号。这样，除了末尾的"OPR"标识符和版本号，字符串的其他部分与 WebKit 浏览器是类似的。下面就是 Windows 10 上的 Opera 52 的用户代理字符串：

```
Mozilla/5.0 (Windows NT 10.0; Win64; x64) AppleWebKit/537.36 (KHTML, like Gecko)
Chrome/65.0.3325.181 Safari/537.36 OPR/52.0.2871.64
```

9. iOS 与 Android

iOS 和 Android 移动操作系统上默认的浏览器都是基于 WebKit 的，因此具有与相应桌面浏览器一样的用户代理字符串。iOS 设备遵循以下基本格式：

```
Mozilla/5.0 (Platform; Encryption; OS-or-CPU like Mac OS X; Language)
   AppleWebKit/AppleWebKitVersion (KHTML, like Gecko) Version/BrowserVersion
   Mobile/MobileVersion Safari/SafariVersion
```

注意其中用于辅助判断 Mac 操作系统的"like Mac OS X"和"Mobile"相关的标识。这里的 Mobile 标识除了说明这是移动 WebKit 之外并没有什么用。平台可能是"iPhone"、"iPod"或"iPad"，因设备而异。例如：

```
Mozilla/5.0 (iPhone; U; CPU iPhone OS 3_0 like Mac OS X; en-us)
   AppleWebKit/528.18 (KHTML, like Gecko) Version/4.0 Mobile/7A341 Safari/528.16
```

注意在 iOS 3 以前，操作系统的版本号不会出现在用户代理字符串中。

默认的 Android 浏览器通常与 iOS 上的浏览器格式相同，只是没有 Mobile 后面的版本号（"Mobile"标识还有）。例如：

```
Mozilla/5.0 (Linux; U; Android 2.2; en-us; Nexus One Build/FRF91)
   AppleWebKit/533.1 (KHTML, like Gecko) Version/4.0 Mobile Safari/533.1
```

这个用户代理字符串是谷歌 Nexus One 手机上的默认浏览器的。不过，其他 Android 设备上的浏览器也遵循相同的模式。

13.2.2 浏览器分析

想要知道自己代码运行在什么浏览器上，大部分开发者会分析 window.navigator.userAgent 返回的字符串值。所有浏览器都会提供这个值，如果相信这些返回值并基于给定的一组浏览器检测这个字符串，最终会得到关于浏览器和操作系统的比较精确的结果。

相比于能力检测，用户代理检测还是有一定优势。能力检测可以保证脚本不必理会浏览器而正常执行。现代浏览器用户代理字符串的过去、现在和未来格式都是有章可循的，我们能够利用它们准确识别浏览器。

1. 伪造用户代理

通过检测用户代理来识别浏览器并不是完美的方式，毕竟这个字符串是可以造假的。只不过实现 window.navigator 对象的浏览器（即所有现代浏览器）都会提供 userAgent 这个只读属性。因此，简单地给这个属性设置其他值不会有效：

```
console.log(window.navigator.userAgent);
// Mozilla/5.0 (Windows NT 10.0; Win64; x64) AppleWebKit/537.36 (KHTML, like Gecko)
Chrome/65.0.3325.181 Safari/537.36

window.navigator.userAgent = 'foobar';

console.log(window.navigator.userAgent);
// Mozilla/5.0 (Windows NT 10.0; Win64; x64) AppleWebKit/537.36 (KHTML, like Gecko)
Chrome/65.0.3325.181 Safari/537.36
```

不过，通过简单的办法可以绕过这个限制。比如，有些浏览器提供伪私有的__defineGetter__方法，利用它可以篡改用户代理字符串：

```
console.log(window.navigator.userAgent);
// Mozilla/5.0 (Windows NT 10.0; Win64; x64) AppleWebKit/537.36 (KHTML, like Gecko)
Chrome/65.0.3325.181 Safari/537.36

window.navigator.__defineGetter__('userAgent', () => 'foobar');

console.log(window.navigator.userAgent);
// foobar
```

对付这种造假是一件吃力不讨好的事。检测用户代理是否以这种方式被篡改过是可能的，但总体来看还是一场猫捉老鼠的游戏。

与其劳心费力检测造假，不如更好地专注于浏览器识别。如果相信浏览器返回的用户代理字符串，那就可以用它来判断浏览器。如果怀疑脚本或浏览器可能篡改这个值，那最好还是使用能力检测。

2. 分析浏览器

通过解析浏览器返回的用户代理字符串，可以极其准确地推断出下列相关的环境信息：

❏ 浏览器
❏ 浏览器版本
❏ 浏览器渲染引擎
❏ 设备类型（桌面/移动）
❏ 设备生产商
❏ 设备型号
❏ 操作系统
❏ 操作系统版本

当然，新浏览器、新操作系统和新硬件设备随时可能出现，其中很多可能有着类似但并不相同的用户代理字符串。因此，用户代理解析程序需要与时俱进，频繁更新，以免落伍。自己手写的解析程序如果不及时更新或修订，很容易就过时了。本书上一版写过一个用户代理解析程序，但这一版并不推荐读者自己从头再写一个。相反，这里推荐一些 GitHub 上维护比较频繁的第三方用户代理解析程序：

❏ Bowser
❏ UAParser.js
❏ Platform.js
❏ CURRENT-DEVICE
❏ Google Closure
❏ Mootools

13

> **注意**　Mozilla 维基有一个页面 "Compatibility/UADetectionLibraries"，其中提供了用户代理解析程序的列表，可以用来识别 Mozilla 浏览器（甚至所有主流浏览器）。这些解析程序是按照语言分组的。这个页面好像维护不频繁，但其中给出了所有主流的解析库。（注意 JavaScript 部分包含客户端库和 Node.js 库。）GitHub 上的文章 "Are We Detectable Yet?" 中还有一张可视化的表格，能让我们对这些库的检测能力一目了然。

13.3　软件与硬件检测

现代浏览器提供了一组与页面执行环境相关的信息，包括浏览器、操作系统、硬件和周边设备信息。这些属性可以通过暴露在 `window.navigator` 上的一组 API 获得。不过，这些 API 的跨浏览器支持还不够好，远未达到标准化的程度。

> **注意**　强烈建议在使用这些 API 之前先检测它们是否存在，因为其中多数都不是强制性的，且很多浏览器没有支持。另外，本节介绍的特性有时候不一定可靠。

13.3.1　识别浏览器与操作系统

特性检测和用户代理字符串解析是当前常用的两种识别浏览器的方式。而 `navigator` 和 `screen` 对象也提供了关于页面所在软件环境的信息。

1. `navigator.oscpu`

`navigator.oscpu` 属性是一个字符串，通常对应用户代理字符串中操作系统/系统架构相关信息。根据 HTML 实时标准：

> `oscpu` 属性的获取方法必须返回空字符串或者表示浏览器所在平台的字符串，比如`"Windows NT 10.0; Win64; x64"`或`"Linux x86_64"`。

比如，Windows 10 上的 Firefox 的 `oscpu` 属性应该对应于以下加粗的部分：

```
console.log(navigator.userAgent);
"Mozilla/5.0 (Windows NT 10.0; Win64; x64; rv:58.0) Gecko/20100101 Firefox/58.0"
console.log(navigator.oscpu);
"Windows NT 10.0; Win64; x64"
```

2. `navigator.vendor`

`navigator.vendor` 属性是一个字符串，通常包含浏览器开发商信息。返回这个字符串是浏览器 `navigator` 兼容模式的一个功能。根据 HTML 实时标准：

> `navigator.vendor` 返回一个空字符串，也可能返回字符串`"Apple Computer, Inc."`或字符串`"Google Inc."`。

例如，Chrome 中的这个 `navigator.vendor` 属性返回下面的字符串：

```
console.log(navigator.vendor); // "Google Inc."
```

3. `navigator.platform`

`navigator.platform` 属性是一个字符串，通常表示浏览器所在的操作系统。根据 HTML 实时标准：

navigator.platform 必须返回一个字符串或表示浏览器所在平台的字符串,例如"MacIntel"、"Win32"、"FreeBSD i386"或"WebTV OS"。

例如,Windows 系统下 Chrome 中的这个 navigator.platform 属性返回下面的字符串:

```
console.log(navigator.platform); // "Win32"
```

4. screen.colorDepth 和 screen.pixelDepth

screen.colorDepth 和 screen.pixelDepth 返回一样的值,即显示器每像素颜色的位深。根据 CSS 对象模型(CSSOM)规范:

> screen.colorDepth 和 screen.pixelDepth 属性应该返回输出设备中每像素用于显示颜色的位数,不包含 alpha 通道。

Chrome 中这两个属性的值如下所示:

```
console.log(screen.colorDepth); // 24
console.log(screen.pixelDepth); // 24
```

5. screen.orientation

screen.orientation 属性返回一个 ScreenOrientation 对象,其中包含 Screen Orientation API 定义的屏幕信息。这里面最有意思的属性是 angle 和 type,前者返回相对于默认状态下屏幕的角度,后者返回以下 4 种枚举值之一:

- ❑ portrait-primary
- ❑ portrait-secondary
- ❑ landscape-primary
- ❑ landscape-secondary

例如,在 Chrome 移动版中,screen.orientation 返回的信息如下:

```
// 垂直看
console.log(screen.orientation.type);    // portrait-primary
console.log(screen.orientation.angle);   // 0

// 向左转
console.log(screen.orientation.type);    // landscape-primary
console.log(screen.orientation.angle);   // 90

// 向右转
console.log(screen.orientation.type);    // landscape-secondary
console.log(screen.orientation.angle);   // 270
```

根据规范,这些值的初始化取决于浏览器和设备状态。因此,不能假设 portrait-primary 和 0 始终是初始值。这两个值主要用于确定设备旋转后浏览器的朝向变化。

13.3.2 浏览器元数据

navigator 对象暴露出一些 API,可以提供浏览器和操作系统的状态信息。

1. Geolocation API

navigator.geolocation 属性暴露了 Geolocation API,可以让浏览器脚本感知当前设备的地理位置。这个 API 只在安全执行环境(通过 HTTPS 获取的脚本)中可用。

这个 API 可以查询宿主系统并尽可能精确地返回设备的位置信息。根据宿主系统的硬件和配置,返

13

回结果的精度可能不一样。手机 GPS 的坐标系统可能具有极高的精度，而 IP 地址的精度就要差很多。根据 Geolocation API 规范：

> 地理位置信息的主要来源是 GPS 和 IP 地址、射频识别（RFID）、Wi-Fi 及蓝牙 Mac 地址、GSM/CDMA 蜂窝 ID 以及用户输入等信息。

> **注意**　浏览器也可能会利用 Google Location Service（Chrome 和 Firefox）等服务确定位置。有时候，你可能会发现自己并没有 GPS，但浏览器给出的坐标却非常精确。浏览器会收集所有可用的无线网络，包括 Wi-Fi 和蜂窝信号。拿到这些信息后，再去查询网络数据库。这样就可以精确地报告出你的设备位置。

要获取浏览器当前的位置，可以使用 getCurrentPosition() 方法。这个方法返回一个 Coordinates 对象，其中包含的信息不一定完全依赖宿主系统的能力：

```
// getCurrentPosition()会以 position 对象为参数调用传入的回调函数
navigator.geolocation.getCurrentPosition((position) => p = position);
```

这个 position 对象中有一个表示查询时间的时间戳，以及包含坐标信息的 Coordinates 对象：

```
console.log(p.timestamp);    // 1525364883361
console.log(p.coords);       // Coordinates {...}
```

Coordinates 对象中包含标准格式的经度和纬度，以及以米为单位的精度。精度同样以确定设备位置的机制来判定。

```
console.log(p.coords.latitude, p.coords.longitude);    // 37.4854409, -122.2325506
console.log(p.coords.accuracy);                         // 58
```

Coordinates 对象包含一个 altitude（海拔高度）属性，是相对于 1984 世界大地坐标系（World Geodetic System，1984）地球表面的以米为单位的距离。此外也有一个 altitudeAccuracy 属性，这个精度值单位也是米。为了取得 Coordinates 中包含的这些信息，当前设备必须具备相应的能力（比如 GPS 或高度计）。很多设备因为没有能力测量高度，所以这两个值经常有一个或两个是空的。

```
console.log(p.coords.altitude);           // -8.800000190734863
console.log(p.coords.altitudeAccuracy);   // 200
```

Coordinates 对象包含一个 speed 属性，表示设备每秒移动的速度。还有一个 heading（朝向）属性，表示相对于正北方向移动的角度（$0 \leqslant$ heading < 360）。为获取这些信息，当前设备必须具备相应的能力（比如加速计或指南针）。很多设备因为没有能力测量高度，所以这两个值经常有一个是空的，或者两个都是空的。

> **注意**　设备不会根据两点的向量来测量速度和朝向。不过，如果可能的话，可以尝试基于两次连续的测量数据得到的向量来手动计算。当然，如果向量的精度不够，那么计算结果的精度肯定也不够。

获取浏览器地理位置并不能保证成功。因此 getCurrentPosition() 方法也接收失败回调函数作为第二个参数，这个函数会收到一个 PositionError 对象。在失败的情况下，PositionError 对象中会包含一个 code 属性和一个 message 属性，后者包含对错误的简短描述。code 属性是一个整数，表示以下 3 种错误。

❑ `PERMISSION_DENIED`：浏览器未被允许访问设备位置。页面第一次尝试访问 Geolocation API 时，浏览器会弹出确认对话框取得用户授权（每个域分别获取）。如果返回了这个错误码，则要么是用户不同意授权，要么是在不安全的环境下访问了 Geolocation API。`message` 属性还会提供额外信息。

❑ `POSITION_UNAVAILABLE`：系统无法返回任何位置信息。这个错误码可能代表各种失败原因，但相对来说并不常见，因为只要设备能上网，就至少可以根据 IP 地址返回一个低精度的坐标。

❑ `TIMEOUT`：系统不能在超时时间内返回位置信息。关于如何配置超时，会在后面介绍。

```
// 浏览器会弹出确认对话框请用户允许访问 Geolocation API
// 这个例子显示了用户拒绝之后的结果
navigator.geolocation.getCurrentPosition(
  () => {},
  (e) => {
    console.log(e.code);     // 1
    console.log(e.message);  // User denied Geolocation
  }
);

// 这个例子展示了在不安全的上下文中执行代码的结果
navigator.geolocation.getCurrentPosition(
  () => {},
  (e) => {
    console.log(e.code);     // 1
    console.log(e.message);  // Only secure origins are allowed
  }
);
```

Geolocation API 位置请求可以使用 `PositionOptions` 对象来配置，作为第三个参数提供。这个对象支持以下 3 个属性。

❑ `enableHighAccuracy`：布尔值，`true` 表示返回的值应该尽量精确，默认值为 `false`。默认情况下，设备通常会选择最快、最省电的方式返回坐标。这通常意味着返回的是不够精确的坐标。比如，在移动设备上，默认位置查询通常只会采用 Wi-Fi 和蜂窝网络的定位信息。而在 `enableHighAccuracy` 为 `true` 的情况下，则会使用设备的 GPS 确定设备位置，并返回这些值的混合结果。使用 GPS 会更耗时、耗电，因此在使用 `enableHighAccuracy` 配置时要仔细权衡一下。

❑ `timeout`：毫秒，表示在以 `TIMEOUT` 状态调用错误回调函数之前等待的最长时间。默认值是 0xFFFFFFFF（$2^{32}-1$）。0 表示完全跳过系统调用而立即以 `TIMEOUT` 调用错误回调函数。

❑ `maximumAge`：毫秒，表示返回坐标的最长有效期，默认值为 0。因为查询设备位置会消耗资源，所以系统通常会缓存坐标并在下次返回缓存的值（遵从位置缓存失效策略）。系统会计算缓存期，如果 Geolocation API 请求的配置要求比缓存的结果更新，则系统会重新查询并返回值。0 表示强制系统忽略缓存的值，每次都重新查询。而 `Infinity` 会阻止系统重新查询，只会返回缓存的值。JavaScript 可以通过检查 `Position` 对象的 `timestamp` 属性值是否重复来判断返回的是不是缓存值。

2. Connection State 和 NetworkInformation API

浏览器会跟踪网络连接状态并以两种方式暴露这些信息：连接事件和 `navigator.onLine` 属性。在设备连接到网络时，浏览器会记录这个事实并在 `window` 对象上触发 `online` 事件。相应地，当设备断开网络连接后，浏览器会在 window 对象上触发 offline 事件。任何时候，都可以通过 navigator. onLine 属性来确定浏览器的联网状态。这个属性返回一个布尔值，表示浏览器是否联网。

```
const connectionStateChange = () => console.log(navigator.onLine);

window.addEventListener('online', connectionStateChange);
window.addEventListener('offline', connectionStateChange);

// 设备联网时:
// true

// 设备断网时:
// false
```

当然，到底怎么才算联网取决于浏览器与系统实现。有些浏览器可能会认为只要连接到局域网就算"在线"，而不管是否真正接入了互联网。

navigator 对象还暴露了 NetworkInformation API，可以通过 navigator.connection 属性使用。这个 API 提供了一些只读属性，并为连接属性变化事件处理程序定义了一个事件对象。

以下是 NetworkInformation API 暴露的属性。

❑ downlink：整数，表示当前设备的带宽（以 Mbit/s 为单位），舍入到最接近的 25kbit/s。这个值可能会根据历史网络吞吐量计算，也可能根据连接技术的能力来计算。

❑ downlinkMax：整数，表示当前设备最大的下行带宽（以 Mbit/s 为单位），根据网络的第一跳来确定。因为第一跳不一定反映端到端的网络速度，所以这个值只能用作粗略的上限值。

❑ effectiveType：字符串枚举值，表示连接速度和质量。这些值对应不同的蜂窝数据网络连接技术，但也用于分类无线网络。这个值有以下 4 种可能。

■ slow-2g
➢ 往返时间 > 2000ms
➢ 下行带宽 < 50kbit/s
■ 2g
➢ 2000ms > 往返时间 ≥ 1400ms
➢ 70kbit/s > 下行带宽 ≥ 50kbit/s
■ 3g
➢ 1400ms > 往返时间 ≥ 270ms
➢ 700kbit/s > 下行带宽 ≥ 70kbit/s
■ 4g
➢ 270ms > 往返时间 ≥ 0ms
➢ 下行带宽 ≥ 700kbit/s

❑ rtt：毫秒，表示当前网络实际的往返时间，舍入为最接近的 25 毫秒。这个值可能根据历史网络吞吐量计算，也可能根据连接技术的能力来计算。

❑ type：字符串枚举值，表示网络连接技术。这个值可能为下列值之一。

■ bluetooth：蓝牙。
■ cellular：蜂窝。
■ ethernet：以太网。
■ none：无网络连接。相当于 navigator.onLine === false。

- mixed：多种网络混合。
- other：其他。
- unknown：不确定。
- wifi：Wi-Fi。
- wimax：WiMAX。
- saveData：布尔值，表示用户设备是否启用了"节流"（reduced data）模式。
- onchange：事件处理程序，会在任何连接状态变化时激发一个 change 事件。可以通过 navigator. connection.addEventListener('change',changeHandler)或 navigator.connection. onchange = changeHandler 等方式使用。

3. Battery Status API

浏览器可以访问设备电池及充电状态的信息。navigator.getBattery()方法会返回一个期约实例，解决为一个 BatteryManager 对象。

```
navigator.getBattery().then((b) => console.log(b));
// BatteryManager { ... }
```

BatteryManager 包含 4 个只读属性，提供了设备电池的相关信息。

- charging：布尔值，表示设备当前是否正接入电源充电。如果设备没有电池，则返回 true。
- chargingTime：整数，表示预计离电池充满还有多少秒。如果电池已充满或设备没有电池，则返回 0。
- dischargingTime：整数，表示预计离电量耗尽还有多少秒。如果设备没有电池，则返回 Infinity。
- level：浮点数，表示电量百分比。电量完全耗尽返回 0.0，电池充满返回 1.0。如果设备没有电池，则返回 1.0。

这个 API 还提供了 4 个事件属性，可用于设置在相应的电池事件发生时调用的回调函数。可以通过给 BatteryManager 添加事件监听器，也可以通过给事件属性赋值来使用这些属性。

- onchargingchange
- onchargingtimechange
- ondischargingtimechange
- onlevelchange

```
navigator.getBattery().then((battery) => {
    // 添加充电状态变化时的处理程序
    const chargingChangeHandler = () => console.log('chargingchange');
    battery.onchargingchange = chargingChangeHandler;
    // 或
    battery.addEventListener('chargingchange', chargingChangeHandler);

    // 添加充电时间变化时的处理程序
    const chargingTimeChangeHandler = () => console.log('chargingtimechange');
    battery.onchargingtimechange = chargingTimeChangeHandler;
    // 或
    battery.addEventListener('chargingtimechange', chargingTimeChangeHandler);

    // 添加放电时间变化时的处理程序
    const dischargingTimeChangeHandler = () => console.log('dischargingtimechange');
    battery.ondischargingtimechange = dischargingTimeChangeHandler;
    // 或
    battery.addEventListener('dischargingtimechange', dischargingTimeChangeHandler);
```

13

```
// 添加电量百分比变化时的处理程序
const levelChangeHandler = () => console.log('levelchange');
battery.onlevelchange = levelChangeHandler;
// 或
battery.addEventListener('levelchange', levelChangeHandler);
});
```

13.3.3　硬件

浏览器检测硬件的能力相当有限。不过，navigator 对象还是通过一些属性提供了基本信息。

1. 处理器核心数

navigator.hardwareConcurrency 属性返回浏览器支持的逻辑处理器核心数量，包含表示核心数的一个整数值（如果核心数无法确定，这个值就是 1）。关键在于，这个值表示浏览器可以并行执行的最大工作线程数量，不一定是实际的 CPU 核心数。

2. 设备内存大小

navigator.deviceMemory 属性返回设备大致的系统内存大小，包含单位为 GB 的浮点数（舍入为最接近的 2 的幂：512MB 返回 0.5，4GB 返回 4）。

3. 最大触点数

navigator.maxTouchPoints 属性返回触摸屏支持的最大关联触点数量，包含一个整数值。

13.4　小结

客户端检测是 JavaScript 中争议最多的话题之一。因为不同浏览器之间存在差异，所以经常需要根据浏览器的能力来编写不同的代码。客户端检测有不少方式，但下面两种用得最多。

- ❑ 能力检测，在使用之前先测试浏览器的特定能力。例如，脚本可以在调用某个函数之前先检查它是否存在。这种客户端检测方式可以让开发者不必考虑特定的浏览器或版本，而只需关注某些能力是否存在。能力检测不能精确地反映特定的浏览器或版本。
- ❑ 用户代理检测，通过用户代理字符串确定浏览器。用户代理字符串包含关于浏览器的很多信息，通常包括浏览器、平台、操作系统和浏览器版本。用户代理字符串有一个相当长的发展史，很多浏览器都试图欺骗网站相信自己是别的浏览器。用户代理检测也比较麻烦，特别是涉及 Opera 会在代理字符串中隐藏自己信息的时候。即使如此，用户代理字符串也可以用来确定浏览器使用的渲染引擎以及平台，包括移动设备和游戏机。

在选择客户端检测方法时，首选是使用能力检测。特殊能力检测要放在次要位置，作为决定代码逻辑的参考。用户代理检测是最后一个选择，因为它过于依赖用户代理字符串。

浏览器也提供了一些软件和硬件相关的信息。这些信息通过 screen 和 navigator 对象暴露出来。利用这些 API，可以获取关于操作系统、浏览器、硬件、设备位置、电池状态等方面的准确信息。

第14章

DOM

本章内容

- ❏ 理解文档对象模型（DOM）的构成
- ❏ 节点类型
- ❏ 浏览器兼容性
- ❏ `MutationObserver` 接口

视频讲解

文档对象模型（DOM，Document Object Model）是 HTML 和 XML 文档的编程接口。DOM 表示由多层节点构成的文档，通过它开发者可以添加、删除和修改页面的各个部分。脱胎于网景和微软早期的动态 HTML（DHTML，Dynamic HTML），DOM 现在是真正跨平台、语言无关的表示和操作网页的方式。

DOM Level 1 在 1998 年成为 W3C 推荐标准，提供了基本文档结构和查询的接口。本章之所以介绍 DOM，主要因为它与浏览器中的 HTML 网页相关，并且在 JavaScript 中提供了 DOM API。

> **注意** IE8 及更低版本中的 DOM 是通过 COM 对象实现的。这意味着这些版本的 IE 中，DOM 对象跟原生 JavaScript 对象具有不同的行为和功能。

14.1 节点层级

任何 HTML 或 XML 文档都可以用 DOM 表示为一个由节点构成的层级结构。节点分很多类型，每种类型对应着文档中不同的信息和（或）标记，也都有自己不同的特性、数据和方法，而且与其他类型有某种关系。这些关系构成了层级，让标记可以表示为一个以特定节点为根的树形结构。以下面的 HTML 为例：

```
<html>
  <head>
    <title>Sample Page</title>
  </head>
  <body>
    <p>Hello World!</p>
  </body>
</html>
```

如果表示为层级结构，则如图 14-1 所示。

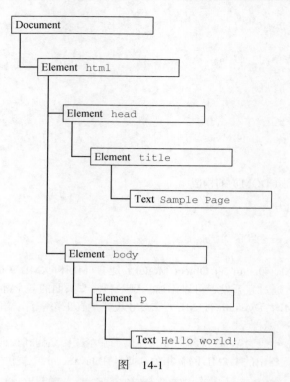

图　14-1

其中，document 节点表示每个文档的根节点。在这里，根节点的唯一子节点是<html>元素，我们称之为**文档元素**（documentElement）。文档元素是文档最外层的元素，所有其他元素都存在于这个元素之内。每个文档只能有一个文档元素。在 HTML 页面中，文档元素始终是<html>元素。在 XML 文档中，则没有这样预定义的元素，任何元素都可能成为文档元素。

　　HTML 中的每段标记都可以表示为这个树形结构中的一个节点。元素节点表示 HTML 元素，属性节点表示属性，文档类型节点表示文档类型，注释节点表示注释。DOM 中总共有 12 种节点类型，这些类型都继承一种基本类型。

14.1.1　**Node 类型**

　　DOM Level 1 描述了名为 Node 的接口，这个接口是所有 DOM 节点类型都必须实现的。Node 接口在 JavaScript 中被实现为 Node 类型，在除 IE 之外的所有浏览器中都可以直接访问这个类型。在 JavaScript 中，所有节点类型都继承 Node 类型，因此所有类型都共享相同的基本属性和方法。

　　每个节点都有 nodeType 属性，表示该节点的类型。节点类型由定义在 Node 类型上的 12 个数值常量表示：

❑ Node.ELEMENT_NODE（1）

❑ Node.ATTRIBUTE_NODE（2）

❑ Node.TEXT_NODE（3）

❑ Node.CDATA_SECTION_NODE（4）

❑ Node.ENTITY_REFERENCE_NODE（5）

❑ Node.ENTITY_NODE（6）

❑ Node.PROCESSING_INSTRUCTION_NODE（7）

❑ Node.COMMENT_NODE（8）

❑ Node.DOCUMENT_NODE（9）

❑ Node.DOCUMENT_TYPE_NODE（10）

❑ Node.DOCUMENT_FRAGMENT_NODE（11）

❑ Node.NOTATION_NODE（12）

节点类型可通过与这些常量比较来确定，比如：

```
if (someNode.nodeType == Node.ELEMENT_NODE){
  alert("Node is an element.");
}
```

这个例子比较了 someNode.nodeType 与 Node.ELEMENT_NODE 常量。如果两者相等，则意味着 someNode 是一个元素节点。

浏览器并不支持所有节点类型。开发者最常用到的是元素节点和文本节点。本章后面会讨论每种节点受支持的程度及其用法。

1. nodeName 与 nodeValue

nodeName 与 nodeValue 保存着有关节点的信息。这两个属性的值完全取决于节点类型。在使用这两个属性前，最好先检测节点类型，如下所示：

```
if (someNode.nodeType == 1){
  value = someNode.nodeName; // 会显示元素的标签名
}
```

在这个例子中，先检查了节点是不是元素。如果是，则将其 nodeName 的值赋给一个变量。对元素而言，nodeName 始终等于元素的标签名，而 nodeValue 则始终为 null。

2. 节点关系

文档中的所有节点都与其他节点有关系。这些关系可以形容为家族关系，相当于把文档树比作家谱。在 HTML 中，`<body>`元素是`<html>`元素的子元素，而`<html>`元素则是`<body>`元素的父元素。`<head>`元素是`<body>`元素的同胞元素，因为它们有共同的父元素`<html>`。

每个节点都有一个 childNodes 属性，其中包含一个 NodeList 的实例。NodeList 是一个类数组对象，用于存储可以按位置存取的有序节点。注意，NodeList 并不是 Array 的实例，但可以使用中括号访问它的值，而且它也有 length 属性。NodeList 对象独特的地方在于，它其实是一个对 DOM 结构的查询，因此 DOM 结构的变化会自动地在 NodeList 中反映出来。我们通常说 NodeList 是实时的活动对象，而不是第一次访问时所获得内容的快照。

下面的例子展示了如何使用中括号或使用 item() 方法访问 NodeList 中的元素：

```
let firstChild = someNode.childNodes[0];
let secondChild = someNode.childNodes.item(1);
let count = someNode.childNodes.length;
```

无论是使用中括号还是 item() 方法都是可以的，但多数开发者倾向于使用中括号，因为它是一个类数组对象。注意，length 属性表示那一时刻 NodeList 中节点的数量。使用 Array.prototype.slice() 可以像前面介绍 arguments 时一样把 NodeList 对象转换为数组。比如：

```
let arrayOfNodes = Array.prototype.slice.call(someNode.childNodes,0);
```

当然，使用 ES6 的 `Array.from()` 静态方法，可以替换这种笨拙的方式：

```
let arrayOfNodes = Array.from(someNode.childNodes);
```

每个节点都有一个 `parentNode` 属性，指向其 **DOM** 树中的父元素。`childNodes` 中的所有节点都有同一个父元素，因此它们的 `parentNode` 属性都指向同一个节点。此外，`childNodes` 列表中的每个节点都是同一列表中其他节点的同胞节点。而使用 `previousSibling` 和 `nextSibling` 可以在这个列表的节点间导航。这个列表中第一个节点的 `previousSibling` 属性是 `null`，最后一个节点的 `nextSibling` 属性也是 `null`，如下所示：

```
if (someNode.nextSibling === null){
  alert("Last node in the parent's childNodes list.");
} else if (someNode.previousSibling === null){
  alert("First node in the parent's childNodes list.");
}
```

注意，如果 `childNodes` 中只有一个节点，则它的 `previousSibling` 和 `nextSibling` 属性都是 `null`。

父节点和它的第一个及最后一个子节点也有专门属性：`firstChild` 和 `lastChild` 分别指向 `childNodes` 中的第一个和最后一个子节点。`someNode.firstChild` 的值始终等于 `someNode.childNodes[0]`，而 `someNode.lastChild` 的值始终等于 `someNode.childNodes[someNode.childNodes.length-1]`。如果只有一个子节点，则 `firstChild` 和 `lastChild` 指向同一个节点。如果没有子节点，则 `firstChild` 和 `lastChild` 都是 `null`。上述这些节点之间的关系为在文档树的节点之间导航提供了方便。图 14-2 形象地展示了这些关系。

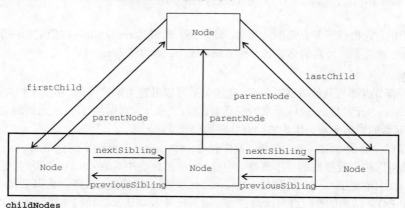

图　14-2

有了这些关系，`childNodes` 属性的作用远远不止是必备属性那么简单了。这是因为利用这些关系指针，几乎可以访问到文档树中的任何节点，而这种便利性是 `childNodes` 的最大亮点。还有一个便利的方法是 `hasChildNodes()`，这个方法如果返回 `true` 则说明节点有一个或多个子节点。相比查询 `childNodes` 的 `length` 属性，这个方法无疑更方便。

最后还有一个所有节点都共享的关系。`ownerDocument` 属性是一个指向代表整个文档的文档节点的指针。所有节点都被创建它们（或自己所在）的文档所拥有，因为一个节点不可能同时存在于两个或者多个文档中。这个属性为迅速访问文档节点提供了便利,因为无需在文档结构中逐层上溯了。

> **注意** 虽然所有节点类型都继承了 `Node`,但并非所有节点都有子节点。本章后面会讨论不同节点类型的差异。

3. 操纵节点

因为所有关系指针都是只读的,所以 DOM 又提供了一些操纵节点的方法。最常用的方法是 `appendChild()`,用于在 `childNodes` 列表末尾添加节点。添加新节点会更新相关的关系指针,包括父节点和之前的最后一个子节点。`appendChild()` 方法返回新添加的节点,如下所示:

```
let returnedNode = someNode.appendChild(newNode);
alert(returnedNode == newNode);         // true
alert(someNode.lastChild == newNode);   // true
```

如果把文档中已经存在的节点传给 `appendChild()`,则这个节点会从之前的位置被转移到新位置。即使 DOM 树通过各种关系指针维系,一个节点也不会在文档中同时出现在两个或更多个地方。因此,如果调用 `appendChild()` 传入父元素的第一个子节点,则这个节点会成为父元素的最后一个子节点,如下所示:

```
// 假设 someNode 有多个子节点
let returnedNode = someNode.appendChild(someNode.firstChild);
alert(returnedNode == someNode.firstChild);  // false
alert(returnedNode == someNode.lastChild);   // true
```

如果想把节点放到 `childNodes` 中的特定位置而不是末尾,则可以使用 `insertBefore()` 方法。这个方法接收两个参数:要插入的节点和参照节点。调用这个方法后,要插入的节点会变成参照节点的前一个同胞节点,并被返回。如果参照节点是 `null`,则 `insertBefore()` 与 `appendChild()` 效果相同,如下面的例子所示:

```
// 作为最后一个子节点插入
returnedNode = someNode.insertBefore(newNode, null);
alert(newNode == someNode.lastChild);  // true

// 作为新的第一个子节点插入
returnedNode = someNode.insertBefore(newNode, someNode.firstChild);
alert(returnedNode == newNode);          // true
alert(newNode == someNode.firstChild);   // true

// 插入最后一个子节点前面
returnedNode = someNode.insertBefore(newNode, someNode.lastChild);
alert(newNode == someNode.childNodes[someNode.childNodes.length - 2]); // true
```

`appendChild()` 和 `insertBefore()` 在插入节点时不会删除任何已有节点。相对地,`replaceChild()` 方法接收两个参数:要插入的节点和要替换的节点。要替换的节点会被返回并从文档树中完全移除,要插入的节点会取而代之。下面看一个例子:

```
// 替换第一个子节点
let returnedNode = someNode.replaceChild(newNode, someNode.firstChild);

// 替换最后一个子节点
returnedNode = someNode.replaceChild(newNode, someNode.lastChild);
```

使用 `replaceChild()` 插入一个节点后,所有关系指针都会从被替换的节点复制过来。虽然被替换的节点从技术上说仍然被同一个文档所拥有，但文档中已经没有它的位置。

要移除节点而不是替换节点，可以使用 removeChild()方法。这个方法接收一个参数，即要移除的节点。被移除的节点会被返回，如下面的例子所示：

```
// 删除第一个子节点
let formerFirstChild = someNode.removeChild(someNode.firstChild);

// 删除最后一个子节点
let formerLastChild = someNode.removeChild(someNode.lastChild);
```

与 replaceChild()方法一样，通过 removeChild()被移除的节点从技术上说仍然被同一个文档所拥有，但文档中已经没有它的位置。

上面介绍的 4 个方法都用于操纵某个节点的子元素，也就是说使用它们之前必须先取得父节点（使用前面介绍的 parentNode 属性）。并非所有节点类型都有子节点，如果在不支持子节点的节点上调用这些方法，则会导致抛出错误。

4. 其他方法

所有节点类型还共享了两个方法。第一个是 cloneNode()，会返回与调用它的节点一模一样的节点。cloneNode()方法接收一个布尔值参数，表示是否深复制。在传入 true 参数时，会进行深复制，即复制节点及其整个子 DOM 树。如果传入 false，则只会复制调用该方法的节点。复制返回的节点属于文档所有，但尚未指定父节点，所以可称为孤儿节点（orphan）。可以通过 appendChild()、insertBefore()或 replaceChild()方法把孤儿节点添加到文档中。以下面的 HTML 片段为例：

```
<ul>
  <li>item 1</li>
  <li>item 2</li>
  <li>item 3</li>
</ul>
```

如果 myList 保存着对这个<ul>元素的引用，则下列代码展示了使用 cloneNode()方法的两种方式：

```
let deepList = myList.cloneNode(true);
alert(deepList.childNodes.length);      // 3（IE9 之前的版本）或 7（其他浏览器）

let shallowList = myList.cloneNode(false);
alert(shallowList.childNodes.length); // 0
```

在这个例子中，deepList 保存着 myList 的副本。这意味着 deepList 有 3 个列表项，每个列表项又各自包含文本。变量 shallowList 则保存着 myList 的浅副本，因此没有子节点。deepList.childNodes.length 的值会因 IE8 及更低版本和其他浏览器对空格的处理方式而不同。IE9 之前的版本不会为空格创建节点。

> **注意** cloneNode()方法不会复制添加到 DOM 节点的 JavaScript 属性，比如事件处理程序。这个方法只复制 HTML 属性，以及可选地复制子节点。除此之外则一概不会复制。IE 在很长时间内会复制事件处理程序，这是一个 bug，所以推荐在复制前先删除事件处理程序。

本节要介绍的最后一个方法是 normalize()。这个方法唯一的任务就是处理文档子树中的文本节点。由于解析器实现的差异或 DOM 操作等原因，可能会出现并不包含文本的文本节点，或者文本节点之间互为同胞关系。在节点上调用 normalize() 方法会检测这个节点的所有后代，从中搜索上述两种情形。如果发现空文本节点，则将其删除；如果两个同胞节点是相邻的，则将其合并为一个文本节点。这个方法将在本章后面进一步讨论。

14.1.2　Document 类型

Document 类型是 JavaScript 中表示文档节点的类型。在浏览器中，文档对象 document 是 HTMLDocument 的实例（HTMLDocument 继承 Document），表示整个 HTML 页面。document 是 window 对象的属性，因此是一个全局对象。Document 类型的节点有以下特征：

- ❑ nodeType 等于 9；
- ❑ nodeName 值为 "#document"；
- ❑ nodeValue 值为 null；
- ❑ parentNode 值为 null；
- ❑ ownerDocument 值为 null；
- ❑ 子节点可以是 DocumentType（最多一个）、Element（最多一个）、ProcessingInstruction 或 Comment 类型。

Document 类型可以表示 HTML 页面或其他 XML 文档，但最常用的还是通过 HTMLDocument 的实例取得 document 对象。document 对象可用于获取关于页面的信息以及操纵其外观和底层结构。

1. 文档子节点

虽然 DOM 规范规定 Document 节点的子节点可以是 DocumentType、Element、Processing-Instruction 或 Comment，但也提供了两个访问子节点的快捷方式。第一个是 documentElement 属性，始终指向 HTML 页面中的 <html> 元素。虽然 document.childNodes 中始终有 <html> 元素，但使用 documentElement 属性可以更快更直接地访问该元素。假如有以下简单的页面：

```
<html>
  <body>

  </body>
</html>
```

浏览器解析完这个页面之后，文档只有一个子节点，即 <html> 元素。这个元素既可以通过 documentElement 属性获取，也可以通过 childNodes 列表访问，如下所示：

```
let html = document.documentElement;      // 取得对<html>的引用
alert(html === document.childNodes[0]);  // true
alert(html === document.firstChild);      // true
```

这个例子表明 documentElement、firstChild 和 childNodes[0] 都指向同一个值，即 <html> 元素。

作为 HTMLDocument 的实例，document 对象还有一个 body 属性，直接指向 <body> 元素。因为这个元素是开发者使用最多的元素，所以 JavaScript 代码中经常可以看到 document.body，比如：

```
let body = document.body; // 取得对<body>的引用
```

所有主流浏览器都支持 document.documentElement 和 document.body。

Document 类型另一种可能的子节点是 DocumentType。<!doctype> 标签是文档中独立的部分，其信息可以通过 doctype 属性（在浏览器中是 document.doctype）来访问，比如：

14

```
let doctype = document.doctype; // 取得对<!doctype>的引用
```

另外，严格来讲出现在<html>元素外面的注释也是文档的子节点，它们的类型是 Comment。不过，由于浏览器实现不同，这些注释不一定能被识别，或者表现可能不一致。比如以下 HTML 页面：

```
<!-- 第一条注释 -->
<html>
  <body>

  </body>
</html>
<!-- 第二条注释 -->
```

这个页面看起来有 3 个子节点：注释、<html>元素、注释。逻辑上讲，document.childNodes 应该包含 3 项，对应代码中的每个节点。但实际上，浏览器有可能以不同方式对待<html>元素外部的注释，比如忽略一个或两个注释。

一般来说，appendChild()、removeChild()和 replaceChild()方法不会用在 document 对象上。这是因为文档类型（如果存在）是只读的，而且只能有一个 Element 类型的子节点（即<html>，已经存在了）。[①]

2. 文档信息

document 作为 HTMLDocument 的实例，还有一些标准 Document 对象上所没有的属性。这些属性提供浏览器所加载网页的信息。其中第一个属性是 title，包含<title>元素中的文本，通常显示在浏览器窗口或标签页的标题栏。通过这个属性可以读写页面的标题，修改后的标题也会反映在浏览器标题栏上。不过，修改 title 属性并不会改变<title>元素。下面是一个例子：

```
// 读取文档标题
let originalTitle = document.title;

// 修改文档标题
document.title = "New page title";
```

接下来要介绍的 3 个属性是 URL、domain 和 referrer。其中，URL 包含当前页面的完整 URL（地址栏中的 URL），domain 包含页面的域名，而 referrer 包含链接到当前页面的那个页面的 URL。如果当前页面没有来源，则 referrer 属性包含空字符串。所有这些信息都可以在请求的 HTTP 头部信息中获取，只是在 JavaScript 中通过这几个属性暴露出来而已，如下面的例子所示：

```
// 取得完整的 URL
let url = document.URL;

// 取得域名
let domain = document.domain;

// 取得来源
let referrer = document.referrer;
```

URL 跟域名是相关的。比如，如果 document.URL 是 http://www.wrox.com/WileyCDA/，则 document.domain 就是 www.wrox.com。

在这些属性中，只有 domain 属性是可以设置的。出于安全考虑，给 domain 属性设置的值是有限

[①] 元素是 HTMLHtmlElement 的实例，HTMLHtmlElement 继承 HTMLElement，HTMLElement 继承 Element，因此 HTML 文档可以包含子节点，但不能多于一个。——译者注

制的。如果 URL 包含子域名如 p2p.wrox.com，则可以将 domain 设置为"wrox.com"（URL 包含 "www"时也一样，比如 www.wrox.com）。不能给这个属性设置 URL 中不包含的值，比如：

```
// 页面来自 p2p.wrox.com

document.domain = "wrox.com";      // 成功

document.domain = "nczonline.net"; // 出错!
```

当页面中包含来自某个不同子域的窗格（<frame>）或内嵌窗格（<iframe>）时，设置 document.domain 是有用的。因为跨源通信存在安全隐患，所以不同子域的页面间无法通过 JavaScript 通信。此时，在每个页面上把 document.domain 设置为相同的值，这些页面就可以访问对方的 JavaScript 对象了。比如，一个加载自 www.wrox.com 的页面中包含一个内嵌窗格，其中的页面加载自 p2p.wrox.com。这两个页面的 document.domain 包含不同的字符串，内部和外部页面相互之间不能访问对方的 JavaScript 对象。如果每个页面都把 document.domain 设置为 wrox.com，那这两个页面之间就可以通信了。

浏览器对 domain 属性还有一个限制，即这个属性一旦放松就不能再收紧。比如，把 document.domain 设置为"wrox.com"之后，就不能再将其设置回"p2p.wrox.com"，后者会导致错误，比如：

```
// 页面来自 p2p.wrox.com

document.domain = "wrox.com";       // 放松，成功

document.domain = "p2p.wrox.com"; // 收紧，错误!
```

3. 定位元素

使用 DOM 最常见的情形可能就是获取某个或某组元素的引用，然后对它们执行某些操作。document 对象上暴露了一些方法，可以实现这些操作。getElementById() 和 getElementsByTagName() 就是 Document 类型提供的两个方法。

getElementById() 方法接收一个参数，即要获取元素的 ID，如果找到了则返回这个元素，如果没找到则返回 null。参数 ID 必须跟元素在页面中的 id 属性值完全匹配，包括大小写。比如页面中有以下元素：

```
<div id="myDiv">Some text</div>
```

可以使用如下代码取得这个元素：

```
let div = document.getElementById("myDiv"); // 取得对这个<div>元素的引用
```

但参数大小写不匹配会返回 null：

```
let div = document.getElementById("mydiv"); // null
```

如果页面中存在多个具有相同 ID 的元素，则 getElementById() 返回在文档中出现的第一个元素。

getElementsByTagName() 是另一个常用来获取元素引用的方法。这个方法接收一个参数，即要获取元素的标签名，返回包含零个或多个元素的 NodeList。在 HTML 文档中，这个方法返回一个 HTMLCollection 对象。考虑到二者都是 "实时" 列表，HTMLCollection 与 NodeList 是很相似的。例如，下面的代码会取得页面中所有的 <img> 元素并返回包含它们的 HTMLCollection：

```
let images = document.getElementsByTagName("img");
```

这里把返回的 HTMLCollection 对象保存在了变量 images 中。与 NodeList 对象一样，也可以使用中括号或 item() 方法从 HTMLCollection 取得特定的元素。而取得元素的数量同样可以通过 length 属性得知，如下所示：

```
alert(images.length);       // 图片数量
alert(images[0].src);       // 第一张图片的 src 属性
alert(images.item(0).src);  // 同上
```

HTMLCollection 对象还有一个额外的方法 namedItem()，可通过标签的 name 属性取得某一项的引用。例如，假设页面中包含如下的 <img> 元素：

```
<img src="myimage.gif" name="myImage">
```

那么也可以像这样从 images 中取得对这个 <img> 元素的引用：

```
let myImage = images.namedItem("myImage");
```

这样，HTMLCollection 就提供了除索引之外的另一种获取列表项的方式，从而为取得元素提供了便利。对于 name 属性的元素，还可以直接使用中括号来获取，如下面的例子所示：

```
let myImage = images["myImage"];
```

对 HTMLCollection 对象而言，中括号既可以接收数值索引，也可以接收字符串索引。而在后台，数值索引会调用 item()，字符串索引会调用 namedItem()。

要取得文档中的所有元素，可以给 getElementsByTagName() 传入 *。在 JavaScript 和 CSS 中，* 一般被认为是匹配一切的字符。来看下面的例子：

```
let allElements = document.getElementsByTagName("*");
```

这行代码可以返回包含页面中所有元素的 HTMLCollection 对象，顺序就是它们在页面中出现的顺序。因此第一项是 <html> 元素，第二项是 <head> 元素，以此类推。

> **注意**　对于 document.getElementsByTagName() 方法，虽然规范要求区分标签的大小写，但为了最大限度兼容原有 HTML 页面，实际上是不区分大小写的。如果是在 XML 页面（如 XHTML）中使用，那么 document.getElementsByTagName() 就是区分大小写的。

HTMLDocument 类型上定义的获取元素的第三个方法是 getElementsByName()。顾名思义，这个方法会返回具有给定 name 属性的所有元素。getElementsByName() 方法最常用于单选按钮，因为同一字段的单选按钮必须具有相同的 name 属性才能确保把正确的值发送给服务器，比如下面的例子：

```
<fieldset>
  <legend>Which color do you prefer?</legend>
  <ul>
    <li>
      <input type="radio" value="red" name="color" id="colorRed">
      <label for="colorRed">Red</label>
    </li>
    <li>
      <input type="radio" value="green" name="color" id="colorGreen">
      <label for="colorGreen">Green</label>
    </li>
    <li>
      <input type="radio" value="blue" name="color" id="colorBlue">
```

```
        <label for="colorBlue">Blue</label>
    </li>
  </ul>
</fieldset>
```

这里所有的单选按钮都有名为"color"的 name 属性，但它们的 ID 都不一样。这是因为 ID 是为了匹配对应的<label>元素，而 name 相同是为了保证只将三个中的一个值发送给服务器。然后就可以像下面这样取得所有单选按钮：

```
let radios = document.getElementsByName("color");
```

与 getElementsByTagName()一样，getElementsByName()方法也返回 HTMLCollection。不过在这种情况下，namedItem()方法只会取得第一项（因为所有项的 name 属性都一样）。

4. 特殊集合

document 对象上还暴露了几个特殊集合，这些集合也都是 HTMLCollection 的实例。这些集合是访问文档中公共部分的快捷方式，列举如下。

- ❑ document.anchors 包含文档中所有带 name 属性的<a>元素。
- ❑ document.applets 包含文档中所有<applet>元素（因为<applet>元素已经不建议使用，所以这个集合已经废弃）。
- ❑ document.forms 包含文档中所有<form>元素（与 document.getElementsByTagName ("form") 返回的结果相同）。
- ❑ document.images 包含文档中所有<img>元素（与 document.getElementsByTagName ("img") 返回的结果相同）。
- ❑ document.links 包含文档中所有带 href 属性的<a>元素。

这些特殊集合始终存在于 HTMLDocument 对象上，而且与所有 HTMLCollection 对象一样，其内容也会实时更新以符合当前文档的内容。

5. DOM 兼容性检测

由于 DOM 有多个 Level 和多个部分，因此确定浏览器实现了 DOM 的哪些部分是很必要的。document.implementation 属性是一个对象，其中提供了与浏览器 DOM 实现相关的信息和能力。DOM Level 1 在 document.implementation 上只定义了一个方法，即 hasFeature()。这个方法接收两个参数：特性名称和 DOM 版本。如果浏览器支持指定的特性和版本，则 hasFeature()方法返回 true，如下面的例子所示：

```
let hasXmlDom = document.implementation.hasFeature("XML", "1.0");
```

可以使用 hasFeature()方法测试的特性及版本如下表所列。

特　　性	支持的版本	说　　明
Core	1.0、2.0、3.0	定义树形文档结构的基本 DOM
XML	1.0、2.0、3.0	Core 的 XML 扩展，增加了对 CDATA 区块、处理指令和实体的支持
HTML	1.0、2.0	XML 的 HTML 扩展，增加了 HTML 特定的元素和实体
Views	2.0	文档基于某些样式的实现格式
StyleSheets	2.0	文档的相关样式表
CSS	2.0	Cascading Style Sheets Level 1
CSS2	2.0	Cascading Style Sheets Level 2

14

（续）

特　　性	支持的版本	说　　明
Events	2.0、3.0	通用 DOM 事件
UIEvents	2.0、3.0	用户界面事件
TextEvents	3.0	文本输入设备触发的事件
MouseEvents	2.0、3.0	鼠标导致的事件（单击、悬停等）
MutationEvents	2.0、3.0	DOM 树变化时触发的事件
MutationNameEvents	3.0	DOM 元素或元素属性被重命名时触发的事件
HTMLEvents	2.0	HTML 4.01 事件
Range	2.0	在 DOM 树中操作一定范围的对象和方法
Traversal	2.0	遍历 DOM 树的方法
LS	3.0	文件与 DOM 树之间的同步加载与保存
LS-Async	3.0	文件与 DOM 树之间的异步加载与保存
Validation	3.0	修改 DOM 树并保证其继续有效的方法
XPath	3.0	访问 XML 文档不同部分的语言

　　由于实现不一致，因此 hasFeature() 的返回值并不可靠。目前这个方法已经被废弃，不再建议使用。为了向后兼容，目前主流浏览器仍然支持这个方法，但无论检测什么都一律返回 true。

6. 文档写入

　　document 对象有一个古老的能力，即向网页输出流中写入内容。这个能力对应 4 个方法：write()、writeln()、open() 和 close()。其中，write() 和 writeln() 方法都接收一个字符串参数，可以将这个字符串写入网页中。write() 简单地写入文本，而 writeln() 还会在字符串末尾追加一个换行符（\n）。这两个方法可以用来在页面加载期间向页面中动态添加内容，如下所示：

```html
<html>
<head>
  <title>document.write() Example</title>
</head>
<body>
  <p>The current date and time is:
  <script type="text/javascript">
    document.write("<strong>" + (new Date()).toString() + "</strong>");
  </script>
</p>
</body>
</html>
```

　　这个例子会在页面加载过程中输出当前日期和时间。日期放在了 <strong> 元素中，如同它们之前就包含在 HTML 页面中一样。这意味着会创建一个 DOM 元素，以后也可以访问。通过 write() 和 writeln() 输出的任何 HTML 都会以这种方式来处理。

　　write() 和 writeln() 方法经常用于动态包含外部资源，如 JavaScript 文件。在包含 JavaScript 文件时，记住不能像下面的例子中这样直接包含字符串 "</script>"，因为这个字符串会被解释为脚本块的结尾，导致后面的代码不能执行：

```html
<html>
<head>
```

```
  <title>document.write() Example</title>
</head>
<body>
  <script type="text/javascript">
    document.write("<script type=\"text/javascript\" src=\"file.js\">" +
      "</script>");
  </script>
</body>
</html>
```

虽然这样写看起来没错，但输出之后的"`</script>`"会匹配最外层的`<script>`标签，导致页面中显示出"`);`。为避免出现这个问题，需要对前面的例子稍加修改：

```
<html>
<head>
  <title>document.write() Example</title>
</head>
<body>
  <script type="text/javascript">
    document.write("<script type=\"text/javascript\" src=\"file.js\">" +
      "<\/script>");
  </script>
</body>
</html>
```

这里的字符串"`<\/script>`"不会再匹配最外层的`<script>`标签，因此不会在页面中输出额外内容。

前面的例子展示了在页面渲染期间通过 `document.write()` 向文档中输出内容。如果是在页面加载完之后再调用 `document.write()`，则输出的内容会重写整个页面，如下面的例子所示：

```
<html>
<head>
  <title>document.write() Example</title>
</head>
<body>
  <p>This is some content that you won't get to see because it will be
  overwritten.</p>
  <script type="text/javascript">
    window.onload = function(){
      document.write("Hello world!");
    };
  </script>
</body>
</html>
```

这个例子使用了 `window.onload` 事件处理程序，将调用 `document.write()` 的函数推迟到页面加载完毕后执行。执行之后，字符串"`Hello world!`"会重写整个页面内容。

`open()`和`close()`方法分别用于打开和关闭网页输出流。在调用`write()`和`writeln()`时，这两个方法都不是必需的。

> **注意**　严格的 XHTML 文档不支持文档写入。对于内容类型为 application/xml+xhtml 的页面，这些方法不起作用。

14.1.3 `Element` 类型

除了 Document 类型，Element 类型就是 Web 开发中最常用的类型了。Element 表示 XML 或 HTML 元素，对外暴露出访问元素标签名、子节点和属性的能力。Element 类型的节点具有以下特征：

- ❑ nodeType 等于 1；
- ❑ nodeName 值为元素的标签名；
- ❑ nodeValue 值为 null；
- ❑ parentNode 值为 Document 或 Element 对象；
- ❑ 子节点可以是 Element、Text、Comment、ProcessingInstruction、CDATASection、EntityReference 类型。

可以通过 nodeName 或 tagName 属性来获取元素的标签名。这两个属性返回同样的值（添加后一个属性明显是为了不让人误会）。比如有下面的元素：

```
<div id="myDiv"></div>
```

可以像这样取得这个元素的标签名：

```
let div = document.getElementById("myDiv");
alert(div.tagName); // "DIV"
alert(div.tagName == div.nodeName); // true
```

例子中的元素标签名为 div，ID 为"myDiv"。注意，div.tagName 实际上返回的是"DIV"而不是"div"。在 HTML 中，元素标签名始终以全大写表示；在 XML（包括 XHTML）中，标签名始终与源代码中的大小写一致。如果不确定脚本是在 HTML 文档还是 XML 文档中运行，最好将标签名转换为小写形式，以便于比较：

```
if (element.tagName == "div"){ // 不要这样做，可能出错!
  // do something here
}

if (element.tagName.toLowerCase() == "div"){ // 推荐，适用于所有文档
  // 做点什么
}
```

这个例子演示了比较 tagName 属性的情形。第一个是容易出错的写法，因为 HTML 文档中 tagName 返回大写形式的标签名。第二个先把标签名转换为全部小写后再比较，这是推荐的做法，因为这对 HTML 和 XML 都适用。

1. HTML 元素

所有 HTML 元素都通过 HTMLElement 类型表示，包括其直接实例和间接实例。另外，HTMLElement 直接继承 Element 并增加了一些属性。每个属性都对应下列属性之一，它们是所有 HTML 元素上都有的标准属性：

- ❑ id，元素在文档中的唯一标识符；
- ❑ title，包含元素的额外信息，通常以提示条形式展示；
- ❑ lang，元素内容的语言代码（很少用）；
- ❑ dir，语言的书写方向（"ltr"表示从左到右，"rtl"表示从右到左，同样很少用）；
- ❑ className，相当于 class 属性，用于指定元素的 CSS 类（因为 class 是 ECMAScript 关键字，所以不能直接用这个名字）。

所有这些都可以用来获取对应的属性值，也可以用来修改相应的值。比如有下面的 HTML 元素：

```
<div id="myDiv" class="bd" title="Body text" lang="en" dir="ltr"></div>
```

这个元素中的所有属性都可以使用下列 JavaScript 代码读取：

```
let div = document.getElementById("myDiv");
alert(div.id);          // "myDiv"
alert(div.className);   // "bd"
alert(div.title);       // "Body text"
alert(div.lang);        // "en"
alert(div.dir);         // "ltr"
```

而且，可以使用下列代码修改元素的属性：

```
div.id = "someOtherId";
div.className = "ft";
div.title = "Some other text";
div.lang = "fr";
div.dir ="rtl";
```

并非所有这些属性的修改都会对页面产生影响。比如，把 id 或 lang 改成其他值对用户是不可见的（假设没有基于这两个属性应用 CSS 样式），而修改 title 属性则只会在鼠标移到这个元素上时才会反映出来。修改 dir 会导致页面文本立即向左或向右对齐。修改 className 会立即反映应用到新类名的 CSS 样式（如果定义了不同的样式）。

如前所述，所有 HTML 元素都是 HTMLElement 或其子类型的实例。下表列出了所有 HTML 元素及其对应的类型（斜体表示已经废弃的元素）。

元　　素	类　　型	元　　素	类　　型
A	HTMLAnchorElement	COL	HTMLTableColElement
ABBR	HTMLElement	COLGROUP	HTMLTableColElement
ACRONYM	HTMLElement	DD	HTMLElement
ADDRESS	HTMLElement	DEL	HTMLModElement
APPLET	*HTMLAppletElement*	DFN	HTMLElement
AREA	HTMLAreaElement	*DIR*	*HTMLDirectoryElement*
B	HTMLElement	DIV	HTMLDivElement
BASE	HTMLBaseElement	DL	HTMLDListElement
BASEFONT	*HTMLBaseFontElement*	DT	HTMLElement
BDO	HTMLElement	EM	HTMLElement
BIG	HTMLElement	FIELDSET	HTMLFieldSetElement
BLOCKQUOTE	HTMLQuoteElement	*FONT*	*HTMLFontElement*
BODY	HTMLBodyElement	FORM	HTMLFormElement
BR	HTMLBRElement	FRAME	HTMLFrameElement
BUTTON	HTMLButtonElement	FRAMESET	HTMLFrameSetElement
CAPTION	HTMLTableCaptionElement	H1	HTMLHeadingElement
CENTER	*HTMLElement*	H2	HTMLHeadingElement
CITE	HTMLElement	H3	HTMLHeadingElement
CODE	HTMLElement	H4	HTMLHeadingElement

14

（续）

元　素	类　型	元　素	类　型
H5	HTMLHeadingElement	PRE	HTMLPreElement
H6	HTMLHeadingElement	Q	HTMLQuoteElement
HEAD	HTMLHeadElement	*S*	*HTMLElement*
HR	HTMLHRElement	SAMP	HTMLElement
HTML	HTMLHtmlElement	SCRIPT	HTMLScriptElement
I	HTMLElement	SELECT	HTMLSelectElement
IFRAME	HTMLIFrameElement	SMALL	HTMLElement
IMG	HTMLImageElement	SPAN	HTMLElement
INPUT	HTMLInputElement	*STRIKE*	*HTMLElement*
INS	HTMLModElement	STRONG	HTMLElement
ISINDEX	*HTMLIsIndexElement*	STYLE	HTMLStyleElement
KBD	HTMLElement	SUB	HTMLElement
LABEL	HTMLLabelElement	SUP	HTMLElement
LEGEND	HTMLLegendElement	TABLE	HTMLTableElement
LI	HTMLLIElement	TBODY	HTMLTableSectionElement
LINK	HTMLLinkElement	TD	HTMLTableCellElement
MAP	HTMLMapElement	TEXTAREA	HTMLTextAreaElement
MENU	*HTMLMenuElement*	TFOOT	HTMLTableSectionElement
META	HTMLMetaElement	TH	HTMLTableCellElement
NOFRAMES	HTMLElement	THEAD	HTMLTableSectionElement
NOSCRIPT	HTMLElement	TITLE	HTMLTitleElement
OBJECT	HTMLObjectElement	TR	HTMLTableRowElement
OL	HTMLOListElement	TT	HTMLElement
OPTGROUP	HTMLOptGroupElement	*U*	*HTMLElement*
OPTION	HTMLOptionElement	UL	HTMLUListElement
P	HTMLParagraphElement	VAR	HTMLElement
PARAM	HTMLParamElement		

这里列出的每种类型都有关联的属性和方法。本书会涉及其中的很多类型。

2. 取得属性

每个元素都有零个或多个属性，通常用于为元素或其内容附加更多信息。与属性相关的 DOM 方法主要有 3 个：getAttribute()、setAttribute() 和 removeAttribute()。这些方法主要用于操纵属性，包括在 HTMLElement 类型上定义的属性。下面看一个例子：

```
let div = document.getElementById("myDiv");
alert(div.getAttribute("id"));      // "myDiv"
alert(div.getAttribute("class"));   // "bd"
alert(div.getAttribute("title"));   // "Body text"
alert(div.getAttribute("lang"));    // "en"
alert(div.getAttribute("dir"));     // "ltr"
```

注意传给 getAttribute() 的属性名与它们实际的属性名是一样的，因此这里要传"class"而非

"className"（className 是作为对象属性时才那么拼写的）。如果给定的属性不存在，则 getAttribute()
返回 null。

　　getAttribute() 方法也能取得不是 HTML 语言正式属性的自定义属性的值。比如下面的元素：

```
<div id="myDiv" my_special_attribute="hello!"></div>
```

　　这个元素有一个自定义属性 my_special_attribute，值为"hello!"。可以像其他属性一样使用
getAttribute() 取得这个属性的值：

```
let value = div.getAttribute("my_special_attribute");
```

　　注意，属性名不区分大小写，因此"ID"和"id"被认为是同一个属性。另外，根据 HTML5 规范的
要求，自定义属性名应该前缀 data- 以方便验证。

　　元素的所有属性也可以通过相应 DOM 元素对象的属性来取得。当然，这包括 HTMLElement 上定
义的直接映射对应属性的 5 个属性，还有所有公认（非自定义）的属性也会被添加为 DOM 对象的属性。
比如下面的例子：

```
<div id="myDiv" align="left" my_special_attribute="hello"></div>
```

　　因为 id 和 align 在 HTML 中是<div>元素公认的属性，所以 DOM 对象上也会有这两个属性。但
my_special_attribute 是自定义属性，因此不会成为 DOM 对象的属性。

　　通过 DOM 对象访问的属性中有两个返回的值跟使用 getAttribute() 取得的值不一样。首先是
style 属性，这个属性用于为元素设定 CSS 样式。在使用 getAttribute() 访问 style 属性时，返回的
是 CSS 字符串。而在通过 DOM 对象的属性访问时，style 属性返回的是一个（CSSStyleDeclaration）
对象。DOM 对象的 style 属性用于以编程方式读写元素样式，因此不会直接映射为元素中 style 属
性的字符串值。

　　第二个属性其实是一类，即事件处理程序（或者事件属性），比如 onclick。在元素上使用事件属
性时（比如 onclick），属性的值是一段 JavaScript 代码。如果使用 getAttribute() 访问事件属性，
则返回的是字符串形式的源代码。而通过 DOM 对象的属性访问事件属性时返回的则是一个 JavaScript
函数（未指定该属性则返回 null）。这是因为 onclick 及其他事件属性是可以接受函数作为值的。

　　考虑到以上差异，开发者在进行 DOM 编程时通常会放弃使用 getAttribute() 而只使用对象属性。
getAttribute() 主要用于取得自定义属性的值。

3. 设置属性

　　与 getAttribute() 配套的方法是 setAttribute()，这个方法接收两个参数：要设置的属性名
和属性的值。如果属性已经存在，则 setAttribute() 会以指定的值替换原来的值；如果属性不存在，
则 setAttribute() 会以指定的值创建该属性。下面看一个例子：

```
div.setAttribute("id", "someOtherId");
div.setAttribute("class", "ft");
div.setAttribute("title", "Some other text");
div.setAttribute("lang","fr");
div.setAttribute("dir", "rtl");
```

　　setAttribute() 适用于 HTML 属性，也适用于自定义属性。另外，使用 setAttribute() 方法
设置的属性名会规范为小写形式，因此"ID"会变成"id"。

　　因为元素属性也是 DOM 对象属性，所以直接给 DOM 对象的属性赋值也可以设置元素属性的值，
如下所示：

```
div.id = "someOtherId";
div.align = "left";
```

注意，在 DOM 对象上添加自定义属性，如下面的例子所示，不会自动让它变成元素的属性：

```
div.mycolor = "red";
alert(div.getAttribute("mycolor")); // null (IE 除外)
```

这个例子添加了一个自定义属性 mycolor 并将其值设置为"red"。在多数浏览器中，这个属性不会自动变成元素属性。因此调用 getAttribute() 取得 mycolor 的值会返回 null。

最后一个方法 removeAttribute() 用于从元素中删除属性。这样不单单是清除属性的值，而是会把整个属性完全从元素中去掉，如下所示：

```
div.removeAttribute("class");
```

这个方法用得并不多，但在序列化 DOM 元素时可以通过它控制要包含的属性。

4. attributes 属性

Element 类型是唯一使用 attributes 属性的 DOM 节点类型。attributes 属性包含一个 NamedNodeMap 实例，是一个类似 NodeList 的"实时"集合。元素的每个属性都表示为一个 Attr 节点，并保存在这个 NamedNodeMap 对象中。NamedNodeMap 对象包含下列方法：

- ❑ getNamedItem(name)，返回 nodeName 属性等于 name 的节点；
- ❑ removeNamedItem(name)，删除 nodeName 属性等于 name 的节点；
- ❑ setNamedItem(node)，向列表中添加 node 节点，以其 nodeName 为索引；
- ❑ item(pos)，返回索引位置 pos 处的节点。

attributes 属性中的每个节点的 nodeName 是对应属性的名字，nodeValue 是属性的值。比如，要取得元素 id 属性的值，可以使用以下代码：

```
let id = element.attributes.getNamedItem("id").nodeValue;
```

下面是使用中括号访问属性的简写形式：

```
let id = element.attributes["id"].nodeValue;
```

同样，也可以用这种语法设置属性的值，即先取得属性节点，再将其 nodeValue 设置为新值，如下所示：

```
element.attributes["id"].nodeValue = "someOtherId";
```

removeNamedItem() 方法与元素上的 removeAttribute() 方法类似，也是删除指定名字的属性。下面的例子展示了这两个方法唯一的不同之处，就是 removeNamedItem() 返回表示被删除属性的 Attr 节点：

```
let oldAttr = element.attributes.removeNamedItem("id");
```

setNamedItem() 方法很少使用，它接收一个属性节点，然后给元素添加一个新属性，如下所示：

```
element.attributes.setNamedItem(newAttr);
```

一般来说，因为使用起来更简便，通常开发者更喜欢使用 getAttribute()、removeAttribute() 和 setAttribute() 方法，而不是刚刚介绍的 NamedNodeMap 对象的方法。

attributes 属性最有用的场景是需要迭代元素上所有属性的时候。这时候往往是要把 DOM 结构序列化为 XML 或 HTML 字符串。比如，以下代码能够迭代一个元素上的所有属性并以 attribute1="value1" attribute2="value2"的形式生成格式化字符串：

```
function outputAttributes(element) {
  let pairs = [];

  for (let i = 0, len = element.attributes.length; i < len; ++i) {
    const attribute = element.attributes[i];
    pairs.push(`${attribute.nodeName}="${attribute.nodeValue}"`);
  }

  return pairs.join(" ");
}
```

这个函数使用数组存储每个名/值对,迭代完所有属性后,再将这些名/值对用空格拼接在一起。(这个技术常用于序列化为长字符串。)这个函数中的 for 循环使用 attributes.length 属性迭代每个属性,将每个属性的名字和值输出为字符串。不同浏览器返回的 attributes 中的属性顺序也可能不一样。HTML 或 XML 代码中属性出现的顺序不一定与 attributes 中的顺序一致。

5. 创建元素

可以使用 document.createElement() 方法创建新元素。这个方法接收一个参数,即要创建元素的标签名。在 HTML 文档中,标签名是不区分大小写的,而 XML 文档(包括 XHTML)是区分大小写的。要创建 <div> 元素,可以使用下面的代码:

```
let div = document.createElement("div");
```

使用 createElement() 方法创建新元素的同时也会将其 ownerDocument 属性设置为 document。此时,可以再为其添加属性、添加更多子元素。比如:

```
div.id = "myNewDiv";
div.className = "box";
```

在新元素上设置这些属性只会附加信息。因为这个元素还没有添加到文档树,所以不会影响浏览器显示。要把元素添加到文档树,可以使用 appendChild()、insertBefore() 或 replaceChild()。比如,以下代码会把刚才创建的元素添加到文档的 <body> 元素中:

```
document.body.appendChild(div);
```

元素被添加到文档树之后,浏览器会立即将其渲染出来。之后再对这个元素所做的任何修改,都会立即在浏览器中反映出来。

6. 元素后代

元素可以拥有任意多个子元素和后代元素,因为元素本身也可以是其他元素的子元素。childNodes 属性包含元素所有的子节点,这些子节点可能是其他元素、文本节点、注释或处理指令。不同浏览器在识别这些节点时的表现有明显不同。比如下面的代码:

```
<ul id="myList">
  <li>Item 1</li>
  <li>Item 2</li>
  <li>Item 3</li>
</ul>
```

在解析以上代码时,<ul> 元素会包含 7 个子元素,其中 3 个是 <li> 元素,还有 4 个 Text 节点(表示 <li> 元素周围的空格)。如果把元素之间的空格删掉,变成下面这样,则所有浏览器都会返回同样数量的子节点:

```
<ul id="myList"><li>Item 1</li><li>Item 2</li><li>Item 3</li></ul>
```

14

所有浏览器解析上面的代码后，<ul>元素都会包含 3 个子节点。考虑到这种情况，通常在执行某个操作之后需要先检测一下节点的 nodeType，如下所示：

```
for (let i = 0, len = element.childNodes.length; i < len; ++i) {
  if (element.childNodes[i].nodeType == 1) {
    // 执行某个操作
  }
}
```

以上代码会遍历某个元素的子节点，并且只在 nodeType 等于 1（即 Element 节点）时执行某个操作。

要取得某个元素的子节点和其他后代节点，可以使用元素的 getElementsByTagName() 方法。在元素上调用这个方法与在文档上调用是一样的，只不过搜索范围限制在当前元素之内，即只会返回当前元素的后代。对于本节前面<ul>的例子，可以像下面这样取得其所有的<li>元素：

```
let ul = document.getElementById("myList");
let items = ul.getElementsByTagName("li");
```

这里例子中的<ul>元素只有一级子节点，如果它包含更多层级，则所有层级中的<li>元素都会返回。

14.1.4　**Text** 类型

Text 节点由 Text 类型表示，包含按字面解释的纯文本，也可能包含转义后的 HTML 字符，但不含 HTML 代码。Text 类型的节点具有以下特征：

❑ nodeType 等于 3；
❑ nodeName 值为 "#text"；
❑ nodeValue 值为节点中包含的文本；
❑ parentNode 值为 Element 对象；
❑ 不支持子节点。

Text 节点中包含的文本可以通过 nodeValue 属性访问，也可以通过 data 属性访问，这两个属性包含相同的值。修改 nodeValue 或 data 的值，也会在另一个属性反映出来。文本节点暴露了以下操作文本的方法：

❑ appendData(*text*)，向节点末尾添加文本 *text*；
❑ deleteData(*offset, count*)，从位置 *offset* 开始删除 *count* 个字符；
❑ insertData(*offset, text*)，在位置 *offset* 插入 *text*；
❑ replaceData(*offset, count, text*)，用 *text* 替换从位置 *offset* 到 *offset* + *count* 的文本；
❑ splitText(*offset*)，在位置 *offset* 将当前文本节点拆分为两个文本节点；
❑ substringData(*offset, count*)，提取从位置 *offset* 到 *offset* + *count* 的文本。

除了这些方法，还可以通过 length 属性获取文本节点中包含的字符数量。这个值等于 nodeValue.length 和 data.length。

默认情况下，包含文本内容的每个元素最多只能有一个文本节点。例如：

```
<!-- 没有内容，因此没有文本节点 -->
<div></div>

<!-- 有空格，因此有一个文本节点 -->
```

```
<div> </div>

<!-- 有内容，因此有一个文本节点 -->
<div>Hello World!</div>
```

示例中的第一个`<div>`元素中不包含内容，因此不会产生文本节点。只要开始标签和结束标签之间有内容，就会创建一个文本节点，因此第二个`<div>`元素会有一个文本节点的子节点，虽然它只包含空格。这个文本节点的 `nodeValue` 就是一个空格。第三个`<div>`元素也有一个文本节点的子节点，其`nodeValue`的值为"Hello World!"。下列代码可以用来访问这个文本节点：

```
let textNode = div.firstChild; // 或div.childNodes[0]
```

取得文本节点的引用后，可以像这样来修改它：

```
div.firstChild.nodeValue = "Some other message";
```

只要节点在当前的文档树中，这样的修改就会马上反映出来。修改文本节点还有一点要注意，就是 HTML 或 XML 代码（取决于文档类型）会被转换成实体编码，即小于号、大于号或引号会被转义，如下所示：

```
// 输出为"Some &lt;strong&gt;other&lt;/strong&gt; message"
div.firstChild.nodeValue = "Some <strong>other</strong> message";
```

这实际上是在将 HTML 字符串插入 DOM 文档前进行编码的有效方式。

1. 创建文本节点

`document.createTextNode()`可以用来创建新文本节点，它接收一个参数，即要插入节点的文本。跟设置已有文本节点的值一样，这些要插入的文本也会应用 HTML 或 XML 编码，如下面的例子所示：

```
let textNode = document.createTextNode("<strong>Hello</strong> world!");
```

创建新文本节点后，其 `ownerDocument` 属性会被设置为 `document`。但在把这个节点添加到文档树之前，我们不会在浏览器中看到它。以下代码创建了一个`<div>`元素并给它添加了一段文本消息：

```
let element = document.createElement("div");
element.className = "message";

let textNode = document.createTextNode("Hello world!");
element.appendChild(textNode);

document.body.appendChild(element);
```

这个例子首先创建了一个`<div>`元素并给它添加了值为"message"的 `class` 属性，然后又创建了一个文本节点并添加到该元素。最后一步是把这个元素添加到文档的主体上，这样元素及其包含的文本会出现在浏览器中。

一般来说一个元素只包含一个文本子节点。不过，也可以让元素包含多个文本子节点，如下面的例子所示：

```
let element = document.createElement("div");
element.className = "message";

let textNode = document.createTextNode("Hello world!");
element.appendChild(textNode);

let anotherTextNode = document.createTextNode("Yippee!");
element.appendChild(anotherTextNode);

document.body.appendChild(element);
```

在将一个文本节点作为另一个文本节点的同胞插入后，两个文本节点的文本之间不会包含空格。

2. 规范化文本节点

DOM 文档中的同胞文本节点可能导致困惑，因为一个文本节点足以表示一个文本字符串。同样，DOM 文档中也经常会出现两个相邻文本节点。为此，有一个方法可以合并相邻的文本节点。这个方法叫 normalize()，是在 Node 类型中定义的（因此所有类型的节点上都有这个方法）。在包含两个或多个相邻文本节点的父节点上调用 normalize()时，所有同胞文本节点会被合并为一个文本节点，这个文本节点的 nodeValue 就等于之前所有同胞节点 nodeValue 拼接在一起得到的字符串。来看下面的例子：

```
let element = document.createElement("div");
element.className = "message";

let textNode = document.createTextNode("Hello world!");
element.appendChild(textNode);

let anotherTextNode = document.createTextNode("Yippee!");
element.appendChild(anotherTextNode);

document.body.appendChild(element);

alert(element.childNodes.length);      // 2

element.normalize();
alert(element.childNodes.length);      // 1
alert(element.firstChild.nodeValue); // "Hello world!Yippee!"
```

浏览器在解析文档时，永远不会创建同胞文本节点。同胞文本节点只会出现在 DOM 脚本生成的文档树中。

3. 拆分文本节点

Text 类型定义了一个与 normalize()相反的方法——splitText()。这个方法可以在指定的偏移位置拆分 nodeValue，将一个文本节点拆分成两个文本节点。拆分之后，原来的文本节点包含开头到偏移位置前的文本，新文本节点包含剩下的文本。这个方法返回新的文本节点，具有与原来的文本节点相同的 parentNode。来看下面的例子：

```
let element = document.createElement("div");
element.className = "message";

let textNode = document.createTextNode("Hello world!");
element.appendChild(textNode);

document.body.appendChild(element);

let newNode = element.firstChild.splitText(5);
alert(element.firstChild.nodeValue);  // "Hello"
alert(newNode.nodeValue);             // " world!"
alert(element.childNodes.length);     // 2
```

在这个例子中，包含"Hello world!"的文本节点被从位置 5 拆分成两个文本节点。位置 5 对应"Hello"和"world!"之间的空格，因此原始文本节点包含字符串"Hello"，而新文本节点包含文本" world!"（包含空格）。

拆分文本节点最常用于从文本节点中提取数据的 DOM 解析技术。

14.1.5 Comment 类型

DOM 中的注释通过 Comment 类型表示。Comment 类型的节点具有以下特征:

❑ nodeType 等于 8;

❑ nodeName 值为"#comment";

❑ nodeValue 值为注释的内容;

❑ parentNode 值为 Document 或 Element 对象;

❑ 不支持子节点。

Comment 类型与 Text 类型继承同一个基类 (CharacterData),因此拥有除 splitText()之外 Text 节点所有的字符串操作方法。与 Text 类型相似,注释的实际内容可以通过 nodeValue 或 data 属性获得。

注释节点可以作为父节点的子节点来访问。比如下面的 HTML 代码:

```
<div id="myDiv"><!-- A comment --></div>
```

这里的注释是<div>元素的子节点,这意味着可以像下面这样访问它:

```
let div = document.getElementById("myDiv");
let comment = div.firstChild;
alert(comment.data); // "A comment"
```

可以使用 document.createComment()方法创建注释节点,参数为注释文本,如下所示:

```
let comment = document.createComment("A comment");
```

显然,注释节点很少通过 JavaScrpit 创建和访问,因为注释几乎不涉及算法逻辑。此外,浏览器不承认结束的</html>标签之后的注释。如果要访问注释节点,则必须确定它们是<html>元素的后代。

14.1.6 CDATASection 类型

CDATASection 类型表示 XML 中特有的 CDATA 区块。CDATASection 类型继承 Text 类型,因此拥有包括 splitText()在内的所有字符串操作方法。CDATASection 类型的节点具有以下特征:

❑ nodeType 等于 4;

❑ nodeName 值为"#cdata-section";

❑ nodeValue 值为 CDATA 区块的内容;

❑ parentNode 值为 Document 或 Element 对象;

❑ 不支持子节点。

CDATA 区块只在 XML 文档中有效,因此某些浏览器比较陈旧的版本会错误地将 CDATA 区块解析为 Comment 或 Element。比如下面这行代码:

```
<div id="myDiv"><![CDATA[This is some content.]]></div>
```

这里<div>的第一个子节点应该是 CDATASection 节点。但主流的四大浏览器没有一个将其识别为 CDATASection。即使在有效的 XHTML 文档中,这些浏览器也不能恰当地支持嵌入的 CDATA 区块。

在真正的 XML 文档中,可以使用 document.createCDataSection()并传入节点内容来创建 CDATA 区块。

14

14.1.7　**DocumentType** 类型

DocumentType 类型的节点包含文档的文档类型（doctype）信息，具有以下特征：

❑ nodeType 等于 10；
❑ nodeName 值为文档类型的名称；
❑ nodeValue 值为 null；
❑ parentNode 值为 Document 对象；
❑ 不支持子节点。

DocumentType 对象在 DOM Level 1 中不支持动态创建，只能在解析文档代码时创建。对于支持这个类型的浏览器，DocumentType 对象保存在 document.doctype 属性中。DOM Level 1 规定了 DocumentType 对象的 3 个属性：name、entities 和 notations。其中，name 是文档类型的名称，entities 是这个文档类型描述的实体的 NamedNodeMap，而 notations 是这个文档类型描述的表示法的 NamedNodeMap。因为浏览器中的文档通常是 HTML 或 XHTML 文档类型，所以 entities 和 notations 列表为空。（这个对象只包含行内声明的文档类型。）无论如何，只有 name 属性是有用的。这个属性包含文档类型的名称，即紧跟在<!DOCTYPE 后面的那串文本。比如下面的 HTML 4.01 严格文档类型：

```
<!DOCTYPE HTML PUBLIC "-// W3C// DTD HTML 4.01// EN"
    "http:// www.w3.org/TR/html4/strict.dtd">
```

对于这个文档类型，name 属性的值是"html"：

```
alert(document.doctype.name); // "html"
```

14.1.8　**DocumentFragment** 类型

在所有节点类型中，DocumentFragment 类型是唯一一个在标记中没有对应表示的类型。DOM 将文档片段定义为"轻量级"文档，能够包含和操作节点，却没有完整文档那样额外的消耗。DocumentFragment 节点具有以下特征：

❑ nodeType 等于 11；
❑ nodeName 值为"#document-fragment"；
❑ nodeValue 值为 null；
❑ parentNode 值为 null；
❑ 子节点可以是 Element、ProcessingInstruction、Comment、Text、CDATASection 或 EntityReference。

不能直接把文档片段添加到文档。相反，文档片段的作用是充当其他要被添加到文档的节点的仓库。可以使用 document.createDocumentFragment()方法像下面这样创建文档片段：

```
let fragment = document.createDocumentFragment();
```

文档片段从 Node 类型继承了所有文档类型具备的可以执行 DOM 操作的方法。如果文档中的一个节点被添加到一个文档片段，则该节点会从文档树中移除，不会再被浏览器渲染。添加到文档片段的新节点同样不属于文档树，不会被浏览器渲染。可以通过 appendChild()或 insertBefore()方法将文档片段的内容添加到文档。在把文档片段作为参数传给这些方法时，这个文档片段的所有子节点会被添加到文档中相应的位置。文档片段本身永远不会被添加到文档树。以下面的 HTML 为例：

```
<ul id="myList"></ul>
```

假设想给这个`<ul>`元素添加 3 个列表项。如果分 3 次给这个元素添加列表项，浏览器就要重新渲染 3 次页面，以反映新添加的内容。为避免多次渲染，下面的代码示例使用文档片段创建了所有列表项，然后一次性将它们添加到了`<ul>`元素：

```
let fragment = document.createDocumentFragment();
let ul = document.getElementById("myList");

for (let i = 0; i < 3; ++i) {
  let li = document.createElement("li");
  li.appendChild(document.createTextNode(`Item ${i + 1}`));
  fragment.appendChild(li);
}

ul.appendChild(fragment);
```

这个例子先创建了一个文档片段，然后取得了`<ul>`元素的引用。接着通过 `for` 循环创建了 3 个列表项，每一项都包含表明自己身份的文本。为此先创建`<li>`元素，再创建文本节点并添加到该元素。然后通过 `appendChild()` 把`<li>`元素添加到文档片段。循环结束后，通过把文档片段传给 `appendChild()` 将所有列表项添加到了`<ul>`元素。此时，文档片段的子节点全部被转移到了`<ul>`元素。

14.1.9 `Attr` 类型

元素数据在 DOM 中通过 `Attr` 类型表示。`Attr` 类型构造函数和原型在所有浏览器中都可以直接访问。技术上讲，属性是存在于元素 `attributes` 属性中的节点。`Attr` 节点具有以下特征：

❏ `nodeType` 等于 2；
❏ `nodeName` 值为属性名；
❏ `nodeValue` 值为属性值；
❏ `parentNode` 值为 null；
❏ 在 HTML 中不支持子节点；
❏ 在 XML 中子节点可以是 `Text` 或 `EntityReference`。

属性节点尽管是节点，却不被认为是 DOM 文档树的一部分。`Attr` 节点很少直接被引用，通常开发者更喜欢使用 `getAttribute()`、`removeAttribute()` 和 `setAttribute()` 方法操作属性。

`Attr` 对象上有 3 个属性：`name`、`value` 和 `specified`。其中，`name` 包含属性名（与 `nodeName` 一样），`value` 包含属性值（与 `nodeValue` 一样），而 `specified` 是一个布尔值，表示属性使用的是默认值还是被指定的值。

可以使用 `document.createAttribute()` 方法创建新的 `Attr` 节点，参数为属性名。比如，要给元素添加 align 属性，可以使用下列代码：

```
let attr = document.createAttribute("align");
attr.value = "left";
element.setAttributeNode(attr);

alert(element.attributes["align"].value);        // "left"
alert(element.getAttributeNode("align").value); // "left"
alert(element.getAttribute("align"));            // "left"
```

在这个例子中，首先创建了一个新属性。调用 `createAttribute()` 并传入"align"为新属性设置

14

了 `name` 属性，因此就不用再设置了。随后，`value` 属性被赋值为`"left"`。为把这个新属性添加到元素上，可以使用元素的 `setAttributeNode()`方法。添加这个属性后，可以通过不同方式访问它，包括 `attributes` 属性、`getAttributeNode()` 和 `getAttribute()` 方法。其中，`attributes` 属性和 `getAttributeNode()`方法都返回属性对应的 `Attr` 节点，而 `getAttribute()`方法只返回属性的值。

> **注意**　将属性作为节点来访问多数情况下并无必要。推荐使用 `getAttribute()`、`removeAttribute()`和 `setAttribute()`方法操作属性，而不是直接操作属性节点。

14.2　DOM 编程

很多时候，操作 DOM 是很直观的。通过 HTML 代码能实现的，也一样能通过 JavaScript 实现。但有时候，DOM 也没有看起来那么简单。浏览器能力的参差不齐和各种问题，也会导致 DOM 的某些方面会复杂一些。

14.2.1　动态脚本

<script>元素用于向网页中插入 JavaScript 代码，可以是 `src` 属性包含的外部文件，也可以是作为该元素内容的源代码。动态脚本就是在页面初始加载时不存在，之后又通过 DOM 包含的脚本。与对应的 HTML 元素一样，有两种方式通过<script>动态为网页添加脚本：引入外部文件和直接插入源代码。

动态加载外部文件很容易实现，比如下面的<script>元素：

```
<script src="foo.js"></script>
```

可以像这样通过 DOM 编程创建这个节点：

```
let script = document.createElement("script");
script.src = "foo.js";
document.body.appendChild(script);
```

这里的 DOM 代码实际上完全照搬了它要表示的 HTML 代码。注意，在上面最后一行把<script>元素添加到页面之前，是不会开始下载外部文件的。当然也可以把它添加到<head>元素，同样可以实现动态脚本加载。这个过程可以抽象为一个函数，比如：

```
function loadScript(url) {
  let script = document.createElement("script");
  script.src = url;
  document.body.appendChild(script);
}
```

然后，就可以像下面这样加载外部 JavaScript 文件了：

```
loadScript("client.js");
```

加载之后，这个脚本就可以对页面执行操作了。这里有个问题：怎么能知道脚本什么时候加载完？这个问题并没有标准答案。第 17 章会讨论一些与加载相关的事件，具体情况取决于使用的浏览器。

另一个动态插入 JavaScript 的方式是嵌入源代码，如下面的例子所示：

```
<script>
  function sayHi() {
    alert("hi");
```

```
  }
</script>
```

使用 DOM，可以实现以下逻辑：

```
let script = document.createElement("script");
script.appendChild(document.createTextNode("function sayHi(){alert('hi');}"));
document.body.appendChild(script);
```

以上代码可以在 Firefox、Safari、Chrome 和 Opera 中运行。不过在旧版本的 IE 中可能会导致问题。这是因为 IE 对<script>元素做了特殊处理，不允许常规 DOM 访问其子节点。但<script>元素上有一个 text 属性，可以用来添加 JavaScript 代码，如下所示：

```
var script = document.createElement("script");
script.text = "function sayHi(){alert('hi');}";
document.body.appendChild(script);
```

这样修改后，上面的代码可以在 IE、Firefox、Opera 和 Safari 3 及更高版本中运行。Safari 3 之前的版本不能正确支持这个 text 属性，但这些版本却支持文本节点赋值。对于早期的 Safari 版本，需要使用以下代码：

```
var script = document.createElement("script");
var code = "function sayHi(){alert('hi');}";
try {
  script.appendChild(document.createTextNode("code"));
} catch (ex){
  script.text = "code";
}
document.body.appendChild(script);
```

这里先尝试使用标准的 DOM 文本节点插入方式，因为除 IE 之外的浏览器都支持这种方式。IE 此时会抛出错误，那么可以在捕获错误之后再使用 text 属性来插入 JavaScript 代码。于是，我们就可以抽象出一个跨浏览器的函数：

```
function loadScriptString(code){
  var script = document.createElement("script");
  script.type = "text/javascript";
  try {
    script.appendChild(document.createTextNode(code));
  } catch (ex){
    script.text = code;
  }
  document.body.appendChild(script);
}
```

这个函数可以这样调用：

```
loadScriptString("function sayHi(){alert('hi');}");
```

以这种方式加载的代码会在全局作用域中执行，并在调用返回后立即生效。基本上，这就相当于在全局作用域中把源代码传给 eval()方法。

注意，通过 innerHTML 属性创建的<script>元素永远不会执行。浏览器会尽责地创建<script>元素，以及其中的脚本文本，但解析器会给这个<script>元素打上永不执行的标签。只要是使用 innerHTML 创建的<script>元素，以后也没有办法强制其执行。

14

14.2.2　动态样式

CSS 样式在 HTML 页面中可以通过两个元素加载。<link>元素用于包含 CSS 外部文件,而<style>元素用于添加嵌入样式。与动态脚本类似,动态样式也是页面初始加载时并不存在,而是在之后才添加到页面中的。

来看下面这个典型的<link>元素:

```
<link rel="stylesheet" type="text/css" href="styles.css">
```

这个元素很容易使用 DOM 编程创建出来:

```
let link = document.createElement("link");
link.rel = "stylesheet";
link.type = "text/css";
link.href = "styles.css";
let head = document.getElementsByTagName("head")[0];
head.appendChild(link);
```

以上代码在所有主流浏览器中都能正常运行。注意应该把<link>元素添加到<head>元素而不是<body>元素,这样才能保证所有浏览器都能正常运行。这个过程可以抽象为以下通用函数:

```
function loadStyles(url){
  let link = document.createElement("link");
  link.rel = "stylesheet";
  link.type = "text/css";
  link.href = url;
  let head = document.getElementsByTagName("head")[0];
  head.appendChild(link);
}
```

然后就可以这样调用这个 loadStyles() 函数了:

```
loadStyles("styles.css");
```

通过外部文件加载样式是一个异步过程。因此,样式的加载和正执行的 JavaScript 代码并没有先后顺序。一般来说,也没有必要知道样式什么时候加载完成。

另一种定义样式的方式是使用<script>元素包含嵌入的 CSS 规则,例如:

```
<style type="text/css">
body {
  background-color: red;
}
</style>
```

逻辑上,下列 DOM 代码会有同样的效果:

```
let style = document.createElement("style");
style.type = "text/css";
style.appendChild(document.createTextNode("body{background-color:red}"));
let head = document.getElementsByTagName("head")[0];
head.appendChild(style);
```

以上代码在 Firefox、Safari、Chrome 和 Opera 中都可以运行,但 IE 除外。IE 对<style>节点会施加限制,不允许访问其子节点,这一点与它对<script>元素施加的限制一样。事实上,IE 在执行到给<style>添加子节点的代码时,会抛出与给<script>添加子节点时同样的错误。对于 IE,解决方案是访问元素的 styleSheet 属性,这个属性又有一个 cssText 属性,然后给这个属性添加 CSS 代码:

```
let style = document.createElement("style");
style.type = "text/css";
try{
  style.appendChild(document.createTextNode("body{background-color:red}"));
} catch (ex){
  style.styleSheet.cssText = "body{background-color:red}";
}
let head = document.getElementsByTagName("head")[0];
head.appendChild(style);
```

与动态添加脚本源代码类似，这里也使用了 `try...catch` 语句捕获 IE 抛出的错误，然后再以 IE 特有的方式来设置样式。这是最终的通用函数：

```
function loadStyleString(css){
  let style = document.createElement("style");
  style.type = "text/css";
  try{
    style.appendChild(document.createTextNode(css));
  } catch (ex){
    style.styleSheet.cssText = css;
  }
  let head = document.getElementsByTagName("head")[0];
    head.appendChild(style);
}
```

可以这样调用这个函数：

```
loadStyleString("body{background-color:red}");
```

这样添加的样式会立即生效，因此所有变化会立即反映出来。

> **注意**　对于 IE，要小心使用 `styleSheet.cssText`。如果重用同一个`<style>`元素并设置该属性超过一次，则可能导致浏览器崩溃。同样，将 `cssText` 设置为空字符串也可能导致浏览器崩溃。

14.2.3　操作表格

表格是 HTML 中最复杂的结构之一。通过 DOM 编程创建`<table>`元素，通常要涉及大量标签，包括表行、表元、表题，等等。因此，通过 DOM 编程创建和修改表格时可能要写很多代码。假设要通过 DOM 来创建以下 HTML 表格：

```
<table border="1" width="100%">
  <tbody>
    <tr>
      <td>Cell 1,1</td>
      <td>Cell 2,1</td>
    </tr>
    <tr>
      <td>Cell 1,2</td>
      <td>Cell 2,2</td>
    </tr>
  </tbody>
</table>
```

下面就是以 DOM 编程方式重建这个表格的代码：

14

```
// 创建表格
let table = document.createElement("table");
table.border = 1;
table.width = "100%";

// 创建表体
let tbody = document.createElement("tbody");
table.appendChild(tbody);

// 创建第一行
let row1 = document.createElement("tr");
tbody.appendChild(row1);
let cell1_1 = document.createElement("td");
cell1_1.appendChild(document.createTextNode("Cell 1,1"));
row1.appendChild(cell1_1);
let cell2_1 = document.createElement("td");
cell2_1.appendChild(document.createTextNode("Cell 2,1"));
row1.appendChild(cell2_1);

// 创建第二行
let row2 = document.createElement("tr");
tbody.appendChild(row2);
let cell1_2 = document.createElement("td");
cell1_2.appendChild(document.createTextNode("Cell 1,2"));
row2.appendChild(cell1_2);
let cell2_2= document.createElement("td");
cell2_2.appendChild(document.createTextNode("Cell 2,2"));
row2.appendChild(cell2_2);

// 把表格添加到文档主体
document.body.appendChild(table);
```

以上代码相当烦琐，也不好理解。为了方便创建表格，HTML DOM 给<table>、<tbody>和<tr>元素添加了一些属性和方法。

<table>元素添加了以下属性和方法：

❑ caption，指向<caption>元素的指针（如果存在）；

❑ tBodies，包含<tbody>元素的 HTMLCollection；

❑ tFoot，指向<tfoot>元素（如果存在）；

❑ tHead，指向<thead>元素（如果存在）；

❑ rows，包含表示所有行的 HTMLCollection；

❑ createTHead()，创建<thead>元素，放到表格中，返回引用；

❑ createTFoot()，创建<tfoot>元素，放到表格中，返回引用；

❑ createCaption()，创建<caption>元素，放到表格中，返回引用；

❑ deleteTHead()，删除<thead>元素；

❑ deleteTFoot()，删除<tfoot>元素；

❑ deleteCaption()，删除<caption>元素；

❑ deleteRow(pos)，删除给定位置的行；

❑ insertRow(pos)，在行集合中给定位置插入一行。

<tbody>元素添加了以下属性和方法：

❑ rows，包含<tbody>元素中所有行的 HTMLCollection；

- ❑ deleteRow(*pos*)，删除给定位置的行；
- ❑ insertRow(*pos*)，在行集合中给定位置插入一行，返回该行的引用。

\<tr\>元素添加了以下属性和方法：

- ❑ cells，包含\<tr\>元素所有表元的 HTMLCollection；
- ❑ deleteCell(*pos*)，删除给定位置的表元；
- ❑ insertCell(*pos*)，在表元集合给定位置插入一个表元，返回该表元的引用。

这些属性和方法极大地减少了创建表格所需的代码量。例如，使用这些方法重写前面的代码之后是这样的（加粗代码表示更新的部分）：

```
// 创建表格
let table = document.createElement("table");
table.border = 1;
table.width = "100%";

// 创建表体
let tbody = document.createElement("tbody");
table.appendChild(tbody);

// 创建第一行
tbody.insertRow(0);
tbody.rows[0].insertCell(0);
tbody.rows[0].cells[0].appendChild(document.createTextNode("Cell 1,1"));
tbody.rows[0].insertCell(1);
tbody.rows[0].cells[1].appendChild(document.createTextNode("Cell 2,1"));

// 创建第二行
tbody.insertRow(1);
tbody.rows[1].insertCell(0);
tbody.rows[1].cells[0].appendChild(document.createTextNode("Cell 1,2"));
tbody.rows[1].insertCell(1);
tbody.rows[1].cells[1].appendChild(document.createTextNode("Cell 2,2"));

// 把表格添加到文档主体
document.body.appendChild(table);
```

这里创建\<table\>和\<tbody\>元素的代码没有变。变化的是创建两行的部分，这次使用了 HTML DOM 表格的属性和方法。创建第一行时，在\<tbody\>元素上调用了 insertRow()方法。传入参数 0，表示把这一行放在什么位置。然后，使用 tbody.rows[0] 来引用这一行，因为这一行刚刚创建并被添加到了\<tbody\>的位置 0。

创建表元的方式也与之类似。在\<tr\>元素上调用 insertCell()方法，传入参数 0，表示把这个表元放在什么位置上。然后，使用 tbody.rows[0].cells[0]来引用这个表元，因为这个表元刚刚创建并被添加到了\<tr\>的位置 0。

虽然以上两种代码在技术上都是正确的，但使用这些属性和方法创建表格让代码变得更有逻辑性，也更容易理解。

14.2.4　使用 NodeList

理解 NodeList 对象和相关的 NamedNodeMap、HTMLCollection，是理解 DOM 编程的关键。这 3 个集合类型都是"实时的"，意味着文档结构的变化会实时地在它们身上反映出来，因此它们的值始终

14

代表最新的状态。实际上，`NodeList` 就是基于 **DOM** 文档的实时查询。例如，下面的代码会导致无穷循环：

```
let divs = document.getElementsByTagName("div");

for (let i = 0; i < divs.length; ++i){
  let div = document.createElement("div");
  document.body.appendChild(div);
}
```

第一行取得了包含文档中所有<div>元素的 `HTMLCollection`。因为这个集合是"实时的"，所以任何时候只要向页面中添加一个新<div>元素，再查询这个集合就会多一项。因为浏览器不希望保存每次创建的集合，所以就会在每次访问时更新集合。这样就会出现前面使用循环的例子中所演示的问题。每次循环开始，都会求值 `i < divs.length`。这意味着要执行获取所有<div>元素的查询。因为循环体中会创建并向文档添加一个新<div>元素，所以每次循环 `divs.length` 的值也会递增。因为两个值都会递增，所以 `i` 将永远不会等于 `divs.length`。

使用 ES6 迭代器并不会解决这个问题，因为迭代的是一个永远增长的实时集合。以下代码仍然会导致无穷循环：

```
for (let div of document.getElementsByTagName("div")){
  let newDiv = document.createElement("div");
  document.body.appendChild(newDiv);
}
```

任何时候要迭代 `NodeList`，最好再初始化一个变量保存当时查询时的长度，然后用循环变量与这个变量进行比较，如下所示：

```
let divs = document.getElementsByTagName("div");

for (let i = 0, len = divs.length; i < len; ++i) {
  let div = document.createElement("div");
  document.body.appendChild(div);
}
```

在这个例子中，又初始化了一个保存集合长度的变量 `len`。因为 `len` 保存着循环开始时集合的长度，而这个值不会随集合增大动态增长，所以就可以避免前面例子中出现的无穷循环。本章还会使用这种技术来演示迭代 `NodeList` 对象的首选方式。

另外，如果不想再初始化一个变量，也可以像下面这样反向迭代集合：

```
let divs = document.getElementsByTagName("div");

for (let i = divs.length - 1; i >= 0; --i) {
  let div = document.createElement("div");
  document.body.appendChild(div);
}
```

一般来说，最好限制操作 `NodeList` 的次数。因为每次查询都会搜索整个文档，所以最好把查询到的 `NodeList` 缓存起来。

14.3　**MutationObserver** 接口

不久前添加到 **DOM** 规范中的 `MutationObserver` 接口，可以在 **DOM** 被修改时异步执行回调。使用 `MutationObserver` 可以观察整个文档、**DOM** 树的一部分，或某个元素。此外还可以观察元素属性、子节点、文本，或者前三者任意组合的变化。

> **注意** 新引进 MutationObserver 接口是为了取代废弃的 MutationEvent。

14.3.1 基本用法

MutationObserver 的实例要通过调用 MutationObserver 构造函数并传入一个回调函数来创建：

```
let observer = new MutationObserver(() => console.log('DOM was mutated!'));
```

1. observe()方法

新创建的 MutationObserver 实例不会关联 DOM 的任何部分。要把这个 observer 与 DOM 关联起来，需要使用 observe()方法。这个方法接收两个必需的参数：要观察其变化的 DOM 节点，以及一个 MutationObserverInit 对象。

MutationObserverInit 对象用于控制观察哪些方面的变化，是一个键/值对形式配置选项的字典。例如，下面的代码会创建一个观察者（observer）并配置它观察\<body>元素上的属性变化：

```
let observer = new MutationObserver(() => console.log('<body> attributes changed'));

observer.observe(document.body, { attributes: true });
```

执行以上代码后，\<body>元素上任何属性发生变化都会被这个 MutationObserver 实例发现，然后就会异步执行注册的回调函数。\<body>元素后代的修改或其他非属性修改都不会触发回调进入任务队列。可以通过以下代码来验证：

```
let observer = new MutationObserver(() => console.log('<body> attributes changed'));

observer.observe(document.body, { attributes: true });

document.body.className = 'foo';
console.log('Changed body class');

// Changed body class
// <body> attributes changed
```

注意，回调中的 console.log()是后执行的。这表明回调并非与实际的 DOM 变化同步执行。

2. 回调与 MutationRecord

每个回调都会收到一个 MutationRecord 实例的数组。MutationRecord 实例包含的信息包括发生了什么变化，以及 DOM 的哪一部分受到了影响。因为回调执行之前可能同时发生多个满足观察条件的事件，所以每次执行回调都会传入一个包含按顺序入队的 MutationRecord 实例的数组。

下面展示了反映一个属性变化的 MutationRecord 实例的数组：

```
let observer = new MutationObserver(
    (mutationRecords) => console.log(mutationRecords));

observer.observe(document.body, { attributes: true });

document.body.setAttribute('foo', 'bar');
// [
//   {
//     addedNodes: NodeList [],
```

14

```
//        attributeName: "foo",
//        attributeNamespace: null,
//        nextSibling: null,
//        oldValue: null,
//        previousSibling: null
//        removedNodes: NodeList [],
//        target: body
//        type: "attributes"
//    }
// ]
```

下面是一次涉及命名空间的类似变化：

```
let observer = new MutationObserver(
    (mutationRecords) => console.log(mutationRecords));

observer.observe(document.body, { attributes: true });

document.body.setAttributeNS('baz', 'foo', 'bar');

// [
//    {
//        addedNodes: NodeList [],
//        attributeName: "foo",
//        attributeNamespace: "baz",
//        nextSibling: null,
//        oldValue: null,
//        previousSibling: null
//        removedNodes: NodeList [],
//        target: body
//        type: "attributes"
//    }
// ]
```

连续修改会生成多个 `MutationRecord` 实例，下次回调执行时就会收到包含所有这些实例的数组，顺序为变化事件发生的顺序：

```
let observer = new MutationObserver(
    (mutationRecords) => console.log(mutationRecords));

observer.observe(document.body, { attributes: true });

document.body.className = 'foo';
document.body.className = 'bar';
document.body.className = 'baz';

// [MutationRecord, MutationRecord, MutationRecord]
```

下表列出了 `MutationRecord` 实例的属性。

属　性	说　明
target	被修改影响的目标节点
type	字符串，表示变化的类型："attributes"、"characterData"或"childList"
oldValue	如果在 `MutationObserverInit` 对象中启用（`attributeOldValue` 或 `characterData OldValue` 为 true），"attributes"或"characterData"的变化事件会设置这个属性为被替代的值 "childList"类型的变化始终将这个属性设置为 null

（续）

属　　性	说　　明
attributeName	对于"attributes"类型的变化，这里保存被修改属性的名字
	其他变化事件会将这个属性设置为 null
attributeNamespace	对于使用了命名空间的"attributes"类型的变化，这里保存被修改属性的名字
	其他变化事件会将这个属性设置为 null
addedNodes	对于"childList"类型的变化，返回包含变化中添加节点的 NodeList
	默认为空 NodeList
removedNodes	对于"childList"类型的变化，返回包含变化中删除节点的 NodeList
	默认为空 NodeList
previousSibling	对于"childList"类型的变化，返回变化节点的前一个同胞 Node
	默认为 null
nextSibling	对于"childList"类型的变化，返回变化节点的后一个同胞 Node
	默认为 null

传给回调函数的第二个参数是观察变化的 MutationObserver 的实例，演示如下：

```
let observer = new MutationObserver(
    (mutationRecords, mutationObserver) => console.log(mutationRecords,
mutationObserver));

observer.observe(document.body, { attributes: true });

document.body.className = 'foo';

// [MutationRecord], MutationObserver
```

3. disconnect()方法

默认情况下，只要被观察的元素不被垃圾回收，MutationObserver 的回调就会响应 DOM 变化事件，从而被执行。要提前终止执行回调，可以调用 disconnect()方法。下面的例子演示了同步调用 disconnect()之后，不仅会停止此后变化事件的回调，也会抛弃已经加入任务队列要异步执行的回调：

```
let observer = new MutationObserver(() => console.log('<body> attributes changed'));

observer.observe(document.body, { attributes: true });

document.body.className = 'foo';

observer.disconnect();

document.body.className = 'bar';

// （没有日志输出）
```

要想让已经加入任务队列的回调执行，可以使用 setTimeout()让已经入列的回调执行完毕再调用 disconnect()：

```
let observer = new MutationObserver(() => console.log('<body> attributes changed'));

observer.observe(document.body, { attributes: true });
```

14

```
document.body.className = 'foo';

setTimeout(() => {
  observer.disconnect();
  document.body.className = 'bar';
}, 0);

// <body> attributes changed
```

4. 复用 MutationObserver

多次调用 observe() 方法，可以复用一个 MutationObserver 对象观察多个不同的目标节点。此时，MutationRecord 的 target 属性可以标识发生变化事件的目标节点。下面的示例演示了这个过程：

```
let observer = new MutationObserver(
            (mutationRecords) => console.log(mutationRecords.map((x) =>
x.target)));

// 向页面主体添加两个子节点
let childA = document.createElement('div'),
    childB = document.createElement('span');
document.body.appendChild(childA);
document.body.appendChild(childB);

// 观察两个子节点
observer.observe(childA, { attributes: true });
observer.observe(childB, { attributes: true });

// 修改两个子节点的属性
childA.setAttribute('foo', 'bar');
childB.setAttribute('foo', 'bar');

// [<div>, <span>]
```

disconnect() 方法是一个"一刀切"的方案，调用它会停止观察所有目标：

```
let observer = new MutationObserver(
            (mutationRecords) => console.log(mutationRecords.map((x) =>
x.target)));

// 向页面主体添加两个子节点
let childA = document.createElement('div'),
    childB = document.createElement('span');
document.body.appendChild(childA);
document.body.appendChild(childB);

// 观察两个子节点
observer.observe(childA, { attributes: true });
observer.observe(childB, { attributes: true });

observer.disconnect();

// 修改两个子节点的属性
childA.setAttribute('foo', 'bar');
childB.setAttribute('foo', 'bar');

// （没有日志输出）
```

5. 重用 MutationObserver

调用 disconnect() 并不会结束 MutationObserver 的生命。还可以重新使用这个观察者，再将它关联到新的目标节点。下面的示例在两个连续的异步块中先断开然后又恢复了观察者与<body>元素的关联：

```
let observer = new MutationObserver(() => console.log('<body> attributes
changed'));

observer.observe(document.body, { attributes: true });

// 这行代码会触发变化事件
document.body.setAttribute('foo', 'bar');

setTimeout(() => {
  observer.disconnect();

  // 这行代码不会触发变化事件
  document.body.setAttribute('bar', 'baz');
}, 0);

setTimeout(() => {
  // Reattach
  observer.observe(document.body, { attributes: true });

  // 这行代码会触发变化事件
  document.body.setAttribute('baz', 'qux');
}, 0);

// <body> attributes changed
// <body> attributes changed
```

14.3.2　MutationObserverInit 与观察范围

MutationObserverInit 对象用于控制对目标节点的观察范围。粗略地讲，观察者可以观察的事件包括属性变化、文本变化和子节点变化。

下表列出了 MutationObserverInit 对象的属性。

属　　性	说　　明
subtree	布尔值，表示除了目标节点，是否观察目标节点的子树（后代）
	如果是 false，则只观察目标节点的变化；如果是 true，则观察目标节点及其整个子树
	默认为 false
attributes	布尔值，表示是否观察目标节点的属性变化
	默认为 false
attributeFilter	字符串数组，表示要观察哪些属性的变化
	把这个值设置为 true 也会将 attributes 的值转换为 true
	默认为观察所有属性
attributeOldValue	布尔值，表示 MutationRecord 是否记录变化之前的属性值
	把这个值设置为 true 也会将 attributes 的值转换为 true
	默认为 false

14

（续）

属　　性	说　　明
characterData	布尔值，表示修改字符数据是否触发变化事件
	默认为 false
characterDataOldValue	布尔值，表示 MutationRecord 是否记录变化之前的字符数据
	把这个值设置为 true 也会将 characterData 的值转换为 true
	默认为 false
childList	布尔值，表示修改目标节点的子节点是否触发变化事件
	默认为 false

> **注意**　在调用 observe() 时，MutationObserverInit 对象中的 attribute、characterData 和 childList 属性必须至少有一项为 true（无论是直接设置这几个属性，还是通过设置 attributeOldValue 等属性间接导致它们的值转换为 true）。否则会抛出错误，因为没有任何变化事件可能触发回调。

1. 观察属性

MutationObserver 可以观察节点属性的添加、移除和修改。要为属性变化注册回调，需要在 MutationObserverInit 对象中将 attributes 属性设置为 true，如下所示：

```
let observer = new MutationObserver(
    (mutationRecords) => console.log(mutationRecords));

observer.observe(document.body, { attributes: true });

// 添加属性
document.body.setAttribute('foo', 'bar');

// 修改属性
document.body.setAttribute('foo', 'baz');

// 移除属性
document.body.removeAttribute('foo');

// 以上变化都被记录下来了
// [MutationRecord, MutationRecord, MutationRecord]
```

把 attributes 设置为 true 的默认行为是观察所有属性，但不会在 MutationRecord 对象中记录原来的属性值。如果想观察某个或某几个属性，可以使用 attributeFilter 属性来设置白名单，即一个属性名字符串数组：

```
let observer = new MutationObserver(
    (mutationRecords) => console.log(mutationRecords));

observer.observe(document.body, { attributeFilter: ['foo'] });

// 添加白名单属性
document.body.setAttribute('foo', 'bar');

// 添加被排除的属性
document.body.setAttribute('baz', 'qux');
```

```
// 只有 foo 属性的变化被记录了
// [MutationRecord]
```

如果想在变化记录中保存属性原来的值，可以将 attributeOldValue 属性设置为 true：

```
let observer = new MutationObserver(
    (mutationRecords) => console.log(mutationRecords.map((x) => x.oldValue)));

observer.observe(document.body, { attributeOldValue: true });

document.body.setAttribute('foo', 'bar');
document.body.setAttribute('foo', 'baz');
document.body.setAttribute('foo', 'qux');

// 每次变化都保留了上一次的值
// [null, 'bar', 'baz']
```

2. 观察字符数据

MutationObserver 可以观察文本节点（如 Text、Comment 或 ProcessingInstruction 节点）中字符的添加、删除和修改。要为字符数据注册回调，需要在 MutationObserverInit 对象中将 characterData 属性设置为 true，如下所示：[①]

```
let observer = new MutationObserver(
    (mutationRecords) => console.log(mutationRecords));

// 创建要观察的文本节点
document.body.firstChild.textContent = 'foo';

observer.observe(document.body.firstChild, { characterData: true });

// 赋值为相同的字符串
document.body.firstChild.textContent = 'foo';

// 赋值为新字符串
document.body.firstChild.textContent = 'bar';

// 通过节点设置函数赋值
document.body.firstChild.textContent = 'baz';

// 以上变化都被记录下来了
// [MutationRecord, MutationRecord, MutationRecord]
```

将 characterData 属性设置为 true 的默认行为不会在 MutationRecord 对象中记录原来的字符数据。如果想在变化记录中保存原来的字符数据，可以将 characterDataOldValue 属性设置为 true：

```
let observer = new MutationObserver(
    (mutationRecords) => console.log(mutationRecords.map((x) => x.oldValue)));
document.body.innerText = 'foo';

observer.observe(document.body.firstChild, { characterDataOldValue: true });

document.body.innerText = 'foo';
document.body.innerText = 'bar';
```

---

① 设置元素文本内容的标准方式是 textContent 属性。Element 类也定义了 innerText 属性，与 textContent 类似。但 innerText 的定义不严谨，浏览器间的实现也存在兼容性问题，因此不建议再使用了。——译者注

14

```
document.body.firstChild.textContent = 'baz';

// 每次变化都保留了上一次的值
// ["foo", "foo", "bar"]
```

3. 观察子节点

MutationObserver 可以观察目标节点子节点的添加和移除。要观察子节点，需要在 Mutation-ObserverInit 对象中将 childList 属性设置为 true。

下面的例子演示了添加子节点：

```
// 清空主体
document.body.innerHTML = '';

let observer = new MutationObserver(
    (mutationRecords) => console.log(mutationRecords));

observer.observe(document.body, { childList: true });

let div = document.createElement('div')

document.body.appendChild(div);

// [
//    {
//      addedNodes: NodeList[div],
//      attributeName: null,
//      attributeNamespace: null,
//      oldValue: null,
//      nextSibling: null,
//      previousSibling: null,
//      removedNodes: NodeList[],
//      target: body,
//      type: "childList",
//    }
// ]
```

下面的例子演示了移除子节点：

```
// 在前面示例的基础上，删除刚刚添加的 div
document.body.removeChild(div);

// [
//    {
//      addedNodes: NodeList[],
//      attributeName: null,
//      attributeNamespace: null,
//      oldValue: null,
//      nextSibling: null,
//      previousSibling: null,
//      removedNodes: NodeList[div],
//      target: body,
//      type: "childList",
//    }
// ]
```

对子节点**重新排序**（尽管调用一个方法即可实现）会报告两次变化事件，因为从技术上会涉及先移除和再添加：

```
// 清空主体
document.body.innerHTML = '';

let observer = new MutationObserver(
    (mutationRecords) => console.log(mutationRecords));

// 创建两个初始子节点
document.body.appendChild(document.createElement('div'));
document.body.appendChild(document.createElement('span'));

observer.observe(document.body, { childList: true });

// 交换子节点顺序
document.body.insertBefore(document.body.lastChild, document.body.firstChild);

// 发生了两次变化：第一次是节点被移除，第二次是节点被添加
// [
//    {
//      addedNodes: NodeList[],
//      attributeName: null,
//      attributeNamespace: null,
//      oldValue: null,
//      nextSibling: null,
//      previousSibling: div,
//      removedNodes: NodeList[span],
//      target: body,
//        type: childList,
//    },
//    {
//      addedNodes: NodeList[span],
//      attributeName: null,
//      attributeNamespace: null,
//      oldValue: null,
//      nextSibling: div,
//      previousSibling: null,
//      removedNodes: NodeList[],
//      target: body,
//      type: "childList",
//    }
// ]
```

4. 观察子树

默认情况下，MutationObserver 将观察的范围限定为一个元素及其子节点的变化。可以把观察的范围扩展到这个元素的子树（所有后代节点），这需要在 MutationObserverInit 对象中将 subtree 属性设置为 true。

下面的代码展示了观察元素及其后代节点属性的变化：

```
// 清空主体
document.body.innerHTML = '';

let observer = new MutationObserver(
    (mutationRecords) => console.log(mutationRecords));

// 创建一个后代
document.body.appendChild(document.createElement('div'));
```

14

```
// 观察<body>元素及其子树
observer.observe(document.body, { attributes: true, subtree: true });

// 修改<body>元素的子树
document.body.firstChild.setAttribute('foo', 'bar');

// 记录了子树变化的事件
// [
//    {
//      addedNodes: NodeList[],
//      attributeName: "foo",
//      attributeNamespace: null,
//      oldValue: null,
//      nextSibling: null,
//      previousSibling: null,
//      removedNodes: NodeList[],
//      target: div,
//      type: "attributes",
//    }
// ]
```

有意思的是，被观察子树中的节点被移出子树之后仍然能够触发变化事件。这意味着在子树中的节点离开该子树后，即使严格来讲该节点已经脱离了原来的子树，但它仍然会触发变化事件。

下面的代码演示了这种情况：

```
// 清空主体
document.body.innerHTML = '';

let observer = new MutationObserver(
    (mutationRecords) => console.log(mutationRecords));

let subtreeRoot = document.createElement('div'),
    subtreeLeaf = document.createElement('span');

// 创建包含两层的子树
document.body.appendChild(subtreeRoot);
subtreeRoot.appendChild(subtreeLeaf);

// 观察子树
observer.observe(subtreeRoot, { attributes: true, subtree: true });

// 把节点转移到其他子树
document.body.insertBefore(subtreeLeaf, subtreeRoot);

subtreeLeaf.setAttribute('foo', 'bar');

// 移出的节点仍然触发变化事件
// [MutationRecord]
```

14.3.3 异步回调与记录队列

MutationObserver 接口是出于性能考虑而设计的，其核心是异步回调与记录队列模型。为了在大量变化事件发生时不影响性能，每次变化的信息（由观察者实例决定）会保存在 MutationRecord 实例中，然后添加到记录队列。这个队列对每个 MutationObserver 实例都是唯一的，是所有 DOM 变化事件的有序列表。

1. 记录队列

每次 MutationRecord 被添加到 MutationObserver 的记录队列时，仅当之前没有已排期的微任务回调时（队列中微任务长度为 0），才会将观察者注册的回调（在初始化 MutationObserver 时传入）作为微任务调度到任务队列上。这样可以保证记录队列的内容不会被回调处理两次。

不过在回调的微任务异步执行期间，有可能又会发生更多变化事件。因此被调用的回调会接收到一个 MutationRecord 实例的数组，顺序为它们进入记录队列的顺序。回调要负责处理这个数组的每一个实例，因为函数退出之后这些实现就不存在了。回调执行后，这些 MutationRecord 就用不着了，因此记录队列会被清空，其内容会被丢弃。

2. takeRecords() 方法

调用 MutationObserver 实例的 takeRecords() 方法可以清空记录队列，取出并返回其中的所有 MutationRecord 实例。看这个例子：

```
let observer = new MutationObserver(
    (mutationRecords) => console.log(mutationRecords));

observer.observe(document.body, { attributes: true });

document.body.className = 'foo';
document.body.className = 'bar';
document.body.className = 'baz';

console.log(observer.takeRecords());
console.log(observer.takeRecords());

// [MutationRecord, MutationRecord, MutationRecord]
// []
```

这在希望断开与观察目标的联系，但又希望处理由于调用 disconnect() 而被抛弃的记录队列中的 MutationRecord 实例时比较有用。

14.3.4　性能、内存与垃圾回收

DOM Level 2 规范中描述的 MutationEvent 定义了一组会在各种 DOM 变化时触发的事件。由于浏览器事件的实现机制，这个接口出现了严重的性能问题。因此，DOM Level 3 规定废弃了这些事件。MutationObserver 接口就是为替代这些事件而设计的更实用、性能更好的方案。

将变化回调委托给微任务来执行可以保证事件同步触发，同时避免随之而来的混乱。为 MutationObserver 而实现的记录队列，可以保证即使变化事件被爆发式地触发，也不会显著地拖慢浏览器。

无论如何，使用 MutationObserver 仍然**不是没有代价**的。因此理解什么时候避免出现这种情况就很重要了。

1. MutationObserver 的引用

MutationObserver 实例与目标节点之间的引用关系是非对称的。MutationObserver 拥有对要观察的目标节点的弱引用。因为是弱引用，所以不会妨碍垃圾回收程序回收目标节点。

然而，目标节点却拥有对 MutationObserver 的强引用。如果目标节点从 DOM 中被移除，随后被垃圾回收，则关联的 MutationObserver 也会被垃圾回收。

14

2. MutationRecord 的引用

记录队列中的每个 MutationRecord 实例至少包含对已有 DOM 节点的一个引用。如果变化是 childList 类型，则会包含多个节点的引用。记录队列和回调处理的默认行为是耗尽这个队列，处理每个 MutationRecord，然后让它们超出作用域并被垃圾回收。

有时候可能需要保存某个观察者的完整变化记录。保存这些 MutationRecord 实例，也就会保存它们引用的节点，因而会妨碍这些节点被回收。如果需要尽快地释放内存，建议从每个 MutationRecord 中抽取出最有用的信息，然后保存到一个新对象中，最后抛弃 MutationRecord。

14.4　小结

文档对象模型（DOM，Document Object Model）是语言中立的 HTML 和 XML 文档的 API。DOM Level 1 将 HTML 和 XML 文档定义为一个节点的多层级结构，并暴露出 JavaScript 接口以操作文档的底层结构和外观。

DOM 由一系列节点类型构成，主要包括以下几种。

❑ Node 是基准节点类型，是文档一个部分的抽象表示，所有其他类型都继承 Node。

❑ Document 类型表示整个文档，对应树形结构的根节点。在 JavaScript 中，document 对象是 Document 的实例，拥有查询和获取节点的很多方法。

❑ Element 节点表示文档中所有 HTML 或 XML 元素，可以用来操作它们的内容和属性。

❑ 其他节点类型分别表示文本内容、注释、文档类型、CDATA 区块和文档片段。

DOM 编程在多数情况下没什么问题，在涉及\<script>和\<style>元素时会有一点兼容性问题。因为这些元素分别包含脚本和样式信息，所以浏览器会将它们与其他元素区别对待。

要理解 DOM，最关键的一点是知道影响其性能的问题所在。DOM 操作在 JavaScript 代码中是代价比较高的，NodeList 对象尤其需要注意。NodeList 对象是"实时更新"的，这意味着每次访问它都会执行一次新的查询。考虑到这些问题，实践中要尽量减少 DOM 操作的数量。

MutationObserver 是为代替性能不好的 MutationEvent 而问世的。使用它可以有效精准地监控 DOM 变化，而且 API 也相对简单。

第15章

DOM 扩展

本章内容
❑ 理解 Selectors API
❑ 使用 HTML5 DOM 扩展

尽管 DOM API 已经相当不错，但仍然不断有标准或专有的扩展出现，以支持更多功能。2008 年以前，大部分浏览器对 DOM 的扩展是专有的。此后，W3C 开始着手将这些已成为事实标准的专有扩展编制成正式规范。

基于以上背景，诞生了描述 DOM 扩展的两个标准：Selectors API 与 HTML5。这两个标准体现了社区需求和标准化某些手段及 API 的愿景。另外还有较小的 Element Traversal 规范，增加了一些 DOM 属性。专有扩展虽然还有，但这两个规范（特别是 HTML5）已经涵盖其中大部分。本章也会讨论专有扩展。

本章所有内容已经得到市场占有率名列前茅的所有主流浏览器支持，除非特别说明。

15.1 Selectors API

JavaScript 库中最流行的一种能力就是根据 CSS 选择符的模式匹配 DOM 元素。比如，jQuery 就完全以 CSS 选择符查询 DOM 获取元素引用，而不是使用 `getElementById()` 和 `getElementsByTagName()`。

Selectors API（参见 W3C 网站上的 Selectors API Level 1）是 W3C 推荐标准，规定了浏览器原生支持的 CSS 查询 API。支持这一特性的所有 JavaScript 库都会实现一个基本的 CSS 解析器，然后使用已有的 DOM 方法搜索文档并匹配目标节点。虽然库开发者在不断改进其性能，但 JavaScript 代码能做到的毕竟有限。通过浏览器原生支持这个 API，解析和遍历 DOM 树可以通过底层编译语言实现，性能也有了数量级的提升。

Selectors API Level 1 的核心是两个方法：`querySelector()` 和 `querySelectorAll()`。在兼容浏览器中，`Document` 类型和 `Element` 类型的实例上都会暴露这两个方法。

Selectors API Level 2 规范在 `Element` 类型上新增了更多方法，比如 `matches()`、`find()` 和 `findAll()`。不过，目前还没有浏览器实现或宣称实现 `find()` 和 `findAll()`。

15.1.1 `querySelector()`

`querySelector()` 方法接收 CSS 选择符参数，返回匹配该模式的第一个后代元素，如果没有匹配项则返回 `null`。下面是一些例子：

```
// 取得<body>元素
let body = document.querySelector("body");

// 取得 ID 为"myDiv"的元素
let myDiv = document.querySelector("#myDiv");
```

```
// 取得类名为"selected"的第一个元素
let selected = document.querySelector(".selected");

// 取得类名为"button"的图片
let img = document.body.querySelector("img.button");
```

在 Document 上使用 querySelector()方法时，会从文档元素开始搜索；在 Element 上使用
querySelector()方法时，则只会从当前元素的后代中查询。

用于查询模式的 CSS 选择符可繁可简，依需求而定。如果选择符有语法错误或碰到不支持的选择符，
则 querySelector()方法会抛出错误。

15.1.2　`querySelectorAll()`

querySelectorAll()方法跟 querySelector()一样，也接收一个用于查询的参数，但它会返回
所有匹配的节点，而不止一个。这个方法返回的是一个 NodeList 的静态实例。

再强调一次，querySelectorAll()返回的 NodeList 实例一个属性和方法都不缺，但它是一
个静态的"快照"，而非"实时"的查询。这样的底层实现避免了使用 NodeList 对象可能造成的性
能问题。

以有效 CSS 选择符调用 querySelectorAll()都会返回 NodeList，无论匹配多少个元素都可以。
如果没有匹配项，则返回空的 NodeList 实例。

与 querySelector()一样，querySelectorAll()也可以在 Document、DocumentFragment 和
Element 类型上使用。下面是几个例子：

```
// 取得 ID 为"myDiv"的<div>元素中的所有<em>元素
let ems = document.getElementById("myDiv").querySelectorAll("em");

// 取得所有类名中包含"selected"的元素
let selecteds = document.querySelectorAll(".selected");

// 取得所有是<p>元素子元素的<strong>元素
let strongs = document.querySelectorAll("p strong");
```

返回的 NodeList 对象可以通过 for-of 循环、item()方法或中括号语法取得个别元素。比如：

```
let strongElements = document.querySelectorAll("p strong");

// 以下 3 个循环的效果一样

for (let strong of strongElements) {
  strong.className = "important";
}

for (let i = 0; i < strongElements.length; ++i) {
  strongElements.item(i).className = "important";
}

for (let i = 0; i < strongElements.length; ++i) {
  strongElements[i].className = "important";
}
```

与 querySelector()方法一样，如果选择符有语法错误或碰到不支持的选择符，则 querySelector-
All()方法会抛出错误。

15.1.3 `matches()`

`matches()`方法（在规范草案中称为`matchesSelector()`）接收一个 CSS 选择符参数，如果元素匹配则该选择符返回 `true`，否则返回 `false`。例如：

```
if (document.body.matches("body.page1")){
  // true
}
```

使用这个方法可以方便地检测某个元素会不会被 `querySelector()`或 `querySelectorAll()`方法返回。

所有主流浏览器都支持 `matches()`。Edge、Chrome、Firefox、Safari 和 Opera 完全支持，IE9~11 及一些移动浏览器支持带前缀的方法。

15.2　元素遍历

IE9 之前的版本不会把元素间的空格当成空白节点，而其他浏览器则会。这样就导致了 `childNodes` 和 `firstChild` 等属性上的差异。为了弥补这个差异，同时不影响 DOM 规范，W3C 通过新的 Element Traversal 规范定义了一组新属性。

Element Traversal API 为 DOM 元素添加了 5 个属性：

- ❑ `childElementCount`，返回子元素数量（不包含文本节点和注释）；
- ❑ `firstElementChild`，指向第一个 `Element` 类型的子元素（`Element` 版 `firstChild`）；
- ❑ `lastElementChild`，指向最后一个 `Element` 类型的子元素（`Element` 版 `lastChild`）；
- ❑ `previousElementSibling`，指向前一个 `Element` 类型的同胞元素（`Element` 版 `previousSibling`）；
- ❑ `nextElementSibling`，指向后一个 `Element` 类型的同胞元素（`Element` 版 `nextSibling`）。

在支持的浏览器中，所有 DOM 元素都会有这些属性，为遍历 DOM 元素提供便利。这样开发者就不用担心空白文本节点的问题了。

举个例子，过去要以跨浏览器方式遍历特定元素的所有子元素，代码大致是这样写的：

```
let parentElement = document.getElementById('parent');
let currentChildNode = parentElement.firstChild;

// 没有子元素，firstChild 返回 null，跳过循环
while (currentChildNode) {
  if (currentChildNode.nodeType === 1) {
    // 如果有元素节点，则做相应处理
    processChild(currentChildNode);
  }
  if (currentChildNode === parentElement.lastChild) {
    break;
  }
  currentChildNode = currentChildNode.nextSibling;
}
```

使用 Element Traversal 属性之后，以上代码可以简化如下：

```
let parentElement = document.getElementById('parent');
let currentChildElement = parentElement.firstElementChild;
```

```
// 没有子元素, firstElementChild 返回 null, 跳过循环
while (currentChildElement) {
  // 这就是元素节点, 做相应处理
  processChild(currentChildElement);
  if (currentChildElement === parentElement.lastElementChild) {
    break;
  }
  currentChildElement = currentChildElement.nextElementSibling;
}
```

IE9 及以上版本, 以及所有现代浏览器都支持 Element Traversal 属性。

15.3   HTML5

HTML5 代表着与以前的 HTML 截然不同的方向。在所有以前的 HTML 规范中, 从未出现过描述 JavaScript 接口的情形, HTML 就是一个纯标记语言。JavaScript 绑定的事, 一概交给 DOM 规范去定义。

然而, HTML5 规范却包含了与标记相关的大量 JavaScript API 定义。其中有的 API 与 DOM 重合, 定义了浏览器应该提供的 DOM 扩展。

> **注意** 因为 HTML5 覆盖的范围极其广泛, 所以本节主要讨论其影响所有 DOM 节点的部分。HTML5 的其他部分将在本书后面的相关章节中再讨论。

15.3.1   CSS 类扩展

自 HTML4 被广泛采用以来, Web 开发中一个主要的变化是 class 属性用得越来越多, 其用处是为元素添加样式以及语义信息。自然地, JavaScript 与 CSS 类的交互就增多了, 包括动态修改类名, 以及根据给定的一个或一组类名查询元素, 等等。为了适应开发者和他们对 class 属性的认可, HTML5 增加了一些特性以方便使用 CSS 类。

1. getElementsByClassName()

getElementsByClassName() 是 HTML5 新增的最受欢迎的一个方法, 暴露在 document 对象和所有 HTML 元素上。这个方法脱胎于基于原有 DOM 特性实现该功能的 JavaScript 库, 提供了性能高好的原生实现。

getElementsByClassName() 方法接收一个参数, 即包含一个或多个类名的字符串, 返回类名中包含相应类的元素的 NodeList。如果提供了多个类名, 则顺序无关紧要。下面是几个示例:

```
// 取得所有类名中包含"username"和"current"元素
// 这两个类名的顺序无关紧要
let allCurrentUsernames = document.getElementsByClassName("username current");
// 取得 ID 为"myDiv"的元素子树中所有包含"selected"类的元素
let selected = document.getElementById("myDiv").getElementsByClassName("selected");
```

这个方法只会返回以调用它的对象为根元素的子树中所有匹配的元素。在 document 上调用 getElementsByClassName() 返回文档中所有匹配的元素, 而在特定元素上调用 getElementsBy-ClassName() 则返回该元素后代中匹配的元素。

如果要给包含特定类 (而不是特定 ID 或标签) 的元素添加事件处理程序, 使用这个方法会很方便。不过要记住, 因为返回值是 NodeList, 所以使用这个方法会遇到跟使用 getElementsByTagName()

和其他返回 `NodeList` 对象的 **DOM** 方法同样的问题。

IE9 及以上版本，以及所有现代浏览器都支持 `getElementsByClassName()` 方法。

2. `classList` 属性

要操作类名，可以通过 `className` 属性实现添加、删除和替换。但 `className` 是一个字符串，所以每次操作之后都需要重新设置这个值才能生效，即使只改动了部分字符串也一样。以下面的 HTML 代码为例：

```
<div class="bd user disabled">...</div>
```

这个 `<div>` 元素有 3 个类名。要想删除其中一个，就得先把 `className` 拆开，删除不想要的那个，再把包含剩余类的字符串设置回去。比如：

```
// 要删除"user"类
let targetClass = "user";

// 把类名拆成数组
let classNames = div.className.split(/\s+/);

// 找到要删除类名的索引
let idx = classNames.indexOf(targetClass);

// 如果有则删除
if (idx > -1) {
  classNames.splice(i,1);
}

// 重新设置类名
div.className = classNames.join(" ");
```

这就是从 `<div>` 元素的类名中删除 `"user"` 类要写的代码。替换类名和检测类名也要涉及同样的算法。添加类名只涉及字符串拼接，但必须先检查一下以确保不会重复添加相同的类名。很多 **JavaScript** 库为这些操作实现了便利方法。

HTML5 通过给所有元素增加 `classList` 属性为这些操作提供了更简单也更安全的实现方式。`classList` 是一个新的集合类型 `DOMTokenList` 的实例。与其他 DOM 集合类型一样，`DOMTokenList` 也有 `length` 属性表示自己包含多少项，也可以通过 `item()` 或中括号取得个别的元素。此外，`DOMTokenList` 还增加了以下方法。

❏ `add(value)`，向类名列表中添加指定的字符串值 `value`。如果这个值已经存在，则什么也不做。
❏ `contains(value)`，返回布尔值，表示给定的 `value` 是否存在。
❏ `remove(value)`，从类名列表中删除指定的字符串值 `value`。
❏ `toggle(value)`，如果类名列表中已经存在指定的 `value`，则删除；如果不存在，则添加。

这样以来，前面的例子中那么多行代码就可以简化成下面的一行：

```
div.classList.remove("user");
```

这行代码可以在不影响其他类名的情况下完成删除。其他方法同样极大地简化了操作类名的复杂性，如下面的例子所示：

```
// 删除"disabled"类
div.classList.remove("disabled");

// 添加"current"类
div.classList.add("current");
```

```
// 切换"user"类
div.classList.toggle("user");

// 检测类名
if (div.classList.contains("bd") && !div.classList.contains("disabled")){
  // 执行操作
)

// 迭代类名
for (let class of div.classList){
  doStuff(class);
}
```

添加了 classList 属性之后，除非是完全删除或完全重写元素的 class 属性，否则 className 属性就用不到了。IE10 及以上版本（部分）和其他主流浏览器（完全）实现了 classList 属性。

15.3.2　焦点管理

HTML5 增加了辅助 DOM 焦点管理的功能。首先是 document.activeElement，始终包含当前拥有焦点的 DOM 元素。页面加载时，可以通过用户输入（按 Tab 键或代码中使用 focus() 方法）让某个元素自动获得焦点。例如：

```
let button = document.getElementById("myButton");
button.focus();
console.log(document.activeElement === button); // true
```

默认情况下，document.activeElement 在页面刚加载完之后会设置为 document.body。而在页面完全加载之前，document.activeElement 的值为 null。

其次是 document.hasFocus() 方法，该方法返回布尔值，表示文档是否拥有焦点：

```
let button = document.getElementById("myButton");
button.focus();
console.log(document.hasFocus()); // true
```

确定文档是否获得了焦点，就可以帮助确定用户是否在操作页面。

第一个方法可以用来查询文档，确定哪个元素拥有焦点，第二个方法可以查询文档是否获得了焦点，而这对于保证 Web 应用程序的无障碍使用是非常重要的。无障碍 Web 应用程序的一个重要方面就是焦点管理，而能够确定哪个元素当前拥有焦点（相比于之前的猜测）是一个很大的进步。

15.3.3　HTMLDocument 扩展

HTML5 扩展了 HTMLDocument 类型，增加了更多功能。与其他 HTML5 定义的 DOM 扩展一样，这些变化同样基于所有浏览器事实上都已经支持的专有扩展。为此，即使这些扩展的标准化相对较晚，很多浏览器也早就实现了相应的功能。

1. readyState 属性

readyState 是 IE4 最早添加到 document 对象上的属性，后来其他浏览器也都依葫芦画瓢地支持这个属性。最终，HTML5 将这个属性写进了标准。document.readyState 属性有两个可能的值：

❑ loading，表示文档正在加载；
❑ complete，表示文档加载完成。

实际开发中，最好是把 `document.readState` 当成一个指示器，以判断文档是否加载完毕。在这个属性得到广泛支持以前，通常要依赖 `onload` 事件处理程序设置一个标记，表示文档加载完了。这个属性的基本用法如下：

```
if (document.readyState == "complete"){
  // 执行操作
}
```

2. `compatMode` 属性

自从 IE6 提供了以标准或混杂模式渲染页面的能力之后，检测页面渲染模式成为一个必要的需求。IE 为 document 添加了 `compatMode` 属性，这个属性唯一的任务是指示浏览器当前处于什么渲染模式。如下面的例子所示，标准模式下 `document.compatMode` 的值是 `"CSS1Compat"`，而在混杂模式下，`document.compatMode` 的值是 `"BackCompat"`：

```
if (document.compatMode == "CSS1Compat"){
  console.log("Standards mode");
} else {
  console.log("Quirks mode");
}
```

HTML5 最终也把 `compatMode` 属性的实现标准化了。

3. `head` 属性

作为对 document.body（指向文档的`<body>`元素）的补充，HTML5 增加了 `document.head` 属性，指向文档的`<head>`元素。可以像下面这样直接取得`<head>`元素：

```
let head = document.head;
```

15.3.4　字符集属性

HTML5 增加了几个与文档字符集有关的新属性。其中，`characterSet` 属性表示文档实际使用的字符集，也可以用来指定新字符集。这个属性的默认值是 `"UTF-16"`，但可以通过`<meta>`元素或响应头，以及新增的 `characterSet` 属性来修改。下面是一个例子：

```
console.log(document.characterSet); // "UTF-16"
document.characterSet = "UTF-8";
```

15.3.5　自定义数据属性

HTML5 允许给元素指定非标准的属性，但要使用前缀 `data-` 以便告诉浏览器，这些属性既不包含与渲染有关的信息，也不包含元素的语义信息。除了前缀，自定义属性对命名是没有限制的，`data-` 后面跟什么都可以。下面是一个例子：

```
<div id="myDiv" data-appId="12345" data-myname="Nicholas"></div>
```

定义了自定义数据属性后，可以通过元素的 `dataset` 属性来访问。`dataset` 属性是一个 `DOMStringMap` 的实例，包含一组键/值对映射。元素的每个 `data-name` 属性在 `dataset` 中都可以通过 `data-` 后面的字符串作为键来访问（例如，属性 `data-myname`、`data-myName` 可以通过 `myname` 访问，但要注意 `data-my-name`、`data-My-Name` 要通过 `myName` 来访问）。下面是一个使用自定义数据属性的例子：

```
// 本例中使用的方法仅用于示范

let div = document.getElementById("myDiv");

// 取得自定义数据属性的值
let appId = div.dataset.appId;
let myName = div.dataset.myname;

// 设置自定义数据属性的值
div.dataset.appId = 23456;
div.dataset.myname = "Michael";

// 有"myname"吗？
if (div.dataset.myname){
  console.log(`Hello, ${div.dataset.myname}`);
}
```

自定义数据属性非常适合需要给元素附加某些数据的场景，比如链接追踪和在聚合应用程序中标识页面的不同部分。另外，单页应用程序框架也非常多地使用了自定义数据属性。

15.3.6　插入标记

DOM 虽然已经为操纵节点提供了很多 API，但向文档中一次性插入大量 HTML 时还是比较麻烦。相比先创建一堆节点，再把它们以正确的顺序连接起来，直接插入一个 HTML 字符串要简单（快速）得多。HTML5 已经通过以下 DOM 扩展将这种能力标准化了。

1. `innerHTML` 属性

在读取 `innerHTML` 属性时，会返回元素所有后代的 HTML 字符串，包括元素、注释和文本节点。而在写入 `innerHTML` 时，则会根据提供的字符串值以新的 DOM 子树替代元素中原来包含的所有节点。比如下面的 HTML 代码：

```
<div id="content">
  <p>This is a <strong>paragraph</strong> with a list following it.</p>
  <ul>
    <li>Item 1</li>
    <li>Item 2</li>
    <li>Item 3</li>
  </ul>
</div>
```

对于这里的`<div>`元素而言，其 `innerHTML` 属性会返回以下字符串：

```
<p>This is a <strong>paragraph</strong> with a list following it.</p>
<ul>
  <li>Item 1</li>
  <li>Item 2</li>
  <li>Item 3</li>
</ul>
```

实际返回的文本内容会因浏览器而不同。IE 和 Opera 会把所有元素标签转换为大写，而 Safari、Chrome 和 Firefox 则会按照文档源代码的格式返回，包含空格和缩进。因此不要指望不同浏览器的 `innerHTML` 会返回完全一样的值。

在写入模式下，赋给 `innerHTML` 属性的值会被解析为 DOM 子树，并替代元素之前的所有节点。因为所赋的值默认为 HTML，所以其中的所有标签都会以浏览器处理 HTML 的方式转换为元素（同样，转换结果也会因浏览器不同而不同）。如果赋值中不包含任何 HTML 标签，则直接生成一个文本节点，如下所示：

```
div.innerHTML = "Hello world!";
```

因为浏览器会解析设置的值，所以给 innerHTML 设置包含 HTML 的字符串时，结果会大不一样。来看下面的例子：

```
div.innerHTML = "Hello & welcome, <b>\"reader\"!</b>";
```

这个操作的结果相当于：

```
<div id="content">Hello &amp; welcome, <b>&quot;reader&quot;!</b></div>
```

设置完 innerHTML，马上就可以像访问其他节点一样访问这些新节点。

> **注意** 设置 innerHTML 会导致浏览器将 HTML 字符串解析为相应的 DOM 树。这意味着设置 innerHTML 属性后马上再读出来会得到不同的字符串。这是因为返回的字符串是将原始字符串对应的 DOM 子树序列化之后的结果。

2. 旧 IE 中的 innerHTML

在所有现代浏览器中，通过 innerHTML 插入的 `<script>` 标签是不会执行的。而在 IE8 及之前的版本中，只要这样插入的 `<script>` 元素指定了 defer 属性，且 `<script>` 之前是"受控元素"（scoped element），那就是可以执行的。`<script>` 元素与 `<style>` 或注释一样，都是"非受控元素"（NoScope element），也就是在页面上看不到它们。IE 会把 innerHTML 中从非受控元素开始的内容都删掉，也就是说下面的例子是行不通的：

```
// 行不通
div.innerHTML = "<script defer>console.log('hi');<\/script>";
```

在这个例子中，innerHTML 字符串以一个非受控元素开始，因此整个字符串都会被清空。为了达到目的，必须在 `<script>` 前面加上一个受控元素，例如文本节点或没有结束标签的元素（如 `<input>`）。因此，下面的代码就是可行的：

```
// 以下都可行
div.innerHTML = "_<script defer>console.log('hi');<\/script>";
div.innerHTML = "<div> </div><script defer>console.log('hi');<\/script>";
div.innerHTML = "<input type=\"hidden\"><script defer>console.
log('hi');<\/script>";
```

第一行会在 `<script>` 元素前面插入一个文本节点。为了不影响页面排版，可能稍后需要删掉这个文本节点。第二行与之类似，使用了包含空格的 `<div>` 元素。空 `<div>` 是不行的，必须包含一点内容，以强制创建一个文本节点。同样，这个 `<div>` 元素可能也需要事后删除，以免影响页面外观。第三行使用了一个隐藏的 `<input>` 字段来达成同样的目的。因为这个字段不影响页面布局，所以应该是最理想的方案。

在 IE 中，通过 innerHTML 插入 `<style>` 也会有类似的问题。多数浏览器支持使用 innerHTML 插入 `<style>` 元素：

```
div.innerHTML = "<style type=\"text/css\">body {background-color: red; }</style>";
```

但在 IE8 及之前的版本中，`<style>` 也被认为是非受控元素，所以必须前置一个受控元素：

```
div.innerHTML = "_<style type=\"text/css\">body {background-color: red; }</style>";
div.removeChild(div.firstChild);
```

> **注意**　Firefox 在内容类型为 application/xhtml+xml 的 XHTML 文档中对 innerHTML
> 更加严格。在 XHTML 文档中使用 innerHTML，必须使用格式良好的 XHTML 代码。否
> 则，在 Firefox 中会静默失败。

3. outerHTML 属性

读取 outerHTML 属性时，会返回调用它的元素（及所有后代元素）的 HTML 字符串。在写入
outerHTML 属性时，调用它的元素会被传入的 HTML 字符串经解释之后生成的 DOM 子树取代。比如
下面的 HTML 代码：

```
<div id="content">
  <p>This is a <strong>paragraph</strong> with a list following it.</p>
  <ul>
    <li>Item 1</li>
    <li>Item 2</li>
    <li>Item 3</li>
  </ul>
</div>
```

在这个<div>元素上调用 outerHTML 会返回相同的字符串，包括<div>本身。注意，浏览器因解
析和解释 HTML 代码的机制不同，返回的字符串也可能不同。（跟 innerHTML 的情况是一样的。）

如果使用 outerHTML 设置 HTML，比如：

```
div.outerHTML = "<p>This is a paragraph.</p>";
```

则会得到与执行以下脚本相同的结果：

```
let p = document.createElement("p");
p.appendChild(document.createTextNode("This is a paragraph."));
div.parentNode.replaceChild(p, div);
```

新的<p>元素会取代 DOM 树中原来的<div>元素。

4. insertAdjacentHTML()与 insertAdjacentText()

关于插入标签的最后两个新增方法是 insertAdjacentHTML()和 insertAdjacentText()。这两
个方法最早源自 IE，它们都接收两个参数：要插入标记的位置和要插入的 HTML 或文本。第一个参数
必须是下列值中的一个：

- ❑ "beforebegin"，插入当前元素前面，作为前一个同胞节点；
- ❑ "afterbegin"，插入当前元素内部，作为新的子节点或放在第一个子节点前面；
- ❑ "beforeend"，插入当前元素内部，作为新的子节点或放在最后一个子节点后面；
- ❑ "afterend"，插入当前元素后面，作为下一个同胞节点。

注意这几个值是不区分大小写的。第二个参数会作为 HTML 字符串解析（与 innerHTML 和
outerHTML 相同）或者作为纯文本解析（与 innerText 和 outerText 相同）。如果是 HTML，则会
在解析出错时抛出错误。下面展示了基本用法[①]：

---

① 假设当前元素是<p>Hello world!</p>，则"beforebegin"和"afterbegin"中的"begin"指开始标签<p>；而
"afterend"和"beforeend"中的"end"指结束标签</p>。——译者注

```
// 作为前一个同胞节点插入
element.insertAdjacentHTML("beforebegin", "<p>Hello world!</p>");
element.insertAdjacentText("beforebegin", "Hello world!");

// 作为第一个子节点插入
element.insertAdjacentHTML("afterbegin", "<p>Hello world!</p>");
element.insertAdjacentText("afterbegin", "Hello world!");

// 作为最后一个子节点插入
element.insertAdjacentHTML("beforeend", "<p>Hello world!</p>");
element.insertAdjacentText("beforeend", "Hello world!");

// 作为下一个同胞节点插入
element.insertAdjacentHTML("afterend", "<p>Hello world!</p>"); element.
insertAdjacentText("afterend", "Hello world!");
```

5. 内存与性能问题

使用本节介绍的方法替换子节点可能在浏览器（特别是 IE）中导致内存问题。比如，如果被移除的子树元素中之前有关联的事件处理程序或其他 JavaScript 对象（作为元素的属性），那它们之间的绑定关系会滞留在内存中。如果这种替换操作频繁发生，页面的内存占用就会持续攀升。在使用 innerHTML、outerHTML 和 insertAdjacentHTML() 之前，最好手动删除要被替换的元素上关联的事件处理程序和 JavaScript 对象。

使用这些属性当然有其方便之处，特别是 innerHTML。一般来讲，插入大量的新 HTML 使用 innerHTML 比使用多次 DOM 操作创建节点再插入来得更便捷。这是因为 HTML 解析器会解析设置给 innerHTML（或 outerHTML）的值。解析器在浏览器中是底层代码（通常是 C++代码），比 JavaScript 快得多。不过，HTML 解析器的构建与解构也不是没有代价，因此最好限制使用 innerHTML 和 outerHTML 的次数。比如，下面的代码使用 innerHTML 创建了一些列表项：

```
for (let value of values){
  ul.innerHTML += '<li>${value}</li>';  // 别这样做!
}
```

这段代码效率低，因为每次迭代都要设置一次 innerHTML。不仅如此，每次循环还要先读取 innerHTML，也就是说循环一次要访问两次 innerHTML。为此，最好通过循环先构建一个独立的字符串，最后再一次性把生成的字符串赋值给 innerHTML，比如：

```
let itemsHtml = "";
for (let value of values){
  itemsHtml += '<li>${value}</li>';
}
ul.innerHTML = itemsHtml;
```

这样修改之后效率就高多了，因为只有对 innerHTML 的一次赋值。当然，像下面这样一行代码也可以搞定：

```
ul.innerHTML = values.map(value => '<li>${value}</li>').join('');
```

6. 跨站点脚本

尽管 innerHTML 不会执行自己创建的<script>标签，但仍然向恶意用户暴露了很大的攻击面，因为通过它可以毫不费力地创建元素并执行 onclick 之类的属性。

如果页面中要使用用户提供的信息，则不建议使用 innerHTML。与使用 innerHTML 获得的方便相比，防止 XSS 攻击更让人头疼。此时一定要隔离要插入的数据，在插入页面前必须毫不犹豫地使用相关的库对它们进行转义。

15.3.7 `scrollIntoView()`

DOM 规范中没有涉及的一个问题是如何滚动页面中的某个区域。为填充这方面的缺失，不同浏览器实现了不同的控制滚动的方式。在所有这些专有方法中，HTML5 选择了标准化 `scrollIntoView()`。

`scrollIntoView()` 方法存在于所有 HTML 元素上，可以滚动浏览器窗口或容器元素以便包含元素进入视口。这个方法的参数如下：

- ❏ `alignToTop` 是一个布尔值。
  - ■ `true`：窗口滚动后元素的顶部与视口顶部对齐。
  - ■ `false`：窗口滚动后元素的底部与视口底部对齐。
- ❏ `scrollIntoViewOptions` 是一个选项对象。
  - ■ `behavior`：定义过渡动画，可取的值为 `"smooth"` 和 `"auto"`，默认为 `"auto"`。
  - ■ `block`：定义垂直方向的对齐，可取的值为 `"start"`、`"center"`、`"end"` 和 `"nearest"`，默认为 `"start"`。
  - ■ `inline`：定义水平方向的对齐，可取的值为 `"start"`、`"center"`、`"end"` 和 `"nearest"`，默认为 `"nearest"`。
- ❏ 不传参数等同于 `alignToTop` 为 `true`。

来看几个例子：

```
// 确保元素可见
document.forms[0].scrollIntoView();

// 同上
document.forms[0].scrollIntoView(true);
document.forms[0].scrollIntoView({block: 'start'});

// 尝试将元素平滑地滚入视口
document.forms[0].scrollIntoView({behavior: 'smooth', block: 'start'});
```

这个方法可以用来在页面上发生某个事件时引起用户关注。把焦点设置到一个元素上也会导致浏览器将元素滚动到可见位置。

15.4 专有扩展

尽管所有浏览器厂商都理解遵循标准的重要性，但它们也都有为弥补功能缺失而为 DOM 添加专有扩展的历史。虽然这表面上看是一件坏事，但专有扩展也为开发者提供了很多重要功能，而这些功能后来则有可能被标准化，比如进入 HTML5。

除了已经标准化的，各家浏览器还有很多未被标准化的专有扩展。这并不意味着它们将来不会被纳入标准，只不过在本书编写时，它们还只是由部分浏览器专有和采用。

15.4.1 `children` 属性

IE9 之前的版本与其他浏览器在处理空白文本节点上的差异导致了 `children` 属性的出现。`children` 属性是一个 `HTMLCollection`，只包含元素的 `Element` 类型的子节点。如果元素的子节点类型全部是元素类型，那 `children` 和 `childNodes` 中包含的节点应该是一样的。可以像下面这样使用 `children` 属性：

```
let childCount = element.children.length;
let firstChild = element.children[0];
```

15.4.2 contains()方法

DOM 编程中经常需要确定一个元素是不是另一个元素的后代。IE 首先引入了 `contains()` 方法，让开发者可以在不遍历 DOM 的情况下获取这个信息。`contains()` 方法应该在要搜索的祖先元素上调用，参数是待确定的目标节点。

如果目标节点是被搜索节点的后代，`contains()` 返回 `true`，否则返回 `false`。下面看一个例子：

```
console.log(document.documentElement.contains(document.body)); // true
```

这个例子测试<html>元素中是否包含<body>元素，在格式正确的 HTML 中会返回 `true`。

另外，使用 DOM Level 3 的 `compareDocumentPosition()` 方法也可以确定节点间的关系。这个方法会返回表示两个节点关系的位掩码。下表给出了这些位掩码的说明。

掩　　码	节点关系
0x1	断开（传入的节点不在文档中）
0x2	领先（传入的节点在 DOM 树中位于参考节点之前）
0x4	随后（传入的节点在 DOM 树中位于参考节点之后）
0x8	包含（传入的节点是参考节点的祖先）
0x10	被包含（传入的节点是参考节点的后代）

要模仿 `contains()` 方法，就需要用到掩码 16（0x10）。`compareDocumentPosition()` 方法的结果可以通过按位与来确定参考节点是否包含传入的节点，比如：

```
let result = document.documentElement.compareDocumentPosition(document.body);
console.log(!!(result & 0x10));
```

以上代码执行后 `result` 的值为 20（或 0x14，其中 0x4 表示"随后"，加上 0x10"被包含"）。对 `result` 和 0x10 应用按位与会返回非零值，而两个叹号将这个值转换成对应的布尔值。

IE9 及之后的版本，以及所有现代浏览器都支持 `contains()` 和 `compareDocumentPosition()` 方法。

15.4.3 插入标记

HTML5 将 IE 发明的 `innerHTML` 和 `outerHTML` 纳入了标准，但还有两个属性没有入选。这两个剩下的属性是 `innerText` 和 `outerText`。

1. innerText 属性

`innerText` 属性对应元素中包含的所有文本内容，无论文本在子树中哪个层级。在用于读取值时，`innerText` 会按照深度优先的顺序将子树中所有文本节点的值拼接起来。在用于写入值时，`innerText` 会移除元素的所有后代并插入一个包含该值的文本节点。来看下面的 HTML 代码：

```
<div id="content">
  <p>This is a <strong>paragraph</strong> with a list following it.</p>
  <ul>
    <li>Item 1</li>
    <li>Item 2</li>
    <li>Item 3</li>
  </ul>
</div>
```

对这个例子中的 `<div>` 而言，`innerText` 属性会返回以下字符串：

```
This is a paragraph with a list following it.
Item 1
Item 2
Item 3
```

注意不同浏览器对待空格的方式不同，因此格式化之后的字符串可能包含也可能不包含原始 HTML 代码中的缩进。

下面再看一个使用 `innerText` 设置 `<div>` 元素内容的例子：

```
div.innerText = "Hello world!";
```

执行这行代码后，HTML 页面中的这个 `<div>` 元素实际上会变成这个样子：

```
<div id="content">Hello world!</div>
```

设置 `innerText` 会移除元素之前所有的后代节点，完全改变 DOM 子树。此外，设置 `innerText` 也会编码出现在字符串中的 HTML 语法字符（小于号、大于号、引号及和号）。下面是一个例子：

```
div.innerText = "Hello & welcome, <b>\"reader\"!</b>";
```

执行之后的结果如下：

```
<div id="content">Hello &amp; welcome, &lt;b&gt;&quot;reader&quot;!&lt;/b&gt;</div>
```

因为设置 `innerText` 只能在容器元素中生成一个文本节点，所以为了保证一定是文本节点，就必须进行 HTML 编码。`innerText` 属性可以用于去除 HTML 标签。通过将 `innerText` 设置为等于 `innerText`，可以去除所有 HTML 标签而只剩文本，如下所示：

```
div.innerText = div.innerText;
```

执行以上代码后，容器元素的内容只会包含原先的文本内容。

> **注意**　Firefox 45（2016 年 3 月发布）以前的版本中只支持 `textContent` 属性，与 `innerText` 的区别是返回的文本中也会返回行内样式或脚本代码。`innerText` 目前已经得到所有浏览器支持，应该作为取得和设置文本内容的首选方法使用。

2. `outerText` 属性

`outerText` 与 `innerText` 是类似的，只不过作用范围包含调用它的节点。要读取文本值时，`outerText` 与 `innerText` 实际上会返回同样的内容。但在写入文本值时，`outerText` 就大不相同了。写入文本值时，`outerText` 不止会移除所有后代节点，而是会替换整个元素。比如：

```
div.outerText = "Hello world!";
```

这行代码的执行效果就相当于以下两行代码：

```
let text = document.createTextNode("Hello world!");
div.parentNode.replaceChild(text, div);
```

15

本质上，这相当于用新的文本节点替代 outerText 所在的元素。此时，原来的元素会与文档脱离关系，因此也无法访问。

outerText 是一个非标准的属性，而且也没有被标准化的前景。因此，不推荐依赖这个属性实现重要的操作。除 Firefox 之外所有主流浏览器都支持 outerText。

15.4.4 滚动

如前所述，滚动是 HTML5 之前 DOM 标准没有涉及的领域。虽然 HTML5 把 scrollIntoView() 标准化了，但不同浏览器中仍然有其他专有方法。比如，scrollIntoViewIfNeeded() 作为 HTMLElement 类型的扩展可以在所有元素上调用。scrollIntoViewIfNeeded(alingCenter)会在元素不可见的情况下，将其滚动到窗口或包含窗口中，使其可见；如果已经在视口中可见，则这个方法什么也不做。如果将可选的参数 alingCenter 设置为 true,则浏览器会尝试将其放在视口中央。Safari、Chrome 和 Opera 实现了这个方法。

下面使用 scrollIntoViewIfNeeded()方法的一个例子：

```
// 如果不可见，则将元素可见
document.images[0].scrollIntoViewIfNeeded();
```

考虑到 scrollIntoView()是唯一一个所有浏览器都支持的方法，所以只用它就可以了。

15.5 小结

虽然 DOM 规定了与 XML 和 HTML 文档交互的核心 API，但其他几个规范也定义了对 DOM 的扩展。很多扩展都基于之前的已成为事实标准的专有特性标准化而来。本章主要介绍了以下 3 个规范。

❏ Selectors API 为基于 CSS 选择符获取 DOM 元素定义了几个方法：querySelector()、querySelectorAll()和 matches()。

❏ Element Traversal 在 DOM 元素上定义了额外的属性，以方便对 DOM 元素进行遍历。这个需求是因浏览器处理元素间空格的差异而产生的。

❏ HTML5 为标准 DOM 提供了大量扩展。其中包括对 innerHTML 属性等事实标准进行了标准化，还有焦点管理、字符集、滚动等特性。

DOM 扩展的数量总体还不大，但随着 Web 技术的发展一定会越来越多。浏览器仍然没有停止对专有扩展的探索，如果出现成功的扩展，那么就可能成为事实标准，或者最终被整合到未来的标准中。

第16章

DOM2 和 DOM3

本章内容
- ❏ DOM2 到 DOM3 的变化
- ❏ 操作样式的 DOM API
- ❏ DOM 遍历与范围

DOM1（DOM Level 1）主要定义了 HTML 和 XML 文档的底层结构。DOM2（DOM Level 2）和 DOM3（DOM Level 3）在这些结构之上加入更多交互能力，提供了更高级的 XML 特性。实际上，DOM2 和 DOM3 是按照模块化的思路来制定标准的，每个模块之间有一定关联，但分别针对某个 DOM 子集。这些模式如下所示。

- ❏ **DOM Core**：在 DOM1 核心部分的基础上，为节点增加方法和属性。
- ❏ **DOM Views**：定义基于样式信息的不同视图。
- ❏ **DOM Events**：定义通过事件实现 DOM 文档交互。
- ❏ **DOM Style**：定义以编程方式访问和修改 CSS 样式的接口。
- ❏ **DOM Traversal and Range**：新增遍历 DOM 文档及选择文档内容的接口。
- ❏ **DOM HTML**：在 DOM1 HTML 部分的基础上，增加属性、方法和新接口。
- ❏ **DOM Mutation Observers**：定义基于 DOM 变化触发回调的接口。这个模块是 DOM4 级模块，用于取代 Mutation Events。

本章介绍除 DOM Events 和 DOM Mutation Observers 之外的其他所有模块，第 17 章会专门介绍事件，而 DOM Mutation Observers 第 14 章已经介绍过了。DOM3 还有 XPath 模块和 Load and Save 模块，将在第 22 章介绍。

> **注意**　比较老旧的浏览器（如 IE8）对本章内容支持有限。如果你的项目要兼容这些低版本浏览器，在使用本章介绍的 API 之前先确认浏览器的支持情况。推荐参考 Can I Use 网站。

16.1　DOM 的演进

DOM2 和 DOM3 Core 模块的目标是扩充 DOM API，满足 XML 的所有需求并提供更好的错误处理和特性检测。很大程度上，这意味着支持 XML 命名空间的概念。DOM2 Core 没有新增任何类型，仅仅在 DOM1 Core 基础上增加了一些方法和属性。DOM3 Core 则除了增强原有类型，也新增了一些新类型。

类似地，DOM View 和 HTML 模块也丰富了 DOM 接口，定义了新的属性和方法。这两个模块很小，

16

因此本章将在讨论 JavaScript 对象的基本变化时将它们与 Core 模块放在一起讨论。

> **注意**　本章只讨论浏览器实现的 DOM API，不会提及未被浏览器实现的。

16.1.1 XML 命名空间

XML 命名空间可以实现在一个格式规范的文档中混用不同的 XML 语言，而不必担心元素命名冲突。严格来讲，XML 命名空间在 XHTML 中才支持，HTML 并不支持。因此，本节的示例使用 XHTML。

命名空间是使用 xmlns 指定的。XHTML 的命名空间是"http://www.w3.org/1999/xhtml"，应该包含在任何格式规范的 XHTML 页面的<html>元素中，如下所示：

```
<html xmlns="http://www.w3.org/1999/xhtml">
  <head>
    <title>Example XHTML page</title>
  </head>
  <body>
    Hello world!
  </body>
</html>
```

对这个例子来说，所有元素都默认属于 XHTML 命名空间。可以使用 xmlns 给命名空间创建一个前缀，格式为"xmlns：前缀"，如下面的例子所示：

```
<xhtml:html xmlns:xhtml="http://www.w3.org/1999/xhtml">
  <xhtml:head>
    <xhtml:title>Example XHTML page</xhtml:title>
  </xhtml:head>
  <xhtml:body>
    Hello world!
  </xhtml:body>
</xhtml:html>
```

这里为 XHTML 命名空间定义了一个前缀 xhtml，同时所有 XHTML 元素都必须加上这个前缀。为避免混淆，属性也可以加上命名空间前缀，比如：

```
<xhtml:html xmlns:xhtml="http://www.w3.org/1999/xhtml">
  <xhtml:head>
    <xhtml:title>Example XHTML page</xhtml:title>
  </xhtml:head>
  <xhtml:body xhtml:class="home">
    Hello world!
  </xhtml:body>
</xhtml:html>
```

这里的 class 属性被加上了 xhtml 前缀。如果文档中只使用一种 XML 语言，那么命名空间前缀其实是多余的，只有一个文档混合使用多种 XML 语言时才有必要。比如下面这个文档就使用了 XHTML 和 SVG 两种语言：

```
<html xmlns="http://www.w3.org/1999/xhtml">
  <head>
    <title>Example XHTML page</title>
  </head>
  <body>
    <svg xmlns="http://www.w3.org/2000/svg" version="1.1"
```

```
        viewBox="0 0 100 100" style="width:100%; height:100%">
        <rect x="0" y="0" width="100" height="100" style="fill:red" />
    </svg>
  </body>
</html>
```

在这个例子中，通过给<svg>元素设置自己的命名空间，将其标识为当前文档的外来元素。这样一来，<svg>元素及其属性，包括它的所有后代都会被认为属于"https://www.w3.org/2000/svg"命名空间。虽然这个文档从技术角度讲是 XHTML 文档，但由于使用了命名空间，其中包含的 SVG 代码也是有效的。

对于这样的文档，如果调用某个方法与节点交互，就会出现一个问题。比如，创建了一个新元素，那这个元素属于哪个命名空间？查询特定标签名时，结果中应该包含哪个命名空间下的元素？DOM2 Core 为解决这些问题，给大部分 DOM1 方法提供了特定于命名空间的版本。

1. Node 的变化

在 DOM2 中，Node 类型包含以下特定于命名空间的属性：

❑ localName，不包含命名空间前缀的节点名；

❑ namespaceURI，节点的命名空间 URL，如果未指定则为 null；

❑ prefix，命名空间前缀，如果未指定则为 null。

在节点使用命名空间前缀的情况下，nodeName 等于 prefix + ":" + localName。比如下面这个例子：

```
<html xmlns="http://www.w3.org/1999/xhtml">
  <head>
    <title>Example XHTML page</title>
  </head>
  <body>
    <s:svg xmlns:s="http://www.w3.org/2000/svg" version="1.1"
      viewBox="0 0 100 100" style="width:100%; height:100%">
      <s:rect x="0" y="0" width="100" height="100" style="fill:red" />
    </s:svg>
  </body>
</html>
```

其中的<html>元素的 localName 和 tagName 都是"html"，namespaceURL 是"http://www.w3.org/1999/xhtml"，而 prefix 是 null。对于<s:svg>元素，localName 是"svg"，tagName 是"s:svg"，namespaceURI 是"https://www.w3.org/2000/svg"，而 prefix 是"s"。

DOM3 进一步增加了如下与命名空间相关的方法：

❑ isDefaultNamespace(*namespaceURI*)，返回布尔值，表示 *namespaceURI* 是否为节点的默认命名空间；

❑ lookupNamespaceURI(*prefix*)，返回给定 *prefix* 的命名空间 URI；

❑ lookupPrefix(*namespaceURI*)，返回给定 *namespaceURI* 的前缀。

对前面的例子，可以执行以下代码：

```
console.log(document.body.isDefaultNamespace("http://www.w3.org/1999/
xhtml")); // true

// 假设 svg 包含对<s:svg>元素的引用
console.log(svg.lookupPrefix("http://www.w3.org/2000/svg"));   // "s"
console.log(svg.lookupNamespaceURI("s"));   // "http://www.w3.org/2000/svg"
```

这些方法主要用于通过元素查询前缀和命名空间 URI，以确定元素与文档的关系。

2. Document 的变化

DOM2 在 Document 类型上新增了如下命名空间特定的方法：

❑ createElementNS(*namespaceURI*, *tagName*)，以给定的标签名 *tagName* 创建指定命名空间 *namespaceURI* 的一个新元素；

❑ createAttributeNS(*namespaceURI*, *attributeName*)，以给定的属性名 *attributeName* 创建指定命名空间 *namespaceURI* 的一个新属性；

❑ getElementsByTagNameNS(*namespaceURI*, *tagName*)，返回指定命名空间 *namespaceURI* 中所有标签名为 *tagName* 的元素的 NodeList。

使用这些方法都需要传入相应的命名空间 URI（不是命名空间前缀），如下面的例子所示：

```
// 创建一个新 SVG 元素
let svg = document.createElementNS("http://www.w3.org/2000/svg", "svg");

// 创建一个任意命名空间的新属性
let att = document.createAttributeNS("http://www.somewhere.com", "random");

// 获取所有 XHTML 元素
let elems = document.getElementsByTagNameNS("http://www.w3.org/1999/xhtml", "*");
```

这些命名空间特定的方法只在文档中包含两个或两个以上命名空间时才有用。

3. Element 的变化

DOM2 Core 对 Element 类型的更新主要集中在对属性的操作上。下面是新增的方法：

❑ getAttributeNS(*namespaceURI*, *localName*)，取得指定命名空间 *namespaceURI* 中名为 *localName* 的属性；

❑ getAttributeNodeNS(*namespaceURI*, *localName*)，取得指定命名空间 *namespaceURI* 中名为 *localName* 的属性节点；

❑ getElementsByTagNameNS(*namespaceURI*, *tagName*)，取得指定命名空间 *namespaceURI* 中标签名为 *tagName* 的元素的 NodeList；

❑ hasAttributeNS(*namespaceURI*, *localName*)，返回布尔值，表示元素中是否有命名空间 *namespaceURI* 下名为 *localName* 的属性（注意，DOM2 Core 也添加不带命名空间的 hasAttribute()方法）；

❑ removeAttributeNS(*namespaceURI*, *localName*)，删除指定命名空间 *namespaceURI* 中名为 *localName* 的属性；

❑ setAttributeNS(*namespaceURI*, *qualifiedName*, *value*)，设置指定命名空间 *namespaceURI* 中名为 *qualifiedName* 的属性为 *value*；

❑ setAttributeNodeNS(*attNode*)，为元素设置（添加）包含命名空间信息的属性节点 *attNode*。

这些方法与 DOM1 中对应的方法行为相同，除 setAttributeNodeNS()之外都只是多了一个命名空间参数。

4. NamedNodeMap 的变化

NamedNodeMap 也增加了以下处理命名空间的方法。因为 NamedNodeMap 主要表示属性，所以这些方法大都适用于属性：

❑ getNamedItemNS(*namespaceURI*, *localName*)，取得指定命名空间 *namespaceURI* 中名为 *localName* 的项；

❑ removeNamedItemNS(*namespaceURI*, *localName*)，删除指定命名空间 *namespaceURI* 中名为 *localName* 的项；

❑ setNamedItemNS(*node*)，为元素设置（添加）包含命名空间信息的节点。

这些方法很少使用，因为通常都是使用元素来访问属性。

16.1.2 其他变化

除命名空间相关的变化，DOM2 Core 还对 DOM 的其他部分做了一些更新。这些变化与 XML 命名空间无关，主要关注 DOM API 的完整性与可靠性。

1. DocumentType 的变化

DocumentType 新增了 3 个属性：publicId、systemId 和 internalSubset。publicId、systemId 属性表示文档类型声明中有效但无法使用 DOM1 API 访问的数据。比如下面这个 HTML 文档类型声明：

```
<!DOCTYPE HTML PUBLIC "-// W3C// DTD HTML 4.01// EN"
"http://www.w3.org/TR/html4/strict.dtd">
```

其 publicId 是"-// W3C// DTD HTML 4.01// EN"，而 systemId 是"http://www.w3.org/TR/html4/strict.dtd"。支持 DOM2 的浏览器应该可以运行以下 JavaScript 代码：

```
console.log(document.doctype.publicId);
console.log(document.doctype.systemId);
```

通常在网页中很少需要访问这些信息。

internalSubset 用于访问文档类型声明中可能包含的额外定义，如下面的例子所示：

```
<!DOCTYPE html PUBLIC "-// W3C// DTD XHTML 1.0 Strict// EN"
"http://www.w3.org/TR/xhtml1/DTD/xhtml1-strict.dtd"
[<!ELEMENT name (#PCDATA)>] >
```

对于以上声明，document.doctype.internalSubset 会返回"<!ELEMENT name (#PCDATA)>"。HTML 文档中几乎不会涉及文档类型的内部子集，XML 文档中稍微常用一些。

2. Document 的变化

Document 类型的更新中唯一跟命名空间无关的方法是 importNode()。这个方法的目的是从其他文档获取一个节点并导入到新文档，以便将其插入新文档。每个节点都有一个 ownerDocument 属性，表示所属文档。如果调用 appendChild()方法时传入节点的 ownerDocument 不是指向当前文档，则会发生错误。而调用 importNode()导入其他文档的节点会返回一个新节点，这个新节点的 ownerDocument 属性是正确的。

importNode()方法跟 cloneNode()方法类似，同样接收两个参数：要复制的节点和表示是否同时复制子树的布尔值，返回结果是适合在当前文档中使用的新节点。下面看一个例子：

```
let newNode = document.importNode(oldNode, true);   // 导入节点及所有后代
document.body.appendChild(newNode);
```

这个方法在 HTML 中使用得并不多，在 XML 文档中的使用会更多一些（第 22 章会深入讨论）。

DOM2 View 给 Document 类型增加了新属性 defaultView，是一个指向拥有当前文档的窗口（或

窗格<frame>)的指针。这个规范中并没有明确视图何时可用，因此这是添加的唯一一个属性。defaultView 属性得到了除 IE8 及更早版本之外所有浏览器的支持。IE8 及更早版本支持等价的 parentWindow 属性，Opera 也支持这个属性。因此要确定拥有文档的窗口，可以使用以下代码：

```
let parentWindow = document.defaultView || document.parentWindow;
```

除了上面这一个方法和一个属性，DOM2 Core 还针对 document.implementation 对象增加了两个新方法：createDocumentType()和 createDocument()。前者用于创建 DocumentType 类型的新节点，接收 3 个参数：文档类型名称、publicId 和 systemId。比如，以下代码可以创建一个新的 HTML 4.01 严格型文档：

```
let doctype = document.implementation.createDocumentType("html",
        "-// W3C// DTD HTML 4.01// EN",
        "http://www.w3.org/TR/html4/strict.dtd");
```

已有文档的文档类型不可更改，因此 createDocumentType()只在创建新文档时才会用到，而创建新文档要使用 createDocument()方法。createDocument()接收 3 个参数：文档元素的 namespaceURI、文档元素的标签名和文档类型。比如，下列代码可以创建一个空的 XML 文档：

```
let doc = document.implementation.createDocument("", "root", null);
```

这个空文档没有命名空间和文档类型，只指定了<root>作为文档元素。要创建一个 XHTML 文档，可以使用以下代码：

```
let doctype = document.implementation.createDocumentType("html",
        "-// W3C// DTD XHTML 1.0 Strict// EN",
        "http://www.w3.org/TR/xhtml1/DTD/xhtml1-strict.dtd");

let doc = document.implementation.createDocument("http://www.w3.org/1999/xhtml",
        "html", doctype);
```

这里使用了适当的命名空间和文档类型创建一个新 XHTML 文档。这个文档只有一个文档元素<html>，其他一切都需要另行添加。

DOM2 HTML 模块也为 document.implamentation 对象添加了 createHTMLDocument()方法。使用这个方法可以创建一个完整的 HTML 文档，包含<html>、<head>、<title>和<body>元素。这个方法只接收一个参数，即新创建文档的标题（放到<title>元素中），返回一个新的 HTML 文档。比如：

```
let htmldoc = document.implementation.createHTMLDocument("New Doc");
console.log(htmldoc.title);        // "New Doc"
console.log(typeof htmldoc.body);  // "object"
```

createHTMLDocument()方法创建的对象是 HTMLDocument 类型的实例，因此包括该类型所有相关的方法和属性，包括 title 和 body 属性。

3. Node 的变化

DOM3 新增了两个用于比较节点的方法：isSameNode()和 isEqualNode()。这两个方法都接收一个节点参数，如果这个节点与参考节点相同或相等，则返回 true。节点相同，意味着引用同一个对象；节点相等，意味着节点类型相同，拥有相等的属性（nodeName、nodeValue 等），而且 attributes 和 childNodes 也相等（即同样的位置包含相等的值）。来看一个例子：

```
let div1 = document.createElement("div");
div1.setAttribute("class", "box");

let div2 = document.createElement("div");
```

```
div2.setAttribute("class", "box");

console.log(div1.isSameNode(div1));    // true
console.log(div1.isEqualNode(div2));   // true
console.log(div1.isSameNode(div2));    // false
```

这里创建了包含相同属性的两个<div>元素。这两个元素相等，但不相同。

DOM3 也增加了给 DOM 节点附加额外数据的方法。setUserData()方法接收 3 个参数：键、值、处理函数，用于给节点追加数据。可以像下面这样把数据添加到一个节点：

```
document.body.setUserData("name", "Nicholas", function() {});
```

然后，可以通过相同的键再取得这个信息，比如：

```
let value = document.body.getUserData("name");
```

setUserData()的处理函数会在包含数据的节点被复制、删除、重命名或导入其他文档的时候执行，可以在这时候决定如何处理用户数据。处理函数接收 5 个参数：表示操作类型的数值（1 代表复制，2 代表导入，3 代表删除，4 代表重命名）、数据的键、数据的值、源节点和目标节点。删除节点时，源节点为 null；除复制外，目标节点都为 null。

```
let div = document.createElement("div");
div.setUserData("name", "Nicholas", function(operation, key, value, src, dest) {
  if (operation == 1) {
    dest.setUserData(key, value, function() {});  }
});

let newDiv = div.cloneNode(true);
console.log(newDiv.getUserData("name"));  // "Nicholas"
```

这里先创建了一个<div>元素，然后给它添加了一些数据，包含用户的名字。在使用 cloneNode() 复制这个元素时，就会调用处理函数，从而将同样的数据再附加给复制得到的目标节点。然后，在副本节点上调用 getUserData()能够取得附加到源节点上的数据。

4. 内嵌窗格的变化

DOM2 HTML 给 HTMLIFrameElement（即<iframe>，内嵌窗格）类型新增了一个属性，叫 contentDocument。这个属性包含代表子内嵌窗格中内容的 document 对象的指针。下面的例子展示了如何使用这个属性：

```
let iframe = document.getElementById("myIframe");
let iframeDoc = iframe.contentDocument;
```

contentDocument 属性是 Document 的实例，拥有所有文档属性和方法，因此可以像使用其他 HTML 文档一样使用它。还有一个属性 contentWindow，返回相应窗格的 window 对象，这个对象上有一个 document 属性。所有现代浏览器都支持 contentDocument 和 contentWindow 属性。

> 注意　跨源访问子内嵌窗格的 document 对象会受到安全限制。如果内嵌窗格中加载了不同域名（或子域名）的页面，或者该页面使用了不同协议，则访问其 document 对象会抛出错误。

16.2　样式

HTML 中的样式有 3 种定义方式：外部样式表（通过 `<link>` 元素）、文档样式表（使用 `<style>` 元素）和元素特定样式（使用 `style` 属性）。DOM2 Style 为这 3 种应用样式的机制都提供了 API。

16.2.1　存取元素样式

任何支持 `style` 属性的 HTML 元素在 JavaScript 中都会有一个对应的 `style` 属性。这个 `style` 属性是 `CSSStyleDeclaration` 类型的实例，其中包含通过 HTML `style` 属性为元素设置的所有样式信息，但不包含通过层叠机制从文档样式和外部样式中继承来的样式。HTML `style` 属性中的 CSS 属性在 JavaScript `style` 对象中都有对应的属性。因为 CSS 属性名使用连字符表示法（用连字符分隔两个单词，如 `background-image`），所以在 JavaScript 中这些属性必须转换为驼峰大小写形式（如 `backgroundImage`）。下表给出了几个常用的 CSS 属性与 `style` 对象中等价属性的对比。

CSS 属性	JavaScript 属性
background-image	style.backgroundImage
color	style.color
display	style.display
font-family	style.fontFamily

大多数属性名会这样直接转换过来。但有一个 CSS 属性名不能直接转换，它就是 `float`。因为 `float` 是 JavaScript 的保留字，所以不能用作属性名。DOM2 Style 规定它在 `style` 对象中对应的属性应该是 `cssFloat`。

任何时候，只要获得了有效 DOM 元素的引用，就可以通过 JavaScript 来设置样式。来看下面的例子：

```
let myDiv = document.getElementById("myDiv");

// 设置背景颜色
myDiv.style.backgroundColor = "red";

// 修改大小
myDiv.style.width = "100px";
myDiv.style.height = "200px";

// 设置边框
myDiv.style.border = "1px solid black";
```

像这样修改样式时，元素的外观会自动更新。

> **注意**　在标准模式下，所有尺寸都必须包含单位。在混杂模式下，可以把 `style.width` 设置为 `"20"`，相当于 `"20px"`。如果是在标准模式下，把 `style.width` 设置为 `"20"` 会被忽略，因为没有单位。实践中，最好一直加上单位。

通过 `style` 属性设置的值也可以通过 `style` 对象获取。比如下面的 HTML：

```
<div id="myDiv" style="background-color: blue; width: 10px; height: 25px"></div>
```

这个元素 style 属性的值可以像这样通过代码获取：

```
console.log(myDiv.style.backgroundColor);     // "blue"
console.log(myDiv.style.width);               // "10px"
console.log(myDiv.style.height);              // "25px"
```

如果元素上没有 style 属性，则 style 对象包含所有可能的 CSS 属性的空值。

1. DOM 样式属性和方法

DOM2 Style 规范也在 style 对象上定义了一些属性和方法。这些属性和方法提供了元素 style 属性的信息并支持修改，列举如下。

- ❏ cssText，包含 style 属性中的 CSS 代码。
- ❏ length，应用给元素的 CSS 属性数量。
- ❏ parentRule，表示 CSS 信息的 CSSRule 对象（下一节会讨论 CSSRule 类型）。
- ❏ getPropertyCSSValue(propertyName)，返回包含 CSS 属性 propertyName 值的 CSSValue 对象（已废弃）。
- ❏ getPropertyPriority(propertyName)，如果 CSS 属性 propertyName 使用了 !important 则返回"important"，否则返回空字符串。
- ❏ getPropertyValue(propertyName)，返回属性 propertyName 的字符串值。
- ❏ item(index)，返回索引为 index 的 CSS 属性名。
- ❏ removeProperty(propertyName)，从样式中删除 CSS 属性 propertyName。
- ❏ setProperty(propertyName, value, priority)，设置 CSS 属性 propertyName 的值为 value，priority 是"important"或空字符串。

通过 cssText 属性可以存取样式的 CSS 代码。在读模式下，cssText 返回 style 属性 CSS 代码在浏览器内部的表示。在写模式下，给 cssText 赋值会重写整个 style 属性的值，意味着之前通过 style 属性设置的属性都会丢失。比如，如果一个元素通过 style 属性设置了边框，而赋给 cssText 属性的值不包含边框，则元素的边框会消失。下面的例子演示了 cssText 的使用：

```
myDiv.style.cssText = "width: 25px; height: 100px; background-color: green";
console.log(myDiv.style.cssText);
```

设置 cssText 是一次性修改元素多个样式最快捷的方式，因为所有变化会同时生效。

length 属性是跟 item() 方法一起配套迭代 CSS 属性用的。此时，style 对象实际上变成了一个集合，也可以用中括号代替 item() 取得相应位置的 CSS 属性名，如下所示：

```
for (let i = 0, len = myDiv.style.length; i < len; i++) {
  console.log(myDiv.style[i]);    // 或者用 myDiv.style.item(i)
}
```

使用中括号或者 item() 都可以取得相应位置的 CSS 属性名（"background-color"，不是 "backgroundColor"）。这个属性名可以传给 getPropertyValue() 以取得属性的值，如下面的例子所示：

```
let prop, value, i, len;
for (i = 0, len = myDiv.style.length; i < len; i++) {
  prop = myDiv.style[i];    // 或者用 myDiv.style.item(i)
  value = myDiv.style.getPropertyValue(prop);
  console.log(`prop: ${value}`);
}
```

getPropertyValue()方法返回 CSS 属性值的字符串表示。如果需要更多信息，则可以通过 getPropertyCSSValue()获取 CSSValue 对象。这个对象有两个属性：cssText 和 cssValueType。前者的值与 getPropertyValue()方法返回的值一样；后者是一个数值常量，表示当前值的类型（0 代表继承的值，1 代表原始值，2 代表列表，3 代表自定义值）。[1]下面的代码演示了如何输出 CSS 属性值和值类型：

```
let prop, value, i, len;
for (i = 0, len = myDiv.style.length; i < len; i++) {
  prop = myDiv.style[i];   // alternately, myDiv.style.item(i)
  value = myDiv.style.getPropertyCSSValue(prop);
  console.log(`prop: ${value.cssText} (${value.cssValueType})`);
}
```

removeProperty()方法用于从元素样式中删除指定的 CSS 属性。使用这个方法删除属性意味着会应用该属性的默认（从其他样式表层叠继承的）样式。例如，可以像下面这样删除 style 属性中设置的 border 样式：

```
myDiv.style.removeProperty("border");
```

在不确定给定 CSS 属性的默认值是什么的时候，可以使用这个方法。只要从 style 属性中删除，就可以使用默认值。

2. 计算样式

style 对象中包含支持 style 属性的元素为这个属性设置的样式信息，但不包含从其他样式表层叠继承的同样影响该元素的样式信息。DOM2 Style 在 document.defaultView 上增加了 getComputedStyle()方法。这个方法接收两个参数：要取得计算样式的元素和伪元素字符串（如":after"）。如果不需要查询伪元素，则第二个参数可以传 null。getComputedStyle()方法返回一个 CSSStyleDeclaration 对象（与 style 属性的类型一样），包含元素的计算样式。假设有如下 HTML 页面：

```
<!DOCTYPE html>
<html>
<head>
  <title>Computed Styles Example</title>
  <style type="text/css">
    #myDiv {
      background-color: blue;
      width: 100px;
      height: 200px;
    }
  </style>
</head>
<body>
  <div id="myDiv" style="background-color: red; border: 1px solid black"></div>
</body>
</html>
```

这里的<div>元素从文档样式表（<style>元素）和自己的 style 属性获取了样式。此时，这个元素的 style 对象中包含 backgroundColor 和 border 属性，但不包含（通过样式表规则应用的）width 和 height 属性。下面的代码从这个元素获取了计算样式：

---

[1] 不过，getPropertyCSSValue()方法已经被废弃，虽然可能有浏览器还支持，但随时有可能被删除。建议开发中使用 getPropertyValue()。——译者注

```
let myDiv = document.getElementById("myDiv");
let computedStyle = document.defaultView.getComputedStyle(myDiv, null);

console.log(computedStyle.backgroundColor);   // "red"
console.log(computedStyle.width);             // "100px"
console.log(computedStyle.height);            // "200px"
console.log(computedStyle.border);            // "1px solid black" (在某些浏览器中)
```

在取得这个元素的计算样式时，得到的背景颜色是"red"，宽度为"100px"，高度为"200px"。背景颜色不是"blue"，因为元素样式覆盖了它。border 属性不一定返回样式表中实际的 border 规则（某些浏览器会）。这种不一致性是因浏览器解释简写样式的方式造成的，比如 border 实际上会设置一组别的属性。在设置 border 时，实际上设置的是 4 条边的线条宽度、颜色和样式（border-left-width、border-top-color、border-bottom-style 等）。因此，即使 computedStyle.border 在所有浏览器中都不会返回值，computedStyle.borderLeftWidth 也一定会返回值。

> **注意**　浏览器虽然会返回样式值，但返回值的格式不一定相同。比如，Firefox 和 Safari 会把所有颜色值转换为 RGB 格式（如红色会变成 rgb(255,0,0)），而 Opera 把所有颜色转换为十六进制表示法（如红色会变成#ff0000）。因此在使用 getComputedStyle() 时一定要多测试几个浏览器。

关于计算样式要记住一点，在所有浏览器中计算样式都是只读的，不能修改 getComputedStyle() 方法返回的对象。而且，计算样式还包含浏览器内部样式表中的信息。因此有默认值的 CSS 属性会出现在计算样式里。例如，visibility 属性在所有浏览器中都有默认值，但这个值因实现而不同。有些浏览器会把 visibility 的默认值设置为"visible"，而另一些将其设置为"inherit"。不能假设 CSS 属性的默认值在所有浏览器中都一样。如果需要元素具有特定的默认值，那么一定要在样式表中手动指定。

16.2.2　操作样式表

CSSStyleSheet 类型表示 CSS 样式表，包括使用<link>元素和通过<style>元素定义的样式表。注意，这两个元素本身分别是 HTMLLinkElement 和 HTMLStyleElement。CSSStyleSheet 类型是一个通用样式表类型，可以表示以任何方式在 HTML 中定义的样式表。另外，元素特定的类型允许修改 HTML 属性，而 CSSStyleSheet 类型的实例则是一个只读对象（只有一个属性例外）。

CSSStyleSheet 类型继承 StyleSheet，后者可用作非 CSS 样式表的基类。以下是 CSSStyleSheet 从 StyleSheet 继承的属性。

- ❑ disabled，布尔值，表示样式表是否被禁用了（这个属性是可读写的，因此将它设置为 true 会禁用样式表）。
- ❑ href，如果是使用<link>包含的样式表，则返回样式表的 URL，否则返回 null。
- ❑ media，样式表支持的媒体类型集合，这个集合有一个 length 属性和一个 item()方法，跟所有 DOM 集合一样。同样跟所有 DOM 集合一样，也可以使用中括号访问集合中特定的项。如果样式表可用于所有媒体，则返回空列表。
- ❑ ownerNode，指向拥有当前样式表的节点，在 HTML 中要么是<link>元素要么是<style>元素（在 XML 中可以是处理指令）。如果当前样式表是通过@import 被包含在另一个样式表中，则这个属性值为 null。

❏ parentStyleSheet，如果当前样式表是通过@import 被包含在另一个样式表中，则这个属性指向导入它的样式表。

❏ title，ownerNode 的 title 属性。

❏ type，字符串，表示样式表的类型。对 CSS 样式表来说，就是"text/css"。

上述属性里除了 disabled，其他属性都是只读的。除了上面继承的属性，CSSStyleSheet 类型还支持以下属性和方法。

❏ cssRules，当前样式表包含的样式规则的集合。

❏ ownerRule，如果样式表是使用@import 导入的，则指向导入规则；否则为 null。

❏ deleteRule(index)，在指定位置删除 cssRules 中的规则。

❏ insertRule(rule, index)，在指定位置向 cssRules 中插入规则。

document.styleSheets 表示文档中可用的样式表集合。这个集合的 length 属性保存着文档中样式表的数量，而每个样式表都可以使用中括号或 item()方法获取。来看这个例子：

```
let sheet = null;
for (let i = 0, len = document.styleSheets.length; i < len; i++) {
    sheet = document.styleSheets[i];
    console.log(sheet.href);
}
```

以上代码输出了文档中每个样式表的 href 属性（<style>元素没有这个属性）。

document.styleSheets 返回的样式表可能会因浏览器而异。所有浏览器都会包含<style>元素和 rel 属性设置为"stylesheet"的<link>元素。IE、Opera、Chrome 也包含 rel 属性设置为"alternate stylesheet"的<link>元素。

通过<link>或<style>元素也可以直接获取 CSSStyleSheet 对象。DOM 在这两个元素上暴露了 sheet 属性，其中包含对应的 CSSStyleSheet 对象。

1. CSS 规则

CSSRule 类型表示样式表中的一条规则。这个类型也是一个通用基类，很多类型都继承它，但其中最常用的是表示样式信息的 CSSStyleRule（其他 CSS 规则还有@import、@font-face、@page 和@charset 等，不过这些规则很少需要使用脚本来操作）。以下是 CSSStyleRule 对象上可用的属性。

❏ cssText，返回整条规则的文本。这里的文本可能与样式表中实际的文本不一样，因为浏览器内部处理样式表的方式也不一样。Safari 始终会把所有字母都转换为小写。

❏ parentRule，如果这条规则被其他规则（如@media）包含，则指向包含规则，否则就是 null。

❏ parentStyleSheet，包含当前规则的样式表。

❏ selectorText，返回规则的选择符文本。这里的文本可能与样式表中实际的文本不一样，因为浏览器内部处理样式表的方式也不一样。这个属性在 Firefox、Safari、Chrome 和 IE 中是只读的，在 Opera 中是可以修改的。

❏ style，返回 CSSStyleDeclaration 对象，可以设置和获取当前规则中的样式。

❏ type，数值常量，表示规则类型。对于样式规则，它始终为 1。

在这些属性中，使用最多的是 cssText、selectorText 和 style。cssText 属性与 style.cssText 类似，不过并不完全一样。前者包含选择符文本和环绕样式声明的大括号，而后者则只包含样式声明（类似于元素上的 style.cssText）。此外，cssText 是只读的，而 style.cssText 可以被重写。

多数情况下，使用 style 属性就可以实现操作样式规则的任务了。这个对象可以像每个元素上的

style 对象一样，用来读取或修改规则的样式。比如下面这个 CSS 规则：

```
div.box {
  background-color: blue;
  width: 100px;
  height: 200px;
}
```

假设这条规则位于页面中的第一个样式表中，而且是该样式表中唯一一条 CSS 规则，则下列代码可以获取它的所有信息：

```
let sheet = document.styleSheets[0];
let rules = sheet.cssRules || sheet.rules;    // 取得规则集合
let rule = rules[0];                          // 取得第一条规则
console.log(rule.selectorText);               // "div.box"
console.log(rule.style.cssText);              // 完整的 CSS 代码
console.log(rule.style.backgroundColor);      // "blue"
console.log(rule.style.width);                // "100px"
console.log(rule.style.height);               // "200px"
```

使用这些接口，可以像确定元素 style 对象中包含的样式一样，确定一条样式规则的样式信息。与元素的场景一样，也可以修改规则中的样式，如下所示：

```
let sheet = document.styleSheets[0];
let rules = sheet.cssRules || sheet.rules;    // 取得规则集合
let rule = rules[0];                          // 取得第一条规则
rule.style.backgroundColor = "red"
```

注意，这样修改规则会影响到页面上所有应用了该规则的元素。如果页面上有两个<div>元素有
"box"类，则这两个元素都会受到这个修改的影响。

2. 创建规则

DOM 规定，可以使用 insertRule()方法向样式表中添加新规则。这个方法接收两个参数：规则的文本和表示插入位置的索引值。下面是一个例子：

```
sheet.insertRule("body { background-color: silver }", 0);  // 使用 DOM 方法
```

这个例子插入了一条改变文档背景颜色的规则。这条规则是作为样式表的第一条规则（位置 0）插入的，顺序对规则层叠是很重要的。

虽然可以这样添加规则，但随着要维护的规则增多，很快就会变得非常麻烦。这时候，更好的方式是使用第 14 章介绍的动态样式加载技术。

3. 删除规则

支持从样式表中删除规则的 DOM 方法是 deleteRule()，它接收一个参数：要删除规则的索引。要删除样式表中的第一条规则，可以这样做：

```
sheet.deleteRule(0);  // 使用 DOM 方法
```

与添加规则一样，删除规则并不是 Web 开发中常见的做法。考虑到可能影响 CSS 层叠的效果，删除规则时要慎重。

16.2.3　元素尺寸

本节介绍的属性和方法并不是 DOM2 Style 规范中定义的，但与 HTML 元素的样式有关。DOM 一直缺乏页面中元素实际尺寸的规定。IE 率先增加了一些属性，向开发者暴露元素的尺寸信息。这些属性

现在已经得到所有主流浏览器支持。

1. 偏移尺寸

第一组属性涉及**偏移尺寸**（offset dimensions），包含元素在屏幕上占用的所有视觉空间。元素在页面上的视觉空间由其高度和宽度决定，包括所有内边距、滚动条和边框（但不包含外边距）。以下 4 个属性用于取得元素的偏移尺寸。

- ❑ offsetHeight，元素在垂直方向上占用的像素尺寸，包括它的高度、水平滚动条高度（如果可见）和上、下边框的高度。
- ❑ offsetLeft，元素左边框外侧距离包含元素左边框内侧的像素数。
- ❑ offsetTop，元素上边框外侧距离包含元素上边框内侧的像素数。
- ❑ offsetWidth，元素在水平方向上占用的像素尺寸，包括它的宽度、垂直滚动条宽度（如果可见）和左、右边框的宽度。

其中，offsetLeft 和 offsetTop 是相对于包含元素的，包含元素保存在 offsetParent 属性中。offsetParent 不一定是 parentNode。比如，<td>元素的 offsetParent 是作为其祖先的<table>元素，因为<table>是节点层级中第一个提供尺寸的元素。图 16-1 展示了这些属性代表的不同尺寸。

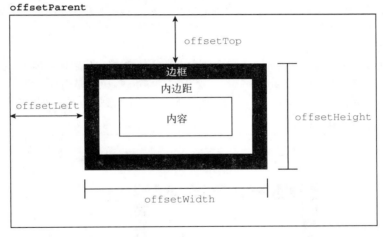

图　16-1

要确定一个元素在页面中的偏移量，可以把它的 offsetLeft 和 offsetTop 属性分别与 offsetParent 的相同属性相加，一直加到根元素。下面是一个例子：

```
function getElementLeft(element) {
  let actualLeft = element.offsetLeft;
  let current = element.offsetParent;

  while (current !== null) {
    actualLeft += current.offsetLeft;
    current = current.offsetParent;
  }

  return actualLeft;
}
```

```
function getElementTop(element) {
  let actualTop = element.offsetTop;
  let current = element.offsetParent;

  while (current !== null) {
    actualTop += current.offsetTop;
    current = current.offsetParent;
  }

  return actualTop;
}
```

这两个函数使用 offsetParent 在 DOM 树中逐级上溯，将每一级的偏移属性相加，最终得到元素的实际偏移量。对于使用 CSS 布局的简单页面，这两个函数是很精确的。而对于使用表格和内嵌窗格的页面布局，它们返回的值会因浏览器不同而有所差异，因为浏览器实现这些元素的方式不同。一般来说，包含在 <div> 元素中所有元素都以 <body> 为其 offsetParent，因此 getElementleft() 和 getElementTop() 返回的值与 offsetLeft 和 offsetTop 返回的值相同。

> **注意** 所有这些偏移尺寸属性都是只读的，每次访问都会重新计算。因此，应该尽量减少查询它们的次数。比如把查询的值保存在局量中，就可以避免影响性能。

2. 客户端尺寸

元素的**客户端尺寸**（client dimensions）包含元素内容及其内边距所占用的空间。客户端尺寸只有两个相关属性：clientWidth 和 clientHeight。其中，clientWidth 是内容区宽度加左、右内边距宽度，clientHeight 是内容区高度加上、下内边距高度。图 16-2 形象地展示了这两个属性。

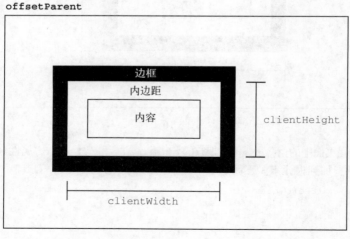

图 16-2

客户端尺寸实际上就是元素内部的空间，因此不包含滚动条占用的空间。这两个属性最常用于确定浏览器视口尺寸，即检测 document.documentElement 的 clientWidth 和 clientHeight。这两个属性表示视口（<html> 或 <body> 元素）的尺寸。

注意　与偏移尺寸一样，客户端尺寸也是只读的，而且每次访问都会重新计算。

3. 滚动尺寸

最后一组尺寸是**滚动尺寸**（scroll dimensions），提供了元素内容滚动距离的信息。有些元素，比如 <html> 无须任何代码就可以自动滚动，而其他元素则需要使用 CSS 的 overflow 属性令其滚动。滚动尺寸相关的属性有如下 4 个。

❑ scrollHeight，没有滚动条出现时，元素内容的总高度。

❑ scrollLeft，内容区左侧隐藏的像素数，设置这个属性可以改变元素的滚动位置。

❑ scrollTop，内容区顶部隐藏的像素数，设置这个属性可以改变元素的滚动位置。

❑ scrollWidth，没有滚动条出现时，元素内容的总宽度。

图 16-3 展示了这些属性的含义。

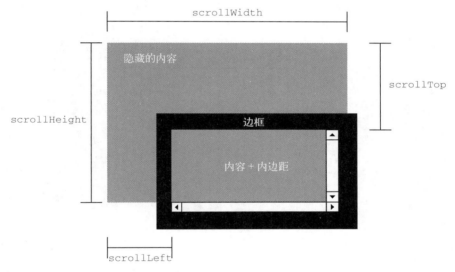

图　16-3

scrollWidth 和 scrollHeight 可以用来确定给定元素内容的实际尺寸。例如，<html>元素是浏览器中滚动视口的元素。因此，document.documentElement.scrollHeight 就是整个页面垂直方向的总高度。

scrollWidth 和 scrollHeight 与 clientWidth 和 clientHeight 之间的关系在不需要滚动的文档上是分不清的。如果文档尺寸超过视口尺寸，则在所有主流浏览器中这两对属性都不相等，scrollWidth 和 scollHeight 等于文档内容的宽度，而 clientWidth 和 clientHeight 等于视口的大小。

scrollLeft 和 scrollTop 属性可以用于确定当前元素滚动的位置，或者用于设置它们的滚动位置。元素在未滚动时，这两个属性都等于 0。如果元素在垂直方向上滚动，则 scrollTop 会大于 0，表示元素顶部不可见区域的高度。如果元素在水平方向上滚动，则 scrollLeft 会大于 0，表示元素左侧不可见区域的宽度。因为这两个属性也是可写的，所以把它们都设置为 0 就可以重置元素的滚动位置。

下面这个函数检测元素是不是位于顶部，如果不是则把它滚动回顶部：

```
function scrollToTop(element) {
  if (element.scrollTop != 0) {
    element.scrollTop = 0;
  }
}
```

这个函数使用 `scrollTop` 获取并设置值。

4. 确定元素尺寸

浏览器在每个元素上都暴露了 `getBoundingClientRect()` 方法，返回一个 `DOMRect` 对象，包含 6 个属性：`left`、`top`、`right`、`bottom`、`height` 和 `width`。这些属性给出了元素在页面中相对于视口的位置。图 16-4[1]展示了这些属性的含义。

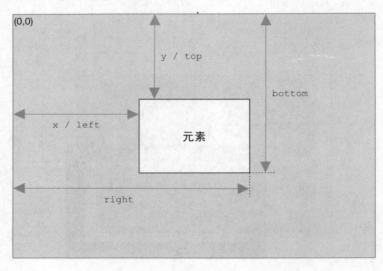

图   16-4

16.3   遍历

DOM2 Traversal and Range 模块定义了两个类型用于辅助顺序遍历 DOM 结构。这两个类型——`NodeIterator` 和 `TreeWalker`——从某个起点开始执行对 DOM 结构的深度优先遍历。

如前所述，DOM 遍历是对 DOM 结构的深度优先遍历，至少允许朝两个方向移动（取决于类型）。遍历以给定节点为根，不能在 DOM 中向上超越这个根节点。来看下面的 HTML：

```
<!DOCTYPE html>
<html>
  <head>
    <title>Example</title>
  </head>
  <body>
```

---

① 这张插图为译者补充，图片来源为 MDN 文档的 `Element.getBoundingClientRect()` 英文版页面。——译者注

```
    <p><b>Hello</b> world!</p>
  </body>
</html>
```

这段代码构成的 DOM 树如图 16-5 所示。

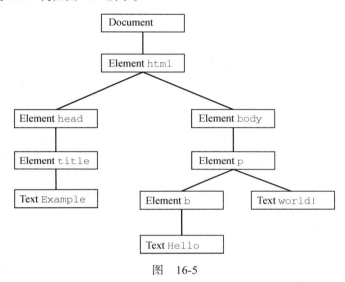

图 16-5

其中的任何节点都可以成为遍历的根节点。比如，假设以<body>元素作为遍历的根节点，那么接下来是<p>元素、<b>元素和两个文本节点（都是<body>元素的后代）。但这个遍历不会到达<html>元素、<head>元素，或者其他不属于<body>元素子树的元素。而以 document 为根节点的遍历，则可以访问到文档中的所有节点。图 16-6 展示了以 document 为根节点的深度优先遍历。

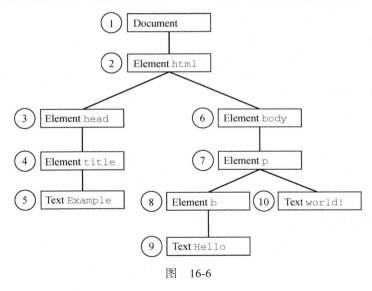

图 16-6

从 document 开始，然后循序移动，第一个节点是 document，最后一个节点是包含" world!"的文本节点。到达文档末尾最后那个文本节点后，遍历会在 DOM 树中反向回溯。此时，第一个访问的节点就是包含" world!"的文本节点，而最后一个是 document 节点本身。NodeIterator 和 TreeWalker 都以这种方式进行遍历。

16.3.1 NodeIterator

NodeIterator 类型是两个类型中比较简单的，可以通过 document.createNodeIterator()方法创建其实例。这个方法接收以下 4 个参数。

- ❏ root，作为遍历根节点的节点。
- ❏ whatToShow，数值代码，表示应该访问哪些节点。
- ❏ filter，NodeFilter 对象或函数，表示是否接收或跳过特定节点。
- ❏ entityReferenceExpansion，布尔值，表示是否扩展实体引用。这个参数在 HTML 文档中没有效果，因为实体引用永远不扩展。

whatToShow 参数是一个位掩码，通过应用一个或多个过滤器来指定访问哪些节点。这个参数对应的常量是在 NodeFilter 类型中定义的。

- ❏ NodeFilter.SHOW_ALL，所有节点。
- ❏ NodeFilter.SHOW_ELEMENT，元素节点。
- ❏ NodeFilter.SHOW_ATTRIBUTE，属性节点。由于 DOM 的结构，因此实际上用不上。
- ❏ NodeFilter.SHOW_TEXT，文本节点。
- ❏ NodeFilter.SHOW_CDATA_SECTION，CData 区块节点。不是在 HTML 页面中使用的。
- ❏ NodeFilter.SHOW_ENTITY_REFERENCE，实体引用节点。不是在 HTML 页面中使用的。
- ❏ NodeFilter.SHOW_ENTITY，实体节点。不是在 HTML 页面中使用的。
- ❏ NodeFilter.SHOW_PROCESSING_INSTRUCTION，处理指令节点。不是在 HTML 页面中使用的。
- ❏ NodeFilter.SHOW_COMMENT，注释节点。
- ❏ NodeFilter.SHOW_DOCUMENT，文档节点。
- ❏ NodeFilter.SHOW_DOCUMENT_TYPE，文档类型节点。
- ❏ NodeFilter.SHOW_DOCUMENT_FRAGMENT，文档片段节点。不是在 HTML 页面中使用的。
- ❏ NodeFilter.SHOW_NOTATION，记号节点。不是在 HTML 页面中使用的。

这些值除了 NodeFilter.SHOW_ALL 之外，都可以组合使用。比如，可以像下面这样使用按位或操作组合多个选项：

```
let whatToShow = NodeFilter.SHOW_ELEMENT | NodeFilter.SHOW_TEXT;
```

createNodeIterator()方法的 filter 参数可以用来指定自定义 NodeFilter 对象，或者一个作为节点过滤器的函数。NodeFilter 对象只有一个方法 acceptNode()，如果给定节点应该访问就返回 NodeFilter.FILTER_ACCEPT，否则返回 NodeFilter.FILTER_SKIP。因为 NodeFilter 是一个抽象类型，所以不可能创建它的实例。只要创建一个包含 acceptNode()的对象，然后把它传给 createNodeIterator()就可以了。以下代码定义了只接收<p>元素的节点过滤器对象：

```
let filter = {
  acceptNode(node) {
    return node.tagName.toLowerCase() == "p" ?
```

```
            NodeFilter.FILTER_ACCEPT :
            NodeFilter.FILTER_SKIP;
    }
};

let iterator = document.createNodeIterator(root, NodeFilter.SHOW_ELEMENT,
                                           filter, false);
```

`filter` 参数还可以是一个函数，与 `acceptNode()` 的形式一样，如下面的例子所示：

```
let filter = function(node) {
    return node.tagName.toLowerCase() == "p" ?
        NodeFilter.FILTER_ACCEPT :
        NodeFilter.FILTER_SKIP;
};

let iterator = document.createNodeIterator(root, NodeFilter.SHOW_ELEMENT,
                                           filter, false);
```

通常，JavaScript 会使用这种形式，因为更简单也更像普通 JavaScript 代码。如果不需要指定过滤器，则可以给这个参数传入 `null`。

要创建一个简单的遍历所有节点的 `NodeIterator`，可以使用以下代码：

```
let iterator = document.createNodeIterator(document, NodeFilter.SHOW_ALL,
                                           null, false);
```

`NodeIterator` 的两个主要方法是 `nextNode()` 和 `previousNode()`。`nextNode()` 方法在 DOM 子树中以深度优先方式进前一步，而 `previousNode()` 则是在遍历中后退一步。创建 `NodeIterator` 对象的时候，会有一个内部指针指向根节点，因此第一次调用 `nextNode()` 返回的是根节点。当遍历到达 DOM 树最后一个节点时，`nextNode()` 返回 `null`。`previousNode()` 方法也是类似的。当遍历到达 DOM 树最后一个节点时，调用 `previousNode()` 返回遍历的根节点后，再次调用也会返回 `null`。

以下面的 HTML 片段为例：

```
<div id="div1">
  <p><b>Hello</b> world!</p>
  <ul>
    <li>List item 1</li>
    <li>List item 2</li>
    <li>List item 3</li>
  </ul>
</div>
```

假设想要遍历 `<div>` 元素内部的所有元素，那么可以使用如下代码：

```
let div = document.getElementById("div1");
let iterator = document.createNodeIterator(div, NodeFilter.SHOW_ELEMENT,
                                           null, false);

let node = iterator.nextNode();
while (node !== null) {
  console.log(node.tagName);      // 输出标签名
  node = iterator.nextNode();
}
```

这个例子中第一次调用 `nextNode()` 返回 `<div>` 元素。因为 `nextNode()` 在遍历到达 DOM 子树末尾时返回 `null`，所以这里通过 `while` 循环检测每次调用 `nextNode()` 的返回值是不是 `null`。以上代码执行后会输出以下标签名：

```
DIV
P
B
UL
LI
LI
LI
```

如果只想遍历<li>元素，可以传入一个过滤器，比如：

```
let div = document.getElementById("div1");
let filter = function(node) {
  return node.tagName.toLowerCase() == "li" ?
    NodeFilter.FILTER_ACCEPT :
    NodeFilter.FILTER_SKIP;
};

let iterator = document.createNodeIterator(div, NodeFilter.SHOW_ELEMENT,
        filter, false);

let node = iterator.nextNode();
while (node !== null) {
  console.log(node.tagName);        // 输出标签名
  node = iterator.nextNode();
}
```

在这个例子中，遍历只会输出<li>元素的标签。

nextNode()和 previousNode()方法共同维护 NodeIterator 对 DOM 结构的内部指针，因此修改 DOM 结构也会体现在遍历中。

16.3.2 `TreeWalker`

TreeWalker 是 NodeIterator 的高级版。除了包含同样的 nextNode()、previousNode()方法，TreeWalker 还添加了如下在 DOM 结构中向不同方向遍历的方法。

❑ parentNode()，遍历到当前节点的父节点。

❑ firstChild()，遍历到当前节点的第一个子节点。

❑ lastChild()，遍历到当前节点的最后一个子节点。

❑ nextSibling()，遍历到当前节点的下一个同胞节点。

❑ previousSibling()，遍历到当前节点的上一个同胞节点。

TreeWalker 对象要调用 document.createTreeWalker()方法来创建，这个方法接收与 document.createNodeIterator()同样的参数：作为遍历起点的根节点、要查看的节点类型、节点过滤器和一个表示是否扩展实体引用的布尔值。因为两者很类似，所以 TreeWalker 通常可以取代 NodeIterator，比如：

```
let div = document.getElementById("div1");
let filter = function(node) {
  return node.tagName.toLowerCase() == "li" ?
    NodeFilter.FILTER_ACCEPT :
    NodeFilter.FILTER_SKIP;
};
```

```
let walker = document.createTreeWalker(div, NodeFilter.SHOW_ELEMENT,
                                        filter, false);

let node = iterator.nextNode();
while (node !== null) {
  console.log(node.tagName);        // 输出标签名
  node = iterator.nextNode();
}
```

不同的是，节点过滤器（filter）除了可以返回 NodeFilter.FILTER_ACCEPT 和 NodeFilter.
FILTER_SKIP，还可以返回 NodeFilter.FILTER_REJECT。在使用 NodeIterator 时，NodeFilter.
FILTER_SKIP 和 NodeFilter.FILTER_REJECT 是一样的。但在使用 TreeWalker 时，NodeFilter.
FILTER_SKIP 表示跳过节点，访问子树中的下一个节点，而 NodeFilter.FILTER_REJECT 则表示跳
过该节点以及该节点的整个子树。例如，如果把前面示例中的过滤器函数改为返回 NodeFilter.
FILTER_REJECT（而不是 NodeFilter.FILTER_SKIP），则会导致遍历立即返回，不会访问任何节点。
这是因为第一个返回的元素是<div>，其中标签名不是"li"，因此过滤函数返回 NodeFilter.FILTER_
REJECT，表示要跳过整个子树。因为<div>本身就是遍历的根节点，所以遍历会就此结束。

当然，TreeWalker 真正的威力是可以在 DOM 结构中四处游走。如果不使用过滤器，单纯使用
TreeWalker 的漫游能力同样可以在 DOM 树中访问<li>元素，比如：

```
let div = document.getElementById("div1");
let walker = document.createTreeWalker(div, NodeFilter.SHOW_ELEMENT, null, false);

walker.firstChild();     // 前往<p>
walker.nextSibling();    // 前往<ul>

let node = walker.firstChild();   // 前往第一个<li>
while (node !== null) {
  console.log(node.tagName);
  node = walker.nextSibling();
}
```

因为我们知道<li>元素在文档结构中的位置，所以可以直接定位过去。先使用 firstChild()前
往<p>元素，再通过 nextSibling()前往<ul>元素，然后使用 firstChild()到达第一个<li>元素。
注意，此时的 TreeWalker 只返回元素（这是因为传给 createTreeWalker()的第二个参数）。最后就
可以使用 nextSibling()访问每个<li>元素，直到再也没有元素，此时方法返回 null。

TreeWalker 类型也有一个名为 currentNode 的属性，表示遍历过程中上一次返回的节点（无论
使用的是哪个遍历方法）。可以通过修改这个属性来影响接下来遍历的起点，如下面的例子所示：

```
let node = walker.nextNode();
console.log(node === walker.currentNode);   // true
walker.currentNode = document.body;         // 修改起点
```

相比于 NodeIterator，TreeWalker 类型为遍历 DOM 提供了更大的灵活性。

16.4　范围

为了支持对页面更细致的控制，DOM2 Traversal and Range 模块定义了范围接口。范围可用于在文
档中选择内容，而不用考虑节点之间的界限。（选择在后台发生，用户是看不到的。）范围在常规 DOM
操作的粒度不够时可以发挥作用。

16.4.1　DOM 范围

DOM2 在 Document 类型上定义了一个 createRange() 方法，暴露在 document 对象上。使用这个方法可以创建一个 DOM 范围对象，如下所示：

```
let range = document.createRange();
```

与节点类似，这个新创建的范围对象是与创建它的文档关联的，不能在其他文档中使用。然后可以使用这个范围在后台选择文档特定的部分。创建范围并指定它的位置之后，可以对范围的内容执行一些操作，从而实现对底层 DOM 树更精细的控制。

每个范围都是 Range 类型的实例，拥有相应的属性和方法。下面的属性提供了与范围在文档中位置相关的信息。

- ❑ startContainer，范围起点所在的节点（选区中第一个子节点的父节点）。
- ❑ startOffset，范围起点在 startContainer 中的偏移量。如果 startContainer 是文本节点、注释节点或 CData 区块节点，则 startOffset 指范围起点之前跳过的字符数；否则，表示范围中第一个节点的索引。
- ❑ endContainer，范围终点所在的节点（选区中最后一个子节点的父节点）。
- ❑ endOffset，范围起点在 startContainer 中的偏移量（与 startOffset 中偏移量的含义相同）。
- ❑ commonAncestorContainer，文档中以 startContainer 和 endContainer 为后代的最深的节点。
这些属性会在范围被放到文档中特定位置时获得相应的值。

16.4.2　简单选择

通过范围选择文档中某个部分最简单的方式，就是使用 selectNode() 或 selectNodeContents() 方法。这两个方法都接收一个节点作为参数，并将该节点的信息添加到调用它的范围。selectNode() 方法选择整个节点，包括其后代节点，而 selectNodeContents() 只选择节点的后代。假设有如下 HTML：

```
<!DOCTYPE html>
<html>
  <body>
    <p id="p1"><b>Hello</b> world!</p>
  </body>
</html>
```

以下 JavaScript 代码可以访问并创建相应的范围：

```
let range1 = document.createRange(),
    range2 = document.createRange(),
    p1 = document.getElementById("p1");
range1.selectNode(p1);
range2.selectNodeContents(p1);
```

例子中的这两个范围包含文档的不同部分。range1 包含 <p> 元素及其所有后代，而 range2 包含 <b> 元素、文本节点 "Hello" 和文本节点 " world!"，如图 16-7 所示。

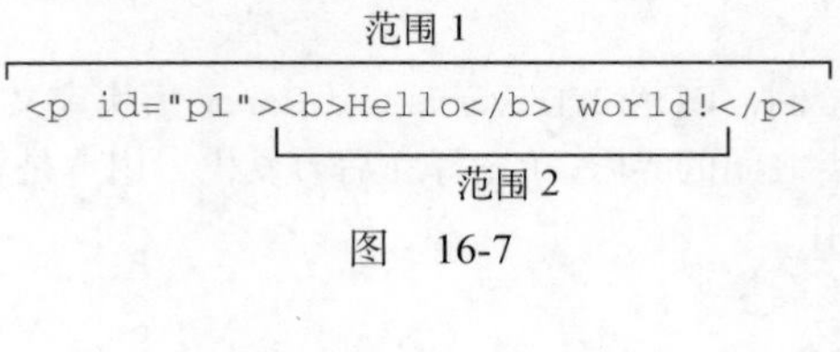

图　16-7

调用 selectNode() 时，startContainer、endContainer 和 commonAncestorContainer 都等于传入节点的父节点。在这个例子中，这几个属性都等于 document.body。startOffset 属性等于传入节点在其父节点 childNodes 集合中的索引（在这个例子中，startOffset 等于 1，因为 DOM 的合规实现把空格当成文本节点），而 endOffset 等于 startOffset 加 1（因为只选择了一个节点）。

在调用 selectNodeContents() 时，startContainer、endContainer 和 commonAncestorContainer 属性就是传入的节点，在这个例子中是 \<p\> 元素。startOffset 属性始终为 0，因为范围从传入节点的第一个子节点开始，而 endOffset 等于传入节点的子节点数量（node.childNodes.length），在这个例子中等于 2。

在像上面这样选定节点或节点后代之后，还可以在范围上调用相应的方法，实现对范围中选区的更精细控制。

- setStartBefore(*refNode*)，把范围的起点设置到 *refNode* 之前，从而让 *refNode* 成为选区的第一个子节点。startContainer 属性被设置为 refNode.parentNode，而 startOffset 属性被设置为 *refNode* 在其父节点 childNodes 集合中的索引。
- setStartAfter(*refNode*)，把范围的起点设置到 *refNode* 之后，从而将 *refNode* 排除在选区之外，让其下一个同胞节点成为选区的第一个子节点。startContainer 属性被设置为 refNode.parentNode，startOffset 属性被设置为 *refNode* 在其父节点 childNodes 集合中的索引加 1。
- setEndBefore(*refNode*)，把范围的终点设置到 *refNode* 之前，从而将 *refNode* 排除在选区之外、让其上一个同胞节点成为选区的最后一个子节点。endContainer 属性被设置为 refNode.parentNode，endOffset 属性被设置为 *refNode* 在其父节点 childNodes 集合中的索引。
- setEndAfter(*refNode*)，把范围的终点设置到 *refNode* 之后，从而让 *refNode* 成为选区的最后一个子节点。endContainer 属性被设置为 refNode.parentNode，endOffset 属性被设置为 *refNode* 在其父节点 childNodes 集合中的索引加 1。

调用这些方法时，所有属性都会自动重新赋值。不过，为了实现复杂的选区，也可以直接修改这些属性的值。

16.4.3 复杂选择

要创建复杂的范围，需要使用 setStart() 和 setEnd() 方法。这两个方法都接收两个参数：参照节点和偏移量。对 setStart() 来说，参照节点会成为 startContainer，而偏移量会赋值给 startOffset。对 setEnd() 而言，参照节点会成为 endContainer，而偏移量会赋值给 endOffset。

使用这两个方法，可以模拟 selectNode() 和 selectNodeContents() 的行为。比如：

```
let range1 = document.createRange(),
    range2 = document.createRange(),
    p1 = document.getElementById("p1"),
    p1Index = -1,
    i,
    len;
for (i = 0, len = p1.parentNode.childNodes.length; i < len; i++) {
  if (p1.parentNode.childNodes[i] === p1) {
    p1Index = i;
    break;
  }
}
```

```
range1.setStart(p1.parentNode, p1Index);
range1.setEnd(p1.parentNode, p1Index + 1);
range2.setStart(p1, 0);
range2.setEnd(p1, p1.childNodes.length);
```

注意，要选择节点（使用 range1），必须先确定给定节点（p1）在其父节点 childNodes 集合中的索引。而要选择节点的内容（使用 range2），则不需要这样计算，因为可以直接给 setStart() 和 setEnd() 传默认值。虽然可以模拟 selectNode() 和 selectNodeContents()，但 setStart() 和 setEnd() 真正的威力还是选择节点中的某个部分。

假设我们想通过范围从前面示例中选择从"Hello"中的"llo"到" world!"中的"o"的部分。很简单，第一步是取得所有相关节点的引用，如下面的代码所示：

```
let p1 = document.getElementById("p1"),
    helloNode = p1.firstChild.firstChild,
    worldNode = p1.lastChild
```

文本"Hello"其实是<p>的孙子节点，因为它是<b>的子节点。为此可以使用 p1.firstChild 取得<b>，而使用 p1.firstChild.firstChild 取得"Hello"这个文本节点。文本节点" world!"是<p>的第二个（也是最后一个）子节点，因此可以使用 p1.lastChild 来取得它。然后，再创建范围，指定其边界，如下所示：

```
let range = document.createRange();
range.setStart(helloNode, 2);
range.setEnd(worldNode, 3);
```

因为选区起点在"Hello"中的字母"e"之后，所以要给 setStart() 传入 helloNode 和偏移量 2（"e"后面的位置，"H"的位置是 0）。要设置选区终点，则要给 setEnd() 传入 worldNode 和偏移量 3，即不属于选区的第一个字符的位置，也就是"r"的位置 3（位置 0 是一个空格）。图 16-8 展示了范围对应的选区。

图　16-8

因为 helloNode 和 worldNode 是文本节点，所以它们会成为范围的 startContainer 和 endContainer，这样 startOffset 和 endOffset 实际上表示每个节点中文本字符的位置，而不是子节点的位置（传入元素节点时的情形）。而 commonAncestorContainer 是<p>元素，即包含这两个节点的第一个祖先节点。

当然，只选择文档中的某个部分并不是特别有用，除非可以对选中部分执行操作。

16.4.4   操作范围

创建范围之后，浏览器会在内部创建一个文档片段节点，用于包含范围选区中的节点。为操作范围的内容，选区中的内容必须格式完好。在前面的例子中，因为范围的起点和终点都在文本节点内部，并不是完好的 DOM 结构，所以无法在 DOM 中表示。不过，范围能够确定缺失的开始和结束标签，从而可以重构出有效的 DOM 结构，以便后续操作。

仍以前面例子中的范围来说，范围发现选区中缺少一个开始的<b>标签，于是会在后台动态补上这个标签，同时还需要补上封闭"He"的结束标签</b>，结果会把 DOM 修改为这样：

```
<p><b>He</b><b>llo</b> world!</p>
```

而且，" world!"文本节点会被拆分成两个文本节点，一个包含" wo"，另一个包含"rld!"。最终的 DOM 树，以及范围对应的文档片段如图 16-9 所示。

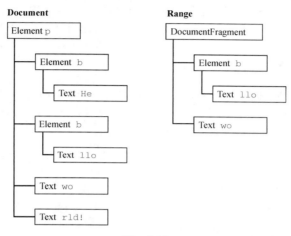

图　16-9

这样创建了范围之后，就可以使用很多方法来操作范围的内容。（注意，范围对应文档片段中的所有节点，都是文档中相应节点的指针。）

第一个方法最容易理解和使用：deleteContents()。顾名思义，这个方法会从文档中删除范围包含的节点。下面是一个例子：

```
let p1 = document.getElementById("p1"),
    helloNode = p1.firstChild.firstChild,
    worldNode = p1.lastChild,
    range = document.createRange();

range.setStart(helloNode, 2);
range.setEnd(worldNode, 3);

range.deleteContents();
```

执行上面的代码之后，页面中的 HTML 会变成这样：

```
<p><b>He</b>rld!</p>
```

因为前面介绍的范围选择过程通过修改底层 DOM 结构保证了结构完好，所以即使删除范围之后，剩下的 DOM 结构照样是完好的。

另一个方法 extractContents()跟 deleteContents()类似，也会从文档中移除范围选区。但不同的是，extractContents()方法返回范围对应的文档片段。这样，就可以把范围选中的内容插入文档中其他地方。来看一个例子：

```
let p1 = document.getElementById("p1"),
    helloNode = p1.firstChild.firstChild,
    worldNode = p1.lastChild,
    range = document.createRange();
```

```
range.setStart(helloNode, 2);
range.setEnd(worldNode, 3);

let fragment = range.extractContents();
p1.parentNode.appendChild(fragment);
```

这个例子提取了范围的文档片段，然后把它添加到文档\<body>元素的最后。(别忘了，在把文档片段传给 appendChild()时，只会添加片段的子树，不包含片段自身。) 结果就会得到如下 HTML：

```
<p><b>He</b>rld!</p>
<b>llo</b> wo
```
[P595 代码三]

如果不想把范围从文档中移除，也可以使用 cloneContents()创建一个副本，然后把这个副本插入到文档其他地方。比如：

```
let p1 = document.getElementById("p1"),
    helloNode = p1.firstChild.firstChild,
    worldNode = p1.lastChild,
    range = document.createRange();

range.setStart(helloNode, 2);
range.setEnd(worldNode, 3);

let fragment = range.cloneContents();
p1.parentNode.appendChild(fragment);
```

这个方法跟 extractContents()很相似，因为它们都返回文档片段。主要区别是 cloneContents()返回的文档片段包含范围中节点的副本，而非实际的节点。执行上面操作之后，HTML 页面会变成这样：

```
<p><b>Hello</b> world!</p>
<b>llo</b> wo
```

此时关键是要知道，为保持结构完好而拆分节点的操作，只有在调用前述方法时才会发生。在 DOM 被修改之前，原始 HTML 会一直保持不变。

16.4.5　范围插入

上一节介绍了移除和复制范围的内容，本节来看一看怎么向范围中插入内容。使用 insertNode() 方法可以在范围选区的开始位置插入一个节点。例如，假设我们想在前面例子中的 HTML 中插入如下 HTML：

```
<span style="color: red">Inserted text</span>
```

可以使用下列代码：

```
let p1 = document.getElementById("p1"),
    helloNode = p1.firstChild.firstChild,
    worldNode = p1.lastChild,
    range = document.createRange();

range.setStart(helloNode, 2);
range.setEnd(worldNode, 3);

let span = document.createElement("span");
span.style.color = "red";
span.appendChild(document.createTextNode("Inserted text"));
range.insertNode(span);
```

运行上面的代码会得到如下 HTML 代码：

```
<p id="p1"><b>He<span style="color: red">Inserted text</span>llo</b> world</p>
```

注意，<span>正好插入到"Hello"中的"llo"之前，也就是范围选区的前面。同时，也要注意原始的 HTML 并没有添加或删除<b>元素，因为这里并没有使用之前提到的方法。使用这个技术可以插入有用的信息，比如在外部链接旁边插入一个小图标。

除了向范围中插入内容，还可以使用 surroundContents()方法插入包含范围的内容。这个方法接收一个参数，即包含范围内容的节点。调用这个方法时，后台会执行如下操作：

(1) 提取出范围的内容；

(2) 在原始文档中范围之前所在的位置插入给定的节点；

(3) 将范围对应文档片段的内容添加到给定节点。

这种功能适合在网页中高亮显示某些关键词，比如：

```
let p1 = document.getElementById("p1"),
    helloNode = p1.firstChild.firstChild,
    worldNode = p1.lastChild,
    range = document.createRange();

range.selectNode(helloNode);
let span = document.createElement("span");
span.style.backgroundColor = "yellow";
range.surroundContents(span);
```

执行以上代码会以黄色背景高亮显示范围选择的文本。得到的 HTML 如下所示：

```
<p><b><span style="background-color:yellow">Hello</span></b> world!</p>
```

为了插入<span>元素，范围中必须包含完整的 DOM 结构。如果范围中包含部分选择的非文节点，这个操作会失败并报错。另外，如果给定的节点是 Document、DocumentType 或 DocumentFragment 类型，也会导致抛出错误。

16.4.6　范围折叠

如果范围并没有选择文档的任何部分，则称为**折叠**（collapsed）。折叠范围有点类似文本框：如果文本框中有文本，那么可以用鼠标选中以高亮显示全部文本。这时候，如果再单击鼠标，则选区会被移除，光标会落在某两个字符中间。而在折叠范围时，位置会被设置为范围与文档交界的地方，可能是范围选区的开始处，也可能是结尾处。图 16-10 展示了范围折叠时会发生什么。

图　16-10

折叠范围可以使用 collapse() 方法，这个方法接收一个参数：布尔值，表示折叠到范围哪一端。true 表示折叠到起点，false 表示折叠到终点。要确定范围是否已经被折叠，可以检测范围的 collapsed 属性：

```
range.collapse(true);             // 折叠到起点
console.log(range.collapsed);     // 输出 true
```

测试范围是否被折叠，能够帮助确定范围中的两个节点是否相邻。例如有以下 HTML 代码：

```
<p id="p1">Paragraph 1</p><p
id="p2">Paragraph 2</p>
```

如果事先并不知道标记的结构（比如自动生成的标记），则可以像下面这样创建一个范围：

```
let p1 = document.getElementById("p1"),
    p2 = document.getElementById("p2"),
    range = document.createRange();
range.setStartAfter(p1);
range.setStartBefore(p2);
console.log(range.collapsed);   // true
```

在这种情况下，创建的范围是折叠的，因为 p1 后面和 p2 前面没有任何内容。

16.4.7   范围比较

如果有多个范围，则可以使用 compareBoundaryPoints() 方法确定范围之间是否存在公共的边界（起点或终点）。这个方法接收两个参数：要比较的范围和一个常量值，表示比较的方式。这个常量参数包括：

❑ Range.START_TO_START（0），比较两个范围的起点；
❑ Range.START_TO_END（1），比较第一个范围的起点和第二个范围的终点；
❑ Range.END_TO_END（2），比较两个范围的终点；
❑ Range.END_TO_START（3），比较第一个范围的终点和第二个范围的起点。

compareBoundaryPoints() 方法在第一个范围的边界点位于第二个范围的边界点之前时返回 -1，在两个范围的边界点相等时返回 0，在第一个范围的边界点位于第二个范围的边界点之后时返回 1。来看下面的例子：

```
let range1 = document.createRange();
let range2 = document.createRange();
let p1 = document.getElementById("p1");

range1.selectNodeContents(p1);
range2.selectNodeContents(p1);
range2.setEndBefore(p1.lastChild);

console.log(range1.compareBoundaryPoints(Range.START_TO_START, range2));  // 0
console.log(range1.compareBoundaryPoints(Range.END_TO_END, range2));      // 1
```

在这段代码中，两个范围的起点是相等的，因为它们都是 selectNodeContents() 默认返回的值。因此，比较二者起点的方法返回 0。不过，因为 range2 的终点被使用 setEndBefore() 修改了，所以导致 range1 的终点位于 range2 的终点之后（见图 16-11），结果这个方法返回了 1。

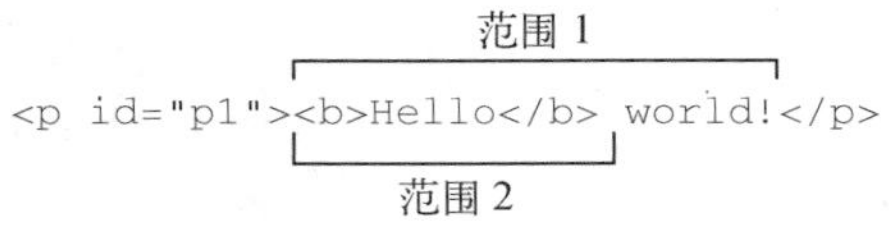

```
                            范围 1
                         ┌──────────┐
        <p id="p1"><b>Hello</b> world!</p>
                  └──────────┘
                     范围 2
```

图 16-11

16.4.8 复制范围

调用范围的 `cloneRange()` 方法可以复制范围。这个方法会创建调用它的范围的副本:

```
let newRange = range.cloneRange();
```

新范围包含与原始范围一样的属性,修改其边界点不会影响原始范围。

16.4.9 清理

在使用完范围之后,最好调用 `detach()` 方法把范围从创建它的文档中剥离。调用 `detach()` 之后,就可以放心解除对范围的引用,以便垃圾回收程序释放它所占用的内存。下面是一个例子:

```
range.detach();   // 从文档中剥离范围
range = null;     // 解除引用
```

这两步是最合理的结束使用范围的方式。剥离之后的范围就不能再使用了。

16.5 小结

DOM2 规范定义了一些模块,用来丰富 DOM1 的功能。DOM2 Core 在一些类型上增加了与 XML 命名空间有关的新方法。这些变化只有在使用 XML 或 XHTML 文档时才会用到,在 HTML 文档中则没有用处。DOM2 增加的与 XML 命名空间无关的方法涉及以编程方式创建 `Document` 和 `DocumentType` 类型的新实例。

DOM2 Style 模块定义了如何操作元素的样式信息。

❑ 每个元素都有一个关联的 `style` 对象,可用于确定和修改元素特定的样式。

❑ 要确定元素的计算样式,包括应用到元素身上的所有 CSS 规则,可以使用 `getComputedStyle()` 方法。

❑ 通过 `document.styleSheets` 集合可以访问文档上所有的样式表。

DOM2 Traversal and Range 模块定义了与 DOM 结构交互的不同方式。

❑ `NodeIterator` 和 `TreeWalker` 可以对 DOM 树执行深度优先的遍历。

❑ `NodeIterator` 接口很简单,每次只能向前和向后移动一步。`TreeWalker` 除了支持同样的行为,还支持在 DOM 结构的所有方向移动,包括父节点、同胞节点和子节点。

❑ 范围是选择 DOM 结构中特定部分并进行操作的一种方式。

❑ 通过范围的选区可以在保持文档结构完好的同时从文档中移除内容,也可复制文档中相应的部分。

第17章
事　件

本章内容
- ❏ 理解事件流
- ❏ 使用事件处理程序
- ❏ 了解不同类型的事件

　　JavaScript 与 HTML 的交互是通过**事件**实现的，事件代表文档或浏览器窗口中某个有意义的时刻。可以使用仅在事件发生时执行的**监听器**（也叫处理程序）订阅事件。在传统软件工程领域，这个模型叫"观察者模式"，其能够做到页面行为（在 JavaScript 中定义）与页面展示（在 HTML 和 CSS 中定义）的分离。

　　事件最早是在 IE3 和 Netscape Navigator 2 中出现的，当时的用意是把某些表单处理工作从服务器转移到浏览器上来。到了 IE4 和 Netscape Navigator 3 发布的时候，这两家浏览器都提供了类似但又不同的 API，而且持续了好几代。DOM2 开始尝试以符合逻辑的方式来标准化 DOM 事件 API。目前所有现代浏览器都实现了 DOM2 Events 的核心部分。IE8 是最后一个使用专有事件系统的主流浏览器。

　　浏览器的事件系统非常复杂。即使所有主流浏览器都实现了 DOM2 Events，规范也没有涵盖所有的事件类型。BOM 也支持事件，这些事件与 DOM 事件之间的关系由于长期以来缺乏文档，经常容易被混淆（HTML5 已经致力于明确这些关系）。而 DOM3 新增的事件 API 又让这些问题进一步复杂化了。根据具体的需求不同，使用事件可能会相对简单，也可能会非常复杂。但无论如何，理解其中的核心概念还是最重要的。

17.1　事件流

　　在第四代 Web 浏览器（IE4 和 Netscape Communicator 4）开始开发时，开发团队碰到了一个有意思的问题：页面哪个部分拥有特定的事件呢？要理解这个问题，可以在一张纸上画几个同心圆。把手指放到圆心上，则手指不仅是在一个圆圈里，而且是在所有的圆圈里。两家浏览器的开发团队都是以同样的方式看待浏览器事件的。当你点击一个按钮时，实际上不光点击了这个按钮，还点击了它的容器以及整个页面。

　　事件流描述了页面接收事件的顺序。结果非常有意思，IE 和 Netscape 开发团队提出了几乎完全相反的事件流方案。IE 将支持事件冒泡流，而 Netscape Communicator 将支持事件捕获流。

17.1.1　事件冒泡

　　IE 事件流被称为**事件冒泡**，这是因为事件被定义为从最具体的元素（文档树中最深的节点）开始触发，然后向上传播至没有那么具体的元素（文档）。比如有如下 HTML 页面：

```
<!DOCTYPE html>
<html>
<head>
  <title>Event Bubbling Example</title>
</head>
<body>
  <div id="myDiv">Click Me</div>
</body>
</html>
```

在点击页面中的`<div>`元素后，`click`事件会以如下顺序发生：

(1) `<div>`

(2) `<body>`

(3) `<html>`

(4) `document`

也就是说，`<div>`元素，即被点击的元素，最先触发`click`事件。然后，`click`事件沿 DOM 树一路向上，在经过的每个节点上依次触发，直至到达 `document` 对象。图 17-1 形象地展示了这个过程。

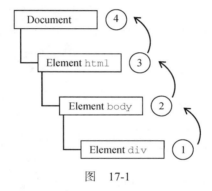

图　17-1

　　所有现代浏览器都支持事件冒泡，只是在实现方式上会有一些变化。IE5.5 及早期版本会跳过`<html>`元素（从`<body>`直接到 `document`）。现代浏览器中的事件会一直冒泡到 `window` 对象。

17.1.2　事件捕获

　　Netscape Communicator 团队提出了另一种名为**事件捕获**的事件流。事件捕获的意思是最不具体的节点应该最先收到事件，而最具体的节点应该最后收到事件。事件捕获实际上是为了在事件到达最终目标前拦截事件。如果前面的例子使用事件捕获，则点击`<div>`元素会以下列顺序触发`click`事件：

(1) `document`

(2) `<html>`

(3) `<body>`

(4) `<div>`

　　在事件捕获中，`click`事件首先由 `document` 元素捕获，然后沿 DOM 树依次向下传播，直至到达实际的目标元素`<div>`。这个过程如图 17-2 所示。

　　虽然这是 Netscape Communicator 唯一的事件流模型，但事件捕获得到了所有现代浏览器的支持。实际上，所有浏览器都是从 `window` 对象开始捕获事件，而 DOM2 Events 规范规定的是从 `document` 开始。

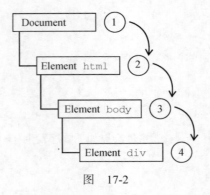

图　17-2

由于旧版本浏览器不支持，因此实际当中几乎不会使用事件捕获。通常建议使用事件冒泡，特殊情况下可以使用事件捕获。

17.1.3　DOM 事件流

DOM2 Events 规范规定事件流分为 3 个阶段：事件捕获、到达目标和事件冒泡。事件捕获最先发生，为提前拦截事件提供了可能。然后，实际的目标元素接收到事件。最后一个阶段是冒泡，最迟要在这个阶段响应事件。仍以前面那个简单的 HTML 为例，点击 <div> 元素会以如图 17-3 所示的顺序触发事件。

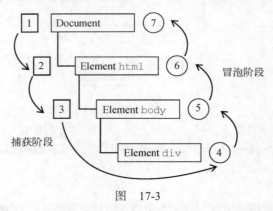

图　17-3

在 DOM 事件流中，实际的目标（<div> 元素）在捕获阶段不会接收到事件。这是因为捕获阶段从 document 到 <html> 再到 <body> 就结束了。下一阶段，即会在 <div> 元素上触发事件的"到达目标"阶段，通常在事件处理时被认为是冒泡阶段的一部分（稍后讨论）。然后，冒泡阶段开始，事件反向传播至文档。

大多数支持 DOM 事件流的浏览器实现了一个小小的拓展。虽然 DOM2 Events 规范明确捕获阶段不命中事件目标，但现代浏览器都会在捕获阶段在事件目标上触发事件。最终结果是在事件目标上有两个机会来处理事件。

> **注意**　所有现代浏览器都支持 DOM 事件流，只有 IE8 及更早版本不支持。

17.2 事件处理程序

事件意味着用户或浏览器执行的某种动作。比如，单击（click）、加载（load）、鼠标悬停（mouseover）。为响应事件而调用的函数被称为**事件处理程序**（或**事件监听器**）。事件处理程序的名字以"on"开头，因此 click 事件的处理程序叫作 onclick，而 load 事件的处理程序叫作 onload。有很多方式可以指定事件处理程序。

17.2.1 HTML 事件处理程序

特定元素支持的每个事件都可以使用事件处理程序的名字以 HTML 属性的形式来指定。此时属性的值必须是能够执行的 JavaScript 代码。例如，要在按钮被点击时执行某些 JavaScript 代码，可以使用以下 HTML 属性：

```
<input type="button" value="Click Me" onclick="console.log('Clicked')"/>
```

点击这个按钮后，控制台会输出一条消息。这种交互能力是通过为 onclick 属性指定 JavaScript 代码值来实现的。注意，因为属性的值是 JavaScript 代码，所以不能在未经转义的情况下使用 HTML 语法字符，比如和号（&）、双引号（"）、小于号（<）和大于号（>）。此时，为了避免使用 HTML 实体，可以使用单引号代替双引号。如果确实需要使用双引号，则要把代码改成下面这样：

```
<input type="button" value="Click Me"
       onclick="console.log(&quot;Clicked&quot;)"/>
```

在 HTML 中定义的事件处理程序可以包含精确的动作指令，也可以调用在页面其他地方定义的脚本，比如：

```
<script>
  function showMessage() {
    console.log("Hello world!");
  }
</script>
<input type="button" value="Click Me" onclick="showMessage()"/>
```

在这个例子中，单击按钮会调用 showMessage() 函数。showMessage() 函数是在单独的<script>元素中定义的，而且也可以在外部文件中定义。作为事件处理程序执行的代码可以访问全局作用域中的一切。

以这种方式指定的事件处理程序有一些特殊的地方。首先，会创建一个函数来封装属性的值。这个函数有一个特殊的局部变量 event，其中保存的就是 event 对象（本章后面会讨论）：

```
<!-- 输出"click" -->
<input type="button" value="Click Me" onclick="console.log(event.type)">
```

有了这个对象，就不用开发者另外定义其他变量，也不用从包装函数的参数列表中去取了。

在这个函数中，this 值相当于事件的目标元素，如下面的例子所示：

```
<!-- 输出"Click Me" -->
<input type="button" value="Click Me" onclick="console.log(this.value)">
```

这个动态创建的包装函数还有一个特别有意思的地方，就是其作用域链被扩展了。在这个函数中，document 和元素自身的成员都可以被当成局部变量来访问。这是通过使用 with 实现的：

```
function() {
  with(document) {
    with(this) {
       // 属性值
    }
  }
}
```

这意味着事件处理程序可以更方便地访问自己的属性。下面的代码与前面的示例功能一样：

```
<!-- 输出"Click Me" -->
<input type="button" value="Click Me" onclick="console.log(value)">
```

如果这个元素是一个表单输入框，则作用域链中还会包含表单元素，事件处理程序对应的函数等价于如下这样：

```
function() {
  with(document) {
    with(this.form) {
      with(this) {
         // 属性值
      }
    }
  }
}
```

本质上，经过这样的扩展，事件处理程序的代码就可以不必引用表单元素，而直接访问同一表单中的其他成员了。下面的例子就展示了这种成员访问模式：

```
<form method="post">
  <input type="text" name="username" value="">
  <input type="button" value="Echo Username"
         onclick="console.log(username.value)">
</form>
```

点击这个例子中的按钮会显示出文本框中包含的文本。注意，事件处理程序中的代码直接引用了 username。

在 HTML 中指定事件处理程序有一些问题。第一个问题是时机问题。有可能 HTML 元素已经显示在页面上，用户都与其交互了，而事件处理程序的代码还无法执行。比如在前面的例子中，如果 showMessage() 函数是在页面后面，在按钮中代码的后面定义的，那么当用户在 showMessage() 函数被定义之前点击按钮时，就会发生错误。为此，大多数 HTML 事件处理程序会封装在 try/catch 块中，以便在这种情况下静默失败，如下面的例子所示：

```
<input type="button" value="Click Me" onclick="try{showMessage();}catch(ex) {}">
```

这样，如果在 showMessage() 函数被定义之前点击了按钮，就不会发生 JavaScript 错误了，这是因为错误在浏览器收到之前已经被拦截了。

另一个问题是对事件处理程序作用域链的扩展在不同浏览器中可能导致不同的结果。不同 JavaScript 引擎中标识符解析的规则存在差异，因此访问无限定的对象成员可能导致错误。

使用 HTML 指定事件处理程序的最后一个问题是 HTML 与 JavaScript 强耦合。如果需要修改事件处理程序，则必须在两个地方，即 HTML 和 JavaScript 中，修改代码。这也是很多开发者不使用 HTML 事件处理程序，而使用 JavaScript 指定事件处理程序的主要原因。

17.2.2　DOM0 事件处理程序

在 JavaScript 中指定事件处理程序的传统方式是把一个函数赋值给（DOM 元素的）一个事件处理程序属性。这也是在第四代 Web 浏览器中开始支持的事件处理程序赋值方法，直到现在所有现代浏览器仍然都支持此方法，主要原因是简单。要使用 JavaScript 指定事件处理程序，必须先取得要操作对象的引用。

每个元素（包括 window 和 document）都有通常小写的事件处理程序属性，比如 onclick。只要把这个属性赋值为一个函数即可：

```
let btn = document.getElementById("myBtn");
btn.onclick = function() {
  console.log("Clicked");
};
```

这里先从文档中取得按钮，然后给它的 onclick 事件处理程序赋值一个函数。注意，前面的代码在运行之后才会给事件处理程序赋值。因此如果在页面中上面的代码出现在按钮之后，则有可能出现用户点击按钮没有反应的情况。

像这样使用 DOM0 方式为事件处理程序赋值时，所赋函数被视为元素的方法。因此，事件处理程序会在元素的作用域中运行，即 this 等于元素。下面的例子演示了使用 this 引用元素本身：

```
let btn = document.getElementById("myBtn");
btn.onclick = function() {
  console.log(this.id);  // "myBtn"
};
```

点击按钮，这段代码会显示元素的 ID。这个 ID 是通过 this.id 获取的。不仅仅是 id，在事件处理程序里通过 this 可以访问元素的任何属性和方法。以这种方式添加事件处理程序是注册在事件流的冒泡阶段的。

通过将事件处理程序属性的值设置为 null，可以移除通过 DOM0 方式添加的事件处理程序，如下面的例子所示：

```
btn.onclick = null;  // 移除事件处理程序
```

把事件处理程序设置为 null，再点击按钮就不会执行任何操作了。

> **注意**　如果事件处理程序是在 HTML 中指定的，则 onclick 属性的值是一个包装相应 HTML 事件处理程序属性值的函数。这些事件处理程序也可以通过在 JavaScript 中将相应属性设置为 null 来移除。

17.2.3　DOM2 事件处理程序

DOM2 Events 为事件处理程序的赋值和移除定义了两个方法：addEventListener() 和 removeEventListener()。这两个方法暴露在所有 DOM 节点上，它们接收 3 个参数：事件名、事件处理函数和一个布尔值，true 表示在捕获阶段调用事件处理程序，false（默认值）表示在冒泡阶段调用事件处理程序。

仍以给按钮添加 click 事件处理程序为例，可以这样写：

```
let btn = document.getElementById("myBtn");
btn.addEventListener("click", () => {
  console.log(this.id);
}, false);
```

以上代码为按钮添加了会在事件冒泡阶段触发的 `onclick` 事件处理程序（因为最后一个参数值为 `false`）。与 DOM0 方式类似，这个事件处理程序同样在被附加到的元素的作用域中运行。使用 DOM2 方式的主要优势是可以为同一个事件添加多个事件处理程序。来看下面的例子：

```
let btn = document.getElementById("myBtn");
btn.addEventListener("click", () => {
  console.log(this.id);
}, false);
btn.addEventListener("click", () => {
  console.log("Hello world!");
}, false);
```

这里给按钮添加了两个事件处理程序。多个事件处理程序以添加顺序来触发，因此前面的代码会先打印元素 ID，然后显示消息 "Hello world!"。

通过 `addEventListener()` 添加的事件处理程序只能使用 `removeEventListener()` 并传入与添加时同样的参数来移除。这意味着使用 `addEventListener()` 添加的匿名函数无法移除，如下面的例子所示：

```
let btn = document.getElementById("myBtn");
btn.addEventListener("click", () => {
  console.log(this.id);
 }, false);

// 其他代码

btn.removeEventListener("click", function() {      // 没有效果！
  console.log(this.id);
}, false);
```

这个例子通过 `addEventListener()` 添加了一个匿名函数作为事件处理程序。然后，又以看起来相同的参数调用了 `removeEventListener()`。但实际上，传递给 `removeEventListener()` 的第二个参数与传给 `addEventListener()` 的完全不是一回事。传给 `removeEventListener()` 的事件处理函数必须与传给 `addEventListener()` 的是同一个，如下面的例子所示：

```
let btn = document.getElementById("myBtn");
let handler = function() {
  console.log(this.id);
};
btn.addEventListener("click", handler, false);

// 其他代码

btn.removeEventListener("click", handler, false);  // 有效果！
```

这个例子有效，因为调用 `addEventListener()` 和 `removeEventListener()` 时传入的是同一个函数。

大多数情况下，事件处理程序会被添加到事件流的冒泡阶段，主要原因是跨浏览器兼容性好。把事件处理程序注册到捕获阶段通常用于在事件到达其指定目标之前拦截事件。如果不需要拦截，则不要使用事件捕获。

17.2.4　IE 事件处理程序

　　IE 实现了与 DOM 类似的方法，即 `attachEvent()` 和 `detachEvent()`。这两个方法接收两个同样的参数：事件处理程序的名字和事件处理函数。因为 IE8 及更早版本只支持事件冒泡，所以使用 `attachEvent()` 添加的事件处理程序会添加到冒泡阶段。

　　要使用 `attachEvent()` 给按钮添加 `click` 事件处理程序，可以使用以下代码：

```
var btn = document.getElementById("myBtn");
btn.attachEvent("onclick", function() {
  console.log("Clicked");
});
```

　　注意，`attachEvent()` 的第一个参数是 `"onclick"`，而不是 DOM 的 `addEventListener()` 方法的 `"click"`。

　　在 IE 中使用 `attachEvent()` 与使用 DOM0 方式的主要区别是事件处理程序的作用域。使用 DOM0 方式时，事件处理程序中的 `this` 值等于目标元素。而使用 `attachEvent()` 时，事件处理程序是在全局作用域中运行的，因此 `this` 等于 `window`。来看下面使用 `attachEvent()` 的例子：

```
var btn = document.getElementById("myBtn");
btn.attachEvent("onclick", function() {
  console.log(this === window);   // true
});
```

　　理解这些差异对编写跨浏览器代码是非常重要的。

　　与使用 `addEventListener()` 一样，使用 `attachEvent()` 方法也可以给一个元素添加多个事件处理程序。比如下面的例子：

```
var btn = document.getElementById("myBtn");
btn.attachEvent("onclick", function() {
  console.log("Clicked");
});
btn.attachEvent("onclick", function() {
  console.log("Hello world!");
});
```

　　这里调用了两次 `attachEvent()`，分别给同一个按钮添加了两个不同的事件处理程序。不过，与 DOM 方法不同，这里的事件处理程序会以添加它们的顺序反向触发。换句话说，在点击例子中的按钮后，控制台中会先打印出 `"Hello world!"`，然后再打印出 `"Clicked"`。

　　使用 `attachEvent()` 添加的事件处理程序将使用 `detachEvent()` 来移除，只要提供相同的参数。与使用 DOM 方法类似，作为事件处理程序添加的匿名函数也无法移除。但只要传给 `detachEvent()` 方法相同的函数引用，就可以移除。下面的例子演示了附加和剥离事件：

```
var btn = document.getElementById("myBtn");
var handler = function() {
  console.log("Clicked");
};
btn.attachEvent("onclick", handler);

// 其他代码

btn.detachEvent("onclick", handler);
```

　　这里先把事件处理程序保存到变量 `handler`，之后又将其传给 `detachEvent()` 来移除事件处理程序。

17.2.5　跨浏览器事件处理程序

为了以跨浏览器兼容的方式处理事件，很多开发者会选择使用一个 JavaScript 库，其中抽象了不同浏览器的差异。有些开发者也可能会自己编写代码，以便使用最合适的事件处理手段。自己编写跨浏览器事件处理代码也很简单，主要依赖能力检测。要确保事件处理代码具有最大兼容性，只需要让代码在冒泡阶段运行即可。

为此，需要先创建一个 addHandler() 方法。这个方法的任务是根据需要分别使用 DOM0 方式、DOM2 方式或 IE 方式来添加事件处理程序。这个方法会在 EventUtil 对象（本章示例使用的对象）上添加一个方法，以实现跨浏览器事件处理。添加的这个 addHandler() 方法接收 3 个参数：目标元素、事件名和事件处理函数。

有了 addHandler()，还要写一个也接收同样的 3 个参数的 removeHandler()。这个方法的任务是移除之前添加的事件处理程序，不管是通过何种方式添加的，默认为 DOM0 方式。

以下就是包含这两个方法的 EventUtil 对象：

```
var EventUtil = {
  addHandler: function(element, type, handler) {
    if (element.addEventListener) {
      element.addEventListener(type, handler, false);
    } else if (element.attachEvent) {
      element.attachEvent("on" + type, handler);
    } else {
      element["on" + type] = handler;
    }
  },

  removeHandler: function(element, type, handler) {
    if (element.removeEventListener) {
      element.removeEventListener(type, handler, false);
    } else if (element.detachEvent) {
      element.detachEvent("on" + type, handler);
    } else {
      element["on" + type] = null;
    }
  }
};
```

两个方法都是首先检测传入元素上是否存在 DOM2 方式。如果有 DOM2 方式，就使用该方式，传入事件类型和事件处理函数，以及表示冒泡阶段的第三个参数 false。否则，如果存在 IE 方式，则使用该方式。注意这时候必须在事件类型前加上 "on"，才能保证在 IE8 及更早版本中有效。最后是使用 DOM0 方式（在现代浏览器中不会到这一步）。注意使用 DOM0 方式时使用了中括号计算属性名，并将事件处理程序或 null 赋给了这个属性。

可以像下面这样使用 EventUtil 对象：

```
let btn = document.getElementById("myBtn")
let handler = function() {
  console.log("Clicked");
};
EventUtil.addHandler(btn, "click", handler);

// 其他代码

EventUtil.removeHandler(btn, "click", handler);
```

　　这里的 addHandler() 和 removeHandler() 方法并没有解决所有跨浏览器一致性问题，比如 IE 的作用域问题、多个事件处理程序执行顺序问题等。不过，这两个方法已经实现了跨浏览器添加和移除事件处理程序。另外也要注意，DOM0 只支持给一个事件添加一个处理程序。好在 DOM0 浏览器已经很少有人使用了，所以影响应该不大。

17.3　事件对象

　　在 DOM 中发生事件时，所有相关信息都会被收集并存储在一个名为 event 的对象中。这个对象包含了一些基本信息，比如导致事件的元素、发生的事件类型，以及可能与特定事件相关的任何其他数据。例如，鼠标操作导致的事件会生成鼠标位置信息，而键盘操作导致的事件会生成与被按下的键有关的信息。所有浏览器都支持这个 event 对象，尽管支持方式不同。

17.3.1　DOM 事件对象

　　在 DOM 合规的浏览器中，event 对象是传给事件处理程序的唯一参数。不管以哪种方式（DOM0 或 DOM2）指定事件处理程序，都会传入这个 event 对象。下面的例子展示了在两种方式下都可以使用事件对象：

```
let btn = document.getElementById("myBtn");
btn.onclick = function(event) {
  console.log(event.type);  // "click"
};

btn.addEventListener("click", (event) => {
  console.log(event.type);  // "click"
}, false);
```

　　这个例子中的两个事件处理程序都会在控制台打出 event.type 属性包含的事件类型。这个属性中始终包含被触发事件的类型，如"click"（与传给 addEventListener() 和 removeEventListener() 方法的事件名一致）。

　　在通过 HTML 属性指定的事件处理程序中，同样可以使用变量 event 引用事件对象。下面的例子中演示了如何使用这个变量：

```
<input type="button" value="Click Me" onclick="console.log(event.type)">
```

　　以这种方式提供 event 对象，可以让 HTML 属性中的代码实现与 JavaScript 函数同样的功能。

　　如前所述，事件对象包含与特定事件相关的属性和方法。不同的事件生成的事件对象也会包含不同的属性和方法。不过，所有事件对象都会包含下表列出的这些公共属性和方法。

属性/方法	类　　型	读/写	说　　明
bubbles	布尔值	只读	表示事件是否冒泡
cancelable	布尔值	只读	表示是否可以取消事件的默认行为
currentTarget	元素	只读	当前事件处理程序所在的元素
defaultPrevented	布尔值	只读	true 表示已经调用 preventDefault() 方法（DOM3 Events 中新增）
detail	整数	只读	事件相关的其他信息

（续）

属性/方法	类　型	读/写	说　明
eventPhase	整数	只读	表示调用事件处理程序的阶段：1 代表捕获阶段，2 代表到达目标，3 代表冒泡阶段
preventDefault()	函数	只读	用于取消事件的默认行为。只有 cancelable 为 true 才可以调用这个方法
stopImmediatePropagation()	函数	只读	用于取消所有后续事件捕获或事件冒泡，并阻止调用任何后续事件处理程序（DOM3 Events 中新增）
stopPropagation()	函数	只读	用于取消所有后续事件捕获或事件冒泡。只有 bubbles 为 true 才可以调用这个方法
target	元素	只读	事件目标
trusted	布尔值	只读	true 表示事件是由浏览器生成的。false 表示事件是开发者通过 JavaScript 创建的（DOM3 Events 中新增）
type	字符串	只读	被触发的事件类型
View	AbstractView	只读	与事件相关的抽象视图。等于事件所发生的 window 对象

　　在事件处理程序内部，this 对象始终等于 currentTarget 的值，而 target 只包含事件的实际目标。如果事件处理程序直接添加在了意图的目标，则 this、currentTarget 和 target 的值是一样的。下面的例子展示了这两个属性都等于 this 的情形：

```
let btn = document.getElementById("myBtn");
btn.onclick = function(event) {
  console.log(event.currentTarget === this);  // true
  console.log(event.target === this);          // true
};
```

　　上面的代码检测了 currentTarget 和 target 的值是否等于 this。因为 click 事件的目标是按钮，所以这 3 个值是相等的。如果这个事件处理程序是添加到按钮的父节点（如 document.body）上，那么它们的值就不一样了。比如下面的例子在 document.body 上添加了单击处理程序：

```
document.body.onclick = function(event) {
  console.log(event.currentTarget === document.body);            // true
  console.log(this === document.body);                           // true
  console.log(event.target === document.getElementById("myBtn")); // true
};
```

　　这种情况下点击按钮，this 和 currentTarget 都等于 document.body，这是因为它是注册事件处理程序的元素。而 target 属性等于按钮本身，这是因为那才是 click 事件真正的目标。由于按钮本身并没有注册事件处理程序，因此 click 事件冒泡到 document.body，从而触发了在它上面注册的处理程序。

　　type 属性在一个处理程序处理多个事件时很有用。比如下面的处理程序中就使用了 event.type：

```
let btn = document.getElementById("myBtn");
let handler = function(event) {
  switch(event.type) {
    case "click":
      console.log("Clicked");
      break;
    case "mouseover":
```

```
        event.target.style.backgroundColor = "red";
        break;
      case "mouseout":
        event.target.style.backgroundColor = "";
        break;
    }
  };

  btn.onclick = handler;
  btn.onmouseover = handler;
  btn.onmouseout = handler;
```

在这个例子中，函数 handler 被用于处理 3 种不同的事件：click、mouseover 和 mouseout。当按钮被点击时，应该在控制台打印一条消息，如前面的例子所示。而把鼠标放到按钮上，会导致按钮背景变成红色，接着把鼠标从按钮上移开，背景颜色应该又恢复成默认值。这个函数使用 event.type 属性确定了事件类型，从而可以做出不同的响应。

preventDefault() 方法用于阻止特定事件的默认动作。比如，链接的默认行为就是在被单击时导航到 href 属性指定的 URL。如果想阻止这个导航行为，可以在 onclick 事件处理程序中取消，如下面的例子所示：

```
let link = document.getElementById("myLink");
link.onclick = function(event) {
  event.preventDefault();
};
```

任何可以通过 preventDefault() 取消默认行为的事件，其事件对象的 cancelable 属性都会设置为 true。

stopPropagation() 方法用于立即阻止事件流在 DOM 结构中传播，取消后续的事件捕获或冒泡。例如，直接添加到按钮的事件处理程序中调用 stopPropagation()，可以阻止 document.body 上注册的事件处理程序执行。比如：

```
let btn = document.getElementById("myBtn");
btn.onclick = function(event) {
  console.log("Clicked");
  event.stopPropagation();
};

document.body.onclick = function(event) {
  console.log("Body clicked");
};
```

如果这个例子中不调用 stopPropagation()，那么点击按钮就会打印两条消息。但这里由于 click 事件不会传播到 document.body，因此 onclick 事件处理程序永远不会执行。

eventPhase 属性可用于确定事件流当前所处的阶段。如果事件处理程序在捕获阶段被调用，则 eventPhase 等于 1；如果事件处理程序在目标上被调用，则 eventPhase 等于 2；如果事件处理程序在冒泡阶段被调用，则 eventPhase 等于 3。不过要注意的是，虽然"到达目标"是在冒泡阶段发生的，但其 eventPhase 仍然等于 2。下面的例子展示了 eventPhase 在不同阶段的值：

```
let btn = document.getElementById("myBtn");
btn.onclick = function(event) {
  console.log(event.eventPhase);    // 2
};
```

```
document.body.addEventListener("click", (event) => {
  console.log(event.eventPhase);    // 1
}, true);

document.body.onclick = (event) => {
  console.log(event.eventPhase);    // 3
};
```

在这个例子中，点击按钮首先会触发注册在捕获阶段的 `document.body` 上的事件处理程序，显示 `eventPhase` 为 1。接着，会触发按钮本身的事件处理程序（尽管是注册在冒泡阶段），此时显示 `eventPhase` 等于 2。最后触发的是注册在冒泡阶段的 `document.body` 上的事件处理程序，显示 `eventPhase` 为 3。而当 `eventPhase` 等于 2 时，`this`、`target` 和 `currentTarget` 三者相等。

> **注意**　`event` 对象只在事件处理程序执行期间存在，一旦执行完毕，就会被销毁。

17.3.2　IE 事件对象

与 DOM 事件对象不同，IE 事件对象可以基于事件处理程序被指定的方式以不同方式来访问。如果事件处理程序是使用 DOM0 方式指定的，则 `event` 对象只是 `window` 对象的一个属性，如下所示：

```
var btn = document.getElementById("myBtn");
btn.onclick = function() {
  let event = window.event;
  console.log(event.type);    // "click"
};
```

这里，`window.event` 中保存着 `event` 对象，其 `event.type` 属性保存着事件类型（IE 的这个属性的值与 DOM 事件对象中一样）。不过，如果事件处理程序是使用 `attachEvent()` 指定的，则 `event` 对象会作为唯一的参数传给处理函数，如下所示：

```
var btn = document.getElementById("myBtn");
btn.attachEvent("onclick", function(event) {
  console.log(event.type);    // "click"
});
```

使用 `attachEvent()` 时，`event` 对象仍然是 `window` 对象的属性（像 DOM0 方式那样），只是出于方便也将其作为参数传入。

如果是使用 HTML 属性方式指定的事件处理程序，则 `event` 对象同样可以通过变量 `event` 访问（与 DOM 模型一样）。下面是在 HTML 事件属性中使用 `event.type` 的例子：

```
<input type="button" value="Click Me" onclick="console.log(event.type)">
```

IE 事件对象也包含与导致其创建的特定事件相关的属性和方法，其中很多都与相关的 DOM 属性和方法对应。与 DOM 事件对象一样，基于触发的事件类型不同，`event` 对象中包含的属性和方法也不一样。不过，所有 IE 事件对象都会包含下表所列的公共属性和方法。

属性/方法	类　型	读/写	说　明
cancelBubble	布尔值	读/写	默认为 false，设置为 true 可以取消冒泡（与 DOM 的 stopPropagation() 方法相同）

（续）

属性/方法	类　　型	读/写	说　　明
returnValue	布尔值	读/写	默认为 true，设置为 false 可以取消事件默认行为（与 DOM 的 preventDefault() 方法相同）
srcElement	元素	只读	事件目标（与 DOM 的 target 属性相同）
type	字符串	只读	触发的事件类型

由于事件处理程序的作用域取决于指定它的方式，因此 this 值并不总是等于事件目标。为此，更好的方式是使用事件对象的 srcElement 属性代替 this。下面的例子表明，不同事件对象上的 srcElement 属性中保存的都是事件目标：

```
var btn = document.getElementById("myBtn");
btn.onclick = function() {
  console.log(window.event.srcElement === this);  // true
};

btn.attachEvent("onclick", function(event) {
  console.log(event.srcElement === this);         // false
});
```

在第一个以 DOM0 方式指定的事件处理程序中，srcElement 属性等于 this，而在第二个事件处理程序中（运行在全局作用域下），两个值就不相等了。

returnValue 属性等价于 DOM 的 preventDefault() 方法，都是用于取消给定事件默认的行为。只不过在这里要把 returnValue 设置为 false 才是阻止默认动作。下面是一个设置该属性的例子：

```
var link = document.getElementById("myLink");
link.onclick = function() {
  window.event.returnValue = false;
};
```

在这个例子中，returnValue 在 onclick 事件处理程序中被设置为 false，阻止了链接的默认行为。与 DOM 不同，没有办法通过 JavaScript 确定事件是否可以被取消。

cancelBubble 属性与 DOM stopPropagation() 方法用途一样，都可以阻止事件冒泡。因为 IE8 及更早版本不支持捕获阶段，所以只会取消冒泡。stopPropagation() 则既取消捕获也取消冒泡。下面是一个取消冒泡的例子：

```
var btn = document.getElementById("myBtn");
btn.onclick = function() {
  console.log("Clicked");
  window.event.cancelBubble = true;
};

document.body.onclick = function() {
  console.log("Body clicked");
};
```

通过在按钮的 onclick 事件处理程序中将 cancelBubble 设置为 true，可以阻止事件冒泡到 document.body，也就阻止了调用注册在它上面的事件处理程序。于是，点击按钮只会输出一条消息。

17.3.3　跨浏览器事件对象

虽然 DOM 和 IE 的事件对象并不相同，但它们有足够的相似性可以实现跨浏览器方案。DOM 事件对象中包含 IE 事件对象的所有信息和能力，只是形式不同。这些共性可让两种事件模型之间的映射成为可能。本章前面的 EventUtil 对象可以像下面这样再添加一些方法：

```
var EventUtil = {
addHandler: function(element, type, handler) {
    // 为节省版面，删除了之前的代码
},

getEvent: function(event) {
  return event ? event : window.event;
},

getTarget: function(event) {
  return event.target || event.srcElement;
},

preventDefault: function(event) {
  if (event.preventDefault) {
    event.preventDefault();
  } else {
    event.returnValue = false;
  }
},

removeHandler: function(element, type, handler) {
    // 为节省版面，删除了之前的代码
},

stopPropagation: function(event) {
  if (event.stopPropagation) {
    event.stopPropagation();
  } else {
    event.cancelBubble = true;
  }
}

};
```

这里一共给 EventUtil 增加了 4 个新方法。首先是 getEvent()，其返回对 event 对象的引用。IE 中事件对象的位置不同，而使用这个方法可以不用管事件处理程序是如何指定的，都可以获取到 event 对象。使用这个方法的前提是，事件处理程序必须接收 event 对象，并把它传给这个方法。下面是使用 EventUtil 中这个方法统一获取 event 对象的一个例子：

```
btn.onclick = function(event) {
  event = EventUtil.getEvent(event);
};
```

在 DOM 合规的浏览器中，event 对象会直接传入并返回。而在 IE 中，event 对象可能并没有被定义（因为使用了 attachEvent()），因此返回 window.event。这样就可以确保无论使用什么浏览器，都可以获取到事件对象。

第二个方法是 getTarget()，其返回事件目标。在这个方法中，首先检测 event 对象是否存在 target 属性。如果存在就返回这个值；否则，就返回 event.srcElement 属性。下面是使用这个方法的示例：

```
btn.onclick = function(event) {
  event = EventUtil.getEvent(event);
  let target = EventUtil.getTarget(event);
};
```

第三个方法是 `preventDefault()`，其用于阻止事件的默认行为。在传入的 `event` 对象上，如果有 `preventDefault()` 方法，就调用这个方法；否则，就将 `event.returnValue` 设置为 `false`。下面是使用这个方法的例子：

```
let link = document.getElementById("myLink");
link.onclick = function(event) {
  event = EventUtil.getEvent(event);
  EventUtil.preventDefault(event);
};
```

以上代码能在所有主流浏览器中阻止单击链接后跳转到其他页面。这里首先通过 `EventUtil.getEvent()` 获取事件对象，然后又把它传给了 `EventUtil.preventDefault()` 以阻止默认行为。

第四个方法 `stopPropagation()` 以类似的方式运行。同样先检测用于停止事件流的 DOM 方法，如果没有再使用 `cancelBubble` 属性。下面是使用这个通用 `stopPropagation()` 方法的示例：

```
let btn = document.getElementById("myBtn");
btn.onclick = function(event) {
  console.log("Clicked");
  event = EventUtil.getEvent(event);
  EventUtil.stopPropagation(event);
};

document.body.onclick = function(event) {
  console.log("Body clicked");
};
```

同样，先通过 `EventUtil.getEvent()` 获取事件对象，然后又把它传给了 `EventUtil.stopPropagation()`。不过，这个方法在浏览器上可能会停止事件冒泡，也可能会既停止事件冒泡也停止事件捕获。

17.4　事件类型

Web 浏览器中可以发生很多种事件。如前所述，所发生事件的类型决定了事件对象中会保存什么信息。DOM3 Events 定义了如下事件类型。

❑ **用户界面事件**（`UIEvent`）：涉及与 BOM 交互的通用浏览器事件。

❑ **焦点事件**（`FocusEvent`）：在元素获得和失去焦点时触发。

❑ **鼠标事件**（`MouseEvent`）：使用鼠标在页面上执行某些操作时触发。

❑ **滚轮事件**（`WheelEvent`）：使用鼠标滚轮（或类似设备）时触发。

❑ **输入事件**（`InputEvent`）：向文档中输入文本时触发。

❑ **键盘事件**（`KeyboardEvent`）：使用键盘在页面上执行某些操作时触发。

❑ **合成事件**（`CompositionEvent`）：在使用某种 IME（Input Method Editor，输入法编辑器）输入字符时触发。

除了这些事件类型之外，HTML5 还定义了另一组事件，而浏览器通常在 DOM 和 BOM 上实现专有事件。这些专有事件基本上都是根据开发者需求而不是按照规范增加的，因此不同浏览器的实现可能不同。

DOM3 Events 在 DOM2 Events 基础上重新定义了事件，并增加了新的事件类型。所有主流浏览器都支持 DOM2 Events 和 DOM3 Events。

17.4.1　用户界面事件

用户界面事件或 UI 事件不一定跟用户操作有关。这类事件在 DOM 规范出现之前就已经以某种形式存在了，保留它们是为了向后兼容。UI 事件主要有以下几种。

- ❑ DOMActivate：元素被用户通过鼠标或键盘操作激活时触发（比 click 或 keydown 更通用）。这个事件在 DOM3 Events 中已经废弃。因为浏览器实现之间存在差异，所以不要使用它。
- ❑ load：在 window 上当页面加载完成后触发，在窗套（<frameset>）上当所有窗格（<frame>）都加载完成后触发，在<img>元素上当图片加载完成后触发，在<object>元素上当相应对象加载完成后触发。
- ❑ unload：在 window 上当页面完全卸载后触发，在窗套上当所有窗格都卸载完成后触发，在<object>元素上当相应对象卸载完成后触发。
- ❑ abort：在<object>元素上当相应对象加载完成前被用户提前终止下载时触发。
- ❑ error：在 window 上当 JavaScript 报错时触发，在<img>元素上当无法加载指定图片时触发，在<object>元素上当无法加载相应对象时触发，在窗套上当一个或多个窗格无法完成加载时触发。
- ❑ select：在文本框（<input>或 textarea）上当用户选择了一个或多个字符时触发。
- ❑ resize：在 window 或窗格上当窗口或窗格被缩放时触发。
- ❑ scroll：当用户滚动包含滚动条的元素时在元素上触发。<body>元素包含已加载页面的滚动条。

大多数 HTML 事件与 window 对象和表单控件有关。

除了 DOMActivate，这些事件在 DOM2 Events 中都被归为 HTML Events（DOMActivate 在 DOM2 中仍旧是 UI 事件）。

1. load 事件

load 事件可能是 JavaScript 中最常用的事件。在 window 对象上，load 事件会在整个页面（包括所有外部资源如图片、JavaScript 文件和 CSS 文件）加载完成后触发。可以通过两种方式指定 load 事件处理程序。第一种是 JavaScript 方式，如下所示：

```
window.addEventListener("load", (event) => {
  console.log("Loaded!");
});
```

这是使用 addEventListener()方法来指定事件处理程序。与其他事件一样，事件处理程序会接收到一个 event 对象。这个 event 对象并没有提供关于这种类型事件的额外信息，虽然在 DOM 合规的浏览器中，event.target 会被设置为 document，但在 IE8 之前的版本中，不会设置这个对象的 srcElement 属性。

第二种指定 load 事件处理程序的方式是向<body>元素添加 onload 属性，如下所示：

```
<!DOCTYPE html>
<html>
<head>
  <title>Load Event Example</title>
</head>
```

```
<body onload="console.log('Loaded!')">

</body>
</html>
```

一般来说，任何在 window 上发生的事件，都可以通过给<body>元素上对应的属性赋值来指定，这是因为 HTML 中没有 window 元素。这实际上是为了保证向后兼容的一个策略，但在所有浏览器中都能得到很好的支持。实际开发中要尽量使用 JavaScript 方式。

> **注意**　根据 DOM2 Events，load 事件应该在 document 而非 window 上触发。可是为了向后兼容，所有浏览器都在 window 上实现了 load 事件。

图片上也会触发 load 事件，包括 DOM 中的图片和非 DOM 中的图片。可以在 HTML 中直接给<img>元素的 onload 属性指定事件处理程序，比如：

```
<img src="smile.gif" onload="console.log('Image loaded.')">
```

这个例子会在图片加载完成后输出一条消息。同样，使用 JavaScript 也可以为图片指定事件处理程序：

```
let image = document.getElementById("myImage");
image.addEventListener("load", (event) => {
  console.log(event.target.src);
});
```

这里使用 JavaScript 为图片指定了 load 事件处理程序。处理程序会接收到 event 对象，虽然这个对象上没有多少有用的信息。这个事件的目标是<img>元素，因此可以直接从 event.target.src 属性中取得图片地址并打印出来。

在通过 JavaScript 创建新<img>元素时，也可以给这个元素指定一个在加载完成后执行的事件处理程序。在这里，关键是要在赋值 src 属性前指定事件处理程序，如下所示：

```
window.addEventListener("load", () => {
  let image = document.createElement("img");
  image.addEventListener("load", (event) => {
    console.log(event.target.src);
  });
  document.body.appendChild(image);
  image.src = "smile.gif";
});
```

这个例子首先为 window 指定了一个 load 事件处理程序。因为示例涉及向 DOM 中添加新元素，所以必须确保页面已经加载完成。如果在页面加载完成之前操作 document.body，则会导致错误。然后，代码创建了一个新的<img>元素，并为这个元素设置了 load 事件处理程序。最后，才把这个元素添加到文档中并指定了其 src 属性。注意，下载图片并不一定要把<img>元素添加到文档，只要给它设置了 src 属性就会立即开始下载。

同样的技术也适用于 DOM0 的 Image 对象。在 DOM 出现之前，客户端都使用 Image 对象预先加载图片。可以像使用前面（通过 createElement()方法创建）的<img>元素一样使用 Image 对象，只是不能把后者添加到 DOM 树。下面的例子使用新 Image 对象实现了图片预加载：

```
window.addEventListener("load", () => {
  let image = new Image();
  image.addEventListener("load", (event) => {
    console.log("Image loaded!");
```

```
  });
  image.src = "smile.gif";
});
```

这里调用 Image 构造函数创建了一个新图片，并给它设置了事件处理程序。有些浏览器会把 Image 对象实现为<img>元素，但并非所有浏览器都如此。所以最好把它们看成是两个东西。

> **注意**　在 IE8 及早期版本中，如果图片没有添加到 DOM 文档中，则 load 事件发生时不会生成 event 对象。对未被添加到文档中的<img>元素以及 Image 对象来说都是这样。IE9 修复了这个问题。

还有一些元素也以非标准的方式支持 load 事件。<script>元素会在 JavaScript 文件加载完成后触发 load 事件，从而可以动态检测。与图片不同，要下载 JavaScript 文件必须同时指定 src 属性并把<script>元素添加到文档中。因此指定事件处理程序和指定 src 属性的顺序在这里并不重要。下面的代码展示了如何给动态创建的<script>元素指定事件处理程序：

```
window.addEventListener("load", () => {
  let script = document.createElement("script");
  script.addEventListener("load", (event) => {
    console.log("Loaded");
  });
  script.src = "example.js";
  document.body.appendChild(script);
});
```

这里 event 对象的 target 属性在大多数浏览器中是<script>节点。IE8 及更早版本不支持<script>元素触发 load 事件。

IE 和 Opera 支持<link>元素触发 load 事件，因而支持动态检测样式表是否加载完成。下面的代码展示了如何设置这样的事件处理程序：

```
window.addEventListener("load", () => {
  let link = document.createElement("link");
  link.type = "text/css";
  link.rel= "stylesheet";
  link.addEventListener("load", (event) => {
    console.log("css loaded");
  });
  link.href = "example.css";
  document.getElementsByTagName("head")[0].appendChild(link);
});
```

与<script>节点一样，在指定 href 属性并把<link>节点添加到文档之前不会下载样式表。

2. unload 事件

与 load 事件相对的是 unload 事件，unload 事件会在文档卸载完成后触发。unload 事件一般是在从一个页面导航到另一个页面时触发，最常用于清理引用，以避免内存泄漏。与 load 事件类似，unload 事件处理程序也有两种指定方式。第一种是 JavaScript 方式，如下所示：

```
window.addEventListener("unload", (event) => {
  console.log("Unloaded!");
});
```

这个事件生成的 event 对象在 DOM 合规的浏览器中只有 target 属性（值为 document）。IE8 及更早版本在这个事件上不提供 srcElement 属性。

第二种方式与 load 事件类似，就是给 `<body>` 元素添加 onunload 属性：

```
<!DOCTYPE html>
<html>
<head>
  <title>Unload Event Example</title>
</head>
<body onunload="console.log('Unloaded!')">

</body>
</html>
```

无论使用何种方式，都要注意事件处理程序中的代码。因为 unload 事件是在页面卸载完成后触发的，所以不能使用页面加载后才有的对象。此时要访问 DOM 或修改页面外观都会导致错误。

> **注意** 根据 DOM2 Events，unload 事件应该在 `<body>` 而非 window 上触发。可是为了向后兼容，所有浏览器都在 window 上实现了 unload 事件。

3. resize 事件

当浏览器窗口被缩放到新高度或宽度时，会触发 resize 事件。这个事件在 window 上触发，因此可以通过 JavaScript 在 window 上或者为 `<body>` 元素添加 onresize 属性来指定事件处理程序。优先使用 JavaScript 方式：

```
window.addEventListener("resize", (event) => {
  console.log("Resized");
});
```

类似于其他在 window 上发生的事件，此时会生成 event 对象，且这个对象的 target 属性在 DOM 合规的浏览器中是 document。而 IE8 及更早版本中并没有提供可用的属性。

不同浏览器在决定何时触发 resize 事件上存在重要差异。IE、Safari、Chrome 和 Opera 会在窗口缩放超过 1 像素时触发 resize 事件，然后随着用户缩放浏览器窗口不断触发。Firefox 早期版本则只在用户停止缩放浏览器窗口时触发 resize 事件。无论如何，都应该避免在这个事件处理程序中执行过多计算。否则可能由于执行过于频繁而导致浏览器响应明确变慢。

> **注意** 浏览器窗口在最大化和最小化时也会触发 resize 事件。

4. scroll 事件

虽然 scroll 事件发生在 window 上，但实际上反映的是页面中相应元素的变化。在混杂模式下，可以通过 `<body>` 元素检测 scrollLeft 和 scrollTop 属性的变化。而在标准模式下，这些变化在除早期版的 Safari 之外的所有浏览器中都发生在 `<html>` 元素上（早期版的 Safari 在 `<body>` 上跟踪滚动位置）。下面的代码演示了如何处理这些差异：

```
window.addEventListener("scroll", (event) => {
  if (document.compatMode == "CSS1Compat") {
    console.log(document.documentElement.scrollTop);
  } else {
    console.log(document.body.scrollTop);
  }
});
```

以上事件处理程序会在页面滚动时输出垂直方向上滚动的距离，而且适用于不同渲染模式。因为 Safari 3.1 之前不支持 `document.compatMode`，所以早期版本会走第二个分支。

类似于 `resize`，`scroll` 事件也会随着文档滚动而重复触发，因此最好保持事件处理程序的代码尽可能简单。

17.4.2　焦点事件

焦点事件在页面元素获得或失去焦点时触发。这些事件可以与 `document.hasFocus()` 和 `document.activeElement` 一起为开发者提供用户在页面中导航的信息。焦点事件有以下 6 种。

- ❑ `blur`：当元素失去焦点时触发。这个事件不冒泡，所有浏览器都支持。
- ❑ `DOMFocusIn`：当元素获得焦点时触发。这个事件是 `focus` 的冒泡版。Opera 是唯一支持这个事件的主流浏览器。DOM3 Events 废弃了 `DOMFocusIn`，推荐 `focusin`。
- ❑ `DOMFocusOut`：当元素失去焦点时触发。这个事件是 `blur` 的通用版。Opera 是唯一支持这个事件的主流浏览器。DOM3 Events 废弃了 `DOMFocusOut`，推荐 `focusout`。
- ❑ `focus`：当元素获得焦点时触发。这个事件不冒泡，所有浏览器都支持。
- ❑ `focusin`：当元素获得焦点时触发。这个事件是 `focus` 的冒泡版。
- ❑ `focusout`：当元素失去焦点时触发。这个事件是 `blur` 的通用版。

焦点事件中的两个主要事件是 `focus` 和 `blur`，这两个事件在 JavaScript 早期就得到了浏览器支持。它们最大的问题是不冒泡。这导致 IE 后来又增加了 `focusin` 和 `focusout`，Opera 又增加了 `DOMFocusIn` 和 `DOMFocusOut`。IE 新增的这两个事件已经被 DOM3 Events 标准化。

当焦点从页面中的一个元素移到另一个元素上时，会依次发生如下事件。

(1) `focuscout` 在失去焦点的元素上触发。

(2) `focusin` 在获得焦点的元素上触发。

(3) `blur` 在失去焦点的元素上触发。

(4) `DOMFocusOut` 在失去焦点的元素上触发。

(5) `focus` 在获得焦点的元素上触发。

(6) `DOMFocusIn` 在获得焦点的元素上触发。

其中，`blur`、`DOMFocusOut` 和 `focusout` 的事件目标是失去焦点的元素，而 `focus`、`DOMFocusIn` 和 `focusin` 的事件目标是获得焦点的元素。

17.4.3　鼠标和滚轮事件

鼠标事件是 Web 开发中最常用的一组事件，这是因为鼠标是用户的主要定位设备。DOM3 Events 定义了 9 种鼠标事件。

- ❑ `click`：在用户单击鼠标主键（通常是左键）或按键盘回车键时触发。这主要是基于无障碍的考虑，让键盘和鼠标都可以触发 `onclick` 事件处理程序。
- ❑ `dblclick`：在用户双击鼠标主键（通常是左键）时触发。这个事件不是在 DOM2 Events 中定义的，但得到了很好的支持，DOM3 Events 将其进行了标准化。
- ❑ `mousedown`：在用户按下任意鼠标键时触发。这个事件不能通过键盘触发。

❑ `mouseenter`：在用户把鼠标光标从元素外部移到元素内部时触发。这个事件不冒泡，也不会在光标经过后代元素时触发。`mouseenter` 事件不是在 DOM2 Events 中定义的，而是 DOM3 Events 中新增的事件。

❑ `mouseleave`：在用户把鼠标光标从元素内部移到元素外部时触发。这个事件不冒泡，也不会在光标经过后代元素时触发。`mouseleave` 事件不是在 DOM2 Events 中定义的，而是 DOM3 Events 中新增的事件。

❑ `mousemove`：在鼠标光标在元素上移动时反复触发。这个事件不能通过键盘触发。

❑ `mouseout`：在用户把鼠标光标从一个元素移到另一个元素上时触发。移到的元素可以是原始元素的外部元素，也可以是原始元素的子元素。这个事件不能通过键盘触发。

❑ `mouseover`：在用户把鼠标光标从元素外部移到元素内部时触发。这个事件不能通过键盘触发。

❑ `mouseup`：在用户释放鼠标键时触发。这个事件不能通过键盘触发。

页面中的所有元素都支持鼠标事件。除了 `mouseenter` 和 `mouseleave`，所有鼠标事件都会冒泡，都可以被取消，而这会影响浏览器的默认行为。

由于事件之间存在关系，因此取消鼠标事件的默认行为也会影响其他事件。

比如，`click` 事件触发的前提是 `mousedown` 事件触发后，紧接着又在同一个元素上触发了 `mouseup` 事件。如果 `mousedown` 和 `mouseup` 中的任意一个事件被取消，那么 `click` 事件就不会触发。类似地，两次连续的 `click` 事件会导致 `dblclick` 事件触发。只要有任何逻辑阻止了这两个 `click` 事件发生（比如取消其中一个 `click` 事件或者取消 `mousedown` 或 `mouseup` 事件中的任一个），`dblclick` 事件就不会发生。这 4 个事件永远会按照如下顺序触发：

(1) `mousedown`

(2) `mouseup`

(3) `click`

(4) `mousedown`

(5) `mouseup`

(6) `click`

(7) `dblclick`

`click` 和 `dblclick` 在触发前都依赖其他事件触发，`mousedown` 和 `mouseup` 则不会受其他事件影响。

IE8 及更早版本的实现中有个问题，这会导致双击事件跳过第二次 `mousedown` 和 `click` 事件。相应的顺序变成了：

(1) `mousedown`

(2) `mouseup`

(3) `click`

(4) `mouseup`

(5) `dblclick`

鼠标事件在 DOM3 Events 中对应的类型是 `"MouseEvent"`，而不是 `"MouseEvents"`。

鼠标事件还有一个名为**滚轮事件**的子类别。滚轮事件只有一个事件 `mousewheel`，反映的是鼠标滚轮或带滚轮的类似设备上滚轮的交互。

1. 客户端坐标

鼠标事件都是在浏览器视口中的某个位置上发生的。这些信息被保存在 `event` 对象的 `clientX` 和

clientY 属性中。这两个属性表示事件发生时鼠标光标在视口中的坐标，所有浏览器都支持。图 17-4
展示了视口中的**客户端坐标**。

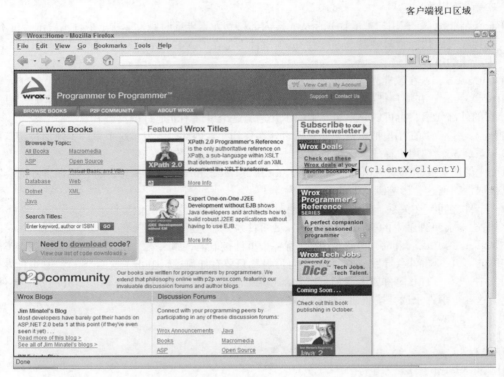

图   17-4

可以通过下面的方式获取鼠标事件的客户端坐标：

```
let div = document.getElementById("myDiv");
div.addEventListener("click", (event) => {
  console.log(`Client coordinates: ${event.clientX}, ${event.clientY}`);
});
```

这个例子为<div>元素指定了一个 onclick 事件处理程序。当元素被点击时，会显示事件发生时
鼠标光标在客户端视口中的坐标。注意客户端坐标不考虑页面滚动，因此这两个值并不代表鼠标在页面
上的位置。

2. 页面坐标

客户端坐标是事件发生时鼠标光标在客户端视口中的坐标，而**页面坐标**是事件发生时鼠标光标在页
面上的坐标，通过 event 对象的 pageX 和 pageY 可以获取。这两个属性表示鼠标光标在页面上的位置，
因此反映的是光标到页面而非视口左边与上边的距离。

可以像下面这样取得鼠标事件的页面坐标：

```
let div = document.getElementById("myDiv");
div.addEventListener("click", (event) => {
  console.log(`Page coordinates: ${event.pageX}, ${event.pageY}`);
});
```

在页面没有滚动时，pageX 和 pageY 与 clientX 和 clientY 的值相同。

IE8 及更早版本没有在 event 对象上暴露页面坐标。不过，可以通过客户端坐标和滚动信息计算出来。滚动信息可以从 document.body（混杂模式）或 document.documentElement（标准模式）的 scrollLeft 和 scrollTop 属性获取。计算过程如下所示：

```
let div = document.getElementById("myDiv");
div.addEventListener("click", (event) => {
  let pageX = event.pageX,
    pageY = event.pageY;
  if (pageX === undefined) {
    pageX = event.clientX + (document.body.scrollLeft ||
      document.documentElement.scrollLeft);
  }
  if (pageY === undefined) {
    pageY = event.clientY + (document.body.scrollTop ||
      document.documentElement.scrollTop);
  }
  console.log(`Page coordinates: ${pageX}, ${pageY}`);
});
```

3. 屏幕坐标

鼠标事件不仅是在浏览器窗口中发生的，也是在整个屏幕上发生的。可以通过 event 对象的 screenX 和 screenY 属性获取鼠标光标在屏幕上的坐标。图 17-5 展示了浏览器中触发鼠标事件的光标的屏幕坐标。

图 17-5

可以像下面这样获取鼠标事件的屏幕坐标：

```
let div = document.getElementById("myDiv");
div.addEventListener("click", (event) => {
  console.log(`Screen coordinates: ${event.screenX}, ${event.screenY}`);
});
```

与前面的例子类似，这段代码也为<div>元素指定了 onclick 事件处理程序。当元素被点击时，会通过控制台打印出事件的屏幕坐标。

4. 修饰键

虽然鼠标事件主要是通过鼠标触发的，但有时候要确定用户想实现的操作，还要考虑键盘按键的状态。键盘上的**修饰键** Shift、Ctrl、Alt 和 Meta 经常用于修改鼠标事件的行为。DOM 规定了 4 个属性来表示这几个修饰键的状态：shiftKey、ctrlKey、altKey 和 metaKey。这几属性会在各自对应的修饰键被按下时包含布尔值 true，没有被按下时包含 false。在鼠标事件发生的，可以通过这几个属性来检测修饰键是否被按下。来看下面的例子，其中在 click 事件发生时检测了每个修饰键的状态：

```
let div = document.getElementById("myDiv");
div.addEventListener("click", (event) => {
  let keys = new Array();

  if (event.shiftKey) {
    keys.push("shift");
  }

  if (event.ctrlKey) {
    keys.push("ctrl");
  }

  if (event.altKey) {
    keys.push("alt");
  }

  if (event.metaKey) {
    keys.push("meta");
  }

  console.log("Keys: " + keys.join(","));

});
```

在这个例子中，onclick 事件处理程序检查了不同修饰键的状态。keys 数组中包含了在事件发生时被按下的修饰键的名称。每个对应属性为 true 的修饰键的名称都会添加到 keys 中。最后，事件处理程序会输出所有键的名称。

> **注意**　现代浏览器支持所有这 4 个修饰键。IE8 及更早版本不支持 metaKey 属性。

5. 相关元素

对 mouseover 和 mouseout 事件而言，还存在与事件相关的其他元素。这两个事件都涉及从一个元素的边界之内把光标移到另一个元素的边界之内。对 mouseover 事件来说，事件的主要目标是获得光标的元素，相关元素是失去光标的元素。类似地，对 mouseout 事件来说，事件的主要目标是失去光标的元素，而相关元素是获得光标的元素。来看下面的例子：

```
<!DOCTYPE html>
<html>
<head>
  <title>Related Elements Example</title>
</head>
<body>
  <div id="myDiv"
       style="background-color:red;height:100px;width:100px;"></div>
</body>
</html>
```

这个页面中只包含一个<div>元素。如果光标开始在<div>元素上，然后从它上面移出，则<div>元素上会触发 mouseout 事件，相关元素为<body>元素。与此同时，<body>元素上会触发 mouseover 事件，相关元素是<div>元素。

DOM 通过 event 对象的 relatedTarget 属性提供了相关元素的信息。这个属性只有在 mouseover 和 mouseout 事件发生时才包含值，其他所有事件的这个属性的值都是 null。IE8 及更早版本不支持 relatedTarget 属性，但提供了其他的可以访问到相关元素的属性。在 mouseover 事件触发时，IE 会提供 fromElement 属性，其中包含相关元素。而在 mouseout 事件触发时，IE 会提供 toElement 属性，其中包含相关元素。（IE9 支持所有这些属性。）因此，可以在 EventUtil 中增加一个通用的获取相关属性的方法：

```
var EventUtil = {

    // 其他代码

    getRelatedTarget: function(event) {
        if (event.relatedTarget) {
            return event.relatedTarget;
        } else if (event.toElement) {
            return event.toElement;
        } else if (event.fromElement) {
            return event.fromElement;
        } else {
            return null;
        }
    },

    // 其他代码

};
```

与前面介绍的其他跨浏览器方法一样，这个方法同样使用特性检测来确定要返回哪个值。可以像下面这样使用 EventUtil.getRelatedTarget()方法：

```
let div = document.getElementById("myDiv");
div.addEventListener("mouseout", (event) => {
    let target = event.target;
    let relatedTarget = EventUtil.getRelatedTarget(event);
    console.log(
        `Moused out of ${target.tagName} to ${relatedTarget.tagName}`);
});
```

这个例子在<div>元素上注册了 mouseout 事件处理程序。当事件触发时，就会打印出一条消息说明鼠标从哪个元素移出，移到了哪个元素上。

6. 鼠标按键

只有在元素上单击鼠标主键（或按下键盘上的回车键）时 click 事件才会触发，因此按键信息并不是必需的。对 mousedown 和 mouseup 事件来说，event 对象上会有一个 button 属性，表示按下或释放的是哪个按键。DOM 为这个 button 属性定义了 3 个值：0 表示鼠标主键、1 表示鼠标中键（通常也是滚轮键）、2 表示鼠标副键。按照惯例，鼠标主键通常是左边的按键，副键通常是右边的按键。

IE8 及更早版本也提供了 button 属性，但这个属性的值与前面说的完全不同：

❏ 0，表示没有按下任何键；
❏ 1，表示按下鼠标主键；
❏ 2，表示按下鼠标副键；
❏ 3，表示同时按下鼠标主键、副键；
❏ 4，表示按下鼠标中键；
❏ 5，表示同时按下鼠标主键和中键；
❏ 6，表示同时按下鼠标副键和中键；
❏ 7，表示同时按下 3 个键。

很显然，DOM 定义的 button 属性比 IE 这一套更简单也更有用，毕竟同时按多个鼠标键的情况很少见。为此，实践中基本上都以 DOM 的 button 属性为准，这是因为除 IE8 及更早版本外的所有主流浏览器都原生支持。主、中、副键的定义非常明确，而 IE 定义的其他情形都可以翻译为按下其中某个键，而且优先翻译为主键。比如，IE 返回 5 或 7 时，就会对应到 DOM 的 0。

7. 额外事件信息

DOM2 Events 规范在 event 对象上提供了 detail 属性，以给出关于事件的更多信息。对鼠标事件来说，detail 包含一个数值，表示在给定位置上发生了多少次单击。单击相当于在同一个像素上发生一次 mousedown 紧跟一次 mouseup。detail 的值从 1 开始，每次单击会加 1。如果鼠标在 mousedown 和 mouseup 之间移动了，则 detail 会重置为 0。

IE 还为每个鼠标事件提供了以下额外信息：

❏ altLeft，布尔值，表示是否按下了左 Alt 键（如果 altLeft 是 true，那么 altKey 也是 true）；
❏ ctrlLeft，布尔值，表示是否按下了左 Ctrl 键（如果 ctrlLeft 是 true，那么 ctrlKey 也是 true）；
❏ offsetX，光标相对于目标元素边界的 x 坐标；
❏ offsetY，光标相对于目标元素边界的 y 坐标；
❏ shiftLeft，布尔值，表示是否按下了左 Shift 键（如果 shiftLeft 是 true，那么 shiftKey 也是 true）。

这些属性的作用有限，这是因为只有 IE 支持。而且，它们提供的信息要么没必要，要么可以通过其他方式计算。

8. mousewheel 事件

IE6 首先实现了 mousewheel 事件。之后，Opera、Chrome 和 Safari 也跟着实现了。mousewheel 事件会在用户使用鼠标滚轮时触发，包括在垂直方向上任意滚动。这个事件会在任何元素上触发，并（在 IE8 中）冒泡到 document 和（在所有现代浏览器中）window。mousewheel 事件的 event 对象包含鼠标事件的所有标准信息，此外还有一个名为 wheelDelta 的新属性。当鼠标滚轮向前滚动时，wheelDelta 每次都是+120；而当鼠标滚轮向后滚动时，wheelDelta 每次都是–120（见图 17-6）。

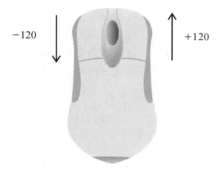

−120　　　　　　+120

图　17-6

可以为页面上的任何元素或文档添加 `onmousewheel` 事件处理程序，以处理所有鼠标滚轮交互，比如：

```
document.addEventListener("mousewheel", (event) => {
  console.log(event.wheelDelta);
});
```

这个例子简单地显示了鼠标滚轮事件触发时 `wheelDelta` 的值。多数情况下只需知道滚轮滚动的方向，而这通过 `wheelDelta` 值的符号就可以知道。

> 注意　HTML5 也增加了 `mousewheel` 事件，以反映大多数浏览器对它的支持。

9. 触摸屏设备

iOS 和 Android 等触摸屏设备的实现大相径庭，因为触摸屏通常不支持鼠标操作。在为触摸屏设备开发时，要记住以下事项。

- ❏ 不支持 `dblclick` 事件。双击浏览器窗口可以放大，但没有办法覆盖这个行为。
- ❏ 单指点触屏幕上的可点击元素会触发 `mousemove` 事件。如果操作会导致内容变化，则不会再触发其他事件。如果屏幕上没有变化，则会相继触发 `mousedown`、`mouseup` 和 `click` 事件。点触不可点击的元素不会触发事件。可点击元素是指点击时有默认动作的元素（如链接）或指定了 `onclick` 事件处理程序的元素。
- ❏ `mousemove` 事件也会触发 `mouseover` 和 `mouseout` 事件。
- ❏ 双指点触屏幕并滑动导致页面滚动时会触发 `mousewheel` 和 `scroll` 事件。

10. 无障碍问题

如果 Web 应用或网站必须考虑残障人士，特别是使用屏幕阅读器的用户，那么必须小心使用鼠标事件。如前所述，按回车键可以触发 `click` 事件，但其他鼠标事件不能通过键盘触发。因此，建议不要使用 `click` 事件之外的其他鼠标事件向用户提示功能或触发代码执行，这是因为其他鼠标事件会严格妨碍盲人或视障用户使用。以下是几条使用鼠标事件时应该遵循的无障碍建议。

- ❏ 使用 `click` 事件执行代码。有人认为，当使用 `onmousedown` 执行代码时，应用程序会运行得更快。对视力正常用户来说确实如此。但在屏幕阅读器上，这样会导致代码无法执行，这是因为屏幕阅读器无法触发 `mousedown` 事件。

❑ 不要使用 mouseover 向用户显示新选项。同样，原因是屏幕阅读器无法触发 mousedown 事件。如果必须要通过这种方式显示新选项，那么可以考虑显示相同信息的键盘快捷键。

❑ 不要使用 dblclick 执行重要的操作，这是因为键盘不能触发这个事件。

遵循这些简单的建议可以极大提升 Web 应用或网站对残障人士的无障碍性。

> **注意**　要了解更多关于网站无障碍的信息，可以参考 WebAIM 网站。

17.4.4　键盘与输入事件

键盘事件是用户操作键盘时触发的。DOM2 Events 最初定义了键盘事件，但该规范在最终发布前删除了相应内容。因此，键盘事件很大程度上是基于原始的 DOM0 实现的。

DOM3 Events 为键盘事件提供了一个首先在 IE9 中完全实现的规范。其他浏览器也开始实现该规范，但仍然存在很多遗留的实现。

键盘事件包含 3 个事件：

❑ keydown，用户按下键盘上某个键时触发，而且持续按住会重复触发。

❑ keypress，用户按下键盘上某个键并产生字符时触发，而且持续按住会重复触发。Esc 键也会触发这个事件。DOM3 Events 废弃了 keypress 事件，而推荐 textInput 事件。

❑ keyup，用户释放键盘上某个键时触发。

虽然所有元素都支持这些事件，但当用户在文本框中输入内容时最容易看到。

输入事件只有一个，即 textInput。这个事件是对 keypress 事件的扩展，用于在文本显示给用户之前更方便地截获文本输入。textInput 会在文本被插入到文本框之前触发。

当用户按下键盘上的某个字符键时，首先会触发 keydown 事件，然后触发 keypress 事件，最后触发 keyup 事件。注意，这里 keydown 和 keypress 事件会在文本框出现变化之前触发，而 keyup 事件会在文本框出现变化之后触发。如果一个字符键被按住不放，keydown 和 keypress 就会重复触发，直到这个键被释放。

对于非字符键，在键盘上按一下这个键，会先触发 keydown 事件，然后触发 keyup 事件。如果按住某个非字符键不放，则会重复触发 keydown 事件，直到这个键被释放，此时会触发 keyup 事件。

> **注意**　键盘事件支持与鼠标事件相同的修饰键。shiftKey、ctrlKey、altKey 和 metaKey 属性在键盘事件中都是可用的。IE8 及更早版本不支持 metaKey 属性。

1. 键码

对于 keydown 和 keyup 事件，event 对象的 keyCode 属性中会保存一个键码，对应键盘上特定的一个键。对于字母和数字键，keyCode 的值与小写字母和数字的 ASCII 编码一致。比如数字 7 键的 keyCode 为 55，而字母 A 键的 keyCode 为 65，而且跟是否按了 Shift 键无关。DOM 和 IE 的 event 对象都支持 keyCode 属性。下面这个例子展示了如何使用 keyCode 属性：

```
let textbox = document.getElementById("myText");
textbox.addEventListener("keyup", (event) => {
  console.log(event.keyCode);
});
```

这个例子在 keyup 事件触发时直接显示出 event 对象的 keyCode 属性值。下表给出了键盘上所有非字符键的键码。

键	键　码	键	键　码
Backspace	8	数字键盘 8	104
Tab	9	数字键盘 9	105
Enter	13	数字键盘+	107
Shift	16	减号（包含数字和非数字键盘）	109
Ctrl	17	数字键盘.	110
Alt	18	数字键盘/	111
Pause/Break	19	F1	112
Caps Lock	20	F2	113
Esc	27	F3	114
Page Up	33	F4	115
Page Down	34	F5	116
End	35	F6	117
Home	36	F7	118
左箭头	37	F8	119
上箭头	38	F9	120
右箭头	39	F10	121
下箭头	40	F11	122
Ins	45	F12	123
Del	46	Num Lock	144
左 Windows	91	Scroll Lock	145
右 Windows	92	分号（IE/Safari/Chrome）	186
Context Menu	93	分号（Opera/FF）	59
数字键盘 0	96	小于号	188
数字键盘 1	97	大于号	190
数字键盘 2	98	反斜杠	191
数字键盘 3	99	重音符（`）	192
数字键盘 4	100	等于号	61
数字键盘 5	101	左中括号	219
数字键盘 6	102	反斜杠（\）	220
数字键盘 7	103	右中括号	221
		单引号	222

2. 字符编码

在 keypress 事件发生时，意味着按键会影响屏幕上显示的文本。对插入或移除字符的键，所有浏览器都会触发 keypress 事件，其他键则取决于浏览器。因为 DOM3 Events 规范才刚刚开始实现，所以不同浏览器之间的实现存在显著差异。

浏览器在 event 对象上支持 charCode 属性，只有发生 keypress 事件时这个属性才会被设置值，包含的是按键字符对应的 ASCII 编码。通常，charCode 属性的值是 0，在 keypress 事件发生时则是对应按键的键码。IE8 及更早版本和 Opera 使用 keyCode 传达字符的 ASCII 编码。要以跨浏览器方式获取字符编码，首先要检查 charCode 属性是否有值，如果没有再使用 keyCode，如下所示：

```
var EventUtil = {

  // 其他代码

  getCharCode: function(event) {
    if (typeof event.charCode == "number") {
      return event.charCode;
    } else {
      return event.keyCode;
    }
  },

  // 其他代码
};
```

这个方法检测 charCode 属性是否为数值（在不支持的浏览器中是 undefined）。如果是数值，则返回。否则，返回 keyCode 值。可以像下面这样使用：

```
let textbox = document.getElementById("myText");
textbox.addEventListener("keypress", (event) => {
  console.log(EventUtil.getCharCode(event));
});
```

一旦有了字母编码，就可以使用 String.fromCharCode() 方法将其转换为实际的字符了。

3. DOM3 的变化

尽管所有浏览器都实现了某种形式的键盘事件，DOM3 Events 还是做了一些修改。比如，DOM3 Events 规范并未规定 charCode 属性，而是定义了 key 和 char 两个新属性。

其中，key 属性用于替代 keyCode，且包含字符串。在按下字符键时，key 的值等于文本字符（如"k"或"M"）；在按下非字符键时，key 的值是键名（如"Shift"或"ArrowDown"）。char 属性在按下字符键时与 key 类似，在按下非字符键时为 null。

IE 支持 key 属性但不支持 char 属性。Safari 和 Chrome 支持 keyIdentifier 属性，在按下非字符键时返回与 key 一样的值（如"Shift"）。对于字符键，keyIdentifier 返回以"U+0000"形式表示 Unicode 值的字符串形式的字符编码。

```
let textbox = document.getElementById("myText");
textbox.addEventListener("keypress", (event) => {
  let identifier = event.key || event.keyIdentifier;
  if (identifier) {
    console.log(identifier);
  }
});
```

由于缺乏跨浏览器支持，因此不建议使用 key、keyIdentifier、和 char。

DOM3 Events 也支持一个名为 location 的属性，该属性是一个数值，表示是在哪里按的键。可能的值为：0 是默认键，1 是左边（如左边的 Alt 键），2 是右边（如右边的 Shift 键），3 是数字键盘，4 是移动设备（即虚拟键盘），5 是游戏手柄（如任天堂 Wii 控制器）。IE9 支持这些属性。Safari 和 Chrome 支持一个等价的 keyLocation 属性，但由于实现有问题，这个属性值始终为 0，除非是数字键盘（此时值为 3），值永远不会是 1、2、4、5。

```
let textbox = document.getElementById("myText");
textbox.addEventListener("keypress", (event) => {
  let loc = event.location || event.keyLocation;
  if (loc) {
    console.log(loc);
  }
});
```

与 key 属性类似，location 属性也没有得到广泛支持，因此不建议在跨浏览器开发时使用。

最后一个变化是给 event 对象增加了 getModifierState() 方法。这个方法接收一个参数，一个等于 Shift、Control、Alt、AltGraph 或 Meta 的字符串，表示要检测的修饰键。如果给定的修饰键处于激活状态（键被按住），则方法返回 true，否则返回 false：

```
let textbox = document.getElementById("myText");
textbox.addEventListener("keypress", (event) => {
  if (event.getModifierState) {
    console.log(event.getModifierState("Shift"));
  }
});
```

当然，event 对象已经通过 shiftKey、altKey、ctrlKey 和 metaKey 属性暴露了这些信息。

4. textInput 事件

DOM3 Events 规范增加了一个名为 textInput 的事件，其在字符被输入到可编辑区域时触发。作为对 keypress 的替代，textInput 事件的行为有些不一样。一个区别是 keypress 会在任何可以获得焦点的元素上触发，而 textInput 只在可编辑区域上触发。另一个区别是 textInput 只在有新字符被插入时才会触发，而 keypress 对任何可能影响文本的键都会触发（包括退格键）。

因为 textInput 事件主要关注字符，所以在 event 对象上提供了一个 data 属性，包含要插入的字符（不是字符编码）。data 的值始终是要被插入的字符，因此如果在按 S 键时没有按 Shift 键，data 的值就是"s"，但在按 S 键时同时按 Shift 键，data 的值则是"S"。

textInput 事件可以这样来用：

```
let textbox = document.getElementById("myText");
textbox.addEventListener("textInput", (event) => {
  console.log(event.data);
});
```

这个例子会实时把输入文本框的文本通过日志打印出来。

event 对象上还有一个名为 inputMethod 的属性，该属性表示向控件中输入文本的手段。可能的值如下：

❏ 0，表示浏览器不能确定是什么输入手段；

❏ 1，表示键盘；

❏ 2，表示粘贴；

❏ 3，表示拖放操作；

❏ 4，表示 IME；

❏ 5，表示表单选项；

❏ 6，表示手写（如使用手写笔）；

❏ 7，表示语音；

❑ 8，表示组合方式；

❑ 9，表示脚本。

使用这些属性，可以确定用户是如何将文本输入到控件中的，从而可以辅助验证。

5. 设备上的键盘事件

任天堂 Wii 会在用户按下 Wii 遥控器上的键时触发键盘事件。虽然不能访问 Wii 遥控器上所有的键，但其中一些键可以触发键盘事件。图 17-7 中标识出了某些键的键码。

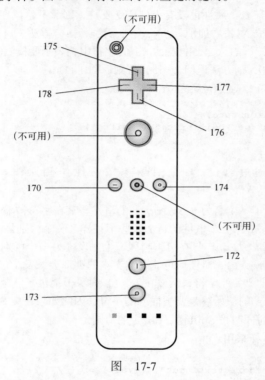

图   17-7

如图所示，按下十字键（175~178）、减号键（170）、加号键（174）、1（172）或 2（173）按钮会触发键盘事件。无法判断电源键、A、B 或 Home 键是否已按下。

17.4.5 合成事件

合成事件是 DOM3 Events 中新增的，用于处理通常使用 IME 输入时的复杂输入序列。IME 可以让用户输入物理键盘上没有的字符。例如，使用拉丁字母键盘的用户还可以使用 IME 输入日文。IME 通常需要同时按下多个键才能输入一个字符。合成事件用于检测和控制这种输入。合成事件有以下 3 种：

❑ compositionstart，在 IME 的文本合成系统打开时触发，表示输入即将开始；

❑ compositionupdate，在新字符插入输入字段时触发；

❑ compositionend，在 IME 的文本合成系统关闭时触发，表示恢复正常键盘输入。

合成事件在很多方面与输入事件很类似。在合成事件触发时，事件目标是接收文本的输入字段。唯一增加的事件属性是 data，其中包含的值视情况而异：

❑ 在 compositionstart 事件中，包含正在编辑的文本（例如，已经选择了文本但还没替换）；

❑ 在 compositionupdate 事件中，包含要插入的新字符；

❑ 在 compositionend 事件中，包含本次合成过程中输入的全部内容。

与文本事件类似，合成事件可以用来在必要时过滤输入内容。可以像下面这样使用合成事件：

```
let textbox = document.getElementById("myText");
textbox.addEventListener("compositionstart", (event) => {
  console.log(event.data);
});
textbox.addEventListener("compositionupdate", (event) => {
  console.log(event.data);
});
textbox.addEventListener("compositionend", (event) => {
  console.log(event.data);
});
```

17.4.6　变化事件

DOM2 的**变化事件**（Mutation Events）是为了在 DOM 发生变化时提供通知。

> **注意**　这些事件已经被废弃，浏览器已经在有计划地停止对它们的支持。变化事件已经被 Mutation Observers 所取代，可以参考第 14 章中的介绍。

17.4.7　HTML5 事件

DOM 规范并未涵盖浏览器都支持的所有事件。很多浏览器根据特定的用户需求或使用场景实现了自定义事件。HTML5 详尽地列出了浏览器支持的所有事件。本节讨论 HTML5 中得到浏览器较好支持的一些事件。注意这些并不是浏览器支持的所有事件。（本书后面也会涉及一些其他事件。）

1. contextmenu 事件

Windows 95 通过单击鼠标右键为 PC 用户增加了上下文菜单的概念。不久，这个概念也在 Web 上得以实现。开发者面临的问题是如何确定何时该显示上下文菜单（在 Windows 上是右击鼠标，在 Mac 上是 Ctrl+单击），以及如何避免默认的上下文菜单起作用。结果就出现了 contextmenu 事件，以专门用于表示何时该显示上下文菜单，从而允许开发者取消默认的上下文菜单并提供自定义菜单。

contextmenu 事件冒泡，因此只要给 document 指定一个事件处理程序就可以处理页面上的所有同类事件。事件目标是触发操作的元素。这个事件在所有浏览器中都可以取消，在 DOM 合规的浏览器中使用 event.preventDefault()，在 IE8 及更早版本中将 event.returnValue 设置为 false。contextmenu 事件应该算一种鼠标事件，因此 event 对象上的很多属性都与光标位置有关。通常，自定义的上下文菜单都是通过 oncontextmenu 事件处理程序触发显示，并通过 onclick 事件处理程序触发隐藏的。来看下面的例子：

```
<!DOCTYPE html>
<html>
<head>
  <title>ContextMenu Event Example</title>
</head>
<body>
```

```
<div id="myDiv">Right click or Ctrl+click me to get a custom context menu.
  Click anywhere else to get the default context menu.</div>
<ul id="myMenu" style="position:absolute;visibility:hidden;background-color:
  silver">
  <li><a href="http://www.somewhere.com"> somewhere</a></li>
  <li><a href="http://www.wrox.com">Wrox site</a></li>
  <li><a href="http://www.somewhere-else.com">somewhere-else</a></li>
</ul>
</body>
</html>
```

这个例子中的<div>元素有一个上下文菜单<ul>。作为上下文菜单，<ul>元素初始时是隐藏的。以下是实现上下文菜单功能的 JavaScript 代码：

```
window.addEventListener("load", (event) => {
  let div = document.getElementById("myDiv");

  div.addEventListener("contextmenu", (event) => {
    event.preventDefault();

    let menu = document.getElementById("myMenu");
    menu.style.left = event.clientX + "px";
    menu.style.top = event.clientY + "px";
    menu.style.visibility = "visible";
  });

  document.addEventListener("click", (event) => {
    document.getElementById("myMenu").style.visibility = "hidden";
  });
});
```

这里在<div>元素上指定了一个 oncontextmenu 事件处理程序。这个事件处理程序首先取消默认行为，确保不会显示浏览器默认的上下文菜单。接着基于 event 对象的 clientX 和 clientY 属性把<ul>元素放到适当位置。最后一步通过将 visibility 属性设置为"visible"让自定义上下文菜单显示出来。另外，又给 document 添加了一个 onclick 事件处理程序，以便在单击事件发生时隐藏上下文菜单（系统上下文菜单就是这样隐藏的）。

虽然这个例子很简单，但它是网页中所有自定义上下文菜单的基础。在这个简单例子的基础上，再添加一些 CSS，上下文菜单就会更漂亮。

2. beforeunload 事件

beforeunload 事件会在 window 上触发，用意是给开发者提供阻止页面被卸载的机会。这个事件会在页面即将从浏览器中卸载时触发，如果页面需要继续使用，则可以不被卸载。这个事件不能取消，否则就意味着可以把用户永久阻挡在一个页面上。相反，这个事件会向用户显示一个确认框，其中的消息表明浏览器即将卸载页面，并请用户确认是希望关闭页面，还是继续留在页面上（见图 17-8）。

图　17-8

为了显示类似图 17-8 的确认框，需要将 `event.returnValue` 设置为要在确认框中显示的字符串（对于 IE 和 Firefox 来说），并将其作为函数值返回（对于 Safari 和 Chrome 来说），如下所示：

```
window.addEventListener("beforeunload", (event) => {
  let message = "I'm really going to miss you if you go.";
  event.returnValue = message;
  return message;
});
```

3. DOMContentLoaded 事件

`window` 的 `load` 事件会在页面完全加载后触发，因为要等待很多外部资源加载完成，所以会花费较长时间。而 `DOMContentLoaded` 事件会在 DOM 树构建完成后立即触发，而不用等待图片、JavaScript 文件、CSS 文件或其他资源加载完成。相对于 `load` 事件，`DOMContentLoaded` 可以让开发者在外部资源下载的同时就能指定事件处理程序，从而让用户能够更快地与页面交互。

要处理 `DOMContentLoaded` 事件，需要给 `document` 或 `window` 添加事件处理程序（实际的事件目标是 `document`，但会冒泡到 `window`）。下面是一个在 `document` 上监听 `DOMContentLoaded` 事件的例子：

```
document.addEventListener("DOMContentLoaded", (event) => {
  console.log("Content loaded");
});
```

`DOMContentLoaded` 事件的 `event` 对象中不包含任何额外信息（除了 `target` 等于 `document`）。

`DOMContentLoaded` 事件通常用于添加事件处理程序或执行其他 DOM 操作。这个事件始终在 `load` 事件之前触发。

对于不支持 `DOMContentLoaded` 事件的浏览器，可以使用超时为 0 的 `setTimeout()` 函数，通过其回调来设置事件处理程序，比如：

```
setTimeout(() => {
  // 在这里添加事件处理程序
}, 0);
```

以上代码本质上意味着在当前 JavaScript 进程执行完毕后立即执行这个回调。页面加载和构建期间，只有一个 JavaScript 进程运行。所以可以在这个进程空闲后立即执行回调，至于是否与同一个浏览器或同一页面上不同脚本的 `DOMContentLoaded` 触发时机一致并无绝对把握。为了尽可能早一些执行，以上代码最好是页面上的第一个超时代码。即使如此，考虑到各种影响因素，也不一定保证能在 `load` 事件之前执行超时回调。

4. readystatechange 事件

IE 首先在 DOM 文档的一些地方定义了一个名为 `readystatechange` 事件。这个有点神秘的事件旨在提供文档或元素加载状态的信息，但行为有时候并不稳定。支持 `readystatechange` 事件的每个对象都有一个 `readyState` 属性，该属性具有一个以下列出的可能的字符串值。

❑ `uninitialized`：对象存在并尚未初始化。

❑ `loading`：对象正在加载数据。

❑ `loaded`：对象已经加载完数据。

❑ `interactive`：对象可以交互，但尚未加载完成。

❑ `complete`：对象加载完成。

看起来很简单，其实并非所有对象都会经历所有 readystate 阶段。文档中说有些对象会完全跳过某个阶段，但并未说明哪些阶段适用于哪些对象。这意味着 readystatechange 事件经常会触发不到 4 次，而 readyState 未必会依次呈现上述值。

在 document 上使用时，值为"interactive"的 readyState 首先会触发 readystatechange 事件，时机类似于 DOMContentLoaded。进入交互阶段，意味着 DOM 树已加载完成，因而可以安全地交互了。此时图片和其他外部资源不一定都加载完了。可以像下面这样使用 readystatechange 事件：

```
document.addEventListener("readystatechange", (event) => {
  if (document.readyState == "interactive") {
    console.log("Content loaded");
  }
});
```

这个事件的 event 对象中没有任何额外的信息，连事件目标都不会设置。

在与 load 事件共同使用时，这个事件的触发顺序不能保证。在包含特别多或较大外部资源的页面中，交互阶段会在 load 事件触发前先触发。而在包含较少且较小外部资源的页面中，这个 readystatechange 事件有可能在 load 事件触发后才触发。

让问题变得更加复杂的是，交互阶段与完成阶段的顺序也不是固定的。在外部资源较多的页面中，很可能交互阶段会早于完成阶段，而在外部资源较少的页面中，很可能完成阶段会早于交互阶段。因此，实践中为了抢到较早的时机，需要同时检测交互阶段和完成阶段。比如：

```
document.addEventListener("readystatechange", (event) => {
  if (document.readyState == "interactive" ||
      document.readyState == "complete") {
    document.removeEventListener("readystatechange", arguments.callee);
    console.log("Content loaded");
  }
});
```

当 readystatechange 事件触发时，这段代码会检测 document.readyState 属性，以确定当前是不是交互或完成状态。如果是，则移除事件处理程序，以保证其他阶段不再执行。注意，因为这里的事件处理程序是匿名函数，所以使用了 arguments.callee 作为函数指针。然后，又打印出一条表示内容已加载的消息。这样的逻辑可以保证尽可能接近使用 DOMContentLoaded 事件的效果。

> **注意**　使用 readystatechange 只能尽量模拟 DOMContentLoaded，但做不到分毫不差。load 事件和 readystatechange 事件发生的顺序在不同页面中是不一样的。

5. pageshow 与 pagehide 事件

Firefox 和 Opera 开发了一个名为**往返缓存**（bfcache，back-forward cache）的功能，此功能旨在使用浏览器"前进"和"后退"按钮时加快页面之间的切换。这个缓存不仅存储页面数据，也存储 DOM 和 JavaScript 状态，实际上是把整个页面都保存在内存里。如果页面在缓存中，那么导航到这个页面时就不会触发 load 事件。通常，这不会导致什么问题，因为整个页面状态都被保存起来了。不过，Firefx 决定提供一些事件，把往返缓存的行为暴露出来。

第一个事件是 pageshow，其会在页面显示时触发，无论是否来自往返缓存。在新加载的页面上，pageshow 会在 load 事件之后触发；在来自往返缓存的页面上，pageshow 会在页面状态完全恢复后触发。注意，虽然这个事件的目标是 document，但事件处理程序必须添加到 window 上。下面的例子展示了追踪这些事件的代码：

```
(function() {
  let showCount = 0;

  window.addEventListener("load", () => {
    console.log("Load fired");
  });

  window.addEventListener("pageshow", () => {
    showCount++;
    console.log(`Show has been fired ${showCount} times.`);
  });
})();
```

这个例子使用了私有作用域来保证 showCount 变量不进入全局作用域。在页面首次加载时，
showCount 的值为 0。之后每次触发 pageshow 事件，showCount 都会加 1 并输出消息。如果从包含
以上代码的页面跳走，然后又点击"后退"按钮返回以恢复它，就能够每次都看到 showCount 递增的
值。这是因为变量的状态连同整个页面状态都保存在了内存中，导航回来后可以恢复。如果是点击了浏
览器的"刷新"按钮，则 showCount 的值会重置为 0，因为页面会重新加载。

除了常用的属性，pageshow 的 event 对象中还包含一个名为 persisted 的属性。这个属性是一
个布尔值，如果页面存储在了往返缓存中就是 true，否则就是 false。可以像下面这样在事件处理程
序中检测这个属性：

```
(function() {
  let showCount = 0;

  window.addEventListener("load", () => {
    console.log("Load fired");
  });

  window.addEventListener("pageshow", () => {
    showCount++;
    console.log(`Show has been fired ${showCount} times.`,
                `Persisted? ${event.persisted}`);
  });
})();
```

通过检测 persisted 属性可以根据页面是否取自往返缓存而决定是否采取不同的操作。

与 pageshow 对应的事件是 pagehide，这个事件会在页面从浏览器中卸载后，在 unload 事件之
前触发。与 pageshow 事件一样，pagehide 事件同样是在 document 上触发，但事件处理程序必须被
添加到 window。event 对象中同样包含 persisted 属性，但用法稍有不同。比如，以下代码检测了
event.persisted 属性：

```
window.addEventListener("pagehide", (event) => {
  console.log("Hiding. Persisted? " + event.persisted);
});
```

这样，当 pagehide 事件触发时，也许可以根据 persisted 属性的值来采取一些不同的操作。对
pageshow 事件来说，persisted 为 true 表示页面是从往返缓存中加载的；而对 pagehide 事件来说，
persisted 为 true 表示页面在卸载之后会被保存在往返缓存中。因此，第一次触发 pageshow 事件
时 persisted 始终是 false，而第一次触发 pagehide 事件时 persisted 始终是 true（除非页面不
符合使用往返缓存的条件）。

> **注意**　注册了 onunload 事件处理程序 (即使是空函数) 的页面会自动排除在往返缓存之外。这是因为 onunload 事件典型的使用场景是撤销 onload 事件发生时所做的事情，如果使用往返缓存，则下一次页面显示时就不会触发 onload 事件，而这可能导致页面无法使用。

6. hashchange 事件

HTML5 增加了 hashchange 事件，用于在 URL 散列值 (URL 最后 # 后面的部分) 发生变化时通知开发者。这是因为开发者经常在 Ajax 应用程序中使用 URL 散列值存储状态信息或路由导航信息。

onhashchange 事件处理程序必须添加给 window，每次 URL 散列值发生变化时会调用它。event 对象有两个新属性：oldURL 和 newURL。这两个属性分别保存变化前后的 URL，而且是包含散列值的完整 URL。下面的例子展示了如何获取变化前后的 URL：

```
window.addEventListener("hashchange", (event) => {
  console.log(`Old URL: ${event.oldURL}, New URL: ${event.newURL}`);
});
```

如果想确定当前的散列值，最好使用 location 对象：

```
window.addEventListener("hashchange", (event) => {
  console.log(`Current hash: ${location.hash}`);
});
```

17.4.8　设备事件

随着智能手机和平板计算机的出现，用户与浏览器交互的新方式应运而生。为此，一批新事件被发明了出来。**设备事件**可以用于确定用户使用设备的方式。W3C 在 2011 年就开始起草一份新规范，用于定义新设备及设备相关的事件。

1. orientationchange 事件

苹果公司在移动 Safari 浏览器上创造了 orientationchange 事件，以方便开发者判断用户的设备是处于垂直模式还是水平模式。移动 Safari 在 window 上暴露了 window.orientation 属性，它有以下 3 种值之一：0 表示垂直模式，90 表示左转水平模式 (主屏幕键在右侧)，–90 表示右转水平模式 (主屏幕键在左)。虽然相关文档也提及设备倒置后的值为 180，但设备本身至今还不支持。图 17-9 展示了 window.orientation 属性的各种值。

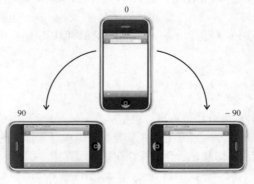

图　17-9

每当用户旋转设备改变了模式，就会触发 orientationchange 事件。但 event 对象上没有暴露任何有用的信息，这是因为相关信息都可以从 window.orientation 属性中获取。以下是这个事件典型的用法：

```
window.addEventListener("load", (event) => {
  let div = document.getElementById("myDiv");
  div.innerHTML = "Current orientation is " + window.orientation;

  window.addEventListener("orientationchange", (event) => {
    div.innerHTML = "Current orientation is " + window.orientation;
  });
});
```

这个例子会在 load 事件触发时显示设备初始的朝向。然后，又指定了 orientationchange 事件处理程序。此后，只要这个事件触发，页面就会更新以显示新的朝向信息。

所有 iOS 设备都支持 orientationchange 事件和 window.orientation 属性。

> **注意** 因为 orientationchange 事件被认为是 window 事件，所以也可以通过给 <body> 元素添加 onorientationchange 属性来指定事件处理程序。

2. deviceorientation 事件

deviceorientation 是 DeviceOrientationEvent 规范定义的事件。如果可以获取设备的加速计信息，而且数据发生了变化，这个事件就会在 window 上触发。要注意的是，deviceorientation 事件只反映设备在空间中的朝向，而不涉及移动相关的信息。

设备本身处于 3D 空间即拥有 x 轴、y 轴和 z 轴的坐标系中。如果把设备静止放在水平的表面上，那么三轴的值均为 0，其中，x 轴方向为从设备左侧到右侧，y 轴方向为从设备底部到上部，z 轴方向为从设备背面到正面，如图 17-10 所示。

图 17-10

当 deviceorientation 触发时，event 对象中会包含各个轴相对于设备静置时坐标值的变化，主要是以下 5 个属性。

- ❏ alpha：0~360 范围内的浮点值，表示围绕 z 轴旋转时 y 轴的度数（左右转）。
- ❏ beta：–180~180 范围内的浮点值，表示围绕 x 轴旋转时 z 轴的度数（前后转）。
- ❏ gamma：–90~90 范围内的浮点值，表示围绕 y 轴旋转时 z 轴的度数（扭转）。
- ❏ absolute：布尔值，表示设备是否返回绝对值。
- ❏ compassCalibrated：布尔值，表示设备的指南针是否正确校准。

图 17-11 展示了 alpha、beta 和 gamma 值的计算方式。

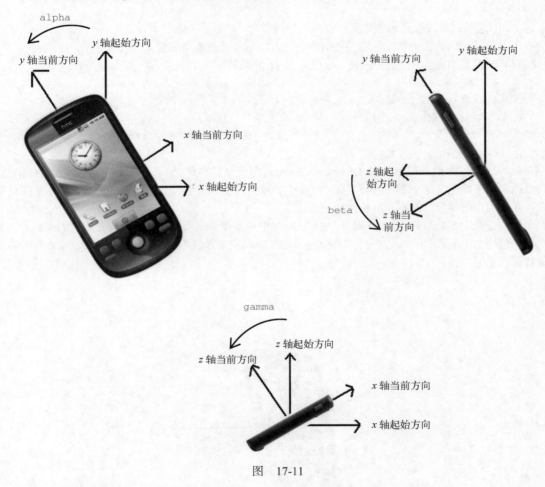

图　17-11

下面是一个输出 alpha、beta 和 gamma 值的简单例子：

```
window.addEventListener("deviceorientation", (event) => {
  let output = document.getElementById("output");
  output.innerHTML =
    `Alpha=${event.alpha}, Beta=${event.beta}, Gamma=${event.gamma}<br>`;
});
```

基于这些信息，可以随着设备朝向的变化重新组织或修改屏幕上显示的元素。例如，以下代码会随着朝向变化旋转一个元素：

```
window.addEventListener("deviceorientation", (event) => {
  let arrow = document.getElementById("arrow");
  arrow.style.webkitTransform = `rotate(${Math.round(event.alpha)}deg)`;
});
```

这个例子只适用于移动 WebKit 浏览器，因为使用的是专有的 `webkitTransform` 属性（CSS 标准的 `transform` 属性的临时版本）。"箭头"（arrow）元素会随着 `event.alpha` 值的变化而变化，呈现出指南针的样子。这里给 CSS3 旋转变形函数传入了四舍五入后的值，以确保平顺。

3. devicemotion 事件

DeviceOrientationEvent 规范也定义了 `devicemotion` 事件。这个事件用于提示设备实际上在移动，而不仅仅是改变了朝向。例如，`devicemotion` 事件可以用来确定设备正在掉落或者正拿在一个行走的人手里。

当 `devicemotion` 事件触发时，event 对象中包含如下额外的属性。

☐ `acceleration`：对象，包含 x、y 和 z 属性，反映不考虑重力情况下各个维度的加速信息。

☐ `accelerationIncludingGravity`：对象，包含 x、y 和 z 属性，反映各个维度的加速信息，包含 z 轴自然重力加速度。

☐ `interval`：毫秒，距离下次触发 `devicemotion` 事件的时间。此值在事件之间应为常量。

☐ `rotationRate`：对象，包含 alpha、beta 和 gamma 属性，表示设备朝向。

如果无法提供 `acceleration`、`accelerationIncludingGravity` 和 `rotationRate` 信息，则属性值为 null。为此，在使用这些属性前必须先检测它们的值是否为 null。比如：

```
window.addEventListener("devicemotion", (event) => {
  let output = document.getElementById("output");
  if (event.rotationRate !== null) {
    output.innerHTML += `Alpha=${event.rotationRate.alpha}` +
                        `Beta=${event.rotationRate.beta}` +
                        `Gamma=${event.rotationRate.gamma}`;
  }
});
```

17.4.9 触摸及手势事件

Safari 为 iOS 定制了一些专有事件，以方便开发者。因为 iOS 设备没有鼠标和键盘，所以常规的鼠标和键盘事件不足以创建具有完整交互能力的网页。同时，WebKit 也为 Android 定制了很多专有事件，成为了事实标准，并被纳入 W3C 的 Touch Events 规范。本节介绍的事件只适用于触屏设备。

1. 触摸事件

iPhone 3G 发布时，iOS 2.0 内置了新版本的 Safari。这个新的移动 Safari 支持一些与触摸交互有关的新事件。后来的 Android 浏览器也实现了同样的事件。当手指放在屏幕上、在屏幕上滑动或从屏幕移开时，**触摸事件**即会触发。触摸事件有如下几种。

☐ `touchstart`：手指放到屏幕上时触发（即使有一个手指已经放在了屏幕上）。

☐ `touchmove`：手指在屏幕上滑动时连续触发。在这个事件中调用 `preventDefault()` 可以阻止滚动。

❑ touchend：手指从屏幕上移开时触发。

❑ touchcancel：系统停止跟踪触摸时触发。文档中并未明确什么情况下停止跟踪。

这些事件都会冒泡，也都可以被取消。尽管触摸事件不属于 DOM 规范，但浏览器仍然以兼容 DOM 的方式实现了它们。因此，每个触摸事件的 event 对象都提供了鼠标事件的公共属性：bubbles、cancelable、view、clientX、clientY、screenX、screenY、detail、altKey、shiftKey、ctrlKey 和 metaKey。

除了这些公共的 DOM 属性，触摸事件还提供了以下 3 个属性用于跟踪触点。

❑ touches：Touch 对象的数组，表示当前屏幕上的每个触点。

❑ targetTouches：Touch 对象的数组，表示特定于事件目标的触点。

❑ changedTouches：Touch 对象的数组，表示自上次用户动作之后变化的触点。

每个 Touch 对象都包含下列属性。

❑ clientX：触点在视口中的 x 坐标。

❑ clientY：触点在视口中的 y 坐标。

❑ identifier：触点 ID。

❑ pageX：触点在页面上的 x 坐标。

❑ pageY：触点在页面上的 y 坐标。

❑ screenX：触点在屏幕上的 x 坐标。

❑ screenY：触点在屏幕上的 y 坐标。

❑ target：触摸事件的事件目标。

这些属性可用于追踪屏幕上的触摸轨迹。例如：

```
function handleTouchEvent(event) {
  // 只针对一个触点
  if (event.touches.length == 1) {
    let output = document.getElementById("output");
    switch(event.type) {
      case "touchstart":
        output.innerHTML += `<br>Touch started:` +
                            `(${event.touches[0].clientX}` +
                            ` ${event.touches[0].clientY})`;
        break;
      case "touchend":
        output.innerHTML += `<br>Touch ended:` +
                            `(${event.changedTouches[0].clientX}` +
                            ` ${event.changedTouches[0].clientY})`;
        break;
      case "touchmove":
        event.preventDefault(); // 阻止滚动
        output.innerHTML += `<br>Touch moved:` +
                            `(${event.changedTouches[0].clientX}` +
                            ` ${event.changedTouches[0].clientY})`;
        break;
    }
  }
}

document.addEventListener("touchstart", handleTouchEvent);
document.addEventListener("touchend", handleTouchEvent);
document.addEventListener("touchmove", handleTouchEvent);
```

以上代码会追踪屏幕上的一个触点。为简单起见，代码只会在屏幕有一个触点时输出信息。在 `touchstart` 事件触发时，触点的位置信息会输出到 `output` 元素中。在 `touchmove` 事件触发时，会取消默认行为以阻止滚动（移动触点通常会滚动页面），并输出变化的触点信息。在 `touchend` 事件触发时，会输出触点最后的信息。注意，`touchend` 事件触发时 `touches` 集合中什么也没有，这是因为没有滚动的触点了。此时必须使用 `changedTouches` 集合。

这些事件会在文档的所有元素上触发，因此可以分别控制页面的不同部分。当手指点触屏幕上的元素时，依次会发生如下事件（包括鼠标事件）：

(1) `touchstart`

(2) `mouseover`

(3) `mousemove`（1 次）

(4) `mousedown`

(5) `mouseup`

(6) `click`

(7) `touchend`

2. 手势事件

iOS 2.0 中的 Safari 还增加了一种手势事件。**手势事件**会在两个手指触碰屏幕且相对距离或旋转角度变化时触发。手势事件有以下 3 种。

❑ `gesturestart`：一个手指已经放在屏幕上，再把另一个手指放到屏幕上时触发。

❑ `gesturechange`：任何一个手指在屏幕上的位置发生变化时触发。

❑ `gestureend`：其中一个手指离开屏幕时触发。

只有在两个手指同时接触事件接收者时，这些事件才会触发。在一个元素上设置事件处理程序，意味着两个手指必须都在元素边界以内才能触发手势事件（这个元素就是事件目标）。因为这些事件会冒泡，所以也可以把事件处理程序放到文档级别，从而可以处理所有手势事件。使用这种方式时，事件的目标就是两个手指均位于其边界内的元素。

触摸事件和手势事件存在一定的关系。当一个手指放在屏幕上时，会触发 `touchstart` 事件。当另一个手指放到屏幕上时，`gesturestart` 事件会首先触发，然后紧接着触发这个手指的 `touchstart` 事件。如果两个手指或其中一个手指移动，则会触发 `gesturechange` 事件。只要其中一个手指离开屏幕，就会触发 `gestureend` 事件，紧接着触发该手指的 `touchend` 事件。

与触摸事件类似，每个手势事件的 `event` 对象都包含所有标准的鼠标事件属性：`bubbles`、`cancelable`、`view`、`clientX`、`clientY`、`screenX`、`screenY`、`detail`、`altKey`、`shiftKey`、`ctrlKey` 和 `metaKey`。新增的两个 `event` 对象属性是 `rotation` 和 `scale`。`rotation` 属性表示手指变化旋转的度数，负值表示逆时针旋转，正值表示顺时针旋转（从 0 开始）。`scale` 属性表示两指之间距离变化（对捏）的程度。开始时为 1，然后随着距离增大或缩小相应地增大或缩小。

可以像下面这样使用手势事件的属性：

```
function handleGestureEvent(event) {
  let output = document.getElementById("output");
  switch(event.type) {
    case "gesturestart":
      output.innerHTML += `Gesture started: ` +
                          `rotation=${event.rotation},` +
                          `scale=${event.scale}`;
```

```
        break;
      case "gestureend":
        output.innerHTML += `Gesture ended: ` +
                            `rotation=${event.rotation},` +
                            `scale=${event.scale}`;
        break;
      case "gesturechange":
        output.innerHTML += `Gesture changed: ` +
                            `rotation=${event.rotation},` +
                            `scale=${event.scale}`;
        break;
  }
}

document.addEventListener("gesturestart", handleGestureEvent, false);
document.addEventListener("gestureend", handleGestureEvent, false);
document.addEventListener("gesturechange", handleGestureEvent, false);
```

与触摸事件的例子一样，以上代码简单地将每个事件对应到一个处理函数，然后输出每个事件的信息。

> **注意**　触摸事件也会返回 rotation 和 scale 属性，但只在两个手指触碰屏幕时才会变化。一般来说，使用两个手指的手势事件比考虑所有交互的触摸事件使用起来更容易一些。

17.4.10　事件参考

本节给出了 DOM 规范、HTML5 规范，以及概述事件行为的其他当前已发布规范中定义的所有浏览器事件。这些事件按照 API 和/或规范分类。

> **注意**　只包含带厂商前缀事件的规范不在本参考中。

Ambient Light events
devicelight

App Cache events
cached
checking
downloading
noupdate
obsolete
updateready

Audio Channels API events
headphoneschange
mozinterruptbegin
mozinterruptend

Battery API events
chargingchange
chargingtimechange
dischargingtimechange
levelchange

Broadcast Channel API events
message

Channel Messaging API events
message

Clipboard API events
beforecopy
beforecut
beforepaste

copy
cut
paste

Contacts API events
contactchange
error
success

**CSS Font Loading
API events**
loading
loadingdone
loadingerror

CSSOM events
animationend
animationiteration
animationstart
transitionend

CSSOM View events
resize
scroll

Device Orientation events
compassneedscalibration
devicemotion
deviceorientation

Device Storage API events
change

DOM events
abort
beforeinput
blur
click
compositionend
compositionstart
compositionupdate
dblclick
error
focus
focusin
focusout

input
keydown
keypress
keyup
load
mousedown
mouseenter
mouseleave
mousemove
mouseout
mouseover
mouseup
resize
scroll
select
unload
wheel

Download API events
statechange

**Encrypted Media Extensions
events**
encrypted
keystatuschange
message
waitingforkey

Engineering Mode API events
message

File API events
abort
error
load
loadend
loadstart
progress

File System API events
error
writeend

FMRadio API events
antennaavailablechange
disabled

17

frequencychange

Fullscreen API events
fullscreenchange
fullscreenerror

Gamepad API events
gamepadconnected
gamepaddisconnected

HTML DOM events
DOMContentLoaded
abort
afterprint
afterscriptexecute
beforeprint
beforescriptexecute
beforeunload
blur
cancel
canplay
canplaythrough
change
click
close
connect
contextmenu
durationchange
emptied
error
focus
hashchange
input
invalid
languagechange
load
loadeddata
loadedmetadata
loadend
loadstart
message
offline
online
open

pagehide
pageshow
play
playing
popstate
progress
readystatechange
rejectionhandled
reset
seeked
seeking
select
show
sort
stalled
storage
submit
suspend
timeupdate
toggle
unhandledrejection
unload
volumechange
waiting

HTML Drag and Drop API events
drag
dragend
dragenter
dragexit
dragleave
dragover
dragstart
drop

IndexedDB events
abort
blocked
close
complete
error
success
upgradeneeded
versionchange

Inter-App Connection API events
message

Media Capture and Streams events
active
addtrack
devicechange
ended
inactive
mute
overconstrained
ratechange
removetrack
started
unmute

Media Source Extensions events
abort
addsourcebuffer
error
removesourcebuffer
sourceclose
sourceended
sourceopen
update
updateend
updatestart

MediaStream Recording events
dataavailable
error
pause
resume
start
stop

Mobile Connection API events
cardstatechange
icccardlockerror

Mobile Messaging API events
close
deliveryerror
deliverysuccess
error

failed
message
open
received
retrieving
sending
sent

Network Information API events
change

Page Visibility API events
visibilitychange

Payment Request API events
shippingaddresschange
shippingoptionchange

Performance API events
resourcetimingbufferfull

Pointer events
gotpointercapture
lostpointercapture
pointercancel
pointerdown
pointerenter
pointerleave
pointermove
pointerout
pointerover
pointerup

Pointer Lock API events
pointerlockchange
pointerlockerror

Presentation API events
change
sessionavailable
sessionconnect

Proximity events
deviceproximity
userproximity

17

Push API events
push
pushsubscriptionchange

Screen Orientation API events
change

Selection API events
selectionchange
selectstart

Server Sent events
error
message
open

Service Workers API events
activate
controllerchange
error
fetch
install
message
statechange
updatefound

Settings API events
settingchange

Simple Push API events
error
success

Speaker Manager API events
speakerforcedchange

SVG events
DOMAttrModified
DOMCharacterDataModified
DOMNodeInserted
DOMNodeInsertedIntoDocument
DOMNodeRemoved
DOMNodeRemovedFromDocument
DOMSubtreeModified
SVGAbort
SVGError

SVGLoad
SVGResize
SVGScroll
SVGUnload
SVGZoom
activate
beginEvent
click
endEvent
focusin
focusout
mousedown
mousemove
mouseout
mouseover
mouseup
repeatEvent

TCP Socket API events
connect
data
drain
error

Time and Clock API events
moztimechange

Touch events
touchcancel
touchend
touchmove
touchstart

TV API events
currentchannelchanged
currentsourcechanged
eitbroadcasted
scanningstatechanged

UDP Socket API events
message

Web Audio API events
audioprocess
complete

ended
loaded
message
nodecreate
statechange

Web Components events
slotchange

WebGL events
webglcontextcreationerror
webglcontextlost
webglcontextrestored

Web Manifest events
install

Web MIDI API events
midimessage
statechange

Web Notifications events
click
close
error
show

WebRTC events
addstream
close
datachannel
error
icecandidate
iceconnectionstatechange
icegatheringstatechange
identityresult
idpassertionerror
idpvalidationerror
isolationchange
message
negotiationneeded
open
peeridentity
removestream
signalingstatechange
tonechange

Websockets API events
close
error
message
open

Web Speech API events
audioend
audiostart
boundary
end_(SpeechRecognition)
end_(SpeechSynthesis)
error_(SpeechRecognitionError)
error_(SpeechSynthesis)
mark
nomatch
pause_(SpeechSynthesis)
result
resume
soundend
soundstart
speechend
speechstart
start_(SpeechRecognition)
start_(SpeechSynthesis)

Web Storage API events
storage

Web Telephony API events
incoming

WebVR API events
vrdisplayactivate
vrdisplayblur
vrdisplayconnected
vrdisplaydeactivate
vrdisplaydisconnected
vrdisplayfocus
vrdisplaypresentchange

WebVTT events
addtrack
change
cuechange
enter

17

exit
removetrack

WiFi Information API events
connectioninfoupdate
statuschange

WiFi P2P API events
disabled
enabled
peerinfoupdate

statuschange

XMLHttpRequest events
abort
error
load
loadend
loadstart
progress
readystatechange
timeout

17.5　内存与性能

因为事件处理程序在现代 Web 应用中可以实现交互，所以很多开发者会错误地在页面中大量使用它们。在创建 GUI 的语言如 C#中，通常会给 GUI 上的每个按钮设置一个 onclick 事件处理程序。这样做不会有什么性能损耗。在 JavaScript 中，页面中事件处理程序的数量与页面整体性能直接相关。原因有很多。首先，每个函数都是对象，都占用内存空间，对象越多，性能越差。其次，为指定事件处理程序所需访问 DOM 的次数会先期造成整个页面交互的延迟。只要在使用事件处理程序时多注意一些方法，就可以改善页面性能。

17.5.1　事件委托

"过多事件处理程序" 的解决方案是使用**事件委托**。事件委托利用事件冒泡，可以只使用一个事件处理程序来管理一种类型的事件。例如，click 事件冒泡到 document。这意味着可以为整个页面指定一个 onclick 事件处理程序，而不用为每个可点击元素分别指定事件处理程序。比如有以下 HTML：

```
<ul id="myLinks">
  <li id="goSomewhere">Go somewhere</li>
  <li id="doSomething">Do something</li>
  <li id="sayHi">Say hi</li>
</ul>
```

这里的 HTML 包含 3 个列表项，在被点击时应该执行某个操作。对此，通常的做法是像这样指定 3 个事件处理程序：

```
let item1 = document.getElementById("goSomewhere");
let item2 = document.getElementById("doSomething");
let item3 = document.getElementById("sayHi");

item1.addEventListener("click", (event) => {
  location.href = "http:// www.wrox.com";
});

item2.addEventListener("click", (event) => {
  document.title = "I changed the document's title";
});

item3.addEventListener("click", (event) => {
  console.log("hi");
});
```

　　如果对页面中所有需要使用 `onclick` 事件处理程序的元素都如法炮制，结果就会出现大片雷同的只为指定事件处理程序的代码。使用事件委托，只要给所有元素共同的祖先节点添加一个事件处理程序，就可以解决问题。比如：

```
let list = document.getElementById("myLinks");

list.addEventListener("click", (event) => {
  let target = event.target;

  switch(target.id) {
    case "doSomething":
      document.title = "I changed the document's title";
      break;

    case "goSomewhere":
      location.href = "http:// www.wrox.com";
      break;

    case "sayHi":
      console.log("hi");
      break;
  }
});
```

　　这里只给`<ul id="myLinks">`元素添加了一个 `onclick` 事件处理程序。因为所有列表项都是这个元素的后代，所以它们的事件会向上冒泡，最终都会由这个函数来处理。但事件目标是每个被点击的列表项，只要检查 `event` 对象的 `id` 属性就可以确定，然后再执行相应的操作即可。相对于前面不使用事件委托的代码，这里的代码不会导致先期延迟，因为只访问了一个 DOM 元素和添加了一个事件处理程序。结果对用户来说没有区别，但这种方式占用内存更少。所有使用按钮的事件（大多数鼠标事件和键盘事件）都适用于这个解决方案。

　　只要可行，就应该考虑只给 `document` 添加一个事件处理程序，通过它处理页面中所有某种类型的事件。相对于之前的技术，事件委托具有如下优点。

- ❑ `document` 对象随时可用，任何时候都可以给它添加事件处理程序（不用等待 `DOMContentLoaded` 或 `load` 事件）。这意味着只要页面渲染出可点击的元素，就可以无延迟地起作用。
- ❑ 节省花在设置页面事件处理程序上的时间。只指定一个事件处理程序既可以节省 DOM 引用，也可以节省时间。
- ❑ 减少整个页面所需的内存，提升整体性能。

　　最适合使用事件委托的事件包括：`click`、`mousedown`、`mouseup`、`keydown` 和 `keypress`。`mouseover` 和 `mouseout` 事件冒泡，但很难适当处理，且经常需要计算元素位置（因为 `mouseout` 会在光标从一个元素移动到它的一个后代节点以及移出元素之外时触发）。

17.5.2　删除事件处理程序

　　把事件处理程序指定给元素后，在浏览器代码和负责页面交互的 JavaScript 代码之间就建立了联系。这种联系建立得越多，页面性能就越差。除了通过事件委托来限制这种连接之外，还应该及时删除不用的事件处理程序。很多 Web 应用性能不佳都是由于无用的事件处理程序长驻内存导致的。

　　导致这个问题的原因主要有两个。第一个是删除带有事件处理程序的元素。比如通过真正的 DOM

方法 removeChild() 或 replaceChild() 删除节点。最常见的还是使用 innerHTML 整体替换页面的某一部分。这时候，被 innerHTML 删除的元素上如果有事件处理程序，就不会被垃圾收集程序正常清理。比如下面的例子：

```
<div id="myDiv">
  <input type="button" value="Click Me" id="myBtn">
</div>
<script type="text/javascript">
  let btn = document.getElementById("myBtn");
  btn.onclick = function() {

    // 执行操作

    document.getElementById("myDiv").innerHTML = "Processing...";
    // 不好!
  };
</script>
```

这里的按钮在 <div> 元素中。单击按钮，会将自己删除并替换为一条消息，以阻止双击发生。这是很多网站上常见的做法。问题在于，按钮被删除之后仍然关联着一个事件处理程序。在 <div> 元素上设置 innerHTML 会完全删除按钮，但事件处理程序仍然挂在按钮上面。某些浏览器，特别是 IE8 及更早版本，在这时候就会有问题了。很有可能元素的引用和事件处理程序的引用都会残留在内存中。如果知道某个元素会被删除，那么最好在删除它之前手工删除它的事件处理程序，比如：

```
<div id="myDiv">
  <input type="button" value="Click Me" id="myBtn">
</div>
<script type="text/javascript">
  let btn = document.getElementById("myBtn");
  btn.onclick = function() {

    // 执行操作

    btn.onclick = null;    // 删除事件处理程序

    document.getElementById("myDiv").innerHTML = "Processing...";
  };
</script>
```

在这个重写后的例子中，设置 <div> 元素的 innerHTML 属性之前，按钮的事件处理程序先被删除了。这样就可以确保内存被回收，按钮也可以安全地从 DOM 中删掉。

但也要注意，在事件处理程序中删除按钮会阻止事件冒泡。只有事件目标仍然存在于文档中时，事件才会冒泡。

> **注意** 事件委托也有助于解决这种问题。如果提前知道页面某一部分会被使用 innerHTML 删除，就不要直接给该部分中的元素添加事件处理程序了。把事件处理程序添加到更高层级的节点上同样可以处理该区域的事件。

另一个可能导致内存中残留引用的问题是页面卸载。同样，IE8 及更早版本在这种情况下有很多问题，不过好像所有浏览器都会受这个问题影响。如果在页面卸载后事件处理程序没有被清理，则它们仍然会残留在内存中。之后，浏览器每次加载和卸载页面（比如通过前进、后退或刷新），内存中残留对象的数量都会增加，这是因为事件处理程序不会被回收。

一般来说，最好在 onunload 事件处理程序中趁页面尚未卸载先删除所有事件处理程序。这时候也能体现使用事件委托的优势，因为事件处理程序很少，所以很容易记住要删除哪些。关于卸载页面时的清理，可以记住一点：onload 事件处理程序中做了什么，最好在 onunload 事件处理程序中恢复。

> **注意**　在页面中使用 onunload 事件处理程序意味着页面不会被保存在往返缓存（bfcache）中。如果这对应用很重要，可以考虑只在 IE 中使用 onunload 来删除事件处理程序。

17.6 模拟事件

事件就是为了表示网页中某个有意义的时刻。通常，事件都是由用户交互或浏览器功能触发。事实上，可能很少有人知道可以通过 JavaScript 在任何时候触发任意事件，而这些事件会被当成浏览器创建的事件。这意味着同样会有事件冒泡，因而也会触发相应的事件处理程序。这种能力在测试 Web 应用时特别有用。DOM3 规范指明了模拟特定类型事件的方式。IE8 及更早版本也有自己模拟事件的方式。

17.6.1 DOM 事件模拟

任何时候，都可以使用 document.createEvent()方法创建一个 event 对象。这个方法接收一个参数，此参数是一个表示要创建事件类型的字符串。在 DOM2 中，所有这些字符串都是英文复数形式，但在 DOM3 中，又把它们改成了英文单数形式。可用的字符串值是以下值之一。

- ❑ "UIEvents"（DOM3 中是"UIEvent"）：通用用户界面事件（鼠标事件和键盘事件都继承自这个事件）。
- ❑ "MouseEvents"（DOM3 中是"MouseEvent"）：通用鼠标事件。
- ❑ "HTMLEvents"（DOM3 中没有）：通用 HTML 事件（HTML 事件已经分散到了其他事件大类中）。

注意，键盘事件不是在 DOM2 Events 中规定的，而是后来在 DOM3 Events 中增加的。

创建 event 对象之后，需要使用事件相关的信息来初始化。每种类型的 event 对象都有特定的方法，可以使用相应数据来完成初始化。方法的名字并不相同，这取决于调用 createEvent()时传入的参数。

事件模拟的最后一步是触发事件。为此要使用 dispatchEvent()方法，这个方法存在于所有支持事件的 DOM 节点之上。dispatchEvent()方法接收一个参数，即表示要触发事件的 event 对象。调用 dispatchEvent()方法之后，事件就"转正"了，接着便冒泡并触发事件处理程序执行。

1. 模拟鼠标事件

模拟鼠标事件需要先创建一个新的鼠标 event 对象，然后再使用必要的信息对其进行初始化。要创建鼠标 event 对象，可以调用 createEvent()方法并传入"MouseEvents"参数。这样就会返回一个 event 对象，这个对象有一个 initMouseEvent()方法，用于为新对象指定鼠标的特定信息。initMouseEvent()方法接收 15 个参数，分别对应鼠标事件会暴露的属性。这些参数列举如下。

- ❑ type（字符串）：要触发的事件类型，如"click"。
- ❑ bubbles（布尔值）：表示事件是否冒泡。为精确模拟鼠标事件，应该设置为 true。

❑ cancelable（布尔值）：表示事件是否可以取消。为精确模拟鼠标事件，应该设置为 true。

❑ view（AbstractView）：与事件关联的视图。基本上始终是 document.defaultView。

❑ detail（整数）：关于事件的额外信息。只被事件处理程序使用，通常为 0。

❑ screenX（整数）：事件相对于屏幕的 x 坐标。

❑ screenY（整数）：事件相对于屏幕的 y 坐标。

❑ clientX（整数）：事件相对于视口的 x 坐标。

❑ clientY（整数）：事件相对于视口的 y 坐标。

❑ ctrlkey（布尔值）：表示是否按下了 Ctrl 键。默认为 false。

❑ altkey（布尔值）：表示是否按下了 Alt 键。默认为 false。

❑ shiftkey（布尔值）：表示是否按下了 Shift 键。默认为 false。

❑ metakey（布尔值）：表示是否按下了 Meta 键。默认为 false。

❑ button（整数）：表示按下了哪个按钮。默认为 0。

❑ relatedTarget（对象）：与事件相关的对象。只在模拟 mouseover 和 mouseout 时使用。

显然，initMouseEvent()方法的这些参数与鼠标事件的 event 对象属性是一一对应的。前 4 个参数是正确模拟事件唯一重要的几个参数，这是因为它们是浏览器要用的，其他参数则是事件处理程序要用的。event 对象的 target 属性会自动设置为调用 dispatchEvent()方法时传入的节点。下面来看一个使用默认值模拟单击事件的例子：

```
let btn = document.getElementById("myBtn");

// 创建 event 对象
let event = document.createEvent("MouseEvents");

// 初始化 event 对象
event.initMouseEvent("click", true, true, document.defaultView,
                     0, 0, 0, 0, 0, false, false, false, false, 0, null);

// 触发事件
btn.dispatchEvent(event);
```

所有鼠标事件，包括 dblclick 都可以像这样在 DOM 合规的浏览器中模拟出来。

2. 模拟键盘事件

如前所述，DOM2 Events 中没有定义键盘事件，因此模拟键盘事件并不直观。键盘事件曾在 DOM2 Events 的草案中提到过，但最终成为推荐标准前又被删掉了。要注意的是，DOM3 Events 中定义的键盘事件与 DOM2 Events 草案最初定义的键盘事件差别很大。

在 DOM3 中创建键盘事件的方式是给 createEvent()方法传入参数"KeyboardEvent"。这样会返回一个 event 对象，这个对象有一个 initKeyboardEvent()方法。这个方法接收以下参数。

❑ type（字符串）：要触发的事件类型，如"keydown"。

❑ bubbles（布尔值）：表示事件是否冒泡。为精确模拟键盘事件，应该设置为 true。

❑ cancelable（布尔值）：表示事件是否可以取消。为精确模拟键盘事件，应该设置为 true。

❑ view（AbstractView）：与事件关联的视图。基本上始终是 document.defaultView。

❑ key（字符串）：按下按键的字符串代码。

❑ location（整数）：按下按键的位置。0 表示默认键，1 表示左边，2 表示右边，3 表示数字键盘，4 表示移动设备（虚拟键盘），5 表示游戏手柄。

❑ modifiers（字符串）：空格分隔的修饰键列表，如"Shift"。

❑ repeat（整数）：连续按了这个键多少次。

注意，DOM3 Events 废弃了 keypress 事件，因此只能通过上述方式模拟 keydown 和 keyup 事件：

```
let textbox = document.getElementById("myTextbox"),
    event;

// 按照 DOM3 的方式创建 event 对象
if (document.implementation.hasFeature("KeyboardEvents", "3.0")) {
    event = document.createEvent("KeyboardEvent");

    // 初始化 event 对象
    event.initKeyboardEvent("keydown", true, true, document.defaultView, "a",
                            0, "Shift", 0);

}
// 触发事件
textbox.dispatchEvent(event);
```

这个例子模拟了同时按住 Shift 键和键盘上 A 键的 keydown 事件。在使用 document.createEvent("KeyboardEvent")之前，最好检测一下浏览器对 DOM3 键盘事件的支持情况，其他浏览器会返回非标准的 KeyboardEvent 对象。

Firefox 允许给 createEvent()传入"KeyEvents"来创建键盘事件。这时候返回的 event 对象包含的方法叫 initKeyEvent()，此方法接收以下 10 个参数。

❑ type（字符串）：要触发的事件类型，如"keydown"。

❑ bubbles（布尔值）：表示事件是否冒泡。为精确模拟键盘事件，应该设置为 true。

❑ cancelable（布尔值）：表示事件是否可以取消。为精确模拟键盘事件，应该设置为 true。

❑ view（AbstractView）：与事件关联的视图，基本上始终是 document.defaultView。

❑ ctrlkey（布尔值）：表示是否按下了 Ctrl 键。默认为 false。

❑ altkey（布尔值）：表示是否按下了 Alt 键。默认为 false。

❑ shiftkey（布尔值）：表示是否按下了 Shift 键。默认为 false。

❑ metakey（布尔值）：表示是否按下了 Meta 键。默认为 false。

❑ keyCode（整数）：表示按下或释放键的键码。在 keydown 和 keyup 中使用。默认为 0。

❑ charCode（整数）：表示按下键对应字符的 ASCII 编码。在 keypress 中使用。默认为 0。

键盘事件也可以通过调用 dispatchEvent()并传入 event 对象来触发，比如：

```
// 仅适用于 Firefox
let textbox = document.getElementById("myTextbox");

// 创建 event 对象
let event = document.createEvent("KeyEvents");

// 初始化 event 对象
event.initKeyEvent("keydown", true, true, document.defaultView, false,
                   false, true, false, 65, 65);

// 触发事件
textbox.dispatchEvent(event);
```

这个例子模拟了同时按住 Shift 键和键盘上 A 键的 keydown 事件。同样也可以像这样模拟 keyup 和 keypress 事件。

对于其他浏览器，需要创建一个通用的事件，并为其指定特定于键盘的信息，如下面的例子所示：

```
let textbox = document.getElementById("myTextbox");

// 创建 event 对象
let event = document.createEvent("Events");

// 初始化 event 对象
event.initEvent(type, bubbles, cancelable);
event.view = document.defaultView;
event.altKey = false;
event.ctrlKey = false;
event.shiftKey = false;
event.metaKey = false;
event.keyCode = 65;
event.charCode = 65;

// 触发事件
textbox.dispatchEvent(event);
```

以上代码创建了一个通用事件，然后使用 initEvent() 方法初始化，接着又为它指定了键盘事件信息。这里必须使用通用事件而不是用户界面事件，因为用户界面事件不允许直接给 event 对象添加属性（Safari 例外）。像这样模拟一个事件虽然会触发键盘事件，但文本框中不会输入任何文本，因为它并不能准确模拟键盘事件。

3. 模拟其他事件

鼠标事件和键盘事件是浏览器中最常见的模拟对象。不过，有时候可能也需要模拟 HTML 事件。模拟 HTML 事件要调用 createEvent() 方法并传入 "HTMLEvents"，然后再使用返回对象的 initEvent() 方法来初始化：

```
let event = document.createEvent("HTMLEvents");
event.initEvent("focus", true, false);
target.dispatchEvent(event);
```

这个例子模拟了在给定目标上触发 focus 事件。其他 HTML 事件也可以像这样来模拟。

> 注意 HTML 事件在浏览器中很少使用，因为它们用处有限。

4. 自定义 DOM 事件

DOM3 增加了**自定义事件**的类型。自定义事件不会触发原生 DOM 事件，但可以让开发者定义自己的事件。要创建自定义事件，需要调用 createEvent("CustomEvent")。返回的对象包含 initCustomEvent() 方法，该方法接收以下 4 个参数。

❑ type（字符串）：要触发的事件类型，如 "myevent"。

❑ bubbles（布尔值）：表示事件是否冒泡。

❑ cancelable（布尔值）：表示事件是否可以取消。

❑ detail（对象）：任意值。作为 event 对象的 detail 属性。

自定义事件可以像其他事件一样在 DOM 中派发，比如：

```
let div = document.getElementById("myDiv"),
    event;

div.addEventListener("myevent", (event) => {
  console.log("DIV: " + event.detail);
});

document.addEventListener("myevent", (event) => {
  console.log("DOCUMENT: " + event.detail);
});

if (document.implementation.hasFeature("CustomEvents", "3.0")) {
  event = document.createEvent("CustomEvent");
  event.initCustomEvent("myevent", true, false, "Hello world!");
  div.dispatchEvent(event);
}
```

这个例子创建了一个名为"myevent"的冒泡事件。event 对象的 detail 属性就是一个简单的字符串，<div>元素和 document 都为这个事件注册了事件处理程序。因为使用 initCustomEvent()初始化时将事件指定为可以冒泡，所以浏览器会负责把事件冒泡到 document。

17.6.2　IE 事件模拟

在 IE8 及更早版本中模拟事件的过程与 DOM 方式类似：创建 event 对象，指定相应信息，然后使用这个对象触发。当然，IE 实现每一步的方式都不一样。

首先，要使用 document 对象的 createEventObject()方法来创建 event 对象。与 DOM 不同，这个方法不接收参数，返回一个通用 event 对象。然后，可以手工给返回的对象指定希望该对象具备的所有属性。（没有初始化方法。）最后一步是在事件目标上调用 fireEvent()方法，这个方法接收两个参数：事件处理程序的名字和 event 对象。调用 fireEvent()时，srcElement 和 type 属性会自动指派到 event 对象（其他所有属性必须手工指定）。这意味着 IE 支持的所有事件都可以通过相同的方式来模拟。例如，下面的代码在一个按钮上模拟了 click 事件：

```
var btn = document.getElementById("myBtn");

// 创建 event 对象
var event = document.createEventObject();

/// 初始化 event 对象
event.screenX = 100;
event.screenY = 0;
event.clientX = 0;
event.clientY = 0;
event.ctrlKey = false;
event.altKey = false;
event.shiftKey = false;
event.button = 0;

// 触发事件
btn.fireEvent("onclick", event);
```

这个例子先创建 event 对象，然后用相关信息对其进行了初始化。注意，这里可以指定任何属性，包括 IE8 及更早版本不支持的属性。这些属性的值对于事件来说并不重要，因为只有事件处理程序才会使用它们。

同样的方式也可以用来模拟 keypress 事件，如下面的例子所示：

```
var textbox = document.getElementById("myTextbox");

// 创建 event 对象
var event = document.createEventObject();

// 初始化 event 对象
event.altKey = false;
event.ctrlKey = false;
event.shiftKey = false;
event.keyCode = 65;

// 触发事件
textbox.fireEvent("onkeypress", event);
```

由于鼠标事件、键盘事件或其他事件的 event 对象并没有区别，因此使用通用的 event 对象可以触发任何类型的事件。注意，与 DOM 方式模拟键盘事件一样，这里模拟的 keypress 虽然会触发，但文本框中也不会出现字符。

17.7　小结

事件是 JavaScript 与网页结合的主要方式。最常见的事件是在 DOM3 Events 规范或 HTML5 中定义的。虽然基本的事件都有规范定义，但很多浏览器在规范之外实现了自己专有的事件，以方便开发者更好地满足用户交互需求，其中一些专有事件直接与特殊的设备相关。

围绕着使用事件，需要考虑内存与性能问题。例如：

❏ 最好限制一个页面中事件处理程序的数量，因为它们会占用过多内存，导致页面响应缓慢；

❏ 利用事件冒泡，事件委托可以解决限制事件处理程序数量的问题；

❏ 最好在页面卸载之前删除所有事件处理程序。

使用 JavaScript 也可以在浏览器中模拟事件。DOM2 Events 和 DOM3 Events 规范提供了模拟方法，可以模拟所有原生 DOM 事件。键盘事件一定程度上也是可以模拟的，有时候需要组合其他技术。IE8 及更早版本也支持事件模拟，只是接口与 DOM 方式不同。

事件是 JavaScript 中最重要的主题之一，理解事件的原理及其对性能的影响非常重要。

第 **18** 章
动画与 Canvas 图形

本章内容
❑ 使用 requestAnimationFrame
❑ 理解 \<canvas\> 元素
❑ 绘制简单 2D 图形
❑ 使用 WebGL 绘制 3D 图形

　　图形和动画已经日益成为浏览器中现代 Web 应用程序的必备功能，但实现起来仍然比较困难。视觉上复杂的功能要求性能调优和硬件加速，不能拖慢浏览器。目前已经有一套日趋完善的 API 和工具可以用来开发此类功能。

　　毋庸置疑，\<canvas\> 是 HTML5 最受欢迎的新特性。这个元素会占据一块页面区域，让 JavaScript 可以动态在上面绘制图片。\<canvas\> 最早是苹果公司提出并准备用在控制面板中的，随着其他浏览器的迅速跟进，HTML5 将其纳入标准。目前所有主流浏览器都在某种程度上支持 \<canvas\> 元素。

　　与浏览器环境中的其他部分一样，\<canvas\> 自身提供了一些 API，但并非所有浏览器都支持这些 API，其中包括支持基础绘图能力的 2D 上下文和被称为 WebGL 的 3D 上下文。支持的浏览器的最新版本现在都支持 2D 上下文和 WebGL。

18.1　使用 **requestAnimationFrame**

　　很长时间以来，计时器和定时执行都是 JavaScript 动画最先进的工具。虽然 CSS 过渡和动画方便了 Web 开发者实现某些动画，但 JavaScript 动画领域多年来进展甚微。Firefox 4 率先在浏览器中为 JavaScript 动画增加了一个名为 mozRequestAnimationFrame() 方法的 API。这个方法会告诉浏览器要执行动画了，于是浏览器可以通过最优方式确定重绘的时序。自从出现之后，这个 API 被广泛采用，现在作为 requestAnimationFrame() 方法已经得到各大浏览器的支持。

18.1.1　早期定时动画

　　以前，在 JavaScript 中创建动画基本上就是使用 setInterval() 来控制动画的执行。下面的例子展示了使用 setInterval() 的基本模式：

```
(function() {
  function updateAnimations() {
    doAnimation1();
    doAnimation2();
    // 其他任务
  }
  setInterval(updateAnimations, 100);
})();
```

作为一个小型动画库的标配，这个 `updateAnimations()` 方法会周期性运行注册的动画任务，并反映出每个任务的变化（例如，同时更新滚动新闻和进度条）。如果没有动画需要更新，则这个方法既可以什么也不做，直接退出，也可以停止动画循环，等待其他需要更新的动画。

这种定时动画的问题在于无法准确知晓循环之间的延时。定时间隔必须足够短，这样才能让不同的动画类型都能平滑顺畅，但又要足够长，以便产生浏览器可以渲染出来的变化。一般计算机显示器的屏幕刷新率都是 60Hz，基本上意味着每秒需要重绘 60 次。大多数浏览器会限制重绘频率，使其不超出屏幕的刷新率，这是因为超过刷新率，用户也感知不到。

因此，实现平滑动画最佳的重绘间隔为 1000 毫秒/60，大约 17 毫秒。以这个速度重绘可以实现最平滑的动画，因为这已经是浏览器的极限了。如果同时运行多个动画，可能需要加以限流，以免 17 毫秒的重绘间隔过快，导致动画过早运行完。

虽然使用 `setInterval()` 的定时动画比使用多个 `setTimeout()` 实现循环效率更高，但也不是没有问题。无论 `setInterval()` 还是 `setTimeout()` 都是不能保证时间精度的。作为第二个参数的延时只能保证何时会把代码添加到浏览器的任务队列，不能保证添加到队列就会立即运行。如果队列前面还有其他任务，那么就要等这些任务执行完再执行。简单来讲，这里毫秒延时并不是说何时这些代码会执行，而只是说到时候会把回调加到任务队列。如果添加到队列后，主线程还被其他任务占用，比如正在处理用户操作，那么回调就不会马上执行。

18.1.2   时间间隔的问题

知道何时绘制下一帧是创造平滑动画的关键。直到几年前，都没有办法确切保证何时能让浏览器把下一帧绘制出来。随着 `<canvas>` 的流行和 HTML5 游戏的兴起，开发者发现 `setInterval()` 和 `setTimeout()` 的不精确是个大问题。

浏览器自身计时器的精度让这个问题雪上加霜。浏览器的计时器精度不足毫秒。以下是几个浏览器计时器的精度情况：

- ❑ IE8 及更早版本的计时器精度为 15.625 毫秒；
- ❑ IE9 及更晚版本的计时器精度为 4 毫秒；
- ❑ Firefox 和 Safari 的计时器精度为约 10 毫秒；
- ❑ Chrome 的计时器精度为 4 毫秒。

IE9 之前版本的计时器精度是 15.625 毫秒，意味着 0～15 范围内的任何值最终要么是 0，要么是 15，不可能是别的数。IE9 把计时器精度改进为 4 毫秒，但这对于动画而言还是不够精确。Chrome 计时器精度是 4 毫秒，而 Firefox 和 Safari 是 10 毫秒。更麻烦的是，浏览器又开始对切换到后台或不活跃标签页中的计时器执行限流。因此即使将时间间隔设定为最优，也免不了只能得到近似的结果。

18.1.3   `requestAnimationFrame`

Mozilla 的 Robert O'Callahan 一直在思考这个问题，并提出了一个独特的方案。他指出，浏览器知道 CSS 过渡和动画应该什么时候开始，并据此计算出正确的时间间隔，到时间就去刷新用户界面。但对于 JavaScript 动画，浏览器不知道动画什么时候开始。他给出的方案是创造一个名为 `mozRequestAnimationFrame()` 的新方法，用以通知浏览器某些 JavaScript 代码要执行动画了。这样浏览器就可以在运行某些代码后进行适当的优化。目前所有浏览器都支持这个方法不带前缀的版本，即 `requestAnimationFrame()`。

`requestAnimationFrame()` 方法接收一个参数，此参数是一个要在重绘屏幕前调用的函数。这个函数就是修改 DOM 样式以反映下一次重绘有什么变化的地方。为了实现动画循环，可以把多个 requestAnimationFrame()调用串联起来，就像以前使用 setTimeout()时一样：

```
function updateProgress() {
  var div = document.getElementById("status");
  div.style.width = (parseInt(div.style.width, 10) + 5) + "%";
  if (div.style.left != "100%") {
  requestAnimationFrame(updateProgress);
  }
}
requestAnimationFrame(updateProgress);
```

因为 requestAnimationFrame()只会调用一次传入的函数，所以每次更新用户界面时需要再手动调用它一次。同样，也需要控制动画何时停止。结果就会得到非常平滑的动画。

目前为止，requestAnimationFrame()已经解决了浏览器不知道 JavaScript 动画何时开始的问题，以及最佳间隔是多少的问题，但是，不知道自己的代码何时实际执行的问题呢？这个方案同样也给出了解决方法。

传给 requestAnimationFrame()的函数实际上可以接收一个参数，此参数是一个 DOMHighRes-TimeStamp 的实例（比如 performance.now()返回的值），表示下次重绘的时间。这一点非常重要：requestAnimationFrame()实际上把重绘任务安排在了未来一个已知的时间点上，而且通过这个参数告诉了开发者。基于这个参数，就可以更好地决定如何调优动画了。

18.1.4　cancelAnimationFrame

与 setTimeout()类似，requestAnimationFrame()也返回一个请求 ID，可以用于通过另一个方法 cancelAnimationFrame()来取消重绘任务。下面的例子展示了刚把一个任务加入队列又立即将其取消：

```
let requestID = window.requestAnimationFrame(() => {
  console.log('Repaint!');
});
window.cancelAnimationFrame(requestID);
```

18.1.5　通过 requestAnimationFrame 节流

requestAnimationFrame 这个名字有时候会让人误解，因为看不出来它跟排期任务有关。支持这个方法的浏览器实际上会暴露出作为钩子的回调队列。所谓钩子（hook），就是浏览器在执行下一次重绘之前的一个点。这个回调队列是一个可修改的函数列表，包含应该在重绘之前调用的函数。每次调用 requestAnimationFrame()都会在队列上推入一个回调函数，队列的长度没有限制。

这个回调队列的行为不一定跟动画有关。不过，通过 requestAnimationFrame()递归地向队列中加入回调函数，可以保证每次重绘最多只调用一次回调函数。这是一个非常好的节流工具。在频繁执行影响页面外观的代码时（比如滚动事件监听器），可以利用这个回调队列进行节流。

先来看一个原生实现，其中的滚动事件监听器每次触发都会调用名为 expensiveOperation()（耗时操作）的函数。当向下滚动网页时，这个事件很快就会被触发并执行成百上千次：

```
function expensiveOperation() {
  console.log('Invoked at', Date.now());
}
```

```
window.addEventListener('scroll', () => {
  expensiveOperation();
});
```

如果想把事件处理程序的调用限制在每次重绘前发生，那么可以像这样下面把它封装到 request-AnimationFrame()调用中：

```
function expensiveOperation() {
  console.log('Invoked at', Date.now());
}

window.addEventListener('scroll', () => {
  window.requestAnimationFrame(expensiveOperation);
});
```

这样会把所有回调的执行集中在重绘钩子，但不会过滤掉每次重绘的多余调用。此时，定义一个标志变量，由回调设置其开关状态，就可以将多余的调用屏蔽：

```
let enqueued = false;

function expensiveOperation() {
  console.log('Invoked at', Date.now());
  enqueued = false;
}

window.addEventListener('scroll', () => {
  if (!enqueued) {
    enqueued = true;
    window.requestAnimationFrame(expensiveOperation);
  }
});
```

因为重绘是非常频繁的操作，所以这还算不上真正的节流。更好的办法是配合使用一个计时器来限制操作执行的频率。这样，计时器可以限制实际的操作执行间隔，而 requestAnimationFrame 控制在浏览器的哪个渲染周期中执行。下面的例子可以将回调限制为不超过 50 毫秒执行一次：

```
let enabled = true;

function expensiveOperation() {
  console.log('Invoked at', Date.now());
}

window.addEventListener('scroll', () => {
  if (enabled) {
    enabled = false;
    window.requestAnimationFrame(expensiveOperation);
    window.setTimeout(() => enabled = true, 50);
  }
});
```

18.2   基本的画布功能

创建<canvas>元素时至少要设置其 width 和 height 属性，这样才能告诉浏览器在多大面积上绘图。出现在开始和结束标签之间的内容是后备数据，会在浏览器不支持<canvas>元素时显示。比如：

```
<canvas id="drawing" width="200" height="200">A drawing of something.</canvas>
```

与其他元素一样，`width` 和 `height` 属性也可以在 DOM 节点上设置，因此可以随时修改。整个元素还可以通过 CSS 添加样式，并且元素在添加样式或实际绘制内容前是不可见的。

要在画布上绘制图形，首先要取得绘图上下文。使用 `getContext()` 方法可以获取对绘图上下文的引用。对于平面图形，需要给这个方法传入参数 `"2d"`，表示要获取 2D 上下文对象：

```
let drawing = document.getElementById("drawing");

// 确保浏览器支持<canvas>
if (drawing.getContext) {

  let context = drawing.getContext("2d");

  // 其他代码
}
```

使用 `<canvas>` 元素时，最好先测试一下 `getContext()` 方法是否存在。有些浏览器对 HTML 规范中没有的元素会创建默认 HTML 元素对象。这就意味着即使 `drawing` 包含一个有效的元素引用，`getContext()` 方法也未必存在。

可以使用 `toDataURL()` 方法导出 `<canvas>` 元素上的图像。这个方法接收一个参数：要生成图像的 MIME 类型（与用来创建图形的上下文无关）。例如，要从画布上导出一张 PNG 格式的图片，可以这样做：

```
let drawing = document.getElementById("drawing");

// 确保浏览器支持<canvas>
if (drawing.getContext) {

  // 取得图像的数据 URI
  let imgURI = drawing.toDataURL("image/png");

  // 显示图片
  let image = document.createElement("img");
  image.src = imgURI;
  document.body.appendChild(image);
}
```

浏览器默认将图像编码为 PNG 格式，除非另行指定。Firefox 和 Opera 还支持传入 `"image/jpeg"` 进行 JPEG 编码。因为这个方法是后来才增加到规范中的，所以支持的浏览器也是在后面的版本实现的，包括 IE9、Firefox 3.5 和 Opera 10。

> **注意**　如果画布中的图像是其他域绘制过来的，`toDataURL()` 方法就会抛出错误。相关内容本章后面会讨论。

18.3　2D 绘图上下文

2D 绘图上下文提供了绘制 2D 图形的方法，包括矩形、弧形和路径。2D 上下文的坐标原点(0, 0)在 `<canvas>` 元素的左上角。所有坐标值都相对于该点计算，因此 x 坐标向右增长，y 坐标向下增长。默认情况下，`width` 和 `height` 表示两个方向上像素的最大值。

18.3.1　填充和描边

2D 上下文有两个基本绘制操作：填充和描边。填充以指定样式（颜色、渐变或图像）自动填充形状，而描边只为图形边界着色。大多数 2D 上下文操作有填充和描边的变体，显示效果取决于两个属性：fillStyle 和 strokeStyle。

这两个属性可以是字符串、渐变对象或图案对象，默认值都为"#000000"。字符串表示颜色值，可以是 CSS 支持的任意格式：名称、十六进制代码、rgb、rgba、hsl 或 hsla。比如：

```
let drawing = document.getElementById("drawing");

// 确保浏览器支持<canvas>
if (drawing.getContext) {

  let context = drawing.getContext("2d");
  context.strokeStyle = "red";
  context.fillStyle = "#0000ff";
}
```

这里把 strokeStyle 设置为"red"（CSS 颜色名称），把 fillStyle 设置为"#0000ff"（蓝色）。所有与描边和填充相关的操作都会使用这两种样式，除非再次修改。这两个属性也可以是渐变或图案，本章后面会讨论。

18.3.2　绘制矩形

矩形是唯一一个可以直接在 2D 绘图上下文中绘制的形状。与绘制矩形相关的方法有 3 个：fillRect()、strokeRect()和 clearRect()。这些方法都接收 4 个参数：矩形 x 坐标、矩形 y 坐标、矩形宽度和矩形高度。这几个参数的单位都是像素。

fillRect()方法用于以指定颜色在画布上绘制并填充矩形。填充的颜色使用 fillStyle 属性指定。来看下面的例子：

```
let drawing = document.getElementById("drawing");

// 确保浏览器支持<canvas>
if (drawing.getContext) {
  let context = drawing.getContext("2d");

  /*
   * 引自 MDN 文档
   */

  // 绘制红色矩形
  context.fillStyle = "#ff0000";
  context.fillRect(10, 10, 50, 50);

  // 绘制半透明蓝色矩形
  context.fillStyle = "rgba(0,0,255,0.5)";
  context.fillRect(30, 30, 50, 50);
}
```

以上代码先将 fillStyle 设置为红色并在坐标点(10, 10)绘制了一个宽高均为 50 像素的矩形。接着，使用 rgba()格式将 fillStyle 设置为半透明蓝色，并绘制了另一个与第一个部分重叠的矩形。结果就是可以透过蓝色矩形看到红色矩形（见图 18-1）。

图　18-1

`strokeRect()`方法使用通过`strokeStyle`属性指定的颜色绘制矩形轮廓。下面是一个例子：

```
let drawing = document.getElementById("drawing");

// 确保浏览器支持<canvas>
if (drawing.getContext) {
  let context = drawing.getContext("2d");

  /*
   * 引自 MDN 文档
   */

  // 绘制红色轮廓的矩形
  context.strokeStyle = "#ff0000";
  context.strokeRect(10, 10, 50, 50);

  // 绘制半透明蓝色轮廓的矩形
  context.strokeStyle = "rgba(0,0,255,0.5)";
  context.strokeRect(30, 30, 50, 50);
}
```

以上代码同样绘制了两个重叠的矩形，不过只有轮廓，而不是实心的（见图 18-2）。

图　18-2

> **注意**　描边宽度由 `lineWidth` 属性控制，它可以是任意整数值。类似地，`lineCap` 属性控制线条端点的形状[`"butt"`（平头）、`"round"`（出圆头）或`"square"`（出方头）]，而 `lineJoin` 属性控制线条交点的形状 [`"round"`（圆转）、`"bevel"`（取平）或`"miter"`（出尖）]。

使用 `clearRect()` 方法可以擦除画布中某个区域。该方法用于把绘图上下文中的某个区域变透明。通过先绘制形状再擦除指定区域，可以创建出有趣的效果，比如从已有矩形中开个孔。来看下面的例子：

```
let drawing = document.getElementById("drawing");

// 确保浏览器支持<canvas>
if (drawing.getContext) {
  let context = drawing.getContext("2d");

  /*
   * 引自 MDN 文档
   */
```

```
    // 绘制红色矩形
    context.fillStyle = "#ff0000";
    context.fillRect(10, 10, 50, 50);

    // 绘制半透明蓝色矩形
    context.fillStyle = "rgba(0,0,255,0.5)";
    context.fillRect(30, 30, 50, 50);

    // 在前两个矩形重叠的区域擦除一个矩形区域
    context.clearRect(40, 40, 10, 10);
}
```

以上代码在两个矩形重叠的区域上擦除了一个小矩形，图 18-3 展示了结果。

图　18-3

18.3.3　绘制路径

2D 绘图上下文支持很多在画布上绘制路径的方法。通过路径可以创建复杂的形状和线条。要绘制路径，必须首先调用 beginPath() 方法以表示要开始绘制新路径。然后，再调用下列方法来绘制路径。

- □ arc(x, y, radius, startAngle, endAngle, counterclockwise)：以坐标 (x, y) 为圆心，以 radius 为半径绘制一条弧线，起始角度为 startAngle，结束角度为 endAngle（都是弧度）。最后一个参数 counterclockwise 表示是否逆时针计算起始角度和结束角度（默认为顺时针）。
- □ arcTo(x1, y1, x2, y2, radius)：以给定半径 radius，经由 (x1, y1) 绘制一条从上一点到 (x2, y2) 的弧线。
- □ bezierCurveTo(c1x, c1y, c2x, c2y, x, y)：以 (c1x, c1y) 和 (c2x, c2y) 为控制点，绘制一条从上一点到 (x, y) 的弧线（三次贝塞尔曲线）。
- □ lineTo(x, y)：绘制一条从上一点到 (x, y) 的直线。
- □ moveTo(x, y)：不绘制线条，只把绘制光标移动到 (x, y)。
- □ quadraticCurveTo(cx, cy, x, y)：以 (cx, cy) 为控制点，绘制一条从上一点到 (x, y) 的弧线（二次贝塞尔曲线）。
- □ rect(x, y, width, height)：以给定宽度和高度在坐标点 (x, y) 绘制一个矩形。这个方法与 strokeRect() 和 fillRect() 的区别在于，它创建的是一条路径，而不是独立的图形。

创建路径之后，可以使用 closePath() 方法绘制一条返回起点的线。如果路径已经完成，则既可以指定 fillStyle 属性并调用 fill() 方法来填充路径，也可以指定 strokeStyle 属性并调用 stroke() 方法来描画路径，还可以调用 clip() 方法基于已有路径创建一个新剪切区域。

下面这个例子使用前面提到的方法绘制了一个不带数字的表盘：

```
let drawing = document.getElementById("drawing");

// 确保浏览器支持<canvas>
if (drawing.getContext) {
  let context = drawing.getContext("2d");

  // 创建路径
  context.beginPath();

  // 绘制外圆
  context.arc(100, 100, 99, 0, 2 * Math.PI, false);

  // 绘制内圆
  context.moveTo(194, 100);
  context.arc(100, 100, 94, 0, 2 * Math.PI, false);

  // 绘制分针
  context.moveTo(100, 100);
  context.lineTo(100, 15);

  // 绘制时针
  context.moveTo(100, 100);
  context.lineTo(35, 100);

  // 描画路径
  context.stroke();
}
```

这个例子使用 arc() 绘制了两个圆形，一个外圆和一个内圆，以构成表盘的边框。外圆半径 99 像素，原点为(100,100)，也就是画布的中心。要绘制完整的圆形，必须从 0 弧度绘制到 2π 弧度（使用数学常量 Math.PI）。而在绘制内圆之前，必须先把路径移动到内圆上的一点，以避免绘制出多余的线条。第二次调用 arc() 时使用了稍小一些的半径，以呈现边框效果。然后，再组合运用 moveTo() 和 lineTo() 分别绘制分针和时针。最后一步是调用 stroke()，得到如图 18-4 所示的图像。

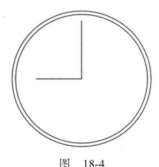

图   18-4

路径是 2D 上下文的主要绘制机制，为绘制结果提供了很多控制。因为路径经常被使用，所以也有一个 isPointInPath() 方法，接收 x 轴和 y 轴坐标作为参数。这个方法用于确定指定的点是否在路径上，可以在关闭路径前随时调用，比如：

```
if (context.isPointInPath(100, 100)) {
  alert("Point (100, 100) is in the path.");
}
```

2D 上下文的路径 API 非常可靠，可用于创建涉及各种填充样式、描述样式等的复杂图像。

18.3.4　绘制文本

文本和图像混合也是常见的绘制需求，因此 2D 绘图上下文还提供了绘制文本的方法，即 `fillText()` 和 `strokeText()`。这两个方法都接收 4 个参数：要绘制的字符串、*x* 坐标、*y* 坐标和可选的最大像素宽度。而且，这两个方法最终绘制的结果都取决于以下 3 个属性。

- `font`：以 CSS 语法指定的字体样式、大小、字体族等，比如`"10px Arial"`。
- `textAlign`：指定文本的对齐方式，可能的值包括`"start"`、`"end"`、`"left"`、`"right"`和`"center"`。推荐使用`"start"`和`"end"`，不使用`"left"`和`"right"`，因为前者无论在从左到右书写的语言还是从右到左书写的语言中含义都更明确。
- `textBaseLine`：指定文本的基线，可能的值包括`"top"`、`"hanging"`、`"middle"`、`"alphabetic"`、`"ideographic"`和`"bottom"`。

这些属性都有相应的默认值，因此没必要每次绘制文本时都设置它们。`fillText()`方法使用 `fillStyle` 属性绘制文本，而 `strokeText()`方法使用 `strokeStyle` 属性。通常，`fillText()`方法是使用最多的，因为它模拟了在网页中渲染文本。例如，下面的例子会在前一节示例的表盘顶部绘制数字"12"：

```
context.font = "bold 14px Arial";
context.textAlign = "center";
context.textBaseline = "middle";
context.fillText("12", 100, 20);
```

结果就得到了如图 18-5 所示的图像。

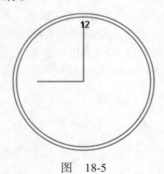

图　18-5

因为把 `textAlign` 设置为了`"center"`，把 `textBaseline` 设置为了`"middle"`，所以(100, 20)表示文本水平和垂直中心点的坐标。如果 `textAlign` 是`"start"`，那么 *x* 坐标在从左到右书写的语言中表示文本的左侧坐标，而`"end"`会让 *x* 坐标在从左到右书写的语言中表示文本的右侧坐标。例如：

```
// 正常
context.font = "bold 14px Arial";
context.textAlign = "center";
context.textBaseline = "middle";
context.fillText("12", 100, 20);
// 与开头对齐
context.textAlign = "start";
context.fillText("12", 100, 40);
// 与末尾对齐
context.textAlign = "end";
context.fillText("12", 100, 60);
```

字符串"12"被绘制了 3 次，每次使用的坐标都一样，但 `textAlign` 值不同。为了让每个字符串不至于重叠，每次绘制的 *y* 坐标都会设置得大一些。结果就是如图 18-6 所示的图像。

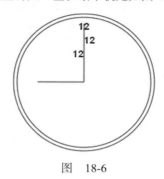

图　18-6

因为表盘中垂直的线条是居中的，所以文本的对齐方式就一目了然了。类似地，通过修改 `textBaseline` 属性，可以改变文本的垂直对齐方式。比如，设置为"top"意味着 *y* 坐标表示文本顶部，"bottom"表示文本底部，"hanging"、"alphabetic"和"ideographic"分别引用字体中特定的基准点。

由于绘制文本很复杂，特别是想把文本绘制到特定区域的时候，因此 2D 上下文提供了用于辅助确定文本大小的 `measureText()` 方法。这个方法接收一个参数，即要绘制的文本，然后返回一个 `TextMetrics` 对象。这个返回的对象目前只有一个属性 `width`，不过将来应该会增加更多度量指标。

`measureText()`方法使用 `font`、`textAlign` 和 `textBaseline` 属性当前的值计算绘制指定文本后的大小。例如，假设要把文本"Hello world!"放到一个 140 像素宽的矩形中，可以使用以下代码，从 100 像素的字体大小开始计算，不断递减，直到文本大小合适：

```
let fontSize = 100;
context.font = fontSize + "px Arial";
while(context.measureText("Hello world!").width > 140) {
  fontSize--;
  context.font = fontSize + "px Arial";
}
context.fillText("Hello world!", 10, 10);
context.fillText("Font size is " + fontSize + "px", 10, 50);
```

`fillText()` 和 `strokeText()`方法还有第四个参数，即文本的最大宽度。这个参数是可选的（ Firefox 4 是第一个实现它的浏览器），如果调用 `fillText()` 和 `strokeText()`时提供了此参数，但要绘制的字符串超出了最大宽度限制，则文本会以正确的字符高度绘制，这时字符会被水平压缩，以达到限定宽度。图 18-7 展示了这个参数的效果。

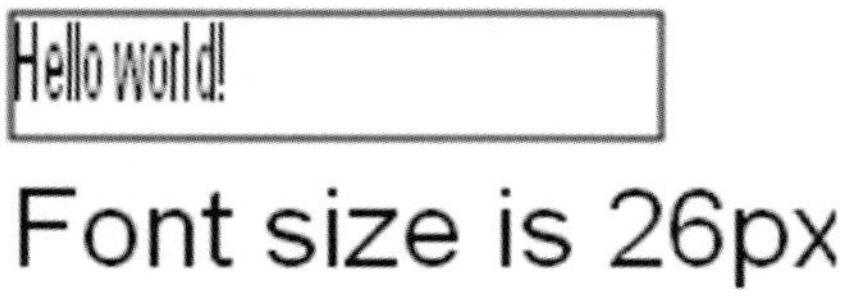

Font size is 26px

图　18-7

绘制文本是一项比较复杂的操作，因此支持<canvas>元素的浏览器不一定全部实现了相关的文本绘制 API。

18.3.5 变换

上下文变换可以操作绘制在画布上的图像。2D 绘图上下文支持所有常见的绘制变换。在创建绘制上下文时，会以默认值初始化变换矩阵，从而让绘制操作如实应用到绘制结果上。对绘制上下文应用变换，可以导致以不同的变换矩阵应用绘制操作，从而产生不同的结果。

以下方法可用于改变绘制上下文的变换矩阵。

- ❏ rotate(angle)：围绕原点把图像旋转 angle 弧度。
- ❏ scale(scaleX, scaleY)：通过在 x 轴乘以 scaleX、在 y 轴乘以 scaleY 来缩放图像。scaleX 和 scaleY 的默认值都是 1.0。
- ❏ translate(x, y)：把原点移动到(x, y)。执行这个操作后，坐标(0, 0)就会变成(x, y)。
- ❏ transform(m1_1, m1_2, m2_1, m2_2, dx, dy)：像下面这样通过矩阵乘法直接修改矩阵。

```
m1_1 m1_2 dx
m2_1 m2_2 dy
0    0    1
```

- ❏ setTransform(m1_1, m1_2, m2_1, m2_2, dx, dy)：把矩阵重置为默认值，再以传入的参数调用 transform()。

变换可以简单，也可以复杂。例如，在前面绘制表盘的例子中，如果把坐标原点移动到表盘中心，那再绘制表针就非常简单了：

```
let drawing = document.getElementById("drawing");

// 确保浏览器支持<canvas>
if (drawing.getContext) {
  let context = drawing.getContext("2d");

  // 创建路径
  context.beginPath();

  // 绘制外圆
  context.arc(100, 100, 99, 0, 2 * Math.PI, false);

  // 绘制内圆
  context.moveTo(194, 100);
  context.arc(100, 100, 94, 0, 2 * Math.PI, false);

  // 移动原点到表盘中心
  context.translate(100, 100);

  // 绘制分针
  context.moveTo(0, 0);
  context.lineTo(0, -85);

  // 绘制时针
  context.moveTo(0, 0);
  context.lineTo(-65, 0);

  // 描画路径
  context.stroke();
}
```

把原点移动到(100, 100)，也就是表盘的中心后，要绘制表针只需简单的数学计算即可。这是因为所有计算都是基于(0, 0)，而不是(100, 100)了。当然，也可以使用 rotate()方法来转动表针：

```
let drawing = document.getElementById("drawing");

// 确保浏览器支持<canvas>
if (drawing.getContext) {
  let context = drawing.getContext("2d");

  // 创建路径
  context.beginPath();

  // 绘制外圆
  context.arc(100, 100, 99, 0, 2 * Math.PI, false);

  // 绘制内圆
  context.moveTo(194, 100);
  context.arc(100, 100, 94, 0, 2 * Math.PI, false);

  // 移动原点到表盘中心
  context.translate(100, 100);

  // 旋转表针
  context.rotate(1);

  // 绘制分针
  context.moveTo(0, 0);
  context.lineTo(0, -85);

  // 绘制时针
  context.moveTo(0, 0);
  context.lineTo(-65, 0);

  // 描画路径
  context.stroke();
}
```

因为原点已经移动到表盘中心，所以旋转就是以该点为圆心的。这相当于把表针一头固定在表盘中心，然后向右拨了一个弧度。结果如图 18-8 所示。

图　18-8

所有这些变换，包括 fillStyle 和 strokeStyle 属性，会一直保留在上下文中，直到再次修改它们。虽然没有办法明确地将所有值都重置为默认值，但有两个方法可以帮我们跟踪变化。如果想着什么时候再回到当前的属性和变换状态，可以调用 save() 方法。调用这个方法后，所有这一时刻的设置会被放到一个暂存栈中。保存之后，可以继续修改上下文。而在需要恢复之前的上下文时，可以调用

restore() 方法。这个方法会从暂存栈中取出并恢复之前保存的设置。多次调用 save() 方法可以在暂存栈中存储多套设置，然后通过 restore() 可以系统地恢复。下面来看一个例子：

```
context.fillStyle = "#ff0000";
context.save();

context.fillStyle = "#00ff00";
context.translate(100, 100);
context.save();

context.fillStyle = "#0000ff";
context.fillRect(0, 0, 100, 200);        // 在(100, 100)绘制蓝色矩形

context.restore();
context.fillRect(10, 10, 100, 200);      // 在(100, 100)绘制绿色矩形

context.restore();
context.fillRect(0, 0, 100, 200);        // 在(0, 0)绘制红色矩形
```

以上代码先将 fillStyle 设置为红色，然后调用 save()。接着，将 fillStyle 修改为绿色，坐标移动到(100, 100)，并再次调用 save()，保存设置。随后，将 fillStyle 属性设置为蓝色并绘制一个矩形。因为此时坐标被移动了，所以绘制矩形的坐标实际上是(100, 100)。在调用 restore() 之后，fillStyle 恢复为绿色，因此这一次绘制的矩形是绿色的。而绘制矩形的坐标是(110, 110)，因为变换仍在起作用。再次调用 restore() 之后，变换被移除，fillStyle 也恢复为红色。绘制最后一个矩形的坐标变成了(0, 0)。

注意，save() 方法只保存应用到绘图上下文的设置和变换，不保存绘图上下文的内容。

18.3.6　绘制图像

2D 绘图上下文内置支持操作图像。如果想把现有图像绘制到画布上，可以使用 drawImage() 方法。这个方法可以接收 3 组不同的参数，并产生不同的结果。最简单的调用是传入一个 HTML 的 `<img>` 元素，以及表示绘制目标的 x 和 y 坐标，结果是把图像绘制到指定位置。比如：

```
let image = document.images[0];
context.drawImage(image, 10, 10);
```

以上代码获取了文本中的第一个图像，然后在画布上的坐标(10, 10)处将它绘制了出来。绘制出来的图像与原来的图像一样大。如果想改变所绘制图像的大小，可以再传入另外两个参数：目标宽度和目标高度。这里的缩放只影响绘制的图像，不影响上下文的变换矩阵。比如下面的例子：

```
context.drawImage(image, 50, 10, 20, 30);
```

执行之后，图像会缩放到 20 像素宽、30 像素高。

还可以只把图像的一个区域绘制到上下文中。此时，需要给 drawImage() 提供 9 个参数：要绘制的图像、源图像 x 坐标、源图像 y 坐标、源图像宽度、源图像高度、目标区域 x 坐标、目标区域 y 坐标、目标区域宽度和目标区域高度。这个重载后的 drawImage() 方法可以实现最大限度的控制，比如：

```
context.drawImage(image, 0, 10, 50, 50, 0, 100, 40, 60);
```

最终，原始图像中只有一部分会绘制到画布上。这一部分从(0, 10)开始，50 像素宽、50 像素高。而绘制到画布上时，会从(0, 100)开始，变成 40 像素宽、60 像素高。

像这样可以实现如图 18-9 所示的有趣效果。

图　18-9

第一个参数除了可以是 HTML 的<img>元素，还可以是另一个<canvas>元素，这样就会把另一个画布的内容绘制到当前画布上。

结合其他一些方法，drawImage()方法可以方便地实现常见的图像操作。操作的结果可以使用 toDataURL()方法获取。不过有一种情况例外：如果绘制的图像来自其他域而非当前页面，则不能获取其数据。此时，调用 toDataURL()将抛出错误。比如，如果来自 www.example.com 的页面上绘制的是来自 www.wrox.com 的图像，则上下文就是"脏的"，获取数据时会抛出错误。

18.3.7　阴影

2D 上下文可以根据以下属性的值自动为已有形状或路径生成阴影。

❑ shadowColor：CSS 颜色值，表示要绘制的阴影颜色，默认为黑色。
❑ shadowOffsetX：阴影相对于形状或路径的 x 坐标的偏移量，默认为 0。
❑ shadowOffsetY：阴影相对于形状或路径的 y 坐标的偏移量，默认为 0。
❑ shadowBlur：像素，表示阴影的模糊量。默认值为 0，表示不模糊。

这些属性都可以通过 context 对象读写。只要在绘制图形或路径前给这些属性设置好适当的值，阴影就会自动生成。比如：

```
let context = drawing.getContext("2d");
// 设置阴影
context.shadowOffsetX = 5;
context.shadowOffsetY = 5;
context.shadowBlur  = 4;
context.shadowColor   = "rgba(0, 0, 0, 0.5)";
// 绘制红色矩形
context.fillStyle = "#ff0000";
context.fillRect(10, 10, 50, 50);
// 绘制蓝色矩形
context.fillStyle = "rgba(0,0,255,1)";
context.fillRect(30, 30, 50, 50);
```

这里两个矩形使用了相同的阴影样式，得到了如图 18-10 所示的结果。

图   18-10

18.3.8   渐变

渐变通过 CanvasGradient 的实例表示，在 2D 上下文中创建和修改都非常简单。要创建一个新的线性渐变，可以调用上下文的 createLinearGradient() 方法。这个方法接收 4 个参数：起点 x 坐标、起点 y 坐标、终点 x 坐标和终点 y 坐标。调用之后，该方法会以指定大小创建一个新的 CanvasGradient 对象并返回实例。

有了 gradient 对象后，接下来要使用 addColorStop() 方法为渐变指定色标。这个方法接收两个参数：色标位置和 CSS 颜色字符串。色标位置通过 0 ~ 1 范围内的值表示，0 是第一种颜色，1 是最后一种颜色。比如：

```
let gradient = context.createLinearGradient(30, 30, 70, 70);
gradient.addColorStop(0, "white");
gradient.addColorStop(1, "black");
```

这个 gradient 对象现在表示的就是在画布上从(30, 30)到(70, 70)绘制一个渐变。渐变的起点颜色为白色，终点颜色为黑色。可以把这个对象赋给 fillStyle 或 strokeStyle 属性，从而以渐变填充或描画绘制的图形：

```
// 绘制红色矩形
context.fillStyle = "#ff0000";
context.fillRect(10, 10, 50, 50);
// 绘制渐变矩形
context.fillStyle = gradient;
context.fillRect(30, 30, 50, 50);
```

为了让渐变覆盖整个矩形，而不只是其中一部分，两者的坐标必须搭配合适。以上代码将得到如图 18-11 所示的结果。

图   18-11

如果矩形没有绘制到渐变的范围内，则只会显示部分渐变。比如：

```
context.fillStyle = gradient;
context.fillRect(50, 50, 50, 50);
```

以上代码执行之后绘制的矩形只有左上角有一部分白色。这是因为矩形的起点在渐变的中间，此时颜色的过渡几乎要完成了。结果矩形大部分地方是黑色的，因为渐变不会重复。保持渐变与形状的一致非常重要，有时候可能需要写个函数计算相应的坐标。比如：

```
function createRectLinearGradient(context, x, y, width, height) {
    return context.createLinearGradient(x, y, x+width, y+height);
}
```

这个函数会基于起点的 x、y 坐标和传入的宽度、高度创建渐变对象，之后调用 fillRect() 方法时可以使用相同的值：

```
let gradient = createRectLinearGradient(context, 30, 30, 50, 50);
gradient.addColorStop(0, "white");
gradient.addColorStop(1, "black");
// 绘制渐变矩形
context.fillStyle = gradient;
context.fillRect(30, 30, 50, 50);
```

计算坐标是使用画布时重要而复杂的问题。使用类似 createRectLinearGradient() 这样的辅助函数能让计算坐标简单一些。

径向渐变（或放射性渐变）要使用 createRadialGradient() 方法来创建。这个方法接收 6 个参数，分别对应两个圆形圆心的坐标和半径。前 3 个参数指定起点圆形中心的 x、y 坐标和半径，后 3 个参数指定终点圆形中心的 x、y 坐标和半径。在创建径向渐变时，可以把两个圆形想象成一个圆柱体的两个圆形表面。把一个表面定义得小一点，另一个定义得大一点，就会得到一个圆锥体。然后，通过移动两个圆形的圆心，就可以旋转这个圆锥体。

要创建起点圆心在形状中心并向外扩散的径向渐变，需要将两个圆形设置为同心圆。比如，要在前面例子中矩形的中心创建径向渐变，则渐变的两个圆形的圆心都必须设置为 $(55, 55)$。这是因为矩形的起点是 $(30, 30)$，终点是 $(80, 80)$。代码如下：

```
let gradient = context.createRadialGradient(55, 55, 10, 55, 55, 30);
gradient.addColorStop(0, "white");
gradient.addColorStop(1, "black");
// 绘制红色矩形
context.fillStyle = "#ff0000";
context.fillRect(10, 10, 50, 50);
// 绘制渐变矩形
context.fillStyle = gradient;
context.fillRect(30, 30, 50, 50);
```

运行以上代码会得到如图 18-12 所示的效果。

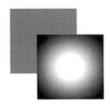

图　18-12

因为创建起来要复杂一些，所以径向渐变比较难处理。不过，通常情况下，起点和终点的圆形都是同心圆，只要定义好圆心坐标，剩下的就是调整各自半径的问题了。

18.3.9　图案

图案是用于填充和描画图形的重复图像。要创建新图案，可以调用 `createPattern()` 方法并传入两个参数：一个 HTML `<img>` 元素和一个表示该如何重复图像的字符串。第二个参数的值与 CSS 的 `background-repeat` 属性是一样的，包括 `"repeat"`、`"repeat-x"`、`"repeat-y"` 和 `"no-repeat"`。比如：

```
let image = document.images[0],
  pattern = context.createPattern(image, "repeat");
// 绘制矩形
context.fillStyle = pattern;
context.fillRect(10, 10, 150, 150);
```

记住，跟渐变一样，图案的起点实际上是画布的原点(0, 0)。将填充样式设置为图案，表示在指定位置而不是开始绘制的位置显示图案。以上代码执行的结果如图 18-13 所示。

图　18-13

传给 `createPattern()` 方法的第一个参数也可以是 `<video>` 元素或者另一个 `<canvas>` 元素。

18.3.10　图像数据

2D 上下文中比较强大的一种能力是可以使用 `getImageData()` 方法获取原始图像数据。这个方法接收 4 个参数：要取得数据中第一个像素的左上角坐标和要取得的像素宽度及高度。例如，要从(10, 5)开始取得 50 像素宽、50 像素高的区域对应的数据，可以这样写：

```
let imageData = context.getImageData(10, 5, 50, 50);
```

返回的对象是一个 `ImageData` 的实例。每个 `ImageData` 对象都包含 3 个属性：`width`、`height` 和 `data`，其中，`data` 属性是包含图像的原始像素信息的数组。每个像素在 `data` 数组中都由 4 个值表示，分别代表红、绿、蓝和透明度值。换句话说，第一个像素的信息包含在第 0 到第 3 个值中，比如：

```
let data = imageData.data,
  red = data[0],
  green = data[1],
  blue = data[2],
  alpha = data[3];
```

这个数组中的每个值都在 0~255 范围内（包括 0 和 255）。对原始图像数据进行访问可以更灵活地操作图像。例如，通过更改图像数据可以创建一个简单的灰阶过滤器：

```
let drawing = document.getElementById("drawing");
// 确保浏览器支持<canvas>
if (drawing.getContext) {
  let context = drawing.getContext("2d"),
    image = document.images[0],
    imageData, data,
    i, len, average,
    red, green, blue, alpha;

  // 绘制图像
  context.drawImage(image, 0, 0);

  // 取得图像数据
  imageData = context.getImageData(0, 0, image.width, image.height);
  data = imageData.data;
  for (i=0, len=data.length; i < len; i+=4) {

    red = data[i];
    green = data[i+1];
    blue = data[i+2];
    alpha = data[i+3];

    // 取得 RGB 平均值
    average = Math.floor((red + green + blue) / 3);

    // 设置颜色，不管透明度
    data[i] = average;
    data[i+1] = average;
    data[i+2] = average;

  }

  // 将修改后的数据写回 ImageData 并应用到画布上显示出来
  imageData.data = data;
  context.putImageData(imageData, 0, 0);
}
```

这个例子首先在画布上绘制了一个图像，然后又取得了其图像数据。for 循环遍历了图像数据中的每个像素，注意每次循环都要给 i 加上 4。每次循环中取得红、绿、蓝的颜色值，计算出它们的平均值。然后再把原来的值修改为这个平均值，实际上相当于过滤掉了颜色信息，只留下类似亮度的灰度信息。之后将 data 数组重写回 imageData 对象。最后调用 putImageData() 方法，把图像数据再绘制到画布上。结果就得到了原始图像的黑白版。

当然，灰阶过滤只是基于原始像素值可以实现的其中一种操作。要了解基于原始图像数据还可以实现哪些操作，可以参考 Ilmari Heikkinen 的文章 "Making Image Filters with Canvas"。

> **注意**　只有在画布没有加载跨域内容时才可以获取图像数据。如果画布上绘制的是跨域内容，则尝试获取图像数据会导致 JavaScript 报错。

18.3.11　合成

2D 上下文中绘制的所有内容都会应用两个属性：globalAlpha 和 globalComposition Operation，其中，globalAlpha 属性是一个范围在 0~1 的值（包括 0 和 1），用于指定所有绘制内容的透明度，默认值为 0。如果所有后来的绘制都需要使用同样的透明度，那么可以将 globalAlpha 设置为适当的值，执行绘制，然后再把 globalAlpha 设置为 0。比如：

```
// 绘制红色矩形
context.fillStyle = "#ff0000";
context.fillRect(10, 10, 50, 50);
// 修改全局透明度
context.globalAlpha = 0.5;
// 绘制蓝色矩形
context.fillStyle = "rgba(0,0,255,1)";
context.fillRect(30, 30, 50, 50);
// 重置
context.globalAlpha = 0;
```

在这个例子中，蓝色矩形是绘制在红色矩形上面的。因为在绘制蓝色矩形前 globalAlpha 被设置成了 0.5，所以蓝色矩形就变成半透明了，从而可以透过它看到下面的红色矩形。

globalCompositionOperation 属性表示新绘制的形状如何与上下文中已有的形状融合。这个属性是一个字符串，可以取下列值。

- □ source-over：默认值，新图形绘制在原有图形上面。
- □ source-in：新图形只绘制出与原有图形重叠的部分，画布上其余部分全部透明。
- □ source-out：新图形只绘制出不与原有图形重叠的部分，画布上其余部分全部透明。
- □ source-atop：新图形只绘制出与原有图形重叠的部分，原有图形不受影响。
- □ destination-over：新图形绘制在原有图形下面，重叠部分只有原图形透明像素下的部分可见。
- □ destination-in：新图形绘制在原有图形下面，画布上只剩下二者重叠的部分，其余部分完全透明。
- □ destination-out：新图形与原有图形重叠的部分完全透明，原图形其余部分不受影响。
- □ destination-atop：新图形绘制在原有图形下面，原有图形与新图形不重叠的部分完全透明。
- □ lighter：新图形与原有图形重叠部分的像素值相加，使该部分变亮。
- □ copy：新图形将擦除并完全取代原有图形。
- □ xor：新图形与原有图形重叠部分的像素执行"异或"计算。

以上合成选项的含义很难用语言来表达清楚，只用黑白图像也体现不出所有合成的效果。下面来看一个例子：

```
// 绘制红色矩形
context.fillStyle = "#ff0000";
context.fillRect(10, 10, 50, 50);
// 设置合成方式
context.globalCompositeOperation = "destination-over";
// 绘制蓝色矩形
context.fillStyle = "rgba(0,0,255,1)";
context.fillRect(30, 30, 50, 50);
```

虽然后绘制的蓝色矩形通常会出现在红色矩形上面，但将 globalCompositeOperation 属性的值修改为"destination-over"意味着红色矩形会出现在蓝色矩形上面。

使用 globalCompositeOperation 属性时，一定记得要在不同浏览器上进行测试。不同浏览器在实现这些选项时可能存在差异。这些操作在 Safari 和 Chrome 中仍然有些问题，可以参考 MDN 文档上的 CanvasRenderingContext2D.globalCompositeOperation，比较它们与 IE 或 Firefox 渲染的差异。

18.4　WebGL

WebGL 是画布的 3D 上下文。与其他 Web 技术不同，WebGL 不是 W3C 制定的标准，而是 Khronos Group 的标准。根据官网描述，"Khronos Group 是非营利性、会员资助的联盟，专注于多平台和设备下并行计算、图形和动态媒体的无专利费开放标准"。Khronos Group 也制定了其他图形 API，包括作为浏览器中 WebGL 基础的 OpenGL ES 2.0。

OpenGL 这种 3D 图形语言很复杂，本书不会涉及过多相关概念。不过，要使用 WebGL 最好熟悉 OpenGL ES 2.0，因为很多概念可以照搬过来。

本节假设读者了解 OpenGL ES 2.0 的基本概念，并简单介绍 OpenGL ES 2.0 在 WebGL 中实现的部分。要了解关于 OpenGL 的更多信息，可以访问 OpenGL 网站。另外，推荐一个 WebGL 教程网站：Learn WebGL。

> **注意**　定型数组是在 WebGL 中执行操作的重要数据结构。第 6 章中讨论了定型数组。

18.4.1　WebGL 上下文

在完全支持的浏览器中，WebGL 2.0 上下文的名字叫 `"webgl2"`，WebGL 1.0 上下文的名字叫 `"webgl1"`。如果浏览器不支持 WebGL，则尝试访问 WebGL 上下文会返回 `null`。在使用上下文之前，应该先检测返回值是否存在：

```
let drawing = document.getElementById("drawing");

// 确保浏览器支持<canvas>
if (drawing.getContext) {
  let gl = drawing.getContext("webgl");
  if (gl){
    // 使用 WebGL
  }
}
```

这里把 WebGL context 对象命名为 `gl`。大多数 WebGL 应用和例子遵循这个约定，因为 OpenGL ES 2.0 方法和值通常以 `"gl"` 开头。这样可以让 JavaScript 代码看起来更接近 OpenGL 程序。

18.4.2　WebGL 基础

取得 WebGL 上下文后，就可以开始 3D 绘图了。如前所述，因为 WebGL 是 OpenGL ES 2.0 的 Web 版，所以本节讨论的概念实际上是 JavaScript 所实现的 OpenGL 概念。

可以在调用 `getContext()` 取得 WebGL 上下文时指定一些选项。这些选项通过一个参数对象传入，选项就是参数对象的一个或多个属性。

- ❑ `alpha`：布尔值，表示是否为上下文创建透明通道缓冲区，默认为 `true`。
- ❑ `depth`：布尔值，表示是否使用 16 位深缓冲区，默认为 `true`。
- ❑ `stencil`：布尔值，表示是否使用 8 位模板缓冲区，默认为 `false`。
- ❑ `antialias`：布尔值，表示是否使用默认机制执行抗锯齿操作，默认为 `true`。
- ❑ `premultipliedAlpha`：布尔值，表示绘图缓冲区是否预乘透明度值，默认为 `true`。
- ❑ `preserveDrawingBuffer`：布尔值，表示绘图完成后是否保留绘图缓冲区，默认为 `false`。建议在充分了解这个选项的作用后再自行修改，因为这可能会影响性能。

可以像下面这样传入 options 对象：

```
let drawing = document.getElementById("drawing");

// 确保浏览器支持<canvas>
if (drawing.getContext) {

  let gl = drawing.getContext("webgl", { alpha: false });
  if (gl) {
    // 使用 WebGL
  }
}
```

这些上下文选项大部分适合开发高级功能。多数情况下，默认值就可以满足要求。

如果调用 getContext() 不能创建 WebGL 上下文，某些浏览器就会抛出错误。为此，最好把这个方法调用包装在 try/catch 块中：

```
Insert IconMargin      [download]let drawing = document.getElementById("drawing"),
  gl;

// 确保浏览器支持<canvas>
if (drawing.getContext) {
  try {
    gl = drawing.getContext("webgl");
  } catch (ex) {
    // 什么也不做
  }
  if (gl) {
    // 使用 WebGL
  } else {
    alert("WebGL context could not be created.");
  }
}
```

1. 常量

如果你熟悉 OpenGL，那么可能知道用于操作的各种常量。这些常量在 OpenGL 中的名字以 GL_ 开头。在 WebGL 中，context 对象上的常量则不包含 GL_ 前缀。例如，GL_COLOR_BUFFER_BIT 常量在 WebGL 中要这样访问 gl.COLOR_BUFFER_BIT。WebGL 以这种方式支持大部分 OpenGL 常量（少数常量不支持）。

2. 方法命名

OpenGL（同时也是 WebGL）中的很多方法会包含相关的数据类型信息。接收不同类型和不同数量参数的方法，会通过方法名的后缀体现这些信息。表示参数数量的数字（1~4）在先，表示数据类型的字符串（"f" 表示浮点数，"i" 表示整数）在后。比如，gl.uniform4f() 的意思是需要 4 个浮点数值参数，而 gl.uniform3i() 表示需要 3 个整数值参数。

还有很多方法接收数组，这类方法用字母 "v"（vector）来表示。因此，gl.uniform3iv() 就是要接收一个包含 3 个值的数组参数。在编写 WebGL 代码时，要记住这些约定。

3. 准备绘图

准备使用 WebGL 上下文之前，通常需要先指定一种实心颜色清除<canvas>。为此，要调用 clearColor() 方法并传入 4 个参数，分别表示红、绿、蓝和透明度值。每个参数必须是 0~1 范围内的值，表示各个组件在最终颜色的强度。比如：

```
gl.clearColor(0, 0, 0, 1);  // 黑色
gl.clear(gl.COLOR_BUFFER_BIT);
```

以上代码把清理颜色缓冲区的值设置为黑色，然后调用 clear() 方法，这个方法相当于 OpenGL 中的 glClear() 方法。参数 gl.COLOR_BUFFER_BIT 告诉 WebGL 使用之前定义的颜色填充画布。通常，所有绘图操作之前都需要先清除绘制区域。

4. 视口与坐标

绘图前还要定义 WebGL 视口。默认情况下，视口使用整个 <canvas> 区域。要改变视口，可以调用 viewport() 方法并传入视口相对于 <canvas> 元素的 x、y 坐标及宽度和高度。例如，以下代码表示要使用整个 <canvas> 元素：

```
gl.viewport(0, 0, drawing.width,
drawing.height);
```

这个视口的坐标系统与网页中通常的坐标系统不一样。视口的 x 和 y 坐标起点 (0, 0) 表示 <canvas> 元素的左下角，向上、向右增长可以用点 (width–1, height–1) 定义（见图 18-14）。

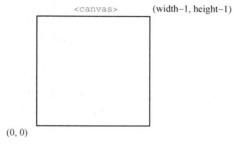

图　18-14

知道如何定义视口就可以只使用 <canvas> 元素的一部分来绘图。比如下面的例子：

```
// 视口是<canvas> 左下角四分之一区域
gl.viewport(0, 0, drawing.width/2, drawing.height/2);
// 视口是<canvas> 左上角四分之一区域
gl.viewport(0, drawing.height/2, drawing.width/2, drawing.height/2);
// 视口是<canvas> 右下角四分之一区域
gl.viewport(drawing.width/2, 0, drawing.width/2, drawing.height/2);
```

定义视口的坐标系统与视口中的坐标系统不一样。在视口中，坐标原点 (0, 0) 是视口的中心点。左下角是 (–1, –1)，右上角是 (1, 1)，如图 18-15 所示。

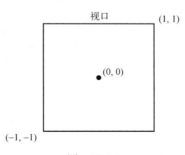

图　18-15

如果绘图时使用了视口外部的坐标，则绘制结果会被视口剪切。例如，要绘制的形状有一个顶点在 $(1, 2)$，则视口右侧的图形会被切掉。

5. 缓冲区

在 JavaScript 中，顶点信息保存在定型数组中。要使用这些信息，必须先把它们转换为 WebGL 缓冲区。创建缓冲区要调用 `gl.createBuffer()` 方法，并使用 `gl.bindBuffer()` 方法将缓冲区绑定到 WebGL 上下文。绑定之后，就可以用数据填充缓冲区了。比如：

```
let buffer = gl.createBuffer();
gl.bindBuffer(gl.ARRAY_BUFFER, buffer);
gl.bufferData(gl.ARRAY_BUFFER, new Float32Array([0, 0.5, 1]), gl.STATIC_DRAW);
```

调用 `gl.bindBuffer()` 将 `buffer` 设置为上下文的当前缓冲区。然后，所有缓冲区操作都在 `buffer` 上直接执行。因此，调用 `gl.bufferData()` 虽然没有包含对 `buffer` 的直接引用，但仍然是在它上面执行的。上面最后一行代码使用一个 `Float32Array`（通常把所有顶点信息保存在 `Float32Array` 中）初始化了 `buffer`。如果想输出缓冲区内容，那么可以调用 `drawElements()` 方法并传入 `gl.ELEMENT_ARRAY_BUFFER`。

`gl.bufferData()` 方法的最后一个参数表示如何使用缓冲区。这个参数可以是以下常量值。

❑ `gl.STATIC_DRAW`：数据加载一次，可以在多次绘制中使用。

❑ `gl.STREAM_DRAW`：数据加载一次，只能在几次绘制中使用。

❑ `gl.DYNAMIC_DRAW`：数据可以重复修改，在多次绘制中使用。

除非是很有经验的 OpenGL 程序员，否则我们会对大多数缓冲区使用 `gl.STATIC_DRAW`。

缓冲区会一直驻留在内存中，直到页面卸载。如果不再需要缓冲区，那么最好调用 `gl.deleteBuffer()` 方法释放其占用的内存：

```
gl.deleteBuffer(buffer);
```

6. 错误

与 JavaScript 多数情况下不同的是，在 WebGL 操作中通常不会抛出错误。必须在调用可能失败的方法后，调用 `gl.getError()` 方法。这个方法返回一个常量，表示发生的错误类型。下面列出了这些常量。

❑ `gl.NO_ERROR`：上一次操作没有发生错误（0 值）。

❑ `gl.INVALID_ENUM`：上一次操作没有传入 WebGL 预定义的常量。

❑ `gl.INVALID_VALUE`：上一次操作需要无符号数值，但是传入了负数。

❑ `gl.INVALID_OPERATION`：上一次操作在当前状态下无法完成。

❑ `gl.OUT_OF_MEMORY`：上一次操作因内存不足而无法完成。

❑ `gl.CONTEXT_LOST_WEBGL`：上一次操作因外部事件（如设备掉电）而丢失了 WebGL 上下文。

每次调用 `gl.getError()` 方法会返回一个错误值。第一次调用之后，再调用 `gl.getError()` 可能会返回另一个错误值。如果有多个错误，则可以重复这个过程，直到 `gl.getError()` 返回 `gl.NO_ERROR`。如果执行了多次操作，那么可以通过循环调用 `getError()`：

```
let errorCode = gl.getError();
while (errorCode) {
  console.log("Error occurred: " + errorCode);
  errorCode = gl.getError();
}
```

如果 WebGL 代码没有产出想要的输出结果，那么可以调用几次 `getError()`，这样有可能帮你找到问题所在。

7. 着色器

着色器是 OpenGL 中的另一个概念。WebGL 中有两种着色器：顶点着色器和片段（或像素）着色器。顶点着色器用于把 3D 顶点转换为可以渲染的 2D 点。片段着色器用于计算绘制一个像素的正确颜色。WebGL 着色器的独特之处在于，它们不是 JavaScript 实现的，而是使用一种与 C 或 JavaScript 完全不同的语言 GLSL（OpenGL Shading Language）写的。

● **编写着色器**

GLSL 是一种类似于 C 的语言，专门用于编写 OpenGL 着色器。因为 WebGL 是 OpenGL ES 2 的实现，所以 OpenGL 中的着色器可以直接在 WebGL 中使用。这样也可以让桌面应用更方便地移植到 Web 上。

每个着色器都有一个 main()方法，在绘制期间会重复执行。给着色器传递数据的方式有两种：attribute 和 uniform。attribute 用于将顶点传入顶点着色器，而 uniform 用于将常量值传入任何着色器。attribute 和 uniform 是在 main()函数外部定义的。在值类型关键字之后是数据类型，然后是变量名。下面是一个简单的顶点着色器的例子：

```
// OpenGL 着色器语言
// 着色器，摘自 Bartek Drozdz 的文章 "Get started with WebGL—draw a square"
attribute vec2 aVertexPosition;

void main() {
  gl_Position = vec4(aVertexPosition, 0.0, 1.0);
}
```

这个顶点着色器定义了一个名为 aVertexPosition 的 attribute。这个 attribute 是一个包含两项的数组（数据类型为 vec2），代表 *x* 和 *y* 坐标。即使只传入了两个坐标，顶点着色器返回的值也会包含 4 个元素，保存在变量 gl_Position 中。这个着色器创建了一个新的包含 4 项的数组（vec4），缺少的坐标会补充上，实际上是把 2D 坐标转换为了 3D 坐标。

片段着色器与顶点着色器类似，只不过是通过 uniform 传入数据。下面是一个片段着色器的例子：

```
// OpenGL 着色器语言
// 着色器，摘自 Bartek Drozdz 的文章 "Get started with WebGL—draw a square"
uniform vec4 uColor;

void main() {
  gl_FragColor = uColor;
}
```

片段着色器必须返回一个值，保存到变量 gl_FragColor 中，这个值表示绘制时使用的颜色。这个着色器定义了一个 uniform，包含颜色的 4 个组件（vec4），保存在 uColor 中。从代码上看，这个着色器只是把传入的值赋给了 gl_FragColor。uColor 的值在着色器内不能改变。

> **注意** OpenGL 着色器语言比示例中的代码要复杂，详细介绍需要整本书的篇幅。因此，本节只是从使用 WebGL 的角度对这门语言做个极其简单的介绍。要了解更多信息，可以参考 Randi J. Rost 的著作《OpenGL 着色语言》。

● **创建着色器程序**

浏览器并不理解原生 GLSL 代码，因此 GLSL 代码的字符串必须经过编译并链接到一个着色器程序中。为便于使用，通常可以使用带有自定义 `type` 属性的<script>元素把着色器代码包含在网页中。如果 `type` 属性无效，则浏览器不会解析<script>的内容，但这并不妨碍读写其中的内容：

```
<script type="x-webgl/x-vertex-shader" id="vertexShader">
attribute vec2 aVertexPosition;

void main() {
  gl_Position = vec4(aVertexPosition, 0.0, 1.0);
}
</script>
<script type="x-webgl/x-fragment-shader" id="fragmentShader">
uniform vec4 uColor;

void main() {
  gl_FragColor = uColor;
}
</script>
```

然后可以使用 `text` 属性提取<script>元素的内容：

```
let vertexGlsl = document.getElementById("vertexShader").text,
    fragmentGlsl = document.getElementById("fragmentShader").text;
```

更复杂的 WebGL 应用可以动态加载着色器。重点在于要使用着色器，必须先拿到 GLSL 代码的字符串。

有了 GLSL 字符串，下一步是创建 shader 对象。为此，需要调用 `gl.createShader()`方法，并传入想要创建的着色器类型（`gl.VERTEX_SHADER` 或 `gl.FRAGMENT_SHADER`）。然后，调用 `gl.shaderSource()`方法把 GLSL 代码应用到着色器，再调用 `gl.compileShader()`编译着色器。下面是一个例子：

```
let vertexShader = gl.createShader(gl.VERTEX_SHADER);
gl.shaderSource(vertexShader, vertexGlsl);
gl.compileShader(vertexShader);
let fragmentShader = gl.createShader(gl.FRAGMENT_SHADER);
gl.shaderSource(fragmentShader, fragmentGlsl);
gl.compileShader(fragmentShader);
```

这里的代码创建了两个着色器，并把它们保存在 vertexShader 和 fragmentShader 中。然后，可以通过以下代码把这两个对象链接到着色器程序：

```
let program = gl.createProgram();
gl.attachShader(program, vertexShader);
gl.attachShader(program, fragmentShader);
gl.linkProgram(program);
```

第一行代码创建了一个程序，然后 attachShader()用于添加着色器。调用 `gl.linkProgram()`将两个着色器链接到了变量 program 中。链接到程序之后，就可以通过 `gl.useProgram()`方法让WebGL 上下文使用这个程序了：

```
gl.useProgram(program);
```

调用 `gl.useProgram()`之后，所有后续的绘制操作都会使用这个程序。

● **给着色器传值**

前面定义的每个着色器都需要传入一个值，才能完成工作。要给着色器传值，必须先找到要接收值的变量。对于 uniform 变量，可以调用 `gl.getUniformLocation()`方法。这个方法返回一个对象，表示该 uniform 变量在内存中的位置。然后，可以使用这个位置来完成赋值。比如：

```
let uColor = gl.getUniformLocation(program, "uColor");
gl.uniform4fv(uColor, [0, 0, 0, 1]);
```

这个例子从 program 中找到 uniform 变量 uColor，然后返回了它的内存位置。第二行代码调用 gl.uniform4fv()方法给 uColor 传入了值。

给顶点着色器传值也是类似的过程。而要获得 attribute 变量的位置，可以调用 gl.getAttrib-Location()方法。找到变量的内存地址后，可以像下面这样给它传入值：

```
let aVertexPosition = gl.getAttribLocation(program, "aVertexPosition");
gl.enableVertexAttribArray(aVertexPosition);
gl.vertexAttribPointer(aVertexPosition, itemSize, gl.FLOAT, false, 0, 0);
```

这里，首先取得 aVertexPosition 的内存位置，然后使用 gl.enableVertexAttribArray() 来启用。最后一行代码创建了一个指向调用 gl.bindBuffer()指定的缓冲区的指针，并把它保存在 aVertexPosition 中，从而可以在后面由顶点着色器使用。

● 调试着色器和程序

与 WebGL 中的其他操作类似，着色器操作也可能失败，而且是静默失败。如果想知道发生了什么错误，则必须手工通过 WebGL 上下文获取关于着色器或程序的信息。

对于着色器，可以调用 gl.getShaderParameter()方法取得编译之后的编译状态：

```
if (!gl.getShaderParameter(vertexShader, gl.COMPILE_STATUS)) {
  alert(gl.getShaderInfoLog(vertexShader));
}
```

这个例子检查了 vertexShader 编译的状态。如果着色器编译成功，则调用 gl.getShaderParameter() 会返回 true。如果返回 false，则说明编译出错了。此时，可以使用 gl.getShaderInfoLog()并传入着色器取得错误。这个方法返回一个字符串消息，表示问题所在。gl.getShaderParameter()和 gl.getShaderInfoLog()既可以用于顶点着色器，也可以用于片段着色器。

着色器程序也可能失败，因此也有类似的方法。gl.getProgramParameter()用于检测状态。最常见的程序错误发生在链接阶段，为此可以使用以下代码来检查：

```
if (!gl.getProgramParameter(program, gl.LINK_STATUS)) {
  alert(gl.getProgramInfoLog(program));
}
```

与 gl.getShaderParameter()一样，gl.getProgramParameter()会在链接成功时返回 true，失败时返回 false。当然也有一个 gl.getProgramInfoLog()方法，可以在程序失败时获取错误信息。

这些方法主要在开发时用于辅助调试。只要没有外部依赖，在产品环境中就可以放心地删除它们。

● GLSL 100 升级到 GLSL 300

WebGL2 的主要变化是升级到了 GLSL 3.00 ES 着色器。这个升级暴露了很多新的着色器功能，包括 3D 纹理等在支持 OpenGL ES 3.0 的设备上都有的功能。要使用升级版的着色器，着色器代码的第一行必须是：

```
#version 300 es
```

这个升级需要一些语法的变化。

❑ 顶点 attribute 变量要使用 in 而不是 attribute 关键字声明。

- ❑ 使用 varying 关键字为顶点或片段着色器声明的变量，现在必须根据相应着色器的行为改为使用 in 或 out。
- ❑ 预定义的输出变量 gl_FragColor 没有了，片段着色器必须为颜色输出声明自己的 out 变量。
- ❑ 纹理查找函数 texture2D 和 textureCube 统一成了一个 texture 函数。

8. 绘图

WebGL 只能绘制三种形状：点、线和三角形。其他形状必须通过这三种基本形状在 3D 空间的组合来绘制。WebGL 绘图要使用 drawArrays() 和 drawElements() 方法，前者使用数组缓冲区，后者则操作元素数组缓冲区。

drawArrays() 和 drawElements() 的第一个参数都表示要绘制形状的常量。下面列出了这些常量。

- ❑ gl.POINTS：将每个顶点当成一个点来绘制。
- ❑ gl.LINES：将数组作为一系列顶点，在这些顶点间绘制直线。每个顶点既是起点也是终点，因此数组中的顶点必须是偶数个才能开始绘制。
- ❑ gl.LINE_LOOP：将数组作为一系列顶点，在这些顶点间绘制直线。从第一个顶点到第二个顶点绘制一条直线，再从第二个顶点到第三个顶点绘制一条直线，以此类推，直到绘制到最后一个顶点。此时再从最后一个顶点到第一个顶点绘制一条直线。这样就可以绘制出形状的轮廓。
- ❑ gl.LINE_STRIP：类似于 gl.LINE_LOOP，区别在于不会从最后一个顶点到第一个顶点绘制直线。
- ❑ gl.TRIANGLES：将数组作为一系列顶点，在这些顶点间绘制三角形。如不特殊指定，每个三角形都分开绘制，不共享顶点。
- ❑ gl.TRIANGLES_STRIP：类似于 gl.TRIANGLES，区别在于前 3 个顶点之后的顶点会作为第三个顶点与其前面的两个顶点构成三角形。例如，如果数组中包含顶点 A、B、C、D，那么第一个三角形使用 ABC，第二个三角形使用 BCD。
- ❑ gl.TRIANGLES_FAN：类似于 gl.TRIANGLES，区别在于前 3 个顶点之后的顶点会作为第三个顶点与其前面的顶点和第一个顶点构成三角形。例如，如果数组中包含顶点 A、B、C、D，那么第一个三角形使用 ABC，第二个三角形使用 ACD。

以上常量可以作为 gl.drawArrays() 方法的第一个参数，第二个参数是数组缓冲区的起点索引，第三个参数是数组缓冲区包含的顶点集合的数量。以下代码使用 gl.drawArrays() 在画布上绘制了一个三角形：

```
// 假设已经使用本节前面的着色器清除了视口
// 定义 3 个顶点的 x 坐标和 y 坐标
let vertices = new Float32Array([ 0, 1, 1, -1, -1, -1 ]),
    buffer = gl.createBuffer(),
    vertexSetSize = 2,
    vertexSetCount = vertices.length/vertexSetSize,
    uColor,
    aVertexPosition;
// 将数据放入缓冲区
gl.bindBuffer(gl.ARRAY_BUFFER, buffer);
gl.bufferData(gl.ARRAY_BUFFER, vertices, gl.STATIC_DRAW);
// 给片段着色器传入颜色
uColor = gl.getUniformLocation(program, "uColor");
gl.uniform4fv(uColor, [ 0, 0, 0, 1 ]);
// 把顶点信息传给着色器
aVertexPosition = gl.getAttribLocation(program, "aVertexPosition");
gl.enableVertexAttribArray(aVertexPosition);
```

```
gl.vertexAttribPointer(aVertexPosition, vertexSetSize, gl.FLOAT, false, 0, 0);
// 绘制三角形
gl.drawArrays(gl.TRIANGLES, 0, vertexSetCount);
```

这个例子定义了一个 `Float32Array` 变量，它包含 3 组两个点的顶点。完成计算的关键是跟踪顶点大小和数量。将 `vertexSetSize` 的值指定为 2，再计算出 `vertexSetCount`。顶点信息保存在了缓冲区。然后把颜色信息传给片段着色器。

接着给顶点着色器传入顶点集的大小，以及表示顶点坐标数值类型的 `gl.FlOAT`。第四个参数是一个布尔值，表示坐标不是标准的。第五个参数是**步长值**（stride value），表示跳过多个数组元素取得下一个值。除非真要跳过一些值，否则就向这里传入 0 即可。最后一个参数是起始偏移量，这里的 0 表示从第一个数组元素开始。

最后一步是使用 `gl.drawArrays()` 把三角形绘制出来。通过把第一个参数指定为 `gl.TRIANGLES`，就可以从(0, 1)到(1, –1)再到(–1, –1)绘制一个三角形，并填充传给片段着色器的颜色。第二个参数表示缓冲区的起始偏移量，最后一个参数是要读取的顶点数量。以上绘图操作的结果如图 18-16 所示。

图　18-16

通过改变 `gl.drawArrays()` 的第一个参数，可以修改绘制三角形的方式。图 18-17 展示了修改第一个参数之后的两种输出。

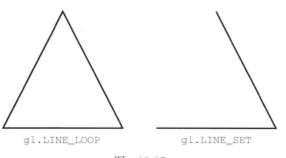

gl.LINE_LOOP　　　　　　　gl.LINE_SET

图　18-17

9. 纹理

WebGL 纹理可以使用 DOM 中的图片。可以使用 `gl.createTexture()` 方法创建新的纹理，然后再将图片绑定到这个纹理。如果图片还没有加载，则可以创建一个 `Image` 对象来动态加载。图片加载完成后才能初始化纹理，因此在图片的 `load` 事件之后才能使用纹理。比如：

```
let image = new Image(),
    texture;
image.src = "smile.gif";
```

```
image.onload = function() {
  texture = gl.createTexture();
  gl.bindTexture(gl.TEXTURE_2D, texture);
  gl.pixelStorei(gl.UNPACK_FLIP_Y_WEBGL, true);

  gl.texImage2D(gl.TEXTURE_2D, 0, gl.RGBA, gl.RGBA, gl.UNSIGNED_BYTE, image);
  gl.texParameteri(gl.TEXTURE_2D, gl.TEXTURE_MAG_FILTER, gl.NEAREST);
  gl.texParameteri(gl.TEXTURE_2D, gl.TEXTURE_MIN_FILTER, gl.NEAREST);

  // 除当前纹理
  gl.bindTexture(gl.TEXTURE_2D, null);
}
```

除了使用 DOM 图片，这些步骤跟在 OpenGL 中创建纹理是一样的。最大的区别在于使用 gl.pixelStorei() 设置了像素存储格式。常量 gl.UNPACK_FLIP_Y_WEBGL 是 WebGL 独有的，在基于 Web 加载图片时通常要使用。原因在于 GIF、JPEG 和 PNG 图片使用的坐标系统与 WebGL 内部的坐标系统不一样。如果不使用这个标志，图片就会倒过来。

用于纹理的图片必须跟当前页面同源，或者是来自启用了跨源资源共享（CORS，Cross-Origin Resource Sharing）的服务器上。

> **注意**　纹理来源可以是图片、通过<video>元素加载的视频，甚至是别的<canvas>元素。视频同样受跨源限制。

10. 读取像素

与 2D 上下文一样，可以从 WebGL 上下文中读取像素数据。读取像素的 readPixels() 方法与 OpenGL 中的方法有同样的参数，只不过最后一个参数必须是定型数组。像素信息是从帧缓冲区读出来并放到这个定型数组中的。readPixels() 方法的参数包括 x 和 y 坐标、宽度、高度、图像格式、类型和定型数组。前 4 个参数用于指定要读取像素的位置。图像格式参数几乎总是 gl.RGBA。类型参数指的是要存储在定型数组中的数据类型，有如下限制：

- 如果这个类型是 gl.UNSIGNED_BYTE，则定型数组必须是 Uint8Array；
- 如果这个类型是 gl.UNSIGNED_SHORT_5_6_5、gl.UNSIGNED_SHORT_4_4_4_4 或 gl.UNSIGNED_SHORT_5_5_5_1，则定型数组必须是 Uint16Array。

下面是一个调用 readPixels() 方法的例子：

```
let pixels = new Uint8Array(25*25);
gl.readPixels(0, 0, 25, 25, gl.RGBA, gl.UNSIGNED_BYTE, pixels);
```

以上代码读取了帧缓冲区中 25 像素×25 像素大小的区域，并把读到的像素信息保存在 pixels 数组中，其中每个像素的颜色在这个数组中都以 4 个值表示，分别代表红、绿、蓝和透明度值。每个数组值的取值范围是 0~255（包括 0 和 255）。别忘了先按照预期存储的数据量初始化定型数组。

在浏览器绘制更新后的 WebGL 图像之前调用 readPixels() 没有问题。而在绘制完成后，帧缓冲区会恢复到其初始清除状态，此时调用 readPixels() 会得到与清除状态一致的像素数据。如果想在绘制之后读取像素，则必须使用前面讨论过的 preserveDrawingBuffer 选项初始化 WebGL 上下文：

```
let gl = drawing.getContext("webgl", { preserveDrawingBuffer: true; });
```

设置这个标志可以强制帧缓冲区在下一次绘制之前保持上一次绘制的状态。这个选项可能会影响性能，因此尽量不要使用。

18.4.3　WebGL1 与 WebGL2

WebGL1 代码几乎完全与 WebGL2 兼容。在使用 WebGL2 上下文时，唯一可能涉及修改代码以保证兼容性的就是扩展。在 WebGL2 中，很多扩展都变成了默认功能。

例如，要在 WebGL1 中使用绘制缓冲区，需要先测试相应扩展后再使用：

```
let ext = gl.getExtension('WEBGL_draw_buffers');

if (!ext) {
  // 没有扩展的代码
} else {
  ext.drawBuffersWEBGL([...])
}
```

而在 WebGL2 中，这里的检测代码就不需要了，因为这个扩展已经直接暴露在上下文对象上了：

```
gl.drawBuffers([...]);
```

以下特性都已成为 WebGL2 的标准特性：

- ❑ ANGLE_instanced_arrays
- ❑ EXT_blend_minmax
- ❑ EXT_frag_depth
- ❑ EXT_shader_texture_lod
- ❑ OES_element_index_uint
- ❑ OES_standard_derivatives
- ❑ OES_texture_float
- ❑ OES_texture_float_linear
- ❑ OES_vertex_array_object
- ❑ WEBGL_depth_texture
- ❑ WEBGL_draw_buffers
- ❑ Vertex shader texture access

> **注意**　要了解 WebGL 更新的内容，可以参考 WebGL2Fundamentals 网站上的文章"WebGL2 from WebGL1"。

18.5　小结

`requestAnimationFrame` 是简单但实用的工具，可以让 JavaScript 跟进浏览器渲染周期，从而更加有效地实现网页视觉动效。

HTML5 的 `<canvas>` 元素为 JavaScript 提供了动态创建图形的 API。这些图形需要使用特定上下文绘制，主要有两种。第一种是支持基本绘图操作的 2D 上下文：

- ❑ 填充和描绘颜色及图案
- ❑ 绘制矩形
- ❑ 绘制路径
- ❑ 绘制文本
- ❑ 创建渐变和图案

第二种是 3D 上下文，也就是 WebGL。WebGL 是浏览器对 OpenGL ES 2.0 的实现。OpenGL ES 2.0 是游戏图形开发常用的一个标准。WebGL 支持比 2D 上下文更强大的绘图能力，包括：

❏ 用 OpenGL 着色器语言（GLSL）编写顶点和片段着色器；

❏ 支持定型数组，限定数组中包含数值的类型；

❏ 创建和操作纹理。

目前所有主流浏览器的较新版本都已经支持<canvas>标签。

第19章

表单脚本

本章内容
❑ 理解表单基础
❑ 文本框验证与交互
❑ 使用其他表单控件

JavaScript 较早的一个用途是承担一部分服务器端表单处理的责任。虽然 Web 和 JavaScript 都已经发展了很多年，但 Web 表单的变化不是很大。由于不能直接使用表单解决问题，因此开发者不得不使用 JavaScript 既做表单验证，又用于增强标准表单控件的默认行为。

19.1 表单基础

Web 表单在 HTML 中以<form>元素表示，在 JavaScript 中则以 `HTMLFormElement` 类型表示。`HTMLFormElement` 类型继承自 `HTMLElement` 类型，因此拥有与其他 HTML 元素一样的默认属性。不过，`HTMLFormElement` 也有自己的属性和方法。

❑ `acceptCharset`：服务器可以接收的字符集，等价于 HTML 的 `accept-charset` 属性。
❑ `action`：请求的 URL，等价于 HTML 的 `action` 属性。
❑ `elements`：表单中所有控件的 `HTMLCollection`。
❑ `enctype`：请求的编码类型，等价于 HTML 的 `enctype` 属性。
❑ `length`：表单中控件的数量。
❑ `method`：HTTP 请求的方法类型，通常是"get"或"post"，等价于 HTML 的 `method` 属性。
❑ `name`：表单的名字，等价于 HTML 的 `name` 属性。
❑ `reset()`：把表单字段重置为各自的默认值。
❑ `submit()`：提交表单。
❑ `target`：用于发送请求和接收响应的窗口的名字，等价于 HTML 的 `target` 属性。

有几种方式可以取得对<form>元素的引用。最常用的是将表单当作普通元素为它指定一个 `id` 属性，从而可以使用 `getElementById()` 来获取表单，比如：

```
let form = document.getElementById("form1");
```

此外，使用 `document.forms` 集合可以获取页面上所有的表单元素。然后，可以进一步使用数字索引或表单的名字（name）来访问特定的表单。比如：

```
// 取得页面中的第一个表单
let firstForm = document.forms[0];

// 取得名字为"form2"的表单
let myForm = document.forms["form2"];
```

　　较早的浏览器，或者严格向后兼容的浏览器，也会把每个表单的 name 作为 document 对象的属性。例如，名为"form2"的表单可以通过 document.form2 来访问。不推荐使用这种方法，因为容易出错，而且这些属性将来可能会被浏览器删除。

　　注意，表单可以同时拥有 id 和 name，而且两者可以不相同。

19.1.1　提交表单

　　表单是通过用户点击提交按钮或图片按钮的方式提交的。提交按钮可以使用 type 属性为"submit"的<input>或<button>元素来定义，图片按钮可以使用 type 属性为"image"的<input>元素来定义。点击下面例子中定义的所有按钮都可以提交它们所在的表单：

```
<!-- 通用提交按钮 -->
<input type="submit" value="Submit Form">

<!-- 自定义提交按钮 -->
<button type="submit">Submit Form</button>

<!-- 图片按钮 -->
<input type="image" src="graphic.gif">
```

　　如果表单中有上述任何一个按钮，且焦点在表单中某个控件上，则按回车键也可以提交表单。（textarea 控件是个例外，当焦点在它上面时，按回车键会换行。）注意，没有提交按钮的表单在按回车键时不会提交。

　　以这种方式提交表单会在向服务器发送请求之前触发 submit 事件。这样就提供了一个验证表单数据的机会，可以根据验证结果决定是否真的要提交。阻止这个事件的默认行为可以取消提交表单。例如，下面的代码会阻止表单提交：

```
let form = document.getElementById("myForm");

form.addEventListener("submit", (event) => {
  // 阻止表单提交
  event.preventDefault();
});
```

　　调用 preventDefault()方法可以阻止表单提交。通常，在表单数据无效以及不应该发送到服务器时可以这样处理。

　　当然，也可以通过编程方式在 JavaScript 中调用 submit()方法来提交表单。可以在任何时候调用这个方法来提交表单，而且表单中不存在提交按钮也不影响表单提交。下面是一个例子：

```
let form = document.getElementById("myForm");

// 提交表单
form.submit();
```

　　通过 submit()提交表单时，submit 事件不会触发。因此在调用这个方法前要先做数据验证。

　　表单提交的一个最大的问题是可能会提交两次表单。如果提交表单之后没有什么反应，那么没有耐心的用户可能会多次点击提交按钮。结果是很烦人的（因为服务器要处理重复的请求），甚至可能造成损失（如果用户正在购物，则可能会多次下单）。解决这个问题主要有两种方式：在表单提交后禁用提交按钮，或者通过 onsubmit 事件处理程序取消之后的表单提交。

19.1.2　重置表单

用户单击重置按钮可以重置表单。重置按钮可以使用 type 属性为"reset"的<input>或<button>元素来创建，比如：

```
<!-- 通用重置按钮 -->
<input type="reset" value="Reset Form">

<!-- 自定义重置按钮 -->
<button type="reset">Reset Form</button>
```

这两种按钮都可以重置表单。表单重置后，所有表单字段都会重置回页面第一次渲染时各自拥有的值。如果字段原来是空的，就会变成空的；如果字段有默认值，则恢复为默认值。

用户单击重置按钮重置表单会触发 reset 事件。这个事件为取消重置提供了机会。例如，以下代码演示了如何阻止重置表单：

```
let form = document.getElementById("myForm");

form.addEventListener("reset", (event) => {
  event.preventDefault();
});
```

与表单提交一样，重置表单也可以通过 JavaScript 调用 reset()方法来完成，如下面的例子所示：

```
let form = document.getElementById("myForm");

// 重置表单
form.reset();
```

与 submit()方法的功能不同，调用 reset()方法会像单击了重置按钮一样触发 reset 事件。

> **注意**　表单设计中通常不提倡重置表单，因为重置表单经常会导致用户迷失方向，如果意外触发则会令人感到厌烦。实践中几乎没有重置表单的需求。一般来说，提供一个取消按钮，让用户点击返回前一个页面，而不是恢复表单中所有的值来得更直观。

19.1.3　表单字段

表单元素可以像页面中的其他元素一样使用原生 DOM 方法来访问。此外，所有表单元素都是表单 elements 属性（元素集合）中包含的一个值。这个 elements 集合是一个有序列表，包含对表单中所有字段的引用，包括所有<input>、<textarea>、<button>、<select>和<fieldset>元素。elements 集合中的每个字段都以它们在 HTML 标记中出现的次序保存，可以通过索引位置和 name 属性来访问。以下是几个例子：

```
let form = document.getElementById("form1");

// 取得表单中的第一个字段
let field1 = form.elements[0];

// 取得表单中名为"textbox1"的字段
let field2 = form.elements["textbox1"];

// 取得字段的数量
let fieldCount = form.elements.length;
```

如果多个表单控件使用了同一个 name，比如像单选按钮那样，则会返回包含所有同名元素的 HTMLCollection。比如，来看下面的 HTML 代码片段：

```
<form method="post" id="myForm">
  <ul>
    <li><input type="radio" name="color" value="red">Red</li>
    <li><input type="radio" name="color" value="green">Green</li>
    <li><input type="radio" name="color" value="blue">Blue</li>
  </ul>
</form>
```

这个 HTML 中的表单有 3 个单选按钮的 name 是"color"，这个名字把它们联系在了一起。在访问 elements["color"]时，返回的 NodeList 就包含这 3 个元素。而在访问 elements[0]时，只会返回第一个元素。比如：

```
let form = document.getElementById("myForm");

let colorFields = form.elements["color"];
console.log(colorFields.length);  // 3

let firstColorField = colorFields[0];
let firstFormField = form.elements[0];
console.log(firstColorField === firstFormField);   // true
```

以上代码表明，使用 form.elements[0]获取的表单的第一个字段就是 form.elements["color"] 中包含的第一个元素。

> **注意**　也可以通过表单属性的方式访问表单字段，比如 form[0]这种使用索引和 form ["color"]这种使用字段名字的方式。访问这些属性与访问 form.elements 集合是一样的。这种方式是为向后兼容旧版本浏览器而提供的，实际开发中应该使用 elements。

1. 表单字段的公共属性

除<fieldset>元素以外，所有表单字段都有一组同样的属性。由于<input>类型可以表示多种表单字段，因此某些属性只适用于特定类型的字段。除此之外的属性可以在任何表单字段上使用。以下列出了这些表单字段的公共属性和方法。

- ❑ disabled：布尔值，表示表单字段是否禁用。
- ❑ form：指针，指向表单字段所属的表单。这个属性是只读的。
- ❑ name：字符串，这个字段的名字。
- ❑ readOnly：布尔值，表示这个字段是否只读。
- ❑ tabIndex：数值，表示这个字段在按 Tab 键时的切换顺序。
- ❑ type：字符串，表示字段类型，如"checkbox"、"radio"等。
- ❑ value：要提交给服务器的字段值。对文件输入字段来说，这个属性是只读的，仅包含计算机上某个文件的路径。

这里面除了 form 属性以外，JavaScript 可以动态修改任何属性。来看下面的例子：

```
let form = document.getElementById("myForm");
let field = form.elements[0];

// 修改字段的值
```

```
field.value = "Another value";

// 检查字段所属的表单
console.log(field.form === form);    // true

// 给字段设置焦点
field.focus();

// 禁用字段
field.disabled = true;

// 改变字段的类型 (不推荐, 但对<input>来说是可能的)
field.type = "checkbox";
```

这种动态修改表单字段属性的能力为任何时候以任何方式修改表单提供了方便。举个例子，Web 表单的一个常见问题是用户常常会点击两次提交按钮。在涉及信用卡扣款的情况下，这是个严重的问题，可能会导致重复扣款。对此，常见的解决方案是第一次点击之后禁用提交按钮。可以通过监听 submit 事件来实现。比如下面这个例子：

```
// 避免多次提交表单的代码
let form = document.getElementById("myForm");

form.addEventListener("submit", (event) => {
  let target = event.target;

  // 取得提交按钮
  let btn = target.elements["submit-btn"];

  // 禁用提交按钮
  btn.disabled = true;
});
```

以上代码在表单的 submit 事件上注册了一个事件处理程序。当 submit 事件触发时，代码会取得提交按钮，然后将其 disabled 属性设置为 true。注意，这个功能不能通过直接给提交按钮添加 onclick 事件处理程序来实现，原因是不同浏览器触发事件的时机不一样。有些浏览器会在触发表单的 submit 事件前先触发提交按钮的 click 事件，有些浏览器则会后触发 click 事件。对于先触发 click 事件的浏览器，这个按钮会在表单提交前被禁用，这意味着表单就不会被提交了。因此最好使用表单的 submit 事件来禁用提交按钮。但这种方式不适用于没有使用提交按钮的表单提交。如前所述，只有提交按钮才能触发 submit 事件。

type 属性可以用于除<fieldset>之外的任何表单字段。对于<input>元素，这个值等于 HTML 的 type 属性值。对于其他元素，这个 type 属性的值按照下表设置。

描　　述	示例 HTML	类型的值
单选列表	`<select>...</select>`	`"select-one"`
多选列表	`<select multiple>...</select>`	`"select-multiple"`
自定义按钮	`<button>...</button>`	`"submit"`
自定义非提交按钮	`<button type="button">...</button>`	`"button"`
自定义重置按钮	`<button type="reset">...</button>`	`"reset"`
自定义提交按钮	`<button type="submit">...</button>`	`"submit"`

对于<input>和<button>元素，可以动态修改其 type 属性。但<select>元素的 type 属性是只读的。

2. 表单字段的公共方法

每个表单字段都有两个公共方法：focus()和 blur()。focus()方法把浏览器焦点设置到表单字段，这意味着该字段会变成活动字段并可以响应键盘事件。例如，文本框在获得焦点时会在内部显示闪烁的光标，表示可以接收输入。focus()方法主要用来引起用户对页面中某个部分的注意。比如，在页面加载后把焦点定位到表单中第一个字段就是很常见的做法。实现方法是监听 load 事件，然后在第一个字段上调用 focus()，如下所示：

```
window.addEventListener("load", (event) => {
  document.forms[0].elements[0].focus();
});
```

注意，如果表单中第一个字段是 type 为"hidden"的<input>元素，或者该字段被 CSS 属性 display 或 visibility 隐藏了，以上代码就会出错。

HTML5 为表单字段增加了 autofocus 属性，支持的浏览器会自动为带有该属性的元素设置焦点，而无须使用 JavaScript。比如：

```
<input type="text" autofocus>
```

为了让之前的代码在使用 autofocus 时也能正常工作，必须先检测元素上是否设置了该属性。如果设置了 autofocus，就不再调用 focus()：

```
window.addEventListener("load", (event) => {
  let element = document.forms[0].elements[0];

  if (element.autofocus !== true) {
    element.focus();
    console.log("JS focus");
  }
});
```

因为 autofocus 是布尔值属性，所以在支持的浏览器中通过 JavaScript 访问表单字段的 autofocus 属性会返回 true（在不支持的浏览器中是空字符串）。上面的代码只会在 autofocus 属性不等于 true 时调用 focus()方法，以确保向前兼容。大多数现代浏览器支持 autofocus 属性，只有 iOS Safari、Opera Mini 和 IE10 及以下版本不支持。

> **注意**   默认情况下只能给表单元素设置焦点。不过，通过将 tabIndex 属性设置为-1 再调用 focus()，也可以给任意元素设置焦点。只有 Opera 不支持这个技术。

focus()的反向操作是 blur()，其用于从元素上移除焦点。调用 blur()时，焦点不会转移到任何特定元素，仅仅只是从调用这个方法的元素上移除了。在浏览器支持 readonly 属性之前，Web 开发者通常会使用这个方法创建只读字段。现在很少有用例需要调用 blur()，不过如果需要是可以用的。下面是一个例子：

```
document.forms[0].elements[0].blur();
```

3. 表单字段的公共事件

除了鼠标、键盘、变化和 HTML 事件外，所有字段还支持以下 3 个事件。

❑ blur：在字段失去焦点时触发。

❑ change：在<input>和<textarea>元素的 value 发生变化且失去焦点时触发，或者在<select>元素中选中项发生变化时触发。

❑ focus：在字段获得焦点时触发。

blur 和 focus 事件会因为用户手动改变字段焦点或者调用 blur()或 focus()方法而触发。这两个事件对所有表单都会一视同仁。change 事件则不然，它会因控件不同而在不同时机触发。对于<input>和<textarea>元素，change 事件会在字段失去焦点，同时 value 自控件获得焦点后发生变化时触发。对于<select>元素，change 事件会在用户改变了选中项时触发，不需要控件失去焦点。

focus 和 blur 事件通常用于以某种方式改变用户界面，以提供可见的提示或额外功能（例如在文本框下面显示下拉菜单）。change 事件通常用于验证用户在字段中输入的内容。比如，有的文本框可能只限于接收数值。focus 事件可以用来改变控件的背景颜色以便更清楚地表明当前字段获得了焦点。blur 事件可以用于去掉这个背景颜色。而 change 事件可以用于在用户输入了非数值时把背景改为红色。以下代码展示了上述操作：

```
let textbox = document.forms[0].elements[0];
textbox.addEventListener("focus", (event) => {
  let target = event.target;
  if (target.style.backgroundColor != "red") {
    target.style.backgroundColor = "yellow";
  }
});

textbox.addEventListener("blur", (event) => {
  let target = event.target;
  target.style.backgroundColor = /[^\d]/.test(target.value) ? "red" : "";
});

textbox.addEventListener("change", (event) => {
  let target = event.target;
  target.style.backgroundColor = /[^\d]/.test(target.value) ? "red" : "";
});
```

这里的 onfocus 事件处理程序会把文本框的背景改为黄色，更清楚地表明它是当前活动字段。onblur 和 onchange 事件处理程序会在发现非数值字符时把背景改为红色。为测试非数值字符，这里使用了一个简单的正则表达式来检测文本框的 value。这个功能必须同时在 onblur 和 onchange 事件处理程序上实现，以确保无论文本框是否改变都能执行验证。

> **注意**　blur 和 change 事件的关系并没有明确定义。在某些浏览器中，blur 事件会先于 change 事件触发；在其他浏览器中，触发顺序则相反。因此不能依赖这两个事件触发的顺序，必须区分时要多加注意。

19.2　文本框编程

在 HTML 中有两种表示文本框的方式：单行使用<input>元素，多行使用<textarea>元素。这两个控件非常相似，大多数时候行为也一样。不过，它们也有非常重要的区别。

默认情况下，<input>元素显示为文本框，省略 type 属性会以"text"作为默认值。然后可以通过

size 属性指定文本框的宽度,这个宽度是以字符数来计量的。而 value 属性用于指定文本框的初始值,maxLength 属性用于指定文本框允许的最多字符数。因此要创建一个一次可显示 25 个字符,但最多允许显示 50 个字符的文本框,可以这样写:

```
<input type="text" size="25" maxlength="50" value="initial value">
```

<textarea>元素总是会创建多行文本框。可以使用 rows 属性指定这个文本框的高度,以字符数计量;以 cols 属性指定以字符数计量的文本框宽度,类似于<input>元素的 size 属性。与<input>不同的是,<textarea>的初始值必须包含在<textarea>和</textarea>之间,如下所示:

```
<textarea rows="25" cols="5">initial value</textarea>
```

同样与<input>元素不同的是,<textarea>不能在 HTML 中指定最大允许的字符数。

除了标记中的不同,这两种类型的文本框都会在 value 属性中保存自己的内容。通过这个属性,可以读取也可以设置文本模式的值,如下所示:

```
let textbox = document.forms[0].elements["textbox1"];
console.log(textbox.value);

textbox.value = "Some new value";
```

应该使用 value 属性,而不是标准 DOM 方法读写文本框的值。比如,不要使用 setAttribute() 设置<input>元素 value 属性的值,也不要尝试修改<textarea>元素的第一个子节点。对 value 属性的修改也不会总体现在 DOM 中,因此在处理文本框值的时候最好不要使用 DOM 方法。

19.2.1　选择文本

两种文本框都支持一个名为 select() 的方法,此方法用于全部选中文本框中的文本。大多数浏览器会在调用 select() 方法后自动将焦点设置到文本框(Opera 例外)。这个方法不接收参数,可以在任何时候调用。下面来看一个例子:

```
let textbox = document.forms[0].elements["textbox1"];
textbox.select();
```

在文本框获得焦点时选中所有文本是非常常见的,特别是在文本框有默认值的情况下。这样做的出发点是让用户能够一次性删除所有默认内容。可以通过以下代码来实现:

```
textbox.addEventListener("focus", (event) => {
  event.target.select();
});
```

把以上代码应用到文本框之后,只要文本框一获得焦点就会自动选中其中的所有文本。这样可以极大提升表单易用性。

1. select 事件

与 select() 方法相对,还有一个 select 事件。当选中文本框中的文本时,会触发 select 事件。这个事件确切的触发时机因浏览器而异。在 IE9+、Opera、Firefox、Chrome 和 Safari 中,select 事件会在用户选择完文本后立即触发;在 IE8 及更早版本中,则会在第一个字符被选中时触发。另外,调用 select() 方法也会触发 select 事件。下面来看一个例子:

```
let textbox = document.forms[0].elements["textbox1"];

textbox.addEventListener("select", (event) => {
```

```
    console.log(`Text selected: ${textbox.value}`);
});
```

2. 取得选中文本

虽然 select 事件能够表明有文本被选中，但不能提供选中了哪些文本的信息。HTML5 对此进行了扩展，以方便更好地获取选中的文本。扩展为文本框添加了两个属性：selectionStart 和 selectionEnd。这两个属性包含基于 0 的数值，分别表示文本选区的起点和终点（文本选区起点的偏移量和文本选区终点的偏移量）。因此，要取得文本框中选中的文本，可以使用以下代码：

```
function getSelectedText(textbox){
  return textbox.value.substring(textbox.selectionStart,
                               textbox.selectionEnd);
}
```

因为 substring() 方法是基于字符串偏移量的，所以直接传入 selectionStart 和 selectionEnd 就可以取得选中的文本。

这个扩展在 IE9+、Firefox、Safari、Chrome 和 Opera 中都可以使用。IE8 及更早版本不支持这两个属性，因此需要使用其他方式。

老版本 IE 中有一个包含整个文档中文本选择信息的 document.selection 对象。这意味着无法确定选中的文本在页面中的什么位置。不过，在与 select 事件一起使用时，可以确定是触发这个事件文本框中选中的文本。为取得这些选中的文本，必须先创建一个范围，然后再从中提取文本，如下所示：

```
function getSelectedText(textbox){
  if (typeof textbox.selectionStart == "number"){
    return textbox.value.substring(textbox.selectionStart,
                                 textbox.selectionEnd);
  } else if (document.selection){
    return document.selection.createRange().text;
  }
}
```

这个修改后的函数兼容在 IE 老版本中取得选中文本。注意 document.selection 是根本不需要 textbox 参数的。

3. 部分选中文本

HTML5 也为在文本框中选择部分文本提供了额外支持。现在，除了 select() 方法之外，Firefox 最早实现的 setSelectionRange() 方法也可以在所有文本框中使用。这个方法接收两个参数：要选择的第一个字符的索引和停止选择的字符的索引（与字符串的 substring() 方法一样）。下面是几个例子：

```
textbox.value = "Hello world!"

// 选择所有文本
textbox.setSelectionRange(0, textbox.value.length);  // "Hello world!"

// 选择前 3 个字符
textbox.setSelectionRange(0, 3);   // "Hel"

// 选择第 4~6 个字符
textbox.setSelectionRange(4, 7);   // "o w"
```

如果想看到选择，则必须在调用 setSelectionRange() 之前或之后给文本框设置焦点。这个方法在 IE9、Firefox、Safari、Chrome 和 Opera 中都可以使用。

　　IE8 及更早版本支持通过范围部分选中文本。这也就是说，要选择文本框中的部分文本，必须先使用 IE 在文本框上提供的 createTextRange() 方法创建一个范围，并使用 moveStart() 和 moveEnd() 范围方法把这个范围放到正确的位置上。不过，在调用这两个方法前需要先调用 collapse() 方法把范围折叠到文本框的开始。接着，moveStart() 可以把范围的起点和终点都移动到相同的位置，再给 moveEnd() 传入要选择的字符总数作为参数。最后一步是使用范围的 select() 方法选中文本，如下面的例子所示：

```
textbox.value = "Hello world!";

var range = textbox.createTextRange();

// 选择所有文本
range.collapse(true);
range.moveStart("character", 0);
range.moveEnd("character", textbox.value.length);    // "Hello world!"
range.select();

// 选择前 3 个字符
range.collapse(true);
range.moveStart("character", 0);
range.moveEnd("character", 3);
range.select();   // "Hel"

// 选择第 4~6 个字符
range.collapse(true);
range.moveStart("character", 4);
range.moveEnd("character", 6);
range.select();   // "o w"
```

　　与其他浏览器一样，如果想要看到选中的效果，则必须让文本框获得焦点。

　　部分选中文本对自动完成建议项等高级文本输入框是很有用的。

19.2.2　输入过滤

　　不同文本框经常需要保证输入特定类型或格式的数据。或许数据需要包含特定字符或必须匹配某个特定模式。由于文本框默认并未提供什么验证功能，因此必须通过 JavaScript 来实现这种输入过滤。组合使用相关事件及 DOM 能力，可以把常规的文本框转换为能够理解自己所收集数据的智能输入框。

1. 屏蔽字符

　　有些输入框需要出现或不出现特定字符。例如，让用户输入手机号的文本框就不应该出现非数字字符。我们知道 keypress 事件负责向文本框插入字符，因此可以通过阻止这个事件的默认行为来屏蔽非数字字符。比如，下面的代码会屏蔽所有按键的输入：

```
textbox.addEventListener("keypress", (event) => {
  event.preventDefault();
});
```

　　运行以上代码会让文本框变成只读，因为所有按键都被屏蔽了。如果想只屏蔽特定字符，则需要检查事件的 charCode 属性，以确定正确的回应方式。例如，下面就是只允许输入数字的代码：

```
textbox.addEventListener("keypress", (event) => {
  if (!/\d/.test(String.fromCharCode(event.charCode))){
    event.preventDefault();
```

```
    }
});
```

这个例子先用 `String.fromCharCode()` 把事件的 `charCode` 转换为字符串，再用正则表达式 `/\d/` 来测试。这个正则表达式匹配所有数字字符，如果测试失败就调用 `preventDefault()` 屏蔽事件默认行为。这样就可以让文本框忽略非数字输入。

虽然 `keypress` 事件应该只在按下字符键时才触发，但某些浏览器会在按下其他键时也触发这个事件。Firefox 和 Safari（3.1 之前）会在按下上、下箭头键、退格键和删除键时触发 `keypress` 事件。Safari 3.1 及之后版本对这些键则不会再触发 `keypress` 事件。这意味着简单地屏蔽所有非数字字符还不够好，因为这样也屏蔽了上述这些非常有用的且必要的键。好在我们可以轻松检测到是否按下了这些键。在 Firefox 中，所有触发 `keypress` 事件的非字符键的 `charCode` 都是 0，而在 Safari 3 之前这些键的 `charCode` 都是 8。综合考虑这些情况，就是不能屏蔽 `charCode` 小于 10 的键。为此，上面的函数可以改进为：

```
textbox.addEventListener("keypress", (event) => {
  if (!/\d/.test(String.fromCharCode(event.charCode)) &&
      event.charCode > 9){
    event.preventDefault();
  }
});
```

这个事件处理程序可以在所有浏览器中使用，屏蔽非数字字符但允许同样会触发 `keypress` 事件的所有基础按键。

还有一个问题需要处理：复制、粘贴及涉及 Ctrl 键的其他功能。在除 IE 外的所有浏览器中，前面代码会屏蔽快捷键 Ctrl+C、Ctrl+V 及其他使用 Ctrl 的组合键。因此，最后一项检测是确保没有按下 Ctrl 键，如下面的例子所示：

```
textbox.addEventListener("keypress", (event) => {
  if (!/\d/.test(String.fromCharCode(event.charCode)) &&
      event.charCode > 9 &&
      !event.ctrlKey){
    event.preventDefault();
  }
});
```

最后这个改动可以确保所有默认的文本框行为不受影响。这个技术可以用来自定义是否允许在文本框中输入某些字符。

2. 处理剪贴板

IE 是第一个支持剪贴板相关事件及通过 JavaScript 访问剪贴板数据的浏览器。IE 的实现成为了事实标准，这是因为 Safari、Chrome、Opera 和 Firefox 都实现了相同的事件和剪贴板访问机制，后来 HTML5 也增加了剪贴板事件 。以下是与剪贴板相关的 6 个事件。

❑ `beforecopy`：复制操作发生前触发。

❑ `copy`：复制操作发生时触发。

❑ `beforecut`：剪切操作发生前触发。

❑ `cut`：剪切操作发生时触发。

❑ `beforepaste`：粘贴操作发生前触发。

❑ `paste`：粘贴操作发生时触发。

这是一个比较新的控制剪贴板访问的标准，事件的行为及相关对象会因浏览器而异。在 Safari、Chrome 和 Firefox 中，`beforecopy`、`beforecut` 和 `beforepaste` 事件只会在显示文本框的上下文菜单（预期会发生剪贴板事件）时触发，但 IE 不仅在这种情况下触发，也会在 `copy`、`cut` 和 `paste` 事件之前触发。无论是在上下文菜单中做出选择还是使用键盘快捷键，`copy`、`cut` 和 `paste` 事件在所有浏览器中都会按预期触发。

通过 `beforecopy`、`beforecut` 和 `beforepaste` 事件可以在向剪贴板发送或从中检索数据前修改数据。不过，取消这些事件并不会取消剪贴板操作。要阻止实际的剪贴板操作，必须取消 `copy`、`cut` 和 `paste` 事件。

剪贴板上的数据可以通过 `window` 对象（IE）或 `event` 对象（Firefox、Safari 和 Chrome）上的 `clipboardData` 对象来获取。在 Firefox、Safari 和 Chrome 中，为防止未经授权访问剪贴板，只能在剪贴板事件期间访问 `clipboardData` 对象；IE 则在任何时候都会暴露 `clipboardData` 对象。为了跨浏览器兼容，最好只在剪贴板事件期间使用这个对象。

`clipboardData` 对象上有 3 个方法：`getData()`、`setData()` 和 `clearData()`，其中 `getData()` 方法从剪贴板检索字符串数据，并接收一个参数，该参数是要检索的数据的格式。IE 为此规定了两个选项："text" 和 "URL"。Firefox、Safari 和 Chrome 则期待 MIME 类型，不过会将 "text" 视为等价于 "text/plain"。

`setData()` 方法也类似，其第一个参数用于指定数据类型，第二个参数是要放到剪贴板上的文本。同样，IE 支持 "text" 和 "URL"，Safari 和 Chrome 则期待 MIME 类型。不过，与 `getData()` 不同的是，Safari 和 Chrome 不认可 "text" 类型。只有在 IE8 及更早版本中调用 `setData()` 才有效，其他浏览器会忽略对这个方法的调用。为抹平差异，可以使用以下跨浏览器的方法：

```
function getClipboardText(event){
  var clipboardData =  (event.clipboardData || window.clipboardData);
  return clipboardData.getData("text");
}

function setClipboardText (event, value){
  if (event.clipboardData){
    return event.clipboardData.setData("text/plain", value);
  } else if (window.clipboardData){
    return window.clipboardData.setData("text", value);
  }
}
```

这里的 `getClipboardText()` 函数相对简单，它只需要知道 `clipboardData` 对象在哪里，然后便可以通过 "text" 类型调用 `getData()`。相应的，`setClipboardText()` 函数则要复杂一些。在确定 `clipboardData` 对象的位置之后，需要根据实现以相应的类型（Firefox、Safari 和 Chrome 是 "text/plain"，而 IE 是 "text"）调用 `setData()`。

如果文本框期待某些字符或某种格式的文本，那么从剪贴板中读取文本是有帮助的。比如，如果文本框只允许输入数字，那么就必须检查粘贴过来的值，确保其中只包含数字。在 `paste` 事件中，可以确定剪贴板上的文本是否无效，如果无效就取消默认行为，如下面的例子所示：

```
textbox.addEventListener("paste", (event) => {
  let text = getClipboardText(event);

  if (!/^\d*$/.test(text)){
    event.preventDefault();
```

```
  }
});
```

这个 onpaste 事件处理程序确保只有数字才能粘贴到文本框中。如果剪贴板中的值不符合指定模式，则取消粘贴操作。Firefox、Safari 和 Chrome 只允许在 onpaste 事件处理程序中访问 getData()
方法。

因为不是所有浏览器都支持剪贴板访问，所以有时候更容易屏蔽一个或多个剪贴板操作。在支持
copy、cut 和 paste 事件的浏览器（IE、Safari、Chrome 和 Firefox）中，很容易阻止事件的默认行为。
在 Opera 中，则需要屏蔽导致相应事件的按键，同时阻止显示相应的上下文菜单。

19.2.3　自动切换

JavaScript 可以通过很多方式来增强表单字段的易用性。最常用的是在当前字段完成时自动切换到
下一个字段。对于要收集数据的长度已知（比如电话号码）的字段是可以这样处理的。在美国，电话号
码通常分为 3 个部分：区号、交换局号，外加 4 位数字。在网页中，可以通过 3 个文本框来表示这几个
部分，比如：

```
<input type="text" name="tel1" id="txtTel1" maxlength="3">
<input type="text" name="tel2" id="txtTel2" maxlength="3">
<input type="text" name="tel3" id="txtTel3" maxlength="4">
```

为增加这个表单的易用性并加速数据输入，可以在每个文本框输入到最大允许字符数时自动把焦点
切换到下一个文本框。因此，当用户在第一个文本框中输入 3 个字符后，就把焦点移到第二个文本框，
当用户在第二个文本框中输入 3 个字符后，把焦点再移到第三个文本框。这种自动切换文本框的行为可
以通过如下代码实现：

```
<script>
  function tabForward(event){
    let target = event.target;

    if (target.value.length == target.maxLength){
      let form = target.form;

      for (let i = 0, len = form.elements.length; i < len; i++) {
        if (form.elements[i] == target) {
          if (form.elements[i+1]) {
            form.elements[i+1].focus();
          }
          return;
        }
      }
    }
  }

  let inputIds = ["txtTel1", "txtTel2", "txtTel3"];
  for (let id of inputIds) {
    let textbox = document.getElementById(id);
    textbox.addEventListener("keyup", tabForward);
  }

  let textbox1 = document.getElementById("txtTel1");
  let textbox2 = document.getElementById("txtTel2");
  let textbox3 = document.getElementById("txtTel3");
</script>
```

这个 `tabForward()` 函数是实现自动切换的关键。它通过比较用户输入文本的长度与 `maxlength` 属性的值来检测输入是否达到了最大长度。如果两者相等（因为浏览器会强制最大字符数，所以不可能出现多的情况），那么就要通过循环表单中的元素集合找到当前文本框，并把焦点设置到下一个元素。这个函数接着给每一个文本框都指定了 `onkeyup` 事件处理程序。因为 `keyup` 事件会在每个新字符被插入到文本框中时触发，所以此时应该是检测文本框内容长度的最佳时机。在填写这个简单的表单时，用户不用按 Tab 键切换字段和提交表单。

不过要注意，上面的代码只适用于之前既定的标记，没有考虑可能存在的隐藏字段。

19.2.4　HTML5 约束验证 API

HTML5 为浏览器新增了在提交表单前验证数据的能力。这些能力实现了基本的验证，即使 JavaScript 不可用或加载失败也没关系。这是因为浏览器自身会基于指定的规则进行验证，并在出错时显示适当的错误消息（无须 JavaScript）。这些能力只有支持 HTML5 这部分的浏览器才有，包括所有现代浏览器（除了 Safari）和 IE10+。

验证会根据某些条件应用到表单字段。可以使用 HTML 标记指定对特定字段的约束，然后浏览器会根据这些约束自动执行表单验证。

1. 必填字段

第一个条件是给表单字段添加 `required` 属性，如下所示：

```
<input type="text" name="username" required>
```

任何带有 `required` 属性的字段都必须有值，否则无法提交表单。这个属性适用于`<input>`、`<textarea>`和`<select>`字段（Opera 直到版本 11 都不支持`<select>`的 `required` 属性）。可以通过 JavaScript 检测对应元素的 `required` 属性来判断表单字段是否为必填：

```
let isUsernameRequired = document.forms[0].elements["username"].required;
```

还可以使用下面的代码检测浏览器是否支持 `required` 属性：

```
let isRequiredSupported = "required" in document.createElement("input");
```

这行代码使用简单的特性检测来确定新创建的`<input>`元素上是否存在 `required` 属性。

注意，不同浏览器处理必填字段的机制不同。Firefox、Chrome、IE 和 Opera 会阻止表单提交并在相应字段下面显示有帮助信息的弹框，而 Safari 什么也不做，也不会阻止提交表单。

2. 更多输入类型

HTML5 为`<input>`元素增加了几个新的 `type` 值。这些类型属性不仅表明了字段期待的数据类型，而且也提供了一些默认验证，其中两个新的输入类型是已经得到广泛支持的`"email"`和`"url"`，二者都有浏览器提供的自定义验证。比如：

```
<input type="email" name="email">
<input type="url" name="homepage">
```

`"email"`类型确保输入的文本匹配电子邮件地址，而`"url"`类型确保输入的文本匹配 URL。注意，浏览器在匹配模式时都存在问题。最明显的是文本`"-@-"`会被认为是有效的电子邮件地址。浏览器厂商仍然在解决这些问题。

要检测浏览器是否支持这些新类型，可以在 JavaScript 中新创建一个输入元素并将其类型属性设置为`"email"`或`"url"`，然后再读取该元素的值。老版本浏览器会自动将未知类型值设置为`"text"`，而支持的浏览器会返回正确的值。比如：

```
let input = document.createElement("input");
input.type = "email";
let isEmailSupported = (input.type == "email");
```

对于这两个新类型，除非应用了 `required` 属性，否则空字段是有效的。另外，指定一个特殊输入类型并不会阻止用户输入无效的值。新类型只是会应用一些默认验证。

3. 数值范围

除了`"email"`和`"url"`，HTML5 还定义了其他几种新的输入元素类型，它们都是期待某种数值输入的，包括：`"number"`、`"range"`、`"datetime"`、`"datetime-local"`、`"date"`、`"month"`、`"week"`和`"time"`。并非所有主流浏览器都支持这些类型，因此使用时要当心。浏览器厂商目前正致力于解决兼容性问题和提供更逻辑化的功能。本节内容更多地是介绍未来趋势，而不是讨论当前就能用的功能。

对上述每种数值类型，都可以指定 `min` 属性（最小可能值）、`max` 属性（最大可能值），以及 `step` 属性（从 `min` 到 `max` 的步长值）。例如，如果只允许输入 0 到 100 中 5 的倍数，那么可以这样写：

```
<input type="number" min="0" max="100" step="5" name="count">
```

根据浏览器的不同，可能会也可能不会出现旋转控件（上下按钮）用于自动增加和减少。

上面每个属性在 JavaScript 中也可以通过对应元素的 DOM 属性来访问和修改。此外，还有两个方法，即 `stepUp()` 和 `stepDown()`。这两个方法都接收一个可选的参数：要从当前值加上或减去的数值。（默认情况下，步长值会递增或递减 1。）虽然浏览器还没有实现这些方法，但可以先看一下它们的用法：

```
input.stepUp();        // 加 1
input.stepUp(5);       // 加 5
input.stepDown();      // 减 1
input.stepDown(10);    // 减 10
```

4. 输入模式

HTML5 为文本字段新增了 `pattern` 属性。这个属性用于指定一个正则表达式，用户输入的文本必须与之匹配。例如，要限制只能在文本字段中输入数字，可以这样添加模式：

```
<input type="text" pattern="\d+" name="count">
```

注意模式的开头和末尾分别假设有`^`和`$`。这意味着输入内容必须从头到尾都严格与模式匹配。

与新增的输入类型一样，指定 `pattern` 属性也不会阻止用户输入无效内容。模式会应用到值，然后浏览器会知道值是否有效。通过访问 `pattern` 属性可以读取模式：

```
let pattern = document.forms[0].elements["count"].pattern;
```

使用如下代码可以检测浏览器是否支持 `pattern` 属性：

```
let isPatternSupported = "pattern" in document.createElement("input");
```

5. 检测有效性

使用 `checkValidity()` 方法可以检测表单中任意给定字段是否有效。这个方法在所有表单元素上都可以使用，如果字段值有效就会返回 `true`，否则返回 `false`。判断字段是否有效的依据是本节前面提到的约束条件，因此必填字段如果没有值就会被视为无效，而字段值不匹配 `pattern` 属性也会被视为无效。比如：

```
if (document.forms[0].elements[0].checkValidity()){
   // 字段有效,继续
} else {
   // 字段无效
}
```

要检查整个表单是否有效,可以直接在表单上调用 checkValidity() 方法。这个方法会在所有字段都有效时返回 true,有一个字段无效就会返回 false:

```
if(document.forms[0].checkValidity()){
   // 表单有效,继续
} else {
   // 表单无效
}
```

checkValidity() 方法只会告诉我们字段是否有效,而 validity 属性会告诉我们字段为什么有效或无效。这个属性是一个对象,包含一系列返回布尔值的属性。

- ❑ customError:如果设置了 setCustomValidity() 就返回 true,否则返回 false。
- ❑ patternMismatch:如果字段值不匹配指定的 pattern 属性则返回 true。
- ❑ rangeOverflow:如果字段值大于 max 的值则返回 true。
- ❑ rangeUnderflow:如果字段值小于 min 的值则返回 true。
- ❑ stepMisMatch:如果字段值与 min、max 和 step 的值不相符则返回 true。
- ❑ tooLong:如果字段值的长度超过了 maxlength 属性指定的值则返回 true。某些浏览器,如 Firefox 4 会自动限制字符数量,因此这个属性值始终为 false。
- ❑ typeMismatch:如果字段值不是 "email" 或 "url" 要求的格式则返回 true。
- ❑ valid:如果其他所有属性的值都为 false 则返回 true。与 checkValidity() 的条件一致。
- ❑ valueMissing:如果字段是必填的但没有值则返回 true。

因此,通过 validity 属性可以检查表单字段的有效性,从而获取更具体的信息,如下面的代码所示:

```
if (input.validity && !input.validity.valid){
  if (input.validity.valueMissing){
    console.log("Please specify a value.")
  } else if (input.validity.typeMismatch){
    console.log("Please enter an email address.");
  } else {
    console.log("Value is invalid.");
  }
}
```

6. 禁用验证

通过指定 novalidate 属性可以禁止对表单进行任何验证:

```
<form method="post" action="/signup" novalidate>
    <!-- 表单元素 -->
</form>
```

这个值也可以通过 JavaScript 属性 noValidate 检索或设置,设置为 true 表示属性存在,设置为 false 表示属性不存在:

```
document.forms[0].noValidate = true;    // 关闭验证
```

如果一个表单中有多个提交按钮,那么可以给特定的提交按钮添加 formnovalidate 属性,指定通过该按钮无须验证即可提交表单:

```
<form method="post" action="/foo">
    <!-- 表单元素 -->
    <input type="submit" value="Regular Submit">
    <input type="submit" formnovalidate name="btnNoValidate"
            value="Non-validating Submit">
</form>
```

在这个例子中，第一个提交按钮会让表单像往常一样验证数据，第二个提交按钮则禁用了验证，可以直接提交表单。我们也可以使用 JavaScript 来设置这个属性：

```
// 关闭验证
document.forms[0].elements["btnNoValidate"].formNoValidate = true;
```

19.3 选择框编程

选择框是使用`<select>`和`<option>`元素创建的。为方便交互，`HTMLSelectElement` 类型在所有表单字段的公共能力之外又提供了以下属性和方法。

❑ `add(newOption, relOption)`：在 `relOption` 之前向控件中添加新的`<option>`。
❑ `multiple`：布尔值，表示是否允许多选，等价于 HTML 的 `multiple` 属性。
❑ `options`：控件中所有`<option>`元素的 `HTMLCollection`。
❑ `remove(index)`：移除给定位置的选项。
❑ `selectedIndex`：选中项基于 0 的索引值，如果没有选中项则为–1。对于允许多选的列表，始终是第一个选项的索引。
❑ `size`：选择框中可见的行数，等价于 HTML 的 `size` 属性。

选择框的 `type` 属性可能是`"select-one"`或`"select-multiple"`，具体取决于 `multiple` 属性是否存在。当前选中项根据以下规则决定选择框的 `value` 属性。

❑ 如果没有选中项，则选择框的值是空字符串。
❑ 如果有一个选中项，且其 `value` 属性有值，则选择框的值就是选中项 `value` 属性的值。即使 `value` 属性的值是空字符串也是如此。
❑ 如果有一个选中项，且其 `value` 属性没有指定值，则选择框的值是该项的文本内容。
❑ 如果有多个选中项，则选择框的值根据前两条规则取得第一个选中项的值。

来看下面的选择框：

```
<select name="location" id="selLocation">
  <option value="Sunnyvale, CA">Sunnyvale</option>
  <option value="Los Angeles, CA">Los Angeles</option>
  <option value="Mountain View, CA">Mountain View</option>
  <option value="">China</option>
  <option>Australia</option>
</select>
```

如果选中这个选择框中的第一项，则字段的值就是`"Sunnyvale, CA"`。如果文本为`"China"`的项被选中，则字段的值是一个空字符串，因为该项的 `value` 属性是空字符串。如果选中最后一项，那么字段的值是`"Australia"`，因为该`<option>`元素没有指定 `value` 属性。

每个`<option>`元素在 DOM 中都由一个 `HTMLOptionElement` 对象表示。`HTMLOptionElement` 类型为方便数据存取添加了以下属性。

❑ `index`：选项在 `options` 集合中的索引。

❑ label：选项的标签，等价于 HTML 的 label 属性。

❑ selected：布尔值，表示是否选中了当前选项。把这个属性设置为 true 会选中当前选项。

❑ text：选项的文本。

❑ value：选项的值（等价于 HTML 的 value 属性）。

大多数 `<option>` 属性是为了方便存取选项数据。可以使用常规 DOM 功能存取这些信息，只是效率比较低，如下面的例子所示：

```
let selectbox = document.forms[0].elements["location"];

// 不推荐
let text = selectbox.options[0].firstChild.nodeValue;    // 选项文本
let value = selectbox.options[0].getAttribute("value");  // 选项值
```

以上代码使用标准的 DOM 技术获取了选择框中第一个选项的文本和值。下面再比较一下使用特殊选项属性的代码：

```
let selectbox = document.forms[0].elements["location"];

// 推荐
let text = selectbox.options[0].text;    // 选项文本
let value = selectbox.options[0].value;  // 选项值
```

在操作选项时，最好使用特定于选项的属性，因为这些属性得到了跨浏览器的良好支持。在操作 DOM 节点时，与表单控制实际的交互可能会因浏览器而异。不推荐使用标准 DOM 技术修改 `<option>` 元素的文本和值。

最后强调一下，选择框的 change 事件与其他表单字段是不一样的。其他表单字段会在自己的值改变后触发 change 事件，然后字段失去焦点。而选择框会在选中一项时立即触发 change 事件。

> 注意　不同浏览器返回的 value 属性可能会有差异。JavaScript 中的 value 属性始终等于 HTML 中的 value 属性。但在 HTML 中没有指定 value 属性的情况下，IE8 及早期版本会返回空字符串，而 IE9 及之后版本、Safari、Firefox、Chrome 和 Opera 会返回与 text 相同的值。

19.3.1　选项处理

对于只允许选择一项的选择框，获取选项最简单的方式是使用选择框的 selectedIndex 属性，如下面的例子所示：

```
let selectedOption = selectbox.options[selectbox.selectedIndex];
```

这样可以获取关于选项的所有信息，比如：

```
let selectedIndex = selectbox.selectedIndex;
let selectedOption = selectbox.options[selectedIndex];
console.log(`Selected index: ${selectedIndex}\n` +
            `Selected text: ${selectedOption.text}\n` +
            `Selected value: ${selectedOption.value}`);
```

以上代码打印出了选中项的索引及其文本和值。

对于允许多选的选择框，selectedIndex 属性就像只允许选择一项一样。设置 selectedIndex

会移除所有选项，只选择指定的项，而获取 `selectedIndex` 只会返回选中的第一项的索引。

选项还可以通过取得选项的引用并将其 `selected` 属性设置为 `true` 来选中。例如，以下代码会选中选择框中的第一项：

```
selectbox.options[0].selected = true;
```

与 `selectedIndex` 不同，设置选项的 `selected` 属性不会在多选时移除其他选项，从而可以动态选择任意多个选项。如果修改单选框中选项的 `selected` 属性，则其他选项会被移除。要注意的是，把 `selected` 属性设置为 `false` 对单选框没有影响。

通过 `selected` 属性可以确定选择框中哪个选项被选中。要取得所有选中项，需要循环选项集合逐一检测 `selected` 属性，比如：

```
function getSelectedOptions(selectbox){
  let result = new Array();

  for (let option of selectbox.options) {
    if (option.selected) {
      result.push(option);
    }
  }

  return result;
}
```

这个函数会返回给定选择框中所有选中项的数组。首先创建一个包含结果的数组，然后通过 `for` 循环迭代所有选项，检测每个选项的 `selected` 属性。如果选项被选中，就将其添加到 `result` 数组。最后是返回选中项数组。这个 `getSelectedOptions()` 函数可以用于获取选中项的信息，比如：

```
let selectbox = document.getElementById("selLocation");
let selectedOptions = getSelectedOptions(selectbox);
let message = "";

for (let option of selectedOptions) {
  message += 'Selected index: ${option.index}\n' +
             'Selected text: ${option.text}\n' +
             'Selected value: ${option.value}\n'
}

console.log(message);
```

这个例子先检索了一个选择框的所有选中项。然后通过 `for` 循环构建包含所有选中项信息的字符串，包括每项的索引、文本和值。以上代码既适用于单选框也适用于多选框。

19.3.2　添加选项

可以使用 JavaScript 动态创建选项并将它们添加到选择框。首先，可以使用 DOM 方法，如下所示：

```
let newOption = document.createElement("option");
newOption.appendChild(document.createTextNode("Option text"));
newOption.setAttribute("value", "Option value");

selectbox.appendChild(newOption);
```

以上代码创建了一个新的<option>元素，使用文本节点添加文本，设置其 `value` 属性，然后将其添加到选择框。添加到选择框之后，新选项会立即显示出来。

另外，也可以使用 Option 构造函数创建新选项，这个构造函数是 DOM 出现之前就已经得到浏览器支持的。Option 构造函数接收两个参数：text 和 value，其中 value 是可选的。虽然这个构造函数通常会创建 Object 的实例，但 DOM 合规的浏览器都会返回一个<option>元素。这意味着仍然可以使用 appendChild() 方法把这样创建的选项添加到选择框。比如下面的例子：

```
let newOption = new Option("Option text", "Option value");
selectbox.appendChild(newOption);    // 在 IE8 及更低版本中有问题
```

这个方法在除 IE8 及更低版本之外的所有浏览器中都没有问题。由于实现问题，IE8 及更低版本在这种情况下不能正确设置新选项的文本。

另一种添加新选项的方式是使用选择框的 add() 方法。DOM 规定这个方法接收两个参数：要添加的新选项和要添加到其前面的参考选项。如果想在列表末尾添加选项，那么第二个参数应该是 null。IE8 及更早版本对 add() 方法的实现稍有不同，其第二个参数是可选的，如果要传入则必须是一个索引值，表示要在其前面添加新选项的选项。DOM 合规的浏览器要求必须传入第二个参数，因此在跨浏览器方法中不能只使用一个参数（IE9 是符合 DOM 规范的）。此时，传入 undefined 作为第二个参数可以保证在所有浏览器中都将选项添加到列表末尾。下面是一个例子：

```
let newOption = new Option("Option text", "Option value");
selectbox.add(newOption, undefined);    // 最佳方案
```

以上代码可以在所有版本的 IE 及 DOM 合规的浏览器中使用。如果不想在最后插入新选项，则应该使用 DOM 技术和 insertBefore()。

> **注意** 跟在 HTML 中一样，选项的值不是必需的。Option 构造函数也可以只接收一个参数（选项的文本）。

19.3.3   移除选项

与添加选项类似，移除选项的方法也不止一种。第一种方式是使用 DOM 的 removeChild() 方法并传入要移除的选项，比如：

```
selectbox.removeChild(selectbox.options[0]);    // 移除第一项
```

第二种方式是使用选择框的 remove() 方法。这个方法接收一个参数，即要移除选项的索引，比如：

```
selectbox.remove(0);    // 移除第一项
```

最后一种方式是直接将选项设置为等于 null。这同样也是 DOM 之前浏览器实现的方式。下面是一个例子：

```
selectbox.options[0] = null;    // 移除第一项
```

要清除选择框的所有选项，需要迭代所有选项并逐一移除它们，如下面例子所示：

```
function clearSelectbox(selectbox) {
  for (let option of selectbox.options) {
    selectbox.remove(0);
  }
}
```

这个函数可以逐一移除选择框中的每一项。因为移除第一项会自动将所有选项向前移一位，所以这样就可以移除所有选项。

19.3.4　移动和重排选项

在 DOM 之前，从一个选择框向另一个选择框移动选项是非常麻烦的，要先从第一个选择框移除选项，然后以相同文本和值创建新选项，再将新选项添加到第二个选择框。DOM 方法则可以直接将某个选项从第一个选择框移动到第二个选择框，只要对相应选项使用 `appendChild()` 方法即可。如果给这个方法传入文档中已有的元素，则该元素会先从其父元素中移除，然后再插入指定位置。例如，下面的代码会从选择框中移除第一项并插入另一个选择框：

```
let selectbox1 = document.getElementById("selLocations1");
let selectbox2 = document.getElementById("selLocations2");

selectbox2.appendChild(selectbox1.options[0]);
```

移动选项和移除选项都会导致每个选项的 `index` 属性重置。

重排选项非常类似，DOM 方法同样是最佳途径。要将选项移动到选择框中的特定位置，`insertBefore()` 方法是最合适的。不过，要把选项移动到最后，还是 `appendChild()` 方法比较方便。下面的代码演示了将一个选项在选择框中前移一个位置：

```
let optionToMove = selectbox.options[1];
selectbox.insertBefore(optionToMove,
                       selectbox.options[optionToMove.index-1]);
```

这个例子首先获得要移动选项的索引，然后将其插入之前位于它前面的选项之前，其中第二行代码适用于除第一个选项之外的所有选项。下面的代码则可以将选项向下移动一个位置：

```
let optionToMove = selectbox.options[1];
selectbox.insertBefore(optionToMove,
                       selectbox.options[optionToMove.index+2]);
```

以上代码适用于选择框中的所有选项，包括最后一个。

19.4　表单序列化

随着 Ajax（第 21 章会进一步讨论）的崭露头角，**表单序列化**（form serialization）已经成为一个常见需求。表单在 JavaScript 中可以使用表单字段的 `type` 属性连同其 `name` 属性和 `value` 属性来进行序列化。在写代码之前，我们需要理解浏览器如何确定在提交表单时要把什么发送到服务器。

- ❑ 字段名和值是 URL 编码的并以和号（`&`）分隔。
- ❑ 禁用字段不会发送。
- ❑ 复选框或单选按钮只在被选中时才发送。
- ❑ 类型为`"reset"`或`"button"`的按钮不会发送。
- ❑ 多选字段的每个选中项都有一个值。
- ❑ 通过点击提交按钮提交表单时，会发送该提交按钮；否则，不会发送提交按钮。类型为`"image"`的`<input>`元素视同提交按钮。
- ❑ `<select>`元素的值是被选中`<option>`元素的 `value` 属性。如果`<option>`元素没有 `value` 属性，则该值是它的文本。

表单序列化通常不包含任何按钮，因为序列化得到的字符串很可能以其他方式提交。除此之外其他规则都应该遵循。最终完成表单序列化的代码如下：

```
function serialize(form) {
  let parts = [];
  let optValue;

  for (let field of form.elements) {
    switch(field.type) {
      case "select-one":
      case "select-multiple":
        if (field.name.length) {
          for (let option of field.options) {
            if (option.selected) {
              if (option.hasAttribute){
                optValue = (option.hasAttribute("value") ?
                            option.value : option.text);
              } else {
                optValue = (option.attributes["value"].specified ?
                            option.value : option.text);
              }
              parts.push(encodeURIComponent(field.name)} + "=" +
                         encodeURIComponent(optValue));
            }
          }
        }
        break;
      case undefined:        // 字段集
      case "file":           // 文件输入
      case "submit":         // 提交按钮
      case "reset":          // 重置按钮
      case "button":         // 自定义按钮
        break;
      case "radio":          // 单选按钮
      case "checkbox":       // 复选框
        if (!field.checked) {
          break;
        }
      default:
        // 不包含没有名字的表单字段
        if (field.name.length) {
          parts.push('${encodeURIComponent(field.name)}=' +
                     '${encodeURIComponent(field.value)}');
        }
    }
  }
  return parts.join("&");
}
```

这个 serialize() 函数一开始定义了一个名为 parts 的数组，用于保存要创建字符串的各个部分。接下来通过 for 循环迭代每个表单字段，将字段保存在 field 变量中。获得一个字段的引用后，再通过 switch 语句检测其 type 属性。最麻烦的是序列化 <select> 元素，包括单选和多选两种模式。在遍历选择框的每个选项时，只要有选项被选中，就将其添加到结果字符串。单选控件只会有一个选项被选中，多选控件则可能有零或多个选项被选中。同样的代码适用于两种选择类型，因为浏览器会限制可选项的数量。找到选中项时，需要确定使用哪个值。如果不存在 value 属性，则应该以选项文本代替，不过 value 属性为空字符串是完全有效的。为此需要使用 DOM 合规的浏览器支持的 hasAttribute()

方法，而在 IE8 及更早版本中要使用值的 `specified` 属性。

表单中如果有`<fieldset>`元素，它就会出现在元素集合中，但应该没有 `type` 属性。因此，如果 `type` 属性是 `undefined`，则不必纳入序列化。各种类型的按钮以及文件输入字段也是如此。（文件输入字段在提交表单时包含文件的内容，但这些字段通常无法转换，因而也要排除在序列化之外。）对于单选按钮和复选框，会检测其 `checked` 属性。如果值为 `false` 就退出 `switch` 语句；如果值为 `true`，则继续执行 `default` 分支，将字段的名和值编码后添加到 `parts` 数组。注意，所有没有名字的表单字段都不会包含在序列化结果中以模拟浏览器的表单提交行为。这个函数的最后一步是使用 `join()`通过和号把所有字段的名值对拼接起来。

`serialize()`函数返回的结果是查询字符串格式。如果想要返回其他格式，修改起来也很简单。

19.5 富文本编辑

在网页上编写富文本内容是 Web 应用开发中很常见的需求。富文本编辑也就是所谓的"所见即所得"（WYSIWYG，What You See Is What You Get）编辑。虽然没有规范定义，但源自 IE 的一套事实标准已经被 Opera、Safari、Chrome 和 Firefox 所支持。基本的技术就是在空白 HTML 文件中嵌入一个 `iframe`。通过 `designMode` 属性，可以将这个空白文档变成可以编辑的，实际编辑的则是`<body>`元素的 HTML。`designMode` 属性有两个可能的值："off"（默认值）和"on"。设置为"on"时，整个文档都会变成可以编辑的（显示插入光标），从而可以像使用文字处理程序一样编辑文本，通过键盘将文本标记为粗体、斜体，等等。

作为 `iframe` 源的是一个非常简单的空白 HTML 页面。下面是一个例子：

```
<!DOCTYPE html>
<html>
  <head>
    <title>Blank Page for Rich Text Editing</title>
  </head>
  <body>
  </body>
</html>
```

这个页面会像其他任何页面一样加载到 `iframe` 里。为了可以编辑，必须将文档的 `designMode` 属性设置为"on"。不过，只有在文档完全加载之后才可以设置。在这个包含页面内，需要使用 `onload` 事件处理程序在适当时机设置 `designMode`，如下面的例子所示：

```
<iframe name="richedit" style="height: 100px; width: 100px"></iframe>

<script>
  window.addEventListener("load", () => {
    frames["richedit"].document.designMode = "on";
  });
</script>
```

以上代码加载之后，可以在页面上看到一个类似文本框的区域。这个框的样式具有网页默认样式，不过可以通过 CSS 调整。

19.5.1 使用 `contenteditable`

还有一种处理富文本的方式，也是 IE 最早实现的，即指定 `contenteditable` 属性。可以给页面中的任何元素指定 contenteditable 属性，然后该元素会立即被用户编辑。这种方式更受欢迎，因为不需要额外的 iframe、空页面和 JavaScript，只给元素添加一个 contenteditable 属性即可，比如：

```
<div class="editable" id="richedit" contenteditable></div>
```

元素中包含的任何文本都会自动被编辑，元素本身类似于 `<textarea>` 元素。通过设置 contentEditable 属性，也可以随时切换元素的可编辑状态：

```
let div = document.getElementById("richedit");
richedit.contentEditable = "true";
```

contentEditable 属性有 3 个可能的值："true" 表示开启，"false" 表示关闭，"inherit" 表示继承父元素的设置（因为在 contenteditable 元素内部会创建和删除元素）。IE、Firefox、Chrome、Safari 和 Opera 及所有主流移动浏览器都支持 contentEditable 属性。

> **注意**　contenteditable 是一个非常多才多艺的属性。比如，访问伪 URL data:text/html, `<html contenteditable>` 可以把浏览器窗口转换为一个记事本。这是因为这样会临时创建 DOM 树并将整个文档变成可编辑区域。

19.5.2　与富文本交互

与富文本编辑器交互的主要方法是使用 document.execCommand()。这个方法在文档上执行既定的命令，可以实现大多数格式化任务。document.execCommand() 可以接收 3 个参数：要执行的命令、表示浏览器是否为命令提供用户界面的布尔值和执行命令必需的值（如果不需要则为 null）。为跨浏览器兼容，第二个参数应该始终为 false，因为 Firefox 会在其为 true 时抛出错误。

不同浏览器支持的命令也不一样。下表列出了最常用的命令。

命　　令	值（第三个参数）	说　　明
backcolor	颜色字符串	设置文档背景颜色
bold	null	切换选中文本的粗体样式
copy	null	将选中文本复制到剪贴板
createlink	URL 字符串	将当前选中文本转换为指向给定 URL 的链接
cut	null	将选中文本剪切到剪贴板
delete	null	删除当前选中的文本
fontname	字体名	将选中文本改为使用指定字体
fontsize	1~7	将选中文本改为指定字体大小
forecolor	颜色字符串	将选中文本改为指定颜色
formatblock	HTML 标签，如`<h1>`	将选中文本包含在指定的 HTML 标签中
indent	null	缩进文本
inserthorizontalrule	null	在光标位置插入`<hr>`元素
insertimage	图片 URL	在光标位置插入图片
insertorderedlist	null	在光标位置插入`<ol>`元素
insertparagraph	null	在光标位置插入`<p>`元素

（续）

命　　令	值（第三个参数）	说　　　明
insertunorderedlist	null	在光标位置插入<ul>元素
italic	null	切换选中文本的斜体样式
justifycenter	null	在光标位置居中文本块
justifyleft	null	在光标位置左对齐文本块
outdent	null	减少缩进
paste	null	在选中文本上粘贴剪贴板内容
removeformat	null	移除包含光标所在位置块的 HTML 标签。这是 formatblock 的反操作
selectall	null	选中文档中所有文本
underline	null	切换选中文本的下划线样式
unlink	null	移除文本链接。这是 createlink 的反操作

剪贴板相关的命令与浏览器关系密切。虽然这些命令并不都可以通过 document.execCommand() 使用，但相应的键盘快捷键都是可以用的。

这些命令可以用于修改内嵌窗格（iframe）中富文本区域的外观，如下面的例子所示：

```
// 在内嵌窗格中切换粗体文本样式
frames["richedit"].document.execCommand("bold", false, null);

// 在内嵌窗格中切换斜体文本样式
frames["richedit"].document.execCommand("italic", false, null);

// 在内嵌窗格中创建指向 www.wrox.com 的链接
frames["richedit"].document.execCommand("createlink", false,
                                    "http://www.wrox.com");

// 在内嵌窗格中为内容添加<h1>标签
frames["richedit"].document.execCommand("formatblock", false, "<h1>");
```

同样的方法也可以用于页面中添加了 contenteditable 属性的元素，只不过要使用当前窗口而不是内嵌窗格中的 document 对象：

```
// 切换粗体文本样式
document.execCommand("bold", false, null);

// 切换斜体文本样式
document.execCommand("italic", false, null);

// 创建指向 www.wrox.com 的链接
document.execCommand("createlink", false, "http://www.wrox.com");

// 为内容添加<h1>标签
document.execCommand("formatblock", false, "<h1>");
```

注意，即使命令是所有浏览器都支持的，命令生成的 HTML 通常差别也很大。例如，为选中文本应用 bold 命令在 IE 和 Opera 中会使用<strong>标签，在 Safari 和 Chrome 中会使用<b>标签，而在 Firefox 中会使用<span>标签。在富文本编辑中，不能依赖浏览器生成的 HTML，因为命令实现和格式转换都是通过 innerHTML 完成的。

还有与命令相关的其他一些方法。第一个方法是 queryCommandEnabled()，此方法用于确定对当前选中文本或光标所在位置是否可以执行相关命令。它只接收一个参数，即要检查的命令名。如果可编辑区可以执行该命令就返回 true，否则返回 false。来看下面的例子：

```
let result = frames["richedit"].document.queryCommandEnabled("bold");
```

以上代码在当前选区可以执行"bold"命令时返回 true。不过要注意，queryCommandEnabled() 返回 true 并不代表允许执行相关命令，只代表当前选区适合执行相关命令。在 Firefox 中，queryCommandEnabled("cut") 即使默认不允许剪切也会返回 true。

另一个方法 queryCommandState()用于确定相关命令是否应用到了当前文本选区。例如，要确定当前选区的文本是否为粗体，可以这样：

```
let isBold = frames["richedit"].document.queryCommandState("bold");
```

如果之前给文本选区应用过"bold"命令，则以上代码返回 true。全功能富文本编辑器可以利用这个方法更新粗体、斜体等按钮。

最后一个方法是 queryCommandValue()，此方法可以返回执行命令时使用的值（即前面示例的 execCommand()中的第三个参数）。如果对一段选中文本应用了值为 7 的"fontsize"命令，则如下代码会返回 7：

```
let fontSize = frames["richedit"].document.queryCommandValue("fontsize");
```

这个方法可用于确定如何将命令应用于文本选区，从而进一步决定是否需要执行下一个命令。

19.5.3 富文件选择

在内嵌窗格中使用 getSelection()方法，可以获得富文本编辑器的选区。这个方法暴露在 document 和 window 对象上，返回表示当前选中文本的 Selection 对象。每个 Selection 对象都拥有以下属性。

❑ anchorNode：选区开始的节点。
❑ anchorOffset：在 anchorNode 中，从开头到选区开始跳过的字符数。
❑ focusNode：选区结束的节点。
❑ focusOffset：focusNode 中包含在选区内的字符数。
❑ isCollapsed：布尔值，表示选区起点和终点是否在同一个地方。
❑ rangeCount：选区中包含的 DOM 范围数量。

Selection 的属性并没有包含很多有用的信息。好在它的以下方法提供了更多信息，并允许操作选区。

❑ addRange(range)：把给定的 DOM 范围添加到选区。
❑ collapse(node, offset)：将选区折叠到给定节点中给定的文本偏移处。
❑ collapseToEnd()：将选区折叠到终点。
❑ collapseToStart()：将选区折叠到起点。
❑ containsNode(node)：确定给定节点是否包含在选区中。
❑ deleteFromDocument()：从文档中删除选区文本。与执行 execCommand("delete", false, null)命令结果相同。
❑ extend(node, offset)：通过将 focusNode 和 focusOffset 移动到指定值来扩展选区。

- ❑ getRangeAt(*index*)：返回选区中指定索引处的 DOM 范围。
- ❑ removeAllRanges()：从选区中移除所有 DOM 范围。这实际上会移除选区，因为选区中至少要包含一个范围。
- ❑ removeRange(*range*)：从选区中移除指定的 DOM 范围。
- ❑ selectAllChildren(*node*)：清除选区并选择给定节点的所有子节点。
- ❑ toString()：返回选区中的文本内容。

Selection 对象的这个方法极其强大，充分利用了 DOM 范围来管理选区。操纵 DOM 范围可以实现比 execCommand() 更细粒度的控制，因为可以直接对选中文本的 DOM 内容进行操作。来看下面的例子：

```
let selection = frames["richedit"].getSelection();

// 取得选中的文本
let selectedText = selection.toString();

// 取得表示选区的范围
let range = selection.getRangeAt(0);

// 高亮选中的文本
let span = frames["richedit"].document.createElement("span");
span.style.backgroundColor = "yellow";
range.surroundContents(span);
```

以上代码会在富文本编辑器中给选中文本添加黄色高亮背景。实现方式是在默认选区使用 DOM 范围，用 surroundContents() 方法给选中文本添加背景为黄色的 <span> 标签。

getSelection() 方法在 HTML5 中进行了标准化，IE9 以及 Firefox、Safari、Chrome 和 Opera 的所有现代版本中都实现了这个方法。

IE8 及更早版本不支持 DOM 范围，不过它们允许通过专有的 selection 对象操作选中的文本。如本章前面所讨论的，这个 selection 对象是 document 的属性。要取得富文本编辑器中选中的文本，必须先创建一个文本范围，然后再访问其 text 属性：

```
let range = frames["richedit"].document.selection.createRange();
let selectedText = range.text;
```

使用 IE 文本范围执行 HTML 操作不像使用 DOM 范围那么可靠，不过也是可以做到的。要实现与使用 DOM 范围一样的高亮效果，可以组合使用 htmlText 属性和 pasteHTML() 方法：

```
let range = frames["richedit"].document.selection.createRange();
range.pasteHTML(
    '<span style="background-color:yellow">${range.htmlText}</span>');
```

以上代码使用 htmlText 取得了当前选区的 HTML，然后用一个 <span> 标签将其包围起来并通过 pasteHTML() 再把它插入选区中。

19.5.4 通过表单提交富文本

因为富文本编辑是在内嵌窗格中或通过为元素指定 contenteditable 属性实现的，而不是在表单控件中实现，所以富文本编辑器技术上与表单没有关系。这意味着要把富文本编辑的结果提交给服务器，必须手工提取 HTML 并自己提交。通常的解决方案是在表单中添加一个隐藏字段，使用内嵌窗格或 contenteditable 元素的 HTML 更新它的值。在表单提交之前，从内嵌窗格或 contenteditable 元

素中提取出 HTML 并插入隐藏字段中。例如，以下代码在使用内嵌窗格实现富文本编辑时，可以用在
表单的 onsubmit 事件处理程序中：

```
form.addEventListener("submit", (event) => {
  let target = event.target;

  target.elements["comments"].value =
      frames["richedit"].document.body.innerHTML;
});
```

这里，代码使用文档主体的 innerHTML 属性取得了内嵌窗格的 HTML，然后将其插入名为"comments"
的表单字段中。这样做可以确保在提交表单之前给表单字段赋值。如果使用 submit() 方法手工提交表单，
那么要注意在提交前先执行上述操作。对于 contenteditable 元素，执行这一操作的代码是类似的：

```
form.addEventListener("submit", (event) => {
  let target = event.target;

  target.elements["comments"].value =
      document.getElementById("richedit").innerHTML;
});
```

19.6　小结

尽管 HTML 和 Web 应用自诞生以来已经发生了天翻地覆的变化，但 Web 表单几乎从来没有变过。
JavaScript 可以增加现有的表单字段以提供新功能或增强易用性。为此，表单字段也暴露了属性、方法
和事件供 JavaScript 使用。以下是本章介绍的一些概念。

❑ 可以使用标准或非标准的方法全部或部分选择文本框中的文本。

❑ 所有浏览器都采用了 Firefox 操作文本选区的方式，使其成为真正的标准。

❑ 可以通过监听键盘事件并检测要插入的字符来控制文本框接受或不接受某些字符。

所有浏览器都支持剪贴板相关的事件，包括 copy、cut 和 paste。剪贴板事件在不同浏览器中的
实现有很大差异。

在文本框只限某些字符时，可以利用剪贴板事件屏幕粘贴事件。

选择框也是经常使用 JavaScript 来控制的一种表单控件。借助 DOM，操作选择框比以前方便了很多。
使用标准的 DOM 技术，可以为选择框添加或移除选项，也可以将选项从一个选择框移动到另一个选择
框，或者重排选项。

富文本编辑通常以使用包含空白 HTML 文档的内嵌窗格来处理。通过将文档的 designMode 属性设
置为"on"，可以让整个页面变成编辑区，就像文字处理软件一样。另外，给元素添加 contenteditable
属性也可以将元素转换为可编辑区。默认情况下，可以切换文本的粗体、斜体样式，也可以使用剪贴板功
能。JavaScript 通过 execCommand() 方法可以执行一些富文本编辑功能，通过 queryCommandEnabled()、
queryCommandState() 和 queryCommandValue() 方法则可以获取有关文本选区的信息。由于富文本编
辑区不涉及表单字段，因此要将富文本内容提交到服务器，必须把 HTML 从 iframe 或 contenteditable
元素中复制到一个表单字段。

第20章

JavaScript API

本章内容

- ❏ Atomics 与 `SharedArrayBuffer`
- ❏ 跨上下文消息
- ❏ Encoding API
- ❏ File API 与 Blob API
- ❏ 拖放
- ❏ Notifications API
- ❏ Page Visibility API
- ❏ Streams API
- ❏ 计时 API
- ❏ Web 组件
- ❏ Web Cryptography API

随着 Web 浏览器能力的增加，其复杂性也在迅速增加。从很多方面看，现代 Web 浏览器已经成为构建于诸多规范之上、集不同 API 于一身的"瑞士军刀"。浏览器规范的生态在某种程度上是混乱而无序的。一些规范如 HTML5，定义了一批增强已有标准的 API 和浏览器特性。而另一些规范如 Web Cryptography API 和 Notifications API，只为一个特性定义了一个 API。不同浏览器实现这些新 API 的情况也不同，有的会实现其中一部分，有的则干脆尚未实现。

最终，是否使用这些比较新的 API 还要看项目是支持更多浏览器，还是要采用更多现代特性。有些 API 可以通过腻子脚本来模拟，但腻子脚本通常会带来性能问题，此外也会增加网站 JavaScript 代码的体积。

> **注意**　Web API 的数量之多令人难以置信（参见 MDN 文档的 Web APIs 词条）。本章要介绍的 API 仅限于与大多数开发者有关、已经得到多个浏览器支持，且本书其他章节没有涵盖的部分。

20.1 Atomics 与 `SharedArrayBuffer`

多个上下文访问 `SharedArrayBuffer` 时，如果同时对缓冲区执行操作，就可能出现资源争用问题。Atomics API 通过强制同一时刻只能对缓冲区执行一个操作，可以让多个上下文安全地读写一个 `SharedArrayBuffer`。Atomics API 是 ES2017 中定义的。

仔细研究会发现 Atomics API 非常像一个简化版的指令集架构（ISA），这并非意外。原子操作的本质会排斥操作系统或计算机硬件通常会自动执行的优化（比如指令重新排序）。原子操作也让并发访问内存变得不可能，如果应用不当就可能导致程序执行变慢。为此，Atomics API 的设计初衷是在最少但很稳定的原子行为基础之上，构建复杂的多线程 JavaScript 程序。

20.1.1 SharedArrayBuffer

SharedArrayBuffer 与 ArrayBuffer 具有同样的 API。二者的主要区别是 ArrayBuffer 必须在不同执行上下文间切换，SharedArrayBuffer 则可以被任意多个执行上下文同时使用。

在多个执行上下文间共享内存意味着并发线程操作成为了可能。传统 JavaScript 操作对于并发内存访问导致的资源争用没有提供保护。下面的例子演示了 4 个专用工作线程访问同一个 SharedArrayBuffer 导致的资源争用问题：

```
const workerScript = `
self.onmessage = ({data}) => {
  const view = new Uint32Array(data);

  // 执行 1 000 000 次加操作
  for (let i = 0; i < 1E6; ++i) {
    // 线程不安全加操作会导致资源争用
    view[0] += 1;
  }

  self.postMessage(null);
};
`;

const workerScriptBlobUrl = URL.createObjectURL(new Blob([workerScript]));

// 创建容量为 4 的工作线程池
const workers = [];
for (let i = 0; i < 4; ++i) {
  workers.push(new Worker(workerScriptBlobUrl));
}

// 在最后一个工作线程完成后打印出最终值
let responseCount = 0;
for (const worker of workers) {
  worker.onmessage = () => {
    if (++responseCount == workers.length) {
      console.log(`Final buffer value: ${view[0]}`);
    }
  };
}

// 初始化 SharedArrayBuffer
const sharedArrayBuffer = new SharedArrayBuffer(4);
const view = new Uint32Array(sharedArrayBuffer);
view[0] = 1;

// 把 SharedArrayBuffer 发送到每个工作线程
for (const worker of workers) {
  worker.postMessage(sharedArrayBuffer);
}

// （期待结果为 4000001。实际输出可能类似这样：)
// Final buffer value: 2145106
```

为解决这个问题，Atomics API 应运而生。Atomics API 可以保证 `SharedArrayBuffer` 上的 JavaScript 操作是线程安全的。

> **注意** `SharedArrayBuffer` API 等同于 `ArrayBuffer` API，后者在第 6 章介绍过。关于如何在多个上下文中使用 `SharedArrayBuffer`，可以参考第 27 章。

20.1.2 原子操作基础

任何全局上下文中都有 `Atomics` 对象，这个对象上暴露了用于执行线程安全操作的一套静态方法，其中多数方法以一个 `TypedArray` 实例（一个 `SharedArrayBuffer` 的引用）作为第一个参数，以相关操作数作为后续参数。

1. 算术及位操作方法

Atomics API 提供了一套简单的方法用以执行就地修改操作。在 ECMA 规范中，这些方法被定义为 `AtomicReadModifyWrite` 操作。在底层，这些方法都会从 `SharedArrayBuffer` 中某个位置读取值，然后执行算术或位操作，最后再把计算结果写回相同的位置。这些操作的原子本质意味着上述读取、修改、写回操作会按照顺序执行，不会被其他线程中断。

以下代码演示了所有算术方法：

```
// 创建大小为 1 的缓冲区
let sharedArrayBuffer = new SharedArrayBuffer(1);

// 基于缓冲创建 Uint8Array
let typedArray = new Uint8Array(sharedArrayBuffer);

// 所有 ArrayBuffer 全部初始化为 0
console.log(typedArray); // Uint8Array[0]

const index = 0;
const increment = 5;

// 对索引 0 处的值执行原子加 5
Atomics.add(typedArray, index, increment);

console.log(typedArray); // Uint8Array[5]

// 对索引 0 处的值执行原子减 5
Atomics.sub(typedArray, index, increment);

console.log(typedArray); // Uint8Array[0]
```

以下代码演示了所有位方法：

```
// 创建大小为 1 的缓冲区
let sharedArrayBuffer = new SharedArrayBuffer(1);

// 基于缓冲创建 Uint8Array
let typedArray = new Uint8Array(sharedArrayBuffer);

// 所有 ArrayBuffer 全部初始化为 0
console.log(typedArray); // Uint8Array[0]
```

20

```
const index = 0;

// 对索引 0 处的值执行原子或 0b1111
Atomics.or(typedArray, index, 0b1111);

console.log(typedArray); // Uint8Array[15]

// 对索引 0 处的值执行原子与 0b1111
Atomics.and(typedArray, index, 0b1100);

console.log(typedArray); // Uint8Array[12]

// 对索引 0 处的值执行原子异或 0b1111
Atomics.xor(typedArray, index, 0b1111);

console.log(typedArray); // Uint8Array[3]
```

前面线程不安全的例子可以改写为下面这样：

```
  const workerScript = `
  self.onmessage = ({data}) => {

  const view = new Uint32Array(data);

  // 执行 1 000 000 次加操作
  for (let i = 0; i < 1E6; ++i) {
    // 线程安全的加操作
    Atomics.add(view, 0, 1);
  }

  self.postMessage(null);
};
`;

const workerScriptBlobUrl = URL.createObjectURL(new Blob([workerScript]));

// 创建容量为 4 的工作线程池
const workers = [];
for (let i = 0; i < 4; ++i) {
  workers.push(new Worker(workerScriptBlobUrl));
}

// 在最后一个工作线程完成后打印出最终值
let responseCount = 0;
for (const worker of workers) {
  worker.onmessage = () => {
    if (++responseCount == workers.length) {
      console.log(`Final buffer value: ${view[0]}`);
    }
  };
}

// 初始化 SharedArrayBuffer
const sharedArrayBuffer = new SharedArrayBuffer(4);
const view = new Uint32Array(sharedArrayBuffer);
view[0] = 1;

// 把 SharedArrayBuffer 发送到每个工作线程
for (const worker of workers) {
```

```
    worker.postMessage(sharedArrayBuffer);
}

// (期待结果为 4000001)
// Final buffer value: 4000001
```

2. 原子读和写

浏览器的 JavaScript 编译器和 CPU 架构本身都有权限重排指令以提升程序执行效率。正常情况下，JavaScript 的单线程环境是可以随时进行这种优化的。但多线程下的指令重排可能导致资源争用，而且极难排错。

Atomics API 通过两种主要方式解决了这个问题。

❑ 所有原子指令相互之间的顺序永远不会重排。

❑ 使用原子读或原子写保证所有指令（包括原子和非原子指令）都不会相对原子读/写重新排序。这意味着位于原子读/写之前的所有指令会在原子读/写发生前完成，而位于原子读/写之后的所有指令会在原子读/写完成后才会开始。

除了读写缓冲区的值，Atomics.load() 和 Atomics.store() 还可以构建"代码围栏"。JavaScript 引擎保证非原子指令可以相对于 load() 或 store() **本地重排**，但这个重排不会侵犯原子读/写的边界。以下代码演示了这种行为：

```
const sharedArrayBuffer = new SharedArrayBuffer(4);
const view = new Uint32Array(sharedArrayBuffer);

// 执行非原子写
view[0] = 1;

// 非原子写可以保证在这个读操作之前完成，因此这里一定会读到 1
console.log(Atomics.load(view, 0)); // 1

// 执行原子写
Atomics.store(view, 0, 2);

// 非原子读可以保证在原子写完成后发生，因此这里一定会读到 2
console.log(view[0]); // 2
```

3. 原子交换

为了保证连续、不间断的先读后写，Atomics API 提供了两种方法：exchange() 和 compareExchange()。Atomics.exchange() 执行简单的交换，以保证其他线程不会中断值的交换：

```
const sharedArrayBuffer = new SharedArrayBuffer(4);
const view = new Uint32Array(sharedArrayBuffer);

// 在索引 0 处写入 3
Atomics.store(view, 0, 3);

// 从索引 0 处读取值，然后在索引 0 处写入 4
console.log(Atomics.exchange(view, 0, 4));  // 3

// 从索引 0 处读取值
console.log(Atomics.load(view, 0));         // 4
```

在多线程程序中，一个线程可能**只希望**在上次读取某个值之后没有其他线程修改该值的情况下才对共享缓冲区执行写操作。如果这个值没有被修改，这个线程就可以安全地写入更新后的值；如果这个值被修改了，那么执行写操作将会破坏其他线程计算的值。对于这种任务，Atomics API 提供了 compare-Exchange()方法。这个方法只在目标索引处的值与预期值匹配时才会执行写操作。来看下面这个例子：

```
const sharedArrayBuffer = new SharedArrayBuffer(4);
const view = new Uint32Array(sharedArrayBuffer);

// 在索引 0 处写入 5
Atomics.store(view, 0, 5);
// 从缓冲区读取值
let initial = Atomics.load(view, 0);

// 对这个值执行非原子操作
let result = initial ** 2;

// 只在缓冲区未被修改的情况下才会向缓冲区写入新值
Atomics.compareExchange(view, 0, initial, result);

// 检查写入成功
console.log(Atomics.load(view, 0)); // 25
```

如果值不匹配，compareExchange()调用则什么也不做：

```
const sharedArrayBuffer = new SharedArrayBuffer(4);
const view = new Uint32Array(sharedArrayBuffer);

// 在索引 0 处写入 5
Atomics.store(view, 0, 5);
// 从缓冲区读取值
let initial = Atomics.load(view, 0);

// 对这个值执行非原子操作
let result = initial ** 2;

// 只在缓冲区未被修改的情况下才会向缓冲区写入新值
Atomics.compareExchange(view, 0, -1, result);

// 检查写入失败
console.log(Atomics.load(view, 0)); // 5
```

4. 原子 Futex 操作与加锁

如果没有某种锁机制，多线程程序就无法支持复杂需求。为此，Atomics API 提供了模仿 Linux Futex（快速用户空间互斥量，fast user-space mutex）的方法。这些方法本身虽然非常简单，但可以作为更复杂锁机制的基本组件。

> **注意** 所有原子 Futex 操作只能用于 Int32Array 视图。而且，也只能用在工作线程内部。

Atomics.wait()和 Atomics.notify()通过示例很容易理解。下面这个简单的例子创建了 4 个工作线程，用于对长度为 1 的 Int32Array 进行操作。这些工作线程会依次取得锁并执行自己的加操作：

```
const workerScript = `
self.onmessage = ({data}) => {
  const view = new Int32Array(data);

  console.log('Waiting to obtain lock');

  // 遇到初始值则停止，10 000 毫秒超时
```

```
  Atomics.wait(view, 0, 0, 1E5);

  console.log('Obtained lock');

  // 在索引 0 处加 1
  Atomics.add(view, 0, 1);

  console.log('Releasing lock');

  // 只允许 1 个工作线程继续执行
  Atomics.notify(view, 0, 1);

  self.postMessage(null);
};
`;

const workerScriptBlobUrl = URL.createObjectURL(new Blob([workerScript]));

const workers = [];
for (let i = 0; i < 4; ++i) {
  workers.push(new Worker(workerScriptBlobUrl));
}

// 在最后一个工作线程完成后打印出最终值
let responseCount = 0;
for (const worker of workers) {
  worker.onmessage = () => {
    if (++responseCount == workers.length) {
      console.log(`Final buffer value: ${view[0]}`);
    }
  };
}

// 初始化 SharedArrayBuffer
const sharedArrayBuffer = new SharedArrayBuffer(8);
const view = new Int32Array(sharedArrayBuffer);

// 把 SharedArrayBuffer 发送到每个工作线程
for (const worker of workers) {
  worker.postMessage(sharedArrayBuffer);
}

// 1000 毫秒后释放第一个锁
setTimeout(() => Atomics.notify(view, 0, 1), 1000);

// Waiting to obtain lock
// Waiting to obtain lock
// Waiting to obtain lock
// Waiting to obtain lock
// Obtained lock
// Releasing lock
// Obtained lock
// Releasing lock
// Obtained lock
// Releasing lock
// Obtained lock
// Releasing lock
// Final buffer value: 4
```

因为是使用 0 来初始化 `SharedArrayBuffer`，所以每个工作线程都会到达 `Atomics.wait()` 并停止执行。在停止状态下，执行线程存在于一个**等待队列**中，在经过指定时间或在相应索引上调用 `Atomics.notify()` 之前，一直保持暂停状态。1000 毫秒之后，顶部执行上下文会调用 `Atomics.notify()` 释放其中一个等待的线程。这个线程执行完毕后会再次调用 `Atomics.notify()` 释放另一个线程。这个过程会持续到所有线程都执行完毕并通过 `postMessage()` 传出最终的值。

Atomics API 还提供了 `Atomics.isLockFree()` 方法。不过我们基本上应该不会用到。这个方法在高性能算法中可以用来确定是否有必要获取锁。规范中的介绍如下：

> `Atomics.isLockFree()` 是一个优化原语。基本上，如果一个原子原语（`compareExchange`、`load`、`store`、`add`、`sub`、`and`、`or`、`xor` 或 `exchange`）在 n 字节大小的数据上的原子步骤在不调用代理在组成数据的 n 字节之外获得锁的情况下可以执行，则 `Atomics.isLockFree(n)` 会返回 `true`。高性能算法会使用 `Atomics.isLockFree` 确定是否在关键部分使用锁或原子操作。如果原子原语需要加锁，则算法提供自己的锁会更高效。

> `Atomics.isLockFree(4)` 始终返回 `true`，因为在所有已知的相关硬件上都是支持的。能够如此假设通常可以简化程序。

20.2　跨上下文消息

跨文档消息，有时候也简称为 **XDM**（cross-document messaging），是一种在不同执行上下文（如不同工作线程或不同源的页面）间传递信息的能力。例如，www.wrox.com 上的页面想要与包含在内嵌窗格中的 p2p.wrox.com 上面的页面通信。在 XDM 之前，要以安全方式实现这种通信需要很多工作。XDM 以安全易用的方式规范化了这个功能。

> **注意**　跨上下文消息用于窗口之间通信或工作线程之间通信。本节主要介绍使用 `postMessage()` 与其他窗口通信。关于工作线程之间通信、`MessageChannel` 和 `BroadcastChannel`，可以参考第 27 章。

XDM 的核心是 `postMessage()` 方法。除了 XDM，这个方法名还在 HTML5 中很多地方用到过，但目的都一样，都是把数据传送到另一个位置。

`postMessage()` 方法接收 3 个参数：消息、表示目标接收源的字符串和可选的可传输对象的数组（只与工作线程相关）。第二个参数对于安全非常重要，其可以限制浏览器交付数据的目标。下面来看一个例子：

```
let iframeWindow = document.getElementById("myframe").contentWindow;
iframeWindow.postMessage("A secret", "http://www.wrox.com");
```

最后一行代码尝试向内嵌窗格中发送一条消息，而且指定了源必须是 `"http://www.wrox.com"`。如果源匹配，那么消息将会交付到内嵌窗格；否则，`postMessage()` 什么也不做。这个限制可以保护信息不会因地址改变而泄露。如果不想限制接收目标，则可以给 `postMessage()` 的第二个参数传 `"*"`，但不推荐这么做。

接收到 XDM 消息后，window 对象上会触发 message 事件。这个事件是异步触发的，因此从消息发出到接收到消息（接收窗口触发 message 事件）可能有延迟。传给 onmessage 事件处理程序的 event

对象包含以下 3 方面重要信息。

- ❑ data：作为第一个参数传递给 postMessage() 的字符串数据。
- ❑ origin：发送消息的文档源，例如 "http://www.wrox.com"。
- ❑ source：发送消息的文档中 window 对象的代理。这个代理对象主要用于在发送上一条消息的窗口中执行 postMessage() 方法。如果发送窗口有相同的源，那么这个对象应该就是 window 对象。

接收消息之后验证发送窗口的源是非常重要的。与 postMessage() 的第二个参数可以保证数据不会意外传给未知页面一样，在 onmessage 事件处理程序中检查发送窗口的源可以保证数据来自正确的地方。基本的使用方式如下所示：

```
window.addEventListener("message", (event) => {
  // 确保来自预期发送者
  if (event.origin == "http://www.wrox.com") {

    // 对数据进行一些处理
    processMessage(event.data);
    // 可选：向来源窗口发送一条消息
    event.source.postMessage("Received!", "http://p2p.wrox.com");
  }
});
```

大多数情况下，event.source 是某个 window 对象的代理，而非实际的 window 对象。因此不能通过它访问所有窗口下的信息。最好只使用 postMessage()，这个方法永远存在而且可以调用。

XDM 有一些怪异之处。首先，postMessage() 的第一个参数的最初实现始终是一个字符串。后来，第一个参数改为允许任何结构的数据传入，不过并非所有浏览器都实现了这个改变。为此，最好就是只通过 postMessage() 发送字符串。如果需要传递结构化数据，那么最好先对该数据调用 JSON.stringify()，通过 postMessage() 传过去之后，再在 onmessage 事件处理程序中调用 JSON.parse()。

在通过内嵌窗格加载不同域时，使用 XDM 是非常方便的。这种方法在混搭（mashup）和社交应用中非常常用。通过使用 XDM 与内嵌窗格中的网页通信，可以保证包含页面的安全。XDM 也可以用于同源页面之间通信。

20.3 Encoding API

Encoding API 主要用于实现字符串与定型数组之间的转换。规范新增了 4 个用于执行转换的全局类：TextEncoder、TextEncoderStream、TextDecoder 和 TextDecoderStream。

> **注意** 相比于批量（bulk）的编解码，对流（stream）编解码的支持很有限。

20.3.1 文本编码

Encoding API 提供了两种将字符串转换为定型数组二进制格式的方法：批量编码和流编码。把字符串转换为定型数组时，编码器始终使用 UTF-8。

1. 批量编码

所谓批量，指的是 JavaScript 引擎会同步编码整个字符串。对于非常长的字符串，可能会花较长时间。批量编码是通过 TextEncoder 的实例完成的：

```
const textEncoder = new TextEncoder();
```

这个实例上有一个 encode() 方法，该方法接收一个字符串参数，并以 Uint8Array 格式返回每个字符的 UTF-8 编码：

```
const textEncoder = new TextEncoder();
const decodedText = 'foo';
const encodedText = textEncoder.encode(decodedText);

// f 的 UTF-8 编码是 0x66 (即十进制 102)
// o 的 UTF-8 编码是 0x6F (即二进制 111)
console.log(encodedText); // Uint8Array(3) [102, 111, 111]
```

编码器是用于处理字符的，有些字符（如表情符号）在最终返回的数组中可能会占多个索引：

```
const textEncoder = new TextEncoder();
const decodedText = '☺';
const encodedText = textEncoder.encode(decodedText);

// ☺的 UTF-8 编码是 0xF0 0x9F 0x98 0x8A (即十进制 240、159、152、138)
console.log(encodedText); // Uint8Array(4) [240, 159, 152, 138]
```

编码器实例还有一个 encodeInto() 方法，该方法接收一个字符串和目标 Unit8Array，返回一个字典，该字典包含 read 和 written 属性，分别表示成功从源字符串读取了多少字符和向目标数组写入了多少字符。如果定型数组的空间不够，编码就会提前终止，返回的字典会体现这个结果：

```
const textEncoder = new TextEncoder();
const fooArr = new Uint8Array(3);
const barArr = new Uint8Array(2);
const fooResult = textEncoder.encodeInto('foo', fooArr);
const barResult = textEncoder.encodeInto('bar', barArr);

console.log(fooArr);    // Uint8Array(3) [102, 111, 111]
console.log(fooResult); // { read: 3, written: 3 }

console.log(barArr);    // Uint8Array(2) [98, 97]
console.log(barResult); // { read: 2, written: 2 }
```

encode() 要求分配一个新的 Unit8Array，encodeInto() 则不需要。对于追求性能的应用，这个差别可能会带来显著不同。

> **注意**　文本编码会始终使用 UTF-8 格式，而且必须写入 Unit8Array 实例。使用其他类型数组会导致 encodeInto() 抛出错误。

2. 流编码

TextEncoderStream 其实就是 TransformStream 形式的 TextEncoder。将解码后的文本流通过管道输入流编码器会得到编码后文本块的流：

```
async function* chars() {
  const decodedText = 'foo';
    for (let char of decodedText) {
      yield await new Promise((resolve) => setTimeout(resolve, 1000, char));
```

```
    }
  }

const decodedTextStream = new ReadableStream({
  async start(controller) {
    for await (let chunk of chars()) {
      controller.enqueue(chunk);
    }

    controller.close();
  }
});

const encodedTextStream = decodedTextStream.pipeThrough(new TextEncoderStream());

const readableStreamDefaultReader = encodedTextStream.getReader();

(async function() {
  while(true) {
    const { done, value } = await readableStreamDefaultReader.read();

    if (done) {
      break;
    } else {
      console.log(value);
    }
  }
})();

// Uint8Array[102]
// Uint8Array[111]
// Uint8Array[111]
```

20.3.2　文本解码

Encoding API 提供了两种将定型数组转换为字符串的方式：批量解码和流解码。与编码器类不同，在将定型数组转换为字符串时，解码器支持非常多的字符串编码，可以参考 Encoding Standard 规范的 "Names and labels" 一节。

默认字符编码格式是 UTF-8。

1. 批量解码

所谓批量，指的是 JavaScript 引擎会同步解码整个字符串。对于非常长的字符串，可能会花较长时间。批量解码是通过 TextDecoder 的实例完成的：

```
const textDecoder = new TextDecoder();
```

这个实例上有一个 decode() 方法，该方法接收一个定型数组参数，返回解码后的字符串：

```
const textDecoder = new TextDecoder();

// f 的 UTF-8 编码是 0x66 (即十进制 102)
// o 的 UTF-8 编码是 0x6F (即二进制 111)
const encodedText = Uint8Array.of(102, 111, 111);
const decodedText = textDecoder.decode(encodedText);

console.log(decodedText); // foo
```

　　解码器不关心传入的是哪种定型数组，它只会专心解码整个二进制表示。在下面这个例子中，只包含 8 位字符的 32 位值被解码为 UTF-8 格式，解码得到的字符串中填充了空格：

```
const textDecoder = new TextDecoder();

// f 的 UTF-8 编码是 0x66（即十进制 102）
// o 的 UTF-8 编码是 0x6F（即二进制 111）
const encodedText = Uint32Array.of(102, 111, 111);
const decodedText = textDecoder.decode(encodedText);

console.log(decodedText); // "f   o   o   "
```

解码器是用于处理定型数组中分散在多个索引上的字符的，包括表情符号：

```
const textDecoder = new TextDecoder();

// ☺的 UTF-8 编码是 0xF0 0x9F 0x98 0x8A（即十进制 240、159、152、138）
const encodedText = Uint8Array.of(240, 159, 152, 138);
const decodedText = textDecoder.decode(encodedText);

console.log(decodedText); // ☺
```

与 TextEncoder 不同，TextDecoder 可以兼容很多字符编码。比如下面的例子就使用了 UTF-16 而非默认的 UTF-8：

```
const textDecoder = new TextDecoder('utf-16');

// f 的 UTF-8 编码是 0x0066（即十进制 102）
// o 的 UTF-8 编码是 0x006F（即二进制 111）
const encodedText = Uint16Array.of(102, 111, 111);
const decodedText = textDecoder.decode(encodedText);

console.log(decodedText); // foo
```

2. 流解码

　　TextDecoderStream 其实就是 TransformStream 形式的 TextDecoder。将编码后的文本流通过管道输入流解码器会得到解码后文本块的流：

```
async function* chars() {
  // 每个块必须是一个定型数组
  const encodedText = [102, 111, 111].map((x) => Uint8Array.of(x));

  for (let char of encodedText) {
    yield await new Promise((resolve) => setTimeout(resolve, 1000, char));
  }
}

const encodedTextStream = new ReadableStream({
  async start(controller) {
    for await (let chunk of chars()) {
      controller.enqueue(chunk);
    }

    controller.close();
  }
});

const decodedTextStream = encodedTextStream.pipeThrough(new TextDecoderStream());
```

```
const readableStreamDefaultReader = decodedTextStream.getReader();

(async function() {
  while(true) {
    const { done, value } = await readableStreamDefaultReader.read();

    if (done) {
      break;
    } else {
      console.log(value);
    }
  }
})();

// f
// o
// o
```

文本解码器流能够识别可能分散在不同块上的代理对。解码器流会保持块片段直到取得完整的字符。比如在下面的例子中，流解码器在解码流并输出字符之前会等待传入 4 个块：

```
async function* chars() {
  // ☺的 UTF-8 编码是 0xF0 0x9F 0x98 0x8A (即十进制 240、159、152、138)
  const encodedText = [240, 159, 152, 138].map((x) => Uint8Array.of(x));

  for (let char of encodedText) {
    yield await new Promise((resolve) => setTimeout(resolve, 1000, char));
  }
}

const encodedTextStream = new ReadableStream({
  async start(controller) {
    for await (let chunk of chars()) {
      controller.enqueue(chunk);
    }
    controller.close();
  }
});

const decodedTextStream = encodedTextStream.pipeThrough(new TextDecoderStream());

const readableStreamDefaultReader = decodedTextStream.getReader();

(async function() {
  while(true) {
    const { done, value } = await readableStreamDefaultReader.read();

    if (done) {
      break;
    } else {
      console.log(value);
    }
  }
})();

// ☺
```

文本解码器流经常与 fetch() 一起使用，因为响应体可以作为 ReadableStream 来处理。比如：

```
const response = await fetch(url);
const stream = response.body.pipeThrough(new TextDecoderStream());
const decodedStream = stream.getReader()

for await (let decodedChunk of decodedStream) {
  console.log(decodedChunk);
}
```

20.4　File API 与 Blob API

Web 应用程序的一个主要的痛点是无法操作用户计算机上的文件。2000 年之前，处理文件的唯一方式是把<input type="file">放到一个表单里，仅此而已。File API 与 Blob API 是为了让 Web 开发者能以安全的方式访问客户端机器上的文件，从而更好地与这些文件交互而设计的。

20.4.1　File 类型

File API 仍然以表单中的文件输入字段为基础，但是增加了直接访问文件信息的能力。HTML5 在 DOM 上为文件输入元素添加了 files 集合。当用户在文件字段中选择一个或多个文件时，这个 files 集合中会包含一组 File 对象，表示被选中的文件。每个 File 对象都有一些只读属性。

- name：本地系统中的文件名。
- size：以字节计的文件大小。
- type：包含文件 MIME 类型的字符串。
- lastModifiedDate：表示文件最后修改时间的字符串。这个属性只有 Chome 实现了。

例如，通过监听 change 事件然后遍历 files 集合可以取得每个选中文件的信息：

```
let filesList = document.getElementById("files-list");
filesList.addEventListener("change", (event) => {
  let files = event.target.files,
      i = 0,
      len = files.length;

  while (i < len) {
    const f = files[i];
    console.log(`${f.name} (${f.type}, ${f.size} bytes)`);
    i++;
  }
});
```

这个例子简单地在控制台输出了每个文件的信息。仅就这个能力而言，已经可以说是 Web 应用向前迈进的一大步了。不过，File API 还提供了 FileReader 类型，让我们可以实际从文件中读取数据。

20.4.2　FileReader 类型

FileReader 类型表示一种异步文件读取机制。可以把 FileReader 想象成类似于 XMLHttpRequest，只不过是用于从文件系统读取文件，而不是从服务器读取数据。FileReader 类型提供了几个读取文件数据的方法。

- readAsText(file, encoding)：从文件中读取纯文本内容并保存在 result 属性中。第二个参数表示编码，是可选的。

❑ readAsDataURL(file)：读取文件并将内容的数据 URI 保存在 result 属性中。

❑ readAsBinaryString(file)：读取文件并将每个字符的二进制数据保存在 result 属性中。

❑ readAsArrayBuffer(file)：读取文件并将文件内容以 ArrayBuffer 形式保存在 result 属性。

这些读取数据的方法为处理文件数据提供了极大的灵活性。例如，为了向用户显示图片，可以将图片读取为数据 URI，而为了解析文件内容，可以将文件读取为文本。

因为这些读取方法是异步的，所以每个 FileReader 会发布几个事件，其中 3 个最有用的事件是 progress、error 和 load，分别表示还有更多数据、发生了错误和读取完成。

progress 事件每 50 毫秒就会触发一次，其与 XHR 的 progress 事件具有相同的信息：lengthComputable、loaded 和 total。此外，在 progress 事件中可以读取 FileReader 的 result 属性，即使其中尚未包含全部数据。

error 事件会在由于某种原因无法读取文件时触发。触发 error 事件时，FileReader 的 error 属性会包含错误信息。这个属性是一个对象，只包含一个属性：code。这个错误码的值可能是 1（未找到文件）、2（安全错误）、3（读取被中断）、4（文件不可读）或 5（编码错误）。

load 事件会在文件成功加载后触发。如果 error 事件被触发，则不会再触发 load 事件。下面的例子演示了所有这 3 个事件：

```
let filesList = document.getElementById("files-list");
filesList.addEventListener("change", (event) => {
  let info = "",
      output = document.getElementById("output"),
      progress = document.getElementById("progress"),
      files = event.target.files,
      type = "default",
      reader = new FileReader();

  if (/image/.test(files[0].type)) {
    reader.readAsDataURL(files[0]);
    type = "image";
  } else {
    reader.readAsText(files[0]);
    type = "text";
  }

  reader.onerror = function() {
    output.innerHTML = "Could not read file, error code is " +
        reader.error.code;
  };

  reader.onprogress = function(event) {
    if (event.lengthComputable) {
      progress.innerHTML = `${event.loaded}/${event.total}`;
    }
  };

  reader.onload = function() {
    let html = "";

    switch(type) {
      case "image":
        html = `<img src="${reader.result}">`;
        break;
```

20

```
      case "text":
        html = reader.result;
        break;
    }
    output.innerHTML = html;
  };
});
```

以上代码从表单字段中读取一个文件，并将其内容显示在了网页上。如果文件的 MIME 类型表示它是一个图片，那么就将其读取后保存为数据 URI，在 load 事件触发时将数据 URI 作为图片插入页面中。如果文件不是图片，则读取后将其保存为文本并原样输出到网页上。progress 事件用于跟踪和显示读取文件的进度，而 error 事件用于监控错误。

如果想提前结束文件读取，则可以在过程中调用 abort() 方法，从而触发 abort 事件。在 load、error 和 abort 事件触发后，还会触发 loadend 事件。loadend 事件表示在上述 3 种情况下，所有读取操作都已经结束。readAsText() 和 readAsDataURL() 方法已经得到了所有主流浏览器支持。

20.4.3　FileReaderSync 类型

顾名思义，FileReaderSync 类型就是 FileReader 的同步版本。这个类型拥有与 FileReader 相同的方法，只有在整个文件都加载到内存之后才会继续执行。FileReaderSync 只在工作线程中可用，因为如果读取整个文件耗时太长则会影响全局。

假设通过 postMessage() 向工作线程发送了一个 File 对象。以下代码会让工作线程同步将文件读取到内存中，然后将文件的数据 URL 发回来：

```
// worker.js

self.omessage = (messageEvent) => {
  const syncReader = new FileReaderSync();
  console.log(syncReader); // FileReaderSync {}

  // 读取文件时阻塞工作线程
  const result = syncReader.readAsDataUrl(messageEvent.data);

  // PDF 文件的示例响应
  console.log(result); // data:application/pdf;base64,JVBERi0xLjQK...

  // 把 URL 发回去
  self.postMessage(result);
};
```

20.4.4　Blob 与部分读取

某些情况下，可能需要读取部分文件而不是整个文件。为此，File 对象提供了一个名为 slice() 的方法。slice() 方法接收两个参数：起始字节和要读取的字节数。这个方法返回一个 Blob 的实例，而 Blob 实际上是 File 的超类。

blob 表示二进制大对象（binary large object），是 JavaScript 对不可修改二进制数据的封装类型。包含字符串的数组、ArrayBuffers、ArrayBufferViews，甚至其他 Blob 都可以用来创建 blob。Blob 构造函数可以接收一个 options 参数，并在其中指定 MIME 类型：

```
console.log(new Blob(['foo']));
// Blob {size: 3, type: ""}

console.log(new Blob(['{"a": "b"}'], { type: 'application/json' }));
// {size: 10, type: "application/json"}

console.log(new Blob(['<p>Foo</p>', '<p>Bar</p>'], { type: 'text/html' }));
// {size: 20, type: "text/html"}
```

Blob 对象有一个 size 属性和一个 type 属性，还有一个 slice() 方法用于进一步切分数据。另外也可以使用 FileReader 从 Blob 中读取数据。下面的例子只会读取文件的前 32 字节：

```
let filesList = document.getElementById("files-list");
filesList.addEventListener("change", (event) => {
  let info = "",
    output = document.getElementById("output"),
    progress = document.getElementById("progress"),
    files = event.target.files,
    reader = new FileReader(),
    blob = blobSlice(files[0], 0, 32);
  if (blob) {
    reader.readAsText(blob);

    reader.onerror = function() {
      output.innerHTML = "Could not read file, error code is " +
                reader.error.code;
    };
    reader.onload = function() {
      output.innerHTML = reader.result;
    };
  } else {
    console.log("Your browser doesn't support slice().");
  }
});
```

只读取部分文件可以节省时间，特别是在只需要数据特定部分比如文件头的时候。

20.4.5　对象 URL 与 Blob

对象 URL 有时候也称作 Blob URL，是指引用存储在 File 或 Blob 中数据的 URL。对象 URL 的优点是不用把文件内容读取到 JavaScript 也可以使用文件。只要在适当位置提供对象 URL 即可。要创建对象 URL，可以使用 window.URL.createObjectURL() 方法并传入 File 或 Blob 对象。这个函数返回的值是一个指向内存中地址的字符串。因为这个字符串是 URL，所以可以在 DOM 中直接使用。例如，以下代码使用对象 URL 在页面中显示了一张图片：

```
let filesList = document.getElementById("files-list");
filesList.addEventListener("change", (event) => {
  let info = "",
    output = document.getElementById("output"),
    progress = document.getElementById("progress"),
    files = event.target.files,
    reader = new FileReader(),
    url = window.URL.createObjectURL(files[0]);
  if (url) {
    if (/image/.test(files[0].type)) {
      output.innerHTML = `<img src="${url}">`;
```

```
    } else {
      output.innerHTML = "Not an image.";
    }
  } else {
    output.innerHTML = "Your browser doesn't support object URLs.";
  }
});
```

　　如果把对象 URL 直接放到<img>标签，就不需要把数据先读到 JavaScript 中了。<img>标签可以直接从相应的内存位置把数据读取到页面上。

　　使用完数据之后，最好能释放与之关联的内存。只要对象 URL 在使用中，就不能释放内存。如果想表明不再使用某个对象 URL，则可以把它传给 window.URL.revokeObjectURL()。页面卸载时，所有对象 URL 占用的内存都会被释放。不过，最好在不使用时就立即释放内存，以便尽可能保持页面占用最少资源。

20.4.6　读取拖放文件

　　组合使用 HTML5 拖放 API 与 File API 可以创建读取文件信息的有趣功能。在页面上创建放置目标后，可以从桌面上把文件拖动并放到放置目标。这样会像拖放图片或链接一样触发 drop 事件。被放置的文件可以通过事件的 event.dataTransfer.files 属性读到，这个属性保存着一组 File 对象，就像文本输入字段一样。

　　下面的例子会把拖放到页面放置目标上的文件信息打印出来：

```
let droptarget = document.getElementById("droptarget");
function handleEvent(event) {
  let info = "",
    output = document.getElementById("output"),
    files, i, len;
  event.preventDefault();

  if (event.type == "drop") {
    files = event.dataTransfer.files;
    i = 0;
    len = files.length;

    while (i < len) {
      info += `${files[i].name} (${files[i].type}, ${files[i].size} bytes)<br>`;
      i++;
    }

    output.innerHTML = info;
  }
}
droptarget.addEventListener("dragenter", handleEvent);
droptarget.addEventListener("dragover", handleEvent);
droptarget.addEventListener("drop", handleEvent);
```

　　与后面要介绍的拖放的例子一样，必须取消 dragenter、dragover 和 drop 的默认行为。在 drop 事件处理程序中，可以通过 event.dataTransfer.files 读到文件，此时可以获取文件的相关信息。

20.5 媒体元素

随着嵌入音频和视频元素在 Web 应用上的流行，大多数内容提供商会强迫使用 Flash 以便达到最佳的跨浏览器兼容性。HTML5 新增了两个与媒体相关的元素，即<audio>和<video>，从而为浏览器提供了嵌入音频和视频的统一解决方案。

这两个元素既支持 Web 开发者在页面中嵌入媒体文件，也支持 JavaScript 实现对媒体的自定义控制。以下是它们的用法：

```
<!-- 嵌入视频 -->
<video src="conference.mpg" id="myVideo">Video player not available.</video>
<!-- 嵌入音频 -->
<audio src="song.mp3" id="myAudio">Audio player not available.</audio>
```

每个元素至少要求有一个 src 属性，以表示要加载的媒体文件。我们也可以指定表示视频播放器大小的 width 和 height 属性，以及在视频加载期间显示图片 URI 的 poster 属性。另外，controls 属性如果存在，则表示浏览器应该显示播放界面，让用户可以直接控制媒体。开始和结束标签之间的内容是在媒体播放器不可用时显示的替代内容。

由于浏览器支持的媒体格式不同，因此可以指定多个不同的媒体源。为此，需要从元素中删除 src 属性，使用一个或多个<source>元素代替，如下面的例子所示：

```
<!-- 嵌入视频 -->
<video id="myVideo">
  <source src="conference.webm" type="video/webm; codecs='vp8, vorbis'">
  <source src="conference.ogv" type="video/ogg; codecs='theora, vorbis'">
  <source src="conference.mpg">
  Video player not available.
</video>
<!-- 嵌入音频 -->
<audio id="myAudio">
  <source src="song.ogg" type="audio/ogg">
  <source src="song.mp3" type="audio/mpeg">
  Audio player not available.
</audio>
```

讨论不同音频和视频的编解码器超出了本书范畴，但浏览器支持的编解码器确实可能有所不同，因此指定多个源文件通常是必需的。

20.5.1 属性

<video>和<audio>元素提供了稳健的 JavaScript 接口。这两个元素有很多共有属性，可以用于确定媒体的当前状态，如下表所示。

属　　性	数据类型	说　　明
autoplay	Boolean	取得或设置 autoplay 标签
buffered	TimeRanges	对象，表示已下载缓冲的时间范围
bufferedBytes	ByteRanges	对象，表示已下载缓冲的字节范围
bufferingRate	Integer	平均每秒下载的位数
bufferingThrottled	Boolean	表示缓冲是否被浏览器截流

（续）

属　　性	数据类型	说　　明
controls	Boolean	取得或设置 controls 属性，用于显示或隐藏浏览器内置控件
currentLoop	Integer	媒体已经播放的循环次数
currentSrc	String	当前播放媒体的 URL
currentTime	Float	已经播放的秒数
defaultPlaybackRate	Float	取得或设置默认回放速率。默认为 1.0 秒
duration	Float	媒体的总秒数
ended	Boolean	表示媒体是否播放完成
loop	Boolean	取得或设置媒体是否应该在播放完再循环开始
muted	Boolean	取得或设置媒体是否静音
networkState	Integer	表示媒体当前网络连接状态。0 表示空，1 表示加载中，2 表示加载元数据，3 表示加载了第一帧，4 表示加载完成
paused	Boolean	表示播放器是否暂停
playbackRate	Float	取得或设置当前播放速率。用户可能会让媒体播放快一些或慢一些。与 defaultPlaybackRate 不同，该属性会保持不变，除非开发者修改
played	TimeRanges	到目前为止已经播放的时间范围
readyState	Integer	表示媒体是否已经准备就绪。0 表示媒体不可用，1 表示可以显示当前帧，2 表示媒体可以开始播放，3 表示媒体可以从头播到尾
seekable	TimeRanges	可以跳转的时间范围
seeking	Boolean	表示播放器是否正移动到媒体文件的新位置
src	String	媒体文件源。可以在任何时候重写
start	Float	取得或设置媒体文件中的位置，以秒为单位，从该处开始播放
totalBytes	Integer	资源需要的字节总数（如果知道的话）
videoHeight	Integer	返回视频（不一定是元素）的高度。只适用于 `<video>`
videoWidth	Integer	返回视频（不一定是元素）的宽度。只适用于 `<video>`
volume	Float	取得或设置当前音量，值为 0.0 到 1.0

上述很多属性也可以在 `<audio>` 或 `<video>` 标签上设置。

20.5.2　事件

除了有很多属性，媒体元素还有很多事件。这些事件会监控由于媒体回放或用户交互导致的不同属性的变化。下表列出了这些事件。

事　　件	何时触发
abort	下载被中断
canplay	回放可以开始，readyState 为 2
canplaythrough	回放可以继续，不应该中断，readState 为 3
canshowcurrentframe	已经下载当前帧，readyState 为 1

（续）

事　件	何时触发
dataunavailable	不能回放，因为没有数据，readyState 为 0
durationchange	duration 属性的值发生变化
emptied	网络连接关闭了
empty	发生了错误，阻止媒体下载
ended	媒体已经播放完一遍，且停止了
error	下载期间发生了网络错误
load	所有媒体已经下载完毕。这个事件已被废弃，使用 canplaythrough 代替
loadeddata	媒体的第一帧已经下载
loadedmetadata	媒体的元数据已经下载
loadstart	下载已经开始
pause	回放已经暂停
play	媒体已经收到开始播放的请求
playing	媒体已经实际开始播放了
progress	下载中
ratechange	媒体播放速率发生变化
seeked	跳转已结束
seeking	回放已移动到新位置
stalled	浏览器尝试下载，但尚未收到数据
timeupdate	currentTime 被非常规或意外地更改了
volumechange	volume 或 muted 属性值发生了变化
waiting	回放暂停，以下载更多数据

这些事件被设计得尽可能具体，以便 Web 开发者能够使用较少的 HTML 和 JavaScript 创建自定义的音频/视频播放器（而不是创建新 Flash 影片）。

20.5.3　自定义媒体播放器

使用<audio>和<video>的 play() 和 pause() 方法，可以手动控制媒体文件的播放。综合使用属性、事件和这些方法，可以方便地创建自定义的媒体播放器，如下面的例子所示：

```
<div class="mediaplayer">
  <div class="video">
    <video id="player" src="movie.mov" poster="mymovie.jpg"
           width="300" height="200">
      Video player not available.
    </video>
  </div>
  <div class="controls">
    <input type="button" value="Play" id="video-btn">
    <span id="curtime">0</span>/<span id="duration">0</span>
  </div>
</div>
```

通过使用 JavaScript 创建一个简单的视频播放器，上面这个基本的 HTML 就可以被激活了，如下所示：

```
// 取得元素的引用
let player = document.getElementById("player"),
  btn = document.getElementById("video-btn"),
  curtime = document.getElementById("curtime"),
  duration = document.getElementById("duration");
// 更新时长
duration.innerHTML = player.duration;

// 为按钮添加事件处理程序
btn.addEventListener( "click", (event) => {
  if (player.paused) {
    player.play();
    btn.value = "Pause";
  } else {
    player.pause();
    btn.value = "Play";
  }
});

// 周期性更新当前时间
setInterval(() => {
  curtime.innerHTML = player.currentTime;
}, 250);
```

这里的 JavaScript 代码简单地为按钮添加了事件处理程序，可以根据当前状态播放和暂停视频。此外，还给<video>元素的 load 事件添加了事件处理程序，以便显示视频的时长。最后，重复的计时器用于更新当前时间。通过监听更多事件以及使用更多属性，可以进一步扩展这个自定义的视频播放器。同样的代码也可以用于<audio>元素以创建自定义的音频播放器。

20.5.4　检测编解码器

如前所述，并不是所有浏览器都支持<video>和<audio>的所有编解码器，这通常意味着必须提供多个媒体源。为此，也有 JavaScript API 可以用来检测浏览器是否支持给定格式和编解码器。这两个媒体元素都有一个名为 canPlayType() 的方法，该方法接收一个格式/编解码器字符串，返回一个字符串值："probably"、"maybe"或""（空字符串），其中空字符串就是假值，意味着可以在 if 语句中像这样使用 canPlayType()：

```
if (audio.canPlayType("audio/mpeg")) {
  // 执行某些操作
}
```

"probably"和"maybe"都是真值，在 if 语句的上下文中可以转型为 true。

在只给 canPlayType() 提供一个 MIME 类型的情况下，最可能返回的值是"maybe"和空字符串。这是因为文件实际上只是一个包装音频和视频数据的容器，而真正决定文件是否可以播放的是编码。在同时提供 MIME 类型和编解码器的情况下，返回值的可能性会提高到"probably"。下面是几个例子：

```
let audio = document.getElementById("audio-player");
// 很可能是"maybe"
if (audio.canPlayType("audio/mpeg")) {
  // 执行某些操作
}
// 可能是"probably"
```

```
if (audio.canPlayType("audio/ogg; codecs=\"vorbis\"")) {
  // 执行某些操作
}
```

注意，编解码器必须放到引号中。同样，也可以在视频元素上使用 `canPlayType()` 检测视频格式。

20.5.5 音频类型

`<audio>`元素还有一个名为 `Audio` 的原生 JavaScript 构造函数，支持在任何时候播放音频。`Audio` 类型与 `Image` 类似，都是 DOM 元素的对等体，只是不需插入文档即可工作。要通过 Audio 播放音频，只需创建一个新实例并传入音频源文件：

```
let audio = new Audio("sound.mp3");
EventUtil.addHandler(audio, "canplaythrough", function(event) {
  audio.play();
});
```

创建 Audio 的新实例就会开始下载指定的文件。下载完毕后，可以调用 `play()` 来播放音频。

在 iOS 中调用 `play()`方法会弹出一个对话框，请求用户授权播放声音。为了连续播放，必须在 `onfinish` 事件处理程序中立即调用 `play()`。

20.6 原生拖放

IE4 最早在网页中为 JavaScript 引入了对拖放功能的支持。当时，网页中只有两样东西可以触发拖放：图片和文本。拖动图片就是简单地在图片上按住鼠标不放然后移动鼠标。而对于文本，必须先选中，然后再以同样的方式拖动。在 IE4 中，唯一有效的放置目标是文本框。IE5 扩展了拖放能力，添加了新的事件，让网页中几乎一切都可以成为放置目标。IE5.5 又进一步，允许几乎一切都可以拖动（IE6 也支持这个功能）。HTML5 在 IE 的拖放实现基础上标准化了拖放功能。所有主流浏览器都根据 HTML5 规范实现了原生的拖放。

关于拖放最有意思的可能就是可以跨窗格、跨浏览器容器，有时候甚至可以跨应用程序拖动元素。浏览器对拖放的支持可以让我们实现这些功能。

20.6.1 拖放事件

拖放事件几乎可以让开发者控制拖放操作的方方面面。关键的部分是确定每个事件是在哪里触发的。有的事件在被拖放元素上触发，有的事件则在放置目标上触发。在某个元素被拖动时，会（按顺序）触发以下事件：

(1) `dragstart`

(2) `drag`

(3) `dragend`

在按住鼠标键不放并开始移动鼠标的那一刻，被拖动元素上会触发 `dragstart` 事件。此时光标会变成非放置符号（圆环中间一条斜杠），表示元素不能放到自身上。拖动开始时，可以在 `ondragstart` 事件处理程序中通过 JavaScript 执行某些操作。

`dragstart` 事件触发后，只要目标还被拖动就会持续触发 `drag` 事件。这个事件类似于 `mousemove`，即随着鼠标移动而不断触发。当拖动停止时（把元素放到有效或无效的放置目标上），会触发 `dragend` 事件。

所有这 3 个事件的目标都是被拖动的元素。默认情况下，浏览器在拖动开始后不会改变被拖动元素的外观，因此是否改变外观由你来决定。不过，大多数浏览器此时会创建元素的一个半透明副本，始终跟随在光标下方。

在把元素拖动到一个有效的放置目标上时，会依次触发以下事件：

(1) `dragenter`

(2) `dragover`

(3) `dragleave` 或 `drop`

只要一把元素拖动到放置目标上，`dragenter` 事件（类似于 `mouseover` 事件）就会触发。`dragenter` 事件触发之后，会立即触发 `dragover` 事件，并且元素在放置目标范围内被拖动期间此事件会持续触发。当元素被拖动到放置目标之外，`dragover` 事件停止触发，`dragleave` 事件触发（类似于 `mouseout` 事件）。如果被拖动元素被放到了目标上，则会触发 `drop` 事件而不是 `dragleave` 事件。这些事件的目标是放置目标元素。

20.6.2　自定义放置目标

在把某个元素拖动到无效放置目标上时，会看到一个特殊光标（圆环中间一条斜杠）表示不能放下。即使所有元素都支持放置目标事件，这些元素默认也是不允许放置的。如果把元素拖动到不允许放置的目标上，无论用户动作是什么都不会触发 `drop` 事件。不过，通过覆盖 `dragenter` 和 `dragover` 事件的默认行为，可以把任何元素转换为有效的放置目标。例如，如果有一个 ID 为"droptarget"的`<div>`元素，那么可以使用以下代码把它转换成一个放置目标：

```
let droptarget = document.getElementById("droptarget");

droptarget.addEventListener("dragover", (event) => {
  event.preventDefault();
});

droptarget.addEventListener("dragenter", (event) => {
  event.preventDefault();
});
```

执行上面的代码之后，把元素拖动到这个`<div>`上应该可以看到光标变成了允许放置的样子。另外，`drop` 事件也会触发。

在 Firefox 中，放置事件的默认行为是导航到放在放置目标上的 URL。这意味着把图片拖动到放置目标上会导致页面导航到图片文件，把文本拖动到放置目标上会导致无效 URL 错误。为阻止这个行为，在 Firefox 中必须取消 `drop` 事件的默认行为：

```
droptarget.addEventListener("drop", (event) => {
  event.preventDefault();
});
```

20.6.3　`dataTransfer` 对象

除非数据受影响，否则简单的拖放并没有实际意义。为实现拖动操作中的数据传输，IE5 在 event 对象上暴露了 `dataTransfer` 对象，用于从被拖动元素向放置目标传递字符串数据。因为这个对象是 event 的属性，所以在拖放事件的事件处理程序外部无法访问 `dataTransfer`。在事件处理程序内部，可以使用这个对象的属性和方法实现拖放功能。dataTransfer 对象现在已经纳入了 HTML5 工作草案。

dataTransfer 对象有两个主要方法：getData() 和 setData()。顾名思义，getData() 用于获取 setData() 存储的值。setData() 的第一个参数以及 getData() 的唯一参数是一个字符串，表示要设置的数据类型："text"或"URL"，如下所示：

```
// 传递文本
event.dataTransfer.setData("text", "some text");
let text = event.dataTransfer.getData("text");

// 传递 URL
event.dataTransfer.setData("URL", "http://www.wrox.com/");
let url = event.dataTransfer.getData("URL");
```

虽然这两种数据类型是 IE 最初引入的，但 HTML5 已经将其扩展为允许任何 MIME 类型。为向后兼容，HTML5 还会继续支持"text"和"URL"，但它们会分别被映射到"text/plain"和"text/uri-list"。

dataTransfer 对象实际上可以包含每种 MIME 类型的一个值，也就是说可以同时保存文本和 URL，两者不会相互覆盖。存储在 dataTransfer 对象中的数据只能在放置事件中读取。如果没有在 ondrop 事件处理程序中取得这些数据，dataTransfer 对象就会被销毁，数据也会丢失。

在从文本框拖动文本时，浏览器会调用 setData() 并将拖动的文本以"text"格式存储起来。类似地，在拖动链接或图片时，浏览器会调用 setData() 并把 URL 存储起来。当数据被放置在目标上时，可以使用 getData() 获取这些数据。当然，可以在 dragstart 事件中手动调用 setData() 存储自定义数据，以便将来使用。

作为文本的数据和作为 URL 的数据有一个区别。当把数据作为文本存储时，数据不会被特殊对待。而当把数据作为 URL 存储时，数据会被作为网页中的一个链接，意味着如果把它放到另一个浏览器窗口，浏览器会导航到该 URL。

直到版本 5，Firefox 都不能正确地把"url"映射为"text/uri-list"或把"text"映射为"text/plain"。不过，它可以把"Text"（第一个字母大写）正确映射为"text/plain"。在通过 dataTransfer 获取数据时，为保持最大兼容性，需要对 URL 检测两个值并对文本使用"Text"：

```
let dataTransfer = event.dataTransfer;
// 读取 URL
let url = dataTransfer.getData("url") || dataTransfer.getData("text/uri-list");
// 读取文本
let text = dataTransfer.getData("Text");
```

这里要注意，首先应该尝试短数据名。这是因为直到版本 10，IE 都不支持扩展的类型名，而且会在遇到无法识别的类型名时抛出错误。

20.6.4 dropEffect 与 effectAllowed

dataTransfer 对象不仅可以用于实现简单的数据传输，还可以用于确定能够对被拖动元素和放置目标执行什么操作。为此，可以使用两个属性：dropEffect 与 effectAllowed。

dropEffect 属性可以告诉浏览器允许哪种放置行为。这个属性有以下 4 种可能的值。

❑ "none"：被拖动元素不能放到这里。这是除文本框之外所有元素的默认值。
❑ "move"：被拖动元素应该移动到放置目标。
❑ "copy"：被拖动元素应该复制到放置目标。

❏ "link"：表示放置目标会导航到被拖动元素（仅在它是 URL 的情况下）。

在把元素拖动到放置目标上时，上述每种值都会导致显示一种不同的光标。不过，是否导致光标示意的动作还要取决于开发者。换句话说，如果没有代码参与，则没有什么会自动移动、复制或链接。唯一不用考虑的就是光标自己会变。为了使用 dropEffect 属性，必须在放置目标的 ondragenter 事件处理程序中设置它。

除非同时设置 effectAllowed，否则 dropEffect 属性也没有用。effectAllowed 属性表示对被拖动元素是否允许 dropEffect。这个属性有如下几个可能的值。

❏ "uninitialized"：没有给被拖动元素设置动作。

❏ "none"：被拖动元素上没有允许的操作。

❏ "copy"：只允许"copy"这种 dropEffect。

❏ "link"：只允许"link"这种 dropEffect。

❏ "move"：只允许"move"这种 dropEffect。

❏ "copyLink"：允许"copy"和"link"两种 dropEffect。

❏ "copyMove"：允许"copy"和"move"两种 dropEffect。

❏ "linkMove"：允许"link"和"move"两种 dropEffect。

❏ "all"：允许所有 dropEffect。

必须在 ondragstart 事件处理程序中设置这个属性。

假设我们想允许用户把文本从一个文本框拖动到一个 <div> 元素。那么必须同时把 dropEffect 和 effectAllowed 属性设置为"move"。因为 <div> 元素上放置事件的默认行为是什么也不做，所以文本不会自动地移动自己。如果覆盖这个默认行为，文本就会自动从文本框中被移除。然后是否把文本插入 <div> 元素就取决于你了。如果是把 dropEffect 和 effectAllowed 属性设置为"copy"，那么文本框中的文本不会自动被移除。

20.6.5　可拖动能力

默认情况下，图片、链接和文本是可拖动的，这意味着无须额外代码用户便可以拖动它们。文本只有在被选中后才可以拖动，而图片和链接在任意时候都是可以拖动的。

我们也可以让其他元素变得可以拖动。HTML5 在所有 HTML 元素上规定了一个 draggable 属性，表示元素是否可以拖动。图片和链接的 draggable 属性自动被设置为 true，而其他所有元素此属性的默认值为 false。如果想让其他元素可拖动，或者不允许图片和链接被拖动，都可以设置这个属性。例如：

```
<!-- 禁止拖动图片 -->
<img src="smile.gif" draggable="false" alt="Smiley face">
<!-- 让元素可以拖动 -->
<div draggable="true">...</div>
```

20.6.6　其他成员

HTML5 规范还为 dataTransfer 对象定义了下列方法。

❏ addElement(element)：为拖动操作添加元素。这纯粹是为了传输数据，不会影响拖动操作的外观。在本书写作时，还没有浏览器实现这个方法。

- ❑ `clearData(format)`：清除以特定格式存储的数据。
- ❑ `setDragImage(element, x, y)`：允许指定拖动发生时显示在光标下面的图片。这个方法接收 3 个参数：要显示的 HTML 元素及标识光标位置的图片上的 *x* 和 *y* 坐标。这里的 HTML 元素可以是一张图片，此时显示图片；也可以是其他任何元素，此时显示渲染后的元素。
- ❑ `types`：当前存储的数据类型列表。这个集合类似数组，以字符串形式保存数据类型，比如`"text"`。

20.7　Notifications API

Notifications API 用于向用户显示通知。无论从哪个角度看，这里的通知都很类似 `alert()`对话框：都使用 JavaScript API 触发页面外部的浏览器行为，而且都允许页面处理用户与对话框或通知弹层的交互。不过，通知提供更灵活的自定义能力。

Notifications API 在 Service Worker 中非常有用。渐进 Web 应用（PWA，Progressive Web Application）通过触发通知可以在页面不活跃时向用户显示消息，看起来就像原生应用。

20.7.1　通知权限

Notifications API 有被滥用的可能，因此默认会开启两项安全措施：
- ❑ 通知只能在运行在安全上下文的代码中被触发；
- ❑ 通知必须按照每个源的原则明确得到用户允许。

用户授权显示通知是通过浏览器内部的一个对话框完成的。除非用户没有明确给出允许或拒绝的答复，否则这个权限请求对每个域只会出现一次。浏览器会记住用户的选择，如果被拒绝则无法重来。

页面可以使用全局对象 `Notification` 向用户请求通知权限。这个对象有一个 `requestPemission()`方法，该方法返回一个期约，用户在授权对话框上执行操作后这个期约会解决。

```
Notification.requestPermission()
  .then((permission) => {
    console.log('User responded to permission request:', permission);
  });
```

`"granted"`值意味着用户明确授权了显示通知的权限。除此之外的其他值意味着显示通知会静默失败。如果用户拒绝授权，这个值就是`"denied"`。一旦拒绝，就无法通过编程方式挽回，因为不可能再触发授权提示。

20.7.2　显示和隐藏通知

`Notification` 构造函数用于创建和显示通知。最简单的通知形式是只显示一个标题，这个标题内容可以作为第一个参数传给 `Notification` 构造函数。以下面这种方式调用 `Notification`，应该会立即显示通知：

```
new Notification('Title text!');
```

可以通过 `options` 参数对通知进行自定义，包括设置通知的主体、图片和振动等：

```
new Notification('Title text!', {
  body: 'Body text!',
  image: 'path/to/image.png',
  vibrate: true
});
```

调用这个构造函数返回的 Notification 对象的 close() 方法可以关闭显示的通知。下面的例子展示了显示通知后 1000 毫秒再关闭它：

```
const n = new Notification('I will close in 1000ms');
setTimeout(() => n.close(), 1000);
```

20.7.3　通知生命周期回调

通知并非只用于显示文本字符串，也可用于实现交互。Notifications API 提供了 4 个用于添加回调的生命周期方法：

❏ onshow 在通知显示时触发；

❏ onclick 在通知被点击时触发；

❏ onclose 在通知消失或通过 close() 关闭时触发；

❏ onerror 在发生错误阻止通知显示时触发。

下面的代码将每个生命周期事件都通过日志打印了出来：

```
const n = new Notification('foo');

n.onshow = () => console.log('Notification was shown!');
n.onclick = () => console.log('Notification was clicked!');
n.onclose = () => console.log('Notification was closed!');
n.onerror = () => console.log('Notification experienced an error!');
```

20.8　Page Visibility API

Web 开发中一个常见的问题是开发者不知道用户什么时候真正在使用页面。如果页面被最小化或隐藏在其他标签页后面，那么轮询服务器或更新动画等功能可能就没有必要了。Page Visibility API 旨在为开发者提供页面对用户是否可见的信息。

这个 API 本身非常简单，由 3 部分构成。

❏ document.visibilityState 值，表示下面 4 种状态之一。

■ 页面在后台标签页或浏览器中最小化了。

■ 页面在前台标签页中。

■ 实际页面隐藏了，但对页面的预览是可见的（例如在 Windows 7 上，用户鼠标移到任务栏图标上会显示网页预览）。

■ 页面在屏外预渲染。

❏ visibilitychange 事件，该事件会在文档从隐藏变可见（或反之）时触发。

❏ document.hidden 布尔值，表示页面是否隐藏。这可能意味着页面在后台标签页或浏览器中被最小化了。这个值是为了向后兼容才继续被浏览器支持的，应该优先使用 document.visibilityState 检测页面可见性。

要想在页面从可见变为隐藏或从隐藏变为可见时得到通知，需要监听 visibilitychange 事件。

document.visibilityState 的值是以下三个字符串之一：

❏ "hidden"

❏ "visible"

❏ "prerender"

20.9 Streams API

Streams API 是为了解决一个简单但又基础的问题而生的：Web 应用如何消费有序的小信息块而不是大块信息？这种能力主要有两种应用场景。

- ❏ 大块数据可能不会一次性都可用。网络请求的响应就是一个典型的例子。网络负载是以连续信息包形式交付的，而流式处理可以让应用在数据一到达就能使用，而不必等到所有数据都加载完毕。
- ❏ 大块数据可能需要分小部分处理。视频处理、数据压缩、图像编码和 JSON 解析都是可以分成小部分进行处理，而不必等到所有数据都在内存中时再处理的例子。

第 24 章在讨论网络请求和远程资源时会介绍 Streams API 在 `fetch()` 中的应用，不过 Streams API 本身是通用的。实现 Observable 接口的 JavaScript 库共享了很多流的基础概念。

> **注意** 虽然 Fetch API 已经得到所有主流浏览器支持，但 Streams API 则没有那么快得到支持。

20.9.1 理解流

提到流，可以把数据想像成某种通过管道输送的液体。JavaScript 中的流借用了管道相关的概念，因为原理是相通的。根据规范，"这些 API 实际是为映射低级 I/O 原语而设计，包括适当时候对字节流的规范化"。Stream API 直接解决的问题是处理网络请求和读写磁盘。

Stream API 定义了三种流。

- ❏ **可读流**：可以通过某个公共接口读取数据块的流。数据在内部从底层源进入流，然后由**消费者**（consumer）进行处理。
- ❏ **可写流**：可以通过某个公共接口写入数据块的流。**生产者**（producer）将数据写入流，数据在内部传入底层数据槽（sink）。
- ❏ **转换流**：由两种流组成，可写流用于接收数据（可写端），可读流用于输出数据（可读端）。这两个流之间是**转换程序**（transformer），可以根据需要检查和修改流内容。

块、内部队列和反压

流的基本单位是**块**（chunk）。块可是任意数据类型，但通常是定型数组。每个块都是离散的流片段，可以作为一个整体来处理。更重要的是，块不是固定大小的，也不一定按固定间隔到达。在理想的流当中，块的大小通常近似相同，到达间隔也近似相等。不过好的流实现需要考虑边界情况。

前面提到的各种类型的流都有入口和出口的概念。有时候，由于数据进出速率不同，可能会出现不匹配的情况。为此流平衡可能出现如下三种情形。

- ❏ 流出口处理数据的速度比入口提供数据的速度快。流出口经常空闲（可能意味着流入口效率较低），但只会浪费一点内存或计算资源，因此这种流的不平衡是可以接受的。
- ❏ 流入和流出均衡。这是理想状态。
- ❏ 流入口提供数据的速度比出口处理数据的速度快。这种流不平衡是固有的问题。此时一定会在某个地方出现数据积压，流必须相应做出处理。

流不平衡是常见问题，但流也提供了解决这个问题的工具。所有流都会为已进入流但尚未离开流的块提供一个内部队列。对于均衡流，这个内部队列中会有零个或少量排队的块，因为流出口块出列的速度与流入口块入列的速度近似相等。这种流的内部队列所占用的内存相对比较小。

如果块入列速度快于出列速度，则内部队列会不断增大。流不能允许其内部队列无限增大，因此它会使用**反压**（backpressure）通知流入口停止发送数据，直到队列大小降到某个既定的阈值之下。这个阈值由排列策略决定，这个策略定义了内部队列可以占用的最大内存，即**高水位线**（high water mark）。

20.9.2 可读流

可读流是对底层数据源的封装。底层数据源可以将数据填充到流中，允许消费者通过流的公共接口读取数据。

1. ReadableStreamDefaultController

来看下面的生成器，它每 1000 毫秒就会生成一个递增的整数：

```
async function* ints() {
  // 每 1000 毫秒生成一个递增的整数
  for (let i = 0; i < 5; ++i) {
    yield await new Promise((resolve) => setTimeout(resolve, 1000, i));
  }
}
```

这个生成器的值可以通过可读流的控制器传入可读流。访问这个控制器最简单的方式就是创建 `ReadableStream` 的一个实例，并在这个构造函数的 `underlyingSource` 参数（第一个参数）中定义 `start()` 方法，然后在这个方法中使用作为参数传入的 `controller`。默认情况下，这个控制器参数是 `ReadableStreamDefaultController` 的一个实例：

```
const readableStream = new ReadableStream({
  start(controller) {
    console.log(controller); // ReadableStreamDefaultController {}
  }
});
```

调用控制器的 `enqueue()` 方法可以把值传入控制器。所有值都传完之后，调用 `close()` 关闭流：

```
async function* ints() {
  // 每 1000 毫秒生成一个递增的整数
  for (let i = 0; i < 5; ++i) {
    yield await new Promise((resolve) => setTimeout(resolve, 1000, i));
  }
}

const readableStream = new ReadableStream({
  async start(controller) {
    for await (let chunk of ints()) {
      controller.enqueue(chunk);
    }

    controller.close();
  }
});
```

2. ReadableStreamDefaultReader

前面的例子把 5 个值加入了流的队列，但没有把它们从队列中读出来。为此，需要一个 `Readable-StreamDefaultReader` 的实例，该实例可以通过流的 `getReader()` 方法获取。调用这个方法会获得流的锁，保证只有这个读取器可以从流中读取值：

```
async function* ints() {
  // 每1000毫秒生成一个递增的整数
  for (let i = 0; i < 5; ++i) {
    yield await new Promise((resolve) => setTimeout(resolve, 1000, i));
  }
}

const readableStream = new ReadableStream({
  async start(controller) {
    for await (let chunk of ints()) {
      controller.enqueue(chunk);
    }

    controller.close();
  }
});

console.log(readableStream.locked); // false
const readableStreamDefaultReader = readableStream.getReader();
console.log(readableStream.locked); // true
```

消费者使用这个读取器实例的 read() 方法可以读出值:

```
async function* ints() {
  // 每1000毫秒生成一个递增的整数
  for (let i = 0; i < 5; ++i) {
    yield await new Promise((resolve) => setTimeout(resolve, 1000, i));
  }
}

const readableStream = new ReadableStream({
  async start(controller) {
    for await (let chunk of ints()) {
      controller.enqueue(chunk);
    }

    controller.close();
  }
});
console.log(readableStream.locked); // false
const readableStreamDefaultReader = readableStream.getReader();
console.log(readableStream.locked); // true

// 消费者
(async function() {
  while(true) {
    const { done, value } = await readableStreamDefaultReader.read();
      if (done) {
        break;
      } else {
        console.log(value);
      }
  }
})();

// 0
// 1
// 2
// 3
// 4
```

20.9.3 可写流

可写流是底层数据槽的封装。底层数据槽处理通过流的公共接口写入的数据。

1. 创建 `WritableStream`

来看下面的生成器，它每 1000 毫秒就会生成一个递增的整数：

```
async function* ints() {
  // 每 1000 毫秒生成一个递增的整数
  for (let i = 0; i < 5; ++i) {
    yield await new Promise((resolve) => setTimeout(resolve, 1000, i));
  }
}
```

这些值通过可写流的公共接口可以写入流。在传给 `WritableStream` 构造函数的 `underlyingSink` 参数中，通过实现 `write()` 方法可以获得写入的数据：

```
const readableStream = new ReadableStream({
  write(value) {
    console.log(value);
  }
});
```

2. `WritableStreamDefaultWriter`

要把获得的数据写入流，可以通过流的 `getWriter()` 方法获取 `WritableStreamDefaultWriter` 的实例。这样会获得流的锁，确保只有一个写入器可以向流中写入数据：

```
async function* ints() {
  // 每 1000 毫秒生成一个递增的整数
  for (let i = 0; i < 5; ++i) {
    yield await new Promise((resolve) => setTimeout(resolve, 1000, i));
  }
}

const writableStream = new WritableStream({
  write(value) {
    console.log(value);
  }
});

console.log(writableStream.locked); // false
const writableStreamDefaultWriter = writableStream.getWriter();
console.log(writableStream.locked); // true
```

在向流中写入数据前，生产者必须确保写入器可以接收值。`writableStreamDefaultWriter.ready` 返回一个期约，此期约会在能够向流中写入数据时解决。然后，就可以把值传给 `writableStream-DefaultWriter.write()` 方法。写入数据之后，调用 `writableStreamDefaultWriter.close()` 将流关闭：

```
async function* ints() {
  // 每 1000 毫秒生成一个递增的整数
  for (let i = 0; i < 5; ++i) {
    yield await new Promise((resolve) => setTimeout(resolve, 1000, i));
  }
}

const writableStream = new WritableStream({
```

```
    write(value) {
      console.log(value);
    }
  });

console.log(writableStream.locked); // false
const writableStreamDefaultWriter = writableStream.getWriter();
console.log(writableStream.locked); // true

// 生产者
(async function() {
  for await (let chunk of ints()) {
    await writableStreamDefaultWriter.ready;
    writableStreamDefaultWriter.write(chunk);
  }

  writableStreamDefaultWriter.close();
})();
```

20.9.4　转换流

转换流用于组合可读流和可写流。数据块在两个流之间的转换是通过 transform() 方法完成的。来看下面的生成器，它每 1000 毫秒就会生成一个递增的整数：

```
async function* ints() {
  // 每 1000 毫秒生成一个递增的整数
  for (let i = 0; i < 5; ++i) {
    yield await new Promise((resolve) => setTimeout(resolve, 1000, i));
  }
}
```

下面的代码创建了一个 TransformStream 的实例，通过 transform() 方法将每个值翻倍：

```
async function* ints() {
  // 每 1000 毫秒生成一个递增的整数
  for (let i = 0; i < 5; ++i) {
    yield await new Promise((resolve) => setTimeout(resolve, 1000, i));
  }
}

const { writable, readable } = new TransformStream({
  transform(chunk, controller) {
    controller.enqueue(chunk * 2);
  }
});
```

向转换流的组件流（可读流和可写流）传入数据和从中获取数据，与本章前面介绍的方法相同：

```
async function* ints() {
  // 每 1000 毫秒生成一个递增的整数
  for (let i = 0; i < 5; ++i) {
    yield await new Promise((resolve) => setTimeout(resolve, 1000, i));
  }
}

const { writable, readable } = new TransformStream({
  transform(chunk, controller) {
    controller.enqueue(chunk * 2);
```

```
    }
  });

  const readableStreamDefaultReader = readable.getReader();
  const writableStreamDefaultWriter = writable.getWriter();

  // 消费者
  (async function() {
    while (true) {
      const { done, value } = await readableStreamDefaultReader.read();

      if (done) {
        break;
      } else {
        console.log(value);
      }
    }
  })();

  // 生产者
  (async function() {
    for await (let chunk of ints()) {
      await writableStreamDefaultWriter.ready;
      writableStreamDefaultWriter.write(chunk);
    }

    writableStreamDefaultWriter.close();
  })();
```

20.9.5　通过管道连接流

流可以通过管道连接成一串。最常见的用例是使用 pipeThrough() 方法把 ReadableStream 接入 TransformStream。从内部看，ReadableStream 先把自己的值传给 TransformStream 内部的 WritableStream，然后执行转换，接着转换后的值又在新的 ReadableStream 上出现。下面的例子将一个整数的 ReadableStream 传入 TransformStream，TransformStream 对每个值做加倍处理：

```
async function* ints() {
  // 每 1000 毫秒生成一个递增的整数
  for (let i = 0; i < 5; ++i) {
    yield await new Promise((resolve) => setTimeout(resolve, 1000, i));
  }
}

const integerStream = new ReadableStream({
  async start(controller) {
    for await (let chunk of ints()) {
      controller.enqueue(chunk);
    }

    controller.close();
  }
});

const doublingStream = new TransformStream({
  transform(chunk, controller) {
    controller.enqueue(chunk * 2);
```

```
      }
});

// 通过管道连接流
const pipedStream = integerStream.pipeThrough(doublingStream);

// 从连接流的输出获得读取器
const pipedStreamDefaultReader = pipedStream.getReader();

// 消费者
(async function() {
  while(true) {
    const { done, value } = await pipedStreamDefaultReader.read();

    if (done) {
      break;
    } else {
      console.log(value);
    }
  }
})();

// 0
// 2
// 4
// 6
// 8
```

另外，使用 pipeTo() 方法也可以将 ReadableStream 连接到 WritableStream。整个过程与使用 pipeThrough() 类似：

```
async function* ints() {
  // 每 1000 毫秒生成一个递增的整数
  for (let i = 0; i < 5; ++i) {
    yield await new Promise((resolve) => setTimeout(resolve, 1000, i));
  }
}

const integerStream = new ReadableStream({
  async start(controller) {
    for await (let chunk of ints()) {
      controller.enqueue(chunk);
    }

    controller.close();
  }
});

const writableStream = new WritableStream({
  write(value) {
    console.log(value);
  }
});

const pipedStream = integerStream.pipeTo(writableStream);

// 0
// 1
```

```
// 2
// 3
// 4
```

注意，这里的管道连接操作隐式从 `ReadableStream` 获得了一个读取器，并把产生的值填充到 `WritableStream`。

20.10 计时 API

页面性能始终是 Web 开发者关心的话题。`Performance` 接口通过 JavaScript API 暴露了浏览器内部的度量指标，允许开发者直接访问这些信息并基于这些信息实现自己想要的功能。这个接口暴露在 `window.performance` 对象上。所有与页面相关的指标，包括已经定义和将来会定义的，都会存在于这个对象上。

`Performance` 接口由多个 API 构成：

❑ High Resolution Time API
❑ Performance Timeline API
❑ Navigation Timing API
❑ User Timing API
❑ Resource Timing API
❑ Paint Timing API

有关这些规范的更多信息以及新增的性能相关规范，可以关注 W3C 性能工作组的 GitHub 项目页面。

> **注意** 浏览器通常支持被废弃的 Level 1 和作为替代的 Level 2。本节尽量介绍 Level 2 级规范。

20.10.1 High Resolution Time API

`Date.now()` 方法只适用于日期时间相关操作，而且是不要求计时精度的操作。在下面的例子中，函数 `foo()` 调用前后分别记录了一个时间戳：

```
const t0 = Date.now();
foo();
const t1 = Date.now();

const duration = t1 - t0;

console.log(duration);
```

考虑如下 `duration` 会包含意外值的情况。

❑ **duration 是 0**。`Date.now()` 只有毫秒级精度，如果 `foo()` 执行足够快，则两个时间戳的值会相等。

❑ **duration 是负值或极大值**。如果在 `foo()` 执行时，系统时钟被向后或向前调整了（如切换到夏令时），则捕获的时间戳不会考虑这种情况，因此时间差中会包含这些调整。

为此，必须使用不同的计时 API 来精确且准确地度量时间的流逝。High Resolution Time API 定义了 `window.performance.now()`，这个方法返回一个微秒精度的浮点值。因此，使用这个方法先后捕获的时间戳更不可能出现相等的情况。而且这个方法可以保证时间戳单调增长。

```
const t0 = performance.now();
const t1 = performance.now();

console.log(t0);        // 1768.625000026077
console.log(t1);        // 1768.6300000059418

const duration = t1 - t0;

console.log(duration); // 0.004999979864805937
```

performance.now()计时器采用**相对**度量。这个计时器在执行上下文创建时从 0 开始计时。例如，打开页面或创建工作线程时，performance.now()就会从 0 开始计时。由于这个计时器在不同上下文中初始化时可能存在时间差，因此不同上下文之间如果没有共享参照点则不可能直接比较 performance.now()。performance.timeOrigin 属性返回计时器初始化时全局系统时钟的值。

```
const relativeTimestamp = performance.now();

const absoluteTimestamp = performance.timeOrigin + relativeTimestamp;

console.log(relativeTimestamp); // 244.43500000052154
console.log(absoluteTimestamp); // 1561926208892.4001
```

> **注意**　通过使用 performance.now()测量 L1 缓存与主内存的延迟差，幽灵漏洞（Spectre）可以执行缓存推断攻击。为弥补这个安全漏洞，所有的主流浏览器有的选择降低 performance.now()的精度，有的选择在时间戳里混入一些随机性。WebKit 博客上有一篇相关主题的不错的文章 "What Spectre and Meltdown Mean For WebKit"，作者是 Filip Pizlo。

20.10.2 Performance Timeline API

Performance Timeline API 使用一套用于度量客户端延迟的工具扩展了 Performance 接口。性能度量将会采用计算结束与开始时间差的形式。这些开始和结束时间会被记录为 DOMHighResTimeStamp 值，而封装这个时间戳的对象是 PerformanceEntry 的实例。

浏览器会自动记录各种 PerformanceEntry 对象，而使用 performance.mark()也可以记录自定义的 PerformanceEntry 对象。在一个执行上下文中被记录的所有性能条目可以通过 performance.getEntries()获取：

```
console.log(performance.getEntries());

// [PerformanceNavigationTiming, PerformanceResourceTiming, ... ]
```

这个返回的集合代表浏览器的**性能时间线**（performance timeline）。每个 PerformanceEntry 对象都有 name、entryType、startTime 和 duration 属性：

```
const entry = performance.getEntries()[0];

console.log(entry.name);      // "https://foo.com"
console.log(entry.entryType); // navigation
console.log(entry.startTime); // 0
console.log(entry.duration);  // 182.36500001512468
```

不过，`PerformanceEntry` 实际上是一个抽象基类。所有记录条目虽然都继承 `PerformanceEntry`，但最终还是如下某个具体类的实例：

❑ `PerformanceMark`
❑ `PerformanceMeasure`
❑ `PerformanceFrameTiming`
❑ `PerformanceNavigationTiming`
❑ `PerformanceResourceTiming`
❑ `PerformancePaintTiming`

上面每个类都会增加大量属性，用于描述与相应条目有关的元数据。每个实例的 `name` 和 `entryType` 属性会因为各自的类不同而不同。

1. User Timing API

User Timing API 用于记录和分析自定义性能条目。如前所述，记录自定义性能条目要使用 `performance.mark()` 方法：

```
performance.mark('foo');

console.log(performance.getEntriesByType('mark')[0]);
// PerformanceMark {
//    name: "foo",
//    entryType: "mark",
//    startTime: 269.8800000362098,
//    duration: 0
// }
```

在计算开始前和结束后各创建一个自定义性能条目可以计算时间差。最新的标记（mark）会被推到 `getEntriesByType()` 返回数组的开始：

```
performance.mark('foo');
for (let i = 0; i < 1E6; ++i) {}
performance.mark('bar');

const [endMark, startMark] = performance.getEntriesByType('mark');
console.log(startMark.startTime - endMark.startTime); // 1.3299999991431832
```

除了自定义性能条目，还可以生成 `PerformanceMeasure`（性能度量）条目，对应由名字作为标识的两个标记之间的持续时间。`PerformanceMeasure` 的实例由 `performance.measure()` 方法生成：

```
performance.mark('foo');
for (let i = 0; i < 1E6; ++i) {}
performance.mark('bar');

performance.measure('baz', 'foo', 'bar');

const [differenceMark] = performance.getEntriesByType('measure');

console.log(differenceMark);
// PerformanceMeasure {
//    name: "baz",
//    entryType: "measure",
//    startTime: 298.9800000214018,
//    duration: 1.349999976810068
// }
```

2. Navigation Timing API

Navigation Timing API 提供了高精度时间戳，用于度量当前页面加载速度。浏览器会在导航事件发

生时自动记录 `PerformanceNavigationTiming` 条目。这个对象会捕获大量时间戳，用于描述页面是何时以及如何加载的。

下面的例子计算了 `loadEventStart` 和 `loadEventEnd` 时间戳之间的差：

```
const [performanceNavigationTimingEntry] = performance.getEntriesByType('navigation');

console.log(performanceNavigationTimingEntry);
// PerformanceNavigationTiming {
//    connectEnd: 2.259999979287386
//    connectStart: 2.259999979287386
//    decodedBodySize: 122314
//    domComplete: 631.9899999652989
//    domContentLoadedEventEnd: 300.92499998863786
//    domContentLoadedEventStart: 298.8950000144541
//    domInteractive: 298.88499999651685
//    domainLookupEnd: 2.259999979287386
//    domainLookupStart: 2.259999979287386
//    duration: 632.819999998901
//    encodedBodySize: 21107
//    entryType: "navigation"
//    fetchStart: 2.259999979287386
//    initiatorType: "navigation"
//    loadEventEnd: 632.819999998901
//    loadEventStart: 632.0149999810383
//    name: " https://foo.com "
//    nextHopProtocol: "h2"
//    redirectCount: 0
//    redirectEnd: 0
//    redirectStart: 0
//    requestStart: 7.7099999762140214
//    responseEnd: 130.50999998813495
//    responseStart: 127.16999999247491
//    secureConnectionStart: 0
//    serverTiming: []
//    startTime: 0
//    transferSize: 21806
//    type: "navigate"
//    unloadEventEnd: 132.73999997181818
//    unloadEventStart: 132.41999997990206
//    workerStart: 0
// }

console.log(performanceNavigationTimingEntry.loadEventEnd -
            performanceNavigationTimingEntry.loadEventStart);
// 0.805000017862767
```

3. Resource Timing API

Resource Timing API 提供了高精度时间戳，用于度量当前页面加载时请求资源的速度。浏览器会在加载资源时自动记录 `PerformanceResourceTiming`。这个对象会捕获大量时间戳，用于描述资源加载的速度。

下面的例子计算了加载一个特定资源所花的时间：

```
const performanceResourceTimingEntry = performance.getEntriesByType('resource')[0];

console.log(performanceResourceTimingEntry);
// PerformanceResourceTiming {
//    connectEnd: 138.11499997973442
```

```
//     connectStart: 138.11499997973442
//     decodedBodySize: 33808
//     domainLookupEnd: 138.11499997973442
//     domainLookupStart: 138.11499997973442
//     duration: 0
//     encodedBodySize: 33808
//     entryType: "resource"
//     fetchStart: 138.11499997973442
//     initiatorType: "link"
//     name: "https://static.foo.com/bar.png",
//     nextHopProtocol: "h2"
//     redirectEnd: 0
//     redirectStart: 0
//     requestStart: 138.11499997973442
//     responseEnd: 138.11499997973442
//     responseStart: 138.11499997973442
//     secureConnectionStart: 0
//     serverTiming: []
//     startTime: 138.11499997973442
//     transferSize: 0
//     workerStart: 0
// }

console.log(performanceResourceTimingEntry.responseEnd -
            performanceResourceTimingEntry.requestStart);
// 493.9600000507198
```

通过计算并分析不同时间的差，可以更全面地审视浏览器加载页面的过程，发现可能存在的性能瓶颈。

20.11　Web 组件

视频讲解

这里所说的 Web 组件指的是一套用于增强 DOM 行为的工具，包括影子 DOM、自定义元素和 HTML 模板。这一套浏览器 API 特别混乱。

❑ 并没有统一的"Web Components"规范：每个 Web 组件都在一个不同的规范中定义。

❑ 有些 Web 组件如影子 DOM 和自定义元素，已经出现了向后不兼容的版本问题。

❑ 浏览器实现极其不一致。

由于存在这些问题，因此使用 Web 组件通常需要引入一个 Web 组件库，比如 Polymer。这种库可以作为腻子脚本，模拟浏览器中缺失的 Web 组件。

> 注意　本章只介绍 Web 组件的最新版本。

20.11.1　HTML 模板

在 Web 组件之前，一直缺少基于 HTML 解析构建 DOM 子树，然后在需要时再把这个子树渲染出来的机制。一种间接方案是使用 innerHTML 把标记字符串转换为 DOM 元素，但这种方式存在严重的安全隐患。另一种间接方案是使用 document.createElement() 构建每个元素，然后逐个把它们添加到孤儿根节点（不是添加到 DOM），但这样做特别麻烦，完全与标记无关。

相反，更好的方式是提前在页面中写出特殊标记，让浏览器自动将其解析为 DOM 子树，但跳过渲染。这正是 HTML 模板的核心思想，而`<template>`标签正是为这个目的而生的。下面是一个简单的 HTML 模板的例子：

```
<template id="foo">
  <p>I'm inside a template!</p>
</template>
```

1. 使用 `DocumentFragment`

在浏览器中渲染时，上面例子中的文本不会被渲染到页面上。因为`<template>`的内容不属于活动文档，所以 document.querySelector()等 DOM 查询方法不会发现其中的`<p>`标签。这是因为`<p>`存在于一个包含在 HTML 模板中的 DocumentFragment 节点内。

在浏览器中通过开发者工具检查网页内容时，可以看到`<template>`中的 DocumentFragment：

```
<template id="foo">
  #document-fragment
    <p>I'm inside a template!</p>
</template>
```

通过`<template>`元素的 content 属性可以取得这个 DocumentFragment 的引用：

```
console.log(document.querySelector('#foo').content); // #document-fragment
```

此时的 DocumentFragment 就像一个对应子树的最小化 document 对象。换句话说，DocumentFragment 上的 DOM 匹配方法可以查询其子树中的节点：

```
const fragment = document.querySelector('#foo').content;

console.log(document.querySelector('p')); // null
console.log(fragment.querySelector('p')); // <p>...<p>
```

DocumentFragment 也是批量向 HTML 中添加元素的高效工具。比如，我们想以最快的方式给某个 HTML 元素添加多个子元素。如果连续调用 document.appendChild()，则不仅费事，还会导致多次布局重排。而使用 DocumentFragment 可以一次性添加所有子节点，最多只会有一次布局重排：

```
// 开始状态：
// <div id="foo"></div>
//
// 期待的最终状态：
// <div id="foo">
//   <p></p>
//   <p></p>
//   <p></p>
// </div>
// 也可以使用 document.createDocumentFragment()
const fragment = new DocumentFragment();

const foo = document.querySelector('#foo');

// 为 DocumentFragment 添加子元素不会导致布局重排
fragment.appendChild(document.createElement('p'));
fragment.appendChild(document.createElement('p'));
fragment.appendChild(document.createElement('p'));

console.log(fragment.children.length); // 3

foo.appendChild(fragment);
```

```
console.log(fragment.children.length); // 0

console.log(document.body.innerHTML);
// <div id="foo">
//     <p></p>
//     <p></p>
//     <p></p>
// </div>
```

2. 使用`<template>`标签

注意，在前面的例子中，DocumentFragment 的所有子节点都高效地转移到了 foo 元素上，转移之后 DocumentFragment 变空了。同样的过程也可以使用`<template>`标签重现：

```
const fooElement = document.querySelector('#foo');
const barTemplate = document.querySelector('#bar');
const barFragment = barTemplate.content;

console.log(document.body.innerHTML);
// <div id="foo">
// </div>
// <template id="bar">
//     <p></p>
//     <p></p>
//     <p></p>
// </template>

fooElement.appendChild(barFragment);

console.log(document.body.innerHTML);
// <div id="foo">
//     <p></p>
//     <p></p>
//     <p></p>
// </div>
// <tempate id="bar"></template>
```

如果想要复制模板，可以使用 importNode() 方法克隆 DocumentFragment：

```
const fooElement = document.querySelector('#foo');
const barTemplate = document.querySelector('#bar');
const barFragment = barTemplate.content;

console.log(document.body.innerHTML);
// <div id="foo">
// </div>
// <template id="bar">
//     <p></p>
//     <p></p>
//     <p></p>
// </template>

fooElement.appendChild(document.importNode(barFragment, true));

console.log(document.body.innerHTML);
// <div id="foo">
//     <p></p>
//     <p></p>
//     <p></p>
```

```
// </div>
// <template id="bar">
//    <p></p>
//    <p></p>
//    <p></p>
// </template>
```

3. 模板脚本

脚本执行可以推迟到将 `DocumentFragment` 的内容实际添加到 DOM 树。下面的例子演示了这个过程：

```
// 页面 HTML:
//
// <div id="foo"></div>
// <template id="bar">
//    <script>console.log('Template script executed');</script>
// </template>

const fooElement = document.querySelector('#foo');
const barTemplate = document.querySelector('#bar');
const barFragment = barTemplate.content;

console.log('About to add template');
fooElement.appendChild(barFragment);
console.log('Added template');

// About to add template
// Template script executed
// Added template
```

如果新添加的元素需要进行某些初始化，这种延迟执行是有用的。

20.11.2　影子 DOM

概念上讲，影子 DOM（shadow DOM）Web 组件相当直观，通过它可以将一个完整的 DOM 树作为节点添加到父 DOM 树。这样可以实现 DOM 封装，意味着 CSS 样式和 CSS 选择符可以限制在影子 DOM 子树而不是整个顶级 DOM 树中。

影子 DOM 与 HTML 模板很相似，因为它们都是类似 `document` 的结构，并允许与顶级 DOM 有一定程度的分离。不过，影子 DOM 与 HTML 模板还是有区别的，主要表现在影子 DOM 的内容会实际渲染到页面上，而 HTML 模板的内容不会。

1. 理解影子 DOM

假设有以下 HTML 标记，其中包含多个类似的 DOM 子树：

```
<div>
  <p>Make me red!</p>
</div>
<div>
  <p>Make me blue!</p>
</div>
<div>
  <p>Make me green!</p>
</div>
```

从其中的文本节点可以推断出，这 3 个 DOM 子树会分别渲染为不同的颜色。常规情况下，为了给

每个子树应用唯一的样式，又不使用 `style` 属性，就需要给每个子树添加一个唯一的类名，然后通过
相应的选择符为它们添加样式：

```
<div class="red-text">
  <p>Make me red!</p>
</div>
<div class="green-text">
  <p>Make me green!</p>
</div>
<div class="blue-text">
  <p>Make me blue!</p>
</div>

<style>
.red-text {
  color: red;
}
.green-text {
  color: green;
}
.blue-text {
  color: blue;
}
</style>
```

当然，这个方案也不是十分理想，因为这跟在全局命名空间中定义变量没有太大区别。尽管知道这
些样式与其他地方无关，所有 CSS 样式还会应用到整个 DOM。为此，就要保持 CSS 选择符足够特别，
以防这些样式渗透到其他地方。但这也仅是一个折中的办法而已。理想情况下，应该能够把 CSS 限制在
使用它们的 DOM 上：这正是影子 DOM 最初的使用场景。

2. 创建影子 DOM

考虑到安全及避免影子 DOM 冲突，并非所有元素都可以包含影子 DOM。尝试给无效元素或者已
经有了影子 DOM 的元素添加影子 DOM 会导致抛出错误。

以下是可以容纳影子 DOM 的元素。

- 任何以有效名称创建的自定义元素（参见 HTML 规范中相关的定义）
- `<article>`
- `<aside>`
- `<blockquote>`
- `<body>`
- `<div>`
- `<footer>`
- `<h1>`
- `<h2>`
- `<h3>`
- `<h4>`
- `<h5>`
- `<h6>`
- `<header>`
- `<main>`
- `<nav>`
- `<p>`

❏ `<section>`
❏ `<span>`

影子 DOM 是通过 `attachShadow()`方法创建并添加给有效 HTML 元素的。容纳影子 DOM 的元素被称为**影子宿主**（shadow host）。影子 DOM 的根节点被称为**影子根**（shadow root）。

`attachShadow()`方法需要一个 `shadowRootInit` 对象，返回影子 DOM 的实例。`shadowRootInit` 对象必须包含一个 `mode` 属性，值为`"open"`或`"closed"`。对`"open"`影子 DOM 的引用可以通过 `shadowRoot` 属性在 HTML 元素上获得，而对`"closed"`影子 DOM 的引用无法这样获取。

下面的代码演示了不同 `mode` 的区别：

```
document.body.innerHTML = `
  <div id="foo"></div>
  <div id="bar"></div>
`;

const foo = document.querySelector('#foo');
const bar = document.querySelector('#bar');

const openShadowDOM = foo.attachShadow({ mode: 'open' });
const closedShadowDOM = bar.attachShadow({ mode: 'closed' });

console.log(openShadowDOM);    // #shadow-root (open)
console.log(closedShadowDOM);  // #shadow-root (closed)

console.log(foo.shadowRoot);   // #shadow-root (open)
console.log(bar.shadowRoot);   // null
```

一般来说，需要创建保密（closed）影子 DOM 的场景很少。虽然这可以限制通过影子宿主访问影子 DOM，但恶意代码有很多方法绕过这个限制，恢复对影子 DOM 的访问。简言之，**不能为了安全而创建保密影子 DOM**。

> **注意**　如果想保护独立的 DOM 树不受未信任代码影响，影子 DOM 并不适合这个需求。对`<iframe>`施加的跨源限制更可靠。

3. 使用影子 DOM

把影子 DOM 添加到元素之后，可以像使用常规 DOM 一样使用影子 DOM。来看下面的例子，这里重新创建了前面红/绿/蓝子树的示例：

```
for (let color of ['red', 'green', 'blue']) {
  const div = document.createElement('div');
  const shadowDOM = div.attachShadow({ mode: 'open' });

  document.body.appendChild(div);
  shadowDOM.innerHTML = `
    <p>Make me ${color}</p>

    <style>
    p {
      color: ${color};
    }
    </style>
  `;
}
```

虽然这里使用相同的选择符应用了 3 种不同的颜色，但每个选择符只会把样式应用到它们所在的影子 DOM 上。为此，3 个<p>元素会出现 3 种不同的颜色。

可以这样验证这些元素分别位于它们自己的影子 DOM 中：

```
for (let color of ['red', 'green', 'blue']) {
  const div = document.createElement('div');
  const shadowDOM = div.attachShadow({ mode: 'open' });

  document.body.appendChild(div);

  shadowDOM.innerHTML = `
    <p>Make me ${color}</p>

    <style>
    p {
      color: ${color};
    }
    </style>
  `;
}

function countP(node) {
  console.log(node.querySelectorAll('p').length);
}

countP(document); // 0

for (let element of document.querySelectorAll('div')) {
  countP(element.shadowRoot);
}

// 1
// 1
// 1
```

在浏览器开发者工具中可以更清楚地看到影子 DOM。例如，前面的例子在浏览器检查窗口中会显示成这样：

```
<body>
<div>
  #shadow-root (open)
    <p>Make me red!</p>
    <style>
    p {
      color: red;
    }
    </style>
</div>
<div>
  #shadow-root (open)
    <p>Make me green!</p>

    <style>
    p {
      color: green;
    }
    </style>
```

```
  </div>
  <div>
    #shadow-root (open)
      <p>Make me blue!</p>

      <style>
      p {
        color: blue;
      }
      </style>
  </div>
</body>
```

影子 DOM 并非铁板一块。HTML 元素可以在 DOM 树间无限制移动：

```
document.body.innerHTML = `
<div></div>
<p id="foo">Move me</p>
`;

const divElement = document.querySelector('div');
const pElement = document.querySelector('p');

const shadowDOM = divElement.attachShadow({ mode: 'open' });

// 从父 DOM 中移除元素
divElement.parentElement.removeChild(pElement);

// 把元素添加到影子 DOM
shadowDOM.appendChild(pElement);

// 检查元素是否移动到了影子 DOM 中
console.log(shadowDOM.innerHTML); // <p id="foo">Move me</p>
```

4. 合成与影子 DOM 槽位

影子 DOM 是为自定义 Web 组件设计的，为此需要支持嵌套 DOM 片段。从概念上讲，可以这么说：位于影子宿主中的 HTML 需要一种机制以渲染到影子 DOM 中去，但这些 HTML 又不必属于影子 DOM 树。

默认情况下，嵌套内容会隐藏。来看下面的例子，其中的文本在 1000 毫秒后会被隐藏：

```
document.body.innerHTML = `
<div>
  <p>Foo</p>
</div>
`;

setTimeout(() => document.querySelector('div').attachShadow({ mode: 'open' }), 1000);
```

影子 DOM 一添加到元素中，浏览器就会赋予它最高优先级，优先渲染它的内容而不是原来的文本。在这个例子中，由于影子 DOM 是空的，因此<div>会在 1000 毫秒后变成空的。

为了显示文本内容，需要使用<slot>标签指示浏览器在哪里放置原来的 HTML。下面的代码修改了前面的例子，让影子宿主中的文本出现在了影子 DOM 中：

```
document.body.innerHTML = `
<div id="foo">
  <p>Foo</p>
</div>
`;
```

```
document.querySelector('div')
    .attachShadow({ mode: 'open' })
    .innerHTML = `<div id="bar">
                     <slot></slot>
                  <div>`
```

现在，投射进去的内容就像自己存在于影子 DOM 中一样。检查页面会发现原来的内容实际上替代了 `<slot>`：

```
<body>
<div id="foo">
  #shadow-root (open)
    <div id="bar">
      <p>Foo</p>
    </div>
</div>
</body>
```

注意，虽然在页面检查窗口中看到内容在影子 DOM 中，但这实际上只是 DOM 内容的投射（projection）。实际的元素仍然处于外部 DOM 中：

```
document.body.innerHTML = `
<div id="foo">
  <p>Foo</p>
</div>
`;

document.querySelector('div')
    .attachShadow({ mode: 'open' })
    .innerHTML = `
      <div id="bar">
        <slot></slot>
      </div>`

console.log(document.querySelector('p').parentElement);
// <div id="foo"></div>
```

下面是使用槽位（slot）改写的前面红/绿/蓝子树的例子：

```
for (let color of ['red', 'green', 'blue']) {
  const divElement = document.createElement('div');
  divElement.innerText = `Make me ${color}`;
  document.body.appendChild(divElement)

  divElement
      .attachShadow({ mode: 'open' })
      .innerHTML = `
      <p><slot></slot></p>

      <style>
        p {
          color: ${color};
        }
      </style>
      `;
}
```

除了默认槽位，还可以使用**命名槽位**（named slot）实现多个投射。这是通过匹配的 `slot`/`name` 属性对实现的。带有 `slot="foo"`属性的元素会被投射到带有 `name="foo"`的`<slot>`上。下面的例子演示了如何改变影子宿主子元素的渲染顺序：

```
document.body.innerHTML = `
<div>
  <p slot="foo">Foo</p>
  <p slot="bar">Bar</p>
</div>
`;

document.querySelector('div')
    .attachShadow({ mode: 'open' })
    .innerHTML = `
<slot name="bar"></slot>
<slot name="foo"></slot>
`;

// Renders:
// Bar
// Foo
```

5. 事件重定向

如果影子 DOM 中发生了浏览器事件（如 `click`），那么浏览器需要一种方式以让父 DOM 处理事件。不过，实现也必须考虑影子 DOM 的边界。为此，事件会逃出影子 DOM 并经过**事件重定向**（event retarget）在外部被处理。逃出后，事件就好像是由影子宿主本身而非真正的包装元素触发的一样。下面的代码演示了这个过程：

```
// 创建一个元素作为影子宿主
document.body.innerHTML = `
<div onclick="console.log('Handled outside:', event.target)"></div>
`;

// 添加影子 DOM 并向其中插入 HTML
document.querySelector('div')
  .attachShadow({ mode: 'open' })
  .innerHTML = `
<button onclick="console.log('Handled inside:', event.target)">Foo</button>
`;

// 点击按钮时：
// Handled inside:  <button onclick="..."></button>
// Handled outside: <div onclick="..."></div>
```

注意，事件重定向只会发生在影子 DOM 中实际存在的元素上。使用`<slot>`标签从外部投射进来的元素不会发生事件重定向，因为从技术上讲，这些元素仍然存在于影子 DOM 外部。

20.11.3　自定义元素

如果你使用 JavaScript 框架，那么很可能熟悉自定义元素的概念。这是因为所有主流框架都以某种形式提供了这个特性。自定义元素为 HTML 元素引入了面向对象编程的风格。基于这种风格，可以创建自定义的、复杂的和可重用的元素，而且只要使用简单的 HTML 标签或属性就可以创建相应的实例。

1. 创建自定义元素

浏览器会尝试将无法识别的元素作为通用元素整合进 DOM。当然，这些元素默认也不会做任何通用 HTML 元素不能做的事。来看下面的例子，其中胡乱编的 HTML 标签会变成一个 HTMLElement 实例：

```
document.body.innerHTML = `
<x-foo >I'm inside a nonsense element.</x-foo >
`;

console.log(document.querySelector('x-foo') instanceof HTMLElement); // true
```

自定义元素在此基础上更进一步。利用自定义元素，可以在<x-foo>标签出现时为它定义复杂的行为，同样也可以在 DOM 中将其纳入元素生命周期管理。自定义元素要使用全局属性 customElements，这个属性会返回 CustomElementRegistry 对象。

```
console.log(customElements); // CustomElementRegistry {}
```

调用 customElements.define()方法可以创建自定义元素。下面的代码创建了一个简单的自定义元素，这个元素继承 HTMLElement：

```
class FooElement extends HTMLElement {}
customElements.define('x-foo', FooElement);

document.body.innerHTML = `
<x-foo >I'm inside a nonsense element.</x-foo >
`;

console.log(document.querySelector('x-foo') instanceof FooElement); // true
```

> **注意**　自定义元素名必须至少包含一个不在名称开头和末尾的连字符，而且元素标签不能自关闭。

自定义元素的威力源自类定义。例如，可以通过调用自定义元素的构造函数来控制这个类在 DOM 中每个实例的行为：

```
class FooElement extends HTMLElement {
  constructor() {
    super();
    console.log('x-foo')
  }
}
customElements.define('x-foo', FooElement);

document.body.innerHTML = `
<x-foo></x-foo>
<x-foo></x-foo>
<x-foo></x-foo>
`;

// x-foo
// x-foo
// x-foo
```

> **注意**　在自定义元素的构造函数中必须始终先调用 super()。如果元素继承了 HTMLElement 或相似类型而不会覆盖构造函数，则没有必要调用 super()，因为原型构造函数默认会做这件事。很少有创建自定义元素而不继承 HTMLElement 的。

如果自定义元素继承了一个元素类,那么可以使用 `is` 属性和 `extends` 选项将标签指定为该自定义元素的实例:

```
class FooElement extends HTMLDivElement {
  constructor() {
    super();
    console.log('x-foo')
  }
}
customElements.define('x-foo', FooElement, { extends: 'div' });

document.body.innerHTML = `
<div is="x-foo"></div>
<div is="x-foo"></div>
<div is="x-foo"></div>
`;

// x-foo
// x-foo
// x-foo
```

2. 添加 Web 组件内容

因为每次将自定义元素添加到 DOM 中都会调用其类构造函数,所以很容易自动给自定义元素添加子 DOM 内容。虽然不能在构造函数中添加子 DOM(会抛出 `DOMException`),但可以为自定义元素添加影子 DOM 并将内容添加到这个影子 DOM 中:

```
class FooElement extends HTMLElement {
  constructor() {
    super();

    // this 引用 Web 组件节点
    this.attachShadow({ mode: 'open' });

    this.shadowRoot.innerHTML = `
      <p>I'm inside a custom element!</p>
    `;
  }
}
customElements.define('x-foo', FooElement);

document.body.innerHTML += `<x-foo></x-foo>`;

// 结果 DOM:
// <body>
// <x-foo>
//    #shadow-root (open)
//      <p>I'm inside a custom element!</p>
// <x-foo>
// </body>
```

为避免字符串模板和 `innerHTML` 不干净,可以使用 HTML 模板和 `document.createElement()` 重构这个例子:

```
// (初始的 HTML)
// <template id="x-foo-tpl">
//    <p>I'm inside a custom element template!</p>
// </template>
```

```
const template = document.querySelector('#x-foo-tpl');

class FooElement extends HTMLElement {
  constructor() {
    super();

    this.attachShadow({ mode: 'open' });

    this.shadowRoot.appendChild(template.content.cloneNode(true));
  }
}
customElements.define('x-foo', FooElement);

document.body.innerHTML += `<x-foo></x-foo>`;

// 结果 DOM:
// <body>
// <template id="x-foo-tpl">
//    <p>I'm inside a custom element template!</p>
// </template>
// <x-foo>
//    #shadow-root (open)
//       <p>I'm inside a custom element template!</p>
// <x-foo>
// </body>
```

这样可以在自定义元素中实现高度的 HTML 和代码重用，以及 DOM 封装。使用这种模式能够自由创建可重用的组件而不必担心外部 CSS 污染组件的样式。

3. 使用自定义元素生命周期方法

可以在自定义元素的不同生命周期执行代码。带有相应名称的自定义元素类的实例方法会在不同生命周期阶段被调用。自定义元素有以下 5 个生命周期方法。

❑ constructor()：在创建元素实例或将已有 DOM 元素升级为自定义元素时调用。

❑ connectedCallback()：在每次将这个自定义元素实例添加到 DOM 中时调用。

❑ disconnectedCallback()：在每次将这个自定义元素实例从 DOM 中移除时调用。

❑ attributeChangedCallback()：在每次**可观察属性**的值发生变化时调用。在元素实例初始化时，初始值的定义也算一次变化。

❑ adoptedCallback()：在通过 document.adoptNode()将这个自定义元素实例移动到新文档对象时调用。

下面的例子演示了这些构建、连接和断开连接的回调：

```
class FooElement extends HTMLElement {
  constructor() {
    super();
    console.log('ctor');
  }

  connectedCallback() {
    console.log('connected');
  }

  disconnectedCallback() {
    console.log('disconnected');
  }
```

```
}
customElements.define('x-foo', FooElement);

const fooElement = document.createElement('x-foo');
// ctor

document.body.appendChild(fooElement);
// connected

document.body.removeChild(fooElement);
// disconnected
```

4. 反射自定义元素属性

自定义元素既是 DOM 实体又是 JavaScript 对象，因此两者之间应该同步变化。换句话说，对 DOM 的修改应该反映到 JavaScript 对象，反之亦然。要从 JavaScript 对象反射到 DOM，常见的方式是使用获取函数和设置函数。下面的例子演示了在 JavaScript 对象和 DOM 之间反射 bar 属性的过程：

```
document.body.innerHTML = `<x-foo></x-foo>`;

class FooElement extends HTMLElement {
  constructor() {
    super();

    this.bar = true;
  }

  get bar() {
    return this.getAttribute('bar');
  }

  set bar(value) {
    this.setAttribute('bar', value)
  }
}
customElements.define('x-foo', FooElement);

console.log(document.body.innerHTML);
// <x-foo bar="true"></x-foo>
```

另一个方向的反射（从 DOM 到 JavaScript 对象）需要给相应的属性添加监听器。为此，可以使用 observedAttributes() 获取函数让自定义元素的属性值每次改变时都调用 attributeChanged-Callback()：

```
class FooElement extends HTMLElement {
  static get observedAttributes() {
    // 返回应该触发 attributeChangedCallback() 执行的属性
    return ['bar'];
  }

  get bar() {
    return this.getAttribute('bar');
  }

  set bar(value) {
    this.setAttribute('bar', value)
  }
```

```
    attributeChangedCallback(name, oldValue, newValue) {
        if (oldValue !== newValue) {
        console.log(`${oldValue} -> ${newValue}`);

        this[name] = newValue;
    }
  }
}
customElements.define('x-foo', FooElement);

document.body.innerHTML = `<x-foo bar="false"></x-foo>`;
// null -> false

document.querySelector('x-foo').setAttribute('bar', true);
// false -> true
```

5. 升级自定义元素

并非始终可以先定义自定义元素，然后再在 DOM 中使用相应的元素标签。为解决这个先后次序问题，Web 组件在 CustomElementRegistry 上额外暴露了一些方法。这些方法可以用来检测自定义元素是否定义完成，然后可以用它来升级已有元素。

如果自定义元素已经有定义，那么 CustomElementRegistry.get() 方法会返回相应自定义元素的类。类似地，CustomElementRegistry.whenDefined() 方法会返回一个期约，当相应自定义元素有定义之后解决：

```
customElements.whenDefined('x-foo').then(() => console.log('defined!'));

console.log(customElements.get('x-foo'));
// undefined

customElements.define('x-foo', class {});
// defined!

console.log(customElements.get('x-foo'));
// class FooElement {}
```

连接到 DOM 的元素在自定义元素有定义时会**自动升级**。如果想在元素连接到 DOM 之前强制升级，可以使用 CustomElementRegistry.upgrade() 方法：

```
// 在自定义元素有定义之前会创建 HTMLUnknownElement 对象
const fooElement = document.createElement('x-foo');

// 创建自定义元素
class FooElement extends HTMLElement {}
customElements.define('x-foo', FooElement);

console.log(fooElement instanceof FooElement); // false

// 强制升级
customElements.upgrade(fooElement);

console.log(fooElement instanceof FooElement); // true
```

> **注意** 还有一个 HTML Imports Web 组件，但这个规范目前还是草案，没有主要浏览器支持。浏览器最终是否会支持这个规范目前还是未知数。

20.12　Web Cryptography API

Web Cryptography API 描述了一套密码学工具，规范了 JavaScript 如何以安全和符合惯例的方式实现加密。这些工具包括生成、使用和应用加密密钥对，加密和解密消息，以及可靠地生成随机数。

> **注意**　加密接口的组织方式有点奇怪，其外部是一个 Crypto 对象，内部是一个 SubtleCrypto 对象。在 Web Cryptography API 标准化之前，window.crypto 属性在不同浏览器中的实现差异非常大。为实现跨浏览器兼容，标准 API 都暴露在 SubtleCrypto 对象上。

20.12.1　生成随机数

在需要生成随机值时，很多人会使用 Math.random()。这个方法在浏览器中是以**伪随机数生成器**（PRNG，PseudoRandom Number Generator）方式实现的。所谓"伪"指的是生成值的过程不是真的随机。PRNG 生成的值只是**模拟**了随机的特性。浏览器的 PRNG 并未使用真正的随机源，只是对一个内部状态应用了固定的算法。每次调用 Math.random()，这个内部状态都会被一个算法修改，而结果会被转换为一个新的随机值。例如，V8 引擎使用了一个名为 xorshift128+的算法来执行这种修改。

由于算法本身是固定的，其输入**只是**之前的状态，因此随机数顺序也是确定的。xorshift128+使用 128 位内部状态，而算法的设计让任何初始状态在重复自身之前都会产生 $2^{128}-1$ 个伪随机值。这种循环被称为**置换循环**（permutation cycle），而这个循环的长度被称为一个**周期**（period）。很明显，如果攻击者知道 PRNG 的内部状态，就可以预测后续生成的伪随机值。如果开发者无意中使用 PRNG 生成了私有密钥用于加密，则攻击者就可以利用 PRNG 的这个特性算出私有密钥。

伪随机数生成器主要用于快速计算出看起来随机的值。不过并不适合用于加密计算。为解决这个问题，**密码学安全伪随机数生成器**（CSPRNG，Cryptographically Secure PseudoRandom Number Generator）额外增加了一个熵作为输入，例如测试硬件时间或其他无法预计行为的系统特性。这样一来，计算速度明显比常规 PRNG 慢很多，但 CSPRNG 生成的值就很难预测，可以用于加密了。

Web Cryptography API 引入了 CSPRNG，这个 CSPRNG 可以通过 crypto.getRandomValues()在全局 Crypto 对象上访问。与 Math.random()返回一个介于 0 和 1 之间的浮点数不同，getRandomValues() 会把随机值写入作为参数传给它的定型数组。定型数组的类不重要，因为底层缓冲区会被随机的二进制位填充。

下面的例子展示了生成 5 个 8 位随机值：

```
const array = new Uint8Array(1);

for (let i=0; i<5; ++i) {
  console.log(crypto.getRandomValues(array));
}

// Uint8Array [41]
// Uint8Array [250]
// Uint8Array [51]
// Uint8Array [129]
// Uint8Array [35]
```

getRandomValues()最多可以生成 2^{16}（65 536）字节，超出则会抛出错误：

```
const fooArray = new Uint8Array(2 ** 16);
console.log(window.crypto.getRandomValues(fooArray)); // Uint32Array(16384) [...]

const barArray = new Uint8Array((2 ** 16) + 1);
console.log(window.crypto.getRandomValues(barArray)); // Error
```

要使用 CSPRNG 重新实现 Math.random()，可以通过生成一个随机的 32 位数值，然后用它去除最大的可能值 0xFFFFFFFF。这样就会得到一个介于 0 和 1 之间的值：

```
function randomFloat() {
  // 生成 32 位随机值
  const fooArray = new Uint32Array(1);

  // 最大值是 2^32 -1
  const maxUint32 = 0xFFFFFFFF;

  // 用最大可能的值来除
  return crypto.getRandomValues(fooArray)[0] / maxUint32;
}

console.log(randomFloat()); // 0.5033651619458955
```

20.12.2   使用 SubtleCrypto 对象

Web Cryptography API 重头特性都暴露在了 SubtleCrypto 对象上，可以通过 window.crypto.subtle 访问：

```
console.log(crypto.subtle); // SubtleCrypto {}
```

这个对象包含一组方法，用于执行常见的密码学功能，如加密、散列、签名和生成密钥。因为所有密码学操作都在原始二进制数据上执行，所以 SubtleCrypto 的每个方法都要用到 ArrayBuffer 和 ArrayBufferView 类型。由于字符串是密码学操作的重要应用场景，因此 TextEncoder 和 TextDecoder 是经常与 SubtleCrypto 一起使用的类，用于实现二进制数据与字符串之间的相互转换。

> **注意** SubtleCrypto 对象只能在安全上下文（https）中使用。在不安全的上下文中，subtle 属性是 undefined。

1. 生成密码学摘要
计算数据的密码学摘要是非常常用的密码学操作。这个规范支持 4 种摘要算法：SHA-1 和 3 种 SHA-2。

- ❑ SHA-1（Secure Hash Algorithm 1）：架构类似 MD5 的散列函数。接收任意大小的输入，生成 160 位消息散列。由于容易受到碰撞攻击，这个算法已经不再安全。
- ❑ SHA-2（Secure Hash Algorithm 2）：构建于相同耐碰撞单向压缩函数之上的一套散列函数。规范支持其中 3 种：SHA-256、SHA-384 和 SHA-512。生成的消息摘要可以是 256 位（SHA-256）、384 位（SHA-384）或 512 位（SHA-512）。这个算法被认为是安全的，广泛应用于很多领域和协议，包括 TLS、PGP 和加密货币（如比特币）。

SubtleCrypto.digest() 方法用于生成消息摘要。要使用的散列算法通过字符串 "SHA-1"、"SHA-256"、"SHA-384" 或 "SHA-512" 指定。下面的代码展示了一个使用 SHA-256 为字符串 "foo" 生成消息摘要的例子：

```
(async function() {
  const textEncoder = new TextEncoder();
  const message = textEncoder.encode('foo');
  const messageDigest = await crypto.subtle.digest('SHA-256', message);

  console.log(new Uint32Array(messageDigest));
})();

// Uint32Array(8) [1806968364, 2412183400, 1011194873, 876687389,
//                 1882014227, 2696905572, 2287897337, 2934400610]
```

通常，在使用时，二进制的消息摘要会转换为十六进制字符串格式。通过将二进制数据按 8 位进行分割，然后再调用 `toString(16)` 就可以把任何数组缓冲区转换为十六进制字符串：

```
(async function() {
  const textEncoder = new TextEncoder();
  const message = textEncoder.encode('foo');
  const messageDigest = await crypto.subtle.digest('SHA-256', message);

  const hexDigest = Array.from(new Uint8Array(messageDigest))
    .map((x) => x.toString(16).padStart(2, '0'))
    .join('');

  console.log(hexDigest);
})();

// 2c26b46b68ffc68ff99b453c1d30413413422d706483bfa0f98a5e886266e7ae
```

软件公司通常会公开自己软件二进制安装包的摘要，以便用户验证自己下载到的确实是该公司发布的版本（而不是被恶意软件篡改过的版本）。下面的例子演示了下载 Firefox v67.0，通过 SHA-512 计算其散列，再下载其 SHA-512 二进制验证摘要，最后检查两个十六进制字符串匹配：

```
(async function() {
  const mozillaCdnUrl = '// download-
origin.cdn.mozilla.net/pub/firefox/releases/67.0 /';
  const firefoxBinaryFilename = 'linux-x86_64/en-US/firefox-67.0.tar.bz2';
  const firefoxShaFilename = 'SHA512SUMS';

  console.log('Fetching Firefox binary...');
  const fileArrayBuffer = await (await fetch(mozillaCdnUrl + firefoxBinaryFilename))
    .arrayBuffer();

  console.log('Calculating Firefox digest...');
  const firefoxBinaryDigest = await crypto.subtle.digest('SHA-512', fileArrayBuffer);
  const firefoxHexDigest = Array.from(new Uint8Array(firefoxBinaryDigest))
    .map((x) => x.toString(16).padStart(2, '0'))
    .join('');

  console.log('Fetching published binary digests...');
  // SHA 文件包含此次发布的所有 Firefox 二进制文件的摘要，
  // 因此要根据其格式进制拆分
  const shaPairs = (await (await fetch(mozillaCdnUrl + firefoxShaFilename)).text())
    .split(/\n/).map((x) => x.split(/\s+/));

  let verified = false;
```

20

```
console.log('Checking calculated digest against published digests...');
for (const [sha, filename] of shaPairs) {
  if (filename === firefoxBinaryFilename) {
    if (sha === firefoxHexDigest) {
      verified = true;
      break;
    }
  }
}

console.log('Verified:', verified);
})();

// Fetching Firefox binary...
// Calculating Firefox digest...
// Fetching published binary digests...
// Checking calculated digest against published digests...
// Verified: true
```

2. CryptoKey 与算法

如果没了密钥，那密码学也就没什么意义了。SubtleCrypto 对象使用 CryptoKey 类的实例来生成密钥。CryptoKey 类支持多种加密算法，允许控制密钥抽取和使用。

CryptoKey 类支持以下算法，按各自的父密码系统归类。

❑ **RSA（Rivest-Shamir-Adleman）**：公钥密码系统，使用两个大素数获得一对公钥和私钥，可用于签名/验证或加密/解密消息。RSA 的陷门函数被称为**分解难题**（factoring problem）。

❑ **RSASSA-PKCS1-v1_5**：RSA 的一个应用，用于使用私钥给消息签名，允许使用公钥验证签名。
  ■ SSA（Signature Schemes with Appendix），表示算法支持签名生成和验证操作。
  ■ PKCS1（Public-Key Cryptography Standards #1），表示算法展示出的 RSA 密钥必需的数学特性。
  ■ RSASSA-PKCS1-v1_5 是确定性的，意味着同样的消息和密钥每次都会生成相同的签名。

❑ **RSA-PSS**：RSA 的另一个应用，用于签名和验证消息。
  ■ PSS（Probabilistic Signature Scheme），表示生成签名时会加盐以得到随机签名。
  ■ 与 RSASSA-PKCS1-v1_5 不同，同样的消息和密钥每次都会生成不同的签名。
  ■ 与 RSASSA-PKCS1-v1_5 不同，RSA-PSS 有可能约简到 RSA 分解难题的难度。
  ■ 通常，虽然 RSASSA-PKCS1-v1_5 仍被认为是安全的，但 RSA-PSS 应该用于代替 RSASSA-PKCS1-v1_5。

❑ **RSA-OAEP**：RSA 的一个应用，用于使用公钥加密消息，用私钥来解密。
  ■ OAEP（Optimal Asymmetric Encryption Padding），表示算法利用了 Feistel 网络在加密前处理未加密的消息。
  ■ OAEP 主要将确定性 RSA 加密模式转换为概率性加密模式。

❑ **ECC（Elliptic-Curve Cryptography）**：公钥密码系统，使用一个素数和一个椭圆曲线获得一对公钥和私钥，可用于签名/验证消息。ECC 的陷门函数被称为**椭圆曲线离散对数问题**（elliptic curve discrete logarithm problem）。ECC 被认为优于 RSA。虽然 RSA 和 ECC 在密码学意义上都很强，但 ECC 密钥比 RSA 密钥短，而且 ECC 密码学操作比 RSA 操作快。

❑ **ECDSA（Elliptic Curve Digital Signature Algorithm）**：ECC 的一个应用，用于签名和验证消息。这个算法是**数字签名算法**（DSA，Digital Signature Algorithm）的一个椭圆曲线风格的变体。

- ❑ ECDH（Elliptic Curve Diffie-Hellman）：ECC 的密钥生成和密钥协商应用，允许两方通过公开通信渠道建立共享的机密。这个算法是 Diffie-Hellman 密钥交换（DH，Diffie-Hellman key exchange）协议的一个椭圆曲线风格的变体。
- ❑ AES（Advanced Encryption Standard）：对称密钥密码系统，使用派生自置换组合网络的分组密码加密和解密数据。AES 在不同模式下使用，不同模式算法的特性也不同。
- ❑ AES-CTR：AES 的计数器模式（counter mode）。这个模式使用递增计数器生成其密钥流，其行为类似密文流。使用时必须为其提供一个随机数，用作初始化向量。AES-CTR 加密/解密可以并行。
- ❑ AES-CBC：AES 的密码分组链模式（cipher block chaining mode）。在加密纯文本的每个分组之前，先使用之前密文分组求 XOR，也就是名字中的"链"。使用一个初始化向量作为第一个分组的 XOR 输入。
- ❑ AES-GCM：AES 的伽罗瓦/计数器模式（Galois/Counter mode）。这个模式使用计数器和初始化向量生成一个值，这个值会与每个分组的纯文本计算 XOR。与 CBC 不同，这个模式的 XOR 输入不依赖之前分组密文。因此 GCM 模式可以并行。由于其卓越的性能，AES-GCM 在很多网络安全协议中得到了应用。
- ❑ AES-KW：AES 的密钥包装模式（key wrapping mode）。这个算法将加密密钥包装为一个可移植且加密的格式，可以在不信任的渠道中传输。传输之后，接收方可以解包密钥。与其他 AES 模式不同，AES-KW 不需要初始化向量。
- ❑ HMAC（Hash-Based Message Authentication Code）：用于生成消息认证码的算法，用于验证通过不可信网络接收的消息没有被修改过。两方使用散列函数和共享私钥来签名和验证消息。
- ❑ KDF（Key Derivation Functions）：可以使用散列函数从主密钥获得一个或多个密钥的算法。KDF 能够生成不同长度的密钥，也能把密钥转换为不同格式。
- ❑ HKDF（HMAC-Based Key Derivation Function）：密钥推导函数，与高熵输入（如已有密钥）一起使用。
- ❑ PBKDF2（Password-Based Key Derivation Function 2）：密钥推导函数，与低熵输入（如密钥字符串）一起使用。

> **注意**　CryptoKey 支持很多算法，但其中只有部分算法能够用于 SubtleCrypto 的方法。要了解哪个方法支持什么算法，可以参考 W3C 网站上 Web Cryptography API 规范的"Algorithm Overview"。

3. 生成 CryptoKey

使用 SubtleCrypto.generateKey() 方法可以生成随机 CryptoKey，这个方法返回一个期约，解决为一个或多个 CryptoKey 实例。使用时需要给这个方法传入一个指定目标算法的参数对象、一个表示密钥是否可以从 CryptoKey 对象中提取出来的布尔值，以及一个表示这个密钥可以与哪个 SubtleCrypto 方法一起使用的字符串数组（keyUsages）。

由于不同的密码系统需要不同的输入来生成密钥，上述参数对象为每种密码系统都规定了必需的输入：

- ❑ RSA 密码系统使用 RsaHashedKeyGenParams 对象；

❑ ECC 密码系统使用 `EcKeyGenParams` 对象；

❑ HMAC 密码系统使用 `HmacKeyGenParams` 对象；

❑ AES 密码系统使用 `AesKeyGenParams` 对象。

`keyUsages` 对象用于说明密钥可以与哪个算法一起使用。至少要包含下列中的一个字符串：

❑ `encrypt`

❑ `decrypt`

❑ `sign`

❑ `verify`

❑ `deriveKey`

❑ `deriveBits`

❑ `wrapKey`

❑ `unwrapKey`

假设要生成一个满足如下条件的对称密钥：

❑ 支持 AES-CTR 算法；

❑ 密钥长度 128 位；

❑ 不能从 `CryptoKey` 对象中提取；

❑ 可以跟 `encrypt()` 和 `decrypt()` 方法一起使用。

那么可以参考如下代码：

```javascript
(async function() {
  const params = {
    name: 'AES-CTR',
    length: 128
  };

  const keyUsages = ['encrypt', 'decrypt'];

  const key = await crypto.subtle.generateKey(params, false, keyUsages);

  console.log(key);
  // CryptoKey {type: "secret", extractable: true, algorithm: {...}, usages: Array(2)}
})();
```

假设要生成一个满足如下条件的非对称密钥：

❑ 支持 ECDSA 算法；

❑ 使用 P-256 椭圆曲线；

❑ 可以从 `CryptoKey` 中提取；

❑ 可以跟 `sign()` 和 `verify()` 方法一起使用。

那么可以参考如下代码：

```javascript
(async function() {
  const params = {
    name: 'ECDSA',
    namedCurve: 'P-256'
  };

  const keyUsages = ['sign', 'verify'];

  const {publicKey, privateKey} = await crypto.subtle.generateKey(params, true,
    keyUsages);
```

```
console.log(publicKey);
// CryptoKey {type: "public", extractable: true, algorithm: {...}, usages: Array(1)}

console.log(privateKey);
// CryptoKey {type: "private", extractable: true, algorithm: {...}, usages: Array(1)}
})();
```

4. 导出和导入密钥

如果密钥是可提取的，那么就可以在 `CryptoKey` 对象内部暴露密钥原始的二进制内容。使用 `exportKey()`方法并指定目标格式（`"raw"`、`"pkcs8"`、`"spki"`或`"jwk"`）就可以取得密钥。这个方法返回一个期约，解决后的 `ArrayBuffer` 中包含密钥：

```
(async function() {
  const params = {
    name: 'AES-CTR',
    length: 128
  };
  const keyUsages = ['encrypt', 'decrypt'];

  const key = await crypto.subtle.generateKey(params, true, keyUsages);

  const rawKey = await crypto.subtle.exportKey('raw', key);

  console.log(new Uint8Array(rawKey));
  // Uint8Array[93, 122, 66, 135, 144, 182, 119, 196, 234, 73, 84, 7, 139, 43, 238,
  // 110]
})();
```

与 `exportKey()`相反的操作要使用 `importKey()`方法实现。`importKey()`方法的签名实际上是 `generateKey()`和 `exportKey()`的组合。下面的方法会生成密钥、导出密钥，然后再导入密钥：

```
(async function() {
  const params = {
    name: 'AES-CTR',
    length: 128
  };
  const keyUsages = ['encrypt', 'decrypt'];
  const keyFormat = 'raw';
  const isExtractable = true;

  const key = await crypto.subtle.generateKey(params, isExtractable, keyUsages);

  const rawKey = await crypto.subtle.exportKey(keyFormat, key);

  const importedKey = await crypto.subtle.importKey(keyFormat, rawKey, params.name,
      isExtractable, keyUsages);

  console.log(importedKey);
  // CryptoKey {type: "secret", extractable: true, algorithm: {...}, usages: Array(2)}
})();
```

5. 从主密钥派生密钥

使用 `SubtleCrypto` 对象可以通过可配置的属性从已有密钥获得新密钥。`SubtleCrypto` 支持一个 `deriveKey()`方法和一个 `deriveBits()`方法，前者返回一个解决为 `CryptoKey` 的期约，后者返回一个解决为 `ArrayBuffer` 的期约。

> **注意** deriveKey() 与 deriveBits() 的区别很微妙, 因为调用 deriveKey() 实际上与调用 deriveBits() 之后再把结果传给 importKey() 相同。

deriveBits() 方法接收一个算法参数对象、主密钥和输出的位长作为参数。当两个人分别拥有自己的密钥对, 但希望获得共享的加密密钥时可以使用这个方法。下面的例子使用 ECDH 算法基于两个密钥对生成了对等密钥, 并确保它们派生相同的密钥位:

```
(async function() {
  const ellipticCurve = 'P-256';
  const algoIdentifier = 'ECDH';
  const derivedKeySize = 128;

  const params = {
    name: algoIdentifier,
    namedCurve: ellipticCurve
  };

  const keyUsages = ['deriveBits'];

  const keyPairA = await crypto.subtle.generateKey(params, true, keyUsages);
  const keyPairB = await crypto.subtle.generateKey(params, true, keyUsages);

  // 从 A 的公钥和 B 的私钥派生密钥位
  const derivedBitsAB = await crypto.subtle.deriveBits(
      Object.assign({ public: keyPairA.publicKey }, params),
      keyPairB.privateKey,
      derivedKeySize);

  // 从 B 的公钥和 A 的私钥派生密钥位
  const derivedBitsBA = await crypto.subtle.deriveBits(
      Object.assign({ public: keyPairB.publicKey }, params),
      keyPairA.privateKey,
      derivedKeySize);

  const arrayAB = new Uint32Array(derivedBitsAB);
  const arrayBA = new Uint32Array(derivedBitsBA);

  // 确保密钥数组相等
  console.log(
      arrayAB.length === arrayBA.length &&
      arrayAB.every((val, i) => val === arrayBA[i])); // true
})();
```

deriveKey() 方法是类似的, 只不过返回的是 CryptoKey 的实例而不是 ArrayBuffer。下面的例子基于一个原始字符串, 应用 PBKDF2 算法将其导入一个原始主密钥, 然后派生了一个 AES-GCM 格式的新密钥:

```
(async function() {
  const password = 'foobar';
  const salt = crypto.getRandomValues(new Uint8Array(16));
  const algoIdentifier = 'PBKDF2';
  const keyFormat = 'raw';
  const isExtractable = false;

  const params = {
```

```
    name: algoIdentifier
};

const masterKey = await window.crypto.subtle.importKey(
    keyFormat,
    (new TextEncoder()).encode(password),
    params,
    isExtractable,
    ['deriveKey']
);

const deriveParams = {
    name: 'AES-GCM',
    length: 128
};

const derivedKey = await window.crypto.subtle.deriveKey(
    Object.assign({salt, iterations: 1E5, hash: 'SHA-256'}, params),
    masterKey,
    deriveParams,
    isExtractable,
    ['encrypt']
);

console.log(derivedKey);
// CryptoKey {type: "secret", extractable: false, algorithm: {...}, usages: Array(1)}
})();
```

6. 使用非对称密钥签名和验证消息

通过 SubtleCrypto 对象可以使用公钥算法用私钥生成签名，或者用公钥验证签名。这两种操作分别通过 SubtleCrypto.sign() 和 SubtleCrypto.verify() 方法完成。

签名消息需要传入参数对象以指定算法和必要的值、CryptoKey 和要签名的 ArrayBuffer 或 ArrayBufferView。下面的例子会生成一个椭圆曲线密钥对，并使用私钥签名消息：

```
(async function() {
    const keyParams = {
        name: 'ECDSA',
        namedCurve: 'P-256'
    };

    const keyUsages = ['sign', 'verify'];

    const {publicKey, privateKey} = await crypto.subtle.generateKey(keyParams, true,
        keyUsages);

    const message = (new TextEncoder()).encode('I am Satoshi Nakamoto');

    const signParams = {
        name: 'ECDSA',
        hash: 'SHA-256'
    };

    const signature = await crypto.subtle.sign(signParams, privateKey, message);

    console.log(new Uint32Array(signature));
    // Uint32Array(16) [2202267297, 698413658, 1501924384, 691450316, 778757775, ... ]
})();
```

希望通过这个签名验证消息的人可以使用公钥和 `SubtleCrypto.verify()` 方法。这个方法的签名几乎与 `sign()` 相同，只是必须提供公钥以及签名。下面的例子通过验证生成的签名扩展了前面的例子：

```
(async function() {
  const keyParams = {
    name: 'ECDSA',
    namedCurve: 'P-256'
  };

  const keyUsages = ['sign', 'verify'];

  const {publicKey, privateKey} = await crypto.subtle.generateKey(keyParams, true,
    keyUsages);

  const message = (new TextEncoder()).encode('I am Satoshi Nakamoto');

  const signParams = {
    name: 'ECDSA',
    hash: 'SHA-256'
  };

  const signature = await crypto.subtle.sign(signParams, privateKey, message);

  const verified = await crypto.subtle.verify(signParams, publicKey, signature,
    message);

  console.log(verified); // true
})();
```

7. 使用对称密钥加密和解密

`SubtleCrypto` 对象支持使用公钥和对称算法加密和解密消息。这两种操作分别通过 `SubtleCrypto.encrypt()` 和 `SubtleCrypto.decrypt()` 方法完成。

加密消息需要传入参数对象以指定算法和必要的值、加密密钥和要加密的数据。下面的例子会生成对称 AES-CBC 密钥，用它加密消息，最后解密消息：

```
(async function() {
  const algoIdentifier = 'AES-CBC';

  const keyParams = {
    name: algoIdentifier,
    length: 256
  };

  const keyUsages = ['encrypt', 'decrypt'];

  const key = await crypto.subtle.generateKey(keyParams, true,
    keyUsages);

  const originalPlaintext = (new TextEncoder()).encode('I am Satoshi Nakamoto');

  const encryptDecryptParams = {
    name: algoIdentifier,
    iv: crypto.getRandomValues(new Uint8Array(16))
  };

  const ciphertext = await crypto.subtle.encrypt(encryptDecryptParams, key,
    originalPlaintext);
```

```
console.log(ciphertext);
// ArrayBuffer(32) {}
```

`const decryptedPlaintext = await crypto.subtle.decrypt(encryptDecryptParams, key, ciphertext);`

```
console.log((new TextDecoder()).decode(decryptedPlaintext));
// I am Satoshi Nakamoto
})();
```

8. 包装和解包密钥

SubtleCrypto 对象支持包装和解包密钥，以便在非信任渠道传输。这两种操作分别通过 Subtle-Crypto.wrapKey() 和 SubtleCrypto.unwrapKey() 方法完成。

包装密钥需要传入一个格式字符串、要包装的 CryptoKey 实例、要执行包装的 CryptoKey，以及一个参数对象用于指定算法和必要的值。下面的例子生成了一个对称 AES-GCM 密钥，用 AES-KW 来包装这个密钥，最后又将包装的密钥解包：

```
(async function() {
  const keyFormat = 'raw';
  const extractable = true;

  const wrappingKeyAlgoIdentifier = 'AES-KW';
  const wrappingKeyUsages = ['wrapKey', 'unwrapKey'];
  const wrappingKeyParams = {
    name: wrappingKeyAlgoIdentifier,
    length: 256
  };

  const keyAlgoIdentifier = 'AES-GCM';
  const keyUsages = ['encrypt'];
  const keyParams = {
    name: keyAlgoIdentifier,
    length: 256
  };

  const wrappingKey = await crypto.subtle.generateKey(wrappingKeyParams, extractable,
      wrappingKeyUsages);

  console.log(wrappingKey);
  // CryptoKey {type: "secret", extractable: true, algorithm: {...}, usages: Array(2)}

  const key = await crypto.subtle.generateKey(keyParams, extractable, keyUsages);

  console.log(key);
  // CryptoKey {type: "secret", extractable: true, algorithm: {...}, usages: Array(1)}

  const wrappedKey = await crypto.subtle.wrapKey(keyFormat, key, wrappingKey,
      wrappingKeyAlgoIdentifier);

  console.log(wrappedKey);
  // ArrayBuffer(40) {}

  const unwrappedKey = await crypto.subtle.unwrapKey(keyFormat, wrappedKey,
      wrappingKey, wrappingKeyParams, keyParams, extractable, keyUsages);

  console.log(unwrappedKey);
  // CryptoKey {type: "secret", extractable: true, algorithm: {...}, usages: Array(1)}
})()
```

20.13 小结

除了定义新标签，HTML5 还定义了一些 JavaScript API。这些 API 可以为开发者提供更便捷的 Web 接口，暴露堪比桌面应用的能力。本章主要介绍了以下 API。

- ❑ Atomics API 用于保护代码在多线程内存访问模式下不发生资源争用。
- ❑ postMessage() API 支持从不同源跨文档发送消息，同时保证安全和遵循同源策略。
- ❑ Encoding API 用于实现字符串与缓冲区之间的无缝转换（越来越常见的操作）。
- ❑ File API 提供了发送、接收和读取大型二进制对象的可靠工具。
- ❑ 媒体元素<audio>和<video>拥有自己的 API，用于操作音频和视频。并不是每个浏览器都会支持所有媒体格式，使用 canPlayType() 方法可以检测浏览器支持情况。
- ❑ 拖放 API 支持方便地将元素标识为可拖动，并在操作系统完成放置时给出回应。可以利用它创建自定义可拖动元素和放置目标。
- ❑ Notifications API 提供了一种浏览器中立的方式，以此向用户展示消通知弹层。
- ❑ Streams API 支持以全新的方式读取、写入和处理数据。
- ❑ Timing API 提供了一组度量数据进出浏览器时间的可靠工具。
- ❑ Web Components API 为元素重用和封装技术向前迈进提供了有力支撑。
- ❑ Web Cryptography API 让生成随机数、加密和签名消息成为一类特性。

第21章

错误处理与调试

本章内容

❏ 理解浏览器错误报告

❏ 处理错误

❏ 调试 JavaScript 代码

视频讲解

JavaScript 一直以来被认为是最难调试的编程语言之一，因为它是动态的，且多年来没有适当的开发工具。错误经常会以令人迷惑的浏览器消息形式抛出，比如 `"object expected"`。这样的消息没有上下文，因此很难理解。ECMAScript 第 3 版致力于改进这个方面，引入了 `try/catch` 和 `throw` 语句，以及一些错误类型，以帮助开发者在出错时正确地处理它们。几年后，JavaScript 调试器和排错工具开始在浏览器中出现。到了 2008 年，大多数浏览器支持一些 JavaScript 调试能力。

有了适当的语言和开发工具，Web 开发者如今已可以实现适当的错误处理并找到问题的原因。

21.1 浏览器错误报告

所有主流桌面浏览器，包括 IE/Edge、Firefox、Safari、Chrome 和 Opera，都提供了向用户报告错误的机制。默认情况下，所有浏览器都会隐藏错误信息。一个原因是除了开发者之外这些信息对别人没什么用，另一个原因是网页在正常操作中报错的固有特性。

21.1.1 桌面控制台

所有现代桌面浏览器都会通过控制台暴露错误。这些错误可以显示在开发者工具内嵌的控制台中。在前面提到的所有浏览器中，访问开发者工具的路径是相似的。可能最简单的查看错误的方式就是在页面上单击鼠标右键，然后在上下文菜单中选择 Inspect（检查）或 Inspect Element（检查元素），然后再单击 Console（控制台）选项卡。

要直接进入控制台，不同操作系统和浏览器支持不同的快捷键，如下表所示。

浏　览　器	Windows/Linux	Mac
Chrome	Ctrl+Shfit+J	Cmd+Opt+J
Firefox	Ctrl+Shfit+K	Cmd+Opt+K
IE/Edge	F12，然后 Ctrl+2	不适用
Opera	Ctrl+Shift+I	Cmd+Opt+I
Safari	不适用	Cmd+Opt+C

21.1.2　移动控制台

移动浏览器不会直接在设备上提供控制台界面。不过，还是有一些途径可以在移动设备中检查错误。Chrome 移动版和 Safari 的 iOS 版内置了实用工具，支持将设备连接到宿主操作系统中相同的浏览器。然后，就可以在对应的桌面浏览器中查看错误了。这涉及设备之间的硬件连接，且要遵循不同的操作步骤，比如 Chrome 的操作步骤参见 Google Developers 网站的文章《Android 设备的远程调试入门》，Safari 的操作步骤参见 Apple Developer 网站的文章 "Safari Web Inspector Guide"。

此外也可以使用第三方工具直接在移动设备上调试。Firefox 常用的调试工具是 Firebug Lite，这需要通过 JavaScript 的书签小工具向当前页面中加入 Firebug 脚本才可以。脚本运行后，就可以直接在移动浏览器上打开调试界面。Firebug Lite 也有面向其他浏览器（如 Chrome）的版本。

21.2　错误处理

错误处理在编程中的重要性毋庸置疑。所有主流 Web 应用程序都需要定义完善的错误处理协议，大多数优秀的应用程序有自己的错误处理策略，尽管主要逻辑是放在服务器端的。事实上，服务器端团队通常会花很多精力根据错误类型、频率和其他重要指标来定义规范的错误日志机制。最终实现通过简单的数据库查询或报告生成脚本就可以了解应用程序的运行状态。

错误处理在应用程序的浏览器端进展较慢，尽管其重要性一点也不低。这里有一个重要的事实：大多数上网的人没有技术背景，甚至连什么是浏览器都不十分清楚，而且有的人不知道自己使用的是什么浏览器。如前所述，当网页中的 JavaScript 脚本发生错误时，不同浏览器的处理方式不同。不过浏览器处理 JavaScript 报告错误的默认方式对用户并不友好。最好的情况是用户自己不知道发生了什么，然后再重试；最坏的情况是用户感觉特别厌烦，于是永远不回来了。有一个良好的错误处理策略可以让用户知道到底发生了什么。为此，必须理解各种捕获和处理 JavaScript 错误的方式。

21.2.1　try/catch 语句

ECMA-262 第 3 版新增了 try/catch 语句，作为在 JavaScript 中处理异常的一种方式。基本的语法如下所示，跟 Java 中的 try/catch 语句一样：

```
try {
  // 可能出错的代码
} catch (error) {
  // 出错时要做什么
}
```

任何可能出错的代码都应该放到 try 块中，而处理错误的代码则放在 catch 块中，如下所示：

```
try {
  window.someNonexistentFunction();
} catch (error){
  console.log("An error happened!");
}
```

如果 try 块中有代码发生错误，代码会立即退出执行，并跳到 catch 块中。catch 块此时接收到一个对象，该对象包含发生错误的相关信息。与其他语言不同，即使在 catch 块中不使用错误对象，也必须为它定义名称。错误对象中暴露的实际信息因浏览器而异，但至少包含保存错误消息的 message 属性。ECMA-262 也指定了定义错误类型的 name 属性，目前所有浏览器中都有这个属性。因此，可以像下面的代码这样在必要时显示错误消息：

```
try {
  window.someNonexistentFunction();
} catch (error){
  console.log(error.message);
}
```

这个例子使用 message 属性向用户显示错误消息。message 属性是唯一一个在 IE、Firefox、Safari、Chrome 和 Opera 中都有的属性，尽管每个浏览器添加了其他属性。IE 添加了 description 属性（其值始终等于 message）和 number 属性（它包含内部错误号）。Firefox 添加了 fileName、lineNumber 和 stack（包含栈跟踪信息）属性。Safari 添加了 line（行号）、sourceId（内部错误号）和 sourceURL 属性。同样，为保证跨浏览器兼容，最好只依赖 message 属性。

1. finally 子句

try/catch 语句中可选的 finally 子句始终运行。如果 try 块中的代码运行完，则接着执行 finally 块中的代码。如果出错并执行 catch 块中的代码，则 finally 块中的代码仍执行。try 或 catch 块无法阻止 finally 块执行，包括 return 语句。比如：

```
function testFinally(){
  try {
    return 2;
  } catch (error){
    return 1;
  } finally {
    return 0;
  }
}
```

这个函数在 try/catch 语句的各个部分都只放了一个 return 语句。看起来该函数应该返回 2，因为它在 try 块中，不会导致错误。但是，finally 块的存在导致 try 块中的 return 语句被忽略。因此，无论什么情况下调用该函数都会返回 0。如果去掉 finally 子句，该函数会返回 2。如果写出 finally 子句，catch 块就成了可选的（它们两者中只有一个是必需的）。

> 注意　只要代码中包含了 finally 子句，try 块或 catch 块中的 return 语句就会被忽略，理解这一点很重要。在使用 finally 时一定要仔细确认代码的行为。

2. 错误类型

代码执行过程中会发生各种类型的错误。每种类型都会对应一个错误发生时抛出的错误对象。ECMA-262 定义了以下 8 种错误类型：

- ❑ Error
- ❑ InternalError
- ❑ EvalError
- ❑ RangeError
- ❑ ReferenceError
- ❑ SyntaxError
- ❑ TypeError
- ❑ URIError

Error 是基类型，其他错误类型继承该类型。因此，所有错误类型都共享相同的属性（所有错误对象上的方法都是这个默认类型定义的方法）。浏览器很少会抛出 Error 类型的错误，该类型主要用于开发者抛出自定义错误。

　　InternalError 类型的错误会在底层 JavaScript 引擎抛出异常时由浏览器抛出。例如，递归过多导致了栈溢出。这个类型并不是代码中通常要处理的错误，如果真发生了这种错误，很可能代码哪里弄错了或者有危险了。

　　EvalError 类型的错误会在使用 eval() 函数发生异常时抛出。ECMA-262 规定，"如果 eval 属性没有被直接调用（即没有将其名称作为一个 Identifier，也就是 CallExpression 中的 MemberExpression），或者如果 eval 属性被赋值"，就会抛出该错误。基本上，只要不把 eval() 当成函数调用就会报告该错误：

```
new eval(); // 抛出 EvalError
eval = foo; // 抛出 EvalError
```

　　实践中，浏览器不会总抛出 EvalError。Firefox 和 IE 在上面第一种情况下抛出 TypeError，在第二种情况下抛出 EvalError。为此，再加上代码中不大可能这样使用 eval()，因此几乎遇不到这种错误。

　　RangeError 错误会在数值越界时抛出。例如，定义数组时如果设置了并不支持的长度，如-20 或 Number.MAX_VALUE，就会报告该错误：

```
let items1 = new Array(-20);            // 抛出 RangeError
let items2 = new Array(Number.MAX_VALUE); // 抛出 RangeError
```

RangeError 在 JavaScript 中发生得不多。

　　ReferenceError 会在找不到对象时发生。（这就是著名的"object expected"浏览器错误的原因。）这种错误经常是由访问不存在的变量而导致的，比如：

```
let obj = x; // 在 x 没有声明时会抛出 ReferenceError
```

SyntaxError 经常在给 eval() 传入的字符串包含 JavaScript 语法错误时发生，比如：

```
eval("a ++ b"); // 抛出 SyntaxError
```

　　在 eval() 外部，很少会用到 SyntaxError。这是因为 JavaScript 代码中的语法错误会导致代码无法执行。

　　TypeError 在 JavaScript 中很常见，主要发生在变量不是预期类型，或者访问不存在的方法时。很多原因可能导致这种错误，尤其是在使用类型特定的操作而变量类型不对时。下面是几个例子：

```
let o = new 10;                          // 抛出 TypeError
console.log("name" in true);             // 抛出 TypeError
Function.prototype.toString.call("name"); // 抛出 TypeError
```

　　在给函数传参数之前没有验证其类型的情况下，类型错误频繁发生。

　　最后一种错误类型是 URIError，只会在使用 encodeURI() 或 decodeURI() 但传入了格式错误的 URI 时发生。这个错误恐怕是 JavaScript 中难得一见的错误了，因为上面这两个函数非常稳健。

　　不同的错误类型可用于为异常提供更多信息，以便实现适当的错误处理逻辑。在 try/catch 语句的 catch 块中，可以使用 instanceof 操作符确定错误的类型，比如：

```
try {
  someFunction();
} catch (error){
  if (error instanceof TypeError){
```

```
      // 处理类型错误
  } else if (error instanceof ReferenceError){
      // 处理引用错误
  } else {
      // 处理所有其他类型的错误
  }
}
```

　　检查错误类型是以跨浏览器方式确定适当操作过程的最简单方法，因为 message 属性中包含的错误消息因浏览器而异。

3. try/catch 的用法

　　当 try/catch 中发生错误时，浏览器会认为错误被处理了，因此就不会再使用本章前面提到的机制报告错误。如果应用程序的用户不懂技术，那么他们即使看到错误也看不懂，这是一个理想的结果。使用 try/catch 可以针对特定错误类型实现自定义的错误处理。

　　try/catch 语句最好用在自己无法控制的错误上。例如，假设你的代码中使用了一个大型 JavaScript 库的某个函数，而该函数可能会有意或由于出错而抛出错误。因为不能修改这个库的代码，所以为防止这个函数报告错误，就有必要通过 try/catch 语句把该函数调用包装起来，对可能的错误进行处理。

　　如果你明确知道自己的代码会发生某种错误，那么就不适合使用 try/catch 语句。例如，如果给函数传入字符串而不是数值时就会失败，就应该检查该函数的参数类型并采取相应的操作。这种情况下，没有必要使用 try/catch 语句。

21.2.2　抛出错误

　　与 try/catch 语句对应的一个机制是 throw 操作符，用于在任何时候抛出自定义错误。throw 操作符必须有一个值，但值的类型不限。下面这些代码都是有效的：

```
throw 12345;
throw "Hello world!";
throw true;
throw { name: "JavaScript" };
```

　　使用 throw 操作符时，代码立即停止执行，除非 try/catch 语句捕获了抛出的值。

　　可以通过内置的错误类型来模拟浏览器错误。每种错误类型的构造函数都只接收一个参数，就是错误消息。下面看一个例子：

```
throw new Error("Something bad happened.");
```

　　以上代码使用一个自定义的错误消息生成了一个通用错误。浏览器会像处理自己生成的错误一样来处理这个自定义错误。换句话说，浏览器会像通常一样报告这个错误，最终显示这个自定义错误。当然，使用特定的错误类型也是一样的，如以下代码所示：

```
throw new SyntaxError("I don't like your syntax.");
throw new InternalError("I can't do that, Dave.");
throw new TypeError("What type of variable do you take me for?");
throw new RangeError("Sorry, you just don't have the range.");
throw new EvalError("That doesn't evaluate.");
throw new URIError("Uri, is that you?");
throw new ReferenceError("You didn't cite your references properly.");
```

　　自定义错误常用的错误类型是 Error、RangeError、ReferenceError 和 TypeError。

此外，通过继承 Error（第 6 章介绍过继承）也可以创建自定义的错误类型。创建自定义错误类型时，需要提供 name 属性和 message 属性，比如：

```
class CustomError extends Error {
  constructor(message) {
    super(message);
    this.name = "CustomError";
    this.message = message;
  }
}

throw new CustomError("My message");
```

继承 Error 的自定义错误类型会被浏览器当成其他内置错误类型。自定义错误类型有助于在捕获错误时更准确地区分错误。

1. 何时抛出错误

抛出自定义错误是解释函数为什么失败的有效方式。在出现已知函数无法正确执行的情况时就应该抛出错误。换句话说，浏览器会在给定条件下执行该函数时抛出错误。例如，下面的函数会在参数不是数组时抛出错误：

```
function process(values){
  values.sort();

  for (let value of values){
    if (value > 100){
      return value;
    }
  }

  return -1;
}
```

如果给这个函数传入字符串，调用 sort() 函数就会失败。每种浏览器对此都会给出一个模棱两可的错误消息，如下所示。

❏ IE：属性或方法不存在。

❏ Firefox：values.sort() 不是函数。

❏ Safari：值 undefined（对表达式 values.sort 求值的结果）不是一个对象。

❏ Chrome：对象名没有方法 'sort'。

❏ Opera：类型不匹配（通常是在需要对象时使用了非对象值）。

虽然 Firefox、Chrome 和 Safari 至少给出了导致错误的相关代码，但并没有哪个错误消息特别明确地指出发生了什么，或者怎么修复。对于上面的一个函数来说，通过这样的错误消息调试还是很容易的。但是，如果是一个复杂的 Web 应用程序，有几千行 JavaScript 代码，想要找到错误的原因就会很难。

这时候，使用适当的信息创建自定义错误可以有效提高代码的可维护性。比如下面的例子：

```
function process(values){
  if (!(values instanceof Array)){
    throw new Error("process(): Argument must be an array.");
  }

  values.sort();
```

```
for (let value of values){
  if (value > 100){
    return value;
  }
}

return -1;
}
```

在这个重写后的函数中，如果 values 参数不是数组就会抛出错误。错误消息包含函数名以及对错误原因非常清晰的描述。即使在复杂的应用程序中出现这个错误，也可以很容易理解问题所在。

实际编写 JavaScript 代码时，应该仔细评估每个函数，以及可能导致它们失败的情形。良好的错误处理协议可以保证只会发生你自己抛出的错误。

2. 抛出错误与 try/catch

一个常见的问题是何时抛出错误，何时使用 try/catch 捕获错误。一般来说，错误要在应用程序架构的底层抛出，在这个层面上，人们对正在进行的流程知之甚少，因此无法真正地处理错误。如果你在编写一个可能用于很多应用程序的 JavaScript 库，或者一个会在应用程序的很多地方用到的实用函数，那么应该认真考虑抛出带有详细信息的错误。然后捕获和处理错误交给应用程序就行了。

至于抛出错误与捕获错误的区别，可以这样想：应该只在确切知道接下来该做什么的时候捕获错误。捕获错误的目的是阻止浏览器以其默认方式响应；抛出错误的目的是为错误提供有关其发生原因的说明。

21.2.3　error 事件

任何没有被 try/catch 语句处理的错误都会在 window 对象上触发 error 事件。该事件是浏览器早期支持的事件，为保持向后兼容，很多浏览器保持了其格式不变。在 onerror 事件处理程序中，任何浏览器都不会传入 event 对象。相反，会传入 3 个参数：错误消息、发生错误的 URL 和行号。大多数情况下，只有错误消息有用，因为 URL 就是当前文档的地址，而行号可能指嵌入 JavaScript 或外部文件中的代码。另外，onerror 事件处理程序需要使用 DOM Level 0 技术来指定，因为它不遵循 DOM Level 2 Events 标准格式：

```
window.onerror = (message, url, line) => {
  console.log(message);
};
```

在任何错误发生时，无论是否是浏览器生成的，都会触发 error 事件并执行这个事件处理程序。然后，浏览器的默认行为就会生效，像往常一样显示这条错误消息。可以返回 false 来阻止浏览器默认报告错误的行为，如下所示：

```
window.onerror = (message, url, line) => {
  console.log(message);
  return false;
};
```

通过返回 false，这个函数实际上就变成了整个文档的 try/catch 语句，可以捕获所有未处理的运行时错误。这个事件处理程序应该是处理浏览器报告错误的最后一道防线。理想情况下，最好永远不要用到。适当使用 try/catch 语句意味着不会有错误到达浏览器这个层次，因此也就不会触发 error 事件。

> **注意**   浏览器在使用这个事件处理错误时存在明显差异。在 IE 中发生 error 事件时，正
> 常代码会继续执行，所有变量和数据会保持，且可以在 onerror 事件处理程序中访问。
> 然而在 Firefox 中，正常代码会执行会终止，错误发生之前的所有变量和数据会被销毁，
> 导致很难真正分析处理错误。

图片也支持 error 事件。任何时候，如果图片 src 属性中的 URL 没有返回可识别的图片格式，就
会触发 error 事件。这个事件遵循 DOM 格式，返回一个以图片为目标的 event 对象。下面是个例子：

```
const image = new Image();

image.addEventListener("load", (event) => {
  console.log("Image loaded!");
});
image.addEventListener("error", (event) => {
  console.log("Image not loaded!");
});

image.src = "doesnotexist.gif"; // 不存在，资源会加载失败
```

在这个例子中，图片加载失败后会显示一个 alert 警告框。这里的关键在于，当 error 事件发生
时，图片下载过程已结束，不会再恢复。

21.2.4   错误处理策略

过去，Web 应用程序的错误处理策略基本上是在服务器上落地。错误处理策略涉及很多错误和错误
处理考量，包括日志记录和监控系统。这些主要是为了分析模式，以期找到问题的根源并了解有多少用
户会受错误影响。

在 Web 应用程序的 JavaScipt 层面落地错误处理策略同样重要。因为任何 JavaScript 错误都可能导致
网页无法使用，所以理解这些错误会在什么情况下发生以及为什么会发生非常重要。绝大多数 Web 应
用程序的用户不懂技术，在碰到页面出问题时通常会迷惑。为解决问题，他们可能会尝试刷新页面，也
可能会直接放弃。作为开发者，应该非常清楚自己的代码在什么情况下会失败，以及失败会导致什么结
果。另外，还要有一个系统跟踪这些问题。

21.2.5   识别错误

错误处理非常重要的部分是首先识别错误可能会在代码中的什么地方发生。因为 JavaScript 是松散
类型的，不会验证函数参数，所以很多错误只有在代码真正运行起来时才会出现。通常，需要注意 3 类
错误：

- ❑ 类型转换错误
- ❑ 数据类型错误
- ❑ 通信错误

上面这几种错误会在特定情况下，在没有对值进行充分检测时发生。

1. 静态代码分析器

不得不说的是，通过在代码构建流程中添加静态代码分析或代码检查器（linter），可以预先发现非
常多的错误。这样的代码分析工具有很多，详见 GitHub Gist 网站 All Gists 页面。常用的静态分析工具

是 JSHint、JSLint、Google Closure 和 TypeScript。

　　静态代码分析器要求使用类型、函数签名及其他指令来注解 JavaScript，以此描述程序如何在基本可执行代码之外运行。分析器会比较注解和 JavaScript 代码的各个部分，对在实际运行时可能出现的潜在不兼容问题给出提醒。

> **注意**　随着代码数量的增长，代码分析器会变得越来越重要，尤其是协作开发者也在增加的情况下。所有主流技术公司都有着庞大的 JavaScript 库，并会在构建流程中使用稳健的静态分析工具。

2. 类型转换错误

　　类型转换错误的主要原因是使用了会自动改变某个值的数据类型的操作符或语言构造。使用等于（==）或不等于（!=）操作符，以及在 if、for 或 while 等流控制语句中使用非布尔值，经常会导致类型转换错误。

　　第 3 章曾讨论过，相等和不相等操作符会自动把执行比较的两个不同类型的值转换为相同类型。在非动态语言中，符号之间是直接比较的，因此很多开发者在 JavaScript 中也会以相同方式来错误地比较值。大多数情况下，最好使用严格相等（===）和严格不相等（!==）操作符来避免类型转换。来看下面的例子：

```
console.log(5 == "5");    // true
console.log(5 === "5");   // false
console.log(1 == true);   // true
console.log(1 === true);  // false
```

　　这个例子分别使用了相等和严格相等操作符比较了数值 5 和字符串 "5"。相等操作符会把字符串 "5" 转换为数值 5，然后再进行比较，结果是 true。严格相等操作符发现两个值的数据类型不同，因而直接返回 false。同样，对于 1 和 true 的比较也类似。相等操作符认为它们相等，但严格相等操作符认为它们不相等。使用严格相等和严格不相等操作符可以避免比较过程的类型转换错误，强烈推荐用它们代替相等和不相等操作符。

> **注意**　代码风格指南通常会指出什么时候应使用===，什么时候应使用==。有些风格指南认同只要始终使用===，类型转换就不再是个问题。另一些则认为除了可能发生字符串/布尔值转换的情形，在其他时候使用===均是用力过猛的表现。

　　类型转换错误也会发生在流控制语句中。比如，if 语句会自动把条件表达式转换为布尔值，然后再决定下一步的走向。在实践中，if 语句是问题比较多的。来看下面的例子：

```
function concat(str1, str2, str3) {
  let result = str1 + str2;
  if (str3) { // 不要!
    result += str3;
  }
  return result;
}
```

　　这个函数的用意是把两个或三个字符串拼接起来并返回结果。第三个字符串是可选的，因此必须检测它是否存在。如第 3 章所说，命名变量如果没有被赋值就会自动被赋予 undefined 值。而在默认转换中，undefined 会被转换为布尔值 false。因此这个函数的用意是在提供了第三个参数的情况下，才会在拼接时带上它。问题在于并非只有undefined会转换为false，字符串也不是唯一可转换为true的值。假如第三个参数是数值 0，if 条件判断就会失败，而数值 1 则会导致满足条件。

在流控制语句中使用非布尔值作为条件是很常见的错误来源。为避免这类错误，需要始终坚持使用布尔值作为条件。这通常可以借助某种比较来实现。例如，可以把前面的函数改写为如下形式：

```
function concat(str1, str2, str3){
  let result = str1 + str2;
  if (typeof str3 === "string") { // 恰当的比较
    result += str3;
  }
  return result;
}
```

在这个重写的版本中，if 语句的条件会基于比较操作返回布尔值。这个函数相对更安全，受错误值影响的可能性也更小。

3. 数据类型错误

因为 JavaScript 是松散类型的，所以变量和函数参数都不能保证会使用正确的数据类型。开发者需要自己检查数据类型，确保不会发生错误。数据类型错误常发生在将意外值传给函数的时候。

在前面的例子中，代码检查了第三个参数的数据类型，以确保它是字符串，但根本没有检查另外两个参数。如果函数必须返回一个字符串，那么只传入两个数值，忽略第三个参数就会破坏约定。下面的函数也存在类似问题：

```
// 不安全的函数，任何非字符串值都会导致错误
function getQueryString(url) {
  const pos = url.indexOf("?");
  if (pos > -1){
    return url.substring(pos +1);
  }
  return "";
}
```

这个函数的用途是返回给定 URL 的查询字符串。为此，它先用 indexOf()在字符串中寻找问号，如果找到则使用 substring()方法返回问号后面的所有内容。这两个方法都是只有字符串才有的，因此传入其他类型的值就会导致错误。下面的简单类型检查可以保证函数少出错：

```
function getQueryString(url) {
  if (typeof url === "string") { // 通过类型检查保证安全
    let pos = url.indexOf("?");
    if (pos > -1) {
      return url.substring(pos +1);
    }
  }
  return "";
}
```

在这个重写的版本中，第一步检查了传入的值确实是字符串。这样可以保证函数永远不会因为非字符串值而出错。

如上一节所述，因为存在类型转换，所以应该避免在流控制语句中使用非布尔值作为条件。另外这也是可能导致类型错误的一个做法。来看下面的函数：

```
// 不安全的函数，非数组值可能导致错误
function reverseSort(values) {
  if (values) { // 不要!
    values.sort();
    values.reverse();
  }
}
```

reverseSort()函数可以使用数组的 sort()和 reverse()方法，将数组反向排序。由于 if 语句中的控制条件，任何非数组值都会被转换为 true，从而导致错误。另一个常见的错误是将参数与 null 比较，比如：

```
// 还是不安全的函数，非数组值可能导致错误
function reverseSort(values) {
  if (values != null){ // 不要!
    values.sort();
    values.reverse();
  }
}
```

用参数值与 null 比较只会保证不是两个值：null 和 undefined（对于使用相等和不相等操作符而言是等价的）。与 null 比较不足以保证适当的值，因此不要使用这种方式。出于同样的原因，也不推荐与 undefined 比较。

另一个错误的做法是在检测特性时只检查使用的特性。下面是一个例子：

```
// 仍是不安全的函数，非数组值可能导致错误
function reverseSort(values) {
  if (typeof values.sort === "function") { // 不要!
    values.sort();
    values.reverse();
  }
}
```

在这个例子中，代码检查了参数上是否存在 sort()方法。假如传入的参数确实有一个 sort()方法，但参数本身不是数组，那么在执行 reverse()时也会报告错误。如果知道预期的确切类型，那么最好使用 instanceof 来确定值的正确类型，如下所示：

```
// 安全，非数组值被忽略
function reverseSort(values) {
  if (values instanceof Array) { // 修复
    values.sort();
    values.reverse();
  }
}
```

最后一个 reverseSort()是安全的，它测试了 values 参数是不是 Array 的实例。这样，函数可以保证忽略非数组参数。

一般来说，原始类型的值应该使用 typeof 检测，而对象值应该使用 instanceof 检测。根据函数的用法，不一定要检查每个参数的数据类型，但对外的任何 API 都应该做类型检查以保证正确执行。

4. 通信错误

随着 Ajax 编程的出现，Web 应用程序在运行期间动态加载数据和功能成为常见的情形。JavaScript和服务器之间的通信也会出现错误。

第一种错误是 URL 格式或发送数据的格式不正确。通常，在把数据发送到服务器之前没有用

encodeURIComponent()编码，会导致这种错误。例如，下面的 URL 格式就不正确：

```
http://www.yourdomain.com/?redir=http://www.someotherdomain.com?a=b&c=d
```

这个 URL 可以通过用 encodeURIComponent()编码"redir="后面的内容来修复，得到的结果如下所示：

```
http://www.example.com/?redir=http%3A%2F%2Fwww.someotherdomain.com%3Fa%3Db%26c%3Dd
```

对于查询字符串，应该都要通过 encodeURIComponent()编码。为此，可以专门定义一个处理查询字符串的函数，比如：

```
function addQueryStringArg(url, name, value) {
  if (url.indexOf("?") == -1){
    url += "?";
  } else {
    url += "&";
  }

  url += '${encodeURIComponent(name)=${encodeURIComponent(value)}';
  return url;
}
```

这个函数接收三个参数：要添加查询字符串的 URL、参数名和参数值。如果 URL 不包含问号，则要给它加上一个；否则就要使用和号（&），以便拼接更多参数和值，因为这意味着前面已有其他查询参数了。查询字符串的名和值在被编码之后会被添加到 URL 中。可以像下面这样使用这个函数：

```
const url = "http://www.somedomain.com";
const newUrl = addQueryStringArg(url, "redir",
                    "http://www.someotherdomain.com?a=b&c=d");
console.log(newUrl);
```

使用这个函数而不是手动构建 URL 可以保证编码合适，以避免相关错误发生。

在服务器响应非预期值时也会发生通信错误。在动态加载脚本或样式时，请求的资源有可能不可用。有些浏览器在没有返回预期资源时会静默失败，而其他浏览器则会报告错误。不过，在动态加载资源的情况下出错，是不太好做错误处理的。有时候，使用 Ajax 通信可能会提供关于错误条件的更多信息。

21.2.6 区分重大与非重大错误

任何错误处理策略中一个非常重要的方面就是确定某个错误是否为重大错误。具有以下一个或多个特性的错误属于非重大错误：

❏ 不会影响用户的主要任务；
❏ 只会影响页面中某个部分；
❏ 可以恢复；
❏ 重复操作可能成功。

本质上，不需要担心非重大错误。例如，Gmail 有一个功能，可以让用户在其界面上发送环聊（Hangouts）消息。如果在某个条件下，环聊功能不工作了，就不能算重大错误，因为这不是应用程序的主要功能。Gmail 主要用于阅读和撰写电子邮件，只要用户可以做到这一点，就没有理由中断用户体验。对于非重大错误，无须明确给用户发送消息。可以将受影响的页面区域替换成一条消息，表示该功能暂时不能使用，但不需要中断用户体验。

另一方面，重大错误具备如下特性：

- ❑ 应用程序绝对无法继续运行；
- ❑ 错误严重影响了用户的主要目标；
- ❑ 会导致其他错误发生。

理解 JavaScript 中何时会发生重大错误极其重要，因为这样才能采取应对措施。当重大错误发生时，应该立即发送消息让用户知晓自己不能再继续使用应用程序了。如果必须刷新页面才能恢复应用程序，那就应该明确告知用户，并提供一个自动刷新页面的按钮。

代码中则不要区分什么是或什么不是重大错误。非重大错误和重大错误的区别主要体现在对用户的影响上。好的代码设计意味着应用程序某个部分的错误不会影响其他部分，实际上根本不应该相关。例如，在个性化的主页上，比如 Gmail，可能包含多个相互独立的功能模块。如果每个模块都通过 JavaScript 调用来初始化，那就可能会在代码中看到以下逻辑：

```
for (let mod of mods){
    mod.init(); // 可能的重大错误
}
```

表面上看，这段代码没什么问题，就是依次调用每个模块的 init() 方法。问题在于，这里只要有一个模块的 init() 方法出错，数组中其后的所有模块都不会被初始化。如果错误发生在第一个模块上，页面上就没有模块会被初始化了。逻辑上，这样写代码是不合适的，因为每个模块相互独立，各自功能没有相关性。由此可能导致重大错误的原因是代码的结构。好在可以简单地重写以上代码，让每个模块的错误变成非重大错误：

```
for (let mod of mods){
  try {
    mod.init();
  } catch (ex){
    // 在这里处理错误
  }
}
```

通过在 for 循环中加入 try/catch 语句，模块初始化过程中的任何错误都不会影响其他模块初始化。如果代码中有错误发生，则可以单独处理，并不会影响用户体验。

21.2.7 把错误记录到服务器中

Web 应用程序开发中的一个常见做法是建立中心化的错误日志存储和跟踪系统。数据库和服务器错误正常写到日志中并按照常用 API 加以分类。对复杂的 Web 应用程序而言，最好也把 JavaScript 错误发送回服务器记录下来。这样做可以把错误记录到与服务器相同的系统，只要把它们归类到前端错误即可。使用相同的系统可以进行相同的分析，而不用考虑错误来源。

要建立 JavaScript 错误日志系统，首先需要在服务器上有页面或入口可以处理错误数据。该页面只要从查询字符串中取得错误数据，然后把它们保存到错误日志中即可。比如，该页面可以使用如下代码：

```
function logError(sev, msg) {
  let img = new Image(),
      encodedSev = encodeURIComponent(sev),
      encodedMsg = encodeURIComponent(msg);
  img.src = 'log.php?sev=${encodedSev}&msg=${encodedMsg}';
}
```

logError() 函数接收两个参数：严重程度和错误消息。严重程度可以是数值或字符串，具体取决于使用的日志系统。这里使用 Image 对象发送请求主要是从灵活性方面考虑的。

❑ 所有浏览器都支持 Image 对象，即使不支持 XMLHttpRequest 对象也一样。

❑ 不受跨域规则限制。通常，接收错误消息的应该是多个服务器中的一个，而 XMLHttpRequest 此时就比较麻烦。

❑ 记录错误的过程很少出错。大多数 Ajax 通信借助 JavaScript 库的包装来处理。如果这个库本身出错，而你又要利用它记录错误，那么显然错误消息永远不会发给服务器。

只要是使用 try/catch 语句的地方，都可以把相关错误记录下来。下面是一个例子：

```
for (let mod of mods){
  try {
    mod.init();
  } catch (ex){
    logError("nonfatal", 'Module init failed: ${ex.message}');
  }
}
```

在这个例子中，模块初始化失败就会调用 logError() 函数。第一个参数是表示错误严重程度的 "nonfatal"，第二个参数在上下文信息后面追加了 JavaScript 错误消息。记录到服务器的错误消息应该包含尽量多的上下文信息，以便找出错误的确切原因。

21.3 调试技术

在 JavaScript 调试器出现以前，开发者必须使用创造性的方法调试代码。结果就出现了各种各样专门为输出调试信息而设计的代码。其中最为常用的调试技术是在相关代码中插入 alert()，这种方式既费事（调试完之后还得清理）又麻烦（如果有漏洞的警告框出现在产品环境中，会给用户造成不便）。已不再推荐将警告框用于调试，因为有其他更好的解决方案。

21.3.1 把消息记录到控制台

所有主流浏览器都有 JavaScript 控制台，该控制台可用于查询 JavaScript 错误。另外，这些浏览器都支持通过 console 对象直接把 JavaScript 消息写入控制台，这个对象包含如下方法。

❑ error(*message*)：在控制台中记录错误消息。

❑ info(*message*)：在控制台中记录信息性内容。

❑ log(*message*)：在控制台记录常规消息。

❑ warn(*message*)：在控制台中记录警告消息。

记录消息时使用的方法不同，消息显示的样式也不同。错误消息包含一个红叉图标，而警告消息包含一个黄色叹号图标。可以像下面这样使用控制台消息：

```
function sum(num1, num2){
  console.log('Entering sum(), arguments are ${num1},${num2}');
  console.log("Before calculation");
  const result = num1 + num2;
  console.log("After calculation");

  console.log("Exiting sum()");
  return result;
}
```

《JavaScript高级程序设计（第4版）》阅读路线图

BOM和DOM

✪ 前端开发基础，应着重学习，并参阅W3C标准

- 第12章 BOM
- 第13章 客户端检测
- 第14章 DOM
- 第15章 DOM扩展
- 第16章 DOM2和DOM3
- 第17章 事件
- 第18章 动画与Canvas图形
- 第19章 表单脚本

JavaScript API

✪ 建议全面考察各章内容，再根据兴趣和需要深入阅读

- 第20章 JavaScript API
- 第21章 错误处理与调试
- 第22章 处理XML
- 第23章 JSON
- 第24章 网络请求与远程资源
- 第25章 客户端存储
- ✪ 第26章 模块
- ✪ 第27章 工作者线程

基本知识

✪ 讲解前端语言本身，应反复阅读

- ① 第1章 什么是JavaScript
- 第2章 HTML中的JavaScript
- 第3章 语言基础
- 第4章 变量、作用域与内存
- 第5章 基本引用类型
- 第6章 集合引用类型

进阶内容

① 讲解前端语言本身，应反复阅读

- 第7章 迭代器与生成器
- ✪ 第8章 对象、类与面向对象编程
- 第9章 代理与反射
- 第10章 函数
- ✪ 第11章 期约与异步函数

JavaScript设计模式和实践策略

- 第28章 最佳实践

图灵前端图书
学习路线图

HTML/CSS

入门
- HTML5与CSS3基础教程（第8版）
- HTML5权威指南

进阶
- HTML5程序设计（第2版）
- 响应式Web设计：HTML5和CSS3实战（第2版）
- 精通CSS：高级Web标准解决方案（第3版）

CSS
- CSS揭秘
- 深入解析CSS

JS

零基础入门
- Head First JavaScript程序设计
- JavaScript基础教程（第9版）

入门到实践
- JavaScript高级程序设计
- JavaScript DOM编程艺术
- 你不知道的JavaScript（上卷）
- 不知道系列
- 你不知道的JavaScript（中卷）
- 你不知道的JavaScript（下卷）

进阶
- 深入理解JavaScript特性
- JavaScript设计模式与开发实践

算法
- 学习JavaScript数据结构与算法（第3版）
- 数据结构与算法JavaScript描述

其他

Vue
- PWA开发实战
- Web性能权威指南
- 深入浅出Vue.js
- Vue.js项目实战

React
- 深入React技术栈
- React设计模式与最佳实践

Angular
- Angular权威教程

jQuery
- jQuery基础教程（第4版）

框架

Node
- Node.js实战（第2版）
- 深入浅出Node.js

React Native
- React Native开发指南

CSS
- Bootstrap实战（第2版）
- Bulma权威指南

在调用 sum() 函数时，会有一系列消息输出到控制台以辅助调试。

把消息输出到 JavaScript 控制台可以辅助调试代码，但在产品环境下应该删除所有相关代码。这可以在部署时使用代码自动完成清理，也可以手动删除。

> **注意**　相比于使用警告框，打印日志消息是更好的调试方法。这是因为警告框会阻塞代码执行，从而影响对异步操作的计时，进而影响代码的结果。打印日志也可以随意输出任意多个参数并检查对象实例（警告框只能将对象序列化为一个字符串再展示出来，因此经常会看到 Object[Object]。

21.3.2　理解控制台运行时

浏览器控制台是个读取–求值–打印–循环（REPL，read-eval-print-loop），与页面的 JavaScript 运行时并发。这个运行时就像浏览器对新出现在 DOM 中的 `<script>` 标签求值一样。在控制台中执行的命令可以像页面级 JavaScript 一样访问全局和各种 API。控制台中可以执行任意数量的代码，与它可能会阻塞的任何页面级代码一样。修改、对象和回调都会保留在 DOM 和运行时中。

JavaScript 运行时会限制不同窗口可以访问哪些内容，因而在所有主流浏览器中都可以选择在哪个窗口中执行 JavaScript 控制台输入。你所执行的代码不会有特权提升，仍会受跨源限制和其他浏览器施加的控制规则约束。

控制台运行时也会集成开发者工具，提供常规 JavaScript 开发中所没有的上下文调试工具。其中一个非常有用的工具是最后点击选择器，所有主流浏览器都会提供。在开发者工具的 Element（元素）标签页内，单击 DOM 树中一个节点，就可以在 Console（控制台）标签页中使用 $0 引用该节点的 JavaScript 实例。它就跟普通的 JavaScript 实例一样，因此可以读取属性（如 $0.scrollWidth），或者调用成员方法（如 $0.remove()）。

21.3.3　使用 JavaScript 调试器

在所有主流浏览器中都可以使用的还有 JavaScript 调试器。ECMAScript 5.1 规范定义了 debugger 关键字，用于调用可能存在的调试功能。如果没有相关的功能，这条语句会被简单地跳过。可以像下面这样使用 debugger 关键字：

```
function pauseExecution(){
  console.log("Will print before breakpoint");
  debugger;
  console.log("Will not print until breakpoint continues");
}
```

在运行时碰到这个关键字时，所有主流浏览器都会打开开发者工具面板，并在指定位置显示断点。然后，可以通过单独的浏览器控制台在断点所在的特定词法作用域中执行代码。此外，还可以执行标准的代码调试器操作（单步进入、单步跳过、继续，等等）。

浏览器也支持在开发者工具的源代码标签页中选择希望设置断点的代码行来手动设置断点（不使用 debugger 关键字）。这样设置的断点与使用 debugger 关键字设置的一样，只是不会在不同浏览器会话之间保持。

21.3.4　在页面中打印消息

另一种常见的打印调试消息的方式是把消息写到页面中指定的区域。这个区域可以是所有页面中都包含的元素，但仅用于调试目的；也可以是在需要时临时创建的元素。例如，可以定义这样 `log()` 函数：

```
function log(message) {
    // 这个函数的词法作用域会使用这个实例
    // 而不是 window.console
    const console = document.getElementById("debuginfo");
    if (console === null){
        console = document.createElement("div");
        console.id = "debuginfo";
        console.style.background = "#dedede";
        console.style.border = "1px solid silver";
        console.style.padding = "5px";
        console.style.width = "400px";
        console.style.position = "absolute";
        console.style.right = "0px";
        console.style.top = "0px";
        document.body.appendChild(console);
    }
    console.innerHTML += '<p> ${message}</p>';
}
```

在这个 `log()` 函数中，代码先检测是否已创建了调试用的元素。如果没有，就创建一个新<div>元素并给它添加一些样式，以便与页面其他部分区分出来。此后，再使用 `innerHTML` 属性把消息写到这个<div>中。结果就是在页面的一个小区域内显示日志信息。

> **注意**　与在控制台输出消息一样，在页面中输入消息的代码也需要从生产环境中删除。

21.3.5　补充控制台方法

记住使用哪个日志方法（原生的 `console.log()` 和自定义的 `log()` 方法），对开发者来说是一种负担。因为 `console` 是一个全局对象，所以可以为这个对象添加方法，也可以用自定义的函数重写已有的方法，这样无论在哪里用到的日志打印方法，都会按照自定义的方式行事。

比如，可以这样重新定义 `console.log` 函数：

```
// 把所有参数拼接为一个字符串，然后打印出结果
console.log = function() {
    // 'arguments'并没有 join 方法，这里先把它转换为数组
    const args = Array.prototype.slice.call(arguments);
    console.log(args.join(', '));
}
```

这样，其他代码调用的将是这个函数，而不是通用的日志方法。这样的修改在页面刷新后会失效，因此只是调试或拦截日志的一个有用而轻量的策略。

21.3.6　抛出错误

如前所述，抛出错误是调试代码的很好方式。如果错误消息足够具体，只要看一眼错误就可以确定原因。好的错误消息包含关于错误原因的确切信息，因此可以减少额外调试的工作量。比如下面的函数：

```
function divide(num1, num2) {
  return num1 / num2;
}
```

这个简单的函数执行两个数的除法，但如果任何一个参数不是数值，则返回 NaN。当 Web 应用程序意外返回 NaN 时，简单的计算可能就会出问题。此时，可以检查每个参数的类型是不是数值，然后再进行计算。来看下面的例子：

```
function divide(num1, num2) {
  if (typeof num1 != "number" || typeof num2 != "number"){
    throw new Error("divide(): Both arguments must be numbers.");
  }
  return num1 / num2;
}
```

这里，任何一个参数不是数值都会抛出错误。错误消息中包含函数名和错误的具体原因。当浏览器报告这个错误消息时，你立即就能根据它包含的信息定位到问题，包括问题的解决方案。相对于没那么具体的浏览器错误消息，这个错误消息显示更有价值。

在大型应用程序中，自定义错误通常使用 assert() 函数抛出错误。这个函数接收一个应该为 true 的条件，并在条件为 false 时抛出错误。下面是一个基本的 assert() 函数：

```
function assert(condition, message) {
  if (!condition) {
    throw new Error(message);
  }
}
```

这个 assert() 函数可用于代替多个 if 语句，同时也是记录错误的好地方。下面的代码演示了如何使用它：

```
function divide(num1, num2) {
  assert(typeof num1 == "number" && typeof num2 == "number",
         "divide(): Both arguments must be numbers.");
  return num1 / num2;
}
```

相比于之前的例子，使用 assert() 函数可以减少抛出自定义错误所需的代码量，并且让代码更好理解。

21.4 旧版 IE 的常见错误

IE 曾是最难调试 JavaScript 错误的浏览器之一。该浏览器的旧版本抛出的错误通常比较短，比较含糊，缺少上下文。接下来几节分别讨论旧版 IE 中可能会出现的常见且难于调试的 JavaScript 错误。因为这些浏览器不支持 ES6，所以代码会考虑向后兼容。

21.4.1 无效字符

JavaScript 文件中的代码必须由特定字符构成。在检测到 JavaScript 文件中存在无效字符时，IE 会抛出"invalid character"错误。所谓无效字符，指的是 JavaScript 语法中没有定义过的字符。例如，一个看起来像减号而实际上并不是减号的字符（Unicode 值为\u2013）。这个字符不能用于代替减号（ASCII 码为 45），因为它不是 JavaScript 语法定义的减号。这个特殊字符经常会被自动插入 Word 文档，因此如果把它从 Word 文档复制到文本编辑器然后在 IE 中运行，IE 就会报告文件中包含非法字符。其他浏览器也类似，Firefox 抛出"illegal character"错误，Safari 报告语法错误，而 Opera 则报告 ReferenceError（因为把这个字符当成了未定义标识符来解释）。

21.4.2   未找到成员

如前所述，旧版 IE 中所有 DOM 对象都是用 COM 对象实现的，并非原生 JavaScript 对象。在涉及垃圾回收时，这可能会导致很多奇怪的行为。其中，"member not found"错误是 IE 中垃圾回收程序常报告的错误。

这个错误通常会在给一个已被销毁的对象赋值时发生。这个对象必须是 COM 对象才会出现这个消息。最好的一个例子就是 event 对象。IE 的 event 对象是作为 window 的一个属性存在的，会在事件发生时创建，在事件处理程序执行完毕后销毁。因此，如果你想在稍后会执行的闭包中使用 event 对象，尝试给 event 对象赋值就会导致这个错误，如下面的例子所示：

```
document.onclick = function() {
  var event = window.event;
  setTimeout(function(){
    event.returnValue = false; // 未找到成员
  }, 1000);
};
```

在这个例子中，文档被添加了单击事件处理程序。事件处理程序把 window.event 对象保存在一个名为 event 的本地变量中。然后，在传递给 setTimeout() 的闭包中引用这个事件变量。当 onclick 事件处理程序退出后，event 对象会被销毁，因此闭包中对它的引用也就不存在了，于是就会报告未找到成员错误。之所以给 event.returnValue 赋值会导致"member not found"错误，是因为不能给已将其成员销毁的 COM 对象赋值。

21.4.3   未知运行时错误

使用 innerHTML 或 outerHTML 属性以下面一种方式添加 HTML 时会发生未知运行时错误：比如将块级元素插入行内元素，或者在表格的任何部分（<table>、<tbody>等）访问了其中一个属性。例如，从技术角度来说，<p>标签不能包含另一个块级元素，如<div>，因此以下代码会导致未知运行时错误：

```
p.innerHTML = "<div>Hi</div>"; // where p contains a <p> element
```

在将块级元素插入不恰当的位置时，其他浏览器会尝试纠正，这样就不会发生错误，但 IE 在这种情况下要严格得多。

21.4.4   语法错误

通常，当 IE 报告语法错误时，原因是很清楚的。一般来说，可以通过错误消息追踪到少了一个分号或括号错配。不过，有一种情况下报告的语法错误并不清楚。

如果网页中引用的一个外部 JavaScript 文件由于某种原因返回了非 JavaScript 代码，则 IE 会抛出语法错误。例如，错误地把<script>标签的 src 属性设置为指向一个 HTML 文件，就会导致语法错误。通常会报告该语法错误发生在脚本第一行的第一个字符。Opera 和 Safari 此时也会报告语法错误，但它们也会报告是引用文件不当导致的问题。IE 没有这些信息，因此需要仔细检查引用的每个外部 JavaScript 文件。Firefox 会忽略作为 JavaScript 引用的非 JavaScript 文件导致的解析错误。

这种错误通常发生在服务器端动态生成 JavaScript 的情况下。很多服务器端语言会在发生运行时错误时，自动向输出中插入 HTML。这种输出显然会导致 JavaScript 语法错误。如果你碰到了难以排除的语法错误，可以仔细检查所有外部文件，确保没有文件包含服务器由于错误而插入的 HTML。

21.4.5　系统找不到指定资源

还有一个可能最没用的消息："The system cannot locate the resource specified"（系统找不到指定资源）。这个错误会在 JavaScript 向某个 URL 发送请求，而该 URL 长度超过了 IE 允许的最大 URL 长度（2083 个字符）时发生。这个长度限制不仅针对 JavaScript，而且针对 IE 本身。（其他浏览器没有这么严格地限制 URL 长度。）另外，IE 对 URL 路径还有 2048 个字符的限制。下面的代码会导致这个错误：

```
function createLongUrl(url) {
  var s = "?";
  for (var i = 0, len = 2500; i < len; i++){
    s += "a";
  }

  return url + s;
}

var x = new XMLHttpRequest();
x.open("get", createLongUrl("http://www.somedomain.com/"), true);
x.send(null);
```

在这个例子中，XMLHttpRequest 对象尝试向超过 URL 长度限制的地址发送请求。在调用 open() 方法时，错误会发生。为避免这种错误，一个办法是缩短请求成功所需的查询字符串，比如缩短参数名或去掉不必要的数据。另一个办法是改为使用 POST 请求，不用查询字符串而通过请求体发送数据。

21.5　小结

对于今天复杂的 Web 应用程序而言，JavaScript 中的错误处理十分重要。未能预测什么时候会发生错误以及如何从错误中恢复，会导致糟糕的用户体验，甚至造成用户流失。大多数浏览器默认不向用户报告 JavaScript 错误，因此在开发和调试时需要自己实现错误报告。不过在生产环境中，不应该以这种方式报告错误。

下列方法可用于阻止浏览器对 JavaScript 错误作出反应。
- 使用 try/catch 语句，可以通过更合适的方式对错误做出处理，避免浏览器处理。
- 定义 window.onerror 事件处理程序，所有没有通过 try/catch 处理的错误都会被该事件处理程序接收到（仅限 IE、Firefox 和 Chrome）。

开发 Web 应用程序时，应该认真考虑可能发生的错误，以及如何处理这些错误。
- 首先，应该分清哪些算重大错误，哪些不算重大错误。
- 然后，要通过分析代码预测很可能发生哪些错误。由于以下因素，JavaScript 中经常出现错误：
  - 类型转换；
  - 数据类型检测不足；
  - 向服务器发送错误数据或从服务器接收到错误数据。

IE、Firefox、Chrome、Opera 和 Safari 都有 JavaScript 调试器，有的内置在浏览器中，有的是作为扩展，需另行下载。所有调试器都能够设置断点、控制代码执行和在运行时检查变量值。

第22章

处理 XML

本章内容
- 浏览器对 XML DOM 的支持
- 在 JavaScript 中使用 XPath
- 使用 XSLT 处理器

XML 曾一度是在互联网上存储和传输结构化数据的标准。XML 的发展反映了 Web 的发展，因为 DOM 标准不仅是为了在浏览器中使用，而且还为了在桌面和服务器应用程序中处理 XML 数据结构。在没有 DOM 标准的时候，很多开发者使用 JavaScript 编写自己的 XML 解析器。自从有了 DOM 标准，所有浏览器都开始原生支持 XML、XML DOM 及很多其他相关技术。

22.1 浏览器对 XML DOM 的支持

因为很多浏览器在正式标准问世之前就开始实现 XML 解析方案，所以不同浏览器对标准的支持不仅有级别上的差异，也有实现上的差异。DOM Level 3 增加了解析和序列化能力。不过，在 DOM Level 3 制定完成时，大多数浏览器也已实现了自己的解析方案。

22.1.1 DOM Level 2 Core

正如第 12 章所述，DOM Level 2 增加了 `document.implementation` 的 `createDocument()` 方法。有读者可能还记得，可以像下面这样创建空 XML 文档：

```
let xmldom = document.implementation.createDocument(namespaceUri, root, doctype);
```

在 JavaScript 中处理 XML 时，`root` 参数通常只会使用一次，因为这个参数定义的是 XML DOM 中 document 元素的标签名。`namespaceUri` 参数用得很少，因为在 JavaScript 中很难管理命名空间。`doctype` 参数则更是少用。

要创建一个 document 对象标签名为`<root>`的新 XML 文档，可以使用以下代码：

```
let xmldom = document.implementation.createDocument("", "root", null);

console.log(xmldom.documentElement.tagName); // "root"

let child = xmldom.createElement("child");
xmldom.documentElement.appendChild(child);
```

这个例子创建了一个 XML DOM 文档，该文档没有默认的命名空间和文档类型。注意，即使不指定命名空间和文档类型，参数还是要传的。命名空间传入空字符串表示不应用命名空间，文档类型传入 `null` 表示没有文档类型。`xmldom` 变量包含 DOM Level 2 Document 类型的实例，包括第 12 章介绍的所有 DOM 方法和属性。在这个例子中，我们打印了 `document` 元素的标签名，然后又为它创建并添加了一个新的子元素。

要检查浏览器是否支持 DOM Level 2 XML，可以使用如下代码：

```
let hasXmlDom = document.implementation.hasFeature("XML", "2.0");
```

实践中，很少需要凭空创建 XML 文档，然后使用 DOM 方法来系统创建 XML 数据结构。更多是把 XML 文档解析为 DOM 结构，或者相反。因为 DOM Level 2 并未提供这种功能，所以出现了一些事实标准。

22.1.2　`DOMParser` 类型

Firefox 专门为把 XML 解析为 DOM 文档新增了 `DOMParser` 类型，后来所有其他浏览器也实现了该类型。要使用 `DOMParser`，需要先创建它的一个实例，然后再调用 `parseFromString()` 方法。这个方法接收两个参数：要解析的 XML 字符串和内容类型（始终应该是 `"text/html"`）。返回值是 `Document` 的实例。来看下面的例子：

```
let parser = new DOMParser();
let xmldom = parser.parseFromString("<root><child/></root>", "text/xml");

console.log(xmldom.documentElement.tagName); // "root"
console.log(xmldom.documentElement.firstChild.tagName); // "child"

let anotherChild = xmldom.createElement("child");
xmldom.documentElement.appendChild(anotherChild);

let children = xmldom.getElementsByTagName("child");
console.log(children.length); // 2
```

这个例子把简单的 XML 字符串解析为 DOM 文档。得到的 DOM 结构中 `<root>` 是 document 元素，它有个子元素 `<child>`。然后就可以使用 DOM 方法与返回的文档进行交互。

`DOMParser` 只能解析格式良好的 XML，因此不能把 HTML 解析为 HTML 文档。在发生解析错误时，不同浏览器的行为也不一样。Firefox、Opera、Safari 和 Chrome 在发生解析错误时，`parseFromString()` 方法仍会返回一个 Document 对象，只不过其 document 元素是 `<parsererror>`，该元素的内容为解析错误的描述。下面是一个解析错误的示例：

```
<parsererror xmlns="http://www.mozilla.org/newlayout/xml/parsererror.xml">XML
Parsing Error: no element found Location: file:// /I:/My%20Writing/My%20Books/
Professional%20JavaScript/Second%20Edition/Examples/Ch15/DOMParserExample2.js Line
Number 1, Column 7:<sourcetext>&lt;root&gt; ------^</sourcetext></parsererror>
```

Firefox 和 Opera 都会返回这种格式的文档。Safari 和 Chrome 返回的文档会把 `<parsererror>` 元素嵌入在发生解析错误的位置。早期 IE 版本会在调用 `parseFromString()` 的地方抛出解析错误。由于这些差异，最好使用 `try/catch` 来判断是否发生了解析错误，如果没有错误，则通过 `getElements-ByTagName()` 方法查找文档中是否包含 `<parsererror>` 元素，如下所示：

```
let parser = new DOMParser(),
  xmldom,
  errors;
try {
  xmldom = parser.parseFromString("<root>", "text/xml");
  errors = xmldom.getElementsByTagName("parsererror");
  if (errors.length > 0) {
```

```
      throw new Error("Parsing error!");
    }
} catch (ex) {
    console.log("Parsing error!");
}
```

这个例子中解析的 XML 字符串少少一个</root>标签,因此会导致解析错误。IE 此时会抛出错误。
Firefox 和 Opera 此时会返回 document 元素为<parsererror>的文档,而在 Chrome 和 Safari 返回的文
档中,<parsererror>是<root>的第一个子元素。调用 getElementsByTagName("parsererror")
可适用于后两种情况。如果该方法返回了任何元素,就说明有错误,会弹警告框给出提示。当然,此时
可以进一步解析出错误信息并显示出来。

22.1.3　**XMLSerializer** 类型

与 DOMParser 相对,Firefox 也增加了 XMLSerializer 类型用于提供相反的功能:把 DOM 文档
序列化为 XML 字符串。此后,XMLSerializer 也得到了所有主流浏览器的支持。

要序列化 DOM 文档,必须创建 XMLSerializer 的新实例,然后把文档传给 serializeToString()
方法,如下所示:

```
let serializer = new XMLSerializer();
let xml = serializer.serializeToString(xmldom);
console.log(xml);
```

serializeToString()方法返回的值是打印效果不好的字符串,因此肉眼看起来有点困难。

XMLSerializer 能够序列化任何有效的 DOM 对象,包括个别节点和 HTML 文档。在把 HTML 文
档传给 serializeToString()时,这个文档会被当成 XML 文档,因此得到的结果是格式良好的。

> **注意**　如果给 serializeToString()传入非 DOM 对象,就会导致抛出错误。

22.2　浏览器对 XPath 的支持

XPath 是为了在 DOM 文档中定位特定节点而创建的,因此它对 XML 处理很重要。在 DOM Level 3
之前,XPath 相关的 API 没有被标准化。DOM Level 3 开始着手标准化 XPath。很多浏览器实现了 DOM
Level 3 XPath 标准,但 IE 决定按照自己的方式实现。

22.2.1　DOM Level 3 XPath

DOM Level 3 XPath 规范定义了接口,用于在 DOM 中求值 XPath 表达式。要确定浏览器是否支持
DOM Level 3 XPath,可以使用以下代码:

```
let supportsXPath = document.implementation.hasFeature("XPath", "3.0");
```

虽然这个规范定义了不少类型,但其中最重要的两个是 XPathEvaluator 和 XPathResult。
XPathEvaluator 用于在特定上下文中求值 XPath 表达式,包含三个方法。

❑ createExpression(*expression, nsresolver*),用于根据 XPath 表达式及相应的命名空间
　计算得到一个 XPathExpression,XPathExpression 是查询的编译版本。这适合于同样的查
　询要运行多次的情况。

- ❑ createNSResolver(*node*)，基于 *node* 的命名空间创建新的 XPathNSResolver 对象。当对使用名称空间的 XML 文档求值时，需要 XPathNSResolver 对象。
- ❑ evaluate(*expression, context, nsresolver, type, result*)，根据给定的上下文和命名空间对 XPath 进行求值。其他参数表示如何返回结果。

Document 类型通常是通过 XPathEvaluator 接口实现的，因此可以创建 XPathEvaluator 的实例，或使用 Document 实例上的方法（包括 XML 和 HTML 文档）。

在上述三个方法中，使用最频繁的是 evaluate()。这个方法接收五个参数：XPath 表达式、上下文节点、命名空间解析器、返回的结果类型和 XPathResult 对象（用于填充结果，通常是 null，因为结果也可能是函数值）。第三个参数，命名空间解析器，只在 XML 代码使用 XML 命名空间的情况下有必要。如果没有使用命名空间，这个参数也应该是 null。第四个参数要返回值的类型是如下 10 个常量值之一。

- ❑ XPathResult.ANY_TYPE：返回适合 XPath 表达式的数据类型。
- ❑ XPathResult.NUMBER_TYPE：返回数值。
- ❑ XPathResult.STRING_TYPE：返回字符串值。
- ❑ XPathResult.BOOLEAN_TYPE：返回布尔值。
- ❑ XPathResult.UNORDERED_NODE_ITERATOR_TYPE：返回匹配节点的集合，但集合中节点的顺序可能与它们在文档中的顺序不一致。
- ❑ XPathResult.ORDERED_NODE_ITERATOR_TYPE：返回匹配节点的集合，集合中节点的顺序与它们在文档中的顺序一致。这是非常常用的结果类型。
- ❑ XPathResult.UNORDERED_NODE_SNAPSHOT_TYPE：返回节点集合的快照，在文档外部捕获节点，因此对文档的进一步修改不会影响该节点集合。集合中节点的顺序可能与它们在文档中的顺序不一致。
- ❑ XPathResult.ORDERED_NODE_SNAPSHOT_TYPE：返回节点集合的快照，在文档外部捕获节点，因此对文档的进一步修改不会影响这个节点集合。集合中节点的顺序与它们在文档中的顺序一致。
- ❑ XPathResult.ANY_UNORDERED_NODE_TYPE：返回匹配节点的集合，但集合中节点的顺序可能与它们在文档中的顺序不一致。
- ❑ XPathResult.FIRST_ORDERED_NODE_TYPE：返回只有一个节点的节点集合，包含文档中第一个匹配的节点。

指定的结果类型决定了如何获取结果的值。下面是一个典型的示例：

```
let result = xmldom.evaluate("employee/name", xmldom.documentElement, null,
                XPathResult.ORDERED_NODE_ITERATOR_TYPE, null);

if (result !== null) {
  let element = result.iterateNext();
  while(element) {
    console.log(element.tagName);
    node = result.iterateNext();
  }
}
```

这个例子使用了 XPathResult.ORDERED_NODE_ITERATOR_TYPE 结果类型，也是最常用的类型。如果没有节点匹配 XPath 表达式，evaluate()方法返回 null；否则，返回 XPathResult 对象。返回的 XPathResult 对象上有相应的属性和方法用于获取特定类型的结果。如果结果是节点迭代器，无论有序还是无序，都必须使用 `iterateNext()` 方法获取结果中每个匹配的节点。在没有更多匹配节点时，`iterateNext()` 返回 null。

如果指定了快照结果类型（无论有序还是无序），都必须使用 `snapshotItem()` 方法和 `snapshotLength` 属性获取结果，如以下代码所示：

```
let result = xmldom.evaluate("employee/name", xmldom.documentElement, null,
                    XPathResult.ORDERED_NODE_SNAPSHOT_TYPE, null);
if (result !== null) {
  for (let i = 0, len=result.snapshotLength; i < len; i++) {
    console.log(result.snapshotItem(i).tagName);
  }
}
```

这个例子中，`snapshotLength` 返回快照中节点的数量，而 `snapshotItem()` 返回快照中给定位置的节点（类似于 NodeList 中的 `length` 和 `item()`）。

22.2.2 单个节点结果

`XPathResult.FIRST_ORDERED_NODE_TYPE` 结果类型返回匹配的第一个节点，可以通过结果的 `singleNodeValue` 属性获取。比如：

```
let result = xmldom.evaluate("employee/name", xmldom.documentElement, null,
                    XPathResult.FIRST_ORDERED_NODE_TYPE, null);

if (result !== null) {
  console.log(result.singleNodeValue.tagName);
}
```

与其他查询一样，如果没有匹配的节点，`evaluate()` 返回 null。如果有一个匹配的节点，则要使用 `singleNodeValue` 属性取得该节点。这对 `XPathResult.FIRST_ORDERED_NODE_TYPE` 也一样。

22.2.3 简单类型结果

使用布尔值、数值和字符串 XPathResult 类型，可以根据 XPath 获取简单、非节点数据类型。这些结果类型返回的值需要分别使用 `booleanValue`、`numberValue` 和 `stringValue` 属性获取。对于布尔值类型，如果至少有一个节点匹配 XPath 表达式，`booleanValue` 就是 true；否则，`booleanValue` 为 false。比如：

```
let result = xmldom.evaluate("employee/name", xmldom.documentElement, null,
                    XPathResult.BOOLEAN_TYPE, null);
console.log(result.booleanValue);
```

在这个例子中，如果有任何节点匹配 `"employee/name"`，`booleanValue` 属性就等于 true。

对于数值类型，XPath 表达式必须使用返回数值的 XPath 函数，如 `count()` 可以计算匹配给定模式的节点数。比如：

```
let result = xmldom.evaluate("count(employee/name)", xmldom.documentElement,
                    null, XPathResult.NUMBER_TYPE, null);
console.log(result.numberValue);
```

以上代码会输出匹配 `"employee/name"` 的节点数量（比如 2）。如果在这里没有指定 XPath 函数，`numberValue` 就等于 NaN。

对于字符串类型，`evaluate()`方法查找匹配 **XPath** 表达式的第一个节点，然后返回其第一个子节点的值，前提是第一个子节点是文本节点。如果不是，就返回空字符串。比如：

```
let result = xmldom.evaluate("employee/name", xmldom.documentElement, null,
                    XPathResult.STRING_TYPE, null);
console.log(result.stringValue);
```

这个例子输出了与`"employee/name"`匹配的第一个元素中第一个文本节点包含的文本字符串。

22.2.4　默认类型结果

所有 **XPath** 表达式都会自动映射到特定类型的结果。设置特定结果类型会限制表达式的输出。不过，可以使用`XPathResult.ANY_TYPE`类型让求值自动返回默认类型结果。通常，默认类型结果是布尔值、数值、字符串或无序节点迭代器。要确定返回的结果类型，可以访问求值结果的`resultType`属性，如下例所示：

```
let result = xmldom.evaluate("employee/name", xmldom.documentElement, null,
                    XPathResult.ANY_TYPE, null);

if (result !== null) {
  switch(result.resultType) {
    case XPathResult.STRING_TYPE:
      // 处理字符串类型
      break;

    case XPathResult.NUMBER_TYPE:
      // 处理数值类型
      break;

    case XPathResult.BOOLEAN_TYPE:
      // 处理布尔值类型
      break;

    case XPathResult.UNORDERED_NODE_ITERATOR_TYPE:
      // 处理无序节点迭代器类型
      break;

    default:
      // 处理其他可能的结果类型

  }
}
```

使用`XPathResult.ANY_TYPE`可以让使用 **XPath** 变得更自然，但在返回结果后则需要增加额外的判断和处理。

22.2.5　命名空间支持

对于使用命名空间的 **XML** 文档，必须告诉`XPathEvaluator`命名空间信息，才能进行正确求值。处理命名空间的方式有很多，看下面的示例 **XML** 代码：

```
<?xml version="1.0" ?>
<wrox:books xmlns:wrox="http://www.wrox.com/">
  <wrox:book>
    <wrox:title>Professional JavaScript for Web Developers</wrox:title>
    <wrox:author>Nicholas C. Zakas</wrox:author>
```

22

```
    </wrox:book>
    <wrox:book>
      <wrox:title>Professional Ajax</wrox:title>
      <wrox:author>Nicholas C. Zakas</wrox:author>
      <wrox:author>Jeremy McPeak</wrox:author>
      <wrox:author>Joe Fawcett</wrox:author>
    </wrox:book>
  </wrox:books>
```

在这个 XML 文档中，所有元素的命名空间都属于 http://www.wrox.com/，都以 wrox 前缀标识。如果想使用 XPath 查询该文档，就需要指定使用的命名空间，否则求值会失败。

第一种处理命名空间的方式是通过 createNSResolver() 方法创建 XPathNSResolver 对象。这个方法只接收一个参数，即包含命名空间定义的文档节点。对上面的例子而言，这个节点就是 document 元素<wrox:books>，其 xmlns 属性定义了命名空间。为此，可以将该节点传给 createNSResolver()，然后得到的结果就可以在 evaluate() 方法中使用：

```
let nsresolver = xmldom.createNSResolver(xmldom.documentElement);

let result = xmldom.evaluate("wrox:book/wrox:author",
              xmldom.documentElement, nsresolver,
              XPathResult.ORDERED_NODE_SNAPSHOT_TYPE, null);

console.log(result.snapshotLength);
```

把 nsresolver 传给 evaluate() 之后，可以确保 XPath 表达式中使用的 wrox 前缀能够被正确理解。假如不使用 XPathNSResolver，同样的表达式就会导致错误。

第二种处理命名空间的方式是定义一个接收命名空间前缀并返回相应 URI 的函数，如下所示：

```
let nsresolver = function(prefix) {
  switch(prefix) {
    case "wrox": return "http://www.wrox.com/";
    // 其他前缀及返回值
  }
};

let result = xmldom.evaluate("count(wrox:book/wrox:author)",
        xmldom.documentElement, nsresolver, XPathResult.NUMBER_TYPE, null);

console.log(result.numberValue);
```

在并不知晓文档的哪个节点包含命名空间定义时，可以采用这种定义命名空间解析函数的方式。只要知道前缀和 URI，就可以定义这样一个函数，然后把它作为第三个参数传给 evaluate()。

22.3 浏览器对 XSLT 的支持

可扩展样式表语言转换（XSLT，Extensible Stylesheet Language Transformations）是与 XML 相伴的一种技术，可以利用 XPath 将一种文档表示转换为另一种文档表示。与 XML 和 XPath 不同，XSLT 没有与之相关的正式 API，正式的 DOM 中也没有涵盖它。因此浏览器都以自己的方式实现 XSLT。率先在 JavaScript 中支持 XSLT 的是 IE。

22.3.1 XSLTProcessor 类型

Mozilla 通过增加了一个新类型 XSLTProcessor，在 JavaScript 中实现了对 XSLT 的支持。通过使用 XSLTProcessor 类型，开发者可以使用 XSLT 转换 XML 文档，其方式类似于在 IE 中使用 XSL 处理器。自从 XSLTProcessor 首次实现以来，所有浏览器都照抄了其实现，从而使 XSLTProcessor 成了通过 JavaScript 完成 XSLT 转换的事实标准。

与 IE 的实现一样，第一步是加载两个 DOM 文档：XML 文档和 XSLT 文档。然后，使用 import-StyleSheet() 方法创建一个新的 XSLTProcessor，将 XSLT 指定给它，如下所示：

```
let processor = new XSLTProcessor()
processor.importStylesheet(xsltdom);
```

最后一步是执行转换，有两种方式。如果想返回完整的 DOM 文档，就调用 transformToDocument()；如果想得到文档片段，则可以调用 transformToFragment()。一般来说，使用 transformToFragment() 的唯一原因是想把结果添加到另一个 DOM 文档。

如果使用 transformToDocument()，只要传给它 XML DOM，就可以将结果当作另一个完全不同的 DOM 来使用。比如：

```
let result = processor.transformToDocument(xmldom);
console.log(serializeXml(result));
```

transformToFragment() 方法接收两个参数：要转换的 XML DOM 和最终会拥有结果片段的文档。这可以确保新文本片段可以在目标文档中使用。比如，可以把 document 作为第二个参数，然后将创建的片段添加到其页面元素中。比如：

```
let fragment = processor.transformToFragment(xmldom, document);
let div = document.getElementById("divResult");
div.appendChild(fragment);
```

这里，处理器创建了由 document 对象所有的片段。这样就可以将片段添加到当前页面的<div>元素中了。

如果 XSLT 样式表的输出格式是"xml"或"html"，则创建文档或文档片段理所当然。不过，如果输出格式是"text"，则通常意味着只想得到转换后的文本结果。然而，没有方法直接返回文本。在输出格式为"text"时调用 transformToDocument() 会返回完整的 XML 文档，但这个文档的内容会因浏览器而异。比如，Safari 返回整个 HTML 文档，而 Opera 和 Firefox 则返回只包含一个元素的文档，其中输出就是该元素的文本。

解决方案是调用 transformToFragment()，返回只有一个子节点、其中包含结果文本的文档片段。之后，可以再使用以下代码取得文本：

```
let fragment = processor.transformToFragment(xmldom, document);
let text = fragment.firstChild.nodeValue;
console.log(text);
```

这种方式在所有支持的浏览器中都可以正确返回转换后的输出文本。

22.3.2　使用参数

XSLTProcessor 还允许使用 setParameter() 方法设置 XSLT 参数。该方法接收三个参数：命名空间 URI、参数本地名称和要设置的值。通常，命名空间 URI 是 null，本地名称就是参数名称。setParameter() 方法必须在调用 transformToDocument() 或 transformToFragment() 之前调用。例子如下：

```
let processor = new XSLTProcessor()
processor.importStylesheet(xsltdom);
processor.setParameter(null, "message", "Hello World!");
let result = processor.transformToDocument(xmldom);
```

与参数相关的还有两个方法：getParameter()和 removeParameter()。它们分别用于取得参数的当前值和移除参数的值。它们都以一个命名空间 URI（同样，一般是 null）和参数的本地名称为参数。比如：

```
let processor = new XSLTProcessor()
processor.importStylesheet(xsltdom);
processor.setParameter(null, "message", "Hello World!");

console.log(processor.getParameter(null, "message"));    // 输出"Hello World!"
processor.removeParameter(null, "message");

let result = processor.transformToDocument(xmldom);
```

这几个方法并不常用，只是为了操作方便。

22.3.3　重置处理器

每个 XSLTProcessor 实例都可以重用于多个转换，只是要使用不同的 XSLT 样式表。处理器的 reset()方法可以删除所有参数和样式表。然后，可以使用 importStylesheet()方法加载不同的 XSLT 样表，如下所示：

```
let processor = new XSLTProcessor()
processor.importStylesheet(xsltdom);

// 执行某些转换

processor.reset();
processor.importStylesheet(xsltdom2);

// 再执行一些转换
```

在使用多个样式表执行转换时，重用一个 XSLTProcessor 可以节省内存。

22.4　小结

浏览器对使用 JavaScript 处理 XML 实现及相关技术相当支持。然而，由于早期缺少规范，常用的功能出现了不同实现。DOM Level 2 提供了创建空 XML 文档的 API，但不能解析和序列化。浏览器为解析和序列化 XML 实现了两个新类型。

❑ DOMParser 类型是简单的对象，可以将 XML 字符串解析为 DOM 文档。

❑ XMLSerializer 类型执行相反操作，将 DOM 文档序列化为 XML 字符串。

基于所有主流浏览器的实现，DOM Level 3 新增了针对 XPath API 的规范。该 API 可以让 JavaScript 针对 DOM 文档执行任何 XPath 查询并得到不同数据类型的结果。

最后一个与 XML 相关的技术是 XSLT，目前并没有规范定义其 API。Firefox 最早增加了 XSLTProcessor 类型用于通过 JavaScript 处理转换。

第**23**章

JSON

本章内容
- ❑ 理解 JSON 语法
- ❑ 解析 JSON
- ❑ JSON 序列化

视频讲解

正如上一章所说，XML 曾经一度成为互联网上传输数据的事实标准。第一代 Web 服务很大程度上是以 XML 为基础的，以服务器间通信为主要特征。可是，XML 也并非没有批评者。有的人认为 XML 过于冗余和啰唆。为解决这些问题，也出现了几种方案。不过 Web 已经朝着它的新方向进发了。

2006 年，Douglas Crockford 在国际互联网工程任务组（IETF，The Internet Engineering Task Force）制定了 JavaScript 对象简谱（JSON，JavaScript Object Notation）标准，即 RFC 4627。但实际上，JSON 早在 2001 年就开始使用了。JSON 是 JavaScript 的严格子集，利用 JavaScript 中的几种模式来表示结构化数据。Crockford 将 JSON 作为替代 XML 的一个方案提出，因为 JSON 可以直接传给 eval() 而不需要创建 DOM。

理解 JSON 最关键的一点是要把它当成一种数据格式，而不是编程语言。JSON 不属于 JavaScript，它们只是拥有相同的语法而已。JSON 也不是只能在 JavaScript 中使用，它是一种通用数据格式。很多语言都有解析和序列化 JSON 的内置能力。

23.1 语法

JSON 语法支持表示 3 种类型的值。
- ❑ **简单值**：字符串、数值、布尔值和 null 可以在 JSON 中出现，就像在 JavaScript 中一样。特殊值 undefined 不可以。
- ❑ **对象**：第一种复杂数据类型，对象表示有序键/值对。每个值可以是简单值，也可以是复杂类型。
- ❑ **数组**：第二种复杂数据类型，数组表示可以通过数值索引访问的值的有序列表。数组的值可以是任意类型，包括简单值、对象，甚至其他数组。

JSON 没有变量、函数或对象实例的概念。JSON 的所有记号都只为表示结构化数据，虽然它借用了 JavaScript 的语法，但是千万不要把它跟 JavaScript 语言混淆。

23.1.1 简单值

最简单的 JSON 可以是一个数值。例如，下面这个数值是有效的 JSON：

这个 JSON 表示数值 5。类似地，下面这个字符串也是有效的 JSON：

```
"Hello world!"
```

JavaScript 字符串与 JSON 字符串的主要区别是，JSON 字符串必须使用双引号（单引号会导致语法错误）。

布尔值和 null 本身也是有效的 JSON 值。不过，实践中更多使用 JSON 表示比较复杂的数据结构，其中会包含简单值。

23.1.2 对象

对象使用与 JavaScript 对象字面量略为不同的方式表示。以下是 JavaScript 中的对象字面量：

```
let person = {
  name: "Nicholas",
  age: 29
};
```

虽然这对 JavaScript 开发者来说是标准的对象字面量，但 JSON 中的对象必须使用双引号把属性名包围起来。下面的代码与前面的代码是一样的：

```
let object = {
  "name": "Nicholas",
  "age" : 29
};
```

而用 JSON 表示相同的对象的语法是：

```
{
  "name": "Nicholas",
  "age": 29
}
```

与 JavaScript 对象字面量相比，JSON 主要有两处不同。首先，没有变量声明（JSON 中没有变量）。其次，最后没有分号（不需要，因为不是 JavaScript 语句）。同样，用引号将属性名包围起来才是有效的 JSON。属性的值可以是简单值或复杂数据类型值，后者可以在对象中再嵌入对象，比如：

```
{
  "name": "Nicholas",
  "age": 29,
  "school": {
    "name": "Merrimack College",
    "location": "North Andover, MA"
  }
}
```

这个例子在顶级对象中又嵌入了学校相关的信息。即使整个 JSON 对象中有两个属性都叫"name"，但它们属于两个不同的对象，因此是允许的。同一个对象中不允许出现两个相同的属性。

与 JavaScript 不同，JSON 中的对象属性名必须始终带双引号。手动编写 JSON 时漏掉这些双引号或使用单引号是常见错误。

23.1.3 数组

JSON 的第二种复杂数据类型是数组。数组在 JSON 中使用 JavaScript 的数组字面量形式表示。例如，以下是一个 JavaScript 数组：

```
let values = [25, "hi", true];
```

在 JSON 中可以使用类似语法表示相同的数组：

```
[25, "hi", true]
```

同样，这里没有变量，也没有分号。数组和对象可以组合使用，以表示更加复杂的数据结构，比如：

```
[
  {
    "title": "Professional JavaScript",
    "authors": [
      "Nicholas C. Zakas",
      "Matt Frisbie"
    ],
    "edition": 4,
    "year": 2017
  },
  {
    "title": "Professional JavaScript",
    "authors": [
      "Nicholas C. Zakas"
    ],
    "edition": 3,
    "year": 2011
  },
  {
    "title": "Professional JavaScript",
    "authors": [
      "Nicholas C. Zakas"
    ],
    "edition": 2,
    "year": 2009
  },
  {
    "title": "Professional Ajax",
    "authors": [
      "Nicholas C. Zakas",
      "Jeremy McPeak",
      "Joe Fawcett"
    ],
    "edition": 2,
    "year": 2008
  },
  {
    "title": "Professional Ajax",
    "authors": [
      "Nicholas C. Zakas",
      "Jeremy McPeak",
      "Joe Fawcett"
    ],
    "edition": 1,
    "year": 2007
  },
  {
    "title": "Professional JavaScript",
    "authors": [
      "Nicholas C. Zakas"
    ],
```

23

```
    "edition": 1,
    "year": 2006
  }
]
```

前面这个数组包含了很多表示书的对象。每个对象都包含一些键，其中一个是"authors"，对应的值也是一个数组。对象和数组通常会作为 JSON 数组的顶级结构（尽管不是必需的），以便创建大型复杂数据结构。

23.2 解析与序列化

JSON 的迅速流行并不仅仅因为其语法与 JavaScript 类似，很大程度上还因为 JSON 可以直接被解析成可用的 JavaScript 对象。与解析为 DOM 文档的 XML 相比，这个优势非常明显。为此，JavaScript 开发者可以非常方便地使用 JSON 数据。比如，前面例子中的 JSON 包含很多图书，通过如下代码就可以获取第三本书的书名：

```
books[2].title
```

当然，以上代码假设把前面的数据结构保存在了变量 books 中。相比之下，遍历 DOM 结构就显得麻烦多了：

```
doc.getElementsByTagName("book")[2].getAttribute("title");
```

看看这些方法调用，就不难想象为什么 JSON 大受 JavaScript 开发者欢迎了。JSON 出现之后就迅速成为了 Web 服务的事实序列化标准。

23.2.1 JSON 对象

早期的 JSON 解析器基本上就相当于 JavaScript 的 eval() 函数。因为 JSON 是 JavaScript 语法的子集，所以 eval() 可以解析、解释，并将其作为 JavaScript 对象和数组返回。ECMAScript 5 增加了 JSON 全局对象，正式引入解析 JSON 的能力。这个对象在所有主流浏览器中都得到了支持。旧版本的浏览器可以使用垫片脚本（参见 GitHub 上 douglascrockford/JSON-js 中的 JSON in JavaScript）。考虑到直接执行代码的风险，最好不要在旧版本浏览器中只使用 eval() 求值 JSON。这个 JSON 垫片脚本最好只在浏览器原生不支持 JSON 解析时使用。

JSON 对象有两个方法：stringify() 和 parse()。在简单的情况下，这两个方法分别可以将 JavaScript 序列化为 JSON 字符串，以及将 JSON 解析为原生 JavaScript 值。例如：

```
let book = {
  title: "Professional JavaScript",
  authors: [
    "Nicholas C. Zakas",
    "Matt Frisbie"
  ],
  edition: 4,
  year: 2017
};
let jsonText = JSON.stringify(book);
```

这个例子使用 JSON.stringify() 把一个 JavaScript 对象序列化为一个 JSON 字符串，保存在变量 jsonText 中。默认情况下，JSON.stringify() 会输出不包含空格或缩进的 JSON 字符串，因此

jsonText 的值是这样的:

```
{"title":"Professional JavaScript","authors":["Nicholas C. Zakas","Matt Frisbie"],
"edition":4,"year":2017}
```

在序列化 JavaScript 对象时, 所有函数和原型成员都会有意地在结果中省略。此外, 值为 undefined 的任何属性也会被跳过。最终得到的就是所有实例属性均为有效 JSON 数据类型的表示。

JSON 字符串可以直接传给 JSON.parse(), 然后得到相应的 JavaScript 值。比如, 可以使用以下代码创建与 book 对象类似的新对象:

```
let bookCopy = JSON.parse(jsonText);
```

注意, book 和 bookCopy 是两个完全不同的对象, 没有任何关系。但是它们拥有相同的属性和值。

如果给 JSON.parse() 传入的 JSON 字符串无效, 则会导致抛出错误。

23.2.2 序列化选项

实际上, JSON.stringify() 方法除了要序列化的对象, 还可以接收两个参数。这两个参数可以用于指定其他序列化 JavaScript 对象的方式。第一个参数是过滤器, 可以是数组或函数; 第二个参数是用于缩进结果 JSON 字符串的选项。单独或组合使用这些参数可以更好地控制 JSON 序列化。

1. 过滤结果

如果第二个参数是一个数组, 那么 JSON.stringify() 返回的结果只会包含该数组中列出的对象属性。比如下面的例子:

```
let book = {
  title: "Professional JavaScript",
  authors: [
    "Nicholas C. Zakas",
    "Matt Frisbie"
  ],
  edition: 4,
  year: 2017
};
let jsonText = JSON.stringify(book, ["title", "edition"]);
```

在这个例子中, JSON.stringify() 方法的第二个参数是一个包含两个字符串的数组: "title" 和 "edition"。它们对应着要序列化的对象中的属性, 因此结果 JSON 字符串中只会包含这两个属性:

```
{"title":"Professional JavaScript","edition":4}
```

如果第二个参数是一个函数, 则行为又有不同。提供的函数接收两个参数: 属性名 (key) 和属性值 (value)。可以根据这个 key 决定要对相应属性执行什么操作。这个 key 始终是字符串, 只是在值不属于某个键/值对时会是空字符串。

为了改变对象的序列化, 返回的值就是相应 key 应该包含的结果。注意, 返回 undefined 会导致属性被忽略。下面看一个例子:

```
let book = {
  title: "Professional JavaScript",
  authors: [
    "Nicholas C. Zakas",
    "Matt Frisbie"
  ],
  edition: 4,
```

23

```
    year: 2017
};
let jsonText = JSON.stringify(book, (key, value) => {
  switch(key) {
    case "authors":
      return value.join(",")
    case "year":
      return 5000;
    case "edition":
      return undefined;
    default:
      return value;
  }
});
```

这个函数基于键进行了过滤。如果键是"authors"，则将数组值转换为字符串；如果键是"year"，则将值设置为 5000；如果键是"edition"，则返回 undefined 忽略该属性。最后一定要提供默认返回值，以便返回其他属性传入的值。第一次调用这个函数实际上会传入空字符串 key，值是 book 对象。最终得到的 JSON 字符串是这样的：

```
{"title":"Professional JavaScript","authors":"Nicholas C. Zakas,Matt
Frisbie","year":5000}
```

注意，函数过滤器会应用到要序列化的对象所包含的所有对象，因此如果数组中包含多个具有这些属性的对象，则序列化之后每个对象都只会剩下上面这些属性。

Firefox 3.5~3.6 在 JSON.stringify() 的第二个参数是函数时有一个 bug：此时函数只能作为过滤器，返回 undefined 会导致跳过属性，返回其他值则会包含属性。Firefox 4 修复了这个 bug。

2. 字符串缩进

JSON.stringify() 方法的第三个参数控制缩进和空格。在这个参数是数值时，表示每一级缩进的空格数。例如，每级缩进 4 个空格，可以这样：

```
let book = {
  title: "Professional JavaScript",
  authors: [
    "Nicholas C. Zakas",
    "Matt Frisbie"
  ],
  edition: 4,
  year: 2017
};
let jsonText = JSON.stringify(book, null, 4);
```

这样得到的 jsonText 格式如下：

```
{
    "title": "Professional JavaScript",
    "authors": [
        "Nicholas C. Zakas",
        "Matt Frisbie"
    ],
    "edition": 4,
    "year": 2017
}
```

注意，除了缩进，JSON.stringify() 方法还为方便阅读插入了换行符。这个行为对于所有有效的缩进参数都会发生。(只缩进不换行也没什么用。)最大缩进值为 10,大于 10 的值会自动设置为 10。

如果缩进参数是一个字符串而非数值,那么 JSON 字符串中就会使用这个字符串而不是空格来缩进。使用字符串,也可以将缩进字符设置为 Tab 或任意字符,如两个连字符:

```
let jsonText = JSON.stringify(book, null, "--" );
```

这样,`jsonText` 的值会变成如下格式:

```
{
--"title": "Professional JavaScript",
--"authors": [
----"Nicholas C. Zakas",
----"Matt Frisbie"
--],
--"edition": 4,
--"year": 2017
}
```

使用字符串时同样有 10 个字符的长度限制。如果字符串长度超过 10,则会在第 10 个字符处截断。

3. toJSON()方法

有时候,对象需要在 `JSON.stringify()` 之上自定义 JSON 序列化。此时,可以在要序列化的对象中添加 `toJSON()` 方法,序列化时会基于这个方法返回适当的 JSON 表示。事实上,原生 `Date` 对象就有一个 `toJSON()` 方法,能够自动将 JavaScript 的 `Date` 对象转换为 ISO 8601 日期字符串(本质上与在 `Date` 对象上调用 `toISOString()` 方法一样)。

下面的对象为自定义序列化而添加了一个 `toJSON()` 方法:

```
let book = {
  title: "Professional JavaScript",
  authors: [
    "Nicholas C. Zakas",
    "Matt Frisbie"
  ],
  edition: 4,
  year: 2017,
  toJSON: function() {
    return this.title;
  }
};
let jsonText = JSON.stringify(book);
```

这里 `book` 对象中定义的 `toJSON()` 方法简单地返回了图书的书名(`this.title`)。与 `Date` 对象类似,这个对象会被序列化为简单字符串而非对象。`toJSON()` 方法可以返回任意序列化值,都可以起到相应的作用。如果对象被嵌入在另一个对象中,返回 `undefined` 会导致值变成 `null`;或者如果是顶级对象,则本身就是 `undefined`。注意,箭头函数不能用来定义 `toJSON()` 方法。主要原因是箭头函数的词法作用域是全局作用域,在这种情况下不合适。

`toJSON()` 方法可以与过滤函数一起使用,因此理解不同序列化流程的顺序非常重要。在把对象传给 `JSON.stringify()` 时会执行如下步骤。

(1) 如果可以获取实际的值,则调用 `toJSON()` 方法获取实际的值,否则使用默认的序列化。

(2) 如果提供了第二个参数,则应用过滤。传入过滤函数的值就是第(1)步返回的值。

(3) 第(2)步返回的每个值都会相应地进行序列化。

(4) 如果提供了第三个参数，则相应地进行缩进。

理解这个顺序有助于决定是创建 toJSON() 方法，还是使用过滤函数，抑或是两者都用。

23.2.3　解析选项

JSON.parse() 方法也可以接收一个额外的参数，这个函数会针对每个键/值对都调用一次。为区别于传给 JSON.stringify() 的起过滤作用的**替代函数**（replacer），这个函数被称为**还原函数**（reviver）。实际上它们的格式完全一样，即还原函数也接收两个参数，属性名（key）和属性值（value），另外也需要返回值。

如果还原函数返回 undefined，则结果中就会删除相应的键。如果返回了其他任何值，则该值就会成为相应键的值插入到结果中。还原函数经常被用于把日期字符串转换为 Date 对象。例如：

```
let book = {
  title: "Professional JavaScript",
  authors: [
    "Nicholas C. Zakas",
    "Matt Frisbie"
  ],
  edition: 4,
  year: 2017,
  releaseDate: new Date(2017, 11, 1)
};
let jsonText = JSON.stringify(book);
let bookCopy = JSON.parse(jsonText,
    (key, value) => key == "releaseDate" ? new Date(value) : value);
alert(bookCopy.releaseDate.getFullYear());
```

以上代码在 book 对象中增加了 releaseDate 属性，是一个 Date 对象。这个对象在被序列化为 JSON 字符串后，又被重新解析为一个对象 bookCopy。这里的还原函数会查找"releaseDate"键，如果找到就会根据它的日期字符串创建新的 Date 对象。得到的 bookCopy.releaseDate 属性又变回了 Date 对象，因此可以调用其 getFullYear() 方法。

23.3　小结

JSON 是一种轻量级数据格式，可以方便地表示复杂数据结构。这个格式使用 JavaScript 语法的一个子集表示对象、数组、字符串、数值、布尔值和 null。虽然 XML 也能胜任同样的角色，但 JSON 更简洁，JavaScript 支持也更好。更重要的是，所有浏览器都已经原生支持全局 JSON 对象。

ECMAScript 5 定义了原生 JSON 对象，用于将 JavaScript 对象序列化为 JSON 字符串，以及将 JSON 数组解析为 JavaScript 对象。JSON.stringify() 和 JSON.parse() 方法分别用于实现这两种操作。这两个方法都有一些选项可以用来改变默认的行为，以实现过滤或修改流程。

第24章

网络请求与远程资源

本章内容

❑ 使用 `XMLHttpRequest` 对象
❑ 处理 `XMLHttpRequest` 事件
❑ 源域 Ajax 限制
❑ Fetch API
❑ Streams API

2005 年，Jesse James Garrett 撰写了一篇文章，"Ajax—A New Approach to Web Applications"。这篇文章中描绘了一个被他称作 Ajax（Asynchronous JavaScript+XML，即异步 JavaScript 加 XML）的技术。这个技术涉及发送服务器请求额外数据而不刷新页面，从而实现更好的用户体验。Garrett 解释了这个技术怎样改变自 Web 诞生以来就一直延续的传统单击等待的模式。

把 Ajax 推到历史舞台上的关键技术是 `XMLHttpRequest`（XHR）对象。这个对象最早由微软发明，然后被其他浏览器所借鉴。在 XHR 出现之前，Ajax 风格的通信必须通过一些黑科技实现，主要是使用隐藏的窗格或内嵌窗格。XHR 为发送服务器请求和获取响应提供了合理的接口。这个接口可以实现异步从服务器获取额外数据，意味着用户点击不用页面刷新也可以获取数据。通过 XHR 对象获取数据后，可以使用 DOM 方法把数据插入网页。虽然 Ajax 这个名称中包含 XML，但实际上 Ajax 通信与数据格式无关。这个技术主要是可以实现在不刷新页面的情况下从服务器获取数据，格式并不一定是 XML。

实际上，Garrett 所称的这种 Ajax 技术已经出现很长时间了。在 Garrett 那篇文章之前，一般称这种技术为远程脚本。这种浏览器与服务器的通信早在 1998 年就通过不同方式实现了。最初，JavaScript 对服务器的请求可以通过中介（如 Java 小程序或 Flash 影片）来发送。后来 XHR 对象又为开发者提供了原生的浏览器通信能力，减少了实现这个目的的工作量。

XHR 对象的 API 被普遍认为比较难用，而 Fetch API 自从诞生以后就迅速成为了 XHR 更现代的替代标准。Fetch API 支持期约（promise）和服务线程（service worker），已经成为极其强大的 Web 开发工具。

> **注意**　本章会全面介绍 `XMLHttpRequest`，但它实际上是过时 Web 规范的产物，应该只在旧版本浏览器中使用。实际开发中，应该尽可能使用 `fetch()`。

24.1　`XMLHttpRequest` 对象

IE5 是第一个引入 XHR 对象的浏览器。这个对象是通过 ActiveX 对象实现并包含在 MSXML 库中的。为此，XHR 对象的 3 个版本在浏览器中分别被暴露为 `MSXML2.XMLHttp`、`MSXML2.XMLHttp.3.0` 和 `MXSML2.XMLHttp.6.0`。

所有现代浏览器都通过 `XMLHttpRequest` 构造函数原生支持 XHR 对象：

```
let xhr = new XMLHttpRequest();
```

24.1.1 使用 XHR

使用 XHR 对象首先要调用 `open()` 方法，这个方法接收 3 个参数：请求类型（`"get"`、`"post"`等）、请求 URL，以及表示请求是否异步的布尔值。下面是一个例子：

```
xhr.open("get", "example.php", false);
```

这行代码就可以向 example.php 发送一个同步的 GET 请求。关于这行代码需要说明几点。首先，这里的 URL 是相对于代码所在页面的，当然也可以使用绝对 URL。其次，调用 `open()` 不会实际发送请求，只是为发送请求做好准备。

> **注意** 只能访问同源 URL，也就是域名相同、端口相同、协议相同。如果请求的 URL 与发送请求的页面在任何方面有所不同，则会抛出安全错误。

要发送定义好的请求，必须像下面这样调用 `send()` 方法：

```
xhr.open("get", "example.txt", false);
xhr.send(null);
```

`send()` 方法接收一个参数，是作为请求体发送的数据。如果不需要发送请求体，则必须传 `null`，因为这个参数在某些浏览器中是必需的。调用 `send()` 之后，请求就会发送到服务器。

因为这个请求是同步的，所以 JavaScript 代码会等待服务器响应之后再继续执行。收到响应后，XHR 对象的以下属性会被填充上数据。

- ❑ `responseText`：作为响应体返回的文本。
- ❑ `responseXML`：如果响应的内容类型是`"text/xml"`或`"application/xml"`，那就是包含响应数据的 XML DOM 文档。
- ❑ `status`：响应的 HTTP 状态。
- ❑ `statusText`：响应的 HTTP 状态描述。

收到响应后，第一步要检查 `status` 属性以确保响应成功返回。一般来说，HTTP 状态码为 2*xx* 表示成功。此时，`responseText` 或 `responseXML`（如果内容类型正确）属性中会有内容。如果 HTTP 状态码是 304，则表示资源未修改过，是从浏览器缓存中直接拿取的。当然这也意味着响应有效。为确保收到正确的响应，应该检查这些状态，如下所示：

```
xhr.open("get", "example.txt", false);
xhr.send(null);

if ((xhr.status >= 200 && xhr.status < 300) || xhr.status == 304) {
  alert(xhr.responseText);
} else {
  alert("Request was unsuccessful: " + xhr.status);
}
```

以上代码可能显示服务器返回的内容，也可能显示错误消息，取决于 HTTP 响应的状态码。为确定下一步该执行什么操作，最好检查 `status` 而不是 `statusText` 属性，因为后者已经被证明在跨浏览器的情况下不可靠。无论是什么响应内容类型，`responseText` 属性始终会保存响应体，而 `responseXML`

则对于非 XML 数据是 `null`。

虽然可以像前面的例子一样发送同步请求，但多数情况下最好使用异步请求，这样可以不阻塞 JavaScript 代码继续执行。XHR 对象有一个 `readyState` 属性，表示当前处在请求/响应过程的哪个阶段。这个属性有如下可能的值。

- ❑ 0：未初始化（Uninitialized）。尚未调用 `open()` 方法。
- ❑ 1：已打开（Open）。已调用 `open()` 方法，尚未调用 `send()` 方法。
- ❑ 2：已发送（Sent）。已调用 `send()` 方法，尚未收到响应。
- ❑ 3：接收中（Receiving）。已经收到部分响应。
- ❑ 4：完成（Complete）。已经收到所有响应，可以使用了。

每次 `readyState` 从一个值变成另一个值，都会触发 `readystatechange` 事件。可以借此机会检查 `readyState` 的值。一般来说，我们唯一关心的 `readyState` 值是 4，表示数据已就绪。为保证跨浏览器兼容，`onreadystatechange` 事件处理程序应该在调用 `open()` 之前赋值。来看下面的例子：

```
let xhr = new XMLHttpRequest();
xhr.onreadystatechange = function() {
  if (xhr.readyState == 4) {
    if ((xhr.status >= 200 && xhr.status < 300) || xhr.status == 304) {
      alert(xhr.responseText);
    } else {
      alert("Request was unsuccessful: " + xhr.status);
    }
  }
};
xhr.open("get", "example.txt", true);
xhr.send(null);
```

以上代码使用 DOM Level 0 风格为 XHR 对象添加了事件处理程序，因为并不是所有浏览器都支持 DOM Level 2 风格。与其他事件处理程序不同，`onreadystatechange` 事件处理程序不会收到 `event` 对象。在事件处理程序中，必须使用 XHR 对象本身来确定接下来该做什么。

> **注意**　由于 `onreadystatechange` 事件处理程序的作用域问题，这个例子在 `onready-statechange` 事件处理程序中使用了 `xhr` 对象而不是 `this` 对象。使用 `this` 可能导致功能失败或导致错误，取决于用户使用的是什么浏览器。因此还是使用保存 XHR 对象的变量更保险一些。

在收到响应之前如果想取消异步请求，可以调用 `abort()` 方法：

```
xhr.abort();
```

调用这个方法后，XHR 对象会停止触发事件，并阻止访问这个对象上任何与响应相关的属性。中断请求后，应该取消对 XHR 对象的引用。由于内存问题，不推荐重用 XHR 对象。

24.1.2　HTTP 头部

每个 HTTP 请求和响应都会携带一些头部字段，这些字段可能对开发者有用。XHR 对象会通过一些方法暴露与请求和响应相关的头部字段。

默认情况下，XHR 请求会发送以下头部字段。

- ❑ Accept：浏览器可以处理的内容类型。
- ❑ Accept-Charset：浏览器可以显示的字符集。
- ❑ Accept-Encoding：浏览器可以处理的压缩编码类型。
- ❑ Accept-Language：浏览器使用的语言。
- ❑ Connection：浏览器与服务器的连接类型。
- ❑ Cookie：页面中设置的 Cookie。
- ❑ Host：发送请求的页面所在的域。
- ❑ Referer：发送请求的页面的 URI。注意，这个字段在 HTTP 规范中就拼错了，所以考虑到兼容性也必须将错就错。（正确的拼写应该是 Referrer。）
- ❑ User-Agent：浏览器的用户代理字符串。

虽然不同浏览器发送的确切头部字段可能各不相同，但这些通常都是会发送的。如果需要发送额外的请求头部，可以使用 setRequestHeader() 方法。这个方法接收两个参数：头部字段的名称和值。为保证请求头部被发送，必须在 open() 之后、send() 之前调用 setRequestHeader()，如下面的例子所示：

```
let xhr = new XMLHttpRequest();
xhr.onreadystatechange = function() {
  if (xhr.readyState == 4) {
    if ((xhr.status >= 200 && xhr.status < 300) || xhr.status == 304) {
      alert(xhr.responseText);
    } else {
      alert("Request was unsuccessful: " + xhr.status);
    }
  }
};
xhr.open("get", "example.php", true);
xhr.setRequestHeader("MyHeader", "MyValue");
xhr.send(null);
```

服务器通过读取自定义头部可以确定适当的操作。自定义头部一定要区别于浏览器正常发送的头部，否则可能影响服务器正常响应。有些浏览器允许重写默认头部，有些浏览器则不允许。

可以使用 getResponseHeader() 方法从 XHR 对象获取响应头部，只要传入要获取头部的名称即可。如果想取得所有响应头部，可以使用 getAllResponseHeaders() 方法，这个方法会返回包含所有响应头部的字符串。下面是调用这两个方法的例子：

```
let myHeader = xhr.getResponseHeader("MyHeader");
let allHeaders  xhr.getAllResponseHeaders();
```

服务器可以使用头部向浏览器传递额外的结构化数据。getAllResponseHeaders() 方法通常返回类似如下的字符串：

```
Date: Sun, 14 Nov 2004 18:04:03 GMT
Server: Apache/1.3.29 (Unix)
Vary: Accept
X-Powered-By: PHP/4.3.8
Connection: close
Content-Type: text/html; charset=iso-8859-1
```

通过解析以上头部字段的输出，就可以知道服务器发送的所有头部，而不需要单独去检查了。

24.1.3 GET 请求

最常用的请求方法是 GET 请求，用于向服务器查询某些信息。必要时，需要在 GET 请求的 URL 后面添加查询字符串参数。对 XHR 而言，查询字符串必须正确编码后添加到 URL 后面，然后再传给 open() 方法。

发送 GET 请求最常见的一个错误是查询字符串格式不对。查询字符串中的每个名和值都必须使用 encodeURIComponent() 编码，所有名/值对必须以和号（&）分隔，如下面的例子所示：

```
xhr.open("get", "example.php?name1=value1&name2=value2", true);
```

可以使用以下函数将查询字符串参数添加到现有的 URL 末尾：

```
function addURLParam(url, name, value) {
  url += (url.indexOf("?") == -1 ? "?" : "&");
  url += encodeURIComponent(name) + "=" + encodeURIComponent(value);
  return url;
}
```

这里定义了一个 addURLParam() 函数，它接收 3 个参数：要添加查询字符串的 URL、查询参数和参数值。首先，这个函数会检查 URL 中是否已经包含问号（以确定是否已经存在其他参数）。如果没有，则加上一个问号；否则就加上一个和号。然后，分别对参数名和参数值进行编码，并添加到 URL 末尾。最后一步是返回更新后的 URL。

可以使用这个函数构建请求 URL，如下面的例子所示：

```
let url = "example.php";

// 添加参数
url = addURLParam(url, "name", "Nicholas");
url = addURLParam(url, "book", "Professional JavaScript");

// 初始化请求
xhr.open("get", url, false);
```

这里使用 addURLParam() 函数可以保证通过 XHR 发送请求的 URL 格式正确。

24.1.4 POST 请求

第二个最常用的请求是 POST 请求，用于向服务器发送应该保存的数据。每个 POST 请求都应该在请求体中携带提交的数据，而 GET 请求则不然。POST 请求的请求体可以包含非常多的数据，而且数据可以是任意格式。要初始化 POST 请求，open() 方法的第一个参数要传"post"，比如：

```
xhr.open("post", "example.php", true);
```

接下来就是要给 send() 方法传入要发送的数据。因为 XHR 最初主要设计用于发送 XML，所以可以传入序列化之后的 XML DOM 文档作为请求体。当然，也可以传入任意字符串。

默认情况下，对服务器而言，POST 请求与提交表单是不一样的。服务器逻辑需要读取原始 POST 数据才能取得浏览器发送的数据。不过，可以使用 XHR 模拟表单提交。为此，第一步需要把 Content-Type 头部设置为"application/x-www-formurlencoded"，这是提交表单时使用的内容类型。第二步是创建对应格式的字符串。POST 数据此时使用与查询字符串相同的格式。如果网页中确实有一个表单需要序列化并通过 XHR 发送到服务器，则可以使用第 14 章的 serialize() 函数来创建相应的字符串，如下所示：

```
function submitData() {
  let xhr = new XMLHttpRequest();
  xhr.onreadystatechange = function() {
    if (xhr.readyState == 4) {
      if ((xhr.status >= 200 && xhr.status < 300) || xhr.status == 304) {
        alert(xhr.responseText);
      } else {
        alert("Request was unsuccessful: " + xhr.status);
      }
    }
  };

  xhr.open("post", "postexample.php", true);
  xhr.setRequestHeader("Content-Type", "application/x-www-form-urlencoded");
  let form = document.getElementById("user-info");
  xhr.send(serialize(form));
}
```

在这个函数中，来自 ID 为"user-info"的表单中的数据被序列化之后发送给了服务器。PHP 文件
postexample.php 随后可以通过$_POST 取得 POST 的数据。比如：

```
<?php
  header("Content-Type: text/plain");
  echo <<<EOF
Name: {$_POST['user-name']}
Email: {$_POST['user-email']}
EOF;
?>
```

假如没有发送 Content-Type 头部，PHP 的全局$_POST 变量中就不会包含数据，而需要通过
$HTTP_RAW_POST_DATA 来获取。

> 注意　POST 请求相比 GET 请求要占用更多资源。从性能方面说，发送相同数量的数据，
> GET 请求比 POST 请求要快两倍。

24.1.5　XMLHttpRequest Level 2

XHR 对象作为事实标准的迅速流行，也促使 W3C 为规范这一行为而制定了正式标准。
XMLHttpRequest Level 1 只是把已经存在的 XHR 对象的实现细节明确了一下。XMLHttpRequest Level 2
又进一步发展了 XHR 对象。并非所有浏览器都实现了 XMLHttpRequest Level 2 的所有部分，但所有浏
览器都实现了其中部分功能。

1. FormData 类型

现代 Web 应用程序中经常需要对表单数据进行序列化，因此 XMLHttpRequest Level 2 新增了
FormData 类型。FormData 类型便于表单序列化，也便于创建与表单类似格式的数据然后通过 XHR
发送。下面的代码创建了一个 FormData 对象，并填充了一些数据：

```
let data = new FormData();
data.append("name", "Nicholas");
```

append()方法接收两个参数：键和值，相当于表单字段名称和该字段的值。可以像这样添加任意
多个键/值对数据。此外，通过直接给 FormData 构造函数传入一个表单元素，也可以将表单中的数据

作为键/值对填充进去：

```
let data = new FormData(document.forms[0]);
```

有了 FormData 实例，可以像下面这样直接传给 XHR 对象的 send() 方法：

```
let xhr = new XMLHttpRequest();
xhr.onreadystatechange = function() {
  if (xhr.readyState == 4) {
    if ((xhr.status >= 200 && xhr.status < 300) || xhr.status == 304) {
      alert(xhr.responseText);
    } else {
      alert("Request was unsuccessful: " + xhr.status);
    }
  }
};
xhr.open("post", "postexample.php", true);
let form = document.getElementById("user-info");
xhr.send(new FormData(form));
```

使用 FormData 的另一个方便之处是不再需要给 XHR 对象显式设置任何请求头部了。XHR 对象能够识别作为 FormData 实例传入的数据类型并自动配置相应的头部。

2. 超时

IE8 给 XHR 对象增加了一个 timeout 属性，用于表示发送请求后等待多少毫秒，如果响应不成功就中断请求。之后所有浏览器都在自己的 XHR 实现中增加了这个属性。在给 timeout 属性设置了一个时间且在该时间过后没有收到响应时，XHR 对象就会触发 timeout 事件，调用 ontimeout 事件处理程序。这个特性后来也被添加到了 XMLHttpRequest Level 2 规范。下面看一个例子：

```
let xhr = new XMLHttpRequest();
xhr.onreadystatechange = function() {
  if (xhr.readyState == 4) {
    try {
      if ((xhr.status >= 200 && xhr.status < 300) || xhr.status == 304) {
        alert(xhr.responseText);
      } else {
        alert("Request was unsuccessful: " + xhr.status);
      }
    } catch (ex) {
      // 假设由 ontimeout 处理
    }
  }
};

xhr.open("get", "timeout.php", true);
xhr.timeout = 1000; // 设置 1 秒超时
xhr.ontimeout = function() {
  alert("Request did not return in a second.");
};
xhr.send(null);
```

这个例子演示了使用 timeout 设置超时。给 timeout 设置 1000 毫秒意味着，如果请求没有在 1 秒钟内返回则会中断。此时则会触发 ontimeout 事件处理程序，readyState 仍然会变成 4，因此也会调用 onreadystatechange 事件处理程序。不过，如果在超时之后访问 status 属性则会发生错误。为做好防护，可以把检查 status 属性的代码封装在 try/catch 语句中。

24

3. overrideMimeType() 方法

Firefox 首先引入了 overrideMimeType() 方法用于重写 XHR 响应的 MIME 类型。这个特性后来也被添加到了 XMLHttpRequest Level 2。因为响应返回的 MIME 类型决定了 XHR 对象如何处理响应，所以如果有办法覆盖服务器返回的类型，那么是有帮助的。

假设服务器实际发送了 XML 数据，但响应头设置的 MIME 类型是 text/plain。结果就会导致虽然数据是 XML，但 responseXML 属性值是 null。此时调用 overrideMimeType() 可以保证将响应当成 XML 而不是纯文本来处理：

```
let xhr = new XMLHttpRequest();
xhr.open("get", "text.php", true);
xhr.overrideMimeType("text/xml");
xhr.send(null);
```

这个例子强制让 XHR 把响应当成 XML 而不是纯文本来处理。为了正确覆盖响应的 MIME 类型，必须在调用 send() 之前调用 overrideMimeType()。

24.2　进度事件

Progress Events 是 W3C 的工作草案，定义了客户端–服务器端通信。这些事件最初只针对 XHR，现在也推广到了其他类似的 API。有以下 6 个进度相关的事件。

❑ loadstart：在接收到响应的第一个字节时触发。

❑ progress：在接收响应期间反复触发。

❑ error：在请求出错时触发。

❑ abort：在调用 abort() 终止连接时触发。

❑ load：在成功接收完响应时触发。

❑ loadend：在通信完成时，且在 error、abort 或 load 之后触发。

每次请求都会首先触发 loadstart 事件，之后是一个或多个 progress 事件，接着是 error、abort 或 load 中的一个，最后以 loadend 事件结束。

这些事件大部分都很好理解，但其中有两个需要说明一下。

24.2.1　load 事件

Firefox 最初在实现 XHR 的时候，曾致力于简化交互模式。最终，增加了一个 load 事件用于替代 readystatechange 事件。load 事件在响应接收完成后立即触发，这样就不用检查 readyState 属性了。onload 事件处理程序会收到一个 event 对象，其 target 属性设置为 XHR 实例，在这个实例上可以访问所有 XHR 对象属性和方法。不过，并不是所有浏览器都实现了这个事件的 event 对象。考虑到跨浏览器兼容，还是需要像下面这样使用 XHR 对象变量：

```
let xhr = new XMLHttpRequest();
xhr.onload = function() {
  if ((xhr.status >= 200 && xhr.status < 300) || xhr.status == 304) {
    alert(xhr.responseText);
  } else {
    alert("Request was unsuccessful: " + xhr.status);
  }
};
xhr.open("get", "altevents.php", true);
xhr.send(null);
```

只要是从服务器收到响应，无论状态码是什么，都会触发 `load` 事件。这意味着还需要检查 `status` 属性才能确定数据是否有效。Firefox、Opera、Chrome 和 Safari 都支持 `load` 事件。

24.2.2　progress 事件

Mozilla 在 XHR 对象上另一个创新是 `progress` 事件，在浏览器接收数据期间，这个事件会反复触发。每次触发时，`onprogress` 事件处理程序都会收到 `event` 对象，其 `target` 属性是 XHR 对象，且包含 3 个额外属性：`lengthComputable`、`position` 和 `totalSize`。其中，`lengthComputable` 是一个布尔值，表示进度信息是否可用；`position` 是接收到的字节数；`totalSize` 是响应的 `Content-Length` 头部定义的总字节数。有了这些信息，就可以给用户提供进度条了。以下代码演示了如何向用户展示进度：

```
let xhr = new XMLHttpRequest();
xhr.onload = function(event) {
  if ((xhr.status >= 200 && xhr.status < 300) ||
      xhr.status == 304) {
    alert(xhr.responseText);
  } else {
    alert("Request was unsuccessful: " + xhr.status);
  }
};
xhr.onprogress = function(event) {
  let divStatus = document.getElementById("status");
  if (event.lengthComputable) {
    divStatus.innerHTML = "Received " + event.position + " of " +
      event.totalSize +
" bytes";
  }
};

xhr.open("get", "altevents.php", true);
xhr.send(null);
```

为了保证正确执行，必须在调用 `open()` 之前添加 `onprogress` 事件处理程序。在前面的例子中，每次触发 `progress` 事件都会更新 HTML 元素中的信息。假设响应有 `Content-Length` 头部，就可以利用这些信息计算出已经收到响应的百分比。

24.3　跨源资源共享

通过 XHR 进行 Ajax 通信的一个主要限制是跨源安全策略。默认情况下，XHR 只能访问与发起请求的页面在同一个域内的资源。这个安全限制可以防止某些恶意行为。不过，浏览器也需要支持合法跨源访问的能力。

跨源资源共享（CORS，Cross-Origin Resource Sharing）定义了浏览器与服务器如何实现跨源通信。CORS 背后的基本思路就是使用自定义的 HTTP 头部允许浏览器和服务器相互了解，以确实请求或响应应该成功还是失败。

对于简单的请求，比如 GET 或 POST 请求，没有自定义头部，而且请求体是 `text/plain` 类型，这样的请求在发送时会有一个额外的头部叫 Origin。Origin 头部包含发送请求的页面的源（协议、域名和端口），以便服务器确定是否为其提供响应。下面是 Origin 头部的一个示例：

```
Origin: http://www.nczonline.net
```

如果服务器决定响应请求，那么应该发送 `Access-Control-Allow-Origin` 头部，包含相同的源；或者如果资源是公开的，那么就包含`"*"`。比如：

```
Access-Control-Allow-Origin: http://www.nczonline.net
```

如果没有这个头部，或者有但源不匹配，则表明不会响应浏览器请求。否则，服务器就会处理这个请求。注意，无论请求还是响应都不会包含 cookie 信息。

现代浏览器通过 `XMLHttpRequest` 对象原生支持 CORS。在尝试访问不同源的资源时，这个行为会被自动触发。要向不同域的源发送请求，可以使用标准 XHR 对象并给 `open()` 方法传入一个绝对 URL，比如：

```
let xhr = new XMLHttpRequest();
xhr.onreadystatechange = function() {
  if (xhr.readyState == 4) {
    if ((xhr.status >= 200 && xhr.status < 300) || xhr.status == 304) {
      alert(xhr.responseText);
    } else {
      alert("Request was unsuccessful: " + xhr.status);
    }
  }
};
xhr.open("get", "http://www.somewhere-else.com/page/", true);
xhr.send(null);
```

跨域 XHR 对象允许访问 `status` 和 `statusText` 属性，也允许同步请求。出于安全考虑，跨域 XHR 对象也施加了一些额外限制。

❑ 不能使用 `setRequestHeader()` 设置自定义头部。

❑ 不能发送和接收 cookie。

❑ `getAllResponseHeaders()` 方法始终返回空字符串。

因为无论同域还是跨域请求都使用同一个接口，所以最好在访问本地资源时使用相对 URL，在访问远程资源时使用绝对 URL。这样可以更明确地区分使用场景，同时避免出现访问本地资源时出现头部或 cookie 信息访问受限的问题。

24.3.1　预检请求

CORS 通过一种叫预检请求（preflighted request）的服务器验证机制，允许使用自定义头部、除 GET 和 POST 之外的方法，以及不同请求体内容类型。在要发送涉及上述某种高级选项的请求时，会先向服务器发送一个"预检"请求。这个请求使用 OPTIONS 方法发送并包含以下头部。

❑ `Origin`：与简单请求相同。

❑ `Access-Control-Request-Method`：请求希望使用的方法。

❑ `Access-Control-Request-Headers`：（可选）要使用的逗号分隔的自定义头部列表。

下面是一个假设的 POST 请求，包含自定义的 `NCZ` 头部：

```
Origin: http://www.nczonline.net
Access-Control-Request-Method: POST
Access-Control-Request-Headers: NCZ
```

在这个请求发送后，服务器可以确定是否允许这种类型的请求。服务器会通过在响应中发送如下头部与浏览器沟通这些信息。

- ❑ Access-Control-Allow-Origin：与简单请求相同。
- ❑ Access-Control-Allow-Methods：允许的方法（逗号分隔的列表）。
- ❑ Access-Control-Allow-Headers：服务器允许的头部（逗号分隔的列表）。
- ❑ Access-Control-Max-Age：缓存预检请求的秒数。

例如：

```
Access-Control-Allow-Origin: http://www.nczonline.net
Access-Control-Allow-Methods: POST, GET
Access-Control-Allow-Headers: NCZ
Access-Control-Max-Age: 1728000
```

预检请求返回后，结果会按响应指定的时间缓存一段时间。换句话说，只有第一次发送这种类型的请求时才会多发送一次额外的 HTTP 请求。

24.3.2　凭据请求

默认情况下，跨源请求不提供凭据（cookie、HTTP 认证和客户端 SSL 证书）。可以通过将 withCredentials 属性设置为 true 来表明请求会发送凭据。如果服务器允许带凭据的请求，那么可以在响应中包含如下 HTTP 头部：

```
Access-Control-Allow-Credentials: true
```

如果发送了凭据请求而服务器返回的响应中没有这个头部，则浏览器不会把响应交给 JavaScript（responseText 是空字符串，status 是 0，onerror() 被调用）。注意，服务器也可以在预检请求的响应中发送这个 HTTP 头部，以表明这个源允许发送凭据请求。

24.4　替代性跨源技术

CORS 出现之前，实现跨源 Ajax 通信是有点麻烦的。开发者需要依赖能够执行跨源请求的 DOM 特性，在不使用 XHR 对象情况下发送某种类型的请求。虽然 CORS 目前已经得到广泛支持，但这些技术仍然没有过时，因为它们不需要修改服务器。

24.4.1　图片探测

图片探测是利用 `<img>` 标签实现跨域通信的最早的一种技术。任何页面都可以跨域加载图片而不必担心限制，因此这也是在线广告跟踪的主要方式。可以动态创建图片，然后通过它们的 onload 和 onerror 事件处理程序得知何时收到响应。

这种动态创建图片的技术经常用于**图片探测**（image pings）。图片探测是与服务器之间简单、跨域、单向的通信。数据通过查询字符串发送，响应可以随意设置，不过一般是位图图片或值为 204 的状态码。浏览器通过图片探测拿不到任何数据，但可以通过监听 onload 和 onerror 事件知道什么时候能接收到响应。下面看一个例子：

```
let img = new Image();
img.onload = img.onerror = function() {
  alert("Done!");
};
img.src = "http://www.example.com/test?name=Nicholas";
```

　　这个例子创建了一个新的 Image 实例，然后为它的 onload 和 onerror 事件处理程序添加了同一个函数。这样可以确保请求完成时无论什么响应都会收到通知。设置完 src 属性之后请求就开始了，这个例子向服务器发送了一个 name 值。

　　图片探测频繁用于跟踪用户在页面上的点击操作或动态显示广告。当然，图片探测的缺点是只能发送 GET 请求和无法获取服务器响应的内容。这也是只能利用图片探测实现浏览器与服务器单向通信的原因。

24.4.2　JSONP

　　JSONP 是 "JSON with padding" 的简写，是在 Web 服务上流行的一种 JSON 变体。JSONP 看起来跟 JSON 一样，只是会被包在一个函数调用里，比如：

```
callback({ "name": "Nicholas" });
```

　　JSONP 格式包含两个部分：回调和数据。回调是在页面接收到响应之后应该调用的函数，通常回调函数的名称是通过请求来动态指定的。而数据就是作为参数传给回调函数的 JSON 数据。下面是一个典型的 JSONP 请求：

```
http://freegeoip.net/json/?callback=handleResponse
```

　　这个 JSONP 请求的 URL 是一个地理位置服务。JSONP 服务通常支持以查询字符串形式指定回调函数的名称。比如这个例子就把回调函数的名字指定为 handleResponse()。

　　JSONP 调用是通过动态创建<script>元素并为 src 属性指定跨域 URL 实现的。此时的<script>与<img>元素类似，能够不受限制地从其他域加载资源。因为 JSONP 是有效的 JavaScript，所以 JSONP 响应在被加载完成之后会立即执行。比如下面这个例子：

```
function handleResponse(response) {
  console.log(`
      You're at IP address ${response.ip}, which is in
      ${response.city}, ${response.region_name}`);
}
let script = document.createElement("script");
script.src = "http://freegeoip.net/json/?callback=handleResponse";
document.body.insertBefore(script, document.body.firstChild);
```

　　这个例子会显示从地理位置服务获取的 IP 地址及位置信息。

　　JSONP 由于其简单易用，在开发者中非常流行。相比于图片探测，使用 JSONP 可以直接访问响应，实现浏览器与服务器的双向通信。不过 JSONP 也有一些缺点。

　　首先，JSONP 是从不同的域拉取可执行代码。如果这个域并不可信，则可能在响应中加入恶意内容。此时除了完全删除 JSONP 没有其他办法。在使用不受控的 Web 服务时，一定要保证是可以信任的。

　　第二个缺点是不好确定 JSONP 请求是否失败。虽然 HTML5 规定了<script>元素的 onerror 事件处理程序，但还没有被任何浏览器实现。为此，开发者经常使用计时器来决定是否放弃等待响应。这种方式并不准确，毕竟不同用户的网络连接速度和带宽是不一样的。

24.5　Fetch API

　　Fetch API 能够执行 XMLHttpRequest 对象的所有任务，但更容易使用，接口也更现代化，能够在 Web 工作线程等现代 Web 工具中使用。XMLHttpRequest 可以选择异步，而 Fetch API 则必须是异步。

Fetch API 是 WHATWG 的一个"活标准"（living standard），用规范原文说，就是"Fetch 标准定义请求、响应，以及绑定二者的流程：获取（fetch）"。

Fetch API 本身是使用 JavaScript 请求资源的优秀工具，同时这个 API 也能够应用在服务线程（service worker）中，提供拦截、重定向和修改通过 `fetch()` 生成的请求接口。

24.5.1 基本用法

`fetch()` 方法是暴露在全局作用域中的，包括主页面执行线程、模块和工作线程。调用这个方法，浏览器就会向给定 URL 发送请求。

1. 分派请求

`fetch()` 只有一个必需的参数 `input`。多数情况下，这个参数是要获取资源的 URL。这个方法返回一个期约：

```
let r = fetch('/bar');
console.log(r); // Promise <pending>
```

URL 的格式（相对路径、绝对路径等）的解释与 XHR 对象一样。

请求完成、资源可用时，期约会解决为一个 Response 对象。这个对象是 API 的封装，可以通过它取得相应资源。获取资源要使用这个对象的属性和方法，掌握响应的情况并将负载转换为有用的形式，如下所示：

```
fetch('bar.txt')
  .then((response) => {
    console.log(response);
  });

// Response { type: "basic", url: ... }
```

2. 读取响应

读取响应内容的最简单方式是取得纯文本格式的内容，这要用到 `text()` 方法。这个方法返回一个期约，会解决为取得资源的完整内容：

```
fetch('bar.txt')
  .then((response) => {
    response.text().then((data) => {
      console.log(data);
    });
  });

// bar.txt 的内容
```

内容的结构通常是打平的：

```
fetch('bar.txt')
  .then((response) => response.text())
  .then((data) => console.log(data));

// bar.txt 的内容
```

3. 处理状态码和请求失败

Fetch API 支持通过 Response 的 status（状态码）和 statusText（状态文本）属性检查响应状态。成功获取响应的请求通常会产生值为 200 的状态码，如下所示：

```
fetch('/bar')
  .then((response) => {
    console.log(response.status);      // 200
    console.log(response.statusText); // OK
  });
```

请求不存在的资源通常会产生值为 404 的状态码：

```
fetch('/does-not-exist')
  .then((response) => {
    console.log(response.status);      // 404
    console.log(response.statusText); // Not Found
  });
```

请求的 URL 如果抛出服务器错误会产生值为 500 的状态码：

```
fetch('/throw-server-error')
  .then((response) => {
    console.log(response.status);      // 500
    console.log(response.statusText); // Internal Server Error
  });
```

可以显式地设置 fetch() 在遇到重定向时的行为（本章后面会介绍），不过默认行为是跟随重定向并返回状态码不是 300~399 的响应。跟随重定向时，响应对象的 redirected 属性会被设置为 true，而状态码仍然是 200：

```
fetch('/permanent-redirect')
  .then((response) => {
    // 默认行为是跟随重定向直到最终 URL
    // 这个例子会出现至少两轮网络请求
    // <origin url>/permanent-redirect -> <redirect url>
    console.log(response.status);      // 200
    console.log(response.statusText); // OK
    console.log(response.redirected); // true
  });
```

在前面这几个例子中，虽然请求可能失败（如状态码为 500），但都只执行了期约的**解决**处理函数。事实上，只要服务器返回了响应，fetch() 期约都会解决。这个行为是合理的：系统级网络协议已经成功完成消息的一次往返传输。至于真正的"成功"请求，则需要在处理响应时再定义。

通常状态码为 200 时就会被认为成功了，其他情况可以被认为未成功。为区分这两种情况，可以在状态码非 200~299 时检查 Response 对象的 ok 属性：

```
fetch('/bar')
  .then((response) => {
    console.log(response.status); // 200
    console.log(response.ok);     // true
  });
fetch('/does-not-exist')
  .then((response) => {
    console.log(response.status); // 404
    console.log(response.ok);     // false
  });
```

因为服务器没有响应而导致浏览器超时，这样真正的 fetch() 失败会导致期约被拒绝：

```
fetch('/hangs-forever')
  .then((response) => {
    console.log(response);
  }, (err) => {
```

```
      console.log(err);
    });
```

```
// （浏览器超时后）
// TypeError: "NetworkError when attempting to fetch resource."
```

违反 CORS、无网络连接、HTTPS 错配及其他浏览器/网络策略问题都会导致期约被拒绝。

可以通过 url 属性检查通过 fetch() 发送请求时使用的完整 URL：

```
// foo.com/bar/baz 发送的请求
console.log(window.location.href); // https://foo.com/bar/baz

fetch('qux').then((response) => console.log(response.url));
// https://foo.com/bar/qux

fetch('/qux').then((response) => console.log(response.url));
// https://foo.com/qux

fetch('//qux.com').then((response) => console.log(response.url));
// https://qux.com

fetch('https://qux.com').then((response) => console.log(response.url));
// https://qux.com
```

4. 自定义选项

只使用 URL 时，fetch() 会发送 GET 请求，只包含最低限度的请求头。要进一步配置如何发送请求，需要传入可选的第二个参数 init 对象。init 对象要按照下表中的键/值进行填充。

键	值
body	指定使用请求体时请求体的内容
	必须是 Blob、BufferSource、FormData、URLSearchParams、ReadableStream 或 String 的实例
cache	用于控制浏览器与 HTTP 缓存的交互。要跟踪缓存的重定向，请求的 redirect 属性值必须是"follow"，而且必须符合同源策略限制。必须是下列值之一
	Default
	❏ fetch() 返回命中的有效缓存。不发送请求
	❏ 命中无效（stale）缓存会发送条件式请求。如果响应已经改变，则更新缓存的值。然后 fetch() 返回缓存的值
	❏ 未命中缓存会发送请求，并缓存响应。然后 fetch() 返回响应
	no-store
	❏ 浏览器不检查缓存，直接发送请求
	❏ 不缓存响应，直接通过 fetch() 返回
	reload
	❏ 浏览器不检查缓存，直接发送请求
	❏ 缓存响应，再通过 fetch() 返回
	no-cache
	❏ 无论命中有效缓存还是无效缓存都会发送条件式请求。如果响应已经改变，则更新缓存的值。然后 fetch() 返回缓存的值
	❏ 未命中缓存会发送请求，并缓存响应。然后 fetch() 返回响应

24

（续）

键	值

	`force-cache`
	❑ 无论命中有效缓存还是无效缓存都通过 `fetch()` 返回。不发送请求
	❑ 未命中缓存会发送请求，并缓存响应。然后 `fetch()` 返回响应
	`only-if-cached`
	❑ 只在请求模式为 `same-origin` 时使用缓存
	❑ 无论命中有效缓存还是无效缓存都通过 `fetch()` 返回。不发送请求
	❑ 未命中缓存返回状态码为 504（网关超时）的响应
	默认为 `default`

`credentials`	用于指定在外发请求中如何包含 cookie。与 `XMLHttpRequest` 的 `withCredentials` 标签类似 必须是下列字符串值之一 ❑ `omit`：不发送 cookie ❑ `same-origin`：只在请求 URL 与发送 `fetch()` 请求的页面同源时发送 cookie ❑ `include`：无论同源还是跨源都包含 cookie 在支持 Credential Management API 的浏览器中，也可以是一个 `FederatedCredential` 或 `PasswordCredential` 的实例 默认为 `same-origin`
`headers`	用于指定请求头部 必须是 `Headers` 对象实例或包含字符串格式键/值对的常规对象 默认值为不包含键/值对的 `Headers` 对象。这不意味着请求不包含任何头部，浏览器仍然会随请求发送一些头部。虽然这些头部对 JavaScript 不可见，但浏览器的网络检查器可以观察到
`integrity`	用于强制子资源完整性 必须是包含子资源完整性标识符的字符串 默认为空字符串
`keepalive`	用于指示浏览器允许请求存在时间超出页面生命周期。适合报告事件或分析，比如页面在 `fetch()` 请求后很快卸载。设置 `keepalive` 标志的 `fetch()` 请求可用于替代 `Navigator.sendBeacon()` 必须是布尔值 默认为 `false`
`method`	用于指定 HTTP 请求方法 基本上就是如下字符串值： ❑ `GET` ❑ `POST` ❑ `PUT` ❑ `PATCH` ❑ `DELETE` ❑ `HEAD` ❑ `OPTIONS` ❑ `CONNECT` ❑ `TARCE` 默认为 `GET`

（续）

键	值
mode	用于指定请求模式。这个模式决定来自跨源请求的响应是否有效，以及客户端可以读取多少响应。违反这里指定模式的请求会抛出错误 必须是下列字符串值之一 ❑ cors：允许遵守 CORS 协议的跨源请求。响应是 "CORS 过滤的响应"，意思是响应中可以访问的浏览器头部是经过浏览器强制白名单过滤的 ❑ no-cors：允许不需要发送预检请求的跨源请求（HEAD、GET 和只带有满足 CORS 请求头部的 POST）。响应类型是 opaque，意思是不能读取响应内容 ❑ same-origin：任何跨源请求都不允许发送 ❑ navigate：用于支持 HTML 导航，只在文档间导航时使用。基本用不到 在通过构造函数手动创建 Request 实例时，默认为 cors；否则，默认为 no-cors
redirect	用于指定如何处理重定向响应（状态码为 301、302、303、307 或 308） 必须是下列字符串值之一 ❑ follow：跟踪重定向请求，以最终非重定向 URL 的响应作为最终响应 ❑ error：重定向请求会抛出错误 ❑ manual：不跟踪重定向请求，而是返回 opaqueredirect 类型的响应，同时仍然暴露期望的重定向 URL。允许以手动方式跟踪重定向 默认为 follow
referrer	用于指定 HTTP 的 Referer 头部的内容 必须是下列字符串值之一 ❑ no-referrer：以 no-referrer 作为值 ❑ client/about:client：以当前 URL 或 no-referrer（取决于来源策略 referrerPolicy）作为值 ❑ <URL>：以伪造 URL 作为值。伪造 URL 的源必须与执行脚本的源匹配 默认为 client/about:client
referrerPolicy	用于指定 HTTP 的 Referer 头部 必须是下列字符串值之一 no-referrer ❑ 请求中不包含 Referer 头部 no-referrer-when-downgrade ❑ 对于从安全 HTTPS 上下文发送到 HTTP URL 的请求，不包含 Referer 头部 ❑ 对于所有其他请求，将 Referer 设置为完整 URL origin ❑ 对于所有请求，将 Referer 设置为只包含源 same-origin ❑ 对于跨源请求，不包含 Referer 头部 ❑ 对于同源请求，将 Referer 设置为完整 URL

24

（续）

键	值
	`strict-origin`
	❑ 对于从安全 HTTPS 上下文发送到 HTTP URL 的请求，不包含 `Referer` 头部
	❑ 对于所有其他请求，将 `Referer` 设置为只包含源
	`origin-when-cross-origin`
	❑ 对于跨源请求，将 `Referer` 设置为只包含源
	❑ 对于同源请求，将 `Referer` 设置为完整 URL
	`strict-origin-when-cross-origin`
	❑ 对于从安全 HTTPS 上下文发送到 HTTP URL 的请求，不包含 `Referer` 头部
	❑ 对于所有其他跨源请求，将 `Referer` 设置为只包含源
	❑ 对于同源请求，将 `Referer` 设置为完整 URL
	`unsafe-url`
	❑ 对于所有请求，将 `Referer` 设置为完整 URL
	默认为 `no-referrer-when-downgrade`
`signal`	用于支持通过 `AbortController` 中断进行中的 `fetch()` 请求
	必须是 `AbortSignal` 的实例
	默认为未关联控制器的 `AbortSignal` 实例

24.5.2　常见 Fetch 请求模式

与 `XMLHttpRequest` 一样，`fetch()` 既可以发送数据也可以接收数据。使用 `init` 对象参数，可以配置 `fetch()` 在请求体中发送各种序列化的数据。

1. 发送 JSON 数据

可以像下面这样发送简单 JSON 字符串：

```
let payload = JSON.stringify({
  foo: 'bar'
});

let jsonHeaders = new Headers({
  'Content-Type': 'application/json'
});

fetch('/send-me-json', {
  method: 'POST',    // 发送请求体时必须使用一种 HTTP 方法
  body: payload,
  headers: jsonHeaders
});
```

2. 在请求体中发送参数

因为请求体支持任意字符串值，所以可以通过它发送请求参数：

```
let payload = 'foo=bar&baz=qux';

let paramHeaders = new Headers({
  'Content-Type': 'application/x-www-form-urlencoded; charset=UTF-8'
});
```

```
fetch('/send-me-params', {
  method: 'POST',     // 发送请求体时必须使用一种 HTTP 方法
  body: payload,
  headers: paramHeaders
});
```

3. 发送文件

因为请求体支持 FormData 实现，所以 fetch() 也可以序列化并发送文件字段中的文件：

```
let imageFormData = new FormData();
let imageInput = document.querySelector("input[type='file']");

imageFormData.append('image', imageInput.files[0]);

fetch('/img-upload', {
  method: 'POST',
  body: imageFormData
});
```

这个 fetch() 实现可以支持多个文件：

```
let imageFormData = new FormData();
let imageInput = document.querySelector("input[type='file'][multiple]");

for (let i = 0; i < imageInput.files.length; ++i) {
  imageFormData.append('image', imageInput.files[i]);
}

fetch('/img-upload', {
  method: 'POST',
  body: imageFormData
});
```

4. 加载 Blob 文件

Fetch API 也能提供 Blob 类型的响应，而 Blob 又可以兼容多种浏览器 API。一种常见的做法是明确将图片文件加载到内存，然后将其添加到 HTML 图片元素。为此，可以使用响应对象上暴露的 blob() 方法。这个方法返回一个期约，解决为一个 Blob 的实例。然后，可以将这个实例传给 URL.createObjectUrl() 以生成可以添加给图片元素 src 属性的值：

```
const imageElement = document.querySelector('img');

fetch('my-image.png')
  .then((response) => response.blob())
  .then((blob) => {
    imageElement.src = URL.createObjectURL(blob);
  });
```

5. 发送跨源请求

从不同的源请求资源，响应要包含 CORS 头部才能保证浏览器收到响应。没有这些头部，跨源请求会失败并抛出错误。

```
fetch('//cross-origin.com');
// TypeError: Failed to fetch
// No 'Access-Control-Allow-Origin' header is present on the requested resource.
```

如果代码不需要访问响应，也可以发送 no-cors 请求。此时响应的 type 属性值为 opaque，因此

无法读取响应内容。这种方式适合发送探测请求或者将响应缓存起来供以后使用。

```
fetch('//cross-origin.com', { method: 'no-cors' })
  .then((response) => console.log(response.type));

// opaque
```

6. 中断请求

Fetch API 支持通过 `AbortController/AbortSignal` 对中断请求。调用 `AbortController.abort()` 会中断所有网络传输，特别适合希望停止传输大型负载的情况。中断进行中的 `fetch()` 请求会导致包含错误的拒绝。

```
let abortController = new AbortController();

fetch('wikipedia.zip', { signal: abortController.signal })
  .catch(() => console.log('aborted!'));

// 10 毫秒后中断请求
setTimeout(() => abortController.abort(), 10);

// 已经中断
```

24.5.3 `Headers` 对象

`Headers` 对象是所有外发请求和入站响应头部的容器。每个外发的 `Request` 实例都包含一个空的 `Headers` 实例，可以通过 `Request.prototype.headers` 访问，每个入站 `Response` 实例也可以通过 `Response.prototype.headers` 访问包含着响应头部的 `Headers` 对象。这两个属性都是可修改属性。另外，使用 `new Headers()` 也可以创建一个新实例。

1. `Headers` 与 `Map` 的相似之处

`Headers` 对象与 `Map` 对象极为相似。这是合理的，因为 HTTP 头部本质上是序列化后的键/值对，它们的 JavaScript 表示则是中间接口。`Headers` 与 `Map` 类型都有 `get()`、`set()`、`has()` 和 `delete()` 等实例方法，如下面的代码所示：

```
let h = new Headers();
let m = new Map();

// 设置键
h.set('foo', 'bar');
m.set('foo', 'bar');

// 检查键
console.log(h.has('foo')); // true
console.log(m.has('foo')); // true
console.log(h.has('qux')); // false
console.log(m.has('qux')); // false

// 获取值
console.log(h.get('foo')); // bar
console.log(m.get('foo')); // bar

// 更新值
h.set('foo', 'baz');
m.set('foo', 'baz');
```

```
// 取得更新的值
console.log(h.get('foo')); // baz
console.log(m.get('foo')); // baz

// 删除值
h.delete('foo');
m.delete('foo');

// 确定值已经删除
console.log(h.get('foo')); // undefined
console.log(m.get('foo')); // undefined
```

Headers 和 Map 都可以使用一个可迭代对象来初始化，比如：

```
let seed = [['foo', 'bar']];

let h = new Headers(seed);
let m = new Map(seed);

console.log(h.get('foo')); // bar
console.log(m.get('foo')); // bar
```

而且，它们也都有相同的 keys()、values()和 entries()迭代器接口：

```
let seed = [['foo', 'bar'], ['baz', 'qux']];

let h = new Headers(seed);
let m = new Map(seed);

console.log(...h.keys());    // foo, baz
console.log(...m.keys());    // foo, baz

console.log(...h.values());  // bar, qux
console.log(...m.values());  // bar, qux

console.log(...h.entries()); // ['foo', 'bar'], ['baz', 'qux']
console.log(...m.entries()); // ['foo', 'bar'], ['baz', 'qux']
```

2. Headers 独有的特性

Headers 并不是与 Map 处处都一样。在初始化 Headers 对象时，也可以使用键/值对形式的对象，而 Map 则不可以：

```
let seed = {foo: 'bar'};

let h = new Headers(seed);
console.log(h.get('foo')); // bar

let m = new Map(seed);
// TypeError: object is not iterable
```

一个 HTTP 头部字段可以有多个值，而 Headers 对象通过 append()方法支持添加多个值。在 Headers 实例中还不存在的头部上调用 append()方法相当于调用 set()。后续调用会以逗号为分隔符拼接多个值：

```
let h = new Headers();

h.append('foo', 'bar');
console.log(h.get('foo')); // "bar"
```

```
h.append('foo', 'baz');
console.log(h.get('foo')); // "bar, baz"
```

3. 头部护卫

某些情况下，并非所有 HTTP 头部都可以被客户端修改，而 Headers 对象使用护卫来防止不被允许的修改。不同的护卫设置会改变 set()、append() 和 delete() 的行为。违反护卫限制会抛出 TypeError。

Headers 实例会因来源不同而展现不同的行为，它们的行为由护卫来控制。JavaScript 可以决定 Headers 实例的护卫设置。下表列出了不同的护卫设置和每种设置对应的行为。

护　　卫	适用情形	限　　制
none	在通过构造函数创建 Headers 实例时激活	无
request	在通过构造函数初始化 Request 对象，且 mode 值为非 no-cors 时激活	不允许修改禁止修改的头部（参见 MDN 文档中的 forbidden header name 词条）
request-no-cors	在通过构造函数初始化 Request 对象，且 mode 值为 no-cors 时激活	不允许修改非简单头部（参见 MDN 文档中的 simple header 词条）
response	在通过构造函数初始化 Response 对象时激活	不允许修改禁止修改的响应头部（参见 MDN 文档中的 forbidden response header name 词条）
immutable	在通过 error() 或 redirect() 静态方法初始化 Response 对象时激活	不允许修改任何头部

24.5.4　Request 对象

顾名思义，Request 对象是获取资源请求的接口。这个接口暴露了请求的相关信息，也暴露了使用请求体的不同方式。

> **注意**　与请求体相关的属性和方法将在本章 24.5.6 节介绍。

1. 创建 Request 对象

可以通过构造函数初始化 Request 对象。为此需要传入一个 input 参数，一般是 URL：

```
let r = new Request('https://foo.com');
console.log(r);
// Request {...}
```

Request 构造函数也接收第二个参数——一个 init 对象。这个 init 对象与前面介绍的 fetch() 的 init 对象一样。没有在 init 对象中涉及的值则会使用默认值：

```
// 用所有默认值创建 Request 对象
console.log(new Request(''));

// Request {
//   bodyUsed: false
//   cache: "default"
//   credentials: "same-origin"
//   destination: ""
//   headers: Headers {}
```

```
//    integrity: ""
//    keepalive: false
//    method: "GET"
//    mode: "cors"
//    redirect: "follow"
//    referrer: "about:client"
//    referrerPolicy: ""
//    signal: AbortSignal {aborted: false, onabort: null}
//    url: "<current URL>"
// }

// 用指定的初始值创建 Request 对象
console.log(new Request('https://foo.com',
                        { method: 'POST' }));

// Request {
//    bodyUsed: false
//    cache: "default"
//    credentials: "same-origin"
//    destination: ""
//    headers: Headers {}
//    integrity: ""
//    keepalive: false
//    method: "POST"
//    mode: "cors"
//    redirect: "follow"
//    referrer: "about:client"
//    referrerPolicy: ""
//    signal: AbortSignal {aborted: false, onabort: null}
//    url: "https://foo.com/"
// }
```

2. 克隆 Request 对象

Fetch API 提供了两种不太一样的方式用于创建 Request 对象的副本：使用 Request 构造函数和使用 clone() 方法。

将 Request 实例作为 input 参数传给 Request 构造函数，会得到该请求的一个副本：

```
let r1 = new Request('https://foo.com');
let r2 = new Request(r1);

console.log(r2.url); // https://foo.com/
```

如果再传入 init 对象，则 init 对象的值会覆盖源对象中同名的值：

```
let r1 = new Request('https://foo.com');
let r2 = new Request(r1, {method: 'POST'});

console.log(r1.method); // GET
console.log(r2.method); // POST
```

这种克隆方式并不总能得到一模一样的副本。最明显的是，第一个请求的请求体会被标记为"已使用"：

```
let r1 = new Request('https://foo.com',
                     { method: 'POST', body: 'foobar' });
let r2 = new Request(r1);

console.log(r1.bodyUsed); // true
console.log(r2.bodyUsed); // false
```

如果源对象与创建的新对象不同源，则 referrer 属性会被清除。此外，如果源对象的 mode 为 navigate，则会被转换为 same-origin。

第二种克隆 Request 对象的方式是使用 clone()方法，这个方法会创建一模一样的副本，任何值都不会被覆盖。与第一种方式不同，这种方法不会将任何请求的请求体标记为"已使用"：

```
let r1 = new Request('https://foo.com', { method: 'POST', body: 'foobar' });
let r2 = r1.clone();

console.log(r1.url);        // https://foo.com/
console.log(r2.url);        // https://foo.com/

console.log(r1.bodyUsed); // false
console.log(r2.bodyUsed); // false
```

如果请求对象的 bodyUsed 属性为 true（即请求体已被读取），那么上述任何一种方式都不能用来创建这个对象的副本。在请求体被读取之后再克隆会导致抛出 TypeError。

```
let r = new Request('https://foo.com');
r.clone();
new Request(r);
// 没有错误

r.text();   // 设置 bodyUsed 为 true
r.clone();
// TypeError: Failed to execute 'clone' on 'Request': Request body is already used

new Request(r);
// TypeError: Failed to construct 'Request': Cannot construct a Request with a
Request object that has already been used.
```

3. 在 fetch()中使用 Request 对象

fetch()和 Request 构造函数拥有相同的函数签名并不是巧合。在调用 fetch()时，可以传入已经创建好的 Request 实例而不是 URL。与 Request 构造函数一样，传给 fetch()的 init 对象会覆盖传入请求对象的值：

```
let r = new Request('https://foo.com');

// 向 foo.com 发送 GET 请求
fetch(r);

// 向 foo.com 发送 POST 请求
fetch(r, { method: 'POST' });
```

fetch()会在内部克隆传入的 Request 对象。与克隆 Request 一样，fetch()也不能拿请求体已经用过的 Request 对象来发送请求：

```
let r = new Request('https://foo.com',
                    { method: 'POST', body: 'foobar' });

r.text();

fetch(r);
// TypeError: Cannot construct a Request with a Request object that has already
been used.
```

关键在于，通过 `fetch` 使用 Request 会将请求体标记为已使用。也就是说，有请求体的 Request 只能在一次 `fetch` 中使用。（不包含请求体的请求不受此限制。）演示如下：

```
let r = new Request('https://foo.com',
                    { method: 'POST', body: 'foobar' });

fetch(r);

fetch(r);
// TypeError: Cannot construct a Request with a Request object that has already
been used.
```

要想基于包含请求体的相同 Request 对象多次调用 `fetch()`，必须在第一次发送 `fetch()` 请求前调用 `clone()`：

```
let r = new Request('https://foo.com',
                    { method: 'POST', body: 'foobar' });

// 3 个都会成功
fetch(r.clone());
fetch(r.clone());
fetch(r);
```

24.5.5　Response 对象

顾名思义，Response 对象是获取资源响应的接口。这个接口暴露了响应的相关信息，也暴露了使用响应体的不同方式。

> **注意**　与响应体相关的属性和方法将在本章 24.5.6 节介绍。

1. 创建 Response 对象

可以通过构造函数初始化 Response 对象且不需要参数。此时响应实例的属性均为默认值，因为它并不代表实际的 HTTP 响应：

```
let r = new Response();
console.log(r);
// Response {
//   body: (...)
//   bodyUsed: false
//   headers: Headers {}
//   ok: true
//   redirected: false
//   status: 200
//   statusText: "OK"
//   type: "default"
//   url: ""
// }
```

Response 构造函数接收一个可选的 body 参数。这个 body 可以是 null，等同于 `fetch()` 参数 init 中的 body。还可以接收一个可选的 init 对象，这个对象可以包含下表所列的键和值。

键	值
headers	必须是 Headers 对象实例或包含字符串键/值对的常规对象实例
	默认为没有键/值对的 Headers 对象
status	表示 HTTP 响应状态码的整数
	默认为 200
statusText	表示 HTTP 响应状态的字符串
	默认为空字符串

可以像下面这样使用 body 和 init 来构建 Response 对象：

```
let r = new Response('foobar', {
  status: 418,
  statusText: 'I\'m a teapot'
});
console.log(r);

// Response {
//   body: (...)
//   bodyUsed: false
//   headers: Headers {}
//   ok: false
//   redirected: false
//   status: 418
//   statusText: "I'm a teapot"
//   type: "default"
//   url: ""
// }
```

大多数情况下，产生 Response 对象的主要方式是调用 fetch()，它返回一个最后会解决为 Response 对象的期约，这个 Response 对象代表实际的 HTTP 响应。下面的代码展示了这样得到的 Response 对象：

```
fetch('https://foo.com')
  .then((response) => {
    console.log(response);
  });

// Response {
//   body: (...)
//   bodyUsed: false
//   headers: Headers {}
//   ok: true
//   redirected: false
//   status: 200
//   statusText: "OK"
//   type: "basic"
//   url: "https://foo.com/"
// }
```

Response 类还有两个用于生成 Response 对象的静态方法：Response.redirect() 和 Response.error()。前者接收一个 URL 和一个重定向状态码（301、302、303、307 或 308），返回重定向的 Response 对象：

```
console.log(Response.redirect('https://foo.com', 301));
// Response {
//   body: (...)
//   bodyUsed: false
//   headers: Headers {}
//   ok: false
//   redirected: false
//   status: 301
//   statusText: ""
//   type: "default"
//   url: ""
// }
```

提供的状态码必须对应重定向，否则会抛出错误：

```
Response.redirect('https://foo.com', 200);
// RangeError: Failed to execute 'redirect' on 'Response': Invalid status code
```

另一个静态方法 `Response.error()`用于产生表示网络错误的 Response 对象（网络错误会导致 `fetch()`期约被拒绝）。

```
console.log(Response.error());
// Response {
//   body: (...)
//   bodyUsed: false
//   headers: Headers {}
//   ok: false
//   redirected: false
//   status: 0
//   statusText: ""
//   type: "error"
//   url: ""
// }
```

2. 读取响应状态信息

Response 对象包含一组只读属性，描述了请求完成后的状态，如下表所示。

属　　性	值
headers	响应包含的 Headers 对象
ok	布尔值，表示 HTTP 状态码的含义。200~299 的状态码返回 true，其他状态码返回 false
redirected	布尔值，表示响应是否至少经过一次重定向
status	整数，表示响应的 HTTP 状态码
statusText	字符串，包含对 HTTP 状态码的正式描述。这个值派生自可选的 HTTP Reason-Phrase 字段，因此如果服务器以 Reason-Phrase 为由拒绝响应，这个字段可能是空字符串
type	字符串，包含响应类型。可能是下列字符串值之一 ❑ basic：表示标准的同源响应 ❑ cors：表示标准的跨源响应 ❑ error：表示响应对象是通过 Response.error()创建的 ❑ opaque：表示 no-cors 的 fetch()返回的跨源响应 ❑ opaqueredirect：表示对 redirect 设置为 manual 的请求的响应
url	包含响应 URL 的字符串。对于重定向响应，这是最终的 URL，非重定向响应就是它产生的

24

以下代码演示了返回 200、302、404 和 500 状态码的 URL 对应的响应：

```
fetch('///foo.com').then(console.log);
// Response {
//   body: (...)
//   bodyUsed: false
//   headers: Headers {}
//   ok: true
//   redirected: false
//   status: 200
//   statusText: "OK"
//   type: "basic"
//   url: "https://foo.com/"
// }

fetch('///foo.com/redirect-me').then(console.log);
// Response {
//   body: (...)
//   bodyUsed: false
//   headers: Headers {}
//   ok: true
//   redirected: true
//   status: 200
//   statusText: "OK"
//   type: "basic"
//   url: "https://foo.com/redirected-url/"
// }

fetch('///foo.com/does-not-exist').then(console.log);
// Response {
//   body: (...)
//   bodyUsed: false
//   headers: Headers {}
//   ok: false
//   redirected: true
//   status: 404
//   statusText: "Not Found"
//   type: "basic"
//   url: "https://foo.com/does-not-exist/"
// }

fetch('///foo.com/throws-error').then(console.log);
// Response {
//   body: (...)
//   bodyUsed: false
//   headers: Headers {}
//   ok: false
//   redirected: true
//   status: 500
//   statusText: "Internal Server Error"
//   type: "basic"
//   url: "https://foo.com/throws-error/"
// }
```

3. 克隆 Response 对象

克隆 Response 对象的主要方式是使用 clone()方法，这个方法会创建一个一模一样的副本，不会覆盖任何值。这样不会将任何请求的请求体标记为已使用：

```
let r1 = new Response('foobar');
let r2 = r1.clone();

console.log(r1.bodyUsed); // false
console.log(r2.bodyUsed); // false
```

如果响应对象的 bodyUsed 属性为 true（即响应体已被读取），则不能再创建这个对象的副本。在响应体被读取之后再克隆会导致抛出 TypeError。

```
let r = new Response('foobar');
r.clone();
// 没有错误

r.text();  // 设置 bodyUsed 为 true

r.clone();
// TypeError: Failed to execute 'clone' on 'Response': Response body is
already used
```

有响应体的 Response 对象只能读取一次。（不包含响应体的 Response 对象不受此限制。）比如：

```
let r = new Response('foobar');

r.text().then(console.log); // foobar

r.text().then(console.log);
// TypeError: Failed to execute 'text' on 'Response': body stream is locked
```

要多次读取包含响应体的同一个 Response 对象，必须在第一次读取前调用 clone()：

```
let r = new Response('foobar');

r.clone().text().then(console.log); // foobar
r.clone().text().then(console.log); // foobar
r.text().then(console.log);         // foobar
```

此外，通过创建带有原始响应体的 Response 实例，可以执行伪克隆操作。关键是这样不会把第一个 Response 实例标记为已读，而是会在两个响应之间共享：

```
let r1 = new Response('foobar');
let r2 = new Response(r1.body);

console.log(r1.bodyUsed);     // false
console.log(r2.bodyUsed);     // false

r2.text().then(console.log); // foobar
r1.text().then(console.log);
// TypeError: Failed to execute 'text' on 'Response': body stream is locked
```

24.5.6 Request、Response 及 Body 混入

Request 和 Response 都使用了 Fetch API 的 Body 混入，以实现两者承担有效载荷的能力。这个混入为两个类型提供了只读的 body 属性（实现为 ReadableStream）、只读的 bodyUsed 布尔值（表示 body 流是否已读）和一组方法，用于从流中读取内容并将结果转换为某种 JavaScript 对象类型。

通常，将 Request 和 Response 主体作为流来使用主要有两个原因。一个原因是有效载荷的大小可能会导致网络延迟，另一个原因是流 API 本身在处理有效载荷方面是有优势的。除此之外，最好是一

次性获取资源主体。

Body 混入提供了 5 个方法，用于将 ReadableStream 转存到缓冲区的内存里，将缓冲区转换为某种 JavaScript 对象类型，以及通过期约来产生结果。在解决之前，期约会等待主体流报告完成及缓冲被解析。这意味着客户端必须等待响应的资源完全加载才能访问其内容。

1. Body.text()

Body.text()方法返回期约，解决为将缓冲区转存得到的 UTF-8 格式字符串。下面的代码展示了在 Response 对象上使用 Body.text()：

```
fetch('https://foo.com')
  .then((response) => response.text())
  .then(console.log);

// <!doctype html><html lang="en">
//   <head>
//     <meta charset="utf-8">
//     ...
```

以下代码展示了在 Request 对象上使用 Body.text()：

```
let request = new Request('https://foo.com',
                          { method: 'POST', body: 'barbazqux' });

request.text()
  .then(console.log);

// barbazqux
```

2. Body.json()

Body.json()方法返回期约，解决为将缓冲区转存得到的 JSON。下面的代码展示了在 Response 对象上使用 Body.json()：

```
fetch('https://foo.com/foo.json')
  .then((response) => response.json())
  .then(console.log);

// {"foo": "bar"}
```

以下代码展示了在 Request 对象上使用 Body.json()：

```
let request = new Request('https://foo.com',
                          { method:'POST', body: JSON.stringify({ bar: 'baz' }) });

request.json()
  .then(console.log);

// {bar: 'baz'}
```

3. Body.formData()

浏览器可以将 FormData 对象序列化/反序列化为主体。例如，下面这个 FormData 实例：

```
let myFormData = new FormData();
myFormData.append('foo', 'bar');
```

在通过 HTTP 传送时，WebKit 浏览器会将其序列化为下列内容：

```
------WebKitFormBoundarydR9Q2kOzE6nbN7eR
Content-Disposition: form-data; name="foo"
```

```
bar
------WebKitFormBoundarydR9Q2kOzE6nbN7eR--
```

Body.formData() 方法返回期约，解决为将缓冲区转存得到的 FormData 实例。下面的代码展示了在 Response 对象上使用 Body.formData()：

```
fetch('https://foo.com/form-data')
  .then((response) => response.formData())
  .then((formData) => console.log(formData.get('foo')));

// bar
```

以下代码展示了在 Request 对象上使用 Body.formData()：

```
let myFormData = new FormData();
myFormData.append('foo', 'bar');

let request = new Request('https://foo.com',
                          { method:'POST', body: myFormData });

request.formData()
  .then((formData) => console.log(formData.get('foo')));

// bar
```

4. Body.arrayBuffer()

有时候，可能需要以原始二进制格式查看和修改主体。为此，可以使用 Body.arrayBuffer()将主体内容转换为 ArrayBuffer 实例。Body.arrayBuffer()方法返回期约，解决为将缓冲区转存得到的 ArrayBuffer 实例。下面的代码展示了在 Response 对象上使用 Body.arrayBuffer()：

```
fetch('https://foo.com')
  .then((response) => response.arrayBuffer())
  .then(console.log);

// ArrayBuffer(...) {}
```

以下代码展示了在 Request 对象上使用 Body.arrayBuffer()：

```
let request = new Request('https://foo.com',
                          { method:'POST', body: 'abcdefg' });

// 以整数形式打印二进制编码的字符串
request.arrayBuffer()
  .then((buf) => console.log(new Int8Array(buf)));

// Int8Array(7) [97, 98, 99, 100, 101, 102, 103]
```

5. Body.blob()

有时候，可能需要以原始二进制格式使用主体，不用查看和修改。为此，可以使用 Body.blob()将主体内容转换为 Blob 实例。Body.blob()方法返回期约，解决为将缓冲区转存得到的 Blob 实例。下面的代码展示了在 Response 对象上使用 Body.blob()：

```
fetch('https://foo.com')
  .then((response) => response.blob())
  .then(console.log);

// Blob(...) {size:..., type: "..."}
```

以下代码展示了在 Request 对象上使用 Body.blob()：

```
let request = new Request('https://foo.com',
                            { method:'POST', body: 'abcdefg' });

request.blob()
  .then(console.log);

// Blob(7) {size: 7, type: "text/plain;charset=utf-8"}
```

6. 一次性流

因为 Body 混入是构建在 ReadableStream 之上的，所以主体流只能使用一次。这意味着所有主体混入方法都只能调用一次，再次调用就会抛出错误。

```
fetch('https://foo.com')
  .then((response) => response.blob().then(() => response.blob()));

// TypeError: Failed to execute 'blob' on 'Response': body stream is locked
let request = new Request('https://foo.com',
                            { method: 'POST', body: 'foobar' });

request.blob().then(() => request.blob());
// TypeError: Failed to execute 'blob' on 'Request': body stream is locked
```

即使是在读取流的过程中，所有这些方法也会在它们被调用时给 ReadableStream 加锁，以阻止其他读取器访问：

```
fetch('https://foo.com')
  .then((response) => {
    response.blob(); // 第一次调用给流加锁
    response.blob(); // 第二次调用再次加锁会失败
  });

// TypeError: Failed to execute 'blob' on 'Response': body stream is locked
let request = new Request('https://foo.com',
                            { method: 'POST', body: 'foobar' });

request.blob(); // 第一次调用给流加锁
request.blob(); // 第二次调用再次加锁会失败
// TypeError: Failed to execute 'blob' on 'Request': body stream is locked
```

作为 Body 混入的一部分，bodyUsed 布尔值属性表示 ReadableStream 是否已摄受（disturbed），意思是读取器是否已经在流上加了锁。这不一定表示流已经被完全读取。下面的代码演示了这个属性：

```
let request = new Request('https://foo.com',
                            { method: 'POST', body: 'foobar' });
let response = new Response('foobar');

console.log(request.bodyUsed);      // false
console.log(response.bodyUsed);     // false

request.text().then(console.log);   // foobar
response.text().then(console.log);  // foobar

console.log(request.bodyUsed);      // true
console.log(response.bodyUsed);     // true
```

7. 使用 ReadableStream 主体

JavaScript 编程逻辑很多时候会将访问网络作为原子操作，比如请求是同时创建和发送的，响应数据也是以统一的格式一次性暴露出来的。这种约定隐藏了底层的混乱，让涉及网络的代码变得很清晰。

从 TCP/IP 角度来看，传输的数据是以分块形式抵达端点的，而且速度受到网速的限制。接收端点会为此分配内存，并将收到的块写入内存。Fetch API 通过 ReadableStream 支持在这些块到达时就实时读取和操作这些数据。

> **注意**　本节会以获取 Fetch API 规范的 HTML 为例。这个页面差不多有 1MB 大小，足以让示例中接收的数据分成多个块。

正如 Stream API 所定义的，ReadableStream 暴露了 getReader() 方法，用于产生 ReadableStream-DefaultReader，这个读取器可以用于在数据到达时异步获取数据块。数据流的格式是 Uint8Array。

下面的代码调用了读取器的 read() 方法，把最早可用的块打印了出来：

```
fetch('https://fetch.spec.whatwg.org/')
  .then((response) => response.body)
  .then((body) => {
    let reader = body.getReader();

    console.log(reader); // ReadableStreamDefaultReader {}

    reader.read()
      .then(console.log);
});

// { value: Uint8Array{}, done: false }
```

在随着数据流的到来取得整个有效载荷，可以像下面这样递归调用 read() 方法：

```
fetch('https://fetch.spec.whatwg.org/')
  .then((response) => response.body)
  .then((body) => {
    let reader = body.getReader();

    function processNextChunk({value, done}) {
      if (done) {
        return;
      }

      console.log(value);

      return reader.read()
        .then(processNextChunk);
    }

    return reader.read()
      .then(processNextChunk);
});

// { value: Uint8Array{}, done: false }
// { value: Uint8Array{}, done: false }
// { value: Uint8Array{}, done: false }
// ...
```

异步函数非常适合这样的 fetch() 操作。可以通过使用 async/await 将上面的递归调用打平：

```
fetch('https://fetch.spec.whatwg.org/')
  .then((response) => response.body)
  .then(async function(body) {
    let reader = body.getReader();

    while(true) {
      let { value, done } = await reader.read();

      if (done) {
        break;
      }

      console.log(value);
    }
  });

// { value: Uint8Array{}, done: false }
// { value: Uint8Array{}, done: false }
// { value: Uint8Array{}, done: false }
// ...
```

另外，read() 方法也可以直接封装到 Iterable 接口中。因此就可以在 for-await-of 循环中方便地实现这种转换：

```
fetch('https://fetch.spec.whatwg.org/')
  .then((response) => response.body)
  .then(async function(body) {
    let reader = body.getReader();

    let asyncIterable = {
      [Symbol.asyncIterator]() {
        return {
          next() {
            return reader.read();
          }
        };
      }
    };

    for await (chunk of asyncIterable) {
      console.log(chunk);
    }
  });

// { value: Uint8Array{}, done: false }
// { value: Uint8Array{}, done: false }
// { value: Uint8Array{}, done: false }
// ...
```

通过将异步逻辑包装到一个生成器函数中，还可以进一步简化代码。而且，这个实现通过支持只读取部分流也变得更稳健。如果流因为耗尽或错误而终止，读取器会释放锁，以允许不同的流读取器继续操作：

```
async function* streamGenerator(stream) {
  const reader = stream.getReader();
```

```
  try {
    while (true) {
      const { value, done } = await reader.read();

      if (done) {
        break;
      }

      yield value;
    }
  } finally {
    reader.releaseLock();
  }
}

fetch('https://fetch.spec.whatwg.org/')
  .then((response) => response.body)
  .then(async function(body) {
    for await (chunk of streamGenerator(body)) {
      console.log(chunk);
    }
  });
```

在这些例子中，当读取完 Uint8Array 块之后，浏览器会将其标记为可以被垃圾回收。对于需要在不连续的内存中连续检查大量数据的情况，这样可以节省很多内存空间。

缓冲区的大小，以及浏览器是否等待缓冲区被填充后才将其推到流中，要根据 JavaScript 运行时的实现。浏览器会控制等待分配的缓冲区被填满，同时会尽快将缓冲区数据（有时候可能未填充数据）发送到流。

不同浏览器中分块大小可能不同，这取决于带宽和网络延迟。此外，浏览器如果决定不等待网络，也可以将部分填充的缓冲区发送到流。最终，我们的代码要准备好处理以下情况：

❏ 不同大小的 Uint8Array 块；

❏ 部分填充的 Uint8Array 块；

❏ 块到达的时间间隔不确定。

默认情况下，块是以 Uint8Array 格式抵达的。因为块的分割不会考虑编码，所以会出现某些值作为多字节字符被分散到两个连续块中的情况。手动处理这些情况是很麻烦的，但很多时候可以使用 Encoding API 的可插拔方案。

要将 Uint8Array 转换为可读文本，可以将缓冲区传给 TextDecoder，返回转换后的值。通过设置 stream: true，可以将之前的缓冲区保留在内存，从而让跨越两个块的内容能够被正确解码：

```
let decoder = new TextDecoder();

async function* streamGenerator(stream) {
  const reader = stream.getReader();

  try {
    while (true) {
      const { value, done } = await reader.read();

      if (done) {
        break;
      }
```

```
      yield value;
    }
  } finally {
    reader.releaseLock();
  }
}

fetch('https://fetch.spec.whatwg.org/')
  .then((response) => response.body)
  .then(async function(body) {
    for await (chunk of streamGenerator(body)) {
      console.log(decoder.decode(chunk, { stream: true }));
    }
  });

// <!doctype html><html lang="en"> ...
// whether a <a data-link-type="dfn" href="#concept-header" ...
// result to <var>rangeValue</var>. ...
// ...
```

因为可以使用 ReadableStream 创建 Response 对象，所以就可以在读取流之后，将其通过管道导入另一个流。然后在这个新流上再使用 Body 的方法，如 text()。这样就可以随着流的到达实时检查和操作流内容。下面的代码展示了这种双流技术：

```
fetch('https://fetch.spec.whatwg.org/')
  .then((response) => response.body)
  .then((body) => {
    const reader = body.getReader();

    // 创建第二个流
    return new ReadableStream({
      async start(controller) {
        try {
          while (true) {
            const { value, done } = await reader.read();

            if (done) {
              break;
            }

            // 将主体流的块推到第二个流
            controller.enqueue(value);
          }
        } finally {
          controller.close();
          reader.releaseLock();
        }
      }
    })
  })
  .then((secondaryStream) => new Response(secondaryStream))
  .then(response => response.text())
  .then(console.log);

// <!doctype html><html lang="en"><head><meta charset="utf-8"> ...
```

24.6　Beacon API

为了把尽量多的页面信息传到服务器，很多分析工具需要在页面生命周期中尽量晚的时候向服务器发送遥测或分析数据。因此，理想的情况下是通过浏览器的 `unload` 事件发送网络请求。这个事件表示用户要离开当前页面，不会再生成别的有用信息了。

在 `unload` 事件触发时，分析工具要停止收集信息并把收集到的数据发给服务器。这时候有一个问题，因为 `unload` 事件对浏览器意味着没有理由再发送任何结果未知的网络请求（因为页面都要被销毁了）。例如，在 `unload` 事件处理程序中创建的任何异步请求都会被浏览器取消。为此，异步 `XMLHttpRequest` 或 `fetch()` 不适合这个任务。分析工具可以使用同步 `XMLHttpRequest` 强制发送请求，但这样做会导致用户体验问题。浏览器会因为要等待 `unload` 事件处理程序完成而延迟导航到下一个页面。

为解决这个问题，W3C 引入了补充性的 Beacon API。这个 API 给 `navigator` 对象增加了一个 `sendBeacon()` 方法。这个简单的方法接收一个 URL 和一个数据有效载荷参数，并会发送一个 POST 请求。可选的数据有效载荷参数有 `ArrayBufferView`、`Blob`、`DOMString`、`FormData` 实例。如果请求成功进入了最终要发送的任务队列，则这个方法返回 `true`，否则返回 `false`。

可以像下面这样使用这个方法：

```
// 发送 POST 请求
// URL: 'https://example.com/analytics-reporting-url'
// 请求负载: '{foo: "bar"}'

navigator.sendBeacon('https://example.com/analytics-reporting-url', '{foo: "bar"}');
```

这个方法虽然看起来只不过是 POST 请求的一个语法糖，但它有几个重要的特性。

- `sendBeacon()` 并不是只能在页面生命周期末尾使用，而是任何时候都可以使用。
- 调用 `sendBeacon()` 后，浏览器会把请求添加到一个内部的请求队列。浏览器会主动地发送队列中的请求。
- 浏览器保证在原始页面已经关闭的情况下也会发送请求。
- 状态码、超时和其他网络原因造成的失败完全是不透明的，不能通过编程方式处理。
- 信标（beacon）请求会携带调用 `sendBeacon()` 时所有相关的 cookie。

24.7　Web Socket

Web Socket（套接字）的目标是通过一个长时连接实现与服务器全双工、双向的通信。在 JavaScript 中创建 Web Socket 时，一个 HTTP 请求会发送到服务器以初始化连接。服务器响应后，连接使用 HTTP 的 `Upgrade` 头部从 HTTP 协议切换到 Web Socket 协议。这意味着 Web Socket 不能通过标准 HTTP 服务器实现，而必须使用支持该协议的专有服务器。

因为 Web Socket 使用了自定义协议，所以 URL 方案（scheme）稍有变化：不能再使用 http://或 https://，而要使用 ws://和 wss://。前者是不安全的连接，后者是安全连接。在指定 Web Socket URL 时，必须包含 URL 方案，因为将来有可能再支持其他方案。

使用自定义协议而非 HTTP 协议的好处是，客户端与服务器之间可以发送非常少的数据，不会对 HTTP 造成任何负担。使用更小的数据包让 Web Socket 非常适合带宽和延迟问题比较明显的移动应用。使用自定义协议的缺点是，定义协议的时间比定义 JavaScript API 要长。Web Socket 得到了所有主流浏览器支持。

24.7.1　API

要创建一个新的 Web Socket，就要实例化一个 `WebSocket` 对象并传入提供连接的 URL：

```
let socket = new WebSocket("ws://www.example.com/server.php");
```

注意，必须给 `WebSocket` 构造函数传入一个绝对 URL。同源策略不适用于 Web Socket，因此可以打开到任意站点的连接。至于是否与来自特定源的页面通信，则完全取决于服务器。（在握手阶段就可以确定请求来自哪里。）

浏览器会在初始化 `WebSocket` 对象之后立即创建连接。与 XHR 类似，`WebSocket` 也有一个 `readyState` 属性表示当前状态。不过，这个值与 XHR 中相应的值不一样。

- ❑ `WebSocket.OPENING`（0）：连接正在建立。
- ❑ `WebSocket.OPEN`（1）：连接已经建立。
- ❑ `WebSocket.CLOSING`（2）：连接正在关闭。
- ❑ `WebSocket.CLOSE`（3）：连接已经关闭。

`WebSocket` 对象没有 `readystatechange` 事件，而是有与上述不同状态对应的其他事件。`readyState` 值从 0 开始。

任何时候都可以调用 `close()` 方法关闭 Web Socket 连接：

```
socket.close();
```

调用 `close()` 之后，`readyState` 立即变为 2（连接正在关闭），并会在关闭后变为 3（连接已经关闭）。

24.7.2　发送和接收数据

打开 Web Socket 之后，可以通过连接发送和接收数据。要向服务器发送数据，使用 `send()` 方法并传入一个字符串、`ArrayBuffer` 或 `Blob`，如下所示：

```
let socket = new WebSocket("ws://www.example.com/server.php");

let stringData = "Hello world!";
let arrayBufferData = Uint8Array.from(['f', 'o', 'o']);
let blobData = new Blob(['f', 'o', 'o']);

socket.send(stringData);
socket.send(arrayBufferData.buffer);
socket.send(blobData);
```

服务器向客户端发送消息时，`WebSocket` 对象上会触发 `message` 事件。这个 `message` 事件与其他消息协议类似，可以通过 `event.data` 属性访问到有效载荷：

```
socket.onmessage = function(event) {
  let data = event.data;
  // 对数据执行某些操作
};
```

与通过 `send()` 方法发送的数据类似，`event.data` 返回的数据也可能是 `ArrayBuffer` 或 `Blob`。这由 `WebSocket` 对象的 `binaryType` 属性决定，该属性可能是 `"blob"` 或 `"arraybuffer"`。

24.7.3　其他事件

`WebSocket` 对象在连接生命周期中有可能触发 3 个其他事件。

❑ open：在连接成功建立时触发。

❑ error：在发生错误时触发。连接无法存续。

❑ close：在连接关闭时触发。

WebSocket 对象不支持 DOM Level 2 事件监听器，因此需要使用 DOM Level 0 风格的事件处理程序来监听这些事件：

```
let socket = new WebSocket("ws://www.example.com/server.php");
socket.onopen = function() {
  alert("Connection established.");
};
socket.onerror = function() {
  alert("Connection error.");
};
socket.onclose = function() {
  alert("Connection closed.");
};
```

在这些事件中，只有 close 事件的 event 对象上有额外信息。这个对象上有 3 个额外属性：wasClean、code 和 reason。其中，wasClean 是一个布尔值，表示连接是否干净地关闭；code 是一个来自服务器的数值状态码；reason 是一个字符串，包含服务器发来的消息。可以将这些信息显示给用户或记录到日志：

```
socket.onclose = function(event) {
  console.log(`as clean? ${event.wasClean} Code=${event.code} Reason=${
            event.reason}`);
};
```

24.8 安全

探讨 Ajax 安全的文章已经有了很多，事实上也出版了很多专门讨论这个话题的书。大规模 Ajax 应用程序需要考虑的安全问题非常多，但在通用层面上一般需要考虑以下几个问题。

首先，任何 Ajax 可以访问的 URL，也可以通过浏览器或服务器访问，例如下面这个 URL：

`/getuserinfo.php?id=23`

请求这个 URL，可以假定返回 ID 为 23 的用户信息。访问者可以将 23 改为 24 或 56，甚至其他任何值。getuserinfo.php 文件必须知道访问者是否拥有访问相应数据的权限。否则，服务器就会大门敞开，泄露所有用户的信息。

在未授权系统可以访问某个资源时，可以将其视为跨站点请求伪造（CSRF，cross-site request forgery）攻击。未授权系统会按照处理请求的服务器的要求伪装自己。Ajax 应用程序，无论大小，都会受到 CSRF 攻击的影响，包括无害的漏洞验证攻击和恶意的数据盗窃或数据破坏攻击。

关于安全防护 Ajax 相关 URL 的一般理论认为，需要验证请求发送者拥有对资源的访问权限。可以通过如下方式实现。

❑ 要求通过 SSL 访问能够被 Ajax 访问的资源。

❑ 要求每个请求都发送一个按约定算法计算好的令牌（token）。

注意，以下手段对防护 CSRF 攻击是无效的。

❑ 要求 POST 而非 GET 请求（很容易修改请求方法）。

❑ 使用来源 URL 验证来源（来源 URL 很容易伪造）。

❑ 基于 cookie 验证（同样很容易伪造）。

24.9   小结

Ajax 是无须刷新当前页面即可从服务器获取数据的一个方法，具有如下特点。

❑ 让 Ajax 迅速流行的中心对象是 `XMLHttpRequest`（XHR）。

❑ 这个对象最早由微软发明，并在 IE5 中作为通过 JavaScript 从服务器获取 XML 数据的一种手段。

❑ 之后，Firefox、Safari、Chrome 和 Opera 都复刻了相同的实现。W3C 随后将 XHR 行为写入 Web 标准。

❑ 虽然不同浏览器的实现有些差异，但 XHR 对象的基本使用在所有浏览器中相对是规范的，因此可以放心地在 Web 应用程序中使用。

XHR 的一个主要限制是同源策略，即通信只能在相同域名、相同端口和相同协议的前提下完成。访问超出这些限制之外的资源会导致安全错误，除非使用了正式的跨域方案。这个方案叫作跨源资源共享（CORS，Cross-Origin Resource Sharing），XHR 对象原生支持 CORS。图片探测和 JSONP 是另外两种跨域通信技术，但没有 CORS 可靠。

Fetch API 是作为对 XHR 对象的一种端到端的替代方案而提出的。这个 API 提供了优秀的基于期约的结构、更直观的接口，以及对 Stream API 的最好支持。

Web Socket 是与服务器的全双工、双向通信渠道。与其他方案不同，Web Socket 不使用 HTTP，而使用了自定义协议，目的是更快地发送小数据块。这需要专用的服务器，但速度优势明显。

第**25**章

客户端存储

本章内容
- ❏ cookie
- ❏ 浏览器存储 API
- ❏ IndexedDB

随着 Web 应用程序的出现，直接在客户端存储用户信息的需求也随之出现。这背后的想法是合理的：与特定用户相关的信息应该保存在用户的机器上。无论是登录信息、个人偏好，还是其他数据，Web 应用程序提供者都需要有办法把它们保存在客户端。对该问题的第一个解决方案就是 cookie，cookie 由古老的网景公司发明，由一份名为 *Persistent Client State: HTTP Cookies* 的规范定义。今天，cookie 只是在客户端存储数据的一个选项。

25.1 cookie

HTTP cookie 通常也叫作 **cookie**，最初用于在客户端存储会话信息。这个规范要求服务器在响应 HTTP 请求时，通过发送 `Set-Cookie` HTTP 头部包含会话信息。例如，下面是包含这个头部的一个 HTTP 响应：

```
HTTP/1.1 200 OK
Content-type: text/html
Set-Cookie: name=value
Other-header: other-header-value
```

这个 HTTP 响应会设置一个名为 `"name"`，值为 `"value"` 的 cookie。名和值在发送时都会经过 URL 编码。浏览器会存储这些会话信息，并在之后的每个请求中都会通过 HTTP 头部 cookie 再将它们发回服务器，比如：

```
GET /index.jsl HTTP/1.1
Cookie: name=value
Other-header: other-header-value
```

这些发送回服务器的额外信息可用于唯一标识发送请求的客户端。

25.1.1 限制

cookie 是与特定域绑定的。设置 cookie 后，它会与请求一起发送到创建它的域。这个限制能保证 cookie 中存储的信息只对被认可的接收者开放，不被其他域访问。

因为 cookie 存储在客户端机器上，所以为保证它不会被恶意利用，浏览器会施加限制。同时，cookie 也不会占用太多磁盘空间。

通常，只要遵守以下大致的限制，就不会在任何浏览器中碰到问题：

- 不超过 300 个 cookie；
- 每个 cookie 不超过 4096 字节；
- 每个域不超过 20 个 cookie；
- 每个域不超过 81 920 字节。

每个域能设置的 cookie 总数也是受限的，但不同浏览器的限制不同。例如：

- 最新版 IE 和 Edge 限制每个域不超过 50 个 cookie；
- 最新版 Firefox 限制每个域不超过 150 个 cookie；
- 最新版 Opera 限制每个域不超过 180 个 cookie；
- Safari 和 Chrome 对每个域的 cookie 数没有硬性限制。

如果 cookie 总数超过了单个域的上限，浏览器就会删除之前设置的 cookie。IE 和 Opera 会按照最近最少使用（LRU，Least Recently Used）原则删除之前的 cookie，以便为新设置的 cookie 腾出空间。Firefox 好像会随机删除之前的 cookie，因此为避免不确定的结果，最好不要超出限制。

浏览器也会限制 cookie 的大小。大多数浏览器对 cookie 的限制是不超过 4096 字节，上下可以有一个字节的误差。为跨浏览器兼容，最好保证 cookie 的大小不超过 4095 字节。这个大小限制适用于一个域的所有 cookie，而不是单个 cookie。

如果创建的 cookie 超过最大限制，则该 cookie 会被静默删除。注意，一个字符通常会占 1 字节。如果使用多字节字符（如 UTF-8 Unicode 字符），则每个字符最多可能占 4 字节。

25.1.2　cookie 的构成

cookie 在浏览器中是由以下参数构成的。

- **名称**：唯一标识 cookie 的名称。cookie 名不区分大小写，因此 `myCookie` 和 `MyCookie` 是同一个名称。不过，实践中最好将 cookie 名当成区分大小写来对待，因为一些服务器软件可能这样对待它们。cookie 名必须经过 URL 编码。
- **值**：存储在 cookie 里的字符串值。这个值必须经过 URL 编码。
- **域**：cookie 有效的域。发送到这个域的所有请求都会包含对应的 cookie。这个值可能包含子域（如 www.wrox.com），也可以不包含（如.wrox.com 表示对 wrox.com 的所有子域都有效）。如果不明确设置，则默认为设置 cookie 的域。
- **路径**：请求 URL 中包含这个路径才会把 cookie 发送到服务器。例如，可以指定 cookie 只能由 http://www.wrox.com/books/访问，因此访问 http://www.wrox.com/下的页面就不会发送 cookie，即使请求的是同一个域。
- **过期时间**：表示何时删除 cookie 的时间戳（即什么时间之后就不发送到服务器了）。默认情况下，浏览器会话结束后会删除所有 cookie。不过，也可以设置删除 cookie 的时间。这个值是 GMT 格式（Wdy, DD-Mon-YYYY HH:MM:SS GMT），用于指定删除 cookie 的具体时间。这样即使关闭浏览器 cookie 也会保留在用户机器上。把过期时间设置为过去的时间会立即删除 cookie。
- **安全标志**：设置之后，只在使用 SSL 安全连接的情况下才会把 cookie 发送到服务器。例如，请求 https://www.wrox.com 会发送 cookie，而请求 http://www.wrox.com 则不会。

这些参数在 `Set-Cookie` 头部中使用分号加空格隔开，比如：

```
HTTP/1.1 200 OK
Content-type: text/html
Set-Cookie: name=value; expires=Mon, 22-Jan-07 07:10:24 GMT; domain=.wrox.com
Other-header: other-header-value
```

这个头部设置一个名为"name"的 cookie，这个 cookie 在 2007 年 1 月 22 日 7:10:24 过期，对 www.wrox.com 及其他 wrox.com 的子域（如 p2p.wrox.com）有效。

安全标志 secure 是 cookie 中唯一的非名/值对，只需一个 secure 就可以了。比如：

```
HTTP/1.1 200 OK
Content-type: text/html
Set-Cookie: name=value; domain=.wrox.com; path=/; secure
Other-header: other-header-value
```

这里创建的 cookie 对所有 wrox.com 的子域及该域中的所有页面有效（通过 path=/指定）。不过，这个 cookie 只能在 SSL 连接上发送，因为设置了 secure 标志。

要知道，域、路径、过期时间和 secure 标志用于告诉浏览器什么情况下应该在请求中包含 cookie。这些参数并不会随请求发送给服务器，实际发送的只有 cookie 的名/值对。

25.1.3 JavaScript 中的 cookie

在 JavaScript 中处理 cookie 比较麻烦，因为接口过于简单，只有 BOM 的 document.cookie 属性。根据用法不同，该属性的表现迥异。要使用该属性获取值时，document.cookie 返回包含页面中所有有效 cookie 的字符串（根据域、路径、过期时间和安全设置），以分号分隔，如下面的例子所示：

```
name1=value1;name2=value2;name3=value3
```

所有名和值都是 URL 编码的，因此必须使用 decodeURIComponent()解码。

在设置值时，可以通过 document.cookie 属性设置新的 cookie 字符串。这个字符串在被解析后会添加到原有 cookie 中。设置 document.cookie 不会覆盖之前存在的任何 cookie，除非设置了已有的 cookie。设置 cookie 的格式如下，与 Set-Cookie 头部的格式一样：

```
name=value; expires=expiration_time; path=domain_path; domain=domain_name; secure
```

在所有这些参数中，只有 cookie 的名称和值是必需的。下面是个简单的例子：

```
document.cookie = "name=Nicholas";
```

这行代码会创建一个名为"name"的会话 cookie，其值为"Nicholas"。这个 cookie 在每次客户端向服务器发送请求时都会被带上，在浏览器关闭时就会被删除。虽然这样直接设置也可以，因为不需要在名称或值中编码任何字符，但最好还是使用 encodeURIComponent()对名称和值进行编码，比如：

```
document.cookie = encodeURIComponent("name") + "=" +
                  encodeURIComponent("Nicholas");
```

要为创建的 cookie 指定额外的信息，只要像 Set-Cookie 头部一样直接在后面追加相同格式的字符串即可：

```
document.cookie = encodeURIComponent("name") + "=" +
                  encodeURIComponent("Nicholas") + "; domain=.wrox.com; path=/";
```

因为在 JavaScript 中读写 cookie 不是很直观，所以可以通过辅助函数来简化相应的操作。与 cookie 相关的基本操作有读、写和删除。这些在 CookieUtil 对象中表示如下：

```
class CookieUtil {
  static get(name) {
    let cookieName = `${encodeURIComponent(name)}=`,
        cookieStart = document.cookie.indexOf(cookieName),
        cookieValue = null;

    if (cookieStart > -1){
      let cookieEnd = document.cookie.indexOf(";", cookieStart);
      if (cookieEnd == -1){
        cookieEnd = document.cookie.length;
      }
      cookieValue = decodeURIComponent(document.cookie.substring(cookieStart
          + cookieName.length, cookieEnd));
    }

    return cookieValue;
  }

  static set(name, value, expires, path, domain, secure) {
    let cookieText =
      `${encodeURIComponent(name)}=${encodeURIComponent(value)}`

    if (expires instanceof Date) {
      cookieText += `; expires=${expires.toGMTString()}`;
    }

    if (path) {
      cookieText += `; path=${path}`;
    }

    if (domain) {
      cookieText += `; domain=${domain}`;
    }

    if (secure) {
      cookieText += "; secure";
    }

    document.cookie = cookieText;
  }

  static unset(name, path, domain, secure) {
    CookieUtil.set(name, "", new Date(0), path, domain, secure);
  }
};
```

CookieUtil.get()方法用于取得给定名称的 cookie 值。为此，需要在 document.cookie 返回的字符串中查找是否存在名称后面加上等号。如果找到了，则使用 indexOf()再查找该位置后面的分号（表示该 cookie 的末尾）。如果没有找到分号，说明这个 cookie 在字符串末尾，因此字符串剩余部分都是 cookie 的值。取得 cookie 值后使用 decodeURIComponent()解码，然后返回。如果没有找到 cookie，则返回 null。

CookieUtil.set()方法用于设置页面上的 cookie，接收多个参数：cookie 名称、cookie 值、可选的 Date 对象（表示何时删除 cookie）、可选的 URL 路径、可选的域以及可选的布尔值（表示是否添加 secure 标志）。这些参数以它们的使用频率为序，只有前两个是必需的。在方法内部，使用了

encodeURIComponent()对名称和值进行编码，然后再依次检查其他参数。如果 expires 参数是 Date 对象，则使用 Date 对象的 toGMTString()方法添加一个 expires 选项来获得正确的日期格式。剩下的代码就是简单地追加 cookie 字符串，最终设置给 document.cookie。

没有直接删除已有 cookie 的方法。为此，需要再次设置同名 cookie（包括相同路径、域和安全选项），但要将其过期时间设置为某个过去的时间。CookieUtil.unset()方法实现了这些处理。这个方法接收 4 个参数：要删除 cookie 的名称、可选的路径、可选的域和可选的安全标志。

这些参数会传给 CookieUtil.set()，将 cookie 值设置为空字符串，将过期时间设置为 1970 年 1 月 1 日（以 0 毫秒初始化的 Date 对象的值）。这样可以保证删除 cookie。

可以像下面这样使用这些方法：

```
// 设置 cookie
CookieUtil.set("name", "Nicholas");
CookieUtil.set("book", "Professional JavaScript");

// 读取 cookie
alert(CookieUtil.get("name"));  // "Nicholas"
alert(CookieUtil.get("book"));  // "Professional JavaScript"

// 删除 cookie
CookieUtil.unset("name");
CookieUtil.unset("book");

// 设置有路径、域和过期时间的 cookie
CookieUtil.set("name", "Nicholas", "/books/projs/", "www.wrox.com",
               new Date("January 1, 2010"));

// 删除刚刚设置的 cookie
CookieUtil.unset("name", "/books/projs/", "www.wrox.com");

// 设置安全 cookie
CookieUtil.set("name", "Nicholas", null, null, null, true);
```

这些方法通过处理解析和 cookie 字符串构建，简化了使用 cookie 存储数据的操作。

25.1.4 子 cookie

为绕过浏览器对每个域 cookie 数的限制，有些开发者提出了子 cookie 的概念。子 cookie 是在单个 cookie 存储的小块数据，本质上是使用 cookie 的值在单个 cookie 中存储多个名/值对。最常用的子 cookie 模式如下：

```
name=name1=value1&name2=value2&name3=value3&name4=value4&name5=value5
```

子 cookie 的格式类似于查询字符串。这些值可以存储为单个 cookie，而不用单独存储为自己的名/值对。结果就是网站或 Web 应用程序能够在单域 cookie 数限制下存储更多的结构化数据。

要操作子 cookie，就需要再添加一些辅助方法。解析和序列化子 cookie 的方式不一样，且因为对子 cookie 的使用而变得更复杂。比如，要取得某个子 cookie，就需要先取得 cookie，然后在解码值之前需要先像下面这样找到子 cookie：

```
class SubCookieUtil {
  static get(name, subName) {
    let subCookies = SubCookieUtil.getAll(name);
    return subCookies ? subCookies[subName] : null;
```

```
    }

    static getAll(name) {
        let cookieName = encodeURIComponent(name) + "=",
            cookieStart = document.cookie.indexOf(cookieName),
            cookieValue = null,
            cookieEnd,
            subCookies,
            parts,
            result = {};

        if (cookieStart > -1) {
            cookieEnd = document.cookie.indexOf(";", cookieStart);
            if (cookieEnd == -1) {
                cookieEnd = document.cookie.length;
            }
            cookieValue = document.cookie.substring(cookieStart +
                                            cookieName.length, cookieEnd);

            if (cookieValue.length > 0) {
                subCookies = cookieValue.split("&");

                for (let i = 0, len = subCookies.length; i < len; i++) {
                    parts = subCookies[i].split("=");
                    result[decodeURIComponent(parts[0])] =
                        decodeURIComponent(parts[1]);
                }

                return result;
            }
        }
        return null;
    }

    // 省略其他代码
};
```

取得子 cookie 有两个方法：get() 和 getAll()。get() 用于取得一个子 cookie 的值，getAll() 用于取得所有子 cookie，并以对象形式返回，对象的属性是子 cookie 的名称，值是子 cookie 的值。get() 方法接收两个参数：cookie 的名称和子 cookie 的名称。这个方法先调用 getAll() 取得所有子 cookie，然后返回要取得的子 cookie（如果不存在则返回 null）。

SubCookieUtil.getAll() 方法在解析 cookie 值方面与 CookieUtil.get() 方法非常相似。不同的是 SubCookieUtil.getAll() 方法不会立即解码 cookie 的值，而是先用和号（&）拆分，将所有子 cookie 保存到数组。然后，再基于等号（=）拆分每个子 cookie，使 parts 数组的第一个元素是子 cookie 的名称，第二个元素是子 cookie 的值。两个元素都使用 decodeURIComponent() 解码，并添加到 result 对象，最后返回 result 对象。如果 cookie 不存在则返回 null。

可以像下面这样使用这些方法：

```
// 假设 document.cookie=data=name=Nicholas&book=Professional%20JavaScript

// 取得所有子 cookie
let data = SubCookieUtil.getAll("data");
alert(data.name); // "Nicholas"
alert(data.book); // "Professional JavaScript"
```

```
// 取得个别子 cookie
alert(SubCookieUtil.get("data", "name"));  // "Nicholas"
alert(SubCookieUtil.get("data", "book"));  // "Professional JavaScript"
```

要写入子 cookie，可以使用另外两个方法：set()和 setAll()。这两个方法的实现如下：

```
class SubCookieUtil {
  // 省略之前的代码

  static set(name, subName, value, expires, path, domain, secure) {
    let subcookies = SubCookieUtil.getAll(name) || {};
    subcookies[subName] = value;
    SubCookieUtil.setAll(name, subcookies, expires, path, domain, secure);
  }

  static setAll(name, subcookies, expires, path, domain, secure) {
    let cookieText = encodeURIComponent(name) + "=",
        subcookieParts = new Array(),
        subName;
    for (subName in subcookies){
      if (subName.length > 0 && subcookies.hasOwnProperty(subName)){
        subcookieParts.push(
          `${encodeURIComponent(subName)}=${encodeURIComponent(subcookies[subName])}`);
      }
    }

    if (cookieParts.length > 0) {
      cookieText += subcookieParts.join("&");

      if (expires instanceof Date) {
        cookieText += `; expires=${expires.toGMTString()}`;
      }

      if (path) {
        cookieText += `; path=${path}`;
      }

      if (domain) {
        cookieText += `; domain=${domain}`;
      }

      if (secure) {
        cookieText += "; secure";
      }
    } else {
      cookieText += `; expires=${(new Date(0)).toGMTString()}`;
    }
    document.cookie = cookieText;
  }

  // 省略其他代码
};
```

set()方法接收 7 个参数：cookie 的名称、子 cookie 的名称、子 cookie 的值、可选的 Date 对象用于设置 cookie 的过期时间、可选的 cookie 路径、可选的 cookie 域和可选的布尔值 secure 标志。所有可选的参数都作用于 cookie 本身，而不是子 cookie。为了在同一个 cookie 中存储多个子 cookie，路径、域和 secure 标志也必须相同。过期时间作用于整个 cookie，可以在写入个别子 cookie 时另行设置。在这个方法内部，第一步是取得给定 cookie 名称下包含的所有子 cookie。逻辑或操作符（||）在这里用于

在 getAll() 返回 null 的情况下将 subcookies 设置为新对象。然后，在 subcookies 上设置完子 cookie 的值，再将参数传给 setAll()。

setAll() 方法接收 6 个参数：cookie 的名称、包含所有子 cookie 的对象，然后是 set() 方法中使用的 4 个可选参数。这个方法会在 for-in 循环中迭代第二个参数的属性。为保证只存储合适的数据，这里使用了 hasOwnProperty() 方法确保只有实例属性才会序列化为子 cookie。因为存在属性名等于空字符串的可能，所以在添加到 subcookieParts 数组之前也要检查属性名的长度。subcookieParts 数组包含了子 cookie 的名/值对，这样我们可以方便地使用 join() 方法用和号将它们拼接成字符串。剩下的逻辑与 CookieUtil.set() 一样。

可以像下面这样使用这些方法：

```
// 假设 document.cookie=data=name=Nicholas&book=Professional%20JavaScript

// 设置两个子 cookie
SubCookieUtil.set("data", "name", "Nicholas");
SubCookieUtil.set("data", "book", "Professional JavaScript");

// 设置所有子 cookie 并传入过期时间
SubCookieUtil.setAll("data", { name: "Nicholas", book: "Professional JavaScript" },
    new Date("January 1, 2010"));

// 修改"name"的值并修改整个 cookie 的过期时间
SubCookieUtil.set("data", "name", "Michael", new Date("February 1, 2010"));
```

最后一组子 cookie 相关的方法是要删除子 cookie 的。常规 cookie 可以通过直接设置过期时间为某个过去的时间删除，但删除子 cookie 没有这么简单。为了删除子 cookie，需要先取得所有子 cookie，把要删除的那个删掉，然后再把剩下的子 cookie 设置回去。下面是相关方法的实现：

```
class SubCookieUtil {
  // 省略之前的代码

  static unset(name, subName, path, domain, secure) {
    let subcookies = SubCookieUtil.getAll(name);
    if (subcookies){
      delete subcookies[subName]; // 删除
      SubCookieUtil.setAll(name, subcookies, null, path, domain, secure);
    }
  }

  static unsetAll(name, path, domain, secure) {
    SubCookieUtil.setAll(name, null, new Date(0), path, domain, secure);
  }
}
```

这里定义的这两个方法有两个不同的目的。unset() 方法用于从 cookie 中删除一个子 cookie，其他子 cookie 不受影响；而 unsetAll() 方法与 CookieUtil.unset() 一样，会删除整个 cookie。与 set() 和 setAll() 一样，路径、域和 secure 标志必须与创建 cookie 时使用的一样。可以像下面这样使用这两个方法：

```
// 只删除"name"子 cookie
SubCookieUtil.unset("data", "name");

// 删除整个 cookie
SubCookieUtil.unsetAll("data");
```

如果实际开发中担心碰到每个域的 cookie 限制，则可以考虑使用子 cookie 这个方案。此时要特别注意 cookie 的大小，不要超过对单个 cookie 大小的限制。

25.1.5   使用 cookie 的注意事项

还有一种叫作 HTTP-only 的 cookie。HTTP-only 可以在浏览器设置，也可以在服务器设置，但只能在服务器上读取，这是因为 JavaScript 无法取得这种 cookie 的值。

因为所有 cookie 都会作为请求头部由浏览器发送给服务器，所以在 cookie 中保存大量信息可能会影响特定域浏览器请求的性能。保存的 cookie 越大，请求完成的时间就越长。即使浏览器对 cookie 大小有限制，最好还是尽可能只通过 cookie 保存必要信息，以避免性能问题。

对 cookie 的限制及其特性决定了 cookie 并不是存储大量数据的理想方式。因此，其他客户端存储技术出现了。

> **注意**　不要在 cookie 中存储重要或敏感的信息。cookie 数据不是保存在安全的环境中，因此任何人都可能获得。应该避免把信用卡号或个人地址等信息保存在 cookie 中。

25.2   Web Storage

Web Storage 最早是网页超文本应用技术工作组（WHATWG，Web Hypertext Application Technical Working Group）在 Web Applications 1.0 规范中提出的。这个规范中的草案最终成为了 HTML5 的一部分，后来又独立成为自己的规范。Web Storage 的目的是解决通过客户端存储不需要频繁发送回服务器的数据时使用 cookie 的问题。

Web Storage 规范最新的版本是第 2 版，这一版规范主要有两个目标：

❑ 提供在 cookie 之外的存储会话数据的途径；
❑ 提供跨会话持久化存储大量数据的机制。

Web Storage 的第 2 版定义了两个对象：`localStorage` 和 `sessionStorage`。`localStorage` 是永久存储机制，`sessionStorage` 是跨会话的存储机制。这两种浏览器存储 API 提供了在浏览器中不受页面刷新影响而存储数据的两种方式。2009 年之后所有主要供应商发布的浏览器版本在 window 对象上支持 `localStorage` 和 `sessionStorage`。

> **注意**　Web Storage 第 1 版曾使用过 `globalStorage`，不过目前 `globalStorage` 已废弃。

25

25.2.1   `Storage` 类型

`Storage` 类型用于保存名/值对数据，直至存储空间上限（由浏览器决定）。`Storage` 的实例与其他对象一样，但增加了以下方法。

❑ `clear()`：删除所有值；不在 Firefox 中实现。
❑ `getItem(name)`：取得给定 *name* 的值。
❑ `key(index)`：取得给定数值位置的名称。
❑ `removeItem(name)`：删除给定 *name* 的名/值对。

❑ setItem(*name*, *value*)：设置给定 *name* 的值。

getItem()、removeItem()和 setItem()方法可以直接或间接通过 Storage 对象调用。因为每个数据项都作为属性存储在该对象上，所以可以使用点或方括号操作符访问这些属性，通过同样的操作来设置值，也可以使用 delete 操作符删除属性。即便如此，通常还是建议使用方法而非属性来执行这些操作，以免意外重写某个已存在的对象成员。

通过 length 属性可以确定 Storage 对象中保存了多少名/值对。我们无法确定对象中所有数据占用的空间大小，尽管 IE8 提供了 remainingSpace 属性，用于确定还有多少存储空间（以字节计）可用。

> **注意** Storage 类型只能存储字符串。非字符串数据在存储之前会自动转换为字符串。注意，这种转换不能在获取数据时撤销。

25.2.2 sessionStorage 对象

sessionStorage 对象只存储会话数据，这意味着数据只会存储到浏览器关闭。这跟浏览器关闭时会消失的会话 cookie 类似。存储在 sessionStorage 中的数据不受页面刷新影响，可以在浏览器崩溃并重启后恢复。（取决于浏览器，Firefox 和 WebKit 支持，IE 不支持。）

因为 sessionStorage 对象与服务器会话紧密相关，所以在运行本地文件时不能使用。存储在 sessionStorage 对象中的数据只能由最初存储数据的页面使用，在多页应用程序中的用处有限。

因为 sessionStorage 对象是 Storage 的实例，所以可以通过使用 setItem()方法或直接给属性赋值给它添加数据。下面是使用这两种方式的例子：

```
// 使用方法存储数据
sessionStorage.setItem("name", "Nicholas");

// 使用属性存储数据
sessionStorage.book = "Professional JavaScript";
```

所有现代浏览器在实现存储写入时都使用了同步阻塞方式，因此数据会被立即提交到存储。具体 API 的实现可能不会立即把数据写入磁盘（而是使用某种不同的物理存储），但这个区别在 JavaScript 层面是不可见的。通过 Web Storage 写入的任何数据都可以立即被读取。

老版 IE 以异步方式实现了数据写入，因此给数据赋值的时间和数据写入磁盘的时间可能存在延迟。对于少量数据，这里的差别可以忽略不计，但对于大量数据，就可以注意到 IE 中 JavaScript 恢复执行的速度比其他浏览器更快。这是因为实际写入磁盘的进程被转移了。在 IE8 中可以在数据赋值前调用 begin()、之后调用 commit()来强制将数据写入磁盘。比如：

```
// 仅适用于 IE8
sessionStorage.begin();
sessionStorage.name = "Nicholas";
sessionStorage.book = "Professional JavaScript";
sessionStorage.commit();
```

以上代码确保了"name"和"book"在 commit()调用之后会立即写入磁盘。调用 begin()是为了保证在代码执行期间不会有写入磁盘的操作。对于少量数据，这个过程不是必要的，但对于较大的数据量，如文档，则可以考虑使用这种事务性方法。

对存在于 sessionStorage 上的数据，可以使用 getItem()或直接访问属性名来取得。下面是使用这两种方式的例子：

```
// 使用方法取得数据
let name = sessionStorage.getItem("name");

// 使用属性取得数据
let book = sessionStorage.book;
```

可以结合 sessionStorage 的 length 属性和 key() 方法遍历所有的值：

```
for (let i = 0, len = sessionStorage.length; i < len; i++){
  let key = sessionStorage.key(i);
  let value = sessionStorage.getItem(key);
  alert(`${key}=`${value}`);
}
```

这里通过 key() 先取得给定位置中的数据名称，然后使用该名称通过 getItem() 取得值，可以依次访问 sessionStorage 中的名/值对。

也可以使用 for-in 循环迭代 sessionStorage 的值：

```
for (let key in sessionStorage){
  let value = sessionStorage.getItem(key);
  alert(`${key}=${value}`);
}
```

每次循环，key 都会被赋予 sessionStorage 中的一个名称；这里不会返回内置方法或 length 属性。

要从 sessionStorage 中删除数据，可以使用 delete 操作符直接删除对象属性，也可以使用 removeItem() 方法。下面是使用这两种方式的例子：

```
// 使用 delete 删除值
delete sessionStorage.name;

// 使用方法删除值
sessionStorage.removeItem("book");
```

sessionStorage 对象应该主要用于存储只在会话期间有效的小块数据。如果需要跨会话持久存储数据，可以使用 globalStorage 或 localStorage。

25.2.3 localStorage 对象

在修订的 HTML5 规范里，localStorage 对象取代了 globalStorage，作为在客户端持久存储数据的机制。要访问同一个 localStorage 对象，页面必须来自同一个域（子域不可以）、在相同的端口上使用相同的协议。

因为 localStorage 是 Storage 的实例，所以可以像使用 sessionStorage 一样使用 localStorage。比如下面这几个例子：

```
// 使用方法存储数据
localStorage.setItem("name", "Nicholas");

// 使用属性存储数据
localStorage.book = "Professional JavaScript";

// 使用方法取得数据
let name = localStorage.getItem("name");

// 使用属性取得数据
let book = localStorage.book;
```

25

两种存储方法的区别在于，存储在 `localStorage` 中的数据会保留到通过 JavaScript 删除或者用户清除浏览器缓存。`localStorage` 数据不受页面刷新影响，也不会因关闭窗口、标签页或重新启动浏览器而丢失。

25.2.4   存储事件

每当 `Storage` 对象发生变化时，都会在文档上触发 `storage` 事件。使用属性或 `setItem()` 设置值、使用 `delete` 或 `removeItem()` 删除值，以及每次调用 `clear()` 时都会触发这个事件。这个事件的事件对象有如下 4 个属性。

- ❑ `domain`：存储变化对应的域。
- ❑ `key`：被设置或删除的键。
- ❑ `newValue`：键被设置的新值，若键被删除则为 `null`。
- ❑ `oldValue`：键变化之前的值。

可以使用如下代码监听 `storage` 事件：

```
window.addEventListener("storage",
    (event) => alert('Storage changed for ${event.domain}'));
```

对于 `sessionStorage` 和 `localStorage` 上的任何更改都会触发 `storage` 事件，但 `storage` 事件不会区分这两者。

25.2.5   限制

与其他客户端数据存储方案一样，Web Storage 也有限制。具体的限制取决于特定的浏览器。一般来说，客户端数据的大小限制是按照每个源（协议、域和端口）来设置的，因此每个源有固定大小的数据存储空间。分析存储数据的页面的源可以加强这一限制。

不同浏览器给 `localStorage` 和 `sessionStorage` 设置了不同的空间限制，但大多数会限制为每个源 5MB。关于每种媒介的新配额限制信息表，可以参考 web.dev 网站上的文章 "Storage for the Web"。

要了解关于 Web Storage 限制的更多信息，可以参考 dev-test.nemikor 网站的 "Web Storage Support Test" 页面。

25.3   IndexedDB

Indexed Database API 简称 IndexedDB，是浏览器中存储结构化数据的一个方案。IndexedDB 用于代替目前已废弃的 Web SQL Database API。IndexedDB 背后的思想是创造一套 API，方便 JavaScript 对象的存储和获取，同时也支持查询和搜索。

IndexedDB 的设计几乎完全是异步的。为此，大多数操作以请求的形式执行，这些请求会异步执行，产生成功的结果或错误。绝大多数 IndexedDB 操作要求添加 `onerror` 和 `onsuccess` 事件处理程序来确定输出。

2017 年，新发布的主流浏览器（Chrome、Firefox、Opera、Safari）完全支持 IndexedDB。IE10/11 和 Edge 浏览器部分支持 IndexedDB。

25.3.1　数据库

IndexedDB 是类似于 MySQL 或 Web SQL Database 的数据库。与传统数据库最大的区别在于，IndexedDB 使用对象存储而不是表格保存数据。IndexedDB 数据库就是在一个公共命名空间下的一组对象存储，类似于 NoSQL 风格的实现。

使用 IndexedDB 数据库的第一步是调用 indexedDB.open() 方法，并给它传入一个要打开的数据库名称。如果给定名称的数据库已存在，则会发送一个打开它的请求；如果不存在，则会发送创建并打开这个数据库的请求。这个方法会返回 IDBRequest 的实例，可以在这个实例上添加 onerror 和 onsuccess 事件处理程序。举例如下：

```
let db,
    request,
    version = 1;

request = indexedDB.open("admin", version);
request.onerror = (event) =>
  alert(`Failed to open: ${event.target.errorCode}`);
request.onsuccess = (event) => {
  db = event.target.result;
};
```

以前，IndexedDB 使用 setVersion() 方法指定版本号。这个方法目前已废弃。如前面代码所示，要在打开数据库的时候指定版本。这个版本号会被转换为一个 unsigned long long 数值，因此不要使用小数，而要使用整数。

在两个事件处理程序中，event.target 都指向 request，因此使用哪个都可以。如果 onsuccess 事件处理程序被调用，说明可以通过 event.target.result 访问数据库（IDBDatabase）实例了，这个实例会保存到 db 变量中。之后，所有与数据库相关的操作都要通过 db 对象本身来进行。如果打开数据库期间发生错误，event.target.errorCode 中就会存储表示问题的错误码。

> **注意**　以前，出错时会使用 IDBDatabaseException 表示 IndexedDB 发生的错误。目前它已被标准的 DOMExceptions 取代。

25.3.2　对象存储

建立了数据库连接之后，下一步就是使用对象存储。如果数据库版本与期待的不一致，那可能需要创建对象存储。不过，在创建对象存储前，有必要想一想要存储什么类型的数据。

假设要存储包含用户名、密码等内容的用户记录。可以用如下对象来表示一条记录：

```
let user = {
  username: "007",
  firstName: "James",
  lastName: "Bond",
  password: "foo"
};
```

观察这个对象，可以很容易看出最适合作为对象存储键的 username 属性。用户名必须全局唯一，它也是大多数情况下访问数据的凭据。这个键很重要，因为创建对象存储时必须指定一个键。

数据库的版本决定了数据库模式，包括数据库中的对象存储和这些对象存储的结构。如果数据库还不存在，open() 操作会创建一个新数据库，然后触发 upgradeneeded 事件。可以为这个事件设置处理程序，并在处理程序中创建数据库模式。如果数据库存在，而你指定了一个升级版的版本号，则会立即触发 upgradeneeded 事件，因而可以在事件处理程序中更新数据库模式。

下面的代码演示了为存储上述用户信息如何创建对象存储：

```
request.onupgradeneeded = (event) => {
  const db = event.target.result;

  // 如果存在则删除当前 objectStore。测试的时候可以这样做
  // 但这样会在每次执行事件处理程序时删除已有数据
  if (db.objectStoreNames.contains("users")) {
    db.deleteObjectStore("users");
  }

  db.createObjectStore("users", { keyPath: "username" });
};
```

这里第二个参数的 keyPath 属性表示应该用作键的存储对象的属性名。

25.3.3　事务

创建了对象存储之后，剩下的所有操作都是通过**事务**完成的。事务要通过调用数据库对象的 transaction() 方法创建。任何时候，只要想要读取或修改数据，都要通过事务把所有修改操作组织起来。最简单的情况下，可以像下面这样创建事务：

```
let transaction = db.transaction();
```

如果不指定参数，则对数据库中所有的对象存储有只读权限。更具体的方式是指定一个或多个要访问的对象存储的名称：

```
let transaction = db.transaction("users");
```

这样可以确保在事务期间只加载 users 对象存储的信息。如果想要访问多个对象存储，可以给第一个参数传入一个字符串数组：

```
let transaction = db.transaction(["users", "anotherStore"]);
```

如前所述，每个事务都以只读方式访问数据。要修改访问模式，可以传入第二个参数。这个参数应该是下列三个字符串之一："readonly"、"readwrite"或"versionchange"。比如：

```
let transaction = db.transaction("users", "readwrite");
```

这样事务就可以对 users 对象存储读写了。

有了事务的引用，就可以使用 objectStore() 方法并传入对象存储的名称以访问特定的对象存储。然后，可以使用 add() 和 put() 方法添加和更新对象，使用 get() 取得对象，使用 delete() 删除对象，使用 clear() 删除所有对象。其中，get() 和 delete() 方法都接收对象键作为参数，这 5 个方法都创建新的请求对象。来看下面的例子：

```
const transaction = db.transaction("users"),
    store = transaction.objectStore("users"),
    request = store.get("007");
request.onerror = (event) => alert("Did not get the object!");
request.onsuccess = (event) => alert(event.target.result.firstName);
```

因为一个事务可以完成任意多个请求，所以事务对象本身也有事件处理程序：`onerror` 和 `oncomplete`。这两个事件可以用来获取事务级的状态信息：

```
transaction.onerror = (event) => {
  // 整个事务被取消
};
transaction.oncomplete = (event) => {
  // 整个事务成功完成
};
```

注意，不能通过 `oncomplete` 事件处理程序的 `event` 对象访问 `get()` 请求返回的任何数据。因此，仍然需要通过这些请求的 `onsuccess` 事件处理程序来获取数据。

25.3.4 插入对象

拿到了对象存储的引用后，就可以使用 `add()` 或 `put()` 写入数据了。这两个方法都接收一个参数，即要存储的对象，并把对象保存到对象存储。这两个方法只在对象存储中已存在同名的键时有区别。这种情况下，`add()` 会导致错误，而 `put()` 会简单地重写该对象。更简单地说，可以把 `add()` 想象成插入新值，而把 `put()` 想象为更新值。因此第一次初始化对象存储时，可以这样做：

```
// users 是一个用户数据的数组
for (let user of users) {
    store.add(user);
}
```

每次调用 `add()` 或 `put()` 都会创建对象存储的新更新请求。如果想验证请求成功与否，可以把请求对象保存到一个变量，然后为它添加 `onerror` 和 `onsuccess` 事件处理程序：

```
// users 是一个用户数据的数组
let request,
    requests = [];
for (let user of users) {
  request = store.add(user);
  request.onerror = () => {
    // 处理错误
  };
  request.onsuccess = () => {
    // 处理成功
  };
  requests.push(request);
}
```

创建并填充了数据后，就可以查询对象存储了。

25.3.5 通过游标查询

使用事务可以通过一个已知键取得一条记录。如果想取得多条数据，则需要在事务中创建一个**游标**。游标是一个指向结果集的指针。与传统数据库查询不同，游标不会事先收集所有结果。相反，游标指向第一个结果，并在接到指令前不会主动查找下一条数据。

需要在对象存储上调用 `openCursor()` 方法创建游标。与其他 IndexedDB 操作一样，`openCursor()` 方法也返回一个请求，因此必须为它添加 `onsuccess` 和 `onerror` 事件处理程序。例如：

25

```
const transaction = db.transaction("users"),
    store = transaction.objectStore("users"),
    request = store.openCursor();
request.onsuccess = (event) => {
  // 处理成功
};
request.onerror = (event) => {
  // 处理错误
};
```

在调用 onsuccess 事件处理程序时，可以通过 event.target.result 访问对象存储中的下一条记录，这个属性中保存着 IDBCursor 的实例(有下一条记录时)或 null(没有记录时)。这个 IDBCursor 实例有几个属性。

❑ direction：字符串常量，表示游标的前进方向以及是否应该遍历所有重复的值。可能的值包括：NEXT("next")、NEXTUNIQUE("nextunique")、PREV("prev")、PREVUNIQUE("prevunique")。

❑ key：对象的键。

❑ value：实际的对象。

❑ primaryKey：游标使用的键。可能是对象键或索引键 (稍后讨论)。

可以像下面这样取得一个结果：

```
request.onsuccess = (event) => {
  const cursor = event.target.result;
  if (cursor) { // 永远要检查
    console.log(`Key: ${cursor.key}, Value: ${JSON.stringify(cursor.value)}`);
  }
};
```

注意，这个例子中的 cursor.value 保存着实际的对象。正因为如此，在显示它之前才需要使用 JSON 来编码。

游标可用于更新个别记录。update()方法使用指定的对象更新当前游标对应的值。与其他类似操作一样，调用 update()会创建一个新请求，因此如果想知道结果，需要为 onsuccess 和 onerror 赋值：

```
request.onsuccess = (event) => {
  const cursor = event.target.result;
  let value,
      updateRequest;

  if (cursor) { // 永远要检查
    if (cursor.key == "foo") {
      value = cursor.value;                     // 取得当前对象
      value.password = "magic!";                // 更新密码
      updateRequest = cursor.update(value);     // 请求保存更新后的对象
      updateRequest.onsuccess = () => {
        // 处理成功
      };
      updateRequest.onerror = () => {
        // 处理错误
      };
    }
  }
};
```

也可以调用 delelte()来删除游标位置的记录，与 update()一样，这也会创建一个请求：

```
request.onsuccess = (event) => {
  const cursor = event.target.result;
  let value,
      deleteRequest;
  if (cursor) { // 永远要检查
    if (cursor.key == "foo") {
      deleteRequest = cursor.delete();  // 请求删除对象
      deleteRequest.onsuccess = () => {
        // 处理成功
      };
      deleteRequest.onerror = () => {
        // 处理错误
      };
    }
  }
};
```

如果事务没有修改对象存储的权限，update()和delete()都会抛出错误。

默认情况下，每个游标只会创建一个请求。要创建另一个请求，必须调用下列中的一个方法。

❑ continue(*key*)：移动到结果集中的下一条记录。参数*key*是可选的。如果没有指定key，游标就移动到下一条记录；如果指定了，则游标移动到指定的键。

❑ advance(*count*)：游标向前移动指定的*count*条记录。

这两个方法都会让游标重用相同的请求，因此也会重用onsuccess和onerror处理程序，直至不再需要。例如，下面的代码迭代了一个对象存储中的所有记录：

```
request.onsuccess = (event) => {
  const cursor = event.target.result;
  if (cursor) {   // 永远要检查
    console.log(`Key: ${cursor.key}, Value: ${JSON.stringify(cursor.value)}`);
    cursor.continue();  // 移动到下一条记录
  } else {
    console.log("Done!");
  }
};
```

调用cursor.continue()会触发另一个请求并再次调用onsuccess事件处理程序。在没有更多记录时，onsuccess事件处理程序最后一次被调用，此时event.target.result等于null。

25.3.6 键范围

使用游标会给人一种不太理想的感觉，因为获取数据的方式受到了限制。使用**键范围**（key range）可以让游标更容易管理。键范围对应 IDBKeyRange 的实例。有四种方式指定键范围，第一种是使用only()方法并传入想要获取的键：

```
const onlyRange = IDBKeyRange.only("007");
```

这个范围保证只获取键为"007"的值。使用这个范围创建的游标类似于直接访问对象存储并调用get("007")。

第二种键范围可以定义结果集的下限。下限表示游标开始的位置。例如，下面的键范围保证游标从"007"这个键开始，直到最后：

```
// 从"007"记录开始，直到最后
const lowerRange = IDBKeyRange.lowerBound("007");
```

如果想从"007"后面的记录开始，可以再传入第二个参数 true：

```
// 从"007"的下一条记录开始，直到最后
const lowerRange = IDBKeyRange.lowerBound("007", true);
```

第三种键范围可以定义结果集的上限，通过调用 upperBound()方法可以指定游标不会越过的记录。下面的键范围保证游标从头开始并在到达键为"ace"的记录停止：

```
// 从头开始，到"ace"记录为止
const upperRange = IDBKeyRange.upperBound("ace");
```

如果不想包含指定的键，可以在第二个参数传入 true：

```
// 从头开始，到"ace"的前一条记录为止
const upperRange = IDBKeyRange.upperBound("ace", true);
```

要同时指定下限和上限，可以使用 bound()方法。这个方法接收四个参数：下限的键、上限的键、可选的布尔值表示是否跳过下限和可选的布尔值表示是否跳过上限。下面是几个例子：

```
// 从"007"记录开始，到"ace"记录停止
const boundRange = IDBKeyRange.bound("007", "ace");
// 从"007"的下一条记录开始，到"ace"记录停止
const boundRange = IDBKeyRange.bound("007", "ace", true);
// 从"007"的下一条记录开始，到"ace"的前一条记录停止
const boundRange = IDBKeyRange.bound("007", "ace", true, true);
// 从"007"记录开始，到"ace"的前一条记录停止
const boundRange = IDBKeyRange.bound("007", "ace", false, true);
```

定义了范围之后，把它传给 openCursor()方法，就可以得到位于该范围内的游标：

```
const store = db.transaction("users").objectStore("users"),
    range = IDBKeyRange.bound("007", "ace"),
    request = store.openCursor(range);
request.onsuccess = function(event){
  const cursor = event.target.result;
  if (cursor) { // 永远要检查
    console.log(`Key: ${cursor.key}, Value: ${JSON.stringify(cursor.value)}`);
    cursor.continue(); // 移动到下一条记录
  } else {
    console.log("Done!");
  }
};
```

这个例子只会输出从键为"007"的记录开始到键为"ace"的记录结束的对象，比上一节的例子要少。

25.3.7   设置游标方向

openCursor()方法实际上可以接收两个参数，第一个是 IDBKeyRange 的实例，第二个是表示方向的字符串。通常，游标都是从对象存储的第一条记录开始，每次调用 continue()或 advance()都会向最后一条记录前进。这样的游标其默认方向为"next"。如果对象存储中有重复的记录，可能需要游标跳过那些重复的项。为此，可以给 openCursor()的第二个参数传入"nextunique"：

```
const transaction = db.transaction("users"),
    store = transaction.objectStore("users"),
    request = store.openCursor(null, "nextunique");
```

注意，openCursor()的第一个参数是 null，表示默认的键范围是所有值。此游标会遍历对象存储中的记录，从第一条记录开始迭代，到最后一条记录，但会跳过重复的记录。

另外，也可以创建在对象存储中反向移动的游标，从最后一项开始向第一项移动。此时需要给 openCursor() 传入 "prev" 或 "prevunique" 作为第二个参数（后者的意思当然是避免重复）。例如：

```
const transaction = db.transaction("users"),
    store = transaction.objectStore("users"),
        request = store.openCursor(null, "prevunique");
```

在使用 "prev" 或 "prevunique" 打开游标时，每次调用 continue() 或 advance() 都会在对象存储中反向移动游标。

25.3.8　索引

对某些数据集，可能需要为对象存储指定多个键。例如，如果同时记录了用户 ID 和用户名，那可能需要通过任何一种方式来获取用户数据。为此，可以考虑将用户 ID 作为主键，然后在用户名上创建索引。

要创建新索引，首先要取得对象存储的引用，然后像下面的例子一样调用 createIndex()：

```
const transaction = db.transaction("users"),
    store = transaction.objectStore("users"),
        index = store.createIndex("username", "username", { unique: true });
```

createIndex() 的第一个参数是索引的名称，第二个参数是索引属性的名称，第三个参数是包含键 unique 的 options 对象。这个选项中的 unique 应该必须指定，表示这个键是否在所有记录中唯一。因为 username 可能不会重复，所以这个键是唯一的。

createIndex() 返回的是 IDBIndex 实例。在对象存储上调用 index() 方法也可以得到同一个实例。例如，要使用一个已存在的名为 "username" 的索引，可以像下面这样：

```
const transaction = db.transaction("users"),
    store = transaction.objectStore("users"),
        index = store.index("username");
```

索引非常像对象存储。可以在索引上使用 openCursor() 方法创建新游标，这个游标与在对象存储上调用 openCursor() 创建的游标完全一样。只是其 result.key 属性中保存的是索引键，而不是主键。下面看一个例子：

```
const transaction = db.transaction("users"),
    store = transaction.objectStore("users"),
        index = store.index("username"),
        request = index.openCursor();
request.onsuccess = (event) => {
    // 处理成功
};
```

使用 openKeyCursor() 方法也可以在索引上创建特殊游标，只返回每条记录的主键。这个方法接收的参数与 openCursor() 一样。最大的不同在于，event.result.key 是索引键，且 event.result.value 是主键而不是整个记录。

```
const transaction = db.transaction("users"),
    store = transaction.objectStore("users"),
        index = store.index("username"),
        request = index.openKeyCursor();
request.onsuccess = (event) => {
    // 处理成功
    // event.result.key 是索引键，event.result.value 是主键
};
```

可以使用 get() 方法并传入索引键通过索引取得单条记录，这会创建一个新请求：

```
const transaction = db.transaction("users"),
    store = transaction.objectStore("users"),
    index = store.index("username"),
    request = index.get("007");
request.onsuccess = (event) => {
    // 处理成功
};
request.onerror = (event) => {
    // 处理错误
};
```

如果想只取得给定索引键的主键，可以使用 getKey() 方法。这样也会创建一个新请求，但 result.value 等于主键而不是整个记录：

```
const transaction = db.transaction("users"),
    store = transaction.objectStore("users"),
    index = store.index("username"),
    request = index.getKey("007");
request.onsuccess = (event) => {
    // 处理成功
    // event.target.result.key 是索引键，event.target.result.value 是主键
};
```

在这个 onsuccess 事件处理程序中，event.target.result.value 中应该是用户 ID。

任何时候，都可以使用 IDBIndex 对象的下列属性取得索引的相关信息。

❑ name：索引的名称。

❑ keyPath：调用 createIndex() 时传入的属性路径。

❑ objectStore：索引对应的对象存储。

❑ unique：表示索引键是否唯一的布尔值。

对象存储自身也有一个 indexNames 属性，保存着与之相关索引的名称。使用如下代码可以方便地了解对象存储上已存在哪些索引：

```
const transaction = db.transaction("users"),
    store = transaction.objectStore("users"),
    indexNames = store.indexNames
for (let indexName in indexNames) {
    const index = store.index(indexName);
    console.log(`Index name: ${index.name}
                KeyPath: ${index.keyPath}
                Unique: ${index.unique}`);
}
```

以上代码迭代了每个索引并在控制台中输出了它们的信息。

在对象存储上调用 deleteIndex() 方法并传入索引的名称可以删除索引：

```
const transaction = db.transaction("users"),
    store = transaction.objectStore("users"),
    store.deleteIndex("username");
```

因为删除索引不会影响对象存储中的数据，所以这个操作没有回调。

25.3.9 并发问题

IndexedDB 虽然是网页中的异步 API，但仍存在并发问题。如果两个不同的浏览器标签页同时打开

了同一个网页，则有可能出现一个网页尝试升级数据库而另一个尚未就绪的情形。有问题的操作是设置数据库为新版本，而版本变化只能在浏览器只有一个标签页使用数据库时才能完成。

第一次打开数据库时，添加 `onversionchange` 事件处理程序非常重要。另一个同源标签页将数据库打开到新版本时，将执行此回调。对这个事件最好的回应是立即关闭数据库，以便完成版本升级。例如：

```
let request, database;

request = indexedDB.open("admin", 1);
request.onsuccess = (event) => {
  database = event.target.result;
  database.onversionchange = () => database.close();
};
```

应该在每次成功打开数据库后都指定 `onversionchange` 事件处理程序。记住，`onversionchange` 有可能会被其他标签页触发。

通过始终都指定这些事件处理程序，可以保证 Web 应用程序能够更好地处理与 IndexedDB 相关的并发问题。

25.3.10 限制

IndexedDB 的很多限制实际上与 Web Storage 一样。首先，IndexedDB 数据库是与页面源（协议、域和端口）绑定的，因此信息不能跨域共享。这意味着 www.wrox.com 和 p2p.wrox.com 会对应不同的数据存储。

其次，每个源都有可以存储的空间限制。当前 Firefox 的限制是每个源 50MB，而 Chrome 是 5MB。移动版 Firefox 有 5MB 限制，如果用度超出配额则会请求用户许可。

Firefox 还有一个限制——本地文本不能访问 IndexedDB 数据库。Chrome 没有这个限制。因此在本地运行本书示例时，要使用 Chrome。

25.4 小结

Web Storage 定义了两个对象用于存储数据：`sessionStorage` 和 `localStorage`。前者用于严格保存浏览器一次会话期间的数据，因为数据会在浏览器关闭时被删除。后者用于会话之外持久保存数据。

IndexedDB 是类似于 SQL 数据库的结构化数据存储机制。不同的是，IndexedDB 存储的是对象，而不是数据表。对象存储是通过定义键然后添加数据来创建的。游标用于查询对象存储中的特定数据，而索引可以针对特定属性实现更快的查询。

有了这些存储手段，就可以在客户端通过使用 JavaScript 存储可观的数据。因为这些数据没有加密，所以要注意不能使用它们存储敏感信息。

25

第 26 章

模　　块

本章内容
- ❑ 理解模块模式
- ❑ 凑合的模块系统
- ❑ 使用前 ES6 模块加载器
- ❑ 使用 ES6 模块

现代 JavaScript 开发毋庸置疑会遇到代码量大和广泛使用第三方库的问题。解决这个问题的方案通常需要把代码拆分成很多部分，然后再通过某种方式将它们连接起来。

在 ECMAScript 6 模块规范出现之前，虽然浏览器原生不支持模块的行为，但迫切需要这样的行为。ECMAScript 同样不支持模块，因此希望使用模块模式的库或代码库必须基于 JavaScript 的语法和词法特性"伪造"出类似模块的行为。

因为 JavaScript 是异步加载的解释型语言，所以得到广泛应用的各种模块实现也表现出不同的形态。这些不同的形态决定了不同的结果，但最终它们都实现了经典的模块模式。

26.1　理解模块模式

将代码拆分成独立的块，然后再把这些块连接起来可以通过模块模式来实现。这种模式背后的思想很简单：把逻辑分块，各自封装，相互独立，每个块自行决定对外暴露什么，同时自行决定引入执行哪些外部代码。不同的实现和特性让这些基本的概念变得有点复杂，但这个基本的思想是所有 JavaScript 模块系统的基础。

26.1.1　模块标识符

模块标识符是所有模块系统通用的概念。模块系统本质上是键/值实体，其中每个模块都有个可用于引用它的标识符。这个标识符在模拟模块的系统中可能是字符串，在原生实现的模块系统中可能是模块文件的实际路径。

有的模块系统支持明确声明模块的标识，还有的模块系统会隐式地使用文件名作为模块标识符。不管怎样，完善的模块系统一定不会存在模块标识冲突的问题，且系统中的任何模块都应该能够无歧义地引用其他模块。

将模块标识符解析为实际模块的过程要根据模块系统对标识符的实现。原生浏览器模块标识符必须提供实际 JavaScript 文件的路径。除了文件路径，Node.js 还会搜索 node_modules 目录，用标识符去匹配包含 index.js 的目录。

26.1.2　模块依赖

　　模块系统的核心是管理依赖。指定依赖的模块与周围的环境会达成一种契约。本地模块向模块系统声明一组外部模块（依赖），这些外部模块对于当前模块正常运行是必需的。模块系统检视这些依赖，进而保证这些外部模块能够被加载并在本地模块运行时初始化所有依赖。

　　每个模块都会与某个唯一的标识符关联，该标识符可用于检索模块。这个标识符通常是 JavaScript 文件的路径，但在某些模块系统中，这个标识符也可以是在模块本身内部声明的命名空间路径字符串。

26.1.3　模块加载

　　加载模块的概念派生自依赖契约。当一个外部模块被指定为依赖时，本地模块期望在执行它时，依赖已准备好并已初始化。

　　在浏览器中，加载模块涉及几个步骤。加载模块涉及执行其中的代码，但必须是在所有依赖都加载并执行之后。如果浏览器没有收到依赖模块的代码，则必须发送请求并等待网络返回。收到模块代码之后，浏览器必须确定刚收到的模块是否也有依赖。然后递归地评估并加载所有依赖，直到所有依赖模块都加载完成。只有整个依赖图都加载完成，才可以执行入口模块。

26.1.4　入口

　　相互依赖的模块必须指定一个模块作为入口（entry point），这也是代码执行的起点。这是理所当然的，因为 JavaScript 是顺序执行的，并且是单线程的，所以代码必须有执行的起点。入口模块也可能依赖其他模块，其他模块同样可能有自己的依赖。于是模块化 JavaScript 应用程序的所有模块会构成依赖图。

　　可以通过有向图来表示应用程序中各模块的依赖关系。图 26-1 展示了一个想象中应用程序的模块依赖关系图。

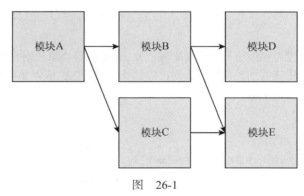

图　26-1

　　图中的箭头表示依赖方向：模块 A 依赖模块 B 和模块 C，模块 B 依赖模块 D 和模块 E，模块 C 依赖模块 E。因为模块必须在依赖加载完成后才能被加载，所以这个应用程序的入口模块 A 必须在应用程序的其他部分加载后才能执行。

　　在 JavaScript 中，"加载"的概念可以有多种实现方式。因为模块是作为包含将立即执行的 JavaScript 代码的文件实现的，所以一种可能是按照依赖图的要求依次请求各个脚本。对于前面的应用程序来说，下面的脚本请求顺序能够满足依赖图的要求：

```
<script src="moduleE.js"></script>
<script src="moduleD.js"></script>
<script src="moduleC.js"></script>
<script src="moduleB.js"></script>
<script src="moduleA.js"></script>
```

模块加载是"阻塞的"，这意味着前置操作必须完成才能执行后续操作。每个模块在自己的代码到达浏览器之后完成加载，此时其依赖已经加载并初始化。不过，这个策略存在一些性能和复杂性问题。为一个应用程序而按顺序加载五个 JavaScript 文件并不理想，并且手动管理正确的加载顺序也颇为棘手。

26.1.5　异步依赖

因为 JavaScript 可以异步执行，所以如果能按需加载就好了。换句话说，可以让 JavaScript 通知模块系统在必要时加载新模块，并在模块加载完成后提供回调。在代码层面，可以通过下面的伪代码来实现：

```
// 在模块 A 里面
load('moduleB').then(function(moduleB) {
  moduleB.doStuff();
});
```

模块 A 的代码使用了 moduleB 标识符向模块系统请求加载模块 B，并以模块 B 作为参数调用回调。模块 B 可能已加载完成，也可能必须重新请求和初始化，但这里的代码并不关心。这些事情都交给了模块加载器去负责。

如果重写前面的应用程序，只使用动态模块加载，那么使用一个<script>标签即可完成模块 A 的加载。模块 A 会按需请求模块文件，而不会生成必需的依赖列表。这样有几个好处，其中之一就是性能，因为在页面加载时只需同步加载一个文件。

这些脚本也可以分离出来，比如给<script>标签应用 defer 或 async 属性，再加上能够识别异步脚本何时加载和初始化的逻辑。此行为将模拟在 ES6 模块规范中实现的行为，本章稍后会对此进行讨论。

26.1.6　动态依赖

有些模块系统要求开发者在模块开始列出所有依赖，而有些模块系统则允许开发者在程序结构中动态添加依赖。动态添加的依赖有别于模块开头列出的常规依赖，这些依赖必须在模块执行前加载完毕。下面是动态依赖加载的例子：

```
if (loadCondition) {
  require('./moduleA');
}
```

在这个模块中，是否加载 moduleA 是运行时确定的。加载 moduleA 时可能是阻塞的，也可能导致执行，且只有模块加载后才会继续。无论怎样，模块内部的代码在 moduleA 加载前都不能执行，因为 moduleA 的存在是后续模块行为正确的关键。

动态依赖可以支持更复杂的依赖关系，但代价是增加了对模块进行静态分析的难度。

26.1.7　静态分析

模块中包含的发送到浏览器的 JavaScript 代码经常会被静态分析，分析工具会检查代码结构并在不实际执行代码的情况下推断其行为。对静态分析友好的模块系统可以让模块打包系统更容易将代码处理为较少的文件。它还将支持在智能编辑器里智能自动完成。

更复杂的模块行为，例如动态依赖，会导致静态分析更困难。不同的模块系统和模块加载器具有不同层次的复杂度。至于模块的依赖，额外的复杂度会导致相关工具更难预测模块在执行时到底需要哪些依赖。

26.1.8　循环依赖

要构建一个没有循环依赖的 JavaScript 应用程序几乎是不可能的，因此包括 CommonJS、AMD 和ES6 在内的所有模块系统都支持循环依赖。在包含循环依赖的应用程序中，模块加载顺序可能会出人意料。不过，只要恰当地封装模块，使它们没有副作用，加载顺序就应该不会影响应用程序的运行。

在下面的模块代码中（其中使用了模块中立的伪代码），任何模块都可以作为入口模块，即使依赖图中存在循环依赖：

```
require('./moduleD');
require('./moduleB');

console.log('moduleA');
require('./moduleA');
require('./moduleC');

console.log('moduleB');
require('./moduleB');
require('./moduleD');

console.log('moduleC');

require('./moduleA');
require('./moduleC');

console.log('moduleD');
```

修改主模块中用到的模块会改变依赖加载顺序。如果 `moduleA` 最先加载，则会打印如下输出，这表示模块加载完成时的绝对顺序：

```
moduleB
moduleC
moduleD
moduleA
```

以上模块加载顺序可以用图 26-2 的依赖图来表示，其中加载器会执行深度优先的依赖加载：

如果 `moduleC` 最先加载，则会打印如下输出，这表示模块加载的绝对顺序：

```
moduleD
moduleA
moduleB
moduleC
```

以上模块加载顺序可以通过图 26-3 的依赖图来表示，其中加载器会执行深度优先的依赖加载：

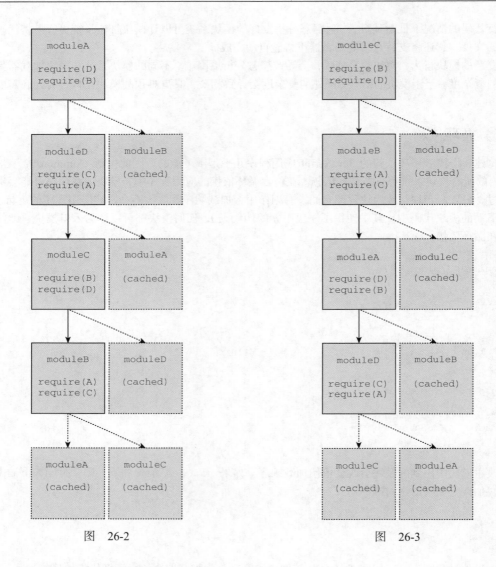

图　26-2　　　　　　　　　　　　　　　图　26-3

26.2　凑合的模块系统

为按照模块模式提供必要的封装，ES6 之前的模块有时候会使用函数作用域和立即调用函数表达式（IIFE，Immediately Invoked Function Expression）将模块定义封装在匿名闭包中。模块定义是立即执行的，如下：

```
(function() {
  // 私有 Foo 模块的代码
  console.log('bar');
})();

// bar
```

如果把这个模块的返回值赋给一个变量，那么实际上就为模块创建了命名空间：

```
var Foo = (function() {
  console.log('bar');
})();
```

```
'bar'
```

为了暴露公共 API，模块 IIFE 会返回一个对象，其属性就是模块命名空间中的公共成员：

```
var Foo = (function() {
  return {
    bar: 'baz',
    baz: function() {
      console.log(this.bar);
    }
  };
})();
```

```
console.log(Foo.bar); // 'baz'
Foo.baz();            // 'baz'
```

类似地，还有一种模式叫作"泄露模块模式"（revealing module pattern）。这种模式只返回一个对象，其属性是私有数据和成员的引用：

```
var Foo = (function() {
  var bar = 'baz';
  var baz = function() {
    console.log(bar);
  };

  return {
    bar: bar,
    baz: baz
  };
})();
```

```
console.log(Foo.bar); // 'baz'
Foo.baz();            // 'baz'
```

在模块内部也可以定义模块，这样可以实现命名空间嵌套：

```
var Foo = (function() {
  return {
    bar: 'baz'
  };
})();

Foo.baz = (function() {
  return {
    qux: function() {
      console.log('baz');
    }
  };
})();
```

```
console.log(Foo.bar); // 'baz'
Foo.baz.qux();        // 'baz'
```

为了让模块正确使用外部的值，可以将它们作为参数传给 IIFE：

```
var globalBar = 'baz';

var Foo = (function(bar) {
  return {
    bar: bar,
    baz: function() {
      console.log(bar);
    }
  };
})(globalBar);

console.log(Foo.bar); // 'baz'
Foo.baz();            // 'baz'
```

因为这里的模块实现其实就是在创建 JavaScript 对象的实例，所以完全可以在定义之后再扩展模块：

```
// 原始的 Foo
var Foo = (function(bar) {
  var bar = 'baz';

  return {
    bar: bar
  };
})();

// 扩展 Foo
var Foo = (function(FooModule) {
  FooModule.baz = function() {
    console.log(FooModule.bar);
  }

  return FooModule;
})(Foo);

console.log(Foo.bar); // 'baz'
Foo.baz();            // 'baz'
```

无论模块是否存在，配置模块扩展以执行扩展也很有用：

```
// 扩展 Foo 以增加新方法
var Foo = (function(FooModule) {
  FooModule.baz = function() {
    console.log(FooModule.bar);
  }

  return FooModule;
})(Foo || {});

// 扩展 Foo 以增加新数据
var Foo = (function(FooModule) {
  FooModule.bar = 'baz';

  return FooModule;
})(Foo || {});

console.log(Foo.bar); // 'baz'
Foo.baz();            // 'baz'
```

当然，自己动手写模块系统确实非常有意思，但实际开发中并不建议这么做，因为不够可靠。前面的例子除了使用恶意的 `eval` 之外并没有其他更好的动态加载依赖的方法。因此必须手动管理依赖和排序。要添加异步加载和循环依赖非常困难。最后，对这样的系统进行静态分析也是个问题。

26.3 使用 ES6 之前的模块加载器

在 ES6 原生支持模块之前，使用模块的 JavaScript 代码本质上是希望使用默认没有的语言特性。因此，必须按照符合某种规范的模块语法来编写代码，另外还需要单独的模块工具把这些模块语法与 JavaScript 运行时连接起来。这里的模块语法和连接方式有不同的表现形式，通常需要在浏览器中额外加载库或者在构建时完成预处理。

26.3.1 CommonJS

CommonJS 规范概述了同步声明依赖的模块定义。这个规范主要用于在服务器端实现模块化代码组织，但也可用于定义在浏览器中使用的模块依赖。CommonJS 模块语法不能在浏览器中直接运行。

> **注意** 一般认为，Node.js 的模块系统使用了 CommonJS 规范，实际上并不完全正确。Node.js 使用了轻微修改版本的 CommonJS，因为 Node.js 主要在服务器环境下使用，所以不需要考虑网络延迟问题。考虑到一致性，本节使用 Node.js 风格的模块定义语法。

CommonJS 模块定义需要使用 `require()` 指定依赖，而使用 `exports` 对象定义自己的公共 API。下面的代码展示了简单的模块定义：

```
var moduleB = require('./moduleB');

module.exports = {
  stuff: moduleB.doStuff();
};
```

`moduleA` 通过使用模块定义的相对路径来指定自己对 `moduleB` 的依赖。什么是"模块定义"，以及如何将字符串解析为模块，完全取决于模块系统的实现。比如在 Node.js 中，模块标识符可能指向文件，也可能指向包含 index.js 文件的目录。

请求模块会加载相应模块，而把模块赋值给变量也非常常见，但赋值给变量不是必需的。调用 `require()` 意味着模块会原封不动地加载进来：

```
console.log('moduleA');
require('./moduleA'); // "moduleA"
```

无论一个模块在 `require()` 中被引用多少次，模块永远是单例。在下面的例子中，`moduleA` 只会被打印一次。这是因为无论请求多少次，`moduleA` 只会被加载一次。

```
console.log('moduleA');
var a1 = require('./moduleA');
var a2 = require('./moduleA');

console.log(a1 === a2); // true
```

模块第一次加载后会被缓存，后续加载会取得缓存的模块（如下代码所示）。模块加载顺序由依赖图决定。

```
console.log('moduleA');
require('./moduleA');
require('./moduleB'); // "moduleA"
require('./moduleA');
```

在 CommonJS 中，模块加载是模块系统执行的同步操作。因此 `require()` 可以像下面这样以编程方式嵌入在模块中：

```
console.log('moduleA');
if (loadCondition) {
  require('./moduleA');
}
```

这里，`moduleA` 只会在 `loadCondition` 求值为 `true` 时才会加载。这个加载是同步的，因此 `if()` 块之前的任何代码都会在加载 `moduleA` 之前执行，而 `if()` 块之后的任何代码都会在加载 `moduleA` 之后执行。同样，加载顺序规则也会适用。因此，如果 `moduleA` 已经在前面某个地方加载过了，这个条件 `require()` 就意味着只暴露 `moduleA` 这个命名空间而已。

在上面的例子中，模块系统是 Node.js 实现的，因此 `./moduleB` 是相对路径，指向与当前模块位于同一目录中的模块目标。Node.js 会使用 `require()` 调用中的模块标识符字符串去解析模块引用。在 `Node.js` 中可以使用绝对或相对路径，也可以使用安装在 node_modules 目录中依赖的模块标识符。我们并不关心这些细节，重要的是知道在不同的 CommonJS 实现中模块字符串引用的含义可能不同。不过，所有 CommonJS 风格的实现共同之处是模块不会指定自己的标识符，它们的标识符由其在模块文件层级中的位置决定。

指向模块定义的路径可能引用一个目录，也可能是一个 JavaScript 文件。无论是什么，这与本地模块实现无关，而 `moduleB` 被加载到本地变量中。`moduleA` 在 `module.exports` 对象上定义自己的公共接口，即 `foo` 属性。

如果有模块想使用这个接口，可以像下面这样导入它：

```
var moduleA = require('./moduleA');

console.log(moduleA.stuff);
```

注意，此模块不导出任何内容。即使它没有公共接口，如果应用程序请求了这个模块，那也会在加载时执行这个模块体。

`module.exports` 对象非常灵活，有多种使用方式。如果只想导出一个实体，可以直接给 `module.exports` 赋值：

```
module.exports = 'foo';
```

这样，整个模块就导出一个字符串，可以像下面这样使用：

```
var moduleA = require('./moduleB');

console.log(moduleB); // 'foo'
```

导出多个值也很常见，可以使用对象字面量赋值或每个属性赋一次值来实现：

```
// 等价操作:

module.exports = {
  a: 'A',
  b: 'B'
};
```

```
module.exports.a = 'A';
module.exports.b = 'B';
```

模块的一个主要用途是托管类定义（这里使用 ES6 风格的类定义，不过 ES5 风格也兼容）：

```
class A {}

module.exports = A;
var A = require('./moduleA');

var a = new A();
```

也可以将类实例作为导出值：

```
class A {}

module.exports = new A();
```

此外，CommonJS 也支持动态依赖：

```
if (condition) {
  var A = require('./moduleA');
}
```

CommonJS 依赖几个全局属性如 `require` 和 `module.exports`。如果想在浏览器中使用 CommonJS 模块，就需要与其非原生的模块语法之间构筑"桥梁"。模块级代码与浏览器运行时之间也需要某种"屏障"，因为没有封装的 CommonJS 代码在浏览器中执行会创建全局变量。这显然与模块模式的初衷相悖。

常见的解决方案是提前把模块文件打包好，把全局属性转换为原生 JavaScript 结构，将模块代码封装在函数闭包中，最终只提供一个文件。为了以正确的顺序打包模块，需要事先生成全面的依赖图。

26.3.2　异步模块定义

CommonJS 以服务器端为目标环境，能够一次性把所有模块都加载到内存，而异步模块定义（AMD，Asynchronous Module Definition）的模块定义系统则以浏览器为目标执行环境，这需要考虑网络延迟的问题。AMD 的一般策略是让模块声明自己的依赖，而运行在浏览器中的模块系统会按需获取依赖，并在依赖加载完成后立即执行依赖它们的模块。

AMD 模块实现的核心是用函数包装模块定义。这样可以防止声明全局变量，并允许加载器库控制何时加载模块。包装函数也便于模块代码的移植，因为包装函数内部的所有模块代码使用的都是原生 JavaScript 结构。包装模块的函数是全局 `define` 的参数，它是由 AMD 加载器库的实现定义的。

AMD 模块可以使用字符串标识符指定自己的依赖，而 AMD 加载器会在所有依赖模块加载完毕后立即调用模块工厂函数。与 CommonJS 不同，AMD 支持可选地为模块指定字符串标识符。

```
// ID 为 'moduleA' 的模块定义。moduleA 依赖 moduleB，
// moduleB 会异步加载
define('moduleA', ['moduleB'], function(moduleB) {
  return {
    stuff: moduleB.doStuff();
  };
});
```

AMD 也支持 `require` 和 `exports` 对象，通过它们可以在 AMD 模块工厂函数内部定义 CommonJS 风格的模块。这样可以像请求模块一样请求它们，但 AMD 加载器会将它们识别为原生 AMD 结构，而

不是模块定义：

```
define('moduleA', ['require', 'exports'], function(require, exports) {
  var moduleB = require('moduleB');

  exports.stuff = moduleB.doStuff();
});
```

动态依赖也是通过这种方式支持的：

```
define('moduleA', ['require'], function(require) {
  if (condition) {
    var moduleB = require('moduleB');
  }
});
```

26.3.3　通用模块定义

为了统一 CommonJS 和 AMD 生态系统，通用模块定义（UMD，Universal Module Definition）规范应运而生。UMD 可用于创建这两个系统都可以使用的模块代码。本质上，UMD 定义的模块会在启动时检测要使用哪个模块系统，然后进行适当配置，并把所有逻辑包装在一个立即调用的函数表达式（IIFE）中。虽然这种组合并不完美，但在很多场景下足以实现两个生态的共存。

下面是只包含一个依赖的 UMD 模块定义的示例（来源为 GitHub 上的 UMD 仓库）：

```
(function (root, factory) {
  if (typeof define === 'function' && define.amd) {
    // AMD。注册为匿名模块
    define(['moduleB'], factory);
  } else if (typeof module === 'object' && module.exports) {
    // Node。不支持严格 CommonJS
    // 但可以在 Node 这样支持 module.exports 的
    // 类 CommonJS 环境下使用
    module.exports = factory(require(' moduleB '));
  } else {
    // 浏览器全局上下文（root 是 window）
    root.returnExports = factory(root. moduleB);
  }
}(this, function (moduleB) {
  // 以某种方式使用 moduleB

  // 将返回值作为模块的导出
  // 这个例子返回了一个对象
  // 但是模块也可以返回函数作为导出值
  return {};
}));
```

此模式有支持严格 CommonJS 和浏览器全局上下文的变体。不应该期望手写这个包装函数，它应该由构建工具自动生成。开发者只需专注于模块的内由容，而不必关心这些样板代码。

26.3.4　模块加载器终将没落

随着 ECMAScript 6 模块规范得到越来越广泛的支持，本节展示的模式最终会走向没落。尽管如此，为了了解为什么选择设计决策，了解 ES6 模块规范的由来仍是非常有用的。CommonJS 与 AMD 之间的冲突正是我们现在享用的 ECMAScript 6 模块规范诞生的温床。

26.4　使用 ES6 模块

ES6 最大的一个改进就是引入了模块规范。这个规范全方位简化了之前出现的模块加载器，原生浏览器支持意味着加载器及其他预处理都不再必要。从很多方面看，ES6 模块系统是集 AMD 和 CommonJS 之大成者。

26.4.1　模块标签及定义

ECMAScript 6 模块是作为一整块 JavaScript 代码而存在的。带有 `type="module"` 属性的 `<script>` 标签会告诉浏览器相关代码应该作为模块执行，而不是作为传统的脚本执行。模块可以嵌入在网页中，也可以作为外部文件引入：

```
<script type="module">
  // 模块代码
</script>

<script type="module" src="path/to/myModule.js"></script>
```

即使与常规 JavaScript 文件处理方式不同，JavaScript 模块文件也没有专门的内容类型。

与传统脚本不同，所有模块都会像 `<script defer>` 加载的脚本一样按顺序执行。解析到 `<script type="module">` 标签后会立即下载模块文件，但执行会延迟到文档解析完成。无论对嵌入的模块代码，还是引入的外部模块文件，都是这样。`<script type="module">` 在页面中出现的顺序就是它们执行的顺序。与 `<script defer>` 一样，修改模块标签的位置，无论是在 `<head>` 还是在 `<body>` 中，只会影响文件什么时候加载，而不会影响模块什么时候加载。

下面演示了嵌入模块代码的执行顺序：

```
<!-- 第二个执行 -->
<script type="module"></script>

<!-- 第三个执行 -->
<script type="module"></script>

<!-- 第一个执行 -->
<script></script>
```

另外，可以改为加载外部 JS 模块定义：

```
<!-- 第二个执行 -->
<script type="module" src="module.js"></script>

<!-- 第三个执行 -->
<script type="module" src="module.js"></script>

<!-- 第一个执行 -->
<script><script>
```

也可以给模块标签添加 `async` 属性。这样影响就是双重的：不仅模块执行顺序不再与 `<script>` 标签在页面中的顺序绑定，模块也不会等待文档完成解析才执行。不过，入口模块仍必须等待其依赖加载完成。

与 `<script type="module">` 标签关联的 ES6 模块被认为是模块图中的入口模块。一个页面上有多少个入口模块没有限制，重复加载同一个模块也没有限制。同一个模块无论在一个页面中被加载多少次，也不管它是如何加载的，实际上都只会加载一次，如下面的代码所示：

```
<!-- moduleA 在这个页面上只会被加载一次 -->

<script type="module">
  import './moduleA.js'
<script>
<script type="module">
  import './moduleA.js'
<script>
<script type="module" src="./moduleA.js"></script>
<script type="module" src="./moduleA.js"></script>
```

嵌入的模块定义代码不能使用 import 加载到其他模块。只有通过外部文件加载的模块才可以使用 import 加载。因此，嵌入模块只适合作为入口模块。

26.4.2   模块加载

ECMAScript 6 模块的独特之处在于，既可以通过浏览器原生加载，也可以与第三方加载器和构建工具一起加载。有些浏览器还没有原生支持 ES6 模块，因此可能还需要第三方工具。事实上，很多时候使用第三方工具可能会更方便。

完全支持 ECMAScript 6 模块的浏览器可以从顶级模块加载整个依赖图，且是异步完成的。浏览器会解析入口模块，确定依赖，并发送对依赖模块的请求。这些文件通过网络返回后，浏览器就会解析它们的内容，确定它们的依赖，如果这些二级依赖还没有加载，则会发送更多请求。这个异步递归加载过程会持续到整个应用程序的依赖图都解析完成。解析完依赖图，应用程序就可以正式加载模块了。

这个过程与 AMD 风格的模块加载非常相似。模块文件按需加载，且后续模块的请求会因为每个依赖模块的网络延迟而同步延迟。即，如果 moduleA 依赖 moduleB，moduleB 依赖 moduleC。浏览器在对 moduleB 的请求完成之前并不知道要请求 moduleC。这种加载方式效率很高，也不需要外部工具，但加载大型应用程序的深度依赖图可能要花费很长时间。

26.4.3   模块行为

ECMAScript 6 模块借用了 CommonJS 和 AMD 的很多优秀特性。下面简单列举一些。
- ❏ 模块代码只在加载后执行。
- ❏ 模块只能加载一次。
- ❏ 模块是单例。
- ❏ 模块可以定义公共接口，其他模块可以基于这个公共接口观察和交互。
- ❏ 模块可以请求加载其他模块。
- ❏ 支持循环依赖。

ES6 模块系统也增加了一些新行为。
- ❏ ES6 模块默认在严格模式下执行。
- ❏ ES6 模块不共享全局命名空间。
- ❏ 模块顶级 this 的值是 undefined（常规脚本中是 window）。
- ❏ 模块中的 var 声明不会添加到 window 对象。
- ❏ ES6 模块是异步加载和执行的。

浏览器运行时在知道应该把某个文件当成模块时，会有条件地按照上述 ECMAScript 6 模块行为来施加限制。与`<script type="module">`关联或者通过 `import` 语句加载的 JavaScript 文件会被认定为模块。

26.4.4　模块导出

ES6 模块的公共导出系统与 CommonJS 非常相似。控制模块的哪些部分对外部可见的是 `export` 关键字。ES6 模块支持两种导出：命名导出和默认导出。不同的导出方式对应不同的导入方式，下一节会介绍导入。

`export` 关键字用于声明一个值为命名导出。导出语句必须在模块顶级，不能嵌套在某个块中：

```
// 允许
export ...

// 不允许
if (condition) {
    export ...
}
```

导出值对模块内部 JavaScript 的执行没有直接影响，因此 `export` 语句与导出值的相对位置或者 `export` 关键字在模块中出现的顺序没有限制。`export` 语句甚至可以出现在它要导出的值之前：

```
// 允许
const foo = 'foo';
export { foo };

// 允许
export const foo = 'foo';

// 允许，但应该避免
export { foo };
const foo = 'foo';
```

命名导出（named export）就好像模块是被导出值的容器。行内命名导出，顾名思义，可以在同一行执行变量声明。下面展示了一个声明变量同时又导出变量的例子。外部模块可以导入这个模块，而 `foo` 将成为这个导入模块的一个属性：

```
export const foo = 'foo';
```

变量声明跟导出可以不在一行。可以在 `export` 子句中执行声明并将标识符导出到模块的其他地方：

```
const foo = 'foo';
export { foo };
```

导出时也可以提供别名，别名必须在 `export` 子句的大括号语法中指定。因此，声明值、导出值和为导出值提供别名不能在一行完成。在下面的例子中，导入这个模块的外部模块可以使用 `myFoo` 访问导出的值：

```
const foo = 'foo';
export { foo as myFoo };
```

因为 ES6 命名导出可以将模块作为容器，所以可以在一个模块中声明多个命名导出。导出的值可以在导出语句中声明，也可以在导出之前声明：

```
export const foo = 'foo';
export const bar = 'bar';
export const baz = 'baz';
```

考虑到导出多个值是常见的操作，ES6 模块也支持对导出声明分组，可以同时为部分或全部导出值指定别名：

```
const foo = 'foo';
const bar = 'bar';
const baz = 'baz';
export { foo, bar as myBar, baz };
```

默认导出（default export）就好像模块与被导出的值是一回事。默认导出使用 `default` 关键字将一个值声明为默认导出，每个模块只能有一个默认导出。重复的默认导出会导致 SyntaxError。

下面的例子定义了一个默认导出，外部模块可以导入这个模块，而这个模块本身就是 foo 的值：

```
const foo = 'foo';
export default foo;
```

另外，ES6 模块系统会识别作为别名提供的 `default` 关键字。此时，虽然对应的值是使用命名语法导出的，实际上则会成为默认导出：

```
const foo = 'foo';

// 等同于 export default foo;
export { foo as default };
```

因为命名导出和默认导出不会冲突，所以 ES6 支持在一个模块中同时定义这两种导出：

```
const foo = 'foo';
const bar = 'bar';

export { bar };
export default foo;
```

这两个 export 语句可以组合为一行：

```
const foo = 'foo';
const bar = 'bar';

export { foo as default, bar };
```

ES6 规范对不同形式的 export 语句中可以使用什么不可以使用什么规定了限制。某些形式允许声明和赋值，某些形式只允许表达式，而某些形式则只允许简单标识符。注意，有的形式使用了分号，有的则没有：

```
// 命名行内导出
export const baz = 'baz';
export const foo = 'foo', bar = 'bar';
export function foo() {}
export function* foo() {}
export class Foo {}

// 命名子句导出
export { foo };
export { foo, bar };
export { foo as myFoo, bar };

// 默认导出
export default 'foo';
export default 123;
export default /[a-z]*/;
export default { foo: 'foo' };
```

```
export { foo, bar as default };
export default foo
export default function() {}
export default function foo() {}
export default function*() {}
export default class {}

// 会导致错误的不同形式：

// 行内默认导出中不能出现变量声明
export default const foo = 'bar';

// 只有标识符可以出现在 export 子句中
export { 123 as foo }

// 别名只能在 export 子句中出现
export const foo = 'foo' as myFoo;
```

> **注意**　什么可以或不可以与 `exprot` 关键字出现在同一行可能很难记住。一般来说，声明、赋值和导出标识符最好分开。这样就不容易搞错了，同时也可以让 export 语句集中在一块。

26.4.5　模块导入

模块可以通过使用 `import` 关键字使用其他模块导出的值。与 `export` 类似，`import` 必须出现在模块的顶级：

```
// 允许
import ...

// 不允许
if (condition) {
    import ...
}
```

`import` 语句被提升到模块顶部。因此，与 `export` 关键字类似，`import` 语句与使用导入值的语句的相对位置并不重要。不过，还是推荐把导入语句放在模块顶部。

```
// 允许
import { foo } from './fooModule.js';
console.log(foo); // 'foo'

// 允许，但应该避免
console.log(foo); // 'foo'
import { foo } from './fooModule.js';
```

模块标识符可以是相对于当前模块的相对路径，也可以是指向模块文件的绝对路径。它必须是纯字符串，不能是动态计算的结果。例如，不能是拼接的字符串。

如果在浏览器中通过标识符原生加载模块，则文件必须带有.js扩展名，不然可能无法正确解析。不过，如果是通过构建工具或第三方模块加载器打包或解析的 ES6 模块，则可能不需要包含文件扩展名。

```
// 解析为/components/bar.js
import ... from './bar.js';
```

```
// 解析为/bar.js
import ... from '../bar.js';

// 解析为/bar.js
import ... from '/bar.js';
```

不是必须通过导出的成员才能导入模块。如果不需要模块的特定导出，但仍想加载和执行模块以利用其副作用，可以只通过路径加载它：

```
import './foo.js';
```

导入对模块而言是只读的，实际上相当于 const 声明的变量。在使用*执行批量导入时，赋值给别名的命名导出就好像使用 Object.freeze() 冻结过一样。直接修改导出的值是不可能的，但可以修改导出对象的属性。同样，也不能给导出的集合添加或删除导出的属性。要修改导出的值，必须使用有内部变量和属性访问权限的导出方法。

```
import foo, * as Foo './foo.js';

foo = 'foo';      // 错误

Foo.foo = 'foo'; // 错误

foo.bar = 'bar'; // 允许
```

命名导出和默认导出的区别也反映在它们的导入上。命名导出可以使用*批量获取并赋值给保存导出集合的别名，而无须列出每个标识符：

```
const foo = 'foo', bar = 'bar', baz = 'baz';
export { foo, bar, baz }
import * as Foo from './foo.js';

console.log(Foo.foo); // foo
console.log(Foo.bar); // bar
console.log(Foo.baz); // baz
```

要指名导入，需要把标识符放在 import 子句中。使用 import 子句可以为导入的值指定别名：

```
import { foo, bar, baz as myBaz } from './foo.js';

console.log(foo);   // foo
console.log(bar);   // bar
console.log(myBaz); // baz
```

默认导出就好像整个模块就是导出的值一样。可以使用 default 关键字并提供别名来导入。也可以不使用大括号，此时指定的标识符就是默认导出的别名：

```
// 等效
import { default as foo } from './foo.js';
import foo from './foo.js';
```

如果模块同时导出了命名导出和默认导出，则可以在 import 语句中同时取得它们。可以依次列出特定导出的标识符来取得，也可以使用*来取得：

```
import foo, { bar, baz } from './foo.js';

import { default as foo, bar, baz } from './foo.js';

import foo, * as Foo from './foo.js';
```

> **注意**　本书写作时，有一个动态导入模块的提案处在第三阶段（stage 3），参见 GitHub 上的 tc39/proposals 页面。

26.4.6　模块转移导出

模块导入的值可以直接通过管道转移到导出。此时，也可以将默认导出转换为命名导出，或者相反。如果想把一个模块的所有命名导出集中在一块，可以像下面这样在 bar.js 中使用*导出：

```
export * from './foo.js';
```

这样，foo.js 中的所有命名导出都会出现在导入 bar.js 的模块中。如果 foo.js 有默认导出，则该语法会忽略它。使用此语法也要注意导出名称是否冲突。如果 foo.js 导出 baz，bar.js 也导出 baz，则最终导出的是 bar.js 中的值。这个"重写"是静默发生的：

foo.js

```
export const baz = 'origin:foo';
```

bar.js

```
export * from './foo.js';
export const baz = 'origin:bar';
```

main.js

```
import { baz } from './bar.js';
console.log(baz); // origin:bar
```

此外也可以明确列出要从外部模块转移本地导出的值。该语法支持使用别名：

```
export { foo, bar as myBar } from './foo.js';
```

类似地，外部模块的默认导出可以重用为当前模块的默认导出：

```
export { default } from './foo.js';
```

这样不会复制导出的值，只是把导入的引用传给了原始模块。在原始模块中，导入的值仍然是可用的，与修改导入相关的限制也适用于再次导出的导入。

在重新导出时，还可以在导入模块修改命名或默认导出的角色。比如，可以像下面这样将命名导出指定为默认导出：

```
export { foo as default } from './foo.js';
```

26.4.7　工作者模块

ECMAScript 6 模块与 Worker 实例完全兼容。在实例化时，可以给工作者传入一个指向模块文件的路径，与传入常规脚本文件一样。Worker 构造函数接收第二个参数，用于说明传入的是模块文件。下面是两种类型的 Worker 的实例化行为：

```
// 第二个参数默认为{ type: 'classic' }
const scriptWorker = new Worker('scriptWorker.js');

const moduleWorker = new Worker('moduleWorker.js', { type: 'module' });
```

在基于模块的工作者内部，self.importScripts()方法通常用于在基于脚本的工作者中加载外部脚本，调用它会抛出错误。这是因为模块的 import 行为包含了 importScripts()。

26

26.4.8   向后兼容

ECMAScript 模块的兼容是个渐进的过程,能够同时兼容支持和不支持的浏览器对早期采用者是有价值的。对于想要尽可能在浏览器中原生使用 ECMAScript 6 模块的用户,可以提供两个版本的代码:基于模块的版本与基于脚本的版本。如果嫌麻烦,可以使用第三方模块系统(如 SystemJS)或在构建时将 ES6 模块进行转译,这都是不错的方案。

第一种方案涉及在服务器上检查浏览器的用户代理,与支持模块的浏览器名单进行匹配,然后基于匹配结果决定提供哪个版本的 JavaScript 文件。这个方法不太可靠,而且比较麻烦,不推荐。更好、更优雅的方案是利用脚本的 type 属性和 nomodule 属性。

浏览器在遇到<script>标签上无法识别的 type 属性时会拒绝执行其内容。对于不支持模块的浏览器,这意味着<script type="module">不会被执行。因此,可以在<script type="module">标签旁边添加一个回退<script>标签:

```
// 不支持模块的浏览器不会执行这里的代码
<script type="module" src="module.js"></script>

// 不支持模块的浏览器会执行这里的代码
<script src="script.js"></script>
```

当然,这样一来支持模块的浏览器就有麻烦了。此时,前面的代码会执行两次,显然这不是我们想要的结果。为了避免这种情况,原生支持 ECMAScript 6 模块的浏览器也会识别 nomodule 属性。此属性通知支持 ES6 模块的浏览器不执行脚本。不支持模块的浏览器无法识别该属性,从而忽略这个属性的存在。

因此,下面代码会生成一个设置,在这个设置中,支持模块和不支持模块的浏览器都只会执行一段脚本:

```
// 支持模块的浏览器会执行这段脚本
// 不支持模块的浏览器不会执行这段脚本
<script type="module" src="module.js"></script>

// 支持模块的浏览器不会执行这段脚本
// 不支持模块的浏览器会执行这段脚本
<script nomodule src="script.js"></script>
```

26.5   小结

模块模式是管理复杂性的永恒工具。开发者可以通过它创建逻辑彼此独立的代码段,在这些代码段之间声明依赖,并将它们连接在一起。此外,这种模式也是经证明能够优雅扩展到任意复杂度且跨平台的方案。

多年以来,CommonJS 和 AMD 这两个分别针对服务器端环境和受延迟限制的客户端环境的模块系统长期分裂。两个系统都获得了爆炸性增强,但为它们编写的代码则在很多方面不一致,经常也会带有冗余的样板代码。而且,这两个系统都没有在浏览器中实现。缺乏兼容导致出现了相关工具,从而让在浏览器中实现模块模式成为可能。

ECMAScript 6 规范重新定义了浏览器模块,集之前两个系统之长于一身,并通过更简单的声明性语法暴露出来。浏览器对原生模块的支持越来越好,但也提供了稳健的工具以实现从不支持到支持 ES6 模块的过渡。

第27章

工作者线程

视频讲解

前端开发者常说："JavaScript 是单线程的。"这种说法虽然有些简单，但描述了 JavaScript 在浏览器中的一般行为。因此，作为帮助 Web 开发人员理解 JavaScript 的教学工具，它非常有用。

单线程就意味着不能像多线程语言那样把工作委托给独立的线程或进程去做。JavaScript 的单线程可以保证它与不同浏览器 API 兼容。假如 JavaScript 可以多线程执行并发更改，那么像 DOM 这样的 API 就会出现问题。因此，POSIX 线程或 Java 的 `Thread` 类等传统并发结构都不适合 JavaScript。

而这也正是工作者线程的价值所在：允许把主线程的工作转嫁给独立的实体，而不会改变现有的单线程模型。虽然本章要介绍的各种工作者线程有不同的形式和功能，但它们的共同的特点是都独立于 JavaScript 的主执行环境。

27.1 工作者线程简介

JavaScript 环境实际上是运行在托管操作系统中的虚拟环境。在浏览器中每打开一个页面，就会分配一个它自己的环境。这样，每个页面都有自己的内存、事件循环、DOM，等等。每个页面就相当于一个沙盒，不会干扰其他页面。对于浏览器来说，同时管理多个环境是非常简单的，因为所有这些环境都是并行执行的。

使用**工作者线程**，浏览器可以在原始页面环境之外再分配一个完全独立的二级子环境。这个子环境不能与依赖单线程交互的 API（如 DOM）互操作，但可以与父环境并行执行代码。

27.1.1 工作者线程与线程

作为介绍，通常需要将工作者线程与执行线程进行比较。在许多方面，这是一个恰当的比较，因为工作者线程和线程确实有很多共同之处。

- ❑ **工作者线程是以实际线程实现的**。例如，Blink 浏览器引擎实现工作者线程的 `WorkerThread` 就对应着底层的线程。
- ❑ **工作者线程并行执行**。虽然页面和工作者线程都是单线程 JavaScript 环境，每个环境中的指令则可以并行执行。

❑ **工作者线程可以共享某些内存**。工作者线程能够使用 `SharedArrayBuffer` 在多个环境间共享内容。虽然线程会使用锁实现并发控制，但 JavaScript 使用 `Atomics` 接口实现并发控制。

工作者线程与线程有很多类似之处，但也有重要的区别。

❑ **工作者线程不共享全部内存**。在传统线程模型中，多线程有能力读写共享内存空间。除了 `Shared-ArrayBuffer` 外，从工作者线程进出的数据需要复制或转移。

❑ **工作者线程不一定在同一个进程里**。通常，一个进程可以在内部产生多个线程。根据浏览器引擎的实现，工作者线程可能与页面属于同一进程，也可能不属于。例如，Chrome 的 Blink 引擎对共享工作者线程和服务工作者线程使用独立的进程。

❑ **创建工作者线程的开销更大**。工作者线程有自己独立的事件循环、全局对象、事件处理程序和其他 JavaScript 环境必需的特性。创建这些结构的代价不容忽视

无论形式还是功能，工作者线程都不是用于替代线程的。HTML Web 工作者线程规范是这样说的：

> 工作者线程相对比较重，不建议大量使用。例如，对一张 400 万像素的图片，为每个像素都启动一个工作者线程是不合适的。通常，工作者线程应该是长期运行的，启动成本比较高，每个实例占用的内存也比较大。

27.1.2　工作者线程的类型

Web 工作者线程规范中定义了三种主要的工作者线程：**专用工作者线程**、**共享工作者线程**和**服务工作者线程**。现代浏览器都支持这些工作者线程。

> **注意**　Web 工作者线程规范参见 HTML Standard 网站。

1. 专用工作者线程

专用工作者线程，通常简称为工作者线程、Web Worker 或 Worker，是一种实用的工具，可以让脚本单独创建一个 JavaScript 线程，以执行委托的任务。专用工作者线程，顾名思义，只能被创建它的页面使用。

2. 共享工作者线程

共享工作者线程与专用工作者线程非常相似。主要区别是共享工作者线程可以被多个不同的上下文使用，包括不同的页面。任何与创建共享工作者线程的脚本同源的脚本，都可以向共享工作者线程发送消息或从中接收消息。

3. 服务工作者线程

服务工作者线程与专用工作者线程和共享工作者线程截然不同。它的主要用途是拦截、重定向和修改页面发出的请求，充当网络请求的仲裁者的角色。

> **注意**　还有其他一些工作者线程规范，比如 ChromeWorker 或 Web Audio API，但它们并未得到广泛支持，或者定位于小众应用程序，因此本书没有包含与之相关的内容。

27.1.3 `WorkerGlobalScope`

在网页上，`window` 对象可以向运行在其中的脚本暴露各种全局变量。在工作者线程内部，没有 `window` 的概念。这里的全局对象是 `WorkerGlobalScope` 的实例，通过 `self` 关键字暴露出来。

1. `WorkerGlobalScope` 属性和方法

`self` 上可用的属性是 `window` 对象上属性的严格子集。其中有些属性会返回特定于工作者线程的版本。

- □ `navigator`：返回与工作者线程关联的 `WorkerNavigator`。
- □ `self`：返回 `WorkerGlobalScope` 对象。
- □ `location`：返回与工作者线程关联的 `WorkerLocation`。
- □ `performance`：返回（只包含特定属性和方法的）`Performance` 对象。
- □ `console`：返回与工作者线程关联的 `Console` 对象；对 API 没有限制。
- □ `caches`：返回与工作者线程关联的 `CacheStorage` 对象；对 API 没有限制。
- □ `indexedDB`：返回 `IDBFactory` 对象。
- □ `isSecureContext`：返回布尔值，表示工作者线程上下文是否安全。
- □ `origin`：返回 `WorkerGlobalScope` 的源。

类似地，`self` 对象上暴露的一些方法也是 `window` 上方法的子集。这些 `self` 上的方法也与 `window` 上对应的方法操作一样。

- □ `atob()`
- □ `btoa()`
- □ `clearInterval()`
- □ `clearTimeout()`
- □ `createImageBitmap()`
- □ `fetch()`
- □ `setInterval()`
- □ `setTimeout()`

`WorkerGlobalScope` 还增加了新的全局方法 `importScripts()`，只在工作者线程内可用。本章稍后会介绍该方法。

2. `WorkerGlobalScope` 的子类

实际上并不是所有地方都实现了 `WorkerGlobalScope`。每种类型的工作者线程都使用了自己特定的全局对象，这继承自 `WorkerGlobalScope`。

- □ 专用工作者线程使用 `DedicatedWorkerGlobalScope`。
- □ 共享工作者线程使用 `SharedWorkerGlobalScope`。
- □ 服务工作者线程使用 `ServiceWorkerGlobalScope`。

本章稍后会在这些全局对象对应的小节中讨论其差异。

27.2 专用工作者线程

专用工作者线程是最简单的 Web 工作者线程，网页中的脚本可以创建专用工作者线程来执行在页面线程之外的其他任务。这样的线程可以与父页面交换信息、发送网络请求、执行文件输入/输出、进行密集计算、处理大量数据，以及实现其他不适合在页面执行线程里做的任务（否则会导致页面响应迟钝）。

27

> 注意　在使用工作者线程时，脚本在哪里执行、在哪里加载是非常重要的概念。除非另有
> 说明，否则本章假定 main.js 是从 https://example.com 域的根路径加载并执行的顶级脚本。

27.2.1　专用工作者线程的基本概念

可以把专用工作者线程称为**后台脚本**（background script）。JavaScript 线程的各个方面，包括生命周期管理、代码路径和输入/输出，都由初始化线程时提供的脚本来控制。该脚本也可以再请求其他脚本，但一个线程总是从一个脚本源开始。

1. 创建专用工作者线程

创建专用工作者线程最常见的方式是加载 JavaScript 文件。把文件路径提供给 Worker 构造函数，然后构造函数再在后台异步加载脚本并实例化工作者线程。传给构造函数的文件路径可以是多种形式。

下面的代码演示了如何创建空的专用工作者线程：

emptyWorker.js

```
// 空的 JS 工作者线程文件
```

main.js

```
console.log(location.href); // "https://example.com/"
const worker = new Worker(location.href + 'emptyWorker.js');
console.log(worker);        // Worker {}
```

这个例子非常简单，但涉及几个基本概念。

- ❑ emptyWorker.js 文件是从绝对路径加载的。根据应用程序的结构，使用绝对 URL 经常是多余的。
- ❑ 这个文件是在后台加载的，工作者线程的初始化完全独立于 main.js。
- ❑ 工作者线程本身存在于一个独立的 JavaScript 环境中，因此 main.js 必须以 Worker 对象为代理实现与工作者线程通信。在上面的例子中，该对象被赋值给了 worker 变量。
- ❑ 虽然相应的工作者线程可能还不存在，但该 Worker 对象已在原始环境中可用了。

前面的例子可修改为使用相对路径。不过，这要求 main.js 必须与 emptyWorker.js 在同一个路径下：

```
const worker = new Worker('./emptyWorker.js');
console.log(worker);   // Worker {}
```

2. 工作者线程安全限制

工作者线程的脚本文件只能从与父页面相同的源加载。从其他源加载工作者线程的脚本文件会导致错误，如下所示：

```
// 尝试基于 https://example.com/worker.js 创建工作者线程
const sameOriginWorker = new Worker('./worker.js');

// 尝试基于 https://untrusted.com/worker.js 创建工作者线程
const remoteOriginWorker = new Worker('https://untrusted.com/worker.js');

// Error: Uncaught DOMException: Failed to construct 'Worker':
// Script at https://untrusted.com/main.js cannot be accessed
// from origin https://example.com
```

> 注意　不能使用非同源脚本创建工作者线程，并不影响执行其他源的脚本。在工作者线程
> 内部，使用 importScripts() 可以加载其他源的脚本。本章稍后会介绍。

基于加载脚本创建的工作者线程不受文档的内容安全策略限制，因为工作者线程在与父文档不同的上下文中运行。不过，如果工作者线程加载的脚本带有全局唯一标识符（与加载自一个二进制大文件一样），就会受父文档内容安全策略的限制。

> **注意**　27.2.5 节会介绍基于二进制大文件创建工作者线程。

3. 使用 Worker 对象

Worker() 构造函数返回的 Worker 对象是与刚创建的专用工作者线程通信的连接点。它可用于在工作者线程和父上下文间传输信息，以及捕获专用工作者线程发出的事件。

> **注意**　要管理好使用 Worker() 创建的每个 Worker 对象。在终止工作者线程之前，它不会被垃圾回收，也不能通过编程方式恢复对之前 Worker 对象的引用。

Worker 对象支持下列事件处理程序属性。

- ❑ onerror：在工作者线程中发生 ErrorEvent 类型的错误事件时会调用指定给该属性的处理程序。
  - ■ 该事件会在工作者线程中抛出错误时发生。
  - ■ 该事件也可以通过 worker.addEventListener('error', handler) 的形式处理。
- ❑ onmessage：在工作者线程中发生 MessageEvent 类型的消息事件时会调用指定给该属性的处理程序。
  - ■ 该事件会在工作者线程向父上下文发送消息时发生。
  - ■ 该事件也可以通过使用 worker.addEventListener('message', handler) 处理。
- ❑ onmessageerror：在工作者线程中发生 MessageEvent 类型的错误事件时会调用指定给该属性的处理程序。
  - ■ 该事件会在工作者线程收到无法反序列化的消息时发生。
  - ■ 该事件也可以通过使用 worker.addEventListener('messageerror', handler) 处理。

Worker 对象还支持下列方法。

- ❑ postMessage()：用于通过异步消息事件向工作者线程发送信息。
- ❑ terminate()：用于立即终止工作者线程。没有为工作者线程提供清理的机会，脚本会突然停止。

4. DedicatedWorkerGlobalScope

在专用工作者线程内部，全局作用域是 DedicatedWorkerGlobalScope 的实例。因为这继承自 WorkerGlobalScope，所以包含它的所有属性和方法。工作者线程可以通过 self 关键字访问该全局作用域。

globalScopeWorker.js

```
console.log('inside worker:', self);
```

main.js

```
const worker = new Worker('./globalScopeWorker.js');

console.log('created worker:', worker);

// created worker: Worker {}

// inside worker: DedicatedWorkerGlobalScope {}
```

如此例所示，顶级脚本和工作者线程中的 `console` 对象都将写入浏览器控制台，这对于调试非常有用。因为工作者线程具有不可忽略的启动延迟，所以即使 `Worker` 对象存在，工作者线程的日志也会在主线程的日志之后打印出来。

> **注意**   这里两个独立的 JavaScript 线程都在向一个 `console` 对象发消息，该对象随后将消息序列化并在浏览器控制台打印出来。浏览器从两个不同的 JavaScript 线程收到消息，并按照自己认为合适的顺序输出这些消息。为此，在多线程应用程序中使用日志确定操作顺序时必须要当心。

`DedicatedWorkerGlobalScope` 在 `WorkerGlobalScope` 基础上增加了以下属性和方法。

☐ `name`：可以提供给 `Worker` 构造函数的一个可选的字符串标识符。

☐ `postMessage()`：与 `worker.postMessage()` 对应的方法，用于从工作者线程内部向父上下文发送消息。

☐ `close()`：与 `worker.terminate()` 对应的方法，用于立即终止工作者线程。没有为工作者线程提供清理的机会，脚本会突然停止。

☐ `importScripts()`：用于向工作者线程中导入任意数量的脚本。

27.2.2   专用工作者线程与隐式 `MessagePorts`

专用工作者线程的 `Worker` 对象和 `DedicatedWorkerGlobalScope` 与 `MessagePorts` 有一些相同接口处理程序和方法：`onmessage`、`onmessageerror`、`close()` 和 `postMessage()`。这不是偶然的，因为专用工作者线程隐式使用了 `MessagePorts` 在两个上下文之间通信。

父上下文中的 `Worker` 对象和 `DedicatedWorkerGlobalScope` 实际上融合了 `MessagePort`，并在自己的接口中分别暴露了相应的处理程序和方法。换句话说，消息还是通过 `MessagePort` 发送，只是没有直接使用 `MessagePort` 而已。

也有不一致的地方，比如 `start()` 和 `close()` 约定。专用工作者线程会自动发送排队的消息，因此 `start()` 也就没有必要了。另外，`close()` 在专用工作者线程的上下文中没有意义，因为这样关闭 `MessagePort` 会使工作者线程孤立。因此，在工作者线程内部调用 `close()`（或在外部调用 `terminate()`）不仅会关闭 `MessagePort`，也会终止线程。

27.2.3   专用工作者线程的生命周期

调用 `Worker()` 构造函数是一个专用工作者线程生命的起点。调用之后，它会初始化对工作者线程脚本的请求，并把 `Worker` 对象返回给父上下文。虽然父上下文中可以立即使用这个 `Worker` 对象，但与之关联的工作者线程可能还没有创建，因为存在请求脚本的网格延迟和初始化延迟。

一般来说，专用工作者线程可以非正式区分为处于下列三个状态：**初始化**（initializing）、**活动**（active）和**终止**（terminated）。这几个状态对其他上下文是不可见的。虽然 `Worker` 对象可能会存在于父上下文中，但也无法通过它确定工作者线程当前是处理初始化、活动还是终止状态。换句话说，与活动的专用工作者线程关联的 `Worker` 对象和与终止的专用工作者线程关联的 `Worker` 对象无法分别。

初始化时，虽然工作者线程脚本尚未执行，但可以先把要发送给工作者线程的消息加入队列。这些消息会等待工作者线程的状态变为活动，再把消息添加到它的消息队列。下面的代码演示了这个过程。

initializingWorker.js

```
self.addEventListener('message', ({data}) => console.log(data));
```

main.js

```
const worker = new Worker('./initializingWorker.js');

// Worker 可能仍处于初始化状态
// 但 postMessage()数据可以正常处理
worker.postMessage('foo');
worker.postMessage('bar');
worker.postMessage('baz');

// foo
// bar
// baz
```

创建之后，专用工作者线程就会伴随页面的整个生命期而存在，除非自我终止（self.close()）或通过外部终止（worker.terminate()）。即使线程脚本已运行完成，线程的环境仍会存在。只要工作者线程仍存在，与之关联的 Worker 对象就不会被当成垃圾收集掉。

自我终止和外部终止最终都会执行相同的工作者线程终止例程。来看下面的例子，其中工作者线程在发送两条消息中间执行了自我终止：

closeWorker.js

```
self.postMessage('foo');
self.close();
self.postMessage('bar');
setTimeout(() => self.postMessage('baz'), 0);
```

main.js

```
const worker = new Worker('./closeWorker.js');
worker.onmessage = ({data}) => console.log(data);

// foo
// bar
```

虽然调用了 close()，但显然工作者线程的执行并没有立即终止。close()在这里会通知工作者线程取消事件循环中的所有任务，并阻止继续添加新任务。这也是为什么"baz"没有打印出来的原因。工作者线程不需要执行同步停止，因此在父上下文的事件循环中处理的"bar"仍会打印出来。

下面来看外部终止的例子。

terminateWorker.js

```
self.onmessage = ({data}) => console.log(data);
```

main.js

```
const worker = new Worker('./terminateWorker.js');

// 给 1000 毫秒让工作者线程初始化
setTimeout(() => {
  worker.postMessage('foo');
  worker.terminate();
  worker.postMessage('bar');
  setTimeout(() => worker.postMessage('baz'), 0);
}, 1000);

// foo
```

27

这里，外部先给工作者线程发送了带"foo"的 postMessage，这条消息可以在外部终止之前处理。一旦调用了 terminate()，工作者线程的消息队列就会被清理并锁住，这也是只是打印"foo"的原因。

> 注意　close()和 terminate()是幂等操作，多次调用没有问题。这两个方法仅仅是将 Worker 标记为 teardown，因此多次调用不会有不好的影响。

在整个生命周期中，一个专用工作者线程只会关联一个网页（Web 工作者线程规范称其为一个**文档**）。除非明确终止，否则只要关联文档存在，专用工作者线程就会存在。如果浏览器离开网页（通过导航或关闭标签页或关闭窗口），它会将与其关联的工作者线程标记为终止，它们的执行也会立即停止。

27.2.4　配置 Worker 选项

Worker()构造函数允许将可选的配置对象作为第二个参数。该配置对象支持下列属性。
- ❑ name：可以在工作者线程中通过 self.name 读取到的字符串标识符。
- ❑ type：表示加载脚本的运行方式，可以是"classic"或"module"。"classic"将脚本作为常规脚本来执行，"module"将脚本作为模块来执行。
- ❑ credentials：在 type 为"module"时，指定如何获取与传输凭证数据相关的工作者线程模块脚本。值可以是"omit"、"same-origin"或"include"。这些选项与 fetch()的凭证选项相同。在 type 为"classic"时，默认为"omit"。

> 注意　有的现代浏览器还不完全支持模块工作者线程或可能需要修改标志才能支持。

27.2.5　在 JavaScript 行内创建工作者线程

工作者线程需要基于脚本文件来创建，但这并不意味着该脚本必须是远程资源。专用工作者线程也可以通过 Blob 对象 URL 在行内脚本创建。这样可以更快速地初始化工作者线程，因为没有网络延迟。

下面展示了一个在行内创建工作者线程的例子。

```
// 创建要执行的 JavaScript 代码字符串
const workerScript = `
  self.onmessage = ({data}) => console.log(data);
`;

// 基于脚本字符串生成 Blob 对象
const workerScriptBlob = new Blob([workerScript]);

// 基于 Blob 实例创建对象 URL
const workerScriptBlobUrl = URL.createObjectURL(workerScriptBlob);

// 基于对象 URL 创建专用工作者线程
const worker = new Worker(workerScriptBlobUrl);

worker.postMessage('blob worker script');
// blob worker script
```

在这个例子中，通过脚本字符串创建了 Blob，然后又通过 Blob 创建了对象 URL，最后把对象 URL 传给了 Worker()构造函数。该构造函数同样创建了专用工作者线程。

如果把所有代码写在一块，可以浓缩为这样：

```
const worker = new Worker(URL.createObjectURL(new Blob([`self.onmessage =
({data}) => console.log(data);`])));

worker.postMessage('blob worker script');
// blob worker script
```

工作者线程也可以利用函数序列化来初始化行内脚本。这是因为函数的 toString() 方法返回函数代码的字符串，而函数可以在父上下文中定义但在子上下文中执行。来看下面这个简单的例子：

```
function fibonacci(n) {
  return n < 1 ? 0
       : n <= 2 ? 1
       : fibonacci(n - 1) + fibonacci(n - 2);
}

const workerScript = `
  self.postMessage(
    (${fibonacci.toString()})(9)
  );
`;

const worker = new Worker(URL.createObjectURL(new Blob([workerScript])));

worker.onmessage = ({data}) => console.log(data);
```

```
// 34
```

这里有意使用了斐波那契数列的实现，将其序列化之后传给了工作者线程。该函数作为 IIFE 调用并传递参数，结果则被发送回主线程。虽然计算斐波那契数列比较耗时，但所有计算都会委托到工作者线程，因此并不会影响父上下文的性能。

> 注意　像这样序列化函数有个前提，就是函数体内不能使用通过闭包获得的引用，也包括全局变量，比如 window，因为这些引用在工作者线程中执行时会出错。

27.2.6　在工作者线程中动态执行脚本

工作者线程中的脚本并非铁板一块，而是可以使用 importScripts() 方法通过编程方式加载和执行任意脚本。该方法可用于全局 Worker 对象。这个方法会加载脚本并按照加载顺序同步执行。比如，下面的例子加载并执行了两个脚本：

main.js
```
const worker = new Worker('./worker.js');

// importing scripts
// scriptA executes
// scriptB executes
// scripts imported
```

scriptA.js
```
console.log('scriptA executes');
```

scriptB.js

```
console.log('scriptB executes');
```

worker.js

```
console.log('importing scripts');

importScripts('./scriptA.js');
importScripts('./scriptB.js');

console.log('scripts imported');
```

importScripts() 方法可以接收任意数量的脚本作为参数。浏览器下载它们的顺序没有限制，但执行则会严格按照它们在参数列表的顺序进行。因此，下面的代码与前面的效果一样：

```
console.log('importing scripts');

importScripts('./scriptA.js', './scriptB.js');

console.log('scripts imported');
```

脚本加载受到常规 CORS 的限制，但在工作者线程内部可以请求来自任何源的脚本。这里的脚本导入策略类似于使用生成的 <script> 标签动态加载脚本。在这种情况下，所有导入的脚本也会共享作用域。下面的代码演示了这个事实：

main.js

```
const worker = new Worker('./worker.js', {name: 'foo'});

// importing scripts in foo with bar
// scriptA executes in foo with bar
// scriptB executes in foo with bar
// scripts imported
```

scriptA.js

```
console.log(`scriptA executes in ${self.name} with ${globalToken}`);
```

scriptB.js

```
console.log(`scriptB executes in ${self.name} with ${globalToken}`);
```

worker.js

```
const globalToken = 'bar';

console.log(`importing scripts in ${self.name} with ${globalToken}`);

importScripts('./scriptA.js', './scriptB.js');

console.log('scripts imported');
```

27.2.7　委托任务到子工作者线程

有时候可能需要在工作者线程中再创建子工作者线程。在有多个 CPU 核心的时候，使用多个子工作者线程可以实现并行计算。使用多个子工作者线程前要考虑周全，确保并行计算的投入确实能够得到收益，毕竟同时运行多个子线程会有很大计算成本。

除了路径解析不同，创建子工作者线程与创建普通工作者线程是一样的。子工作者线程的脚本路径根据父工作者线程而不是相对于网页来解析。来看下面的例子（注意额外的 js 目录）：

main.js

```
const worker = new Worker('./js/worker.js');

// worker
// subworker
```

js/worker.js

```
console.log('worker');

const worker = new Worker('./subworker.js');
```

js/subworker.js

```
console.log('subworker');
```

> **注意**　顶级工作者线程的脚本和子工作者线程的脚本都必须从与主页相同的源加载。

27.2.8　处理工作者线程错误

如果工作者线程脚本抛出了错误，该工作者线程沙盒可以阻止它打断父线程的执行。如下例所示，其中的 `try/catch` 块不会捕获到错误：

main.js

```
try {
  const worker = new Worker('./worker.js');
  console.log('no error');
} catch(e) {
  console.log('caught error');
}

// no error
```

worker.js

```
throw Error('foo');
```

不过，相应的错误事件仍然会冒泡到工作者线程的全局上下文，因此可以通过在 `Worker` 对象上设置错误事件侦听器访问到。下面看这个例子：

main.js

```
const worker = new Worker('./worker.js');
worker.onerror = console.log;

// ErrorEvent {message: "Uncaught Error: foo"}
```

worker.js

```
throw Error('foo');
```

27.2.9　与专用工作者线程通信

与工作者线程的通信都是通过异步消息完成的，但这些消息可以有多种形式。

1. 使用 `postMessage()`

最简单也最常用的形式是使用 `postMessage()` 传递序列化的消息。下面来看一个计算阶乘的例子：

27

factorialWorker.js

```
function factorial(n) {
  let result = 1;
  while(n) { result *= n--; }
  return result;
}

self.onmessage = ({data}) => {
  self.postMessage(`${data}! = ${factorial(data)}`);
};
```

main.js

```
const factorialWorker = new Worker('./factorialWorker.js');

factorialWorker.onmessage = ({data}) => console.log(data);

factorialWorker.postMessage(5);
factorialWorker.postMessage(7);
factorialWorker.postMessage(10);

// 5! = 120
// 7! = 5040
// 10! = 3628800
```

对于传递简单的消息，使用 postMessage() 在主线程和工作者线程之间传递消息，与在两个窗口间传递消息非常像。主要区别是没有 targetOrigin 的限制，该限制是针对 Window.prototype.postMessage 的，对 WorkerGlobalScope.prototype.postMessage 或 Worker.prototype.postMessage 没有影响。这样约定的原因很简单：工作者线程脚本的源被限制为主页的源，因此没有必要再去过滤了。

2. 使用 MessageChannel

无论主线程还是工作者线程，通过 postMessage() 进行通信涉及调用全局对象上的方法，并定义一个临时的传输协议。这个过程可以被 Channel Messaging API 取代，基于该 API 可以在两个上下文间明确建立通信渠道。

MessageChannel 实例有两个端口，分别代表两个通信端点。要让父页面和工作线程通过 MessageChannel 通信，需要把一个端口传到工作者线程中，如下所示：

worker.js

```
// 在监听器中存储全局 messagePort
let messagePort = null;

function factorial(n) {
  let result = 1;
  while(n) { result *= n--; }
  return result;
}

// 在全局对象上添加消息处理程序
self.onmessage = ({ports}) => {
  // 只设置一次端口
  if (!messagePort) {
    // 初始化消息发送端口,
    // 给变量赋值并重置监听器
```

```
        messagePort = ports[0];
        self.onmessage = null;

        // 在全局对象上设置消息处理程序
        messagePort.onmessage = ({data}) => {
          // 收到消息后发送数据
          messagePort.postMessage(`${data}! = ${factorial(data)}`);
        };
    }
};
```

main.js

```
const channel = new MessageChannel();
const factorialWorker = new Worker('./worker.js');

// 把`MessagePort`对象发送到工作者线程
// 工作者线程负责处理初始化信道
factorialWorker.postMessage(null, [channel.port1]);

// 通过信道实际发送数据
channel.port2.onmessage = ({data}) => console.log(data);

// 工作者线程通过信道响应
channel.port2.postMessage(5);

// 5! = 120
```

在这个例子中，父页面通过 postMessage 与工作者线程共享 MessagePort。使用数组语法是为了在两个上下文间传递可转移对象。本章稍后会介绍可转移对象（Transferable）。工作者线程维护着对该端口的引用，并使用它代替通过全局对象传递消息。当然，消息的格式也需要临时约定：工作者线程收到的第一条消息包含端口，后续的消息才是数据。

使用 MessageChannel 实例与父页面通信很大程度上是多余的。这是因为全局 postMessage() 方法本质上与 channel.postMessage() 执行的是同样的操作（不考虑 MessageChannel 接口的其他特性）。MessageChannel 真正有用的地方是让两个工作者线程之间直接通信。这可以通过把端口传给另一个工作者线程实现。下面的例子把一个数组传给了一个工作者线程，这个线程又把它传另一个工作者线程，然后再传回主页：

main.js

```
const channel = new MessageChannel();
const workerA = new Worker('./worker.js');
const workerB = new Worker('./worker.js');

workerA.postMessage('workerA', [channel.port1]);
workerB.postMessage('workerB', [channel.port2]);

workerA.onmessage = ({data}) => console.log(data);
workerB.onmessage = ({data}) => console.log(data);

workerA.postMessage(['page']);

// ['page', 'workerA', 'workerB']

workerB.postMessage(['page'])

// ['page', 'workerB', 'workerA']
```

worker.js

```
let messagePort = null;
let contextIdentifier = null;

function addContextAndSend(data, destination) {
  // 添加标识符以标识当前工作者线程
  data.push(contextIdentifier);

  // 把数据发送到下一个目标
  destination.postMessage(data);
}

self.onmessage = ({data, ports}) => {
  // 如果消息里存在端口 (ports)
  // 则初始化工作者线程
  if (ports.length) {
    // 记录标识符
    contextIdentifier = data;

    // 获取 MessagePort
    messagePort = ports[0];

    // 添加处理程序把接收的数据
    // 发回到父页面
    messagePort.onmessage = ({data}) => {
      addContextAndSend(data, self);
    }
  } else {
    addContextAndSend(data, messagePort);
  }
};
```

在这个例子中，数组的每一段旅程都会添加一个字符串，标识自己到过哪里。数组从父页面发送到
工作者线程，工作者线程会加上自己的上下文标识符。然后，数组又从一个工作者线程发送到另一个工
作者线程。第二个线程又加上自己的上下文标识符，随即将数组发回主页，主页把数组打印出来。这个
例子中的两个工作者线程使用了同一个脚本，因此要注意数组可以双向传递。

3. 使用 BroadcastChannel

同源脚本能够通过 BroadcastChannel 相互之间发送和接收消息。这种通道类型的设置比较简单，
不需要像 MessageChannel 那样转移乱糟糟的端口。这可以通过以下方式实现：

main.js

```
const channel = new BroadcastChannel('worker_channel');
const worker = new Worker('./worker.js');

channel.onmessage = ({data}) => {
  console.log(`heard ${data} on page`);
}

setTimeout(() => channel.postMessage('foo'), 1000);

// heard foo in worker
// heard bar on page
```

worker.js

```
const channel = new BroadcastChannel('worker_channel');
```

```
channel.onmessage = ({data}) => {
  console.log(`heard ${data} in worker`);
  channel.postMessage('bar');
}
```

这里，页面在通过 `BroadcastChannel` 发送消息之前会先等 1 秒钟。因为这种信道没有端口所有权的概念，所以如果没有实体监听这个信道，广播的消息就不会有人处理。在这种情况下，如果没有 `setTimeout()`，则由于初始化工作者线程的延迟，就会导致消息已经发送了，但工作者线程上的消息处理程序还没有就位。

27.2.10　工作者线程数据传输

使用工作者线程时，经常需要为它们提供某种形式的数据负载。工作者线程是独立的上下文，因此在上下文之间传输数据就会产生消耗。在支持传统多线程模型的语言中，可以使用锁、互斥量，以及 `volatile` 变量。在 JavaScript 中，有三种在上下文间转移信息的方式：**结构化克隆算法**（structured clone algorithm）、**可转移对象**（transferable objects）和**共享数组缓冲区**（shared array buffers）。

1. 结构化克隆算法
结构化克隆算法可用于在两个独立上下文间共享数据。该算法由浏览器在后台实现，不能直接调用。

在通过 `postMessage()` 传递对象时，浏览器会遍历该对象，并在目标上下文中生成它的一个副本。下列类型是结构化克隆算法支持的类型。

- ❑ 除 `Symbol` 之外的所有原始类型
- ❑ `Boolean` 对象
- ❑ `String` 对象
- ❑ `BDate`
- ❑ `RegExp`
- ❑ `Blob`
- ❑ `File`
- ❑ `FileList`
- ❑ `ArrayBuffer`
- ❑ `ArrayBufferView`
- ❑ `ImageData`
- ❑ `Array`
- ❑ `Object`
- ❑ `Map`
- ❑ `Set`

关于结构化克隆算法，有以下几点需要注意。

- ❑ 复制之后，源上下文中对该对象的修改，不会传播到目标上下文中的对象。
- ❑ 结构化克隆算法可以识别对象中包含的循环引用，不会无穷遍历对象。
- ❑ 克隆 `Error` 对象、`Function` 对象或 DOM 节点会抛出错误。
- ❑ 结构化克隆算法并不总是创建完全一致的副本。
- ❑ 对象属性描述符、获取方法和设置方法不会克隆，必要时会使用默认值。
- ❑ 原型链不会克隆。
- ❑ `RegExp.prototype.lastIndex` 属性不会克隆。

27

> **注意**   结构化克隆算法在对象比较复杂时会存在计算性消耗。因此，实践中要尽可能避免过大、过多的复制。

2. 可转移对象

使用**可转移对象**（transferable objects）可以把所有权从一个上下文转移到另一个上下文。在不太可能在上下文间复制大量数据的情况下，这个功能特别有用。只有如下几种对象是可转移对象：

- ☐ ArrayBuffer
- ☐ MessagePort
- ☐ ImageBitmap
- ☐ OffscreenCanvas

postMessage()方法的第二个可选参数是数组，它指定应该将哪些对象转移到目标上下文。在遍历消息负载对象时，浏览器根据转移对象数组检查对象引用，并对转移对象进行转移而不复制它们。这意味着被转移的对象可以通过消息负载发送，消息负载本身会被复制，比如对象或数组。

下面的例子演示了工作者线程对 ArrayBuffer 的常规结构化克隆。这里没有对象转移：

main.js

```
const worker = new Worker('./worker.js');

// 创建 32 位缓冲区
const arrayBuffer = new ArrayBuffer(32);

console.log(`page's buffer size: ${arrayBuffer.byteLength}`); // 32

worker.postMessage(arrayBuffer);

console.log(`page's buffer size: ${arrayBuffer.byteLength}`); // 32
```

worker.js

```
self.onmessage = ({data}) => {
  console.log(`worker's buffer size: ${data.byteLength}`);    // 32
};
```

如果把 ArrayBuffer 指定为可转移对象，那么对缓冲区内存的引用就会从父上下文中抹去，然后分配给工作者线程。下面的例子演示了这个操作，结果分配给 ArrayBuffer 的内存从父上下文转移到了工作者线程：

main.js

```
const worker = new Worker('./worker.js');

// 创建 32 位缓冲区
const arrayBuffer = new ArrayBuffer(32);

console.log(`page's buffer size: ${arrayBuffer.byteLength}`); // 32

worker.postMessage(arrayBuffer, [arrayBuffer]);

console.log(`page's buffer size: ${arrayBuffer.byteLength}`); // 0
```

worker.js

```
self.onmessage = ({data}) => {
  console.log(`worker's buffer size: ${data.byteLength}`);    // 32
};
```

在其他类型的对象中嵌套可转移对象也完全没有问题。包装对象会被复制，而嵌套的对象会被转移：

main.js

```
const worker = new Worker('./worker.js');

// 创建 32 位缓冲区
const arrayBuffer = new ArrayBuffer(32);

console.log(`page's buffer size: ${arrayBuffer.byteLength}`);    // 32

worker.postMessage({foo: {bar: arrayBuffer}}, [arrayBuffer]);

console.log(`page's buffer size: ${arrayBuffer.byteLength}`);    // 0
```

worker.js

```
self.onmessage = ({data}) => {
  console.log(`worker's buffer size: ${data.foo.bar.byteLength}`); // 32
};
```

3. SharedArrayBuffer

> **注意**　由于 Spectre 和 Meltdown 的漏洞，所有主流浏览器在 2018 年 1 月就禁用了 SharedArrayBuffer。从 2019 年开始，有些浏览器开始逐步重新启用这一特性。

既不克隆，也不转移，SharedArrayBuffer 作为 ArrayBuffer 能够在不同浏览器上下文间共享。在把 SharedArrayBuffer 传给 postMessage() 时，浏览器只会传递原始缓冲区的引用。结果是，两个不同的 JavaScript 上下文会分别维护对同一个内存块的引用。每个上下文都可以随意修改这个缓冲区，就跟修改常规 ArrayBuffer 一样。来看下面的例子：

main.js

```
const worker = new Worker('./worker.js');

// 创建 1 字节缓冲区
const sharedArrayBuffer = new SharedArrayBuffer(1);

// 创建 1 字节缓冲区的视图
const view = new Uint8Array(sharedArrayBuffer);

// 父上下文赋值 1
view[0] = 1;

worker.onmessage = () => {
  console.log(`buffer value after worker modification: ${view[0]}`);
};

// 发送对 sharedArrayBuffer 的引用
worker.postMessage(sharedArrayBuffer);

// buffer value before worker modification: 1
// buffer value after worker modification: 2
```

worker.js

```
self.onmessage = ({data}) => {
  const view = new Uint8Array(data);
```

```
console.log(`buffer value before worker modification: ${view[0]}`);

  // 工作者线程为共享缓冲区赋值
  view[0] += 1;

  // 发送空消息，通知赋值完成
  self.postMessage(null);
};
```

当然，在两个并行线程中共享内存块有资源争用的风险。换句话说，SharedArrayBuffer 实例实际上会被当成易变（volatile）内存。下面的例子演示了这一点：

main.js

```
// 创建包含4个线程的线程池
const workers = [];
for (let i = 0; i < 4; ++i) {
  workers.push(new Worker('./worker.js'));
}

// 在最后一个工作者线程完成后打印最终值
let responseCount = 0;
for (const worker of workers) {
  worker.onmessage = () => {
    if (++responseCount == workers.length) {
      console.log(`Final buffer value: ${view[0]}`);
    }
  };
}

// 初始化 SharedArrayBuffer
const sharedArrayBuffer = new SharedArrayBuffer(4);
const view = new Uint32Array(sharedArrayBuffer);
view[0] = 1;

// 把 SharedArrayBuffer 发给每个线程
for (const worker of workers) {
  worker.postMessage(sharedArrayBuffer);
}

// （期待结果为 4000001。实际输出类似于:)
// Final buffer value: 2145106
```

worker.js

```
self.onmessage = ({data}) => {
  const view = new Uint32Array(data);

  // 执行100万次加操作
  for (let i = 0; i < 1E6; ++i) {
    view[0] += 1;
  }

  self.postMessage(null);
};
```

这里，每个工作者线程都顺序执行了 100 万次加操作，每次都读取共享数组的索引、执行一次加操作，然后再把值写回数组索引。在所有工作者线程读/写操作交织的过程中就会发生资源争用。例如：

(1) 线程 A 读取到值 1；

(2) 线程 B 读取到值 1；

(3) 线程 A 加 1 并将 2 写回数组；

(4) 线程 B 仍然使用陈旧的数组值 1，同样把 2 写回数组。

为解决该问题，可以使用 Atomics 对象让一个工作者线程获得 SharedArrayBuffer 实例的锁，在执行完全部读/写/读操作后，再允许另一个工作者线程执行操作。把 Atomics.add() 放到这个例子中就可以得到正确的最终值：

main.js

```
// 创建包含 4 个线程的线程池
const workers = [];
for (let i = 0; i < 4; ++i) {
  workers.push(new Worker('./worker.js'));
}

// 在最后一个工作者线程完成后打印最终值
let responseCount = 0;
for (const worker of workers) {
  worker.onmessage = () => {
    if (++responseCount == workers.length) {
      console.log(`Final buffer value: ${view[0]}`);
    }
  };
}

// 初始化 SharedArrayBuffer
const sharedArrayBuffer = new SharedArrayBuffer(4);
const view = new Uint32Array(sharedArrayBuffer);
view[0] = 1;

// 把 SharedArrayBuffer 发给每个线程
for (const worker of workers) {
  worker.postMessage(sharedArrayBuffer);
}

// （期待结果为 4000001）
// Final buffer value: 4000001
```

worker.js

```
self.onmessage = ({data}) => {
  const view = new Uint32Array(data);

  // 执行 100 万次加操作
  for (let i = 0; i < 1E6; ++i) {
    Atomics.add(view, 0, 1);
  }

  self.postMessage(null);
};
```

> 注意　第 20 章详细介绍了 SharedArrayBuffer 和 Atomics API。

27.2.11　线程池

　　因为启用工作者线程代价很大，所以某些情况下可以考虑始终保持固定数量的线程活动，需要时就把任务分派给它们。工作者线程在执行计算时，会被标记为忙碌状态。直到它通知线程池自己空闲了，才准备好接收新任务。这些活动线程就称为"线程池"或"工作者线程池"。

　　线程池中线程的数量多少合适并没有权威的答案，不过可以参考 navigator.hardware Concurrency 属性返回的系统可用的核心数量。因为不太可能知道每个核心的多线程能力，所以最好把这个数字作为线程池大小的上限。

　　一种使用线程池的策略是每个线程都执行同样的任务，但具体执行什么任务由几个参数来控制。通过使用特定于任务的线程池，可以分配固定数量的工作者线程，并根据需要为他们提供参数。工作者线程会接收这些参数，执行耗时的计算，并把结果返回给线程池。然后线程池可以再将其他工作分派给工作者线程去执行。接下来的例子将构建一个相对简单的线程池，但可以涵盖上述思路的所有基本要求。

　　首先是定义一个 TaskWorker 类，它可以扩展 Worker 类。TaskWorker 类负责两件事：跟踪线程是否正忙于工作，并管理进出线程的信息与事件。另外，传入给这个工作者线程的任务会封装到一个期约中，然后正确地解决和拒绝。这个类的定义如下：

```
class TaskWorker extends Worker {
  constructor(notifyAvailable, ...workerArgs) {
    super(...workerArgs);

    // 初始化为不可用状态
    this.available = false;
    this.resolve = null;
    this.reject = null;

    // 线程池会传递回调
    // 以便工作者线程发出它需要新任务的信号
    this.notifyAvailable = notifyAvailable;

    // 线程脚本在完全初始化之后
    // 会发送一条"ready"消息
    this.onmessage = () => this.setAvailable();
  }

  // 由线程池调用，以分派新任务
  dispatch({ resolve, reject, postMessageArgs }) {
    this.available = false;

    this.onmessage = ({ data }) => {
      resolve(data);
      this.setAvailable();
    };

    this.onerror = (e) => {
      reject(e);
      this.setAvailable();
    };

    this.postMessage(...postMessageArgs);
  }

  setAvailable() {
```

```
      this.available = true;
      this.resolve = null;
      this.reject = null;
      this.notifyAvailable();
    }
  }
```

然后是定义使用 `TaskWorker` 类的 `WorkerPool` 类。它还必须维护尚未分派给工作者线程的任务队列。两个事件可以表明应该分派一个新任务：新任务被添加到队列中，或者工作者线程完成了一个任务，应该再发送另一个任务。`WorkerPool` 类定义如下：

```
class WorkerPool {
  constructor(poolSize, ...workerArgs) {
    this.taskQueue = [];
    this.workers = [];

    // 初始化线程池
    for (let i = 0; i < poolSize; ++i) {
      this.workers.push(
        new TaskWorker(() => this.dispatchIfAvailable(), ...workerArgs));
    }
  }

  // 把任务推入队列
  enqueue(...postMessageArgs) {
    return new Promise((resolve, reject) => {
      this.taskQueue.push({ resolve, reject, postMessageArgs });

      this.dispatchIfAvailable();
    });
  }

  // 把任务发送给下一个空闲的线程（如果有的话）
  dispatchIfAvailable() {
    if (!this.taskQueue.length) {
      return;
    }
    for (const worker of this.workers) {
      if (worker.available) {
        let a = this.taskQueue.shift();
        worker.dispatch(a);
        break;
      }
    }
  }

  // 终止所有工作者线程
  close() {
    for (const worker of this.workers) {
      worker.terminate();
    }
  }
}
```

定义了这两个类之后，现在可以把任务分派到线程池，并在工作者线程可用时执行它们。在这个例子中，假设我们想计算 1000 万个浮点值之和。为节省转移成本，我们使用 `SharedArrayBuffer`。工作者线程的脚本（worker.js）大致如下：

```
self.onmessage = ({data}) => {
  let sum = 0;
  let view = new Float32Array(data.arrayBuffer)

  // 求和
  for (let i = data.startIdx; i < data.endIdx; ++i) {
    // 不需要原子操作，因为只需要读
    sum += view[i];
  }

  // 把结果发送给工作者线程
  self.postMessage(sum);
};

// 发送消息给 TaskWorker
// 通知工作者线程准备好接收任务了
self.postMessage('ready');
```

有了以上代码，利用线程池分派任务的代码可以这样写：

```
Class TaskWorker {
  ...
]

Class WorkerPool {
  ...
}

const totalFloats = 1E8;
const numTasks = 20;
const floatsPerTask = totalFloats / numTasks;
const numWorkers = 4;

// 创建线程池
const pool = new WorkerPool(numWorkers, './worker.js');

// 填充浮点值数组
let arrayBuffer = new SharedArrayBuffer(4 * totalFloats);
let view = new Float32Array(arrayBuffer);
for (let i = 0; i < totalFloats; ++i) {
  view[i] = Math.random();
}

let partialSumPromises = [];
for (let i = 0; i < totalFloats; i += floatsPerTask) {
  partialSumPromises.push(
    pool.enqueue({
      startIdx: i,
      endIdx: i + floatsPerTask,
      arrayBuffer: arrayBuffer
    })
  );
}

// 等待所有期约完成，然后求和
Promise.all(partialSumPromises)
  .then((partialSums) => partialSums.reduce((x, y) => x + y))
  .then(console.log);

// （在这个例子中，和应该约等于 1E8/2）
// 49997075.47203197
```

> **注意**　草率地采用并行计算不一定是最好的办法。线程池的调优策略会因计算任务不同和系统硬件不同而不同。

27.3 共享工作者线程

共享工作者线程或**共享线程**与专用工作者线程类似，但可以被多个可信任的执行上下文访问。例如，同源的两个标签页可以访问同一个共享工作者线程。`SharedWorker` 与 `Worker` 的消息接口稍有不同，包括外部和内部。

共享线程适合开发者希望通过在多个上下文间共享线程减少计算性消耗的情形。比如，可以用一个共享线程管理多个同源页面 WebSocket 消息的发送与接收。共享线程也可以用在同源上下文希望通过一个线程通信的情形。

27.3.1 共享工作者线程简介

从行为上讲，共享工作者线程可以看作是专用工作者线程的一个扩展。线程创建、线程选项、安全限制和 `importScripts()` 的行为都是相同的。与专用工作者线程一样，共享工作者线程也在独立执行上下文中运行，也只能与其他上下文异步通信。

1. 创建共享工作者线程

与专用工作者线程一样，创建共享工作者线程非常常用的方式是通过加载 JavaScript 文件创建。此时，需要给 `SharedWorker` 构造函数传入文件路径，该构造函数在后台异步加载脚本并实例化共享工作者线程。

下面的例子演示了如何基于绝对路径创建空共享工作者线程：

emptySharedWorker.js
```
// 空的JavaScript 线程文件
```

main.js
```
console.log(location.href); // "https://example.com/"
const sharedWorker = new SharedWorker(
    location.href + 'emptySharedWorker.js');
console.log(sharedWorker);  // SharedWorker {}
```

前面的例子可以修改为使用相对路径，不过这需要 main.js 和 emptySharedWorker.js 在同一个目录下：
```
const worker = new Worker('./emptyWorker.js');
console.log(worker); // Worker {}
```

也可以在行内脚本中创建共享工作者线程，但这样做没什么意义。因为每个基于行内脚本字符串创建的 `Blob` 都会被赋予自己唯一的浏览器内部 URL，所以行内脚本中创建的共享工作者线程始终是唯一的。这里的原因将在下一节介绍。

2. `SharedWorker` 标识与独占

共享工作者线程与专用工作者线程的一个重要区别在于，虽然 `Worker()` 构造函数始终会创建新实例，而 `SharedWorker()` 则只会在相同的标识不存在的情况下才创建新实例。如果**的确**存在与标识匹配的共享工作者线程，则只会与已有共享者线程建立新的连接。

共享工作者线程标识源自解析后的脚本 URL、工作者线程名称和文档源。例如，下面的脚本将实例

27

化一个共享工作者线程并添加两个连接：

```
// 实例化一个共享工作者线程
//   - 全部基于同源调用构造函数
//   - 所有脚本解析为相同的 URL
//   - 所有线程都有相同的名称
new SharedWorker('./sharedWorker.js');
new SharedWorker('./sharedWorker.js');
new SharedWorker('./sharedWorker.js');
```

类似地，因为下面三个脚本字符串都解析到相同的 URL，所以也只会创建一个共享工作者线程：

```
// 实例化一个共享工作者线程
//   - 全部基于同源调用构造函数
//   - 所有脚本解析为相同的 URL
//   - 所有线程都有相同的名称
new SharedWorker('./sharedWorker.js');
new SharedWorker('sharedWorker.js');
new SharedWorker('https://www.example.com/sharedWorker.js');
```

因为可选的工作者线程名称也是共享工作者线程标识的一部分，所以不同的线程名称会强制浏览器创建多个共享工作者线程。对下面的例子而言，一个名为'foo'，另一个名为'bar'，尽管它们同源且脚本 URL 相同：

```
// 实例化一个共享工作者线程
//   - 全部基于同源调用构造函数
//   - 所有脚本解析为相同的 URL
//   - 一个线程名称为'foo'，一个线程名称为'bar'
new SharedWorker('./sharedWorker.js', {name: 'foo'});
new SharedWorker('./sharedWorker.js', {name: 'foo'});
new SharedWorker('./sharedWorker.js', {name: 'bar'});
```

共享线程，顾名思义，可以在不同标签页、不同窗口、不同内嵌框架或同源的其他工作者线程之间共享。因此，下面的脚本如果在多个标签页运行，只会在第一次执行时创建一个共享工作者线程，后续执行会连接到该线程：

```
// 实例化一个共享工作者线程
//   - 全部基于同源调用构造函数
//   - 所有脚本解析为相同的 URL
//   - 所有线程都有相同的名称
new SharedWorker('./sharedWorker.js');
```

初始化共享线程的脚本只会限制 URL，因此下面的代码会创建两个共享工作者线程，尽管加载了相同的脚本：

```
// 实例化一个共享工作者线程
//   - 全部基于同源调用构造函数
//   - '?'导致了两个不同的 URL
//   - 所有线程都有相同的名称
new SharedWorker('./sharedWorker.js');
new SharedWorker('./sharedWorker.js?');
```

如果该脚本在两个不同的标签页中运行，同样也只会创建两个共享工作者线程。每个构造函数都会检查匹配的共享工作者线程，然后连接到已存在的那个。

3. 使用 SharedWorker 对象

SharedWorker()构造函数返回的 SharedWorker 对象被用作与新创建的共享工作者线程通信的连接点。它可以用来通过 MessagePort 在共享工作者线程和父上下文间传递信息，也可以用来捕获共享线程中发出的错误事件。

SharedWorker 对象支持以下属性。

☐ onerror：在共享线程中发生 ErrorEvent 类型的错误事件时会调用指定给该属性的处理程序。
　　■ 此事件会在共享线程抛出错误时发生。
　　■ 此事件也可以通过使用 sharedWorker.addEventListener('error', handler)处理。
☐ port：专门用来跟共享线程通信的 MessagePort。

4. SharedWorkerGlobalScope

在共享线程内部，全局作用域是 SharedWorkerGlobalScope 的实例。SharedWorkerGlobal-Scope 继承自 WorkerGlobalScope，因此包括它所有的属性和方法。与专用工作者线程一样，共享工作者线程也可以通过 self 关键字访问该全局上下文。

SharedWorkerGlobalScope 通过以下属性和方法扩展了 WorkerGlobalScope。

☐ name：可选的字符串标识符，可以传给 SharedWorker 构造函数。
☐ importScripts()：用于向工作者线程中导入任意数量的脚本。
☐ close()：与 worker.terminate()对应，用于立即终止工作者线程。没有给工作者线程提供终止前清理的机会；脚本会突然停止。
☐ onconnect：与共享线程建立新连接时，应将其设置为处理程序。connect 事件包括 MessagePort 实例的 ports 数组，可用于把消息发送回父上下文。
　　■ 在通过 worker.port.onmessage 或 worker.port.start()与共享线程建立连接时都会触发 connect 事件。
　　■ connect 事件也可以通过使用 sharedWorker.addEventListener('connect', handler)处理。

> **注意** 根据浏览器实现，在 SharedWorker 中把日志打印到控制台不一定能在浏览器默认的控制台中看到。

27.3.2　理解共享工作者线程的生命周期

共享工作者线程的生命周期具有与专用工作者线程相同的阶段的特性。不同之处在于，专用工作者线程只跟一个页面绑定，而共享工作者线程只要还有一个上下文连接就会持续存在。

比如下面的脚本，每次调用它都会创建一个专用工作者线程：

```
new Worker('./worker.js');
```

下表详细列出了当三个包含此脚本的标签页按顺序打开和关闭时会发生什么。

事　件	结　果	事件发生后的线程数
标签页 1 执行 main.js	创建专用线程 1	1
标签页 2 执行 main.js	创建专用线程 2	2
标签页 3 执行 main.js	创建专用线程 3	3
标签页 1 关闭	专用线程 1 终止	2
标签页 2 关闭	专用线程 2 终止	1
标签页 3 关闭	专用线程 3 终止	0

27

如上表所示，脚本执行次数、打开标签页数和运行的线程数是对等关系。下面再来看看这个简单的脚本，每次执行它都会创建或者连接到共享线程：

```
new SharedWorker('./sharedWorker.js');
```

下表列出了当三个包含此脚本的标签页按顺序打开和关闭时会发生什么。

事　件	结　果	事件发生后的线程数
标签页 1 执行 main.js	创建共享线程 1	1
标签页 2 执行 main.js	连接共享线程 1	1
标签页 3 执行 main.js	连接共享线程 1	1
标签页 1 关闭	断开与共享线程 1 的连接	1
标签页 2 关闭	断开与共享线程 1 的连接	1
标签页 3 关闭	断开与共享线程 1 的连接。没有连接了，因此终止共享线程 1	0

如上表所示，标签页 2 和标签页 3 再次调用 new SharedWorker() 会连接到已有线程。随着连接的增加和移除，浏览器会记录连接总数。在连接数为 0 时，线程被终止。

关键在于，没有办法以编程方式终止共享线程。前面已经交代过，SharedWorker 对象上没有 terminate() 方法。在共享线程端口（稍后讨论）上调用 close() 时，只要还有一个端口连接到该线程就不会真的终止线程。

SharedWorker 的"连接"与关联 MessagePort 或 MessageChannel 的状态无关。只要建立了连接，浏览器会负责管理该连接。建立的连接会在页面的生命周期内持续存在，只有当页面销毁且没有连接时，浏览器才会终止共享线程。

27.3.3　连接到共享工作者线程

每次调用 SharedWorker() 构造函数，无论是否创建了工作者线程，都会在共享线程内部触发 connect 事件。下面的例子演示了这一点，在循环中调用 SharedWorker() 构造函数：

sharedWorker.js
```
let i = 0;
self.onconnect = () => console.log(`connected ${++i} times`);
```

main.js
```
for (let i = 0; i < 5; ++i) {
  new SharedWorker('./sharedWorker.js');
}

// connected 1 times
// connected 2 times
// connected 3 times
// connected 4 times
// connected 5 times
```

发生 connect 事件时，SharedWorker() 构造函数会隐式创建 MessageChannel 实例，并把 MessagePort 实例的所有权唯一地转移给该 SharedWorker 的实例。这个 MessagePort 实例会保存在 connect 事件对象的 ports 数组中。一个连接事件只能代表一个连接，因此可以假定 ports 数组的长度等于 1。

下面的代码演示了访问事件对象的 `ports` 数组。这里使用了 `Set` 来保证只跟踪唯一的对象实例：

sharedWorker.js
```
const connectedPorts = new Set();

self.onconnect = ({ports}) => {
  connectedPorts.add(ports[0]);

  console.log(`${connectedPorts.size} unique connected ports`);
};
```

main.js
```
for (let i = 0; i < 5; ++i) {
  new SharedWorker('./sharedWorker.js');
}

// 1 unique connected ports
// 2 unique connected ports
// 3 unique connected ports
// 4 unique connected ports
// 5 unique connected ports
```

关键在于，共享线程与父上下文的启动和关闭不是对称的。每个新 `SharedWorker` 连接都会触发一个事件，但没有事件对应断开 `SharedWorker` 实例的连接（如页面关闭）。

在前面的例子中，随着与相同共享线程连接和断开连接的页面越来越多，`connectedPorts` 集合中会受到死端口的污染，没有办法识别它们。一个解决方案是在 `beforeunload` 事件即将销毁页面时，明确发送卸载消息，让共享线程有机会清除死端口。

27.4　服务工作者线程

服务工作者线程（service worker）是一种类似浏览器中代理服务器的线程，可以拦截外出请求和缓存响应。这可以让网页在没有网络连接的情况下正常使用，因为部分或全部页面可以从服务工作者线程缓存中提供服务。服务工作者线程也可以使用 Notifications API、Push API、Background Sync API 和 Channel Messaging API。

与共享工作者线程类似，来自一个域的多个页面共享一个服务工作者线程。不过，为了使用 Push API 等特性，服务工作者线程也可以在相关的标签页或浏览器关闭后继续等待到来的推送事件。

无论如何，对于大多数开发者而言，服务工作者线程在两个主要任务上最有用：充当网络请求的缓存层和启用推送通知。在这个意义上，服务工作者线程就是用于把网页变成像原生应用程序一样的工具。

> **注意**　服务工作者线程涉及的内容极其广泛，几乎可以单独写一本书。为了更好地理解这一话题，推荐有条件的读者学一下 Udacity 的课程"Offline Web Applications"。除此之外，也可以参考 Mozilla 维护的 Service Worker Cookbook 网站，其中包含了常见的服务工作者线程模式。

27

> **注意** 服务工作者线程的生命周期取决于打开的同源标签页（称为“客户端”）数量、页面是否发生导航，以及服务脚本是否改变（以及其他一些因素）。如果对服务工作者线程的生命周期认识不够，本节的一些例子可能会让人觉得出乎意料。27.4.5 节详细解释了服务工作者线程的生命周期。
>
> 另外，在调试服务工作者线程时，要谨慎使用浏览器的强制刷新功能（Ctrl+Shift+R）。强制刷新会强制浏览器忽略所有网络缓存，而服务工作者线程对大多数主流浏览器而言就是网络缓存。

27.4.1 服务工作者线程基础

作为一种工作者线程，服务工作者线程与专用工作者线程和共享工作者线程拥有很多共性。比如，在独立上下文中运行，只能通过异步消息通信。不过，服务工作者线程与专用工作者线程和共享工作者线程还是有很多本质区别的。

1. ServiceWorkerContainer
服务工作者线程与专用工作者线程或共享工作者线程的一个区别是没有全局构造函数。服务工作者线程是通过 ServiceWorkerContainer 来管理的，它的实例保存在 navigator.serviceWorker 属性中。该对象是个顶级接口，通过它可以让浏览器创建、更新、销毁或者与服务工作者线程交互。

```
console.log(navigator.serviceWorker);
// ServiceWorkerContainer { ... }
```

2. 创建服务工作者线程
与共享工作者线程类似，服务工作者线程同样是在还不存在时创建新实例，在存在时连接到已有实例。ServiceWorkerContainer 没有通过全局构造函数创建，而是暴露了 register()方法，该方法以与 Worker()或 SharedWorker()构造函数相同的方式传递脚本 URL：

emptyServiceWorker.js
```
// 空服务脚本
```

main.js
```
navigator.serviceWorker.register('./emptyServiceWorker.js');
```

register()方法返回一个期约，该期约解决为 ServiceWorkerRegistration 对象，或在注册失败时拒绝。

emptyServiceWorker.js
```
// 空服务脚本
```

main.js
```
// 注册成功，成功回调（解决）
navigator.serviceWorker.register('./emptyServiceWorker.js')
  .then(console.log, console.error);

// ServiceWorkerRegistration { ... }

// 使用不存在的文件注册，失败回调（拒绝）
navigator.serviceWorker.register('./doesNotExist.js')
  .then(console.log, console.error);
```

```
// TypeError: Failed to register a ServiceWorker:
// A bad HTTP response code (404) was received when fetching the script.
```

服务工作者线程对于何时注册是比较灵活的。在第一次调用 `register()` 激活服务工作者线程后，后续在同一个页面使用相同 URL 对 `register()` 的调用实际上什么也不会执行。此外，即使浏览器未全局支持服务工作者线程，服务工作者线程本身对页面也应该是不可见的。这是因为它的行为类似代理，就算有需要它处理的操作，也仅仅是发送常规的网络请求。

考虑到上述情况，注册服务工作者线程的一种非常常见的模式是基于特性检测，并在页面的 `load` 事件中操作。比如：

```
if ('serviceWorker' in navigator) {
  window.addEventListener('load', () => {
    navigator.serviceWorker.register('./serviceWorker.js');
  });
}
```

如果没有 `load` 事件这个门槛，服务工作者线程的注册就会与页面资源的加载重叠，进而拖慢初始页面渲染的过程。除非该服务工作者线程负责管理缓存（这样的话就需要尽早注册，比如使用本章稍后会讨论的 `clients.claim()`），否则等待 `load` 事件是个明智的选择，这样同样可以发挥服务工作者线程的价值。

3. 使用 ServiceWorkerContainer 对象

`ServiceWorkerContainer` 接口是浏览器对服务工作者线程生态的顶部封装。它为管理服务工作者线程状态和生命周期提供了便利。

`ServiceWorkerContainer` 始终可以在客户端上下文中访问：

```
console.log(navigator.serviceWorker);

// ServiceWorkerContainer { ... }
```

`ServiceWorkerContainer` 支持以下事件处理程序。

❑ `oncontrollerchange`：在 `ServiceWorkerContainer` 触发 `controllerchange` 事件时会调用指定的事件处理程序。
　■ 此事件在获得新激活的 `ServiceWorkerRegistration` 时触发。
　■ 此事件也可以使用 `navigator.serviceWorker.addEventListener('controllerchange', handler)` 处理。

❑ `onerror`：在关联的服务工作者线程触发 `ErrorEvent` 错误事件时会调用指定的事件处理程序。
　■ 此事件在关联的服务工作者线程内部抛出错误时触发。
　■ 此事件也可以使用 `navigator.serviceWorker.addEventListener('error', handler)` 处理。

❑ `onmessage`：在服务工作者线程触发 `MessageEvent` 事件时会调用指定的事件处理程序。
　■ 此事件在服务脚本向父上下文发送消息时触发。
　■ 此事件也可以使用 `navigator.serviceWorker.addEventListener('message', handler)` 处理。

`ServiceWorkerContainer` 支持下列属性。

❑ `ready`：返回期约，解决为激活的 `ServiceWorkerRegistration` 对象。该期约不会拒绝。

❑ controller：返回与当前页面关联的激活的 ServiceWorker 对象，如果没有激活的服务工作者线程则返回 null。

ServiceWorkerContainer 支持下列方法。

❑ register()：使用接收的 url 和 options 对象创建或更新 ServiceWorkerRegistration。

❑ getRegistration()：返回期约，解决为与提供的作用域匹配的 ServiceWorkerRegistration 对象；如果没有匹配的服务工作者线程则返回 undefined。

❑ getRegistrations()：返回期约，解决为与 ServiceWorkerContainer 关联的 Service-WorkerRegistration 对象的数组；如果没有关联的服务工作者线程则返回空数组。

❑ startMessage()：开始传送通过 Client.postMessage() 派发的消息。

4. 使用 ServiceWorkerRegistration 对象

ServiceWorkerRegistration 对象表示注册成功的服务工作者线程。该对象可以在 register() 返回的解决期约的处理程序中访问到。通过它的一些属性可以确定关联服务工作者线程的生命周期状态。

调用 navigator.serviceWorker.register() 之后返回的期约会将注册成功的 Service-WorkerRegistration 对象（注册对象）发送给处理函数。在同一页面使用同一 URL 多次调用该方法会返回相同的注册对象。

```
navigator.serviceWorker.register('./serviceWorker.js')
.then((registrationA) => {
  console.log(registrationA);

  navigator.serviceWorker.register('./serviceWorker2.js')
    .then((registrationB) => {
      console.log(registrationA === registrationB);
    });
});
```

ServiceWorkerRegistration 支持以下事件处理程序。

❑ onupdatefound：在服务工作者线程触发 updatefound 事件时会调用指定的事件处理程序。
  ■ 此事件会在服务工作者线程开始安装新版本时触发，表现为 ServiceWorkerRegistration. installing 收到一个新的服务工作者线程。
  ■ 此事件也可以使用 serv serviceWorkerRegistration.addEventListener('updatefound', handler) 处理。

ServiceWorkerRegistration 支持以下通用属性。

❑ scope：返回服务工作者线程作用域的完整 URL 路径。该值源自接收服务脚本的路径和在 register() 中提供的作用域。

❑ navigationPreload：返回与注册对象关联的 NavigationPreloadManager 实例。

❑ pushManager：返回与注册对象关联的 pushManager 实例。

ServiceWorkerRegistration 还支持以下属性，可用于判断服务工作者线程处于生命周期的什么阶段。

❑ installing：如果有则返回状态为 installing（安装）的服务工作者线程，否则为 null。

❑ waiting：如果有则返回状态为 waiting（等待）的服务工作者线程，否则为 null。

❑ active：如果有则返回状态 activating 或 active（活动）的服务工作者线程，否则为 null。

注意，这些属性都是服务工作者线程状态的一次性快照。这在大多数情况下是没有问题的，因为活动状态的服务工作者线程在页面的生命周期内不会改变状态，除非强制这样做（比如调用 `Service-WorkerGlobalScope.skipWaiting()`）。

`ServiceWorkerRegistration` 支持下列方法。

- ❑ `getNotifications()`：返回期约，解决为 `Notification` 对象的数组。
- ❑ `showNotifications()`：显示通知，可以配置 `title` 和 `options` 参数。
- ❑ `update()`：直接从服务器重新请求服务脚本，如果新脚本不同，则重新初始化。
- ❑ `unregister()`：取消服务工作者线程的注册。该方法会在服务工作者线程执行完再取消注册。

5. 使用 `ServiceWorker` 对象

`ServiceWorker` 对象可以通过两种方式获得：通过 `ServiceWorkerContainer` 对象的 `controller` 属性和通过 `ServiceWorkerRegistration` 的 `active` 属性。该对象继承 `Worker` 原型，因此包括其所有属性和方法，但没有 `terminate()` 方法。

`ServiceWorker` 支持以下事件处理程序。

- ❑ `onstatechange`：`ServiceWorker` 发生 `statechange` 事件时会调用指定的事件处理程序。
  - ■ 此事件会在 `ServiceWorker.state` 变化时发生。
  - ■ 此事件也可以使用 `serviceWorker.addEventListener('statechange', handler)` 处理。

`ServiceWorker` 支持以下属性。

- ❑ `scriptURL`：解析后注册服务工作者线程的 URL。例如，如果服务工作者线程是通过相对路径 `'./serviceWorker.js'` 创建的，且注册在 https://www.example.com 上，则 `scriptURL` 属性将返回 `"https://www.example.com/serviceWorker.js"`。
- ❑ `state`：表示服务工作者线程状态的字符串，可能的值如下。
  - ■ `installing`
  - ■ `installed`
  - ■ `activating`
  - ■ `activated`
  - ■ `redundant`

6. 服务工作者线程的安全限制

与其他工作者线程一样，服务工作者线程也受加载脚本对应源的常规限制（更多信息参见 27.2.1 节）。此外，由于服务工作者线程几乎可以任意修改和重定向网络请求，以及加载静态资源，服务工作者线程 API 只能在安全上下文（HTTPS）下使用。在非安全上下文（HTTP）中，`navigator.serviceWorker` 是 `undefined`。为方便开发，浏览器豁免了通过 `localhost` 或 `127.0.0.1` 在本地加载的页面的安全上下文规则。

> **注意**　可以通过 `window.isSecureContext` 确定当前上下文是否安全。

7. `ServiceWorkerGlobalScope`

在服务工作者线程内部，全局上下文是 `ServiceWorkerGlobalScope` 的实例。`ServiceWorker-GlobalScope` 继承自 `WorkerGlobalScope`，因此拥有它的所有属性和方法。服务工作者线程可以通过 `self` 关键字访问该全局上下文。

`ServiceWorkerGlobalScope` 通过以下属性和方法扩展了 `WorkerGlobalScope`。

27

❑ caches：返回服务工作者线程的 CacheStorage 对象。

❑ clients：返回服务工作者线程的 Clients 接口，用于访问底层 Client 对象。

❑ registration：返回服务工作者线程的 ServiceWorkerRegistration 对象。

❑ skipWaiting()：强制服务工作者线程进入活动状态；需要跟 Clients.claim()一起使用。

❑ fetch()：在服务工作者线程内发送常规网络请求；用于在服务工作者线程确定有必要发送实际网络请求（而不是返回缓存值）时。

虽然专用工作者线程和共享工作者线程只有一个 message 事件作为输入，但服务工作者线程则可以接收很多事件，包括页面操作、通知操作触发的事件或推送事件。

> **注意**　根据浏览器实现，在 SeviceWorker 中把日志打印到控制台不一定能在浏览器默认控制台中看到。

服务工作者线程的全局作用域可以监听以下事件，这里进行了分类。

● **服务工作者线程状态**

❑ install：在服务工作者线程进入**安装**状态时触发（在客户端可以通过 ServiceWorker-Registration.installing 判断）。也可以在 self.oninstall 属性上指定该事件的处理程序。

　　■ 这是服务工作者线程接收的第一个事件，在线程一开始执行时就会触发。

　　■ 每个服务工作者线程只会调用一次。

❑ activate：在服务工作者线程进入**激活**或**已激活**状态时触发（在客户端可以通过 ServiceWorkerRegistration.active 判断）。也可以在 self.onactive 属性上指定该事件的处理程序。

　　■ 此事件在服务工作者线程准备好处理功能性事件和控制客户端时触发。

　　■ 此事件并不代表服务工作者线程在控制客户端，只表明具有控制客户端的条件。

● **Fetch API**

❑ fetch：在服务工作者线程截获来自主页面的 fetch()请求时触发。服务工作者线程的 fetch 事件处理程序可以访问 FetchEvent，可以根据需要调整输出。也可以在 self.onfetch 属性上指定该事件的处理程序。

● **Message API**

❑ message：在服务工作者线程通过 postMesssage()获取数据时触发。也可以在 self.onmessage 属性上指定该事件的处理程序。

● **Notification API**

❑ notificationclick：在系统告诉浏览器用户点击了 ServiceWorkerRegistration.showNotification()生成的通知时触发。也可以在 self.onnotificationclick 属性上指定该事件的处理程序。

❑ notificationclose：在系统告诉浏览器用户关闭或取消显示了 ServiceWorkerRegistration.showNotification()生成的通知时触发。也可以在 self.onnotificationclose 属性上指定该事件的处理程序。

- **Push API**
- ❏ push：在服务工作者线程接收到推送消息时触发。也可以在 `self.onpush` 属性上指定该事件的处理程序。
- ❏ pushsubscriptionchange：在应用控制外的因素（非 JavaScript 显式操作）导致推送订阅状态变化时触发。也可以在 `self.onpushsubscriptionchange` 属性上指定该事件的处理程序。

> **注意** 有些浏览器也支持 async 事件，该事件是在 Background Sync API 中定义的。Background Sync API 还没有标准化，目前只有 Chrome 和 Opera 支持，因此本书没介绍。

8. 服务工作者线程作用域限制

服务工作者线程只能拦截其作用域内的客户端发送的请求。作用域是相对于获取服务脚本的路径定义的。如果没有在 `register()` 中指定，则作用域就是服务脚本的路径。

（本章中涉及注册服务工作者线程的例子都使用脚本绝对 URL，以避免混淆。）下面第一个例子演示通过根目录获取服务脚本对应的默认根作用域：

```
navigator.serviceWorker.register('/serviceWorker.js')
.then((serviceWorkerRegistration) => {
  console.log(serviceWorkerRegistration.scope);
  // https://example.com/
});

// 以下请求都会被拦截：
// fetch('/foo.js');
// fetch('/foo/fooScript.js');
// fetch('/baz/bazScript.js');
```

下面的例子演示了通过根目录获取服务脚本但指定了同一目录作用域：

```
navigator.serviceWorker.register('/serviceWorker.js', {scope: './'})
.then((serviceWorkerRegistration) => {
  console.log(serviceWorkerRegistration.scope);
  // https://example.com/
});

// 以下请求都会被拦截：
// fetch('/foo.js');
// fetch('/foo/fooScript.js');
// fetch('/baz/bazScript.js');
```

下面的例子演示了通过根目录获取服务脚本但限定了目录作用域：

```
navigator.serviceWorker.register('/serviceWorker.js', {scope: './foo'})
.then((serviceWorkerRegistration) => {
  console.log(serviceWorkerRegistration.scope);
  // https://example.com/foo/
});

// 以下请求都会被拦截：
// fetch('/foo/fooScript.js');

// 以下请求都不会被拦截：
// fetch('/foo.js');
// fetch('/baz/bazScript.js');
```

下面的例子演示了通过嵌套的二级目录获取服务脚本对应的同一目录作用域：

```
navigator.serviceWorker.register('/foo/serviceWorker.js')
.then((serviceWorkerRegistration) => {
  console.log(serviceWorkerRegistration.scope);
  // https://example.com/foo/
});

// 以下请求都会被拦截：
// fetch('/foo/fooScript.js');

// 以下请求都不会被拦截：
// fetch('/foo.js');
// fetch('/baz/bazScript.js');
```

服务工作者线程的作用域实际上遵循了目录权限模型，即只能相对于服务脚本所在路径缩小作用域。像下面这样扩展作用域会抛出错误：

```
navigator.serviceWorker.register('/foo/serviceWorker.js', {scope: '/'});

// Error: The path of the provided scope 'https://example.com/'
// is not under the max scope allowed 'https://example.com/foo/'
```

通常，服务工作者线程作用域会使用末尾带斜杠的绝对路径来定义，比如：

```
navigator.serviceWorker.register('/serviceWorker.js', {scope: '/foo/'})
```

这样定义作用域有两个目的：将脚本文件的相对路径与作用域的相对路径分开，同时将该路径本身排除在作用域之外。例如，对于前面的代码片段而言，可能不需要在服务工作者线程的作用域中包含路径/foo。在末尾加上一个斜杠就可以明确排除/foo。当然，这要求绝对作用域路径不能扩展到服务工作者线程路径外。

如果想扩展服务工作者线程的作用域，主要有两种方式。

❑ 通过包含想要的作用域的路径提供（获取）服务脚本。

❑ 给服务脚本的响应添加 Service-Worker-Allowed 头部，把它的值设置为想要的作用域。该作用域值应该与 register() 中的作用域值一致。

27.4.2　服务工作者线程缓存

在服务工作者线程之前，网页缺少缓存网络请求的稳健机制。浏览器一直使用 HTTP 缓存，但 HTTP 缓存并没有对 JavaScript 暴露编程接口，且其行为是受 JavaScript 运行时外部控制的。可以开发临时缓存机制，缓存响应字符串或 blob，但这种策略比较麻烦且效率低。

JavaScript 缓存的实现之前也有过尝试。MDN 文档也介绍了：

　　之前的尝试，即 AppCache，看起来是个不错的想法，因为它支持非常容易地指定要缓存的资源。可是，它对你想要做的事情做了很多假设，当应用程序没有完全遵循这些假设时，它就崩溃了。

服务工作者线程的一个主要能力是可以通过编程方式实现真正的网络请求缓存机制。与 HTTP 缓存或 CPU 缓存不同，服务工作者线程缓存非常简单。

❑ 服务工作者线程缓存不自动缓存任何请求。所有缓存都必须明确指定。

❑ 服务工作者线程缓存没有到期失效的概念。除非明确删除，否则缓存内容一直有效。

□ 服务工作者线程缓存必须手动更新和删除。

□ **缓存版本必须手动管理**。每次服务工作者线程更新，新服务工作者线程负责提供新的缓存键以保存新缓存。

□ **唯一的浏览器强制逐出策略基于服务工作者线程缓存占用的空间**。服务工作者线程负责管理自己缓存占用的空间。缓存超过浏览器限制时，浏览器会基于最近最少使用（LRU，Least Recently Used）原则为新缓存腾出空间。

本质上，服务工作者线程缓存机制是一个双层字典，其中顶级字典的条目映射到二级嵌套字典。顶级字典是 `CacheStorage` 对象，可以通过服务工作者线程全局作用域的 `caches` 属性访问。顶级字典中的每个值都是一个 `Cache` 对象，该对象也是个字典，是 `Request` 对象到 `Response` 对象的映射。

与 `LocalStorage` 一样，`Cache` 对象在 `CacheStorage` 字典中无限期存在，会超出浏览器会话的界限。此外，`Cache` 条目只能以源为基础存取。

> **注意** 虽然 `CacheStorage` 和 `Cache` 对象是在 Service Worker 规范中定义的，但它们也可以在主页面或其他工作者线程中使用。

1. CacheStorage 对象

`CacheStorage` 对象是映射到 `Cache` 对象的字符串键/值存储。`CacheStorage` 提供的 API 类似于异步 `Map`。`CacheStorage` 的接口通过全局对象的 `caches` 属性暴露出来。

```
console.log(caches); // CacheStorage {}
```

`CacheStorage` 中的每个缓存可以通过给 `caches.open()` 传入相应字符串键取得。非字符串键会转换为字符串。如果缓存不存在，就会创建。

`Cache` 对象是通过期约返回的：

```
caches.open('v1').then(console.log);

// Cache {}
```

与 `Map` 类似，`CacheStorage` 也有 `has()`、`delete()` 和 `keys()` 方法。这些方法与 `Map` 上对应方法类似，但都基于期约。

```
// 打开新缓存 v1
// 检查缓存 v1 是否存在
// 检查不存在的缓存 v2

caches.open('v1')
.then(() => caches.has('v1'))
.then(console.log)    // true
.then(() => caches.has('v2'))
.then(console.log); // false

// 打开新缓存 v1
// 检查缓存 v1 是否存在
// 删除缓存 v1
// 再次检查缓存 v1 是否存在

caches.open('v1')
.then(() => caches.has('v1'))
.then(console.log)    // true
```

27

```
.then(() => caches.delete('v1'))
.then(() => caches.has('v1'))
.then(console.log);  // false

// 打开缓存 v1、v3 和 v2
// 检查当前缓存的键
// 注意：缓存键按创建顺序输出

caches.open('v1')
.then(() => caches.open('v3'))
.then(() => caches.open('v2'))
.then(() => caches.keys())
.then(console.log); // ["v1", "v3", "v2"]
```

CacheStorage 接口还有一个 match()方法，可以根据 Request 对象搜索 CacheStorage 中的所有 Cache 对象。搜索顺序是 CacheStorage.keys()的顺序，返回匹配的第一个响应：

```
// 创建一个请求键和两个响应值
const request = new Request('');
const response1 = new Response('v1');
const response2 = new Response('v2');

// 用同一个键创建两个缓存对象，最终会先找到 v1
// 因为它排在 caches.keys()输出的前面
caches.open('v1')
.then((v1cache) => v1cache.put(request, response1))
.then(() => caches.open('v2'))
.then((v2cache) => v2cache.put(request, response2))
.then(() => caches.match(request))
.then((response) => response.text())
.then(console.log); // v1
```

CacheStorage.match()可以接收一个 options 配置对象。下一节会介绍该对象。

2. Cache 对象

CacheStorage 通过字符串映射到 Cache 对象。Cache 对象跟 CacheStorage 一样，类似于异步的 Map。Cache 键可以是 URL 字符串，也可以是 Request 对象。这些键会映射到 Response 对象。

服务工作者线程缓存只考虑缓存 HTTP 的 GET 请求。这样是合理的，因为 GET 请求的响应通常不会随时间而改变。另一方面，默认情况下，Cache 不允许使用 POST、PUT 和 DELETE 等请求方法。这些方法意味着与服务器动态交换信息，因此不适合客户端缓存。

为填充 Cache，可能使用以下三个方法。

❑ put(request, response)：在键（Request 对象或 URL 字符串）和值（Response 对象）同时存在时用于添加缓存项。该方法返回期约，在添加成功后会解决。

❑ add(request)：在只有 Request 对象或 URL 时使用此方法发送 fetch()请求，并缓存响应。该方法返回期约，期约在添加成功后会解决。

❑ addAll(requests)：在希望填充全部缓存时使用，比如在服务工作者线程初始化时也初始化缓存。该方法接收 URL 或 Request 对象的数组。addAll()会对请求数组中的每一项分别调用 add()。该方法返回期约，期约在所有缓存内容添加成功后会解决。

与 Map 类似，Cache 也有 delete()和 keys()方法。这些方法与 Map 上对应方法类似，但都基于期约。

```
const request1 = new Request('https://www.foo.com');
const response1 = new Response('fooResponse');

caches.open('v1')
.then((cache) => {
  cache.put(request1, response1)
  .then(() => cache.keys())
  .then(console.log)  // [Request]
  .then(() => cache.delete(request1))
  .then(() => cache.keys())
  .then(console.log); // []
});
```

要检索 Cache，可以使用下面的两个方法。

❑ matchAll(request, options)：返回期约，期约解决为匹配缓存中 Response 对象的数组。
  ■ 此方法对结构类似的缓存执行批量操作，比如删除所有缓存在/images 目录下的值。
  ■ 可以通过 options 对象配置请求匹配方式，本节稍后会介绍。

❑ match(request, options)：返回期约，期约解决为匹配缓存中的 Response 对象；如果没命中缓存则返回 undefined。
  ■ 本质上相当于 matchAll(request, options)[0]。
  ■ 可以通过 options 对象配置请求匹配方式，本节稍后会介绍。

缓存是否命中取决于 URL 字符串和/或 Request 对象 URL 是否匹配。URL 字符串和 Request 对象是可互换的，因为匹配时会提取 Request 对象的 URL。下面的例子演示了这种互换性：

```
const request1 = 'https://www.foo.com';
const request2 = new Request('https://www.bar.com');

const response1 = new Response('fooResponse');
const response2 = new Response('barResponse');

caches.open('v1').then((cache) => {
  cache.put(request1, response1)
  .then(() => cache.put(request2, response2))
  .then(() => cache.match(new Request('https://www.foo.com')))
  .then((response) => response.text())
  .then(console.log)  // fooResponse
  .then(() => cache.match('https://www.bar.com'))
  .then((response) => response.text())
  .then(console.log); // barResponse
});
```

Cache 对象使用 Request 和 Response 对象的 clone()方法创建副本，并把它们存储为键/值对。下面的例子演示了这一点，因为从缓存中取得的实例并不等于原始的键/值对：

```
const request1 = new Request('https://www.foo.com');
const response1 = new Response('fooResponse');

caches.open('v1')
.then((cache) => {
  cache.put(request1, response1)
  .then(() => cache.keys())
  .then((keys) => console.log(keys[0] === request1))           // false
  .then(() => cache.match(request1))
  .then((response) => console.log(response === response1)); // false
});
```

27

Cache.match()、Cache.matchAll()和 CacheStorage.match()都支持可选的 options 对象，它允许通过设置以下属性来配置 URL 匹配的行为。

□ cacheName：只有 CacheStorage.matchAll()支持。设置为字符串时，只会匹配 Cache 键为指定字符串的缓存值。

□ ignoreSearch：设置为 true 时，在匹配 URL 时忽略查询字符串，包括请求查询和缓存键。例如，https://example.com?foo=bar 会匹配 https://example.com。

□ ignoreMethod：设置为 true 时，在匹配 URL 时忽略请求查询的 HTTP 方法。比如下面的例子展示了 POST 请求匹配 GET 请求：

```
const request1 = new Request('https://www.foo.com');
const response1 = new Response('fooResponse');

const postRequest1 = new Request('https://www.foo.com',
                                 { method: 'POST' });

caches.open('v1')
.then((cache) => {
  cache.put(request1, response1)
  .then(() => cache.match(postRequest1))
  .then(console.log)  // undefined
  .then(() => cache.match(postRequest1, { ignoreMethod: true }))
  .then(console.log); // Response {}
});
```

□ ignoreVary：匹配的时候考虑 HTTP 的 Vary 头部，该头部指定哪个请求头部导致服务器响应不同的值。ignoreVary 设置为 true 时，在匹配 URL 时忽略 Vary 头部。

```
const request1 = new Request('https://www.foo.com');
const response1 = new Response('fooResponse',
                              { headers: {'Vary': 'Accept' }});

const acceptRequest1 = new Request('https://www.foo.com',
                                   { headers: { 'Accept': 'text/json' } });

caches.open('v1')
.then((cache) => {
  cache.put(request1, response1)
  .then(() => cache.match(acceptRequest1))
  .then(console.log)  // undefined
  .then(() => cache.match(acceptRequest1, { ignoreVary: true }))
  .then(console.log); // Response {}
});
```

3. 最大存储空间

浏览器需要限制缓存占用的磁盘空间，否则无限制存储势必会造成滥用。该存储空间的限制没有任何规范定义，完全由浏览器供应商的个人喜好决定。

使用 StorageEstimate API 可以近似地获悉有多少空间可用（以字节为单位），以及当前使用了多少空间。此方法只在安全上下文中可用：

```
navigator.storage.estimate()
.then(console.log);

// 不同浏览器的输出可能不同:
// { quota: 2147483648, usage: 590845 }
```

根据 Service Worker 规范：

> 这些并不是确切的数值，考虑到压缩、去重和混淆等安全原因，该数字并不精确。

27.4.3　服务工作者线程客户端

服务工作者线程会使用 `Client` 对象跟踪关联的窗口、工作线程或服务工作者线程。服务工作者线程可以通过 `Clients` 接口访问这些 `Client` 对象。该接口暴露在全局上下文的 `self.clients` 属性上。`Client` 对象支持以下属性和方法。

- ❑ `id`：返回客户端的全局唯一标识符，例如 `7e4248ec-b25e-4b33-b15f-4af8bb0a3ac4`。`id` 可用于通过 `Client.get()` 获取客户端的引用。
- ❑ `type`：返回表示客户端类型的字符串。`type` 可能的值是 `window`、`worker` 或 `sharedworker`。
- ❑ `url`：返回客户端的 URL。
- ❑ `postMessage()`：用于向单个客户端发送消息。

`Clients` 接口支持通过 `get()` 或 `matchAll()` 访问 `Client` 对象。这两个方法都通过期约返回结果。`matchAll()` 也可以接收 `options` 对象，该对象支持以下属性。

- ❑ `includeUncontrolled`：在设置为 `true` 时，返回结果包含不受当前服务工作者线程控制的客户端。默认为 `false`。
- ❑ `type`：可以设置为 `window`、`worker` 或 `sharedworker`，对返回结果进行过滤。默认为 `all`，返回所有类型的客户端。

`Clients` 接口也支持以下方法。

- ❑ `openWindow(url)`：在新窗口中打开指定 URL，实际上会给当前服务工作者线程添加一个新 `Client`。这个新 `Client` 对象以解决的期约形式返回。该方法可用于回应点击通知的操作，此时服务工作者线程可以检测单击事件并作为响应打开一个窗口。
- ❑ `claim()`：强制性设置当前服务工作者线程以控制其作用域中的所有客户端。`claim()` 可用于不希望等待页面重新加载而让服务工作者线程开始管理页面。

27.4.4　服务工作者线程与一致性

理解服务工作者线程最终用途十分重要：让网页能够模拟原生应用程序。要像原生应用程序一样，服务工作者线程必须支持**版本控制**（versioning）。

从全局角度说，服务工作者线程的版本控制可以确保任何时候两个网页的操作都有**一致性**。该一致性可以表现为如下两种形式。

- ❑ **代码一致性**。网页不是像原生应用程序那样基于一个二进制文件创建，而是由很多 HTML、CSS、JavaScript、图片、JSON，以及页面可能加载的任何类型的文件创建。网页经常会递增更新，即版本升级，以增加或修改行为。如果网页总共加载了 100 个文件，而加载的资源同时来自第 1 版和第 2 版，那么就会导致完全无法预测，而且很可能出错。服务工作者线程为此提供了一种强制机制，确保来自同源的所有并存页面始终会使用来自相同版本的资源。
- ❑ **数据一致性**。网页并非与外界隔绝的应用程序。它们会通过各种浏览器 API 如 `LocalStorage` 或 `IndexedDB` 在本地读取和写入数据；也会向远程 API 发送请求并获取数据。这些获取和写入数据的格式在不同版本中可能也会变化。如果一个页面以第 1 版中的格式写入了数据，第二个页

27

面以第 2 版中的格式读取该数据就会导致无法预测的结果甚至出错。服务工作者线程的资源一致性机制可以保证网页输入/输出行为对同源的所有并存网页都相同。

为确保一致性，服务工作者线程的生命周期不遗余力地避免出现有损一致性的现象。比如下面这些可能。

- **服务工作者线程提早失败。**在安装服务工作者线程时，任何预料之外的问题都可能阻止服务工作者线程成功安装。包括服务脚本加载失败、服务脚本中存在语法或运行时错误、无法通过 `importScripts()` 加载工作者线程依赖，甚至加载某个缓存资源失败。
- **服务工作者线程激进更新。**浏览器再次加载服务脚本时（无论通过 `register()` 手动加载还是基于页面重载），服务脚本或通过 `importScripts()` 加载的依赖中哪怕有一个字节的差异，也会启动安装新版本的服务工作者线程。
- **未激活服务工作者线程消极活动。**当页面上第一次调用 `register()` 时，服务工作者线程会被安装，但不会被激活，并且在导航事件发生前不会控制页面。这应该是合理的：可以认为当前页面已加载了资源，因此服务工作者线程不应该被激活，否则就会加载不一致的资源。
- **活动的服务工作者线程粘连。**只要至少有一个客户端与关联到活动的服务工作者线程，浏览器就会在该源的所有页面中使用它。浏览器可以安装新服务工作者线程实例以替代这个活动的实例，但浏览器在与活动实例关联的客户端为 0（或强制更新服务工作者线程）之前不会切换到新工作者线程。这个服务工作者线程逐出策略能够防止两个客户端同时运行两个不同版本的服务工作者线程。

27.4.5   理解服务工作者线程的生命周期

Service Worker 规范定义了 6 种服务工作者线程可能存在的状态：**已解析**（parsed）、**安装中**（installing）、**已安装**（installed）、**激活中**（activating）、**已激活**（activated）和**已失效**（redundant）。完整的服务工作者线程生命周期会以该顺序进入相应状态，尽管有可能不会进入每个状态。安装或激活服务工作者线程时遇到错误会跳到已失效状态。

上述状态的每次变化都会在 `ServiceWorker` 对象上触发 `statechange` 事件，可以像下面这样为它添加一个事件处理程序：

```
navigator.serviceWorker.register('./serviceWorker.js')
.then((registration) => {
  registration.installing.onstatechange = ({ target: { state } }) => {
    console.log('state changed to', state);
  };
});
```

1. 已解析状态

调用 `navigator.serviceWorker.register()` 会启动创建服务工作者线程实例的过程。刚创建的服务工作者线程实例会进入已解析状态。该状态没有事件，也没有与之相关的 `ServiceWorker.state` 值。

> **注意**   虽然已解析（parsed）是 Service Worker 规范正式定义的一个状态，但 Service-Worker.prototype.state 永远不会返回"parsed"。通过该属性能够返回的最早阶段是 installing。

浏览器获取脚本文件，然后执行一些初始化任务，服务工作者线程的生命周期就开始了。

(1) 确保服务脚本来自相同的源。

(2) 确保在安全上下文中注册服务工作者线程。

(3) 确保服务脚本可以被浏览器 JavaScript 解释器成功解析而不会抛出任何错误。

(4) 捕获服务脚本的快照。下一次浏览器下载到服务脚本，会与这个快照对比差异，并据此决定是否应该更新服务工作者线程。

所有这些任务全部成功，则 register() 返回的期约会解决为一个 ServiceWorkerRegistration 对象。新创建的服务工作者线程实例进入到安装中状态。

2. 安装中状态

安装中状态是执行所有服务工作者线程设置任务的状态。这些任务包括在服务工作者线程控制页面前必须完成的操作。

在客户端，这个阶段可以通过检查 ServiceWorkerRegistration.installing 是否被设置为 ServiceWorker 实例：

```
navigator.serviceWorker.register('./serviceWorker.js')
.then((registration) => {
  if (registration.installing) {
    console.log('Service worker is in the installing state');
  }
});
```

关联的 ServiceWorkerRegistration 对象也会在服务工作者线程到达该状态时触发 updatefound 事件：

```
navigator.serviceWorker.register('./serviceWorker.js')
.then((registration) => {
  registration.onupdatefound = () =>
    console.log('Service worker is in the installing state');
});
```

在服务工作者线程中，这个阶段可以通过给 install 事件添加处理程序来确定：

```
self.oninstall = (installEvent) => {
  console.log('Service worker is in the installing state');
};
```

安装中状态频繁用于填充服务工作者线程的缓存。服务工作者线程在成功缓存指定资源之前可以一直处于该状态。如果任何资源缓存失败，服务工作者线程都会安装失败并跳至已失效状态。

服务工作者线程可以通过 ExtendableEvent 停留在安装中状态。InstallEvent 继承自 Extendable-Event，因此暴露了一个 API，允许将状态过渡延迟到期约解决。为此要调用 ExtendableEvent.waitUntil() 方法，该方法接收一个期约参数，会将状态过渡延迟到这个期约解决。例如，下面的例子可以延迟 5 秒再将状态过渡到已安装状态：

```
self.oninstall = (installEvent) => {
  installEvent.waitUntil(
    new Promise((resolve, reject) => setTimeout(resolve, 5000))
  );
};
```

更接近实际的例子是通过 Cache.addAll() 缓存一组资源之后再过渡：

```
const CACHE_KEY = 'v1';

self.oninstall = (installEvent) => {
  installEvent.waitUntil(
    caches.open(CACHE_KEY)
    .then((cache) => cache.addAll([
      'foo.js',
      'bar.html',
      'baz.css',
    ]))
  );
};
```

如果没有错误发生或者没有拒绝，服务工作者线程就会前进到已安装状态。

3. 已安装状态

已安装状态也称为**等待中**（waiting）状态，意思是服务工作者线程此时没有别的事件要做，只是准备在得到许可的时候去控制客户端。如果没有活动的服务工作者线程，则新安装的服务工作者线程会跳到这个状态，并直接进入**激活中**状态，因为没有必要再等了。

在客户端，这个阶段可以通过检查 ServiceWorkerRegistration.waiting 是否被设置为一个 ServiceWorker 实例来确定：

```
navigator.serviceWorker.register('./serviceWorker.js')
.then((registration) => {
  if (registration.waiting) {
    console.log('Service worker is in the installing/waiting state');
  }
});
```

如果已有了一个活动的服务工作者线程，则已安装状态是触发逻辑的好时机，这样会把这个新服务工作者线程推进到**激活中**状态。可以通过 self.skipWaiting() 强制推进服务工作者线程的状态，也可以通过提示用户重新加载应用程序，从而使浏览器可以按部就班地推进。

4. 激活中状态

激活中状态表示服务工作者线程已经被浏览器选中即将变成可以控制页面的服务工作者线程。如果浏览器中没有活动服务工作者线程，这个新服务工作者线程会自动到达激活中状态。如果有一个活动服务工作者线程，则这个作为替代的服务工作者线程可以通过如下方式进入激活中状态。

- ❑ 原有服务工作者线程控制的客户端数量变为 0。这通常意味着所有受控的浏览器标签页都被关闭。在下一个导航事件时，新服务工作者线程会到达激活中状态。
- ❑ 已安装的服务工作者线程调用 self.skipWaiting()。这样可以立即生效，而不必等待一次导航事件。

在激活中状态下，不能像已激活状态中那样执行发送请求或推送事件的操作。

在客户端，这个阶段大致可以通过检查 ServiceWorkerRegistration.active 是否被设置为一个 ServiceWorker 实例来确定：

```
navigator.serviceWorker.register('./serviceWorker.js')
.then((registration) => {
  if (registration.active) {
    console.log('Service worker is in the activating/activated state');
  }
});
```

注意，ServiceWorkerRegistration.active 属性表示服务工作者线程可能在激活中状态，也可能在已激活状态。

在这个服务工作者线程内部，可以通过给 activate 事件添加处理程序来获悉：

```
self.oninstall = (activateEvent) => {
  console.log('Service worker is in the activating state');
};
```

activate 事件表示可以将老服务工作者线程清理掉了，该事件经常用于清除旧缓存数据和迁移数据库。例如，下面的代码清除了所有版本比较老的缓存：

```
const CACHE_KEY = 'v3';

self.oninstall = (activateEvent) => {
  caches.keys()
  .then((keys) => keys.filter((key) => key != CACHE_KEY))
  .then((oldKeys) => oldKeys.forEach((oldKey) => caches.delete(oldKey));
};
```

activate 事件也继承自 ExtendableEvent，因此也支持 waitUntil() 方法，可以延迟过渡到已激活状态，或者基于期约拒绝过渡到已失效状态。

> **注意**　服务工作者线程中的 activate 事件并不代表服务工作者线程正在控制客户端。

5. 已激活状态

已激活状态表示服务工作者线程正在控制一个或多个客户端。在这个状态，服务工作者线程会捕获其作用域中的 fetch() 事件、通知和推送事件。

在客户端，这个阶段大致可以通过检查 ServiceWorkerRegistration.active 是否被设置为一个 ServiceWorker 实例来确定：

```
navigator.serviceWorker.register('./serviceWorker.js')
.then((registration) => {
  if (registration.active) {
    console.log('Service worker is in the activating/activated state');
  }
});
```

注意，ServiceWorkerRegistration.active 属性表示服务工作者线程可能在**激活中**状态，也可能在**已激活**状态。

更可靠的确定服务工作者线程处于已激活状态一种方式是检查 ServiceWorkerRegistration 的 controller 属性。该属性会返回激活的 ServiceWorker 实例，即控制页面的实例：

```
navigator.serviceWorker.register('./serviceWorker.js')
.then((registration) => {
  if (registration.controller) {
    console.log('Service worker is in the activated state');
  }
});
```

在新服务工作者线程控制客户端时，该客户端中的 ServiceWorkerContainer 会触发 controller-change 事件：

```
navigator.serviceWorker.oncontrollerchange = () => {
  console.log('A new service worker is controlling this client');
};
```

另外，也可以使用 `ServiceWorkerContainer.ready` 期约来检测活动服务工作者线程。该期约会在当前页面拥有活动工作者线程时立即解决：

```
navigator.serviceWorker.ready.then(() => {
  console.log('A new service worker is controlling this client');
});
```

6. 已失效状态

已失效状态表示服务工作者线程已被宣布死亡。不会再有事件发送给它，浏览器随时可能销毁它并回收它的资源。

7. 更新服务工作者线程

因为版本控制的概念根植于服务工作者线程的整个生命周期，所以服务工作者线程会随着版本变化。为此，服务工作者线程提供了稳健同时也复杂的流程，以安装替换过时的服务工作者线程。

这个更新流程的初始阶段是更新检查，也就是浏览器重新请求服务脚本。以下事件可以触发更新检查。

❑ 以创建当前活动服务工作者线程时不一样的 URL 调用 `navigator.serviceWorker.register()`。

❑ 浏览器导航到服务工作者线程作用域中的一个页面。

❑ 发生了 `fetch()` 或 `push()` 等功能性事件，且至少 24 小时内没有发生更新检查。

新获取的服务脚本会与当前服务工作者线程的脚本比较差异。如果不相同，浏览器就会用新脚本初始化一个新的服务工作者线程。更新的服务工作者线程进入自己的生命周期，直至抵达**已安装**状态。到达**已安装**状态后，更新服务工作者线程会等待浏览器决定让它安全地获得页面的控制权（或用户强制它获得页面控制权）。

关键在于，刷新页面**不会**让更新服务工作者线程进入激活状态并取代已有的服务工作者线程。比如，有个打开的页面，其中有一个服务工作者线程正在控制它，而一个更新服务工作者线程正在**已安装**状态中等待。客户端在页面刷新期间会发生重叠，即旧页面还没有卸载，新页面已加载了。因此，现有的服务工作者线程永远不会让出控制权，毕竟至少还有一个客户端在它的控制之下。为此，取代现有服务工作者线程唯一的方式就是关闭所有受控页面。

27.4.6　控制反转与服务工作者线程持久化

虽然专用工作者线程和共享工作者线程是有状态的，但服务工作者线程是无状态的。更具体地说，服务工作者线程遵循控制反转（IoC，Inversion of Control）模式并且是事件驱动的。

这样就意味着服务工作者线程不应该依赖工作者线程的全局状态。服务工作者线程中的绝大多数代码应该在事件处理程序中定义。当然，服务工作者线程的版本作为全局常量是个显而易见的例外。服务脚本执行的次数变化很大，高度依赖浏览器状态，因此服务脚本的行为应该是幂等的。

理解服务工作者线程的生命周期与它所控制的客户端的生命周期无关非常重要。大多数浏览器将服务工作者线程实现为独立的进程，而该进程由浏览器单独控制。如果浏览器检测到某个服务工作者线程空闲了，就可以终止它并在需要时再重新启动。这意味着可以依赖服务工作者线程在激活后处理事件，但不能依赖它们的持久化全局状态。

27.4.7 通过 **updateViaCache** 管理服务文件缓存

正常情况下，浏览器加载的所有 JavaScript 资源会按照它们的 Cache-Control 头部纳入 HTTP 缓存管理。因为服务脚本没有优先权，所以浏览器不会在缓存文件失效前接收更新的服务脚本。

为了尽可能传播更新后的服务脚本，常见的解决方案是在响应服务脚本时设置 Cache-Control: max-age=0 头部。这样浏览器就能始终取得最新的脚本文件。

这个即时失效的方案能够满足需求，但仅仅依靠 HTTP 头部来决定是否更新意味着只能由服务器控制客户端。为了让客户端能控制自己的更新行为，可以通过 updateViaCache 属性设置客户端对待服务脚本的方式。该属性可以在注册服务工作者线程时定义，可以是如下三个字符串值。

- ❏ imports：默认值。顶级服务脚本永远不会被缓存，但通过 importScripts() 在服务工作者线程内部导入的文件会按照 Cache-Control 头部设置纳入 HTTP 缓存管理。
- ❏ all：服务脚本没有任何特殊待遇。所有文件都会按照 Cache-Control 头部设置纳入 HTTP 缓存管理。
- ❏ none：顶级服务脚本和通过 importScripts() 在服务工作者线程内部导入的文件永远都不会被缓存。

可以像下面这样使用 updateViaCache 属性：

```
navigator.serviceWorker.register('/serviceWorker.js', {
  updateViaCache: 'none'
});
```

浏览器仍在渐进地支持这个选项，因此强烈推荐读者同时使用 updateViaCache 和 CacheControl 头部指定客户端的缓存行为。

27.4.8 强制性服务工作者线程操作

某些情况下，有必要尽可能快让服务工作者线程进入已激活状态，即使可能会造成资源版本控制不一致。该操作通常适合在安装事件中缓存资源，此时要强制服务工作者线程进入活动状态，然后再强制活动服务工作者线程去控制关联的客户端。

实现上述操作的基本代码如下。

```
const CACHE_KEY = 'v1';

self.oninstall = (installEvent) => {
  // 填充缓存，然后强制服务工作者线程进入已激活状态
  // 这样会触发 activate 事件
  installEvent.waitUntil(
    caches.open(CACHE_KEY)
    .then((cache) => cache.addAll([
      'foo.css',
      'bar.js',
    ]))
    .then(() => self.skipWaiting())
  );
};

// 强制服务工作者线程接管客户端
// 这会在每个客户端触发 controllerchange 事件
self.onactivate = (activateEvent) => clients.claim();
```

27

浏览器会在每次导航事件中检查新服务脚本，但有时候这样也太不够了。ServiceWorkerRegistration 对象为此提供了一个 update() 方法，可以用来告诉浏览器去重新获取服务脚本，与现有的比较，然后必要时安装更新的服务工作者线程。可以这样来实现：

```
navigator.serviceWorker.register('./serviceWorker.js')
.then((registration) => {
  // 每 17 分钟左右检查一个更新版本
  setInterval(() => registration.update(), 1E6);
});
```

27.4.9 服务工作者线程消息

与专用工作者线程和共享工作者线程一样，服务工作者线程也能与客户端通过 postMessage() 交换消息。实现通信的最简单方式是向活动工作者线程发送一条消息，然后使用事件对象发送回应。发送给服务工作者线程的消息可以在全局作用域处理，而发送回客户端的消息则可以在 ServiceWorker-Context 对象上处理：

ServiceWorker.js
```
self.onmessage = ({data, source}) => {
  console.log('service worker heard:', data);

  source.postMessage('bar');
};
```

main.js
```
navigator.serviceWorker.onmessage = ({data}) => {
  console.log('client heard:', data);
};

navigator.serviceWorker.register('./serviceWorker.js')
.then((registration) => {
  if (registration.active) {
    registration.active.postMessage('foo');
  }
});

// service worker heard: foo
// client heard: bar
```

也可以简单地使用 serviceWorker.controller 属性：

ServiceWorker.js
```
self.onmessage = ({data, source}) => {
  console.log('service worker heard:', data);

  source.postMessage('bar');
};
```

main.js
```
navigator.serviceWorker.onmessage = ({data}) => {
  console.log('client heard:', data);
};

navigator.serviceWorker.register('./serviceWorker.js')
```

```
  .then(() => {
    if (navigator.serviceWorker.controller) {
      navigator.serviceWorker.controller.postMessage('foo');
    }
});

// service worker heard: foo
// client heard: bar
```

前面的例子在每次页面重新加载时都会运行。这是因为服务工作者线程会回应每次刷新后客户端脚本发送的消息。在通过新标签页打开这个页面时也一样。

如果服务工作者线程需要率先发送消息，可以像下面这样获得客户端的引用：

ServiceWorker.js
```
self.onmessage = ({data}) => {
  console.log('service worker heard:', data);
};

self.onactivate = () => {
  self.clients.matchAll({includeUncontrolled: true})
    .then((clientMatches) => clientMatches[0].postMessage('foo'));
};
```

main.js
```
navigator.serviceWorker.onmessage = ({data, source}) => {
  console.log('client heard:', data);

  source.postMessage('bar');
};

navigator.serviceWorker.register('./serviceWorker.js')

// client heard: foo
// service worker heard: bar
```

前面的例子只会运行一次，因为活动事件在每个服务工作者线程上只会触发一次。

因为客户端和服务工作者线程可以相互之间发送消息，所以通过 MessageChannel 或 Broadcast-Channel 实现通信也是可能的。

27.4.10 拦截 fetch 事件

服务工作者线程最重要的一个特性就是拦截网络请求。服务工作者线程作用域中的网络请求会注册为 fetch 事件。这种拦截能力不限于 fetch() 方法发送的请求，也能拦截对 JavaScript、CSS、图片和HTML（包括对主 HTML 文档本身）等资源发送的请求。这些请求可以来自 JavaScript，也可以通过 <script>、<link> 或 <img> 标签创建。直观地说，这样是合理的：如果想让服务工作者线程模拟离线应用程序，它就必须能够把控页面正常运行所需的所有请求资源。

FetchEvent 继承自 ExtendableEvent。让服务工作者线程能够决定如何处理 fetch 事件的方法是 event.respondWith()。该方法接收期约，该期约会解决为一个 Response 对象。当然，该 Response 对象实际上来自哪里完全由服务工作者线程决定。可以来自网络，来自缓存，或者动态创建。下面几节将介绍几种网络/缓存策略，可以在服务工作者线程中使用。

27

1. 从网络返回

这个策略就是简单地转发 `fetch` 事件。那些绝对需要发送到服务器的请求例如 POST 请求就适合该策略。可以像下面实现这一策略：

```
self.onfetch = (fetchEvent) => {
  fetchEvent.respondWith(fetch(fetchEvent.request));
};
```

> **注意** 前面的代码只演示了如何使用 event.respondWith()。如果 event.respondWith() 没有被调用，浏览器也会通过网络发送请求。

2. 从缓存返回

这个策略其实就是缓存检查。对于任何肯定有缓存的资源（如在安装阶段缓存的资源），可以采用该策略：

```
self.onfetch = (fetchEvent) => {
  fetchEvent.respondWith(caches.match(fetchEvent.request));
};
```

3. 从网络返回，缓存作后备

这个策略把从网络获取最新的数据作为首选，但如果缓存中有值也会返回缓存的值。如果应用程序需要尽可能展示最新数据，但在离线的情况下仍要展示一些信息，就可以采用该策略：

```
self.onfetch = (fetchEvent) => {
  fetchEvent.respondWith(
    fetch(fetchEvent.request)
    .catch(() => caches.match(fetchEvent.request))
  );
};
```

4. 从缓存返回，网络作后备

这个策略优先考虑响应速度，但仍会在没有缓存的情况下发送网络请求。这是大多数渐进式 Web 应用程序（PWA，Progressive Web Application）采取的首选策略：

```
self.onfetch = (fetchEvent) => {
  fetchEvent.respondWith(
    caches.match(fetchEvent.request)
    .then((response) => response || fetch(fetchEvent.request))
  );
};
```

5. 通用后备

应用程序需要考虑缓存和网络都不可用的情况。服务工作者线程可以在安装时缓存后备资源，然后在缓存和网络都失败时返回它们：

```
self.onfetch = (fetchEvent) => {
  fetchEvent.respondWith(
    // 开始执行"从缓存返回，以网络为后备"策略
    caches.match(fetchEvent.request)
    .then((response) => response || fetch(fetchEvent.request))
    .catch(() => caches.match('/fallback.html'))
  );
};
```

这里的 catch() 子句可以扩展为支持不同类型的后备，例如点位图、哑数据，等等。

> **注意**　Jake Archibald 在 Google Developers 网站有一篇关于网络/缓存策略的好文章《离线指南》。

27.4.11　推送通知

对于模拟原生应用程序的 Web 应用程序而言，必须支持推送消息。这意味着网页必须能够接收服务器的推送事件，然后在设备上显示通知（即使应用程序没有运行）。当然，这在常规网页中肯定是不可能的。不过，有了服务工作者线程就可以实现该行为。

为了在 PWA 应用程序中支持推送通知，必须支持以下 4 种行为。

❏ 服务工作者线程必须能够显示通知。

❏ 服务工作者线程必须能够处理与这些通知的交互。

❏ 服务工作者线程必须能够订阅服务器发送的推送通知。

❏ 服务工作者线程必须能够处理推送消息，即使应用程序没在前台运行或者根本没打开。

1. 显示通知

服务工作者线程可以通过它们的注册对象使用 Notification API。这样做有很好的理由：与服务工作者线程关联的通知也会触发服务工作者线程内部的交互事件。

显示通知要求向用户明确地请求授权。授权完成后，可以通过 ServiceWorkerRegistration. showNotification() 显示通知。下面是示例实现：

```
navigator.serviceWorker.register('./serviceWorker.js')
.then((registration) => {
  Notification.requestPermission()
  .then((status) => {
    if (status === 'granted') {
      registration.showNotification('foo');
    }
  });
});
```

类似地，在服务工作者线程内部可以使用全局 registration 属性触发通知：

```
self.onactivate = () => self.registration.showNotification('bar');
```

在上面的例子中，获得显示通知的授权后，会把 foo 通知显示在浏览器中。该通知与使用 new Notification() 创建的通知看不出有任何差别。此外，显示该通知不需要服务工作者线程额外做任何事情。服务工作者线程只在需要处理通知事件时才会发挥作用。

2. 处理通知事件

通过 ServiceWorkerRegistration 对象创建的通知会向服务工作者线程发送 notificationclick 和 notificationclose 事件。假设前面例子中的服务脚本定义了如下事件处理程序：

```
self.onnotificationclick = ({notification}) => {
  console.log('notification click', notification);
};

self.onnotificationclose = ({notification}) => {
```

```
  console.log('notification close', notification);
};
```

在这个例子中，与通知的两种交互操作都在服务工作者线程中注册了处理程序。这里的 notification 事件对象暴露了 notification 属性，其中包含着生成该事件 Notification 对象。这些处理程序可以决定交互操作之后的响应方式。

一般来说，单击通知意味着用户希望转到某个具体的页面。在服务工作者线程处理程序中，可以通过 clients.openWindow() 打开相应的 URL，例如：

```
self.onnotificationclick = ({notification}) => {
  clients.openWindow('https://foo.com');
};
```

3. 订阅推送事件

对于发送给服务工作者线程的推送消息，必须通过服务工作者线程的 PushManager 来订阅。这样服务工作者线程就可以在 push 事件处理程序中处理推送消息。

下面展示了使用 ServiceWorkerRegistration.pushManager 订阅推送消息的例子：

```
navigator.serviceWorker.register('./serviceWorker.js')
.then((registration) => {
  registration.pushManager.subscribe({
    applicationServerKey: key, // 来自服务器的公钥
    userVisibleOnly: true
  });
});
```

另外，服务工作者线程也可以使用全局的 registration 属性自己订阅：

```
self.onactivate = () => {
  self.registration.pushManager.subscribe({
    applicationServerKey: key, // 来自服务器的公钥
    userVisibleOnly: true
  });
};
```

4. 处理推送事件

订阅之后，服务工作者线程会在每次服务器推送消息时收到 push 事件。这时候它可以这样来处理：

```
self.onpush = (pushEvent) => {
  console.log('Service worker was pushed data:', pushEvent.data.text());
};
```

为实现真正的推送通知，这个处理程序只需要通过注册对象创建一个通知即可。不过，完善的推送通知需要创建它的服务工作者线程保持活动足够长时间，以便处理后续的交互事件。

要实现这一点，push 事件继承了 ExtendableEvent。可以把 showNotification() 返回的期约传给 waitUntil()，这样就会让服务工作者线程一直活动到通知的期约解决。

下面展示了实现上述逻辑的简单框架：

main.js

```
navigator.serviceWorker.register('./serviceWorker.js')
.then((registration) => {
  // 请求显示通知的授权
  Notification.requestPermission()
  .then((status) => {
```

```
      if (status === 'granted') {
        // 如果获得授权，只订阅推送消息
        registration.pushManager.subscribe({
          applicationServerKey: key, // 来自服务器的公钥
          userVisibleOnly: true
        });
      }
    });
  });
```

ServiceWorker.js
```
// 收到推送事件后，在通知中以文本形式显示数据
self.onpush = (pushEvent) => {
  // 保持服务工作者线程活动到通知期约解决
  pushEvent.waitUntil(
    self.registration.showNotification(pushEvent.data.text())
  );
};

// 如果用户单击通知，则打开相应的应用程序页面
self.onnotificationclick = ({notification}) => {
  clients.openWindow('https://example.com/clicked-notification');
};
```

27.5　小结

　　工作者线程可以运行异步 JavaScript 而不阻塞用户界面。这非常适合复杂计算和数据处理，特别是需要花较长时间因而会影响用户使用网页的处理任务。工作者线程有自己独立的环境，只能通过异步消息与外界通信。

　　工作者线程可以是专用线程、共享线程。专用线程只能由一个页面使用，而共享线程则可以由同源的任意页面共享。

　　服务工作者线程用于让网页模拟原生应用程序。服务工作者线程也是一种工作者线程，但它们更像是网络代理，而非独立的浏览器线程。可以把它们看成是高度定制化的网络缓存，它们也可以在 PWA 中支持推送通知。

27

第 **28** 章

最佳实践

本章内容
- ❑ 编写可维护的代码
- ❑ 保证代码性能
- ❑ 部署代码到线上环境

自 2000 年以来，Web 开发一直在以惊人的速度发展。从最初毫无章法可循的"野蛮生长"，到如今已发展出完整的规范体系，各种研究成果和最佳实践层出不穷。随着简单的网站变成复杂的 Web 应用程序，曾经的 Web 开发爱好者也变成了收入不菲的专业人士。Web 开发领域的最新技术和开发工具已经令人目不暇接。其中，JavaScript 尤其成为了研究和关注的焦点。JavaScript 的最佳实践可以分成几类，适用于开发流程的不同阶段。

28.1 可维护性

在早期网站中，JavaScript 主要用于实现一些小型动效或表单验证。今天的 Web 应用程序则动辄成千上万行 JavaScript 代码，用于完成各种各样的复杂处理。这些变化要求开发者把可维护能力放到重要位置上。正如更传统意义上的软件工程师一样，JavaScript 开发者受雇是要为公司创造价值的。他们不仅要保证产品如期上线，而且要随着时间推移为公司不断积累知识资产。

编写可维护的代码十分重要，因为大多数开发者会花大量时间去维护别人写的代码。实际开发中，从第一行代码开始写起的情况非常少，通常是要在别人的代码之上构建自己的工作。让自己的代码容易维护，可以保证其他开发者更好地完成自己的工作。

> **注意** 可维护代码的概念并不只适用于 JavaScript，其中很多概念适用于所有编程语言，尽管部分概念特定于 JavaScript。

28.1.1 什么是可维护的代码

通常，说代码"可维护"就意味着它具备如下特点。
- ❑ **容易理解**：无须求助原始开发者，任何人一看代码就知道它是干什么的，以及它是怎么实现的。
- ❑ **符合常识**：代码中的一切都显得顺理成章，无论操作有多么复杂。
- ❑ **容易适配**：即使数据发生变化也不用完全重写。
- ❑ **容易扩展**：代码架构经过认真设计，支持未来扩展核心功能。
- ❑ **容易调试**：出问题时，代码可以给出明确的信息，通过它能直接定位问题。

能够写出可维护的 JavaScript 代码是一项重要的专业技能。这就是业余爱好者和专业开发人员之间的区别，前者用一个周末就拼凑出一个网站，而后者真正了解自己的技术。

28.1.2　编码规范

编写可维护代码的第一步是认真考虑编码规范。大多数编程语言会涉及编码规范，简单上网一搜，就可以找到成千上万的相关文章。专业组织有为开发者建立的编码规范，旨在让人写出更容易维护的代码。优秀开源项目有严格的编码规范，可以让社区的所有人容易地理解代码是如何组织的。

编码规范对 JavaScript 而言非常重要，因为这门语言实在太灵活了。与大多数面向对象语言不同，JavaScript 并不强迫开发者把任何东西都定义为对象。它支持任何编程风格，包括传统的面向对象编程、声明式编程，以及函数式编程。简单看几个开源的 JavaScript 库，就会发现有很多方式可以创建对象、定义方法和管理环境。

接下来的几节会讨论制定编码规范的一些基础知识。这些话题很重要，当然每个人的需求不同，实现方式也可以不同。

1. 可读性

要想让代码容易维护，首先必须使其可读。可读性必须考虑代码是一种文本文件。为此，代码缩进是保证可读性的重要基础。如果所有人都使用相同的缩进，整个项目的代码就会更容易让人看懂。缩进通常要使用空格数而不是 Tab（制表符）来定义，因为后者在不同文本编辑器中的显示不同。一般来说，缩进是 4 个空格，当然具体多少个可以自己定。

可读性的另一方面是代码注释。在大多数编程语言中，广泛接受的做法是为每个方法都编写注释。因为 JavaScript 可以在代码中的任何地方创建函数，所以这一点经常被忽视。正因为如此，可能给 JavaScript 中的每个函数都写注释才更重要。一般来说，以下这些地方应该写注释。

- ❑ **函数和方法**。每个函数和方法都应该有注释来描述其用途，以及完成任务所用的算法。同时，也写清使用这个函数或方法的前提（假设）、每个参数的含义，以及函数是否返回值（因为通过函数定义看不出来）。
- ❑ **大型代码块**。多行代码但用于完成单一任务的，应该在前面给出注释，把要完成的任务写清楚。
- ❑ **复杂的算法**。如果使用了独特的方法解决问题，要通过注释解释明白。这样不仅可以帮助别人查看代码，也可以帮助自己今后查看代码。
- ❑ **使用黑科技**。由于浏览器之间的差异，JavaScript 代码中通常包含一些黑科技。不要假设其他人一看就能明白某个黑科技是为了解决某个浏览器的什么问题。如果某个浏览器不能使用正常方式达到目的，那要在注释里把黑科技的用途写出来。这样可以避免别人误以为黑科技没有用而把它"修复"掉，结果你已解决的问题又会出现。

缩进和注释可以让代码更容易理解，将来也更容易维护。

2. 变量和函数命名

代码中变量和函数的适当命名对于其可读性和可维护性至关重要。因为很多 JavaScript 开发者是业余爱好者出身，所以很容易用 foo、bar 命名变量，用 doSomething 来命名函数。专业 JavaScript 开发者必须改掉这些习惯，这样才能写出可维护的代码。以下是关于命名的通用规则。

- ❑ 变量名应该是名词，例如 car 或 person。
- ❑ 函数名应该以动词开始，例如 getName()。返回布尔值的函数通常以 is 开头，比如 isEnabled()。

❑ 对变量和函数都使用符合逻辑的名称，不用担心长度。长名字的问题可以通过后处理和压缩解决（本章稍后会讨论）。

❑ 变量、函数和方法应该以小写字母开头，使用驼峰大小写（camelCase）形式，如 getName() 和 isPerson。类名应该首字母大写，如 Person、RequestFactory。常量值应该全部大写并以下划线相接，比如 REQUEST_TIMEOUT。

❑ 名称要尽量用描述性和直观的词汇，但不要过于冗长。getName() 一看就知道会返回名称，而 PersonFactory 一看就知道会产生某个 Person 对象或实体。

要完全避免没有用的变量名，如不能表示所包含数据的类型的变量名。通过适当命名，代码读起来就会像故事，因此更容易理解。

3. 变量类型透明化

因为 JavaScript 是松散类型的语言，所以很容易忘记变量包含的数据类型。适当命名可以在某种程度上解决这个问题，但还不够。有三种方式可以标明变量的数据类型。

第一种标明变量类型的方式是通过初始化。定义变量时，应该立即将其初始化为一个将来要使用的类型值。例如，要保存布尔值的变量，可以将其初始化为 true 或 false；而要保存数值的变量，可以将其初始化为一个数值。再看几个例子：

```
// 通过初始化标明变量类型
let found = false;      // 布尔值
let count = -1;         // 数值
let name = "";          // 字符串
let person = null;      // 对象
```

初始化为特定数据类型的值可以明确表示变量的类型。ES6 之前，初始化方式不适合函数声明中函数的参数；ES6 之后，可以在函数声明中为参数指定默认值来标明参数类型。

第二种标明变量类型的方式是使用匈牙利表示法。匈牙利表示法指的是在变量名前面前缀一个或多个字符表示数据类型。这种表示法曾在脚本语言中非常流行，很长时间以来也是 JavaScript 首选的格式。对于基本数据类型，JavaScript 传统的匈牙利表示法用 o 表示对象，s 表示字符串，i 表示整数，f 表示浮点数，b 表示布尔值。示例如下：

```
// 使用匈牙利表示法标明数据类型
let bFound;   // 布尔值
let iCount;   // 整数
let sName;    // 字符串
let oPerson;  // 对象
```

匈牙利表示法也可以很好地应用于函数参数。它的缺点是使代码可读性下降、不够直观，并破坏了类似句子的自然阅读流畅性。因此，匈牙利表示法在开发者中失宠了。

最后一种标明变量类型的方式是使用类型注释。类型注释放在变量名后面、初始化表达式的前面。基本思路是在变量旁边使用注释说明类型，比如：

```
// 使用类型注释表明数据类型
let found  /*:Boolean*/ = false;
let count  /*:int*/     = 10;
let name   /*:String*/  = "Nicholas";
let person /*:Object*/  = null;
```

类型注释在保持代码整体可读性的同时向其注释了类型信息。类型注释的缺点是不能再使用多行注释把大型代码块注释掉了。因为类型注释也是多行注释，所以会造成干扰，如下例所示：

```
// 这样多行注释不会生效
/*
let found   /*:Boolean*/ = false;
let count   /*:int*/     = 10;
let name    /*:String*/  = "Nicholas";
let person  /*:Object*/  = null;
*/
```

这里本来是想使用多行注释把所有变量声明都注释掉。但类型注释产生了干扰，因为第一个 /*（第 2 行）的实例会与第一个 */（第 3 行）的实例匹配，所以会导致语法错误。如果想注释掉使用类型注释的代码，则只能使用单行注释一行一行地注释掉每一行（很多编辑器可以自动完成）。

以上是最常用的三种标明变量数据类型方式。每种方式都有其优点和缺点，可以根据实际情况选用。关键要看哪一种最适合自己的项目，并保证一致性。

28.1.3 松散耦合

只要应用程序的某个部分对另一个部分依赖得过于紧密，代码就会变成紧密耦合，因而难以维护。典型的问题是在一个对象中直接引用另一个对象，这样，修改其中一个，可能必须还得修改另一个。紧密耦合的软件难于维护，肯定需要频繁地重写。

考虑到相关的技术，Web 应用程序在某些情况下可能变得过于紧密耦合。关键在于有这个意识，随时注意不要让代码产生紧密耦合。

1. 解耦 HTML/JavaScript

Web 开发中最常见的耦合是 HTML/JavaScript 耦合。在网页中，HTML 和 JavaScript 分别代表不同层面的解决方案。HTML 是数据，JavaScript 是行为。这是因为它们之间要交互操作，需要通过不同的方式将这两种技术联系起来。可惜的是，其中一些方式会导致 HTML 与 JavaScript 紧密耦合。

把 JavaScript 直接嵌入在 HTML 中，要么使用包含嵌入代码的<script>元素，要么使用 HTML 属性添加事件处理程序，这些都会造成紧密耦合。比如下面的例子：

```
<!-- 使用<script>造成 HTML/JavaScript 紧密耦合 -->
<script>
  document.write("Hello world!");
</script>

<!-- 使用事件处理程序属性造成 HTML/JavaScript 紧密耦合 -->
<input type="button" value="Click Me" onclick="doSomething()"/>
```

虽然技术上这样做没有问题，但实践中，这样会将表示数据的 HTML 与定义行为的 JavaScript 紧密耦合在一起。理想情况下，HTML 和 JavaScript 应该完全分开，通过外部文件引入 JavaScript，然后使用 DOM 添加行为。

HTML 与 JavaScript 紧密耦合的情况下，每次分析 JavaScript 的报错都要先确定错误来自 HTML 还是 JavaScript。这样也会引入代码可用性的新错误。在这个例子中，用户可能会在 doSomething() 函数可用之前点击按钮，从而导致 JavaScript 报错。因为每次修改按钮的行为都需要既改 HTML 又改 JavaScript，而实际上只有后者才是有必要修改的，所以就会降低代码的可维护性。

在相反的情况下，HTML 和 JavaScript 也会变得紧密耦合：把 HTML 包含在 JavaScript 中。这种情况通常发生在把一段 HTML 通过 innerHTML 插入到页面中时，示例如下：

```
// HTML 紧密耦合到了 JavaScript
function insertMessage(msg) {
  let container = document.getElementById("container");
  container.innerHTML = `<div class="msg">
    <p> class="post">${msg}</p>
    <p><em>Latest message above.</em></p>
  </div>`;
}
```

一般来说，应该避免在 JavaScript 中创建大量 HTML。同样，这主要是为了做到数据层和行为层各司其职，在出错时更容易定位问题所在。使用上面的示例代码时，如果动态插入的 HTML 格式不对，就会造成页面布局出错。不过在这种情况下定位错误就更困难了，因为这时候通常首先会去找页面中出错的 HTML 源代码，但又找不到，因为它是动态生成的。修改数据或页面的同时还需要修改 JavaScript，这说明两层是紧密耦合的。

HTML 渲染应该尽可能与 JavaScript 分开。在使用 JavaScript 插入数据时，应该尽可能不要插入标记。相应的标记可以包含并隐藏在页面中，在需要的时候 JavaScript 可以直接用它来显示，而不需要动态生成。另一个办法是通过 Ajax 请求获取要显示的 HTML，这样也可以保证同一个渲染层（PHP、JSP、Ruby 等）负责输出标记，而不是把标记嵌在 JavaScript 中。

解耦 HTML 和 JavaScript 可以节省排错时间，因为更容易定位错误来源。同样解耦也有助于保证可维护性。修改行为只涉及 JavaScript，修改标记只涉及要渲染的文件。

2. 解耦 CSS/JavaScript

Web 应用程序的另一层是 CSS，主要负责页面显示。JavaScript 和 CSS 紧密相关，它们都建构在 HTML 之上，因此也经常一起使用。与 HTML 和 JavaScript 的情况类似，CSS 也可能与 JavaScript 产生紧密耦合。最常见的例子就是使用 JavaScript 修改个别样式，比如：

```
// CSS 紧耦合到了 JavaScript
element.style.color = "red";
element.style.backgroundColor = "blue";
```

因为 CSS 负责页面显示，所以任何样式的问题都应该通过 CSS 文件解决。可是，如果 JavaScript 直接修改个别样式（比如颜色），就会增加一个排错时要考虑甚至要修改的因素。结果是 JavaScript 某种程度上承担了页面显示的任务，与 CSS 成了紧密耦合。如果将来有一天要修改样式，那么 CSS 和 JavaScript 可能都需要修改。这对负责维护的开发者来说是一个噩梦。层与层的清晰解耦是必需的。

现代 Web 应用程序经常使用 JavaScript 改变样式，因此虽然不太可能完全解耦 CSS 和 JavaScript，但可以让这种耦合变成更松散。这主要可以通过动态修改类名而不是样式来实现，比如：

```
// CSS 与 JavaScript 松散耦合
element.className = "edit";
```

通过修改元素的 CSS 类名，可以把大部分样式限制在 CSS 文件里。JavaScript 只负责修改应用样式的类名，而不直接影响元素的样式。只要应用的类名没错，那么显示的问题就只跟 CSS 有关，而跟 JavaScript 无关。

同样，保证层与层之间的适当分离至关重要。显示出问题就应该只到 CSS 中解决，行为出问题就应该只找 JavaScript 的问题。这些层之间的松散耦合可以提升整个应用程序的可维护性。

3. 解耦应用程序逻辑/事件处理程序

每个 Web 应用程序中都会有大量事件处理程序在监听各种事件。可是，其中很少能真正做到应用程序逻辑与事件处理程序分离。来看下面的例子：

```
function handleKeyPress(event) {
  if (event.keyCode == 13) {
    let target = event.target;
    let value = 5 * parseInt(target.value);
    if (value > 10) {
      document.getElementById("error-msg").style.display = "block";
    }
  }
}
```

　　这个事件处理程序除了处理事件，还包含了应用程序逻辑。这样做的问题是双重的。首先，除了事件没有办法触发应用程序逻辑，结果造成调试困难。如果没有产生预期的结果怎么办？是因为没有调用事件处理程序，还是因为应用程序逻辑有错误？其次，如果后续事件也会对应相同的应用程序逻辑，则会导致代码重复，或者把它提取到单独的函数中。无论情况如何，都会导致原本不必要的多余工作。

　　更好的做法是将应用程序逻辑与事件处理程序分开，各自负责处理各自的事情。事件处理程序应该专注于 event 对象的相关信息，然后把这些信息传给处理应用程序逻辑的某些方法。例如，前面的例子可以重写为如下代码：

```
function validateValue(value) {
  value = 5 * parseInt(value);
  if (value > 10) {
    document.getElementById("error-msg").style.display = "block";
  }
}

function handleKeyPress(event) {
  if (event.keyCode == 13) {
    let target = event.target;
    validateValue(target.value);
  }
}
```

　　这样修改之后，应用程序逻辑跟事件处理程序就分开了。handleKeyPress()函数只负责检查用户是不是按下了回车键（event.keyCode 等于 13），如果是则取得事件目标，并把目标值传给validateValue()函数，该函数包含应用程序逻辑。注意，validateValue()函数中不包含任何依赖事件处理程序的代码。这个函数只负责接收一个值，并根据该值执行其他所有操作。

　　把应用程序逻辑从事件处理程序中分离出来有很多好处。首先，这可以让我们以最少的工作量轻松地修改触发某些流程的事件。如果原来是通过鼠标单击触发流程，而现在又想增加键盘操作来触发，那么修改起来也很简单。其次，可以在不用添加事件的情况下测试代码，这样创建单元测试或自动化应用程序流都会更简单。

　　以下是在解耦应用程序逻辑和业务逻辑时应该注意的几点。

❑ 不要把 event 对象传给其他方法，而是只传递 event 对象中必要的数据。

❑ 应用程序中每个可能的操作都应该无须事件处理程序就可以执行。

❑ 事件处理程序应该处理事件，而把后续处理交给应用程序逻辑。

　　做到上述几点能够给任何代码的可维护性带来巨大的提升，同时也能为将来的测试和开发提供很多可能性。

28

28.1.4　编码惯例

编写可维护的 JavaScript 不仅仅涉及代码格式和规范，也涉及代码做什么。企业开发 Web 应用程序通常需要很多人协同工作。这时候就需要保证每个人的浏览器环境都有恒定不变的规则。为此，开发者应该遵守某些编码惯例。

1. 尊重对象所有权

JavaScript 的动态特性意味着几乎可以在任何时候修改任何东西。过去有人说，JavaScript 中没有什么是神圣不可侵犯的，因为不能把任何东西标记为最终结果或者恒定不变。但 ECMAScript 5 引入防篡改对象之后，情况不同了。当然，对象默认还是可以修改的。在其他语言中，在没有源代码的情况下，对象和类不可修改。JavaScript 则允许在任何时候修改任何对象，因此就可能导致意外地覆盖默认行为。因为这门语言没有什么限制，所以就需要开发者自己限制自己。

在企业开发中，非常重要的编码惯例就是尊重对象所有权，这意味着不要修改不属于你的对象。简单来讲，如果你不负责创建和维护某个对象及其构造函数或方法，就不应该对其进行任何修改。更具体一点说，就是如下惯例。

❑ 不要给实例或原型添加属性。
❑ 不要给实例或原型添加方法。
❑ 不要重定义已有的方法。

问题在于，开发者会假设浏览器环境以某种方式运行。修改了多个人使用的对象也就意味着会有错误发生。假设有人希望某个函数叫作 `stopEvent()`，用于取消某个事件的默认行为。然后，你把它给改了，除了取消事件的默认行为，又添加了其他事件处理程序。可想而知，问题肯定会接踵而至。别人还认为这个函数只做最开始的那点事，但由于对它后来添加的副作用并不知情，因此很可能就会用错或者造成损失。

以上规则不仅适用于自定义类型和对象，而且适用于原生类型和对象，比如 `Object`、`String`、`document`、`window`，等等。考虑到浏览器厂商也有可能会在不公开的情况下以非预期方式修改这些对象，潜在的风险就更大了。

有个流行的 Prototype 库就发生过类似的事件。该库在 `document` 对象上实现了 `getElementsBy-ClassName()` 方法，返回一个 `Array` 的实例，而这个实例上还增加了 `each()` 方法。jQuery 的作者 John Resig 后来在自己的博客上分析了这个问题造成的影响。他在博客中指出这个问题是由于浏览器也原生实现了相同的 `getElementsByClassName()` 方法造成的，但 Prototype 的同名方法返回的是 `Array` 而非 `NodeList`，`NodeList` 没有 `each()` 方法。使用这个库的开发者之前会写这样的代码：

```
document.getElementsByClassName("selected").each(Element.hide);
```

虽然这样写在没有原生实现 `getElementsByClassName()` 方法的浏览器里没有问题，但在实现它的浏览器里就会出问题。这是因为两个同名方法返回的结果不一样。我们不能预见浏览器厂商将来会怎么修改原生对象，因此不管怎么修改它们都可能在将来某个时刻出现冲突时导致问题。

为此，最好的方法是永远不要修改不属于你的对象。只有你自己创建的才是你的对象，包括自定义类型和对象字面量。`Array`、`document` 等对象都不是你的，因为在你的代码执行之前它们已经存在了。可以按如下这样为对象添加新功能。

❑ 创建包含想要功能的新对象，通过它与别人的对象交互。
❑ 创建新自定义类型继承本来想要修改的类型，可以给自定义类型添加新功能。

很多 JavaScript 库目前支持这种开发理念，这样无论浏览器怎样改变都可以发展和适应。

2. 不声明全局变量

与尊重对象所有权密切相关的是尽可能不声明全局变量和函数。同样，这也关系到创建一致和可维护的脚本运行环境。最多可以创建一个全局变量，作为其他对象和函数的命名空间。来看下面的例子：

```
// 两个全局变量：不要!
var name = "Nicholas";
function sayName() {
  console.log(name);
}
```

以上代码声明了两个全局变量：name 和 sayName()。可以像下面这样把它们包含在一个对象中：

```
// 一个全局变量：推荐
var MyApplication = {
  name: "Nicholas",
  sayName: function() {
    console.log(this.name);
  }
};
```

这个重写后的版本只声明了一个全局对象 MyApplication。该对象包含了 name 和 sayName()。这样可以避免之前版本的几个问题。首先，变量 name 会覆盖 window.name 属性，而这可能会影响其他功能。其次，有助于分清功能都集中在哪里。调用 MyApplication.sayName() 从逻辑上会暗示，出现任何问题都可以在 MyApplication 的代码中找原因。

这样一个全局对象可以扩展为**命名空间**的概念。命名空间涉及创建一个对象，然后通过这个对象来暴露能力。比如，Google Closure 库就利用了这样的命名空间来组织其代码。下面是几个例子。

❏ goog.string：用于操作字符串的方法。

❏ goog.html.utils：与 HTML 相关的方法。

❏ goog.i18n：与国际化（i18n）相关的方法。

对象 goog 就相当于一个容器，其他对象包含在这里面。只要使用对象以这种方式来组织功能，就可以称该对象为**命名空间**。整个 Google Closure 库都构建在这个概念之上，能够在同一个页面上与其他 JavaScript 库共存。

关于命名空间，最重要的确定一个所有人都同意的全局对象名称。这个名称要足够独特，不可能与其他人的冲突。大多数情况下，可以使用开发者所在的公司名，例如 goog 或 Wrox。下面的例子演示了使用 Wrox 作为命名空间来组织功能：

```
// 创建全局对象
var Wrox = {};

// 为本书（Professional JavaScript）创建命名空间
Wrox.ProJS = {};

// 添加本书用到的其他对象
Wrox.ProJS.EventUtil = { ... };
Wrox.ProJS.CookieUtil = { ... };
```

在这个例子中，Wrox 是全局变量，然后在它的下面又创建了命名空间。如果本书所有代码都保存在 Wrox.ProJS 命名空间中，那么其他作者的代码就可以使用自己的对象来保存。只要每个人都遵循这个模式，就不必担心有人会覆盖这里的 EventUtil 或 CookieUtil，因为即使重名它们也只会出现在不同的命名空间中。比如下面的例子：

```
// 为另一本书 (Professional Ajax) 创建命名空间
Wrox.ProAjax = {};

// 添加其他对象
Wrox.ProAjax.EventUtil = { ... };
Wrox.ProAjax.CookieUtil = { ... };

// 可以照常使用 ProJS 下面的对象
Wrox.ProJS.EventUtil.addHandler( ... );

// 以及 ProAjax 下面的对象
Wrox.ProAjax.EventUtil.addHandler( ... );
```

虽然命名空间需要多写一点代码，但从可维护性角度看，这个代价还是非常值得的。命名空间可以确保代码与页面上的其他代码互不干扰。

3. 不要比较 null

JavaScript 不会自动做任何类型检查，因此就需要开发者担起这个责任。结果，很多 JavaScript 代码不会做类型检查。最常见的类型检查是看值是不是 null。然而，与 null 进行比较的代码太多了，其中很多因为类型检查不够而频繁引发错误。比如下面的例子：

```
function sortArray(values) {
  if (values != null) {          // 不要这样比较!
    values.sort(comparator);
  }
}
```

这个函数的目的是使用给定的比较函数对数组进行排序。为保证函数正常执行，values 参数必须是数组。但是，if 语句在这里只简单地检查了这个值不是 null。实际上，字符串、数值还有其他很多值可以通过这里的检查，结果就会导致错误。

现实当中，单纯比较 null 通常是不够的。检查值的类型就要真的检查类型，而不是检查它不能是什么。例如，在前面的代码中，values 参数应该是数组。为此，应该检查它到底是不是数组，而不是检查它不是 null。可以像下面这样重写那个函数：

```
function sortArray(values) {
  if (values instanceof Array) { // 推荐
    values.sort(comparator);
  }
}
```

此函数的这个版本可以过滤所有无效的值，根本不需要使用 null。

如果看到比较 null 的代码，可以使用下列某种技术替换它。

❑ 如果值应该是引用类型，则使用 instanceof 操作符检查其构造函数。

❑ 如果值应该是原始类型，则使用 typeof 检查其类型。

❑ 如果希望值是有特定方法名的对象，则使用 typeof 操作符确保对象上存在给定名字的方法。

代码中比较 null 的地方越少，就越容易明确类型检查的目的，从而消除不必要的错误。

4. 使用常量

依赖常量的目标是从应用程序逻辑中分离数据，以便修改数据时不会引发错误。显示在用户界面上的字符串就应该以这种方式提取出来，可以方便实现国际化。URL 也应该这样提取出来，因为随着应用程序越来越复杂，URL 极有可能变化。基本上，像这种地方将来因为某种原因而需要修改时，可能就要找到某个函数并修改其中的代码。每次像这样修改应用程序逻辑，都可能引入新错误。为此，可以把这些可能会修改的数据提取出来，放在单独定义的常量中，以实现数据与逻辑分离。

关键在于把数据从使用它们的逻辑中分离出来。可以使用以下标准检查哪些数据需要提取。

- ❑ **重复出现的值**：任何使用超过一次的值都应该提取到常量中，这样可以消除一个值改了而另一个值没改造成的错误。这里也包括 CSS 的类名。
- ❑ **用户界面字符串**：任何会显示给用户的字符串都应该提取出来，以方便实现国际化。
- ❑ **URL**：Web 应用程序中资源的地址经常会发生变化，因此建议把所有 URL 集中放在一个地方管理。
- ❑ **任何可能变化的值**：任何时候，只要在代码中使用字面值，就问问自己这个值将来是否可能会变。如果答案是"是"，那么就应该把它提取到常量中。

使用常量是企业级 JavaScript 开发的重要技术，因为它可以让代码更容易维护，同时可以让代码免受数据变化的影响。

28.2　性能

相比 JavaScript 刚问世时，目前每个网页中 JavaScript 代码的数量已有极大的增长。代码量的增长也带来了运行时执行 JavaScript 的性能问题。JavaScript 一开始就是一门解释型语言，因此执行速度比编译型语言要慢一些。Chrome 是第一个引入优化引擎将 JavaScript 编译为原生代码的浏览器。随后，其他主流浏览器也紧随其后，实现了 JavaScript 编译。

即使到了编译 JavaScript 时代，仍可能写出运行慢的代码。不过，如果遵循一些基本模式，就能保证写出执行速度很快的代码。

28.2.1　作用域意识

第 4 章讨论过 JavaScript 作用域的概念，以及作用域链的工作原理。随着作用域链中作用域数量的增加，访问当前作用域外部变量所需的时间也会增加。访问全局变量始终比访问局部变量慢，因为必须遍历作用域链。任何可以缩短遍历作用域链时间的举措都能提升代码性能。

1. 避免全局查找

改进代码性能非常重要的一件事，可能就是要提防全局查询。全局变量和函数相比于局部值始终是最费时间的，因为需要经历作用域链查找。来看下面的函数：

```
function updateUI() {
  let imgs = document.getElementsByTagName("img");
  for (let i = 0, len = imgs.length; i < len; i++) {
    imgs[i].title = '${document.title} image ${i}';
  }

  let msg = document.getElementById("msg");
  msg.innerHTML = "Update complete.";
}
```

这个函数看起来好像没什么问题，但其中三个地方引用了全局 document 对象。如果页面的图片非常多，那么 for 循环中就需要引用 document 几十甚至上百次，每次都要遍历一次作用域链。**通过在局部作用域中保存 document 对象的引用，能够明显提升这个函数的性能，因为只需要作用域链查找。**

通过创建一个指向 document 对象的局部变量，可以通过将全局查找的数量限制为一个来提高这个函数的性能：

```
function updateUI() {
  let doc = document;
  let imgs = doc.getElementsByTagName("img");
  for (let i = 0, len = imgs.length; i < len; i++) {
    imgs[i].title = '${doc.title} image ${i}';
  }

  let msg = doc.getElementById("msg");
  msg.innerHTML = "Update complete.";
}
```

这里先把 document 对象保存在局部变量 doc 中。然后用 doc 替代了代码中所有的 document。这样调用这个函数只会查找一次作用域链，相对上一个版本，肯定会快很多。

因此，一个经验规则就是，只要函数中有引用超过两次的全局对象，就应该把这个对象保存为一个局部变量。

2. 不使用 with 语句

在性能很重要的代码中，应避免使用 with 语句。与函数类似，with 语句会创建自己的作用域，因此也会加长其中代码的作用域链。在 with 语句中执行的代码一定比在它外部执行的代码慢，因为作用域链查找时多一步。

实际编码时很少有需要使用 with 语句的情况，因为它的主要用途是节省一点代码。大多数情况下，使用局部变量可以实现同样的效果，无须增加新作用域。下面看一个例子：

```
function updateBody() {
  with(document.body) {
    console.log(tagName);
    innerHTML = "Hello world!";
  }
}
```

这段代码中的 with 语句让使用 document.body 更简单了。使用局部变量也可以实现同样的效果，如下：

```
function updateBody() {
  let body = document.body;
  console.log(body.tagName);
  body.innerHTML = "Hello world!";
}
```

虽然这段代码多了几个字符，但比使用 with 语句还更容易理解了，因为 tagName 和 innerHTML 属于谁很明确。这段代码还通过把 document.body 保存在局部变量中来省去全局查找。

28.2.2 选择正确的方法

与其他语言一样，影响性能的因素通常涉及算法或解决问题的方法。经验丰富的开发者知道用什么方法性能更佳。通常很多能在其他编程语言中提升性能的技术和方法同样也适用于 JavaScript。

1. 避免不必要的属性查找

在计算机科学中，算法复杂度使用大 O 表示法来表示。最简单同时也最快的算法可以表示为常量值或 $O(1)$。然后，稍微复杂一些的算法同时执行时间也更长一些。下表列出了 JavaScript 中常见算法的类型。

表 示 法	名 称	说 明
$O(1)$	常量	无论多少值，执行时间都不变。表示简单值和保存在变量中的值
$O(\log n)$	对数	执行时间随着值的增加而增加，但算法完成不需要读取每个值。例子：二分查找
$O(n)$	线性	执行时间与值的数量直接相关。例子：迭代数组的所有元素
$O(n^2)$	二次方	执行时间随着值的增加而增加，而且每个值至少要读取 n 次。例子：插入排序

常量值或 $O(1)$，指字面量和保存在变量中的值，表示读取常量值所需的时间不会因值的多少而变化。读取常量值是效率极高的操作，因此非常快。来看下面的例子：

```
let value = 5;
let sum = 10 + value;
console.log(sum);
```

以上代码查询了 4 次常量值：数值 5、变量 value、数值 10 和变量 sum。整体代码的复杂度可以认为是 $O(1)$。

在 JavaScript 中访问数组元素也是 $O(1)$ 操作，与简单的变量查找一样。因此，下面的代码与前面的例子效率一样：

```
let values = [5, 10];
let sum = values[0] + values[1];
console.log(sum);
```

使用变量和数组相比访问对象属性效率更高，访问对象属性的算法复杂度是 $O(n)$。访问对象的每个属性都比访问变量或数组花费的时间长，因为查找属性名要搜索原型链。简单来说，查找的属性越多，执行时间就越长。来看下面的例子：

```
let values = { first: 5, second: 10 };
let sum = values.first + values.second;
console.log(sum);
```

这个例子使用两次属性查找来计算 sum 的值。一两次属性查找可能不会有明显的性能问题，但几百上千次则绝对会拖慢执行速度。

特别要注意避免通过多次查找获取一个值。例如，看下面的例子：

```
let query = window.location.href.substring(window.location.href.indexOf("?"));
```

这里有 6 次属性查找：3 次是为查找 window.location.href.substring()，3 次是为查找 window.location.href.indexOf()。通过数代码中出现的点号数量，就可以知道有几次属性查找。以上代码效率特别低，这是因为使用了两次 window.location.href，即同样的查找执行了两遍。

只要使用某个 object 属性超过一次，就应该将其保存在局部变量中。第一次仍然要用 $O(n)$ 的复杂度去访问这个属性，但后续每次访问就都是 $O(1)$，这样就是质的提升了。例如，前面的代码可以重写为如下：

```
let url = window.location.href;
let query = url.substring(url.indexOf("?"));
```

这个版本的代码只有 4 次属性查找，比之前节省了约 33%。在大型脚本中如果能这样优化，可能就会明显改进性能。

通常，只要能够降低算法复杂度，就应该尽量通过在局部变量中保存值来替代属性查找。另外，如果实现某个需求既可以使用数组的数值索引，又可以使用命名属性（比如 NodeList 对象），那就都应该使用数值索引。

2. 优化循环

循环是编程中常用的语法构造，因此在 JavaScript 中也十分常见。优化这些循环是性能优化的重要内容，因为循环会重复多次运行相同的代码，所以运行时间会自动增加。其他语言有很多关于优化循环的研究，这些技术同样适用于 JavaScript。优化循环的基本步骤如下。

(1) **简化终止条件。** 因为每次循环都会计算终止条件，所以它应该尽可能地快。这意味着要避免属性查找或其他 $O(n)$ 操作。

(2) **简化循环体。** 循环体是最花时间的部分，因此要尽可能优化。要确保其中不包含可以轻松转移到循环外部的密集计算。

(3) **使用后测试循环。** 最常见的循环就是 for 和 while 循环，这两种循环都属于先测试循环。do-while 就是后测试循环，避免了对终止条件初始评估，因此应该会更快。

> **注意**　在旧版浏览器中，从循环迭代器的最大值开始递减至 0 的效率更高。之所以这样更快，是因为 JavaScript 引擎用于检查循环分支条件的指令数更少。在现代浏览器中，正序还是倒序不会有可感知的性能差异。因此可以选择最适合代码逻辑的迭代方式。

以上优化的效果可以通过下面的例子展示出来。这是一个简单的 for 循环：

```
for (let i = 0; i < values.length; i++) {
  process(values[i]);
}
```

这个循环会将变量 i 从 0 递增至数组 values 的长度。假设处理这些值的顺序不重要，那么可以将循环变量改为递减的形式，如下所示：

```
for (let i = values.length - 1; i >= 0; i--) {
  process(values[i]);
}
```

这一次，变量 i 每次循环都会递减。在这个过程中，终止条件的计算复杂度也从查找 values.length 的 $O(n)$ 变成了访问 0 的 $O(1)$。循环体只有一条语句，已不能再优化了。不过，整个循环可修改为后测试循环：

```
let i = values.length-1;
if (i > -1) {
  do {
    process(values[i]);
  }while(--i >= 0);
}
```

这里主要的优化是将终止条件和递减操作符合并成了一条语句。然后，如果再想优化就只能去优化 process() 的代码，因为循环已没有可以优化的点了。

使用后测试循环时要注意，一定是至少有一个值需要处理一次。如果这里的数组是空的，那么会浪费一次循环，而先测试循环就可以避免这种情况。

3. 展开循环

如果循环的次数是有限的，那么通常抛弃循环而直接多次调用函数会更快。仍以前面的循环为例，如果数组长度始终一样，则可能对每个元素都调用一次 process() 效率更高：

```
// 抛弃循环
process(values[0]);
```

```
process(values[1]);
process(values[2]);
```

这个例子假设 values 数组始终只有 3 个值,然后分别针对每个元素调用一次 process()。像这样展开循环可以节省创建循环、计算终止条件的消耗,从而让代码运行更快。

如果不能提前预知循环的次数,那么或许可以使用一种叫作**达夫设备**(Duff's Device)的技术。该技术是以其发明者 Tom Duff 命名的,他最早建议在 C 语言中使用该技术。在 JavaScript 实现达夫设备的人是 Jeff Greenberg。达夫设备的基本思路是以 8 的倍数作为迭代次数从而将循环展开为一系列语句。来看下面的例子:

```
// 来源: Jeff Greenberg 在 JavaScript 中实现的达夫设备
// 假设 values.length > 0
let iterations = Math.ceil(values.length / 8);
let startAt = values.length % 8;
let i = 0;

do {
  switch(startAt) {
    case 0: process(values[i++]);
    case 7: process(values[i++]);
    case 6: process(values[i++]);
    case 5: process(values[i++]);
    case 4: process(values[i++]);
    case 3: process(values[i++]);
    case 2: process(values[i++]);
    case 1: process(values[i++]);
  }
  startAt = 0;
} while (--iterations > 0);
```

这个达夫设备的实现首先通过用 values 数组的长度除以 8 计算需要多少次循环。Math.ceil() 用于保证这个值是整数。startAt 变量保存着仅按照除以 8 来循环不会处理的元素个数。第一次循环执行时,会检查 startAt 变量,以确定要调用 process() 多少次。例如,假设数组有 10 个元素,则 startAt 变量等于 2,因此第一次循环只会调用 process() 两次。第一次循环末尾,startAt 被重置为 0。于是后续每次循环都会调用 8 次 process()。这样展开之后,能够加快大数据集的处理速度。

Andrew B. King 在 *Speed Up Your Site* 一书中提出了更快的达夫设备实现,他将 do-while 循环分成了两个单独的循环,如下所示:

```
// 来源: Speed Up Your Site (New Riders, 2003)
let iterations = Math.floor(values.length / 8);
let leftover = values.length % 8;
let i = 0;

if (leftover > 0) {
  do {
    process(values[i++]);
  } while (--leftover > 0);
}

do {
  process(values[i++]);
  process(values[i++]);
  process(values[i++]);
  process(values[i++]);
```

```
    process(values[i++]);
    process(values[i++]);
    process(values[i++]);
    process(values[i++]);
} while (--iterations > 0);
```

在这个实现中，变量 leftover 保存着只按照除以 8 来循环不会处理，因而会在第一个循环中处理的次数。处理完这些额外的值之后进入主循环，每次循环调用 8 次 process()。这个实现比原始的实现快约 40%。

展开循环对于大型数据集可以节省很多时间，但对于小型数据集来说，则可能不值得。因为实现同样的任务需要多写很多代码，所以如果处理的数据量不大，那么显然没有必要。

4. 避免重复解释

重复解释的问题存在于 JavaScript 代码尝试解释 JavaScript 代码的情形。在使用 eval() 函数或 Function 构造函数，或者给 setTimeout() 传入字符串参数时会出现这种情况。下面是几个例子：

```
// 对代码求值：不要
eval("console.log('Hello world!')");

// 创建新函数：不要
let sayHi = new Function("console.log('Hello world!')");

// 设置超时函数：不要
setTimeout("console.log('Hello world!')", 500);
```

在上面所列的每种情况下，都需要重复解释包含 JavaScript 代码的字符串。这些字符串在初始解析阶段不会被解释，因为代码包含在字符串里。这意味着在 JavaScript 运行时，必须启动新解析器实例来解析这些字符串中的代码。实例化新解析器比较费时间，因此这样会比直接包含原生代码慢。

这些情况都有对应的解决方案。很少有情况绝对需要使用 eval()，因此应该尽可能不使用它。此时，只要把代码直接写出来就好了。对于 Function 构造函数，重写为常规函数也很容易。而调用 setTimeout() 时则可以直接把函数作为第一个参数。比如：

```
// 直接写出来
console.log('Hello world!');

// 创建新函数：直接写出来
let sayHi = function() {
  console.log('Hello world!');
};

// 设置超时函数：直接写出来
setTimeout(function() {
  console.log('Hello world!');
}, 500);
```

为了提升代码性能，应该尽量避免使用要当作 JavaScript 代码解释的字符串。

5. 其他性能优化注意事项

在评估代码性能时还有一些地方需要注意。下面列出的虽然不是主要问题，但在使用比较频繁的时候也可能有所不同。

❑ **原生方法很快**。应该尽可能使用原生方法，而不是使用 JavaScript 写的方法。原生方法是使用 C 或 C++等编译型语言写的，因此比 JavaScript 写的方法要快得多。JavaScript 中经常被忽视的是

Math 对象上那些执行复杂数学运算的方法。这些方法总是比执行相同任务的 JavaScript 函数快得多，比如求正弦、余弦等。

□ **switch 语句很快**。如果代码中有复杂的 if-else 语句，将其转换成 switch 语句可以变得更快。然后，通过重新组织分支，把最可能的放前面，不太可能的放后面，可以进一步提升性能。

□ **位操作很快**。在执行数学运算操作时，位操作一定比任何布尔值或数值计算更快。选择性地将某些数学操作替换成位操作，可以极大提升复杂计算的效率。像求模、逻辑 AND 与和逻辑 OR 或都很适合替代成位操作。

28.2.3　语句最少化

JavaScript 代码中语句的数量影响操作执行的速度。一条可以执行多个操作的语句，比多条语句中每个语句执行一个操作要快。那么优化的目标就是寻找可以合并的语句，以减少整个脚本的执行时间。为此，可以参考如下几种模式。

1. 多个变量声明

声明多个变量时很容易出现多条语句。比如，下面使用多个 let 声明多个变量的情况很常见：

```
// 有四条语句：浪费
let count = 5;
let color = "blue";
let values = [1,2,3];
let now = new Date();
```

在强类型语言中，不同数据类型的变量必须在不同的语句中声明。但在 JavaScript 中，所有变量都可以使用一个 let 语句声明。前面的代码可以改写为如下：

```
// 一条语句更好
let count = 5,
  color = "blue",
values = [1,2,3],
now = new Date();
```

这里使用一个 let 声明了所有变量，变量之间以逗号分隔。这种优化很容易做到，且比使用多条语句执行速度更快。

2. 插入迭代性值

任何时候只要使用迭代性值（即会递增或递减的值），都要尽可能使用组合语句。来看下面的代码片段：

```
let name = values[i];
i++;
```

前面代码中的两条语句都只有一个作用：第一条从 values 中取得一个值并保存到 name 中，第二条递增变量 i。把迭代性的值插入第一条语句就可以将它们合并为一条语句：

```
let name = values[i++];
```

这一条语句完成了前面两条语句完成的事情。因为递增操作符是后缀形式的，所以 i 在语句其他部分执行完成之前是不会递增的。只要遇到类似的情况，就要尽量把迭代性值插入到上一条使用它的语句中。

3. 使用数组和对象字面量

本书代码示例中有两种使用数组和对象的方式：构造函数和字面量。使用构造函数始终会产生比单纯插入元素或定义属性更多的语句，而字面量只需一条语句即可完成全部操作。来看下面的例子：

```
// 创建和初始化数组用了四条语句：浪费
let values = new Array();
values[0] = 123;
values[1] = 456;
values[2] = 789;

// 创建和初始化对象用了四条语句：浪费
let person = new Object();
person.name = "Nicholas";
person.age = 29;
person.sayName = function() {
  console.log(this.name);
};
```

在这个例子中，分别创建和初始化了一个数组和一个对象。两件事都用了四条语句：一条调用构造函数，三条添加数据。这些语句很容易转换成字面量形式：

```
// 一条语句创建并初始化数组
let values = [123, 456, 789];

// 一条语句创建并初始化对象
let person = {
  name: "Nicholas",
  age: 29,
  sayName() {
    console.log(this.name);
  }
};
```

重写后的代码只有两条语句：一条创建并初始化数组，另一条创建并初始化对象。相对于前面使用了 8 条语句，这里使用两条语句，减少了 75% 的语句量。对于数千行的 JavaScript 代码，这样的优化效果可能更明显。

应尽可能使用数组或对象字面量，以消除不必要的语句。

> **注意**　减少代码中的语句量是很不错的目标，但不是绝对的法则。一味追求语句最少化，可能导致一条语句容纳过多逻辑，最终难以理解。

28.2.4　优化 DOM 交互

在所有 JavaScript 代码中，涉及 DOM 的部分无疑是非常慢的。DOM 操作和交互需要占用大量时间，因为经常需要重新渲染整个或部分页面。此外，看起来简单的操作也可能花费很长时间，因为 DOM 中携带着大量信息。理解如何优化 DOM 交互可以极大地提升脚本的执行速度。

1. 实时更新最小化

访问 DOM 时，只要访问的部分是显示页面的一部分，就是在执行**实时更新**操作。之所以称其为实时更新，是因为涉及立即（实时）更新页面的显示，让用户看到。每次这样的更新，无论是插入一个字符还是删除页面上的一节内容，都会导致性能损失。这是因为浏览器需要为此重新计算数千项指标，之后才能执行更新。实时更新的次数越多，执行代码所需的时间也越长。反之，实时更新的次数越少，代码执行就越快。来看下面的例子：

```
let list = document.getElementById("myList"),
  item;

for (let i = 0; i < 10; i++) {
  item = document.createElement("li");
  list.appendChild(item);
  item.appendChild(document.createTextNode('Item ${i}'));
}
```

以上代码向列表中添加了 10 项。每添加 1 项，就会有两次实时更新：一次添加<li>元素，一次为它添加文本节点。因为要添加 10 项，所以整个操作总共要执行 20 次实时更新。

为解决这里的性能问题，需要减少实时更新的次数。有两个办法可以实现这一点。第一个办法是从页面中移除列表，执行更新，然后再把列表插回页面中相同的位置。这个办法并不可取，因为每次更新时页面都会闪烁。第二个办法是使用文档片段构建 DOM 结构，然后一次性将它添加到 list 元素。这个办法可以减少实时更新，也可以避免页面闪烁。比如：

```
let list = document.getElementById("myList"),
  fragment = document.createDocumentFragment(),
  item;

for (let i = 0; i < 10; i++) {
  item = document.createElement("li");
  fragment.appendChild(item);
  item.appendChild(document.createTextNode("Item " + i));
}

list.appendChild(fragment);
```

这样修改之后，完成同样的操作只会触发一次实时更新。这是因为更新是在添加完所有列表项之后一次性完成的。文档片段在这里作为新创建项目的临时占位符。最后，使用 appendChild() 将所有项目都添加到列表中。别忘了，在把文档片段传给 appendChild() 时，会把片段的所有子元素添加到父元素，片段本身不会被添加。

只要是必须更新 DOM，就尽量考虑使用文档片段来预先构建 DOM 结构，然后再把构建好的 DOM 结构实时更新到文档中。

2. 使用 innerHTML

在页面中创建新 DOM 节点的方式有两种：使用 DOM 方法如 createElement() 和 appendChild()，以及使用 innerHTML。对于少量 DOM 更新，这两种技术区别不大，但对于大量 DOM 更新，使用 innerHTML 要比使用标准 DOM 方法创建同样的结构快很多。

在给 innerHTML 赋值时，后台会创建 HTML 解析器，然后会使用原生 DOM 调用而不是 JavaScript 的 DOM 方法来创建 DOM 结构。原生 DOM 方法速度更快，因为该方法是执行编译代码而非解释代码。前面的例子如果使用 innerHTML 重写就是这样的：

```
let list = document.getElementById("myList"),
  html = "";

for (let i = 0; i < 10; i++) {
  html += '<li>Item ${i}</li>';
}

list.innerHTML = html;
```

以上代码构造了一个 HTML 字符串,然后将它赋值给 list.innerHTML,结果也会创建适当的 DOM 结构。虽然拼接字符串也会有一些性能损耗,但这个技术仍然比执行多次 DOM 操作速度更快。

与其他 DOM 操作一样,使用 innerHTML 的关键在于最小化调用次数。例如,下面的代码使用 innerHTML 的次数就太多了:

```
let list = document.getElementById("myList");

for (let i = 0; i < 10; i++) {
  list.innerHTML += '<li>Item ${i}</li>'; // 不要
}
```

这里的问题是每次循环都会调用 innerHTML,因此效率极低。事实上,调用 innerHTML 也应该看成是一次实时更新。构建好字符串然后调用一次 innerHTML 比多次调用 innerHTML 快得多。

> 注意 使用 innerHTML 可以提升性能,但也会暴露巨大的 XSS 攻击面。无论何时使用它填充不受控的数据,都有可能被攻击者注入可执行代码。此时必须要当心。

3. 使用事件委托

大多数 Web 应用程序会大量使用事件处理程序实现用户交互。一个页面中事件处理程序的数量与页面响应应用户交互的速度有直接关系。为了减少对页面响应的影响,应该尽可能使用事件委托。

事件委托利用了事件的冒泡。任何冒泡的事件都可以不在事件目标上,而在目标的任何祖先元素上处理。基于这个认知,可以把事件处理程序添加到负责处理多个目标的高层元素上。只要可能,就应该在文档级添加事件处理程序,因为在文档级可以处理整个页面的事件。

4. 注意 HTMLCollection

由于 Web 应用程序存在很大的性能问题,HTMLCollection 对象的缺点本书前面已多次提到过了。任何时候,只要访问 HTMLCollection,无论是它的属性还是方法,就会触发查询文档,而这个查询相当耗时。减少访问 HTMLCollection 的次数可以极大地提升脚本的性能。

可能优化 HTMLCollection 访问最关键地方就是循环了。之前,我们讨论过要把计算 HTMLCollection 长度的代码转移到 for 循环初始化的部分。来看下面的例子:

```
let images = document.getElementsByTagName("img");

for (let i = 0, len = images.length; i < len; i++) {
  // 处理
}
```

这里的关键是把 length 保存到了 len 变量中,而不是每次都读一次 HTMLCollection 的 length 属性。在循环中使用 HTMLCollection 时,应该首先取得对要使用的元素的引用,如下面所示。这样才能避免在循环体内多次调用 HTMLCollection:

```
let images = document.getElementsByTagName("img"),
  image;

for (let i = 0, len=images.length; i < len; i++) {
  image = images[i];
  // 处理
}
```

这段代码增加了 image 变量,用于保存当前的图片。有了这个局部变量,就不需要在循环中再访问 images HTMLCollection 了。

编写 JavaScript 代码时，关键是要记住，只要返回 HTMLCollection 对象，就应该尽量不访问它。以下情形会返回 HTMLCollection：

- ❑ 调用 getElementsByTagName()；
- ❑ 读取元素的 childNodes 属性；
- ❑ 读取元素的 attributes 属性；
- ❑ 访问特殊集合，如 document.form、document.images 等。

理解什么时候会碰到 HTMLCollection 对象并适当地使用它，有助于明显地提升代码执行速度。

28.3　部署

任何 JavaScript 解决方案最重要的部分可能就是把网站或 Web 应用程序部署到线上环境了。在此之前我们已完成了很多工作，包括架构方面和优化方面的。现在到了把代码移出开发环境，发布到网上，让用户去使用它的时候了。不过，在发布之前，还需要解决一些问题。

28.3.1　构建流程

准备发布 JavaScript 代码时最重要一环是准备构建流程。开发软件的典型模式是编码、编译和测试。换句话说，首先要写代码，然后编译，之后运行并确保它能够正常工作。但因为 JavaScript 不是编译型语言，所以这个流程经常会变成编码、测试。你写的代码跟在浏览器中测试的代码一样。这种方式的问题在于代码并不是最优的。你写的代码不应该不做任何处理就直接交给浏览器，原因如下。

- ❑ **知识产权问题**：如果把满是注释的代码放到网上，其他人就很容易了解你在做什么，重用它，并可能发现安全漏洞。
- ❑ **文件大小**：你写的代码可读性很好，容易维护，但性能不好。浏览器不会因为代码中多余的空格、缩进、冗余的函数和变量名而受益。
- ❑ **代码组织**：为保证可维护性而组织的代码不一定适合直接交付给浏览器。

为此，需要为 JavaScript 文件建立构建流程。

1. 文件结构

构建流程首先定义在源代码控制中存储文件的逻辑结构。最好不要在一个文件中包含所有 JavaScript 代码。相反，要遵循面向对象编程语言的典型模式，把对象和自定义类型保存到自己独立的文件中。这样可以让每个文件只包含最小量的代码，让后期修改更方便，也不易引入错误。此外，在使用并发源代码控制系统（如 Git、CVS 或 Subversion）的环境中，这样可以减少合并时发生冲突的风险。

注意，把代码分散到多个文件是从可维护性而不是部署角度出发的。对于部署，应该把所有源文件合并为一个或多个汇总文件。Web 应用程序使用的 JavaScript 文件越少越好，因为 HTTP 请求对某些 Web 应用程序而言是主要的性能瓶颈。而且，使用<script>标签包含 JavaScript 是阻塞性操作，这导致代码下载和执行期间停止所有其他下载任务。因此，要尽量以符合逻辑的方式把 JavaScript 代码组织到部署文件中。

2. 任务运行器

如果要把大量文件组合成一个应用程序，很可能需要任务运行器自动完成一些任务。任务运行器可以完成代码检查、打包、转译、启动本地服务器、部署，以及其他可以脚本化的任务。

很多时候，任务运行器要通过命令行界面来执行操作。因此你的任务运行器可能仅仅是一个辅助组织和排序复杂命令行调用的工具。从这个意义上说，任务运行器在很多方面非常像.bashrc 文件。其他情况下，要在自动化任务中使用的工具可能是一个兼容的插件。

如果你使用 Node.js 和 npm 打印 JavaScript 资源，Grunt 和 Gulp 是两个主流的任务运行器。它们非常稳健，其任务和指令都是通过配置文件，以纯 JavaScript 形式指定的。使用 Grunt 和 Gulp 的好处是它们分别有各自的插件生态，因此可以直接使用 npm 包。关于这两个工具插件的详细信息可以参考本书附录。

3. 摇树优化

摇树优化（tree shaking）是非常常见且极为有效的减少冗余代码的策略。正如第 26 章介绍模块时所提到的，使用静态模块声明风格意味着构建工具可以确定代码各部分之间的依赖关系。更重要的是，摇树优化还能确定代码中的哪些内容是完全不需要的。

实现了摇树优化策略的构建工具能够分析出选择性导入的代码，其余模块文件中的代码可以在最终打包得到的文件中完全省略。假设下面是个示例应用程序：

```
import { foo } from './utils.js';

console.log(foo);
export const foo = 'foo';
export const bar = 'bar';  // unused
```

这里导出的 bar 就没有被用上，而构建工具可以很容易发现这种情况。在执行摇树优化时，构建工具会将 bar 导出完全排除在打包文件之外。静态分析也意味着构建工具可以确定未使用的依赖，同样也会排除掉。通过摇树优化，最终打包得到的文件可以瘦身很多。

4. 模块打包器

以模块形式编写代码，并不意味着必须以模块形式交付代码。通常，由大量模块组成的 JavaScript 代码在构建时需要打包到一起，然后只交付一个或少数几个 JavaScript 文件。

模块打包器的工作是识别应用程序中涉及的 JavaScript 依赖关系，将它们组合成一个大文件，完成对模块的串行组织和拼接，然后生成最终提供给浏览器的输出文件。

能够实现模块打包的工具非常多。Webpack、Rollupt 和 Browserify 只是其中的几个，可以将基于模块的代码转换为普遍兼容的网页脚本。

28.3.2　验证

即使已出现了能够理解和支持 JavaScript 的 IDE，大多数开发者仍通过在浏览器中运行代码来验证自己的语法。这种方式有很多问题。首先，如此验证不容易自动化，也不方便从一个系统移植到另一个系统。其次，除了语法错误，只有运行的代码才可能报错，没有运行到的代码则无法验证。有一些工具可以帮我们发现 JavaScript 代码中潜在的问题，最流行的是 Douglas Crockford 的 JSLint 和 ESLint。

这些代码检查工具可以发现 JavaScript 代码中的语法错误和常见的编码错误。下面是它们会报告的一些问题：

❑ 使用 eval()；

❑ 使用未声明的变量；

❑ 遗漏了分号；

❑ 不适当地换行；

❑ 不正确地使用逗号；

❑ 遗漏了包含语句的括号；

❑ 遗漏了 switch 分支中的 break；

❑ 重复声明变量；

❑ 使用了 with；

❑ 错误地使用等号（应该是两个或三个等号）；

❑ 执行不到的代码。

在开发过程中添加代码检查工具有助于避免出错。推荐开发者在构建流程中也加入代码检查环节，以便在潜在问题成为错误之前识别它们。

> 注意　附录 D 介绍了一些 JavaScript 代码验证器。

28.3.3　压缩

谈到 JavaScript 文件压缩，实际上主要是两件事：**代码大小**（code size）和**传输负载**（wire weight）。代码大小指的是浏览器需要解析的字节数，而传输负载是服务器实际发送给浏览器的字节数。在 Web 开发的早期阶段，这两个数值几乎相等，服务器发送给浏览器的是未经修改的源文件。而今天，这两个数值不可能相等，实际上也不应该相等。

1. 代码压缩

JavaScript 不是编译成字节码，而是作为源代码传输的，所以源代码文件通常包含对浏览器的 JavaScript 解释器没有用的额外信息和格式。JavaScript 压缩工具可以把源代码文件中的这些信息删除，并在保证程序逻辑不变的前提下缩小文件大小。

注释、额外的空格、长变量或函数名都能提升开发者的可读性，但对浏览器而言这些都是多余的字节。压缩工具可以通过如下操作减少代码大小：

❑ 删除空格（包括换行）；

❑ 删除注释；

❑ 缩短变量名、函数名和其他标识符。

所有 JavaScript 文件都应该在部署到线上环境前进行压缩。在构建流程中加入这个环节压缩 JavaScript 文件是很容易的。

> 注意　在 Web 开发的上下文中，"压缩"（compression）经常意味着"最小化"（minification）。虽然这两个术语可以互换使用，但实际上它们的含义并不相同。
>
> 最小化是指把文件大小减少到比原始大小还要小，但结果文件包含的仍是语法正确的代码。通常，最小化只适合 JavaScript 等解释型语言，编译为二进制的语言自然会被编译器最小化。
>
> 压缩与最小化的区别在于前者得到的文件不再包含语法正确的代码。压缩后的文件必须通过解压缩才能恢复为代码可读的格式。压缩通常能得到比最小化更小的文件，压缩算法不用考虑保留语法结构，因此自由度更高。

28

2. JavaScript 编译

类似于最小化，JavaScript 代码编译通常指的是把源代码转换为一种逻辑相同但字节更少的形式。与最小化的不同之处在于，编译后代码的结构可能不同，但仍然具备与原始代码相同的行为。编译器通过输入全部 JavaScript 代码可以对程序流执行稳健的分析。

编译可能会执行如下操作：

❑ 删除未使用的代码；
❑ 将某些代码转换为更简洁的语法；
❑ 全局函数调用、常量和变量行内化。

3. JavaScript 转译

我们提交到项目仓库中的代码与浏览器中运行的代码不一样。ES6、ES7 和 ES8 都为 ECMAScript 规范扩充增加了更好用的特性，但不同浏览器支持这些规范的步调并不一致。

通过 JavaScript 转译，可以在开发时使用最新的语法特性而不用担心浏览器的兼容性问题。转译可以将现代的代码转换成更早的 ECMAScript 版本，通常是 ES3 或 ES5，具体取决于你的需求。这样可以确保代码能够跨浏览器兼容。本书附录将介绍一些转译工具。

> **注意**　"转译"（transpilation）和"编译"（compilation）经常被人当成同一个术语混用。编译是将源代码从一种语言转换为另一种语言。转译在本质上跟编译是一样的，只是目标语言与源语言是一种语言的不同级别的抽象。因此，把 ES6/ES7/ES8 代码转换为 ES3/ES5 代码从技术角度看既是编译也是转译，只是转译更为确切一些。

4. HTTP 压缩

传输负载是从服务器发送给浏览器的实际字节数。这个字节数不一定与代码大小相同，因为服务器和浏览器都具有压缩能力。所有当前主流的浏览器（IE/Edge、Firefox、Safari、Chrome 和 Opera）都支持客户端解压缩收到的资源。服务器则可以根据浏览器通过请求头部（Accept-Encoding）标明自己支持的格式，选择一种用来压缩 JavaScript 文件。在传输压缩后的文件时，服务器响应的头部会有字段（Content-Encoding）标明使用了哪种压缩格式。浏览器看到这个头部字段后，就会根据这个压缩格式进行解压缩。结果是通过网络传输的字节数明显小于原始代码大小。

例如，使用 Apache 服务器上的两个模块（`mod_gzip` 和 `mod_deflate`）可以减少原始 JavaScript 文件的约 70%。这很大程度上是因为 JavaScript 的代码是纯文件，所以压缩率非常高。减少通过网络传输的数据量意味着浏览器能更快收到数据。注意，服务器压缩和浏览器解压缩都需要时间。不过相比于通过传入更少的字节数而节省的时间，整体时间应该是减少的。

> **注意**　大多数 Web 服务器（包括开源的和商业的）具备 HTTP 压缩能力。关于如何正确地配置压缩，请参考相关服务器的文档。

28.4　小结

随着 JavaScript 开发日益成熟，最佳实践不断涌现。曾经的业余爱好如今也成为了正式的职业。因此，前端开发也需要像其他编程语言一样，注重可维护性、性能优化和部署。

为保证 JavaScript 代码的可维护性，可以参考如下编码惯例。

❑ 其他语言的编码惯例可以作为添加注释和确定缩进的参考，但 JavaScript 作为一门适合松散类型的语言也有自己的一些特殊要求。

❑ 由于 JavaScript 必须与 HTML 和 CSS 共存，因此各司其职尤为重要：JavaScript 负责定义行为，HTML 负责定义内容，而 CSS 负责定义外观。

❑ 如果三者职责混淆，则可能导致难以调试的错误和可维护性问题。

随着 Web 应用程序中 JavaScript 代码量的激增，性能也越来越重要。因此应该牢记如下这些事项。

❑ 执行 JavaScript 所需的时间直接影响网页性能，其重要性不容忽视。

❑ 很多适合 C 语言的性能优化策略同样也适合 JavaScript，包括循环展开和使用 switch 语句而不是 if 语句。

❑ 另一个需要重视的方面是 DOM 交互很费时间，因此应该尽可能限制 DOM 操作的数量。

开发 Web 应用程序的最后一步是上线部署。以下是本章讨论的相关要点。

❑ 为辅助部署，应该建立构建流程，将 JavaScript 文件合并为较少的（最好是只有一个）文件。

❑ 构建流程可以实现很多源代码处理任务的自动化。例如，可以运行 JavaScript 验证程序，确保没有语法错误和潜在的问题。

❑ 压缩可以让文件在部署之前变得尽量小。

❑ 启用 HTTP 压缩可以让网络传输的 JavaScript 文件尽可能小，从而提升页面的整体性能。

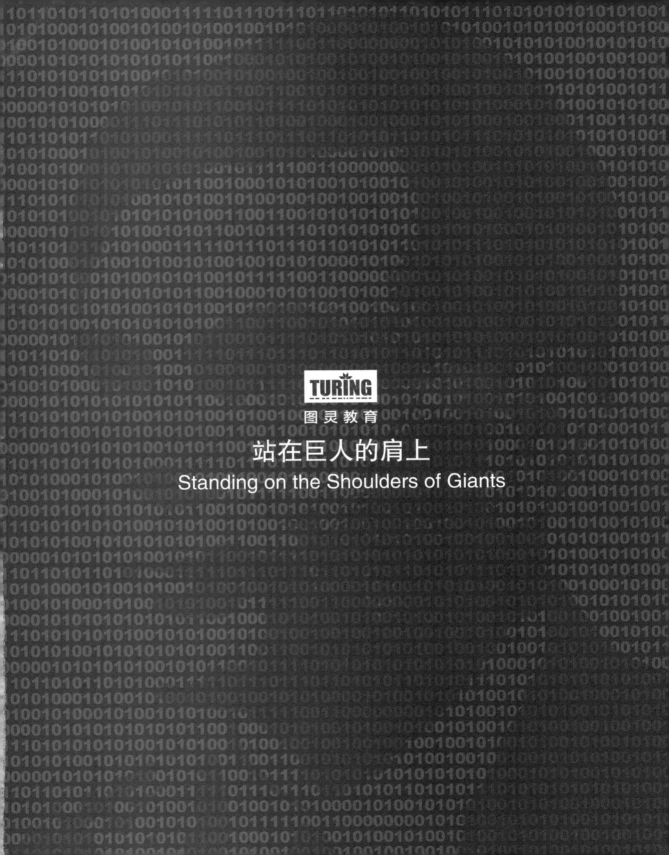

TURING
图灵教育

站在巨人的肩上
Standing on the Shoulders of Giants

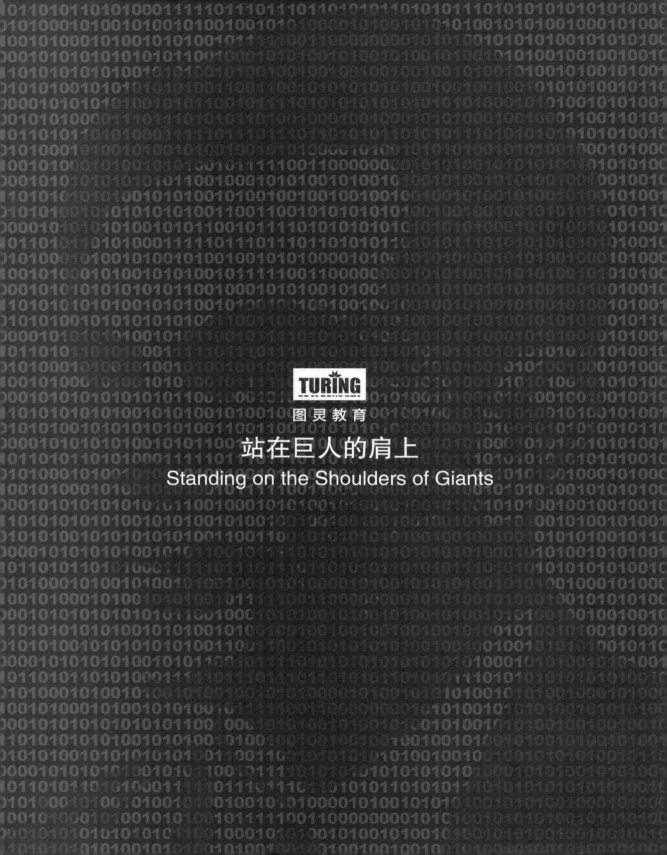

TURING

图灵教育

站在巨人的肩上

Standing on the Shoulders of Giants